ZTV/TL Pflaster-StB

Handbuch und Kommentar
zur Pflasterbauweise

Ungebundene Bauweise
Gebundene Bauweise

ZTV/TL
Pflaster-StB

Handbuch und Kommentar zur Pflasterbauweise

Ungebundene Bauweise
Gebundene Bauweise
Beläge mit Großformaten
Hinweise

Prof. Dr.-Ing. Carsten Koch
Wulf Schneider

KIRSCHBAUM VERLAG BONN

ISBN 978-3-7812-2100-0

Siegfriedstraße 28, 53179 Bonn
Telefon 0228/95453-0 · Internet www.kirschbaum.de

Satz und Lithographie: www.mom-digital.de
Druck: johnen-druck GmbH & Co. KG, Industriegebiet Bornwiese, 54470 Bernkastel-Kues
Februar 2023 · Best.-Nr. 2100

Vorwort

Die Ausführung von Befestigungen mit Pflastersteinen, Platten, Großformaten sowie Rinnenelementen oder Borden ist mit verschiedenen Materialien in einer großen Bandbreite möglich. Entsprechend umfangreich ist auch das zugehörige Regelwerk. Zu unterscheiden sind Bauweisen mit einer ungebundenen Ausführung der Decke von solchen in gebundener Ausführung, bei welchen zumeist hydraulische Fugen- und Bettungsmörtel eingesetzt werden.

Das vorliegende Werk stellt die Inhalte der relevanten Vorschriften zu diesen Bauweisen im Detail dar und kommentiert sie. Im Sinne eines Handbuchs werden dabei die Regelwerksanforderungen in einen größeren Kontext gesetzt. Im Kern behandelt werden die Planung und Ausführung von Pflasterdecken, Plattenbelägen und Belägen mit Großformaten sowie der jeweiligen darunterliegenden Tragschichten, sofern spezielle Aspekte für diese Bauweisen berücksichtigt werden müssen.

Der **Teil A** befasst sich mit der ungebundenen Pflasterbauweise im Zusammenhang mit den ZTV Pflaster-StB der Forschungsgesellschaft für Straßen- und Verkehrswesen (FGSV) und den allgemeineren Anforderungen der ATV DIN 18318. Die hierfür erforderlichen Baustoffe und Bauprodukte müssen den TL Pflaster-StB entsprechen. Basis hierbei sind die Anforderungen der europäischen Produktnormen. Diese sowie die gemäß den TL Pflaster-StB national geltenden Anforderungen werden im **Teil B** dargestellt und erläutert.

Der **Teil C** beschäftigt sich mit der gebundenen Ausführung von Pflasterdecken und Plattenbelägen. Auch zu dieser Bauweise sind Anforderungen in der ATV DIN 18318 enthalten. Ein Schwerpunkt liegt in diesem Teil jedoch auf den Anforderungen und Empfehlungen der FGSV sowie deren Hintergründen durch die Darstellung und Kommentierung des Merkblatts für Flächenbefestigungen mit Pflasterdecken und Plattenbelägen in gebundener Ausführung (M FPgeb).

Das Handbuch schließt ab mit dem **Teil D**, welcher die Ausführung von Verkehrsflächen mit Großformaten beschreibt. Weiterhin werden Hinweise zur Vertragsabwicklung speziell bei der gebundenen Ausführung gegeben.

Im Spannungsfeld zwischen einer überaus anspruchsvollen handwerklichen Leistung und einem komplexen Vertragswerk für öffentliche Verkehrsflächen soll mit diesem Buch ein Beitrag dazu geleistet werden, die Qualität der Ausführung von Pflasterbefestigungen auf hohem Niveau zu halten und die Kommunikation zwischen allen Beteiligten zu verbessern.

Carsten Koch, Wulf Schneider, im Januar 2023

Inhaltsverzeichnis

Teil B Bauprodukte zur Herstellung von Pflasterdecken, Plattenbelägen und Einfasungen – TL Pflaster-StB

Teil C Gebundene Bauweise – M FPgeb

Teil D Beläge mit Großformaten – Hinweise

Literaturverzeichnis

Einführung

Kommunale und private Verkehrsflächen sind zu einem erheblichen Anteil mit Pflasterdecken, Plattenbelägen oder Belägen mit Großformaten befestigt. Es kann davon ausgegangen werden, dass rund 50 % aller öffentlichen urbanen Verkehrsflächen mit diesen Bauweisen erstellt werden. Die Produktion von Befestigungselementen aus Beton beträgt in Deutschland jährlich mindestens 25 bis 30 Mio. m² und die der Pflasterklinker/Pflasterziegel ca. 15 000 m². Nach den vom Deutschen Naturwerkstein-Verband erhaltenen Angaben betrug im Jahr 2020 die deutsche Produktion der Pflastersteine und Bordsteine aus Naturwerkstein (GP19-237012100) ca. 95 000 t mit einem Wert von ca. 10 000 000 €. Die Importe von Pflastersteinen und Bordsteinen aus Naturwerkstein (WA6801000) nach Deutschland betrugen im Jahr 2020 ca. 718 000 t mit einem Wert von ca. 98 500 000 €. Der größte Teil dieser Lieferungen wird in öffentlichen Flächen verbaut.

Pflasterbauweisen in der Antike

Pflastersteine oder Platten werden schon seit Jahrtausenden zur Befestigung von Flächen verwendet. Man könnte sagen, dass diese Bauweise mit der Entwicklung von Hochkulturen einhergeht. So wurde eine Pflasterstraße in Ägypten entdeckt, die vor 4 600 Jahren entstand – also schon ca. 1 600 Jahre vor der Erfindung des Rades.[1] Sie diente dem Transport von Basaltblöcken zu einem Wasserweg. Um 2 000 v. Chr. bauten die Minoer auf Kreta eine 50 km lange Steinstraße, bestehend aus Entwässerungsgräben, einer mit Ton und Gips vermörtelten Tragschicht aus Sandsteinblöcken und einer Decke mit Basaltplatten, die von Knossos zu den Häfen an der Südküste Kretas führte.[2] Die minoischen Konstruktionen waren dabei bemerkenswert flexibel und standfest bei gleichzeitig sparsamen Aufbaustärken. Ein wichtiges, noch heute geltendes Grundprinzip wurde verwirklicht: die Ableitung des Regenwassers über Querneigungen an den Straßenrand und die weitere Ableitung des Wassers bei Bedarf über Entwässerungsrinnen. In Knossos wurden Straßen ausgegraben, die im mittleren (Fahrbahn-)Bereich mit ebenen, sehr sorgfältig zugeschnittenen großen Basaltplatten und im Randbereich mit unregelmäßig geformten kleineren Kalksteinplatten belegt waren. Die Befestigungsart folgte also schon damals der Funktion der Fläche.

Um 600 v. Chr. wurden in Babylon große Kalksteinplatten (1,05 × 1,05 × 0,35 m) mittels Asphaltmörtel zu einer Decke für eine Prozessionsstraße verbunden, die auf einer Tragschicht mit Ziegelsteinen, ebenfalls mit Asphalt als Fugenmörtel, auflag.[3] Die Platten waren dabei sorgfältig mit scharfen Kanten zugearbeitet, so dass eine sehr ebene Fläche entstanden sein muss. Die oben schmalen, sich nach unten öffnenden Fugen waren mit Asphalt vergossen. Im Randbereich wurden kleinere Platten aus rötlicher vulkanischer Breccia mit den Abmessungen von 66 × 66 × 20 cm auf ähnlichem Aufbau verwendet.

Im Römischen Reich mit seinen großen Städten und großen Entfernungen wurde unabhängig von den alten Erkenntnissen aus dem östlichen Mittelmeerbereich der Straßenbau auf Basis der straßenbautechnischen Errungenschaften der etruskischen Stadtstaaten weiterentwickelt. Zu den wesentlichen (neuen) Erkenntnissen gehörte die Notwendigkeit eines tragfähigen Unter- und Oberbaus mit einem relativ dicken Konstruktionsaufbau und einer Straßenentwässerung. Der Straßenquerschnitt wurde dabei in Fahr- und Gehbereiche unterteilt, so dass höherliegende Gehwege entstanden, die durch Trittsteine miteinander verbunden wurden.

1 Vgl. dazu allgemein Speck, Artur: Der Kunststraßenbau, Verlag Wilhelm Ernst und Sohn, Berlin 1950

2 Vogel, Siegfried: Die Kunst des Pflasterns mit Natursteinen, 8. Auflage, TUSA Naturstein GmbH, Freudenstadt 2003

3 Koldewey, Robert: Die Pflastersteine von Aibur-schabu in Babylon, in: Mitteilungen der Deutschen Orient-Gesellschaft 6, J. C. Hinrichs Verlag, Leipzig 1900, S. 3–11. Einzusehen online unter http://idb.ub.uni-tuebingen.de/opendigi/MDOG_1900_006#p=1

Die Römer verwendeten in ihrem gesamten Reichsgebiet und daher auch in Deutschland je nach Wichtigkeit der jeweiligen Straße Natursteinplatten und Blöcke in verschiedensten Varianten zur Befestigung von Straßen, Wegen und Plätzen. Bei weniger wichtigen Straßen wurde die Decke auch ungebunden oder mit Beimischungen von Bindemitteln ausgeführt. Die Platten und Steine wurden je nach Möglichkeiten und Erfordernissen in Sand oder Mörtel gesetzt.

In Köln wurde die Fahrbahn der römischen Hafenstraße in einer Breite von ca. 5,50 m mit Basaltplatten befestigt, die zu einer leicht gewölbten Fläche mit engen Fugen, Bordsteinen, Trittsteinen und Regenabläufen zusammengefügt wurden. Seitlich waren höherliegende Gehwege unterschiedlicher Art vorhanden, da die Unterhaltung den Anliegern oblag. Unterhalb der Fahrbahn befand sich ein Abwasserkanal. Die Befestigung ist heutzutage zu besichtigen, wurde jedoch im 20. Jahrhundert an eine andere Stelle versetzt und weist daher nicht mehr den originalen Zustand mit schmalen Fugen auf.

Die Erfordernisse des Wegebaus bedingten, dass die Römer auch bedeutende Brückenbauer waren. So ist die älteste Steinbrücke Deutschlands, die heute noch täglich genutzt wird, die aus dem Jahr 150 n. Chr. stammende Römerbrücke über die Mosel in Trier.

Nach dem Niedergang des römischen Reiches „versank“ auch das Wissen um den Bau von Pflasterstraßen und Plattenbelägen sowie deren Erhalt für mehrere Jahrhunderte. Im Mittelalter wurden die bestehenden Straßen und Wege des römischen Reiches jahrhundertelang benutzt. Die Ortsstraßen des Mittelalters, die lange Zeit überwiegend unbefestigt waren, dienten den Bewohnern zum Transport von Gütern und Waren, aber auch zur oberirdischen Abwasserentsorgung. Die nach längeren Regenperioden erschwerte Nutzung der Straße, aber auch das mehr oder weniger versickernde Abwasser waren gute Gründe, abhängig vom Reichtum der jeweiligen Städte, gepflasterte Straßenflächen entstehen zu lassen. Der Beruf des Wegemachers (Strator viarum) entstand.

Bild 1 Wildpflaster mit Feldsteinen

Die Wiederentdeckung des Pflasters in der Neuzeit

Weitere Pflasterungen von herausgehobenen Plätzen folgten über die Jahrhunderte nur in einzelnen Städten und auch nur sporadisch. Erst in der Neuzeit wurde der Bau von gepflasterten Verkehrsflächen vermehrt wieder aufgenommen – als frühes Beispiel aus dem Jahr 1680 ist der *Pavé du Roi*, das vermutlich älteste noch existierende Großsteinpflaster aus Granit, auf dem Schlosshof von Versailles zu nennen.[4] Mit zunehmender wirtschaftlicher Entwicklung wurde der Bedarf an befestigten Flächen immer größer. Dem wurde zunächst mit Pflaster aus Stein oder Holz entsprochen, in Norddeutschland und den Niederlanden wurden auch Ziegel (Mauerziegel) für Beläge verwendet. Aufgrund der größeren Dauerhaftigkeit und der höheren Griffigkeit setzte sich dann das Pflaster mit Naturstein in den schnell wachsenden Städten durch.

Mit der Zunahme von Pflasterarbeiten in den Städten gaben die Leistungen der Pflasterer (wie auch heute) manchmal Anlass zur Kritik. So hat im Jahr 1721 der Coburger Amtmann Hönn ein Betrugslexikon herausgegeben, das auch „Betrügereyen" von Pflasterern beschreibt.[5]

Betrugs-Lexicon,
worinnen
die meisten Betrügereyen
in allen Ständen,
nebst
denen darwider guten Theils dienenden
Mitteln,
entdecket
von
Georg Paul Hönn, D.
F. S. S. Rath und Amtmann in Coburg.
Mit Königl. Poln. und Churfürstl. Sächsis. allergnädigster Freyheit.

Zweyte neue und verbesserte Auflage.
Coburg,
Verlegts Johann Carl Findeisen, 1761.

Pflasterer betrügen: 1) Wenn sie die Steine, so auf des Raths-Kosten, die öffentlichen Strassen damit zu pflastern, sind angeschaffet worden, heimlich wegführen und in denen Häusern die Höffe, Ställe und Haus-Eeren damit bepflastern und solche sich darauf bezahlen lassen. 2) Wenn sie die Steine, die sich aneinander schicken, nicht auslesen, sondern nur wie sie ihnen in die Hände kommen, aneinander pflastern, wodurch es geschiehet, daß das Pflaster ungleich wird, und bald auseinander gehet. 3) Wenn sie den Grund, worauf sie pflastern, nicht feste genug machen, damit hernach durch die darüber fahrende Wägen der Boden nachgiebet, die Steine tief eingedrucket und die Strassen uneben werden, sie aber bald wieder etwas zu verdienen bekommen. 4) Wenn sie fein langsam im pflastern sind, damit sie desto länger zu arbeiten haben, und also mehr Lohn bekommen mögen. 5) Wenn sie mit ihren Stämpfeln zu hart aufstossen und anstatt das Pflaster eben und fest zu machen, die Steine zerstossen. 6) Wenn sie also pflastern, daß das Wasser bey ereigneten starken Regen nicht genugsam in die Bäche abfliesset, sondern denen Leuten in die Häuser und Keller lauft.

Mittel: 1) Daß ein Stadt-Rath dergleichen Leute in Pflicht nehme. 2) Daß die Bau-Herren fleißig auf dieselben und auf deren Arbeit Acht haben.

Bild 2 Betrugslexicon nach Georg Paul Hönn in der zweiten Ausgabe von 1761, Auszug: „Pflasterer betrügen"

4 Zirkler, Eduard: Straßengeschichte. Mobilität eines Jahrtausends, Giesel Verlag, Isernhagen 2003

5 Hönn, Georg Paul: Betrugslexicon, worinnen die meisten Betrügereyen in allen Staenden nebst denen darwieder guten Theils dienenden Mitteln entdecket werden, Coburg 1721. Zitiert wird hier aus der zweiten und verbesserten Auflage, Coburg 1761. Und Hönn, Georg Paul: Fortgesetztes Betrugs-Lexikon, worinnen die meisten Betrügereyen in allen Staenden nebst denen darwieder guten Theils dienenden Mitteln entdecket werden. Dritte Edition, Coburg 1730, Nachdruck Leipzig 1981. Einzusehen online unter http://www.zeno.org/nid/20005110866

Bild 3 Günstige Lesesteine zur Pflasterung

Alle dort beschriebenen Unregelmäßigkeiten findet man auch bei heutigen Pflasterdecken; als Mittel dagegen wird schon 1761 eine gründliche Bauüberwachung angeraten.

1778 wurde das erste Pflaster in Wien versetzt. Es handelte sich um regelmäßige Granitwürfel mit gleichen Seiten, um die Pflastersteine nach Abnutzung der Oberfläche drehen und wieder neu versetzen zu können[6]. In Rom dagegen setzte man im 19. Jahrhundert auf die dortige traditionelle Bauweise und verwendete Pflastersteine in der Form von umgekehrten Pyramidenstümpfen. Diese konnten nicht wiederverwendet werden, doch erzeugt die sich verjüngende Form bei Belastung eine Stützwirkung des Fugenmaterials, wodurch sich die Dauerhaftigkeit der Fläche deutlich verbessert.[7]

Die Befestigungen der Straßen und Plätze in Städten wurden also überwiegend mit zugearbeiteten Steinen, aber auch mit Lesesteinen von den Feldern oder Flusskieseln hergestellt. Flächen aus zugearbeiteten Steinen wiesen dabei eine größere Ebenheit und Belastbarkeit auf. Parallel dazu wurde in Regionen, in denen geologisch bedingt keine geeigneten Steinvorkommen zu finden waren, gebrannte Ziegel oder Klinker verwendet, die ebenfalls meistens zu einer hochwertigen Befestigung führten. Landstraßen und Flächen in dörflichen Strukturen wurden dagegen, wenn sie befestigt werden sollten, häufig nur mit Lesesteinen oder Steinbruchabfall „stabilisiert".

Frühe Veröffentlichungen zu Straßenbau und Pflasterbauweisen

Ein erstes wichtiges Buch über den Straßenbau erschien 1779: Christian Friedrich von Lüders *Vollständiger Innbegriff aller bey dem Strassenbau vorkommenden Fälle, samt einer vorausgesetzten*

6 Vgl. Zirkler, Eduard: Straßengeschichte
7 Ebenda

Weeg-Geschichte und einem Verzeichnis der unentbehrlichen Weeg-Gesetze.[8] Rund 50 Jahre später, im Jahr 1830, wurde die *Theorie des Neubaues, der Herstellung und Unterhaltung der Kunststrassen* des Königl. Preuß. Reg. Baurats Franz Anton Umpfenbach veröffentlicht.[9]

Ein weiterer „Pionier der Pflasterstraßen" war der Landesbauinspektor Gravenhorst, der im Jahr 1873 die Leitung des Landesamtes in Stade übernahm. Bei der Betrachtung der Überlandstraßen seines Bezirks die, wenn sie befestigt waren, als Steinschlagstraßen hergestellt worden waren und regelmäßig neu bekiest werden mussten, kam ihm die Idee „aus möglichst würfelförmigem, grobem Steinschlage auf festem Untergrund ein Straßenpflaster herzustellen". Die Pflastersteine sollten „im Gewichte zwischen ½ und 1 kg"[10] haben. Diese normierten, meist 4 bis 6 cm breiten Steine nannte Gravenhorst „Kleinsteine". Er ließ 1885 mit diesen Steinen eine 4 m lange Musterfläche in der Ritzebütteler Chaussee in Stade anlegen. Da sich diese und weitere Flächen in den folgenden Jahren bewährten, wurde im Jahr 1894 die erste Überlandstraße mit Kleinpflaster von Stade nach Bremerhaven hergestellt. Gravenhorst veröffentlichte seine Erfahrungen *„Über den Ersatz von Steinschlag-Decken durch Steinschlag-Pflaster"* im Jahr 1887.[11] Mit den neuen, normierten Pflastersteinen erhöhte sich die Haltbarkeit dieser Straßendecken gegenüber den Steinschlag- und Kopfsteinpflasterdecken mit ihren größeren Elementabmessungen beträchtlich, und das bei deutlich geringeren Baukosten.[12] So wurden nach Gravenhorstscher Art in Preußen 2475 km Landstraßen und unzählige Kilometer Stadtstraßen erstellt.

Es folgten überall weitere Ausführungen von Pflasterstraßen und damit einhergehend Veröffentlichungen zur Bautechnik der Pflasterstraßen. Beispielhaft soll hier der Titel *Zur Vervollkommnung des Kleinpflasters* (1911) des Münchner Hofbaumeisters Noll genannt werden.[13] Zum 25-jährigen Jubiläum des Kleinpflasters erscheint 1919 *Das Kleinpflaster. Seine Herstellung, praktische Bewährung und zweckmäßigste Anwendung* des Bremer Professors Richard Krüger.[14]

Als Beispiele späterer Veröffentlichungen sind eine Neuauflage von Nolls *Vervollkommnung des Kleinpflasters* von 1919 und *Das Kleinpflaster nach den Erfahrungen der Praxis* (1915) des Bauinspektors Vespermann aus Frankfurt a. M. zu nennen.[15] Des Weiteren müssen Gürschner und Benzel[16] mit den Ausführungen zu Bebauungsplänen und dem Stadtstraßenbau (1911) und Birk[17] mit *Der Wegebau* (1919/1921) hervorgehoben werden.

Neben Pflastersteinen aus Naturstein wurden schon seit langem Ziegelpflaster, Tonplatten, aber auch Holzpflaster verwendet. Mit Gummi- oder Eisenplatten wurde ebenfalls regional gearbeitet. Schlackensteine aus Eisengießereien wurden zuerst aus Schlackenhaufen gehauen, später gegossen. Seit Anfang der 1920er-Jahre sind rechteckige Pflastersteine aus Beton

8 Von Lüder, Christian Friedrich: Vollständiger Innbegriff aller bey dem Strassenbau vorkommenden Fälle, samt einer vorausgesetzten Weeg-Geschichte und einem Verzeichnis der unentbehrlichen Weeg-Gesetze, Verlag Garbe, Frankfurt am Main 1779

9 Umpfenbach, Franz Anton: Theorie des Neubaues, der Herstellung und Unterhaltung der Kunststrassen, Verlag Rückert, Berlin 1830. Einzusehen online unter https://www.digitale-sammlungen.de/de/view/bsb10060011?page=8

10 Gravenhorst, Friedrich: Steinschlagpflaster (Kleinpflaster), in: Zeitschrift des Architekten- und Ingenieurvereins Hannover, Bd. 40/1894, S. 19

11 Gravenhorst, Friedrich: Über den Einfluss der Bekiesung auf die Dauer von Steinschlag-Decken und über den Ersatz von Steinschlag-Decken durch Steinschlag-Pflaster, in: Zeitschrift des Architekten- und Ingenieurvereins Hannover, Bd. 33/1887, S. 409–431

12 Spies, W.: Gegen Steinschlag und Schlaglöcher, in: Heimat und Kultur zwischen Elbe und Weser, hg. v. Landschaftsverband Stade, Bd. 4, S. 198 und https://ruprecht.art.blog/2017/07/05/mit-fuessen-getreten, abgerufen 6.12.2021

13 Friedrich Wilhelm Noll: Zur Vervollkommnung des Kleinpflasters, München 1911

14 Krüger, Richard: Das Kleinpflaster. Seine Herstellung, praktische Bewährung und zweckmäßigste Anwendung, herausgegeben zum 25-jährigen Jubiläum des Kleinpflasters und versehen mit einem Vorwort des Erfinders des Kleinpflasters Geh. Baurat F. Gravenhorst, hg. v. G. Ostwald, Stade 1910. Einzusehen online unter https://repozytorium.biblos.pk.edu.pl

15 Johann Vespermann: Das Kleinpflaster nach den Erfahrungen der Praxis, Union Deutsche Verlagsgesellschaft, Berlin 1915

16 Gürschner und Benzel: Der Städtische Tiefbau, I. Teil: Bebauungspläne und Stadtstraßenbau, D: Bau der Stadtstraßen, Verlag B. G. Teubner, Leipzig und Berlin 1911, S. 71–85

17 Birk, Alfred: Der Wegebau in seinen Grundzügen dargestellt, Erster Teil: Erdbau und Straßenbau, Verlag Franz Deuticke, Leipzig und Wien 1919 und 1921, S. 167–178

belegt, seit den 1950er-Jahren revolutionierten Verbundsteine aus Beton den Pflasterbau. Die günstigen Pflastersteine und Platten aus Beton errangen seitdem immer größere Marktanteile und sind nun der am meisten verwendete Baustoff zur Herstellung von Pflasterdecken und Plattenbelägen.

Im Jahr 1932 erschien die zweite Auflage des Buches *Der neuzeitliche Straßenbau* von Erwin Neumann[18], das als Standardwerk galt und auch nach dem 2. Weltkrieg wieder neu aufgelegt wurde. Damit gab es aber immer noch keine allgemeingültige, überregionale Regelung zur Pflasterbauweise. Dies änderte sich erst im Jahre 1973 mit der Veröffentlichung der Norm DIN 18318 „Straßenbauarbeiten – Steinpflaster"[19] im Teil C der damaligen Verdingungsordnung für Bauleistungen. Es wurde nun erstmalig die Pflasterbauweise in einer Norm geregelt, nachdem es bis dahin nur Merkblätter bzw. regionale Anweisungen zur Ausführung gab.

Die Renaissance der Pflasterbauweise im öffentlichen Raum

Ende der 1970er-Jahre erlebte dann die Pflasterbauweise eine Renaissance. Viele Städte wollten den bis dahin durchlaufenden Verkehr nicht mehr in ihren Einkaufsbereichen haben, sie wollten Fußgängerzonen. Hier wurden wieder, besonders wegen der möglichen individuellen Gestaltung, nach einer langen „Asphaltphase" vermehrt Pflasterdecken und Plattenbeläge hergestellt.

Das Formen- und Farbenspektrum der Pflastersteine und Platten erweiterte die Bandbreite urbaner Gestaltungsmöglichkeiten. So können städtebaulich hervorgehobene Flächen optisch ansprechend und gleichzeitig funktional gestaltet werden. Durch Materialwahl, Formensprache und Farbauswahl werden Flächen in funktionale Zonen unterteilt oder auch zusammengeführt.

Eine weitere Motivation zur Ausführung von Pflaster- und Plattenbauweisen im öffentlichen Raum ist die problemlose Möglichkeit, Aufgrabungen händisch und einfach so auszuführen, dass anschließend keine optischen und funktionalen Beeinträchtigungen entstehen. Damit eignet sich die Bauweise besonders für Flächen, die den Versorgungsträgern – Strom, Wasser, Gas, Telekommunikation usw. – zur Verfügung stehen. Geplante Aufgrabungen führen genauso wie ungeplante bei ordnungsgemäßer Ausführung zu keiner Beeinträchtigung der Fläche.

Durch Form und Oberflächengestalt können sowohl ebene als auch unebene Flächen hergestellt werden. Detailänderungen können zu deutlichen Funktionsänderungen führen. So werden beispielsweise Pflastersteine an mit Kraftfahrzeugen überfahrenen Flächen häufig mit Fasen (kleine Abschrägungen der Kanten) ausgebildet, da so die Dauerhaftigkeit der Fugenfüllung bei der ungebundenen Bauweise erhöht wird. Durch diese Fasen verringert sich jedoch die Ebenheit der Oberfläche, wodurch eine gewisse Lärmentwicklung in Abhängigkeit von der gefahrenen Geschwindigkeit von Fahrzeugen nicht zu vermeiden ist. Steine und Platten ohne Fasen bzw. mit sogenannten Mikrofasen erhöhen dagegen den Fahrkomfort und verringern die Lärmbelastung. Dies kann besonders bei Flächen des Rad- und Fußgängerverkehrs, aber auch bei Fahrbahnen für den Kfz-Verkehr in lärmsensiblen Gebieten sinnvoll sein. Zur Herstellung ebener und komfortabler Flächen für Fußgänger eignen sich Platten und Großformate besonders gut.

Auch andere Faktoren beeinflussen die Funktionalität der Fläche. Fugenbreiten haben Einfluss auf die Begehbarkeit, aber auch auf die Lastabtragung. Gleiches gilt für die Größe der Pflastersteine und Platten. Verbundsteine, also Elemente mit besonderer Formgebung, verändern die Optik der Fläche, doch können Sie deren Dauerhaftigkeit auch deutlich erhöhen.

18 Neumann, Erwin: Der Neuzeitliche Straßenbau, Springer Verlag, Berlin, Heidelberg 1927/1932/1951

19 VOB Teil C, Allgemeine Technische Vorschriften für Bauleistungen, DIN 18318 Straßenbauarbeiten; Steinpflaster; im Auftrage des Deutschen Verdingungsausschusses für Bauleistungen, hg. v. Deutschen Normungsausschuß, Beuth Verlag, Berlin, Köln, Frankfurt (M) 1973

Zudem wird die Dauerhaftigkeit durch die Dicke der Elemente sowie die Art und Dicke der Bettung beeinflusst.

Die große Relevanz gepflasterter Flächen für die Zivilgesellschaft und die Kulturgeschichte Deutschlands zeigt sich auch an der besonderen Würdigung, die dem Handwerk in jüngster Vergangenheit im März 2022, zuteil wurde: Seit diesem Tag ist das Pflasterer- und Steinsetzerhandwerk nach einem mehrstufigen Verfahren von der Kulturministerkonferenz als Beispiel guter Praxis in die Liste „Immaterielles Kulturerbe in Deutschland" der UNESCO aufgenommen worden. Der Titel lautet: „Pflasterer- und Steinsetzer-Handwerk: Weitergabe, Bewahrung und Förderung von Wissen und Techniken". Weitere Informationen hierzu sind der folgenden Homepage zu entnehmen: https://www.unesco.de/kultur-und-natur/immaterielleskulturerbe/immaterielles-kulturerbe-deutschland/steinsetzer

Pflasterbefestigungen in ungebundener Ausführung

Das Tragverhalten von Pflasterbefestigungen in ungebundener Ausführung wird stark von der Geometrie und den eingesetzten Baustoffen und Bauprodukten bestimmt. Durch den Abdruck des Kfz-Reifens („Latsch") werden Kräfte in vertikaler und horizontaler Richtung in die Decke eingetragen. Die Fläche, über welche die Kräfte direkt übertragen werden, ist vom Reifen und vom Reifeninnendruck abhängig. Mit zunehmender Belastung wird der Druck auf und im Reifen größer, so dass sich auch die Reifenaufstandsfläche vergrößert. Diese ist also von Fahrzeug und Reifentyp abhängig.

Da eine Elementbauweise vorliegt, entstehen unterschiedliche Lastkonstellationen in Abhängigkeit von der Position des Reifens auf den Pflastersteinen. Bei großen Formaten wird vielleicht nur ein Element direkt belastet, bei kleineren Formaten können auch mehrere Elemente, gesamt oder anteilig, diese Lasteintragung aufnehmen. Die Belastungen sind dann für das einzelne Element ungleichmäßig. Prinzipiell gilt aber, dass bei zunehmender Belastungsfläche der ganz oder teilweise direkt belasteten Befestigungselemente die Spannungen unterhalb des Pflasters geringer werden, so dass auch die Bettung und die Tragschichten geringer belastet werden.

Um eine ausreichende Kraftableitung sicherzustellen, ist es auch erforderlich, die auftretenden Spannungen auf die Nachbarelemente, die nicht direkt belastet sind, zu übertragen. Diese Lastübertragung kann nur über gefüllte Fugen erfolgen. Dazu muss die Fugenfüllung einen hohen Reibungswiderstand aufbauen, was nur durch tragfähiges und verformungsstabiles Fugenmaterial und einen nicht zu breiten Fugenspalt erfolgen kann. Zudem darf die Fugenfläche, über welche die Kräfte übertragen werden können, nicht zu klein sein. Hierdurch ergeben sich Mindestdicken der Befestigungselemente in Abhängigkeit von der vorhandenen Belastung. Fußgängerflächen, auch mit eingeschränkter gelegentlicher Befahrung, können beispielsweise mit dünneren Elementen erstellt werden als Flächen mit Lkw-Verkehr.

Mögliche Fugenentleerungen, die durch Reinigungsfahrzeuge, Nutzung oder andere Faktoren entstehen, müssen wieder aufgefüllt werden, um die vorgesehene Lastableitung dauerhaft sicherzustellen. Daher müssen eine Pflasterdecke oder ein Plattenbelag hinsichtlich des Zustandes der Fugenfüllung regelmäßig überprüft werden.

Die Steindicke und die Fugenfüllung übernehmen in der ungebundenen Bauweise eine sehr wichtige Aufgabe bei der Abtragung der aufgebrachten Verkehrslasten. Die Aktivierung der Kräfte in der Fuge und in der Bettung erfordert bei der ungebundenen Bauweise minimale elastische Verformungen. Jedes belastete Befestigungselement kippt gering in Richtung des Nachbarelementes. Diese bis zur material- und zeitabhängigen Stabilisierung der Fugenfüllung etwas größere und später nur noch minimale Bewegung ist abhängig von der Belastung und ggf. möglichen Antriebsmomenten sowie von der jeweiligen Lastposition auf dem Element. Wenn sich nun beispielsweise ein Pflasterstein in Richtung des vorderen Nachbarsteins neigt, entstehen horizontale Druckspannungen im oberen Bereich der Fuge infolge der vertikalen

Belastung. Im unteren Bereich der Fuge treten keine Spannungen auf, da mögliche Zugspannungen durch das granulare Material nicht übertragen werden können. Parallel neigt sich der Pflasterstein zum hinteren Nachbarstein in entgegengesetzter Richtung. Dies bedeutet, dass der Stein sich nun im unteren Bereich gegen diesen Nachbarstein stützt und im oberen Bereich keine Spannungen übertragen werden können. Es werden also nur in den Bereichen, in denen die Druckspannungen entstehen, abstützende Kräfte übertragen.

Die Bettung muss die auftretenden Vertikalkräfte in die darunter liegende Tragschicht ableiten. Hierzu sind Bettungsmaterialen mit hohem Verformungswiderstand und begrenzten Dicken erforderlich, damit keine Spurrinnen an der Oberfläche entstehen. Dieser Verformungswiderstand muss durch abgestufte Baustoffgemische mit möglichst großem Größtkorn sichergestellt werden. Allerdings hat die Bettung ebenso die Aufgabe, die Dickentoleranzen der Befestigungselemente auszugleichen, so dass eine ausreichend ebene Oberfläche entstehen kann. Hierzu müssen die Pflastersteine und Platten bei der Verdichtung der Fläche mittels Flächenrüttlern auch in die Bettung hineingerückt werden können. Für diese Funktion ist ein weniger standfestes verformbareres Bettungsmaterial erforderlich.

Es ist also zu erkennen, dass sich die Funktionen einer Bettung etwas widersprechen und eine den Anforderungen entsprechende Auswahl des Bettungsmaterials notwendig ist. Dabei wird zumeist auf eine hohe Verformungsresistenz zugunsten der möglichen Einbettung verzichtet. Um diesen Nachteil aufzufangen, darf die Bettung keine größere Dicke aufweisen, denn sonst sind relevante Verformungen an der Oberfläche die Folge.

Die Bettung ist keine Tragschicht, ja sie ist noch nicht einmal als eine Schicht anzusehen, da sie gemeinsam mit den Befestigungselementen und den Fugen verdichtet wird. Da die Bettung also grundsätzlich bei der ungebundenen Bauweise keine optimale Tragfähigkeit und Verformungsbeständigkeit aufweist, dürfen auch keine Spannungsspitzen in der Pflasterdecke oder dem Plattenbelag entstehen. Als Beispiel seien zusätzliche Vertikalspannungen genannt, die entstehen, wenn die Befestigungselemente für eine Belastung zu dünn sind und nur ein geringer Lastanteil über die Fugen auf Nachbarelemente übertragen werden kann. In diesem Fall entstehen ungleichmäßige Spannungen in der Bettung, so dass sich ein Pflasterstein oder eine Platte schief stellen kann. Je dicker die Bettung ist, desto größer können diese Schiefstellungen ausfallen.

Die auftretenden Spannungen werden in die Tragschicht übertragen. Auch hier sind lokale Spannungsspitzen möglich. Um diese aufnehmen zu können, muss auch die obere Tragschicht sehr widerstandsfähig gegen Verformungen und gleichfalls sehr widerstandsfähig gegen die geplanten Belastungen ausgebildet werden. Üblich sind hier Schottertragschichten. Aber auch Asphalt- und Betontragschichten werden besonders bei höherer Verkehrsbelastung eingesetzt. Alle Tragschichten müssen jedoch ausreichend wasserdurchlässig sein, damit das durch die Decke eindringende Wasser schadlos aufgenommen und abgeleitet werden kann.

Die Lasteintragung in die Bettung und die Tragschichten ist zudem abhängig von der geometrischen Anordnung der Befestigungselemente, dem Verband der verlegten oder versetzten Pflastersteine und Platten sowie der Verlegerichtung der Elemente in Bezug zur Lastrichtung. Diese Anordnung kann zu einer flächigen Lastausbreitung in horizontaler Richtung führen, so dass die Horizontalkräfte möglichst breit gestreut werden und keine lokalen Überlastungen der Fugen entstehen. Aus diesem Grundsatz heraus haben sich baupraktische Erfahrungen ergeben, die in Verlegeregeln gebündelt wurden. Dabei geht es auch immer um die Fläche, auf welche die Kräfte einwirken können. Zu unterscheiden sind beispielsweise Reihen- oder Läuferverband, Fischgrätverband, Diagonalverband oder Ellenbogenverband und Blockverband. Aus dem Natursteinbereich kommen noch der Segmentbogenverband und der Netzverband sowie andere traditionelle geometrische Anordnungen dazu. Bei der Wahl des Verbandes ist zu beachten, wie diese Flächen überfahren werden sollen.

Pflasterbefestigungen in gebundener Ausführung

Das Tragverhalten der gebundenen Bauweise weicht von dem der ungebundenen Bauweise deutlich ab. Mit der Verwendung von hydraulischen Mörteln zur Fugenfüllung und zur Einbettung der Pflastersteine entsteht eine massive Decke, die so konstruiert sein sollte, dass auftretende Kräfte direkt und ohne Relativverformungen auf die Nachbarsteine übertragen werden. Das System entspricht dann einer aufgelagerten Platte. Die Verbindung von Befestigungselement zu Fugenmörtel und Bettung muss dabei so hergestellt sein, dass eine Verbundwirkung dauerhaft vorhanden ist. Ein Einzelsteinverhalten kann damit nicht mehr auftreten. Die Bettung wird geringer belastet. Gleiches gilt für die Unterlage, welche allerdings ausreichend steif ausgebildet werden muss, damit nicht durch elastische Verformungen der Unterlage die Zugfestigkeit der Decke überschritten wird und ein Riss entsteht.

Voraussetzung des Tragsystems ist eine ausreichende Zug- und Druckfestigkeit innerhalb und zwischen allen Komponenten. Dabei ist jedoch zu beachten, dass hydraulisch wirkende Mörtel in der Regel hohe Druckfestigkeiten aufweisen, jedoch die Zugfestigkeit nur sehr gering ist. Auf die Zug- und Verbundfestigkeiten im System ist daher besonders zu achten.

Länge und Breite der Befestigungselemente wirken sich bei dieser Bauweise deutlich weniger auf die Lastabtragung aus, so dass die Befahrung von Platten möglich wird – allerdings mit Einschränkungen, da bei Platten u. a. eine ausreichende Verbundwirkung zwischen Bettung und Platten schwieriger zu erreichen ist.

Die Dicke der Befestigungselemente wirkt sich ebenso etwas weniger auf die Tragwirkung aus als bei der ungebundenen Bauweise. Doch muss auch hier aus statischen Gründen und aus Gründen der Erzielung eines ausreichenden Verbundes zum Nachbarstein eine bestimmte Mindestdicke eingehalten werden.

Wenn bei der ungebundenen Bauweise die einwirkende Temperatur so gut wie keinen Einfluss auf die Tragwirkung der Befestigung ausübt, so ist dieser Einfluss bei der gebundenen Bauweise besonders groß. Da die Decke starr ist, gelten die üblichen Festkörpergesetze. Das Bauteil dehnt sich bei Hitze aus und zieht sich bei Kälte zusammen, solange es nicht durch Reibungskräfte usw. daran gehindert wird. Unter anderem infolge der allein durch das Bauteilgewicht entstehenden Reibungskräfte auf der Tragschicht werden solche freien Bewegungen behindert.

Damit besteht die Gefahr der Rissbildung durch übermäßige Zugspannungen bei Abkühlung und von Blow-ups durch übermäßige Druckspannungen bei starker Erwärmung. Zur Reduktion solcher Effekte wird die Decke durch sogenannte Bewegungsfugen in Platten unterteilt, welche die auftretenden Spannungen beschränken können. Diese Bewegungsfugen stellen besonders zu betrachtende und zu unterhaltende Elemente der Befestigung dar. Mit dem Bewegungsfugenraster entstehen also Platten, die sich der Witterung entsprechend verhalten. Die Erwärmung kann durch allgemeinen Temperaturanstieg und durch direkte Sonneneinstrahlung erfolgen. Da bei Erwärmung oft die Oberfläche wärmer ist als die darunter liegenden Bereiche, kann sich die Oberfläche stärker ausdehnen, mit der Folge einer möglichen Aufwölbung des Belags. Im Winter kann umgekehrt die Luft deutlich kälter als die Unterlage sein, wodurch sich die Platte an der Oberfläche stärker zusammenzieht als im unteren Bereich und die Gefahr einer „Schüsselung“ besteht.

Sowohl das Aufwölben als auch das „Aufschüsseln“ können zu einem Kontaktverlust zwischen Bettung und Tragschicht führen. Wenn nun durch das Eigengewicht oder/und zusätzliche Verkehrslasten die Zugfestigkeit der Konstruktion überschritten wird, entstehen Risse. Dies sollte durch eine geeignete Planung und Ausführung verhindert werden.

Die aus den vorstehenden Ausführungen resultierenden Schlussfolgerungen wurden in dem hier kommentierten Regelwerk in technische Vertragsbedingungen und Richtlinien sowie weitere Empfehlungen und Hinweise umgesetzt.

Das Regelwerk

Das **Regelwerk zur Herstellung von Pflasterdecken, Plattenbelägen und Belägen mit Großformaten** besteht aus unterschiedlichen einzelnen Regelungen.

Für **öffentliche Verkehrswege** sind folgende Regelwerke des Deutschen Instituts für Normung (DIN) und der Forschungsgesellschaft für Straßen- und Verkehrswesen (FGSV) hervorzuheben:

- **DIN 18299:** VOB Vergabe- und Vertragsordnung für Bauleistungen – Teil C: Allgemeine Technische Vertragsbedingungen für Bauleistungen (ATV) – Allgemeine Regelungen für Bauarbeiten jeder Art[20] (Deutsches Institut für Normung)
- **DIN 18318:** VOB Vergabe- und Vertragsordnung für Bauleistungen – Teil C: Allgemeine Technische Vertragsbedingungen für Bauleistungen (ATV) – Pflasterdecken und Plattenbeläge, Einfassungen[21] (Deutsches Institut für Normung)
- **ZTV Pflaster-StB:** Zusätzliche Technische Vertragsbedingungen und Richtlinien zur Herstellung von Pflasterdecken, Plattenbelägen und Einfassungen[22]
- **TL Pflaster-StB:** Technische Lieferbedingungen für Bauprodukte zur Herstellung von Pflasterdecken, Plattenbelägen und Einfassungen[23]
- **M FPgeb:** Merkblatt für Flächenbefestigungen mit Pflasterdecken und Plattenbelägen in gebundener Ausführung[24]
- **M FG:** Merkblatt für Flächenbefestigungen mit Großformaten[25]
- **RStO 12:** Richtlinien für die Standardisierung des Oberbaus von Verkehrsflächen[26]

Ergänzt wird das Regelwerk durch folgende weitere Regelungen:

- **M FP:** Merkblatt für Flächenbefestigungen mit Pflasterdecken und Plattenbelägen in ungebundener Ausführung sowie für Einfassungen[27]
- **M BEP:** Merkblatt für die Bauliche Erhaltung von Verkehrsflächen mit Pflasterdecken oder Plattenbelägen sowie von Einfassungen[28]
- **Merkblatt über den Rutschwiderstand von Pflasterdecken und Plattenbelägen für den Fußgängerverkehr**[29]
- **M LP:** Merkblatt für Lärmarme Pflasterbauweisen[30]

---

20 Deutsches Institut für Normung: DIN 18299: VOB Vergabe- und Vertragsordnung für Bauleistungen – Teil C: Allgemeine Technische Vertragsbedingungen für Bauleistungen (ATV) – Allgemeine Regelungen für Bauarbeiten jeder Art, Ausgabe 2019, Beuth Verlag, Berlin 2019

21 Deutsches Institut für Normung: DIN 18318: VOB Vergabe- und Vertragsordnung für Bauleistungen – Teil C: Allgemeine Technische Vertragsbedingungen für Bauleistungen (ATV) – Pflasterdecken und Plattenbeläge, Einfassungen, Ausgabe 2019, Beuth Verlag, Berlin 2019

22 Zusätzliche Technische Vertragsbedingungen und Richtlinien zur Herstellung von Pflasterdecken, Plattenbelägen und Einfassungen, Ausgabe 2020, FGSV Verlag, Köln 2020

23 Technische Lieferbedingungen für Bauprodukte zur Herstellung von Pflasterdecken, Plattenbelägen und Einfassungen, Ausgabe 2006/Fassung 2015, FGSV Verlag, Köln 2015

24 Merkblatt für Flächenbefestigungen mit Pflasterdecken und Plattenbelägen in gebundener Ausführung, Ausgabe 2018, FGSV Verlag, Köln 2018

25 Merkblatt für Flächenbefestigungen mit Großformaten, Ausgabe 2022, FGSV Verlag, Köln 2022

26 Richtlinien für die Standardisierung des Oberbaus von Verkehrsflächen, Ausgabe 2012, ergänzt um die Korrekturen 2020, FGSV Verlag, Köln 2012 und 2020

27 Merkblatt für Flächenbefestigungen mit Pflasterdecken und Plattenbelägen in ungebundener Ausführung sowie für Einfassungen, Ausgabe 2015, FGSV Verlag, Köln 2015

28 Merkblatt für die Bauliche Erhaltung von Verkehrsflächen mit Pflasterdecken oder Plattenbelägen sowie von Einfassungen, Ausgabe 2016, FGSV Verlag, Köln 2016

29 Merkblatt über den Rutschwiderstand von Pflasterdecken und Plattenbelägen für den Fußgängerverkehr, Ausgabe 2020, FGSV Verlag, Köln 2020

30 Merkblatt für Lärmarme Pflasterbauweisen, Ausgabe 2018, FGSV Verlag, Köln 2018

- **ALP Pgeb:** Arbeitsanleitung zur Durchführung von Prüfungen für Pflasterdecken und Plattenbeläge in gebundener Ausführung[31]
- **M VV:** Merkblatt für Versickerungsfähige Verkehrsflächen[32].

Das Regelwerk der FGSV ist systematisch gegliedert. Technische Lieferbedingungen sowie Zusätzliche Technische Vertragsbedingungen und Richtlinien werden in die Kategorie R 1 eingeordnet und stellen damit die höchste Verbindlichkeitsebene dar. R 1 bezeichnet dabei Regelwerke, die stets innerhalb der FGSV abgestimmt wurden und die, wenn sie als Vertragsbedingungen vereinbart wurden, eine hohe Verbindlichkeit haben. Merkblätter dagegen fallen in die Kategorie R 2. Diese sind weniger verbindlich als die R 1-Papiere und bezeichnen Regelwerke, die ebenfalls innerhalb der FGSV abgestimmt wurden. Die FGSV empfiehlt ihre Anwendung als Stand der Technik. R 1-Regelwerke regeln, wie technische Sachverhalte geplant oder realisiert werden müssen bzw. sollen. R 2-Regelwerke dagegen empfehlen, wie diese Sachverhalte geplant oder realisiert werden sollten. Arbeitsanleitungen gehören der Kategorie W 1 an und sind als Wissensdokumente der ersten Kategorie (von zweien) den R 2-Regelwerken nachgeordnet. Auch sie sind stets innerhalb der FGSV, jedoch nicht mit Externen abgestimmt. Sie geben den aktuellen Stand des Wissens innerhalb der zuständigen FGSV-Gremien wieder.

Bei einer **Nachhaltigkeitsbetrachtung der Pflasterbauweise** muss zwischen den verschiedenen Bauweisen unterschieden werden. Pflastersteine, Platten und Großformate, zusammenfassend Befestigungselemente genannt, ergeben mit dem Fugen- und Bettungsmaterial die Decke oder den Belag. Damit ist dies eine Elementbauweise.

Wenn nun die **ungebundene Bauweise** mit Fugen- und Bettungsmaterial aus einem Sand-Splittgemisch ohne Bindemittel gewählt wird, können bei Funktionsänderungen der Verkehrsfläche die Befestigungselemente und das Baustoffgemisch ohne Bindemittel problemlos getrennt und einer Wiederverwendung zugeführt werden. Dabei werden heutzutage schon Elemente aus Naturstein aufgenommen, seitlich oder zentral gelagert und direkt bei anderen Bauvorhaben ohne weitere Aufbereitung eingesetzt. Dies ist prinzipiell genauso auch für Produkte aus Beton und Ziegel bzw. Klinker möglich, nur aus Kostengründen wird derzeit zumeist darauf verzichtet. Hier liegt ein deutliches CO_2-Einsparpotenzial, wodurch die Bauweise mit wenigen Maßnahmen besonders nachhaltig werden könnte. Das aufgenommene Bettungs- und Fugenmaterial wird einer Aufbereitung zugeführt und beispielsweise als RC-Baustoff in einer Schottertragschicht wiederverwendet, so dass kein ausgeprägtes Downcycling, sondern eher ein Recycling stattfindet.

Bei der **gebundenen Bauweise** ist eine solche Trennung nicht einfach möglich. Da die Befestigungselemente mit dem Fugen- und dem Bettungsmörtel verbunden sind, sind die Elemente zu einer massiven Decke zusammengeführt und nicht mehr direkt wiederverwendbar. Bei Aufgrabungen muss die Befestigung mit größerem Aufwand und zerstörend entnommen werden. Die Wiederherstellung von Aufgrabungen wird aufwendiger. Schnittfugen bleiben sichtbar. Das entnommene Material muss vor einer Wiederverwendung gebrochen werden. Anschließend kann allerding auch dieses Material als RC-Baustoff wieder im Straßenbau eingesetzt werden. Weiterführende höherwertige Verwertungsmöglichkeiten beispielsweise im Beton werden derzeit immer weiter entwickelt. Ein Einsatz als rezyklierte Gesteinskörnung für Beton findet jedoch noch in keinem nennenswerten Maße statt. Hier sind weitere Entwicklungen auch aus Sicht der Nachhaltigkeit empfehlenswert.

Im **Neubau** sollte allein schon deshalb auf eine sehr sorgfältige Planung und Ausführung geachtet werden, da die Pflaster- und Plattenbauweise gegenüber anderen Ausführungsmöglichkeiten in der Regel etwas teurer ist. Auch heutzutage noch ist das Pflastern ein Handwerk, welches hohes handwerkliches Können voraussetzt. Die ausgeführte Handwerksqualität ist von großer

31 Arbeitsanleitung zur Durchführung von Prüfungen für Pflasterdecken und Plattenbeläge in gebundener Ausführung, Ausgabe 2018, FGSV Verlag, Köln 2018

32 Merkblatt für Versickerungsfähige Verkehrsflächen, Ausgabe 2013, FGSV Verlag, Köln 2013

Bedeutung. Daher erfordert das sichere Pflastern oder Verlegen von Platten und Großformaten eine gründliche Ausbildung und ein detailliertes Wissen über die Zusammenhänge und die Konsequenzen unterschiedlicher Detailausführungen. Gleiches muss aber auch von einem Planer gefordert werden, da die beste Ausführungsqualität bei ungeeigneter Planung ebenfalls zu schadhaften Flächen führen wird.

Um Problemen aus dem Weg zu gehen und Unsicherheiten zu verringern, bietet das vorliegende technischen Regelwerk Vorgaben und Empfehlungen. Es zeigt Lösungsmöglichkeiten auf, die jedoch nicht zuletzt aus Platzgründen teilweise nur verkürzt dargestellt werden können.

Die folgenden Kommentierungen des Regelwerkes der Forschungsgesellschaft für Straßen- und Verkehrswesen sollen den Beteiligten beim Bau von Pflasterdecken, Plattenbelägen und Großformatbelägen eine Hilfestellung geben. Das Wissen um die verschiedenen Bauweisen zur Herstellung von Pflasterdecken, Plattenbelägen und Belägen mit Großformaten sowie daraus resultierende Erfahrungen schreiten ständig voran. Der Kommentar stellt aus Sicht der Herausgeber den technischen Wissenstand von 2022 dar.

Teil A
Ungebundene Bauweise

ZTV Pflaster-StB

Bundesministerium für Verkehr
und digitale Infrastruktur
StB 27/7182.8/3-ARS-20/6/3293916

Bonn, den 25. März 2020

Allgemeines Rundschreiben Straßenbau Nr. 6/2020
Sachgebiet 04.4: Straßenbefestigungen; Bauweisen

Oberste Straßenbaubehörden der Länder

Autobahn GmbH des Bundes

nachrichtlich:

Fernstraßen-Bundesamt

Bundesanstalt für Straßenwesen

Bundesrechnungshof

DEGES: Deutsche Einheit
Fernstraßenplanungs- und -bau GmbH

Betr.: Zusätzliche Technische Vertragsbedingungen und Richtlinien zur Herstellung von Verkehrsflächen mit Pflasterdecken, Plattenbelägen sowie von Einfassungen (ZTV Pflaster-StB 20)

Bezug: 1. ARS-Nr. 23/2006 vom 29.8.2006 - S 17/7182.8.3 (Zusätzliche Technische Vertragsbedingungen und Richtlinien zur Herstellung von Verkehrsflächen mit Pflasterdecken, Plattenbelägen und Einfassungen, Ausgabe 2006 (ZTV Pflaster-StB 06))

Die „Zusätzlichen Technischen Vertragsbedingungen und Richtlinien zur Herstellung von Verkehrsflächen mit Pflasterdecken, Plattenbelägen sowie von Einfassungen“, Ausgabe 2020, (ZTV Pflaster-StB 20) sind von der Forschungsgesellschaft für Straßen- und Verkehrswesen e.V. in Abstimmung mit mir und den Obersten Straßenbaubehörden der Länder aufgestellt worden. Sie enthalten Regelungen zur Vorbereitung, Ausschreibung und Ausführung von Maßnahmen des Neubaus, des Um- und Ausbaus, der Instandsetzung sowie der Erneuerung von Verkehrsflächen.

Ich gebe die ZTV Pflaster-StB 20 hiermit bekannt und bitte, sie für den Bereich der Bundesfernstraßen einzuführen. Im Interesse einer einheitlichen Handhabung empfehle ich, die ZTV Pflaster-StB 20 auch für Vorhaben in Ihrem Zuständigkeitsbereich einzuführen. Ich bitte, mir eine Kopie Ihres Einführungserlasses zu übersenden.

Mein Allgemeines Rundschreiben Straßenbau (ARS) Nr. 23/2006 (Bezug 1.) hebe ich auf.

Die ZTV Pflaster-StB 20 wurden notifiziert (Notifizierungs-Nr. 2019/0580/D) gemäß der Richtlinie (EU) 2015/1535 des Europäischen Parlaments und des Rates vom 9.9.2015 über ein Informationsverfahren auf dem Gebiet der technischen Vorschriften und der Vorschriften für die Dienste der Informationsgesellschaft (ABl. L 241 vom 17.9.2015, S. 1).

Die ZTV Pflaster-StB 20 sind beim FGSV Verlag GmbH, Wesselinger Straße 15-17, 50999 Köln zu beziehen.

Im Auftrag
Dr. Stefan Krause

Kommentar

Die „Zusätzlichen Technischen Vertragsbedingungen und Richtlinien zur Herstellung von Verkehrsflächen mit Pflasterdecken, Plattenbelägen sowie von Einfassungen" – ZTV Pflaster-StB 20 – wurden im Juni 2020 vom FGSV Verlag herausgegeben und ersetzen mit diesem Datum die bis dahin gültigen ZTV Pflaster-StB 06, welche im Juni 2006 veröffentlicht wurden.

Die ZTV Pflaster-StB wurden von der Europäischen Union notifiziert. Im Notifizierungsverfahren wurde sie allen Mitgliedstaaten der EU bekannt gegeben und einem Einspruchsverfahren unterzogen. Nachdem keine Widersprüche zur vorliegenden Fassung der ZTV Pflaster-StB eingegangen sind, konnten sie in Deutschland eingeführt werden. Die Einführung erfolgte durch das Bundesministerium für Verkehr und digitale Infrastruktur (BMVI) im Rahmen eines Einführungserlasses, welcher in Form eines Allgemeinen Rundschreiben Straßenbau mit der Nummer 6/2020 veröffentlicht wurde. In diesem wird deutlich gemacht, dass die ZTV Pflaster-StB von der FGSV in Abstimmung mit dem BMVI und den entsprechenden Landesministerien der Bundesländer erstellt wurde. Damit sind die ZTV Pflaster-StB im Rahmen von Vergabetätigkeiten des BMVI anzuwenden. Eine automatische Einführung in allen Bundesländern erfolgt nicht. Jedes Bundesland führt entsprechende Regelungen separat ein. Die meisten Bundesländer halten sich an die vorliegende Textfassung. Einzelne Länder führten in einzelnen Punkten abweichende Regelungen ein. Diese nehmen jedoch zumeist Bezug auf die regionale Baustoffsituation und konkretisieren die Regelungen der ZTV Pflaster-StB eher, als dass sie abweichende Ausführungsanweisungen enthalten.

1 Allgemeines

1.1 Geltungsbereich

Die „Zusätzlichen Technischen Vertragsbedingungen und Richtlinien zur Herstellung von Verkehrsflächen mit Pflasterdecken, Plattenbelägen sowie von Einfassungen" (ZTV Pflaster-StB) sind in Verbindung mit den „Technischen Lieferbedingungen für Bauprodukte zur Herstellung von Pflasterdecken, Plattenbelägen und Einfassungen" (TL Pflaster-StB) bei der Herstellung von Pflasterdecken und Plattenbelägen in ungebundener Ausführung (Regelbauweise) auf Verkehrsflächen sowie von Einfassungen anzuwenden. Sie sind darauf abgestellt, dass die Vergabe- und Vertragsordnung für Bauleistungen Teil C: Allgemeine Technische Vertragsbedingungen für Bauleistungen (ATV), insbesondere die

- ATV DIN 18299 „Allgemeine Regelungen für Bauarbeiten jeder Art"
- ATV DIN 18318 „Pflasterdecken und Plattenbeläge, Einfassungen"

Bestandteile des Bauvertrages sind.

Kommentar

Die ZTV Pflaster-StB, erstellt und herausgegeben von der Forschungsgesellschaft für Straßen- und Verkehrswesen (FGSV), sind ein sogenanntes R 1-Regelwerk. Die FGSV unterteilt die von den Gremien erarbeiteten Technischen Veröffentlichungen in vier Kategorien mit abgestufter Bedeutung. Es wird unterschieden zwischen den Kategorien R 1, R 2, W 1 und W 2. Die jeweilige Kategorie ist auf dem Deckblatt der Veröffentlichung deutlich gemacht.

R 1-Veröffentlichungen umfassen Vertragsgrundlagen (ZTV: Zusätzliche Technische Vertragsbedingungen und Richtlinien, TL: Technische Lieferbedingungen und TP: Technische Prüfvorschriften) sowie Richtlinien. Sie sind stets innerhalb der FGSV abgestimmt. Sie haben, insbesondere **wenn sie als Vertragsbestandteil vereinbart werden**, eine hohe Verbindlichkeit.

Der vorstehende Absatz der ZTV Pflaster-StB regelt die vertragsrechtlichen Zusammenhänge, wenn diese für die Ausführung vereinbart wurden. Er ist einheitlich allen Zusätzlichen Technischen Vertragsbedingungen vorangestellt und regelt die Beziehungen und das Zusammenwirken mit der „Vergabe- und Vertragsordnung für Bauleistungen" (VOB).

Vergabe- und Vertragsordnung für Bauleistungen (VOB)

Die VOB ist ein umfassendes, für die praktische Anwendung entwickeltes Regelwerk zur Ausschreibung, Vergabe und Abwicklung von Bauaufträgen. Sie wird in Arbeitsausschüssen des Deutschen Vergabe- und Vertragsausschusses für Bauleistungen erarbeitet. Die Anwendung der VOB bietet Vertragssicherheit für den Auftraggeber und den Auftragnehmer und ist für die Bauaufträge öffentlicher Auftraggeber durch Bundeshaushaltsordnung, Landeshaushalts- oder Gemeindehaushaltsordnungen verpflichtend.[1] Ebenso wird sie häufig auch bei privaten Bauverträgen angewandt.

---

1 Deutscher Vergabe- und Vertragsausschuss für Bauleistungen: VOB Gesamtausgabe 2019: Vergabe- und Vertragsordnung für Bauleistungen Teil A (DIN 1960), Teil B (DIN 1961), Teil C (ATV), Beuth Verlag, Berlin 2019

Kommentar

Sie ist in 3 Teile (Teil A, Teil B, Teil C), die unterschiedliche Bedeutung haben, aufgeteilt:

- VOB Teil A (DIN 1960) Allgemeine Bestimmungen für **die Vergabe von Bauleistungen**
- VOB Teil B (DIN 1961) Allgemeine Vertragsbedingungen für **die Ausführung von Bauleistungen**
- VOB Teil C **Allgemeine Technische Vertragsbedingungen für Bauleistungen**.

Die Allgemeinen Technischen Vertragsbedingungen für Bauleistungen (ATV) werden als für die jeweilige Leistung spezifische DIN-Normen herausgegeben. Sie werden in unterschiedlichen Zeitabständen, angepasst an die technische Weiterentwicklung, überprüft und überarbeitet.

Im Deutschen Vergabe- und Vertragsausschuss für Bauleistungen (DVA) sind die Hauptausschüsse Hochbau (HAH) oder Tiefbau (HAT) für die Aktualisierung der „Allgemeinen Technischen Vertragsbedingungen“ (ATV) des Teiles C der VOB zuständig; sie setzen für die Überarbeitung Arbeitsausschüsse ein.

Die VOB ist jedoch kein Gesetz:

- Der Teil A der VOB ist eine „Verwaltungsvorschrift“; sie regelt im Wesentlichen das Zustandekommen einer Ausschreibung und das Durchführen des Vergabeverfahrens.
- Teil B der VOB sind „Allgemeine Geschäftsbedingungen“ für die Ausführung von Bauleistungen.

  Die Allgemeinen Vertragsbedingungen sind auf die besonderen Bedingungen des Bauens abgestimmte, zu berücksichtigende vertragsrechtliche Regelungen. Sie sind für beide Vertragspartner gleichermaßen von Bedeutung.

  Zur einheitlichen Anwendung der VOB bei Vergabe und Ausführung hat das Bundesministerium für Verkehr und digitale Infrastruktur (BMVI) das „Handbuch für die Vergabe und Ausführung von Bauleistungen im Straßen- und Brückenbau“ (HVA B-StB)[2] herausgegeben.

  Dieses Handbuch wird für Maßnahmen an Bundesfernstraßen und von den Ländern für die in ihrem Zuständigkeitsbereich liegenden Straßen angewendet.

  Das HVA B-StB gliedert sich, entsprechend den praktischen Erfordernissen, in

  - Teil 1: Richtlinien für das Aufstellen der Vergabeunterlagen
  - Teil 2: Richtlinien für das Durchführen der Vergabeverfahren
  - Teil 3: Richtlinien für das Abwickeln der Verträge
  - Vordrucke für Vergabeunterlagen, Vergabeverfahren und Vertragsabwicklung.
- Der Teil C der VOB, die „Allgemeinen Technischen Vertragsbedingungen für Bauleistungen“, geben Hinweise für das Aufstellen der jeweiligen Leistungsbeschreibungen und regeln allgemeine Anforderungen an die auszuführende Leistung, z. B. Baustoffe, Ausführung, Toleranzen und die Abrechnung (VOB/C-2016: ATV DIN 18299 bis ATV DIN 18459). Sie sind so aufgebaut, dass angebotene Bauleistungen im Rahmen des Vergabeverfahrens miteinander vergleichbar sind.

---

2 Bundesministerium für Verkehr und digitale Infrastruktur: Handbuch für die Vergabe und Ausführung von Bauleistungen im Straßen- und Brückenbau – HVA B-StB

Kommentar

Bild 1.1 Übliche Einsatzgebiete für Pflasterbefestigungen

Es ist jedoch zu beachten, dass die ATV-en nach der Reihenfolge in VOB/B § 1 Nr. 2 (Rangfolge bei Widersprüchen) nachrangig sind, d. h. nur wenn z. B. im Leistungsverzeichnis oder in den Zusätzlichen Technischen Vertragsbedingungen keine Angaben vorhanden sind, wird auf die Regelungen der entsprechenden ATV zurückgegriffen.

Durch Regelungen der EU wurde das öffentliche Auftragswesen soweit liberalisiert, als nationale Regelungen durch (EU-) harmonisierte Richtlinien ersetzt worden sind.

Für die Ausschreibung und Vergabe von Bauleistungen hat die EU die folgenden Richtlinien herausgegeben:

- Richtlinie 89/665/EWG des Rates vom 21. Dezember 1989 zur Koordinierung der Rechts- und Verwaltungsvorschriften für die Anwendung der Nachprüfungs-Verfahren im Rahmen der Vergabe öffentlicher Liefer- und Bauaufträge
- Richtlinie 93/38/EWG des Rates vom 14. Juni 1993 zur Koordinierung der Auftragsvergabe durch Auftraggeber im Bereich der Wasser-, Energie- und Verkehrsversorgung sowie im Telekommunikationssektor
- Richtlinie 2014/24/EU des Europäischen Parlaments und des Rates vom 26. Februar 2014 über die öffentliche Auftragsvergabe und zur Aufhebung der Richtlinie 2004/18/EG
- Richtlinie 2014/25/EU des Europäischen Parlaments und des Rates vom 26. Februar 2014 über die Vergabe von Aufträgen durch Auftraggeber im Bereich der Wasser-, Energie- und Verkehrsversorgung sowie der Postdienste und zur Aufhebung der Richtlinie 2004/17/EG.

Diese Richtlinien sind im Amtsblatt der Europäischen Gemeinschaften erschienen und im Internet abrufbar. Sie sind in die VOB eingearbeitet.

Grundsätzlich gelten die DIN 18299 „Allgemeine Regelungen für Bauarbeiten jeder Art“[3] als Vertragsbestandteil. Sie sind nach VOB und nach den ZTV

---

3 VOB Vergabe- und Vertragsordnung für Bauleistungen – Teil C: Allgemeine Technische Vertragsbedingungen für Bauleistungen (ATV) – Allgemeine Regelungen für Bauarbeiten jeder Art – DIN 18299:2019-09, Ausgabe 2019, Beuth Verlag, Berlin 2019

Kommentar

Pflaster-StB Abschnitt 1 vereinbart und gelten auch für solche Bauarbeiten, für die keine ATV in den VOB/C (ATV DIN 18300 bis ATV DIN 18459) bestehen. Die abweichenden Regelungen dieser anderen ATV haben Vorrang vor den Regelungen der ATV DIN 18299.

Für Pflasterdecken, Plattenbeläge und Einfassungen werden die allgemeinen technischen Vertragsbedingungen in den ATV DIN 18318 festgelegt.

Diese ATV DIN 18318 „Pflasterdecken und Plattenbeläge, Einfassungen" sind Bestandteil des Teils C der VOB und damit auch Bestandteil eines VOB-Vertrages. Der Geltungsbereich der ATV ist allgemeiner gefasst als der Anwendungsbereich der ZTV Pflaster-StB:

ATV DIN 18318

Pflasterdecken und Plattenbeläge, Einfassungen, Ausgabe 2019

1 Geltungsbereich

1.1 Die ATV DIN 18318 „Pflasterdecken und Plattenbeläge, Einfassungen" gilt für das Befestigen von Flächen mit Pflastersteinen und Platten auf Unterlagen aus

- Tragschichten ohne Bindemittel (siehe ATV DIN 18315 „Verkehrswegebauarbeiten Oberbauschichten ohne Bindemittel"),
- Tragschichten aus Dränbeton (siehe ATV DIN 18316 „Verkehrswegebauarbeiten Oberbauschichten mit hydraulischen Bindemitteln"),
- wasserdurchlässigen Asphalttragschichten (siehe ATV DIN 18317 „Verkehrswegebauarbeiten – Oberbauschichten aus Asphalt").

Sie gilt auch für das Herstellen von Entwässerungsrinnen aus Pflastersteinen und Platten und Einfassungen.

1.2 Die ATV DIN 18318 gilt nicht für das Einbauen, Verlegen und Versetzen von Naturwerksteinen und Betonwerksteinen auf wasserundurchlässiger Unterlage oberhalb von Decken und Bauwerken auf Mörtelbettung im Dick- oder Dünnbettverfahren, Bettung auf Dränmatten oder auf Stelzlagern (siehe ATV DIN 18332 „Naturwerksteinarbeiten" und ATV DIN 18333 „Betonwerksteinarbeiten"). Sie gilt auch nicht für das Ansetzen und Verlegen von Fliesen, Platten und Mosaik (siehe ATV DIN 18352 „Fliesen- und Plattenarbeiten").

1.3 Ergänzend gilt die ATV DIN 18299 „Allgemeine Regelungen für Bauarbeiten jeder Art", Abschnitte 1 bis 5. Bei Widersprüchen gehen die Regelungen der ATV DIN 18318 vor.

Kommentar

Die ATV DIN 18318 wurden auf Basis der bisherigen Fassung dahingehend überarbeitet, dass der Anwendungsbereich deutlich allgemeiner gefasst ist und nun im gleichen Maße Regelungen zu Flächen mit sehr geringer Verkehrsbelastung, wie z. B. private Terrassenbeläge, als auch Flächen für den öffentlichen Verkehr mit hoher Verkehrsbelastung enthalten sind. Dies ist bei der Anwendung der ATV zu beachten, da Regelungen, die für wenig belastete Flächen ausreichend sind, bei hoher Verkehrsbelastung öffentlicher Verkehrsflächen häufig unzureichend sind. Die Anwendung allein der ATV DIN 18318 führt daher grundsätzlich bei öffentlichen Verkehrsflächen nicht automatisch zu einem ausreichend dauerhaften Anforderungsniveau. Häufig ist davon auszugehen, dass solche Befestigungen schadensanfällig sind. Daher ergänzen die ZTV Pflaster-StB die Regelungen der VOB für öffentliche Verkehrsflächen, bei denen die ungebundene Bauweise angewendet werden soll.

1.1 **Geltungsbereich** (Fortsetzung)

Diese ZTV Pflaster-StB werden bei der Vorbereitung, der Ausschreibung und der Ausführung von Maßnahmen des Neubaus, des Um- oder Ausbaus, der Instandsetzung sowie der Erneuerung von Verkehrsflächen herangezogen.

Für einige Anwendungsgebiete, wie z. B. Flächen im Landschaftsbau oder im ländlichen Wegebau, Gleisbereiche, Straßen für militärische Schwerfahrzeuge, Tankstellen, Flugplatzbefestigungen, Busverkehrsflächen oder Bahnsteige sind weitere einschlägige Technische Regeln oder Hinweise zu beachten und gegebenenfalls als Vertragsbestandteile zu vereinbaren.

Nicht Bestandteile dieser ZTV Pflaster-StB sind:

- *Begrünbare Flächenbefestigungen,*
- *Pflasterdecken und Plattenbeläge in gebundener Ausführung,*
- *Flächenbefestigungen mit Großformaten,*
- *Versickerungsfähige Verkehrsflächenbefestigungen und*
- *Pflasterdecken und Plattenbeläge, die auf Bauwerken gebettet sind.*

Kommentar

■ Begrünbare Flächenbefestigungen

Begrünbare Flächenbefestigungen werden derzeit nicht von der FGSV, sondern von der FLL, Forschungsgesellschaft Landschaftsentwicklung, Landschaftsbau e. V. in den „Richtlinien für Planung, Bau und Instandhaltung von begrünbaren Flächenbefestigungen“[4] geregelt.

■ Pflasterdecken und Plattenbeläge in gebundener Ausführung

Für Pflasterdecken und Plattenbeläge in gebundener Ausführung existiert das „Merkblatt für Flächenbefestigungen mit Pflasterdecken und Plattenbelägen in gebundener Ausführung“ der FGSV (M FPgeb). Genaueres zur gebundenen Bauweise ist Teil C dieses Handbuchs zu entnehmen.

■ Flächenbefestigungen mit Großformaten

Flächenbefestigungen mit Großformaten sind im „Merkblatt für Flächenbefestigungen mit Großformaten“ der FGSV (M FG) geregelt. Weiteres hierzu ist in Teil D dieses Handbuches dargestellt.

■ Versickerungsfähige Verkehrsflächenbefestigungen

Versickerungsfähige Verkehrsflächen der verschiedenen Bauweisen werden im „Merkblatt für Versickerungsfähige Verkehrsflächen“ der FGSV (M VV) behandelt. Dieses Merkblatt ist auch für die Ausführung der gebundenen wasserdurchlässigen Tragschichten unter konventionellen Pflasterdecken gemäß diesen ZTV Pflaster-StB relevant.

■ Pflasterdecken und Plattenbeläge, die auf Bauwerken gebettet sind

Für Pflasterdecken und Plattenbeläge, die auf Bauwerken direkt gebettet sind, existiert kein Regelwerk der FGSV. Insbesondere sind diese Bauweisen

4 Forschungsgesellschaft Landschaftsentwicklung, Landschaftsbau e. V.: Richtlinien für Planung, Bau und Instandhaltung von begrünbaren Flächenbefestigungen, FLL, Bonn 2018

Kommentar

bei Umkehrdächern nur schwierig auszuführen. Es empfiehlt sich, Pflasterdecken und Plattenbeläge nur mit einem ausreichend dicken Oberbau auf Bauwerken auszuführen und außerdem unbedingt die Wasserabführung sicherzustellen.

Das größte Problem einer Flächenbefestigung auf Bauwerken ist die nicht verzichtbare Ableitung eindringenden Sickerwassers. Hierfür werden druckstabile, belastbare Dränmatten verwendet, die an Bodenabläufe anzuschließen sind oder andere Ablaufmöglichkeiten haben müssen. Es ist zu empfehlen, entsprechend der geplanten Verkehrsbelastung und des vorgesehenen Belages die Schichtenfolge des Oberbaus und die Dränmatte zu wählen. Die Hersteller der Dränmatten bieten Empfehlungen zu möglichen Aufbauten entsprechend der geplanten Verkehrsbelastungen an.

Neben der Ableitung des eindringenden Niederschlagswassers ist bei Pflasterbefestigungen auf Bauwerken auch zu berücksichtigen, dass das vorhandene konstruktive Bauwerk bei Verkehrsbelastung Schwingungen aufweisen kann. Diese Schwingungen können bei zu geringer Dämpfung durch ausreichend dicke Tragschichten zu Vibrationen und damit Kornumlagerungen innerhalb der ungebundenen Baustoffe der Fugenfüllung und der Bettung führen. Die damit einhergehenden Filterstabilitätsprobleme können die Dauerhaftigkeit der Fugenfüllung und die Wasserdurchlässigkeit der Bettung negativ beeinflussen. Da noch keine wissenschaftlich abgesicherten Erkenntnisse zu den erforderlichen Filterregeln unter diesen Randbedingungen vorliegen, hat die FGSV bisher darauf verzichtet, ein Regelwerk zu dieser Bauweise zu erstellen.

Die FLL hat für Verkehrsflächen außerhalb des öffentlichen Straßenverkehrs die „Empfehlungen für Planung, Bau und Instandhaltung von Verkehrsflächen auf Bauwerken“[5] herausgegeben.

1.1 Geltungsbereich (Fortsetzung)

Die im Text mit Randstrich gekennzeichneten Absätze sind „Zusätzliche Technische Vertragsbedingungen“ im Sinne von § 1, Absatz 2, Nummer 4 VOB Teil B – DIN 1961 –, wenn die ZTV Pflaster-StB Bestandteil des Bauvertrages sind.

Die im Text kursiv gedruckten und nicht mit Randstrich gekennzeichneten Absätze sind „Richtlinien“; sie sind vom Auftraggeber bei der Aufstellung der Leistungsbeschreibung sowie bei der Überwachung und Abnahme der Bauleistungen zu beachten.

Absätze im Kleindruck verweisen auf §§ der VOB/B oder auf Abschnitte der ATV DIN 18299 oder DIN 18318.

Kommentar

Die ZTV Pflaster-StB enthalten im Druck unterschiedlich dargestellte Absätze, die auch unterschiedliche Bedeutungen haben:

- Absätze mit Randstrich legen Zusätzliche Technische Vertragsbedingungen fest.

5 Forschungsgesellschaft Landschaftsentwicklung, Landschaftsbau e. V.: Empfehlungen für Planung, Bau und Instandhaltung von Verkehrsflächen auf Bauwerken, FLL, Bonn 2020

Kommentar

- Absätze in Kursivdruck enthalten Richtlinien für die Leistungsbeschreibung, die Überwachung und Abnahme der Bauleistung zur Beachtung durch den Auftraggeber.
- Absätze in Kleindruck verweisen auf §§ in den Allgemeinen Vertragsbedingungen der VOB Teil B und in den Allgemeinen Technischen Vertragsbedingungen der VOB Teil C.

Die Allgemeinen Vertragsbedingungen (AV) des Teils B der VOB können von den Auftraggebern für die bei ihnen gegebenen Verhältnisse durch Zusätzliche Vertragsbedingungen (ZVB) ergänzt werden, beispielsweise durch die „Zusätzlichen Vertragsbedingungen für die Ausführung von Bauleistungen im Straßen- und Brückenbau“ (ZVB/E-StB).

Andere Ergänzungen/Änderungen des Teils B der VOB können sich nahezu nur auf die Verlängerung der Zeit des Anspruches des Auftraggebers auf die Beseitigung auftretender Mängel an Bauwerken beschränken, wenn hier statt 4 Jahren (VOB/B § 13 Nr. 4) eine Frist von 5 Jahren (siehe auch VOB/A § 9b „wenn dies nach der Eigenart der Leistung erforderlich ist“) eingesetzt wird.

Die Allgemeinen Technischen Vertragsbedingungen (ATV) des Teils C können durch Zusätzliche Technische Vertragsbedingungen (ZTV) ergänzt werden. Die ATV und die ZTV geben damit die Bedingungen an, die an das Bauwerk zu stellen sind. Dies sind besondere, einzelne Leistungen, die hier für die Herstellung der Pflasterdecken und Plattenbeläge zu erbringen sind. Sie müssen in einer ausschließlich für die auszuschreibende Bauleistung entsprechender Leistungsbeschreibung eindeutig und umfassend beschrieben werden (siehe VOB/A § 7). In der VOB/B § 1 ist die Rangfolge der Vertragsbestandteile geregelt:

VOB/B

Allgemeine Vertragsbedingungen für die Ausführung von Bauleistungen,
Ausgabe 2019

§ 1 Art und Umfang der Leistung

(1) Die auszuführende Leistung wird nach Art und Umfang durch den Vertrag bestimmt. Als Bestandteil des Vertrags gelten auch die Allgemeinen Technischen Vertragsbedingungen für Bauleistungen (VOB/C).

(2) Bei Widersprüchen im Vertrag gelten nacheinander:

1. die Leistungsbeschreibung,
2. die Besonderen Vertragsbedingungen,
3. etwaige Zusätzliche Vertragsbedingungen,
4. etwaige Zusätzliche Technische Vertragsbedingungen,
5. die Allgemeinen Technischen Vertragsbedingungen für Bauleistungen,
6. die Allgemeinen Vertragsbedingungen für die Ausführung von Bauleistungen.

Kommentar

Allem voran steht die **Leistungsbeschreibung**. Sie hat im Sinn von VOB/A § 7 die geforderten Leistungen „eindeutig und so erschöpfend zu beschreiben, dass alle Unternehmen die Beschreibung im gleichen Sinne verstehen müssen und ihre Preise sicher und ohne umfangreiche Vorarbeiten berechnen können, und um eine einwandfreie Preisermittlung zu ermöglichen, sind alle sie beeinflussenden Umstände festzustellen und in den Vergabeunterlagen anzugeben.“ Außerdem darf dem „Auftragnehmer kein ungewöhnliches Wagnis aufgebürdet werden für Umstände und Ereignisse, auf die er keinen Einfluss hat und deren Einwirkung auf die Preise und Fristen er nicht im Voraus schätzen kann.“

Kommentar

In der Leistungsbeschreibung müssen auch der Zweck und die erwartete Beanspruchung des fertigen Bauwerkes sowie bei Straßen die Belastungsklasse angegeben werden. Ebenso gehören zu der Leistungsbeschreibung auch z. B. Lagepläne, Detailzeichnungen, Bodengutachten, Gutachten zur Kampfmittelräumung oder zu möglicherweise zu erwartenden historischen Funden usw.

Besondere Vertragsbedingungen können z. B. Vertragsfristen, Vertragsstrafen, Vereinbarungen zu Rechnungen und Zahlungen, Angaben zu Sicherheitsleistungen, Preisgleitklauseln und Nebenangebote betreffen.

Zusätzliche Vertragsbedingungen sind z. B. die „Zusätzlichen Vertragsbedingungen für die Ausführung von Bauleistungen im Straßen- und Brückenbau" (ZVB/E-StB).

Zusätzliche Technische Vertragsbedingungen sind z. B. die „Zusätzlichen Technischen Vertragsbedingungen und Richtlinien zur Herstellung von Verkehrsflächen mit Pflasterdecken, Plattenbelägen sowie von Einfassungen" (ZTV Pflaster-StB) sowie weitere mitgeltende ZTV-en.

Die **Allgemeinen Technischen Vertragsbedingungen** werden Vertragsbestandteil, wenn die VOB/B als Vertragsbestandteil vereinbart wurde. Dies ist für öffentliche Auftraggeber durch haushaltsrechtliche Vorschriften festgelegt. Damit gehören gemäß VOB/B § 1 auch die ATV der VOB/C einschließlich der darin als mitgeltend oder maßgeblich bezeichneten Normen, Vorschriften und Regelungen zum Bauvertrag. Die ATV sind abweichend von den ZTV auch dann Vertragsbestandteil, wenn sie in den Vertragsunterlagen nicht mehr einzeln genannt werden.

Neben den Bedingungen, die sich auf die vertragsrechtliche und technische Abwicklung des Bauvorhabens beziehen, gelten als weitere Vorschriften für die Planung und Ausführung die Baubestimmungen der Bauaufsichtsbehörde, die Unfallverhütungsvorschriften sowie andere gesetzliche Auflagen, z. B. das Wasserhaushaltsgesetz, das Kreislaufwirtschafts- und Abfallgesetz. Daneben sind anerkannte Regeln der Technik diejenigen, welche z. B. in Normen, in das Bauwerk betreffenden Merkblättern und in Richtlinien genannt sind.

DIN-Normen, auf die ATV oder ZTV zurückgreifen, sind Bestandteil des Bauvertrages. Insbesondere sind hier die ATV DIN 18299 und die ATV DIN 18318 zu nennen.

In den ATV DIN 18299 sind (nicht vertragliche) Hinweise für das Aufstellen der Leistungsbeschreibung, für die Anforderungen an die Baustoffe und an die Ausführung sowie die Festlegung von Nebenleistungen und Besonderen Leistungen allgemein festgelegt. Die Beachtung der Hinweise für das Aufstellen der Leistungsbeschreibung ist Voraussetzung für eine ordnungsgemäße Leistungsbeschreibung gemäß §§ 7 ff., §§ 7 EU ff. bzw. §§ 7 VS ff. VOB/A.

ATV DIN 18299 **Allgemeine Regelungen für Bauleistungen jeder Art,** Ausgabe 2019

0 Hinweise für das Aufstellen der Leistungsbeschreibung

Diese Hinweise für das Aufstellen der Leistungsbeschreibung gelten für Bauarbeiten jeder Art; sie werden ergänzt durch die auf die einzelnen Leistungsbereiche bezogenen Hinweise in den ATV DIN 18300 bis ATV DIN 18459, Abschnitt 0, sowie den Anhang Begriffsbestimmungen. Die Beachtung dieser Hinweise und des Anhangs ist Voraussetzung für eine ordnungsgemäße Leistungsbeschreibung gemäß §§ 7 ff., §§ 7 EU ff. beziehungsweise §§ 7 VS ff. VOB/A.

ATV DIN 18299 *In die Vorbemerkungen zum Leistungsverzeichnis ist aufzunehmen:*

„Soweit in der Leistungsbeschreibung auf Technische Spezifikationen, z. B. nationale Normen, mit denen Europäische Normen umgesetzt werden, europäisch technische Bewertungen, gemeinsame technische Spezifikationen, Internationale Normen, Bezug genommen wird, werden auch ohne den ausdrücklichen Zusatz: „oder gleichwertig" immer gleichwertige Technische Spezifikationen in Bezug genommen."

Die Hinweise werden nicht Vertragsbestandteil.

In der Leistungsbeschreibung sind nach den Erfordernissen des Einzelfalls insbesondere anzugeben:

0.1 Angaben zur Baustelle

0.1.1 *Lage der Baustelle, Umgebungsbedingungen, Zufahrtsmöglichkeiten und Beschaffenheit der Zufahrt sowie etwaige Einschränkungen bei ihrer Benutzung.*

0.1.2 *Besondere Belastungen aus Immissionen sowie besondere klimatische oder betriebliche Bedingungen.*

0.1.3 *Art und Lage der baulichen Anlagen, z. B. auch Anzahl und Höhe der Geschosse.*

0.1.4 *Verkehrsverhältnisse auf der Baustelle, insbesondere Verkehrsbeschränkungen.*

0.1.5 *Für den Verkehr freizuhaltende Flächen.*

0.1.6 *Art, Lage, Maße und Nutzbarkeit von Transporteinrichtungen und Transportwegen, z. B. Montageöffnungen.*

0.1.7 *Lage, Art, Anschlusswert und Bedingungen für das Überlassen von Anschlüssen für Wasser, Energie und Abwasser.*

0.1.8 *Lage und Ausmaß der dem Auftragnehmer für die Ausführung seiner Leistungen zur Benutzung oder Mitbenutzung überlassenen Flächen und Räume.*

0.1.9 *Bodenverhältnisse, Baugrund und seine Tragfähigkeit. Ergebnisse von Bodenuntersuchungen.*

0.1.10 *Hydrologische Werte von Grundwasser und Gewässern. Art, Lage, Abfluss, Abflussvermögen und Hochwasserverhältnisse von Vorflutern. Ergebnisse von Wasseranalysen.*

0.1.11 *Besondere umweltrechtliche Vorschriften.*

0.1.12 *Besondere Vorgaben für die Entsorgung, z. B. Beschränkungen für die Beseitigung von Abwasser und Abfall.*

0.1.13 *Schutzgebiete oder Schutzzeiten im Bereich der Baustelle, z. B. wegen Forderungen des Gewässer-, Boden-, Natur-, Landschafts- oder Immissionsschutzes; vorliegende Fachgutachten oder dergleichen.*

0.1.14 *Art und Umfang des Schutzes von Bäumen, Pflanzenbeständen, Vegetationsflächen, Verkehrsflächen, Bauteilen, Bauwerken, Grenzsteinen und dergleichen im Bereich der Baustelle.*

0.1.15 *Art und Umfang der Regelung und Sicherung des öffentlichen Verkehrs.*

0.1.16 *Im Bereich der Baustelle vorhandene Anlagen, insbesondere Abwasser- und Versorgungsleitungen.*

0.1.17 *Bekannte oder vermutete Hindernisse im Bereich der Baustelle, z. B. Leitungen, Kabel, Dräne, Kanäle, Bauwerksreste und, soweit bekannt, deren Eigentümer.*

0.1.18 *Bestätigung, dass die im jeweiligen Bundesland geltenden Anforderungen zu Erkundungs- und gegebenenfalls Räumungsmaßnahmen hinsichtlich Kampfmitteln erfüllt wurden.*

ATV DIN 18299

0.1.19 Gemäß der Baustellenverordnung getroffene Maßnahmen.

0.1.20 Besondere Anordnungen, Vorschriften und Maßnahmen der Eigentümer (oder der anderen Weisungsberechtigten) von Leitungen, Kabeln, Dränen, Kanälen, Straßen, Wegen, Gewässern, Gleisen, Zäunen und dergleichen im Bereich der Baustelle.

0.1.21 Art und Umfang von Schadstoffbelastungen, z. B. des Bodens, der Gewässer, der Luft, der Stoffe und Bauteile; vorliegende Fachgutachten oder dergleichen.

0.1.22 Art und Zeit der vom Auftraggeber veranlassten Vorarbeiten.

0.1.23 Arbeiten anderer Unternehmer auf der Baustelle.

0.2 Angaben zur Ausführung

0.2.1 Vorgesehene Arbeitsabschnitte, Arbeitsunterbrechungen und Arbeitsbeschränkungen nach Art, Ort und Zeit sowie Abhängigkeit von Leistungen anderer.

0.2.2 Besondere Erschwernisse während der Ausführung, z. B. Arbeiten in Räumen, in denen der Betrieb weiterläuft, Arbeiten im Bereich von Verkehrswegen oder bei außergewöhnlichen äußeren Einflüssen.

0.2.3 Vorgaben, die sich aus dem SiGe-Plan gemäß Baustellenverordnung ergeben.

0.2.4 Art und Umfang von Leistungen zur Unfallverhütung und zum Gesundheitsschutz für Mitarbeiter anderer Unternehmen, z. B. trittsichere Abdeckungen.

0.2.5 Besondere Anforderungen für Arbeiten in kontaminierten Bereichen, gegebenenfalls besondere Anordnungen für Schutz- und Sicherheitsmaßnahmen.

0.2.6 Besondere Anforderungen an die Baustelleneinrichtung und Entsorgungseinrichtungen, z. B. Behälter für die getrennte Erfassung.

0.2.7 Besondere Anforderungen an das Auf- und Abbauen sowie Vorhalten von Gerüsten.

0.2.8 Mitbenutzung fremder Gerüste, Hebezeuge, Aufzüge, Aufenthalts- und Lagerräume, Einrichtungen und dergleichen durch den Auftragnehmer.

0.2.9 Wie lange, für welche Arbeiten und gegebenenfalls für welche Beanspruchung der Auftragnehmer Gerüste, Hebezeuge, Aufzüge, Aufenthalts- und Lagerräume, Einrichtungen und dergleichen für andere Unternehmer vorzuhalten hat.

0.2.10 Verwendung oder Mitverwendung von wiederaufbereiteten (Recycling-) Stoffen.

0.2.11 Anforderungen an wiederaufbereitete (Recycling-)Stoffe und an nicht genormte Stoffe und Bauteile.

0.2.12 Besondere Anforderungen an Art, Güte und Umweltverträglichkeit der Stoffe und Bauteile, auch z. B. an die schnelle biologische Abbaubarkeit von Hilfsstoffen.

0.2.13 Art und Umfang der vom Auftraggeber verlangten Eignungs- und Gütenachweise.

0.2.14 Unter welchen Bedingungen auf der Baustelle gewonnene Stoffe verwendet werden dürfen oder müssen oder einer anderen Verwertung zuzuführen sind.

0.2.15 Art, Zusammensetzung und Menge der aus dem Bereich des Auftraggebers zu entsorgenden Böden, Stoffe und Bauteile; Art der Verwertung oder bei Abfall die Entsorgungsanlage; Anforderungen an die Nachweise über Transporte, Entsorgung und die vom Auftraggeber zu tragenden Entsorgungskosten.

ATV DIN 18299

__0.2.16__ Art, Anzahl, Menge oder Masse der Stoffe und Bauteile, die vom Auftraggeber beigestellt werden, sowie Art, genaue Bezeichnung des Ortes und Zeit ihrer Übergabe.

__0.2.17__ In welchem Umfang der Auftraggeber Abladen, Lagern und Transport von Stoffen und Bauteilen übernimmt oder dafür dem Auftragnehmer Geräte oder Arbeitskräfte zur Verfügung stellt.

__0.2.18__ Leistungen für andere Unternehmer.

__0.2.19__ Mitwirken beim Einstellen von Anlageteilen und bei der Inbetriebnahme von Anlagen im Zusammenwirken mit anderen Beteiligten, z. B. mit dem Auftragnehmer für die Gebäudeautomation.

__0.2.20__ Benutzung von Teilen der Leistung vor der Abnahme.

__0.2.21__ Übertragung der Wartung während der Dauer der Verjährungsfrist für die Mängelansprüche für maschinelle und elektrotechnische sowie elektronische Anlagen oder Teile davon, bei denen die Wartung Einfluss auf die Sicherheit und die Funktionsfähigkeit hat (vergleiche § 13 Absatz 4 Nummer 2 VOB/B), durch einen besonderen Wartungsvertrag.

__0.2.22__ Abrechnung nach bestimmten Zeichnungen oder Tabellen.

0.3 Einzelangaben bei Abweichungen von den ATV

__0.3.1__ Wenn andere als die in den ATV DIN 18299 bis ATV DIN 18459 vorgesehenen Regelungen getroffen werden sollen, sind diese in der Leistungsbeschreibung eindeutig und im Einzelnen anzugeben.

__0.3.2__ Abweichende Regelungen von der ATV DIN 18299 können insbesondere in Betracht kommen bei

Abschnitt 2.1.1,	*wenn die Lieferung von Stoffen und Bauteilen nicht zur Leistung gehören soll,*
Abschnitt 2.2,	*wenn nur ungebrauchte Stoffe und Bauteile vorgehalten werden dürfen,*
Abschnitt 2.3.1,	*wenn auch gebrauchte Stoffe und Bauteile geliefert werden dürfen.*

0.4 Einzelangaben zu Nebenleistungen und Besonderen Leistungen

0.4.1 Nebenleistungen

Nebenleistungen (Abschnitt 4.1 aller ATV) sind in der Leistungsbeschreibung nur zu erwähnen, wenn sie ausnahmsweise selbständig vergütet werden sollen. Eine ausdrückliche Erwähnung ist geboten, wenn die Kosten der Nebenleistung von erheblicher Bedeutung für die Preisbildung sind; in diesen Fällen sind besondere Ordnungszahlen (Positionen) vorzusehen.

Dies kommt insbesondere für das Einrichten und Räumen der Baustelle in Betracht.

0.4.2 Besondere Leistungen

Werden Besondere Leistungen (Abschnitt 4.2 aller ATV) verlangt, ist dies in der Leistungsbeschreibung anzugeben; gegebenenfalls sind hierfür besondere Ordnungszahlen (Positionen) vorzusehen.

0.5 Abrechnungseinheiten

Im Leistungsverzeichnis sind die Abrechnungseinheiten für die Teilleistungen (Positionen) gemäß Abschnitt 0.5 der jeweiligen ATV anzugeben.

Kommentar

Hinsichtlich des Aufstellens der Leistungsbeschreibung des Bauvertrages regeln die ATV DIN 18318 in Abhängigkeit von der vorgesehenen Bauweise das Folgende. Dabei ist zu beachten, dass die ATV DIN 18318 sowohl Regelungen zur ungebundenen als auch zur gebundenen Bauweise beinhalten, während die ZTV Pflaster-StB allein die ungebundene Bauweise zum Inhalt haben.

ATV DIN 18318 **Pflasterdecken und Plattenbeläge, Einfassungen,** Ausgabe 2019

0 Hinweise für das Aufstellen der Leistungsbeschreibung

Diese Hinweise ergänzen die ATV DIN 18299 „Allgemeine Regelungen für Bauarbeiten jeder Art", Abschnitt 0. Die Beachtung dieser Hinweise ist Voraussetzung für eine ordnungsgemäße Leistungsbeschreibung gemäß §§ 7 ff., §§ 7 EU ff. beziehungsweise §§ 7 VS ff. VOB/A.

Die Hinweise werden nicht Vertragsbestandteil.

In der Leistungsbeschreibung sind nach den Erfordernissen des Einzelfalls insbesondere anzugeben:

0.1 Angaben zur Baustelle

0.1.1 *Art und Beschaffenheit der Unterlage, Dicke, Quer- und Längsneigung.*

0.1.2 *Art und Beschaffenheit vorhandener Einfassungen, Entwässerungseinrichtungen und Einbauten.*

0.2 Angaben zur Ausführung

0.2.1 *Verwendungszweck, Nutzung, Nutzungsabgrenzung der Flächen nach der größten Verkehrsbelastung, z. B. Fußgänger, Radfahrer, Fahrzeuge bis oder über 3,5 t Gesamtgewicht, Belastungsklasse nach RStO (Richtlinien für die Standardisierung des Oberbaus von Verkehrsflächen).*

0.2.2 *Vorgesehene Reinigung der Flächen im Gebrauchszustand.*

0.2.3 *Örtliche Besonderheiten, z. B. Ausführung im unbewitterten Bereich.*

0.2.4 *Höhen-Bezugspunkte, z. B. Koordinatensystem.*

0.2.5 *Gestaltung und Einteilung von Flächen, Verlegeart, Raster- und Fugenausbildung.*

0.2.6 *Anforderungen an den Oberbau bei überdachten und teilüberdachten Flächen, z. B. zur Verminderung kapillar aufsteigender Feuchtigkeit.*

0.2.7 *Beschaffenheit der herzustellenden Fläche, z. B. Quer- und Längsneigung, Ebenheit, Rutschwiderstand, Griffigkeit, taktile Erkennbarkeit.*

0.2.8 *Art der Bauweise, z. B. gebunden, ungebunden.*

0.2.9 *Anzahl, Art, Farbe und Maße der Platten, Pflastersteine, Einfassungen, z. B. Betonstein, Klinker, Ziegel, Naturstein, deren Eigenschaften, z. B. Frost-Tausalz-Widerstandsfähigkeit, Druck-, Spaltzug- und Biegezugfestigkeit sowie deren Beschaffenheit, z. B. geflammt, gestockt, hydrophobiert, kalibriert, geschält.*

0.2.10 *Steinart nach petrographischer Familie und geographischer Herkunft, ortsübliche Bezeichnung, Grundfarbton, zulässige Maßtoleranzen, z. B. Klasse der Grenzabmaße nach DIN EN 1342 „Pflastersteine aus Naturstein für Außenbereiche — Anforderungen und Prüfverfahren".*

0.2.11 *Besonderheiten bei der Wiederverwendung gebrauchter Pflastersteine, Platten, Einfassungen, z. B. Anteil der auszusortierenden Steine, Entfernen von Verunreinigungen.*

ATV DIN 18318

0.2.12 *Anzahl, Art, Maße und Ausbildung von Pflastersteinen und Platten für das Anarbeiten an z. B. Befestigungen, Bögen, Einbauten, Einfassungen, Bauwerke, Aussparungen.*

0.2.13 *Anzahl, Art, Maße und Ausbildung von Pflastersteinen und Platten für das Anpassen, z. B. Brechen, Schneiden, Verhau an z. B. Befestigungen, Bögen, Einbauten, Einfassungen, Bauwerke, Aussparungen.*

0.2.14 *Anzahl, Art, Lage und Maße von herzustellenden oder zu schließenden Aussparungen.*

0.2.15 *Maße und Ausbildung sowie Beschaffenheit der Bettung und Fugen sowie deren Stoffe, z. B. Bettungsdicke und Fugenbreite, Schlagzertrümmerungswert, Fließkoeffizient, Anteil gebrochener Oberflächen, maximaler Feinanteil.*

0.2.16 *Anforderungen an den Frost-Tausalz-Widerstand von gebundenen Fugenstoffen.*

0.2.17 *Anzahl, Art, Lage, Maße und Ausbildung von Bewegungsfugen.*

0.2.18 *Schutzmaßnahmen bei gebundener Bauweise sowie Maßnahmen zur Nachbehandlung.*

0.2.19 *Anzahl, Art, Lage und Maße von Einbauten.*

0.2.20 *Belastung und Längsneigung von Entwässerungsrinnen.*

0.2.21 *Anzahl, Art, Lage, Maße von Entwässerungsrinnen, Einfassungen, Fundamenten und Rückenstützen, Ausbildung der Fugen.*

0.2.22 *Anzahl, Art, Lage, Maße, Kantenausbildung, Korrosionsschutz, Oberflächenbeschaffenheit, Verbindungsart und Verankerung von Einfassungselementen aus Kunststoff oder Metall.*

0.2.23 *Anzahl, Art und Maße von Mustern, z. B. zur Beurteilung von Farb- und Texturschwankungen sowie möglichen Farbveränderungen durch Fugenstoffe. Ort der Erstellung.*

0.2.24 *Anzahl, Art, Maße von Formsteinen, z. B. Kurvensteine, Absenksteine, Bischofsmützen.*

0.2.25 *Voraussetzungen für die Anerkennung der Ergebnisse von Eigenüberwachungsprüfungen als Kontrollprüfungen.*

0.2.26 *Anzahl und Art geforderter Proben und Nachweise.*

0.2.27 *Anforderungen an Art und Umfang der vom Auftragnehmer anzubietenden Leistungen für Wartung und Instandhaltung der Pflasterflächen und Plattenbeläge, z. B. Fugenpflege, Nachsanden während der Dauer der Verjährungsfrist für Mängelansprüche, Wartungsvertrag.*

0.2.28 *Erstellen von Verlegeplänen.*

0.2.29 *Anforderungen an die Gleichmäßigkeit des Fugenbildes sowie zur zulässigen Fluchtabweichung, z. B. nach DIN 18202 „Toleranzen im Hochbau“.*

0.2.30 *Anforderungen an die Ausbildung von Fugen bei Einfassungen, z. B. rückwärtiges Schließen durch Kellenschlag.*

Kommentar

Die ATV DIN 18318 enthalten in Abschnitt 0.2 Angaben zur Ausführung, die in die Leistungsbeschreibung, soweit erforderlich, aufgenommen werden sollten. Als erste und wichtige Punkte sind der Verwendungszweck und die Nutzung der herzustellenden Verkehrsfläche vom Auftraggeber/Aufsteller des Leistungsverzeichnisses ausreichend genau zu beschreiben. Dabei befassen sich die DIN 18318 ausschließlich mit der Pflasterdecke oder dem Plattenbelag, d. h. mit den Befestigungselementen und deren Bettung und Fugen-

Kommentar

füllung. Hinsichtlich der Unterlage wird nur auf mögliche Unregelmäßigkeiten verwiesen (ungenügende Tragfähigkeit, unzureichende Wasserdurchlässigkeit usw.), welche das Anmelden von Bedenken im Sinne der VOB/B auslösen müssen.

Als Bedenken nach § 4, Abs. 3 VOB/B können insbesondere in Betracht kommen:

- ungenügende Tragfähigkeit oder Beschaffenheit der Unterlage
- unzureichende Wasserdurchlässigkeit der Unterlage
- Abweichungen der Unterlage von der planmäßigen Höhenlage, Neigung oder Ebenheit
- unzureichende planmäßige Neigung
- Fehlen von Entwässerungseinrichtungen
- fehlende oder unzureichende Angaben für die Anordnung von Bewegungsfugen
- bei gebundenen Pflasterdecken und Plattenbelägen, bei Einfassungen und Entwässerungsrinnen.

Da die ATV DIN 18318 sowohl die ungebundene als auch die gebundene Bauweise zum Inhalt haben, muss in der Ausschreibung die Art der Bauweise festgelegt sein. Die DIN unterscheiden weiter für eine ungebundene Ausführung nur nach „befahrbar" oder „begehbar".

Für eine gebundene Ausführung werden die Flächen hinsichtlich ihrer größten bzw. maßgebenden Verkehrsbelastung unterschieden und aufgeteilt. DIN 18318 unterscheiden hierbei nur grob und beispielhaft die verschiedenen Verkehrsträger, z. B. „Fußgänger", „Radfahrer", „Fahrzeuge bis oder über 3,5 t Gesamtgewicht" (s. dort Nr. 0.2.1). Eine Unterscheidung bezüglich der Anzahl der Fahrzeuge im Nutzungszeitraum wird – im Gegensatz zur ZTV Pflaster-StB – nicht gemacht. Allerdings kann auch die Belastungsklasse gemäß RStO („Richtlinien für die Standardisierung des Oberbaus von Verkehrsflächen") angegeben werden, in welche gerade diese Anzahl der relevanten Fahrzeuge des Schwerverkehrs eingehen. Die Detailtiefe der Angaben bleibt hier insgesamt dem Ausschreibenden in Abwägung zum Einzelfall überlassen.

Die Art der Reinigung der Verkehrsfläche ist dahingehend von Bedeutung, dass grob zwischen Handreinigung und maschineller Reinigung zu unterscheiden ist. Durch die verschiedenen Reinigungsarten entstehen unterschiedliche Gefährdungen des dauerhaften Verbleibs der Fugenfüllung in den Fugen. Die Art und das Material der Fugenfüllung sollte daher von der Art der Reinigung abhängig gemacht werden. Insbesondere ist bei maschineller Reinigung in der Anfangszeit ein Verlust des Fugenmaterials durch eine saugende Beanspruchung der Reinigungsfahrzeuge zu befürchten. Eine Konsequenz daraus könnte z. B. sein, die maschinelle Reinigung im ersten Jahr der Nutzung auszusetzen.

Die Ausführung von Pflasterdecken und Plattenbelägen in ungebundener Ausführung erfordert eine Stabilisierung der Fugenfüllung durch eindringende Feinstpartikel. Hierzu ist einsickerndes Niederschlagswasser erforderlich. In unbewitterten Bereichen findet dieser Stabilisierungsprozess nicht statt, wodurch die Dauerhaftigkeit der Befestigung teils deutlich verringert werden kann. Daher sollte die Bewitterung der Fläche in der Ausschreibung angegeben werden, wenn solche Bereiche vorliegen. Weiterhin können – größtenteils optische – Eigenschaftsänderungen der eingesetzten Pflastersteine

Kommentar

und Platten in unbewitterten Bereichen oder in dauerhaft feuchten Bereichen entstehen. Auch diese sind daher anzugeben.

Aufsteigende Feuchtigkeit muss bei der Festlegung und Dimensionierung des Schichtenaufbaus der Befestigung berücksichtigt werden. Hinsichtlich der Auswirkungen kapillarer Feuchtetransporte und der Tauwasserbildung sind häufig bei unbewitterten Flächen Ausblühungen usw. zu befürchten. Hier sind weitere besondere Maßnahmen erforderlich. Dies können kapillarbrechende Schichten sein, z. B. die Einbindung einer Dränmatte unterhalb der Bettung und eine besonders grobkörnige, kapillar weniger saugende Gesteinskörnung.

Die Eigenschaften der herzustellenden Oberfläche sind anzugeben. Hierzu gehören die vorgesehenen Neigungen, Anforderungen an die Griffigkeit und den Rutschwiderstand und an die Ebenheit, wenn diese über die Anforderungen der ATV DIN 18318 hinausgehen. Zudem sind Höhenbezugspunkte erforderlich.

Gestaltungsanforderungen wie Verlegegeometrien, Verband und Rasterausbildungen sind Sache des Auftraggebers und dementsprechend im Leistungsverzeichnis anzugeben.

Die zulässige Fugenbreite ist in DIN 18318 genannt; wenn andere Anforderungen vereinbart werden sollen, z. B. bei der gebundenen Ausführung, müssen diese im Leistungsverzeichnis vereinbart werden.

Die einzubauenden Pflastersteine, Platten und Einfassungselemente sind hinsichtlich ihrer Eigenschaften in der Ausschreibung ausreichend genau zu beschreiben. Angefangen bei Form und Farbe, bei Natursteinen deren typische Farbe und deren zulässiges Farbspiel, bis hin zu besonderen, evtl. abweichend von den TL Pflaster-StB geforderten technischen Eigenschaften, sollten die Anforderungen im Leistungsverzeichnis festgelegt werden.

Die unter 0.2.9 der DIN 18318 geforderte Angabe der Anzahl der einzelnen Befestigungselemente ist unüblich, da in der Regel die Leistungsabrechnung über die ausgeschriebene und eingebaute Fläche erfolgt. Besondere Elemente können jedoch auch hinsichtlich ihrer Anzahl festgelegt werden.

Es muss darauf hingewiesen werden, dass die Festlegung von Produktbezeichnungen der Pflastersteine, Platten und Einfassungselemente nach Handelsnamen einzelner Hersteller zu Einschränkungen der Gewährleistung führen kann und daher nicht zu empfehlen ist. Dies ist auch nicht zulässig (VOB/A § 7 Nr. 2). Bei Natursteinprodukten sollte jedoch das geforderte Gestein hinsichtlich der Art, der Herkunft und des petrografischen Namens möglichst genau eingegrenzt werden. Weiterhin sind Farbfestlegungen üblich.

Wenn, wie unter 0.2.10 der DIN 18318 genannt, andere Festlegungen zu z. B. der Klasse der Grenzabmaße nach DIN EN 1342 evtl. abweichend von den TL Pflaster-StB erfolgen, muss dies aus dem Leistungsverzeichnis hervorgehen.

Die Verwendung gebrauchter, oft vom Auftraggeber zur Verfügung gestellter Pflastersteine bedeutet häufig einen größeren Aufwand, um eine anforderungsgerechte, ebene Verkehrsfläche herstellen zu können. So sind viele Pflastersteine ggf. ungeeignet und müssen aussortiert werden. Der hierdurch entstehende Aufwand muss für Bieter kalkulierbar und Bestandteil des Angebots sein. Daher ist der Anteil ungeeigneter Pflastersteine an den beigestellten

Kommentar

Pflastersteinen vom Auftraggeber anzugeben. Gleiches gilt auch für verunreinigte gebrauchte Steine o. Ä.

Auch das Anarbeiten und Anpassen an z. B. Einfassungen erfordert einen besonderen Arbeitsaufwand und muss ebenfalls vom Bieter kalkulierbar sein. Details hierzu sind daher vom Ausschreibenden anzugeben. Eine ordnungsgemäße Leistungsbeschreibung hat sogar die genaue Anzahl und Ausbildung der Steine für Anarbeitungen, Aussparungen und Einbauten anzugeben. So sind z. B. für Ränder erforderliche Formsteine in die Ausschreibung mitaufzunehmen. Bischofsmützen usw. erleichtern oft den Einbau und können die Dauerhaftigkeit erhöhen, sie sollten daher eingeplant werden.

Bettung und Fugen beeinflussen die Dauerhaftigkeit der Befestigung maßgebend und sollten daher eine ausreichende Qualität aufweisen. Diese kann über die Geometrie und die Baustoffeigenschaften definiert werden. Beispielsweise werden hier Festigkeitseigenschaften, gebrochene oder ungebrochene Körnungen und der Feinanteil genannt. Diese sollten vom Ausschreibenden daher festgelegt sein, wenn z. B. nicht die in den DIN 18318 „offenen" Angaben für begehbare Flächen, sondern die Anforderungen an die Bettung und die Fugenfüllung für befahrbare Flächen gelten sollen.

Einfassungen und Entwässerungsrinnen sind genauer zu definieren. Wenn diese überfahren werden, sind ggf. besondere Konstruktionen erforderlich. Daher ist dies ebenso anzugeben.

Die Vorhaltung von Mustern zur Abgrenzung z. B. optischer Eigenschaften empfiehlt sich grundsätzlich. Der genaue Umfang dieser Muster sollte, bei gewollten Abweichungen von den Angaben in den DIN 18318, der Leistungsbeschreibung direkt entnommen werden können.

Besondere Regelungen zur Gütesicherung wie z. B. die Anerkennung von Eigenüberwachungsprüfungen als Kontrollprüfungen oder die Festlegung weiterer Nachweise kann schon vorab vertraglich vereinbart werden.

Auch nach der Abnahme durchzuführende weitere Leistungen wie z. B. die Wartung der Fugen – Nachsanden – usw. können direkt in die Leistungsbeschreibung eingehen. Dies empfiehlt sich z. B., um geleerte Fugen kurzfristig wieder verfüllen zu können und Streitigkeiten während der Verjährungsfrist zu umgehen.

Grundsätzlich ist zu beachten, dass nach mangelfreier Abnahme die hergestellte Fläche dem ehemaligen Auftragnehmer entzogen wird. Wenn vertragsgemäß eingebrachtes Fugenmaterial/Fugenstoff durch Verkehr und Witterung ausgetragen wird, ist dies nicht mehr Sache des ehemaligen Auftragnehmers; der Unterhalt der hergestellten und abgenommenen Fläche ist Sache des Auftraggebers. Es ist zu empfehlen, für den Unterhalt der neuen Fläche einen Wartungsvertrag abzuschließen.

Sollten besondere Anforderungen an die Gleichmäßigkeit des Fugenbildes und Fluchtabweichungen gestellt werden, können diese Bestandteil der Leistungsbeschreibung werden.

ATV DIN 18318 **Pflasterdecken und Plattenbeläge, Einfassungen,** Ausgabe 2019

0.3 Einzelangaben bei Abweichungen von den ATV

0.3.1 *Wenn andere als die in dieser ATV vorgesehenen Regelungen getroffen werden sollen, sind diese in der Leistungsbeschreibung eindeutig und im Einzelnen anzugeben.*

0.3.2 *Abweichende Regelungen können insbesondere in Betracht kommen bei*

Abschnitt 2, *wenn andere Anforderungen an Stoffe und Bauteile vereinbart werden sollen,*

Abschnitt 3.1.1, *wenn das Bauverfahren, der Bauablauf oder die Art und der Einsatz der Geräte dem Auftragnehmer vorgegeben werden sollen,*

Abschnitt 3.1.7, *wenn zusammenhängende Flächen mit Pflastersteinen, Platten und Kombinationen aus Pflastersteinen und Platten in unterschiedlichen Nenndicken ausgeführt werden sollen,*

Abschnitt 3.1.8, *wenn in einem anderen Verband verlegt oder versetzt werden soll oder wenn Pflasterziegel oder -klinker hochkant, z. B. als Rollschicht, verlegt oder versetzt werden sollen,*

Abschnitt 3.1.9, *wenn kleinere Passsteine verwendet werden sollen,*

Abschnitt 3.1.12, *wenn andere Neigungen oder andere Ebenheiten ausgeführt werden sollen,*

Abschnitt 3.2.3, *wenn andere Fugenbreiten ausgeführt werden sollen,*

Abschnitt 3.6, *wenn Einfassungen, Entwässerungsrinnen sowie Fundamente und Rückenstützen mit abweichenden Baustoffen, Anforderungen und Maßen hergestellt werden sollen, z. B. ohne Rückenstütze.*

Kommentar

Weitere Regelungen zu Pflasterdecken, Plattenbelägen und Einfassungen können dem nachgeordneten Regelwerk entnommen werden. Für die ungebundene Bauweise sind hier insbesondere zu nennen:

- „Merkblatt für Flächenbefestigungen mit Pflasterdecken und Plattenbelägen in ungebundener Ausführung sowie für Einfassungen" – M FP der FGSV
- „Merkblatt für die Bauliche Erhaltung von Verkehrsflächen mit Pflasterdecken und Plattenbelägen in ungebundener Ausführung sowie von Einfassungen" – M BEB der FGSV
- „Merkblatt für lärmarme Pflasterbauweisen" – M LP der FGSV.

Wenn die Inhalte dieser Merkblätter Berücksichtigung bei Bauverfahren finden sollen, sind die Einzelheiten explizit in einen Bauvertrag aufzunehmen und die Regelungen der DIN 18318 sowie der ZTV Pflaster-StB mit diesen abzugleichen und zu ändern. Die hier genannten Abweichungen von der DIN 18318 stellen Hinweise auf solche Änderungen dar, die jedoch in jedem Einzelfall abzuwägen sind.

Die Vorgabe von weitergehenden Regelungen zum Bauablauf, zu Baugeräten und -verfahren sowie die spezielle Vorgabe einzelner Baustoffe ist vertraglich schwierig, da das Gewährleistungsrisiko u. U. vom Auftragnehmer auf den Auftraggeber übergehen kann. Ausschreibungen sollten daher so allgemein wie möglich, aber so konkret wie nötig sein. Im Regelfall sind die Regelun-

Kommentar

gen der ZTV Pflaster-StB ausreichend. Allerdings müssen besonders bei den Baustoffen Anpassungen an das vorgesehene Bauwerk und Abstimmungen mit den örtlichen Randbedingungen getroffen werden. Aus diesen Gründen sind im Abschnitt 2 der ZTV Pflaster-StB Angaben dazu enthalten, welche Vorgaben an die Baustoffe im Regelfall seitens des Auftraggebers zu erfolgen haben. Die Ausführung sollte allerdings möglichst Sache des Auftragnehmers bleiben. Da die Qualität der handwerklichen Ausführung aber größten Einfluss auf die Dauerhaftigkeit und Nutzungssicherheit des Bauwerkes hat, enthalten DIN 18318 und ZTV Pflaster-StB ebenfalls grundlegende Anforderungen an die Ausführung. Über diese hinaus sollten allerdings im Regelfall nur Vorgaben zur Art der Ausführung – z. B. zum Verlegen oder Versetzen oder zum Vorsehen eines Fugenschlusses – gemacht werden.

Die Kombination von Pflastersteinen und Platten mit unterschiedlichen Dicken führt zu Ausführungsproblemen. Die in diesem Fall erforderlichen unterschiedlichen Dicken der Bettung sind nicht regelgemäß herstellbar. Wenn sie realisiert werden, folgt anschließend eine unterschiedliche Relativsetzung der Bettung. Damit entstehen Setzungsdifferenzen zwischen den unterschiedlich dicken Elementen in der Pflasterdecke und dem Plattenbelag, dies ist nicht fachgerecht. Gleiches gilt auch bei Kombinationen aus Pflastersteinen und Platten gleicher Dicken, deren Größendifferenz in der Fläche dazu führen kann, dass ebenfalls Setzungsdifferenzen beim Verdichten und bei späterer Verkehrsbelastung auftreten.

Wenn solche Kombinationen gewünscht sind, muss dies eindeutig und umfassend ausgeschrieben werden. Eine Zusicherung der geforderten Ebenheit sowie des zulässigen Versatzes zwischen den Elementen und eine übliche Dauerhaftigkeit können aber in der Regel nicht gewährleistet werden. Hier sind einzelvertragliche Regelungen erforderlich.

Bild 1.2 Kombination von Pflastersteinen und Platten ungleicher Dicke

Kommentar

Wenn eine geringere Neigung als nach ZTV Pflaster-StB und/oder DIN 18318 seitens des Auftraggebers gewünscht ist, kann dies zu einer Verschlechterung der Entwässerung der Verkehrsfläche führen, wenn nicht weitere besondere Maßnahmen ergriffen werden. Dies wäre wiederum in den Vertrag aufzunehmen. Ohne besondere Maßnahmen kann es bei den geforderten zulässigen Unebenheiten vermehrt zu länger andauerndem Wasserrückstand auf der Verkehrsfläche kommen. Hierdurch steigt die Gefahr der dauerhaften Schädigung der Fläche.

Verringerungen der Neigung sollten daher immer zu Anpassungen der zulässigen Unebenheiten führen. Ergänzend sollte auch der Entwässerungsweg verringert werden, um das Wasservolumen zu begrenzen. Rinnen und Abläufe usw. sollten deshalb geringere Abstände aufweisen. Alle derartigen Maßnahmen sind sorgfältig zu planen und auszuschreiben. Sie müssen aber auch herstellbar sein. Die zulässige Unebenheit kann beispielsweise nicht auf „Null" reduziert werden.

Mögliche Verringerungen der Neigung, wie sie heutzutage oft aus Gründen der Barrierefreiheit gewünscht sind, werden in DIN 18318 und ZTV Pflaster-StB berücksichtigt. Die damit erforderlichen Anforderungen an die Unebenheit sind dem Regelwerk zu entnehmen (siehe Abschnitt 3.8 der ZTV Pflaster-StB). Die Festlegung von resultierenden Neigungen, d. h. die aus Längs- und Querneigung resultierende Neigung, welche die Vorgaben dieser Tabelle unterschreiten, sind für die hier beschriebene Regelbauweise nicht geeignet und sollten vermieden werden.

Fugenbreiten, die größer als die vorgesehenen sind, können die Dauerhaftigkeit verringern, kleinere Fugenbreiten hingegen können zu Einbauproblemen führen. Bei kleineren Fugenbreiten werden schnell feinere Fugenmaterialien gefordert, die ebenfalls die Dauerhaftigkeit der Fläche verringern können. Wenn Flächen mit solchen Fugen gewünscht sind, kann dies bauvertraglich festgelegt werden. Möglicherweise auftretende Bedenkenanmeldungen sind sorgfältig zu prüfen. Es sollte seitens des Auftraggebers diskutiert werden, inwieweit eine Verringerung der Nutzungszeit akzeptabel ist.

ATV DIN 18318 **Pflasterdecken und Plattenbeläge, Einfassungen,** Ausgabe 2019

0.4 Einzelangaben zu Nebenleistungen und Besonderen Leistungen

Keine ergänzende Regelung zur ATV DIN 18299, Abschnitt 0.4.

Kommentar

Besondere Leistungen sind solche, die gesondert zu vergüten und daher besonders in einer Leistungsposition auszuschreiben sind. Nebenleistungen dagegen werden nicht gesondert vergütet. Ihr Aufwand muss bei der Kalkulation der Leistungspositionen mitberücksichtigt werden.

Welche Leistungen gemäß DIN 18299 und DIN 18318 Besondere Leistungen und welche Nebenleistungen sind, ist im Kommentar zum Abschnitt 3.1 der ZTV Pflaster-StB genauer ausgeführt.

ATV DIN 18318 **Pflasterdecken und Plattenbeläge, Einfassungen,** Ausgabe 2019

0.5 Abrechnungseinheiten

Im Leistungsverzeichnis sind die Abrechnungseinheiten, wie folgt vorzusehen:

0.5.1 *Flächenmaß (m²), getrennt nach Bauart und Maßen, für*

- *Nachverdichten der Unterlage,*
- *Herstellen der planmäßigen Höhenlage, Neigung und der festgelegten Ebenheit der Unterlage,*
- *Pflasterdecken und Plattenbeläge getrennt nach Ausführungsarten, z. B. im Bogen, nach Muster,*
- *Reinigen der Steine und Platten aufgenommener Pflasterdecken und Plattenbeläge getrennt nach Arten der Fugen- und Bettungsstoffe,*
- *Fugenverguss oder Fugenfüllung bei Pflasterdecken und Plattenbelägen.*

0.5.2 *Längenmaß (m), getrennt nach Bauart und Maßen, für*

- *Anpassen von Pflastersteinen und Platten an Kanten und Einfassungen, Einbauten und Aussparungen,*
- *Formteile und Sonderformate Verlegen und Versetzen an Kanten und Einfassungen,*
- *Fugenverguss oder Fugenfüllung von Bewegungsfugen,*
- *Einfassungen,*
- *Entwässerungsrinnen,*
- *Fundamente mit oder ohne Rückenstütze,*
- *Nacharbeiten der Schnurkante, Nacharbeiten oder Aufarbeiten eines vorhandenen Anlaufs (Fase) oder der Trittflächen an Bord- und Einfassungssteinen.*

0.5.3 *Anzahl (St), getrennt nach Bauart und Maßen, für*

- *Formteile und Sonderformate für Verlegen und Versetzen an Einbauten und Aussparungen,*
- *Fugenverguss oder Fugenfüllung von Bewegungsfugen,*
- *Bearbeiten von Köpfen der Einfassungssteine,*
- *Anpassen von Platten an Kanten und Einfassungen, Einbauten und Aussparungen.*

Kommentar

Die hier genannten Vorgaben zu den Abrechnungseinheiten sollen der Harmonisierung der Ausschreibungen dienen, so dass bei Leistungsbeschreibungen verschiedener Baumaßnahmen gleiche Abrechnungsregelungen gelten. Die Ausschreibung soll entsprechend dieser Vorgaben erfolgen, so dass auch seitens der Bauunternehmen diese Abrechnungseinheiten in die Kalkulation übernommen werden.

Maßnahmen, die flächenmäßig erstellt werden, sollen auch über diese Fläche abgerechnet werden. Abrechnungen über das Gewicht, wie dies z. B. für Schichten ohne Bindemittel möglich ist, sind hier nicht vorgesehen. Gewerke, die linienförmig sind, sollen nach ihrer Länge abgerechnet werden. Punktförmige Maßnahmen, wie z. B. Maßnahmen an Einbauten, sollten nach ihrer Stückzahl abgerechnet und damit auch kalkuliert werden.

Mit den Festlegungen wird beispielhaft klargestellt, dass alle Maßnahmen, die zu ergreifen sind, wenn die Unterlage für die Herstellung einer Pflasterdecke nicht geeignet ist, in mindestens einer Leistungsposition auszuschreiben sind und die Abrechnung nach hergestellter Fläche zu erfolgen hat. Gegebenenfalls erforderliche Profilierungen der Unterlage und /oder Nachverdichtungen

Kommentar

sind genauso vorzusehen und sollten in gesonderten Positionen ausgeschrieben werden. Die Ausschreibung der Herstellung der Pflasterdecke oder des Plattenbelages und deren Abrechnung erfolgt für jede herzustellende Variante (z. B. hinsichtlich Verbands, Format oder Dicke der Befestigungselemente) einzeln in der dafür vorzusehenden Position nach der hergestellten Fläche. Gleiches gilt für die Herstellung von Flächen mit bitumengebundenem Fugenverguss im oberen Fugenbereich.

Für die Abrechnung von Bewegungsfugen, in denen ebenso ein solcher Fugenverguss oberhalb einer Fugeneinlage eingesetzt wird, gilt dies jedoch nicht. Da hier ein linienförmiges Gewerk innerhalb einer Fläche hergestellt wird, sollte die Abrechnung nach deren Länge erfolgen. Bewegungsfugen dürfen auch über ihre Stückanzahl abgerechnet werden. Dies bietet sich aber nur dann an, wenn alle Bewegungsfugen in gleicher Art und Länge ausgeführt werden sollen.

Einfassungen, Entwässerungsrinnen und Kanten sollten einschließlich ihrer Fundamente und Rückenstützen und ihrer enthaltenen Bewegungsfugen nach Länge ausgeschrieben und abgerechnet werden.

Bei Formteilen und anderen Bauteilen, die ggf. einzeln angefertigt oder bearbeitet werden sollen, sollte nach Stückzahl ausgeschrieben und abgerechnet werden.

Das Anpassen, d. h. der Schnitt, von Pflastersteinen und Platten an Einfassungen, Einbauten, Rinnen usw., sollte über die Länge des betrachteten Anschlusses abgerechnet werden. Bei Platten kann dies auch je Stück Schnitt erfolgen, wenn die geforderte Ausführung und die Einzellänge genau beschrieben werden kann. Die Abrechnung über die Stückanzahl bietet sich aber eher nur dann an, wenn bei einzelnen Platten ein besonderer Aufwand entsteht, beispielsweise durch Bohrung einer kreisförmigen Aussparung.

1.1 Geltungsbereich (Fortsetzung)

Bauprodukte zur Herstellung von Verkehrsflächen mit Pflasterdecken, Plattenbelägen sowie von Einfassungen, die in einem anderen Mitgliedsstaat der Europäischen Union oder in der Türkei rechtmäßig hergestellt und/oder in Verkehr gebracht wurden oder in einem EFTA-Staat, der Vertragspartei des EWR-Abkommens ist, rechtmäßig hergestellt wurden, werden in Deutschland als gleichwertig behandelt, wenn sie ein Schutzniveau dauerhaft gewährleisten, das dem in den TL Pflaster-StB definierten Niveau entspricht.

Die im Text angegebenen Technischen Regelwerke sind im Anhang zusammengestellt.

Kommentar

Wie bei den anderen technischen Regelwerken, die von öffentlichen Auftraggebern eingeführt werden, findet sich auch in diesen ZTV eine sogenannte Öffnungsklausel. Es dürfen Produkte verwendet werden, die innerhalb der Europäischen Union, der Türkei oder einem EFTA-Staat mit entsprechendem Handelsabkommen hergestellt wurden. Die Abkürzung EFTA steht dabei für Europäische Freihandelsassoziation. Mitglieder sind Island, Norwegen,

Kommentar

Liechtenstein und die Schweiz. Für Produkte aus den EU-Staaten, den EFTA-Staaten sowie der Türkei wird gefordert, dass die Produkte das Schutzniveau, welches in den TL Pflaster-StB beschrieben ist, dauerhaft gewährleisten.

Die Verpflichtung, diese in den TL Pflaster-StB genannten Nachweise zu erbringen, liegt beim Auftragnehmer bzw. bei demjenigen, der das Produkt in Verkehr bringt. Gleiches gilt für entsprechende Produkte, die der Auftraggeber zur Verfügung stellt. Besonders die Qualitätssicherung von Befestigungselementen aus Naturstein, welche häufig aus Nicht-EU-Ländern über Agenturen oder Handelsorganisationen eingeführt werden, ist bei Anwendung der Öffnungsklausel zu überwachen. Bei Lieferung sollten die vorgelegten Qualitätsnachweise mindestens hinsichtlich der Druck- und Biegefestigkeit sowie der Wasseraufnahme überprüft werden.

Eine gewisse Sicherheit ergibt sich aus der verpflichtenden Vorlage einer Leistungserklärung gem. der „Verordnung (EU) zur Festlegung harmonisierter Bedingungen für die Vermarktung von Bauprodukten“ vom 9. März 2011 (Bauproduktenverordnung).

1.2 Begriffsbestimmungen

Der Aufbau von Verkehrsflächenbefestigungen (Beispiel im Bild 1) wird unterteilt in:

Oberbau
Unterbau
Untergrund

Der natürlich anstehende Boden wird als Untergrund, ein künstlich hergestellter Erdkörper (z. B. Dammschüttung) zwischen Untergrund und Oberbau wird als Unterbau bezeichnet.

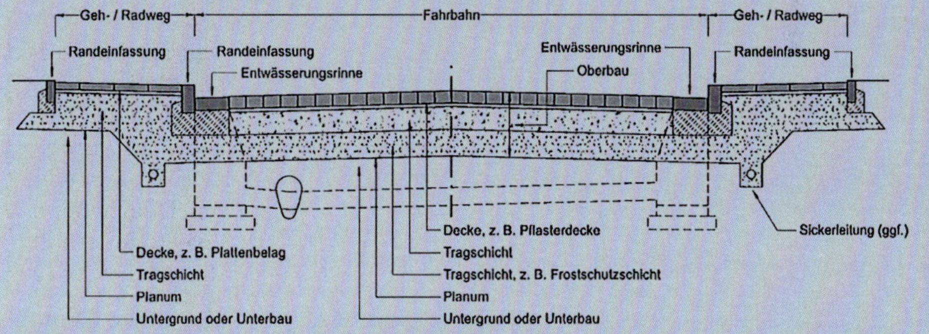

Bild 1: Beispielhafter Aufbau einer Befestigung in geschlossener Ortslage

Lage und Begrenzung sowie Bezeichnungen der einzelnen Schichten im Sinne dieser ZTV Pflaster-StB sind aus dem Bild 2 zu ersehen.

Pflasterdecke

Oberste Schicht des Oberbaus, bestehend aus Befestigungselementen einschließlich ihrer Bettung und der Fugenfüllung.

1.2 Begriffsbestimmungen (Fortsetzung)

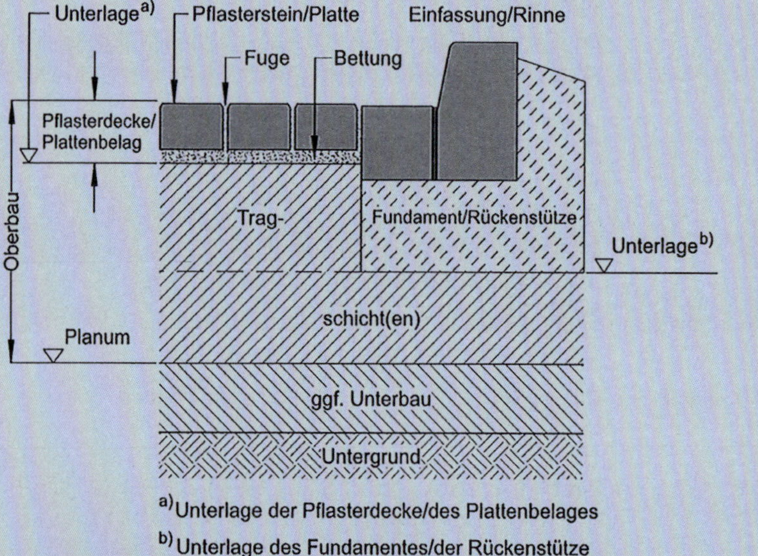

Bild 2: Aufbau einer Einfassung einer Verkehrsflächenbefestigung mit Pflasterdecke oder Plattenbelag (Beispiel)

Die Befestigungselemente für Pflasterdecken im Sinne der ZTV Pflaster-StB weisen ein Verhältnis von Gesamtlänge zu Dicke von ≤ 4 auf. Bei nicht rechteckigen Befestigungselementen gilt als Gesamtlänge die Länge des umhüllenden Rechtecks mit kleinstem Flächeninhalt. Die Gesamtlänge darf 400 mm nicht überschreiten. Das Produkt aus Gesamtlänge und Gesamtbreite darf 1 024 cm² nicht überschreiten.

Befestigungselemente für Pflasterdecken aus Naturstein im Sinne der ZTV Pflaster-StB sind auch Platten nach DIN EN 1341, welche die zuvor genannten Bedingungen erfüllen.

Kommentar

Ausgehend von einer maximalen Gesamtlänge von 320 mm nach den bisherigen ZTV Pflaster-StB wurde die maximale Gesamtlänge auf 400 mm erhöht, um den aktuellen ästhetischen Anforderungen der Planer gerecht zu werden. Mit einer Vergrößerung der Pflastersteine steigt die Kippgefahr dieser Elemente bei Belastung. Um den bisherigen Erfahrungshintergrund beibehalten zu können, wurde die bisherige zulässige maximale Gesamtfläche von 320 mm × 320 mm = 1 024 cm² beibehalten. Dieses maximale Flächenmaß ist daher in die Begriffsbestimmungen aufgenommen worden.

1.2 **Begriffsbestimmungen** (Fortsetzung)

Plattenbelag

Oberste Schicht des Oberbaus, bestehend aus Befestigungselementen einschließlich ihrer Bettung und der Fugenfüllung.

Die Befestigungselemente für Plattenbeläge im Sinne der ZTV Pflaster-StB weisen ein Verhältnis von Gesamtlänge zu Dicke von > 4 auf. Die Befestigungselemente für Plattenbeläge nach den ZTV Pflaster-StB weisen eine maximale Gesamtlänge von 600 mm auf. Bei nicht rechteckigen Befestigungselementen gilt als Gesamtlänge die Länge des umhüllenden Rechtecks mit kleinstem Flächeninhalt.

Kommentar

Platten im Sinne dieser ZTV Pflaster-StB sind Elemente mit einer Gesamtlänge bis 600 mm, deren Verhältnis von Gesamtlänge dividiert durch die Dicke größer als 4,0 ist. Elemente mit einer Gesamtlänge größer 600 mm sind im Rahmen dieser ZTV Pflaster-StB nicht geregelt. Gleiches gilt für Elemente zwischen 400 mm und 600 mm, deren Verhältniswert kleiner als 4,0 ist. Solche Elemente erfordern eine abweichende Verlegung und führen zu abweichendem Verhalten der Befestigung. Aufgrund des geringeren Erfahrungshintergrundes konnten für diese Elemente noch keine entsprechend allgemein abgesicherten technischen Vertragsbedingungen formuliert werden.

Innerhalb des FGSV-Regelwerkes können solche Platten mit einer Länge größer als 600 mm sogenannte „Großformate“ sein. Eine Erläuterung zur Ausführung von Flächenbefestigungen mit diesen Großformaten ist im Teil D dieses Handbuches enthalten.

1.2 **Begriffsbestimmungen** (Fortsetzung)

Befestigungselemente sind:

- Pflastersteine aus Beton (siehe Abschnitt 2.4)
- Pflasterziegel und Pflasterklinker (siehe Abschnitt 2.6)
- Pflastersteine aus Naturstein (siehe Abschnitt 2.8)
- Platten aus Beton (siehe Abschnitt 2.5)
- Klinkerplatten (siehe Abschnitt 2.7)
- Platten aus Naturstein (siehe Abschnitt 2.9).

Kommentar

Der Begriff „Befestigungselement“ wurde neu definiert. Wie zu erkennen, umfasst der Begriff alle Pflastersteine und Platten. Genauere Hinweise zu den Größenfestlegungen der Befestigungselemente sind diesem Kommentar zu Abschnitt 2.1 der ZTV Pflaster-StB zu entnehmen.

Befestigungselemente, welche den Begriffsbestimmungen zu Pflastersteinen und Platten nach diesen ZTV Pflaster-StB nicht zuzuordnen sind, können im Sinne des FGSV-Regelwerkes auch Großformate sein, welche sepa-

Kommentar

rat in einem Merkblatt geregelt sind. Großformate im Sinne des M FG[6] sind Elemente aus Beton oder Naturstein, deren Gesamtlänge größer als 400 mm ist, mit einer maximalen Gesamtlänge von 1 250 mm. Die Mindestnenndicke beträgt 100 mm. Die Gesamtlänge dividiert durch die Gesamtbreite ist nicht größer als 2,5. Die Ausführung von Belägen mit Großformaten ist nicht Bestandteil der ZTV Pflaster-StB und wird daher erst im Teil D dieses Handbuches erläutert.

1.2 Begriffsbestimmungen (Fortsetzung)

Verbundpflastersteine

Verbundpflastersteine sind Pflastersteine, deren Formgebung einen besonderen Verbund der Steine untereinander bewirkt und ein Loslösen von Einzelsteinen durch die Einwirkung von Verkehrslasten und -kräften vermeiden soll.

Kommentar

Verbundpflastersteine sind im Allgemeinen solche Steine, die eine von der Rechteckform abweichende Geometrie aufweisen.

Diese Geometrie soll die Verbundwirkung des Pflasters stärken. Ein Nachweis der Leistungsfähigkeit der jeweiligen Geometrie wird jedoch nicht gefordert. Untersuchungen haben aber gezeigt, dass Pflastersteine, welche eine besondere, vom Quader abweichende Form haben, einen höheren Wider-

Bild 1.3 Verbundpflastersteine, hier Doppel-T-Verbundsteine aus Beton

6 Merkblatt für Flächenbefestigungen mit Großformaten, Ausgabe 2013, FGSV Verlag, Köln 2013

Kommentar

Bild 1.4 Klinker in Verbundsteinform

stand gegen Horizontalverschiebungen und Vertikalverformungen aufweisen können, aber nicht müssen. Die Größe der Verbundwirkung ist abhängig von der jeweiligen besonderen Formgebung und Größe der Pflastersteine und kann nicht pauschal angegeben werden.

Das M FP[7] sagt aus, dass bei Pflastersteinen gleicher Dicke und mit etwa gleicher Geometrie Verbundpflastersteine im Vergleich zu Pflastersteinen ohne Verbundwirkung zu einem besseren Tragverhalten insbesondere bei Horizontalbeanspruchungen führen. Soll bei Pflastersteinen aus Beton oder bei Pflasterklinkern bzw. Pflasterziegeln eine Verbesserung der Verbundwirkung zusätzlich durch an die Pflastersteine angeformte Profile erreicht werden, ist darauf zu achten, dass zwischen den Steinen ausreichend Fugenraum für das Verfüllen mit einem geeigneten Fugenmaterial zur Verfügung steht.

Gleiches gilt sinngemäß für Platten. Generell gilt, dass sich – unabhängig von Art, Form und Größe der Pflastersteine bzw. Platten – die für eine ausreichende Lastverteilung erforderliche Verbundwirkung nur einstellen kann, wenn einerseits eine ausreichend große Fugenfläche (seitliche Kontaktfläche von Stein bzw. Platte zum Fugenmaterial) für die Kraftübertragung zur Verfügung steht und andererseits ein geeignetes Bettungs- und Fugenmaterial verwendet wird sowie die Fugen bei regelgerechter Fugenbreite vollständig gefüllt sind.

7 Merkblatt für Flächenbefestigungen mit Pflasterdecken und Plattenbelägen in ungebundener Ausführung sowie für Einfassungen, Ausgabe 2015, FGSV Verlag, Köln 2015

1.2 Begriffsbestimmungen (Fortsetzung)

Bettung

Unterer Teil der Pflasterdecke oder des Plattenbelages.

Kommentar

Die Bettung ist keine separate Schicht, da sie gemeinsam mit den Pflastersteinen bzw. Platten und der Fugenfüllung verdichtet wird. Die Dicke der Bettung unterhalb eines Befestigungselementes kann etwas variieren. In der Regel wird ein Maß für die Bettungsdicke angegeben, obwohl die Unterlage der Bettung durch gröbere Körnungen der Tragschicht eine gewisse Rauigkeit/Unebenheit aufweist.

Ein genaues Messverfahren zur Bestimmung der Bettungsdicke wurde noch nicht normiert. Gröbere Körnungen der Tragschicht werden üblicherweise übermessen.

1.2 Begriffsbestimmungen (Fortsetzung)

Bettungsmaterial

Baustoffgemische ohne Bindemittel gemäß den TL Pflaster-StB zur Herstellung der Bettung.

Fugen

Zwischenraum zwischen den Befestigungselementen oder zu den Randeinfassungen bzw. zu den Einbauten in der jeweiligen Verkehrsfläche hin.

Fugenmaterial

Baustoffgemische ohne Bindemittel gemäß den TL Pflaster-StB, mit denen der Zwischenraum (Fuge) zwischen Befestigungselementen oder zu den Randeinfassungen bzw. zu den Einbauten in der jeweiligen Verkehrsfläche hin verfüllt wird.

Fugenschlussmaterial

Baustoffgemisch, mit welchem der obere Bereich der Fuge abschließend gefüllt werden kann, um die Stabilisierung des eingebrachten Fugenmaterials zu fördern.

Kommentar

Die Begriffe Bettungsmaterial und Fugenmaterial finden sich nicht in den ATV DIN 18318. Dort werden diese Bauprodukte „Bettungsstoff" und „Fugenstoff" genannt. Bettungsstoffe und Fugenstoffe können dort gebunden oder ungebunden sein. Sie umfassen daher sowohl die Bauprodukte für die ungebundene als auch für die gebundene Bauweise. Der Begriff „Stoff" bzw. „Baustoff" stellt den Oberbegriff dar. Bettungs- und Fugenmaterialien sind ebenso Baustoffe. Die Begriffe gelten im Sinne der ZTV Pflaster-StB für die ungebundenen Sand-Splittgemische, die für Bettungen und als Fugenfüllungen eingesetzt werden. Dem gegenüber stehen die im Rahmen der ZTV Pflaster-StB nicht geregelten

Kommentar

Bettungs- und Fugenmörtel der gebundenen Bauweise. Diese werden begrifflich im M FPgeb[8] der FGSV geregelt.

Ein Fugenschlussmaterial ist ein feinkörniges, größtenteils nicht geregeltes Gemisch, mit dem der oberste Bereich der Fugen verfüllt werden kann. Ein Fugenschluss mit Fugenschlussmaterial kann, muss aber nicht vorgesehen werden. Er ist zu empfehlen bei Flächen, bei denen ein vorzeitiger Verlust des Fugenmaterials durch Aussaugen zu befürchten ist.

Der Begriff „Fuge" ist nach dieser Regelung als Zwischenraum zwischen Befestigungselementen oder zu Randeinfassungen hin festgelegt. Gleiches gilt für den Bereich zwischen Befestigungselement und Einbauten. Die Breite der Fugen wird standardmäßig mit einem Maß angegeben, obwohl beispielsweise durch angeformte Abstandshilfen die Fugenbreite über den Umfang der Befestigungselemente variieren kann. Eine konkrete Prüfanweisung zur Ermittlung der Fugenbreite existiert noch nicht. In der Regel werden angeformte Abstandshilfen übermessen und die Fugenbreite an der Unterkante ggf. vorhandener Fasen erfasst.

1.2 Begriffsbestimmungen (Fortsetzung)

Verband

Die geometrische Anordnung, in der Befestigungselemente versetzt bzw. verlegt werden.

Kommentar

Die Pflastersteine werden in einer gewissen geometrischen Anordnung und mit Fugen aneinandergelegt oder gesetzt. Die geometrische Anordnung wird als Verband bezeichnet. Übliche Verbände sind z. B. der Läufer- oder Reihenverband, der Fischgrätverband und der Ellenbogenverband. Bei Natursteinpflaster sind neben dem Reihenverband z. B. auch der Segmentbogenverband, Schuppenverband oder der Netzverband zu nennen.

1.3 Verwendung von Pflasterdecken und Plattenbelägen

Wesentliche Verwendungsbereiche von Pflasterdecken, Plattenbelägen oder Einfassungen sind:

- *Befestigungen von Fahrbahnen, Geh- und Radwegen und Flächen des ruhenden Verkehrs im privaten und öffentlichen Bereich,*
- *Gestaltung von städtebaulich hervorgehobenen Flächen und Fußgängerzonen,*
- *Flächen für Gewerbe oder Industrie.*

Kommentar

Die ZTV Pflaster-StB wurden unter besonderer Berücksichtigung der Belange des öffentlichen Auftraggebers erstellt. Gering belastete private Flächen, wie

8 Merkblatt für Flächenbefestigungen mit Pflasterdecken und Plattenbelägen in gebundener Ausführung, Ausgabe 2018, FGSV Verlag, Köln 2018

Kommentar

Bild 1.5 Fußgängerzone mit Anlieferungsverkehr – Pflasterdecke mit Kreuzfugen

z. B. Terrassen privater Häuser, lagen nicht im Fokus der Autoren. Die inhaltliche Anwendung ist natürlich möglich. Für Flächen außerhalb des Straßenverkehrs können aber auch die ZTV-Wegebau[9] der FLL angewendet werden.

1.4 Baugrundsätze

1.4.1 Allgemeines

Mit Pflasterdecken können alle Verkehrsflächen nach Maßgabe der RStO versehen werden.

Plattenbeläge sollten nur bei der Befestigung von Geh- und Radwegen sowie bei Verkehrsflächen, die nicht für den Kfz-Verkehr vorgesehen sind, Anwendung finden. Die Plattenbeläge müssen so dimensioniert sein, dass ein gelegentliches Befahren durch Fahrzeuge, z. B. des Unterhaltungs- und Reinigungsdienstes, möglich ist.

Überfahrten oder ähnliche Verkehrsflächen sind gesondert zu betrachten.

Kommentar

Das regelmäßige Überfahren von Plattenbelägen mit Kraftfahrzeugen führt aufgrund der geringen Dicke der Befestigungselemente und der damit einhergehenden kleinen Fugenfläche, über welche Spannungen auf Nachbarelemente übertragen werden können, in kurzer Zeit zu Schäden am Belag. Einerseits

---

9 Forschungsgesellschaft Landschaftsentwicklung, Landschaftsbau e. V.: ZTV-Wegebau, Zusätzliche Technische Vertragsbedingungen für den Bau von Wegen und Plätzen außerhalb von Flächen des Straßenverkehrs, FLL, Bonn 2013

Kommentar

Bild 1.6 Natursteinpflaster mit länglichen Elementen

können Verdrehungen, also Schiefstellungen der Platten auftreten. Andererseits wird häufig die Zugfestigkeit des Befestigungselementes überschritten, so dass es aufgrund ungleichmäßiger Auflagerung zu gerissenen Platten kommt.

Zu erkennen ist dies oft auch bei Flächen von Gehwegen, bei denen nachträglich das Parken von Kfz erlaubt wird. Daher sollten Platten nur bei Flächen Anwendung finden, die möglichst nicht oder nur sehr wenig von Kraftfahrzeugen genutzt werden.

Bild 1.7 Beschädigungen bei überfahrenem Plattenbelag

Kommentar

Die „Richtlinien für die Standardisierung des Oberbaus von Verkehrsflächen“[10] enthalten einen Katalog geeigneter Aufbauten von Verkehrsflächenbefestigungen für verschiedene Anwendungszwecke, so dass mit dieser die erforderlichen Dicken der einzelnen Schichten festgelegt werden können. Dabei werden die Bauweisen, Aufbauten und Dicken der Verkehrsbeanspruchung sowie den Witterungseinschlüssen zugeordnet.

Eine wirkliche analytische Dimensionierung ist mit den RStO nicht vorgesehen. Die Bauweisen der RStO basieren daher – besonders bei der Pflasterbauweise – auf Erfahrungswerten. Im Folgenden wird auf das Vorgehen gemäß der RStO, hier in Auszügen zitiert, genauer eingegangen.

RStO

Richtlinien für die Standardisierung des Oberbaus von Verkehrsflächen,
Ausgabe 2012, Korrektur 2020

1 Allgemeines

Die „Richtlinien für die Standardisierung des Oberbaus von Verkehrsflächen“, Ausgabe 2012 (RStO 12) regeln die Standardfälle bei Neubau und Erneuerung für den standardisierten Oberbau von Verkehrsflächen innerhalb und außerhalb geschlossener Ortslagen. Der stufenweise Aufbau wird mit Ausnahme der Regelungen im Abschnitt 3.4 nicht behandelt. Abweichende Lösungen können im Einzelfall mit Hilfe der „Richtlinien zur rechnerischen Dimensionierung des Oberbaus“ (RDO Asphalt, RDO Beton) dimensioniert oder/und konstruktiv gelöst werden.

Soll der Oberbau mit Hilfe der RDO dimensioniert werden, ist im Vorentwurf ein der zugeordneten Belastungsklasse entsprechender Oberbau vorzusehen. Hierbei sollten jedoch die sich aus der Dimensionierung gegebenenfalls ergebenden abweichenden Schichtdicken oder Anforderungen an die zu verwendenden Baustoffe durch entsprechende Ansätze berücksichtigt werden.

Bei Fahrbahnen mit mehreren Fahrstreifen sind alle Fahrstreifen mit demselben, nach dem Hauptfahrstreifen bzw. am schwersten belasteten Fahrstreifen dimensionierten Oberbau auszuführen.

Für ländliche Wege, Flugbetriebsflächen sowie durch Sonderlasten beanspruchte Verkehrsflächen gelten gesonderte technische Regelwerke.

Die RStO dienen der Schaffung und Beibehaltung eines Befestigungsstandards für Fahrbahnen und sonstige Verkehrsflächen des Straßenverkehrs durch Anwendung technisch geeigneter und wirtschaftlicher Bauweisen. Sie berücksichtigen vor allem die Funktion der Verkehrsfläche, die Verkehrsbelastung, die Lage der Verkehrsfläche im Gelände, die Bodenverhältnisse, die Bauweise und den Zustand einer zu erneuernden Verkehrsfläche sowie die Bedingungen, die sich durch die freie Strecke oder die geschlossene Ortslage ergeben.

Die RStO sind unter Berücksichtigung von Erfahrungen beim Bau und bei der Nutzung von Befestigungen für Verkehrsflächen, von Erkenntnissen aus wissenschaftlichen Untersuchungen und Berechnungen zur Abschätzung des Verhaltens der verschiedenen Bauweisen aufgestellt worden.

Für die Konstruktion und Ausführung gelten die einschlägigen Zusätzlichen Technischen Vertragsbedingungen und Richtlinien.

Kommentar

Die RStO regeln für Pflasterdecken und Plattenbeläge nur die ungebundene Bauweise mit Sand-Splitt- bzw. -Kiesgemischen als Fugenfüllung und als Bettungsmaterial, die gebundene Bauweise mit Fugen- und Bettungsmörtel

10 RStO, Ausgabe 2012, Korrektur 2020, FGSV Verlag, Köln 2012/2020

Kommentar

ist nicht durch die RStO geregelt. Die RStO dienen der Festlegung der erforderlichen Dicken der einzelnen Schichten des Oberbaus. Hinsichtlich der Dicken des Pflasters sind die Inhalte der RStO als Mindestmaß anzusehen. Richtlinien zur rechnerischen Dimensionierung existieren derzeit nur für die Asphalt- und die Betonbauweise. Zur rechnerischen Dimensionierung von Bauweisen mit Pflasterdecken fehlen noch die theoretischen Grundlagen.

Gemäß den RStO wird die Dicke und Schichtenfolge des Straßenaufbaus auf der Grundlage ausreichender Tragfähigkeit und ausreichender Frostsicherheit mittels eines Kataloges bewährter Bauweisen festgelegt. Dabei werden u. A. die Funktion der Verkehrsfläche, die Verkehrsbelastung, die Lage der Verkehrsfläche im Gelände, die Bodenverhältnisse und die verschiedenen möglichen Bauweisen berücksichtigt. Mit einem Katalog verschiedener möglicher Aufbauvarianten können dann die regionale Baustoffsituation sowie die regionalen Erfahrungen berücksichtigt werden.

Der Oberbau von Fahrbahnen soll gemäß den RStO in der Regel mit Hilfe der zu ermittelnden dimensionierungsrelevanten Beanspruchung B festgelegt werden. Anhand der ermittelten Beanspruchung folgt dann eine Zuordnung zu einer Belastungsklasse gemäß der Tabelle 1 der RStO.

RStO

Richtlinien für die Standardisierung des Oberbaus von Verkehrsflächen, Ausgabe 2012, Korrektur 2020

2.5.1 Fahrbahnen

...

Tabelle 1: Dimensionierungsrelevante Beanspruchung und zugeordnete Belastungsklasse (siehe auch Anhang 1)

Dimensionierungsrelevante Beanspruchung Äquivalente 10-t-Achsübergänge in Mio.				**Belastungsklasse**
über	32[1]			Bk100
über	10	bis	32	Bk32
über	3,2	bis	10	Bk10
über	1,8	bis	3,2	Bk3,2
über	1,0	bis	1,8	Bk1,8
über	0,3	bis	1,0	Bk1,0
		bis	0,3	Bk0,3

1 Bei einer dimensionierungsrelevanten Beanspruchung größer 100 Mio. sollte der Oberbau mit Hilfe der RDO dimensioniert werden.

Kommentar

Die Berechnung der dimensionierungsrelevanten Beanspruchung B erfolgt nach Anhang 1 der RStO auf der Grundlage der durchschnittlichen täglichen Verkehrsstärke der Fahrzeugarten des Schwerverkehrs ($DTV^{(SV)}$) unter Zuhilfenahme von einem der Straßenklasse zuzuordnenden Lastkollektivquotienten und den Faktoren für die Achszahlen, Fahrstreifenanzahl, Fahrstreifenbreiten und der Steigung. Eine Berechnung kann auch anhand detaillierter Achslastdaten erfolgen. Fahrzeugarten des Schwerverkehrs sind Lastkraftwagen mit einem zulässigen Gesamtgewicht von mehr als 3,5 t ohne und mit Anhänger, Sattelzüge und Kraftomnibusse mit mehr als 9 Sitzplätzen einschließlich Fahrersitz.

Kommentar

Die dimensionierungsrelevante Beanspruchung B wird für den am höchsten belasteten Fahrstreifen unter Berücksichtigung der Anzahl der Fahrstreifen im Querschnitt, der Breite der Fahrstreifen und der Längsneigung berechnet. Der in der Regel zugrunde liegende Nutzungszeitraum beträgt 30 Jahre. Innerhalb dieser Zeit wird der Zuwachs des Schwerverkehrs berücksichtigt. Unter besonderen Bedingungen ist ggf. auch eine abweichende Nutzungszeit ansetzbar. Die damit einhergehende Änderung der Dauerhaftigkeit der hergestellten Verkehrsfläche muss allerdings beachtet werden. Gegenüber rechenschaftspflichtigen Stellen, wie z. B. Rechnungshöfen, sind solche Abweichungen jedoch gegebenenfalls zu begründen.

Der einfachste Berechnungsgang zur Ermittlung der dimensionierungsrelevanten Beanspruchung B ist die Methode 1.2 und ist wie folgt vorgegeben:

RStO

Richtlinien für die Standardisierung des Oberbaus von Verkehrsflächen, Ausgabe 2012, Korrektur 2020

Anhang 1: Ermittlung der dimensionierungsrelevanten Beanspruchung [B]

Bei der Ermittlung der dimensionierungsrelevanten Beanspruchung (Summe der gewichteten äquivalenten 10-t-Achsübergänge) werden zwei Methoden unterschieden:

- **Methode 1** kommt zur Anwendung, wenn nur $DTV^{(SV)}$-Angaben vorliegen
- **Methode 2** setzt die Kenntnis von detaillierten Achslastdaten voraus.

Beide Methoden können beim Vorliegen konstanter Faktoren vereinfacht werden (Methoden 1.2 und 2.2).

...

Methode 1.2 – Bestimmung von B bei konstanten Faktoren

Der Gesamtzeitraum kann in Teilbetrachtungszeiträume mit jeweils konstanten Werten für f_1, f_2, f_3, f_A, q_{Bm} und f_z unterteilt werden. Die Berechnung vereinfacht sich je Teilbetrachtungszeitraum (N > 1) zu:

$$B = N \cdot DTA^{(SV)} \cdot q_{Bm} \cdot f_1 \cdot f_2 \cdot f_3 \cdot f_z \cdot 365$$

Kommentar

Nach den RStO, Anhang 1, bedeuten diese Abkürzungen:

B – Summe der gewichteten äquivalenten 10-t-Achsübergänge im zugrunde gelegten Nutzungszeitraum

N – Anzahl der Jahre des zugrunde gelegten Nutzungszeitraumes; in der Regel 30 Jahre

$DTA^{(SV)}$ – Durchschnittliche Anzahl der täglichen Achsübergänge (Aü) des Schwerverkehrs im ersten Nutzungsjahr [Aü/24h] mit:

$$DTA^{(SV)} = DTV^{(SV)} \cdot f_A$$

$DTV^{(SV)}$ – Durchschnittliche tägliche Verkehrsstärke des Schwerverkehrs im ersten Nutzungsjahr [Kfz/24h]

f_A – Durchschnittliche Achszahl pro Fahrzeug des Schwerverkehrs (Achszahlfaktor) [A/Kfz] (siehe Tabelle A 1.1)

q_{Bm} – Einer bestimmten Straßenklasse zugeordneter mittlerer Lastkollektivquotient (siehe Tabelle A 1.2), der die straßenklassenspezifische mittlere Beanspruchung der jeweiligen tatsächlichen Achsübergänge ausdrückt (Quotient aus der Summe der äquivalenten 10-t-Achsübergänge und der Summe der tatsächlichen Achsübergänge des Schwerverkehrs (SV) für einen festgelegten Zeitraum in einem Fahrstreifen).

f_1 – Fahrstreifenfaktor (siehe Tabelle A 1.3)

Kommentar

f_2 Fahrstreifenbreitenfaktor (siehe Tabelle A 1.4)
f_3 Steigungsfaktor (siehe Tabelle A 1.5)

Für die Zunahme des Schwerverkehrs in den Folgejahren gilt:

$$f_z = ((1+p)^N - 1) / (p \cdot N)$$

Darin bedeuten:

p Mittlere jährliche Zunahme des Schwerverkehrs (siehe Tabelle A 1.6 der RStO)
f_z Mittlerer jährlicher Zuwachsfaktor des Schwerverkehrs (siehe Tabelle A 1.7 der RStO).

RStO

Richtlinien für die Standardisierung des Oberbaus von Verkehrsflächen,
Ausgabe 2012, Korrektur 2020

2.5.1 Fahrbahnen

...

Tabelle A 1.1: Achszahlfaktor f_A

Straßenklasse	Faktor f_A
Bundesautobahnen	4,5
Bundesstraßen bzw. Landes- und Kreisstraßen sowie kommunale Straßen mit SV-Anteil > 4 %	4,0
Landes- und Kreisstraßen bzw. kommunale Straßen mit SV-Anteil ≤ 4 %	3,3

Tabelle A 1.2: Lastkollektivquotient q_{Bm}

Straßenklasse	Quotient q_{Bm}
Bundesautobahnen	0,33
Bundesstraßen bzw. Landes- und Kreisstraßen sowie kommunale Straßen mit SV-Anteil > 4 %	0,25
Landes- und Kreisstraßen bzw. kommunale Straßen mit SV-Anteil ≤ 4 %	0,23

Tabelle A 1.3: Fahrstreifenfaktor f_1 zur Ermittlung des $DTV^{(SV)}$

<table>
<tr><th rowspan="2">Zahl der Fahrstreifen im Querschnitt/in Fahrtrichtung</th><th colspan="2">Faktor f_1 bei Erfassung des $DTV^{(SV)}$ für</th></tr>
<tr><th>beide Fahrtrichtungen (Querschnitt)</th><th>jede Fahrtrichtung getrennt (Fahrtrichtung)</th></tr>
<tr><td>1</td><td>–</td><td rowspan="2">1,0</td></tr>
<tr><td>2</td><td rowspan="4">0,5</td></tr>
<tr><td>3</td><td>0,9</td></tr>
<tr><td>4</td><td rowspan="3">0,85</td></tr>
<tr><td>5</td></tr>
<tr><td>6 und mehr</td><td>0,45</td></tr>
</table>

Kommentar

Laut den RStO sind die in den Tabellen A 1.1 bis A 1.3 „angegebenen Faktoren und Quotienten durchschnittliche Werte des Verkehrs auf Straßennetzen der entsprechenden Straßenklasse.“ Die Achszahlfaktoren f_A und die mittleren Lastkollektivquotienten q_{Bm} wurden aus Silhouettenerhebungen in Verbindung mit Achslastwägungen ermittelt. Weiter steht in den RStO: „Bei Vorliegen spezifischer Erkenntnisse zur Verkehrszusammensetzung auf zu bewertenden Straßenbefestigungen sollten der Achszahlfaktor f_A, der Lastkollektivquotient q_{Bm} und der Fahrstreifenfaktor f_1 angepasst werden.“

RStO

Richtlinien für die Standardisierung des Oberbaus von Verkehrsflächen, Ausgabe 2012, Korrektur 2020

2.5.1 Fahrbahnen

...

Tabelle A 1.4: Fahrstreifenbreitenfaktor f_2

Fahrstreifenbreite [m]	Faktor f_2
unter 2,50	2,00
2,50 bis unter 2,75	1,80
2,75 bis unter 3,25	1,40
3,25 bis unter 3,75	1,10
3,75 und mehr	1,00

Tabelle A 1.5: Steigungsfaktor f_3

Höchstlängsneigung [%]	Faktor f_3
unter 2	1,00
2 bis unter 4	1,02
4 bis unter 5	1,05
5 bis unter 6	1,09
6 bis unter 7	1,14
7 bis unter 8	1,20
8 bis unter 9	1,27
9 bis unter 10	1,35
10 und mehr	1,45

Tabelle A 1.6: Mittlere jährliche Zunahme des Schwerverkehrs p*)

Straßenklasse	p
Bundesautobahnen	0,03
Bundesstraßen	0,02
Landes- und Kreisstraßen	0,01

*) Bei der Ermittlung der Verkehrsbelastung des zu dimensionierenden Fahrstreifens ist dessen Kapazität zu beachten.

RStO

Tabelle A 1.7: Mittlerer jährlicher Zuwachsfaktor des Schwerverkehrs f_z

N[a]	Mittlere jährliche Zunahme des Schwerverkehrs p		
	0,01	0,02	0,03
5	1,020	1,041	1,062
10	1,046	1,095	1,146
15	1,073	1,153	1,240
20	1,101	1,215	1,344
25	1,130	1,281	1,458
30	1,159	1,352	1,586

Kommentar

Zur Ermittlung von B wird die Summe der in der angesetzten Nutzungszeit einwirkenden Achsübergänge der Rollspuren des rechten Fahrstreifens ermittelt. Als theoretische Nutzungszeit wird in der Regel ein Zeitraum von 30 Jahren angesetzt. Bekannt muss die durchschnittliche tägliche Anzahl der Fahrzeuge des Schwerverkehrs (DTV_{SV}) zu Beginn der Nutzungszeit sein. Die üblicherweise auftretende mittlere Zunahme des Verkehrs über die Nutzungszeit wird mit dem Faktor f_z berücksichtigt. Der Faktor f_z ergibt sich aus der mittleren jährlichen Zunahme des Schwerverkehrs p für die entsprechenden Jahre der Nutzungszeit. Über die Kenntnis der mittleren Achsanzahl der Schwerverkehrsfahrzeuge f_A kann aus dem DTV_{SV} auf die durchschnittliche Anzahl der Achsübergänge (DTA_{SV}) geschlossen werden.

In der Rollspur tritt normalerweise die höchste Belastung auf. Für diesen Bereich wird ein geeigneter Aufbau festgelegt, der dann für den gesamten Querschnitt der Fahrbahn maßgebend ist.

Mit dem Faktor f_1 erfolgt die Zuordnung der Verkehrsbelastung auf den rechten Fahrstreifen. Mit dem Faktor f_2 wird die Konzentration des Verkehrs auf schmale Rollspuren bei schmaleren Fahrstreifenbreiten berücksichtigt.

Die auftretenden Achsübergänge werden mit dem Lastkollektivquotienten q_{BM} auf eine Achslast von 10 t normiert, da alle Achsen aufgrund der Beladung der Fahrzeuge unterschiedlich belastet sind. Es macht einen Unterschied aus, ob die Belastung einer Achse nur gering oder sehr groß ist, da größere Lasten überproportional und kleinere unterproportional die Befestigung beanspruchen. Deshalb berücksichtigt der Faktor q_{BM} die für bestimmte Situationen übliche Achsbelastung und ihre Einwirkung auf die Beanspruchung der Verkehrsbefestigung.

Bei geneigten Fahrbahnen verschiebt sich der Schwerpunkt eines Fahrzeuges, so dass manche Achsen geringer und andere höher belastet werden. Auch dies führt zu weiteren Beanspruchungen der Fahrbahnoberfläche, welche mit dem Faktor f_3 erfasst werden.

Die Zuordnung der Faktoren f_A, q_{BM} und p erfolgt in der Regel über die Art der Verkehrsfläche/Straßenklasse bzw. über die Zuordnung zum Straßenbaulastträger. Unterschieden werden Autobahnen, Bundesstraßen, Landes- und Kreisstraßen. Bei diesen Verkehrsflächen wird – begründet – angenommen, dass sich die Zusammensetzung des Schwerverkehrs prinzipiell und im Mittel unterscheidet. Dabei basiert die Festlegung auf dem Grundsatz, dass mit zunehmender Streckenlänge aufgrund der Wirtschaftlichkeit größere und

Kommentar

stärker beladene Lkw fahren. Dies führt dazu, dass Straßen für den Fernverkehr eher mit schwereren Fahrzeugen mit größerer Achsanzahl befahren werden als Straßen im nachgeordneten Netz für mittlere oder kürzere Strecken, wie z. B. Kreisstraßen. Die Ermittlung der Faktoren für Fahrbahnen von Bund, Land und Kreis kann daher direkt aus den Tabellen erfolgen. Wenn man genauere Daten kennt, darf auch von den Tabellenwerten abgewichen werden.

Kommunale Verkehrsflächen sind aber nicht direkt in diesen Tabellen enthalten, da sich der Verkehr in den Straßen der Kommune stark unterscheiden kann. Reine Wohnbereiche weisen einen deutlich anderen Schwerverkehr auf als Gewerbe- oder Industriegebiete. Hochbelastete Strecken, die zu Autobahnauffahrten führen, unterscheiden sich von Sackgassen, die ggf. nur von Müllfahrzeugen beansprucht werden. Daher muss in den Kommunen die Zuordnung der Faktoren etwas genauer erfolgen. Für die Faktoren f_A und q_{BM} bieten die RStO an, die Zuordnung über den Schwerverkehrsanteil der betrachteten Straße durchzuführen. Hinter diesem steht die Beobachtung, dass Straßen mit einem hohen Schwerverkehrsanteil auch in der Kommune häufiger von größeren Fahrzeugen, wie Sattelschleppern, befahren werden, die dann auch voller beladen sind und daher größere Achslasten aufweisen. Eine solche Zuordnung funktioniert für die mittlere Verkehrszunahme p während der Nutzungszeit jedoch nicht. Die Verkehrszunahme ist nicht vom Schwerverkehrsanteil abhängig. Die Entwicklung der Verkehrsbelastung der einzelnen Straßenabschnitte wird in der Kommune von den unterschiedlichsten Faktoren beeinflusst und kann pauschal nicht angegeben werden. Dieser Faktor muss daher für kommunale Verkehrsflächen in Abhängigkeit von den örtlichen Gegebenheiten und Planungen sinnvoll vom sachverständigen Planer abgeschätzt werden.

Die Berechnungen sind auch geeignet, bisher ertragene Belastungen einer Straße zu ermitteln, um z. B. deren weitere theoretische Nutzungsdauer grob abschätzen zu können. Allerdings ist das Ergebnis i. d. R. so ungenau, dass es für konkrete Substanzbewertungen und -prognosen selten sinnvoll genutzt werden kann. Wenn die Verkehrsbelastung nicht bekannt ist, sehen die RStO eine weitere Möglichkeit der Zuordnung zu einer Belastungsklasse wie folgt vor:

RStO

Richtlinien für die Standardisierung des Oberbaus von Verkehrsflächen,
Ausgabe 2012, Korrektur 2020

2.5.1 Fahrbahnen

...

Lässt sich für Verkehrsflächen in der geschlossenen Ortslage die dimensionierungsrelevante Beanspruchung nicht ermitteln, so können die Belastungsklassen den typischen Entwurfssituationen nach den RASt gemäß Tabelle 2 zugeordnet werden. Die Auswahl der Belastungsklasse muss sich an der zu erwartenden Schwerverkehrsbelastung orientieren.

In Kreuzungs- und Einmündungsbereichen ist die dimensionierungsrelevante Beanspruchung des am stärksten belasteten Fahrstreifens der Anschlussstrecken maßgebend.

Für Kreisverkehrsflächen ist – bezogen auf den am stärksten belasteten Abschnitt der Kreisverkehrsfläche – die nächst höhere Belastungsklasse vorzusehen.

RStO

Fußgängerzonen, in denen Lieferverkehr mit Fahrzeugen des Schwerverkehres stattfindet, sind den Entwurfssituationen Hauptgeschäftsstraße oder Örtliche Geschäftsstraße zuzuordnen.

Tabelle 2: Mögliche Belastungsklassen für die typischen Entwurfssituationen nach den RASt

Typische Entwurfssituation	Straßenkategorie	Belastungsklasse
Anbaufreie Straße	VS II, VS III	Bk10 bis Bk100
Verbindungsstraße	HS III, HS IV	Bk3,2/Bk10
Industriestraße	HS IV, ES IV, ES V	Bk3,2 bis Bk100
Gewerbestraße	HS IV, ES IV, ES V	Bk1,8 bis Bk100
Hauptgeschäftsstraße	HS IV, ES IV	Bk1,8 bis Bk10
Örtliche Geschäftsstraße	HS IV, ES IV	Bk1,8 bis Bk10
Örtliche Einfahrtstraße	HS III, HS IV	Bk3,2/Bk10
Dörfliche Hauptstraße	HS IV, ES IV	Bk1,0 bis Bk3,2
Quartiersstraße	HS IV, ES IV	Bk1,0 bis Bk3,2
Sammelstraße	ES IV	Bk1,0 bis Bk3,2
Wohnstraße	ES V	Bk0,3/Bk1,0
Wohnweg	ES V	Bk0,3

Kommentar

Die Formulierung zur Nutzung der Tabelle 2 ist bewusst so gewählt, dass nur in der Situation, in der die Berechnung der Belastungsklasse nicht möglich ist, auf die Tabelle 2 zugegriffen werden soll. Insbesondere auch kommunalen Baulastträgern soll damit die Möglichkeit der Bestimmung der Belastungsklasse mittels Tabelle 1 nahegelegt werden.

Die hierfür erforderlichen Verkehrsdaten sollten daher erhoben werden. Dies ist insbesondere vor dem Hintergrund zu beachten, dass die Tabelle 2 teilweise eine sehr breite Auswahl zulässt. Einzuschränken ist diese Wahlmöglichkeit nach Tabelle 2 aber auch hier durch die abzuschätzende Anzahl der Fahrzeuge des Schwerverkehrs in der Nutzungszeit.

Die typischen Entwurfssituationen sind kategorisiert den „Richtlinien für die Anlage von Stadtstraßen", Ausgabe 2006, (RASt 06)[11] der FGSV entnommen worden. Diese beziehen sich auf die „Richtlinien für die integrierte Netzgestaltung" (RIN)[12] der FGSV.

Es bedeuten:

VS anbaufreie Hauptverkehrsstraße
HS angebaute Hauptverkehrsstraße
ES Erschließungsstraße.

Zudem wird hinsichtlich der Verbindungsfunktionsstufen unterschieden: Überregionale Straßen werden der Verbindungsfunktionsstufe II zugeordnet, regionale Straßen der Stufe III, nahräumige Straßen der Stufe IV und kleinräumige Straßen der Stufe V.

11 Richtlinien für die Anlage von Stadtstraßen – RASt, Ausgabe 2006, FGSV Verlag, Köln 2006
12 Richtlinien für die integrierte Netzgestaltung – RIN, Ausgabe 2008, FGSV Verlag, Köln 2008

Kommentar

Kreuzungs- und Einmündungsbereiche werden durch die Tabelle 2 der RStO nicht berücksichtigt, sind jedoch für kommunale Verkehrsflächen und damit für Pflasterflächen von besonderer Bedeutung. Die RStO legen fest, dass in diesen Bereichen der am stärksten belastete Anschlussstreifen für den gesamten Bereich maßgebend ist. Eine rechnerische Addition ist demnach wortwörtlich nicht erforderlich. Allerdings sollte grundsätzlich eine Dimensionierung hinsichtlich der vorliegenden Verkehrsbelastung erfolgen. Damit ist es ggf. vorteilhaft oder sogar erforderlich, sich überlappende Verkehrsströme zu addieren. Dieses Vorgehen ist auch in den einzelnen Abschnitten eines Kreisverkehrs vorzusehen. Allerding ist hier die dann resultierende rechnerische Verkehrsbelastung und resultierende Belastungsklasse um eine weitere Belastungsklasse zu erhöhen, da im Kreisverkehr aufgrund der Kreisgeometrie und damit der entstehenden Scherkräfte erhöhte Beanspruchungen vorliegen. Wenn nun die Verkehrsfläche nicht nach Tabelle 1 der RStO sondern nach Tabelle 2 dimensioniert wird, sollte der Gedanke, dass sich Verkehrsströme addieren und ggf. erhöhte Beanspruchungen in Kreuzungsbereichen und Kreisverkehren vorliegen, ebenfalls berücksichtigt werden. Es muss abgewogen werden, inwieweit sich so die Belastungsklasse erhöht. Im Zweifelsfall sollte die dimensionierungsrelevante Beanspruchung B rechnerisch ermittelt werden.

Während es bei reinen Wohnwegen, bei denen sich der Schwerverkehr größtenteils auf Müllfahrzeuge beschränkt, ggf. sinnvoll ist, direkt über die Tabelle 2 auf eine Belastungsklasse von Bk0,3 zu schließen, kann es schon in Wohnstraßen und Sammelstraßen sinnvoll sein, die Belastungsklasse rechnerisch zu ermitteln. Insbesondere in Kreuzungen addieren sich die Verkehrsströme. Parkende Autos und geringe Querschnittsbreiten können zu spurgeführtem Schwerverkehr führen, wodurch der Faktor f_2 auf 2,0 zu erhöhen ist. Hierdurch ergeben sich öfter höhere Belastungsklassen, als dies bei pauschaler Betrachtung anhand der typischen Entwurfssituation der Fall wäre.

Fußgängerzonen mit Schwerverkehr sollen gemäß RStO in die Entwurfssituation Hauptgeschäftsstraße oder örtliche Geschäftsstraße eingeordnet werden. Dem entsprechend sind sie in die Belastungsklassen Bk1,8 bis Bk10 einzuordnen. Es hat sich bewährt, Fußgängerzonen mit Anlieferverkehr in die Belastungsklasse 3,2 einzuordnen. Dies gilt entsprechend auch für Platzflächen mit Schwerverkehr. Ein Grund ist, dass in üblichen Fußgängerzonen im Rahmen der Belieferung regelmäßig relevante Schwerverkehrsbelastung auftritt, der durch einschränkende Randbedingungen, wie z. B. Stadtmöblierung, Sondernutzungen und Straßengrün mehr oder weniger spurgeführt ist und so auch häufiges Rangieren und Abbiegen erforderlich wird. Weiterhin sind Märkte, Festveranstaltungen, Jahrmärkte und andere seltener stattfindende Veranstaltungen in der Planung zu berücksichtigen. Die hierbei auftretenden Sonderbelastungen, so auch erhöhte Punktbelastungen o. Ä., sollten zu einer im Zweifelsfall höheren Belastungsklasse führen. Sollten in Fußgängerzonen häufiger Hochbautätigkeiten mit Anlieferung über die Fußgängerzone möglich sein, so sollte sich dies ebenso im Aufbau widerspiegeln. Bei Wochenmärkten sind zusätzliche Beanspruchungen durch die Reinigung der Flächen mittels starker Wasserstrahlung zu beachten.

Die Belastungsklasse von Busverkehrsflächen sollte generell rechnerisch gemäß Tabelle 1 unter Berücksichtigung der genauen Bauart der eingesetzten Busse (Achslast, Achsanzahl usw.) erfolgen. Weiterhin ist in Busverkehrsflächen die Spurführung der Fahrzeuge ein wichtiges Kriterium hinsichtlich

Kommentar

der Dauerhaftigkeit der Verkehrsfläche. Häufig muss in Abhängigkeit von der Fahrstreifenbreite und den weiteren geometrischen Randbedingungen, wie z. B. die Anfahrt an den Bordstein einer Bushaltestelle, von spurgeführtem Verkehr ausgegangen und der Faktor f_2 auf 2,0 gesetzt werden. Nur Ersatzweise soll eine Ermittlung mittels Tabelle 3 erfolgen.

RStO

Richtlinien für die Standardisierung des Oberbaus von Verkehrsflächen, Ausgabe 2012, Korrektur 2020

2.5.2 Busverkehrsflächen

Generell ist die Ermittlung der Belastungsklasse gemäß dem Abschnitt 2.5.1 [d. h. mittels Tabelle 1, Anmerkung der Autoren] durchzuführen. Dabei ist die verkehrsflächenspezifische Abweichung von Fahrstreifenbreitenfaktor f_2 (Spurtreue), Achszahlfaktor f_A und Lastkollektivquotient q_{Bm} zu beachten[13]. Sofern diese Ermittlung nicht möglich ist, können Busverkehrsflächen aufgrund ihrer Verkehrsbelastung den Belastungsklassen gemäß der Tabelle 3 zugeordnet werden.

Busverkehrsflächen unterliegen immer besonderen Beanspruchungen (vgl. Abschnitt 2.6).

...

Tabelle 3: Belastung von Busverkehrsflächen und zugeordnete Belastungsklasse

Verkehrsbelastung	Belastungsklasse
über 1400 Busse/Tag	Bk100
über 425 Busse/Tag bis 1400 Busse/Tag	Bk32
über 130 Busse/Tag bis 425 Busse/Tag	Bk10
über 65 Busse/Tag bis 130 Busse/Tag	Bk3,2
bis 65 Busse/Tag[1]	Bk1,8

1 Wenn die Verkehrsbelastung weniger als 15 Busse/Tag beträgt, kann eine niedrigere Belastungsklasse gewählt werden.

Kommentar

Verkehrsflächen in Neben- und Rastanlagen sowie Abstellflächen können Belastungsklassen gemäß Tabellen 4 und 5 zugeordnet werden. Die Unterscheidung in Flächen mit Schwerverkehr oder mit Pkw-Verkehr einschließlich geringen Schwerverkehrsanteils in Tabelle 4 zeigt die relativ undefinierte Zuordnung. Ein „geringer“ Schwerverkehrsanteil ist nicht weiter definiert. Hintergrund der Zuordnung sind hier die praktischen Erfahrungen bei Rastanlagen von Bundesautobahnen. In Bereichen, die Stellplätze für den Schwerverkehr enthalten, sollte die obere Zeile angewendet werden und in Bereichen, die nicht für den Schwerverkehr vorgesehen sind – im Bereich der Pkw-Stellplätze – kann abgewogen werden, ob die untere Zeile angemessen ist.

Ähnliches gilt für die in Tabelle 5 erfolgte Zuordnung zu Abstellflächen des Schwerverkehrs und solchen des Pkw-Verkehrs. Es gibt jedoch auch solche Abstellflächen, die ab und an von Lkw genutzt werden, so dass hierfür eine weitere Zeile eingefügt wurde. Die Erfahrungen, die dieser Tabelle zugrunde liegen, basieren ebenfalls vorrangig auf den Erkenntnissen von Autobahnrastplätzen. Es kann problematisch sein, die hier enthaltenen Zuordnungen der Belastungsklassen auf Messeparkplätze oder Speditionsflächen zu übertragen.

13 Im Anhang der RStO ist diesbezüglich ein Beispiel enthalten.

RStO **Richtlinien für die Standardisierung des Oberbaus von Verkehrsflächen,** Ausgabe 2012, Korrektur 2020

2.5.3 Neben- und Rastanlagen

...

Tabelle 4: Verkehrsfläche in Neben- und Rastanlagen und zugeordnete Belastungsklasse

Verkehrsart	Belastungsklasse
Schwerverkehr	Bk3,2 bis Bk10
Pkw-Verkehr einschließlich geringem Schwerverkehrsanteil	Bk0,3 bis Bk1,8

2.5.4 Abstellflächen

...

Tabelle 5: Abstellfläche und zugeordnete Belastungsklasse

Verkehrsart	Belastungsklasse
Schwerverkehr	Bk3,2 bis Bk10
Nicht ständig vom Schwerverkehr genutzte Flächen	Bk1,0/Bk1,8
Pkw-Verkehr (Befahren durch Fahrzeuge des Unterhaltungsdienstes möglich)	Bk0,3

Kommentar Die RStO definieren auch sogenannte besondere Beanspruchungen, bei denen bei der Auswahl von Bauweisen, Baustoffen und Ausführungen weitergehende Überlegungen erforderlich sind, wie folgt:

RStO **Richtlinien für die Standardisierung des Oberbaus von Verkehrsflächen,** Ausgabe 2012, Korrektur 2020

2.6 Besondere Beanspruchungen

Verkehrsflächen können besonderen Beanspruchungen aus Schwerverkehr unterliegen, z. B.

- bei spurfahrendem Verkehr und enger Kurvenfahrt,
- bei langsam fahrendem Verkehr,
- bei häufigen Brems- und Beschleunigungsvorgängen,
- in Kreuzungs- und Einmündungsbereichen,
- bei Abstellflächen.

Verkehrsflächen der Belastungsklassen Bk3,2 bis Bk100 unterliegen immer besonderen Beanspruchungen.

Der Einfluss von spurfahrendem Verkehr und von Verkehr auf Steigungsstrecken auf die Dicke des Oberbaus ist durch die Faktoren f_2 und f_3 berücksichtigt (siehe Anhang 1).

Darüber hinaus ist zu prüfen, ob den besonderen Beanspruchungen bei der Wahl der Bauweise, bei der Wahl der Baustoffe, ihrer Zusammensetzung und bei der Herstellung einzelner Schichten des Oberbaus Rechnung getragen werden muss (siehe ZTV Asphalt-StB/ZTV Pflaster-StB).

Kommentar Wichtig ist, dass ab der Belastungsklasse Bk3,2 immer besondere Beanspruchungen vorliegen. Die weitergehende Aufzählung von Situationen, bei denen besondere Beanspruchungen vorliegen können – wie z. B. Kreuzungs- und Kurvenbereiche – ist nicht abschließend und insbesondere für

Kommentar

die Pflasterbauweise relevant. Im Rahmen der ZTV Pflaster-StB wird auf besondere Beanspruchungen weitergehend eingegangen. Besondere Beanspruchungen liegen immer dort vor, wo weitergehende Beanspruchungen im Gegensatz zur freien Strecke vorliegen. Dies sind besonders Bereiche mit erhöhten Horizontalbeanspruchungen oder solche Bereiche, bei denen zusätzliche Vertikalbeanspruchungen auftreten können. Die Auswirkungen solcher Bereiche sind für die verschiedenen Bauweisen unterschiedlich und deshalb nicht in den RStO, sondern in den Zusätzlichen Technischen Vertragsbedingungen dargestellt.

Bestimmung der Dicke des frostsicheren Oberbaus

Die Gesamtdicke des frostsicheren Oberbaus ergibt sich aus der Dicke der Decke sowie den darunter liegenden Tragschichten. Dabei wird die Dicke der oberen Tragschicht(en) vom Lastverhalten bestimmt und die Dicke der unteren Tragschicht, der Frostschutzschicht oder der Schicht aus frostunempfindlichem Material, neben der Lastabtragung primär von der Frostempfindlichkeit des anstehenden Untergrundes bzw. Unterbaues und den einwirkenden Witterungsbedingungen. Ziel ist es, ein ausreichendes Trag- und Verformungsverhalten der Befestigung bei jeder Witterung sicherzustellen.

Zur Festlegung der Dicke des frostsicheren Oberbaus wird zunächst die Mindestdicke des frostsicheren Oberbaus gemäß RStO bestimmt. Diese soll neben der Lastverteilung sicherstellen, dass während der Frost- und Auftauperioden keine schädlichen Verformungen entstehen. Sie stellt keine vollständige Frostsicherheit her, sondern ist ein Maß für ausreichende Verformungsverminderung in Frost- und Tauperioden in Deutschland. Voraussetzung ist, dass alle Schichten ordnungsgemäße Eigenschaften aufweisen.

Im Zusammenhang mit Pflasterdecken und Plattenbelägen muss hier auch sichergestellt sein, dass eindringendes Wasser ausreichend schnell durch den gesamten Aufbau durchsickern kann. Unzureichende Wasserdurchlässigkeit der Tragschicht(en) oder der Bettung führen ggf. zu Hebungen des Pflasters oder des Plattenbelages. Sobald diese Hebungen ungleichmäßig sind, führt dies zu einer Verbreiterung der Fugen und damit bei Niederschlag zu übermäßigem Wassernachschub.

Normalerweise werden durch die ermittelte Mindestdicke des Oberbaus Planumstiefen erreicht, in die im Winter der Frost nicht eindringt. Bei sehr strengen Wintern oder sehr ungünstigen Lagen kann es jedoch sein, dass der Frosthorizont bis zum Planum reicht. In der darauffolgenden Tauperiode kann sich daher Wasser am und auf dem Planum ansammeln, wodurch die Tragfähigkeit und die Verformungsbeständigkeit des Oberbaus reduziert werden. Durch die Festlegungen der ZTV SoB-StB[14] wird jedoch im Regelfall sichergestellt, dass die Frostschutzschicht auch im durchnässten Zustand eine ausreichende Lastableitung gewährleistet.

Der anstehende Untergrund bzw. Unterbau kann natürlich unterschiedliche Wasserdurchlässigkeit und Frostempfindlichkeit aufweisen. Der Aufbau der

14 Zusätzliche Technische Vertragsbedingungen und Richtlinien für den Bau von Schichten ohne Bindemittel im Straßenbau – ZTV SoB-StB, Ausgabe 2020, FGSV Verlag, Köln 2020

Kommentar

Befestigung ist darauf abzustimmen. In den Oberbau eindringendes Wasser ist dabei immer abzuführen, entweder in und durch den Unterbau/Untergrund oder/und durch konstruktiv einzuplanende Entwässerungseinrichtungen.

Die ZTV E-StB[15] unterscheiden hinsichtlich der Frostempfindlichkeit die verschiedenen Bodengruppen in drei Klassen:

ZTV E-StB

Zusätzliche Technische Vertragsbedingungen und Richtlinien für Erdarbeiten im Straßenbau, Ausgabe 2017

3.1.5.1 Frostempfindlichkeit von Böden und veränderlich festen Gesteinen

...

Tabelle 3: Klassifikation von Bodengruppen nach der Frostempfindlichkeit

	Frostempfindlichkeit	Bodengruppen (DIN 18196)
F 1	nicht frostempfindlich	GW, GI, GE SW, SI, SE
F 2	gering bis mittel frostempfindlich	TA OT, OH, OK ST[1], GT[1] SU[1], GU[1]
F 3	sehr frostempfindlich	TL, TM UL, UM, UA OU ST*, GT*, SU*, GU*

1 zu F 1 gehörig bei einem Anteil an Korn unter 0,063 mm von 5,0 M.-% bei $C_U \geq 15{,}0$ oder 15,0 M.-% bei $C_U \leq 6{,}0$.
Im Bereich $6{,}0 < C_U < 15{,}0$ kann der für eine Zuordnung zu F 1 zulässige Anteil an Korn unter 0,063 mm linear interpoliert werden.

Kommentar

Böden der Frostempfindlichkeitsklasse F1 sind nach ZTV E-StB nicht frostempfindlich. Befestigungen auf solchen Böden brauchen keinen weiteren Frostschutz, dementsprechend entfällt ggf. die Frostschutzschicht.

Böden der Frostempfindlichkeitsklasse F2 und F3 sind frostempfindlich. Aufbauten oberhalb dieser Böden erfordern zusätzliche Frostschutzmaßnahmen. In der Regel ist dies die Anordnung einer Frostschutzschicht oder einer Schicht aus frostunempfindlichem Material.

Besteht der Untergrund bzw. Unterbau unmittelbar unter dem Oberbau aus Boden der Frostempfindlichkeitsklasse F1, kann gemäß RStO die Frostschutzschicht entfallen, wenn die Tiefe 1,2 m (1,3 m bei Frosteinwirkungszone II; 1,5 m bei Frosteinwirkungszone III) unter der Fahrbahnoberfläche beträgt. Der Boden muss zudem bezüglich des Verdichtungsgrades die Anforderung der ZTV SoB-StB an Frostschutzschichten erfüllen.

Zusätzlich muss die Anforderung an den Verformungsmodul vom anstehenden Boden erfüllt werden. Wird auf dem F1-Boden ein Verformungsmodul von $E_{v2} \geq 120$ MPa (Belastungsklassen Bk1,0 bis Bk100) bzw. $E_{v2} \geq 100$ MPa

15 Zusätzliche Technische Vertragsbedingungen und Richtlinien für Erdarbeiten im Straßenbau – ZTV E-StB, Ausgabe 2017, FGSV Verlag, Köln 2017

Kommentar

(Belastungsklasse Bk0,3) erreicht, kann der Oberbau ab Oberkante Frostschutzschicht angeordnet werden. Erfüllt der F1-Boden diese Anforderungen an den Verformungsmodul nicht, ist eine Verfestigung nach ZTV Beton-StB oder eine Tragschicht ohne Bindemittel in ausreichender Dicke, so dass der geforderte Verformungsmodul erreicht wird, auf dem F1-Boden vorzusehen.

Die Mindestdicke des frostsicheren Oberbaus wird nach Kapitel 3.2 der RStO bestimmt. Hierzu wird zunächst ein Ausgangswert in Abhängigkeit von der Frostempfindlichkeitsklasse des anstehenden Bodens und der Belastungsklasse nach Tabelle 6 der RStO bestimmt. Mit zunehmender Verkehrsbelastung des Schwerverkehrs ergibt sich bei sonst gleichen Randbedingungen daher eine größere Mindestdicke.

RStO

Richtlinien für die Standardisierung des Oberbaus von Verkehrsflächen,
Ausgabe 2012, Korrektur 2020

3.2.2 Ausgangswerte für die Bestimmung der Mindestdicke

...

Tabelle 6: Ausgangswerte für die Bestimmung der Mindestdicke des frostsicheren Oberbaus

Frostempfindlichkeitsklasse	Dicke in cm bei Belastungsklasse		
	Bk100 bis Bk10	Bk3,2 bis Bk1,0	Bk0,3
F2	55	50	40
F3	65	60	50

Kommentar

Auf den Ausgangswert werden weitere Faktoren gemäß Tabelle 7 der RStO aufaddiert oder abgezogen (Mehr- oder Minderdicke). Mit diesen werden die örtliche Frosteinwirkung anhand einer Frostzonenkarte mit den drei Frosteinwirkungszonen Zone I bis Zone III (klimatische Verhältnisse), kleinräumige Klimaunterschiede, die Wasserverhältnisse im Untergrund, die Lage der Gradiente sowie die Entwässerung der Fahrbahn/Ausführung der Randbereich berücksichtigt.

Mehr- oder Minderdicke = A + B + C + D + E.

Hinsichtlich der Einteilung in Frosteinwirkungszonen (Bild 6 der RStO) muss festgestellt werden, dass die Grenzen zwischen den Zonen nur als grober Anhalt zu verstehen sind. Regionale Besonderheiten sind im Einzelfall zu berücksichtigen und können der Karte und damit der Einteilung nicht entnommen werden. Langjährige örtliche Kenntnisse über die Verhältnisse im Einzelfall sollen daher einbezogen werden.

Da Bauweisen mit Pflasterdecken gemäß ZTV Pflaster-StB in der Regel innerorts eingesetzt werden und eine Randeinfassung benötigen, ergeben sich häufig für die Faktoren B und E jeweils –5 cm. Für die Faktoren C und D wird häufig ein Wert von 0 cm anzusetzen sein. Somit ergibt sich für eine „normale“ kommunale Fahrbahn mit Pflasterdecke die Mindestdicke des frostsicheren Oberbaus aus den Faktoren der Frosteinwirkungszone, der Belastungsklasse und der anstehenden Frostempfindlichkeitsklasse des Bodens.

RStO

Richtlinien für die Standardisierung des Oberbaus von Verkehrsflächen, Ausgabe 2012, Korrektur 2020

3.2.3 Mehr- oder Minderdicken

...

Tabelle 7: Mehr- oder Minderdicken infolge örtlicher Verhältnisse

Örtliche Verhältnisse		A	B	C	D	E
Frost-einwirkung	Zone I	± 0 cm				
	Zone II	+ 5 cm				
	Zone III	+ 15 cm				
kleinräumige Klimaunter-schiede	ungünstige Klimaeinflüsse z. B. durch Nord-hang oder in Kammlagen von Gebirgen		+ 5 cm			
	keine besonderen Klimaeinflüsse		± 0 cm			
	günstige Klimaeinflüsse bei geschlossener seitlicher Bebauung entlang der Straße		− 5 cm			
Wasser-verhältnisse im Untergrund	kein Grund- und Schichtenwasser bis in eine Tiefe von 1,5 m unter Planum			± 0 cm		
	Grund- oder Schichtenwasser dauernd oder zeitweise höher als 1,5 m unter Planum			+ 5 cm		
Lage der Gradiente	Einschnitt, Anschnitt				+ 5 cm	
	Geländehöhe bis Damm ≤ 2,0 m				± 0 cm	
	Damm > 2,0 m				− 5 cm	
Entwässerung der Fahrbahn/ Ausführung der Randbereiche	Entwässerung der Fahrbahn über Mulden, Gräben bzw. Böschungen					± 0 cm
	Entwässerung der Fahrbahn und Randbereiche über Rinnen bzw. Abläufe und Rohrleitungen					− 5 cm

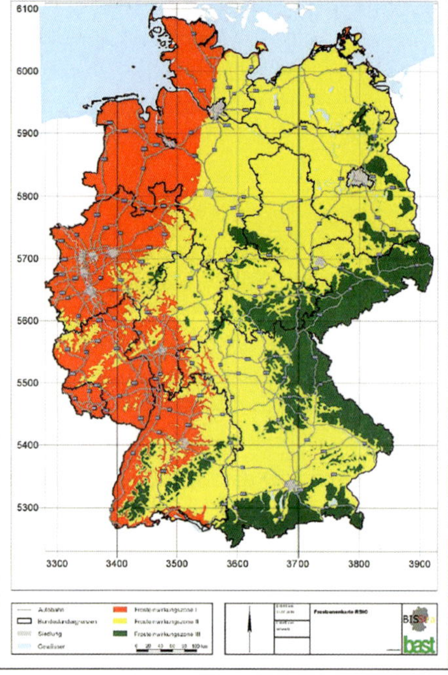

Karte der Frosteinwirkungs-zonen in Deutschland

Bild 6: Frosteinwirkungszonen

Die Karte ist detailliert auf der Homepage der Bundesanstalt für Straßenwesen (www.bast.de) und des FGSV Verlages (www.fgsv-verlag.de) abrufbar

Kommentar

Dimensionierung von Fahrbahnen gemäß den RStO

Die Dicke der Schichten des Oberbaus von Fahrbahnen wird gemäß Kapitel 3.3 der RStO festgelegt. Dabei sind mögliche Aufbauvarianten in Abhängigkeit von der Belastungsklasse und der erforderlichen Mindestdicke des frostsicheren Oberbaus in Tafeln zusammengestellt.

Für Fahrbahnen mit Pflasterdecken gilt die Tafel 3. In dieser sind die Dicken des frostsicheren Oberbaus in 10-cm-Schritten dargestellt. Ergibt sich nach den Berechnungen zur Mindestdicke des frostsicheren Oberbaus eine andere Dicke, ist diese maßgebend. Interpolationen der Dicken von Frostschutzschicht oder Schicht aus frostunempfindlichem Material sind zulässig.

In Abhängigkeit von der Tragfähigkeit auf Planum oder Frostschutzschicht können Anhaltswerte für die Dicken der darüber liegenden Tragschichten ohne Bindemittel gemäß Tabelle 8 der RStO entnommen werden. Dies ist dann z. B. von Bedeutung, wenn das Planum ein von 45 MPa abweichendes Verformungsmodul aufweist oder die aus Frostgründen erforderliche Mindestdicke des frostsicheren Oberbaus zu einer sehr geringen Dicke der Frostschutzschicht führen würde, mit welcher nicht die geforderte Tragfähigkeit erreicht werden kann. Gleiches gilt bei Einsatz z. B. eines gebrochenen gegenüber einem rundkörnigen Baustoff für die Frostschutzschicht.

Die Tafel 3 der RStO weist für Pflasterdecken verschiedene Möglichkeiten der Ausbildung der oberen Tragschicht auf. Die bisher üblichste Variante ist eine Schottertragschicht unterhalb der Pflasterdecke. Alternativ dazu besteht die Möglichkeit, eine ausreichend wasserdurchlässige Asphalttragschicht oder eine Dränbetontragschicht vorzusehen. Es wird ausdrücklich darauf hingewiesen, dass die Wasserdurchlässigkeit aller Tragschichten ausreichend sein muss. Jeglicher Niederschlag, der durch die Fugen der Pflasterdecke in den Aufbau eindringt, muss durch obere und untere Tragschichten abgeführt werden können. Anschließend muss das Wasser ausreichend schnell durch das Planum versickern oder seitlich abgeführt werden. Da die Wasserdurchlässigkeit der Fugen je nach Baustoff und Liegedauer variiert, muss bei der hier betrachteten ungebundenen Bauweise von einer relativ hohen Versickerungsrate zumindest zu Beginn der Liegezeit ausgegangen werden. Weitere Details sind in den ZTV Pflaster-StB enthalten und werden hier noch betrachtet.

In der Tafel 3 sind Bauweisen mit Pflasterdecken in ihren Regeldicken dargestellt. Für die Belastungsklassen Bk3,2 und Bk1,8 sind 10 cm dicke Pflastersteine vorgesehen, für die Belastungsklassen Bk1,0 und Bk0,3 entsprechend 8 cm dicke Pflastersteine. Es kann dabei auch Pflaster mit größerer Dicke verwendet werden. Hier ist Spielraum vorhanden, da mit größerer Steindicke i. d. R. auch eine größere Dicke der Fugenfüllung einhergeht. Durch Nutzung der Verkehrsfläche entsteht häufig eine Fugenentleerung innerhalb des/der obersten Zentimeter. Der geleerte Fugenanteil trägt nicht mehr zur Lastableitung bei, so dass sich das Tragverhalten negativ entwickeln könnte. Daher kann es von Vorteil sein, eine etwas größere Steindicke zu wählen.

Eine Erhöhung der Dicke der Pflastersteine kann im Allgemeinen zu einer verbesserten Lagestabilität führen. Mit zunehmender Steindicke nehmen die Flächen in den Fugenflanken zu, über die Druckkräfte auf die Nachbarsteine übertragen werden können. Mit zunehmender Lastüberleitung auf benach-

Kommentar

barte, nicht direkt belastete Pflastersteine nimmt dann die durch Überrollung des einzelnen Steins und damit die durch Momenteinwirkung resultierende ungleichmäßige Belastung der Bettung unterhalb des direkt belasteten Steines ab. Damit werden Bettung und Tragschichten geringer belastet und Schiefstellungen der Pflastersteine sowie Spurrinnen vermieden.

Die Regelungen zur Bettungsdicke bei größeren Steindicken und zur Dicke von Pflasterdecken mit Naturstein sind dem kommentierten Kapitel 1.4.3 der ZTV Pflaster-StB zu entnehmen. Dabei wird berücksichtigt, dass gebrochene Natursteine ein vollständig anderes Lastableitungsverhalten aufweisen als solche mit ebenen Oberflächen (Sicht-, Seitenflächen und Unterseite). Weiterhin ist das Lastableitungsverhalten auch von der Größe und dem gewählten Verband, d. h. der geometrischen Anordnung der Pflastersteine, abhängig. Daher muss die Steindicke unter Berücksichtigung der RStO auf den geplanten Einzelfall abgestimmt werden.

Laut RStO können kleinere Pflasterdicken, jedoch nicht unter 6,0 cm, verwendet werden unter der Voraussetzung, dass ausreichende Erfahrungen mit bewährten regionalen Bauweisen vorliegen. Die Mehr- oder Minderdicke – auch bei abweichender Dicke der Bettung – ist dann im Oberbau auszugleichen. Minderdicken sind dabei in der oberen Tragschicht, Mehrdicken in der Frostschutzschicht oder der Schicht aus frostunempfindlichem Material auszugleichen. Diese Regelung der RStO berücksichtigt, dass es regional sehr unterschiedliche Erfahrungen mit den traditionell vorliegenden Bauweisen gibt. So werden z. B. in Norddeutschland aufgrund der vorliegenden Baustoffsituation deutlich häufiger Klinkerbauweisen gewählt als in Süddeutschland.

Klinker werden im Brennofen hergestellt. Aufgrund der hohen Brenntemperaturen ist die Herstellung sehr dicker Elemente bisher nicht möglich. Erfahrungen mit diesen Bauweisen zeigten jedoch, dass z. B. auch Klinker mit geringeren Dicken, als in Tafel 3 vorgegeben, zu hohen Dauerhaftigkeiten führen können.

Die ZTV Pflaster-StB enthalten im Kapitel 1.4.3 weitergehende Empfehlungen zu Steindicken. Demnach sollten bei Verkehrsflächen, welche mit Kraftfahrzeugen befahren werden, grundsätzlich Steindicken größer 60 mm verwendet werden. Nur bei regional positiven Erfahrungen mit dünneren Elementen besteht die Möglichkeit, davon abzuweichen. Zudem werden Empfehlungen zur Dicke von Pflasterdecken aus gespaltenem Naturstein gegeben. Zu diesen fehlen in den RStO 12 detaillierte Angaben. In Abhängigkeit von der Belastungsklasse sollten gemäß den ZTV Pflaster-StB Steindicken von mindestens 80 (für Bk0,3) bis mindestens 150 mm (für Bk3,2) eingesetzt werden.

RStO

Richtlinien für die Standardisierung des Oberbaus von Verkehrsflächen,

Ausgabe 2012, Korrektur 2020

3.3.1 Bauweisen und Schichtdicken

...

Tafel 3: Bauweisen mit Pflasterdecke für Fahrbahnen auf F2- und F3-Untergrund/Unterbau

(Dickenangaben in cm; ▼ E_{v2}-Mindestwerte in MPa)

Zeile	Belastungsklasse	Bk100	Bk32	Bk10	Bk3,2	Bk1,8	Bk1,0	Bk0,3
	B [Mio.]	> 32	> 10 - 32	> 3,2 - 10	> 1,8 - 3,2	> 1,0 - 1,8	> 0,3 - 1,0	≤ 0,3
	Dicke des frostsich. Oberbaus[1]	55 | 65 | 75 | 85	55 | 65 | 75 | 85	55 | 65 | 75 | 85	45 | 55 | 65 | 75	45 | 55 | 65 | 75	45 | 55 | 65 | 75	35 | 45 | 55 | 65
	Schottertragschicht auf Frostschutzschicht [13]							
1	Pflasterdecke[9]				10 / 4; ▼180[15]	10 / 4; ▼150	8 / 4; ▼150	8 / 4; ▼120
	Schottertragschicht				25; ▼120	25; ▼120	20; ▼120	15; ▼100
	Frostschutzschicht				Σ39; ▼45	Σ39; ▼45	Σ32; ▼45	Σ27; ▼45
	Dicke der Frostschutzschicht				- | - | 26[3] | 36	- | - | 26[3] | 36	- | - | 33[2] | 43	- | 18[3] | 28 | 38
	Kiestragschicht auf Frostschutzschicht							
2	Pflasterdecke[9]					10 / 4; ▼150	8 / 4; ▼150	8 / 4; ▼120
	Kiestragschicht					30; ▼120	25; ▼120	20; ▼100
	Frostschutzschicht					Σ44; ▼45	Σ37; ▼45	Σ32; ▼45
	Dicke der Frostschutzschicht					- | - | - | 31[2]	- | - | 28[3] | 38	- | - | 23[2] | 33
	Schotter- oder Kiestragschicht auf Schicht aus frostunempfindlichem Material [13]							
3	Pflasterdecke[9]				10 / 4; ▼180[15]	10 / 4; ▼150	8 / 4; ▼150	8 / 4; ▼120
	Schotter- oder Kiestragschicht				30[19]	30[11]	30[11]	25[11]
	Schicht aus frostunempfindlichem Material				Σ44; ▼45	Σ44; ▼45	Σ42; ▼45	Σ37; ▼45
	Dicke der Schicht aus frostunempfindlichem Material	Ab 12 cm aus frostunempfindlichem Material, geringere Restdicke ist mit dem darüber liegenden Material auszugleichen						
	Asphalttragschicht auf Frostschutzschicht							
4	Pflasterdecke[9]				10 / 4	10 / 4	8 / 4	8 / 4
	Wasserdurchlässige Asphalttragschicht[10]				14; ▼120	14; ▼120	12; ▼120	10; ▼100
	Frostschutzschicht				Σ28; ▼45	Σ28; ▼45	Σ24; ▼45	Σ22; ▼45
	Dicke der Frostschutzschicht				- | 27[3] | 37 | 47	- | 27[2] | 37 | 47	- | 31[2] | 41 | 51	- | 23[2] | 33 | 43
	Asphalttragschicht und Schottertragschicht auf Frostschutzschicht							
5	Pflasterdecke[9]				10 / 4	10 / 4	8 / 4	8 / 4
	Wasserdurchlässige Asphalttragschicht[10]				10; ▼150	10; ▼150	8; ▼150	8; ▼120
	Schottertragschicht				15; ▼120	15; ▼120	15; ▼120	15; ▼100
	Frostschutzschicht				Σ39; ▼45	Σ39; ▼45	Σ35; ▼45	Σ35; ▼45
	Dicke der Frostschutzschicht				- | - | 26[3] | 36	- | - | 26[2] | 36	- | 20[2] | 30 | 40	- | - | 20[2] | 30
	Asphalttragschicht und Kiestragschicht auf Frostschutzschicht							
6	Pflasterdecke[9]				10 / 4	10 / 4	8 / 4	8 / 4
	Wasserdurchlässige Asphalttragschicht[10]				10; ▼150	10; ▼150	8; ▼150	8; ▼120
	Kiestragschicht				20; ▼120	20; ▼120	20; ▼120	20; ▼100
	Frostschutzschicht				Σ44; ▼45	Σ44; ▼45	Σ40; ▼45	Σ40; ▼45
	Dicke der Frostschutzschicht				- | - | - | 31[2]	- | - | - | 31[2]	- | 25[3] | 35 | 45	- | - | 15[3] | 25
	Dränbetontragschicht auf Frostschutzschicht							
7	Pflasterdecke[9]				10 / 4	10 / 4	8 / 4	8 / 4
	Dränbetontragschicht (DBT)[10]				20; ▼120	20; ▼120	15; ▼120	15; ▼100
	Frostschutzschicht				Σ34; ▼45	Σ34; ▼45	Σ27; ▼45	Σ27; ▼45
	Dicke der Frostschutzschicht				- | - | 31[2] | 41	- | - | 31[2] | 41	18[3] | 28 | 38 | 48	- | 18[3] | 28 | 38

1) Bei abweichenden Werten sind die Dicken der Frostschutzschicht bzw. des frostunempfindlichen Materials durch Differenzbildung zu bestimmen, siehe auch Tabelle 8
2) Mit rundkörnigen Gesteinskörnungen nur bei örtlicher Bewährung anwendbar
3) Nur mit gebrochenen Gesteinskörnungen und bei örtlicher Bewährung anwendbar
9) Abweichende Steindicke siehe Abschnitt 3.3.5
10) Siehe ZTV Pflaster-StB
11) Bei Kiestragschicht in Belastungsklassen Bk1,8 und Bk3,2 in 40 cm Dicke, in Belastungsklassen Bk0,3 und Bk1,0 in 30 cm Dicke
13) Anwendung in Bk3,2 nur bei örtlicher Bewährung
15) Mit E_{v2} ≥ 150 MPa bei bewährten regionalen Bauweisen anwendbar
19) Nur Schottertragschicht

Kommentar

Die planerische Bettungsdicke sollte in der Regel 4 cm, bei Natursteinpflaster mit einer Nenndicke ≥ 120 mm und spaltrauer Unterseite kann sie auch 5 cm betragen. Grundsätzlich ist jedoch zu beachten, dass eine geringere Bettungsdicke weniger anfällig ist für Verformungen infolge Verkehrsbelastung. So führen die ZTV Pflaster-StB in Kapitel 1.4.3 aus, dass die planmäßige Dicke der Bettung in begründeten Fällen um 1 cm geringer gewählt werden darf, nicht jedoch bei einem Bettungsmaterial der Körnung 0/11 mm. Begründete Fälle sind z. B. solche, bei denen eine Spurrinnenbildung infolge starker Verkehrsbeanspruchung zu befürchten ist.

Zwischen den Belastungsklassen 3,2 und 1,8 bestehen keine Unterschiede bezüglich der Schichtdicken. Allerdings sind Bauweisen mit einer Kiestragschicht in der Bk3,2 nicht vorgesehen, da sie einen zu geringen Verformungswiderstand für diese Belastungsklasse aufweisen. In der Bk3,2 soll in den Bauweisen gemäß Zeilen 1 und 3 eine besonders tragfähige und verformungsstabile Schottertragschicht vorgesehen werden. Dazu wird hier ein Verformungsmodul von mindestens 180 MPa gefordert. Gegenüber der Bk1,8 mit einem Verformungsmodul von ≥ 150 MPa stellt dies einen deutlichen Unterschied dar. Ein Verformungsmodul von mehr als 180 MPa sollte dabei durch einen geeigneten Baustoff mit anforderungsgerechter Verdichtung erreicht werden. Nicht in allen Regionen Deutschlands ist ein solcher Baustoff jedoch verfügbar. Es besteht die Gefahr, dass weniger geeignete Baustoffe durch ggf. sehr intensive Verdichtung so weit zertrümmert werden, dass anschließend die Schottertragschicht eine zu geringe Wasserdurchlässigkeit aufweist. Die ZTV SoB-StB gehen derzeit nur insoweit auf dieses Problem ein, als dass eine „ausreichende Wasserdurchlässigkeit" nach der Herstellung vorhanden sein muss. Im Kapitel 1.4.2 der ZTV Pflaster-StB wird darauf genauer eingegangen.

Je nach vorliegender Art der Verkehrsbelastung kann es auch in der Bk3,2 ausreichend sein, die Schicht mit einem Verformungsmodul von mindestens 150 MPa einzubauen. Die RStO führen daher aus, dass (nur) bei guter örtlicher Bewährung in der Belastungsklasse Bk3,2 ein Verformungsmodul E_{v2} auf der Tragschicht ohne Bindemittel von ≥150 MPa ausreichend ist. Hier ist also vom Planer vorab abzuschätzen, ob auf einen höheren Verformungswiderstand zugunsten einer einfacheren, robusteren Bauausführung mit leichter zu beziehenden und ggf. weniger geeigneten Schottertragschichtmaterialien verzichtet werden kann.

Nach Ansicht der Verfasser ist es jedoch sinnvoller, bei höherer Verkehrsbelastung nicht auf einen hohen Verformungswiderstand der Tragschicht zu verzichten und im Zweifelsfall eine gebundene wasserdurchlässige Asphalt- oder Betontragschicht gemäß der Zeilen 4, 5, 6 oder 7 der Tafel 3, RStO, zu wählen. Die Bauweise wird damit widerstandsfähiger gegen Verformungen und weniger anfällig gegenüber Bauverfahrensfehlern und weniger geeigneten Baustoffen. Jedoch werden hier die Vorteile der ungebundenen Bauweise bei Aufgrabungsarbeiten relativiert. So können zwar in der Regel die vorhandenen Pflastersteine wiederverwendet werden, so dass es keine negativen Auswirkungen auf die Optik der Verkehrsfläche gibt. Doch müssen dann die gebundenen Tragschichten nach ZTV A-StB[16] herausgeschnitten und

16 Zusätzliche Technische Vertragsbedingungen und Richtlinien für Aufgrabungen in Verkehrsflächen – ZTV A-StB, Ausgabe 2012, FGSV Verlag, Köln 2012

Kommentar

anforderungsgerecht ersetzt werden, wodurch sich ein höherer finanzieller Aufwand ergibt. Durch die gebundene Schicht ergibt sich aber wiederum eine höhere Resilienz gegenüber ggf. auftretenden Nachsetzungen infolge unzureichender Verdichtung der ungebundenen Schichten der Aufgrabung.

Hinsichtlich der erforderlichen Schichtdicken der oberen Tragschicht ohne Bindemittel sind auch die ZTV SoB-StB zu berücksichtigen. Für Kies- und Schottertragschichten besteht bei Fahrbahnen der Bk100 bis Bk1,0, ausgehend von einem E_{v2}-Wert von 120 MPa auf der Frostschutzschicht, folgender Zusammenhang zwischen zu fordernder Tragfähigkeit der einzubauenden Schicht, ausgedrückt durch den Verformungsmodul $E_{v2,}$ und ihrer Mindestdicke:

- bei Schottertragschichten:
  - Dicke ≥ 15 cm: E_{v2} ≥ 150 MN/m²
  - Dicke ≥ 20 cm: E_{v2} ≥ 180 MN/m²
    (E_{v2} ≥ 150 MPa bei bewährten regionalen Bauweisen)
- bei Kiestragschichten:
  - Dicke ≥ 20 cm: E_{v2} ≥ 150 MN/m².

Die ZTV SoB-StB fordern daher in den Bk1,0 und Bk1,8, in denen nach Tafel 3 der RStO eine Dicke der Schottertragschicht von 20 cm bzw. 25 cm gefordert ist, einen E_{v2}-Wert von mindestens 180 MPa.

Ein Mindestwert von 150 MPa gilt nur bei bewährten regionalen Bauweisen, also nach positiven örtlichen Erfahrungen. Dieser Widerspruch muss innerhalb des Bauvertrages durch Festlegung eines Anforderungswertes an den E_{v2}-Wert der oberen Tragschicht ausgeglichen werden.

Erneuerung von Fahrbahnen gemäß den RStO

Bei der Erneuerung von Fahrbahnen mit Pflasterbauweise gemäß den RStO gilt die Tafel 3 der RStO entsprechend. Bei der Teilerneuerung durch Austausch oberer Schichten muss die ausreichende Wasserdurchlässigkeit der verbleibenden Schichten gewährleistet sein. Weiterhin muss die Filterstabilität zwischen verbleibenden Schichten ohne Bindemittel und den neu einzubauenden angrenzenden Baustoffgemischen gemäß ZTV Pflaster-StB nachgewiesen werden.

Dimensionierung von Rad- und Gehwegen gemäß den RStO

Geh- und Radwege können sowohl mit einer Pflasterdecke als auch mit einem Plattenbelag befestigt werden. Gerade für Verkehrsflächen für Fußgänger eignen sich gut begehbare ebene Plattenbeläge. In der Tafel 6 der RStO sind die standardisierten Bauweisen für Rad- und Gehwege dargestellt. Die Bauweisen und Schichtdicken wurden so gewählt, dass diese Flächen von Fahrzeugen des Unterhaltungsdienstes befahren werden können. Eine auch nur gelegentliche Nutzung durch andere Kraftfahrzeuge ist nicht berücksichtigt.

Hinsichtlich des Regelungsumfanges der RStO sind auch die Pflasterdecken und Plattenbeläge für Geh- und Radwege in ungebundener Bauweise auszuführen. Gehwege, die mit Platten befestigt werden, sollten auch nicht durch den ruhenden Verkehr beansprucht werden. In solchen Fällen sollten ausreichend dick dimensionierte Pflastersteine bevorzugt werden, um Risse

Kommentar

oder Verformungen in der Befestigung zu vermeiden. Alternativ lassen die RStO auch für Gehwege mit Plattenbelägen, bei denen gelegentliche Beanspruchungen durch Kraftfahrzeuge nicht ausgeschlossen werden können, die Möglichkeit zu, Platten mit einer Dicke von mindestens 6 cm zu verwenden.

Auf Ebenheit und Entwässerung der Oberfläche ist bei der Wahl der Bauweise besonders zu achten. Dies bedeutet, dass bei Pflasterdecken mit spaltrauer Oberfläche aus Naturstein die erforderliche Neigung der Oberfläche eine größere sein muss als z. B. bei vorgefertigten ebenflächigen Betonformaten. Geringere Entwässerungsmöglichkeiten über den Fugenanteil sind bei Flächen mit großen Elementen, z. B. größeren Platten, ebenfalls bei der Planung der Quer- und Längsneigungen zu berücksichtigen.

Überfahrten oder ähnliche Verkehrsflächen weisen eine deutliche Verkehrsbelastung auf und sind daher möglichst nicht mit Platten zu befestigen. Die RStO legen dar, dass im Bereich von Überfahrten für Kraftfahrzeuge die Befestigungsdicke auf die Verkehrsbelastung abgestimmt zu wählen ist. Dies bedeutet, dass Plattenbeläge hier durch Pflasterdecken mit Steinen ausreichender Dicke ersetzt werden sollten. Bei einer dichten Folge von Überfahrten sind die für die Überfahrten gewählte Bauweise und Dicke auch in den Zwischenbereichen zu überprüfen.

Böden der Frostempfindlichkeitsklasse F1 erfordern keine Frostschutzmaßnahmen (also keine Frostschutzschicht oder Schicht aus frostunempfindlichem Material). Die Tragschicht ohne Bindemittel kann gemäß Tafel 6, Zeile 1 unmittelbar auf dem F1-Boden angeordnet werden. Die Dicke der Tragschicht ohne Bindemittel richtet sich dabei nach der Tabelle 8 der RStO.

Für Böden der Frostempfindlichkeitsklassen F2 und F3 beträgt die Mindestdicke des frostsicheren Oberbaus 30 cm. Ungünstige Klimaeinflüsse und Wasserverhältnisse im Untergrund sind gemäß Tabelle 7 der RStO zu berücksichtigen.

Werden Rad- und Gehwege am tiefer liegenden Rand der Straße angeordnet, so ist es insbesondere aus entwässerungstechnischen Gründen zweckmäßig, Planum und Frostschutzschicht der Fahrbahn unter der Rad und Gehwegbefestigung hindurchzuführen. Dies bedeutet, dass die Frostschutzschicht des Geh- und Radweges auf die Aufbaudicken der Fahrbahn abzustimmen und damit ggf. dicker auszuführen ist.

RStO

Richtlinien für die Standardisierung des Oberbaus von Verkehrsflächen,
Ausgabe 2012, Korrektur 2020

5.2 Rad- und Gehwege

...

Tafel 6: Bauweisen für Rad- und Gehwege auf F2- und F3-Untergrund/Unterbau

(Dickenangaben in cm; ▼ E_{v2}-Mindestwerte in MPa)

Zeile	Bauweisen	Asphalt		Beton		Pflaster (Plattenbelag)		ohne Bindemittel	
	Dicke des frostsich. Oberbaus	30	40	30	40	30	40	30	40
	Schotter- oder Kiestragschicht auf Schicht aus frostunempfindlichem Material								
1	Decke Schotter- oder Kiestragschicht Schicht aus frostunempfindlichem Material	▼80[20] 10[6] 15 Σ25 ▼45		▼80[20] 12[17] 15 Σ27 ▼45		▼80[20] 8[14] 4 15 Σ27 ▼45		▼120 4 25 Σ29 ▼45	
	Dicke der Schicht aus frostunempfindlichem Material[16]	-	15	-	13	-	13	-	11
	ToB auf Planum								
2	Decke Schotter-, Kiestragschicht oder Frostschutzschicht	▼80[20] 10[6] Σ10 ▼45		▼80[20] 12[17] Σ12 ▼45		▼80[20] 8[14] 4 Σ12 ▼45		▼120 4 Σ4 ▼45	
	Dicke der Schotter-, Kiestragschicht oder Frostschutzschicht	20	30	18	28	18	28	26	36

6) Asphalttragdeckschicht oder Asphalttrag- und Asphaltdeckschicht, siehe auch Abschnitt 3.3.3
14) Auch geringe Dicke möglich
16) Ab 12 cm aus frostunempfindlichem Material, geringere Restdicke ist mit dem darüber liegenden Material auszugleichen
17) Bei einer 12 cm dicken Betondecke ist keine Verdübelung bzw. Verankerung möglich
20) Bei Belastung durch Fahrzeuge (Wartung und Unterhaltung) $E_{v2} \geq 100$ MPa

Kommentar

Nach Tafel 6 der RStO muss auf der oberen Tagschicht ein Verformungsmodul E_{v2} von mindestens 80 MPa vorliegen. Wenn dies sowie die Verdichtungsanforderungen der ZTV SoB-StB erfüllt sind, kann nach bisherigem Sprachgebrauch und auch gemäß der Vorgängerausgabe der RStO aus dem Jahr 2001 von einem gewissen Verformungswiderstand ausgegangen werden, der es erlaubt, dass auch (vereinzelte) Fahrzeuge des Unterhaltungsdienstes den Geh- oder Radweg schadensfrei befahren können, jedoch keine anderen Fahrzeuge.

Die Fußnote 20) der Tafel 6 sagt jedoch aus, dass der E_{v2}-Wert auf mindestens 100 MPa zu erhöhen ist, wenn eine Befahrung durch „Fahrzeuge (Wartung und Unterhaltung)" vorgesehen ist. Im Text wird ausgedrückt, dass (nur) „die Bauweisen und Schichtdicken" so gewählt sind, dass diese Flächen von Fahrzeugen des Unterhaltungsdienstes befahren werden können.

Eine Aussage zum erforderlichen E_{v2}-Wert ist eng interpretiert hier nicht enthalten. Daher sollte zumindest bei häufigerer Nutzung der Geh- und Radwege durch den Unterhaltungsdienst die Fußnote berücksichtigt werden und in einer Ausschreibung der E_{v2}-Wert auf 100 MPa erhöht werden. Eine Erhöhung der Dicke der Schottertragschicht ist dabei auch gemäß Tabelle 8 der RStO nicht erforderlich. Gleiches gilt formal für eine Kiestragschicht, doch muss sichergestellt sein, dass der geforderte E_{v2}-Wert auch erreicht wird. Zu beachten ist, dass bei alleiniger Vereinbarung der ZTV SoB-StB für einen Geh- oder Radweg ein Verformungsmodul von E_{v2} = 80 MPa vereinbart ist. Die erhöhte Anforderung wäre dann also entsprechend zu vereinbaren.

Nach Tabelle 8 reicht es für Baustoffgemische bis zu der Körnung 0/45 mm dann noch aus, die Dicke der oberen Tragschicht von 15 cm beizubehalten.

RStO **Richtlinien für die Standardisierung des Oberbaus von Verkehrsflächen,** Ausgabe 2012, Korrektur 2020

3.3.1 Bauweisen und Schichtdicken

...

Tabelle 8: Anhaltswerte für aus Tragfähigkeitsgründen erforderliche Schichtdicken von Tragschichten ohne Bindemittel gemäß ZTV SoB-StB in Abhängigkeit von den E_{v2}-Werten der Unterlage sowie von der Art der Tragschicht (Dickenangaben in cm)

E_{v2}-Wert [MPa] **auf Oberfläche ToB**		≥ 80	≥ 100	≥ 120	≥ 150	≥ 100	≥ 120	≥ 150	≥ 120	≥ 150	≥ 180	≥ 150	≥ 180
			↑				↑			↑		↑	
Art der ToB	STS [cm]	15*	15*	25	35**	–	20	25	15*	20	30	15*	20
	KTS [cm]	15*	15*	30	50**	–	25	35	20	30	X	20	X
	FSS [cm] aus überwiegend gebrochenem Material	15*	20	30	X	15*	25	X	X	X	X	X	X
	FSS [cm] aus überwiegend ungebrochenem Material	20	25	35	X	–	–	X	X	X	X	X	X
			↑				↑			↑		↑	
E_{v2}-Wert [MPa] der Unterlage		45				80			100			120	
Unterlage		Planum							Frostschutzschicht				

X nicht mögliche Kombination

– nicht gebräuchliche Kombination

15* technologische Mindestdicke mit 0/45

** bei örtlicher Bewährung auch geringere Dicke möglich

Kommentar

Bei einem Baustoffgemisch 0/56 mm sollte die Dicke auch schon bei einer Forderung eines E_{v2}-Wertes von mindestens 80 MPa aufgrund der Verdichtbarkeit des Gemisches erhöht werden. Hier gilt die Regel des 3- bis 4-fachen Größtkorndurchmessers als Mindestdicke der Schicht.

1.4.1 Allgemeines (Fortsetzung)

Die Wahl der Befestigungselemente hat so zu erfolgen, dass deren Griffigkeit bzw. deren Rutschwiderstand ausreichend und unter Berücksichtigung der üblichen Unterhaltungsmaßnahmen dauerhaft ist. Die Wahl der Befestigungselemente kann auch einen Einfluss auf die Begehbarkeit und Trittsicherheit haben. Hierauf ist in besonderem Maße in Bereichen mit größerer Neigung zu achten, siehe „Merkblatt über den Rutschwiderstand von Pflasterdecken und Plattenbelägen für den Fußgängerverkehr".

Kommentar

Die Griffigkeit einer Verkehrsfläche wird durch die Oberflächenrauheit des Belages beeinflusst. Als Griffigkeit bezeichnet man dabei die Wirkung der Rauheit und der stofflichen Beschaffenheit der Fahrbahnoberflächenbefestigung auf den Reibungswiderstand des Fahrzeugreifens unter festgelegten

Kommentar

Bedingungen. Die Griffigkeit ist daher eine Eigenschaft für Fahrbahnen und sonstige Flächen unter fahrendem Verkehr. Dagegen steht der Rutschwiderstand als Maß für die sichere Begehbarkeit einer Verkehrsfläche durch Fußgänger. Die Bestimmung beider Eigenschaften ist für Pflasterdecken und Plattenbeläge schwierig, da sowohl die Oberfläche der Befestigungselemente als auch die Eigenschaften der Fuge und die Kanten der Elemente die Kennwerte beeinflussen – anders als bei homogenen Oberflächen von Asphalt- oder Betonbefestigungen.

Die Messung des Rutschwiderstandes von Pflasterdecken und Plattenbelägen kann gemäß dem „Merkblatt über den Rutschwiderstand von Pflasterdecken und Plattenbelägen für den Fußgängerverkehr"[17] mittels SRT-Verfahren nach TP Griff-StB (SRT)[18] erfolgen. Mit diesem wird die Mikrotextur der einzelnen Befestigungselemente erfasst, nicht jedoch der Einfluss der Fugen. Bei ausreichend großen Elementen, größeren Platten und Großformaten, ist das Ergebnis für eine Gefährdungsabschätzung ausreichend. Je kleiner die Elemente sind, desto geringer wird die Aussagegenauigkeit für die gesamte Verkehrsfläche. Unterhalb von Elementabmessungen von ca. 13 bis 14 cm ist keine Messung möglich. Mit dem Verfahren wird das Gleiten eines Gummis mit einer Geschwindigkeit von 10 km/h über die Oberfläche, jedoch nicht deren Drainageeffekt erfasst. Um diesen ebenfalls herauszufinden, sind ergänzende Untersuchungen mit dem Ausflussmesser oder der Sandfleckmethode nach den TP Griff-StB (SRT) notwendig. Aber auch diese Messungen können sinnvoller Weise nur auf den Befestigungselementen und nicht über den Fugen durchgeführt werden. Aus diesem Grund werden vom straßenbautechnischen Regelwerk derzeit keine Anforderungen an die hergestellten Flächen gestellt. Solche Flächen erfordern jedoch immer ausreichend raue Befestigungselemente. Nach dem vorgenannten Merkblatt sollten Befestigungselemente in neu hergestellten Verkehrsflächen SRT-Werte größer 55 [–] aufweisen. Während der Nutzungsdauer sollte der SRT-Wert nicht unter 35 [–] abfallen, da nur bis zu diesem Wert in der Regel noch von einer noch positiven, beginnend negativen Bewertung ausgegangen werden kann.

Die entsprechenden Anforderungen an die Befestigungselemente bei Anlieferung auf der Baustelle sind in den Abschnitten des Kapitels 2 der ZTV Pflaster-StB und in den TL Pflaster-StB kommentiert. Es muss aber darauf hingewiesen werden, dass sich die Oberflächeneigenschaften beim Einbau der Elemente durch die Verdichtung der Decke mittels Rüttelplatten deutlich ändern können. Gegebenenfalls festgelegte Produktanforderungen an die Befestigungselemente können daher nur vor und nicht nach dem Einbau überprüft werden.

Die Dauerhaftigkeit einer Verkehrsfläche kann nicht mit dem beschriebenen Verfahren allein sichergestellt werden. Durch Abrieb, Alterungsprozesse und sonstige Einflüsse kann sich die Rauheit der Befestigungselemente sowie der Zustand der Fugen verändern. Ein abgesichertes Prüfverfahren zur Prognose der Entwicklung des Rutschwiderstandes bzw. der Griffigkeit mit ausreichendem Bewertungshintergrund existiert für die Pflasterbauweise derzeit noch

---

17 Ausgabe 2020, FGSV Verlag, Köln 2020

18 Technische Prüfvorschriften für Griffigkeitsmessungen im Straßenbau, Teil Messverfahren SRT – TP Griff-StB (SRT) Ausgabe 2004, FGSV Verlag, Köln 2004

Kommentar

nicht. Allerdings ist bei den meisten Produkten aus Beton und Klinker in der Regel auch keine negative übermäßige Veränderung der Griffigkeit oder des Rutschwiderstandes zu erwarten. Anders kann es bei Produkten aus weichem Naturstein aussehen. Hier sind entsprechende regionale Erfahrungswerte oder angepasste Prüfungen abzufragen.

1.4.1 Allgemeines (Fortsetzung)

Pflastersteine oder Platten sind zwischen Einfassungen oder sonstigen festen Begrenzungen zu versetzen bzw. zu verlegen.

Einfassungen sind in der Leistungsbeschreibung als gesonderte Leistungspositionen vorzusehen.

Kommentar

Pflasterdecken und Plattenbeläge benötigen Einfassungen, da es sonst durch Verkehrsbelastungen, welche häufig auch nah der Ränder erfolgen (müssen), zu einem seitlichen Ausweichen der Pflastersteine oder Platten mit der Folge sich öffnender Fugen kommt.

Die Ausführung der Einfassungen ist von der geplanten Verkehrsbelastung abhängig. Genaue Festlegungen zur Ausbildung der Einfassung sind erforderlich und der Leistungsbeschreibung in separaten Positionen beizufügen. Die Abrechnung der Einfassungen erfolgt in der Regel längenbezogen, während die Abrechnung der Pflasterdecken und Plattenbeläge regelmäßig über die Fläche erfolgt.

1.4.1 Allgemeines (Fortsetzung)

Für die Wiederherstellung der Oberbauschichten nach Aufgrabungen wird auf die ZTV A-StB verwiesen.

Kommentar

Die ZTV A-StB[19] regeln die Ausführung von Aufgrabungsarbeiten. Solche Arbeiten finden insbesondere im kommunalen Bereich statt, da der öffentliche Verkehrsraum neben der Funktion als Verkehrsfläche auch als Raum der weiteren Infrastruktur zur Verfügung steht. Frisch- und Abwasserleitungen, Gas-, Fernwärme-, Strom-, Telekommunikations- und weitere Leitungen befinden sich regelmäßig unterhalb des Straßenoberbaus. Der Zugang zu diesen Leitungen muss den Leitungsbetreibern gewährt werden. Somit werden jährlich tausende von Aufgrabungen in den Kommunen erforderlich. Speziell ist bei solchen Arbeiten, dass regelmäßig der Auftraggeber der Maßnahme nicht der Straßenbaulastträger, sondern ein ggf. privater Dritter ist. Die Interessen des Auftraggebers liegen daher auch häufig nicht in der Aufrechterhaltung der Qualität des Straßenaufbaus und des Verkehrsflusses. Daher ist es erforderlich, dass Auftraggeber und Auftragnehmer solcher Maßnahmen Vorgaben erhalten, die die Interessen des Straßenbau-

---

19 Zusätzliche Technische Vertragsbedingungen und Richtlinien für Aufgrabungen in Verkehrsflächen – ZTV A-StB, Ausgabe 2012, FGSV Verlag, Köln 2012

Kommentar

Bild 1.8 Aufgrabungen – Leitungen im innerstädtischen Straßenbau mit beengten Baustellenbedingungen

lastträgers mitberücksichtigen. Ein solches zwischen Vertretern dieser drei Parteien abgestimmtes Vertragswerk stellen die „Zusätzlichen Technischen Vertragsbedingungen und Richtlinien für Aufgrabungen in Verkehrsflächen", die ZTV A-StB, dar.

Pflaster- und Plattenbauweisen haben bei der ungebundenen Verlegung den Vorteil, dass die Befestigungselemente direkt an Ort und Stelle wiederverwendet werden können. Optische Beeinträchtigungen werden damit im Gegensatz zu den anderen Bauweisen vermieden. Gleichzeitig treten keine Schwachstellen wie Nähte und Fugen bei Asphaltbefestigungen auf. Trotzdem können Aufgrabungen die Verkehrsfläche dauerhaft schädigen. Hauptursache ist dabei immer die Verringerung der Lagerungsdichte der ungebundenen Schichten sowie des Bodens der Aufgrabung und des umgebenden Bereiches. Um diese so gering wie möglich zu halten, ist eine Qualitätssicherung erforderlich, deren Vertragswerk die ZTV A-StB ist. Hier ist vertraglich festgelegt, welche Anforderungen einzuhalten, welche Prüfungen vorzusehen und welche Dokumentationen dem Straßenbaulastträger vorzulegen sind.

1.4.1 **Allgemeines** (Fortsetzung)

Im Falle des Austausches von bisher nahezu wasserdichten Deckschichten durch eine Pflasterdecke oder einen Plattenbelag sind Maßnahmen zu treffen, die eine ausreichende Entwässerung der darunter liegenden Schichten sicherstellt.

Kommentar

Überwiegend werden in Kommunen Umbau-, Erhaltungs- und sonstige Maßnahmen an vorab befestigten Verkehrsflächen durchgeführt. Weniger

Kommentar

Bild 1.9 Schäden durch unzureichende Wasserdurchlässigkeit mit Feinkornablagerungen an der Oberfläche

dagegen werden Neubaumaßnahmen erforderlich. Wenn nun beispielsweise eine vormals mit Asphalt befestigte Decke durch eine Pflasterdecke ersetzt werden soll, muss sichergestellt sein, dass der gesamte verbleibende Aufbau und der Untergrund/Unterbau geeignet sind. Da Asphalt- und Betondecken als nahezu wasserdicht angesehen werden können, sind relativ wenig wasserdurchlässige Schichten für solche Decken oft nicht kritisch. Wenn nun aber eine Pflasterdecke oder ein Plattenbelag in ungebundener Ausführung diese ersetzen soll, kann schnell die Wasserdurchlässigkeit der vorliegenden Schichten zu gering sein.

Insbesondere direkt nach Herstellung und innerhalb der ersten Jahre sind die Fugen dieser Bauweise relativ wasserdurchlässig, so dass ein gravierender Anteil des Niederschlags versickert. Diese Wassermengen dürfen nicht zu Schädigungen der Verkehrsfläche führen. Mit zunehmender Liegezeit verringert sich die Durchlässigkeit der Fugen durch Feinkorneintrag z. B. infolge von Verschmutzung. Trotzdem wird eine Pflasterbefestigung nie so dicht sein wie eine konventionelle Asphaltbefestigung. Die Tragschichten und der Unterbau müssen darauf abgestimmt sein. Sie müssen ausreichend wasserdurchlässig sein und das Sickerwasser abführen können. Dies erfordert auch entsprechende Querneigungen und Wasserwegsamkeiten, z. B. durch Dränagen.

Es ist auch möglich, in Abhängigkeit von der vorgesehenen Verkehrsbelastung geeignete Dränmatten zur Ableitung von Sickerwasser zu verwenden. Dies erfordert jedoch eine gründliche Betrachtung des Einzelfalls und eine Fachplanung. Auch hier ist besonders auf die Ableitung des Sickerwassers zu achten, dies kann z. B. durch herzustellende, mit Einkornbeton verfüllte Sickerschlitze in der undurchlässigen Unterlage erfolgen.

1.4.2 Unterlage unter der Pflasterdecke bzw. dem Plattenbelag und Unterlage sowie Rückenstütze bei Einfassungen

1.4.2.1 Allgemeines

Auf gefrorener Unterlage dürfen Pflasterdecken, Plattenbeläge oder Einfassungen nicht eingebaut werden.

Für die Anordnung der Schichten sind die RStO maßgebend.

1.4.2.2 Unterlage unter der Pflasterdecke oder dem Plattenbelag

Die Unterlage ist der Bereich unter der Pflasterdecke oder dem Plattenbelag.

Die Herstellung von Pflasterdecken und Plattenbelägen setzt voraus, dass die Unterlage geeignet ist; insbesondere muss sie ausreichend tragfähig, wasserdurchlässig sowie profilgerecht und eben sein. Entsprechende Prüfungen sind Besondere Leistungen, sofern sie vom Auftragnehmer durchzuführen sind.

Die Eignung der Unterlage in Hinblick auf die Wasserdurchlässigkeit, profilgerechte Lage und Ebenheit sowie die Tragfähigkeit bei Tragschichten ohne Bindemittel ist auf der Oberfläche der Tragschicht festzustellen.

Als Unterlage wird eine Tragschicht ohne Bindemittel, eine wasserdurchlässige Asphalttragschicht oder eine Tragschicht aus Dränbeton ausgeführt.

Kommentar

Die Unterlage ist der Bereich unter der jeweils herzustellenden Schicht. Für Pflasterdecken und Plattenbeläge ist damit also die obere Schicht ohne Bindemittel gemeint, also eine Schottertrag- oder Kiestragschicht, eine wasserdurchlässige Asphalttragschicht oder eine Dränbetontragschicht. Für das hierauf liegende Gewerk sind insbesondere die Eigenschaften der Oberfläche der Tragschicht von Interesse.

Bei Entwässerungsrinnen und Einfassungen stellt die Unterlage den Bereich unterhalb des Fundamentes bzw. der Rückenstütze aus Beton dar. Dies ist in der Regel ebenfalls eine solche Tragschicht, meist eine Schicht ohne Bindemittel. Aufgrund des Wasseranteils in den Poren der ungebundenen Baustoffe sind diese im gefrorenen Zustand nicht ausreichend verdichtbar. Weiterhin sind Volumenverminderungen und damit Setzungen während des Auftauprozesses möglich. Daher darf nicht auf und mit gefrorenen Baustoffen gearbeitet werden.

Zur Anordnung und Dickenfestlegung der Schichten verweisen die ZTV Pflaster-StB auf die Richtlinien für die Standardisierung des Oberbaus. Genaueres dazu ist der vorherigen Kommentierung zu entnehmen.

Die Qualität der Unterlage der Pflasterdecke oder des Plattenbelages stellt einen gravierenden Faktor hinsichtlich der Dauerhaftigkeit der gesamten Befestigung dar. Durch sie sollten keine Setzungen hervorgerufen werden. Daher muss die Unterlage aus geeigneten Baustoffen bestehen und ausreichend verdichtet sein. Sie muss dabei, abgestimmt auf die Eigenschaften der Decke, auch ausreichend wasserdurchlässig sein. Hierbei sind die

Kommentar

unterschiedlichen Wasserdurchlässigkeiten der verschiedenen Deckenarten zu berücksichtigen. Decken aus Asphalt sind beispielsweise in der Regel relativ wenig wasserdurchlässig. Pflasterdecken mit einem hohen Fugenanteil sind dagegen entsprechend durchlässiger. Dies ist bei der Konzeption der Tragschicht zu berücksichtigen. Nicht jedes Tragschichtmaterial, das bei Asphaltbefestigungen eingesetzt wird, kann auch bei Pflasterbefestigungen genutzt werden.

Als Tragschicht sollte eine Tragschicht ohne Bindemittel, eine wasserdurchlässige Asphalttragschicht oder eine wasserdurchlässige Tragschicht aus Dränbeton bauvertraglich festgelegt werden. Die nach den ZTV SoB-StB seit Ausgabe 2020 neu definierten Selbsterhärtenden Tragschichten (abgekürzt SET genannt) sind hier nicht impliziert.

SET sind Tragschichten ohne zugegebenes Bindemittel, die aus industriell hergestellten Gesteinskörnungen, insbesondere aus Hochofenstückschlacke und Hüttensand oder aus rezyklierten Gesteinskörnungen mit Betonbrechsandanteil bestehen. In der Folge hydraulischer und/oder carbonatischer Reaktionen findet eine langsame Erhärtung dieser Tragschichten statt. Im bisherigen Regelwerk waren Sie als Schichten ohne Bindemittel beispielsweise den Schottertragschichten oder Frostschutzschichten zugeordnet. Die SET sind jedoch besonders auf die Erhärtung der Schicht eingestellt und haben daher eine etwas andere Zielsetzung. Solche Tragschichten können durch die Erhärtungsprozesse zu einer sich reduzierenden Wasserdurchlässigkeit der Schicht führen. Die Eignung solcher SET sollte daher auch mit Langzeituntersuchungen besonders nachgewiesen werden. Häufig weisen sie zwar eine hohe Tragfähigkeit und Verformungsstabilität, nicht jedoch eine ausreichende Wasserdurchlässigkeit auf. Dabei müssen alle Tragschichten in der richtigen Höhenlage und mit ausreichender Ebenheit hergestellt werden. Wenn die Abweichungen von der Ebenheit oder von der profilgerechten Lage zu groß werden, wird dies manchmal – fachlich nicht richtig – durch die Bettung ausgeglichen. Dieses Vorgehen führt jedoch zu Schäden.

Die Prüfung der Unterlage hinsichtlich ihrer Eignung bezüglich Wasserdurchlässigkeit, profilgerechter Lage, Ebenheit und Tragfähigkeit (bei Tragschichten ohne Bindemittel) wird gemäß ZTV Pflaster-StB als „Besondere Leistung" definiert. Damit sind solche Prüfungen in die Leistungsbeschreibung aufzunehmen, wenn der Auftrag nicht aus der Herstellung des gesamten Oberbaus besteht, sondern nur die Herstellung der Pflasterdecke oder des Plattenbelags auf einer vorhandenen Unterlage umfasst. Auch wenn diese Prüfungsleistungen nicht im Bauvertrag explizit aufgeführt sind, ist der Auftragnehmer verpflichtet, die Eignung der Unterlage zu überprüfen. Schäden an der Decke, die durch ungeeignete Tragschichten entstehen, welche mit einem normalen Aufwand überprüfbar gewesen wären, sind vom Auftragnehmer zu verantworten, auch wenn dieser nicht die Tragschicht hergestellt hat. Damit kommt der Überprüfung der Eignung der Unterlage eine große Bedeutung zu.

Zu den Maßnahmen des „normalen Aufwandes" zur Beurteilung der Unterlage gehört die Überprüfung der Ebenheit mit der 4-m-Richtlatte. Die profilgerechte Lage sollte stichprobenartig hinsichtlich Höhe und Neigungen ermittelt werden. Weiterhin ist es ratsam, quantitative Infiltrationsversuche auf der Tragschicht zur Beurteilung der Wasserdurchlässigkeit durchzuführen. Die Oberfläche der Tragschicht ist hinsichtlich der Gleichmäßigkeit bzw. evtl. vorhandener Entmischungen oder Auflockerungen optisch zu beurteilen.

Kommentar

Die Tragfähigkeit von Schichten ohne Bindemittel wird üblicherweise mittels Plattendruckversuch ermittelt. Sollten Kontrollprüfungen an der Tragschicht vorliegen, sollten diese dem Auftragnehmer zur Verfügung gestellt werden, so dass er von eigenen Versuchen absehen kann.

Dabei muss die Position der Prüfungen jedenfalls nachvollziehbar sein.

1.4.2.2 Unterlage unter der Pflasterdecke oder dem Plattenbelag (Fortsetzung)

Für Tragschichten ohne Bindemittel gelten die Regelungen der ZTV SoB-StB.

Kommentar

In den ZTV SoB-StB[20] sind die Anforderungen an die Frostschutzschicht, die Kiestragschicht und die Schottertragschicht enthalten. Beim Einsatz dieser unter Pflasterdecken und Plattenbelägen müssen alle Anforderungen der ZTV SoB-StB einschließlich der Gütesicherungsanforderungen erfüllt sein.

Weiterhin sind gemäß den ZTV SoB-StB auch die dort festgelegten Selbsterhärtenden Tragschichten (SET) als Tragschichten ohne Bindemittel definiert. Diese Schichten sind erst in der Ausgabe 2020 nach der Veröffentlichung der ZTV Pflaster-StB Bestandteil der ZTV SoB-StB geworden und inhaltlich in den ZTV Pflaster-StB nicht berücksichtigt.

Es muss daher zumindest bei Verkehrsflächen mit Kfz-Verkehr vor der Verwendung solcher Tragschichten gewarnt werden. Üblicherweise wird stattdessen als obere Tragschicht ohne Bindemittel eine Schottertragschicht

Bild 1.10 Schottertragschicht als Unterlage einer Pflasterdecke

20 Zusätzliche Technische Vertragsbedingungen und Richtlinien für den Bau von Schichten ohne Bindemittel im Straßenbau, ZTV SoB-StB, Ausgabe 2020, FGSV Verlag, Köln 2020

Kommentar

vorgesehen. Gemäß den ZTV SoB-StB sind u. A. folgende zentrale Anforderungen von der Schottertragschicht zu erfüllen:

- Körnung: 0/32, 0/45 oder 0/56
- Korngrößenverteilung:
  Anforderung nach der Herstellung und bei Produktion und Anlieferung je nach Lieferkörnung
- Feinkornanteil < 0,063 mm:
  - maximal 7 M.-% nach der Herstellung und
  - maximal 5 M.-% im Baustoffgemisch bei Lieferung
- Mindesteinbaudicken:
  - 0/32 mm: 12 cm
  - 0/45 mm: 15 cm
  - 0/56 mm: 18 cm
- Verdichtungsgrad:
  - $D_{Pr} \geq 103\,\%$ oder
  - Ersatzweise mittels Plattendruckversuch nachgewiesen: Verhältnis $E_{v2}/E_{v1} \leq 2{,}2$;
  - ein höherer Verhältniswert ist zulässig, wenn der E_{v1}-Wert das 0,6fache des geforderten E_{v2}-Wertes erreicht
- Tragfähigkeit mittels Verformungsmodul E_{v2}:
  - Bk3,2: ≥ 180 MPa (≥ 150 MPa bei bewährten regionalen Bauweisen)
  - Bk1,8: $E_{v2} \geq 150$ MPa
  - Bk1,0: $E_{v2} \geq 150$ MPa
  - Bk0,3: $E_{v2} \geq 120$ MPa
  - Rad- und Gehweg: $E_{v2} \geq 80$ MPa
- Profilgerechte Lage:
  Abweichung maximal ±2,0 cm von der Sollhöhe
- Ebenheit:
  Abweichung von der 4-m-Richtlatte ≤ 2,0 cm
- Einbaudicke:
  - Unterschreitung ≤ 10 % der Solldicke, maximal 3,5 cm
  - Überschreitung: keine.

Im Richtlinientext der ZTV SoB-StB wird in Abschnitt 2.4 Kies- und Schottertragschichten hinsichtlich der erforderlichen Filterstabilität zwischen Bettungs- und Tragschichtmaterial für Tragschichten unter Pflasterdecken Folgendes ausgeführt:

ZTV SoB-StB

Zusätzliche Technische Vertragsbedingungen und Richtlinien für den Bau von Schichten ohne Bindemittel, Ausgabe 2020

2.4 Kies- und Schottertragschichten

2.4.1 Baugrundsätze

...

Damit kein Bettungsmaterial der Pflasterdecke oder des Plattenbelages in die Tragschicht eindringen kann, soll das Baustoffgemisch der Tragschicht ohne Bindemittel weit gestuft sein. Es hat sich als zweckmäßig erwiesen, wenn das Baustoffgemisch der Tragschicht eine Ungleichförmigkeitszahl ($U = D_{60}/D_{10}$) von ≥ 13 aufweist.

Hierbei bedeuten:

D_{60} = Korndurchmesser in mm des Tragschichtmaterials, der bei 60 M.-% Siebdurchgang der Korngrößenverteilung vorliegt.

D_{10} = Korndurchmesser in mm des Tragschichtmaterials, der bei 10 M.-% Siebdurchgang der Korngrößenverteilung vorliegt.

Kommentar

Es ist ein Tragschichtmaterial vorzusehen, mit welchem sichergestellt ist, dass das Bettungsmaterial der darüber liegenden Pflasterbettung nicht in die Tragschicht eingespült wird. In den ZTV SoB StB heißt es weiter:

ZTV SoB-StB

Zusätzliche Technische Vertragsbedingungen und Richtlinien für den Bau von Schichten ohne Bindemittel, Ausgabe 2020

2.4.1 Baugrundsätze

...

Darüber hinaus sind die Korngrößenverteilungen des Tragschichtmaterials und des Bettungsmaterials aufeinander abzustimmen, so dass eine ausreichende Filterstabilität der Materialien untereinander gewährleistet ist. Der Nachweis der Filterstabilität gilt als erbracht, wenn folgende Bedingungen erfüllt sind:

$D_{15}/d_{85} \leq 5$

$D_{50}/d_{50} \leq 25$

mit

D_{15}; D_{50} = *Korndurchmesser [mm] des Tragschichtmaterials, der bei 15 bzw. 50 M.-% Siebdurchgang der Körnungslinie vorliegt.*

d_{50}; d_{85} = *Korndurchmesser [mm] des Bettungsmaterials, der bei 50 bzw. 85 M.-% Siebdurchgang der Körnungslinie vorliegt.*

Kommentar

Diese Regelungen sind immer erforderlich, um eine dauerhafte Verkehrsfläche sicherzustellen und daher möglichst in jedem Bauvertrag zu verankern.

Bezüglich der Ebenheit heißt es in den ZTV SoB-StB:

ZTV SoB-StB

Zusätzliche Technische Vertragsbedingungen und Richtlinien für den Bau von Schichten ohne Bindemittel, Ausgabe 2020

2.4.4.4 Ebenheit

...

Für Kies- und Schottertragschichten unter Pflasterdecken und Plattenbelägen wird aufgrund der Anforderungen an eine gleichmäßige Dicke der Bettung empfohlen, auf der Oberfläche der Tragschicht eine Unebenheit von max. 1 cm innerhalb einer 4 m langen Messstrecke zu fordern.

Kommentar

Auch diese Regelung sollte bauvertraglich vereinbart werden; sonst gilt eine Unebenheit von max. 2 cm innerhalb einer 4 m langen Messstrecke.

Es kann angenommen werden, dass beim Einhalten der Anforderungen der ZTV SoB-StB eine in der Regel ausreichende Qualität der Tragschichten ohne Bindemittel sichergestellt ist. Allerdings gilt dies nicht grundsätzlich und für jeden Anwendungsfall. Die Regelungen der ZTV SoB-StB sind dahingehend aufgestellt worden, dass beispielsweise die Mindestneigung der Pflasterdecke oder des Plattenbelages 2,5 % beträgt. Wenn die Neigung geringer sein soll, müssen die Anforderungen an die Unterlage entsprechend angepasst werden.

In diesen Fällen wird auch eine Anpassung an die **Ebenheit** der Unterlage in der Regel erforderlich werden. Diese beträgt bei einer Schottertragschicht beispielsweise nach den ZTV SoB-StB maximal 2,0 cm unterhalb einer 4-m-Richtlatte nach den TP Eben. Die **Höhenlage** (profilgerechte Lage) darf um bis zu ±2 cm abweichen. Zusammengeführt dürfen also punktuell bis zu 4 cm Höhenabweichung an der Oberkante der Schottertragschicht vorliegen (ohne Rundungsregeln). Die zulässigen Dickentoleranzen eines

Kommentar

üblichen Pflastersteins aus Beton (Dicke 100 mm) betragen bis zu ±4 mm. Um die resultierende Dicke der Bettung zu ermitteln, können diese Abweichungen addiert werden. Damit betragen diese schon an einzelnen Stellen 4,4 cm. Die Höhenlage der Decke wird durch den erforderlichen Wasserabfluss in die Entwässerungseinrichtungen begrenzt. Die Abweichungen von der Sollhöhenlage der Pflasterdecke werden so durch die Ebenheit, die zulässige Abweichung von der Neigung und den zulässigen Höhenversatz der Anschlüsse und des Versatzes zwischen benachbarten Befestigungselementen lokal begrenzt.

Soll die Neigung der darüber liegenden Pflasterdecke beispielsweise 2,4 % betragen, so wird unterhalb der 4-m-Richtlatte ein maximales Stichmaß von 8 mm und unter der 2-m-Richtlatte ein Stichmaß von maximal 5 mm auf der Pflasterdecke gefordert. Diese Herstellungstoleranz ist anspruchsvoll und muss größtenteils der Verlegung vorbehalten werden. Damit ergibt sich für die Bettungsdicke im Extremfall von unten aus, aufgrund einer zu hoch liegenden Tragschicht, eine Reduktion von bis zu 4 cm und von oben aus, aufgrund der Verlegung der Steine, eine Reduktion von 8 mm. Es ist schnell zu erkennen, dass dies bei einer Solldicke der Bettung von 4 cm nicht möglich ist. Wenn nun die Schwankungen aufgrund der profilgerechten Lage der Tragschicht herausgenommen werden, beträgt die Dickenreduktion der Bettung zulässigerweise immer noch 2,8 cm. Bei einer zulässigen Toleranz der Bettungsdicke von ±1 cm gemäß ZTV Pflaster-StB darf die Bettung 3 bis 5 cm dick sein. Sie wäre nun aber nur noch 1,2 cm dick. Dies ist nicht zulässig und auch nicht herstellbar, da mit einer so dünnen Bettung keine Einbettung der Pflastersteine möglich ist.

Daher wird auch schon in den ZTV SoB-StB für Schottertragschichten unter Pflasterbefestigungen empfohlen, die zulässigen Unebenheiten auf ±1cm unter der 4-m-Richtlatte bauvertraglich zu reduzieren. Die damit erreichbare zulässige Bettungsdicke von 2,2 cm ist zwar weiterhin nicht anforderungsgerecht, eine Herstellung der Pflasterdecke ist damit jedoch möglich, da die Steine hiermit eingebettet werden können.

Es empfiehlt sich, hier die zulässige Abweichung von der profilgerechten Lage der Tragschicht ebenfalls um 1 cm zu reduzieren. Dies ist insbesondere deshalb relevant, da die Tragschicht die gleiche Neigung wie die Pflasterdecke aufweisen sollte und diese von weiteren Faktoren, wie z. B. Steinmaterial (Naturstein zu Beton oder Klinker) und Barrierefreiheit, abhängig ist.

Bezüglich der Anpassung der Anforderungen der Tragschicht an die Erfordernisse der Decke gilt das Gleiche auch hinsichtlich der Wasserdurchlässigkeit der verschiedenen Tragschichten.

Gemäß den ZTV SoB-StB darf der Feinkornanteil < 0,063 mm nach dem Einbau einen Anteil von 7 M.-% nicht überschreiten. Um dies möglich zu machen, darf der Feinkornanteil des angelieferten Baustoffgemisches 5 M.-% nicht überschreiten. Damit stehen rund 2 M.-% an Feinkorn zur Verfügung, welche während des Einbaus einschließlich Verdichtung entstehen dürfen. Mit dieser Regelung in Verbindung mit der regulären Anforderung an die Korngrößenverteilung einer oberen Schicht ohne Bindemittel, die folgende Abbildung stellt beispielsweise den zulässigen Siebbereich von einer Schottertragschicht der Körnung 0/32 dar, soll eine ausreichende Wasserdurchlässigkeit sichergestellt werden.

ZTV SoB-StB

Zusätzliche Technische Vertragsbedingungen und Richtlinien für den Bau von Schichten ohne Bindemittel, Ausgabe 2020

Anhang B

Sieblinienbereiche für Kies- und Schottertragschichten im eingebauten Zustand

Als Anforderungen gelten nur die aufgeführten Zahlenwerte.

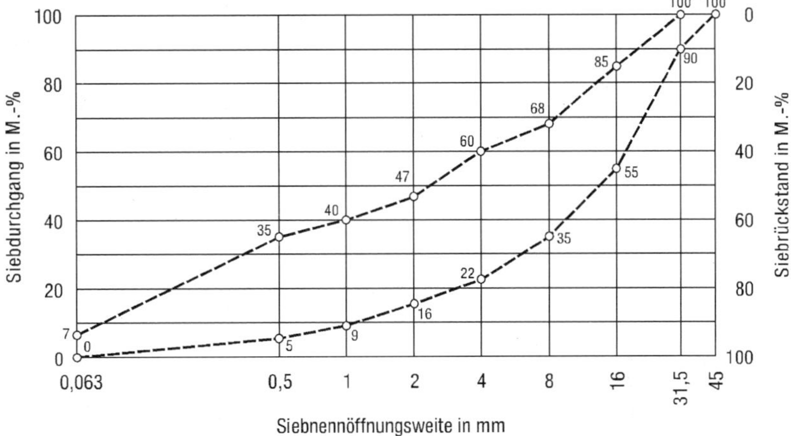

Bild B.1: Kies- und Schottertragschicht 0/32

Kommentar

Die Dauerhaftigkeit der Korngrößenverteilung und damit der Wasserdurchlässigkeit soll über Gesteinskörnungen mit ausreichender Kornfestigkeit, ausgedrückt über den Widerstand gegen Zertrümmerung mit dem Schlagzertrümmerungswert (SZ) oder dem Los-Angeles-Koeffizienten (LA), und eine geeignete Kornform sichergestellt werden. Hinsichtlich des Widerstandes gegen Zertrümmerung wird, entsprechend TL Gestein-StB Anhang A, z. B. an einen Kalkstein mit einer geforderten Kategorie SZ_{28} eine andere Anforderung gestellt als an einen Gabbro oder Basalt, der die Kategorie SZ_{20} erfüllen muss. Hintergrund ist, dass die Gesteinsarten unterschiedliche Festigkeiten aufweisen. In der Anwendung muss aber ausgeschlossen werden, dass beispielsweise ein „schlechter" Basalt oder Gabbro, der beispielsweise aus einer gestörten oder verwitterten Zone im Steinbruch stammt, verwendet wird. Ein solcher kann dabei noch einen höheren Widerstand gegen Zertrümmerung im Labor aufweisen als ein „guter" und geeigneter Kalkstein, aber in der Praxis dann ein schlechteres Leistungsverhalten zeigen. Die TL Gestein-StB enthalten im Anhang A eine Tabelle mit den Anforderungen an den Widerstand gegen Zertrümmerung, abhängig von der Art des Gesteins.

Da bei der Zusammensetzung und Herstellung der Tragschichten ohne Bindemittel gemäß den ZTV SoB-StB und der TL SoB-StB kein Unterschied zwischen den Einsatzgebieten unter Pflaster oder unter Asphalt gemacht wird, sind allgemein auch keine unterschiedlichen Wasserdurchlässigkeiten bei verschiedenen Deckenbauweisen vorhanden. Die Dauerhaftigkeit der Wasserdurchlässigkeit ist jedoch von der Belastung der Tragschicht abhängig. Und diese wird sehr wohl von dem darüber liegenden Aufbau beeinflusst. Pflasterdecken und Plattenbeläge können zu einer höheren Beanspruchung der Tragschicht führen. Daher müssen die Gesteinskörnungen einen ausreichend hohen Widerstand gegen Zertrümmerung aufweisen. Es deutet sich

Kommentar

Bild 1.11 Entnahme von Pflastersteinen einer geschädigten Decke zur Prüfung der Wasserdurchlässigkeit der Unterlage

an, dass dieser höher sein muss, als bei vergleichbaren Befestigungen mit einer Asphalt- oder Betondecke. Derzeit sehen dies die ZTV SoB-StB jedoch nicht vor. Bei Pflasterdecken mit höheren Verkehrsbeanspruchungen sollte der Planer daher vorab abwägen, welche Gesteine geeignet und welche nicht geeignet sind. Weichere Gesteinsarten können problematisch hinsichtlich des Widerstandes gegen Zertrümmerung und damit hinsichtlich der Dauerhaftigkeit der geforderten Wasserdurchlässigkeit der Schicht sein.

1.4.2.2 Unterlage unter der Pflasterdecke oder dem Plattenbelag (Fortsetzung)

Eine ausreichende Wasserdurchlässigkeit der Tragschichten muss gegeben sein. Nach bisherigem Kenntnisstand kann dies angenommen werden, wenn die Unterlage einen Infiltrationsbeiwert von $k_i \geq 1 \times 10^{-5}$ m/s aufweist. Zur qualitativen Abschätzung der Wasserdurchlässigkeit kann der Schnelltest nach dem „Merkblatt für Versickerungsfähige Verkehrsflächen" (M VV) durchgeführt werden. Die Bestimmung des Infiltrationsbeiwertes kann mit den Verfahren nach TP Gestein-StB Teil 8.3.2, 8.3.3 oder 8.3.4 erfolgen. Es kann von Vorteil sein, Baustoffgemische der Kategorie UF_3 nach den TL SoB-StB zu verwenden.

Kommentar

Die Wasserdurchlässigkeit der Tragschichten unter Pflasterbefestigungen ist eine maßgebende Eigenschaft, die sich deutlich auf die Dauerhaftigkeit der Verkehrsfläche auswirkt. Bei einem andauernden Wasserrückhalt auf der

Kommentar

Tragschicht steht die Decke längere Zeit auch unter Wasser. Dies bedeutet, dass sowohl die Bettung als auch die Fugenfüllung vollständig wassergesättigt sind.

Bei Überrollung durch Kraftfahrzeuge entsteht bei ungebundenen wassergesättigten Schichten ein Porenwasserüberdruck, der sich entsprechend schnell oder auch verzögert – je nach Wasserwegsamkeit – abbaut. Dabei entstehen Wasserbewegungen, die durch Druck- und Sogwirkung des überrollenden elastischen Kfz-Reifens aus Gummi noch verstärkt wird. Die aufrollenden Reifen erzeugen eine Druckspannung auf und in den Fugen, die abrollenden Reifen erzeugen eine Sogwirkung in den Fugen. Gleichzeitig wirken die Gewichtskräfte nicht mehr vollständig, da durch die Wassersättigung die einzelnen Gesteinskörner und die Pflastersteine unter Auftrieb stehen.

Die Kombination der Faktoren führt dazu, dass Beanspruchungen schneller zu Kornumlagerungen führen. Einerseits entstehen so schneller bleibende Verformungen in der Bettung, andererseits wird infolge der Sogwirkung des Kfz-Verkehrs ein Anteil des Fugenmaterials, meist die leichter verfügbare feine Fraktion, ausgeschwemmt. Die teilentleerten Fugen nehmen anschließend nur noch einen geringeren Lastanteil auf. Die Kraftübertragung zu Nachbarsteinen wird verringert und damit der direkt belastete Stein stärker belastet. Dies kann zu Bewegungen des Pflastersteins führen. Es können Kippbewegungen auftreten, wodurch die Bettung stärker belastet und bleibenden Verformungen verstärkt werden. Durch Bewegungen wird das Fugenmaterial mobiler und kann eher in die Bettung oder die Tragschicht eindringen. Bei Horizontalbelastungen können sich die Pflastersteine aufgrund der geringeren Höhe der Fugenfüllung verschieben. Die aufnehmbaren Kräfte der Teilfugenfüllung werden überschritten. In der Konsequenz ist ein Totalversagen der Befesti-

Bild 1.12 Beginnender Schaden aufgrund einer unzureichenden Wasserdurchlässigkeit der Tragschicht

Kommentar

gung die mögliche Folge. Dies äußert sich zu Beginn in übermäßigen Spurrinnenbildungen und Horizontalverschiebungen. Mit fortlaufender Belastung werden die Befestigungselemente durch Bewegungen an Kontaktstellen und Spannungskonzentrationen zerstört, der Verbund geht verloren und der Verband löst sich auf. Mit zunehmendem Einzelsteinverhalten entstehen immer vielfältigere Schäden und Höhenversprünge zwischen den einzelnen Befestigungselementen.

Infolge der zunehmenden Bewegung in der Decke können dann noch zusätzliche Kornverfeinerungen durch Mahlbeanspruchungen entstehen und Entmischungen auftreten, wodurch sich das Feinkorn in einzelnen Bereichen anreichert. Dadurch verringert sich die Wasserdurchlässigkeit von Tragschicht und/oder Bettung noch mehr und die Schadensbildung wird beschleunigt, so dass sich ein Teufelskreis ausbildet, der ohne Sanierung nicht mehr durchbrochen werden kann.

Gemäß den Regelungen der ZTV SoB-StB müssen Schottertragschichten eine ausreichende Tragfähigkeit aufweisen, welche nur durch kornabgestufte Baustoffe und umfangreiche Verdichtungsmaßnahmen gewährleistet werden kann. Daher kann es u. A. schwierig sein, gleichzeitig auch eine ausreichende Wasserdurchlässigkeit der Schicht zu erhalten, da diese Eigenschaft einen ausreichend großen Hohlraumgehalt bedingt.

Im Gegensatz zur Tragfähigkeit und Verdichtung wird an die Wasserdurchlässigkeit in den ZTV SoB-StB aber keine quantitative Anforderung gestellt. Es wird nur eine „ausreichende Wasserdurchlässigkeit" vom Auftragnehmer eingefordert.

Im Sinne einer guten Wasserdurchlässigkeit ist auch der nach ZTV SoB-StB geforderte Feinkornanteil nach der Herstellung von 7 M.-% zu betrachten: Pflasterbefestigungen können direkt nach Herstellung eine Infiltrationsrate von bis zu 100 % des Niederschlages – abhängig von der Intensität des Regenereignisses – aufweisen. In solchen Fällen kann es zu einem längeren Wasseraufstau auf und in der Tragschicht kommen. In der Befestigung stehendes Wasser führt jedoch zu Auftrieb und damit bei Belastung schnell zu Kornumlagerungen. In diesen Fällen sind Schäden vorprogrammiert.

Es empfiehlt sich daher, den zulässigen Feinkornanteil weiter zu begrenzen. Dazu besteht die Möglichkeit, die Anforderungen an die Tragschicht entsprechend des Anwendungsfalles „Tragschicht ohne Bindemittel unter Betondecken" zu formulieren. In diesem Fall wird der Feinkornanteil auf maximal 5 M.-% nach der Herstellung und 3 M.-% im angelieferten Gemisch beschränkt. Alternativ kann explizit im Bauvertrag die Forderung eines Baustoffgemisches mit einem Feinanteil UF_3 und der Forderung von einem Feinkornanteil von maximal 5 M.-% im eingebauten Zustand sinnvoll sein.

Bei der Begrenzung des Feinkorngehaltes ist zu bedenken, dass auch die Fein- und Mittelsandanteile die Wasserdurchlässigkeit der Schicht deutlich beeinflussen. Vereinfacht werden jedoch bei der Komposition einer Schottertragschicht diese Einflüsse vernachlässigt. Daher sind immer Wasserdurchlässigkeitsversuche im eingebauten Zustand oder vorab im Labor an dem vorgesehenen Gemisch von Vorteil. Erschwerend kommt jedoch hinzu, dass sich die Korngrößenverteilung beim Transport durch Erschütterungen ändern kann. Es können Entmischungen des angelieferten Baustoffgemisches auftreten, die punktuell zu einer höheren oder niedrigeren Wasserdurchlässig-

Kommentar

Bild 1.13 Fehlende Fugenfüllung durch unzureichende Wasserdurchlässigkeit

keit der eingebauten Schicht führen. Bereiche mit geringeren Wasserdurchlässigkeiten bergen dabei wiederum die Gefahr späterer Schadensbildungen.

Gleiches kann bei fehlerhaftem Einbau passieren, und dies umso häufiger, je beengter die Einbauverhältnisse sind. Daher ist es wichtig, beim Einbau immer auf homogene Gemische zu achten. Nach der Herstellung der Schicht können eingetragene Verunreinigungen z. B. durch Baustellenfahrzeuge die Feinkornanteile erhöhen und die Wasserdurchlässigkeit verringern.

All diese Faktoren zeigen, dass die resultierende Wasserdurchlässigkeit der Tragschicht ohne Bindemittel relativ schnell einen zu geringen Wert aufweisen kann. Daher ist es immer sinnvoll, sich vor Einbau der Pflasterdecke oder des Plattenbelages von einer ausreichenden Wasserdurchlässigkeit der Unterlage zu versichern. Bei solchen Untersuchungen muss zwischen dem Wasserdurchlässigkeitsbeiwert k_f und dem Infiltrationsbeiwert k_i, oft auch Infiltrationsrate genannt, unterschieden werden. Der Wasserdurchlässigkeitsbeiwert ist ein Laborkennwert für einen Baustoff oder ein Bauteil nach DIN EN ISO 17892-11[21] (ersetzt seit 2021 die DIN 18130-1). Bei diesem wird die Geschwindigkeit gemessen, mit der eine Wassermenge bei einem gegebenen hydraulischen Gefälle durch eine gegebene Fläche eines Baustoffes oder eines Bauteils bei maximaler Sättigung fließt. Um eine maximale Sättigung zu erhalten, werden möglichst alle Luftporen ausgetrieben, indem die Probe von unten nach oben durchströmt wird.

Der Infiltrationsbeiwert ist dem gegenüber ein Kennwert für eine hergestellte Schicht zumeist in situ (aber auch im Labor möglich) bei einer Wasserdurch-

---

21 DIN EN ISO 17892-11: Geotechnische Erkundung und Untersuchung – Laborversuche an Bodenproben – Teil 11: Bestimmung der Wasserdurchlässigkeit (ISO 17892-11:2019); Deutsche Fassung EN ISO 17892-11:2019, Ausgabe 2021, Beuth Verlag, Berlin 2021

Kommentar

strömung von oben nach unten. Es wird die Geschwindigkeit gemessen, mit der Wasser senkrecht in eine Schicht im Infiltrationsversuch mit einem annähernd konstanten Sättigungsgrad bei Teilsättigung in m/s eintritt. Die in der Schicht vorhandene Luft verstopft in Form von Luftblasen den Porenraum, so dass die der Schwerkraft folgende Wasserströmung nur in einen Teil dieser Poren gelangt. Der Infiltrationsbeiwert ist daher immer geringer als der Wasserdurchlässigkeitsbeiwert. Vereinfachend geht man davon aus, dass der Wasserdurchlässigkeitsbeiwert etwa dem Zweifachen des Infiltrationsbeiwertes entspricht. Bei einer im Mittel für Deutschland durchschnittlichen Bemessungsregenspende von 270 l/s × ha (10-min-Regenspende in Süddeutschland mit einer Häufigkeit von n = 0,2), ermittelt gemäß DWA-Arbeitsblatt A 138[22] und A 118[23], ergibt sich ein erforderlicher Infiltrationsbeiwert von $2,7 \times 10^{-5}$ m/s, bzw. bei Annahme von der Verringerung des Porenraums durch Luftporen um ca. 50 % ein Wasserdurchlässigkeitsbeiwert von 5×10^{-5} m/s. Diese Werte gelten für die vollständige Versickerung der Regenspende, also für geplant versickerungsfähige Verkehrsflächen.

Verkehrsflächen mit Pflasterdecken und Plattenbelägen gemäß den ZTV Pflaster-StB werden nicht als versickerungsfähige Verkehrsfläche eingestuft. Sie sind nicht voll-, sondern nur teildurchlässig. Dies ist begründet in dem geringeren Fugenanteil und der geringeren und mit der Zeit weiter abnehmenden Wasserdurchlässigkeit des Fugenmaterials. Daher wurde über die Jahre festgestellt, dass in der Regel auch eine Infiltrationsrate der Tragschicht von $k_i \geq 1 \times 10^{-5}$ m/s ausreichend ist.

Untersuchungen im Rahmen eines Forschungsprojektes[24] des Bundesministeriums für Verkehr, Bau und Stadtentwicklung an Tragschichten ohne Bindemittel zeigten, dass eine eindeutige Zuordnung der Komponenten einer Tragschicht in Bezug auf die resultierende Wasserdurchlässigkeit nicht möglich ist.

In ihrer zugehörigen Publikation stellen die Autoren auf Seite 74 ff. fest:

„Ein Einfluss der Korngrößenverteilung auf die Wasserdurchlässigkeit und die Tragfähigkeit einer Schicht ließ sich unter Baustellenbedingungen nur für ein sandarmes Baustoffgemisch nachweisen. Die vermuteten und teils im Labor nachweisbaren Einflüsse aus Kornform, Sandtypus (Naturstand oder Brechsand) und Verdichtungswassergehalt sind unter Praxisbedingungen von untergeordneter Bedeutung. Bei Beanspruchung mit baustellentypischem Bauverkehr nahmen i. d. R. die Tragfähigkeiten zu und die Wasserdurchlässigkeiten ab und dies weitgehend unabhängig vom Ausgangsniveau. Anfängliche Unterschiede zwischen den Gemischen bzw. Schichten wurden dabei ausgeglichen. Dem Bauverkehr kommt deshalb bei der Beeinflussung der Wasserdurchlässigkeit große Bedeutung zu. Ein eindeutiger Zusammenhang zwischen Tragfähigkeit (Verformungsmodul E_{v2}) und Wasserdurchlässigkeit (Infiltrationsbeiwert k_i) konnte nicht nachgewiesen werden. Ursächlich dafür ist, dass es Einflüsse

---

22 Deutsche Vereinigung für Wasserwirtschaft, Abwasser und Abfall e.V. (DWA): Arbeitsblatt DWA-A 138-1 – Anlagen zur Versickerung von Niederschlagswasser – Teil 1: Planung, Bau, Betrieb, DWA-Verlag, Hennef 2020

23 Deutsche Vereinigung für Wasserwirtschaft, Abwasser und Abfall e. V. (DWA): Arbeitsblatt DWA-A 118 – Hydraulische Bemessung und Nachweis von Entwässerungssystemen, März 2006, korrigiert 2011, DWA-Verlag, Hennef 2006/2011

24 Wellner, F., Wolf, M.: Einfluss der Tragfähigkeit auf die Wasserdurchlässigkeit von Tragschichten ohne Bindemittel, Forschung Straßenbau und Straßenverkehrstechnik, Heft 1081, 2013, Bundesministerium für Verkehr, Bau und Stadtentwicklung, Wirtschaftsverlag NW, Bremerhaven 2013

Kommentar

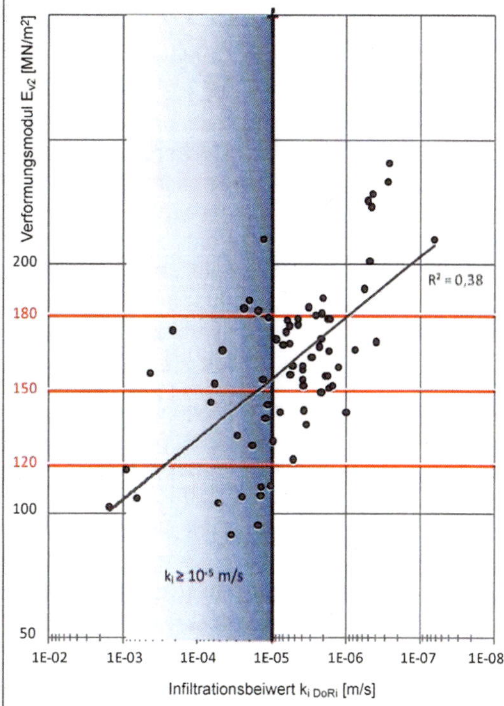

Bild 1.14 Zusammenhang zwischen Wasserdurchlässigkeit und Verformungsmodul zusammengefasst für die Messfelder der Versuchsstrecken 1 und 2 des vorgenannten Forschungsprojektes [Wellner, Wolf, 2013][25]

gibt, die nur eine der beiden Eigenschaften beeinflussen (z. B. Einfluss der Schichtdicke auf die Tragfähigkeit oder Einfluss der Kornverfeinerung an der Oberfläche auf die Durchlässigkeit). Es ist jedoch möglich, durch eine rechnerische Berücksichtigung der Schichtdicke der ToB und des Verformungsmoduls der Unterlage einen Zusammenhang zwischen dickenabhängigem „Tragfähigkeitszuwachs" und Wasserdurchlässigkeit von ToB aufzuzeigen. Für die hier untersuchten Baustoffgemische konnten jeweils tendenzielle Beziehungen zwischen „Tragfähigkeitszuwachs" und Wasserdurchlässigkeit beschrieben werden. Es hat sich gezeigt, dass die Messgrößen Infiltrationsbeiwert k_i und Verformungsmodul E_{v2} unter Baustellenbedingungen erheblichen Veränderungen unterliegen. Für eine Bewertung einer ToB hinsichtlich dieser beiden Eigenschaften ist es deshalb von Bedeutung, zu welchem Zeitpunkt (Zustand) diese Messgrößen ermittelt werden. Deutlich wurde auch, dass weder die Einhaltung einer bestimmten Grenzsieblinie noch der Nachweis einer bestimmten Wasserdurchlässigkeit im Labor eine ausreichende Sicherheit bieten, dass unter Einbaubedingungen eine hohe Wasserdurchlässigkeit gewährleistet ist. Wenn also die Wasserdurchlässigkeit von ToB von Interesse ist, sind Feldprüfungen zur Bestimmung des Infiltrationsbeiwertes k_i erforderlich."

Der Zusammenhang zwischen Wasserdurchlässigkeit und Tragfähigkeit an den untersuchten Tragschichten ohne Bindemittel ist im Bild 1.14 dargestellt. Es ist trotz der großen Bandbreite der Messergebnisse gut zu erkennen, dass tendenziell mit zunehmender Tragfähigkeit die Infiltrationsraten der Tragschichten abnehmen.

25 Ebenda, S. 76

Kommentar

Prüfverfahren zur Bestimmung der Infiltrationsrate

Zur Überprüfung der Wasserdurchlässigkeit der eingebauten Schicht, also der Infiltration, stehen verschiedene Prüfverfahren zur Verfügung.

Das schnellste und einfachste Verfahren ist der Schnelltest nach dem „Merkblatt für Versickerungsfähige Verkehrsflächen".[26] Dieser Versuch liefert jedoch nur ein ungenaues qualitatives Ergebnis.

Der **Schnelltest** gemäß M VV wird folgendermaßen durchgeführt:

Ein Messring mit einem Innendurchmesser von 300 mm und einer Höhe von mindestens 100 mm (beispielsweise ein KG-Rohr) wird auf die zu prüfende Schicht gesetzt. Von außen wird der Ring z. B. mit einer Gipsschlämpe abgedichtet. Dabei darf kein Gips in den Ring laufen. Nach Erhärtung des Gipses werden in den Ring zügig zwei Liter Wasser eingebracht. Um die Oberfläche der Schicht nicht zu schädigen, sollte ein Geotextil innerhalb des Ringes aufliegen. Die Zeit, die das Wasser benötigt, um vertikal abzufließen, wird gestoppt. Die Messung muss dreimal wiederholt werden. Als Messergebnis wird der Mittelwert der letzten beiden Messungen ermittelt. Das Prüfverfahren kann auch auf gebundenen Schichten oder auf Pflaster eingesetzt werden, allerdings ist die Abdichtung des Ringes dann zu modifizieren.

Die Bewertung des Ergebnisses erfolgt, basierend auf den Werten der Tabelle 11 des M VV, wie nachstehend in der Tabelle zur Bewertung beschrieben. Es ist aber zu berücksichtigen, dass sich diese Auswertung auf versickerungsfähige Verkehrsflächen bezieht. Diese Flächen müssen

Bild 1.15 Vorbereitung der Tragschicht zur Untersuchung der Infiltrationsrate bei einer Aufgrabung

---

26 M VV, Ausgabe 2013, FGSV Verlag, Köln 2013

Kommentar

mit $k_i \geq 5 \times 10^{-5}$ m/s eine höhere Versickerungsleistung aufweisen als die Tragschicht unter konventionellen Pflasterdecken und Plattenbelägen mit $k_i \geq 1 \times 10^{-5}$ m/s.

Auswertung des Schnelltests und Bewertung
(basierend auf den Werten der Tabelle 11 des M VV)

Abflusszeit	Bewertung hinsichtlich der Anwendung bei Versickerungsfähigen Verkehrsflächen
≤ 6 Minuten	Versickerungsfähigkeit ausreichend, k_i wahrscheinlich $\geq 3 \times 10^{-5}$ m/s
> 6 bis 10 Minuten	Versickerungsfähigkeit im Grenzbereich, quantitative Infiltrationsmessungen ggf. erforderlich
> 10 Minuten	Versickerungsfähigkeit nicht ausreichend; Quantitative Infiltrationsmessung muss erfolgen

Hinweis: Eine Abflusszeit von 10 Minuten entspricht etwa einer Ausflussgeschwindigkeit von 5×10^{-5} m/s.

Quantitative Ergebnisse liefern aufwendigere Prüfverfahren gemäß den „Technischen Prüfvorschriften für Gesteinskörnungen im Straßenbau", TP Gestein-StB, der FGSV. Mit den Teilen 8.3.2, 8.3.3 und 8.3.4 der Prüfvorschriften stehen drei Infiltrationsprüfverfahren zur Verfügung. Alle drei Verfahren liefern genaue Infiltrationsraten. Es wird gemessen, wieviel Wasser pro Zeiteinheit unter definierten Randbedingungen in die Schicht von oben einsickert. Da die Randbedingungen der Verfahren jedoch unterschiedlich sind, variieren auch die Ergebnisse. Genaue Anforderungswerte an die Infiltrationsrate sind daher immer im Zusammenhang mit dem jeweiligen Prüfverfahren zu sehen.

Das einfachste Verfahren ist das Verfahren mit dem Standrohr-Infiltrometer, genauer gesagt mit dem **Modifizierten Standrohr-Infiltrometer** im in situ-Verfahren nach den TP Gestein-StB, Teil 8.3.2.[27] Die Prüfung wird dabei folgendermaßen durchgeführt:

Bei dem Verfahren wird die Zeit gemessen, in der Wasser definierter Menge aus einem Zylinder, dem Standrohr, welches auf einer Schicht aufliegt, abfließt. Der Zylinder ist dabei ähnlich wie im Schnelltest auf der Unterlage abgedichtet, so dass kein Wasser seitlich auslaufen kann. Das Wasser versickert durch die zu prüfende Schicht in alle Richtungen, also vertikal und radial seitlich. Die durchströmte Schicht entspricht in ihrem Volumen einer Halbkugel. Damit das Wasser nicht direkt unterhalb des Zylinders abfließt, wird die verbreiterte Stahlwandung mit Moosgummi und Bentonit oder Schnellzement abgedichtet und durch Stahlringe als Auflast belastet. Der Innendurchmesser des Zylinders beträgt 250 mm, der Außendurchmesser 500 mm und die Höhe 100 mm. Oberhalb des Zylinders setzt ein durchsichtiges Standrohr aus Plexiglas an. An diesem befinden sich zwei Messmarken. Eine davon markiert die Füllhöhe mit Wasser, ab der der Messvorgang startet; die andere kennzeichnet das Ende der Messung. Das Standrohr hat dabei einen Durchmesser von 60 mm.

27 Technische Prüfvorschriften für Gesteinskörnungen im Straßenbau – TP Gestein-StB Teil 8.3.2: Bestimmung des Infiltrationsbeiwertes mit dem Modifizierten Standrohr-Infiltrometer – in situ-Verfahren, Ausgabe 2012, FGSV Verlag, Köln 2012

TP Gestein-StB

Technische Prüfvorschriften für Gesteinskörnungen im Straßenbau, Teil 8.3.2, Ausgabe 2012

5 Geräte

...

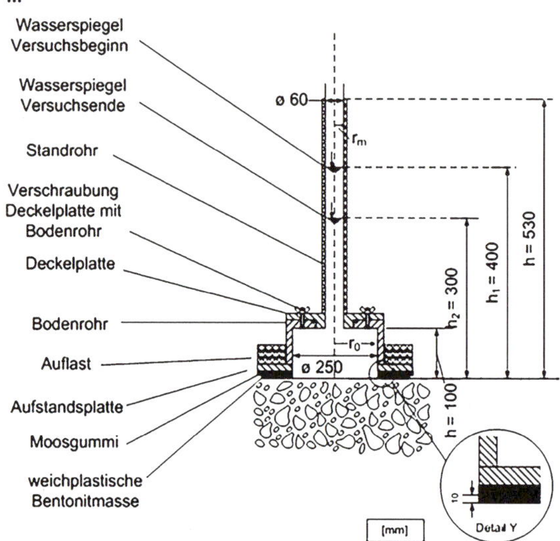

Bild 3: Schematische Darstellung des Modifizierten Standrohr-Infiltrometers

Kommentar

Bild 1.16 Modifiziertes Standrohr-Infiltrometer mit etwas kleinerem Durchmesser als praxistaugliches Baustellengerät, Abdichtung mittels Bentonit

Aufwendiger als das Standrohr-Infiltrometer, aber auch genauer, ist die Messung der Infiltrationsrate mit dem **Tropf-Infiltrometer** nach den TP Gestein-StB, Teil 8.3.3:[28]

Bei diesem Verfahren wird ein Stahlring mit einer Versickerungsfläche von 0,23 m² mittels Schnellzement, Baugips oder Bentonit abgedichtet auf eine zu prüfende Schicht aufgestellt. Anschließend erfolgt eine Beregnung einer größeren Fläche von 0,4 m², so dass auch außerhalb des Ringes Niederschlagswasser in die Schicht einströmt. Damit wird unterhalb des Ringes eine vertikale Durchströmung erzwungen. Die Beregnung erfolgt durch eine spezielle Einheit mit 500 Injektionsnadeln, die einen Regen simulieren soll. Mittels eines Schwimmschalters und einer Regelungseinheit, welche die Beregnung bedarfsgerecht steuert, wird eine definierte konstante Wasserstandshöhe im Stahlring aufrechterhalten. Die dazu erforderliche

---

28 Technische Prüfvorschriften für Gesteinskörnungen im Straßenbau – TP Gestein-StB Teil 8.3.3: Bestimmung des Infiltrationsbeiwertes mit dem Tropf-Infiltrometer – in situ-Verfahren, Ausgabe 2015, FGSV Verlag, Köln 2015

Kommentar

Wassermenge wird gemessen. Die Infiltrationsrate ermittelt sich aus der aufgebrachten Wassermenge dividiert durch die Zeit und die beregnete Fläche.

Bei der automatisierten Messwerterfassung ist die zu Beginn hohe Wasseraufnahme und die anschließende Verringerung der Infiltrationsrate gut zu erkennen. Gemessen wird, bis eine möglichst konstante Infiltrationsrate erreicht ist (siehe nachfolgendes Bild 7 der TP Gestein-StB).

TP Gestein-StB

Technische Prüfvorschriften für Gesteinskörnungen im Straßenbau, Teil 8.3.3, Ausgabe 2015

5 Geräte und Hilfsmittel

...

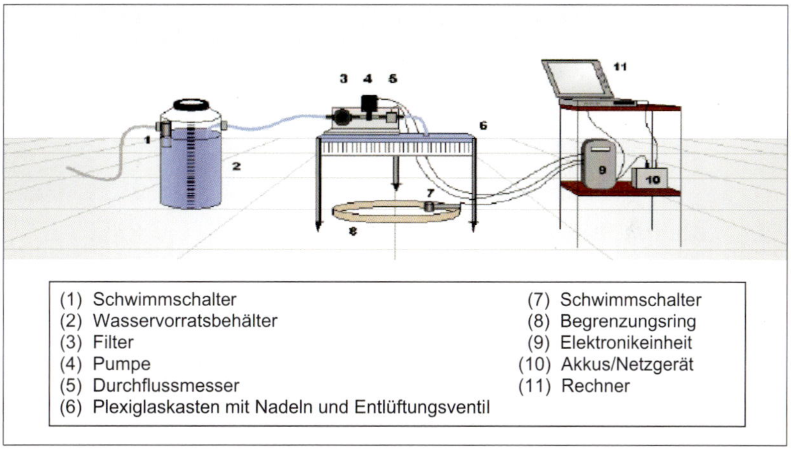

(1) Schwimmschalter
(2) Wasservorratsbehälter
(3) Filter
(4) Pumpe
(5) Durchflussmesser
(6) Plexiglaskasten mit Nadeln und Entlüftungsventil
(7) Schwimmschalter
(8) Begrenzungsring
(9) Elektronikeinheit
(10) Akkus/Netzgerät
(11) Rechner

Bild 3: Systemskizze des Tropf-Infiltrometers

Kommentar

Bild 1.17 Tropf-Infiltrometer – Versuch im Rahmen einer Untersuchung zu einem Schadensfall

Kommentar

Bild 1.18 Beregnung mit dem Tropf-Infiltrometer

TP Gestein-StB

Technische Prüfvorschriften für Gesteinskörnungen im Straßenbau, Teil 8.3.3, Ausgabe 2015

7 Auswertung und Angabe der Ergebnisse

...

Messzeitpunkt [h:min:sec]	Infiltrationsrate [l/(s*ha)]
0:00:00	2971
0:01:23	1483
0:02:46	411
0:04:09	443
0:05:32	403
0:06:55	268
0:08:18	201
0:09:41	91
0:11:04	131
0:12:27	239
0:13:50	239
0:15:13	239
0:16:36	236
0:17:59	242
0:19:22	242
0:20:45	242
0:22:08	261

Bild 7: Grafische Darstellung eines exemplarischen Infiltrationsverlaufes

Kommentar

Bild 7 der TP Gestein StB, Teil 8.3.3, zeigt beispielhaft eine Infiltrationskurve im Auswertungsdiagramm für das Tropf-Infiltrometer.

Neben dem Tropf-Infiltrometer können auch mit dem **Doppelring-Infiltrometer** nach den TP Gestein-StB Teil 8.3.4[29] qualitativ hochwertige Ergebnisse erzielt werden. Die Messung wird folgendermaßen durchgeführt:

29 Technische Prüfvorschriften für Gesteinskörnungen im Straßenbau – TP Gestein-StB Teil 8.3.4: Bestimmung des Infiltrationsbeiwertes mit dem Doppelring-Infiltrometer – in situ-Verfahren, Ausgabe 2015, FGSV Verlag, Köln 2015

Kommentar

Zwei Stahlringe werden ineinander gesetzt und jeweils abgedichtet, so dass eine innere Kreisfläche und eine äußere Ringfläche definiert sind. Der innere Ring hat einen Innendurchmesser von 600 mm und der äußere Ring einen Innendurchmesser von 750 mm. Bei hohen Versickerungsraten sind auch kleinere Ringe verwendbar. Die Höhe beträgt 55 mm innen und 50 mm außen. Mittels Mariotte´scher Flaschen[30] oder ähnlicher Vorrichtungen wird ein möglichst konstantes Wasserniveau in den Ringen produziert. Die außen liegende ringförmige Fläche produziert wie beim Tropf-Infiltrometer einen versickernden „Schutzschirm" und dient der angestrebten vertikalen Versickerung des Wassers der Innenfläche. Die Versickerung der Innenfläche wird anhand des zugeführten Wassers pro Zeiteinheit erfasst. Der Versuch muss solange durchgeführt werden, bis eine konstante Infiltrationsrate erreicht ist. Die Messdauer beträgt 30 bis 90 Minuten.

TP Gestein-StB

Technische Prüfvorschriften für Gesteinskörnungen im Straßenbau, Teil 8.3.4, Ausgabe 2015

5 Geräte und Hilfsmittel

...

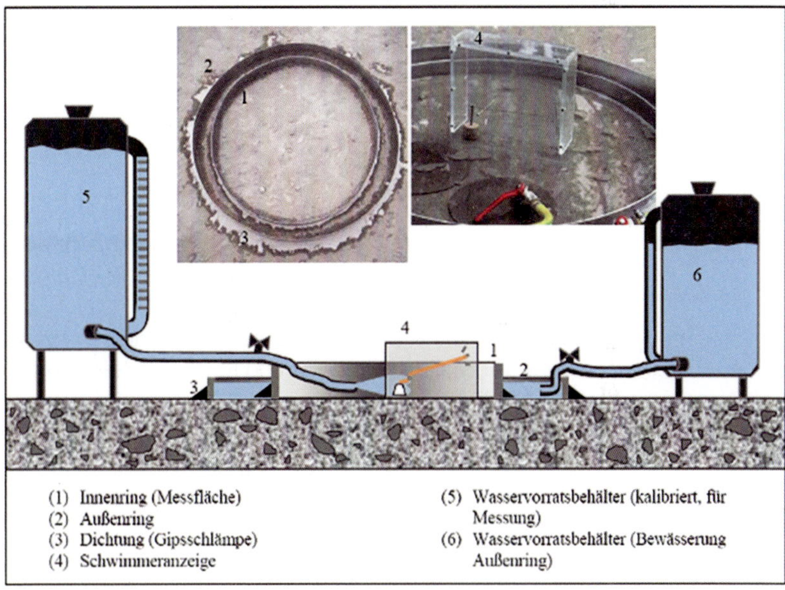

Bild 3: Systemskizze des Doppelring-Infiltrometers

Kommentar

Bild 3 der TP Gestein-StB, Teil 8.3.4, zeigt das Messprinzip des Doppelring-Infiltrometers. Allen Infiltrationsmessungen ist gemein, dass sie eine vollflächige Versickerung innerhalb des Prüfquerschnittes erfordern. Damit ist die Prüfung von Flächen mit größeren Neigungen nur eingeschränkt möglich. Mit kleinerem Messquerschnitt und größerer Wasserstandshöhe (entspricht

30 Die Mariotte'sche Flasche (nach Edme Mariotte) dient zur Aufrechterhaltung eines gleichmäßigen Drucks und dadurch einer gleichmäßigen Fließgeschwindigkeit aus einem Behälter. Die Apparatur besteht aus einer luftdicht verschlossenen Flasche mit einer seitlichen Ausflussmündung, in die von oben eine an beiden Enden offene Glasröhre hineinragt. [Definition: Wikipedia, aufgerufen am 7.3.2022]

Kommentar

der Druckhöhe) werden Flächen mit größeren Neigungen messbar, allerdings verringert sich die Aussagekraft des Messergebnisses etwas.

Aufgrund der deutlich einfacheren Handhabung kann in vielen Fällen das Modifizierte Standrohr-Infiltrometer als Baustellenverfahren empfohlen werden. Für die Verfahren wird ein Anforderungswert an die Infiltrationsrate bzw. den Infiltrationsbeiwert k_i von mindestens 1×10^{-5} m/s empfohlen. Dieser Wert resultiert, wie zuvor schon beschrieben, aus der üblichen mittleren Regenspende und der Feststellung, dass die Fugen der Pflasterdecke/des Plattenbelages zu Beginn relativ wasserdurchlässig sind.

Der empfohlene Wert für die Infiltrationsrate ist nicht als absolute Anforderung zu sehen. Einerseits muss er auf die lokal zu erwartenden Niederschlagsereignisse abgestimmt werden, andererseits muss nur so viel Wasser durch die Tragschicht versickern können, wie durch die Fugen eindringen kann. Dichtere Fugen erfordern daher auch nur eine etwas geringere Wasserdurchlässigkeit der Tragschicht. Beispielsweise kann die Durchlässigkeit geringer ausfallen, wenn die Fugen in ihrem oberen Bereich dauerhaft durch eine bitumengebundene Pflastervergussmasse gefüllt werden oder durch eingetragenen Staub mit der Zeit abgedichtet wurden.

Die Nutzung von Pflasterfugenverguss ist jedoch nur aufgrund der erforderlichen breiten Fugen bei gespaltenem Natursteinpflaster üblich, und von einer stärkeren Abdichtung durch Staubeintrag kann nicht automatisch und innerhalb eines vorgegebenen Zeitraumes ausgegangen werden.

Die Variabilität der erforderlichen Versickerungsleistung gilt natürlich genauso für Tragschichten aus Asphalt oder Beton.

Insgesamt stellt so der empfohlene Wert der ZTV Pflaster-StB eine sinnvolle Anforderung dar, die im Bauvertrag vereinbart werden kann. Hierdurch wird die immer geforderte Eigenschaft „Wasserdurchlässigkeit" zwischen Auftraggeber und Auftragnehmer konkretisiert. Gleichzeitig nimmt die Schadensanfälligkeit bei Einhaltung des empfohlenen Wertes deutlich ab, so dass die vertragliche Vereinbarung für alle Parteien vorteilhaft ist und immer erfolgen sollte.

Eine unzureichende Wasserdurchlässigkeit der Tragschicht ohne Bindemittel kann – wie auch zuvor schon erläutert – neben einer ungünstigen Korngrößenverteilung auch durch andere Faktoren bedingt sein:

- Feinkornanreicherung durch Fugen- und Bettungsmaterialbewegung zur Tragschicht: Wenn die Filterstabilität zwischen Fugen- und Bettungsmaterial oder zwischen Bettungs- und Tragschichtmaterial beeinträchtigt ist, kann es zu einem Materialtransport von Feinkorn durch den Porenraum auf die Oberfläche der Tragschicht kommen. Hier summiert sie sich mit dem vorhandenen Feinkornanteil der Tragschicht. Gegebenenfalls soll es passieren, dass der hinsichtlich Wasserdurchlässigkeit erträgliche Feinkornanteil überschritten wird und die Wasserdurchlässigkeit der Schicht abnimmt. Hier ist die Einhaltung der Filterregeln von Bedeutung, worauf in späteren Abschnitten eingegangen wird.
- Nach dem Einbau der Tragschicht wird diese mit dynamisch arbeitenden Verdichtungsgeräten verdichtet, um die Tragfähigkeits- und Verdichtungsanforderungen der ZTV SoB-StB zu erfüllen. Bei Nichterfüllung erhöht sich die Gefahr der Bildung vertikaler Verformungen unter Verkehrsbelastung, also der Spurrinnenbildung. Je intensiver die

Kommentar

Verdichtung beim Einbau aber ist, desto häufiger werden dabei Körner an der Oberfläche der Schicht zertrümmert. Damit nimmt die Wasserdurchlässigkeit ab. Daher muss abgewogen werden, welche Verdichtung wirklich erforderlich ist und welche Wasserdurchlässigkeit daraus resultiert. Die auftretenden Kornzertrümmerungen sind nicht nur vom Energieeintrag, sondern auch von der Kornfestigkeit der Gesteinskörnung abhängig. Dabei weisen weiche Gesteine, wie z. B. ein Kalkstein oder ein RC-Gemisch, größere Zertrümmerungen auf. Bei geforderten hohen Anforderungen an die Tragfähigkeit sollte daher ein ausreichend festes Gestein im Bauvertrag vorgesehen werden. Hier können produktneutral Kategorien des Widerstandes gegen Zertrümmerung von SZ_{18}/LA_{20} oder SZ_{22}/LA_{25} nützlich sein. Weiterhin sollte abgewogen werden, ob die örtliche Situation in Kombination mit der regionalen Baustoffversorgung die Forderung von E_{v2}-Werten größer 180 MPa, wie in den RStO und den ZTV SoB-StB gefordert, in der Belastungsklasse Bk3,2 wirklich bedingt. Dieser Anforderungswert ist hinsichtlich der resultierenden Wasserdurchlässigkeit für einige Gesteinsvorkommen als kritisch anzusehen. Oftmals kann es angemessener sein, nur einen E_{v2}-Wert von mindestens 150 MPa auch bei Verkehrsflächen der Belastungsklasse Bk3,2 bauvertraglich festzuschreiben.

- Neben diesen Mindestanforderungen enthält das Regelwerk für Tragschichten keine Maximalanforderungen an den E_{v2}-Wert oder den Verdichtungsgrad. Obwohl eine sehr intensive Verdichtung für Auftragnehmer wirtschaftlich unattraktiv ist, werden aufgrund fehlender Daten häufig E_{v2}-Werte produziert, die oberhalb von 190 MPa oder 200 MPa liegen. Bei solch hohen und intensiven dynamischen Verdichtungen muss davon ausgegangen werden, dass durch Kornzertrümmerungen schnell der erforderliche Porenraum unterschritten wird. Es sollte überlegt werden, ob eine obere Grenze nicht zielführend wäre. Demnach müsste einzelvertraglich ein maximaler E_{v2}-Wert festgelegt werden. Problematisch bei diesem Vorgehen ist derzeit, dass mit klassischen Vibrationswalzen ohne Verdichtungskontrolle die zielgenaue Erreichung eines genauen Sollwertes schwierig zu erreichen ist. Weiterhin liegen auch keine umfangreichen und allgemeingültigen wissenschaftlichen Untersuchungen vor, ab wann ein hoher E_{v2}-Wert bei welcher Gesteinsart schädlich ist.
- Der vorbeschriebene Kornzertrümmerungseffekt durch aufgebrachte Verdichtungsenergie ist auch auf die Nutzungszeit nach Verkehrsfreigabe übertragbar. Gerade bei instabilen Pflasterdecken und Plattenbelägen mit Horizontalbewegungen kann eine Feinkornneubildung durch den fließenden Kfz-Verkehr stattfinden. Umfang und Schädlichkeit sind vom verwendeten Gestein der Tragschicht und der Bettung sowie der Fugenfüllung abhängig. Zudem können kontinuierliche Bewegungen der Befestigungselemente auch zu Abrieb und Feinkornneubildung an diesen kommen.
- Auf einer fertig erstellten Tragschicht kann der Feinkornanteil verändert und erhöht werden, wenn beispielsweise durch Baustellenverkehr feinkornhaltige Materialien in die Fläche eingetragen werden. Aus diesem Grund sollte in Neubaugebieten eine Schottertragschicht für die Pflasterdecke erst nach der Herstellung der Gebäude usw. eingebaut werden. Ersatzweise kann eine Baustraße oder eine provisorische Tragschicht z. B. aus Asphalt während der Bauphase genutzt werden.

Kommentar

Insgesamt ist zu erkennen, dass die Zusammensetzung einer Tragschicht ohne Bindemittel innerhalb einer Pflasterbefestigung nicht ganz einfach ist. Der bisher übliche Ansatz, die Art des Aufbaus oberhalb einer Schottertragschicht als unerheblich anzusehen, außerdem von immer gleichen Standardzusammensetzungen und gleicher Herstellungsweise für diese Tragschicht auszugehen, muss überdacht werden. Bei der Verwendung von rezyklierten Gesteinskörnungen im Baustoffgemisch von Tragschichten ohne Bindemittel wird dieser Ansatz schon verfolgt.

1.4.2.2 Unterlage unter der Pflasterdecke oder dem Plattenbelag (Fortsetzung)

Forschungsergebnisse aus Untersuchungen an Tragschichten ohne Bindemittel aus RC-Baustoffen in langjährig unter Verkehr befindlichen Fahrbahnbefestigungen haben gezeigt, dass die Infiltrationsleistung dieser Tragschichten eingeschränkt sein kann. Eine für Verkehrsflächen mit Pflasterdecke oder Plattenbelag ausreichende Versickerungsleistung ist dann nicht mehr gewährleistet. Deshalb sollten Tragschichten aus RC-Baustoffen nur dann in solchen Fahrbahnen verwendet werden, wenn hierfür positive Erfahrungen vorliegen und der Infiltrationsbeiwert der Schicht überprüft wird.

Kommentar

Wissenschaftliche Untersuchungen[31] haben gezeigt, dass sich die Wasserdurchlässigkeit von Schottertragschichten aus rezyklierten Gesteinskörnungen infolge der Kornzertrümmerungen beim Einbau und weiterer Effekte deutlich verringert. Je nach Zusammensetzung des Baustoffgemisches können auch verfestigende Reaktionen auftreten, die den durchgängigen Porenraum einschränken. Bei solchen Tragschichten verringert sich die Wasserdurchlässigkeit. Sie können zumeist problemlos unter dichten Decken aus Beton oder Asphalt verwendet werden, doch bei teildurchlässigen Bauweisen, wie dies bei der ungebundenen Pflaster- und Plattenbauweise der Fall ist, sollte der Einsatz dieser Baustoffe unterbleiben.

Spezielle regional hergestellte RC-Baustoffgemische können auch Zusammensetzungen aufweisen, die zu keinen negativen Effekten hinsichtlich Infiltrationsleistung führen. Dies sollte bei Anwendung in besonderen Eignungsüberprüfungen festgestellt werden.

Da der Text der ZTV Pflaster-StB hier als Richtlinie formuliert wurde, kann jeder Auftraggeber selbständig entscheiden, ob das Risiko verminderter Wasserdurchlässigkeit eingegangen werden soll oder nicht.

31 Radenberg. M: Evaluation ressourcenschonender Tragschichten, Forschungsprogramm des BMVI, FE.-Nr. 06.0096/2011/FRB. Die Untersuchungen wurden von 2012 bis 2014 von der Ruhr-Universität Bochum durchgeführt und 2018 in der FGSV vorgestellt. Es wurden Untersuchungen an 15 Strecken der Bauklassen II bis V mit Tragschichten aus RC-Baustoffen durchgeführt, die ca. 10 Jahre alt waren. Alle Tragschichten erwiesen sich als wasserundurchlässig, aber frostunempfindlich. Die Infiltrationsversuche führten zumeist zu Infiltrationsbeiwerten, die geringer als 5×10^{-7} m/s waren. Die Tragfähigkeiten der Schichten waren dagegen angestiegen, so dass auf eine Selbsterhärtung geschlossen werden konnte.

1.4.2.2 Unterlage unter der Pflasterdecke oder dem Plattenbelag (Fortsetzung)

Für wasserdurchlässige Asphalttragschichten wird auf das M VV verwiesen.

Kommentar

Wasserdurchlässige Asphalttragschichten sind im „Merkblatt für Versickerungsfähige Verkehrsflächen“ (M VV) der FGSV geregelt. In Bild 1.19 ist beispielhaft der Einbau einer Pflasterdecke auf einer solchen wasserdurchlässigen Asphalttragschicht dargestellt.

Bild 1.19 Einbau auf wasserdurchlässiger Asphalttragschicht

Wasserdurchlässige Asphalttragschichten werden gemäß diesem Merkblatt mit PA T WDA (**P**orous **A**sphalt, **T**ragschicht, **W**asser**d**urchlässiger **A**sphalt) abgekürzt.

Bild 1.20 Wasserdurchlässige Asphalttragschicht als Unterlage einer Pflasterdecke

Sie können für ungebundene und gebundene Pflasterdecken und Plattenbeläge ebenso wie für versickerungsfähige Verkehrsflächen eingesetzt werden. Zur Anwendung sollen in diesen Fällen die Mischgutarten PA 22 T WDA und PA 16 T WDA kommen.

Kommentar

Für Pflasterdecken und Plattenbeläge, die auf eine Asphalttragschicht aufgebaut werden sollen, werden in der Regel wasserdurchlässige Asphalttragschichten der Mischgutart PA 22 T WDA verwendet. Die Mindestdicke der Asphalttragschicht sollte den Regelungen der Tafel 3 der RStO entsprechen. Die Zusammensetzung des Mischguts ist in Tabelle 3 des M VV beschrieben. Die dargestellten Anforderungen sollten innerhalb des Eignungsnachweises überprüft werden.

M VV

Merkblatt für Versickerungsfähige Verkehrsflächen, Ausgabe 2013

5.2 Baustoffe, Baustoffgemische

...

5.2.2 Asphaltmischgut

...

Tabelle 3: Zusammensetzung von Wasserdurchlässigen Asphalten

Bezeichnung	Einheit	PA 22 T WDA	PA 16 T WDA	PA 16 TD WDA	PA 8 D WDA	PA 5 D WDA
Baustoffe						
Gesteinskörnungen (Lieferkörnungen)						
Kornform von groben Gesteinskörnungen		SI_{20}	SI_{20}	SI_{15}	SI_{15}	SI_{15}
Anteil gebrochener Kornoberflächen		$C_{90/1}$	$C_{90/1}$	$C_{90/1}$; $C_{95/1}$; $C_{100/0}$	$C_{90/1}$; $C_{95/1}$; $C_{100/0}$	$C_{90/1}$; $C_{95/1}$; $C_{100/0}$
Widerstand gegen Zertrümmerung		$SZ_{22}(LA_{25})$	$SZ_{22}(LA_{25})$	$SZ_{18}(LA_{20})$	$SZ_{18}(LA_{20})$	$SZ_{18}(LA_{20})$
Widerstand gegen Polieren		PSV_{NR}	PSV_{NR}	$PSV_{angegeben}$ (48)	$PSV_{angegeben}$ (48)	$PSV_{angegeben}$ (48)
Mindestanteil feiner Gesteinskörnung mit $E_{CS}35$	%	100	100	100	100	100
Bindemittel, Art und Sorte		50/70; 70/100; 25/55-55 A	50/70; 70/100; 25/55-55 A	25/55-55 A	25/55-55 A	25/55-55 A
Zusammensetzung Asphaltmischgut						
Gesteinskörnungsgemisch Siebdurchgang bei						
31,5 mm	M.-%	100				
22,4 mm	M.-%	90 bis 100	100	100		
16 mm	M.-%	25 bis 45	90 bis 100	90 bis 100		
11,2 mm	M.-%	18 bis 30	25 bis 45	25 bis 45	100	
8 mm	M.-%		15 bis 25	15 bis 25	90 bis 100	100
5,6 mm	M.-%				35 bis 50	90 bis 100
2 mm	M.-%	10 bis 17	10 bis 15	10 bis 15	10 bis 15	5 bis 12
0,063 mm	M.-%	4 bis 6	4 bis 6	4 bis 6	4 bis 6	4 bis 7
Mindest-Bindemittelgehalt		$B_{min\,4,5}$	$B_{min\,4,5}$	$B_{min\,5,0}$	$B_{min\,6,0}$	$B_{min\,6,0}$
Bindemittelträger	M.-%	0,3 bis 0,5	0,3 bis 0,5	0,3 bis 0,5	0,3 bis 0,5	0,3 bis 0,5
Mischguteigenschaften						
minimaler Hohlraumgehalt MPK		V_{min16}	V_{min18}	V_{min18}	V_{min20}	V_{min20}
maximaler Hohlraumgehalt MPK		$V_{max\,NR}$	$V_{max\,NR}$	$V_{max\,NR}$	$V_{max\,NR}$	$V_{max\,NR}$

Kommentar

Es ist zu erkennen, dass hochwertige gebrochene Gesteinskörnungen verwendet werden sollen. Innerhalb des Gemisches dominiert die Splittkörnung, so dass eine Ausfallkörnung erreicht wird. Hierdurch entsteht ein großer Porenraum, durch den eindringendes Wasser versickern kann. Als Bindemittel kann Straßenbaubitumen oder Polymermodifiziertes Bitumen eingesetzt werden. Um den erforderlichen Bindemittelgehalt unterzubringen, ist ein Binde-

Kommentar

mittelträger vonnöten. Für die Mischgutart PA 22 T WDA ist die geforderte Korngrößenverteilung in der folgenden Abbildung dargestellt:

M VV

Merkblatt für Versickerungsfähige Verkehrsflächen, Ausgabe 2013

5.2.2 Asphaltmischgut

...

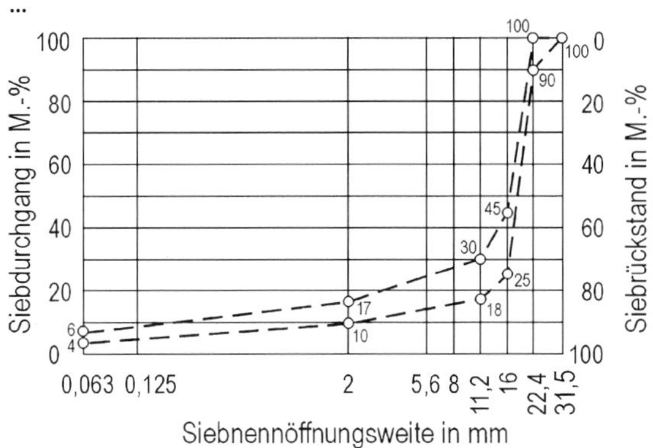

Bild 6: Wasserdurchlässiger Asphalt PA 22 T WDA

Kommentar

Der Einbau von Wasserdurchlässigem Asphalt sollte zur Vermeidung schädlicher Veränderungen des Bindemittels bei Temperaturen zwischen 140 °C und 160 °C erfolgen. Weiterhin sollte der Transport, wenn möglich, mittels thermoisolierter Fahrzeuge abgewickelt werden. Wenn dies nicht möglich ist, muss der Transport schonend für das Mischgut erfolgen. Dies bedeutet, dass das Mischgut nur abgedeckt oder in geschlossenen Fahrzeugen zu transportieren ist. Die Transportzeit sollte 45 Minuten und die gesamte Zeitspanne zwischen Mischgutherstellung und Einbau sollte 60 Minuten nicht überschreiten. Ein Einbau ist bei Regen, starkem Wind und Temperaturen unter +10 °C zu vermeiden. Einbaufehler werden von Wasserdurchlässigem Asphalt deutlich weniger verziehen als von konventionellem Asphalt. Daher sollte der Einbau optimiert sein. Die Verdichtung darf nur statisch, mit Glattmantelwalzen erfolgen. Nach dem Einbau muss die eingebaute Schicht die folgenden Eigenschaften aufweisen:

M VV

Merkblatt für Versickerungsfähige Verkehrsflächen, Ausgabe 2013

5.3.2 Schichteigenschaften

...

Tabelle 4: Anforderungen an Asphaltschichten aus Wasserdurchlässigem Asphalt

Schichteigenschaften	PA 22 T WDA	PA 16 T WDA	PA 16 TD WDA	PA 8 D WDA	PA 5 D WDA
Einbaudicke cm	9,0 bis 15,0	7,0 bis 12,0	10,0 bis 12,0	3,0 bis 4,0	2,0 bis 3,0
Einbaumenge kg/m²	180 bis 300	140 bis 240	200 bis 240	60 bis 80	40 bis 60
Verdichtungsgrad %	≥ 97,0	≥ 97,0	≥ 97,0	≥ 97,0	≥ 97,0
Hohlraumgehalt Vol.-%	≥ 13,0	≥ 15,0	≥ 15,0	≥ 18,0	≥ 18,0

Kommentar

Gemäß zuvor dargestellter Tabelle des Merkblattes ist ein Hohlraumgehalt von ≥ 13 Vol.-% für die Mischgutart PA 22 T WDA zu erreichen.

Dieser Wert ist zu hinterfragen: Gemäß dem F&E-Bericht „Untersuchungen zur Ausbildung von Pflasterkonstruktionen mit Asphalttragschichten unter

Kommentar

hohen Verkehrsbelastungen – Schlussbericht“ der Ruhr Universität Bochum[32] wird empfohlen, einen Hohlraumgehalt von mehr als 15 Vol.-% (besser ab 16 Vol.-%) bis maximal 18,5 Vol.-% im eingebauten, verdichteten Zustand zu vereinbaren. Bei geringeren Hohlraumgehalten und damit geringeren Wasserdurchlässigkeiten war bei den Untersuchungen zu diesem Forschungsprojekt im Überfahrversuch von Pflasterdecken auf Asphalttragschichten eine deutliche Spurrinnnenbildung und ein Hochpumpen des Fugen- und Bettungsmaterials auf die Pflasteroberfläche festzustellen.

Die vorgenannten Eigenschaften an Mischgut und Schicht müssen im Bauvertrag jeweils einzeln aufgeführt werden. Eine pauschale Vereinbarung des M VV reicht hier nicht aus, da es sich hier um ein Merkblatt handelt.

Gleiches gilt für die Anforderungen an die Gütesicherung. Zu diesen enthält das M VV ebenfalls Angaben mit Verweisen auf die TL Asphalt-StB[33] und die ZTV Asphalt-StB[34].

Hinsichtlich der empfohlenen Kontrollprüfungen sollte der Hohlraumgehalt am Bohrkern bestimmt werden. Wenn dieser kleiner ist als nach vorgenannter Tabelle angegeben bzw. als vereinbart, kann an Bohrkernen die Wasserdurchlässigkeit in vertikaler Richtung im Labor nach den TP Asphalt-StB, Teil 19[35] überprüft werden. Wird dabei ein kf-Wert von mindestens 5×10^{-5} m/s festgestellt, kann von einer ausreichenden Wasserdurchlässigkeit ausgegangen werden. Daneben kann an der fertigen Schicht auch der Infiltrationsbeiwert gemäß Schnelltest des M VV bestimmt werden.

1.4.2.2 Unterlage unter der Pflasterdecke oder dem Plattenbelag (Fortsetzung)

Für Tragschichten aus Dränbeton wird auf das M VV verwiesen. Als Tragschichten aus Dränbeton können sowohl Dränbetontragschichten als auch Dränbetondecken nach dem M VV zur Anwendung kommen. Für diese Tragschichten sollte eine Mindestdruckfestigkeit am Bohrkern von 14,0 MPa vereinbart werden. Zusätzlich sollte bei Verkehrsflächen der Belastungsklassen Bk1,8 und Bk3,2 gemäß den RStO eine Mindestbiegezugfestigkeit von 3,0 MPa vereinbart werden. Die Prüfungen erfolgen nach 28 Tagen gemäß dem M VV.

Kommentar

Als Tragschicht aus Dränbeton unter Pflasterdecken oder Plattenbelägen können gemäß ZTV Pflaster-StB Dränbetontragschichten nach dem M VV eingesetzt werden. Im Sinne der Anwendung unter Pflaster und Platten können

32 Boetcher, S., Krass, K., Radenberg, M.: Untersuchungen zur Ausbildung von Pflasterkonstruktionen mit Asphalttragschichten unter hohen Verkehrsbelastungen – Schlussbericht, Ruhr Universität Bochum, Bochum 2006. Auch veröffentlicht in Boetcher, S., Krass, K., Radenberg, M.: Asphalttragschichten unter Pflasterdecken, Asphalt 02/2007

33 Technische Lieferbedingungen für Asphaltmischgut für den Bau von Verkehrsflächenbefestigungen – TL Asphalt-StB, Ausgabe 07/13, FGSV Verlag, Köln 2007/2013

34 Zusätzliche Technische Vertragsbedingungen und Richtlinien für den Bau von Verkehrsflächenbefestigungen aus Asphalt – ZTV Asphalt-StB, Ausgabe 07/13, FGSV Verlag, Köln 2007/2013

35 Technische Prüfvorschriften für Asphalt – TP Asphalt-StB, Teil 19: Durchlässigkeit von Asphalt-Probekörpern, Ausgabe 2009, FGSV Verlag, Köln 2009

Kommentar

zudem Dränbetondecken nach dem M VV ebenfalls als Tragschichten eingesetzt werden.

Die Dickenanforderungen sind den RStO zu entnehmen. Diese liegen bei 20 cm in den Belastungsklassen Bk3,2 und Bk1,8 und bei 15 cm in den Belastungsklassen Bk1,0 und Bk0,3. Die Dicken beziehen sich nach dem M VV auf Betone mit einer Biegezugfestigkeit von 4,0 MPa. Bei abweichenden Biegezugfestigkeiten ist die Schichtdicke gemäß M VV abzugleichen. Dies bedeutet beispielsweise, dass bei einer Mindestbiegezugfestigkeit von 3,0 MPa die Schicht um 4 cm zu verstärken ist. Bei einer Biegezugfestigkeit von 5,0 MPa kann die Schichtdicke dagegen um 4 cm vermindert werden.

In der Tabelle 7 des M VV sind Anhaltswerte für die Zusammensetzung von Dränbetonschichten enthalten. Die TL Beton-StB[36] sind zusätzlich zu berücksichtigen.

M VV

Merkblatt für Versickerungsfähige Verkehrsflächen, Ausgabe 2013

6.2 Baustoffe, Baustoffgemische

...

Tabelle 7: Anhaltswerte für die Zusammensetzung von Dränbeton

		Decke DBD 8		**Tragschicht** DBT 16, 22, 32	
		mit PM	ohne PM	mit PM	ohne PM
		[kg/m³]	[kg/m³]	[kg/m³]	[kg/m³]
Gesteinskörnung	fGK 0/2[1)] fGK 0/1 oder 0/2 gGK 5/8 gGK 8/16, 8/22 oder 8/32	60–100 – 1.400–1.500 –	– – 1.500–1.600 –	– 150–180[2)] – 1.500–1.600	– 150–180[2)] – 1.500–1.600
Zementfestigkeitsklasse	32,5 R / 42,5 N	300–350	300–350	150–300[3)]	150–300[3)]
Wasser	Frischwasser	40–75[5)]	85–115	52–73[5)]	60–90[3)]
w/z-Wert (eq)	–	0,25–0,30	0,28–0,33	0,30–0,40	0,30–0,40
Polymer (PM) (z. B. Polymerdispersion)	15–20 M.-% v.Z. 10–15 M.-% v.Z.	45–70 –	– –	– 15–34	– –
Zusatzmittel	FM oder BV	1–3	–	–	–
Kunststofffasern (z. B. PAN, PVA)	Länge 6–12 mm	1–2	–	–	–
Konsistenz (Einbau)	Verdichtungsmaß	1,30–1,34[4)] (steif, C1)	1,30–1,34[4)] (steif, C1)	1,30–1,45[4)] (steif, C1)	1,30–1,45[4)] (steif, C1)
Druckfestigkeit	Würfel 150 KL oder Zylinder mit Schlankheit h/d = 1	20–30 MPa	20–30 MPa	10–20 MPa	10–20 MPa

1) Die Verwendung einer polierresistenten feinen Gesteinskörnung (z. B. Quarzsand) ist für die Verbesserung der Griffigkeit von DBD zweckmäßig. Polierversuch (PWS) gemäß den TP Gestein-StB, Teil 5.4.2 (PWS-Wert ≥ 0,47).
2) Die Verwendung von Sand 0/1 oder 0,2 kann vorteilhaft sein.
3) Die höheren Werte werden bei der Verwendung von Beton-Recyclingmaterial benötigt.
4) Die Einbaukonsistenz ist auf das Einbauverfahren abzustimmen.
5) Der Wasseranteil der PM ist beim Zugabewasser berücksichtigt.

36 Technische Lieferbedingungen für Baustoffe und Baustoffgemische für Tragschichten mit hydraulischen Bindemitteln und für Fahrbahndecken aus Beton – TL Beton-StB, Ausgabe 2007, FGSV Verlag, Köln 2007

Kommentar

Es wird zwischen Zusammensetzungen mit und ohne Zugabe von Polymeren unterschieden. Nach bisherigen Erfahrungen sollte aufgrund einer besseren Grünstandfestigkeit, Biegezugfestigkeit und einer besseren Haftung des Mörtels für DBD mindestens 50 M.-% der Gesteinskörnung ≥ 5 mm der Kategorie $C_{90/1}$ (Bruchflächigkeit) und SI_{15} oder FI_{15} (Kornform) entsprechen.

Um eine ausreichende Wasserdurchlässigkeit zu erreichen, sollte der Hohlraumgehalt mindestens 15 Vol.-% betragen. Hierzu ist eine Korngrößenverteilung mit Ausfallkörnung erforderlich. Bei dieser dominieren die Splitte. Üblich ist der Einsatz von Zusatzmitteln und Zusatzstoffen, um die Frisch- und Festbetoneigenschaften sowie die Dauerhaftigkeit des Betons zu verbessern. Als Zusatzmittel werden beispielsweise Fließmittel, Betonverflüssiger, Schwindreduzierer und Stabilisierer verwendet. Zusatzstoffe können Polymere oder Kunststofffasern sein. Aufgrund des geforderten niedrigen w/z-Wertes (≤ 0,4) wird in der Regel ein ausreichender Frostwiderstand erreicht. Ein hoher Frost-Tausalz-Widerstand kann z. B. durch den Einsatz eines geeigneten Polymers (z. B. einer Kunststoffdispersion) eingestellt werden. Durch den Einsatz von Polymeren verlängert sich bei der Herstellung die Mischzeit. Diese sollte dann mindestens 60 Sekunden betragen. Das Zugabewasser muss die im Regelwerk enthaltenen üblichen Anforderungen erfüllen. Besonders bei der Zugabe von Polymeren müssen Unverträglichkeiten mit dem Wasser ausgeschlossen werden. Restwasser sollte nicht oder nur kontrolliert eingesetzt werden.

Der Einbau von Dränbetonschichten sollte bei einer Lufttemperatur von +5 °C bis +25 °C erfolgen. Bei niedrigeren oder höheren Temperaturen sind besondere Schutzmaßnahmen erforderlich, um eine ausreichende und kontrollierte Hydratisierung sicherzustellen. Ein Einbau bei Niederschlag sollte unterbleiben.

Die Nachbehandlung umfasst die Sicherstellung einer ausreichenden Feuchtigkeitszufuhr und den Schutz vor Niederschlägen. Hierzu empfiehlt es sich, feuchtzuhaltende Vliesstoffe auf die hergestellte Schicht aufzulegen. Bei der empfohlenen Temperaturspanne reicht es in der Regel aus, die Nachbehandlung 3 Tage lang durchzuführen. Um übermäßige Spannungskonzentrationen in der Dränbetonschicht zu vermeiden, kann diese mit Kerben oder Fugen unterteilt werden. Dies ist bei Bauweisen mit ungebundenen Pflasterdecken oder Plattenbelägen nicht erforderlich. Nur bei gebundenen Decken müssen entsprechende Maßnahmen vorgenommen werden. Falls Schnitte innerhalb der Dränbetonschicht doch vorgesehen sind, muss sichergestellt werden, dass entstehende Schneidschlämme nicht zu einer übermäßigen Reduktion der Wasserdurchlässigkeit der Schicht führen. Die Schneidschlämme sollten daher bereits beim Schnitt abgesaugt werden.

Der Einbau der Dränbetonschicht erfolgt nach dem Merkblatt für Dränbetontragschichten M DBT[37] oder nach dem M VV für Dränbetondecken. Der Einbau sollte möglichst maschinell erfolgen. Die Verdichtung erfordert nicht unbedingt den Einsatz von Walzen. Oft reicht die Vorverdichtung mittels Fertiger aus. Gegebenenfalls kann mit Glattmantelwalzen nachverdichtet werden. Rüttelverdichtung mittels Rüttelplatte darf aufgebracht werden, allerdings ist die aufgebrachte Verdichtungsenergie immer genau auf das Einbaugemisch abzustellen. Nachteilige Effekte auf das hohlraumreiche Gemisch sind dabei zu vermeiden. Die Schicht sollte einschichtig und einlagig hergestellt werden.

37 Merkblatt für Dränbetontragschichten – M DBT, Ausgabe 2013, FGSV Verlag, Köln 2013

Kommentar

Nach dem Einbau werden folgende Anforderungen zusätzlich zu den Anforderungen der TL Beton-StB an die Dränbetonschicht gestellt bzw. empfohlen:

M VV

Merkblatt für Versickerungsfähige Verkehrsflächen, Ausgabe 2013

6.4 Anforderungen, Prüfungen

...

Tabelle 8: Anforderungen an den Dränbeton

Mindestfestigkeit des Dränbetons im Alter von 28 Tagen für einen von außen zugänglichen Hohlraumgehalt von ≥ 15 Vol.-% und eine Wasserdurchlässigkeit von $k_f \geq 5 \cdot 10^{-5}$ m/s			
Schicht	**Druckfestigkeit**[1)] [MPa]	**Biegezugfestigkeit**[2)] [MPa]	**Spaltzugfestigkeit**[3)] [MPa]
1	2	3	4
	f_{cm}	$f_{ctm\,(BZ)}$	$f_{ctm\,(SZ)}$
DBT	DB 10[4)]	–	–
DBT	DB 15	–	–
DBT	DB 20	–	–
DBD	DB 20	3,0	2,0
DBD	DB 25	3,2	2,2
DBD	DB 30	3,5	2,5
DBD	DB 30	4,0	2,7

Anmerkung: Spalte 2, 3 und 4: Mittlere Festigkeit von 3 zusammengehörenden Probekörpern

1) Würfel 150 x 150 x 150 mm (DIN EN 12390-3) oder Zylinder Ø 150 oder 100 mm, Schlankheit h/d = 1

2) Prisma L ≥ 525 × 150 × 150 mm (DIN EN 12390-5)

3) Zylinder Ø 150 mm oder Würfel mit Kantenlänge 150 mm (DIN EN 12390-6) oder Zylinder h = 50 mm / Ø = 100 mm (in Anlehnung an AL Sp-Beton)

4) Nur unter DBD (nicht unter Pflasterdecken) zu verwenden.

Kommentar

Bei vorzeitiger Verkehrsfreigabe sind mindestens 70 % der geforderten Druckfestigkeit erforderlich. Die hier geforderte Wasserdurchlässigkeit von mindestens $k_f \geq 5 \times 10^{-5}$ m/s kann bei Tragschichten unter Pflasterdecken und Plattenbelägen reduziert werden. Empfohlen wird nach ZTV Pflaster-StB eine Infiltrationsrate von $k_i \geq 1 \times 10^{-5}$ m/s.

Unter Pflasterdecken der Belastungsklassen Bk3,2 und Bk1,8 sollte nach dem M VV als Tragschicht ein Dränbeton mindestens der Druckfestigkeitsklasse C16/20[38] gemäß vorgenannter Tabelle mit oder ohne Polymerzusatz und mit einem Größtkorn zwischen 11 und 32 mm eingesetzt werden.

Das MVV weist, wie erläutert, auf das „Merkblatt für Dränbetontragschichten" (M DBT) hin. Dieses Merkblatt ist im Sinne der ZTV Pflaster-StB jedoch nur eingeschränkt anwendbar, da dort Festigkeiten gefordert werden, welche weit unter den Anforderungen des Anwendungsbereiches der ZTV Pflaster-StB liegen: Die ZTV Pflaster-StB empfehlen, für Tragschichten aus Dränbeton unter Pflasterdecken oder Plattenbelägen eine Mindestdruckfestigkeit am Bohrkern der hergestellten Schicht von 14,0 MPa zu vereinbaren.

Nach dem M DBT wird an die fertig gestellte Dränbetontragschicht nur eine mittlere Druckfestigkeit von mindestens 8,0 MPa gefordert, wobei Einzel-

38 Zu beachten: Besser ist die Vereinbarung einer Druckfestigkeitsklasse C20/25

Kommentar

werte eine Festigkeit von bis zu 6,0 MPa aufweisen würden. Die empfohlenen Dränbetongemische weisen passend hierzu Druckfestigkeitsklassen C8/10 bis C12/15 auf. Mit solchen Gemischen kann nicht die nach ZTV Pflaster-StB empfohlene Mindestdruckfestigkeit erreicht werden.

Nach dem M VV soll unter Pflasterdecken, welche der Bk3,2 und Bk1,8 entsprechen, ein Dränbeton mit mindestens einer Druckfestigkeit von 20 MPa verwendet werden. Die Verwendung eines Betons der Druckfestigkeitsklasse 10–20 MPa (DB 20) ist für eine an der fertiggestellten Schicht geforderte Druckfestigkeit von mindestens 14,0 MPa allerdings zu gering. Um die Forderung zu erfüllen, sollte mindestens ein Beton der Druckfestigkeitsklasse C20/25 (DB 25) eingesetzt werden. Damit sind die Festlegungen des M VV an eine Dränbetondecke sinnvoll.

Dies und die Druckfestigkeitsanforderung an die fertiggestellte Schicht sollten dementsprechend abweichend von Vorgenanntem vertraglich festgelegt werden. Weiterhin sollte sowohl für eine Dränbetondecke als auch für eine Dränbetontragschicht eine Mindestbiegezugfestigkeit von 3,0 MPa vereinbart werden. Während eine solche passend ist für Dränbetondecken nach dem MVV, wird dies im Normalfall an Dränbetontragschichten nach dem M DBT und dem M VV nicht gefordert. Die Biegezugfestigkeit ist daher zusätzlich vertraglich zu vereinbaren. Mit der Anforderung sind Gemischoptimierungen erforderlich, die so nicht in den beiden Merkblättern enthalten sind und im Rahmen einer Erstprüfung nachgewiesen werden sollten.

Grundsätzlich sollte eine entsprechend M VV, M DBT und ZTV Beton-StB[39] angepasste Qualitätssicherung erfolgen. Hierzu sind neben den Erstprüfungen auch Anforderungen an die Werkseigene Produktionskontrolle, Eigenüberwachungsprüfungen und Kontrollprüfungen erforderlich. Der Prüfumfang kann in Anlehnung an das M VV und das M BDT festgelegt werden.

Nach dem M DBT sollte zwischen Pflasterdecke und Dränbetontragschicht ein Vliesstoff nach den TL Geok E-StB[40] angeordnet werden. Hierzu sollte ein mechanisch verfestigter Vliesstoff oder ein Vliesstoff der Robustheitsklasse GRK 4 oder GRK 5 mit einer möglichst hohen Wasserdurchlässigkeit verwendet werden. Diese Regelung sollte auch bei Einsatz einer Dränbetondecke in der Funktion einer Tragschicht unter Pflaster berücksichtigt werden.

Die Klasseneinteilung richtet sich nach dem Anwendungsfall (AS) und dem Beanspruchungsfall (AB). Deshalb kann auch ein GRK 3 Anwendungsfall AS 2 = Geotextil zwischen feinkörnigen Böden (Auflager) und grob- oder gemischtkörnigen Böden (DIN 18196) und die Beanspruchung nach AB 2 = Maschineller Einbau und Verdichtung, keine wesentliche Walkbeanspruchung durch den Bauverkehr, verwendet werden.

Zu empfehlen sind dann Endlosfaservliese GRK 3, Flächengewicht > 180 g/m², Wasserdurchlässigkeit > 115 l/m²/s, Öffnungsweite $O_{90} \geq 100$ mm.

Sowohl bei gebundenen Tragschichten als auch bei Tragschichten ohne Bindemittel werden die folgenden Empfehlungen als Richtlinie gegeben:

---

39 Zusätzliche Technische Vertragsbedingungen und Richtlinien für den Bau von Tragschichten mit hydraulischen Bindemitteln und Fahrbahndecken aus Beton – ZTV Beton-StB, Ausgabe 2007, FGSV Verlag, Köln 2007

40 Technische Lieferbedingungen für Geokunststoffe im Erdbau des Straßenbaues – TL Geok E-StB, Ausgabe 2019, FGSV Verlag, Köln 2019

1.4.2.2 Unterlage unter der Pflasterdecke oder dem Plattenbelag

(Fortsetzung)

Aufgrund der Anforderungen an eine gleichmäßige Dicke der Bettung sollten die Unebenheiten der Oberfläche der oberen Tragschicht innerhalb einer 4 m langen Messstrecke nicht größer als 1,0 cm sein. Die Oberfläche der oberen Tragschicht sollte von der Sollhöhe um nicht mehr als ±1,0 cm abweichen.

Kommentar

Die zulässige Unebenheit der oberen Tragschicht ohne Bindemittel gemäß ZTV SoB-StB beträgt ±2 cm. Die Bettung von Pflasterdecken und Plattenbelägen dagegen sollte im Regelfall für Betonsteinpflaster eine Dicke von 3 bis 5 cm aufweisen, was bei einer schwankenden Dicke der Schicht ohne Bindemittel von 4 cm (aus –2 cm bis +2 cm) nicht einzuhalten ist. Genau genommen kann die Oberkante der Tragschicht sogar eine Schwankungsbreite infolge zulässiger Rundungen von –2,4 cm bis +2,4 cm = 4,8 cm aufweisen. Die Oberkante des Pflasters bzw. des Plattenbelages muss aber eben sein. Damit kann es vorkommen, dass z. B. in Bereichen, in denen die Tragschicht diesen Schwankungen unterliegt, die Bettung entfallen muss oder deutlich zu dick eingebaut wird.

Daher ist zu empfehlen, auf einer ungebundenen Tragschicht eine zulässige Unebenheit von ±1 cm zu vereinbaren. Gleiches sollte hinsichtlich der profilgerechten Lage gefordert werden. Die maximale Abweichung von der profilgerechten Lage beträgt bei Schotter- und Kiestragschichten ±2 cm. Auch hier sollte eine maximale Abweichung von ±1 cm vertraglich vereinbart werden. Bei einem Größtkorn von 45 mm oder 56 mm im Baustoffgemisch führen allein schon die Höhenunterschiede zwischen einzelnen Körnern zu Messhöhenunterschieden, durch die die Einhaltung solch strenger Lageanforderungen schwierig wird. Wenn diese strengen Ebenheits- und Lageanforderungen nicht durch die originäre Tragschicht erreicht werden kann, wird häufig ein sogenanntes „Feinplanum" mittels einer Zwischenschicht mit einem Baustoffgemisch mit kleinerem Größtkorn aufgebracht. Bei solchen Gemischen ist besonders auf deren ausreichende Wasserdurchlässigkeit, auch in Kombination mit der darunter liegenden „normalen" Tragschicht zu achten, da das feinere Korn sich in die Hohlräume der gröberen Tragschicht setzen kann und damit den wasserwegsamen Porenraum verringert. Körnungen und Schichtdicken der Zwischenschicht werden dann nicht automatisch den ZTV und TL SoB-StB entsprechen können. Dies muss kritisch gesehen werden, da der Aufbau damit insgesamt nicht mehr regelwerkskonform ist und beispielsweise eine Körnung 0/22 nicht als Schottertragschicht definiert ist.

Vereinzelt werden auch Baustoffgemische 0/16 oder 5/16 als „Feinschicht" zur Herstellung der Planumsanforderung von ±1cm aufgetragen. Hier ist zu beachten, dass diese so hergestellte Fläche nicht unverdichtet bleiben kann.

Solche zweilagigen bzw. zweischichtigen Tragschichten sind bei Bedarf vertraglich im Detail mit Angabe aller Anforderungen zu vereinbaren.

Bei Schichten mit hydraulischen Bindemitteln sind gemäß ZTV Beton-StB zulässige Unebenheiten von ≤ 1,5 cm und Abweichungen von der profilgerechten Lage von maximal ±1,5 cm zulässig. Es gilt entsprechend das Vorgenannte. Auch hier müssen die Anforderungen an die zulässige Unebenheit

Kommentar

und an die profilgerechte Lage bei Anwendung unter Pflasterdecken und Plattenbelägen verschärft werden.

Bei wasserdurchlässigen Asphalttragschichten, die die Anforderungen an Ebenheit und profilgerechte Lage der ZTV Asphalt-StB erfüllen, sind keine ergänzenden Anforderungen erforderlich.

1.4.2.2 Unterlage unter der Pflasterdecke oder dem Plattenbelag (Fortsetzung)

Der Auftraggeber sollte sich gemeinsam mit dem Auftragnehmer davon überzeugen, dass die vorhandene Unterlage geeignet ist. Sofern die Unterlage nicht geeignet ist, ist zu prüfen, welche besonderen Maßnahmen vorgesehen werden müssen: z. B. Entfernen nicht standfester oder nicht ausreichend durchlässiger Schichten sowie unzulässiger Unebenheiten.

Kommentar

Auftragnehmer und Auftraggeber sollten gemeinsam die hergestellte oder schon vorhandene Unterlage prüfen. Nach den Regeln der Technik muss diese „geeignet" sein, d. h. sie muss ausreichend tragfähig, eben, höhengerecht und wasserdurchlässig sein. Dazu kann Folgendes empfohlen werden:

Die **Tragfähigkeit und Verformungsstabilität** sollte mit einem statischen Lastplattendruckversuch überprüft werden, z. B. jeweils ein Versuch je 400 m². Ein einfacherer qualitativer Baustellenversuch zur Information und Abschätzung der Verformungsstabilität kann darin bestehen, mit einem beladenen Lkw über die Fläche, besonders die Leitungsgräben o. Ä., zu fahren; es dürfen keine Spuren oder Eindrücke entstehen. Es besteht dann die Vermutung, dass eine ausreichende Tragfähigkeit und Verformungsstabilität vorhanden ist.

Die **Ebenheit** ist z. B. durch Abschnüren, Nivellement oder unter Verwendung einer 4-m-Latte gemäß TP Eben[41] zu prüfen. Parallel sollte überprüft werden, ob eine ausreichend genaue profilgerechte Lage vorhanden ist. Dies kann ebenfalls durch Nivellement oder/und Abschnüren erfolgen. Die Neigung kann überschläglich mit einem handelsüblichen Neigungsmesser ermittelt werden.

Die **Wasserdurchlässigkeit** kann zur schnellen Information mit dem Schnellversuch nach dem M VV, z. B. alle 300 m² ein Versuch, durchgeführt werden. Das Prinzip ist den vorangegangenen Ausführungen zu entnehmen. Das Verfahren ist besonders für den schnellen Baustelleneinsatz entwickelt worden: Es wird ein relativ beliebiger Ring mit einem Durchmesser von 300 mm auf die Unterlage aufgesetzt und mittels Gips von außen abgedichtet. Dann werden 2 Liter Wasser vorsichtig, ohne die Oberfläche der Unterlage zu verändern, in den Ring hineingeschüttet. Die Zeit bis zur vollständigen Versickerung des Wassers wird gemessen. Wenn es kürzer als 10 Minuten dauert, ist von einer ausreichenden Versickerungsleistung auszugehen. Wenn es länger dauert, ist eine weiterführende genaue Untersuchung mittels der verschiedenen Infiltrationsverfahren gemäß TP Gestein-StB in Abstimmung mit dem Auftraggeber

41 Technische Prüfvorschriften für Ebenheitsmessungen auf Fahrbahnoberflächen in Längs- und Querrichtung, Teil: Berührende Messungen – TP Eben – Berührende Messungen, Ausgabe 2017, FGSV Verlag, Köln 2017

Kommentar

erforderlich bzw. angemessen, um sich von der ordnungsgemäßen Eignung der Unterlage zu überzeugen.

Sollte die Unterlage hinsichtlich einzelner Merkmale nicht geeignet sein, so ist dies dem Auftraggeber im Rahmen einer Bedenkenanmeldung mitzuteilen. Ein Einbau der Pflasterdecke oder des Plattenbelages sollte bzw. muss zunächst unterbleiben. Welche Maßnahmen anschließend vonnöten sind, um eine ausreichend geeignete Unterlage herzustellen, erfolgt in Abstimmung mit dem Auftraggeber. So können Profiländerungen erforderlich werden oder auch Nachverdichtungen sinnvoll sein. Bei solchen ist darauf zu achten, dass keine zusätzlichen übermäßigen Kornverfeinerungen an der Oberfläche auftreten. Nach solchen Maßnahmen sind wiederum Infiltrationsversuche zur Prüfung der resultierenden Wasserdurchlässigkeit der Schicht durchzuführen.

Bei unzureichender Wasserdurchlässigkeit muss deren Ursache festgestellt werden. Wenn nur an der Oberfläche Kornzertrümmerungen aufgetreten sind, die gesamte Schicht aber einen relativ geringen Feinkornanteil aufweist, kann es ausreichen, die Tragschicht bis zu einer gewissen Tiefe aufzurauen und anschließend neu einzuebnen und zu verdichten. Der Erfolg einer solchen Maßnahme sollte aber an einer Probefläche vorab überprüft werden. Anschließend sollten in ausreichender Menge Prüfungen von Wasserdurchlässigkeit, Verdichtung und Tragfähigkeit durchgeführt werden.

Die folgende, in den ZTV Pflaster gleichwohl beschriebene Möglichkeit ist für den Auftraggeber eine eher schlechtere Alternative:

1.4.2.2 Unterlage unter der Pflasterdecke oder dem Plattenbelag

(Fortsetzung)

Bei nicht ausreichend wasserdurchlässiger Unterlage, z. B. bereits vorhandenen Fahrbahndecken aus Asphalt oder Beton, muss die Ableitung des Wassers durch bautechnische Maßnahmen dauerhaft sichergestellt werden.

Kommentar

Welche genauen bautechnischen Maßnahmen zur Wasserableitung dies sind, muss im Einzelfall überlegt werden. Grundsätzlich führt eine unzureichende Wasserdurchlässigkeit zu einer Bauweise, welche nicht den ZTV Pflaster-StB entspricht. Qualitätssicherung und vertragliche Ausgestaltung einer solchen Sonderbauweise sind zwischen den Vertragsparteien zu vereinbaren.

Bei schlechter oder nicht ausreichender Wasserdurchlässigkeit der Unterlage sind zur Aufnahme und Ableitung von eindringendem Wasser immer besondere Maßnahmen erforderlich. In der Regel werden der Verkehrsbelastung entsprechende, druckstabile Dränmatten verwendet, welche nach Möglichkeit auf das Gefälle abgestimmte Ableitungen, z. B. Sickerschlitze in kurzen Abständen, haben sollen. Diese Dränmatten werden zwischen der unzureichend durchlässigen Unterlage und der Bettung angeordnet. Die Eignung der Dränmatte hinsichtlich der Druckstabilität, der Verformungsstabilität und des Wasserableitungsvermögens ist dabei gesondert nachzuweisen. Durch weiche Konstruktionen sind dauerhaft erhöhte elastische oder/und plastische Verformungen in der Decke zu erwarten, wodurch sich das Fugenmaterial nicht oder nur sehr zeitverzögert stabilisiert. Hierdurch können bei entspre-

Kommentar

chender Verkehrsbelastung Folgeschäden entstehen, da die Befestigung bei verringerter Kraftübertragung zum Nachbarstein schnell überlastet wird.

Plastische Verformungen von Dränmatten können weiterhin zu übermäßigen Spurrinnen führen. Wird die Dränmatte in diesem Zusammenhang zusammengedrückt, so wird auch der Wasserabfluss beeinträchtigt, wodurch die bekannten Folgeschäden bis hin zu einem Totalverlust der Befestigung entstehen können.

Um diese Schäden zu verhindern oder zu vermindern, hat sich in solchen Fällen eine gebundene Ausführung der Pflasterdecken und Plattenbeläge auf Dränmatten und mit (nahezu) wasserdichten Fugenfüllungen gemäß M FPgeb[42] bewährt. Die Dränmatten müssen hierbei so ausgestaltet sein, dass durch die Verwendung von Bettungsmörtel auch innerhalb der Dränmatte ein ausreichend verformungsresistentes Traggerüst entsteht.

Weitere alternative Bauweisen sind denkbar. Dabei sollte der Schwerpunkt der Überlegungen in der Reduktion der Infiltrationsrate liegen. Bauweisen mit wasserdichten oder gering durchlässigen Fugenfüllungen bieten sich also an. Verbreitet wird z. B. auch eine Bauweise mit vorbituminiertem Fugen- und Bettungsmaterial ausgeführt.

Sanierungsmethoden, die nur punktuell die Wasserdurchlässigkeit der Tragschicht verbessern, waren in der Vergangenheit regelmäßig schadensanfällig. So ist das Durchbohren von unzureichend durchlässigen Tragschichten und das anschließende Füllen der Löcher mit Dränmaterial weniger zu empfehlen, da die Wasserwegsamkeit oft nicht ausreichend ist und durch die dann lokal hohe Wassermenge die Entwässerungseinrichtungen in kurzer Zeit verstopfen können.

1.4.2.2 Unterlage unter der Pflasterdecke oder dem Plattenbelag

(Fortsetzung)

Um das Eindringen von Bettungsmaterial (Abschnitt 2.3.1) in die Unterlage zu vermeiden, muss die Unterlage gegenüber der Bettung eine ausreichende Filterstabilität aufweisen. Baustoffgemische für Tragschichten ohne Bindemittel müssen daher weit gestuft sein. Es hat sich als zweckmäßig erwiesen, wenn das Tragschichtmaterial eine Ungleichförmigkeitszahl von $C_U \geq 13$ *(*D_{60}/D_{10}*) aufweist.*

Kommentar

Durch die unterschiedlichen Baustoffgemische von Tragschicht und Bettung besteht die Gefahr, dass diese sich durch Erosion und Suffosion miteinander vermischen. Dieser Prozess erfolgt unter Schwerkraft in Verbindung mit dem Einströmen des Niederschlagswassers, verstärkt durch Vibrationen infolge des Straßenverkehrs. Da das über der Tragschicht liegende Bettungsmaterial ein kleineres Größtkorn aufweist als das Material der Tragschicht, hat es insgesamt einen deutlich höheren Anteil an Körnern, die in die Hohlräume des gröberen Gemisches hineinpassen. Mit dem Eindringen feinerer Körner

---

42 Merkblatt für Flächenbefestigungen mit Pflasterdecken und Plattenbelägen in gebundener Ausführung, Ausgabe 2018, FGSV Verlag, Köln 2018

Kommentar

in die Hohlräume des gröberen Gemisches verringert sich i.d.R. dessen Wasserdurchlässigkeit.

Damit keine Transportprozesse in schädlichem Umfang auftreten, muss eine sogenannte Filterstabilität zwischen den beiden Baustoffen sichergestellt sein. Der Nachweis der Filterstabilität erfolgt vereinfachend durch Vergleich der Korngrößenverteilungen beider Baustoffe, wenn eine Tragschicht ohne Bindemittel die Unterlage bildet. Ziel des Nachweises ist es, sicherzustellen, dass die Korngrößenverteilungen nicht zu weit auseinander liegen. Genaueres zu diesem Nachweis ist den Anmerkungen zu Abschnitt 2.3.1 der ZTV Pflaster-StB zu entnehmen.

Grundsätzlich wird die Filterstabilität verbessert, wenn das untere Baustoffgemisch – hier das Tragschichtmaterial – eine Korngrößenverteilung mit stabilem Gefüge aufweist. Dies ist dann gegeben, wenn die Hohlräume, die durch gröbere Körner verursacht werden, durch feinere Körner ausgefüllt sind. Dies ist bei Gemischen mit ausgewogener Zusammensetzung zwischen feinen, mittleren und groben Körnern der Fall. Man spricht dann von Gemischen, die „weit gestuft" oder „ungleichförmig" sind. Bei diesen Gemischen ergibt sich eine relativ flache gleichmäßige Kurve der Korngrößenverteilung. Diese Verteilung wird vereinfacht über die Ungleichförmigkeitszahl eingestuft. Die Ungleichförmigkeitszahl ist dabei das Verhältnis der Siebgrößen bei 60 M.-% und bei 10 M.-% Siebdurchgang.

Folgendermaßen kann die Ungleichförmigkeitszahl eingestuft werden:

- Gleichförmige Zusammensetzung $C_U < 5$
- Ungleichförmige Zusammensetzung $5 \leq C_U \leq 15$
- Sehr ungleichförmige Zusammensetzung $C_U > 15$.

Mit einer Anforderung von $C_U \geq 13$ für das Baustoffgemisch der Schicht ohne Bindemittel liegt eine ungleichförmige bis sehr ungleichförmige Zusammensetzung des Gemisches vor, so dass das Eindringen von feineren Körnungen grundsätzlich schon erschwert ist. Bei solchen Gemischen ist immer auch von einer größeren Verformungsstabilität auszugehen als bei vergleichbaren Körnungen mit gleichförmiger Zusammensetzung. Allerdings wird dieser Vorteil durch eine grundsätzlich etwas geringere Wasserdurchlässigkeit der Schicht erkauft.

1.4.2.2 Unterlage unter der Pflasterdecke oder dem Plattenbelag
(Fortsetzung)

Bei der Verwendung einer wasserdurchlässigen Asphalttragschicht oder einer Tragschicht aus Dränbeton kann auch ein Vliesstoff (Geotextil) zwischen Bettung und Tragschicht vorgesehen werden, um das Eindringen von Bettungsmaterial in die Hohlräume der Tragschicht zu vermeiden. Für den Vliesstoff ist die Geotextilrobustheitsklasse, die charakteristische Öffnungsweite O_{90} und der erforderliche Wasserdurchlässigkeitsbeiwert k_v festzulegen. Die Verwendung von Vliesstoffen ist bei befahrenen Verkehrsflächen davon abhängig zu machen, ob die horizontalen Kräfte ausreichend auf die Unterlage übertragen werden können.

Kommentar

Bei gebundenen Tragschichten bestehen bezüglich der Filterstabilität ähnliche Anforderungen wie bei Tragschichten ohne Bindemittel, damit die Poren der wasserdurchlässigen Asphalttragschicht oder Dränbetonschicht nicht mit der Zeit verstopfen. Hier gelten aber die im Abschnitt 2.3.1 genannten Filterregeln nicht. Hilfreich ist der Einsatz eines entsprechend dimensionierten Vliesstoffes unterhalb der Bettung zum Schutz der gebundenen Tragschicht.

Vliesstoffe müssen als Geotextilien den TL Geok E-StB[43] entsprechen. Diese Technischen Lieferbedingungen gelten eigentlich nur für den Erdbau, doch können nicht thermisch verfestigte Vliese auch als Trennlagen im Oberbau gut eingesetzt werden. In den TL Geok E-StB sind Anforderungen an die Geotextilrobustheitsklasse, die charakteristische Öffnungsweite und die Wasserdurchlässigkeit des Geotextils enthalten.

Das Geotexil darf dabei nicht als horizontale Trennlage die Horizontalkraftübertragung behindern. Es muss daher ausreichend rau sein. Bei üblichen Vliesstoffen und normaler Verkehrsbeanspruchung ist dies meist gegeben. Bei hohen Brems- und Anfahrkräften sowie starken Längsneigungen muss dieser Faktor jedoch mit in die Beurteilung der Eignung eingehen.

Für Vliesstoffe gilt nach den TL Geok E-StB folgendes hinsichtlich der Einstufung in Geotextilrobustheitsklassen:

TL Geok E-StB

Technische Lieferbedingungen für Geokunststoffe im Erdbau des Straßenbaus, Ausgabe 2020

3.5.2 Geotextilrobustheitsklassen für Vliesstoffe

...

Tabelle 1: Geotextilrobustheitsklassen für Vliesstoffe

Geotextilrobustheitsklasse (GRK)	Stempeldurchdrückkraft erf. $F_{P,5\%}$	Masse pro Flächeneinheit erf. $m_{A,5\%}$
3	≥ 1,5 kN	≥ 150 g/m²
4	≥ 2,5 kN	≥ 250 g/m²
5	≥ 3,5 kN	≥ 300 g/m²

Kommentar

Die charakteristische Öffnungsweite O_{90} gibt an, wie groß die mechanische Filterwirksamkeit, also im Erdbau das Bodenrückhaltevermögen ist. Für Trennschichten aus Vliesstoffen wird nach den TL Geok E-StB ein Wert O_{90} zwischen 0,06 mm und 0,20 mm gefordert.

Der Wasserdurchlässigkeitsbeiwert k_v liefert eine Aussage zur hydraulischen Filterwirksamkeit, der Wasserdurchlässigkeit. Dieser Wert wird für fabrikneue Gewebe angegeben und gilt senkrecht zur Ebene. Er muss größer als die vorgesehene Durchlässigkeit der Tragschicht (oder des Bodens) sein und zudem mindestens $\geq 1 \times 10^{-4}$ m/s betragen.

Vliesstoffe als Filter zur Sicherung einer wasserdurchlässigen gebundenen Tragschicht gegen das Eindringen von Feinteilen aus der Bettung sollten nicht in einer hohen Geotextilrobustheitsklasse verwendet werden. Zu

43 Technische Lieferbedingungen für Geokunststoffe im Erdbau des Straßenbaus – TL Geok E-StB, Ausgabe 2019, FGSV Verlag, Köln 2019

Kommentar

berücksichtigen ist: Je höher die Geotextilrobustheitsklasse, desto niedriger ist die Wasserdurchlässigkeit bei gleicher charakteristischer Öffnungsweite O_{90}.

Alternativ kann überlegt werden, in die gebundene wasserdurchlässige Unterlage ein Baustoffgemisch der Körnung 2/5 mm einzukehren, welches die Feinteile der darüber aufzubringenden Bettung zurückhalten kann.

1.4.2.2 Unterlage unter der Pflasterdecke oder dem Plattenbelag (Fortsetzung)

Die Oberfläche der Tragschicht muss die gleiche Neigung wie die Pflasterdecke bzw. der Plattenbelag aufweisen.

Kommentar

Wenn für die Oberfläche der Tragschicht ein anderes Gefälle als für die Neigung der Pflasterdecke oder des Plattenbelages vorgesehen wird, führt dies zu einer unterschiedlich dicken Bettung. Je nach der vorgesehenen Verkehrsbelastung ist damit eine Nachverdichtung der Bettung und so eine ungleichmäßige Setzung des Belags bzw. der Decke zu erwarten. Daher muss die Tragschicht die gleiche Neigung aufweisen wie die Pflasterdecke oder der Plattenbelag.

Zudem entsteht durch die Neigung der Oberfläche der Tragschicht eine Ebene, von der das eindringende Niederschlagswasser seitlich abgeführt werden kann, sollte die Tragschicht eine ggf. auch nur temporäre unzureichende Versickerungsleistung aufweisen. Dies kann z. B. bei kurzfristigen Starkregenereignissen wichtig werden. Ziel ist eine schnelle Entwässerung der Bettung. Um das Wasser abzuleiten, ist aber nicht nur die resultierende Neigung, als Verknüpfung von Quer- und Längsneigung, sondern auch immer die vorhandene Ebenheit von Bedeutung. Die zulässige Unebenheit unter einer 4-m-Messlatte beträgt für die obere Tragschicht nach DIN 18315 ±3 cm und nach den ZTV SoB-StB ±2 cm. Gemäß den ZTV Pflaster-StB wird empfohlen, diese zulässige Unebenheit auf ±1 cm zu reduzieren. Wie vorab beschrieben ist dies schon aus geometrischen Gründen erforderlich, um überhaupt eine Bettung in ordnungsgemäßer Dicke bauen zu können. Doch auch die Entwässerung der Bettung erfordert eine solch höhere Ebenheit der Oberfläche der Tragschicht. Unebenheiten können je nach Neigung der Fläche zu einem lokalen Wasserrückhalt – also zur Pfützenbildung – führen. Die Abhängigkeit der Ebenheitsanforderung von der vorhandenen Neigung ist z. B. der Tabelle 1 der ZTV Pflaster-StB zu entnehmen.

Beispielsweise werden dort auf der Oberfläche des Pflasters oder des Plattenbelages einer Fahrbahn mit einer resultierenden Neigung von 2,5 % unter der 4-m-Latte eine zulässige Unebenheit von maximal 10 mm gefordert. Sollte die resultierende Neigung jedoch 2 % betragen, muss die zulässige Unebenheit auf maximal 8 mm reduziert werden. Kleinräumigere Vertiefungen können jedoch auch bei Einhaltung dieser Anforderungen zu einem Wasserrückhalt führen, so dass nach Tabelle 1 der ZTV Pflaster-StB auch eine strengere Anforderung unter einer 2-m-Latte definiert wurde – hier maximal 5 statt 8 mm.

Dieser Gedankengang ist nicht Bestandteil der ZTV SoB-StB. Hier wird pauschal eine zulässige Unebenheit von ±2 cm gefordert. Der Ausführende einer

Kommentar

Bauleistung muss nach ZTV Pflaster-StB allerdings die gleiche Neigung wie auf der Pflasteroberfläche herstellen. Damit können Wasserrückhalte auf der Oberfläche der Schicht ohne Bindemittel auftreten, die ggf. zu einer Veränderung der Eigenschaften und damit zu einer unzureichenden Eignung der Schicht führen und beispielsweise bei einer (Teil-)Abnahme zu Recht bemängelt würden.

Wie zuvor dargestellt muss gemäß ZTV Pflaster-StB und auch gemäß ZTV SoB-StB die Oberfläche der Unterlage ja ausreichend profilgerecht, eben und wasserdurchlässig sein. Es bleibt daher derzeit dem Ausführenden überlassen, bei geplanten resultierenden Neigungen der Pflasterdecken und des Plattenbelages von weniger als 2,5 % die vorhandene Unebenheit der Unterlage unterhalb von ±1 cm zu reduzieren oder die vorhandene Wasserdurchlässigkeit der Unterlage bzw. der gesamten Tragschicht zu erhöhen. Unter Berücksichtigung dieses Sachverhaltes ist zu empfehlen, dass dies vom Planer und Ausschreibenden einer Pflasterbefestigung berücksichtigt wird. Demnach sollte bei im Sonderfall erforderlichen geringen Neigungen der Oberfläche eine gesonderte Unebenheitsanforderung an die Unterlage gestellt werden.

Es ist jedoch zu berücksichtigen, dass diese höheren Anforderungen mit Schichten aus ungebundenen Gemischen nicht immer problemlos hergestellt werden können. In solchen Fällen muss überlegt werden, ob eine Tragschicht mit Bindemittel, die mit einer höheren Ebenheit hergestellt werden kann, erforderlich wird. Allerdings sind auch Asphalttragschichten gemäß ZTV Asphalt-StB mit einer zulässigen Unebenheit von ±1 cm herzustellen. Daher muss im Sonderfall entschieden werden, ob der Einsatz einer wasserdurchlässigen Asphaltdeckschicht PA 8 D WDA oder PA 5 D WAD gemäß „Merkblatt für Versickerungsfähige Verkehrsflächen“ (M VV), welche mit einer größeren Genauigkeit eingebaut werden können, sinnvoll ist.

1.4.2.3 Unterlage und Rückenstütze bei Einfassungen

Die Unterlage unter einer Einfassung (Randeinfassung oder Entwässerungsrinne) ist der Bereich unter deren Fundament. Sie muss ausreichend tragfähig, profilgerecht und eben sein.

Die Breite von Rückenstützen sollte zu unbefestigten Flächen hin mindestens 15 cm betragen.

Die Druckfestigkeit des Fundamentes und der Rückenstütze ist in der Leistungsbeschreibung anzugeben. Sie sollte am Bohrkern für jeden Einzelwert gemessen mindestens 12 MPa (Prüfalter: 28 Tage) aufweisen.

Für Rückenstützen, die häufig höheren mechanischen Belastungen ausgesetzt sein können, z. B. in Kreisverkehren oder Ein- oder Ausfahrten mit engen Radien, können auch größere Breiten und höhere Druckfestigkeiten oder andere Stützkonstruktionen erforderlich sein.

Kommentar

Randeinfassungen und Rinnen erfordern jeweils ein Fundament aus Beton. Unterhalb des Fundamentbetons befindet sich dessen Unterlage. Da Randeinfassungen auf das Unterschiedlichste belastet werden, muss auch die

Kommentar

Unterlage unterhalb des Fundamentes ausreichend tragfähig, profilgerecht, eben und wasserdurchlässig sein. Gleiches gilt für die Unterlage ggf. vorhandener Rückenstützen aus Beton. Randeinfassungen benötigen diese Rückenstützen, um anfahrenden Belastungen einen horizontalen Widerstand entgegensetzen zu können, Entwässerungsrinnen, je nach Funktion und Lage, ebenso. Bei angrenzenden Fahrbahnbefestigungen entfällt diese Rückenstütze zumeist.

Die Anforderungen an die Unterlage entsprechen hier denen der Unterlage der Pflasterdecke oder des Plattenbelages. Allerdings ist die anforderungsgerechte Ausführung dieser Unterlage schwieriger. Aufgrund der Dickenanforderung an das Fundament wird regelmäßig die Unterlage in ihrer Höhe etwas ober- oder unterhalb der Frostschutzschicht liegen: Bei befahrenen Flächen beträgt die Dicke des Fundamentes nach DIN 18318 mindestens 20 cm. Dazu ist die Dicke des Bordsteines oder der Rinnenelemente zu addieren. Bei einer Rinne mit Natursteinen der Dicke von 12 cm ergibt sich daraus eine Gesamtdicke von 32 cm. Dagegen weist die Pflasterfläche bei einer Belastungsklasse Bk3,2 nach den RStO eine Dicke von beispielsweise 10 cm (Pflastersteine) + 4 cm (Bettung) + 25 cm (Schottertragschicht) = 39 cm auf. In der Differenz würde unterhalb der Rinne eine Rest-Schottertragschicht mit einer Dicke von 39 cm bis 32 cm = 7 cm liegen. Der Höhenunterschied müsste ausführungsbedingt noch abgeböscht werden. Dies alles führt zu Qualitätsverlusten. In solchen Fällen ist es sinnvoll, das Fundament direkt auf der Frostschutzschicht aufzusetzen. Damit muss jedoch planerisch eine um 7 cm größere Dicke des Fundamentes ausgeschrieben werden. Wenn solche Aspekte nicht beachtet werden und die Rinne oder eine entsprechende Randeinfassung einer gewissen Kfz-Belastung unterliegt, können Qualitätsverluste sichtbar werden.

Bei der Planung der Tragschichten ohne Bindemittel sollten die Randeinfassungs- und Rinnenbereiche besonders sorgfältig geplant werden, besonders dann, wenn die Rinne zur Fahrbahn gehört oder die Einfassung bzw. Rinne überfahren wird. Trotzdem sind immer wieder Fehler bei der Ausbildung der Tragschichtdicken in diesen Bereichen in der Praxis festzustellen, die schadensursächlich werden können. Je nach Belastungsklasse, Bauweise und Aufbaudicke kann es nötig werden, Tiefenlagen der Unterlage des Fundamentes zu realisieren, die unterhalb jener des Planums der Befestigung liegen. Durch Verringerungen der Dicke der Schicht ohne Bindemittel unterhalb des Fundamentes entstehen jedoch in der Regel Schwachstellen. Besser ist es, die in der Verkehrsfläche erforderliche Tragschichtdicke auch unterhalb des Fundamentbetons beizubehalten. In solchen Fällen ist es erforderlich, die Tragschicht ohne Bindemittel konstruktiv so auszubilden, dass diese auch unterhalb des Fundamentes in solch ausreichender Dicke vorliegt, dass die im Folgenden aufgelisteten Tragfähigkeitsanforderungen erfüllt werden können.

Um das Fundament herstellen zu können, muss hier also ein Fundamentgraben ggf. bis in den Untergrund/Unterbau erstellt werden. Die für die Dickenanforderung notwendige Absenkung des Planums sollte dabei so erfolgen, dass die erforderliche Abschrägung im Bereich der Verkehrsfläche und nicht im Bereich unterhalb des Fundamentbetons liegt, so dass dieses immer eine ausreichend dicke Tragschicht erhält. Wie in folgender Abbildung ersichtlich ist, braucht dann der so erstellte Grabenbereich eine Dränagemöglichkeit, da sich das auf dem Planum ablaufende Wasser unterhalb der Rinne bzw. Randeinfassung sammeln könnte.

M RR

Merkblatt für Randeinfassungen und Rinnen, Ausgabe 2022, Entwurfsfassung[44]

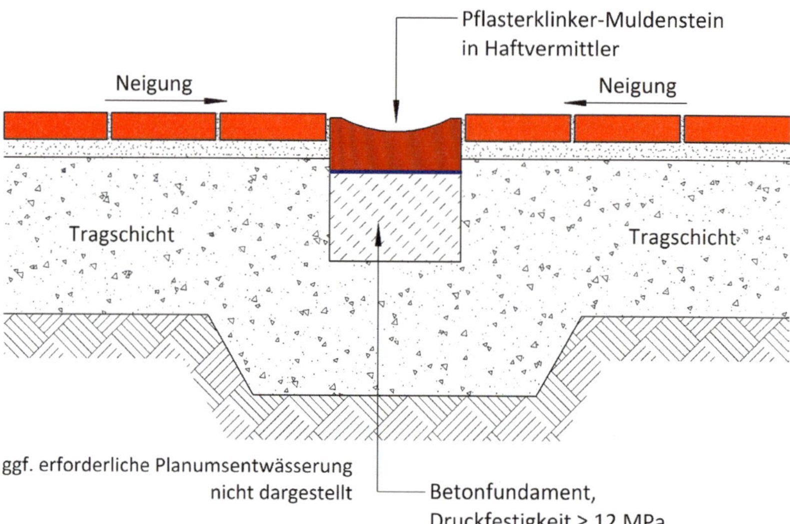

Bild 23: Beispiel einer Fundamentausbildung unter einer regelmäßig befahrenen Entwässerungsmulde

Kommentar

Einfassungen und Rinnen erfordern besonders bei regelmäßiger Überfahrung eine Unterlage unterhalb des Fundamentbetons, der ausreichend tragfähig und verformungsstabil ist. Die Unterlage ist in der Regel eine Tragschicht ohne Bindemittel. Gemäß M RR[45] sollte folgende Tragfähigkeit, ausgedrückt über den Verformungsmodul E_{v2}, in Abhängigkeit vom Verwendungszweck auf der Unterlage mindestens vorhanden sein:

- Belastungskategorie A, geringe Belastung E_{v2} = 80 MPa
- Belastungskategorie B, mittlere Belastung E_{v2} = 100 MPa
- Belastungskategorie C, hohe Belastung E_{v2} = 120 MPa
- Belastungskategorie D, sehr hohe Belastung E_{v2} = 120 MPa.

In Abhängigkeit von der Tragfähigkeit der Unterlage der Tragschicht ohne Bindemittel kann die erforderliche Dicke der Tragschicht über die Tabelle 8 der RStO abgeschätzt werden (siehe dazu Abschnitt 1.4.1 der ZTV Pflaster-StB).

Die in diesem Abschnitt der ZTV Pflaster formulierten Empfehlungen an die Qualität des Betons von Fundament und Rückenstütze sind in enger inhaltlicher Abstimmung mit dem im späteren Verlauf kommentierten Abschnitt 3.6 zu verstehen.

Der Fundamentbeton muss eine ausreichende Qualität aufweisen. Verschiedene Anforderungen dazu sind in den ATV DIN 18318 und in den folgenden Abschnitten dieser ZTV Pflaster-StB enthalten. Allerdings muss das Anforderungsniveau der ATV DIN 18318 besonders bei Randeinfassungen und Rinnen unter Kfz-Verkehrsbelastung als relativ gering eingestuft werden.

44 Merkblatt für Randeinfassungen und Rinnen – M RR. Das Merkblatt, Ausgabe 2022, liegt dem Autor in der Entwurfsfassung vor. Stand 2022 wird es 2023 im FGSV Verlag, Köln, veröffentlicht.

45 Ebenda

Kommentar

Nach den ATV DIN 18318, Abschnitt 3.6.1, ist

- für Fundamente und Rückenstützen bei befahrbaren Flächen Beton mit einer Zusammensetzung entsprechend einem C 20/25 zu verwenden,
- bei begehbaren Flächen Beton mit einer Zusammensetzung entsprechend einem C 16/20 zu verwenden,
- die Rückenstütze in Schalung herzustellen,
- der Beton für Fundament und Rückenstütze zu verdichten.

Eine Anforderung an die zu erreichende Festigkeit im fertigen Bauteil wird nicht gestellt.

Um eine ausreichende Qualität für öffentliche Verkehrsflächen sicherzustellen, sollte der Ausschreibende eine Festigkeitsanforderung an das hergestellte Fundament und die fertiggestellte Rückenstütze in den Bauvertrag aufnehmen. Die Druckfestigkeit dieser Bauteile sollte im Normalfall bei jedem Einzelwert mindestens 12,0 MPa nach einer Liegezeit von 28 Tagen betragen. Die Prüfung ist dabei an Bohrkernen durchzuführen.

Bei besonderer Beanspruchung von Randeinfassung oder Entwässerungsrinne ist die Vereinbarung auch höherer Druckfestigkeiten sinnvoll. Die Erwähnung der Rückenstützen von Kreisverkehrsplätzen und Ein- und Ausfahrten ist hier als Beispiel zu verstehen. Immer dort, wo aufgrund der planerischen Vorgaben eine enge Kurvenfahrt eingefordert wird, werden Randeinfassung oder Rinne vermehrt von Lkw und Bussen überfahren. Solche Bereiche sind erfahrungsgemäß häufig überlastet und bedürfen besonderer Sorgfalt bei Planung und Ausführung. Rückenstützen müssen ggf. höhere Festigkeiten und größere Breiten aufweisen. Breiten von 50 cm sind beispielsweise bei Randeinfassungen von engen Kreisverkehren schnell erforderlich, um Anfahrungen von Lkw schadlos zu überstehen.

Weitere Details zur Ausführung von Randeinfassungen und Rinnen sind den Ausführungen zu Abschnitt 3.6 der ZTV Pflaster-StB zu entnehmen.

1.4.3 Dicke der Pflasterdecke und des Plattenbelages

Für die Festlegung der Dicke der Pflastersteine und Platten sowie der Bettung bilden die RStO die Grundlage. Die Dicke der Pflastersteine und Platten sowie der Bettung sind festzulegen. Die nachfolgenden Hinweise sind dabei zu beachten.

Kommentar

Die Dicken der Pflastersteine gemäß Tafel 3 der RStO sind darauf abgestellt, dass die Fugen vollständig gefüllt sind. Fugenentleerungen durch Aussaugevorgänge z. B. des Verkehrs sollten gering sein, i. d. R. sollten diese nur bis zu einer Tiefe von 0,5–1,0 cm reichen. Sind größere Materialverluste zu befürchten, so sollte die Steindicke darauf abgestimmt sein.

Grundsätzlich können gemäß RStO auch Pflastersteine größerer Dicke verwendet werden. Kleinere Dicken, jedoch nicht unter 6 cm, können in Abstimmung mit der vorgesehenen Belastung verwendet werden unter der Voraussetzung, dass ausreichende Erfahrungen mit bewährten regionalen Bauweisen vorliegen. Dementsprechend können bisherige positive Erfahrungen in Regionen, in denen z. B. traditionell Klinker geringerer Dicke verwendet werden, auch weiterhin eingesetzt werden.

Kommentar

Resultierende Mehr- oder Minderdicken gegenüber den Dicken der Tafel 3 der RStO sind dann jedoch im Oberbau auszugleichen. Minderdicken sind dabei in der oberen Tragschicht, Mehrdicken in der Frostschutzschicht oder der Schicht aus frostunempfindlichem Material auszugleichen.

Weiterhin ist zu beachten, dass die Dickenfestlegung der RStO nur für Pflasterdecken aus Beton, Klinker und Ziegel, also für Befestigungselemente mit ebenen Seitenflächen und daher möglichen engen Fugen gelten. Wie der folgende Satz zeigt, sollten daher auch Naturpflastersteine mit ebenen Seitenflächen die Regelungen der RStO einhalten.

1.4.3 Dicke der Pflasterdecke und des Plattenbelages (Fortsetzung)

Pflastersteine, welche aus allseits gesägten und weiterbearbeiteten (z. B. geflammt, gestrahlt) Natursteinen hergestellt wurden, werden wie Pflastersteine aus Beton, Ziegel oder Klinker behandelt.

Pflastersteine mit Nenndicken bis zu 60 mm sind für Verkehrsflächen, die mit Kraftfahrzeugen befahren werden, ungeeignet. Dies gilt auch für Verkehrsflächen, die gelegentlich von Fahrzeugen des Reinigungs- und Wartungsdienstes befahren werden.

Sofern Verkehrsflächen mit Fahrzeugen des Reinigungs- und Wartungsdienstes befahren werden, sollten Pflastersteine mit Nenndicken über 60 mm verwendet werden, deren Ist-Dicke nicht unter 60 mm liegt. Liegen regional langjährige positive Erfahrungen vor, kann hiervon abgewichen werden.

Pflastersteine aus Naturstein mit gespaltenen Seitenflächen und gespaltener Unterseite sollten folgende Nenndicken aufweisen:

- *ab 80 mm für Verkehrsflächen der Belastungsklasse Bk0,3 der RStO*
- *ab 100 mm für Verkehrsflächen der Belastungsklasse Bk1,0 der RStO*
- *ab 120 mm für Verkehrsflächen der Belastungsklasse Bk1,8 der RStO*
- *ab 150 mm für Verkehrsflächen der Belastungsklasse Bk3,2 der RStO*

Bei Verkehrsflächen mit besonderen Beanspruchungen, wie z. B. an Steigungsstrecken, Verzögerungs- oder Beschleunigungsstrecken sowie mit Rangierverkehr, ist zusätzlich abzuwägen, ob durch die Verwendung von Steinen mit größerer Dicke bzw. von Steinen mit einem begrenzten Verhältnis von Steinlänge zu Steindicke oder von Verbundpflastersteinen die Stabilität der Pflasterdecke erhöht werden kann.

Kommentar

Pflastersteine aus Naturstein mit gespaltenen Seitenflächen führen geometrisch bedingt zu breiteren Fugen. Da hierdurch die Lastableitung negativ beeinflusst wird, sind diese Steine in einer größeren Dicke vorzusehen. Dickenempfehlungen hierzu konnten noch nicht in den RStO der Ausgabe 2012 aufgenommen

Kommentar

Bild 1.21 Platzfläche mit kubischen Befestigungselementen

werden, sondern wurden stattdessen zu einem späteren Zeitpunkt dem hier vorliegenden Richtlinientext der ZTV Pflaster-StB beigefügt.

Pflastersteine mit größeren Dicken weisen einen verbesserten Übertrag von Horizontallasten auf Nachbarsteine und die Unterlage auf. Daher empfiehlt es sich, dickere Steine z. B. bei Steigungsstrecken mit höheren Längsneigungen oder solchen Strecken, bei denen höhere Brems- und Anfahrkräfte einwirken, zu verwenden. Steine mit möglichst kubischen Formaten (quaderförmig) wirken sich positiv auf die Lastableitung aus. Dementsprechend ist ein Verhältnis von Länge und Breite zur Dicke von 1 : 1 : 1 vorteilhafter als z. B. ein Verhältnis von 4 : 2 : 1. Ausgedrückt wird dies im Text der ZTV Pflaster-StB durch die Formulierung „begrenztes Verhältnis von Steinlänge zu Steindicke“. Es wird bewusst kein Empfehlungs- oder Grenzwert angegeben. Für Verkehrsflächen mit besonders hohen Beanspruchungen, insbesondere hohen Horizontalbeanspruchungen, ist es vorteilhaft, nicht zu flächige Befestigungselemente zu nutzen. Bei Elementen, die eine geringe Breite im Verhältnis zu ihrer Länge aufweisen, sind bei höheren Beanspruchungen zusätzlich Kippverformungen zu befürchten. Auch diese ggf. optisch ansprechenden Befestigungselemente müssen daher abgestimmt auf die Verkehrsbelastung eingesetzt werden.

Weiterhin wird allgemein auf eine mögliche positive Wirkung von Verbundpflastersteinen hingewiesen. Die unterschiedlichen Steinformen beeinflussen die Lastableitung von Stein zu Stein und damit auch die Spannungen in der Bettung. Unterschiedliche Geometrien haben unterschiedliche Wirkungen.

Grundsätzlich müssen aus Tragfähigkeitsgründen und aus Gründen der Bauausführung zusammenhängende Flächen immer mit Pflastersteinen gleicher Nenndicke ausgeführt werden.

1.4.3 Dicke der Pflasterdecke und des Plattenbelages (Fortsetzung)

Die planmäßige Dicke der Bettung soll unabhängig von der Dicke des Befestigungselementes im verdichteten Zustand 4 cm betragen. Die planmäßige Dicke der Bettung darf in begründeten Fällen (z. B. bei starker Verkehrsbelastung zur Vermeidung von Spurrinnen) um 1 cm geringer gewählt werden, nicht jedoch bei einem Bettungsmaterial der Körnung 0/11 mm.

Bei Natursteinpflaster und Natursteinplatten mit einer Nenndicke ≥ 120 mm und spaltrauer Unterseite kann die planmäßige Dicke der Bettung im verdichteten Zustand auch 5 cm betragen.

Kommentar

Gemäß ATV DIN 18318 muss die Dicke der Bettung im verdichteten Zustand 40 mm ± 10 mm betragen, bei Verwendung von spaltrauen Pflastersteinen oder Platten aus Naturstein 50 mm ±15 mm.

Im Richtlinientext der ZTV Pflaster-StB wird die genaue Dickenfestlegung dem Ausschreibenden überlassen, da z. B. eine geringere Bettungsdicke zu einem größeren Verformungswiderstand der Decke beträgt. Allerdings wird die Einbettung der Pflastersteine verringert. Damit wird es für den Ausführenden schwieriger, eine geforderte Ebenheit der fertiggestellten Fläche zu erreichen, insbesondere bei einem Bettungsmaterial mit größerem Größtkorn, wie z. B. einer Körnung 0/11 mm, jedoch ggf. auch schon bei einer Körnung 0/8 mm.

Gespaltenes Natursteinpflaster wird i. d. R. in die Bettung gesetzt. Infolge der Unebenheiten der Steinunterseite und der größeren Formate können diese Elemente auch in eine dickere Bettung von 5 cm (Solldicke) statt in einer Solldicke von 4 cm gesetzt werden. Dies sollte aber nur bei Großpflaster so vorgesehen werden. Bei Klein- oder Mosaikpflaster mit Dicken unter 120 mm sollte die Bettung im Regelfall planmäßig 4 cm betragen.

1.4.4 Fugen

Die Fugen haben unter anderem die Aufgabe, die zulässigen Maßabweichungen der Befestigungselemente auszugleichen und über das Fugenmaterial die Lastabtragung zu gewährleisten.

Die planmäßige Fugenbreite beträgt bei Verwendung von Befestigungselementen unter 120 mm Nenndicke aus Beton, Ziegel und Klinker sowie Natursteinen mit gesägten oder strukturierten Seitenflächen 4 mm und bei Verwendung von Befestigungselementen ab 120 mm Nenndicke 6 mm.

Bei Verwendung von Betonsteinen sind die Rastermaße der Hersteller zu beachten.

Kommentar

Gemäß ATV DIN 18318 sind die Fugen bei Verwendung von Pflastersteinen oder Platten ≤ 100 mm Nenndicke mit einer Breite von 4 mm ±2 mm und bei Verwendung von Pflastersteinen oder Platten > 100 mm Nenndicke mit einer Breite von 6 mm ±3 mm herzustellen.

Kommentar

Weiterhin sind gemäß ATV DIN 18318 die Fugen von Pflasterdecken und Plattenbelägen aus Naturstein mit nicht gesägten Seitenflächen bei Verwendung von Pflastersteinen oder Platten ≤ 120 mm Nenndicke mit einer Breite von 10 mm ±5 mm und bei Verwendung von Pflastersteinen oder Platten > 120 mm Nenndicke mit einer Breite von 15 mm ±5 mm herzustellen. Bei spaltrauen Natursteinen sind einzelne punktuelle Kontaktstellen zulässig.

Die planerische Sollfugenbreiten von ATV und ZTV Pflaster-StB passen für Elemente aus Beton, Klinker und gesägtem Naturstein zusammen. Beim Einsatz gespaltener Natursteinelemente ist die ATV allerdings detaillierter. Genauere Angaben zur Fugenbreite enthält jedoch der Abschnitt 3.3 der ZTV Pflaster-StB (siehe dort).

Gespaltenes Natursteinpflaster benötigt i. d. R. aufgrund der unebeneren Seitenflächen eine größere Fugenbreite. Um eine ausreichende Lastübertragung auch bei breiteren Fugen zu gewährleisten, erfordert die Fugenfüllung einen ausreichenden Anteil Grobkorn, z. B. eine Körnung 0/8 mm oder 0/11 mm. Fugenbreite und Größtkorn der Fugenfüllung sollten daher aufeinander abgestimmt sein.

Bei Verbundsteinen aus Beton können die geometrischen Festlegungen der Pflastersteine herstellerbedingt Fugenbreiten verursachen, die nicht den ZTV Pflaster-StB entsprechen. Die Verwendung solcher Produkte erfordert in der Leistungsbeschreibung die Festlegung abweichender Fugenbreiten und eine Festlegung des in die Fugen einzubringenden Baustoffgemisches.

1.4.5 Entwässerung der Oberfläche

Siehe RAS-Ew und RASt.

Zur Festlegung der Quer- und Längsneigungen von Fahrbahnen sind die einschlägigen Regelwerke zum Straßenentwurf zu beachten.

Wegen der besonderen Bedeutung der Oberflächenentwässerung von Verkehrsflächen ist die Erstellung eines Entwässerungsplanes unerlässlich.

Die abflusswirksame Neigung sollte in der Regel mindestens 2,5 % betragen. Eine planmäßige, abflusswirksame Neigung von 2,0 % sollte nicht unterschritten werden.

Lassen die örtlichen Verhältnisse die Einhaltung der Regelneigung oder der empfohlenen Neigung nicht zu, sind besondere Maßnahmen vorzusehen, z. B. eine erhöhte Anforderung an die Ebenheit der Pflasterdecke/des Belages.

Kommentar

Bei der Entwässerungsplanung der Oberfläche sind die Richtlinien für die Anlage von Stadtstraßen – RASt[46] zu berücksichtigen. Sie regeln die Querschnittausbildung und damit die Größe der Entwässerungsflächen von Stadtstraßen.

46 Richtlinien für die Anlage von Stadtstraßen – RASt, Ausgabe 2006, korrigierter Nachdruck 2012, FGSV Verlag, Köln 2006/2012

Kommentar

Mit zunehmender Entwässerungslänge, resultierend aus der Breite, Gestaltung und Längsneigung der Verkehrsfläche, erhöht sich die abzuführende Wassermenge. Wenn die abfließende Wasserhöhe z. B. aus Verkehrssicherheitsgründen begrenzt werden soll, ergibt sich daraus die erforderliche Fließgeschwindigkeit des Wassers und damit die notwendige Neigung der Verkehrsfläche.

Die Neigung der Fläche beeinflusst dabei auch die Dauer des Wassereintrags in die Befestigung. Je länger dieser, in Kombination mit einer Befahrung, anhält, desto eher können Schädigungen an der Verkehrsfläche auftreten.

Eine größere Neigung ist daher bis zu einer gewissen Grenze aus bautechnischen und verkehrlichen Aspekten als positiv anzusehen. Demgegenüber stehen aber konkurrierende Gesichtspunkte wie z. B. höherer Komfort für Fußgänger und eine gute Barrierefreiheit. Gerade die gewünschte Barrierefreiheit bedeutet, dass für Menschen mit Einschränkungen die Nutzung von Fußgängerbereichen und die Querung von Fahrbahnen erleichtert werden soll. Rollatorennutzer und Rollstuhlfahrer weisen zurecht darauf hin, dass möglichst geringe Neigungen (0,5 % bis maximal 3 %) sowohl in Quer- als auch in Längsrichtung unabdingbar sind, um am gesellschaftlichen Leben teilnehmen zu können. Hier ist eine Abwägung mit den baulichen Anforderungen und der geplanten Nutzungsdauer in jedem Einzelfall notwendig.

Besonders zu beachten sind Querneigungswechsel, z. B. an Kreuzungspunkten, wodurch Bereiche entstehen, bei denen Querneigungen bis auf Null reduziert sind. Diese Stellen erfordern eine besonders durchdachte Entwässerungsplanung auch deshalb, weil hier gleichzeitig besondere Beanspruchungen durch kreuzenden Verkehr sowie Brems- und Anfahrkräfte vorliegen. Hilfreich ist in solchen Bereichen die Einplanung von Längsneigungen. Die Planung mittels Deckenhöhenplan mit Höhenschichtlinien ist hier sehr zu empfehlen.

Durch die RASt sind auch die grundsätzlichen Rinnenformen vorgegeben. Die üblichste Form ist die Bordrinne. Die Breite der Rinne ergibt sich jedoch nach entwässerungstechnischen Kriterien und muss an den einzelnen Anwendungsfall angepasst werden. Die Dimensionierung von Entwässerungseinrichtungen erfolgt nach Stand der ZTV Pflaster-StB, Ausgabe 2020, noch entsprechend der RAS-Ew[47]. Im Jahr 2022 wurden diese zurückgezogen und durch die „Richtlinien für die Entwässerung von Straßen“, Ausgabe 2021 (REwS 21) der FGSV ersetzt. Zur Abführung des anfallenden Wassers muss eine Rinne eine ausreichende Längsneigung aufweisen. Wenn dies nicht möglich ist, sind Sonderformen, z. B. eine Spitzrinne, nötig.

Nach den RAS-Ew, die sich an den Planer wenden, soll die Querneigung, abgesehen von Sonderfällen, einen Mindestwert von 2,5 % nicht unterschreiten. Wenn diese Mindestquerneigung nicht erreicht werden kann, muss an jeder Stelle der Fahrbahn eine Schrägneigung von $p \geq 2$ % allgemein und für Pflasterdecken von $p \geq 3$ % vorhanden sein, die nur in Verwendungsbereichen bis auf $p \geq 0{,}5$ % vermindert werden darf. Die Schrägneigung entspricht der abflusswirksamen resultierenden Neigung und ergibt sich aus

47 Richtlinien für die Anlage von Straßen – RAS – Teil Entwässerung – RAS-Ew, Ausgabe 2005, FGSV Verlag, Köln 2005, ersetzt durch: Richtlinien für die Entwässerung von Straßen, REwS, Ausgabe 2021, FGSV Verlag, Köln 2022

Kommentar

$$p = \sqrt{q^2 + s^2}$$

mit:

p Schrägneigung oder resultierende Neigung
q Querneigung
s Längsneigung.

RAS-Ew

Richtlinien für die Anlage von Straßen, Teil: Entwässerung, Ausgabe 2005 (ersetzt durch REwS 21)

2.2 Verkehrsflächen

...

Für die Formgebung der Oberfläche von *befestigten Plätzen* sind in erster Linie entwässerungstechnische und weniger fahrdynamische Gesichtspunkte maßgebend. Danach ist ein Platz so anzulegen, dass das Niederschlagswasser schnell und zuverlässig abgeleitet wird. Soweit eine Platzfläche von einer oder mehreren Fahrbahnen durchzogen oder umgeben wird, sollte die Oberflächenform und damit die Entwässerung des Platzes diesen Fahrbahnen angepasst werden. Im Übrigen wird die Gesamtlösung entscheidend davon beeinflusst, ob der Platz in einem geneigten oder in einem nahezu waagerechten Gelände liegt. Im letzten Fall, insbesondere bei großen Abmessungen des Platzes, kann es zweckmäßig sein, die Gesamtfläche in Einzelflächen aufzuteilen. Die Anordnung der Straßenabläufe bzw. -rinnen ergibt sich aus der Lage der Tiefpunkte. Es empfiehlt sich, einen Deckenhöhenplan mit Höhenschichtlinien auszuarbeiten ...

Kommentar

Parkflächen, Geh- und Radwege sollen nach RAS-Ew meist als Verkehrsnebenflächen von der Fahrbahn getrennt werden, so dass eine gemeinsame Längsentwässerung möglich ist und die Querneigung differieren kann. Befes-

Bild 1.22 Unzureichendes Gefälle/unzureichende Entwässerung eines Plattenbelages

Kommentar

tigte Seitenstreifen sollen die gleiche Querneigung wie die Fahrbahn aufweisen. Parkbuchten sollen in der Regel mit einer Querneigung von 2,5 % ausgeführt werden.

Zur Entwässerung einer Verkehrsfläche ist also grundsätzlich eine ausreichende Neigung dieser Fläche erforderlich. Mit dieser Neigung soll das anfallende Niederschlagswasser mit ausreichender Geschwindigkeit von der Verkehrsfläche abgeführt werden, so dass z. B. die Gefahr des Aquaplanings für Kfz verringert wird. Aufgrund zulässiger Toleranzen bei der Bauausführung muss einkalkuliert werden, dass die geplante Neigung bei der Ausführung bereichsweise geringer ausfällt. Damit die gebaute Fläche noch ausreichend entwässert, sollte die planerische Neigung um ca. 0,5 % größer sein. Bei der Festlegung der planerischen Neigung ist zudem zu berücksichtigen, wie lang der Entwässerungsweg ist. Zudem erfordern spaltraue Befestigungselemente (z. B. aus Naturstein) eine größere Neigung als solche mit einer ebenen Oberfläche, da bei diesen der Wassertransport langsamer stattfindet und sich damit bei gleichem Entwässerungsweg eine größere Wassermenge auf der Verkehrsfläche befindet als z. B. bei ebenen Betonsteinen. Für gespaltenen Naturstein liegen langjährige positive Erfahrungen mit resultierenden Neigungen von 3 % und 3,5 % vor.

Nach den Ausführungen in ATV DIN 18318, Abschnitt 3.1.10 und 3.1.11, werden die Anforderungen an das Gefälle gegenüber bisherigen Regelungen herabgesetzt:

ATV DIN 18318

Pflasterdecken und Plattenbeläge, Einfassungen, Ausgabe 2019

3.1.10 Bei begehbaren Flächen beträgt die Mindestneigung

- 1,5 %, wenn Pflastersteine aus Beton, Platten aus Beton, Pflasterklinker, Pflasterziegel oder bearbeitete Pflastersteine oder Platten aus Naturstein und
- 2 %, wenn unbearbeitete oder spaltraue Pflastersteine aus Natursteinen

verwendet werden.

3.1.11 Bei befahrbaren Flächen beträgt die Mindestneigung

- 2 %, wenn Pflastersteine aus Beton, Platten aus Beton, Pflasterklinker, Pflasterziegel, bearbeitete Pflastersteine oder Platten aus Naturstein und
- 3 %, wenn unbearbeitete oder spaltraue Pflastersteine aus Naturstein

verwendet werden.

Kommentar

Werden Neigungen vorgegeben, sind nach DIN 18318 Abweichungen von ±0,4 % zulässig; die angegebenen Mindestneigungen dürfen nicht unterschritten werden. Bei diesen Regelungen der DIN 18318 ist zu beachten, dass sie für die Ausführung gelten und daher die eingebauten Neigungen darstellen. Weiterhin liegt der Anwendungsbereich der Norm ja sowohl bei öffentlichen als auch bei wenig belasteten privaten Flächen.

Die ZTV Pflaster-StB berücksichtigen dagegen die Anfordernisse des öffentlichen Verkehrs und empfehlen eine planerische Mindestneigung von in der Regel 2,5 % statt der zuvor genannten Werte der DIN 18318.

Nur im Ausnahmefall sollte eine Mindestneigung von 2 % geplant werden. Eine Neigung von 1,5 % sollte, auch nicht unter Berücksichtigung von Aspekten der Barrierefreiheit, nicht vorgesehen werden, da die Gefahr von Wasser-

Kommentar

rückstand durch unverhältnismäßige Unebenheiten nach der Herstellung und durch den anschließenden Verkehr zu groß ist und die Entwässerungsgeschwindigkeit zu gering wird.

Wenn trotz dieser Gefahren eine geringere Neigung als 2,5 % bzw. 2 % vorgesehen werden soll, so müssen weitergehende Anforderungen an die Ausführung gestellt werden. Dabei muss überlegt werden, ob die Ebenheitsanforderungen des Abschnittes 3 der ZTV Pflaster-StB verschärft werden müssen und ob weitergehende Anforderungen an die Verformungsstabilität der Bauweise z. B. durch Einschränkung auf Bauweisen mit Tragschichten mit Bindemittel und geringer Bettungsdicke zweckmäßig sind. Zu berücksichtigen ist bei solchen Abwägungen immer die Nutzung der Verkehrsfläche und dadurch ggf. eintretende Spurrinnengefährdungen.

1.4.6 Verband, Verlegemuster

Verbände oder Verlegemuster, die nur über einen geringen Verschiebungswiderstand verfügen, z. B. Kreuzfugen-, Parkett- oder Blockverband, sind für befahrene Verkehrsflächen grundsätzlich nicht geeignet. Derartige Verbände oder Verlegemuster können für nicht oder nur gelegentlich befahrene Verkehrsflächen geeignet sein, wenn durch andere Maßnahmen, z. B. besondere Formgebung der Befestigungselemente, die Stabilität des Belages sichergestellt werden kann.

Durchgehende Längsfugen in der Fahrtrichtung sind zu vermeiden. Bei Verkehrsflächen, die nicht oder nur gelegentlich von Kraftfahrzeugen befahren werden, können sie vorgesehen werden, z. B. aus gestalterischen Gründen, wenn die Stabilität des Belages infolge der Verkehrsbelastung dadurch nicht gefährdet ist.

Für Verkehrsflächen, die einer der Belastungsklassen Bk1,0, Bk1,8 oder Bk3,2 gemäß den RStO zuzuordnen sind, und für solche mit besonderen Beanspruchungen sind Verbände vorzusehen, welche eine möglichst großflächige Lastverteilung und einen hohen Widerstand gegen Verdrehung sowie Verkippung erwarten lassen, z. B. Fischgrätverband oder Diagonalverband.

Falls erforderlich, sind z. B. der gewünschte Verband und bei Bedarf insbesondere diesbezügliche erforderliche Details im Rahmen der Ausführungsunterlagen darzustellen.

Für Flächen mit besonderer Geometrie (z. B. Kurven oder Kreisverkehrsplätze) sollten entsprechende Formsteine oder Verbände mit richtungsneutraler Geometrie, z. B. Fischgrätverband, bevorzugt werden.

Kommentar

Die Wahl des Verbandes ist Sache des Ausschreibenden. Übliche Verbände sind bei ebenflächigen Pflastersteinen z. B. der Läuferverband oder der Ellbogenverband. Gespaltenes Kleinpflaster aus Naturstein wird dagegen in der Regel im Segmentbogenverband gesetzt.

Kommentar

Im Allgemeinen stellt sich die Eignung der Verbände im Hinblick auf die Widerstandsfähigkeit gegen Verformungen – von „hoch“ nach „gering“ – wie nachstehend beschrieben dar.

Bei Verwendung von Pflastersteinen aus Beton bzw. von Pflasterklinkern oder gesägt hergestellten Natursteinpflaster:

- Ellenbogenverband, diagonal (Fischgrätverband)
- Ellenbogenverband, quer
- Läufer- oder Reihenverband, diagonal (Diagonalverband)
- Läufer- oder Reihenverband, quer

Bild 1.23 Ellenbogenverband

Bild 1.24 Diagonalverband in der Fahrbahn und Reihenverband im Gehweg

Kommentar

- Verbände mit Kreuzfugen oder durchgehenden Fugen in Fahrtrichtung.
- Bei Verwendung von Pflastersteinen aus Naturstein:
  - Bearbeitete Großpflastersteine in Reihen quer oder diagonal
  - Gespaltene Großpflastersteine in Reihen quer oder diagonal
  - Kleinpflastersteine in Segmentbögen
  - Kleinpflastersteine in Passe
  - Kleinpflastersteine in Reihen.

Bei relevanten Kfz-Verkehrsbelastungen sollten standfeste, verformungsarme Verbände gewählt werden. Grundsätzlich sollte bei den Belastungs-

Bild 1.25 Anschluss am Läuferverband

Bild 1.26 Römischer Verband – noch unverfugt

Kommentar

Bild 1.27 Bogenpflaster

Bild 1.28 Detail Bogenverband

klassen Bk3,2, Bk1,8 und Bk1,0 überlegt werden, ob der Ellenbogenverband verwendet werden kann. Dies bezieht sich allerdings nicht auf gespaltene Großpflastersteine, da sie aufgrund der größeren Maßtoleranzen nicht im Ellenbogenverband versetzt werden können. Stattdessen werden sie in der Regel im Reihenverband versetzt.

Um die Verbundwirkung von Pflasterdecken aus Naturstein zu verbessern, kann die Verdichtung durch Abrammen mit einer Ramme und anschließendem Abrütteln mit einer Rüttelplatte erfolgen. Dies ist besser als das alleinige Verdichten mit einer Rüttelplatte.

Kommentar

Bild 1.29 Kreuzverband mit Verschiebungen

Bild 1.30 Durchgehende Längsfugen beim Odenwälder Verband mit Verbundsteinpflaster

Verbände mit Kreuzfugen (wie z. B. der Block- oder Parkettverband) oder durchgehenden Fugen in Fahrtrichtung (wie z. B. der Läuferverband, wenn er in Längsrichtung befahren wird) sind grundsätzlich nur für Verkehrsflächen geeignet, die nicht planmäßig von Kraftfahrzeugen befahren werden.

Durch den fehlenden Widerstand an den Kreuzungspunkten können sich die einzelnen Steine schneller verdrehen. Bei einer Befahrung von Pflaster in Richtung durchgehender Längsfugen (beim Läufer- oder Reihenverband) werden einzelne Steinreihen in Längsrichtung besonders belastet, so dass es schnell zu Verschiebungen kommen kann. Grund dafür ist, dass durch die

Kommentar

Fugenanordnung die Lastausbreitung in horizontaler Richtung beeinträchtigt wird.

Bei Verbundpflastersteinen wird die Wahl eines Verbandes durch die Geometrie des Steines eingeschränkt. Häufig ist bei diesen nur die Verlegung im Läuferverband möglich.

Bei der Wahl eines Verbandes sind Kreuzungsbereiche nicht zu vergessen. Während in einer Fahrbahn die Verkehrsrichtung größtenteils nicht variiert (außer durch Zufahrten beispielsweise von privaten Grundstücken), tritt hier querender und abbiegender Verkehr auf, wodurch beispielsweise im Läuferverband quer zur Fahrtrichtung verlegtes Pflaster auch längs überfahren wird. Verschiebungen der Pflastersteine, abhängig von der jeweiligen Verkehrsmenge, können die Folge sein. Bei solchen Entwurfssituationen müssen daher die Verkehrsstärken jedes Abbiegestromes berücksichtigt werden und aufgrund der vorliegenden Situation der Verband und die Verlegerichtung festgelegt werden. Ellenbogenverbände und der Fischgrätverband haben hier den Vorteil, dass sie richtungsneutral sind und in jede Richtung etwa den gleichen Verschiebewiderstand aufweisen. Sie sind daher in Kreuzungsbereichen besonders zu empfehlen.

1.4.7 Anschlüsse

Die Ausführung von Zwickelflächen sowie die Art der Anschlüsse von Einbauten sind in der Leistungsbeschreibung vorzugeben.

Das Zuarbeiten soll durch Nassschnitt erfolgen. Abweichungen davon (z. B. Verhau bei grob bearbeiteten oder gespaltenen Natursteinen) sind zu vereinbaren.

Kommentar

Zwickelflächen werden erforderlich, wenn für entsprechende ganze Formate bzw. geplante Abmessungen von Pflastersteinen oder Platten in Anschluss-

Bild 1.31 Randanschluss ohne geeignete halbe Formate

Kommentar

Bild 1.32 **Geeigneter Anschlussbereich: Klinker mit länglichen Elementen**

Bild 1.33 **Anschluss bei Richtungsänderung**

bereichen nicht genügend Platz vorhanden ist, z. B. in Randbereichen oder an Einbauten. Schon bei der Planung sollte darauf geachtet werden, diese Zwickelflächen möglichst gering zu halten. Dies kann beispielsweise durch exakte Berücksichtigung der Verlegemaße bei der Planerstellung und durch Verwendung von Kurvensteinen o. Ä. erfolgen.

Trotzdem sind immer wieder Anpassungen an vorliegende Bedingungen nötig. Als Planungsbestandteil sollten Vorgaben zu diesen Zwickeln bzw. Anschlüssen in den Ausschreibungsunterlagen enthalten sein. Allgemeine Vorgaben z. B. an die minimalen Abmessungen der einzusetzenden Befestigungselemente werden im Folgenden, z. B. im Abschnitt 3 der ZTV Pflaster-StB, noch gegeben. Diese sind handwerklich vom Pflasterer zu berücksichtigen. Besser ist es jedoch, entsprechende Bereiche z. B. durch Sonderformate oder Formschnitte zu vermeiden. Da dies zusätzlichen Aufwand bei der Erstellung verursacht und ggf. entsprechende Bauteile auch separat hergestellt/geliefert werden müssen, sollten sie detailliert in der Leistungsbeschreibung aufgeführt sein.

Alle Anpassungen der Befestigungselemente sollen durch Nassschnitt durchgeführt werden. Dies ist bauvertraglich genauso festzulegen wie eine gewollte Abweichung. Aus bautechnischen und optischen Gründen ist ein Verhau zumeist, wenn überhaupt, nur bei gespaltenem Natursteinpflaster sinnvoll.

1.4.8 Verwendung von Baustoffgemischen aus industriell hergestellten Gesteinskörnungen und Recycling-Baustoffen

Bei der Verwendung von Baustoffgemischen aus industriell hergestellten Gesteinskörnungen und Recycling-Baustoffen sind neben den technischen auch die umweltrelevanten Merkmale gemäß den TL Gestein-StB bzw. den TL Pflaster-StB zu berücksichtigen. Länderspezifische Regelungen sind zu beachten.

Kommentar

Die TL Gestein-StB enthalten Anforderungen an die stoffliche Zusammensetzung von RC-Baustoffen. Genaueres ist den Ausführungen zur TL Pflaster-StB in Teil B dieses Handbuchs zu entnehmen.

Stoffe, welche mit teerhaltigen Bindemitteln gebunden sind, dürfen nicht verwendet werden. Auch Gesteine, welche nicht frost- oder verwitterungsbeständig sind, sind ungeeignet. Außerdem dürfen bindige Böden nicht enthalten sein. Für diesen Zusammenhang wird auf die Tabelle B1 der TL Gestein-StB und die Tabelle 8 der TL SoB-StB verwiesen.

Es ist zu empfehlen, Probennahmen aus geliefertem Material durchzuführen und regelmäßig auf die Kornzusammensetzung zu überprüfen. Umweltanforderungen an Gesteinskörnungen und Baustoffgemische sind derzeit in den einzelnen Bundesländern unterschiedlich geregelt. Auf diese wird bis zur Einführung der zukünftigen Ersatzbaustoffverordnung des Bundes verwiesen.

2 Bauprodukte

2.1 Allgemeines

Bauprodukte zur Herstellung von Pflasterdecken, Plattenbelägen und Einfassungen müssen die Anforderungen der TL Pflaster-StB und dieser ZTV Pflaster-StB erfüllen.

Werden vom Auftraggeber Anforderungen gestellt oder Prüfungen gefordert, die über die TL Pflaster-StB und die ZTV Pflaster-StB hinausgehen, so sind Art und Umfang in der Leistungsbeschreibung anzugeben.

Kommentar

Die Anforderungen der TL Pflaster-StB sowie der ZTV Pflaster-StB an die Bauprodukte müssen erfüllt werden, wenn keine abweichenden oder ergänzenden Anforderungen im Bauvertrag festgelegt werden. Die Leistungsbeschreibung des Bauvertrages steht über den ggf. abweichenden Forderungen des vertraglich vereinbarten Regelwerkes. Bei solch weitergehenden Forderungen ist darauf zu achten, dass die Leistung in der Leistungsbeschreibung ausreichend genau beschrieben wird.

Die Anforderungen an die Baustoffgemische und Befestigungselemente gemäß den TL Pflaster-StB werden im Teil B dieses Handbuches genauer erläutert. Neben den Anforderungen der TL Pflaster-StB beinhalten auch die ATV DIN 18318 Regelungen zu den Baustoffen. Diese sind im Folgenden für die ungebundene Bauweise dargestellt:

ATV DIN 18318 **Pflasterdecken und Plattenbeläge, Einfassungen,** Ausgabe 2019

2 Stoffe, Bauteile

Ergänzend zur ATV DIN 18299, Abschnitt 2, gilt:

2.1 Für die gebräuchlichsten Stoffe und Bauteile sind die DIN-Normen und weiteren Regelwerke nachstehend aufgeführt.

DIN 482	Straßenbordsteine aus Naturstein
DIN 483	Bordsteine aus Beton – Formen, Maße, Kennzeichnung
DIN 1045-2:2008-08	Tragwerke aus Beton, Stahlbeton und Spannbeton – Teil 2: Beton – Festlegung, Eigenschaften, Herstellung und Konformität – Anwendungsregeln zu DIN EN 206-1
DIN 18158	Bodenklinkerplatten
DIN 18503	Pflasterklinker – Anforderungen und Prüfverfahren
DIN EN 206-1	Beton – Teil 1: Festlegung, Eigenschaften, Herstellung und Konformität; Deutsche Fassung DIN EN 206-1:2000
DIN EN 933-1	Prüfverfahren für geometrische Eigenschaften von Gesteinskörnungen – Teil 1: Bestimmung der Korngrößenverteilung – Siebverfahren
DIN EN 933-5	Prüfverfahren für geometrische Eigenschaften von Gesteinskörnungen – Teil 5: Bestimmung des Anteils an gebrochenen Körnern in groben Gesteinskörnungen

ATV DIN 18318	DIN EN 933-6	Prüfverfahren für geometrische Eigenschaften von Gesteinskörnungen – Teil 6: Beurteilung der Oberflächeneigenschaften – Fließkoeffizienten von Gesteinskörnungen
	DIN EN 1097-2	Prüfverfahren für mechanische und physikalische Eigenschaften von Gesteinskörnungen – Teil 2: Verfahren zur Bestimmung des Widerstandes gegen Zertrümmerung
	DIN EN 1338	Pflastersteine aus Beton – Anforderungen und Prüfverfahren
	DIN EN 1339	Platten aus Beton – Anforderungen und Prüfverfahren
	DIN EN 1340	Bordsteine aus Beton – Anforderungen und Prüfverfahren
	DIN EN 1341	Platten aus Naturstein für Außenbereiche – Anforderungen und Prüfverfahren
	DIN EN 1342	Pflastersteine aus Naturstein für Außenbereiche – Anforderungen und Prüfverfahren
	DIN EN 1343	Bordsteine aus Naturstein für Außenbereiche – Anforderungen und Prüfverfahren
	DIN EN 1344	Pflasterziegel – Anforderungen und Prüfverfahren
	DIN EN 12390-3	Prüfung von Festbeton – Teil 3: Druckfestigkeit von Probekörpern
	DIN EN 12808-3	Klebstoffe und Fugenmörtel für Fliesen und Platten – Teil 3: Bestimmung der Biege- und Druckfestigkeit
	DIN EN 13242	Gesteinskörnungen für ungebundene und hydraulisch gebundene Baustoffe für Ingenieur- und Straßenbau
	DIN EN 13748-2	Terrazzoplatten – Teil 2: Terrazzoplatten für die Verwendung im Außenbereich
	Für die Stoffe von gebundenen Bettungen gelten	
	DIN 1164-10	Zement mit besonderen Eigenschaften – Teil 10: Zusammensetzung, Anforderungen und Übereinstimmungsnachweis von Zement mit niedrigem wirksamen Alkaligehalt
	DIN 1164-11	Zement mit besonderen Eigenschaften – Teil 11: Zusammensetzung, Anforderungen und Übereinstimmungsnachweis von Zement mit verkürztem Erstarren
	DIN 1164-12	Zement mit besonderen Eigenschaften – Teil 12: Zusammensetzung, Anforderungen und Übereinstimmungsnachweis von Zement mit einem erhöhten Anteil an organischen Bestandteilen
	DIN 4226-101	Rezyklierte Gesteinskörnungen für Beton nach DIN EN 12620 – Teil 101: Typen und geregelte gefährliche Substanzen
	DIN 4226-102	Rezyklierte Gesteinskörnungen für Beton nach DIN EN 12620 – Teil 102: Typprüfung und Werkseigene Produktionskontrolle
	DIN 18507	Pflastersteine aus haufwerksporigem Beton – Begriffe, Anforderungen, Prüfungen, Überwachung
	DIN EN 197-1	Zement – Teil 1: Zusammensetzung, Anforderungen und Konformitätskriterien von Normalzement
	DIN EN 12616	Sportböden – Bestimmung der Wasserinfiltrationsrate
	DIN EN 12620	Gesteinskörnungen für Beton
	Für Haftbrücken aus zementhaltigem Mörtel gelten	
	DIN 51043	Trass – Anforderungen, Prüfung

ATV DIN 18318	DIN EN 1015-12	Prüfverfahren für Mörtel für Mauerwerk – Teil 12: Bestimmung der Haftfestigkeit zwischen Putz und Untergrund
	DIN EN 12004-1	Mörtel und Klebstoffe für keramische Fliesen und Platten – Teil 1: Anforderungen, Bewertung und Überprüfung der Leistungsbeständigkeit, Einstufung und Kennzeichnung
	Ergänzend gelten	
	TL Gestein-StB	Technische Lieferbedingungen für Gesteinskörnungen im Straßenbau[1)]
	TL Pflaster-StB	Technische Lieferbedingungen für Bauprodukte zur Herstellung von Pflasterdecken, Plattenbelägen und Einfassungen[1)]
	TL Fug-StB	Technische Lieferbedingungen für Fugenfüllstoffe in Verkehrsflächen[1)]

1) Autor: FGSV Forschungsgesellschaft für Straßen- und Verkehrswesen e. V., An Lyskirchen 14, 50676 Köln, www.fgsv.de. Zu beziehen durch: FGSV Verlag GmbH, Verlag der Forschungsgesellschaft für Straßen- und Verkehrswesen e. V., Wesselinger Straße 15–17, 50999 Köln, www.fgsv-verlag.de

Kommentar

An die Baustoffe werden gemäß ATV DIN 18318 zunächst einmal allgemein die Anforderungen der jeweiligen europäischen Produktnormen gestellt. Hinsichtlich der europäischen Regelungen zu Pflastersteinen, Platten und Ziegeln ist zu beachten, dass die Begriffsdefinitionen und die maximalen Produktabmessungen der europäischen Normen je nach den verschiedenen Baustoffen Beton, Naturstein und Ziegel unterschiedlich sind (vgl. dazu auch die entsprechenden Kapitel in Teil B dieses Handbuches).

Ein **Pflasterstein aus Beton** nach DIN EN 1338, Abschnitt 3.2, ist „ein vorgefertigtes Erzeugnis aus Beton, das als Belagsmaterial für Oberflächen verwendet wird und die folgenden Bedingungen erfüllt:

- in einem Abstand von 50 mm von jeder Kante weist kein Querschnitt ein horizontales Maß von weniger als 50 mm auf;
- seine Gesamtlänge dividiert durch seine Dicke ist kleiner oder gleich vier."

Eine **Platte aus Beton** nach DIN EN 1339, Abschnitt 3.2, ist „ein vorgefertigtes Erzeugnis aus Beton, das als Belagsmaterial für Oberflächen verwendet wird und die folgenden Bedingungen erfüllt:

- seine Gesamtlänge überschreitet 1 m nicht;
- seine Gesamtlänge dividiert durch seine Dicke ist größer als vier."

Diese Bedingungen gelten nicht für Ergänzungssteine und Ergänzungsplatten, welche zur vollständigen Füllung einer Fläche, z. B. am Rand, genutzt werden.

Ein **Pflasterstein aus Naturstein** für Außenbereiche ist nach DIN EN 1342, Abschnitt 3.1, ein „als Pflasterbelagswerkstoff verwendeter Natursteinblock, der durch Schneiden oder Spalten erzeugt wird, wobei die Nennbreite nicht das Zweifache der Dicke und die Länge nicht das Zweifache der Breite überschreitet.

Anmerkung 1 zum Begriff: Die Mindestnenndicke beträgt 40 mm."

Eine **Platte aus Naturstein für Außenbereiche** nach DIN EN 1341 ist ein „als Belag im Außenbereich für Straßenbefestigungen verwendeter Natur-

Kommentar

Bild 2.1 Pflastersteine aus Beton und Naturstein in einer Fläche

werkstein, der durch Sägen oder Spalten erzeugt wird, wobei die Nennbreite mehr als das Doppelte der Dicke beträgt".

Ein **Pflasterziegel** nach DIN EN 1344, Abschnitt 3.1, ist ein „Ziegel, der als Pflasterdecke für Flächenbefestigungen verwendet wird, bestimmte Form- und Maßanforderungen (siehe 4.1) erfüllt und vorwiegend aus Ton oder tonartigem Material, mit oder ohne Zusatzstoffe, durch Formen, Trocknen und Brennen bei einer ausreichend hohen Temperatur hergestellt wird, um ein dauerhaftes keramisches Endprodukt zu erzeugen."

Nach Abschnitt 4.1 der DIN EN 1344 ist weiter zu beachten: „(...) Die Nenndicke von Pflasterziegeln zur ungebundenen Verlegung muss mindestens 40 mm betragen, und die Nennmaße sind so zu wählen, dass das Verhältnis der Gesamtlänge zur Dicke einen Wert von 6 nicht überschreitet. Die Nenndicke von Pflasterziegeln zur gebundenen Verlegung muss mindestens 30 mm betragen."

Ein **Pflasterklinker** ist über die nationale DIN 18503 definiert als „Pflasterziegel mit besonderen Anforderungen an die Wasseraufnahme und an die Scherbenrohdichte."

Diese besonderen Anforderungen sind Bestandteil der DIN 18503. Verwendet werden nach ATV DIN 18318 und nach den ZTV Pflaster-StB allein Pflasterklinker und nicht Pflasterziegel, da dies hinsichtlich der in Deutschland einwirkenden Witterung erforderlich ist.

Es ist zu erkennen, dass zwischen den verschiedenen Materialien keine einheitliche Begrifflichkeit besteht. Es gibt demnach nicht **den** Pflasterstein oder **die** Platte. Ob Beton, Naturstein oder Ziegel, die Definitionen zur Abgrenzung von Pflasterstein und Platte sind unterschiedlich. Wenn aber, wie im deutschen Anwendungsregelwerk, der mögliche Einsatzbereich auch über

Kommentar

die Begriffe Pflasterstein und Platte definiert ist, ergibt sich aus den unterschiedlichen möglichen Maßen für diese Befestigungselemente ein Problem.

In der deutschen Anwendung ist hier zwischen dem Regelwerk der VOB/ATV DIN 18318 für einen allgemeineren Anwendungsbereich und dem FGSV-Regelwerk (TL Pflaster-StB und ZTV Pflaster-StB) für den Bereich des öffentlichen Straßenbaus zu unterscheiden. Beide Regelwerke beziehen sich hinsichtlich der einzusetzenden Baustoffe zunächst auf die TL Pflaster-StB.

Die TL Pflaster-StB konkretisieren die technischen Anforderungen an die Pflastersteine und Platten, nicht aber ihre geometrischen allgemeinen Abmessungen (von Anforderungen an die Maßhaltigkeit einmal abgesehen). Die europäischen Normen werden keinesfalls hinsichtlich der Begriffe und maximalen Abmessungen von Pflasterstein und Platte eingegrenzt. Nach ATV DIN 18318 sind daher alle nach den DIN EN 1338 bis 1344 zulässigen Formate verwendbar. Man muss dabei im Auge behalten, dass die Begriffe Pflasterstein und Platte auf unterschiedlichen Normen basieren und daher für Beton, Naturstein und Klinker unterschiedliche Inhalte haben.

Da im öffentlichen Straßenbau Platten u. a. aufgrund ihrer Auflagerung und ihres Hebelarmes möglichst nicht in befahrenen Flächen verwendet werden sollten, musste in den ZTV Pflaster-StB die Diversität der europäischen Normen eingefangen werden.

Daher wurden maximale Grenzmaße und ein Grenzmaß für das Verhältnis zwischen größter Länge und Dicke der Befestigungselemente einheitlich definiert, unabhängig davon, ob das Element aus Beton, Klinker oder Naturstein ist. Dies ist im Abschnitt 1.2 über die Begriffsdefinitionen erfolgt und auch in diesem Abschnitt zu beachten. Es muss also ganz deutlich zwischen den Definitionen der Begriffe „Platte“ und „Pflasterstein“ nach den DIN EN mit der DIN 18318 und den ZTV Pflaster-StB unterschieden werden.

Bild 2.2 Klinkerpflaster im Fischgrätverband während der Verlegung

Kommentar

Bild 2.3 Schäden infolge Kombination von Platten und Pflastersteinen in Fußgängerzonen mit Anlieferverkehr

Gemäß ATV DIN 18318 werden Bettung und Fugen mit Bettungs- und Fugenstoffen gefüllt bzw. hergestellt. Diese können gemäß ATV aus gebundenen oder ungebundenen Baustoffen bestehen. Im Rahmen der TL Pflaster-StB und der ZTV Pflaster-StB werden nur ungebundene Baustoffgemische geregelt. Diese werden gemäß den Begriffsbestimmungen „Bettungsmaterial" und „Fugenmaterial" genannt. Auf die in den TL Pflaster-StB festgelegten Anforderungen an das Bettungs- und Fugenmaterial verweist die ATV DIN 18318 im Sinne der dort verwendeten allgemeineren Begriffe „Ungebundener Bettungsstoff" und „Ungebundener Fugenstoff". Die Begriffe „Bettungsstoff" und „Fugenstoff" wurden verwendet, um beide Materialien als Bau**stoffe** zu kennzeichnen. Baustoffe sind eine Teilmenge der in den TL Pflaster-StB geregelten Bauprodukte: Die dort geregelten Bettungs- und Fugen**materialien** sind Bauprodukte innerhalb des übergeordneten Kapitels der Baustoffgemische, welche naturgemäß Baustoffe sind. Die Begriffe wurden gewählt, da sie kürzer und einfacher zu handhaben sind als „ungebundener Bettungsstoff" oder „ungebundener Fugenstoff". Dementsprechend gelten alle Anforderungen der TL Pflaster-StB auch für den Anwendungsbereich der ATV DIN 18318.

Genaueres zu den ungebundenen Bettungs- und Fugenstoffen ist den folgenden Ausführungen zu Bettungs- und Fugenmaterialien des Abschnittes 2 dieser ZTV Pflaster-StB sowie den Ausführungen zu den TL Pflaster-StB in Teil B dieses Handbuchs zu entnehmen.

Durch die gleichzeitige Benennung der TL Pflaster-StB und der TL Gestein-StB in der Auflistung der geltenden Regelwerke des Abschnittes 2 der ATV DIN 18318 sind diese Technischen Lieferbedingungen Vertragsgrundlage bei VOB-Verträgen. In den TL Gestein-StB sind Anforderungen an die Gesteinskörnungen formuliert, die durch die TL Pflaster-StB für die dort geführten Gemische eingeschränkt werden. Es gelten daher übergeordnet die TL Pflaster-StB, welche ebenfalls auf die TL Gestein-StB verweisen. Gleiches gilt für die aufgelisteten Normen, die ebenfalls durch die TL Pflaster-StB eingeschränkt werden. Gesteinskörnungen nach den TL Gestein-StB, die nicht Bestandteil der TL Pflaster-StB sind, können für Anwendungen nach den DIN 18318 verwendet werden. Bei Bauverträgen, die den ZTV Pflaster-StB unterliegen, gilt dies dagegen nicht.

Kommentar

Neben den in den ZTV Pflaster, den TL Pflaster-StB und den ATV DIN 18318 festgelegten Eigenschaften der Befestigungselemente sowie der Bettungs- und Fugenmaterialien können auch weitere Anforderungen im Bauvertrag formuliert werden. ATV DIN 18318 gibt hierzu Hinweise im Kapitel 0 zum Aufstellen der Leistungsbeschreibung (Erläuterungen siehe dort).

Weiterhin führen die ATV DIN 18299 aus, welche allgemeinen Anforderungen an die Bauprodukte und Baustoffgemische gestellt werden:

ATV DIN 18299 **Allgemeine Regelungen für Bauarbeiten jeder Art,** Ausgabe 2019

2 Stoffe, Bauteile

2.1 Allgemeines

2.1.1 Die Leistungen umfassen auch die Lieferung der dazugehörigen Stoffe und Bauteile einschließlich Abladen und Lagern auf der Baustelle.

2.1.2 Stoffe und Bauteile, die vom Auftraggeber beigestellt werden, hat der Auftragnehmer rechtzeitig beim Auftraggeber anzufordern.

2.1.3 Stoffe und Bauteile müssen für den jeweiligen Verwendungszweck geeignet und aufeinander abgestimmt sein.

2.2 Vorhalten

Stoffe und Bauteile, die der Auftragnehmer nur vorzuhalten hat, die also nicht in das Bauwerk eingehen, dürfen nach Wahl des Auftragnehmers gebraucht oder ungebraucht sein.

2.3 Liefern

2.3.1 Stoffe und Bauteile, die der Auftragnehmer zu liefern und einzubauen hat, die also in das Bauwerk eingehen, müssen ungebraucht sein. Wiederaufbereitete (Recycling-)Stoffe gelten als ungebraucht, wenn sie den Bedingungen gemäß Abschnitt 2.1.3 entsprechen.

2.3.2 Stoffe und Bauteile, für die DIN-Normen bestehen, müssen den DIN-Güte- und DIN-Maßbestimmungen entsprechen.

2.3.3 Stoffe und Bauteile, die nach den behördlichen Vorschriften einer Zulassung bedürfen, müssen amtlich zugelassen sein und den Bestimmungen ihrer Zulassung entsprechen.

2.3.4 Stoffe und Bauteile, für die bestimmte technische Spezifikationen in der Leistungsbeschreibung nicht genannt sind, dürfen auch verwendet werden, wenn sie Normen, technischen Vorschriften oder sonstigen Bestimmungen anderer Staaten entsprechen, sofern das geforderte Schutzniveau in Bezug auf Sicherheit, Gesundheit und Gebrauchstauglichkeit gleichermaßen dauerhaft erreicht wird.

Sofern für Stoffe und Bauteile eine Überwachungs- oder Prüfzeichenpflicht oder der Nachweis der Brauchbarkeit, z. B. durch allgemeine bauaufsichtliche Zulassung, allgemein vorgesehen ist, kann von einer Gleichwertigkeit nur ausgegangen werden, wenn die Stoffe und Bauteile ein Überwachungs- oder Prüfzeichen tragen oder für sie der genannte Brauchbarkeitsnachweis erbracht ist.

Kommentar

Es ist der Grundsatz gut zu erkennen, dass Baustoffe zur auszuführenden Leistung gehören. Sie müssen geeignet und brauchbar sowie neu sein. Der Einsatz von RC-Baustoffen ist dann zulässig, wenn diese geeignet und auf das Gewerk abgestimmt sind. Der Nachweis gilt im Sinne der ZTV Pflaster-StB als erbracht, wenn Baustoffgemische die Anforderungen der TL Gestein-StB, der TL Pflaster-StB und der ZTV Pflaster-StB erfüllen.

Kommentar

Für gebrauchte Pflastersteine und Platten sind keine spezifischen Regelungen festgelegt. Daher muss deren Eignung gesondert nachgewiesen werden. Besonders hinsichtlich ggf. vorliegender Abweichungen der Maße und Maßtoleranzen von neuen Produkten, die die Anforderungen der europäischen Produktnormen bzw. die Anforderungen der TL Pflaster-StB erfüllen, kann dies zu Diskussionen führen. Pflastersteine, die keine ausreichende Maßhaltigkeit aufweisen, können beispielsweise oft auch nicht mit der geforderten Fugenbreite eingebaut werden. Hier sind vertragliche Sonderregelungen zwischen Auftraggeber und Auftragnehmer erforderlich.

Nach den ZTV Pflaster-StB muss die Eignung aller Baustoffe und Bauprodukte folgendermaßen nachgewiesen werden:

2.1 **Allgemeines** (Fortsetzung)

Die Bewertung und Überprüfung der Leistungsbeständigkeit von Bauprodukten, die einer harmonisierten Norm unterliegen, wird vom Hersteller durch die Erstprüfung/Typprüfung und die Werkseigene Produktionskontrolle sowie die Erstellung einer Leistungserklärung gemäß Artikel 4 und Anhang III der Verordnung (EU) 305/2011 (Bauproduktenverordnung BauPVO) nachgewiesen. Unter Hersteller ist der jeweilige Hersteller oder sein Vertreter im Sinne der Bauproduktenverordnung zu verstehen.

Die Baustoffgemische für Bettung und Fuge müssen nach Anhang B der TL Pflaster-StB, entsprechend den TL G SoB-StB, güteüberwacht sein.

2.2 **Eignungsnachweis für Bauprodukte**

2.2.1 **Eignungsnachweis**

Der Auftragnehmer hat im Eignungsnachweis die Eignung der Bauprodukte für den vorgesehenen Verwendungszweck entsprechend den Anforderungen des Bauvertrages nachzuweisen und zu erklären.

Der Eignungsnachweis erfolgt durch:

a) – Bei Baustoffgemischen:
Nachweis der Güteüberwachung der Baustoffgemische nach Anhang B der TL Pflaster-StB.
Der Nachweis erfolgt durch Vorlage von Prüfzeugnissen einer nach RAP Stra für die Fachgebiete I1 und I2 anerkannten Prüfstelle (Güteüberwachung).
– Bei Befestigungselementen und Bordsteinen, Einfassungssteinen, Rinnensteinen, Bordrinnensteinen und Muldensteinen, die einer harmonisierten Norm unterliegen:
Der Nachweis erfolgt durch Vorlage der Leistungserklärung des Herstellers oder seines Bevollmächtigten und ergänzende Prüfzeugnisse einer fachlich geeigneten Prüfstelle.

2.2.1 **Eignungsnachweis** (Fortsetzung)

b) Erklärung über die Eignung der für die Lieferung vorgesehenen Bauprodukte für den vorgesehenen Verwendungszweck.
c) Angaben zu sonstigen vertraglich geforderten Eigenschaften sowie gegebenenfalls zusätzliche Angaben (z.B. zur Filterstabilität).

Der Auftragnehmer hat den Eignungsnachweis dem Auftraggeber rechtzeitig vor Baubeginn vorzulegen.

Ändern sich Art und Eigenschaften der Bauprodukte oder die Einbaubedingungen, so ist erneut die Eignung nachzuweisen.

Dem Auftraggeber sind auf Verlangen von den Bauprodukten, die für die Bauausführung vorgesehen sind, genügend große Proben oder – wenn notwendig – Muster zu übergeben, die dieser unter Verschluss aufbewahrt (Rückstellproben). Die Proben sind in einer Niederschrift von den Vertragspartnern anzuerkennen. Sie dienen zur Beurteilung der vertragsgerecht gelieferten Bauprodukte.

In besonderen Fällen können erweiterte Eignungsprüfungen und -nachweise erforderlich sein.

Kommentar

Mit den ZTV Pflaster-StB 20 ist der Nachweis der Eignung der einzusetzenden Bauprodukte neu geregelt und auf das geltende Regelwerk abgestimmt. Der Eignungsnachweis ist ein wichtiges vertragliches Werkzeug, um die ausreichende Qualität der einzusetzenden Bauprodukte sicherzustellen, wie es auch bei der Asphalt- und Betonbauweise ganz selbstverständlich ist. Leider wird er bisher zu selten von den Auftraggebern eingefordert.

Die ZTV Pflaster-StB haben den Eignungsnachweis zum Bestandteil des Bauvertrages gemacht. Die erforderlichen Nachweise sind dem Auftraggeber – ungefragt – rechtzeitig vor Baubeginn vorzulegen. Es empfiehlt sich für den Auftragnehmer, sich die Vorlage schriftlich bestätigen zu lassen.

Da die verschiedenen Bauprodukte unterschiedlichen europäischen Normen unterliegen, für die wiederum unterschiedliche Sicherheitsniveaus seitens der Europäischen Kommission festgelegt wurden, ist zwischen Befestigungselementen und den Bettungs- und Fugenmaterialien zu unterscheiden.

Die europäischen Normen für die Befestigungselemente sind harmonisierte Normen und unterliegen einer europäisch vorgegebenen Güteüberwachung. Diese entspricht dem System 4 und gibt dem Hersteller der Produkte die größte Verantwortung für die Gütesicherung. Mit der Leistungserklärung erklärt er selber die Qualität seiner hergestellten Produkte.

Bettungs- und Fugenmaterialien sind Baustoffgemische, teilweise auch Gesteinskörnungsgemische, die primär nach DIN EN 13285[1] zusammengesetzt werden. Dies ist eine nicht harmonisierte europäische Norm, durch

1 DIN EN 13285: Ungebundene Gemische – Anforderungen, Deutsche Fassung EN 13285:2018, Ausgabe 2018, Beuth Verlag, Berlin 2018

Kommentar

welche kein CE-Kennzeichen vergeben wird und die nicht europäischen Güteüberwachungsanforderungen unterliegt.

Der Eignungsnachweis setzt sich nun aus drei Komponenten zusammen:

1. Zunächst ist ein Prüfzeugnis für Bettungs- und Fugenmaterialien sowie eine Leistungserklärung des Herstellers für Befestigungselemente vorzulegen, in welchem die technischen Eigenschaften der Produkte dokumentiert sind. Umfang und Häufigkeit der Produktüberwachung der Bettungs- und Fugenmaterialien sind in einer separaten Vorschrift festgeschrieben, den „Technischen Lieferbedingungen für Baustoffgemische zur Herstellung von Pflasterdecken, Plattenbelägen und Einfassungen im Straßenbau – Teil: Güteüberwachung". Diese sind als Anhang B Bestandteil der TL Pflaster-StB und in dem Teil B dieser Kommentierung daher auch thematisiert.
2. Der Auftragnehmer des Bauvertrages muss überprüfen, ob die von ihm bestellten Bauprodukte für den vorgesehenen Verwendungszweck geeignet sind. Nur er, nicht der Hersteller der Bauprodukte, kennt die Randbedingungen des Bauobjektes und alle vorgesehenen Baustoffe. Es ist also zu überprüfen, ob die Anforderungen der ZTV Pflaster-StB und der TL Pflaster-StB eingehalten werden. Nach der Überprüfung hat der Auftragnehmer schriftlich die Eignung der vorgesehenen Bauprodukte für den vorgesehenen Verwendungszweck zu bestätigen.
3. Wichtige Details der Überprüfung der Eignung und weitere Anforderungen sowie besondere Eigenschaften sind dem Auftraggeber mitzuteilen. Beispielsweise gehört zur Überprüfung der Eignung der Bettungs- und Fugenmaterialien der Nachweis, dass diese untereinander und in Verbindung mit dem Tragschichtmaterial filterstabil sind. Es sind also die Filterstabilitätsnachweise der ZTV Pflaster-StB durchzuführen. Diese sind so wichtig, dass die Daten dem Auftraggeber zur Verfügung gestellt werden sollten – auch, um späteren Streit zu vermeiden.

Bei Änderung der Randbedingungen während der Bauausführung hat der Auftragnehmer die vorgesehenen Produkte erneut zu bewerten, jetzt unter den geänderten Randbedingungen, und die Eignung erneut nachzuweisen. Auch hier ist der Nachweis dem Auftraggeber ungefragt vorzulegen.

Wenn der Auftraggeber dies verlangt, sind Proben und/oder Muster aller Bauprodukte in ausreichendem Umfang dem Auftraggeber als Rückstellprobe zu übergeben. Während dies bei Asphaltbaustellen durchaus üblich ist, werden immer noch nur unzureichend Rückstellproben von Bettungs- und Fugenmaterialien sowie von den Befestigungselementen übergeben und gelagert. Besonders hinsichtlich der Bettungs- und Fugenmaterialien ist eine Rückstellprobe bei allen ggf. auftretenden Rechtsstreitigkeiten von sehr großer Bedeutung, da sich durch die Witterungs- und Verkehrsbedingungen die Baustoffgemische ändern können. Eine nachträgliche Probenahme ursprünglichen Materials ist für Bettungsmaterialien häufig nur eingeschränkt und für Fugenmaterialien oft gar nicht möglich.

Bei den Befestigungselementen entwickelt sich oftmals Streit über die Oberflächeneigenschaften der Produkte, sei es die Struktur der Oberfläche oder die Farbe. Auch hier sind Rückstellproben, die als Muster die gesamte zulässige Bandbreite repräsentieren sollen, ein hilfreiches Werkzeug, um Streit zwischen den Parteien zu vermeiden. In den folgenden Abschnitten 2.2.2 bis

Kommentar

2.2.5 der ZTV Pflaster-StB sind nun die Inhalte des Leistungsnachweises für die einzelnen Bauprodukte festgelegt. Der Umfang der anzugebenden Informationen ergibt sich aus den geforderten Merkmalen aus den TL Gestein-StB, den DIN EN und den TL Pflaster-StB sowie den ZTV Pflaster-StB. Die verschiedenen Baustoffqualitäten sind hinsichtlich der Bewertung der Eignung für eine Baumaßnahme mit ihren jeweiligen Randbedingungen von Bedeutung. Mit diesen Daten ist dann eine Bewertung der Eignung möglich.

Unter besonderen Randbedingungen oder bei speziellen Anforderungen an die Bauprodukte sind auch über die im Folgenden vorgestellten Forderungen hinausgehende Eignungsnachweise möglich. Dies ist dann in der Leistungsbeschreibung anzugeben.

2.2.2 Baustoffgemische

Der Eignungsnachweis muss den Nachweis enthalten, dass die Baustoffgemische mit den Anforderungen der TL Pflaster-StB, Abschnitt 3.2 bzw. 3.3, übereinstimmen.

Die Prüfzeugnisse müssen folgende Angaben enthalten:

- Art und Herkunft der Gesteinskörnung bzw. des Baustoffgemisches
- Name und Anschrift des Herstellers
- Korngrößenverteilung
- Feinanteil und Überkorn
- Kornform von groben Gesteinskörnungen
- Anteil gebrochener Oberflächen
- Fließkoeffizient
- Widerstand gegen Zertrümmerung
- Wasseraufnahme
- Widerstand gegen Frost

gegebenenfalls

- umweltrelevante Kenngrößen
- Merkmale zur Raumbeständigkeit gemäß den TL Gestein-StB.

2.2.3 Bauprodukte aus Beton

Der Eignungsnachweis muss den Nachweis enthalten, dass die Bauprodukte aus Beton mit den Anforderungen der TL Pflaster-StB, Abschnitt 4.1, 5.1 bzw. 6.1, übereinstimmen.

2.2.3.1 Pflastersteine aus Beton

In Leistungserklärungen bzw. Prüfzeugnissen müssen folgende Angaben enthalten sein:

- Art des Bauproduktes
- Name und Anschrift des Herstellers
- Form und Nennmaße
- Klasse des Witterungswiderstandes
- charakteristische Spaltzugfestigkeit
- Klasse des Abriebwiderstandes

2.2.3.1 Pflastersteine aus Beton (Fortsetzung)

gegebenenfalls
- Klasse der maximalen Differenz der beiden Diagonalen
- Vorhandensein von Fasen, angeformten Abstandhilfen, angeformten Profilen oder seitlichen Abschrägungen
- Dicke der Vorsatzschicht
- Oberflächenmerkmale, -struktur bzw. Farbe der Oberseite.

2.2.3.2 Platten aus Beton

In Leistungserklärungen bzw. Prüfzeugnissen müssen folgende Angaben enthalten sein:

- Art des Bauproduktes
- Name und Anschrift des Herstellers
- Form und Nennmaße
- Klasse der zulässigen Abweichung von den Nennmaßen
- Klasse des Witterungswiderstandes
- Klasse der Biegezugfestigkeit
- Klasse des Abriebwiderstandes
- Klasse der Bruchlast

gegebenenfalls
- Klasse der maximalen Differenz der beiden Diagonalen
- Vorhandensein von Fasen, angeformten Abstandhilfen, angeformten Profilen oder seitlichen Abschrägungen
- Dicke der Vorsatzschicht
- Oberflächenmerkmale, -struktur bzw. Farbe der Oberseite.

2.2.3.3 Bordsteine, Einfassungssteine, Rinnensteine, Bordrinnensteine und Muldensteine aus Beton

In Leistungserklärungen bzw. Prüfzeugnissen müssen folgende Angaben enthalten sein:

- Art des Bauproduktes
- Name und Anschrift des Herstellers
- Form und Nennmaße
- Klasse des Witterungswiderstandes
- Klasse der Biegezugfestigkeit
- Klasse des Abriebwiderstandes

gegebenenfalls
- Vorhandensein von Fasen, angeformten Abstandhilfen, angeformten Profilen oder seitlichen Abschrägungen
- Dicke der Vorsatzschicht
- Oberflächenmerkmale, -struktur bzw. Farbe.

2.2.4 Pflasterziegel, Pflasterklinker, Klinkerplatten und Bordklinker

Der Eignungsnachweis muss den Nachweis enthalten, dass die Bauprodukte Pflasterziegel, Pflasterklinker, Klinkerplatten und Bordklinker mit den Anforderungen der TL Pflaster-StB, Abschnitte 4.2, 5.2 bzw. 6.2, übereinstimmen.

2.2.4 Pflasterziegel, Pflasterklinker, Klinkerplatten und Bordklinker (Fortsetzung)

In Leistungserklärungen bzw. Prüfzeugnissen müssen folgende Angaben enthalten sein:

- Art des Bauproduktes
- Name und Anschrift des Herstellers
- Form und Nennmaße
- Klasse der Maßspanne
- Klasse des Frost-Tau-Widerstandes
- Klasse der Biegebruchlast
- Klasse des Abriebwiderstandes

gegebenenfalls

- Vorhandensein von Fasen oder angeformten Abstandhilfen
- Merkmale, Struktur bzw. Farbe der Sichtfläche(n).

2.2.5 Bauprodukte aus Naturstein

Der Eignungsnachweis muss den Nachweis enthalten, dass die Bauprodukte aus Naturstein mit den Anforderungen der TL Pflaster-StB, Abschnitte 4.3, 5.3 bzw. 6.3, übereinstimmen und für die vorgesehene Verwendung nach den Abschnitten 2.8, 2.9 bzw. 2.12 geeignet sind.

2.2.5.1 Pflastersteine aus Naturstein

In Leistungserklärungen bzw. Prüfzeugnissen müssen folgende Angaben enthalten sein:

- Art des Bauproduktes
- Name und Datum der DIN EN 1342
- Handelsname des Steins
- petrographischer Name des Steins gemäß DIN EN 12407
- Name und Adresse des Lieferanten (Herstellers)
- Name und Ort der Gewinnungsstätte
- Form und Nennmaße
- Nachweis der Widerstandsfähigkeit gegen Frost-Tau-Wechsel mit Tausalz
- Nachweis der Druckfestigkeit
- Nachweis des Abriebwiderstandes
- Erklärung der Wasseraufnahme

gegebenenfalls

- Art der Bearbeitung der Oberseite, Fußfläche und Seitenfläche
- chemische Behandlung der Oberseite.

2.2.5.2 Platten aus Naturstein

In Leistungserklärungen bzw. Prüfzeugnissen müssen folgende Angaben enthalten sein:

- Art des Bauproduktes
- Name und Datum der DIN EN 1341
- Handelsname des Steins

2.2.5.2 **Platten aus Naturstein** (Fortsetzung)

- petrographischer Name des Steins gemäß DIN EN 12407
- Name und Adresse des Lieferanten (Herstellers)
- Name und Ort der Gewinnungsstätte
- Form und Nennmaße
- Nachweis der Widerstandsfähigkeit gegen Frost-Tau-Wechsel mit Tausalz
- Erklärung der Biegefestigkeit
- Nachweis des Abriebwiderstandes
- Erklärung der Wasseraufnahme

gegebenenfalls

- Art der Bearbeitung der Oberseite, Fußfläche und Seitenfläche
- chemische Behandlung der Oberseite.

2.2.5.3 **Bordsteine aus Naturstein**

In Leistungserklärungen bzw. Prüfzeugnissen müssen folgende Angaben enthalten sein:

- Art des Bauproduktes
- Name und Datum der DIN EN 1343
- Handelsname des Steins
- petrographischer Name des Steins gemäß DIN EN 12407
- Name und Adresse des Lieferanten (Herstellers)
- Name und Ort der Gewinnungsstätte
- Form und Nennmaße
- Nachweis der Widerstandsfähigkeit gegen Frost-Tau-Wechsel mit Tausalz
- Erklärung der Biegefestigkeit
- Erklärung der Wasseraufnahme

gegebenenfalls

- Art der Bearbeitung der Oberseite, Fußfläche und Seitenfläche
- chemische Behandlung.

Kommentar

Die aufgelisteten Inhalte der Abschnitte 2.2.2 bis 2.2.5 sind – wie vorher dargestellt – im Rahmen des Eignungsnachweises vom Auftragnehmer anzugeben. Diese Angaben sind bauvertraglich festgelegt. Der Auftraggeber hat daher ein Anrecht auf die geforderten Daten und den sich daraus ergebenden Nachweis der Eignung der eingesetzten Baustoffgemische und Produkte.

Wenn vorgesehen wird, Bauprodukte aus Natursteinen zu verwenden, kann dem Auftraggeber empfohlen werden, die Leistungserklärungen der vorgesehenen Materialien zum jeweiligen Angebot anzufordern. Wenn diese Erklärungen erst vorgelegt werden, wenn das Material geliefert ist und Annahmeprüfungen dann abweichende Ergebnisse zeigen, ist eine erhebliche Verzögerung der jeweiligen Maßnahme zu erwarten.

2.3 Baustoffgemische für Bettungs- und Fugenmaterial

Es gilt Abschnitt 3 der TL Pflaster-StB.

Baustoffgemische aus industriell hergestellten Gesteinskörnungen und Recycling-Baustoffen dürfen keine schädlichen chemischen und physikalischen Reaktionen verursachen, z. B. Selbstverfestigung, Verfärbungen. Hausmüllverbrennungsasche (HMVA) darf aufgrund ihrer Verfestigungsneigung nicht als Bettungs- oder Fugenmaterial eingesetzt werden.

Kommentar

Gemäß Abschnitt 2 dieser ZTV Pflaster-StB wurde vereinbart, dass zunächst alle Bauprodukte sämtliche Anforderungen der TL Pflaster-StB erfüllen müssen (siehe hierzu Teil B dieses Handbuches, Kapitel 3). Mit dem hier genannten Verweis auf Abschnitt 3 der TL Pflaster-StB wird dieser Abschnitt besonders hervorgehoben. Natürlich muss auch Abschnitt 2 der TL Pflaster-StB erfüllt sein. In diesem werden die Anforderungen an die einzelnen Gesteinskörnungen und Gesteinskörnungsgemische, aus denen die Baustoffgemische für Bettungs- und Fugenmaterialien bestehen bzw. zusammengemischt sind, festgelegt. Damit sind ebenso die Anforderungen der TL Gestein-StB für Gesteinskörnungen und Gesteinskörnungsgemische im Anwendungsbereich Bettungs- und Fugenmaterialien für Pflasterdecken und Plattenbeläge vertraglich vereinbart. Die für diesen Anwendungsbereich geltenden Anforderungen sind im Anhang H der TL Gestein-StB zusammengefasst.

Grundsätzlich können nach den TL Gestein-StB alle dort geregelten Gesteinskörnungen auch für den Bereich der Bettungs- und Fugenmaterialien eingesetzt werden. Dies sind neben den natürlichen Gesteinskörnungen, also Kies, Sand, gebrochener Kies und gebrochenes Festgestein, auch solche aus rezyklierten oder künstlich hergestellten Gesteinskörnungen.

Folgende künstlich hergestellte Gesteinskörnungen dürfen für den Anwendungsbereich Pflasterdecken und Plattenbeläge formal eingesetzt werden:

- Hochofenstückschlacke (HOS),
- Hüttensand (HS),
- Stahlwerksschlacke (SWS),
- Schlacke aus der Kupfererzeugung (CUS/CUG),
- Gießerei-Kupolofenschlacke (GKOS),
- Steinkohlenflugasche (SFA),
- Schmelzkammergranulat (SKG),
- Kesselasche aus Steinkohlenfeuerung (SKA),
- Gießereirestsand (GRS),
- Gesteinskörnungen zur Aufhellung (i. d. R. für Asphalt).

Nicht alle Gesteinskörnungen sind jedoch gleich gut für den Anwendungszweck geeignet. Hausmüllverbrennungsasche darf nicht eingesetzt werden. Hüttensand und Hochofenstückschlacke dürfen nur in solchen Gemischen mit natürlichen Gesteinskörnungen eingesetzt werden, bei denen die Neigung zur Selbstverfestigung dieser künstlichen Gesteinskörnungen unschädlich ist. Steinkohlenflugasche wird aufgrund ihrer Feinkörnigkeit und ihrer Verfestigungsneigung nicht einsetzbar sein.

Kommentar

Grundsätzlich sollte die dauerhafte Sicherstellung einer ausreichenden Wasserdurchlässigkeit immer bei Gemischen, die verfestigende Eigenschaften aufweisen, eingefordert werden. Schmelzkammergranulat wird aufgrund der Korngröße, seiner Kantigkeit und seiner umweltrelevanten Eigenschaften häufig als Bettungs- und Fugenmaterial eingesetzt. Bei diesem Material ist jedoch die etwas geringere Kornfestigkeit zu beachten, wodurch als Anwendungsgebiet eher gering belastete Fußgängerflächen in Frage kommen.

Sehr häufig wird eine rezyklierte Gesteinskörnung, auch RC-Baustoff genannt, im Bauwesen eingesetzt. Der Einsatz als Bettungs- oder Fugenmaterial ist formal nicht ausgeschlossen, jedoch muss berücksichtigt werden, dass der Baustoff aus verschiedensten Komponenten in wechselnder Zusammensetzung besteht. Weiche Bestandteile, wie z. B. Putz-, Kalksandstein- und Ziegelanteile, können bei Beanspruchung verfeinert werden und damit die Wasserdurchlässigkeit des Gemisches verringern. Betonanteile im Gemisch können zu einer ungewollten Verfestigung des Bettungs- oder Fugenmaterial beitragen. Damit sollte auch bei diesem Baustoff das Verwendungsgebiet auf gering belastete Bereiche eingeschränkt werden.

Es empfiehlt sich grundsätzlich, nur solche künstlichen Gesteinskörnungen und RC-Baustoffe als Bettungs- oder Fugenmaterial einzusetzen, deren Eignung hinsichtlich andauernder Wasserdurchlässigkeit und Festigkeitseigenschaften nachgewiesen sind.

2.3.1 Bettungsmaterial

Siehe DIN 18318.

Die Auswahl des Bettungsmaterials soll im Hinblick auf die Art der Befestigungselemente und die zukünftigen Beanspruchungen getroffen werden. Vorzugsweise sollen Baustoffgemische 0/4, 0/5 und 0/8 als Bettungsmaterial verwendet werden.

Kommentar

Zur Verwendung ungebundener Bettungsstoffe führen die DIN 18318 aus:

ATV DIN 18318 **Pflasterdecken und Plattenbeläge, Einfassungen,** Ausgabe 2019

2 Stoffe, Bauteile

...

2.2.1 Ungebundene Bettungsstoffe: Als ungebundene Bettungsstoffe können Gesteinskörnungen und Gesteinskörnungsgemische 0/2 mm, 0/4 mm, 0/5 mm, 0/8 mm, 0/11 mm, 1/3 mm, 1/5 mm, 1/8 mm, 2/5 mm, 2/8 mm, 4/8 mm, 5/11 mm verwendet werden.

2.3.1 Bettungsmaterial (Fortsetzung)

Die Art des Bettungsmaterials ist in der Leistungsbeschreibung anzugeben. Es kann eine bestimmte Korngrößenverteilung vereinbart werden.

2.3.1 Bettungsmaterial (Fortsetzung)

Für Verkehrsflächen, die einer der Belastungsklassen Bk1,0, Bk1,8 oder Bk3,2 gemäß den RStO zuzuordnen sind, sind Baustoffgemische als Bettungsmaterial zu verwenden, die jeweils die Anforderungen der Zeile 1 der Tabellen 4, 5 bzw. 6 der TL Pflaster-StB erfüllen.

Für andere Verkehrsflächen können auch solche Bettungsmaterialien verwendet werden, die lediglich die Anforderungen der Zeile 2 der Tabellen 4, 5 bzw. 6 der TL Pflaster-StB erfüllen. Lieferkörnungen/Baustoffgemische 2/5, 2/8 oder 2/11 sollten als Bettungsmaterial für Verkehrsflächen, die mit Kraftfahrzeugen befahren werden, nicht verwendet werden.

Für Verkehrsflächen, die einer der Belastungsklassen Bk1,0 bis Bk3,2 gemäß den RStO zuzuordnen sind, sind Baustoffgemische als Bettungsmaterialien zu verwenden, deren Fließkoeffizient der Kategorie $E_{CS}35$ gemäß Abschnitt 3.2.5 der TL Pflaster-StB entsprechen muss. Der Anteil gebrochener Oberflächen gemäß dem Anhang H, Zeile 2.2.6, der TL Gestein-StB muss der Kategorie $C_{90/3}$ entsprechen. Abweichungen davon sind zu vereinbaren.

Es ist ein Bettungsmaterial zu verwenden, dessen Gestein eine ausreichende Festigkeit aufweist.

Gesteine, die zur Herstellung von Bettungsmaterial für Verkehrsflächen der Belastungsklasse Bk1,0 und Bk1,8 gemäß den RStO verwendet werden, sollten hinsichtlich des Schlagzertrümmerungswertes (des Los-Angeles-Wertes) mindestens der Kategorie SZ_{22} (LA_{25}) gemäß TL Gestein-StB, Anhang H, Zeile 2.2.9, entsprechen. Bei Verkehrsflächen der Belastungsklasse Bk3,2 sowie bei Verkehrsflächen mit besonderen Beanspruchungen (RStO 12, Abschnitt 2.6) oder solchen mit einer gebundenen Tragschicht sollte der Schlagzertrümmerungswert/Los-Angeles-Koeffizient des Bettungsmaterials mindestens der Kategorie SZ_{18} (LA_{20}) entsprechen.

Zur Einschätzung der Eignung und zur Erfahrungssammlung kann zusätzlich der Modifizierte Micro-Deval-Koeffizient nach TP Gestein-StB, Teil 5.5.3 bestimmt werden.

Das Bettungsmaterial muss im verdichteten Zustand ausreichend wasserdurchlässig sein. Die Korngrößenverteilung des Bettungsmaterials ist auf die Korngrößenverteilung einer darunter befindlichen Tragschicht ohne Bindemittel abzustimmen, so dass eine ausreichende Filterstabilität der Materialien untereinander erreicht wird. Der Nachweis der Filterstabilität gilt als erbracht, wenn folgende Bedingungen erfüllt sind:

2.3.1 **Bettungsmaterial** (Fortsetzung)

$D_{15}/d_{85} \leq 5$
$D_{50}/d_{50} \leq 25$

mit

D_{15}; D_{50} Korndurchmesser [mm] des Tragschichtmaterials, der bei 15 bzw. 50 M.-% Siebdurchgang der Körnungslinie vorliegt.

d_{50}; d_{85} Korndurchmesser [mm] des Bettungsmaterials, der bei 50 bzw. 85 M.-% Siebdurchgang der Körnungslinie vorliegt.

Bei Verwendung einer wasserdurchlässigen Asphalttragschicht oder einer Tragschicht aus Dränbeton ist die Filterstabilität des Bettungsmaterials zur gebundenen Tragschicht herzustellen.

Dies kann durch besondere Maßnahmen erreicht werden, z. B. durch Verwendung eines Vliesstoffes (Geotextil) oder Abstreuen mit einer auf die Oberflächentextur der gebundenen Tragschicht abgestimmten Gesteinskörnung.

Kommentar

Die Auswahl des Bettungsmaterials hat gravierenden Einfluss auf die Qualität und Dauerhaftigkeit der Verkehrsfläche. Daher sollte die Festlegung des Bettungsmaterials sehr sorgfältig erfolgen, in der Leistungsbeschreibung enthalten sein und auf eine gute Qualität des Bettungsmaterials grundsätzlich geachtet werden. Je nach Anwendung sollte der Ausschreibende die Körnung unter Beachtung der Angaben in den TL Pflaster-StB festlegen.

Mit Verweis auf die ATV DIN 18318 gelten zunächst einmal deren Inhalte als Vertragsbestandteil eines Bauvertrages gemäß ZTV Pflaster-StB. Nach dieser Norm können als ungebundene Bettungsstoffe die Gesteinskörnungen und

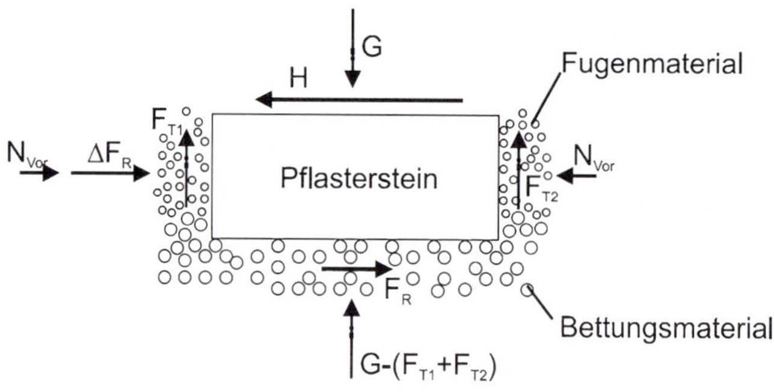

mit:

G Einwirkende statische und dynamische vertikale Gewichtskraft
H einwirkende Horizontalkraft, z. B. Brems- und Beschleunigungskraft
F resultierende Reaktionskraft in der Fuge
N_{vor} Normalkraft durch Verspannung der Pflasterdecke

Bild 2.4 Lastabtragung durch Bettung und Fuge einer Pflasterdecke (Koch 1999)[2]

2 Koch, Carsten: Zum Tragverhalten von Pflasterbefestigungen, Dissertation, Schriftenreihe des Institutes für Straßenwesen und Eisenbahnbau der Ruhr-Universität Bochum, 1999

Kommentar

Gesteinskörnungsgemische 0/2, 0/4, 0/5, 0/8, 0/11, 1/3, 1/5, 1/8, 2/5, 2/8, 4/8, 5/11 verwendet werden.

Die große Bandbreite der möglichen Bettungsstoffe der Norm ergibt sich aus den unterschiedlichsten Anwendungsbereichen der ATV DIN 18318: z. B. öffentliche und private Flächen, regelmäßig und nie befahrene Flächen, wasserdurchlässige, begrünbare und konventionelle Bauweisen.

Gemische ohne Anteile feiner Gesteinskörnungen sind u. a. aufgrund der erforderlichen Filterstabilität zwischen den Baustoffen, aber auch aufgrund der erforderlichen Verformungsstabilität für befahrene Verkehrsflächen im Anwendungsbereich der ZTV Pflaster-StB nicht geeignet. Damit fallen für Fahrbahnen die Körnungen 1/3, 1/5, 1/8, 2/5, 2/8, 4/8 und 5/11 weg. Verwendbar nach ZTV Pflaster-StB sind hierfür nur die Körnungen 0/4, 0/5, 0/8 und 0/11 als Bettungsmaterial.

Die Körnung 0/2 sollte aus Sicht der ZTV Pflaster-StB aufgrund der nicht ausreichenden Verformungsstabilität nicht verwendet werden, bzw. wenn, dann nur nach besonderer Vereinbarung bei nicht befahrenen Flächen.

Die Körnung 0/11 ist nur bei einer geplanten Bettungsdicke von mindestens 5 cm verwendbar, da mit diesem groben Größtkorn ansonsten keine ausreichende Verdichtung des Baustoffgemisches in der Bettung stattfinden kann. Eine Verdichtungslage sollte immer mindestens die 4-fache Dicke des Größtkorns aufweisen. Damit ist dieses Gemisch nur beim Einsatz von gespaltenen Großpflastersteinen aus Naturstein möglich. Allerdings muss das Bettungsmaterial auch in diesem Fall auf das Fugenmaterial abgestimmt sein (siehe folgenden Abschnitt zur Filterstabilität), so dass hier eher die Körnung 0/8 eingesetzt wird.

Dementsprechend empfehlen die ZTV Pflaster-StB dem Ausschreibenden, eine Körnung 0/4, 0/5 oder 0/8 im Bauvertrag festzulegen. Die Körnung 0/4 steht in der Regel für ein rundkörniges Natursand-Kiesgemisch, da diese Körnung regelmäßig von Kieswerken als Lieferkörnung produziert wird. Die Körnung 0/5 wird dagegen zumeist in Steinbrüchen hergestellt. Die resultierende Lieferkörnung ist damit ein Gemisch gebrochener Gesteinskörnungen aus Festgestein. Die Körnung 0/8 ist als gebrochenes und als ungebrochenes Gemisch erhältlich.

Wenn ein von den Körnungen 0/4, 0/5, 0/8 oder 0/11 abweichendes Bettungsmaterial ausgeschrieben wird, wird dies nicht durch die Inhalte der TL Pflaster-StB abgedeckt. Die Regelungen der ATV DIN 18318 sagen in diesem Fall, dass ergänzend die Regelungen der TL Gestein-StB gelten. Da dies nicht genauer spezifiziert wurde, ist davon auszugehen, dass damit die Regeln des Anhanges H der TL Gestein-StB für Bettungs- und Fugenmaterial gemeint sind, obwohl hier nach der Norm die Begriffe „Bettungsstoff“ und „Fugenstoff“ stehen (siehe dort). Anforderungen an die Korngrößenverteilung des Baustoffgemisches bestehen damit für solche Körnungen nach den ATV DIN 18318 nicht. Inwieweit die Anforderung der TL Pflaster-StB an den maximalen Feinanteil von Körnungen mit hohem Sandanteil, z. B. eine Körnung 0/2, eine ausreichende Durchlässigkeit der Bettung sicherstellt, sollte im Einzelfall nachgewiesen werden, da die Inhalte der TL Pflaster-StB nur auf die dort zugelassenen Körnungen abgestimmt sind.

Bettungen mit geringer Wasserdurchlässigkeit sind bei bewitterten Flächen als nicht geeignet und damit ggf. als mangelbehaftet anzusehen. Daher sollten Auftraggeber und Auftragnehmer sich auf einen maximal zulässigen Feinanteil des Bettungsmaterials (Bettungsstoffs) einzelvertraglich festlegen.

Kommentar

Je nach Beanspruchung sollte grundsätzlich ein der Belastung entsprechendes verformungsstabiles Bettungsmaterial verwendet werden. Hinsichtlich des Größtkorns ist grundsätzlich festzustellen: Je größer das Größtkorn, desto verformungsstabiler ist das Gemisch, solange bei ansonsten gleichbleibenden sonstigen Eigenschaften eine abgestufte Korngrößenverteilung vorhanden ist. Die Körnungen 0/11 und 0/8 sind also in der Regel bei höherer Verkehrsbelastung verformungsstabiler als die Körnungen 0/4 oder 0/5. Neben der Verformungsstabilität muss das Bettungsmaterial aber auch die Einbettung der Pflastersteine und Platten während des Verdichtungsvorganges der Decke zulassen. Für diesen Vorgang ist ein grobes Größtkorn kontraproduktiv. Je grober das Größtkorn bei einer abgestuften Korngrößenverteilung ist, desto schlechter werden die Pflastersteine und Platten eingebettet, wodurch die Ebenheit der Oberfläche abnehmen bzw. der Höhenversatz zwischen den einzelnen Steinen bzw. Platten zunehmen kann. Zumindest in diesem Fall wird der Verdichtungsaufwand und damit der Herstellungsaufwand der Decke erhöht.

Das M FP[3] drückt diesen Zusammenhang so aus, dass Bettungsmaterialien ausreichend verdichtbar sein müssen, um einen Ausgleich der unvermeidlichen, produktionsbedingten Dickentoleranzen der Pflastersteine bzw. Platten zu ermöglichen. Weiterhin wird angemerkt, dass über die in den ZTV Pflaster-StB genannten Eigenschaften hinaus die Bettungsmaterialien eine homogene und kornabgestufte Zusammensetzung aufweisen müssen, um Kornumlagerungen entgegenzuwirken. Folgendes ist zu beachten:

- Für feinkörnig zusammengesetzten Bettungsmaterialien ist die Filterstabilität gegenüber den nach ZTV SoB-StB zusammengesetzten, relativ grobkörnigen Tragschichten ohne Bindemittel nicht immer gegeben. In derartigen Fällen sollte ein grobkörnig zusammengesetztes Bettungsmaterial gewählt werden
- Grobkörnig zusammengesetzte Bettungsmaterialien weisen in der Regel einen höheren Verformungswiderstand auf und erfordern daher eine höhere Verdichtungsarbeit als feinkörnig zusammengesetzte Gemische. Gleichzeitig weisen sie eine höhere Wasserdurchlässigkeit auf. Der Kornanteil 0/2 mm des Gemisches sollte (möglichst) auf z. B. 35 M.-% bis 40 M.-% begrenzt werden, dies erfordert eine individuelle vertragliche Vereinbarung.
- Abgestuft zusammengesetzte Bettungsmaterialien mit einem größeren Größtkorn weisen einen höheren Verformungswiderstand auf als solche mit einem kleineren Größtkorn.

Dem Ausschreibenden wird mit den ZTV Pflaster-StB aufgegeben, die Art des Bettungsmaterials in der Leistungsbeschreibung festzulegen. Dies umfasst zunächst zumindest die Festlegung der Körnung des Gemisches. Einschränkungen oder Festlegungen bezüglich des zu verwendenden Gesteins verursachen an dieser Stelle Gewährleistungsprobleme, falls ein solches Gestein unzureichende Eigenschaften aufweisen sollte. Solche Festlegungen sollten unterbleiben. Stattdessen ist mittels des Verweises auf die ZTV Pflaster-StB und damit auf die TL Pflaster-StB klar festgelegt, welche Anforderungen das Bettungsmaterial zu erfüllen hat. Allerdings legen die TL Pflaster-StB nicht alle

3 Merkblatt für Flächenbefestigungen mit Pflasterdecken und Plattenbelägen in ungebundener Ausführung sowie für Einfassungen, Ausgabe 2015, FGSV Verlag, Köln 2015

Kommentar

Anforderungen fest, sondern lassen Wahlmöglichkeiten hinsichtlich folgender Eigenschaften zu:

- Fließkoeffizient der feinen Gesteinskörnung
- Anteil gebrochener Oberflächen der groben Gesteinskörnung
- Korngrößenverteilung des Baustoffgemisches
- Widerstand gegen Zertrümmerung der Gesteinskörnung.

Diese Eigenschaften sind in der Leistungsbeschreibung festzulegen.

Im Abschnitt 3 der ATV DIN 18318 sind Anforderungen an diese Eigenschaften bis auf die Korngrößenverteilung formuliert:

- Gesteinskörnung oder Gesteinskörnungsgemisch: 0/5 (wenn keine andere Körnung festgelegt wurde)

und zusätzlich für „befahrbare Flächen":

- Fließkoeffizient der feinen Gesteinskörnung: $E_{CS}35$ nach DIN EN 13242
- Anteil gebrochener Oberflächen der groben Gesteinskörnung: $C_{90/3}$ nach DIN EN 13242
- Widerstand gegen Zertrümmerung der Gesteinskörnung: SZ_{22}/LA_{25} nach DIN EN 13242.

Werden demnach keine abweichenden Anforderungen in den Bauvertrag aufgenommen, so gelten diese vorgenannten Festlegungen zumindest für Verkehrsflächen mit Kfz-Verkehr. Da keine Anforderungen an die Korngrößenverteilung des Baustoffgemisches in den ATV DIN 18318 enthalten ist, kann der Auftragnehmer zwischen den Kategorien G_U und G_N gemäß TL Pflaster-StB wählen. Da G_N für „keine Anforderung" steht, bestehen an die Zusammensetzung des Gemisches dann keine Festlegungen (siehe auch entsprechende Ausführungen zur TL Pflaster-StB im Teil B dieses Handbuches).

Eine Festlegung der Korngrößenverteilung ist gemäß den ZTV Pflaster-StB dagegen folgendermaßen vorhanden:

Bauvertragliche Anforderung an die Korngrößenverteilung des Bettungsmaterials gemäß ZTV Pflaster-StB

Belastungsklasse	Kategorie
Geh- und Radweg	G_U, G_N
Bk0,3	G_U, G_N
Bk1,0	G_U
Bk1,8	G_U
Bk3,2	G_U

Mögliche Korngrößenverteilungen des Bettungsmaterials der Kategorie G_U gemäß TL Pflaster-StB (aus Tabellen 4, 5 und 6)

Körnung	Anforderung				
	Durchgang auf dem Sieb [mm] in M.-%				
	0,5	1	2	4	5,6
0/4, 0/5	–	–	30–60	–	–
0/8	–	–	30–75	50–90	–
0/11	–	–	15–60	30–75	50–90

Kommentar

Mit der Kategorie G_U liegt ein abgestuftes Korngemisch vor, mit dem Lasten besser in die Unterlage der Bettung, d. h. die Tragschicht, abgeleitet werden kann, als dies bei nicht abgestuften Gemischen oder bei Gemischen mit einem zu hohen Anteil feiner Gesteinskörnungen der Fall ist.

Bettungsmaterialien mit einer gebrochenen Körnung weisen häufig einen höheren Reibungswiderstand als solche mit einer rundkörnigen Sand-Kiesmischung auf. Daher sind gebrochene abgestufte Bettungsmaterialien in der Regel verformungsbeständiger als rundkörnige Sand-Kiesgemische.

Die ZTV Pflaster-StB fordern daher in Einsatzgebieten mit einer höheren Beanspruchung, und dies ist hier festgelegt für die Belastungsklassen Bk1,0, Bk1,8 und Bk3,2 gemäß RStO, eine solch gebrochene Körnung. Dies wird durch die Merkmale „Fließkoeffizient feiner Gesteinskörnungen E_{CS} und Anteil gebrochener Oberflächen (der groben Gesteinskörnungen) C definiert. Mit den Kategorien $E_{CS}35$ und $C_{90/3}$ werden indirekt gebrochene Körnungen in diesen Anwendungsgebieten festgelegt. Damit besteht diesbezüglich kein gravierender Unterschied zur ATV DIN 18318. Allerdings kann im Sinne der ATV DIN 18318 der Begriff „befahrbare Verkehrsfläche" auch auf öffentliche Geh- und Radwege übertragen werden, bei denen Fahrzeuge zur Wartung und Unterhaltung die Flächen befahren.

Für alle „befahrbaren Flächen" weisen die ATV DIN 18318 strengere Anforderungen auf als die ZTV Pflaster-StB. Diese strengeren Regelungen der ATV sind, insbesondere bei Verkehrsflächen der Bk0,3 und bei Geh- und Radwegen mit häufigeren Befahrungen durch Kfz des Unterhaltungsdienstes, eher geeignet, Schäden zu vermeiden, als die bauvertraglichen Anforderungen der ZTV Pflaster. Zur vertraglichen Klarstellung sollten daher diese Regelungen in die Leistungsbeschreibung übernommen werden.

Mit Überarbeitung der TL Gestein-StB 04 in der Fassung 2018 wurden die Begriffe Brechsand und Natursand wieder in das nationale Regelwerk aufgenommen. Folgendermaßen werden die Begriffe festgelegt:

- **Brechsand** Feine Gesteinskörnung, die durch künstliche Zerkleinerungsprozesse entstanden ist.
- **Natursand** Feine Gesteinskörnung, die durch natürliche Zerkleinerungsprozesse entstanden ist.

Mit diesen beiden Begriffen ist es inhaltlich ausreichend, dort, wo die Kategorie $E_{CS}35$ gefordert ist, nur die Verwendung eines Brechsandes (nach TL Gestein-StB) zu fordern, da dies der Hintergrund der Festlegung der Anforderungskategorie ist. Gebrochene Gesteinskörnungen, z. B. gebrochene Kiese, können auf diesem Wege dann eingesetzt werden, auch wenn sie einen Fließkoeffizienten kleiner 35 [–] aufweisen. Um dies zu ermöglichen, muss der Bauvertrag eine entsprechende Erweiterung auf „Gesteinskörnungen der Kategorie $E_{CS}35$ oder Brechsand" enthalten.

Bettungsmaterialen müssen einen ausreichend hohen Widerstand gegen Zertrümmerung und Abrieb aufweisen, damit unter den dynamischen Beanspruchungen des Verkehrs und sonstiger Belastungen über den Nutzungszeitraum keine schädliche Kornzertrümmerung und -verfeinerung entsteht (siehe auch M FP). Durch die ständige dynamische Beanspruchung einer von Kraftfahrzeugen beanspruchten Pflasterdecke könnten sich ansonsten bei Bettungsmaterialien mit zu geringer Festigkeit Feinanteile in oder auf der Bettung bilden, wodurch sich die Wasserdurchlässigkeit der Bettung nachteilig verändert.

Kommentar

Bild 2.5 Wassergesättigte Bettung mit Feinkorntransport und Ablagerungen auf der Oberfläche

Ergänzt werden kann dies durch Feinanteile, die latent hydraulische Eigenschaften aufweisen, wodurch zusätzlich durch eine Reaktion mit der Umgebungsfeuchte eine mörtelähnliche und wasserdichtende Lage entsteht und die Schadensanfälligkeit der Decke noch weiter zunimmt. Die ausreichende Wasserdurchlässigkeit der Befestigung stellt eine der maßgebenden Eigenschaften dar, durch welche die Dauerhaftigkeit der Befestigung erheblich, aber leider auch häufig negativ, beeinflusst wird!

Daher müssen auch die dafür verwendeten Gesteinskörnungen und Gesteinskörnungsgemische diese Festigkeitseigenschaft liefern. Gemäß ZTV Pflaster-StB muss der Auftragnehmer ein Bettungsmaterial verwenden, dessen Gestein eine ausreichende Festigkeit aufweist, ohne genau festzulegen, wie hoch diese Festigkeit sein muss.

In Deutschland wird die Festigkeit einer Gesteinskörnung derzeit allein indirekt über den Widerstand gegen Zertrümmerung, geprüft mit dem Schlagzertrümmerungsversuch oder mit dem Los-Angeles-Versuch an der Splittkörnung (8/12,5 mm bzw. 10/14 mm) oder für Schotter an einer Körnung 35,5/45 mm.

Grundsätzlich müssen die gesteinsspezifischen Anforderungen der TL Gestein-StB, Anhang A, an den Widerstand gegen Zertrümmerung eingehalten werden. So muss ein Kalkstein beispielsweise die Kategorie SZ_{32}/LA_{30} einhalten mit der Fußnote, dass nur SZ-Werte bis 28 M.-% zulässig sind. Diese Fußnote war nötig, da es eine Kategorie SZ_{28} gemäß DIN EN 1097-2 nicht gibt, diese Anforderung aber erforderlich ist.

Ein Basalt dagegen muss mit einem SZ_{22} (Fußnote: maximaler SZ-Wert von 22 M.-%) und LA_{25} eine deutlich höhere „Festigkeit“ aufweisen. Rezyklierte und künstlich hergestellte Gesteinskörnungen müssen mindestens der Kategorie SZ_{26}/LA_{30} entsprechen.

Kommentar

Bild 2.6 Stehendes Wasser auf der Bettung

Eingeschränkt wird diese Bandbreite von der Forderung der ATV DIN 18318 für befahrbare Flächen nach einer Kategorie von SZ_{22} bzw. LA_{25}. Im Sinne der vorstehenden Erläuterungen bezüglich des Begriffes „befahrbar" sind hierunter alle öffentlichen Verkehrsflächen, die zumindest von Fahrzeugen des Unterhaltungsdienstes befahren werden, betroffen, d. h. auch Geh- und Radwege. Bettungsmaterialien nach TL Pflaster-StB mit Gesteinskörnungen der Kategorien SZ_{26}/LA_{30} und schlechter sind daher nur noch auf Flächen ohne irgendeine Kfz-Befahrung zulässig.

Da in den Belastungsklassen Bk1,0 bis Bk3,2 eine hohe Kornbeanspruchung durch den vorliegenden Kfz-Verkehr vorhanden ist, sollten in diesen Flächen Bettungsmaterialien mit einem höheren Widerstand gegen Zertrümmerung eingesetzt werden. Die ZTV Pflaster-StB empfehlen hier, dass im Bauvertrag bei Fahrbahnen mit einer Bk1,0 und Bk1,8 eine Kategorie von mindestens SZ_{22}/LA_{25} und bei Fahrbahnen der Bk3,2 die Kategorie SZ_{18}/LA_{20} auszuschreiben sind. Mit diesen Anforderungen entfallen einige für diese Anwendung nicht geeignete Baustoffgemische, ohne jedoch ganze Gesteinsarten ausschließen zu müssen. Ein Bettungsmaterial, welches latent hydraulische Eigenschaften aufweist, ist ungeeignet.

In einem Forschungsprojekt der Technischen Hochschule Köln und der Ruhr-Universität Bochum (Koch, C., Krass, K., Radenberg, M. 2007)[4] wurde festgestellt, dass die Prüfkörnung 8/12,5 des Schlagversuches oder die Prüfkörnung 10/14 des Los-Angeles-Versuches zur Bestimmung des Widerstandes einer Gesteinskörnung gegen Zertrümmerung häufiger zu abwei-

---

4 Koch, C., Krass, K., Radenberg, M., Ritter, J.: Entwicklung eines Verfahrens zur Prüfung und Bewertung des Abriebwiderstandes von Bettungs- und Fugenmaterial von Pflasterbefestigungen, Forschungsbericht der Arbeitsgemeinschaft industrieller Forschungsvereinigungen „Otto von Guericke" e. V., AiF-Nr. 13938, Köln/Bochum, 2007

Kommentar

chenden qualitativen Ergebnissen führt, als dies bei einer Beanspruchung einer Körnung 0/5 der entsprechenden Gesteine der Fall ist. Dies bedeutet im Umkehrschluss, dass die Aussagekraft der Prüfungen mittels Schlagversuch oder Los-Angeles-Versuch an den groben Prüfkörnungen nur relativ gering ist bezüglich der Eignung eines Bettungs- oder Fugenmaterials im Anwendungsbereich einer belasteten Verkehrsfläche. Zurückzuführen ist dies darauf, dass während eines Brech- und Siebprozesses zur Herstellung der Gesteinskörnungen im Steinbruch die Bruchflächen sich an den schwächsten Stellen des Gesteins ausbilden und damit gröbere Splittkörner eine tendenziell höhere Kornfestigkeit aufweisen als die feineren Sande. Dieses Verhalten ist jedoch abhängig von der Gesteinsart, so dass keine allgemeingültigen Aussagen möglich sind. Bei rundkörnigen Gesteinskörnungen besteht grundsätzlich kein Zusammenhang zwischen den aus dem Oberlauf eines Flusses gewonnenen gröberen Kiesen und den feineren flussabwärts gewonnenen Natursanden. Da kein Zusammenhang zu einem entsprechenden Kies besteht, kann der SZ-Wert eines Natursandes nicht ermittelt werden.

Es empfiehlt sich daher, den Widerstand gegen mechanische Beanspruchung durch Prüfung mittels des in diesem Forschungsprojekt weiterentwickelten und in einem Ringversuch der TU München (Wörner, Th.; Neidinger, S. 2015)[5] validierten sogenannten Modifizierten Micro-Deval-Verfahren an der Körnung 0,063/5,6 mm zu bestimmen. Die Versuchsrandbedingungen wurden in die TP Gestein-StB, Teil 5.5.3 aufgenommen. Mit diesem nun im Regelwerk enthaltenem Versuch kann der Abriebwiderstand von Bettungs- und Fugenmaterialien bestimmt werden. Dabei wird eine Probe mit definierter, immer gleicher Korn-

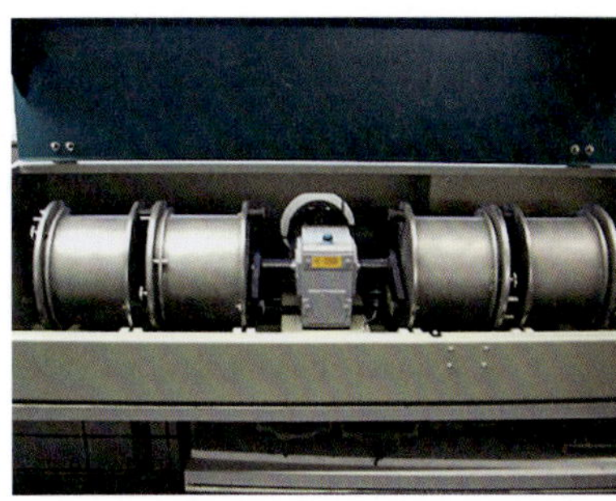

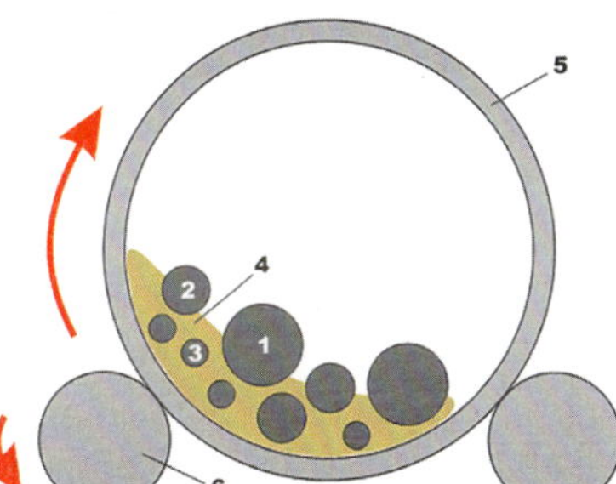

Probe: fraktionierte Zusammensetzung der Körnung 0,25/5,6,

Micro-Deval-Gerät nach DIN EN 1097-1, Abschnitt 5.2
Trommelladung:
- 500 g Probenmenge
- 2500 g Stahlkugeln
- 2,5 l Wasser

Beanspruchung:
1500 U bei v = 100 U/min

Ergebnis:
Siebrückstand m auf dem 0,063-mm-Sieb in M.-%
$MM_{DE} = (500 - m) / 5$

Bild 2.7 Modifizierter Micro-Deval-Versuch (Koch et al. 2007)

5 Wörner, Th., Neidinger, S., Westiner, E.: Bestimmung der Verfahrenspräzision des Modifizierten Micro-Deval-Verfahrens nach TP Gestein-StB Teil 5.5.3 im Auftrag der FGSV, TU München 2015

Kommentar

größenverteilung zusammen mit Stahlkugeln und Wasser in einer drehenden Trommel auf Abrieb beansprucht. Als Ergebnis wird der Rückstand auf dem 0,063-mm-Sieb gemessen und daraus der Modifizierte-Micro-Deval-Koeffizient MM_{DE} ermittelt. Je größer die Feinkornneubildung im Versuch ist, desto größer ist auch dieser Koeffizient. Ein geringer Wert für MM_{DE} ist daher als positiv, ein hoher MM_{DE} als negativ anzusehen.

Mit den in der folgenden Tabelle vorliegenden Präzisionsdaten kann das Verfahren als ausreichend präzise eingestuft werden.

Präzisionsdaten des Modifizierten Micro-Deval-Verfahrens nach den TP Gestein Teil 5.5.3 (Wörner et al. 2015)

Standardabweichung für Einfachbestimmung	s_a	0,572
Zulässige Spannweite	d_a	1,59
Standardabweichung unter Wiederholbedingungen	s_r	$0{,}033 \cdot MM_{DE} - 0{,}222$
Standardabweichung unter Vergleichsbedingungen	s_R	$0{,}041 \cdot MM_{DE} + 0{,}550$
Wiederholpräzision (2,77 s_r)	r	$0{,}091 \cdot MM_{DE} - 0{,}615$
Vergleichspräzision (2,77 s_R)	R	$0{,}114 \cdot MM_{DE} + 1{,}524$

Aufgrund eines noch nicht ausreichenden Bewertungshintergrundes und unzureichender Forschungsförderung wurde in Deutschland noch kein Anforderungswert für dieses Messverfahren festgelegt. Bisherige Erkenntnisse (siehe Bild 2.8) zeigen jedoch eine maximale Wertespanne zwischen einem MM_{DE}-Wert von ca. 15 und einem MM_{DE}-Wert von über 63 [–] für die unterschiedlichen Gesteinsarten. Werte oberhalb von 30 [–] werden häufig von dolomitischem Kalkstein, Grauwacke und rezyklierten Gesteinskörnungen erreicht. Werte unter 20 [–] werden häufig von Granit oder Basalt erreicht. Bettungsmaterialien aus Kalkstein, Grauwacke und RC-Baustoffen weisen oft auch geringe Schlagzertrümmerungswerte auf. Diese Gesteinskörnungen werden häufig als „weich“ und „mit geringer Festigkeit“ charakterisiert. Sollten Bestandteile von Gemischen geringe Festigkeiten aufweisen, können Kornzerstörungen auftreten, die zu Feinkornanreicherungen führen. Mit diesen kann sich die Wasserdurchlässigkeit der eingebauten Schicht deutlich verringern, so dass Schädigungen der Decke die Folge sind.

Derzeit wird diskutiert, inwieweit es ausreichend ist, einen MM_{DE}-Wert von mindestens 25 oder 30 für Flächen mit Kfz-Verkehr zu fordern. In den ZTV-Wegebau[6] der FLL sollen gemäß Entwurfsstand 2022 für die Nutzungskategorie N2[7] der MM_{DE}-Wert von Bettungs- und Fugenmaterialien zunächst auf 32 und für die Nutzungskategorie N3[8] auf 27 begrenzt werden.

---

6 Forschungsgesellschaft Landschaftsentwicklung Landschaftsbau e. V. (FLL): ZTV-Wegebau – Zusätzliche Technische Vertragsbedingungen für den Bau von Wegen und Plätzen außerhalb von Flächen des Straßenverkehrs. Dem Autor liegt der Entwurf der Neufassung, Stand Dezember 2021, vor.

7 Nutzungskategorie N2 gemäß ZTV-Wegebau: Befahrbare Flächenbefestigungen für Fahrzeuge bis 3,5 t zulässiges Gesamtgewicht außerhalb von Flächen des Straßenverkehrs (z. B. Garagenzufahrten, Carports, Pkw-Stellplätze, Wege in Grünanlagen). Anmerkung: nicht geeignet für Fahrzeuge mit hohen Punktlasten, z. B. Flurförderfahrzeuge, Gabelstapler, Hubwagen, Hubbühnen

8 Nutzungskategorie N3 gemäß ZTV-Wegebau: Befahrbare Flächenbefestigungen wie Nutzungskategorie N 2, jedoch mit gelegentlichen Befahrungen mit Fahrzeugen bis 20 t zulässiges Gesamtgewicht mit Radlasten ≤ 5 t außerhalb von Flächen des Straßenverkehrs (z. B. Pflege-, Instandhaltungs- und Rettungswege, Feuerwehr-, Garagen- und Gebäudezufahrten)

Kommentar

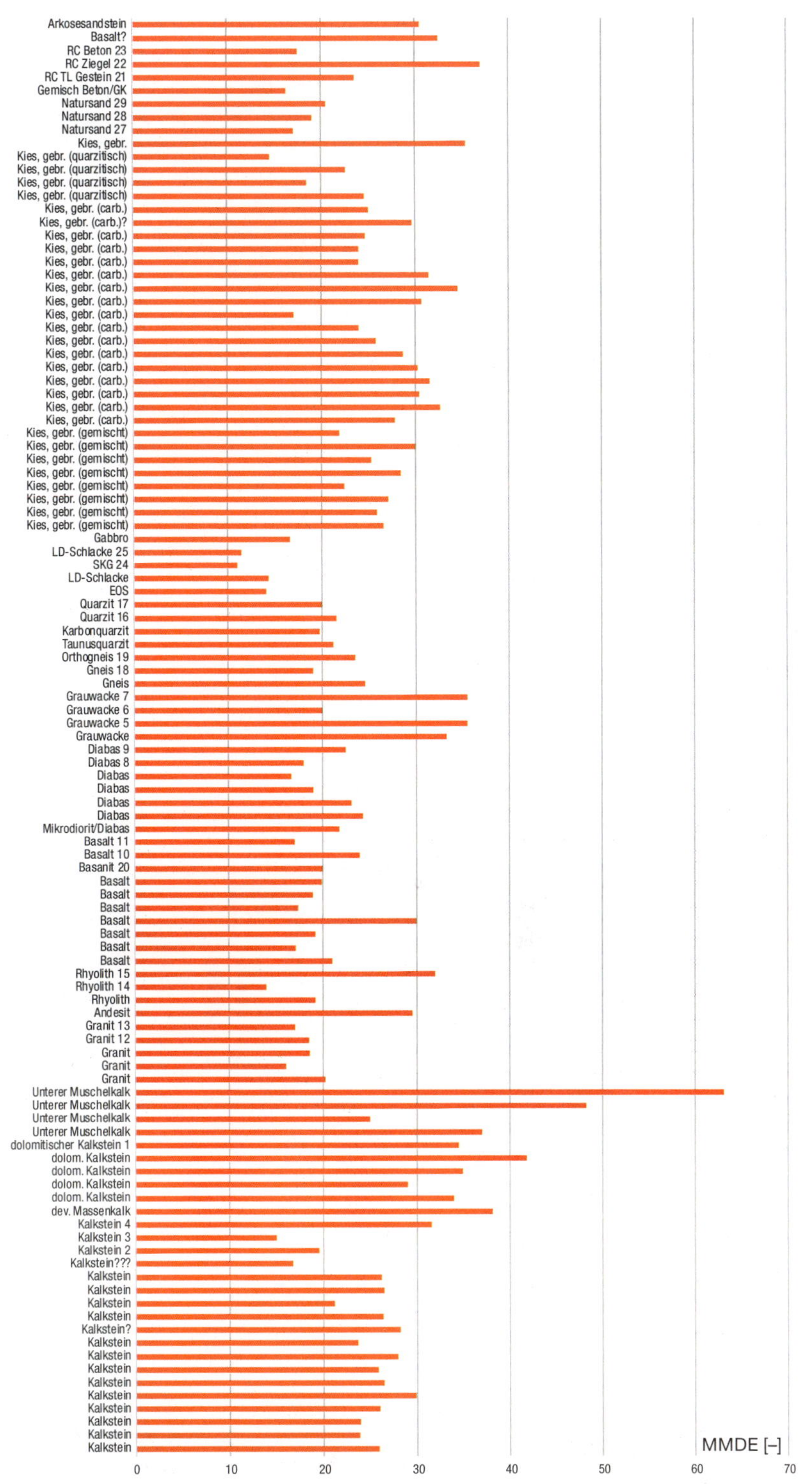

Bild 2.8 Datensammlung der MM_{DE}-Werte, Auszug
(Zusammenführung von Koch et al., 2007, und Wörner et al., 2015)

Kommentar

Der Hersteller der Befestigung muss nach den ZTV Pflaster-StB für eine „ausreichende Wasserdurchlässigkeit des Bettungsmaterials im verdichteten Zustand“, also in der verdichteten Bettung, Sorge tragen. Einerseits muss er also ein Bettungsmaterial mit einem anforderungsgerechten Feinanteil einsetzen, andererseits wird die Wasserdurchlässigkeit auch deutlich von der Kornfestigkeit und den entstehenden Kornverfeinerungen der Körnungen während der Verdichtung der Fläche mittels Rüttelplatte sowie während der Gewährleistungszeit infolge der Verkehrsbeanspruchung beeinflusst. Daher muss er über die geforderten SZ-/LA-Kategorien der Gesteinskörnungen hinaus auch eine ausreichende Abriebfestigkeit des Bettungsmaterials gewährleisten. Wie zuvor erläutert existiert hierzu noch kein Anforderungswert. Der Auftragnehmer muss dies derzeit allein durch seinen Erfahrungshintergrund mit den von ihm eingesetzten Baustoffen sicherstellen. Es empfiehlt sich jedoch, zur Vermeidung vertraglicher Probleme, dieses Thema zwischen Auftraggeber und Auftragnehmer zusätzlich zu regeln, indem z. B. ein Anforderungswert an den MM_{DE}-Koeffizienten aufgestellt wird.

Werden übereinander liegende Baustoffgemische aus Gesteinskörnungen mit Wasser durchströmt und/oder einer Vibrationsbeanspruchung ausgesetzt, haben sie die Eigenschaft, sich miteinander zu vermischen. Dieses Vorgehen wird durch die sogenannte Kontakterosion und Suffosion beeinflusst (Koch 1999). Da im Falle einer Bettung auf einer Tragschicht ohne Bindemittel die untere Schicht und die obere Bettung unterschiedliche Körnungen aufweisen, muss überprüft werden, ob sich die Materialien miteinander vermischen. Wenn dies nicht der Fall ist, sind beide Baustoffgemische filterstabil aufeinander abgestimmt. Ein vereinfachter Nachweis hierzu wird von der ZTV Pflaster-StB über den Nachweis der Filterstabilität bauvertraglich gefordert. Der Nachweis ist vom Auftragnehmer einer Baumaßnahme und nicht vom

Bild 2.9 Setzungen durch spurfahrenden Verkehr und unzureichend durchlässige Tragschicht

Kommentar

Lieferanten der Baustoffgemische durchzuführen, da nur der Bauausführende festlegt, welche Baustoffgemische eingesetzt werden. Zum Nachweis sind die Korngrößenverteilungen beider Baustoffgemische miteinander zu vergleichen. Die in den ZTV Pflaster-StB, Abschnitt 2.3.1, aufgestellten Formeln zur Filterstabilität sind so zu verstehen, dass immer mit einem Großbuchstaben das Gemisch mit dem größeren Größtkorn, hier das Baustoffgemisch der Tragschicht, bezeichnet wird und mit dem Kleinbuchstaben das entsprechende andere Gemisch, hier das Bettungsmaterial.

Der Abstand zwischen beiden Sieblinien voneinander darf nicht zu groß sein. Zu prüfen ist dies bei 15 M.-%, 50 M.-% und 85 M.-% Siebdurchgang der Gemische. Mit der zweiten und dritten Formel wird die formale Filterstabilität überprüft, mit der ersten Formel die hydraulische Wirksamkeit. Dies bedeutet, dass bei einem Siebdurchgang von 15 M.-% das Bettungsmaterial einen höheren Siebdurchgang aufweisen soll als das Tragschichtmaterial.

Damit ist es theoretisch zumeist der Fall, dass ein größerer Fein- und Feinsandanteil in der Bettung vorliegt und damit die Wasserdurchlässigkeit der Bettung geringer ist als die der Tragschicht. Dies ist gewollt. Niederschlagswasser, welches durch die Befestigung eintritt, soll die Bettung passieren und dann nicht auf der Tragschicht aufgestaut werden. Wenn sowohl die Bettung als auch die Tragschicht eine sehr große Wasserdurchlässigkeit haben, ist dies nicht unbedingt erforderlich. Bei häufig anzutreffenden weniger hohen Wasserdurchlässigkeiten wird dieser Punkt jedoch wichtiger, daher die Forderung.

Ergänzend zur Filterstabilität wird im Rahmen der ZTV Pflaster-StB und der ZTV SoB-StB von der Tragschicht ohne Bindemittel eine weitgestufte Körnung ($C_u \geq 13$) gefordert. Mit dieser Eigenschaft verringert sich die Gefahr der Kontakterosion der Bettung in die Tragschicht zusätzlich.

Neben der Filterstabilität des Bettungsmaterials zum Baustoffgemisch der Tragschicht ohne Bindemittel muss ebenso die Filterstabilität zwischen Bettungs- und Fugenmaterial ausreichend sein. Der entsprechend erforderliche Nachweis ist im Abschnitt 2.3.2 (Fugenmaterial) enthalten. Die Auswahl des Bettungsmaterials muss also einerseits hinsichtlich der Unterlage, aber auch andererseits hinsichtlich der vorgesehenen Fugenfüllung erfolgen (siehe dort).

Wird eine wasserdurchlässige Tragschicht mit Bindemittel unter der Bettung angeordnet, so muss das Bettungsmaterial ebenso davor geschützt werden, in die Tragschicht abzuwandern. Hier sind die Porendurchmesser der Tragschicht auf die Bettung abzustimmen. Besser ist es jedoch, die Hohlräume der Tragschicht vor den feinen Körnungen der Bettung zu schützen. Es hat sich bewährt, dazu als Trennlage einen Vliesstoff zwischen Tragschicht und Bettung vorzusehen. Solche Maßnahmen sollten in die Leistungsbeschreibung aufgenommen werden. Alternativ können die groben Poren durch Aufstreuen einer Zwischenkörnung filterstabiler eingestellt werden.

2.3.2 Fugenmaterial und Fugenschlussmaterial

Siehe DIN 18318.

Die Art des Fugenmaterials ist in der Leistungsbeschreibung anzugeben.

Es kann eine bestimmte Korngrößenverteilung vereinbart werden. Es ist ein Material zu verwenden, das dem Aussaugen möglichst großen Widerstand entgegenbringt. Die Auswahl des Fugenmaterials soll im Hinblick auf die vorgesehene Fugenbreite, die Art der Befestigungselemente und die zukünftigen Beanspruchungen getroffen werden. Es ist darauf zu achten, dass das Fugenmaterial keine ungewollten Verfärbungen der Befestigungselemente verursacht.

Es sind Baustoffgemische vorzugsweise 0/4 und 0/5, gegebenenfalls 0/8 als Fugenmaterialien zu verwenden. Das Nenngrößtkorn des Baustoffgemisches sollte mindestens 2/3 der vorgesehenen Sollfugenbreite entsprechen.

ATV DIN 18318 **Pflasterdecken und Plattenbeläge, Einfassungen,** Ausgabe 2019

2 Stoffe, Bauteile

...

2.2.2 Ungebundene Fugenstoffe: Als ungebundene Fugenstoffe können Gesteinskörnungen und Gesteinskörnungsgemische 0/2 mm, 0/4 mm, 0/5 mm, 0/8 mm, 0/11 mm, 1/3 mm, 1/5 mm, 1/8 mm, 2/5 mm, 2/8 mm verwendet werden.

Kommentar

Die gemäß Abschnitt 2.2.2 der ATV DIN 18318 zulässigen Körnungen für Fugenfüllungen weisen eine große Bandbreite auf. Für befahrene oder maschinell gereinigte Verkehrsflächen liegen jedoch auch negative Erfahrungen beim Einsatz der Körnungen 0/2 mm, 1/3 mm, 1/5 mm, 1/8 mm, 2/5 mm, 2/8 mm, 4/8 mm und 5/11 mm vor. Daher werden diese gemäß ZTV Pflaster-StB nicht als Vorzugsvariante empfohlen. Je nach Anwendung sollte der Ausschreibende die Körnung unter Beachtung der Angaben in den TL Pflaster-StB festlegen.

Andererseits legen die ATV DIN 18318, wenn keine besondere Vereinbarung dazu geschlossen wurde, die Verwendung wie folgt fest: Bei begehbaren Flächen sind die Fugen mit einer Gesteinskörnung 0/2 mm einzukehren und einzuschlämmen.

Tatsächlich muss das jedoch in Abhängigkeit von der Fugenbreite gesehen werden. Es mag für Fugen in „begehbaren Flächen“ mit einer Breite von 4 mm ±2 mm richtig sein, für Fugen von 10 mm ±5 mm ergibt sich in der gleichen Fläche keine standfeste Fugenfüllung.

Für befahrbare Flächen muss hier eine Gesteinskörnung oder das Gesteinskörnungsgemisch 0/5 mm eingekehrt und eingeschlämmt werden, welches die nachfolgenden Anforderungen erfüllen muss:

Kommentar

- Schlagzertrümmerungswert SZ_{22} bzw. Los Angeles Koeffizient LA_{25} nach DIN EN 13242[9]
- Fließkoeffizient $E_{CS}35$ nach DIN EN 13242:2015-07
- Anteil gebrochene Oberfläche $C_{90/3}$ nach DIN EN 13242.

Wenn in einer Leistungsbeschreibung, bei der die ZTV Pflaster-StB vereinbart sind, keine weiteren Festlegungen zum Fugenmaterial getroffen wurden, gelten die zuvor beschriebenen Forderungen der ATV DIN 18318.

Die Übertragung der Kräfte von einem Befestigungselement auf das andere ist wichtig für die Dauerhaftigkeit der Verkehrsfläche. Daher muss das Fugenmaterial Körnungen mit ausreichend Stützkorn enthalten, die dies gewährleisten. Aus diesem Grund sind Fugenbreite und Größtkorn der Fugenfüllung aufeinander abzustimmen. Wie auch im Abschnitt zur TL Pflaster-StB im Teil B dieser Kommentierung dargelegt, sollte daher grobe Körnung in ausreichender Menge in der Fugenfüllung zur Übertragung der Spannungen enthalten sein. Die ZTV Pflaster-StB empfehlen aus diesem Grunde dem Ausschreibenden, auch für öffentliche Geh- und Radwege vorzugweise die Körnungen 0/4, 0/5 oder 0/8 zu verwenden. Die Körnung 0/2 wird hier nicht empfohlen, da öffentliche Verkehrsflächen immer auch durch Kfz-Verkehr, z. B. bei Wartungs- und Unterhaltungsarbeiten, befahren werden.

Verschiedene Gesteinskörnungen, insbesondere solche mit einem hohen Anteil an Feinstbestandteilen, können zu Verfärbungen der Oberfläche der Pflastersteine und Platten führen. Zumeist werden dabei die Feinstbestandteile während und durch die mechanische Belastung der Verdichtung mittels Rüttelplatte in die Poren der Oberfläche des Befestigungselementes eingerieben.

2.3.2 Fugenmaterial und Fugenschlussmaterial (Fortsetzung)

Für Verkehrsflächen, die einer der Belastungsklassen Bk0,3 bis Bk3,2 gemäß den RStO zuzuordnen sind, sind Baustoffgemische als Fugenmaterial zu verwenden, die jeweils die Anforderungen der Zeile 1 der Tabellen 11, 12 bzw. 13 der TL Pflaster-StB erfüllen.

Für andere Verkehrsflächen können auch solche Fugenmaterialien verwendet werden, die lediglich die Anforderungen der Zeile 2 der Tabellen 11, 12 bzw. 13 der TL Pflaster-StB erfüllen.

Für Verkehrsflächen, die einer der Belastungsklassen Bk0,3 bis Bk3,2 gemäß den RStO zugeordnet sind, sind Baustoffgemische als Fugenmaterial zu verwenden, deren Fließkoeffizient der Kategorie $E_{CS}35$ gemäß Abschnitt 3.3.5 der TL Pflaster-StB entsprechen muss. Der Anteil gebrochener Oberflächen gemäß Anhang H, Zeile 2.2.6, der TL Gestein-StB muss der Kategorie C90/3 entsprechen. Abweichungen davon sind ausdrücklich zu vereinbaren.

9 DIN EN 13242:2008-03: Gesteinskörnungen für ungebundene und hydraulisch gebundene Gemische für den Ingenieur- und Straßenbau, Deutsche Fassung EN 13242:2002, Fassung 2007, Beuth Verlag, Berlin 2007

Kommentar

Befahrene Verkehrsflächen müssen einen ausreichenden Verformungswiderstand aufweisen. Die Körnungen in den Fugen müssen dies ermöglichen, indem lastaufnehmende kantige Körnungen eingesetzt werden. Ausgedrückt wird dies über die Kennwerte $E_{CS}35$ und $C_{90/3}$ gemäß den TL Pflaster-StB.

Wie schon für die Bettungsmaterialien erläutert, können auch die Begriffe „Brechsand" und „Natursand" gemäß den TL Gestein-StB 04 in der Fassung 2018 verwendet werden. Mit diesen beiden Begriffen ist es inhaltlich ausreichend, dort, wo die Kategorie $E_{CS}35$ gefordert ist, nur die Verwendung eines Brechsandes (nach TL Gestein-StB) als Fugenmaterial zu fordern, da dies der Hintergrund zur Festlegung der Anforderungskategorie $E_{CS}35$ ist. Gebrochene Gesteinskörnungen, z. B. gebrochene Kiese, können auf diesem Wege auch dann eingesetzt werden, wenn sie einen Fließkoeffizienten kleiner 35 [–] aufweisen. Um dies zu ermöglichen, muss der Bauvertrag eine entsprechende Erweiterung auf „Gesteinskörnungen der Kategorie $E_{CS}35$ oder Brechsand" enthalten.

2.3.2 **Fugenmaterial und Fugenschlussmaterial** (Fortsetzung)

Wird in besonderen Fällen ein Baustoffgemisch 0/2 oder 0/3 als Fugenmaterial verwendet, sollte dies aus natürlichen Gesteinskörnungen hergestellt sein, und der Durchgang durch das Sieb mit der Öffnungsweite 1 mm muss 40 M.-% bis 70 M.-% (bei 0/2) bzw. 30 M.-% bis 55 M.-% (bei 0/3) betragen. Baustoffgemische 0/2 und 0/3, die als Fugenmaterial verwendet werden, müssen die Anforderungen der TL Gestein-StB und die Anforderungen der TL Pflaster-StB, Tabellen 8, 9 und 10, erfüllen. Dies ist in diesen Fällen zu vereinbaren.

Kommentar

Obwohl die Körnung 0/2 nur einen geringen Verformungswiderstand aufgrund des fehlenden Splittanteils entstehen lässt, muss diese Körnung ab und zu, z. B. bei Steinsystemen mit zu geringer Fugenbreite, gewählt werden. Die Körnung 0/3 – als Sonderkörnung nicht Bestandteil der TL Pflaster-StB – enthält ein etwas größeres Größtkorn und führt damit zu einem etwas besseren Verformungswiderstand. Beide Körnungen sollten zumindest eine abgestufte Korngrößenverteilung aufweisen. Da es hierzu keine Anforderungen in den TL Pflaster-StB gibt, sind sie hier aufgeführt und müssten im Anwendungsfall einzelvertraglich in die Ausschreibung aufgenommen werden. Die zudem hier empfohlene Vereinbarung der Tabellen 8 und 10 umfasst die Anforderungen an den Feinanteil und den Überkornanteil der in den TL Pflaster-StB enthaltenen Fugenmaterialien.

2.3.2 **Fugenmaterial und Fugenschlussmaterial** (Fortsetzung)

Gesteine, die zur Herstellung von Fugenmaterial für Verkehrsflächen der Belastungsklasse Bk1,0 und Bk1,8 gemäß den RStO verwendet werden, sollten hinsichtlich des Schlagzertrümmerungswertes (des Los-Angeles-Wertes) mindestens der Kategorie SZ_{22} (LA_{25}) gemäß TL Gestein-StB, Anhang H, Zeile 2.2.9, entsprechen. Bei Verkehrsflächen der Belastungsklasse Bk3,2 sowie bei Verkehrsflächen mit besonderen Beanspruchungen (RStO 12, Abschnitt 2.6) oder solchen mit einer gebundenen Tragschicht sollte der Schlagzertrümmerungswert/Los-Angeles-Koeffizient des Fugenmaterials mindestens der Kategorie SZ_{18} (LA_{20}) entsprechen.

Zur Einschätzung der Eignung und zur Erfahrungssammlung kann zusätzlich der Modifizierte Micro-Deval-Koeffizient nach TP Gestein-StB, Teil 5.5.3 bestimmt werden.

Kommentar

Wie schon beim Bettungsmaterial empfohlen, wird auch beim Fugenmaterial mit diesen Absätzen der Vorteil von Gestein mit ausreichender Festigkeit hervorgehoben. Auf die Ausführungen zu den TL Pflaster-StB wird verwiesen. Wenn keine Festlegungen in der Leistungsbeschreibung getroffen wurden, gelten die Forderungen der ATV DIN 18318 (siehe dort). Damit besteht bei befahrenen Verkehrsflächen unabhängig von der Belastungsklasse, also auch bei der Bk0,3 nach RStO, die Forderung der Kategorie SZ_{22}/LA_{25}. Aus Sicht der Verfasser ist diese Forderung bei Verkehrsflächen der Bk0,3 gerechtfertigt. Bei einer Belastungsklasse Bk3,2 oder bei Verkehrsflächen mit besonderen Beanspruchungen gemäß RStO, dies sind z. B. Verkehrsflächen mit stärkeren Ausfahr- und Bremskräften, Steigungsstrecken usw., reicht diese Kategorie i. d. R. nicht aus, so dass die höchste Kategorie, SZ_{18}/LA_{20} gewählt werden sollte.

Die zuvor beim Bettungsmaterial dargestellten Einschränkungen des Prüfverfahrens und die stattdessen mögliche Anwendung des Micro-Deval-Verfahrens sind hier ebenfalls genannt und sollten nicht vernachlässigt werden. Auch für das Fugenmaterial sollte eine Gesteinskörnung mit einem ausreichend geringem Micro-Deval-Koeffizienten vorgesehen werden. So sollen gemäß den ZTV-Wegebau[10] der FLL mit Entwurfsstand 2022 für die Nutzungskategorie N2[11] der MM_{DE}-Wert neben Bettungsmaterialien auch von Fugenmaterialien zunächst auf 32 und für die Nutzungskategorie N3[12] auf 27 begrenzt werden.

---

10 ZTV-Wegebau, Entwurfsfassung Stand Dezember 2022, FLL, Bonn

11 Nutzungskategorie N2 gemäß ZTV-Wegebau: Befahrbare Flächenbefestigungen für Fahrzeuge bis 3,5 t zulässiges Gesamtgewicht außerhalb von Flächen des Straßenverkehrs (z. B. Garagenzufahrten, Carports, PKW-Stellplätze, Wege in Grünanlagen. Anmerkung: nicht geeignet für Fahrzeuge mit hohen Punktlasten, z. B. Flurförderfahrzeuge, Gabelstapler, Hubwagen, Hubbühnen

12 Nutzungskategorie N3 gemäß ZTV-Wegebau: Befahrbare Flächenbefestigungen wie Nutzungskategorie N2, jedoch mit gelegentlichen Befahrungen mit Fahrzeugen bis 20 t zulässiges Gesamtgewicht mit Radlasten ≤ 5 t außerhalb von Flächen des Straßenverkehrs (z. B. Pflege-, Instandhaltungs- und Rettungswege, Feuerwehr-, Garagen- und Gebäudezufahrten)

2.3.2 Fugenmaterial und Fugenschlussmaterial (Fortsetzung)

Die Korngrößenverteilung des Fugenmaterials ist auf die Korngrößenverteilung des Bettungsmaterials abzustimmen, sodass eine ausreichende Filterstabilität der Materialien untereinander erreicht wird. Der Nachweis der Filterstabilität kornabgestufter Gemische gilt als erbracht, wenn folgende Bedingungen erfüllt sind:

$D_{15}/d_{15} \geq 1$
$D_{15}/d_{85} \leq 4$
$D_{50}/d_{50} \leq 5$

mit

D_{15}; D_{50} Korndurchmesser [mm] des Bettungsmaterials, der bei 15 bzw. 50 M.-% Siebdurchgang der Körnungslinie vorliegt.

d_{15}; d_{50}; d_{85} Korndurchmesser [mm] des Fugenmaterials, der bei 15, 50 bzw. 85 M.-% Siebdurchgang der Körnungslinie vorliegt.

Die obere Siebgröße D des Fugenmaterials darf höchstens eine Korngröße kleiner sein als die obere Siebgröße D des Bettungsmaterials. Dabei gelten die Siebgrößen 4 mm und 5,6 (5) mm als eine Korngröße.

Kommentar

Bei unzureichender Filterstabilität besteht die Gefahr, dass das Fugenmaterial in die Poren des Bettungsmaterials eindringt. Damit leert sich die Fuge, so dass die Kraftübertragung auf Nachbarsteine eingeschränkt wird.

Bild 2.10 Entleerte Fugen durch unzureichende Filterstabilität

Kommentar

Der Nachweis der Filterstabilität zwischen Fugen- und Bettungsmaterial wird von den ZTV Pflaster-StB bauvertraglich gefordert. Der Nachweis ist wie schon beim Nachweis zwischen Bettungs- und Tragschichtmaterial vom Auftragnehmer einer Baumaßnahme und nicht vom Lieferanten der Baustoffgemische durchzuführen.

Zum Nachweis sind die Korngrößenverteilungen beider Baustoffgemische miteinander zu vergleichen. Die in den ZTV Pflaster-StB aufgestellten Formeln sind so zu verstehen, dass immer mit einem Großbuchstaben das Gemisch mit dem größeren Größtkorn, hier das Bettungsmaterial, bezeichnet wird und mit dem Kleinbuchstaben das entsprechende andere Gemisch, hier das Fugenmaterial. Der Abstand zwischen beiden Sieblinien voneinander darf nicht zu groß sein. Zu prüfen ist dies bei 15 M.-%, 50 M.-% und 85 M.-% Siebdurchgang der Gemische. Mit der zweiten und dritten Formel wird die formale Filterstabilität überprüft, mit der ersten Formel die hydraulische Wirksamkeit. Dies bedeutet, dass bei einem Siebdurchgang von 15 M.-% das Fugenmaterial einen mindestens so großen Siebdurchgang aufweisen soll wie das Bettungsmaterial. Damit ist es zumindest theoretisch zumeist der Fall, dass ein größerer Fein- und Feinsandanteil in der Fuge als in der Bettung vorliegt und so die Wasserdurchlässigkeit der Fuge geringer ist als die der Bettung. Infolgedessen versickert alles in die Fuge eindringende Wasser in die Bettung, ohne sich in der Fuge aufzustauen. So behält die Fuge zumindest in der Theorie auch bei hohen Niederschlagsraten eine gewisse, ausreichende Verformungsstabilität.

2.3.2 **Fugenmaterial und Fugenschlussmaterial** (Fortsetzung)

Gegebenenfalls kann ein abschließender Verschluss der Fugen (Fugenschluss) mit Fugenschlussmaterial vorgesehen werden. Dies ist in der Leistungsbeschreibung zu vereinbaren.

Für den Fugenschluss eignen sich Gesteinskörnungen mit hohem Feinanteil (< 0,063 mm) von 15 bis 30 M.-%. Gesteinskörnungen für den Fugenschluss dürfen keine ungewollten Verfärbungen auf den Befestigungselementen verursachen.

Ist ein Fugenschluss vorgesehen (siehe Abschnitt 3.5), ist dazu eine Gesteinskörnung mit einem Größtkorn von höchstens 3 mm zu verwenden, die nicht die Anforderungen der TL Pflaster-StB, Tabelle 8, erfüllen muss.

Kommentar

Damit möglichst wenig Niederschlagswasser in die Fuge eindringt, kann die Wasserdurchlässigkeit des Fugenmaterials verringert werden. Auf diese Weise wird die gesamte Befestigung robuster gegen Witterungseinflüsse. Eine geringere Wasserdurchlässigkeit erreicht man durch einen höheren Feinkornanteil im Fugenmaterial. Dies widerspricht aber einem ausreichenden Anteil an Sand- und Stützkorn. Deshalb wird nicht das Fugenmaterial feinkörnig eingestellt, sondern ein neues Material definiert, das sogenannte Fugenschlussmaterial.

Dieses soll nur den obersten Bereich der Fuge füllen, so dass darunter das Fugenmaterial mit Stützkorn, welches die Lastableitung übernimmt, vorhanden ist. Der damit hergestellte Fugenschluss ist nicht immer erforderlich – er empfiehlt

Kommentar

Bild 2.11 Fehlende Fugenfüllung u. a. durch Saugbeanspruchung des Kfz-Verkehrs und der Reinigungsfahrzeuge

sich vermehrt dort, wo saugende Beanspruchung das Fugenmaterial zusätzlich zur Druck- und Schubbelastung beansprucht. Dies ist bei befahrenen und mit Reinigungsfahrzeugen gereinigten Verkehrsflächen der Fall. In diesen Flächen kann ein Fugenschluss in die Leistungsbeschreibung aufgenommen werden.

Als Fugenschlussmaterial sollte ein feinkornhaltiges Gemisch feiner Gesteinskörnung mit einem erhöhtem Feinanteil von 15 bis 30 M.-% verwendet werden. Problematisch ist der hohe Feinkornanteil bezüglich möglicher auftretender Verfärbungen – entweder direkt schon beim Einbringen oder nach dem Abkehren beim Verdichten des Pflasters oder des Plattenbelages.

An das Fugenschlussmaterial werden keine speziellen Anforderungen gestellt, außer, dass das Größtkorn maximal 3 mm beträgt. Anforderungen gemäß TL Pflaster-StB an das Baustoffgemisch oder an die Eigenschaften der Gesteinskörnung bestehen nicht.

2.3.2 Fugenmaterial und Fugenschlussmaterial (Fortsetzung)

Bei verstärkter Einwirkung, z. B. durch Sogwirkung des Verkehrs, durch Wasser, Kraftstoffe und Öle kann ein Fugenverguss entsprechend ZTV Fug-StB zweckmäßig sein, der für die vorgesehene Beanspruchung ausreichend beständig ist. Derartige Leistungen sind in der Leistungsbeschreibung vorzusehen.

Kommentar

Pflasterdecken aus Großpflaster aus Natursteinen in ungebundener Ausführung mit Fugenbreiten von 10 mm bis 20 mm in stark befahrenen Verkehrsflächen benötigen häufig eine „Sicherung" für die Fugenfüllung. Flächen mit

Kommentar

solch einer Sicherung durch Bitumenverguss sind sehr häufig besonders lagestabil und dauerhaft und können dementsprechend in vielen Fällen empfohlen werden.

Eine solche Maßnahme kann mit einer heiß vergossenen bitumengebundenen Fugenmasse ausgeführt werden. Die Herstellung erfolgt gemäß den ZTV Fug-StB.[13]

Die Fugenmasse muss den TL Fug-StB[14] entsprechen. Hierzu ist die sogenannte „Pflasterfugenmasse" zu verwenden. Anforderungen werden nach den TL Fug-StB an die äußere Beschaffenheit, die Sicherheit gegen Überhitzung, die Dichte, den Erweichungspunkt RuK, der Konuspenetration, die Fließlänge, das elastische Rückstellvermögen, die Entmischungsneigung, die Kältesprödigkeit, die Formbeständigkeit, den Erweichungspunkt RuK nach Wärmealterung und dem Dehn- und Haftvermögen gestellt.

Die Pflasterfugennmasse sollte für eine mögliche Änderung der Fugenbreite von ca. 25 % ausgelegt, widerstandsfähig gegen Kraftstoffe und Tausalz sowie beständig bei hohen und niedrigen Temperaturen sein und ein hohes Haftvermögen an den Pflastersteinen und der verbleibenden ungebundenen Fugenfüllung haben.

Bild 2.12 Fugenverguss am Busbahnhof Zoologischer Garten in Berlin

---

13 Zusätzliche Technische Vertragsbedingungen und Richtlinien für Fugen in Verkehrsflächen – ZTV Fug-StB, Ausgabe 2015, FGSV Verlag, Köln 2015

14 Technische Lieferbedingungen für Fugenfüllstoffe in Verkehrsflächen – TL Fug-StB, Ausgabe 2015, FGSV Verlag, Köln 2015

Kommentar

Bild 2.13 Fugenverguss mit Pflasterfugenmasse

Bei der Herstellung werden die vorab mit Fugenmaterial verfüllten und eingeschlämmten Fugen der Pflasterdecke nach dem Abtrocknen der Fläche um ca. 3 bis 3,5 cm tief mit einem Sauggerät ausgeräumt und ggf. getrocknet. Die Fugentiefe muss gemäß ZTV Fug-StB mindestens das 1,5-fache der Fugenbreite, jedoch mindestens 30 mm und nicht mehr als 1/3 der Steindicke betragen. Dies gilt genauso bei dem Verguss von Fugen zur Randeinfassung.

Die Temperatur auf der Oberfläche der Fläche darf 0 °C und sollte +5 °C nicht unterschreiten. Der Einbau darf nur bei trockener Witterung erfolgen. Fugenflanken müssen im Bereich der Haftflächen trocken, sauber und staubfrei sein. Anhaftendes Trennmittel muss vor dem Verfüllen der Fugen entfernt werden. Reste anhaftender alter Pflasterfugenmassen beeinträchtigen in der Regel nicht die Haftung der neuen heiß verarbeitbaren Fugenmassen, falls eine generelle Verträglichkeit gegeben ist. Flanken von Pflastersteinen sind vor dem Verfüllen der Fugen von Verunreinigungen und losen Teilen zu reinigen. Ob ein Voranstrich der Fugenwandungen erforderlich wird, muss der Auftraggeber entscheiden.

Die Vergussmasse ist in geeigneten Schmelzkesseln aufzuschmelzen und sollte bei einer Temperatur von > 120 °C in die Fugen eingebracht werden. Beim Erkalten der Vergussmasse kann es zu einem „Absacken" der Masse durch temperaturbedingte Volumenverringerung kommen, so dass in den meisten Fällen ein Nachverguss erforderlich wird. Dieser zweite Vergussgang muss ausgeführt werden, bevor die erste Lage endgültig erkaltet ist.

Der Verguss sollte nicht über evtl. Fasen der Pflastersteine, ansonsten mindestens 3 mm bis 4 mm unter der Oberkante des Pflasters erfolgen. Die mit heiß verarbeitbaren Fugenmassen verfüllten Fugen dürfen erst nach dem Erkalten der Fugenmassen für die Nutzung freigegeben werden. Überverguss ist zu vermeiden. Sollte in Teilbereichen Vergussmasse überstehen, so ist diese abzustoßen.

2.4 Pflastersteine aus Beton

Pflastersteine aus Beton müssen die Anforderungen der TL Pflaster-StB, Abschnitt 4.1, erfüllen.

In der Leistungsbeschreibung sind anzugeben:

- *Form und Nennmaße*

sowie gegebenenfalls

- *Oberflächenmerkmale, -struktur/-textur bzw. Farbe der Oberseite*
- *Vorhandensein von Fasen, angeformten Abstandhilfen, angeformten Profilen oder seitlichen Abschrägungen*
- *Verwendung von Kurvensteinen und anderen Sonderformaten.*

Kommentar

Im Abschnitt 4.1 der TL Pflaster-StB (siehe auch Teil B dieses Handbuches) ist festgelegt, dass die Anforderungen der DIN EN 1338 einschließlich der Forderungen an die Beurteilung der Konformität, die Kennzeichnung und den Prüfbericht zu erfüllen sind. Weiterhin werden in diesem Abschnitt nur diejenigen Produkteigenschaften national geregelt, bei denen die DIN EN 1338 die Auswahl einer Klasse zulässt. Damit sind die zentralen Anforderungen an Betonpflastersteine festgelegt.

Mögliche Variationen von Pflastersteinen ergeben sich dann noch aus den in diesem Abschnitt genannten Merkmalen, die daher in der Leistungsbeschreibung anzugeben sind.

Dies sind zunächst natürlich die Form und die Abmessungen, ausgedrückt in den Nennmaßen. Das Nennmaß ist nach DIN EN 1338 das für die Herstellung eines Pflastersteins vom Hersteller festgelegte Maß, mit dem das Istmaß, also

Bild 2.14 Pflasterstein aus Beton nach DIN EN 1338, hier ein Verbundstein mit hoher Verbundwirkung

Kommentar

Bild 2.15 **Ineinandergreifende Abstandshalter an Betonstein – Fugenfüllung muss besonders sorgfältig erfolgen**

das am Pflasterstein direkt gemessene Maß, innerhalb festgelegter zulässiger Abweichungen übereinstimmen sollte. Das Nennmaß wird in der Reihenfolge Gesamtlänge, Gesamtbreite und Dicke angegeben. Bei der Messung werden angeformte Abstandshalter bzw. Abstandshilfen nicht berücksichtigt.

Weiterhin sind besondere Eigenschaften der Pflastersteine wie die Oberflächenmerkmale und -struktur bzw. die Oberflächentextur anzugeben, wenn

Bild 2.16 **Betonpflasterstein mit massiven Abstandshaltern**

Kommentar

Bild 2.17 Betonsteinpflaster mit teils recht engen Fugen, bei denen Abstandshalter knirsch anliegen

an diese besondere Anforderungen gestellt werden sollen. Zudem ist die Farbe der Oberseite anzugeben.

Hinsichtlich dieser Eigenschaften entsteht oft Streit über die zulässigen Abweichungen. Um diesem vorzubeugen bietet es sich an, vorab die vorgesehenen Steine zu bemustern. Alle zulässigen Schwankungen der Eigenschaften sollten dann innerhalb des Musters liegen. Dies kann auch Vertragsbestandteil sein.

Betonsteine weisen eine große Variabilität hinsichtlich möglicher Abschrägungen, Fasen und angeformten Profilierungen auf, die in der Norm als Abstandshalter bezeichnet werden. Wenn diese nicht gewünscht sind, ist dies in der Leistungsbeschreibung vorzugeben.

Wenn Pflasterungen in Kurven vorzunehmen sind, bietet es sich oft an, spezielle Kurvensteine zu verwenden, damit z. B. bei Beibehaltung eines Läuferverbandes in der Kurve die Regelfugenbreite eingehalten werden kann. Alternativ können aber auch richtungsneutrale Verbände sinnvoll sein, wie z. B. der Ellenbogen- oder Fischgrätverband. Kurvensteine stellen eine Möglichkeit von Sonderformaten dar. Weitere Formate werden immer wieder von Steinherstellern entwickelt. Die Bandbreite ist so mannigfaltig, dass hier auf die verschiedenen Möglichkeiten nicht weiter eingegangen wird.

In Flächen von Geh- und Radwegen und auch auf Fahrbahnen mit geringer Verkehrsbelastung (Bk0,3) werden Kurven häufig auch im sogenannten „Odenwälder Verband“ gepflastert. Hier wird der Querverbund in der Teilfläche aufgehoben und die Breite in einzelne schmale Bahnen aufgeteilt. Die Verlegung erfolgt in diesen Bahnen, wobei sich die Bahnen entsprechend dem Radius der Kurve gegeneinander verschieben.

Kurvensteine oder andere Sonderformate wie z. B. Bischofsmützen sind in der Leistungsbeschreibung anzugeben.

2.5 Platten aus Beton

Platten aus Beton müssen die Anforderungen der TL Pflaster-StB, Abschnitt 5.1, erfüllen.

In der Leistungsbeschreibung sind anzugeben:

- *Form und Nennmaße*

sowie gegebenenfalls

- *Oberflächenmerkmale, -struktur/-textur bzw. Farbe der Oberseite*
- *Vorhandensein von Fasen, angeformten Abstandhilfen, angeformten Profilen oder seitlichen Abschrägungen*
- *Verwendung von Sonderformaten.*

Kommentar

Im Abschnitt 5.1 der TL Pflaster-StB (siehe auch Teil B dieses Handbuchs) ist festgelegt, dass die Anforderungen der DIN EN 1339 einschließlich der Forderungen an die Beurteilung der Konformität, die Kennzeichnung und den Prüfbericht zu erfüllen sind. Weiterhin werden in diesem Abschnitt nur diejenigen Produkteigenschaften national geregelt, bei denen die DIN EN 1339 die Auswahl einer Klasse zulässt. Damit sind die zentralen Anforderungen an Betonplatten festgelegt. Mögliche Variationen von Platten ergeben sich dann noch aus den in diesem Abschnitt genannten Merkmalen, die daher in der Leistungsbeschreibung anzugeben sind. Dies sind zunächst natürlich die Form und die Abmessungen, ausgedrückt in den Nennmaßen. Das Nennmaß ist nach DIN EN 1339 das gleiche wie das in DIN EN 1338 genannte Maß, bei der Messung werden angeformte Abstandshalter nicht berücksichtigt.

Weiterhin sind ebenfalls besondere Eigenschaften der Platten wie die Oberflächenmerkmale und -struktur bzw. die Oberflächentextur anzugeben, wenn an diese besondere Anforderungen gestellt werden sollen. Zudem ist die Farbe der Oberseite anzugeben. Auch hier bietet es sich an, Muster zur Bewertung dieser Eigenschaften dem Bauvertrag zugrunde zu legen.

Platten aus Beton weisen wie Pflastersteine aus Beton eine große Variabilität hinsichtlich möglicher Abschrägungen, Fasen und angeformten Profilierungen auf, die in der Norm als Abstandshalter bezeichnet werden. Wenn diese nicht gewünscht sind, ist dies in der Leistungsbeschreibung vorzugeben. Gewünschte oder erforderliche Sonderformate sind gleichermaßen einzeln zu benennen und in dem Leistungsverzeichnis anzugeben

Hochwertige Platten aus Beton werden häufig auch mit einer geringeren Maßtoleranz, als im Regelwerk gefordert, produziert. Hierbei werden die Platten in der Produktion geschliffen, um eine bestimmte Dicke zu erzielen. Dies nennt man Kalibrierung. Eine solche Kalibrierung ist eine besondere Eigenschaft und müsste, wenn erforderlich, in der Leistungsbeschreibung angegeben werden. Gleiches gilt für diverse Behandlungen der Oberfläche, wie zum Beispiel eine Hydrophobierung.

2.6 Pflasterziegel und Pflasterklinker

Pflasterziegel und Pflasterklinker müssen die Anforderungen der TL Pflaster-StB, Abschnitt 4.2, erfüllen.

In der Leistungsbeschreibung sind anzugeben:

- *Form und Nennmaße*

sowie gegebenenfalls

- *Merkmale, Struktur/Textur bzw. Farbe der Sichtfläche*
- *Vorhandensein von Fasen, angeformten Abstandhilfen oder angeformten Profilen.*

Kommentar

In Abschnitt 4.2 der TL Pflaster-StB (siehe auch Teil B dieses Handbuchs) ist festgelegt, dass die Anforderungen der DIN EN 1344 für die ungebundene Verlegungsform einschließlich der Forderungen an die Beurteilung der Konformität und die Kennzeichnung zu erfüllen sind. Neben Pflasterziegeln können auch Pflasterklinker ausgeschrieben werden. Diese müssen der DIN 18503 entsprechen.

In der Ausschreibung ist anzugeben, ob Pflasterziegel oder Pflasterklinker verwendet werden sollen. Weiterhin werden in diesem Abschnitt nur diejenigen Produkteigenschaften national geregelt, bei denen die DIN EN 1344 die Auswahl einer Klasse zulässt. Damit sind die zentralen Anforderungen an Pflasterziegel und Pflasterklinker festgelegt. Mögliche Variationen von Ziegeln/Klinkern ergeben sich dann noch aus den in diesem Abschnitt genannten Merkmalen, die daher in der Leistungsbeschreibung anzugeben sind. Dies sind auch hier die Form und die Abmessungen, ausgedrückt in den Nennmaßen. Das Nennmaß ist nach DIN EN 1344 das für die Herstellung eines Pflasterziegels festgelegte Maß, mit dem das Istmaß unter Berücksichtigung

Bild 2.18 Klinkerfläche im Ellenbogenverband

Bild 2.19 Klinker mit schlankem Format

der angegebenen zulässigen Abweichungen übereinstimmen sollte. Bei der Messung werden angeformte Abstandshalter nicht berücksichtigt.

Weiterhin sind besondere Eigenschaften der Pflasterziegel oder Pflasterklinker, wie die Merkmale Struktur bzw. Textur der Sichtfläche, anzugeben, wenn an diese besondere Anforderungen gestellt werden sollen. Zudem ist die Farbe der Oberseite anzugeben.

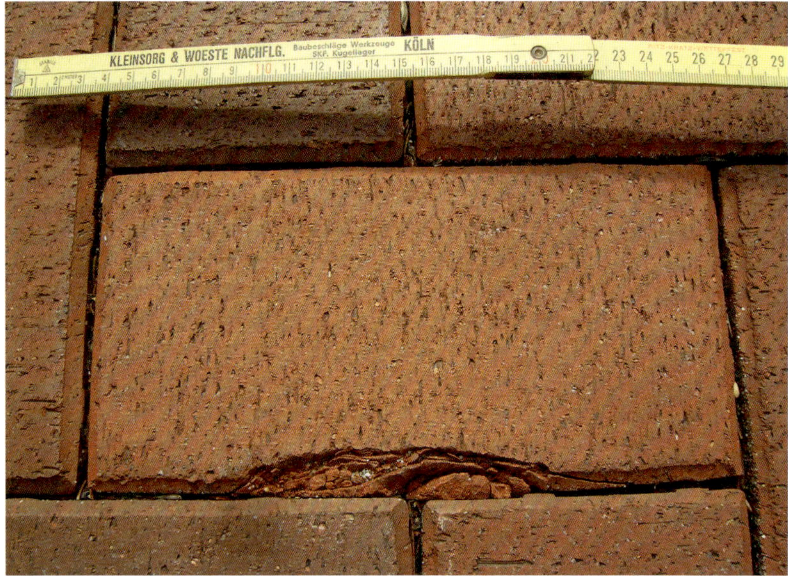

Bild 2.20 Klinkerpflaster – Schaden durch hohe Festigkeit der Abstandshalter bei engen Fugen

Kommentar

Bild 2.21 Klinker mit angeformten Abstandshaltern

Pflasterklinker weisen häufig Fasen auf, seltener werden sie mit Abstandshaltern produziert. Bei diesen ist die hohe Festigkeit auch innerhalb der Abstandshalter zu berücksichtigen, welche bei möglichen Kontakten zum Nachbarstein auch Schäden verursachen könnten. Dies kann besonders dann vorkommen, wenn die Abstandshalter bis zur Oberseite hochgezogen sind und keine oder nur sehr kleine Fasen vorliegen. Wenn solche Merkmale gewünscht sind, ist dies in der Ausschreibung anzugeben.

2.7 Klinkerplatten

Klinkerplatten müssen die Anforderungen der TL Pflaster-StB, Abschnitt 5.2, erfüllen.

In der Leistungsbeschreibung sind anzugeben:

- *Form und Nennmaße*

sowie gegebenenfalls

- *Merkmale, Struktur/Textur bzw. Farbe der Sichtfläche*
- *Vorhandensein von Fasen, angeformten Abstandhilfen oder angeformten Profilen.*

Kommentar

Im Abschnitt 5.2 der TL Pflaster-StB (siehe auch Teil B dieses Handbuchs) ist festgelegt, dass die Anforderungen der DIN EN 1344 an Pflasterziegel gemäß Abschnitt 4.2 der TL Pflaster-StB zu erfüllen sind. Zusätzlich müssen Klinkerplatten in Abhängigkeit von ihrer Dicke Anforderungen an die Biegebruchlast der Klasse T2 oder T4 der DIN EN 1344 erfüllen.

Mögliche Variationen von Klinkerplatten ergeben sich dann noch aus den in diesem Abschnitt genannten Merkmalen, die daher in der Leistungs-

Kommentar

beschreibung anzugeben sind. Dies sind die Form und die Abmessungen, ausgedrückt in den Nennmaßen.

Weiterhin sind besondere Eigenschaften der Klinkerplatten, wie die Merkmale, Struktur bzw. Textur der Sichtfläche anzugeben. Zudem ist die Farbe der Sichtfläche anzugeben, ebenso mögliche Fasen und angeformte Abstandshilfen etc.

2.8 Pflastersteine aus Naturstein

Pflastersteine aus Naturstein müssen die Anforderungen der TL Pflaster-StB, Abschnitt 4.3, erfüllen.

Pflastersteine aus Naturstein, die an der Unterseite und/oder an den Seitenflächen gesägt wurden, sollen eine ausreichende Makrorauheit aufweisen, die gegebenenfalls durch eine weitere Bearbeitung herzustellen ist. Diese ist in der Leistungsbeschreibung anzugeben.

In der Leistungsbeschreibung sind anzugeben:

- *Gesteinsart*
- *Form und Nennmaße*
- *Art der Bearbeitungen*

sowie gegebenenfalls

- *chemische Behandlung der Oberseite*
- *erforderlicher Abriebwiderstand.*

Pflastersteine aus Naturstein für Fahrbahnen der Belastungsklassen Bk1,8 und Bk3,2, die mit einer Geschwindigkeit > 30 km/h befahren werden, müssen einen Abriebwiderstand von höchstens 12 $cm^3/50\ cm^2$ bei einer Prüfung nach DIN EN 14157, Verfahren B, an der Oberseite aufweisen.

Gesteine bzw. Gesteinsgruppen, die die Anforderung an den Abriebwiderstand nicht einhalten, können verwendet werden, wenn die Gebrauchstauglichkeit bei vergleichbarer Anwendung durch ein Gutachten und durch langjährige positive Erfahrungen nachgewiesen wird.

Kommentar

Im Abschnitt 4.3 der TL Pflaster-StB (siehe auch Teil B dieses Handbuchs) ist festgelegt, dass die Anforderungen der DIN EN 1342 mittels Leistungserklärung nachzuweisen sind. Weiterhin werden in diesem Abschnitt diejenigen Produkteigenschaften national geregelt, bei denen die DIN EN 1342 die Auswahl einer Klasse zulässt. Hinzu kommen weitere nationale Regelungen.

Pflastersteine aus Naturstein werden in diesem Abschnitt nach ihren Abmessungen (Nenndicke und Nenn-Flächenmaß) unterschieden in Mosaik-, Klein- und Großpflastersteine. Nenn-Flächenmaße sind dabei die mittlere Länge und Breite. Die Unterscheidung basiert auf den traditionellen Bezeichnungen und der alten nationalen Normung (die zurückgezogene DIN 18502) für gespaltene bzw. spaltraue Natursteine, dem sogenannten Kopfsteinpflaster.

Kommentar

Bild 2.22 Steinbruch für Natursteinpflaster

Diese „gehauenen" Pflastersteine werden nach den TL Pflaster-StB wie folgt unterschieden:

- Mosaikpflastersteine: Nenndicke und Nenn-Flächenmaß bis 60 mm
- Kleinpflastersteine: Nenndicke und Nenn-Flächenmaß über 60 mm bis unter 120 mm
- Großpflastersteine: Nenndicke ab 120 mm und Nenn-Flächenmaß ab 120 mm.

Die Details zu den Konkretisierungen und zu den zusätzlichen Anforderungen des Abschnittes 4.3 der TL Pflaster-StB sind in Teil B, Kapitel 4 dieses Handbuchs enthalten. Inhaltlich ist an dieser Stelle festzustellen, dass gerade hinsichtlich der zulässigen Maßtoleranzen der gespaltenen Pflastersteine aus Naturstein schon bei der Bestellung zu bedenken ist, in welchem Verband und mit welchen Fugenbreiten diese versetzt werden sollen. Es sind unterschiedliche Maßtoleranzen erforderlich, je nachdem, ob ein Reihenverband (Läuferverband) oder ein bogenförmiger Verband hergestellt werden soll. Die Bauweise gemäß den ZTV Pflaster-StB unterscheidet sich von derjenigen der ATV DIN 18318 dahingehend, dass die Fugenbreite tendenziell enger ist, so dass sich die Begehbarkeit und die Kraftübertragung verbessern.

Kommentar

Bild 2.23 Kleinpflaster im Netzverband, deutlich erkennbar an den vorliegenden Kreuzfugen, der Verband ist im Winkel von 45° zur Fahrtrichtung gedreht

Gegenüber gehauenen (gespaltenen) Pflastersteinen weisen Steine mit gesägten Seitenflächen oder gesägter Unterseite einen deutlich geringeren Reibungswiderstand gegenüber dem Fugen- und Bettungsmaterial und dem Nachbarstein auf, so dass der Verformungswiderstand einer aus solchen Steinen bestehenden Decke deutlich verringert ist. Daher sollten diese glatten Flächen möglichst aufgeraut werden. Hierzu stehen verschiedene Verfahren zur Verfügung: Sand- oder Stahlkugelstrahlen, Stocken, Flammen, Bossieren

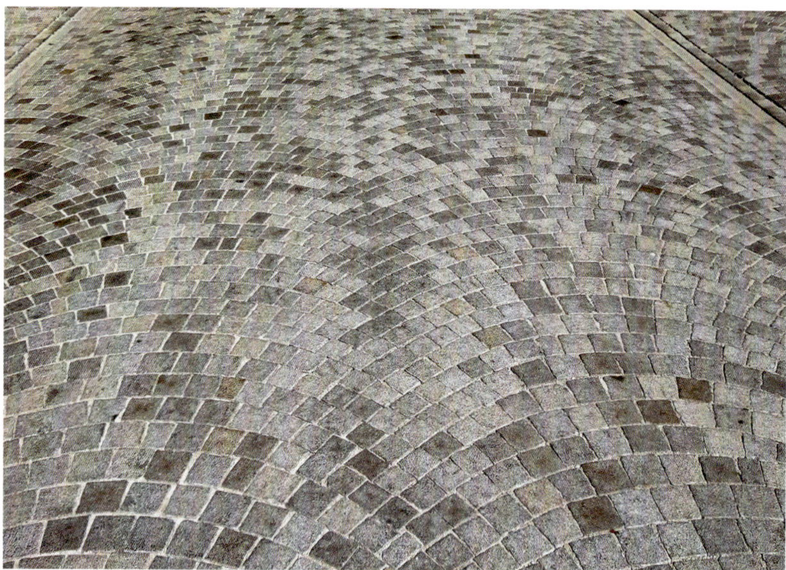

Bild 2.24 Natursteinpflaster im Bogenverband

Kommentar

Bild 2.25 Unzureichend durch Flammen aufgerauter geschnittener Naturstein

usw. Die Art der Bearbeitung ist in der Leistungsbeschreibung anzugeben. Das Aufrauen der Seitenflächen und der Unterseite sollte mindestens 80–85 % der Flächen umfassen.

Gleiches gilt für die chemische Behandlung der Oberfläche, z. B. eine Hydrophobierung. Weiterführende Anforderungen sind in der Regel nicht nötig. Sollten in besonderen Fällen spezielle Rauheitsforderungen nötig sein, müssten diese mit einem abgestimmten Prüfverfahren in den Bauvertrag separat aufgenommen werden.

Wie erläutert, empfiehlt die ATV DIN 18318 in Kapitel 0 „Hinweise für das Aufstellen der Leistungsbeschreibung“, einem nicht verbindlichen Kapitel, dass genauere Eigenschaften im Leistungsverzeichnis anzugeben sind, wenn sie gefordert werden. Besonders bei einem Naturprodukt mit variierenden Eigenschaften wie Pflastersteinen aus Naturstein können dies die Festigkeitseigenschaften und die Oberflächenbeschaffenheit sein. Weiterhin sollte die Steinart nach petrografischer Familie und möglichst genauer geografischer Herkunft, die ortsübliche Bezeichnung und der Grundfarbton angegeben werden. Dies wird hier auch von den ZTV Pflaster-StB empfohlen.

Gerade bei Natursteinpflaster ist der Schnitt der Elemente aufwendig. Daher sollten ausreichend Steine mit Sonderformaten vorgesehen werden, um entsprechend den örtlichen Gegebenheiten und dem gewählten Verband die Pflasterarbeiten zu erleichtern oder überhaupt erst zu ermöglichen. Beispielsweise erfordert eine Verlegung von Kleinpflaster im Bogen Steine mit unterschiedlichen Flächengrößen. Im Reihenverband werden sogenannte Bindersteine erforderlich, durch die der Verband hergestellt werden kann oder wodurch bei Anschlüssen zu kleine Steine vermieden werden können. Grundanforderungen an diese Sonderformate sind in den TL Pflaster-StB enthalten, doch nicht bei allen Randbedingungen sind diese ausreichend, so dass bei der Planung die genaue Baustellensituation berücksichtigt werden sollte.

Kommentar

Wenn gebrauchte Produkte verwendet werden sollen, ist auch dies nach DIN 18318 anzugeben. Die Anforderungen der TL Pflaster-StB werden hierdurch nicht außer Kraft gesetzt. Allerdings werden bei vielen gebrauchten Pflastersteinen aus Naturstein nicht die erforderlichen Maßtoleranzen eingehalten. Diese Produkte können dann z. B. zu Fugenbreiten führen, durch die die Gebrauchstauglichkeit ggf. eingeschränkt wird. In einem solchen Fall können demnach die Anforderungen der ZTV Pflaster-StB u.a. an die Ausführung nicht ohne weitere Vereinbarungen eingehalten werden. Diese Steine sind dann z. B. nach der Breite und der Höhe zu sortieren oder zu reinigen. Für die Herstellung von Pflasterdecken aus gebrauchten Pflastersteinen sind deshalb einzelvertragliche Regelungen erforderlich, um die gestellten Anforderungen umfassend zu beschreiben.

DIN 1342 enthält keine Anforderung an die Abriebbeständigkeit von Pflastersteinen aus Naturstein, sondern nur die Forderung, dass die Abriebbeständigkeit mit einem Prüfverfahren nach DIN EN 14157 „Prüfverfahren für Naturstein – Bestimmung des Widerstandes gegen Verschleiß" zu bestimmen ist. Nach den TL Pflaster-StB ist der so ermittelte Wert anzugeben. Es ist jedoch keine Anforderung formuliert, da diese Eigenschaft ggf. nicht bei allen Anwendungen erforderlich ist.

DIN EN 14157 beschreibt zwei Prüfverfahren: das Verfahren „A" mit breiter Schleifscheibe und das Verfahren „B", die Prüfung nach dem Böhme-Verfahren. In Deutschland erfolgt der Nachweis der Abriebbeständigkeit überwiegend, wenn gefordert, nach dem Böhme-Verfahren.

Die Eigenschaft der Griffigkeit bzw. des Gleit- und Rutschwiderstandes und des Abriebwiderstandes interagieren miteinander. Die Bestimmung des Gleit- und Rutschwiderstandes eines Produktes nach der Herstellung bzw. der Griffigkeit einer aus diesen Produkten frisch hergestellten Fläche sagt noch nichts über die Dauerhaftigkeit dieser Eigenschaft aus.

Bei Produkten aus Beton und Klinker hat ausreichende Erfahrung gezeigt, dass sich diese Eigenschaft durch die Porenstruktur des Baustoffes nicht abnutzt. Bei Natursteinprodukten ist dies jedoch von der Mineralstruktur der Gesteinsart abhängig. Vorteilhaft sind Gesteinsarten mit Mineralgemischen unterschiedlicher Festigkeit, wodurch auch bei Abrieb immer eine raue Oberfläche entsteht. Ein Beispiel hierfür ist Granit, bei dem die verschiedenen Mineralien optisch sichtbar sind. Basalte dagegen weisen diese Gemischstruktur nicht auf. Durch Abrieb kann eine weniger raue Oberfläche entstehen. Durch die hohe Mineralhärte entwickelt sich dieser Zustand jedoch sehr langsam. Beispielhaft ist dies in einigen Kommunen noch bei alten Pflasterstraßen, die mit Pflaster aus Basalt hergestellt wurden, erkennbar, bei welchen bei Nässe eine geringere Griffigkeit vorliegt.

Die Widerstandsfähigkeit gegen Abrieb sagt daher nichts zur Dauerhaftigkeit der Griffigkeit oder des Gleit- und Rutschwiderstandes aus, doch kann hierdurch abgeschätzt werden, wie lange der vorhandene Oberflächenzustand beibehalten werden kann. Damit ist die Abriebbeständigkeit ein Kriterium für die Dauerhaftigkeit des Befestigungselementes und damit der Verkehrsfläche.

Wenn Pflastersteine verwendet werden sollen, die z. B. in Fahrbahnen nach einer gewissen Verkehrsbelastung noch einen ausreichenden Abriebwiderstand aufweisen sollen, muss diese Anforderung in den Bauvertrag aufgenommen werden.

Kommentar

Bild 2.26 Durch Verkehr polierte Natursteinoberflächen

Die ZTV Pflaster-StB enthält diese Anforderung für Fahrbahnen der Belastungsklasse 1,8 und 3,2, die mit Geschwindigkeiten größer 30 km/h befahren werden. Die Angabe der Belastungsklasse und der zukünftigen Geschwindigkeit der Fahrbahn ist daher in die Leistungsbeschreibung aufzunehmen. In anderen Fällen, in denen die Forderung eines Abriebwiderstandes sinnvoll ist, sollte der Text der ZTV Pflaster-StB entsprechend in die Leistungsbeschreibung aufgenommen werden.

Die formulierte Anforderung von 12 $cm^3/50\ cm^2$ bezieht sich auf das Verfahren B der DIN EN 14157, der sogenannten „Böhme-Abriebprüfung“. Zum Verfahren A der Norm, der „Abriebprüfung mit breiter Schleifscheibe“, liegt kein ausreichend valider Bewertungshintergrund in Deutschland vor.

2.9 Platten aus Naturstein

Siehe Abschnitt 1.4.1.

Platten aus Naturstein müssen die Anforderungen der TL Pflaster-StB, Abschnitt 5.3, erfüllen.

Platten aus Naturstein, die an der Unterseite und/oder an den Seitenflächen gesägt wurden, sollen eine ausreichende Makrorauheit aufweisen, die gegebenenfalls durch eine weitere Bearbeitung herzustellen ist. Diese ist in der Leistungsbeschreibung anzugeben.

In der Leistungsbeschreibung sind anzugeben:

- *Gesteinsart*
- *Form und Nennmaße*
- *Art der Bearbeitungen*

sowie gegebenenfalls

- *chemische Behandlung der Oberseite*
- *erforderlicher Abriebwiderstand.*

Kommentar

Der Verweis auf Abschnitt 1.4.1 nimmt Bezug auf die eingeschränkte Anwendbarkeit von Platten. Sie sollten nur bei Verkehrsflächen, die nicht für den Kfz-Verkehr vorgesehen sind, Anwendung finden. Allerdings müssen sie auch dann so dimensioniert sein, dass eine vorgesehene gelegentliche Befahrung durch Fahrzeuge des Unterhaltungsdienstes und Reinigungsdienstes möglich ist und zu keinen Schäden führt. Dies bedeutet, dass die Platten eine für diese Belastung ausreichende Dicke und Festigkeit aufweisen müssen.

Zudem weist der Abschnitt 1.4.1 der ZTV Pflaster-StB darauf hin, dass die Befestigungselemente einen ausreichend dauerhaften Gleit- und Rutsch-

Bild 2.27 Geschnittene Natursteinplatten als Fahrbahnbelag mit unzureichender Griffigkeit

Kommentar

Bild 2.28 Geschnittene Natursteinplatten als Fahrbahnbelag

widerstand aufweisen müssen. Dies ist insbesondere bei Plattenbelägen aus bearbeitetem Naturstein, also nicht gespaltenen Platten, zu beachten, da diese aufgrund des geringeren Fugenanteils eine schlechtere Entwässerung und damit eine größere Wasserfilmdicke aufweisen können als bei Pflasterdecken.

In Kombination mit den oftmals bei Fußgängerflächen seitens der Planung gewünschten geringen Querneigungen sollten Platten für diese Flächen ggf. sogar einen höheren Gleit- und Rutschwiderstand aufweisen als entsprechende bearbeitete Pflastersteine. Forderungen werden hierzu in den TL Pflaster-StB im Abschnitt 5.3.9 formuliert, sie entsprechen den Anforderungen an Pflastersteine aus Naturstein. Auf das Merkblatt über den Rutschwiderstand von Pflasterdecken und Plattenbelägen für den Fußgängerverkehr der FGSV wird verwiesen. Bei gespaltenen Platten ist nach DIN EN 1341 grundsätzlich davon auszugehen, dass ein ausreichender Gleitwiderstand vorliegt.

Im angeführten Abschnitt 5.3 der TL Pflaster-StB ist festgelegt, dass die Anforderungen der DIN EN 1341 mittels Leistungserklärung nachzuweisen sind. Weiterhin werden in diesem Abschnitt diejenigen Produkteigenschaften national geregelt, bei denen die DIN EN 1341 die Auswahl einer Klasse zulässt. Dazu kommen weitere nationale Regelungen. Hinsichtlich der Angaben in der Leistungsbeschreibung kann auf die Ausführungen zu den Pflastersteinen aus Naturstein zurückgegriffen werden.

2.10 Bordsteine, Einfassungssteine, Rinnensteine, Bordrinnensteine und Muldensteine aus Beton

Bordsteine, Einfassungssteine, Rinnensteine, Bordrinnensteine und Muldensteine aus Beton müssen die Anforderungen der TL Pflaster-StB, Abschnitt 6.1, erfüllen.

In der Leistungsbeschreibung sind anzugeben:

- *Oberflächenmerkmale, -struktur bzw. Farbe*
- *Form und Nennmaße.*

Kommentar

Im Abschnitt 6.1 der TL Pflaster-StB (siehe auch Teil B dieses Handbuchs) ist festgelegt, dass die Anforderungen der DIN EN 1340 einschließlich der Forderungen an die Beurteilung der Konformität, die Kennzeichnung und den Prüfbericht zu erfüllen sind. Weiterhin werden in diesem Abschnitt nur diejenigen Produkteigenschaften national geregelt, bei denen die DIN EN 1340 die Auswahl einer Klasse zulässt.

Hinsichtlich der Leistungsbeschreibung sind auch für diese Produkte besondere Leistungsmerkmale festzulegen.

Dabei sind die Oberflächenmerkmale, ihre Struktur und ggf. ihre Farbe anzugeben. Natürlich müssen auch die Nennmaße und die Form angegeben werden.

Bild 2.29 Bordsteine aus Beton

Bild 2.30 Flachbordstein aus Beton

2.11 Bordklinker

Bordklinker müssen die Anforderungen der TL Pflaster-StB, Abschnitt 6.2, erfüllen.

Werden Bordklinker als Einfassungssteine in Abmessungen passend zum verwendeten Pflasterklinker in der Leistungsbeschreibung vorgesehen, so sind auch die Größe oder Maße der Bordklinker in der Leistungsbeschreibung anzugeben.

Kommentar

Im Abschnitt 6.2 der TL Pflaster-StB ist festgelegt, dass die Anforderungen an Pflasterklinker erfüllt werden müssen, alles Weitere ist also dem Abschnitt 4.2. der ZTV Pflaster-StB zu entnehmen. Als ergänzender Hinweis ist zudem angemerkt, dass die Maße der Bordklinker anzugeben sind. Dies wird jedoch selbstverständlich in den ZTV Pflaster-StB für alle Klinker empfohlen.

2.12 Bordsteine aus Naturstein

Bordsteine aus Naturstein müssen die Anforderungen der TL Pflaster-StB, Abschnitt 6.3, erfüllen.

In der Leistungsbeschreibung sind anzugeben:

- *Oberflächenmerkmale, -struktur*
- *Gesteinsart*
- *Art der Bearbeitungen*
- *Form und Nennmaße*

sowie gegebenenfalls

- *chemische Behandlung.*

Kommentar

Im Abschnitt 6.3 der TL Pflaster-StB (siehe auch Teil B dieses Handbuchs) ist festgelegt, dass die Anforderungen der DIN EN 1343 einschließlich der Leistungserklärung, der Annahmekriterien sowie der Kennzeichnung und Verpackung zu erfüllen sind. Weiterhin werden in diesem Abschnitt nur diejenigen Produkteigenschaften national geregelt, bei denen die DIN EN 1343 die Auswahl einer Klasse zulässt. Zudem sind zusätzliche nationale Anforderungen enthalten.

Hinsichtlich der Leistungsbeschreibung sind auch für diese Produkte besondere Leistungsmerkmale festzulegen. Dabei sind die Oberflächenmerkmale und ihre Struktur, die Gesteinsart sowie die Art der Bearbeitungen und die Form und Nennmaße, ggf. auch eine mögliche chemische Behandlung, anzugeben. Hinsichtlich der genaueren Festlegung der Provenienz des einzusetzenden Gesteins geben die ATV DIN 18318 weitere Hinweise, die schon im Abschnitt zu den Pflastersteinen aus Naturstein vorgestellt worden sind.

3 Ausführung

3.1 Allgemeines

Siehe DIN 18318.

Kommentar

Die DIN 18318 verweisen in Kapitel 3 zunächst auf die ATV DIN 18299. Diese führen für die Ausführung allgemein aus:

ATV DIN 18299 **Allgemeine Regelungen für Bauarbeiten jeder Art,** Ausgabe 2019

3 Ausführung

3.1 Wenn Verkehrs-, Versorgungs- und Entsorgungsanlagen im Bereich der Baustelle liegen, sind die Vorschriften und Anordnungen der zuständigen Stellen zu beachten. Kann die Lage dieser Anlagen nicht angegeben werden, ist sie zu erkunden. Leistungen zur Erkundung derartiger Anlagen sind Besondere Leistungen (siehe Abschnitt 4.2.1).

3.2 Die für die Aufrechterhaltung des Verkehrs bestimmten Flächen sind freizuhalten. Der Zugang zu Einrichtungen der Versorgungs- und Entsorgungsbetriebe, der Feuerwehr, der Post und Bahn, zu Vermessungspunkten und dergleichen darf nicht mehr als durch die Ausführung unvermeidlich behindert werden.

3.3 Werden Schadstoffe vorgefunden, z. B. in Böden, Gewässern, Stoffen oder Bauteilen, ist dies dem Auftraggeber unverzüglich mitzuteilen. Bei Gefahr im Verzug hat der Auftragnehmer die notwendigen Sicherungsmaßnahmen unverzüglich durchzuführen. Die weiteren Maßnahmen sind gemeinsam festzulegen. Die erbrachten und die weiteren Leistungen sind Besondere Leistungen (siehe Abschnitt 4.2.1).

Kommentar

Die Erkundung von Leitungen usw. im Baubereich ist von besonderem Interesse für die Qualität der Befestigung. Leitungen, die im Bereich der Tragschichten liegen, führen zu Verdichtungsproblemen und zu Minderdicken, wodurch die Befestigung Schaden nehmen kann. Die Dauerhaftigkeit wird reduziert; ggf. liegt dann eine Unterdimensionierung vor. Sowohl ein rechtzeitiges Feststellen solcher Einschränkungen als auch die dann ggf. erforderliche Umplanung der Maßnahmen muss sorgfältig erfolgen.

Baueinschränkungen durch die erforderlichen Zuwegungen zu Grundstücken und insbesondere zu wichtigen Infrastrukturen führen regelmäßig zu Erschwernissen im Bauprozess und können damit auch die Ausführungsqualität verschlechtern. Daher sollten solche Zuwegungen bedarfsgerecht geplant und mit den betroffenen Anliegern frühzeitig abgestimmt werden.

Bei unvermittelt vorgefundenen Schadstoffen sind alle erforderlichen direkten Maßnahmen verantwortungsbewusst vom Auftragnehmer eigenverantwortlich durchzuführen, dem Auftraggeber zu melden und die weiteren erforderlichen Maßnahmen gemeinsam abzustimmen.

All diese Maßnahmen können nur Besondere Maßnahmen sein, da sie dem Auftragnehmer vor Auftragserteilung nicht bekannt waren.

Die ATV DIN 18318 führen weiter zum Bauablauf des Auftragnehmers und zu den Vorgaben des Auftraggebers aus:

ATV DIN 18318 **Pflasterdecken und Plattenbeläge, Einfassungen,** Ausgabe 2019

3 Ausführung

3.1 Allgemeines

3.1.1 Die Wahl des Bauverfahrens und Bauablaufs sowie die Wahl und der Einsatz der Baugeräte sind Sache des Auftragnehmers.

3.1.2 Als Bedenken nach § 4, Abs. 3 VOB/B können insbesondere in Betracht kommen:

- ungenügende Tragfähigkeit oder Beschaffenheit der Unterlage,
- unzureichende Wasserdurchlässigkeit der Unterlage,
- Abweichungen der Unterlage von der planmäßigen Höhenlage, Neigung oder Ebenheit,
- unzureichende planmäßige Neigung,
- Fehlen von Entwässerungseinrichtungen,
- fehlende oder unzureichende Angaben für die Anordnung von Bewegungsfugen bei gebundenen Pflasterdecken und Plattenbelägen, bei Einfassungen und Entwässerungsrinnen.

Kommentar

Grundsätzlich sollten dem Auftragnehmer alle Möglichkeiten offengehalten werden, die ausgeschriebene Leistung entsprechend der eigenen Erfahrungen und Kapazitäten herzustellen. Dies betrifft insbesondere das Bauverfahren, den Bauablauf und die Baugeräte. Gemäß den VOB/B § 4, Abs. 2, hat der Auftragnehmer die Leistung unter eigener Verantwortung nach dem Vertrag auszuführen. Dabei hat er die anerkannten Regeln der Technik und die gesetzlichen und behördlichen Bestimmungen zu beachten. Es ist seine Sache, die Ausführung seiner vertraglichen Leistung zu leiten und für Ordnung auf seiner Arbeitsstelle zu sorgen.

Allerdings werden in den folgenden Abschnitten von ATV DIN 18318 und ZTV Pflaster-StB die Möglichkeiten der Ausführung in einigen zentralen Aspekten eingeschränkt. Grund hierfür ist, dass nicht alle Eigenschaften der Pflasterdecke oder des Plattenbelages, die für eine ausreichende Dauerhaftigkeit erforderlich sind, mit angemessenem Aufwand überprüft werden können. In diesem Zusammenhang ist es wichtig, dass die Verdichtung der Decke bzw. des Belages anschließend messtechnisch nicht erfasst werden kann, da ein dazu erforderliches Prüfverfahren noch nicht entwickelt ist. Daher wird z. B. gefordert, dass die Verdichtung der Decke mit einer Rüttelplatte herzustellen ist. Jedoch wird und sollten keine Leistungsklasse oder ein spezieller Produkttyp vertraglich festgelegt werden. Alle über die VOB und die ZTV Pflaster-StB hinausgehenden Einschränkungen des Bauablaufes, der Baugeräte oder des Bauverfahrens haben Einfluss auf die Qualität der hergestellten Leistung und damit auch einen Einfluss auf die Gewährleistung dieser Leistung. Üblicherweise zustehende vertragliche Ansprüche auf zu erbringende Leistungen können so eingeschränkt werden und damit im Schadensfall zu rechtlichen Problemen bzw. Streitigkeiten führen.

Wenn seitens des Auftragnehmers nicht sicherzustellen ist, dass die geschuldete Leistung erbracht werden kann, da beispielsweise die Unterlage unter der herzustellenden Decke nicht die erforderlichen Eigenschaften aufweist, ist dies in Form einer Bedenkenanmeldung dem Auftraggeber mitzuteilen. Mit einer berechtigen Bedenkenanmeldung geht das Gewährleistungsrisiko

Kommentar

mindestens teilweise auf den Auftraggeber über. Besonders hervorgehoben ist § 4, Abs. 3 der VOB/B:

VOB/B

Allgemeine Vertragsbedingungen für die Ausführung von Bauleistungen, Ausgabe 2019

§ 4 Ausführung

...

(3) Hat der Auftragnehmer Bedenken gegen die vorgesehene Art der Ausführung (auch wegen der Sicherung gegen Unfallgefahren), gegen die Güte der vom Auftraggeber gelieferten Stoffe oder Bauteile oder gegen die Leistungen anderer Unternehmer, so hat er sie dem Auftraggeber unverzüglich – möglichst schon vor Beginn der Arbeiten – schriftlich mitzuteilen; der Auftraggeber bleibt jedoch für seine Angaben, Anordnungen oder Lieferungen verantwortlich.

Kommentar

Die Bedenkenanmeldung ist somit verpflichtend vertraglich festgelegt. Wenn der Auftragnehmer keine Bedenken anmeldet, ist daher von einer aus seiner Sicht ausreichenden Güte bzw. Eignung der vorhandenen Randbedingungen auszugehen, so dass sich aus diesen keine weitergehenden Gewährleistungsänderungen und sonstigen Ansprüche ergeben.

In § 4, Abs. 1, 4. Abschnitt der VOB/B ist zudem zu Anordnungen seitens des Auftraggebers festgelegt:

VOB/B

Allgemeine Vertragsbedingungen für die Ausführung von Bauleistungen, Ausgabe 2019

§ 4 Ausführung

...

(1) 4. Hält der Auftragnehmer die Anordnungen des Auftraggebers für unberechtigt oder unzweckmäßig, so hat er seine Bedenken geltend zu machen, die Anordnungen jedoch auf Verlangen auszuführen, wenn nicht gesetzliche oder behördliche Bestimmungen entgegenstehen. Wenn dadurch eine ungerechtfertigte Erschwerung verursacht wird, hat der Auftraggeber die Mehrkosten zu tragen.

Kommentar

Durch berechtigte Bedenken beauftragte ergänzende Leistungen werden vom Auftraggeber vergütet. Da die Unterlage die Basis der Ausführung ist, muss diese geeignet sein. Insbesondere, wenn diese von einem anderen Auftragnehmer ausgeführt wurde, hat der Auftragnehmer die Qualität der Unterlage hinsichtlich der von ihm zu erbringenden Leistung zu überprüfen.

Wenn beispielweise die Tragschicht als Unterlage des Gewerkes der Pflasterdecke deutliche Entmischungen des Baustoffgemisches aufweist, ist diese Unterlage zumeist hinsichtlich ihrer Beschaffenheit ungeeignet. Hier kommt eine Bedenkenanmeldung in Frage.

Gleiches gilt aber auch, wenn ein Auftragnehmer Tragschicht und Decke nacheinander erstellt. Dies ergibt sich u. a. aus Abschnitt 1.4.2 der ZTV Pflaster-StB. Dort wird u. a. gefordert, dass die Unterlage unter einer Pflasterdecke oder einem Plattenbelag hinsichtlich ihrer Wasserdurchlässigkeit, profilgerechten Lage, Ebenheit und Tragfähigkeit (dies nur bei Tragschichten ohne Bindemittel; bei einer Unterlage aus einer regelkonform wirkenden Asphalt- oder Dränbetontragschicht kann von einer i. d. R. ausreichenden Tragfähigkeit der Unterlage seitens des Auftragnehmers ausgegangen werden) auf der Oberfläche der Tragschicht festzustellen ist.

Kommentar

Bild 3.1 Entmischungen der Tragschicht ohne Bindemittel

Bild 3.2 Nachträgliche Überprüfung der Wasserdurchlässigkeit der Unterlage

Sollte die Unterlage nicht die im Abschnitt 1.4.2 beschriebenen Eigenschaften aufweisen, ist ihre Eignung zweifelhaft, so dass möglichst vor Einbau der Decke oder des Plattenbelages ein ordnungsgemäßer Zustand der Unterlage hergestellt werden muss. Neben oftmals unzureichender Ebenheit und Neigung sind insbesondere Tragschichten mit ungenügender Tragfähigkeit und Verformungsstabilität und zu geringer Wasserdurchlässigkeit schadensverursachend. Insgesamt muss darauf geachtet werden, dass eindringendes Niederschlagswasser schnell genug abgeführt wird. Beeinflusst wird die Wasserableitung zentral durch die Neigung der Decke und damit auch der Tragschicht und deren Ebenheit, der Länge des Entwässerungsweges und den angeschlossenen Entwässerungseinrichtungen sowie ihre Qualität und Leistungsfähigkeit. Da der eindringende Niederschlag durch die Tragschicht versickern soll, muss die Schicht eine ausreichende Wasserdurchlässigkeit aufweisen.

Hier ist ein Sonderaspekt zu berücksichtigen. Während es bei Schottertragschichten bezüglich der anderen Eigenschaften ausreichend ist, dass die Anforderungen des Technischen Regelwerkes bzw. des Bauvertrages in Form der Anforderungen der ZTV SoB-StB der FGSV eingehalten werden, reicht dies bei der geforderten ausreichenden Wasserdurchlässigkeit nicht aus, da hierzu keine quantitativen Anforderungen in den ZTV SoB-StB enthalten sind. In diesem Zusammenhang kann auf den Richtlinientext des Abschnitts 1.4.2 der ZTV Pflaster-StB Bezug genommen werden. Der dort empfohlene Infiltrationsbeiwert von $k_i \geq 1 \times 10^{-5}$ m/s sollte zur Beurteilung ausreichender Wasserdurchlässigkeit der Tragschicht herangezogen werden, wenn keine weiteren Anforderungen im Bauvertrag festgelegt sind. Hierzu können wenig aufwendige Schnelltests oder im Zweifelsfall umfangreichere Prüfungen nach den TP Gestein-StB, Teile 8.3.2 bis 8.3.4, durchgeführt werden.

Kommentar

Unterlagen mit Neigungen größer rund 6 % sind problematisch hinsichtlich der Dauerhaftigkeit von üblichen Pflasterdecken oder Plattenbelägen gemäß ZTV Pflaster-StB. Hier sind z. B. aufgrund der Entwässerungsbedingungen und der mechanischen Belastung ggf. besondere Maßnahmen u. a. hinsichtlich der einzusetzenden Befestigungselemente, Bettungs- und Fugenmaterialien, Fugenschlussmaterial oder/und Verbände etc., erforderlich. Unterlagen mit Neigungen kleiner 2,5 % erfordern gesonderte Maßnahmen zur Entwässerung, z. B. spezielle Ebenheitsanforderungen an die Tragschichtoberfläche, die den Anforderungen der ZTV Pflaster-StB an die Ebenheit der Decke bzw. des Plattenbelages entsprechen, so dass die Bettung mit einer anforderungsgerechten Dicke eingebaut werden kann.

ATV DIN 18318 **Pflasterdecken und Plattenbeläge, Einfassungen,** Ausgabe 2019

3 Ausführung

...

3.1.3 Bei ungeeigneten Bedingungen, die sich aus der Witterung ergeben, z. B. Temperaturen unter 5 °C und Temperaturen über 25 °C bei gebundenen Pflasterdecken, Plattenbelägen, Einfassungen oder Entwässerungsrinnen, sind in Abstimmung mit dem Auftraggeber besondere Vorkehrungen zu treffen. Die erforderlichen Leistungen sind Besondere Leistungen (siehe Abschnitt 4.2.13).

3.1.4 Gefährdete bauliche Anlagen sind zu sichern. Bei Schutz- und Sicherungsmaßnahmen sind die Vorschriften der Eigentümer oder anderer Weisungsberechtigter zu beachten. Die erforderlichen Leistungen sind Besondere Leistungen (siehe Abschnitt 4.2.1).

3.1.5 Werden unvermutet Hindernisse angetroffen, z. B. Leitungen, Kabel, Dräne, Kanäle, Vermarkungen, Wurzeln, Bauwerksreste, ist dies dem Auftraggeber unverzüglich mitzuteilen. Die erforderlichen Leistungen sind gemeinsam festzulegen. Diese Leistungen sind Besondere Leistungen (siehe Abschnitt 4.2.1).

Ist zu vermuten, dass es sich bei den Hindernissen um Kampfmittel handelt, müssen die Arbeiten sofort eingestellt und die zuständige Stelle sowie der Auftraggeber benachrichtigt werden. Die notwendigen Sicherungsleistungen hat der Auftragnehmer unverzüglich durchzuführen. Die erforderlichen Leistungen sind gemeinsam festzulegen. Die erbrachten sowie die weiteren Leistungen sind Besondere Leistungen (siehe Abschnitt 4.2.1).

3.1.6 Gefährdete Bäume, Pflanzenbestände und Vegetationsflächen sind zu schützen; DIN 18920 „Vegetationstechnik im Landschaftsbau – Schutz von Bäumen, Pflanzenbeständen und Vegetationsflächen bei Baumaßnahmen“ ist zu beachten. Die Leistungen für zu treffende Maßnahmen sind Besondere Leistungen (siehe Abschnitt 4.2.1)

Kommentar

Im Abschnitt 4 der ATV DIN 18318 werden verschiedene sogenannte Nebenleistungen und Besondere Leistungen nach VOB/B genannt. Im Folgenden wird zunächst auf die Besonderen Leistungen eingegangen. Der Abschnitt 4.1 der ATV DIN 18318 „Nebenleistungen“ wird anschließend kommentiert.

Die Besonderen Leistungen werden in Abschnitt 4.2 der ATV DIN 18318 genauer gefasst. Die dortigen Ausführungen ergänzen die ebenfalls im Folgenden aufgeführten ATV DIN 18299. Nach diesen sind Besondere Leistungen solche Leistungen, die nicht Nebenleistungen sind und nur dann zur vertraglichen Leistung gehören, wenn sie in der Leistungsbeschreibung besonders erwähnt sind.

ATV DIN 18318 **Pflasterdecken und Plattenbeläge, Einfassungen,** Ausgabe 2019

4 Nebenleistungen, Besondere Leistungen

...

4.2 Besondere Leistungen sind ergänzend zur ATV DIN 18299, Abschnitt 4.2, z. B.:

4.2.1 Die in den Abschnitten 3.1.4, 3.1.5 und 3.1.6 aufgeführten Besonderen Leistungen.

4.2.2 Vorbereiten der Unterlage, z. B. Nachverdichten der Tragschicht, Herstellen der planmäßigen Höhenlage, Höhenausgleich in der Unterlage bei unterschiedlichen Pflasterstein- oder Plattendicken. Beseitigen von schädlichen Verschmutzungen, soweit die Notwendigkeit solcher Leistungen nicht vom Auftragnehmer verursacht ist.

4.2.3 Anpassen von Pflastersteinen, Platten, Einfassungen, z. B. durch Zuarbeiten, Verhau, Schneiden.

4.2.4 Formstücke und Formteile, einschließlich Passstücke.

4.2.5 Aussortieren (z. B. unbrauchbare Steine oder Platten), Aufladen, Transport und Entsorgen von Stoffen und Bauteilen, die vom Auftraggeber beigestellt wurden.

4.2.6 Abladen von Stoffen und Bauteilen, die vom Auftraggeber beigestellt wurden.

4.2.7 Herstellen von Pflasterdecken, Plattenbelägen, Einfassungen aus Bordsteinen mit Radien ≤ 20 m.

4.2.8 Herstellen von Pflasterdecken und Plattenbelägen im besonderen Verlegemuster.

4.2.9 Herstellen von Aussparungen, z. B. durch Schneiden oder Bohren.

4.2.10 Schließen von Aussparungen sowie Einsetzen von Einbauteilen.

4.2.11 Räumen von Schnee und Abstumpfen bei Glätte zur Aufrechterhaltung des Verkehrs.

4.2.12 Herstellen von Musterflächen, soweit diese nicht in die Leistung eingehen.

4.2.13 Besondere Schutzmaßnahmen bei ungeeigneten Witterungsbedingungen, z. B. Schutz vor Niederschlägen oder Frosteinwirkung, Einhausung, Beschattung.

4.2.14 Herstellen von Bewegungsfugen, Fugeneinlagen, Fugendichtungen.

4.2.15 Reinigen von beigestellten Pflastersteinen und Platten von grober Verschmutzung, z. B. Lehm, Mörtelreste, Farbreste, Öl, Bitumen, soweit diese nicht durch den Auftragnehmer verursacht wurden.

4.2.16 Besonderer Schutz von Bau- und Anlagenteilen, z. B. Abkleben oder Abdichten von Entwässerungseinrichtungen, Fassaden, oberflächenfertigen Teilen, Auslegen von Hartfaserplatten oder Schutzvlies.

4.2.17 Leistungen für das Erfüllen höherer Anforderungen an Ebenheit, Maßhaltigkeit als in den Abschnitten 3.1.10, 3.1.11 und 3.1.12 gefordert.

4.2.18 Fertigstellen von Flächen, Einfassungen, Entwässerungsrinnen in mehreren Arbeitsgängen, soweit die eigenen Leistungen nicht im Zuge gleichartiger Arbeiten kontinuierlich erbracht werden können, z. B. zur Ermöglichung von Arbeiten anderer Unternehmer.

4.2.19 Leistungen für Kontrollprüfungen einschließlich Probenahme.

4.2.20 Erstellen statischer Nachweise und der dafür erforderlichen Zeichnungen.

4.2.21 Erstellen von Verlegeplänen, Bestandszeichnungen und besonderer Dokumentationen.

Kommentar

Nach Abschnitt 4.2 der DIN 18318 ist eine Besondere Leistung ergänzend zu Abschnitt 4.2 der DIN 18299 u. a. auch das „Vorbereiten der Unterlage, z. B. Nachverdichten der Tragschicht, Herstellen der planmäßigen Höhenlage, Höhenausgleich in der Unterlage bei unterschiedlichen Pflasterstein- oder Plattendicken. Beseitigen von schädlichen Verschmutzungen, soweit die Notwendigkeit solcher Leistungen nicht vom Auftragnehmer verursacht ist." Damit wird angeknüpft an die im vorherigen Abschnitt der ATV DIN 18318 und der ZTV Pflaster-StB festgelegte Überprüfung der Unterlage hinsichtlich ihrer Eignung. Bei unzureichender Eignung sind Maßnahmen vorzusehen, die z. B. im Rahmen von Besonderen Leistungen durchzuführen sind.

Die in Abschnitt 3.1.3 genannten ungeeigneten Witterungsbedingungen gelten allgemein. Bei der ungebundenen Bauweise können dies auch beispielsweise starke Niederschläge sein, die ein ordnungsgemäßes Verdichten vereiteln.

Die in Absatz 3.1.5 genannten Hindernisse können die Qualität der Leistung oder im Fall von Kampfmitteln auch die Sicherheit der Baustelle bzw. der Arbeitnehmer und Anwohner gefährden. Hindernisse erfordern daher von allen Beteiligten besonders verantwortungsvolles Handeln. Kern der Aussage sind unvermutete Hindernisse. Nur solche sind nicht von einer ordnungsgemäßen Leistungsbeschreibung abgedeckt und daher nicht vom Auftragnehmer kalkulierbar. Daher verbleibt das finanzielle Risiko beim Auftraggeber, der erforderliche Maßnahmen, die aus diesen unvermuteten Hindernissen ergeben, auch als Besondere Leistungen zu vergüten hat.

Nach Abschnitt 3.1.6 sind im Baubereich auch Maßnahmen zum Schutz von gefährdeten Bäumen, Sträuchern und Vegetationsflächen Besondere Leistungen, die zu vergüten sind, wenn das Leistungsverzeichnis dies nicht enthält.

Die ATV DIN 18299 ergänzen die Auflistung der Besonderen Leistungen der ATV DIN 18318 wie folgt:

ATV DIN 18299 **Allgemeine Regelungen für Bauarbeiten jeder Art,** Ausgabe 2019

4 Nebenleistungen, Besondere Leistungen

...

4.2 Besondere Leistungen

Besondere Leistungen sind Leistungen, die nicht Nebenleistungen nach Abschnitt 4.1 sind und nur dann zur vertraglichen Leistung gehören, wenn sie in der Leistungsbeschreibung besonders erwähnt sind. Besondere Leistungen sind z. B.:

4.2.1 Leistungen nach den Abschnitten 3.1 und 3.3.

4.2.2 Beaufsichtigen der Leistungen anderer Unternehmer.

4.2.3 Erfüllen von Aufgaben des Auftraggebers (Bauherrn) hinsichtlich der Planung der Ausführung des Bauvorhabens oder der Koordinierung gemäß Baustellenverordnung.

4.2.4 Leistungen zur Unfallverhütung und zum Gesundheitsschutz für Mitarbeiter anderer Unternehmen.

4.2.5 Besondere Schutz- und Sicherheitsmaßnahmen bei Arbeiten in kontaminierten Bereichen, z. B. messtechnische Überwachung, spezifische Zusatzgeräte für Baumaschinen und Anlagen, abgeschottete Arbeitsbereiche.

4.2.6 Leistungen für besondere Schutzmaßnahmen gegen Witterungsschäden, Hochwasser und Grundwasser, ausgenommen Leistungen nach Abschnitt 4.1.10.

ATV DIN 18299

4.2.7 Versicherung der Leistung bis zur Abnahme zugunsten des Auftraggebers oder Versicherung eines außergewöhnlichen Haftpflichtwagnisses.

4.2.8 Besondere Prüfung von Stoffen und Bauteilen, die der Auftraggeber liefert.

4.2.9 Aufstellen, Vorhalten, Betreiben und Beseitigen von Einrichtungen zur Sicherung und Aufrechterhaltung des Verkehrs auf der Baustelle, z.B. Bauzäune, Schutzgerüste, Hilfsbauwerke, Beleuchtungen, Leiteinrichtungen.

4.2.10 Bereitstellen von Teilen der Baustelleneinrichtung für andere Unternehmer oder den Auftraggeber.

4.2.11 Leistungen für besondere Maßnahmen aus Gründen des Umweltschutzes sowie der Landes- und Denkmalpflege.

4.2.12 Entsorgen von Abfall über die Leistungen nach den Abschnitten 4.1.11 und 4.1.12 hinaus.

4.2.13 Schutz der Leistung, wenn der Auftraggeber eine vorzeitige Benutzung verlangt.

4.2.14 Beseitigen von Hindernissen.

4.2.15 Zusätzliche Leistungen für die Weiterarbeit bei Frost und Schnee, soweit sie dem Auftragnehmer nicht ohnehin obliegen.

4.2.16 Leistungen für besondere Maßnahmen zum Schutz und zur Sicherung gefährdeter baulicher Anlagen und benachbarter Grundstücke.

4.2.17 Sichern von Leitungen, Kabeln, Dränen, Kanälen, Grenzsteinen, Bäumen, Pflanzen und dergleichen.

Kommentar

Im Abschnitt 4.1 der DIN 18318 werden die Besonderen Leistungen ergänzt durch die Nebenleistungen, die ohne weitere Vergütung Teil der vereinbarten Leistung sind. Nebenleistungen sind nach den ATV DIN Leistungen, die auch ohne Erwähnung im Vertrag zur vertraglichen Leistung gehören. Sie sind wie folgt beschrieben:

ATV DIN 18318

Pflasterdecken und Plattenbeläge, Einfassungen, Ausgabe 2019

4 Nebenleistungen, Besondere Leistungen

4.1 Nebenleistungen

sind ergänzend zur ATV DIN 18299, Abschnitt 4.1, insbesondere:

4.1.1 Feststellen des Zustands der Straßen- und Geländeoberflächen, der Vorfluter und dergleichen nach § 3 Abs. 4 VOB/B.

4.1.2 Herstellen von behelfsmäßigen Zugängen, Zufahrten und dergleichen.

4.1.3 Reinigen von Pflastersteinen und Platten von Staub und Gesteinsmehl für das Verlegen in gebundener Bauweise.

4.1.4 Schutz von Bau- und Anlagenteilen vor Verunreinigungen und Beschädigungen durch loses Abdecken, Umwickeln, ausgenommen Schutzmaßnahmen nach Abschnitt 4.2.16.

4.1.5 Liefern von bis zu 6 Musterplatten oder -steinen je Belagsart, Einzelgröße bis 400 mm × 400 mm.

4.1.6 Nachbehandeln von Einfassungen und Entwässerungsrinnen sowie von Pflasterdecken und Plattenbelägen in gebundener Bauweise, z.B. Abdecken mit Geotextil, feucht halten.

4.1.7 Eigenüberwachungsprüfungen einschließlich Probenahme zum Nachweis der Eignung oder Güte der vom Auftragnehmer gelieferten Stoffe.

Kommentar

Klar ist hiermit, dass die Überprüfung der Eignung der Unterlage, also i. d. R. der Tragschicht, nicht gesondert vergütet wird, sondern eine Nebenleistung dargestellt. Da vertraglich festgelegt ist, dass sie ausreichend tragfähig (bei Schichten ohne Bindemittel), profilgerecht, eben und wasserdurchlässig sein muss, hat sich der Auftragnehmer auch dieser Eigenschaften zu versichern. Bezüglich der Tragfähigkeit kann es ausreichend sein, Protokolle von Tragfähigkeitsuntersuchungen, z. B. von Plattendruckversuchen, vom Auftraggeber einzusehen, sofern die Leistung nur die Herstellung der Decke und nicht die der Tragschicht umfasst.

Bezüglich der geforderten ausreichenden Wasserdurchlässigkeit können neben den im weiteren Verlauf beschriebenen quantitativen und definierten Prüfverfahren auch vereinfachte Wasserschluckversuche durchgeführt werden, wenn keine weiteren Regelungen im Bauvertrag getroffen wurden.

Auch Eigenüberwachungsprüfungen sind Nebenleistungen und werden nicht gesondert vergütet. Dies umfasst auch die Überprüfung und den Nachweis der Anforderungen an die Bauprodukte, die der Auftraggeber zur Verfügung stellt, insbesondere Pflastersteine und Platten aus Naturstein. Entweder werden solche Produkte direkt von Kommunen bestellt, oder es sollen gebrauchte Produkte verwendet werden, die beispielsweise auf dem Bauhof gelagert wurden. Besonders in diesem Fall muss überprüft werden, ob und inwieweit alle nach ZTV Pflaster-StB und TL Pflaster-StB geforderten Eigenschaften auch von diesen Produkten erfüllt werden. Abweichungen und deren Auswirkungen auf den Bauvertrag sind zu vereinbaren.

Gemäß der hier vorliegenden Textpassage der DIN 18318 sind die entsprechend erforderlichen Überprüfungen vom Auftragnehmer durchzuführen und zu bezahlen. Bauvertraglich sind innerhalb der Eigenüberwachungsprüfungen in einem solchen Fall alle geforderten Produkteigenschaften zu prüfen und können vom Auftraggeber eingefordert werden.

Zu den weiteren Nebenleistungen gehört nach den DIN 18318 die ausreichende Reinigung der Befestigungselemente von Staub und Gesteinsmehl, besonders bei der z. B. in Entwässerungsrinnen erforderlichen gebundenen Pflasterbauweise. Die Reinigung ist erforderlich, um einen ausreichenden Haftverbund zwischen Stein und Mörtel zu gewährleisten. Bei gebrauchten Befestigungselementen kann die Reinigung zu einem hohen Arbeitsaufwand führen. Die Vorgabe hier beschränkt sich aber nur auf die Reinigung von Staub und Gesteinsmehl. Pflastersteine, die vormals von Kfz-Verkehr befahren wurden, müssen aber auch von allen Öl- und Kraftstoffrückständen und sonstigen anhaftenden Verschmutzungen befreit werden, da ansonsten kein ausreichender Haftverbund bei der gebundenen Bauweise entsteht. Solche Arbeiten stellen Besondere Leistungen nach Abschnitt 4.2.15 der ATV DIN 18318 dar.

Bei der Nutzung in ungebundenen Flächen verringert sich dagegen der Reinigungsbedarf. Allerdings darf der Schmutzanteil nicht so groß sein, dass Bettungs- oder Fugenmaterial verunreinigt wird.

Für die Vereinbarung von Farben oder Oberflächeneigenschaften von Befestigungselementen bietet es sich oft an, die zulässige Bandbreite der Farb- und Strukturabweichungen mittels Mustersteinen oder Musterplatten festzulegen. Diese Proben sind kostenfrei zur Verfügung zu stellen. Grundsätzlich ist die Anzahl der Platten oder Steine nach den TL Pflaster-StB für die Lieferung von Produkten aus Naturstein dabei auf 5 je Belagsart begrenzt. Werden jedoch

Kommentar

komplexere Anforderungen aufgestellt, empfiehlt es sich, auch weitere Befestigungselemente aus Muster bzw. Proben zurückzulegen oder eine Musterfläche anzulegen. Hier sind weitere vertragliche Regelungen erforderlich.

Die ATV DIN 18299 führt zu Nebenleistungen Folgendes aus:

ATV DIN 18299 **Allgemeine Regelungen für Bauarbeiten jeder Art,** Ausgabe 2019

4 Nebenleistungen, Besondere Leistungen

4.1 Nebenleistungen

Nebenleistungen sind Leistungen, die auch ohne Erwähnung im Vertrag zur vertraglichen Leistung gehören (§ 2 Absatz 1 VOB/B).

Nebenleistungen sind demnach insbesondere:

4.1.1 Einrichten und Räumen der Baustelle einschließlich der Geräte und dergleichen.

4.1.2 Vorhalten der Baustelleneinrichtung einschließlich der Geräte und dergleichen.

4.1.3 Messungen für das Ausführen und Abrechnen der Arbeiten einschließlich des Vorhaltens der Messgeräte, Lehren, Absteckzeichen und dergleichen, des Erhaltens der Lehren und Absteckzeichen während der Bauausführung und des Stellens der Arbeitskräfte, jedoch nicht Leistungen nach § 3 Absatz 2 VOB/B.

4.1.4 Schutz- und Sicherheitsmaßnahmen nach den staatlichen und berufsgenossenschaftlichen Regelwerken zum Arbeitsschutz, ausgenommen Leistungen nach den Abschnitten 4.2.4 und 4.2.5.

4.1.5 Beleuchten, Beheizen und Reinigen der Aufenthalts- und Sanitärräume für die Beschäftigten des Auftragnehmers.

4.1.6 Heranbringen von Wasser und Energie von den vom Auftraggeber auf der Baustelle zur Verfügung gestellten Anschlussstellen zu den Verwendungsstellen.

4.1.7 Liefern der Betriebsstoffe.

4.1.8 Vorhalten der Kleingeräte und Werkzeuge.

4.1.9 Befördern aller Stoffe und Bauteile, auch wenn sie vom Auftraggeber beigestellt sind, von den Lagerstellen auf der Baustelle oder von den in der Leistungsbeschreibung angegebenen Übergabestellen zu den Verwendungsstellen und etwaiges Rückbefördern.

4.1.10 Sichern der Arbeiten gegen Niederschlagswasser, mit dem normalerweise gerechnet werden muss, und seine etwa erforderliche Beseitigung.

4.1.11 Entsorgen von Abfall aus dem Bereich des Auftragnehmers sowie Beseitigen der Verunreinigungen, die von den Arbeiten des Auftragnehmers herrühren.

4.1.12 Entsorgen von Abfall aus dem Bereich des Auftraggebers bis zu einer Menge von 1 m^3, soweit der Abfall nicht schadstoffbelastet ist.

Kommentar

Nach ATV DIN 18299 werden die Nebenleistungen allgemein für Bauleistungen jeglicher Art definiert. Für die Herstellung von Pflasterdecken und Plattenbeläge gelten, entsprechend DIN 18318, Abschnitt 4.1, insbesondere die Messtätigkeiten vor, während und nach Abschluss der Arbeiten, alle allgemein erforderlichen Schutz- und Sicherungsleistungen, der Betrieb von Räumlichkeiten für die Beschäftigten des Auftragnehmers, alle Betriebsstoffe, Energie und Wasser sowie Kleingeräte als Nebenleistungen. Weiterhin gehört das Befördern aller Baustoffe dazu, auch für die vom Auftraggeber beigestell-

Kommentar

ten Produkte ab der Übergabestelle, welche vertraglich definiert sein sollte. Die Sicherung gegen übliches Niederschlagswasser und die erforderliche Beseitigung als Nebenleistung stellt zudem ein wichtiges Qualitätskriterium dar. Hinzu kommt die Entsorgung der Abfälle aus den Bautätigkeiten und die anschließende Reinigung der beanspruchten Flächen usw.

Nachdem nun geklärt ist, welche Leistungen Neben- und welche Besondere Leistungen sind, kommen wir zu Abschnitt 3.2 der DIN 18318, in dem die bautechnischen Regelungen für die Herstellung ungebundener Pflasterdecken und Plattenbeläge thematisiert werden:

ATV DIN 18318

Pflasterdecken und Plattenbeläge, Einfassungen, Ausgabe 2019

3 Ausführung

...

3.2 Ungebundene Pflasterdecken und Plattenbeläge

3.2.1 Allgemeines

Bei ungebundenen Pflasterdecken und Plattenbelägen sind Bettung und Fugenfüllung ohne Zugabe von Bindemitteln auszuführen. Der Bettungsstoff muss auf die Unterlage abgestimmt und filterstabil sein. Fugen- und Bettungsstoffe müssen aufeinander abgestimmt und zueinander filterstabil sein.

Kommentar

Die ATV DIN 18318 umfassen sowohl die gebundene als auch die ungebundene Bauweise. Bei der ungebundenen Bauweise wird diese allein auf Bettungs- und Fugenmaterialien, hier übergeordnet als „Bettungsstoffe“ und „Fugenstoffe“ bezeichnet, eingeschränkt. Nach der Norm ist daher die Verwendung eines bitumenhaltigen Fugenvergusses als eine Variante der ungebundenen Bauweise im Gegensatz zur ZTV Pflaster-StB, bei welcher dies nach Abschnitt 3.3 möglich ist, nicht vorgesehen.

Die hier geforderte Abstimmung des Bettungsmaterials auf die Unterlage, also die Oberfläche der Tragschicht und die damit geforderte Filterstabilität, wird pauschal gefordert, ohne das eine Nachweisführung festgelegt würde. Gleiches gilt für die hier pauschal geforderte Filterstabilität zwischen Bettungs- und Fugenmaterial. Diese Anforderung ist daher wesentlich schärfer als die in den Abschnitten 2.3.1 und 2.3.2 festgelegten Nachweise der ZTV Pflaster-StB, durch welche der Umfang der Filterstabilität qualitativ und quantitativ auf ein nach bisherigem Stand erforderliches Maß eingegrenzt wird. Die nach DIN 18318 allgemeine geforderte Filterstabilität gilt formal angewendet in jedem Fall, unabhängig von jeder Beanspruchung innerhalb des Gewährleistungszeitraums.

Wenn nun innerhalb dieses Zeitraumes die Fugenfüllung verloren geht und in die Bettung eingedrungen ist, gilt die bauvertraglich geschuldete Leistung gemäß ATV DIN 18318 zunächst als nicht erfüllt. Dies gilt eng gefasst auch für Zustände, die der Auftragnehmer ggf. nicht verschuldet hat, wie z. B. Wasseraufstau infolge unzureichender Entwässerungsleistung des Verkehrsraumes und damit einhergehender dauerhaft verringerter Reibung zwischen den Gesteinskörnern und Auftriebskräften usw.

Rechtliche Streitigkeiten zwischen Auftragnehmer und Auftraggeber, in denen der Umfang der zu erbringenden Filterstabilität zu klären ist, können dann die

Kommentar

Folge sein. Um dies zu vermeiden und überprüfbar zu machen, schränkt die ZTV Pflaster-StB die geforderte Filterstabilität mittels Formeln und Grenzwerten auf Basis der vorliegenden Korngrößenverteilungen ein. Gemische, die diese Anforderungen erfüllen, sind nach bisherigem Kenntnisstand für den Anwendungszweck ausreichend filterstabil, allerdings sind sie nicht immer und unter jeder Anwendung vollständig filterstabil. Die grundsätzlich bei körnigen Gemischen durch Schwerkraft und Wasser sowie durch Vibration auftretenden Suffosions-, Kolamations- und Erosionsvorgänge können bei einer ungebundenen Bauweise nie vollständig unterbunden werden. Die geforderte Filterstabilität ist so zu verstehen, dass das grobe Gesteinskörnungsgemisch einen Filter gegenüber dem feineren Gesteinskörnungsgemisch ausbilden muss, bei dem jeder Partikel innerhalb des feineren Gemisches verbleibt. Das Eindringen feiner Partikel könnte die Eigenschaften des gröberen Gemisches negativ verändern, es darf also eigentlich kein Partikel eindringen. Hier ist schon zu erkennen, dass dies nur dann funktionieren könnte, wenn das einzelne Gemisch für sich „innerlich" so stabil aufgebaut wäre, dass sich keine Körner auf eine Weise verschöben, dass sie aus dem Gemisch ausgetrieben würden. Wenn Körner ausgetragen werden, kann nicht mehr von einer Filterstabilität im Wortsinne gesprochen werden.

In der Praxis werden immer Körner durch Vibration infolge der Verkehrsbeanspruchung oder durch Wasserströmung in den Kontaktbereich zur gröberen Schicht gelangen. Die Grenzfläche zwischen beiden Schichten muss so gestaltet sein, dass auftretende und nie vollständig zu vermeidende Kontakterosionen zwischen Bereichen mit unterschiedlichen Körnungen nicht zu einem Materialtransport in schädlichem Umfang führen. Die Filterwirkung der gröberen Schicht muss also dergestalt sein, dass diese Kontakterosionsvorgänge kombiniert mit den antransportierten Partikeln aufgrund der Strömungsvorgänge innerhalb des feineren Gemisches im obersten Bereich des gröberen Gemisches so aufgehalten werden, dass sich die Eigenschaften des gröberen Gemisches nicht zu nachteilig verändern.

Eine geschlossene mathematisch-analytische Lösung dieses Problems liegt nicht vor. Untersuchungen zu dieser Thematik beruhen auf stark vereinfachten geometrischen Betrachtungen und auf Laboruntersuchungen spezieller Gemische. Die Ergebnisse dieser Untersuchungen sind aber nur eingeschränkt allgemeingültig, da jedes Gemisch unterschiedlich zusammengesetzt ist.

Filterregeln, die für unterschiedliche Anwendungsbereiche auch verschieden sind, z. B. im Wasserbau, stellen daher nur eine grobe Näherung an das Problem dar. Ziel der in der Literatur vorhandenen verschiedenen Regeln war immer nur, Gemischveränderungen auf ein erträgliches Maß unter vorgegebenen Randbedingungen zu reduzieren.

In diesem Sinne sind auch die Anforderungen der ZTV Pflaster-StB zu verstehen. Ausgedrückt ist dies im Abschnitt 2.3.1, in dem gefordert wird, dass eine „ausreichende Filterstabilität der Materialien untereinander" erreicht werden muss, wobei der Nachweis der Filterstabilität als erbracht gilt, wenn die dort anschließend genannten Bedingungen erfüllt werden. Die Anwendung dieser Filterregeln erfüllt jedoch nicht das geforderte Niveau der ATV DIN 18318, nach dem die Baustoffe „ohne wenn und aber" filterstabil sein müssen.

3.2 Bettung

Siehe DIN 18318.

Das Bettungsmaterial ist gleichmäßig gemischt und gleichmäßig durchfeuchtet bei einem für Einbau und Verdichtung günstigen Wassergehalt einzubauen.

Die für das Verlegen der Befestigungselemente vorbereitete, abgezogene Bettung darf nicht direkt begangen oder befahren werden.

Es darf kein gefrorenes Bettungsmaterial verwendet werden.

Kommentar

Bezüglich der Forderung eines für den Einbau und die Verdichtung günstigen Einbauwassergehaltes ist darauf zu verweisen, dass trockenem Bettungsmaterial ein gewisser Wassergehalt zugegeben werden muss, damit das Gemisch ausreichend verdichtet werden kann. Zudem wird die Feuchtigkeit benötigt, damit das Gemisch sich nicht während der Vibrationen bei Transport und Einbau entmischt. Ein günstiger Wassergehalt wird in der Regel im Straßenbau über die Ergebnisse des Proctorversuches ermittelt. Der Wassergehalt sollte gleich oder etwas geringer sein als der Proctorwassergehalt, häufig auch Optimaler Wassergehalt genannt. Allerdings ist die Bestimmung dieses Proctorwassergehaltes häufig nicht möglich oder sinnvoll, da sich bei üblichen Bettungsmaterialien oft kein ausgeprägtes Maximum in der Funktion von Wassergehalt und resultierender Dichte entwickelt. Daher sind für Bettungsmaterialien auch keine Proctorversuche erforderlich. Ihre Ergebnisse müssen nicht angegeben werden.

Auch wenn kein Proctorversuch durchgeführt werden muss und damit kein genauer anzustrebender Wassergehalt festgelegt wird, sollte trotzdem eine

Bild 3.3 Zu nasse und unebene Bettung

Kommentar

Bild 3.4 Ungeeignete Bettung (Folgeerscheinung)

gewisse, nicht zu hohe Feuchtigkeit vorhanden sein, um die Körner an Ort und Stelle beim Transport zu halten und damit die in einer Anlage produzierten möglichst homogenen Gemische nicht zu entmischen. Bei einer zu nassen oder sehr ungleichmäßig nassen Bettung besteht die Gefahr ungleichmäßiger Verdichtung. Sollte das Bettungsmaterial optische Unterschiede aufweisen, so ist kein homogener Einbau mehr möglich. Welche Maßnahmen dann zu ergreifen sind, ist einzelfallabhängig. In manchen Fällen kann es ausreichend sein, vor Ort aus der Baustelle das Bettungsmaterial nochmals durch Umsetzen zu vermischen. In anderen Fällen muss das Material ggf. ausgetauscht werden. Um Entmischungen während des Einbaus zu vermeiden, sollte besonders bei warmer oder windiger Witterung die Feuchtigkeit des Bettungsmaterials im Auge behalten werden. Gegebenenfalls sind ausgetrocknete Gemische vor der Verwendung nochmals zu wässern.

Der Einbauprozess der Bettung beinhaltet bei der sogenannten „Verlegung" das Verteilen und Abziehen des Bettungsmaterials in der richtigen Dicke mittels Lehren. Dabei ist das Material überhöht einzubauen, um nach der Verdichtung die vertraglich vereinbarte Bettungsdicke einzuhalten. Die Größe der Überhöhung ist von der Verdichtungswilligkeit des Gemisches abhängig. Häufig wird für eine 4 cm dicke Bettung eine Überhöhung von 1 cm erforderlich, so dass überhöht eine 5 cm dicke Bettung vorgelegt wird. Beim Verfahren der Verlegung der Pflastersteine und Platten werden dann diese Befestigungselemente von der verlegten Fläche aus auf die Bettung abgelegt. Hier ist es erforderlich, dass die Bettung überall in gleichmäßiger Dicke und Dichte vorliegt. Bereiche, die eine höhere Dichte bei gleicher Dicke aufweisen, werden nach der Verdichtung des Pflasters dicker sein und damit zu Unebenheiten des Pflasters führen. Daher ist es wichtig, die Bettung vor der Verlegung zu schonen und nicht zu betreten oder zu befahren. Bei Platten ist darauf zu achten, dass sie beim Verlegen nicht ungleichmäßig auf die Bet-

Kommentar

tung ausgesetzt werden, da sich damit das Bettungsmaterial ebenfalls verschiebt und ungleichmäßige Auflagerungsbedingungen entstehen. Aus dem gleichen Grund, der Gefahr der ungleichmäßigen Dichte, darf auch gefrorenes Bettungsmaterial nicht verwendet werden.

ATV DIN 18318

Pflasterdecken und Plattenbeläge, Einfassungen, Ausgabe 2019

3.2 Ungebundene Pflasterdecken und Plattenbeläge

...

3.2.2 Bettung

Die Dicke der Bettung muss im verdichteten Zustand 40 mm ±10 mm betragen, bei Verwendung von spaltrauen Pflastersteinen oder Platten aus Naturstein 50 mm ±15 mm.

Es ist eine Gesteinskörnung oder ein Gesteinskörnungsgemisch 0/5 mm zu verwenden.

Für befahrbare Flächen muss die Gesteinskörnung oder das Gesteinskörnungsgemisch nachfolgende Anforderungen erfüllen:

- Schlagzertrümmerungswert SZ_{22} bzw. Los Angeles Koeffizient LA_{25} nach DIN EN 13242,
- Fließkoeffizient E_{CS} 35 nach E DIN EN 13242:2015-07,
- Anteil gebrochene Oberfläche $C_{90/3}$ nach DIN EN 13242.

Kommentar

Die Dicke der herzustellenden Bettung wird nach ATV DIN 18318 hier für ebenflächige und gespaltene Pflasterdecken und Plattenbeläge unterschiedlich festgelegt, z. B. 40 mm für Betonsteinpflaster.

Im Abschnitt 1.4.3 der ZTV Pflaster-StB wurden Empfehlungen an die Bettungsdicke gegeben, z. B. 4 cm für Betonsteinpflaster. Diese Empfehlung wäre in das Leistungsverzeichnis aufzunehmen. Der Auftraggeber sollte dies entsprechend des vorliegenden Anwendungsfalles entscheiden und festlegen. Es kann auch eine geringere oder größere Dicke festgelegt werden. Wenn im Bauvertrag jedoch keine Dicke festgelegt ist, gelten die Regelungen der ATV DIN 18318, auf die in Kapitel 3.2 der ZTV Pflaster hingewiesen wird, und damit die hier dargestellten Vorgaben. Gleichzeitig wird die zulässige Dickentoleranz festgelegt, hier bei Betonsteinpflaster ±10 mm. Diese Forderung ist jedoch auch im Abschnitt 3.8.3 der ZTV Pflaster-StB bauvertraglich festgelegt. Dort wird eine Toleranz von maximal ±1 cm eingefordert, jedoch zudem eingeschränkt auf eine zulässige Spanne der Bettungsdicke von mindestens 2,0 und maximal 5,0 cm an jeder Stelle. Die zulässige Toleranz der DIN wird hier durch die Anforderung der ZTV-StB ersetzt. Statt ±10 mm wird eine Toleranzanforderung von ±1 cm erhoben. Vertraglich wirkt sich dies so aus, dass durch die Rundungsregeln im Beispielsfall Betonsteinpflaster die maximale Spanne der Bettungsdicke zwischen 29,6 mm und 50,4 mm liegt, während diese nach ZTV Pflaster-StB zwischen 2,5 cm und 5,4 cm betragen muss, also 25 und 54 mm. Die größere Genauigkeit der DIN 18318 wurde in den ZTV Pflaster-StB bewusst zurückgenommen, um die auf der Baustelle übliche Baugenauigkeit zu berücksichtigen, insbesondere, da hierbei nicht von einem Qualitätsverlust auszugehen ist.

Wenn innerhalb eines Bauvertrages die Körnung des Bettungsmaterials vorgegeben wurde, gilt die Regelung der DIN 18318. Die hier pauschal fest-

Kommentar

gelegte Körnung 0/5 mm ist dann einschließlich der Vorgaben der TL Pflaster-StB vom Gemisch zu erfüllen.

Hinsichtlich der Anforderungen an die Gesteinskörnungen für befahrbare Flächen werden dabei genauere Vorgaben gemacht, die nur durch einzelvertragliche Regelungen aufgehoben werden können. Wichtig ist die Festlegung einer Anforderung an den Widerstand gegen Zertrümmerung von SZ_{22}/LA_{25}. Nach Abschnitt 2.3.1 wurden hier nur Empfehlungen im Richtlinientext der ZTV-Pflaster-StB formuliert. Durch diese Festlegung nun ist mit Neuausgabe der ATV DIN 18318 ab der Belastungsklasse Bk0,3 keine Körnung mit einer geringeren Kategorie als die hier beschriebene zulässig, es sei denn, dies wird ausdrücklich vereinbart.

Bezüglich der geometrischen Anforderungen des Fließkoeffizienten der feinen Gesteinskörnung und des Anteils gebrochener Oberflächen der groben Gesteinskörnung gilt Gleiches. Auch hier müssen die Gesteinskörnung aller befahrbaren Flächen, also auch die der Bk0,3, diese Anforderung erfüllen, wodurch die Empfehlungen des Abschnittes 2.3.1 verschärft wurden. Inhaltlich bedeutet dies grob ausgedrückt, dass alle befahrbaren Verkehrsflächen mit gebrochenen Gesteinskörungen als Bettungsmaterial herzustellen sind.

Nach DIN 18318 wird unterschieden zwischen begehbaren und befahrbaren Flächen. Wie der Begriff „befahrbare Fläche" der DIN 18318 vertraglich zu deuten ist, ist noch unklar, da keine weitere Definition vorliegt. In den Tabellen 1 bis 4 der DIN 18318 ist eine Nutzungsabgrenzung nach der größten Verkehrsbelastung vorgesehen. Dabei wird diese in „begehbar", „befahrbar, Fahrzeuge bis 3,5 t" und „befahrbar, Fahrzeuge über 3,5 t" unterschieden. Gemeint sein kann hier für „begehbar", dass die größte Verkehrsbelastung Fußgängerverkehr ist. Bei den Unterscheidungen der „befahrbaren" Flächen wird hinsichtlich des Gesamtgewichtes der Fahrzeuge unterschieden. Dabei ist jedes einzelne Fahrzeug zu berücksichtigen (Nutzungsabgrenzung nach der größten Verkehrsbelastung). Regelmäßig mit Kraftfahrzeugen befahrene Flächen sind daher immer in die Kategorie „befahrbar" einzustufen. Diskutabel ist aber, ob eine Befahrung nur durch Kfz gemeint ist oder ob auch andere Fahrzeuge ohne Motorkraft, Fahrräder usw., hierunter fallen. Weiterhin ist zu überlegen, ob Wartungsfahrzeuge des Unterhaltungsdienstes, die auch die Gehwege ab und an befahren, eingeschlossen sind, so dass auch Gehwege öffentlicher Verkehrsflächen unter diesen Begriff fallen.

Nach dem Verständnis der ZTV Pflaster-StB, welche sich auch auf die RStO beziehen, dürfen Rad- und Gehwege gelegentlich von Fahrzeugen des Unterhaltungsdienstes befahren werden. Sie werden gesondert dimensioniert und sind damit von Flächen mit Kfz-Verkehr differenziert. Die RStO sind zwar nicht als mitgeltende Vorschrift in der DIN 18318 aufgeführt, doch wird im Abschnitt 0 der Norm auf diese verwiesen: Bei der vom Auftraggeber geforderten Angabe des Verwendungszwecks und der Nutzungsabgrenzung der Flächen nach der größten Verkehrsbelastung wird in Bezug auf die RStO beispielhaft unterschieden zwischen Fußgängern, Radfahrern und Belastungsklasse der Verkehrsfläche. Damit tendiert die Norm zu einer Unterscheidung zwischen diesen Nutzungen. Dies widerspricht jedoch den in diesem Abschnitt der Norm genutzten Begriffen.

Inhaltlich nachvollziehbar ist die Kategorisierung des Begriffes „befahrbar" auf mit Kfz befahrenen Verkehrsflächen. Für Gehwege, auch wenn sie gele-

Kommentar

gentlich durch Wartungsfahrzeuge befahren werden, würden die Regelungen oft zu weit greifen. Das damit festgelegte hohe Sicherheitsniveau ist nicht bei allen diesen Flächen erforderlich.

3.3 Fugen

Pflasterdecken und Plattenbeläge mit Befestigungselementen kleiner 120 mm Nenndicke aus Beton, Ziegel und Klinker sowie Natursteinen mit gesägten oder strukturierten Seitenflächen müssen mit einer Fugenbreite von 4 mm hergestellt werden; bei Nenndicken ab 120 mm sind Fugen mit einer Breite von 6 mm herzustellen.

Pflasterdecken und Plattenbeläge mit Befestigungselementen aus Natursteinen mit gespaltenen Seitenflächen müssen mit den nachstehenden Fugenbreiten hergestellt werden:

Pflastersteine	bis 60 mm Nenndicke	≤ 6 mm
Pflastersteine	60 bis 120 mm Nenndicke	≤ 10 mm
Pflastersteine	über 120 mm Nenndicke	≤ 15 mm
Platten	bis 120 mm Nenndicke	≤ 15 mm
Platten	über 120 mm Nenndicke	≤ 20 mm

Spaltraue Natursteine sind möglichst engfugig zu versetzen. Vereinzelt dürfen Steine in der Fläche punktuelle Kontaktstellen zum Nachbarstein aufweisen.

Wenn ein bitumenhaltiger Fugenverguss vorgesehen ist, muss bei einer Nenndicke der Befestigungselemente ≤ 120 mm eine Fugenbreite von ≥ 10 mm bis ≤ 15 mm und bei einer Nenndicke der Befestigungselemente > 120 mm eine Fugenbreite von ≥ 10 mm bis ≤ 20 mm hergestellt werden.

An den Pflastersteinen angeformte Abstandhilfen oder sonstige angeformte Profile geben nicht das Maß der Fugenbreite vor.

Angeformte Abstandhilfen oder sonstige angeformte Profile können die Mindestfugenbreite und die Kraftübertragung durch die gefüllte Fuge nicht ersetzen. Bei Verwendung von Befestigungselementen mit angeformten Abstandhilfen oder sonstigen angeformten Profilen, ist darauf zu achten, dass zwischen den Befestigungselementen ausreichend Raum für das Verfüllen mit einem geeigneten Fugenmaterial zur Verfügung steht.

Kommentar

Die Fugen von Pflasterdecken haben einen gravierenden Einfluss auf die Dauerhaftigkeit dieser Flächen. Mit ihnen werden sowohl Horizontal- als auch Vertikalkräfte auf die benachbarten, nicht unmittelbar durch Fahrzeuge usw. belasteten Befestigungselemente übertragen. Damit vergrößert sich die Fläche, auf welche die aufgebrachte Kraft einwirkt, so dass sich die auftretenden Spannungen verringern. Je größer also die Fläche der direkt und indirekt belasteten Befestigungselemente ist, desto weniger Schäden können durch die Verkehrslasten entstehen.

Kommentar

Bild 3.5 Enge, vollständig gefüllte Fugen können im Ausnahmefall zu einem Temperaturverhalten ähnlich einer gebundenen Bauweise führen

Wenn demnach beispielsweise nur ein relativ kleiner Pflasterstein direkt belastet wird und die benachbarten Steine durch die Fugen keinerlei Spannungen aufnehmen, z. B. durch vollständig entleerte Fugen, ist die Spannung innerhalb der Bettung und Tragschicht unterhalb des Pflastersteines sehr groß, gegebenenfalls größer als die ertragbaren Spannungen, so dass Kornumlagerungen auftreten, wodurch Setzungen und Schiefstellungen des Pflastersteins hervorgerufen werden. Da bei rollendem Verkehr die Steine innerhalb der Rollspur hintereinander belastet werden, entsteht unter jedem Stein dann eine Schädigung, die z. B. zu einer Spurrinne führen kann.

Es ist also maßgebend, die einwirkenden Kräfte auf die Nachbarsteine zu übertragen. Damit kommen der Fugenfüllung und der Fugenbreite eine besondere Bedeutung zu, da die Kräfte über das Fugenmaterial gut übertragen werden müssen. Hierzu eignen sich die unterschiedlichen Baustoffe unterschiedlich gut. Mit hydraulischem Bindemittel gebundenes starres Fugenmaterial kann dies besonders gut, allerdings muss der Verbund zwischen Stein und Fugenmörtel (sowie Stein und Bettung) sichergestellt sein. Wenn dies so ist, werden die Kräfte so gut übertragen, dass dadurch weitere Probleme z. B. durch Temperaturspannungen entstehen. Genaueres zu dieser Bauweise entnehmen Sie bitte dem Teil C dieses Handbuchs und Kommentars.

Wird ein ungebundenes Fugenmaterial verwendet, ist die Kraftübertragung komplexer und anfälliger. Je größer die Reibung zwischen den einzelnen Gesteinskörnungen des Gemisches ist, desto besser können Kräfte übertragen werden. Ausgedrückt werden kann dies bodenmechanisch über den Reibungswinkel. Je größer dieser ist, desto besser. Einen hohen Reibungswinkel weisen regelmäßig gebrochene abgestufte Gemische mit möglichst großem Größtkorn und einer guten Kornform auf, die dabei noch eine hohe Kornfestigkeit haben. Rundkörnige Gemische wie z. B. Natursand oder Kies sind nachteilig. Kleine Körnungen wie z. B. 0/2 mm sind schlechter als gröbere Körnungen wie z. B. 0/5 oder 0/8 mm. Dies gilt sowohl für das Bettungs- als auch für das Fugenmaterial und ist auch allgemein bekannt, da kein Praktiker auf die Idee kommt, z. B. ohne Zwang eine Schottertragschicht in der Körnung 0/5 mm herzustellen – die Tragschicht würde versagen.

Die Fuge nun muss hinsichtlich ihrer Geometrie ein ausreichend stabiles Material aufnehmen können. Sie benötigt damit eine gewisse Breite, etwa

Bild 3.6 Blow-Up eines Pflasters durch zu enge Fugen im Sommer

in der Größe des Größtkorns der verwendeten Körnung, damit die gesamte Körnung oder ein Großteil der Körnung auch in die Fuge eingebracht werden kann. Hier hat auch die Dicke des Befestigungselementes einen Einfluss, da es einen Unterschied macht, die Körnung über die gesamte Tiefe bei einem Stein mit 6 cm Dicke oder bei einem Stein mit 16 cm Dicke einzubringen. Der damit erforderliche Mindestabstand der Befestigungselemente entspricht der geforderten maximalen Fugenbreite. Aus Praktikabilitätsgründen geschieht die Verfüllung der Fuge durch das Einfegen einer relativ trockenen Körnung mit anschließendem Einschlämmen durch das Einspülen von Wasser sowie dem nachfolgenden Verdichten des Pflasters oder Plattenbelages mittels Rüttelplatte. Bei einem geeigneten Fugenmaterial ist das vollständige Füllen der Fuge zeitaufwendig und ggf. arbeitsintensiv. Je schwieriger die Fuge zu füllen ist, desto besser kann dies für die Dauerhaftigkeit der Fuge sein. Je einfacher die Fuge gefüllt werden kann, desto einfacher kann das Fugenmaterial auch wieder durch Reinigungsfahrzeuge oder durch Saugkräfte des rollenden Verkehrs bei Nässe herausgesaugt werden. Der Widerstand des eingebrachten Fugenmaterials in Kombination mit der Fugenbreite ist dann zu gering. Lastübertragungen werden schwieriger, da die Körner untereinander nicht mehr so verkantet und verspannt sind.

Das Einbringen und Verdichten geeigneten Fugenmaterials mit Hilfe der Verdichtung innerhalb jeder Fuge, z. B. durch stochern oder mit einem Werkzeug, ist für „normale" Pflasterdecken und Plattenbeläge zu unwirtschaftlich. Dies ist nur bei Belägen mit Großformaten wirtschaftlich und sinnvoll.

Wird bei normalen Pflasterdecken und Plattenbelägen eine größere Fugenbreite als das Größtkorn des Fugenmaterials gewählt, kann das Gemisch zwar problemlos eingebracht werden, doch verschlechtert sich die Lastübertragung auf Nachbarelemente.

Kommentar

Bild 3.7 Variierende Fugenbreite einer Pflasterfläche

Neben der angestrebten vollständigen Füllung der Fugen bedingt auch der Schutz der Befestigungselemente eine Mindestfugenbreite. Wenn diese unterschritten wird, können eigentlich problemlose elastische Bewegungen der Befestigungselemente zu Kantenkontakten führen. Hierdurch können vermeidbare Kantenabplatzungen auftreten.

Bild 3.8 Kantenabplatzungen aufgrund zu geringer Fugenbreite

Kommentar

Knirsch aneinander liegende Befestigungselemente sind daher nicht fachgerecht. Die an Befestigungselementen aus Beton und Klinker zumeist angeordneten Fasen, d. h. Kantenabschrägungen an der Oberfläche der Steine und Platten, haben auch den Grund, Kantenabplatzungen zu verhindern.

Eine Ausnahme vom Grundsatz der Mindestfugenbreite bildet das Pflastern unregelmäßig geformter Natursteine mit spaltrauen Seitenflächen. Hier sind einzelnen Steinkontakte zulässig, da aufgrund der unregelmäßigen Form der Steine nur relativ große Fugenbreiten realisierbar sind. Um diese nicht zu breit werden zu lassen, sollten spaltraue Natursteine möglichst engfugig gesetzt werden, allerdings in Abhängigkeit von der Steindicke immer mit einer solchen Fugenbreite, dass auch diese Fugen noch zu verfüllen sind.

Sind die Fugen dagegen zu breit, können die Vertikalkräfte nicht mehr ausreichend von Stein zu Stein übertragen werden. Damit dominiert dann immer mehr das Einzelsteinverhalten mit einer Überbelastung der Bettung und den daraus entstehenden zuvor beschriebenen Folgeschäden. Horizontalkräfte werden bei breiten Fugen etwas besser übertragen, allerdings entstehen dabei ggf. Kornumlagerungen innerhalb des Fugenmaterials, so dass dieses verdrückt wird und sich der belastete Stein horizontal bewegen kann. Damit entstehen Verschiebungen der Befestigungselemente, die einerseits zu Öffnungen von Fugen auf der „Zugseite" und andererseits zu Pressungen von Fugen auf der „Druckseite" führen. Verbreiterte Fugen weisen anschließend teils keinen Kontakt mehr zwischen Fugenmaterial und Befestigungselement auf, so dass auch Vertikalkräfte nicht mehr zum Nachbarelement übertragen werden können. Innerhalb der verbreiterten Fugen wird sich nach einer gewissen Zeit das Fugenmaterial auflockern und in der breiteren Fuge zusammensacken oder durch die geringere Lagerungsdichte nicht mehr so zur Lastübertragung herangezogen werden können. Verminderte weitere

Bild 3.9 Fehlerhafte Fugenbreite bei Pflasterung im Bogen

Kommentar

Bild 3.10 Verschiebungen durch falsche Fugenbreite

Verformungsstabilität und Tragfähigkeit der Decke bzw. des Belages sind dann die Folge.

Weiterhin beeinflusst die Fugenbreite auch die Brauchbarkeit und Nutzungssicherheit der Befestigung als Verkehrsfläche. Die Begehbarkeit der Fläche wird durch Fugen, die regelmäßig nicht bis zur Oberkante und mit ungebundenem Fugenmaterial gefüllt sind, verringert. Je kleiner die Absätze der Schuhe sind, desto maßgeblicher beeinflusst die Fugenbreite die Begehbarkeit. Durchgehende deutlich zu breite Längsfugen wiederum können die Verkehrssicherheit von Fahrradfahrern negativ beeinflussen, wenn der Reifen in die Fuge gelangt. Und nicht zuletzt können zu breite Fugen auch die Haftreibung von Kraftfahrzeugen verringern, da im Fugenbereich der Reifen nicht vollflächig aufliegt. Dies wird jedoch durch das Verkrallen der Reifenprofile an den Steinkanten der Befestigungselemente wieder relativiert.

Weitere Aspekte bei der Festlegung einer Fugenbreite sind die Lärmwirkung und die Feinstaubwirkung ungebundener Pflasterdecken und Plattenbeläge. Grundsätzlich verbessern möglichst schmale Fugen hier die Effekte. Bei der entstehenden Lärmwirkung von Pflasterdecken sind zudem noch die an den Steinkanten häufig angeformten Fasen von Interesse. Auch hier gilt: je kleiner sie sind, desto größer ist die Lärmverringerung. All diese Faktoren führen zu einer Begrenzung der Fugenbreite. Insgesamt sollten Fugen daher so schmal wie möglich, aber so breit wie nötig hergestellt werden.

Um diesen Ansprüchen gerecht zu werden, sind in den ZTV Pflaster-StB die Fugenbreiten nach oben und unten begrenzt. Die Grenzen werden durch zulässige Toleranzen festgelegt, welche im Abschnitt 3.8 der ZTV Pflaster-StB zu finden sind. Zudem wird die erforderliche mittlere Fugenbreite definiert. Dabei wird zwischen dickeren und dünneren Befestigungselementen unterschieden. Die Grenze wurde relativ willkürlich, aber basierend auf bau-

Kommentar

Bild 3.11 Verschiebung eines angrenzenden Pflasters durch fehlerhafte Verfugung des Nachbarbereiches

praktischen Erfahrungen, bei einer Dicke von 120 mm gezogen. Elemente kleiner 120 mm werden etwas schmaler verfugt; solche mit einer Dicke von 120 mm und mehr werden mit breiteren Fugen verlegt bzw. versetzt. Für die dünneren Steine und Platten bedeutet dies, dass die Fugenbreite im Mittel 4 mm betragen soll. Bei Elementen ab 120 mm Dicke beträgt diese 6 mm. Hiermit soll das vollständige Einfegen und Einschlämmen von Fugenmaterial gemäß den im Abschnitt 2 festgelegten Fugenmaterialien ermöglicht werden. Bei Befestigungselementen mit gespaltenen Seitenflächen aus Naturstein wird eine Grenze bei 60 und bei 120 mm gezogen. Damit erfordern Flächen aus sogenannten Mosaikpflastersteinen geringere Fugenbreiten, solche aus Kleinpflastersteinen etwas größere und die aus Großpflastersteinen sowie Platten die größten Fugenbreiten. Dabei sollen alle gespaltenen Natursteine grundsätzlich möglichst engfugig gesetzt werden. Dies bedeutet, dass keine Mindestfugenbreite vorgegeben wird. Allerdings sollen auch hier nicht alle Steine Kontakte zum Nachbarstein aufweisen, da ansonsten die Gefahr von Kantenabplatzungen auch bei gespaltenen Natursteinen sowie unverfüllten Fugen zu stark zunimmt. Aus diesem Grund sollen punktuelle Kontakte zwischen den Elementen nur vereinzelt auftreten.

Bei Betonsteinen, Klinkern usw. mit angeformten Abstandshaltern oder anderen Profilen geben diese nicht die Fugenbreite vor. Sie sind einerseits bei der Bestimmung der Fugenbreite zu übermessen. Andererseits müssen diese Querschnittsänderungen der Elemente so angeordnet sein, dass die Fugenfüllung mit Fugenmaterial in ausreichendem Umfang möglich bleibt. Pflastersteine, die z. B. sehr breite oder vollflächig in die Tiefe zunehmende Abstandshalter aufweisen, sind problematisch und sollten vermieden werden. Hierauf ist bei der Ausschreibung bzw. Wahl der Elemente zu achten. Eine genaue Grenze, ab wann Abstandshalter zu umfassend ausgeführt sind,

Kommentar

kann derzeit nicht festgelegt werden. Der Übergang zwischen geeigneten und weniger geeigneten Elementen ist fließend und auch von der Verkehrsbelastung abhängig. Auch sollen derzeitige Innovationsansätze der Steinproduzenten nicht zu stark eingeschränkt werden. Klar ist aber, dass alle Faktoren, die zu einer Verschlechterung der Fugenfüllung führen, schädlich sind. Wenn also Befestigungselemente verwendet werden sollen, bei denen dies der Fall ist, kann die Standardausführung nach ZTV Pflaster-StB gegebenenfalls nicht mehr angemessen sein, so dass gesonderte Maßnahmen zu vereinbaren wären.

Die Anforderungen der DIN 18318 weichen etwas von den hier dargestellten Regelungen ab, deshalb wird in diesem Abschnitt der ZTV Pflaster auch nicht direkt auf die DIN verwiesen. Da sie jedoch grundsätzlich als allgemeine technische Vertragsbedingungen für Bauleistungen Bestandteil der VOB sind, gelten zunächst auch die Regelungen der DIN für die Aspekte, die nicht von der ZTV Pflaster-StB abweichend geregelt sind. ATV DIN 18318 regelt die Ausführung der Fugen wie folgt:

ATV DIN 18318 **Pflasterdecken und Plattenbeläge, Einfassungen,** Ausgabe 2019

3.2 Ungebundene Pflasterdecken und Plattenbeläge

...

3.2.3 Fugen

3.2.3.1 Die Fugen von Pflasterdecken und Plattenbelägen sind

- mit einer Breite von 4 mm ±2 mm, bei Verwendung von Pflastersteinen oder Platten ≤ 100 mm Nenndicke,
- mit einer Breite von 6 mm ±3 mm, bei Verwendung von Pflastersteinen oder Platten > 100 mm Nenndicke,

herzustellen.

3.2.3.2 Die Fugen von Pflasterdecken und Plattenbelägen aus Naturstein mit nicht gesägten Seitenflächen sind

- mit einer Breite von 10 mm ±5 mm, bei Verwendung von Pflastersteinen oder Platten ≤ 120 mm Nenndicke,
- mit einer Breite von 15 mm ±5 mm, bei Verwendung von Pflastersteinen oder Platten > 120 mm Nenndicke,

herzustellen.

Bei spaltrauen Natursteinen sind einzelne punktuelle Kontaktstellen zulässig.

Kommentar

Es ist zu erkennen, dass die Fugenbreite für ebenflächige Befestigungselemente grundsätzlich den Regelungen der ZTV entspricht, allerdings wird die Grenze zwischen Flächen mit Fugenbreiten von 4 und von 6 mm etwas anders gezogen. Sie liegt hier bei ≤ 100 mm und > 100 mm, in der ZTV Pflaster-StB hingegen bei < 120 mm und ≥ 120 mm. Der Unterschied erscheint marginal, vor allem vor dem Hintergrund, dass es i. d. R. keine Befestigungselemente mit einer Dicke von 110 mm auf dem deutschen Markt gibt.

Die hier vorgegebene zulässige Abweichung von der Fugenbreite von ±2 mm und ±3 mm ist jedoch jeweils um 1 mm größer als die Regelungen im Abschnitt 3.8 der ZTV Pflaster-StB. Die damit ermöglichte Fugenbreite von 2 bis 6 mm für dünnere und von 3 bis 9 mm für dickere Elemente führt zu solch breiten Fugen, dass die zuvor beschriebenen Effekte der Lastableitung,

Kommentar

Dauerhaftigkeit und Gebrauchstauglichkeit so stark eingeschränkt werden, dass sie für öffentliche Verkehrsflächen nicht zumutbar sind und daher anders geregelt wurden (siehe unter Abschnitt 3.3).

Gleiches gilt auch für Natursteinpflaster mit gespaltenen Seitenflächen, in den DIN 18318 als „aus Naturstein mit nicht gesägten Seitenflächen“ bzw. als „spaltraue Natursteine“ bezeichnet. Diese Flächen müssen laut DIN nicht möglichst engfugig, sondern mit Fugenbreiten mit Mindest- und Maximalgrenze hergestellt werden. Bei dünneren Elementen (die Grenze liegt hier bei einer Dicke ≤ 120 mm) beträgt die Fugenbreite damit 5 bis 15 mm und bei dickeren Elementen (Dicke > 120 mm) 10 bis 20 mm. Gegenüber den Regelungen der ZTV Pflaster-StB sind diese Fugenbreiten gerade für Mosaik- und Kleinpflastersteine zu groß für öffentliche Verkehrsflächen. Auch Flächen mit Großsteinpflaster und entsprechende Platten sollten maximal nur mit Fugenbreiten bis 15 mm und nicht mit solchen bis 20 mm ausgeführt werden, allein schon aufgrund der dadurch deutlich eingeschränkten Begehbarkeit und damit einhergehenden Verkehrsgefährdung. Nur bei Platten mit gespaltenen Seitenflächen und Dicken über 120 mm entspricht die Regelung der ZTV wieder jener der DIN 18318, da bei diesen Elementen ansonsten die vollständige Fugenfüllung zu stark eingeschränkt wird.

Hinsichtlich der zu verwendenden Fugenmaterialien gibt die DIN 18318 folgendes vor:

ATV DIN 18318 **Pflasterdecken und Plattenbeläge, Einfassungen,** Ausgabe 2019

3.2.3 Fugen

...

3.2.3.3 Die Fugen sind bei begehbaren Flächen mit einer Gesteinskörnung 0/2 mm, bei befahrbaren Flächen mit einer Gesteinskörnung oder einem Gesteinskörnungsgemisch 0/5 mm einzukehren und einzuschlämmen. Für befahrbare Flächen muss die Gesteinskörnung oder das Gesteinskörnungsgemisch nachfolgende Anforderungen erfüllen:

- Schlagzertrümmerungswert SZ_{22} bzw. Los Angeles Koeffizient LA_{25} nach DIN EN 13242,
- Fließkoeffizient E_{CS} 35 nach E DIN EN 13242:2015-07,
- Anteil gebrochene Oberfläche $C_{90/3}$ nach DIN EN 13242.

Kommentar

Die Festlegung einer Körnung 0/2 mm für begehbare und einer Körnung 0/5 mm für befahrbare Flächen gilt dann, wenn in der Ausschreibung seitens des Auftraggebers keine genauere Festlegung erfolgt. Bezüglich der Begrifflichkeiten „begehbar“ und „befahrbar“ siehe vorstehender Abschnitt der ATV DIN 18318 zu Bettungsstoffen.

Nach den ZTV Pflaster-StB dürfen jedoch nur Fugenmaterialien eingesetzt werden, die die Anforderungen der TL Pflaster-StB erfüllen. In diesen ist explizit vorgegeben, dass nur die Lieferkörnungen 0/4, 0/5, 0/8 oder 0/11 zu verwenden sind. Anhand dieses Widerspruchs wird noch einmal deutlich, wie wichtig es doch ist, in der Leistungsbeschreibung die Körnung des Fugenmaterials vorzugeben. Sie ist von maßgeblicher Bedeutung hinsichtlich der Dauerhaftigkeit einer Verkehrsfläche. Die Körnung 0/2 mm weist den geringsten Verformungswiderstand auf und ist für Verkehrsflächen mit auch

Kommentar

gelegentlicher Befahrung durch Kraftfahrzeuge in der Regel nicht geeignet. Ihr Einsatz sollte nur auf Sonderfälle begrenzt bleiben. Dies kann z. B. erforderlich sein, wenn Pflastersteine eingesetzt werden, deren Formgebung nicht nur horizontal sondern auch vertikal wirkende Abschrägungen/Versprünge aufweisen, also solche mit sogenannter Vertikal- und Horizontalverbundwirkung. Durch die Schrägstellung der Fuge kann in solchen Fällen eine Verfüllung erforderlich sein, welche nur mit feiner Gesteinskörnung möglich ist.

Wie schon beim Bettungsmaterial wird auch das Fugenmaterial für „befahrbare Flächen“ genauer eingeschränkt. Die Anforderungen entsprechen denen des Bettungsmaterials, so dass das gleiche Gemisch sowohl für die Fuge als auch für die Bettung verwendet werden kann. Dies kann rein praktisch gesehen hilfreich sein, da es z. B. dadurch auf der Baustelle gar nicht erst zu Verwechslungen dieser Materialien kommen kann. Allerdings weisen Fugen- und Bettungsmaterialien hinsichtlich ihrer Funktionsanforderungen schon gewisse Unterschiede auf, wodurch es nicht immer empfehlenswert ist, die gleichen Gemische für beide Bereiche zu verwenden.

Mit den Regelungen hier können die Anforderungen vereinfacht so formuliert werden, dass auch in der Fuge bei befahrenen Flächen ein Gemisch vorliegen muss, das gebrochen ist und eine ausreichende Kornfestigkeit aufzuweisen hat, ausgedrückt über die Kategorien $E_{CS}35$, $C_{90/3}$ und SZ_{22} bzw. LA_{25}. Dies ist sicherlich sinnvoll.

3.4 Verlegen und Versetzen

Siehe DIN 18318.

Kreuzfugen in befahrenen Flächen bedürfen der vorherigen ausdrücklichen Zustimmung des Auftraggebers.

Um das Zuarbeiten von Befestigungselementen zu vermeiden, kann es zweckmäßig sein, den genauen Abstand der Randeinfassungen – unter Beachtung der geforderten Verlegebreite – durch Auslegen einzelner Zeilen aus Befestigungselementen vorher zu ermitteln.

Der Aufwand für ein Zuarbeiten von Befestigungselementen sollte dadurch gemindert werden, dass immer dort vorgefertigte Formsteine verwendet werden, wo das möglich ist. Das gleiche gilt z. B. für Bereiche mit besonderer Geometrie, z. B. in Kurven oder bei Kreisverkehren. In der Leistungsbeschreibung sind gegebenenfalls entsprechende Festlegungen zu treffen.

Befestigungselemente aus Naturstein sind für die Herstellung der regelgerechten Fugenbreite bei einem Reihenverband vor dem Einbau nach ihrer Breite zu sortieren.

Kommentar

Bei der Methode der Verlegung werden die Pflastersteine oder Platten von der bereits verlegten Fläche aus mit der geforderten Fugenbreite auf die zuvor hergestellte Bettung abgelegt. Dies kann maschinell oder von Hand erfolgen.

Kommentar

Neben der Verlegung besteht auch die Möglichkeit, die Pflastersteine von der Bettung aus händisch zu versetzen. Dieses Vorgehen empfiehlt sich hauptsächlich bei ungleichmäßig geformten Pflastersteinen aus Naturstein, da diese einzeln ausgewählt und entsprechend ihrer Form gesetzt werden müssen. Dabei wird der Stein mittels Hammerschlag in die Bettung gesetzt, so dass der untere Teil der Fuge durch Bettungsmaterial verfüllt ist. Im vorstehenden Abschnitt 3.4 zum Verlegen und Versetzen werden spezielle Vorgaben und Empfehlungen zur Positionierung der einzelnen Befestigungselemente gemacht. Angaben zur Fugenfüllung folgen später.

Mit dem Verweis auf die DIN 18318 ist festgelegt, dass zusammenhängende Flächen mit Pflastersteinen oder Platten gleicher Dicke zu befestigen sind. Kombinationen von Pflastersteinen und Platten sind möglich, doch sollte auch hierbei auf die gleiche Dicke geachtet werden. Bei dieser Ausführungsvariante ist allerdings die eingeschränkte Nutzbarkeit von Platten zu berücksichtigen. Platten sollten nicht oder nur gelegentlich befahren werden. Dies gilt auch für die Kombination von Platten mit Pflastersteinen in einer Fläche, sei es als Bänderung oder auch in einem gemeinsamen Verband. Bei Einbau von Befestigungselementen mit gleichen Dicken, aber ungleichen Flächenmaßen ist zu berücksichtigen, dass je nach Fläche der Verdichtungswiderstand variiert. Dies bedeutet, dass bei der Verdichtung des Pflasters oder Plattenbelages die Bereiche mit kleineren Befestigungselementen verdichtbarer sind als die Bereiche mit größeren Elementen. Bei geringen Größenunterschieden (Flächengröße) wird sich dies baupraktisch nicht auswirken. Werden jedoch Elemente mit deutlichen Größenunterschieden eng miteinander verbunden, so wird es nach der Verdichtung schwieriger, dauerhaft die gleiche Höhenlage zu erreichen. Bei Bänderungen kann es vorkommen, dass Reihen mit größeren Formaten ein oder mehrere Millimeter höher stehen als Reihen mit kleineren Befestigungselementen.

Bild 3.12 Maschinelle Verlegung mehrerer Pflastersteine mit einem Vakuum-Hebegerät

Kommentar

Bild 3.13 Kombination von Pflastersteinen und Platten gleicher Dicke auf ungeeigneter Unterlage

Der nach DIN 18318 maximal zulässige Versatz zwischen Elementen innerhalb einer Fläche, also, abhängig von der Herstellung der Befestigungselemente, deren zulässige Absätze oder Höhenversprünge, von 2 oder 5 mm (gespaltene oder grob bearbeitete Natursteinprodukte) muss dabei jedoch eingehalten werden.

Die Zulässigkeit von Höhenversprüngen grob bearbeiteter Natursteinprodukte von 5 mm ist jedoch zu hinterfragen, da dies auch Produkte mit gestrahlten oder geflammten Oberflächen (siehe z. B. DIN EN 1342, Abschnitt 3.12) betrifft. Diese Bearbeitungen betrachtet die ZTV Pflaster-StB als „ebene Oberflächen" mit einem zulässigen Höhenversprung von max. 2 mm.

Aber selbst bei Einhaltung dieser Anforderung kann es vorkommen, dass regelmäßig auftretende Versätze zu einer Stolpergefahr zumindest für mobilitätseingeschränkte Personen werden können und damit eine – gewisse – Verkehrsgefährdung auftritt. Um diese Höhenunterschiede zu egalisieren, wird ein höherer Verdichtungseinsatz notwendig. Durch die größere Verdichtungsenergie werden Gesteinskörnungen in Bettung und Fuge sowie an der Oberkante der Tragschicht stärker beansprucht. Es muss bei der Ausführung daher in diesem Fall darauf geachtet werden, dass es zu keinen Kornverfeinerungen während des Verdichtens kommt. Wenn also Kombinationen von größeren und kleineren Befestigungselementen vorgesehen sind, sollten besonders kornfeste Bettungs-, Fugen- und Tragschichtmaterialien eingesetzt werden.

Um regelgerechte Fugenbreiten zu erhalten, sind gespaltene Natursteine hinsichtlich ihrer Größe vorzusortieren. Nur so ist die Herstellung eines regelgerechten Reihenpflasters möglich. Gleiches gilt aber auch für Bogenpflaster, welches unterschiedliche Breiten der Pflastersteine erfordert.

Kommentar

Bild 3.14 Natursteinpflaster im Reihenverband – ungleichmäßiges Fugenbild aufgrund unregelmäßiger Versetzung, da nicht vorsortiert

Bild 3.15 Kleinpflaster – fachgerechter Anfang von Segmentbögen

Bei dem Verlegen oder Versetzen der Befestigungselemente kann es vorkommen, dass Kreuzfugen entstehen. Diese weisen einen besonders geringen Verformungswiderstand in der Fläche auf. Bei der Ausführung ist es in diesem Fall besonders bei befahrenen Flächen sinnvoll, den Verband oder die Elemente dahingehend zu verändern, dass diese Kreuzfugen vermieden werden. Im Zweifelsfall muss der Auftraggeber über diese Schwächung der Verformungsstabilität infolge von Kreuzfugen entscheiden.

Die ATV DIN 18318 formulieren in diesem Zusammenhang Folgendes:

ATV DIN 18318 **Pflasterdecken und Plattenbeläge, Einfassungen,** Ausgabe 2019

3 Ausführung

...

3.1.8 Pflasterdecken und Plattenbeläge sind mit einem gleichmäßigen Fugenbild im Reihenverband mit versetzten Fugen herzustellen. Der Versatz der Steine muss ≥ 1/4 der Länge der Steine und Platten betragen.

Pflasterziegel und Pflasterklinker sind flach zu verlegen.

Kommentar

Bild 3.16 Verlegung im Odenwälder Verband bedingt durchgehende Fugen und teilweise Kreuzfugen

Durch diese Formulierung sind nach den ATV DIN 18318 Kreuzfugen unzulässig. Alle Befestigungselemente sind – wenn die Ausschreibung nichts anderes festlegt – mit versetzten Fugen herzustellen. Dabei ist auch die Größe dieses Versatzes vorgegeben.

Gegebenenfalls kann hier eine Verkürzung der Elemente (Zuschnitt und/oder Zuarbeiten) hilfreich sein, welche i. d. R. bei Beton- und Klinkerelementen im Nassschnitt erfolgt. Bei dem Versetzen von gespaltenem Natursteinpflaster im Bogen ist es wiederum zwingend erforderlich, die Steine zu sortieren, um keine Kreuzfugen zu produzieren. Im Reihenverband sind die Steine so vorzulegen und auszusortieren, dass die Länge entsprechend dem herzustellenden Querschnitt nach Möglichkeit passt. Gleiches gilt für ihre Breite, da nur mit gleichbleibender Breite eine regelkonforme Fugenbreite je Reihe hergestellt werden kann.

Die Verwendung von halben oder anderen verkürzten Steinformaten zur Erstellung des Anschlusses an die Randeinfassung ist regelmäßig erforderlich. Um nicht jede zweite Reihe z. B. beim Reihenpflaster/Läuferverband schneiden zu müssen, sollten, wenn möglich, entsprechende Formsteine bzw. Formate vorgehalten werden. Im besten Fall sind diese Ränder durch vorgefertigte Formsteine problemlos verlegbar. Hierzu ist es jedoch erforderlich, dass alle ganzen Befestigungselemente zuzüglich der Fugenbreite die gesamte zu verlegende Breite ergeben. Dies ist einerseits vorab planerisch zu berücksichtigen, andererseits bedeutet dies auch, dass bei der Ausführung die Elemente ggf. vorgelegt werden sollten. Dies wird umso wichtiger, je komplexer die herzustellende Geometrie ist. Bei Änderungen des Verbandes in Kurven o. ä. ist ein Vorlegen oder das geeignete Zuschneiden oftmals vorausschauend über mehrere Reihen erforderlich. Bei Kurven und sonstigen kreisförmigen Verlegungen sind vorgefertigte Kurvensätze hilfreich, die von

Kommentar

Bild 3.17 Läuferverband in Kurve mit Keilsteinen unter Einhaltung der Verlegeregeln

Bild 3.18 Ungeeignete palettenweise maschinelle Verlegung mit durchlaufenden Längsfugen

Bild 3.19 Verschiebungen bei palettenweiser Verlegung mit durchlaufenden Längsfugen und Kreuzfugen

Kommentar

verschiedenen Produktherstellern angeboten werden. Sollten sogenannte Verbundsteine in Kurven gelegt werden, so ist deren Eignung vorab zu prüfen – oft kann dies nur regelgerecht mit Hilfe dieser Formsteine erfolgen.

Wie in Abschnitt 3.1.8 der DIN 18318 festgelegt, sind Pflasterdecken und Plattenbeläge grundsätzlich im Reihenverband zu versetzen oder zu verlegen, wenn der Auftraggeber nichts anderes vorgibt. Dabei wird wiederum ein versetztes Fugenbild gefordert, also der Verzicht auf Kreuzfugen aus den zuvor genannten Gründen. Zudem wird der Umfang des Versatzes der einzelnen Befestigungselemente zwischen den Reihen vorgegeben. Der Versatz soll mindestens ¼ der Länge der Elemente betragen. Alles was kleiner ist, stellt im kritischen Fall einen Mangel dar, es sein denn, es wird im Bauvertrag gesondert geregelt z. B. durch Vorgabe eines speziellen Fugenbildes oder Flächenplanes. Wenn dies jedoch der Fall ist, sollte der Auftragnehmer den Auftraggeber auf die Nachteile ggf. auftretender Kreuzfugen hinweisen.

In Deutschland werden überwiegend Pflasterklinker eingesetzt. Nach den TL Pflaster-StB müssen Pflasterziegel nach europäischer Norm die zusätzlichen nationalen Anforderungen der nationalen DIN 18503 erfüllen, um als Pflasterklinker zu gelten. Aufgrund der herrschenden Witterungsbedingungen empfiehlt sich die Verwendung von Pflasterziegeln im Außenbereich nicht. Nur in nicht bewitterten Bereichen kann der Einsatz von den weicheren Pflasterziegeln auch sinnvoll sein.

Beide werden traditionell nicht nur flach, sondern auch stehend als sogenannte Rollschicht eingebaut. Durch die größere Dicke weist diese Art der Verlegung einen größeren Verformungswiderstand auf als die flache Verlegung der gleichen Produkte.

Die Regelung der DIN 18318 unter 3.1.8 ist hier nur als Festlegung einer bestimmten Bauweise zu verstehen, damit alle Anbieter einer solchen Pflasterfläche mit den gleichen Randbedingungen kalkulieren können. Wenn also keine weitere Aussage im Leistungsverzeichnis enthalten ist, sind Pflasterklinker und Pflasterziegel genauso flach zu verlegen, wie dies auch bei Betonsteinen der Fall ist. Klinker und Ziegel mit einer gefasten Oberseite, aber auch solche mit angeformten Abstandshaltern, sollten nicht vertikal verlegt werden.

3.4 Verlegen und Versetzen (Fortsetzung)

Pflasterdecken und Plattenbeläge sind grundsätzlich von den Rändern beginnend zur Mitte hin abzurütteln oder abzurammen. Dabei darf der geplante Verlauf der Fugen nicht beeinträchtigt werden. Pflasterdecken und Plattenbeläge mit unverfüllten Fugen dürfen nicht abgerüttelt oder abgerammt werden.

Die Art des Einbaus und der Verdichtung der Pflasterdecke oder des Plattenbelages ist in der Leistungsbeschreibung anzugeben.

Kommentar

Die hier vorgegebene Verdichtungsmethode des Pflasters oder Plattenbelages bezieht sich eigentlich auf das folgende Kapitel der Verdichtung.

Wie zuvor ausgeführt, können Pflasterdecken verlegt oder versetzt werden. Platten sind im Rahmen des Regelwerkes immer zu verlegen. Das Verlegen

Kommentar

bedeutet, die Steine oder Platten auf eine eingeebnete vorbereitete Bettung so abzulegen, dass sich die Bettung an keiner Stelle verändert/verschiebt. Dies ist die häufigste Methode des Einbaus von Beton- und Klinkerprodukten. Aber auch gesägt hergestellte Natursteinprodukte werden zumeist auf diese Art und Weise eingebaut.

Da gespaltene Natursteine ungleichmäßig geformte Unterseiten und Seitenflächen aufweisen, muss jeder einzelne Stein genauer in die Fläche eingepasst werden. Dies betrifft die Dicke und auch die Seitenflächen, um regelgerechte Fugenbreiten zu erzeugen. Dabei werden die Natursteinprodukte einzeln mit einem Pflasterhammer in die Bettung getrieben. Welches dieser Herstellverfahren anzuwenden ist, kann vom Auftraggeber im Bauvertrag vorgegeben werden. Die Verlegung von gespaltenem Natursteinpflaster ohne „hammerfestes“ Versetzen ist dabei jedoch nicht fachgerecht.

Der Spielraum der Vorgabe des Bauverfahrens muss jedoch eng gezogen werden, denn nach VOB/B und DIN 18318 sind die Wahl des Bauverfahrens und des Bauablaufes sowie der Baugeräte Sache des Auftragnehmers. Damit kann der Auftraggeber auch nicht vorgeben, ob von Hand oder maschinell gearbeitet werden soll. In allen Fällen muss die erbrachte Leistung jedoch den bauvertraglich geforderten Anforderungen entsprechen. Unterschiede, die mit einem speziellen Bauverfahren begründet werden, z. B. mögliche engere Fugenbreite aufgrund maschineller Verlegung, sollten vom Auftraggeber nicht hingenommen werden.

Bei einer maschinellen Verlegung gelten alle Anforderungen genauso wie bei einer Verlegung „von Hand“. Bei der Planung einer Maßnahme sollte entschieden werden, ob die Fläche für eine maschinelle Verlegung geeignet ist. Der Einsatz von Verlegemaschinen kann wegen der zu erreichenden hohen täglichen Verlegeleistung eine wesentliche Verkürzung der Bauzeit möglich machen.

Bild 3.20 Versetzen von gespaltenem Natursteinpflaster

Kommentar

Die Verlegerichtung und der Verlegeanfang sind festzulegen. Üblich ist, am Verlegeanfang mehrere Reihen händisch zu verlegen und auf das normgemäße Fugenmaß auszurichten, an diese Reihen wird dann das Pflaster in Verlegeeinheiten angelegt und ausgerichtet.

Die maschinelle Verlegung erfolgt dann mit speziellen Verlegemaschinen wie bei der Verlegung in Handarbeit von der verlegten Fläche aus. Die anhängende Verlegeklammer muss die Verlegeeinheit allseitig greifen und sicher halten. Eine Klammer mit Anlegehilfe oder Abdrückvorrichtung erleichtert die Verlegung, da beim Anlegen ein Verkanten der Steine vermieden wird. An Baggern angehängte Verlegeklammern sind weniger geeignet, da deren Bereifung und die erforderlichen Rangierfahrten Verdrückungen oder nachteilige Vorverdichtungen der nicht verdichteten Fläche erzeugen können.

Bei der maschinellen Verlegung sollten nur Pflastersteine mit 2–2,5 mm starken Abstandhaltern zum Einsatz kommen. Die Verlegeklammer greift die Pflastersteine lagenweise von der Palette und drückt sie zusammen. Beim Ablegen öffnet sich die Klammer und die Pflaster-/Verlegelage wird jetzt senkrecht mit geöffneten Fugen auf die Bettung aufgesetzt. In der Regel entstehen dabei durch das Durchhängen der Verlegelage der Norm entsprechende Fugen. Jede Verlegeeinheit sollte sofort hinsichtlich des Fugenbildes und der Fugenbreite geprüft und ausgerichtet werden, da nach der mit der Verlegung einhergehenden Vorfüllung der Fugen diese Ausrichtung nur erschwert möglich ist. Das Ausrichten muss immer „nach vorne" erfolgen, da das Zurückschlagen mit einem Vorschlaghammer und einem Kantholz zu nicht zulässigen Pressfugen (Stein an Stein) und damit zu einem Verlust der erforderlichen wechselseitigen Lastübertragung der Steine führt.

Die während der Verlegung vorgefüllten Fugen werden endgültig gefüllt und eingeschlämmt. Anschließend wird nach dem Abtrocknen der Fläche diese gereinigt und abschließend mit einem Flächenrüttler, dessen Gewicht auf die Dicke der Pflastersteine abgestimmt ist, abgerüttelt. Abgesacktes Fugenmaterial wird eingebracht und erneut eingeschlämmt. Über einen zusätzlich einzubringenden Fugenschluss ist zu entscheiden.

Es ist zu beachten, dass die Verlegung in Palettenlagen einen gemischten Farbverlauf in der Fläche nicht erstellen kann, es kann auch bei ungefärbten Betonsteinen zu einem sichtbaren schachbrettartigen Erscheinungsbild in der Fläche kommen.

Durch das nach dem Verfugen durchzuführende Verdichten darf die hergestellte geometrische Anforderung des Pflasters oder Plattenbelages z. B. bezüglich Fugenbreite oder Achsverlauf der Fugen nicht verändert werden. Dies wäre immer der Fall, wenn bei nicht verfüllten Fugen verdichtet würde. Um ein Verschieben des Pflasters oder Plattenbelages zu verhindern oder zumindest zu vermindern, sind verfugte Flächen grundsätzlich von den Rändern beginnend zu verdichten. Vor dem Verdichten kommt jedoch der Arbeitsschritt des Verfugens, der im nächsten Abschnitt behandelt wird.

3.5 Verfugen, Abrütteln, Abrammen

Siehe DIN 18318.

Es darf kein gefrorenes Fugenmaterial und kein gefrorenes Fugenschlussmaterial verwendet werden.

Kommentar

Der Verweis auf DIN 18318 bezieht sich auf folgenden Abschnitt in 3.2.3, Fugen:

ATV DIN 18318 **Pflasterdecken und Plattenbeläge, Einfassungen,** Ausgabe 2019

3.2.3 Fugen

...

3.2.3.4 Pflasterdecken und Plattenbeläge sind nach dem Füllen der Fugen von überschüssigem Fugenstoff zu befreien und zu verdichten, z. B. durch Rütteln oder Rammen. Dabei ist deren Oberfläche, mit Ausnahme der Verwendung von spaltrauen Pflastersteinen oder Platten aus Naturstein, zu schützen, z. B. mit einer Kunststoffschürze.

Die Fugen müssen nach dem Verdichten vollständig bis zum oberen Rand der Pflastersteine und Platten bzw. bis zur unteren Kante etwaig vorhandener Fasen, Rundungen oder dergleichen gefüllt sein.

Kommentar

Beim Verfugen werden die Fugen mit Fugenmaterial gefüllt. Das hierzu verwendete Baustoffgemisch sollte ausreichend trocken sein, so dass es durch einfaches Einkehren mit einem Besen zu einem Großteil in die Fugen einrieseln kann. Gefroren darf daher das Fugenmaterial keinesfalls sein, da immer eine gewisse Restfeuchtigkeit im Gemisch vorhanden sein wird, welche zu einer Verklumpung führen würde.

Bild 3.21 Noch unvollständig eingekehrtes Fugenmaterial

Kommentar

Bild 3.22 Verdichtung mittels Vibrationsplatte

Da oft das so eingebrachte Fugenmaterial nicht die gesamte Höhe der Fuge füllt, soll es anschließend mittels Wasserzugabe in ausreichender Menge eingeschlämmt werden. Hierbei wird in der Regel die Fläche kontinuierlich mit einem ausreichend dimensionierten Wasserstrahl nass gehalten und das Fugenmaterial dabei weiter eingefegt.

Bei einem solchen Einfüllprozess ist regelmäßig zu erwarten, dass die Fugen nicht vollständig gefüllt sind, auch wenn dies oberflächlich so aussieht. Da das Größtkorn des Fugenmaterials nicht deutlich von der vorhandenen Fugenbreite abweichen sollte, sind in dem Gemisch des Fugenmaterials zu einem gewissen Prozentsatz Kornanteile enthalten, die nicht in die Fugen hineinpassen oder die sich in der Fuge mit den Befestigungselementen verhaken/verkrallen, so dass die Fuge ggf. schon im oberen Bereich verstopft. Damit entstehen Hohlräume im unteren Bereich, die durch weitere Maßnahmen gefüllt werden müssen. Bei einem Fugenmaterial mit einem hohen Verformungs- bzw. Reibungswiderstand ist dies eher zu erwarten als bei einem Material mit geringem Reibungswiderstand. Dafür ist das Material mit großem Widerstand dauerhafter während der Nutzungszeit. Es überträgt auftretende Belastungen besser, kann filterstabiler sein und besitzt einen höheren Widerstand gegen Aussaugen durch Reinigungsfahrzeuge und Verkehr.

Die erste Maßnahme, um die verbliebenen Hohlräume zu füllen, ist die anschließende Verdichtung des Pflasters. Hierzu ist die Fläche jedoch zunächst zu säubern. Dies ist erforderlich, um die Oberfläche der Pflastersteine und Platten nicht zu schädigen: Durch verbleibende Körner auf der Oberfläche können Kratzer und Farbveränderungen auftreten. Je hochwertiger daher die Oberfläche der Befestigungselemente ist, desto sorgfältiger ist zu reinigen.

Kommentar

Das abgekehrte Material ist zu beseitigen. Bei der Materialkalkulation ist dies zu berücksichtigen. Fugenmaterialien werden entsprechend ihrer Lieferkörnungen bestellt. Jede Lieferkörnung enthält auch einen Überkornanteil. So befindet sich z. B. in einer Körnung 0/5 mm auch ein Anteil der Körnung 5/8 mm. In eine Fuge mit der Sollbreite von 4 ±1 mm wird der Anteil größer 5 mm zu einem gewissen Teil in den Fugen einbringbar sein. Ansonsten werden diese Anteile meist nicht eingekehrt und eingeschlämmt. Daher sollte das Fugenmaterial immer in etwas größerer Menge als geometrisch erforderlich bestellt und auf die Fläche aufgebracht werden.

Die Verdichtung folgt anschließend mit einer geeigneten Vibrationsplatte. Die Art und Größe bzw. das Gewicht der Vibrationsplatte sind dabei auf die zu verdichtende Fläche anzupassen.

Die Größe der Befestigungselemente sowie deren Oberfläche und der Status der ggf. vorhandenen Vorverdichtung spielen dabei eine Rolle. Nach DIN 18318 sind alle Flächen mit Befestigungselementen aus Beton, Ziegel oder Klinker mittels einer an der Vibrationsplatte angebrachten Kunststoffschürze zu schützen. Die Kunststoffschürze ummantelt dabei die Vibrationsplatte aus Stahl, so dass durch deren weichere Oberfläche weniger, möglichst sogar keine Schädigungen an der Oberfläche der Befestigungselemente auftreten. Hierdurch wird ein gewisser Energieanteil der Vibrationsplatte entnommen, der nicht mehr zur Verdichtung zur Verfügung steht. Dies ist bei der Wahl des jeweiligen Verdichtungsgerätes zu berücksichtigen. Zu schwere oder zu energieintensive Verdichtungsgeräte können neben Kratzern und Farbveränderungen zu Kantenabplatzungen, Brüchen oder Kornverfeinerungen von Fugen-, Bettungs- oder Tragschichtmaterial führen. Daher sollte eine eher leichte Vibrationsplatte für den ersten Verdichtungsvorgang genutzt werden. Bei sehr empfindlichen oder großen Platten können auch weitere Maßnahmen zum Schutz der Platten und zur Vermeidung von Verschiebungen erforderlich sein. Eine Möglichkeit ist es, größere Platten z. B. aus Holz oder Stahl zwischen Vibrationsplatten und Plattenbelag zu legen, um immer mehrere Platten mit dem Verdichtungsgerät zu erfassen, die Fläche damit zu vergrößern und Spannungen so zu vermindern. Grundsätzlich sollten Vibrationsplatten hinsichtlich ihres Betriebsgewichtes, ihrer Zentrifugalkraft und ihrer Frequenz auf die Dicke der Befestigungselemente und auch auf die Beschaffenheit der Unterlage abgestimmt werden. Dabei muss auch die Dicke der Bettung Berücksichtigung finden: Eine geplante 3 cm dicke Bettung auf einer Dränasphalttragschicht mit Betonpflastersteinen von 80 mm Dicke erfordern eine geringere Verdichtungsenergie als das gleiche Pflaster mit einer 4 cm dicken Bettung auf einer Schottertragschicht oder ein entsprechender Aufbau mit 120 mm dicken Pflastersteinen.

Wenn keine ausreichenden Erfahrungen beim Auftragnehmer vorliegen, sind grundsätzlich bei der Auswahl der Vibrationsplatte die beim jeweiligen Hersteller zu erhaltenen Informationen hinsichtlich der spezifischen Eignung für den zu verdichtenden Belag einzuholen.

Als Hinweis können die nachstehenden Angaben gelten, es sind jedoch die Angaben und Empfehlungen des jeweiligen Herstellers der eingesetzten Rüttelplatte zu beachten:

Kommentar

Abstimmung zwischen Befestigungselementen und Rüttelplatte

Nenndicke der Elemente [mm]	Gewicht der Rüttelplatte [kg]	Zentrifugalkraft [kN]	Frequenz [Hz]
bis 60	ca. 100–150	18–25	> 55
bis 80	ca. 150–350	25–45	> 65
bis 100	ca. 200–550	40–65	> 65
bis 120	ca. 350–550	40–70	> 65
> 120 bis 150	ca. 350–600	40–80	> 65
> 150	ca. 450–650	50–80	> 65

Pflasterdecken und Plattenbeläge sollten nur mit einer Plattengleitvorrichtung an der Rüttelplatte aus Kunststoff abgerüttelt werden. Ergänzend bzw. alternativ können an den Platten angebrachte Rollen die horizontale Verdichtungsenergie schadlos abtragen, so dass durch diese Rollen die Befestigungselemente geringer auf Abrieb beansprucht werden. Ein solcher Rollenrüttler ist in Bild 3.23 dargestellt.

Die Verdichtung darf erst starten, wenn die gesamte Befestigung soweit abgetrocknet ist, dass der Wassergehalt nicht zu ungleichmäßigen Verdichtungen bzw. nachfolgend zu Setzungen und Umlagerungen führt, indem der optimale Wassergehalt, der im Proctorversuch bestimmbar ist bzw. wäre, überschritten wird. An der Baustelle wird dies nicht versuchstechnisch überprüft, sondern entsprechend vorhandener Praxiserfahrung abgeschätzt. Wenn die Fläche jedoch noch zu nass war, können u. a. Pumpvorgänge dazu führen, dass Bereiche zu wenig verdichtet werden – Wasser ist inkompressibel und führt in der Befestigung bei vollständiger Wassersättigung zu Auftrieb sowie zu umfangreichen Kornumlagerungen.

Bild 3.23 Rollenrüttler als Alternative zur Plattengleitvorrichtung – Eintragung nur von vertikal gerichteter Energie

Durch die Verdichtung mittels Vibrationsplatte bei möglichst optimaler Feuchtigkeit von Bettung und Tragschicht werden sowohl die Bettung verdichtet als auch die Befestigungselemente in eine neue Höhenlage gebracht, so dass die Oberfläche möglichst eben ist. Die Maßtoleranzen der Steine und Platten führen dann dazu, dass diese unterschiedlich tief in die Bettung hineinreichen. Damit kann eine gewisse Verzahnung mit der Bettung erfolgen. Verstärkt wird dieser Effekt durch die Verzahnung innerhalb der Fuge. Ein Anteil des Bettungsmaterials wird beim Verdichten in die Fuge hochgedrückt. Einzelne in die Fuge reichende Splittkörner erhöhen dabei den Reibungswiderstand des Pflasters gegenüber der Bettung bei

Kommentar

horizontaler Beanspruchung. Verschiebungen können dadurch bei ausreichendem und passendem Splittanteil reduziert werden. Das Fugenmaterial wird beim Rütteln zeitgleich verdichtet, es soll dabei in seine dichteste Lagerung kommen. Dabei wird das Fugenmaterial nur durch Vibration und nicht durch vertikale Auflast verdichtet. Der Verdichtungseffekt ist daher geringer als bei der Bettung. Dies führt dazu, dass das Pflaster nach dem Einbau zumeist noch nicht seine größte Stabilität erreicht hat. Durch die folgende Verkehrs- und Witterungsbelastung, kombiniert mit eintragendem Staub, d. h. feinster Gesteinskörnung, erhöht sich der Verformungswiderstand einer frisch hergestellten Pflasterdecke bzw. eines entsprechenden Plattenbelages mit der Zeit.

Durch die Verdichtung des Fugenmaterials sackt dieses etwas ein, so dass die Fuge nicht mehr vollständig gefüllt ist. Da eine vollständige Fugenfüllung gefordert ist, muss das fehlende Fugenmaterial in einem zweiten Arbeitsschritt wiederum eingebracht werden. Dies sollte erneut durch Einfegen trockenen Fugenmaterials und anschließendes Einschlämmen mit ausreichend Wasser erfolgen. Anschließend ist wiederum, nach der Säuberung der Oberfläche, mit einer Vibrationsplatte die Decke bzw. der Belag zu verdichten. Da diese durch den ersten Verdichtungsvorgang und das anschließende weitere Verfüllen der Fugen nun einen größeren Verformungswiderstand aufweist, kann der Verdichtungsvorgang auch etwas intensiver ausfallen, allerdings immer unter Berücksichtigung des erforderlichen Schutzes der Oberfläche der Befestigungselemente.

Nach DIN 18318 ist nur grundsätzlich festgelegt, dass die Fugen vollständig bis zum „oberen Rand der Pflastersteine und Platten“ gefüllt sein müssen. Es ist nur pauschal festgelegt, dass das Fugenmaterial einzufegen und einzuschlämmen, anschließend zu reinigen und zu verdichten ist. Ein zweiter Verdichtungsvorgang ist also nicht explizit beschrieben, jedoch zur Erfüllung der Anforderung erforderlich. Daher ist dies in den ZTV Pflaster-StB genau beschrieben:

3.5 **Verfugen, Abrütteln, Abrammen** (Fortsetzung)

Die Fugen von Befestigungselementen müssen vollständig und kontinuierlich mit dem Fortschreiten des Verlegens bzw. des Versetzens verfüllt werden. Zum Füllen der Fugen ist das Fugenmaterial auf die Decke oder den Belag aufzubringen und in die Fugen einzuarbeiten. Die Decke bzw. der Belag ist im Anschluss vollständig abzufegen und abzurütteln oder abzurammen. Im Anschluss ist erneut Fugenmaterial aufzubringen, in die Fugen einzuarbeiten und unter begrenzter Wasserzugabe einzuschlämmen. Die Decke oder der Belag ist im Anschluss vollständig abzufegen, soll ausreichend abgetrocknet sein und ist bis zur Standfestigkeit abzurütteln oder abzurammen.

Kommentar

Hier wird das iterative Vorgehen deutlich: Der Verfüll- und Verdichtungsvorgang hat zweimal zu erfolgen. Mit jeder Verfüllung der Fugen und anschließender Verdichtung sackt die Fugenfüllung nach, und es wird ein weiteres Verfüllen und Verdichten erforderlich, bis die Fuge ausreichend gefüllt ist. Was aus-

Kommentar

reichend ist, bestimmt die DIN: Die Fugen müssen bis zum oberen Rand der Befestigungselemente gefüllt sein. Bei abgeschrägten, gefasten oder gerundeten Kanten der Elemente liegt die Oberkante der Fugenfüllung an der unteren Kante dieser Abschrägungen oder dergleichen. Bei gespaltenen Natursteinen gilt dies entsprechend, ist aber nicht immer so eindeutig definierbar, da die relativ unregelmäßigen Seiten- und Oberflächen der Elemente Rundungen oder Kanten aufweisen, die variieren. Bei besonders schlecht geformten Natursteinen, z. B. bei alten gebrauchten Natursteinen, können hier genauere Vorgaben sinnvoll sein. Dabei sollte beachtet werden, welche wirksame Fugenhöhe aus Belastungsgründen erforderlich und welche Unebenheiten durch eine nicht gefüllte Fuge aus Sicht der Nutzung tolerierbar ist – hier sind Begehbarkeit und Verkehrsgefährdung oft maßgebende Kriterien.

Neben der Verdichtung des Pflasters mittels Abrütteln mit einer Vibrationsplatte besteht handwerklich auch die Möglichkeit, die Fläche mit einer Handramme zu verdichten. Dieses für gespaltene Naturpflastersteine traditionelle Verfahren liefert ebenfalls hochwertige Ergebnisse. Um Unebenheiten zu reduzieren, kann das Rammen auch mit einem anschließenden Rüttelvorgang kombiniert werden. Genauere Vorgaben hierzu sind nicht im Regelwerk enthalten und dem Auftragnehmer überlassen. Es empfiehlt sich aber bei gespaltenem Natursteinpflaster, die Steine in die Bettung per Hammerschlag zu setzen, die Fugen entsprechend zu füllen und anschließend mit einer Handramme abzurammen. Nach dem zweiten Verfüllvorgang sollte die Pflasterdecke dann mit einer Vibrationsplatte verdichtet werden.

Grundsätzlich ist es sinnvoll, die Fugen möglichst bald nach dem Setzen bzw. Verlegen der Befestigungselemente zu füllen und anschließend abschnittsweise die Decke oder den Belag zu verdichten.

Obwohl das Bauverfahren sowie der Vorgang grundsätzlich dem Ausführenden überlassen werden sollte, sind hinsichtlich der Füll- und Verdichtungsvorgänge im Regelwerk genaue Vorgaben enthalten. Hier wird dem Aspekt Rechnung getragen, dass eine ordnungsgemäße Fugenfüllung und die ausreichende Verdichtung der Befestigung maßgebend sind für die Dauerhaftigkeit der Verkehrsfläche. Die Verdichtung wird jedoch im Unterschied zu Asphalt- oder Betonbauweisen nicht überprüft. Gleiches gilt regulär für die Lagerungsdichte der Fugenfüllung. Daher ist die sorgfältige Ausführung der Baumaßnahme von besonderem Interesse, was zu den detaillierten Vorgaben geführt hat.

3.5 Verfugen, Abrütteln, Abrammen (Fortsetzung)

Bei Natursteinpflaster mit gespaltenen Seitenflächen kann das untere Drittel der Fuge mit dem Bettungsmaterial gemäß dem Abschnitt 2.3.1 hergestellt werden, sofern die Fugenbreite dies zulässt.

Kommentar

Grundsätzlich ist bei gespaltenen Natursteinpflasterflächen mit teils größeren Fugenbreiten zu rechnen, wodurch das Bettungsmaterial deutlich umfangreicher in die Fugen eindringen kann. Es wird festgelegt, dass auch dies einer ordnungsgemäßen Fugenfüllung entspricht, solange der Anteil der Fuge mit Bettungsmaterial ein Drittel der Fugenhöhe nicht überschreitet. Sinngemäß

Kommentar

kann dies auch auf Platten angewendet werden, auch wenn dies in den ZTV Pflaster-StB nicht explizit aufgeführt ist.

Die Regelung ist als Richtlinientext formuliert. Sie ist daher keine bauvertragliche Regelung und auch der vorgegebene Wert ist nicht als absolut zu verstehen. Es ist allgemein anerkannte Regel der Technik, dass in einem solchen Fall in die Fugen eingedrungenes Bettungsmaterial kein Mangel ist. Eine bauvertragliche Einzelregelung hierzu ist daher nicht grundsätzlich erforderlich. Um keinen Streit bezüglich des Umfangs der Fugenfüllung mit Bettungsmaterial aufkommen zu lassen, ist es jedoch hilfreich, diese Textpassage in den Bauvertrag aufzunehmen.

Der Umfang der Einbettung der Pflastersteine ist auch abhängig von der Nutzung der Verkehrsfläche. Als handwerkliche Regel gilt allgemein, dass beim Setzen mittels Hammerschlags die Einbettung der Steine mindestens ein Viertel und maximal die Hälfte der Steindicke betragen sollte. Da das Fugenmaterial doch teils andere Aufgaben als das Bettungsmaterial zu erfüllen hat, dürfen die Fugen darüber hinaus und auch allgemein nicht mit Bettungsmaterial gefüllt sein. Bei Beton- und Klinkerflächen beträgt der Umfang des Eindringens von Bettungsmaterial zumeist nur mehrere Millimeter, die, wie beschrieben, eher hilfreich als schädlich sind.

3.5 Verfugen, Abrütteln, Abrammen (Fortsetzung)

Es kann zweckmäßig sein, abschließend einen Fugenschluss durch Einfegen und Einschlämmen auszuführen. Dabei darf es nicht zu dauerhaft ungewollten Verfärbungen der Befestigungselemente durch ein ungeeignetes Fugenschlussmaterial kommen, siehe auch Abschnitt 2.3.2.

Kommentar

Mit diesem Absatz wurde die Bauweise um eine weitere Variante erweitert: Dem sogenannten „Fugenschluss“: Der Fugenschluss wird mit dem zuvor beschriebenen Fugenschlussmaterial der Körnung 0/2 mm ausgeführt, umfasst wiederum das Einfegen und anschließende Einschlämmen mit Wasser und stellt das letzte Verfüllen der Fuge nach zweimaligem Verfüllen mit Fugenmaterial und Verdichten dar. Der Umfang des Fugenschlusses sollte nicht mehr als die oberen 10 mm der Fuge umfassen. Das Fugenschlussmaterial ist deutlich feinkörniger als das Fugenmaterial und soll durch den höheren Anteil der Körnung < 0,063 mm einen kohäsiven Anteil in den oberen Fugenbereich einbringen, wodurch die Fugen sozusagen etwas „verkleben“, so dass dem Aussaugen durch Reinigungsfahrzeuge und Verkehr eine weitere Kraft entgegengesetzt werden kann. Der Eintrag von Staub, Reifenabrieb und sonstigen Schmutzpartikeln wird so simuliert und vorweggenommen, die Fuge wird früher stabilisiert. Damit kann allerdings nicht ersetzt werden, dass auch solche Flächen möglichst mindestens ein Jahr lang nicht maschinell gereinigt werden sollten.

Nachteilig ist, dass das feinkornreiche Fugenschlussmaterial zu einer Verschmutzung oder Verfärbung der Oberfläche der Befestigungselemente beitragen kann. Hier ist primär das Verkrallen der feinen Körner in der Oberfläche der Befestigungselemente zu nennen. Positive stabilitätsfördernde Eigenschaften können hier optischen Nachteilen gegenüberstehen. Daher sollte der Fugenschluss nur bei höher beanspruchten Fahrbahnen vorgesehen werden. Dage-

Kommentar

Bild 3.24 Verschmutzung durch ungeeignetes Fugenmaterial

gen sollten hochwertige Oberflächen von Pflastersteinen und Platten mit maßgebender optischer Wirkung eher nicht mit Fugenschlussmaterial beansprucht werden. Ein Fugenschluss von Terrassenbelägen sollte unterbleiben. Hinsichtlich der Verfärbungs- und Verschmutzungswirkung muss jedoch angemerkt werden, dass dies durch den verbleibenden Feinkornanteil auf der Oberfläche der Befestigungselemente verursacht wird. Dieser ist auch, in etwas geringerem Umfang, in „normalem" Fugenmaterial enthalten, bei dem der Feinkornanteil ab maximal 9 M.-% begrenzt wird, was gegenüber üblichen Straßenbaustoffen einen unüblich hohen Anteil darstellt. Daher können Verfärbungen und Verschmutzungen auch durch Fugenmaterialien verursacht werden.

Grundsätzlich sollte beachtet werden, dass gebrochene Gesteinskörnungen eine höhere Verschmutzungs- und Verfärbungswirkung als rundkörnige Gesteinskörnungen aufweisen. Bei privaten, gering belasteten Flächen können auch ungebrochene Fugenmaterialien sinnvoll sein, obwohl sie weniger stabil sind. Sinnvoll ist es, Fugenmaterial und Fugenschlussmaterial möglichst in der Färbung der verwendeten Befestigungselemente einzusetzen. Mobilisierbare Eisenverbindungen sollten nicht in der Gesteinskörnung des Fugen- und Fugenschlussmaterials enthalten sein, da diese zu Braunverfärbungen führen können.

ATV DIN 18318 **Pflasterdecken und Plattenbeläge, Einfassungen,** Ausgabe 2019

3.2.3 Fugen

...

3.2.3.5 Soll der obere Bereich der Fugen zusätzlich mit Pflasterfugenmasse nach TL Fug-StB[1] vergossen werden, sind diese mit Breiten von 12 mm ±4 mm auszuführen. Der Fugenverguss ist mindestens 30 mm tief, jedoch höchstens 1/3 der Stein- oder Plattendicke, bis 5 mm unterhalb der Oberkante herzustellen.

1) Autor: Forschungsgesellschaft für Straßen- und Verkehrswesen e. V., An Lyskirchen 14, 50676 Köln, www.fgsv.de. Zu beziehen durch: FGSV Verlag GmbH, Verlag der Forschungsgesellschaft für Straßen- und Verkehrswesen e. V., Wesselinger Straße 15–17, 50999 Köln, www.fgsv.de.

Kommentar

Bild 3.25 Stark belastete Busverkehrsfläche mit Pflasterfugenverguss – deutliche Abriebbeanspruchung infolge von Anfahren und Bremsen im Haltestellenbereich sichtbar

Eine besondere Form des Abschlusses der Fuge ist der Fugenverguss mit bitumenhaltigen Fugenvergussmassen, den sogenannten Pflasterfugenmassen (siehe auch Kommentar zu Abschnitt 2.3.2).

Diese Ausführung wird am häufigsten bei gespaltenem Natursteinpflaster ausgeführt, auch, weil der Verguss von Hand erfolgt und daher eine ausreichende Fugenbreite vorliegen muss.

Bei dem Verguss der Fugen wird nur der obere Bereich der Fugen vergossen, der mittlere und untere Bereich bleibt mit Fugenmaterial gefüllt. Auch mit Bitumenverguss wird die Bauweise weiterhin als ungebundene Pflasterbauweise benannt, da sich das Tragverhalten gegenüber der Regelbauweise nicht wesentlich verändert. Vorteilhaft kann diese Bauweise bei verstärkter Sogwirkung des Verkehrs oder bei Einwirkungen durch Kraftstoffe, Öle oder auch Wasser sein. So ist z. B. bei Marktplätzen, die regelmäßig mit starkem Wasserstrahl gereinigt werden, dieser Fugenverschluss sinnvoll. Die Befestigungselemente sollten jedoch eine gewisse Dicke aufweisen. Elemente mit Dicken unter 100 mm sollten nicht verwendet werden, da ansonsten die statisch wirkende Höhe der Decke zu gering wird. Von einer kontinuierlich wirkenden Aufnahme und Übertragung von Druck- und Zugkräften aus dem Verkehr kann bei Pflasterfugenmassen nicht ausgegangen werden, da aufgrund des Bitumenanteils der Baustoff viskoelastische Eigenschaften ausweist. Damit ist das Material besonders bei sommerlichen Temperaturen sehr verformbar und nicht widerstandsfähig.

Durch die Füllung des oberen Bereiches der Fugen mit Pflasterfugenmasse verringert sich der Wassereintritt gravierend. Wasser kann in der Befestigung keine weitergehenden (mechanischen) Schädigungen verursachen. Saugen-

Kommentar

den, vertikal austragenden Kräften wird ein großer Widerstand entgegengesetzt, so dass kein Verlust von Fugenmaterial im Laufe der Nutzung zu erwarten ist. Das in den Fugen verdichtet vorliegende Fugenmaterial wird nicht durch Wasser oder Sog umgelagert und kann einen vollen Verformungswiderstand ausbilden. Damit können auch Flächen mit spurgeführtem Verkehr dauerhaft befestigt werden. Erfahrungen haben gezeigt, dass Verkehrsflächen mit einem solchen Aufbau sehr dauerhaft sind und auch höhere Verkehrsbelastungen aufnehmen können. Das Vorsehen von Fugenverguss stellt jedoch eine spezielle Bauweise dar und ist dementsprechend in der Leistungsbeschreibung vorzusehen.

Nach DIN 18318 sollen die Fugen eine Breite von 8 bis 16 mm aufweisen. Dies wird gefordert, damit der Verguss problemlos in die Fugen eingebracht werden kann. Entsprechend der Norm sollten solche Flächen mit einer Fugenbreite von 12 mm ausgeschrieben werden. Die zulässige Toleranz der Fugenbreite beträgt dann ±4 mm. Solche Toleranzen sind für den Hauptanwendungsbereich von gespaltenen Natursteinen angemessen. Wenn aber im Einzelfall auch andere Befestigungselemente für diese Bauweise vorgesehen werden sollen, ist es sinnvoller, die zulässige Maßtoleranz zu reduzieren.

Fugenbreiten größer als 16 mm sollten nicht hergestellt werden, da ansonsten die Stabilität der Fugen zu gering wird. Besser ist es, in öffentlichen Verkehrsflächen die maximale Breite entsprechend der im Normalfall geforderten Fugenbreiten auf 15 mm für Großpflastersteine festzulegen. Bei Kleinpflastersteinen sollte die Fugenbreite bei 8 bis 10 mm belassen werden. Hierdurch entstehen jedoch größere Anforderungen an den Einbau. Grundsätzlich stellt der Fugenverguss nur die obere Verfüllung der Fugen dar. Die allgemeinen Anforderungen an die Bauweise, auch hinsichtlich der Fugenausführung des unteren Bereiches, müssen möglichst gewährleistet bleiben.

Bild 3.26 Pflasterfugenverguss nach mehrjähriger Beanspruchung

Kommentar

Bild 3.27 Langjährig beanspruchte Fläche in einem Busbahnhof mit vergossenen Fugen

Damit der untere Fugenbereich besonders wirksam ist, sollte das Fugenmaterial sich stabilisiert haben. Es ist daher vorteilhaft, den Verguss erst nach einer gewissen Liege- und Nutzungszeit der Decke aufzubringen. Anschließend sind die Fugen bis zur erforderlichen Tiefe zu entleeren. Der Verguss sollte eine Dicke von 30 mm nicht unterschreiten, da sonst die Gefahr besteht, dass er durch den Verkehr herausgerissen wird. Wenn jedoch mehr als 1/3 der Steindicke mit Verguss gefüllt wäre, ist der Anteil, der noch zur Lastabtragung herangezogen werden kann, zu gering. Daher wird die maximale Tiefe der Füllung auf 1/3 der Fugenhöhe bzw., genauer, der Stein- oder Plattendicke begrenzt.

Bei dieser Bauweise besteht die Gefahr, dass sich die Masse bei sommerlich hohen Temperaturen so weit ausdehnt, dass sie Teile der Oberseite der Befestigungselemente erreicht, überdeckt und vom Verkehr dauerhaft angedrückt wird. Daher muss die Vergussmasse auf 5 mm unterhalb der Oberkante der Pflastersteine bzw. Platten begrenzt bleiben. Der verbleibende Raum ist für das Dehnungsvolumen der Masse vorgesehen.

Nach dem Entleeren der Fugen sind die Fugenflanken zu säubern und zu trocknen. Ein Voranstrich der Flanken ist in der Regel nicht erforderlich. Die Pflaster-

Kommentar

fugenmasse wird dann bei kleinen Flächen händisch durch das Ausgießen aus einem Behälter oder, bei größeren Maßnahmen, durch Vergusslanzen in die Fugen eingebracht. Pflasterfugenmassen erfordern dabei eine Verarbeitungstemperatur von ca. 120 bis 150 °C. Um zu einer guten Flankenhaftung zu kommen, sollten die Flanken nicht zu kalt sein. Daher ist es vorteilhaft, wenn die Befestigungselemente eine Temperatur von mindestens 20 °C aufweisen. Nach dem Vergießen kühlt die Masse aus, so dass sie sich etwas absetzt. Daher kann ein zweiter Arbeitsschritt erforderlich sein, der erfahrungsgemäß nach ca. 1 h durchgeführt werden sollte. Zum Schluss sollte die Vergussmasse so in die Fuge eingebracht sein, dass ein wannenförmiger Querschnitt entstanden ist, dessen Mitte den 5 mm Tiefe der DIN-Anforderung entspricht. Im Randbereich, also an den Steinflanken, ist es üblich, dass die Masse bis zu 3 mm unterhalb der Oberfläche der Befestigungselemente hochsteht.

Für alle Fälle der Fugenausbildung gilt natürlich Folgendes:

3.5 **Verfugen, Abrütteln, Abrammen** (Fortsetzung)

Abschließend ist die Fläche zu reinigen. Dabei darf kein Fugenmaterial ausgetragen werden. Beim Verfugen und Reinigen ist auf den Schutz vor Verunreinigungen, insbesondere von Straßenabläufen, zu achten.

Kommentar

Das abschließende Reinigen der Fugen wird oftmals vergessen. Gern nutzen Bauunternehmen zufällig auftretende Niederschläge als Einschlämm-Maß-

Bild 3.28 **Nach Abschluss der Baumaßnahme nicht eingekehrtes Fugenmaterial – dies entspricht nicht der vertraglichen Leistung gemäß ZTV Pflaster-StB**

Kommentar

nahmen, um die Fugen nach einem Verdichtungsvorgang zu füllen. Dies ist gemäß den ZTV Pflaster-StB nicht zulässig. Jegliches Fugenmaterial muss durch einen Verdichtungsvorgang in eine Lagerungsdichte gebracht werden, durch den die auftretenden Kräfte besser aufgenommen werden können. Nur bei der gegebenenfalls vorgesehenen abschließenden Füllung mit Fugenschlussmaterial ist diese Verdichtung nicht erforderlich, da dieses keine Lastabtragungsaufgaben übernimmt. Trotzdem muss natürlich die fertig gestellte Fläche sauber übergeben werden, um u. a. Verkehrsgefährdungen z. B. durch sogenannten Rollsplitt zu vermeiden und Verfärbungen durch länger aufliegendes Fugenmaterial und Fugenschlussmaterial zu unterbinden. Zudem darf ungenutzte Gesteinskörnung nicht die Entwässerung der Verkehrsfläche beeinflussen. Zurückbleibendes Fugenmaterial kann z. B. bei Regen nicht nur in die Fugen eingespült werden, sondern wird auch entsprechend der resultierenden Neigung, der Schwerkraft folgend, in die Entwässerungsrinne und zu Straßenabläufen gespült, wo sie zu Verstopfungen führen können.

3.6 Einfassungen und Entwässerungsrinnen

Siehe DIN 18318.

Kommentar

Eine Einfassung ist die Begrenzung einer Flächenbefestigung, z. B. einer Pflasterdecke, entweder als Randeinfassung und/oder als Entwässerungsrinne. Die Einfassung umfasst das Einfassungs- oder Rinnenelement, den Fundamentbeton sowie die Rückenstütze(n). Eine Rinne oder Entwässerungsrinne ist ein linienförmiges Bauteil zum Fassen und Ableiten von Oberflächenwasser.

Die in den ZTV Pflaster-StB geregelten Einfassungen und Entwässerungsrinnen sind nicht nur in der Pflaster- und Plattenbauweise erforderlich,

Bild 3.29 Entwässerungsrinne

Kommentar

Bild 3.30 Übliche Randeinfassung mit zweizeiliger Rinne

sondern auch bei anderen Befestigungsarten, z. B. der Asphaltbauweise, anwendbar. Während jedoch die Randeinfassung grundsätzlich den hier beschriebenen Regeln entsprechen sollte, kann die Entwässerungsrinne auch auf andere Art und Weise hergestellt werden. Die hier beschriebene Bauweise nutzt Pflastersteine, Platten, Muldensteine, Rinnensteine, Bordrinnensteine. Die Ausführung z. B. mit Gussasphalt ist nicht Bestandteil der hier beschriebenen Regelungen.

Einfassungen und Entwässerungsrinnen erfordern bei der Ausführung gegenüber Pflasterdecke oder Plattenbelag einen noch höheren Anteil handwerklicher Leistungen. Deshalb ist bei der Planung, bei der Auswahl der Baustoffe und bei der Bauausführung besondere Sorgfalt aufzuwenden, um nutzungsgerechte und dauerhafte Entwässerungsrinnen und/oder Einfassungen erstellen zu können. Auf Seiten der Planer, Ausschreibenden und Ausführenden müssen die nötige Fachkunde und ausreichende Erfahrungen gegeben sein.

Pflasterdecken und Plattenbeläge benötigen immer eine Einfassung. Diese kann als Randeinfassung, z. B. mit einem Bord, oder als Entwässerungsrinne ausgeführt werden. Bei Letzterem übernimmt die Rinne die Funktion der Einfassung über ihre Bettung auf einem Betonfundament, ggf. mit Rückenstütze.

Zu den Aufgaben der Einfassungen gehören laut Entwurf des „Merkblattes für Randeinfassungen und Rinnen“ der FGSV[1]:

- die Stabilisierung der Randbereiche der angrenzenden Verkehrsflächen und somit die Widerlagerfunktion für die angrenzenden Schichten des Oberbaus

1 Das „Merkblatt für Randeinfassungen und Rinnen“ – M RR, Ausgabe 2022, liegt dem Autor in der Entwurfsfassung vor, auf diese wird sich hier bezogen. Stand 2022 wird es 2023 im FGSV Verlag, Köln, veröffentlicht.

Kommentar

Bild 3.31 Randeinfassung mit Stahlkante

- die Herstellung einer optischen und funktionalen Trennung von Bereichen unterschiedlicher Nutzung wie der Trennung von Fahrbahnen und Nebenflächen oder der optischen Begrenzung von Platzflächen
- die Begrenzung zu unbefestigten Seitenräumen
- die Wasserführung.

Randeinfassungen in Form hoher Borde können das unerwünschte Parken auf Gehwegen, in den Seitenräumen oder auf Nebenflächen erschweren und die maschinelle Straßenreinigung in Kombination mit Entwässerungsrinnen erleichtern.

Weitere funktionelle Aufgaben von Randeinfassungen und Entwässerungsrinnen bestehen in der Wasserführung sowie darin, Flächen unterschiedlicher Nutzung im Straßenraum deutlich voneinander abzutrennen und den Kraftfahrzeugverkehr optisch zu führen. Darüber hinaus sind sie wesentliche Elemente der Straßenraumgestaltung und daher immer auch unter planerischen und gestalterischen Aspekten zu betrachten.

Die Ausschreibung sollte den lage- und höhenmäßigen Verlauf von Randeinfassungen und Rinnen enthalten. Die Art und Ausführung der zu verwendenden Bauprodukte sollte dabei festgelegt werden. Weitergehende Anforderungen an die Ausführungsqualität können formuliert werden, sind jedoch nicht zwingend.

Borde

Die Regelmaße von Borden sind dem planerischen Regelwerk der FGSV zu entnehmen. Die „Richtlinien für die Anlage von Stadtstraßen“ der FGSV[2] enthalten eine Tabelle mit Regelhöhen von Borden in Anhängigkeit von ihrer Funktion.

2 Richtlinien für die Anlage von Stadtstraßen – RASt 06, Ausgabe 2006, Korrigierter Nachdruck 2012, FGSV Verlag, Köln 2006

Kommentar

Die dort genannte Höhe der Borde stellt die Bord-Ansichtshöhe oberhalb des angrenzenden Belages dar. Es wird für die Trennung von Fahrbahn und Grünstreifen empfohlen, Borde mit einer Höhe von mindestens 12 cm zu verwenden. Für die Trennung von Geh- und Radweg zum Grünstreifen sollten Borde mit einer Höhe von 6 bis 10 cm eingesetzt werden. Bei Außerortstraßen sollten Borde vermieden werden. Wenn dies in Ausnahmen nicht möglich ist, sollte die Höhe 12 cm bzw. auf Bauwerken 15 cm betragen. Das Höchstmaß der Höhe beträgt 20 cm, bei Tunneln können bis zu 25 cm hohe Borde eingesetzt werden. Hohe Borde werden mit Hochbordsteinen hergestellt. Halbhohe und niedrige Borde können beispielsweise mit Rundbordsteinen realisiert werden. Diese können genauso wie Einfassungssteine bzw. Rasenkantensteine auch zur Abgrenzung von Gehweg und Grünflächen verwendet werden. Tiefbordsteine sind in der Regel schmaler als Hoch- oder Rundbordsteine.

RASt

Richtlinien für die Anlage von Stadtstraßen, Ausgabe 2006

6.1.3.1 Borde

...

Tabelle 18: Borde

Bauform	Höhe	Funktion	Beispiele für Anwendungen
hohe Borde	10 cm–14 cm (maximal 20 cm)	Trennung Fahrbahn/Gehweg (Radweg)	Anbaufreie Hauptverkehrsstraße Angebaute vier- und mehrstreifige Hauptverkehrsstraßen
	8 cm–12 cm	Trennung Fahrbahn/Gehweg bzw. Parkstreifen/Gehweg (Radweg)	Zweistreifige Hauptverkehrsstraßen Erschließungsstraßen
halbhohe Borde	4 cm–6 cm	Trennung Fahrbahn/Gehweg (Radweg) Fahrbahn/Parkstreifen	Zweistreifige Hauptverkehrsstraßen Erschließungsstraßen
niedrige Borde[1)]	weniger als 4 cm bis 0 cm	Trennung Fahrbahn/Gehweg (Radweg) Fahrbahn/Parkstreifen	Zweistreifige Hauptverkehrsstraßen mit geringen Verkehrsstärken Erschließungsstraßen Bordabsenkung an Querungsstellen für Fußgänger bzw. Radfahrer

1) Alternativ: Erhöhte Seitenraumpflasterung bei Natursteinpflaster

Kommentar

Flachbordsteine sind breiter als Hoch- und Tiefbordsteine und können bei Flächen mit häufigerer Überfahrung eingesetzt werden. Häufig werden sie zur Einfassung bei kleinen Kreisverkehrsplätzen oder Mittelinseln eingesetzt. Rundbordsteine weisen eine abgerundete Kante auf und sind daher angenehmer zu überfahren.

Neben diesen Standardausführungen können auch Klebeborde auf bereits hergestellten Verkehrsflächen aufgebracht werden. Sie eignen sich für nachträgliche Änderungen der Verkehrsführung, z. B. der nachträglichen Herstellung von Mittelinseln bzw. Querungshilfen. Für diese kann es erforderlich sein, sie entlang der Unterkante der Sichtfläche horizontal aus Standardformaten zu schneiden. Diese Elemente können mittels Reaktionsharzmörtel im Dünnbettverfahren mit der Asphalt- oder Betonunterlage verbunden werden. Gegebenenfalls ist eine Vorbehandlung der Unterseite des Bordes erforderlich. Diese Ausführung ist nicht Bestandteil der ZTV Pflaster-StB.

Kommentar

Die zur Fahrbahn gerichtete Fläche eines Bordsteines aus Beton nennt sich Anlauffläche und ist nach DIN EN 1340 Teil der Verkehrsfläche, die der Verkehrsführung dient, also der Fahrbahn. Ähnliches gilt für Bordsteine aus Naturstein nach DIN EN 1343. Hier wird aber zwischen Bordstein mit Anlauf (Form A) und Bordstein ohne Anlauf (Form B) unterschieden.

In DIN 482[3] sind die DIN EN 1343 ergänzenden geometrischen Anforderungen und Bezeichnungen für Straßenbordsteine aus Naturstein enthalten. In DIN 483[4] sind die DIN 1340 ergänzenden Regelungen für Bordsteine aus Beton enthalten. Maße, Formen und Kennzeichnung sind so national für Deutschland geregelt.

Der folgenden Tabelle der DIN 483 sind Vorzugsmaße für Bordsteine, Einfassungssteine, Bordrinnensteine und Muldenrinnensteine aus Beton zu entnehmen.

DIN 483

Bordsteine aus Beton, Ausgabe 2005

Tabelle 1 – Vorzugsmaße

Form	**Breite *b* mm**		**Höhe *H* mm**		**Länge *l* mm**
HB	150 180		250 300		1000[a]
RB	150 180		220		1000[a]
TB	80 100		200 250 300 400		1000[a]
FB	b_1 100 200 200 300	b_2 50 100 100 200	H_1 200 200 250 250	H_2 50 70 100 150	1000[a]
EF	50 60		200 250 300		1000[a]
BR	b_1 400 450 500	b_2 260 310 360	H_1 200[b]	H_2 110 112 114	500[c]
MU	300 400 500		120 bzw. 150		500

a Als Pass-Stücke und zur Verwendung in Kurven auch 250 mm, 333 mm und 500 mm.
b Bei Einfahrtsteinen ≥ 150 mm (siehe Bild 2).
c Weitere Nennmaße für Vorzugslängen: 300 mm, 333 mm und 1000 mm.

3 DIN 482: Straßenbordsteine aus Naturstein, Ausgabe 2002, Deutsches Institut für Normung e. V., Beuth Verlag, Berlin 2002

4 DIN 483: Bordsteine aus Beton – Formen, Maße, Kennzeichnung, Ausgabe 2004, Beuth Verlag, Berlin 2004

Kommentar

Die Abkürzungen der Tabelle 1 in DIN 483 stehen für HB = Hochbord, RB = Rundbord, TB = Tiefbord, FB = Flachbord, EF = Einfassungsstein, BR = Bordrinnenstein, MU = Muldenrinnenstein.

Die Kennzeichnung eines Hochbordsteines erfolgt nach DIN 483 folgendermaßen:

Beispiel: Bordstein DIN EN 1340 Typ DIT – DIN 483 HB 150 × 250

Dies bedeutet, dass der Hochbordstein eine Breite von 150 mm und eine Höhe von 250 mm aufweist (und weiterhin nach DIN EN 1340 einen Witterungswiderstand der Klasse 3, eine Biegezugfestigkeit der Klasse 2 und einen Abriebwiderstand der Klasse 4 einhält).

Neben den geraden Standard-Einfassungssteinen gibt es weitere Sonderelemente wie z. B. Kurvensteine und Übergangssteine. Übergangssteine sind solche, deren Querschnittsabmessungen allmählich von einem Profil in ein anderes übergehen.

Für Bordsteine aus Naturstein sind die gebräuchlichen Formen und Maße gemäß DIN 482 in der folgenden Tabelle dargestellt. Innerhalb der Tabelle steht die Form A für Bordsteine mit Anlauffläche und Form B für solche ohne Anlauffläche. Die Größen 1 bis 7 werden durch die Tabelle definiert, so dass sie Bestandteil der Kennzeichnung werden können.

Beispiel: Bordstein DIN 482 – B 7 – 140–150

Die Bezeichnung steht für einen Bordstein aus Naturstein gemäß DIN 482 in der Form B, also ohne Anlauf, der Größe 7 gemäß der Tabelle 1 mit der Breite b = 140 mm (= 140 bis 150 mm).

DIN 482

Straßenbordsteine aus Naturstein, Ausgabe 2002

Tabelle 1 – Formen und Maße

Formen und Größe		**Breite**[a]	**Höhe**	**Länge**[b]	**Quer-Gefälle**
A	B	*b*	*h*	*l*	*n*
1	–	300	250	800 bis 1500	7
2	–	180	250		–
3	–	180	300		–
4	–	150	250		–
5	–	150	300		–
–	6	140	250 bis 280	500 bis 1500	–
		120			–
	7	40 bis 150	250 bis 300	500 bis 1500	–
		120 bis 140			–
		100 bis 120			–

a Für Bordsteine der Größe 6 ist die gewünschte Breite, für Größe 7 der Breitenbereich in der Bezeichnung anzugeben.
b Bei Bordsteinen der Größen 1 bis 5 dürfen 10 % der Lieferung aus Steinen mit einer Länge von 500 mm bis 800 mm bestehen.

Kommentar

Fundament und Rückenstütze

Grundsätzlich sind Randeinfassungen und Entwässerungsrinnen auf einem Fundament aus Beton herzustellen. Randeinfassungen sind zudem grundsätzlich mit einer Rückenstütze aus Beton zu versehen. Entwässerungsrinnen sind – für den Fall, dass sie auch als Randeinfassung dienen – ebenfalls mit einer Rückenstütze aus Beton zu versehen. Randeinfassungen und Entwässerungsrinnen sind insofern selbständige Konstruktionselemente, als dass sie in der Regel vor der Ausführung der angrenzenden Flächenbefestigungen hergestellt werden und somit auch die Funktion des Widerlagers beim Verdichten der angrenzenden Tragschichten ausüben. Sollten z. B. Muldenrinnen ausgeführt werden, die innerhalb der Verkehrsfläche liegen und daher keine Rückenstütze erhalten sollen, so treten immer wieder Probleme bei der ordnungsgemäßen Verdichtung der angrenzenden Pflasterdecken und Plattenbeläge auf, da die Gefahr besteht, die Rinne samt Fundament durch den Verdichtungsvorgang seitlich zu verschieben. Hier sind weitergehende konstruktive Festlegungen erforderlich, um Schäden zu vermeiden.

Zur Dimensionierung von Dicke und Breite des Fundaments sind die verkehrlichen und sonstigen Randbedingungen zu beachten. Folgende Faktoren haben Einfluss:

- Art und Größe der zu verwendenden Bauteile für Randeinfassungen und Entwässerungsrinnen
- Dicke der angrenzenden Schichten (Tragschicht, Deckschicht usw.)
- gegebenenfalls Höhenunterschiede der zu trennenden Flächen (Bordhöhe)
- Breite der Rückenstütze(n).

Bild 3.32 Angefahrene Borde im Kreisverkehr mit unzureichender Rückenstütze

Kommentar

Es ist darauf zu achten, dass die angrenzende Tragschicht durch das Fundament möglichst in ihrer vollen Dicke eingefasst wird. Hiermit wird auch die Herstellung der Tragschicht vereinfacht, da keine Dickenübergänge hergestellt werden müssen. Anforderungen an die Unterlage des Fundamentes sind im Abschnitt 1.4.2.3 der ZTV Pflaster-StB beschrieben und dem entsprechenden Kapitel zu entnehmen. Bezüglich der Beanspruchung sollte die Dimensionierung folgende Angaben berücksichtigen, die dem M RR (Entwurfsfassung)[5] zu entnehmen sind:

M RR

Merkblatt für Randeinfassungen und Rinnen, Ausgabe 2022, Entwurfsfassung

Tabelle 1: Belastungskategorien für Randeinfassungen und Entwässerungsrinnen

Belastungskategorie		**Fahrzeugbelastung im Längsverkehr**	**Fahrzeugbelastung im Querverkehr**
A	Geringe Belastung	Kein Befahren durch Schwerverkehr und nur gelegentliches Befahren durch Pkw.	Kein Überfahren durch Schwerverkehr und nur gelegentliches Überfahren durch Pkw (z. B. selten genutzte Grundstückszufahrt zu Wohngebäude).
B	Mittlere Belastung	Gelegentliches Befahren durch Schwerverkehr und regelmäßiges Befahren durch Pkw. Gelegentliches Anfahren der Randeinfassung durch Schwerverkehr.	Gelegentliches Überfahren durch Schwerverkehr und regelmäßiges Überfahren durch Pkw (z. B. Grundstückszufahrt zu Wohngebäude).
C	Hohe Belastung	Regelmäßiges Befahren durch Schwerverkehr, insbesondere mit hohen Achslasten. Regelmäßiges oder häufiges Anfahren der Randeinfassung durch Schwerverkehr (z. B. bei Begegnung in schmalen Querschnitten).	Regelmäßiges Überfahren durch Schwerverkehr, insbesondere mit hohen Achslasten (z. B. bei Zufahrt zu Gewerbegrundstück).
D	Sehr hohe Belastung	Regelmäßiges Befahren durch Schwerverkehr, insbesondere mit hohen Achslasten. Regelmäßiges oder häufiges Anfahren der Randeinfassung durch Schwerverkehr[1].	Regelmäßiges Überfahren durch Schwerverkehr, insbesondere mit hohen Achslasten (z. B. bei Zufahrt zu Gewerbegrundstück mit häufiger Lkw- An- und Abfuhr)[1].

1) Bei Kreisverkehrsplätzen, Lkw-Stellflächen in Neben- und Rastanlagen von Bundesfernstraßen sowie bei Busverkehrsflächen ist grundsätzlich von einer sehr hohen Belastung der Rinne bzw. der Einfassung auszugehen.

Kommentar

Die Regelausführung nach DIN 18318 berücksichtigt diese Faktoren hingegen nur sehr eingeschränkt und stellt daher nur eine mögliche Ausführungsvariante dar, die zur Vergleichbarkeit eingehender Angebote im Rahmen von Vergabeverfahren festgelegt ist. Sie sieht folgendermaßen aus:

5 Merkblatt für Randeinfassungen und Rinnen – M RR, Entwurfsfassung der Ausgabe 2022

ATV DIN 18318 **Pflasterdecken und Plattenbeläge, Einfassungen,** Ausgabe 2019

3.6 Einfassungen, Entwässerungsrinnen

3.6.1 Fundamente und Rückenstützen

Für Fundamente und Rückenstützen bei befahrbaren Flächen ist Beton mit einer Zusammensetzung entsprechend einem C 20/25, bei begehbaren Flächen ist Beton mit einer Zusammensetzung entsprechend einem C 16/20 zu verwenden. Die Rückenstütze ist in Schalung herzustellen. Der Beton für Fundament und Rückenstütze ist zu verdichten.

Die Rückenstütze ist bis 2/3 der Höhe der Einfassung herzustellen. Bei angrenzenden Flächenbefestigungen richtet sich die Höhe der Rückenstütze nach der Art der Flächenbefestigung. Die Oberfläche der Rückenstütze ist nach außen abzuschrägen.

Die Dicke des Fundamentes muss bei befahrbaren Flächen ≥ 200 mm, bei begehbaren Flächen ≥ 80 mm betragen. Die Breite der Rückenstütze muss bei befahrbaren Flächen 150 mm ±20 mm, bei begehbaren Flächen 80 mm ±20 mm betragen.

Kommentar

Die Konstruktion einer Einfassung nach DIN 18318 erfordert ein Fundament aus Beton, auf welches die Randeinfassungs- oder Rinnenelemente gesetzt werden. Verbundanforderungen bestehen nicht, sind jedoch hinsichtlich der Dauerhaftigkeit besonders bei durch Verkehr beanspruchten Randeinfassungen sehr vorteilhaft. Zur Verbesserung eines Verbundes zwischen Beton und Befestigungselement sollten Haftvermittler eingesetzt werden. Sie sind in einem Bauvertrag besonders auszuschreiben, da dies noch keinen Standard darstellt.

Die Ausführung kann gemäß Bild 9 M RR erfolgen. Die Mindestdicken von Fundament und Rückenstütze sind hier für befahrene Flächen dargestellt. Bei Fußgängerflächen, in den DIN als „begehbare Flächen" bezeichnet, können die Dicken auf jeweils 80 mm für Fundament und Rückenstütze reduziert werden. Die Randeinfassung ist dabei als Bestandteil der Fahrbahn zu sehen. Im vorliegenden Beispiel sind also Bord und Rinne auf ein mindestens 20 cm dickes Fundament zu setzen, da auch der Bordstein durch Kfz-Verkehr (seitlich) belastet wird. Unterschiedliche Fundamentdicken bei direkt benachbarten Einfassungen und Rinnen dürfen nicht durch unterschiedlich hoch liegende Unterlagen entstehen, da dies der Qualität der Unterlage des Fundamentes abträglich ist.

Das Einfassungselement muss immer etwas tiefer liegen als die angrenzende Oberfläche, um einen ausreichenden Wasserabfluss zu gewährleisten. Dabei muss auch berücksichtigt werden, dass die Einfassung durch den Fundamentbeton andere Auflagerungsbedingungen hat als die allgemeine Pflasterdecke oder der entsprechende Plattenbelag, es treten dadurch im Allgemeinen geringere Setzungen auf als bei der umgebenden Fläche. Die mit der Zeit hier auftretenden Setzungen dürfen aber nicht zu einem Wasserrückhalt infolge eines höherstehenden Bordes führen. Gleiches gilt auch für Entwässerungsrinnen. Immer wieder sind an älteren Flächen Schäden der Art festzustellen, dass die Rinne sozusagen aus der Fläche herauswächst. Hier erhebt sich aber nicht die Rinne, sondern die umgebende Fläche unterliegt andauernden Setzungen, so dass der Wasserablauf gestört werden kann.

Kommentar

Solches ist unbedingt zu vermeiden. Deshalb muss auch die Entwässerungsrinne immer deutlich unterhalb des zu entwässernden Belages liegen. Gleichzeitig wird mit dieser Kante die Rinne gekennzeichnet und das für den Wasserabfluss zur Verfügung stehende Volumen vergrößert. Damit kann bei Niederschlagsereignissen das Wasser besser auf die Rinne begrenzt werden, so dass weniger häufig die Fahrbahn durch Wasserrückstand eingeengt wird. Die Dimensionierung der Rinne, d.h. auch die Breite der Rinne sollte dabei nach den REwS der FGSV erfolgen.

M RR

Merkblatt für Randeinfassungen und Rinnen, Ausgabe 2022, Entwurfsfassung

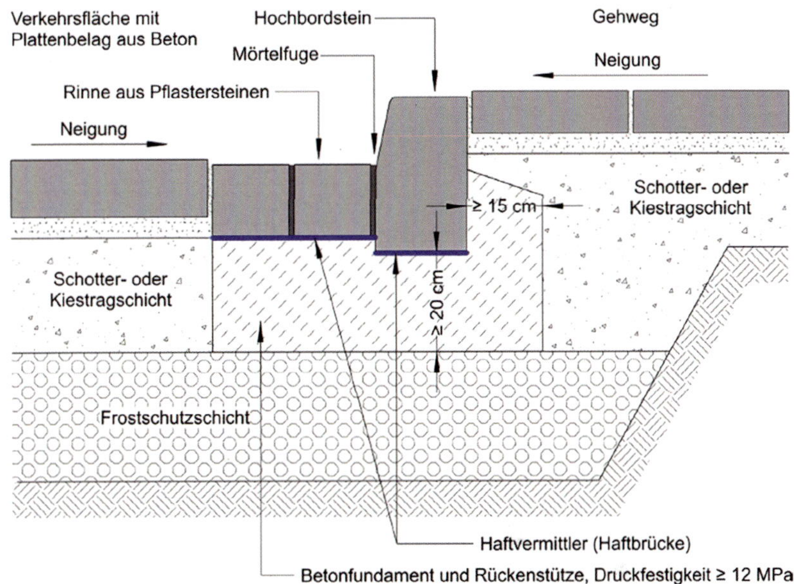

Bild 9 Beispiel für eine Randeinfassung mit Hochbord und Entwässerungsrinne für befahrene Flächen

Kommentar

Geforderte Betonqualität nach ATV DIN 18318

Die nach ATV DIN 18318 festgelegte Baustoffanforderung an den zu verwendenden Beton stellt weniger eine qualitative Anforderung an die Ausführungsqualität dar. Es ist allein festgelegt, welcher Beton einzubauen ist. Die Formulierung „Beton mit einer Zusammensetzung entsprechend einem C 20/25“ bei „befahrbaren Flächen“ bzw. „Beton mit einer Zusammensetzung entsprechend einem C 16/20“ bei „begehbaren Flächen“ sagt nur aus, dass beispielsweise solch eine Qualität als Transportbeton zu bestellen ist. Nachgewiesen werden kann dies durch Vorlage des entsprechenden Lieferscheins. Bei auf der Baustelle produziertem Beton ist dies nicht möglich, hier kann nicht so einfach ein entsprechender formaler Nachweis erbracht werden.

Auch wenn man davon ausgeht, dass der zu verwendende Beton eine gewisse – definierte – Qualität aufweist, so kann dies nicht automatisch

Kommentar

auch vom ausgeführten Gewerk angenommen werden. Die Qualität, z. B. ausgedrückt durch die Druckfestigkeit, wird gravierend vom Umgang mit den angelieferten Baustoffen bei Einbau und Verdichtung beeinflusst. Beton erfordert einen Einbau inklusive Verdichtung innerhalb der Verarbeitungszeit, die mit dem Erstarrungszeitpunkt des Betons beendet ist. Die Verarbeitungszeit beträgt in der Regel nur wenige Stunden nach Produktion im Betonwerk. Damit darf nur eine innerhalb dieser Zeit verarbeitbare Menge Schritt für Schritt angeliefert werden. Häufig wird bei einer zu großen Lieferung Material Stunden später nochmals aufgemischt und dann erst eingebaut. Auf diese Art hergestellte Fundamente weisen nur geringe Festigkeiten auf und können bei Beanspruchung schadensanfällig sein. Ein qualitativ hochwertiger Baustoff muss beim Einbau auch ausreichend verdichtet werden, um die geforderten Eigenschaften zu erreichen.

Nach DIN 18318 werden jedoch keine Anforderungen an diesen Baustoff im eingebauten Zustand formuliert. Somit kann nicht regelmäßig von einer Qualität ausgegangen werden, durch die Verkehrsbelastungen von öffentlichen Straßen schadlos aufgenommen werden.

Daher wird im Abschnitt 1.4.2.3 der ZTV Pflaster-StB im Richtlinientext empfohlen, eine Anforderung an die Druckfestigkeit des Fundamentes und der Rückenstütze grundsätzlich in den Bauvertrag aufzunehmen. Unabhängig von der verwendeten Baustoffqualität sollte die Druckfestigkeit nach 28 Tagen jeder mittels Bohrkernentnahme geprüften Einzelprobe 12 MPa betragen. Bei höher beanspruchten Rinnen oder Randeinfassungen können auch höhere Festigkeiten erforderlich werden.

Zur erläuterten begrenzten Aussagekraft der Forderung der DIN 18318 an die Qualität des zu verwendenden Betons kommt noch hinzu, dass die Vorgabe eines C 16/20 bzw. C 20/25 losgelöst von weiteren Eigenschaften erfolgt.

Bild 3.33 Erhält der Fundamentbeton so eine ausreichende Qualität?

Kommentar

Die Festigkeitsanforderung C 20/25 basiert auf DIN EN 206-1[6] und DIN 1045 Teil 2[7]. In diesen wird der Beton über Expositionsklassen und Feuchtigkeitsklassen eingestuft. Hier ist u.a. die Beanspruchung von Bedeutung: Es ist z.B. zu unterscheiden, ob und wie hoch der Frostangriff und der Angriff von Tausalzen ist. Weiterhin wird unterschieden hinsichtlich der vorliegenden Feuchtigkeit. Für einen Beton im Bereich öffentlicher Verkehrsflächen ohne direkte Verschleißbeanspruchung können die Expositionsklassen

- XC2 – nass, selten trocken
- XF2 bis XF4 – mäßige Wassersättigung bis hohe Wassersättigung, jeweils mit Taumittel

infrage kommen.

Nach DIN EN 206 steht eine Druckfestigkeitsklasse C 16/20 für eine charakteristische Mindestdruckfestigkeit am Zylinder mit 150 mm Durchmesser und 300 mm Länge nach 28 Tagen von 16 N/mm² und eine charakteristische Mindestdruckfestigkeit am Würfel mit 150 mm Kantenlänge nach 28 Tagen von 20 N/mm² (entsprechend bei C 20/25: 20 N/mm² am Zylinder und 25 N/mm² am Würfel). Die Prüfungen sind Laborprüfungen mit definierten Verdichtungsbedingungen und geben nicht den eingebauten Zustand wieder. Sie werden ohne weitere Witterungsbeanspruchungen überprüft und zeigen daher nicht, ob dieser Beton z.B. frost- und tausalzbeständig ist.

Nach DIN 1045-2 können dann Eigenschaften der Betone nach zwei Verfahren festgelegt werden: Festlegung für Beton nach Eigenschaften oder Festlegungen für Beton nach Zusammensetzung.

Im ersten Verfahren sind Druckfestigkeitsklassen in Verbindung mit Expositionsklassen festzulegen. Im Zweiten erfolgt die Festlegung nach der Zusammensetzung und gerade nicht über Druckfestigkeitsklassen. Die Produktion des Betons kann daher nur nach den Eigenschaften erfolgen. Für diesen fehlt aber die Angabe der erforderlichen Expositionsklasse. Es kann daher formal von der geringsten Expositionsklasse hinsichtlich der Betonproduktion ausgegangen werden, Klasse X0, die keine Anforderung an die Zusammensetzung, den Wasserzementwert oder den Mindestzementgehalt stellt.

Eine weitere Möglichkeit ist der sogenannte Standardbeton nach DIN EN 206 der maximal bis Druckfestigkeitsklasse C 16/20 hergestellt und verwendet werden kann. Die Festigkeitsklasse C 20/25 fällt nicht darunter, solange sie nicht explizit am Ort der Verwendung zulässig ist. Zudem erfordert Standardbeton nur die Expositionsklassen X0, XC1 und XC2, solange am Ort der Verwendung nicht explizit auch andere Expositionsklassen erforderlich sind.

X0 bedeutet, dass kein Korrosions- oder Angriffsrisiko besteht, Frostangriff ist ausgenommen. Solch eine Expositionsklasse ist in Gebäuden für Beton mit sehr geringer Luftfeuchte anwendbar.

XC1 steht für Expositionen in Umgebungen, die entweder trocken sind, wie z.B. in Gebäuden mit geringer Luftfeuchte, oder die ständig nass sind, z.B.

6 DIN EN 206-1: Beton – Festlegung, Eigenschaften, Herstellung und Konformität, Deutsche Fassung EN 206:2013, Fassung 2021, Beuth Verlag, Berlin 2021

7 DIN 1045-2: Tragwerke aus Beton, Stahlbeton und Spannbeton – Teil 2: Beton – Festlegung, Eigenschaften, Herstellung und Konformität – Anwendungsregeln zu DIN EN 206-1, Fassung 2008, Beuth Verlag, Berlin 2008

Kommentar

ständig in Wasser eingetaucht. Beide Bedingungen liegen bei Fundamenten und Rückenstützen nicht vor.

XC2 steht für Betone, die überwiegend nass und selten trocken sind, also Bedingungen, die bei Verwendung in Fundamenten oder Rückenstützen von Einfassungen und Rinnen nicht vorliegen.

Da von einem Frostangriff bei Fundamenten und Rückenstützen von Einfassungen und Rinnen auszugehen ist, muss auch bei Unterlassung von Taumitteleinsatz mindestens von einer Expositionsklasse XF1 ausgegangen werden. Für diese sind nur Druckfestigkeitsklassen ab C 25/30 nach DIN 1045-2 zulässig. Diese Klasse übersteigt schon die in DIN 18318 geforderte Druckfestigkeitsklassen.

Zusammenfassend ist allein die Festlegung einer Druckfestigkeitsklasse für den Bauausführenden ohnehin nicht hilfreich, da bei der Bestellung im Betonwerk weitere Vorgaben erforderlich sind. Die Zusammensetzung des gelieferten Betons kann sonst sowohl hinsichtlich Korngrößenverteilung als auch hinsichtlich Zementgehalt, Wasserzementwert und Luftporengehalt beträchtlich schwanken. Allein mit der Festlegung auf C 16/20 oder C 20/25 erhalten sowohl Auftragnehmer als auch Auftraggeber daher variierende Qualitäten. Zusätzlich sind Vorgaben zum Frostangriff, Feuchteniveau und/oder zum Angriff von Taumitteln erforderlich. Erst dann kann und sollte auch eine Anforderung an den eingebauten Zustand gestellt werden. Hierzu eignet sich eine Druckfestigkeitsanforderung im eingebauten Zustand nach 28 Tagen Lagerungsdauer und mit Blick auf das notwendige Qualitätsniveau.

Eine Druckfestigkeitsanforderung größer 12 N/mm² stellt eine gegenüber üblichen Betonen relativ geringe Forderung dar, sie ist angemessen und herstellbar. Allerdings erfordert sie eine auch in anderen Bereichen übliche Qualität beim Einbau. Der relativ steife Beton muss innerhalb seiner Verarbeitungszeit eingebaut und verdichtet sein. Zur Verdichtung ist geeignetes Verdichtungsgerät sowie in der Regel eine Schalung erforderlich.

Das häufig zu beobachtende händische „Anklopfen“ des Betons ohne Schalung mit Abschrägung der Seitenflächen, so dass ein kegelförmiger Querschnitt entsteht, ist nicht anforderungsgerecht. Neben der ggf. für befahrene Flächen zu geringen Baustoffqualität zieht auch der ausgeformte Querschnitt Probleme nach sich. Die ausgebildeten Abschrägungen liegen dann in der Regel unterhalb benachbarter Flächenbefestigungen. Damit weisen die Pflastersteine und Platten in der direkten Nachbarschaft variierende Tragschicht- und Bettungsdicken auf. Durch diese können Setzungsdifferenzen entstehen, wodurch die Unebenheiten zunehmen. Wenn man nun bedenkt, dass gerade neben solchen Einfassungen und Entwässerungsrinnen die Verdichtung besonders schwierig ist, stellt die dort ausgebildete Geometrie ein maßgebendes Kriterium für Folgemängel dar.

3.6 **Einfassungen und Entwässerungsrinnen** (Fortsetzung)

Die Mengen des für die Herstellung der Fundamente und Rückenstützen anzuliefernden bzw. auf der Baustelle herzustellenden Frischbetons sind auf die Einbauleistung derart abzustimmen, dass die jeweiligen Verarbeitungszeiten des Frischbetons unter Berücksichtigung der gerade vorherrschenden Witterungsverhältnisse eingehalten werden.

Es ist eine auf die gerade vorherrschenden Witterungsbedingungen abgestimmte Nachbehandlung des eingebauten Betons für Fundament und Rückenstütze durchzuführen.

Kommentar

Die Problematik der begrenzten Verarbeitungszeit wird im obigen Abschnitt behandelt. Es darf, bauvertraglich festgelegt, nicht mehr angeliefert und eingebaut werden, als auch während der Verarbeitungszeit einbau- und verdichtbar ist. Die Verarbeitungszeit ist dabei variabel und von der Zusammensetzung des Betons und möglichem Zusatz von Abbindeverzögerern abhängig. Zudem wirken die vorherrschenden Temperaturen und Windverhältnisse auf den Hydratationsablauf ein, so dass auch diese begrenzend wirken können.

Diese Witterungsbedingungen bedingen dann auch die Nachbehandlung – sowohl hinsichtlich der Art der Nachbehandlung als auch hinsichtlich ihrer Dauer. Ein Fundament- oder Rückenstützbeton unterliegt hier den gleichen Regeln, wie sie auch für sonstige Konstruktionsbetone gelten. Während der Hydratation ist der Beton vor Austrocknung zu schützen. Winterliche Witterungsbedingungen verlangsamen den Hydratationsverlauf, die Nachbehandlungszeit verlängert sich entsprechend. Im Hochsommer wird die Hydratation beschleunigt. Dies bedingt eine angepasste intensivere Nachbehandlung, so dass immer ausreichend Feuchtigkeit vorhanden ist. Das Feuchthalten z. B. durch Auflegen von feucht zu haltenden Vliesstoffen nach dem Setzen der Befestigungselemente der Randeinfassung oder Rinne ist in diesem Falle ebenso sinnvoll wie bei starken Windverhältnissen, da stärkerer Luftzug zu einem Austrocknen des Betons führen kann.

Im weiteren Verlauf wird zunächst auf die Ausführung von Randeinfassungen und anschließend von Entwässerungsrinnen eingegangen:

Einfassungen

ATV DIN 18318 **Pflasterdecken und Plattenbeläge, Einfassungen,** Ausgabe 2019

3.6 Einfassungen, Entwässerungsrinnen

...

3.6.2 Einfassungen

Bord- und Einfassungssteine sind mit 4 mm ±2 mm breiten Fugen zu versetzen, die nicht verfugt werden.

Kommentar

Einfassungen können grundsätzlich in zwei Bauweisen ausgeführt werden: Die Fugen der Einfassungselemente können verfugt werden oder unverfugt bleiben. Die Regelbauweise nach DIN 18318 ist die unverfugte Bauweise, die auszuführen ist, wenn keine anderen Regelungen vereinbart wurden. Dabei

Kommentar

werden die Bord- oder sonstigen Einfassungssteine auf den frischen, noch nicht erstarrten Fundamentbeton gesetzt. Die Fugen bleiben ungefüllt. Mit den damit vorhandenen Abständen zwischen den Einfassungselementen von 2 bis 6 mm entsteht ein Bewegungsraum, der im Regelfall ausreichend ist, die Längenänderungen der einzelnen Elemente infolge Temperaturausdehnung aufzunehmen. Damit werden keine bzw. nur unschädliche Längsspannungen infolge Temperaturausdehnung an benachbarte Elemente weitergegeben.

Wenn die Einfassung an Pflasterdecken oder Platten anschließt, kann gegebenenfalls, wenn z. B. Pflasterfugen mit Fugen der Randeinfassung übereinstimmen, durch die offenen Fugen das Fugenmaterial der Pflasterdecke ausfließen. Um dies zu vermeiden, sollte der hintere Bereich der Fugen mittels Mörtel und Kelle grob geschlossen werden (Kellenschlag). Gelegentlich wird auch ein Fugenband eingelegt.

Diese Maßnahmen dienen allein dem Zweck, einen Materialverlust in den angrenzenden Fugen zu verhindern. Die Fuge der Einfassung darf dabei nicht zu sehr gefüllt werden. Größtenteils bleibt sie leer. Dies ist deshalb von Interesse, da ansonsten Temperaturänderungen Längsspannungen hervorrufen würden, die ohne Bewegungsfugen zu Schäden führen können.

Bei der verfugten Bauweise werden die Fugen der Einfassung vollständig entsprechend der gebundenen Pflasterbauweise mit geeignetem Fugenmörtel und einem geeigneten Bauverfahren gefüllt. Das damit entstandene massive Bauteil benötigt dann die vorgenannten Bewegungsfugen, um Temperaturspannungen zu reduzieren und Risse zu vermindern. Der Abstand solcher Bewegungsfugen ist gemäß den ZTV Pflaster-StB dann auf 6 bis 8 m festgelegt. Weiterhin sind an allen Einbauten Bewegungsfugen erforderlich, wie dies auch einem späteren Absatz des Abschnitts 3.6 der ZTV Pflaster-StB zu entnehmen ist:

„Einfassungen, bei denen die Einfassungselemente mit Fugenmörtel verfugt werden, sind mit Bewegungsfugen im Abstand von 6 m bis 8 m und an Einbauten durchgehend durch Fundament und Rückenstütze herzustellen."

ATV DIN 18318 **Pflasterdecken und Plattenbeläge, Einfassungen,** Ausgabe 2019

3.6.2 Einfassungen

...

Bordsteineinfassungen mit Radien < 12 m sind aus Kurvensteinen herzustellen. Bei Radien ≥ 12 m und < 20 m sind gerade Bordsteine mit einer Länge von 0,50 m, bei Radien ≥ 20 m sind gerade Bordsteine mit einer Länge von 1 m zu verwenden.

Kommentar

In Kurvenbereichen ist aus geometrischen Gründen eine Anpassung der Borde und sonstigen Elemente an den vorhandenen Radius erforderlich. In ganz engen Kurven sind besondere Kurvensteine einzusetzen, die dem Radius der Ausrundung folgen. Die Grenze wird – solange nichts anderes festgelegt wird – in der ATV DIN 18318 bei einem Radius von 12 m gezogen. Oberhalb von 12-m-Radien können gerade Borde verwendet werden, allerdings zur besseren Angleichung an die Ausrundung mit Radien von 20 m mit halben Bordlängen. Erst ab Radien von 20 m können Standardborde von 1 m Länge eingesetzt werden.

Kommentar

Die DIN 482 ist zwar nicht in den TL Pflaster-StB oder den ZTV Pflaster-StB separat aufgeführt. Da aber gemäß ATV DIN 18318 im Abschnitt 2, Baustoffe, diese Norm aufgeführt ist, gilt sie auch im Anwendungsbereich der ZTV Pflaster-StB.

Für Randeinfassungen und Entwässerungsrinnen gemeinsam wird hinsichtlich des Verbundes zwischen der Unterlage aus Fundamentbeton und den Befestigungselementen formuliert:

3.6 Einfassungen und Entwässerungsrinnen (Fortsetzung)

Bei Einfassungen von Verkehrsflächen ab einer Belastungsklasse Bk1,8 gemäß den RStO sowie regelmäßig von Schwerverkehr überfahrenen Einfassungen und bei Entwässerungsrinnen sind die Bauteile in den frischen, das heißt noch verarbeitbaren Fundamentbeton unter Verwendung eines Haftvermittlers an der Unterseite der Bauteile zu versetzen.

Ein Haftvermittler ist ein Bauprodukt zur Verbesserung des Haftverbundes an der Grenzfläche zwischen Bauteilen, welches in geeigneter Konsistenz auf der Unterseite des zu versetzenden Bauteiles aufgebracht wird und nach dem Versetzen des Bauteiles auf dessen Unterlage hydraulisch erhärtet.

Einfassungen, bei denen die Einfassungselemente mit Fugenmörtel verfugt werden, sind mit Bewegungsfugen im Abstand von 6 m bis 8 m und an Einbauten durchgehend durch Fundament und Rückenstütze herzustellen.

Kommentar

Einfassungen und Entwässerungsrinnen, die regelmäßig und häufig von Schwerverkehr überfahren werden, müssen besondere Belastungen aufnehmen. Es ist zu beachten, dass die Fundamente die auftretenden Beanspruchungen ausreichend sicher in die Unterlage und den Untergrund übertragen können. Hierzu ist ein qualitativ hochwertiges Fundament, eine ausreichend tragfähige und verformungsarme Unterlage unterhalb des Fundamentes – zumeist eine Tragschicht ohne Bindemittel – und zu guter Letzt auch ein guter Haftverbund zwischen Befestigungselement und Fundamentbeton wichtig. Um diesen Haftverbund zu verbessern, muss das Element in den frischen, noch nicht abgebundenen oder erstarrten Fundamentbeton lagegenau gesetzt werden. Da die Verdichtung dabei größtenteils nur durch das statische Eigengewicht des Elementes erfolgt, ist es sinnvoll, bei solchen Flächen den Verbund durch Einsatz eines Haftvermittlers zwischen Element und Fundament zu verbessern. Ein solcher hydraulisch wirkender Kleber wirkt sich dann positiv auf die Dauerhaftigkeit der Befestigung aus. Nach den ZTV Pflaster-StB ist ein Haftvermittler bei allen überfahrenen Borden und Rinnen ab Belastungsklasse Bk1,8 erforderlich. Zudem sollen auch alle überfahrenen Borde und Rinnen, die regelmäßig von Schwerverkehr überfahren werden, auf diese Weise befestigt werden. Da nicht genau definiert ist, was in diesem Zusammenhang „regelmäßig überfahren“ bedeutet, ist es empfehlenswert, diese Ausführung in die Leistungsbeschreibung mit aufzunehmen.

Kommentar

So werden mögliche Streitigkeiten schon vorab vermieden. Die Ausführung von Entwässerungsrinnen wird in den folgenden Abschnitten behandelt.

Entwässerungsrinnen

Entwässerungsrinnen dienen der oberirdischen Ableitung von Niederschlagswasser. Sie werden beispielsweise entlang von Borden parallel zur Fahrbahn angelegt. Weiterhin gibt es die Möglichkeit, sie zwischen oder in Verkehrsflächen vorzusehen. Immer wird dabei das auf den Verkehrsflächen auftreffende Niederschlagswasser oberflächlich entsprechend der auf diesen Flächen vorhandenen resultierenden Neigung zu den Entwässerungsrinnen und durch diese dann zu den Straßenabläufen oder anderen Systemen, z. B. Versickerungssystemen, geführt.

Die hydraulische Bemessung von Entwässerungseinrichtungen erfolgt nicht über die ZTV Pflaster-StB oder die DIN 18318, sondern anhand der Richtlinien für die Entwässerung von Straßen REwS der FGSV (vormals RAS-Ew). Man unterscheidet bei offenen Rinnen zwischen Bord-, Pendel-, Spitz- und Muldenrinnen. Offene Rinnen mit entsprechenden Befestigungselementen sind Bestandteil der ZTV Pflaster-StB. Bei geschlossenen Rinnen sind besonders Kasten- und Schlitzrinnen zu nennen. Diese sind nicht vollumfänglich in den ZTV Pflaster-StB enthalten. Doch können die hier beschriebenen Anforderungen an Fundament und ggf. Rückenstütze auf diese übertragen werden. Entwässerungsrinnen können so auch die Funktion einer Einfassung übernehmen.

In den RASt sind Beispiele für die verschiedenen Rinnen enthalten. Bei der Querschnittsgestaltung des Straßenraumes hat die Breite einer Rinne einen deutlichen Planungseinschluss.

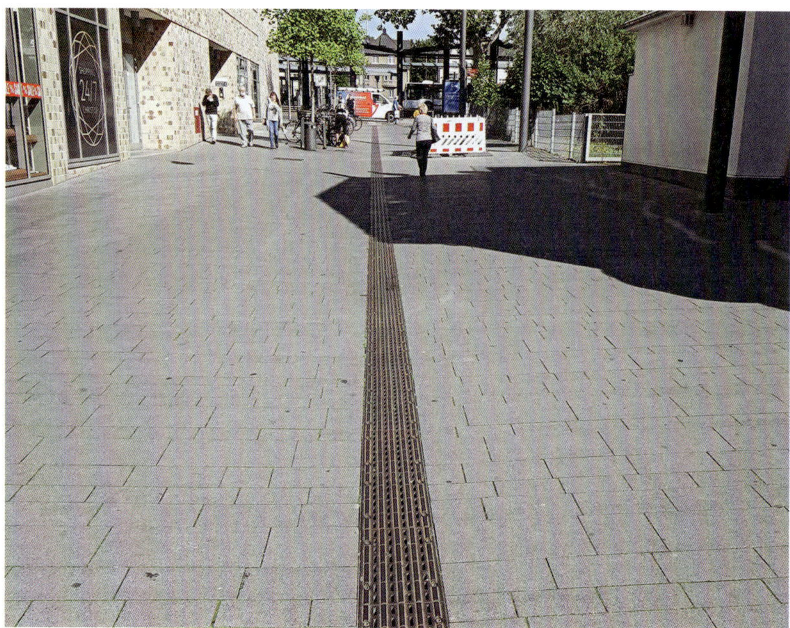

Bild 3.34 Kastenrinne als taktiles Element

Kommentar

Bild 3.35 Herstellung einer Entwässerungsrinne mit Rinnen-Formsteinen

Breite Rinnen, z. B. fünfreihige Bordrinnen, werden bei schmalen Fahrbahnen deutlich mehr befahren als schmalere Rinnen oder Rinnen bei breiteren Fahrbahnen. Damit erhöht sich der Verkehrslärm und die Belastung der Rinne. Wenn ein deutlicher Fahrradverkehr auf der Fahrbahn stattfindet, sind schmalere Rinnen von Vorteil. Eine Spitzrinne mit deutlich höherer Querneigung von üblicherweise 10 % (7 % bis 15 %) als der angrenzende Fahrbahnbereich erhöht das ablaufende Wasservolumen. Sie darf aber nicht befahren werden. Bordrinnen weisen die Querneigung des angrenzenden Belages auf. Muldenrinnen sind muldenförmig mit einer Vertiefung von mindestens 3 cm auszuführen und bestehen zumeist aus 50 cm bis 100 cm breiten Pflaster- oder Plattenbefestigungen. Sie werden häufig in befahrenen Bereichen, ggf. mit querendem Verkehr, eingesetzt. Die Mindestlängsneigung sollte bei Einsatz von gespaltenem Natursteinpflaster auf 1,0 % erhöht werden. Die maximale Tiefe der Mulde beträgt 1/15 der Muldenbreite.

Neben der Verwendung von Pflastersteinen kann die Rinne auch mit speziellen vorgefertigten Beton-, Klinker- oder Natursteinelementen befestigt werden. Diese Rinnen-Formsteine oder Mulden-Formsteine beinhalten schon die gewollte Ausführungsform, z. B. bei einer Mulde die geschwungene Oberfläche, ohne dass schräge bzw. trichterförmige Fugen entstehen, welche die Anforderungen an die Fugenbreite nicht erfüllen würden. Bei breiteren Entwässerungsrinnen relativiert sich dieses Problem mit zunehmender Anzahl der Elementreihen.

Hinsichtlich des Bauvertrages sollten die ZTV Ew-StB[8] der FGSV beachtet werden, nach welchen u. a. die Rinnen zu dimensionieren sind. Deutlich klaffende Fugen sind aufgrund ihrer Schadensanfälligkeit zu vermeiden.

8 Zusätzliche Technischen Vertragsbedingungen und Richtlinien für den Bau von Entwässerungseinrichtungen im Straßenbau – ZTV Ew-StB, Ausgabe 2014, FGSV Verlag, Köln 2014

Kommentar

Entwässerungsrinnen mit Pflastersteinen oder sonstigen Befestigungselementen sind in gebundener Ausführung unter Verwendung von hydraulischem Fugenmörtel und Haftvermittler zwischen Element und Fundamentbeton herzustellen, damit das gesammelte und abzuführende Wasser nicht in die Befestigung einsickert. Die dazu erforderlichen Baustoffe und Ausführungsanforderungen sind nicht in den ZTV Ew-StB oder den ZTV Pflaster-StB enthalten. Die Anforderungen der ATV DIN 18318 sind einzuhalten. Weiterhin empfiehlt es sich, um Schädigungen zu vermeiden, die Empfehlungen des „Merkblattes für Flächenbefestigungen mit Pflasterdecken und Plattenbelägen in gebundener Ausführung" der FGSV[9] zu beachten.

Sollte es nicht möglich sein, mit ausreichender Qualität die Rinne in den frischen, noch nicht erstarrten Fundamentbeton zu setzen, kann es sinnvoll sein, schon bei der Ausschreibung eine Bettung mit Bettungsmörtel als Zwischenschicht vorzusehen. In diesem Fall kann das Fundament als separates Bauteil vorab hergestellt werden.

ATV DIN 18318 **Pflasterdecken und Plattenbeläge, Einfassungen,** Ausgabe 2019

3.6.3 Entwässerungsrinnen

Das Längsgefälle von Entwässerungsrinnen muss ≥ 0,5 % betragen.

Die Abweichung der Ebenheit von Entwässerungsrinnen darf bei Messung nach TP Eben – Berührende Messungen[10] mit der 4-m-Richtlatte nicht mehr als 5 mm betragen.

Entwässerungsrinnen, z. B. aus Pflastersteinen, Platten, Muldensteinen, Bordrinnensteinen, sind mit Fugenbreiten von 10 mm ±5 mm, bei Verwendung von spaltrauem Pflaster aus Naturstein von 15 mm ±5 mm, herzustellen.

Kommentar

Damit das Wasser ausreichend schnell abgeführt wird, muss eine Entwässerungsrinne neben einer gewissen Breite auch eine ausreichende Neigung und Ebenheit aufweisen. Diese muss mindestens 0,5 % in Längsrichtung betragen. Wenn dies durch die örtlichen Gegebenheiten, aber auch durch das gewählte Material der Rinne (gespaltene Natursteine) nicht möglich ist, kann das Ablaufen des Wassers durch eine wechselnde Querneigung der Rinne und damit durch eine wechselnde Längsneigung zwischen den Straßenabläufen verbessert werden. Solche Pendelrinnen sind nicht befahrbar und sind auch nicht Bestandteil der Fahrbahn. Sie sollten an Bushaltestellen vermieden werden. Weiterhin kann der Abfluss durch die Verringerung der Abstände zwischen den Straßenabläufen verbessert werden.

Mit einer zulässigen Unebenheit von maximal 5 mm unterhalb der 4-m-Richtlatte sind die Ebenheitsanforderungen an die Rinne deutlich strenger als an die verlegte Pflaster- oder Plattenfläche. Dies ist natürlich dem ausreichenden Wasserabfluss geschuldet. Pfützenbildungen innerhalb der Rinne können

---

9 Merkblatt für Flächenbefestigungen mit Pflasterdecken und Plattenbelägen in gebundener Ausführung – M FPgeb, Ausgabe 2018, FGSV Verlag, Köln 2018. Siehe auch Teil C dieses Handbuchs, der die gebundene Ausführung zum Gegenstand hat.

10 Technische Prüfvorschriften für Ebenheitsmessungen auf Fahrbahnoberflächen in Längs- und Querrichtung: Teil Berührende Messungen, TP Eben – Berührende Messungen Ausgabe 2017, FGSV Verlag, Köln 2017

Kommentar

genauso wie in Pflasterdecken zu Schäden führen und müssen besonders bei hohem Wasserandrang vermieden werden.

Da die Fugen mit Fugenmörtel zu verfüllen sind, ist eine ausreichende Fugenbreite erforderlich. Hier sind daher die Anforderungen an die gebundene Bauweise maßgebend. Diese sind in DIN 18318 in den Abschnitten zur gebundenen Bauweise enthalten, welche im Rahmen dieser Kommentierung bisher nicht dargestellt wurden. Für die gebundene Ausführung der Entwässerungsrinnen gelten folgende Anforderungen:

ATV DIN 18318 **Pflasterdecken und Plattenbeläge, Einfassungen,** Ausgabe 2019

3.6.3 Entwässerungsrinnen

...

Die Fugen sind bis mindestens 4 mm und höchstens 1 mm unter den oberen Rand der Elemente der Entwässerungsrinne bzw. bis zur unteren Kante etwaig vorhandener Fasen, Rundungen oder dergleichen mit Fugenstoff zu füllen, der die Anforderungen nach Tabelle 3 erfüllt.

Kommentar

Die Tabelle 3 der Norm enthält Anforderungen an den Fugenmörtel bei der hydraulisch gebundenen Pflasterbauweise in folgender Weise:

ATV DIN 18318 **Pflasterdecken und Plattenbeläge, Einfassungen,** Ausgabe 2019

Tabelle 3 – Anforderungen an gebundene Fugenstoffe, Bindemittel Zement

Eigenschaften	Anforderungen	Prüfung nach
Druckfestigkeit	begehbar ≥ 10 MPa befahrbar, Fahrzeuge bis 3,5 t ≥ 20 MPa befahrbar, Fahrzeuge über 3,5 t ≥ 30 MPa	DIN EN 12808-3
Haftzugfestigkeit	begehbar ≥ 0,4 MPa befahrbar, Fahrzeuge bis 3,5 t ≥ 0,8 MPa befahrbar, Fahrzeuge über 3,5 t ≥ 1,0 MPa	ALP Pgeb, Arbeitsanleitung zur Durchführung von Prüfungen für Pflasterdecken und Plattenbeläge in gebundener Ausführung[a]
Frost-Tau-Widerstand S_n	≤ 800 g/m²	CF-Prüfverfahren nach DIN CEN/TS 12390-9, Prüfung von Festbeton –Teil 9: Frost- und Frost-Tausalz-Widerstand – Abwitterung
Frost-Tausalz Widerstand S_n	≤ 500 g/m²	CDF-Prüfverfahren nach DIN CEN/TS 12390-9

a Autor: FGSV Forschungsgesellschaft für Straßen- und Verkehrswesen e. V., An Lyskirchen 14, 50676 Köln, www.fgsv.de. Zu beziehen durch: FGSV Verlag GmbH, Verlag der Forschungsgesellschaft für Straßen- und Verkehrswesen e. V., Wesselinger Straße 15–17, 50999 Köln, www.fgsv-verlag.de

Kommentar

An den Fugenmörtel werden dementsprechend qualitative Anforderungen hinsichtlich der Druckfestigkeit, der Haftzugfestigkeit und der Frost-Tausalz-Widerstandsfähigkeit gestellt. Die Prüfung erfolgt am Mörtel im Labor im Rahmen von einer Erst- bzw. Eignungsüberprüfung. Sie stellen keine Anfor-

Kommentar

derungen nach der Herstellung der Leistung dar. Bezüglich der Zuordnung der Anforderungen zur Fläche gilt: Unterscheidung in „begehbar", „befahrbar mit Fahrzeugen bis 3,5 t" und „befahrbar mit Fahrzeugen über 3,5 t". Hier muss die vorhandene Beanspruchung der Rinne betrachtet werden. Für öffentliche Verkehrsflächen wird es i. d. R. immer (mindestens) angemessen sein, die Forderungen an Flächen, die mit Fahrzeugen über 3,5 t befahrbar sind, festzulegen. Allerdings werden diese Anforderungen durch den folgenden Richtlinientext der ZTV Pflaster-StB relativiert, in dem ausgesagt wird, dass für alle Fugen die Empfehlungen des M FPgeb zu beachten sind.

Dies bedeutet, dass in den Bauvertrag die Inhalte dieses Merkblattes bezüglich des Fugenmörtels sowie der Herstellung aufgenommen werden sollten. Sie werden im separaten Teil C dieser Kommentierung zur gebundenen Bauweise erläutert. Wenn solche Regelungen jedoch nicht vertraglich festgelegt wurden, gelten die vorgenannten Anforderungen der DIN 18318.

Die Längsfuge der Rinne zu einer Einfassung muss ebenso gebunden ausgeführt werden. Hier sind ebenfalls Fugenmörtel nach Tabelle 3 der Norm zu verwenden, sie ist nicht als Bewegungsfuge auszubilden. Die Fugenbreite muss auf die erforderliche Füllung mit hydraulischem Mörtel abgestimmt und in ihrer Geometrie maßhaltig sein, auch unabhängig vom verwendeten Pflasterstein. Daher gibt es hier keine Sonderregelung für Entwässerungsrinnen aus gespaltenem Naturstein. Sie ist mit einer Breite von 10 mm herzustellen, die zulässige Toleranz beträgt jeweils 2 mm.

Die Fugenbereiten sind nach ZTV Pflaster-StB Abschnitt 3.3 herzustellen, oder die Empfehlungen des „Merkblattes für Flächenbefestigungen mit Pflasterdecken und Plattenbelägen in gebundener Ausführung" – M FPgeb der FGSV sind für die Fugenbreiten zu beachten. Dies bedarf jedoch einer Angabe im Leistungsverzeichnis.

Grundsätzlich sind die Pflastersteine zur Einhaltung der vereinbarten Fugenbreite maßgerecht zu sortieren.

3.6 Einfassungen und Entwässerungsrinnen (Fortsetzung)

Die Fugen zwischen den Bauteilen von Entwässerungsrinnen sind vollständig mit Pflasterfugenmörtel zu schließen.

Bezüglich der Anforderungen an den Pflasterfugenmörtel und dessen Verarbeitung sowie der Nachbehandlung ist das „Merkblatt für Flächenbefestigungen mit Pflasterdecken und Plattenbelägen in gebundener Ausführung" (M FPgeb) zu beachten.

Bei Entwässerungsrinnen sind die Bewegungsfugen im Abstand von 6 m bis 8 m durchgehend durch Einfassung, Entwässerungsrinne, Fundament und Rückenstütze herzustellen.

Für Bewegungsfugen sind reversibel komprimierbare Einlagen zu verwenden. In den oberen 3 cm der Bewegungsfuge der Entwässerungsrinne ist eine elastische Pflasterfugenmasse gemäß den ZTV Fug-StB einzubauen. Bei Bordsteinen ist ein dauerhaft rückstellfähiges Profil entsprechend dem Bordsteinprofil einzubauen.

ATV DIN 18318 **Pflasterdecken und Plattenbeläge, Einfassungen,** Ausgabe 2019

3.6.3 Entwässerungsrinnen

...

Bei angrenzenden Einfassungen sind diese mit Fugenbreiten von 10 mm ±2 mm herzustellen und mit Stoffen zu verfüllen, die die Anforderungen nach Tabelle 3 erfüllen.

Bei Entwässerungsrinnen sind Bewegungsfugen im Abstand ≤ 12 m, bei befahrenen Entwässerungsrinnen im Abstand von 4 m bis 6 m, durchgängig durch Rinne und Fundament einschließlich der ggf. vorhandenen Rückenstütze herzustellen. Bei einer angrenzenden Einfassung müssen die Bewegungsfugen der Entwässerungsrinne an gleicher Stelle in der Einfassung einschließlich deren Fundament und Rückenstütze ausgebildet werden.

Bewegungsfugen sind mindestens 8 mm und höchstens 15 mm breit sowie rückstellfähig auszuführen.

Werden Entwässerungsrinnen gleichzeitig als Randeinfassung verwendet, sind sie mit einer Rückenstütze nach Abschnitt 3.6.1 herzustellen.

Werden Straßenabläufe in der Rinne gesetzt, so ist vor und hinter jedem Straßenablauf ebenfalls eine Bewegungsfuge herzustellen.

Kommentar

Da die Entwässerungsrinnen in gebundener Bauweise ausgeführt werden, verursachen Temperaturänderungen Spannungen im Bauteil. Da diese zu Rissen führen würden, sind Rinnen mit Bewegungsfugen zu unterteilen. Hierdurch werden die auftretenden Spannungen und damit auch die Rissgefahr vermindert. Bewegungsfugen können Risse zwar nicht ganz verhindern, Rissbreite und Risshäufigkeit werden aber eingeschränkt. Nach ZTV Pflaster-StB ist ein Abstand zwischen den Bewegungsfugen von 6 bis 8 m unabhängig von der Verkehrsbelastung vorgegeben, also auch bei Flächen, die nur durch Fußgängerverkehr beansprucht sind. Dies ist vernünftig, da die Rissgefahr primär von Temperaturänderungen ausgeht.

In den DIN 18318 sind die Regelungen anders: Hier darf der Abstand der Bewegungsfugen bei Fußgängerflächen maximal 12 m betragen. Bei befahrenen Flächen (ohne Angabe, ob nur durch Kfz oder auch durch Radverkehr) wird der Abstand hingegen auf 4 bis 6 m verringert, so dass eine strengere Forderung als nach ZTV Pflaster-StB aufgestellt wird.

Eine pauschale, dabei genaue Angabe, welcher Abstand bei befahrenen Flächen erforderlich ist, kann nicht gemacht werden, da dies primär von der bei der Herstellung der Rinne vorhandenen Temperatur innerhalb der Befestigung und den am Ort der Verwendung während der Nutzung auftretenden Temperaturen abhängig ist. Diese Werte sind wiederum vom eingesetzten Baustoff sowie seiner Färbung und vielen weiteren Faktoren abhängig. Daher kann hier nur ausgesagt werden: Je kleiner der Abstand der Bewegungsfugen, desto geringer ist die Wahrscheinlichkeit des Auftretens klaffender Risse. Wenn also ein Auftraggeber die Anforderung der DIN 18318 für befahrene Flächen in einen Bauvertrag aufnehmen möchte, für den auch die ZTV Pflaster-StB vereinbart ist, sollte im Leistungsverzeichnis explizit ein Abstand von 4 bis 6 m vereinbart werden, da ansonsten die schwächere Regelung der ZTV Pflaster-StB gilt.

Kommentar

Bild 3.36 Entwässerungsrinne mit Bewegungsfuge

Bewegungsfugen sind an allen Einbauten, daher auch an Straßenabläufen erforderlich. Sie müssen immer auch durchgehend an gleicher Stelle durch Fundament und ggf. vorhandene Rückenstütze gehen. Ebenso sind sie auch durch die Randeinfassung fortzusetzen, falls die Rinne an eine solche anstößt. Die Breite der Bewegungsfuge beträgt nach DIN 18318 dann 8 bis 15 mm. Empfehlenswert ist es allerdings, eine gewisse Beweglichkeit zuzulassen, so dass es sinnvoll sein kann, die Bewegungsfuge nicht kleiner als 10 mm auszugestalten. Die Herstellungsbreite ist jedoch auch von den Jahreszeiten abhängig. Es muss immer einkalkuliert werden, wie sich die Fugen über den Jahresverlauf öffnen und schließen werden.

Bewegungsfugen sollen Fugeneinlagen enthalten, welche die jahreszeitlichen Bewegungen der Rinne aufnehmen können, ohne sich plastisch zu verformen. Alle Verformungen sollten elastisch reversibel sein. Der obere Bereich der Fuge wird mit einem Material verschlossen, welches die Fuge gegen Wasser abdichtet. Dadurch soll das Eindringen von Niederschlagswasser verhindert werden, welches ansonsten zu Folgeschäden z. B. infolge Frosteinwirkung führen würde. Damit ist der Aufbau der Bewegungsfuge grob festgelegt. DIN 18318 enthält keine Anforderungen an die Baustoffe, außer dass sie „rückstellfähig“ sein müssen, ohne dies jedoch genauer zu umschreiben.

Nach den ZTV Pflaster-StB soll in den oberen 3 cm Pflasterfugenmasse nach den ZTV Fug-StB eingebracht werden (siehe dort). Darunter sollte ein elastisches Fugenband eingesetzt werden, an welches jedoch keine Anforderungen gestellt werden.

Es empfiehlt sich, ein Material für den unteren Bereich zu nutzen, welches einerseits möglichst viele Verformungen elastisch reversibel mitmacht, andererseits aber auch eine gewisse Härte aufweist, wodurch ein Widerstand

Kommentar

gegen die Verkehrsbelastung vorhanden ist. Positive Erfahrungen bestehen bei Baustoffen, die mindestens eine Komprimierfähigkeit von 40 % der Materialdicke aufweisen. Die Rückstellfähigkeit (Restverformung) der Fugeneinlage darf einen Druck-Verformungsrest von 5 % bei einer Stauchung von 25 % und 24 h nach der Entlastung (DIN EN ISO 1856:2018[11]) nicht überschreiten. Diesen Anforderungen entsprechen z. B. (vernetzte) Polyolefin-Schaumstoffe mit einer Rohdichte von ca. 40 bis 60 kg/m³ und einer Shore-A Härte 30 (±10) nach DIN EN ISO 868[12]. Alternativ können härtere Fugeneinlagen aus PU-Kautschuk oder vulkanisiertem Neukautschuk verwendet werden. Solche Dehnscheiben sollten eine Dicke von 10 mm und eine Shore A-Härte (ShA) von etwa 50 ±10 nach DIN ISO 7619-1:2012-02[13] sowie eine Dichte ≥ 800 kg/m³ bis ca. 1500 kg/m³ haben.

Weiteres zu Bewegungsfugen ist dem Teil C zur gebundenen Bauweise zu entnehmen. Wenn Entwässerungsrinnen gleichzeitig als Randeinfassungen eingesetzt werden sollen, erfordert dies eine Rückenstütze in der Art, wie sie vorab beschrieben wurde.

---

11 DIN EN ISO 1856: Weichelastische polymere Schaumstoffe – Bestimmung des Druckverformungsrestes (ISO 1856:2018), Deutsche Fassung EN ISO 1856:2018, Fassung 2018, Beuth Verlag, Berlin 2018

12 DIN EN ISO 868: Kunststoffe und Hartgummi – Bestimmung der Eindruckhärte mit einem Durometer (Shore-Härte) (ISO 868:2003), Fassung 2003, Beuth Verlag, Berlin 2003

13 DIN ISO 7619-1: Elastomere oder thermoplastische Elastomere – Bestimmung der Eindringhärte – Teil 1: Durometer-Verfahren (Shore-Härte) (ISO 7619-1:2010), Fassung 2012, Beuth Verlag, Berlin 2012

3.7 **Anschlüsse**

Bei Anschlüssen dürfen zugearbeitete Befestigungselemente nur verwendet werden, wenn die verbleibende kürzeste Seite

- mindestens ein Drittel der größten Kantenlänge des unbearbeiteten Befestigungselementes und
- mindestens der halben Dicke des unbearbeiteten Befestigungselementes und
- mindestens 5 cm entspricht.

Das Zuarbeiten hat durch Nassschnitt zu erfolgen, sofern kein abweichendes Verfahren vereinbart wurde.

Neben Randeinfassungen und Entwässerungsrinnen müssen die Anschlüsse mindestens 5 mm und höchstens 10 mm über deren Oberfläche liegen.

Neben Einbauten müssen die Anschlüsse mindestens 3 mm und höchstens 5 mm über deren Oberfläche liegen.

ATV DIN 18318 **Pflasterdecken und Plattenbeläge, Einfassungen,** Ausgabe 2019

3 Ausführung

3.1 Allgemein

...

3.1.9 Bei annähernd rechtwinkligen Anschlüssen sollte die gekürzte Seite von Passstücken ≥ 1/3 der größten Kantenlänge und ≥ 1/2 der Dicke des unbearbeiteten Steines bzw. der unbearbeiteten Platte betragen.

...

3.1.16 Pflasterdecken und Plattenbeläge müssen 7 mm ±3 mm über der Oberfläche von angrenzenden Einbauten, Randeinfassungen, Abläufen und Entwässerungsrinnen liegen.

Kommentar

In der Fläche sollten alle Befestigungselemente in vorgegebener Größe regelmäßig verlegt oder versetzt sein. In Randbereichen sind Anschlüsse erforderlich. Diese können durch vorgefertigte Elemente einer Serie, z. B. in Form von Bischofsmützen, hergestellt werden. Wenn solche Produkte nicht vorgesehen sind oder nicht passen, müssen die Elemente auf die richtige Größe zugeschnitten werden. Je nach Festigkeit der Befestigungselemente kann dies ggf. auch durch Brechen, dem sogenannten Knacken, erfolgen. Die Bruchkanten sind in diesem Fall naturgemäß unregelmäßig. Sie entsprechen daher zumeist nicht den technischen oder optischen Erfordernissen. Schon aufgrund der geforderten Fugenbreite sollte das Zuarbeiten daher durch Nassschnitt erfolgen. Dies ist nach ZTV Pflaster-StB, nicht aber nach DIN 18318 festgelegt. Wenn es im Einzelfall sinnvoll ist, die Elemente aufgrund der Optik zu brechen, sollte dies im Bauvertrag explizit aufgeführt sein.

Die resultierenden Elemente sollten nicht zu klein sein, da mit verringerten Abmessungen der Verschiebungswiderstand der Decke oder des Belages abnimmt. Die Gefahr des Lockerns und Verlustes von Elementen wird unpro-

Kommentar

Bild 3.37 Anschlussprobleme aufgrund Unachtsamkeit bei der Verlegung

portional größer, je kleiner das Element ist. Ganz kleine Befestigungselemente lösen sich häufig und gehen ggf. verloren. Die so entstandenen Öffnungen und Lockerungen des Verbandes führen zum Verbundverlust und zum Öffnen des gesamten Verbandes. Um dies zu verhindern, sind nur ausreichend große Befestigungselemente zu verwenden. Bei erforderlichen Randanschlüssen oder Richtungswechseln muss daher der Schnitt der Elemente sorgfältig geplant werden. Er umfasst je nach gewähltem Verband nicht nur die letzte Steinreihe, sondern auch die davor liegenden.

Das Regelwerk definiert daher zulässige und unzulässige Elementgrößen. Nach DIN 18318 muss das geschnittene Element Mindestkantenlängen aufweisen, die der halben Dicke des Elements und zudem einem Drittel seiner Länge im Originalzustand mindestens entsprechen. Die ZTV Pflaster-StB ergänzen diese Forderung noch mit einem Absolutmaß: Das geschnittene Element darf an seiner kleinsten Seite nicht kleiner sein als 5 cm. Damit sind längliche Elemente mit spitzen Winkeln zumindest teilweise eingeschränkt.

Die Regelungen legen allerdings nicht explizit fest, welches Produkt jeweils den Originalzustand darstellt. Wenn in einer Fläche mehrere Formate mit unterschiedlichen Abmessungen eingesetzt werden, kann dies zu Diskussionen führen, ob sich die geometrischen DIN-Regelungen auf das Standard-

Kommentar

Bild 3.38 Schlechter Anschluss bei Verbundsteinpflaster

format oder z. B. auf eine ebenfalls gelieferte halbe Formatgröße beziehen. Sinngemäß sollten nicht zu kleine Produkte eingesetzt werden, daher die ZTV-Regelung der Begrenzung auf 5 cm Mindestlänge. Als Bauvertragstext muss aber das jeweils im Verband an dieser Stelle vorgesehene und ausgeschriebene Element die Bezugsgröße darstellen. Bei Verbänden, in denen

Bild 3.39 Mangelhafter Anschluss mit Natursteinpflaster (in mangelhafter Pflasterdecke)

Kommentar

Bild 3.40 Anschluss eines Verbundsteinpflasters

sich die Formatgröße mit jeder Reihe ändert, gelten daher unterschiedliche Mindestmaße für die Passstücke, wenn sie in den Leistungspositionen explizit genannt sind. Es besteht dahingehend ein Unterschied, ob in der Leistungsposition des Bauvertrages nur das volle Format oder auch das entsprechende kleinere Format ausgeschrieben ist.

Bild 3.41 Erforderlicher Plattenschnitt aufgrund Änderung der Neigung

Kommentar

Neben den Regelungen zur Größe der Befestigungselemente ist in diesem Abschnitt auch festgelegt, dass die verlegte Pflaster- oder Plattenfläche immer oberhalb der Randeinfassungselemente liegen muss. Gleiches gilt für Einbauten und Entwässerungsrinnen. Hier gilt, dass die anschließenden Befestigungselemente mindestens 5 und maximal 10 mm oberhalb der Oberfläche dieser Elemente liegen müssen. Damit wird sichergestellt, dass das Wasser von der Fläche über die Randeinfassung bzw. in die Rinne laufen kann. Weiterhin muss gewährleistet sein, dass keine zusätzliche Stolperkante entsteht. Daher wird der vertikale Versatz hier auf maximal 10 mm beschränkt. Bei Einbauten werden diese Grenzwerte reduziert auf mindestens 3 mm und maximal 5 mm. Hier ist normalerweise kein gravierender Wasserfluss zu beachten, so dass der Versatz geringer ausfallen kann.

Die Anforderungen der DIN 18318 werden mit den Regelungen der ZTV Pflaster-StB etwas eingeschränkt. Nach Norm muss der zulässige Versatz bei allen Randeinfassungen, Entwässerungsrinnen, Abläufen und Einbauten pauschal 7 ±3 mm betragen. Er darf somit 4 mm nicht unterschreiten und 10 mm nicht überschreiten. Gut ist hierbei der Ansatz, dass der planmäßige Regelversprung von 7 mm, an dem der Pflasterer sich orientieren sollte, explizit genannt wird.

Der Höhenversatz zwischen den in der Fläche liegenden Elementen, also allen Elementen, die nicht in Anschlussbereichen liegen, ist ebenfalls geregelt, allerdings erst im folgenden Abschnitt.

3.8 Lage, zulässige Abweichungen

3.8.1 Höhen und Unebenheiten

Siehe DIN 18318.

Abweichungen von der profilgerechten Lage und unzulässige Abweichungen von der Ebenheit der Tragschicht dürfen nicht durch die Bettung ausgeglichen werden.

Pflasterdecken und Plattenbeläge sind an den Fugen höhengleich herzustellen. Der zulässige Versatz bei höhengleichen Anschlüssen darf bei Befestigungselementen mit ebener Oberfläche 2 mm und bei Befestigungselementen aus Natursteinen mit unbearbeiteter, spaltrauer Oberfläche 5 mm nicht überschreiten.

ATV DIN 18318 **Pflasterdecken und Plattenbeläge, Einfassungen,** Ausgabe 2019

3 Ausführung

3.1 Allgemein

...

3.1.15 Pflasterdecken und Plattenbeläge sind höhengleich herzustellen, zwischen benachbarten Steinen oder Platten sind Absätze und Höhenversprünge bis 2 mm, bei unbearbeiteten, spaltrauen und grob bearbeiteten Steinen oder Platten bis 5 mm zulässig.

Kommentar

Der höhengleiche Einbau der Befestigungselemente ist naturgemäß gefordert, um eine gute Begehbarkeit und Befahrbarkeit der Flächen sicherzustellen. Neben Verkehrssicherheitsthemen betrifft diese Forderung auch Aspekte der Lärmentwicklung durch Befahrung. Um leise Pflasterbefestigungen herzustellen, werden hier besondere Anforderungen aufgestellt. Details hierzu sind im „Merkblatt für Lärmarme Pflasterbauweisen“[14] enthalten, auf welches an dieser Stelle nur verwiesen sei.

Der Höhenunterschied zwischen benachbarten Befestigungselementen wird als Versatz (genauer: vertikaler Versatz), Absatz oder Höhenversprung bezeichnet. Der Höhenunterschied sollte nach der Fertigstellung der Fläche jeweils minimal sein. Nach DIN 18318, auf die verwiesen wird, werden Versätze von bis zu 2 mm bei Betonelementen, Klinkern und geschnittenen Natursteinelementen toleriert. Die hier vorgegebene Genauigkeit der Verlegung ist für ebenmäßige Produkte dann anspruchsvoll, wenn die Bettung zu dünn oder ungleichmäßig ist, oder wenn die Befestigungselemente große Maßtoleranzen aufweisen. Auch bei deutlichen Größenunterschieden zwischen Befestigungselementen kann es schwieriger werden, eine möglichst ebene Oberfläche nach dem Verdichten mittels Rüttelplatte zu erhalten.

Bei gespaltenem Naturstein muss die Forderung an den Versatz etwas aufgeweicht werden, da die zulässigen Maßtoleranzen der Oberfläche der einzelnen Elemente nichts anderes zulassen. Bei gehauenem (gespaltenem) Natursteinpflaster und bei grob strukturierten (siehe DIN EN 1342) Natursteinoberflächen, auch grob bearbeitet (siehe DIN EN 1341, DIN EN 1343) sind Höhenunterschiede in der Sichtfläche bis zu ±5 mm als zulässig genannt.

Grob strukturiert bzw. grob bearbeitet bezeichnet eine bearbeitete Oberfläche, auf der zwischen den Scheitelpunkten und tiefsten Punkten ein Abstand von mehr als 1,0 mm vorhanden ist. Dies ist aufgrund der erforderlichen Griffigkeit und des erforderlichen Gleit-Rutschwiderstands bei öffentlichen und bewitterten Flächen immer notwendig. So betrifft dies auch geschnittene Natursteine, deren Oberfläche anschließend gespitzt, sandgestrahlt oder geflammt wurden, wodurch ebene Oberflächen entstehen.

Der in den DIN 18318 angegebene zulässige Höhenversprung von 5 mm umfasst also auch Steine oder Platten aus Naturstein, deren Oberfläche gesägt und anschließend gestrahlt oder geflammt bearbeitet worden sind. Für diese ebenmäßigen Elemente ist nicht nachvollziehbar, warum sie mit einer so großen Toleranz und damit mit größeren Höhenversprüngen als erforderlich, hergestellt werden dürfen. Daher sollte dies im jeweiligen Bauvertrag auf 2 mm (= ebene Oberfläche) eingeschränkt werden.

Die ZTV Pflaster-StB regeln hier unabhängig von der Bearbeitung, dass der zulässige Versatz 2 mm bei Befestigungselementen mit ebener Oberfläche betragen darf und nur der von gespaltenen Befestigungselementen 5 mm.

Unterhalb des Pflasters können Abweichungen von der profilgerechten Höhenlage vorliegen. Zudem kann die Oberkante der Tragschicht zu uneben sein. Auf solch einer ungeeigneten Unterlage die Pflasterdecke oder den Plattenbelag zu erstellen ist unsachgemäß und hier explizit durch die ZTV Pflaster-StB ausgeschlossen, indem festgelegt wird, dass solche

14 Merkblatt für Lärmarme Pflasterbauweisen – M LP, Ausgabe 2019, FGSV Verlag, Köln 2019

Kommentar

Höhenabweichungen nicht durch dickere oder dünnere Bettungsstärken ausgeglichen werden dürfen. Die im Folgenden noch vorgestellten Anforderungen an die Toleranz der Bettungsdicke dürfen niemals überschritten werden.

ATV DIN 18318 **Pflasterdecken und Plattenbeläge, Einfassungen,** Ausgabe 2019

3 Ausführung

3.1 Allgemein

...

3.1.13 Randeinfassungen mit Bordsteinen oder anderen Steinen sind höhen- und fluchtgerecht herzustellen. Abweichungen der Oberfläche von der Sollhöhe und von der Bezugsachse dürfen an keiner Stelle mehr als 20 mm betragen.

3.1.14 Abweichungen von der Flucht in Auftritt- und Vorderflächen an den Stoßfugen von Einfassungen mit ebener Oberfläche dürfen nicht mehr als 2 mm, mit spaltrauer Oberfläche nicht mehr als 5 mm betragen.

Kommentar

Zulässige Abweichungen in Bezug zu den Randeinfassungen und Rinnen werden im Abschnitt 3.8 der ZTV Pflaster-StB nicht explizit aufgeführt. Stattdessen wird auf die ATV DIN 18318 verwiesen.

Abweichungen von der Sollhöhe von Randeinfassungen dürfen nach der Norm nicht größer als 20 mm sein. Für die Randeinfassungen gelten neben den im vorherigen Abschnitt erläuterten Anforderungen an den vertikalen Versatz auch Anforderungen an die horizontale Lage der einzelnen Elemente, Bordsteine etc.:

In ihrer Flucht dürfen Randeinfassungen nicht mehr als 20 mm von ihrer vorgesehenen Position (Bezugsachse) abweichen. Die Position der vertikalen bzw. geneigten Vorderflächen der Bord- und Einfassungssteine darf an den Stoßfugen nicht zu stark von der Flucht der Randeinfassung abweichen. Grenzwerte sind hier, abweichend von den Festlegungen für Pflaster und Platten, Abweichungen von 2 mm bei ebenen Randeinfassungselementen und 5 mm bei unebenen Elementen, sprich gespaltenen Bordsteinen aus Naturstein.

Neben der möglichst höhengleichen Verlegung der Befestigungselemente muss die Befestigung auch eine ausreichende Ebenheit aufweisen. Ziel ist hierbei, dass kein Wasseraufstau entsteht, durch den bei Belastung Schädigungen auftreten können. Hierbei interagieren die vorliegende Ebenheit und die vorhandene Neigung der Fläche miteinander. Je größer die Neigung, desto robuster ist der Wasserabfluss. Umgekehrt bedeutet dies, dass bei geringen Neigungen auch schon kleine Unebenheiten in der Fläche zu einem Wasserrückhalt, einer Pfütze, führen können. Daher müssen bei Flächen mit sehr geringen vorhandenen resultierenden Neigungen schärfere Ebenheitsanforderungen formuliert werden als bei solchen mit größeren Neigungen.

Dieses doch recht komplexe Themengebiet wird im Vertragswerk der ZTV Pflaster-StB ähnlich wie in DIN 18318 abgehandelt und in relativ einfach umzusetzende Forderungen umformuliert. Dabei wird nicht die vorhandene Querneigung betrachtet, sondern immer die aus Quer- und Längsneigung resultierende Neigung, in deren Richtung auch das Wasser abfließt.

Kommentar

Gleichzeitig beeinflusst die Nutzung das Anforderungsniveau. Bei Belastungen durch Kfz-Verkehr ist durch stehendes Wasser ein deutlich höheres Schädigungspotential zu erwarten als bei Fuß- und Radverkehrsflächen. Das rollende, belastete Rad führt zu Sog- und Druckkräften in der Fuge und zu Auftriebskräften in den Schichten, so dass hierdurch ungewünschte Kornumlagerungen ermöglicht werden. Die Dauer, während der ein solcher Zustand vorhanden ist, muss klein gehalten werden. Daher müssen schärfere Anforderungen für Flächen mit Kfz-Verkehr formuliert werden.

Tabelle 1 der ZTV Pflaster enthält die für die jeweilige Nutzung und Neigung festgelegte Ebenheitsanforderung:

3.8.1 Höhen und Unebenheiten (Fortsetzung)

Die zulässigen maximalen Abweichungen von der Ebenheit in Abhängigkeit von der resultierenden Neigung der vorhandenen Fläche nach der Tabelle 1 sind einzuhalten.

Tabelle 1: Zulässige Abweichungen von der Ebenheit von Pflasterdecken und Plattenbelägen

Nutzung	Pflasterdecken, Plattenbeläge aus	Neigung[1] [%]	Ebenheitsanforderungen[2] Stichmaß [mm] unter der:	
			2-m-Latte	4-m-Latte
Geh- und Radwege	Pflastersteinen, Platten aus Beton, Pflasterklinkern,	≥ 1,6 < 2,0	≤ 5	≤ 8
		≥ 2,0 < 2,5	≤ 6	≤ 10
	Pflasterziegel, bearbeitetem Naturstein	≥ 2,5	≤ 8	≤ 12
	unbearbeitetem und spaltrauem Naturstein	≥ 2,0 < 2,5	≤ 7	≤ 10
		≥ 2,5	≤ 12	≤ 20
Fahrbahnen	Pflastersteinen, Platten aus Beton, Klinkern, Ziegeln, bearbeitetem Naturstein	≥ 2,0 < 2,5	≤ 5	≤ 8
		≥ 2,5	≤ 6	≤ 10
	unbearbeitetem und spaltrauem Naturstein	≥ 3,0	≤ 10	≤ 15

1) an der Messstelle vorhandene abflusswirksame Neigung
2) Abweichungen von der Ebenheit werden nach den „Technischen Prüfvorschriften für Ebenheitsmessungen auf Fahrbahnoberflächen in Längs- und Querrichtung, Teil: Berührende Messungen" (TP Eben – Berührende Messungen) mit der Richtlatte und einem 30 cm-Messkeil gemessen. Die Messungen mit der 2-m-Latte erfolgen in Anlehnung an die TP Eben – Berührende Messungen. Interpolationen sind nicht zulässig.

Kommentar

Unebenheiten sollten nicht in ungünstiger Größe vorliegen. Sie werden definiert als Abweichungen des Profils, die nicht der Textur oder der Gradiente zuzurechnen sind und auf eine vom Messsystem abhängige Bezugslinie bezogen werden. Allgemein wird zwischen Längs- und Querunebenheiten unterschieden.

Kommentar

Die Regelung für Pflasterdecken und Plattenbeläge verzichtet jedoch auf diese Angabe, da Plätze und ähnliche Verkehrsflächen richtungsneutral sind. Es haben daher die Messungen in alle Richtungen zu erfolgen.

Primäres Ziel der Ebenheitsanforderungen ist es, dass das Niederschlagswasser trotz ggf. welliger Oberfläche über die resultierende Neigung von der Verkehrsfläche abläuft. Vertiefungen müssen daher bei kleinen Neigungen geringer sein, als sie bei größeren Neigungen der Verkehrsfläche sein dürften.

Messungen zur Unebenheitsbestimmung dürfen nur auf sauberen Oberflächen durchgeführt werden. Bei starkem Niederschlag, Eis oder Schnee ist eine Messung nicht zulässig. In Wannenbereichen, in denen die Solloberfläche gekrümmt ist, ist eine Messung nicht mit dem hier festgelegten starren Messsystem vereinbar. In solchen Bereichen sind Sonderbetrachtungen, z. B. mittels geodätischer Höhenaufnahme, erforderlich.

Die Anforderungen der ZTV Pflaster-StB an die zulässigen Abweichungen von der Ebenheit entsprechen mehrheitlich den Forderungen der ATV DIN 18318, die nachfolgend ebenfalls dargestellt sind. Ein zentraler Unterschied ist jedoch schnell zu erkennen: Während die Ebenheit in DIN 18318 sowohl mit der 4-m-Richtlatte als auch mit der 2-m-Latte und der 1-m-Latte zu überprüfen sind, ist im Rahmen der ZTV Pflaster-StB auf die 1-m-Latte verzichtet worden. Hintergrund ist primär, dass der Prüfaufwand nicht zu umfangreich sein sollte. Mit allen vorgesehenen Messlatten sind alle Bereiche in alle Richtungen hin zu überprüfen. Dies ist besonders mit der 1-m-Latte sehr arbeitsaufwendig, daher die Reduktion der Anforderungen. Das Ebenheitsniveau ist selbstredend mit Einbeziehung der 1-m-Latte höher einzustufen als ohne. Unerwünschte Wasserrückhalte könnten geringer sein. Bei besonderen Randbedingungen bzw. Anforderungen an die Ebenheit ist es dem Auftraggeber natürlich möglich, von den Forderungen der ZTV Pflaster-StB abzuweichen und die Anforderungen der DIN 18318 zu übernehmen.

Bild 3.42 Messung der Unebenheit mit der 4-m-Richtlatte

Kommentar

Bild 3.43 Messung der Unebenheit mit Richtlatte und Messkeil

Zur Messung der Ebenheit bzw. der Abweichungen von der Ebenheit können die TP Eben – Berührende Messungen[15] herangezogen werden. In diesen werden Geräte und Messverfahren festgelegt, allerdings nur mit der 4-m-Richtlatte. Eine 1-m-Messlatte ist nicht vorgesehen, die 2-m-Messlatte wird hingegen in den TP Eben genannt. Es gelten die gleichen Anforderungen an das Messsystem wie bei Verwendung der 4-m-Richtlatte. Genaueres wird jedoch nicht ausgeführt. Daher wird in der Fußnote der Tabelle erläutert, dass die Messung mit der 2-m-Messlatte in Anlehnung an das Verfahren der TP mit der 4-m-Richtlatte erfolgen soll. Bezüglich der Anforderung an die maximale Durchbiegung der Messlatte muss angemerkt werden, dass die TP Eben relativ hohe Steifigkeitsanforderungen stellt, welche häufig von älteren Latten nicht eingehalten werden. Es empfiehlt sich, vor vertraglich relevanten Messungen eine Eichüberprüfung vorzunehmen. Die Durchbiegung der 4-m-Richtlatte darf nicht größer sein als 0,5 mm in vertikaler Richtung und 5 mm in horizontaler Richtung. Die Unterkante der Richtlatte muss scharfkantig sein und einen Winkel von 90° zur genaueren Ablesung aufweisen

Die Messung der vorliegenden Ebenheit wird so durchgeführt, dass die Messlatte auf die Fläche aufgelegt wird und die Abstände zwischen Messlatte und Oberfläche der Befestigung gemessen werden. Messungen unterhalb eines freiliegenden Kragendes der Latte sind nicht zulässig. Die Messung des Abstandes zwischen Latte und Oberfläche mittels Meterstab ist ebenfalls nicht zulässig. Stattdessen ist ein vorgegebener definierter Messkeil aus Metall zu verwenden. Dieser 30 cm lange Messkeil wird so weit unter die Latte geschoben, bis eine Berührung mit der Latte erfolgt. An dieser Stelle wird die auf den Keil aufgebrachte Messskala abgelesen,

15 Technische Prüfvorschriften für Ebenheitsmessungen auf Fahrbahnoberflächen in Längs- und Querrichtung: Teil Berührende Messungen, TP Eben – Berührende Messungen Ausgabe 2017, FGSV Verlag, Köln 2017

Kommentar

welche die genaue Höhe an dieser Stelle des Keiles wiedergibt. Dadurch, dass der Messkeil 30 cm lang ist, erfolgt ein Höhenausgleich über diese Tiefe von 30 cm. Die hier vorliegenden höchsten Punkte der Befestigung legen die Position des Messkeiles fest. Der Abstand zur Messlatte verringert sich dementsprechend und entspricht damit gerade nicht der Ablesung mittels Metermaßes oder Schieblehre. Dies ist deshalb von Interesse, da die Oberfläche mit ihren verschiedenen Befestigungselementen im Ganzen betrachtet wird und nicht die genaue Position jedes einzelnen Elementes. Dadurch, dass die Messskala des Messkeiles auf der Oberseite des Keiles angebracht ist, verringert sich gegenüber herkömmlichen Meterstäben auch der Ablesefehler. Die jeweiligen maximalen Werte stellen dann das Stichmaß dar.

Die in der Tabelle 1 enthaltenen Anforderungswerte gelten für die jeweilige Messlatte unabhängig von dem wirklichen Abstand der Auflagerpunkte der Messlatte. Interpolationen der Anforderungswerte sind daher unzulässig. Die Anforderungen gelten weiterhin für die an der jeweiligen Stelle real gemessenen vorhandenen, resultierenden Neigungen und nicht für die in Vorfeld geplanten Neigungen. Dies kann bei Abweichungen und auch kleinteilig in kritischen Entwässerungsbereichen maßgebend sein. Sollten Verwindungsbereiche oder wellen- bzw. bogenförmige Querschnitte erstellt werden, bei denen Bereiche mit Neigungen kleiner als in der Tabelle vorgesehen sind, so müssen für diese Bereiche besondere Anforderungen formuliert werden. Da hierbei besonders hohe Ebenheiten erforderlich werden, sollten diese Flächen mit einer separaten Leistungsposition ausgeschrieben werden. Um spätere Streitigkeiten zu vermeiden, empfiehlt sich dieses Vorgehen auch beispielsweise bei Betonsteinpflaster mit Neigungen kleiner 2,5 % und kleiner 2,0 %. Es sollte allen Beteiligten klar sein, dass in solchen Bereichen ein sorgfältigeres Arbeiten erforderlich ist, welches bei der Kalkulation der Maßnahme berücksichtigt werden sollte. Wie im nächsten Abschnitt der ZTV Pflaster-StB festgelegt, darf die erstellte Neigung maximal 0,4 % von der geplanten Neigung abweichen. Mit dieser Toleranz ist bei einer geplanten Mindestneigung von 2,0 % eine ausgeführte Neigung von minimal 1,6 % zulässig. Dieser Wert stellt daher den Mindestwert der Tabelle dar und sollte, wenn überhaupt, nur für Fuß- und Radwege vorgesehen werden. Fußgängerzonen und Plätze erfordern deutlich höhere Neigungen, da diese auch von Kfz genutzt werden.

Im Unterschied dazu erlaubt die DIN 18318 auch eine Neigung bis minimal 1,5 %. Aus Sicht der Verfasser ist diese Neigung jedoch zu gering. Wenn sie gebaut werden soll, muss dringend auch die Anforderung an die Ebenheit mit der 1-m-Messlatte eingehalten werden.

ATV DIN 18318 **Pflasterdecken und Plattenbeläge, Einfassungen,** Ausgabe 2019

3 Ausführung

3.1 Allgemein

...

3.1.17 Die Ebenheitsanforderungen für Pflasterdecken und Plattenbeläge nach Tabelle 5 sind einzuhalten.

ATV DIN 18318 **Pflasterdecken und Plattenbeläge, Einfassungen,** Ausgabe 2019

Tabelle 5 – Ebenheitsanforderungen

Nutzungsabgrenzung nach der größten Verkehrsbelastung	Pflasterdecken, Plattenbeläge aus	Neigung %	Ebenheitsanforderungen[a] Stichmaß [mm] unter der		
			1-m-Latte	2-m-Latte	4-m-Latte
begehbar	Pflastersteinen, Platten aus Beton, Pflasterklinkern, Pflasterziegel, bearbeitetem Naturstein	≥ 1,5 < 2,0	≤ 3	≤ 5	≤ 8
		≥ 2,0 < 2,5	≤ 4	≤ 6	≤ 10
		≥ 2,5	≤ 8	≤ 10	≤ 12
	unbearbeitetem und spaltrauem Naturstein	≥ 2,0 < 2,5	≤ 5	≤ 7	≤ 10
		≥ 2,5	≤ 10	≤ 12	≤ 20
befahrbar	Pflastersteinen, Platten aus Beton, Klinkern, Ziegeln, bearbeitetem Naturstein	≥ 2,0 < 2,5	≤ 3	≤ 5	≤ 8
		≥ 2,5	≤ 4	≤ 6	≤ 10
	unbearbeitetem und spaltrauem Naturstein	≥ 3,0	≤ 10	≤ 12	≤ 15

a Abweichungen von der Ebenheit werden nach TP Eben – Berührende Messungen, Technische Prüfvorschriften für Ebenheitsmessungen auf Fahrbahnoberflächen in Längs- und Querrichtung, Teil: Berührende Messungen (Autor: FGSV Forschungsgesellschaft für Straßen- und Verkehrswesen e. V., An Lyskirchen 14, 50676 Köln, www.fgsv.de. Zu beziehen durch: FGSV Verlag GmbH, Verlag der Forschungsgesellschaft für Straßen- und Verkehrswesen e. V., Wesselinger Straße 15–17, 50999 Köln, www.fgsv-verlag.de) mit der Richtlatte und einem 30-cm-Messkeil gemessen.

Kommentar

DIN 18318 fordert immer die Messung mit der 1-m-Latte, 2-m-Latte und der 4-m-Latte. Die Auswahl einer dieser Latten ist nicht vorgesehen. Nur, wenn die Messung z. B. aufgrund geometrischer Randbedingungen nicht möglich ist, kann auf diese Messung und die entsprechenden Anforderungen verzichtet werden. Wie schon in den ZTV Pflaster-StB wird auf die TP Eben hinsichtlich des Messvorganges und der Messgeräte verwiesen. Diese Technische Prüfvorschrift beinhaltet jedoch keine 1-m-Latte. Daher sollen die Anforderungen der 4-m-Richtlatte auf diese Latte sinngemäß übertragen werden. Ob sich dies auf eine proportionale Übertragung der Geräteanforderungen oder auf die Absolutwerte des Messgerätes bezieht, wird nicht ausgeführt.

Bei der 2-m-Latte, die gemäß den TP Eben für Spurrinnenmessungen verwendet werden kann, werden die Anforderungen von der 4-m-Richtlatte auf diese direkt übertragen, also gelten die genauen Werte der 4-m-Latte. Genaueres liegt hierzu nicht vor. Bis zu einer entsprechenden Aktualisierung der TP Eben sind daher keine genauen Anforderungen z. B. an die Durchbiegung der Messlatte vorhanden. Sinnvollerweise sollten allerdings die Prüfgeräteanforderungen der 4-m-Messlatte auch auf die 1-m-Messlatte mit Absolutwerten übertragen werden, um auch bei dieser Messlatte eine Abweichung von maximal 0,5 mm sicherzustellen.

Kommentar

Die in der DIN 18318 festgelegte Messung der Ebenheit mittels einer 1-m-Messlatte führt zu relativ strengen Anforderungen. Sie soll kurzwellige Unebenheiten vermeiden. Die in der Tabelle abzulesenden Anforderungswerte von bis zu 3 mm sind schon bei der Angebotsabgabe vom Auftragnehmer zu beachten, da sie recht schwer einzuhalten sind.

Bezüglich der Genauigkeit des Messverfahrens muss beachtet werden, dass bei einer möglichen Durchbiegung von 0,5 mm und gewissen Ableseungenauigkeiten von einer Präzision des Verfahrens von ca. 1 mm ausgegangen werden kann. Anforderungswerte von maximal 3 mm Abweichung sind hier auch messtechnisch als problematisch anzusehen. Dies und der Messaufwand bei größeren Flächen führte zum Weglassen der 1-m-Messlatte bei Bauverträgen gemäß ZTV Pflaster-StB.

Die Anforderungen der Tabelle 5 gelten nur für die freie Fläche und nicht für Einfassungen und Entwässerungsrinnen. Nach DIN 18318 darf die maximale Abweichung von der Ebenheit von Entwässerungsrinnen mit der 4-m-Richtlatte nicht mehr als 5 mm betragen, unabhängig vom verwendeten Befestigungselement.

3.8.2 Neigung

Siehe DIN 18318.

Abweichungen von der in Längs-, Quer- oder der abflusswirksamen Richtung geforderten Neigung dürfen nicht mehr als ±0,4 % (absolut) betragen.

ATV DIN 18318 **Pflasterdecken und Plattenbeläge, Einfassungen,** Ausgabe 2019

3 Ausführung

3.1 Allgemein

...

3.1.10 Bei begehbaren Flächen beträgt die Mindestneigung

- 1,5 %, wenn Pflastersteine aus Beton, Platten aus Beton, Pflasterklinker, Pflasterziegel oder bearbeitete Pflastersteine oder Platten aus Naturstein und
- 2 %, wenn unbearbeitete oder spaltraue Pflastersteine aus Natursteinen

verwendet werden.

3.1.11 Bei befahrbaren Flächen beträgt die Mindestneigung

- 2 %, wenn Pflastersteine aus Beton, Platten aus Beton, Pflasterklinker, Pflasterziegel, bearbeitete Pflastersteine oder Platten aus Naturstein und
- 3 %, wenn unbearbeitete oder spaltraue Pflastersteine aus Naturstein

verwendet werden.

3.1.12 Werden Neigungen vorgegeben, sind Abweichungen von ±0,4 % zulässig; die im Abschnitt 3.1.10 und 3.1.11 angegebenen Mindestneigungen dürfen nicht unterschritten werden.

Kommentar

Nach den ZTV Pflaster-StB sollte die geplante Neigung nicht geringer als 2,0 %, besser 2,5 % sein. Diese Werte gelten als Richtlinie und sind erst

Kommentar

Bild 3.44 Unzureichende Neigung einer Pflasterfläche

vertragsrelevant, wenn sie sich in den Vertragsunterlagen wiederfinden. Die dann ausgeführte Neigung darf nie geringer sein als die hier in den DIN 18318 genannten Werte, wobei zwischen begangenen und befahrenen Flächen und den verwendeten Befestigungselementen unterschieden wird. Die Mindestneigung beträgt nach ATV DIN 18318 1,5 % bei begehbaren Flächen und 2,0 % bei befahrbaren Flächen. Wie schon zuvor mehrfach ausgeführt, ist die Begrifflichkeit hier missverständlich. Gerade für Pflasterdecken stellt sich die Frage, ob z. B. eine Fußgängerzone als begehbare oder befahrbare Verkehrsfläche zu werten ist. Gemäß RStO zählen Fußgängerzonen selbstverständlich zu den befahrenen Verkehrsflächen. Sie werden Belastungsklassen für Fahrbahnen zugeordnet. Damit sind sie eindeutig als befahrene bzw. befahrbare Verkehrsfläche nach DIN 18318 einzustufen und der Grenzwert von 2,0 % anzusetzen, auch, wenn die vorrangige Funktion der Fußgängerzone die Begehung durch Fußgänger darstellt. Damit passen die Anforderungen der DIN bezüglich Ebenheit und Neigung auch zu jenen der ZTV Pflaster-StB.

Planungsunterlagen mit Neigungen, die geringer sind als die nach ZTV Pflaster-StB empfohlenen Mindestsollneigungen von 2,0 bzw. 2,5 %, sind nicht fachgerecht, wenn nicht weiterführende Vorgaben zu einer auskömmlichen Entwässerung der Fläche führen. Der Auftragnehmer sollte in solchen Fällen Bedenken anmelden, da er ansonsten die vertraglichen Anforderungen der Mindestwerte der DIN 18318 ggf. nicht einhalten kann.

Zwischen geplanter und ausgeführter Neigung wird aufgrund der Ausführungsungenauigkeiten zwangsläufig eine Abweichung auftreten. Diese wird auf maximal 0,4 % als Absolutmaß beschränkt.

Dies bedeutet, dass bei einer geplanten Sollneigung von 2,0 % bei der Ausführung eine Neigung zwischen 1,55 % (= 1,6 %) und 2,44 % (= 2,4 %) vorliegen muss. Der Messwert wird dabei auf eine Nachkommastelle genau ange-

Kommentar

geben und mit dem Anforderungswert von ±0,4 % verglichen. Die gebaute Neigung darf den Anforderungswert von 1,6 % nicht unterschreiten.

Zudem dürfen nach der Herstellung die im obigen Abschnitt der DIN 18318 festgelegten Mindestwerte der Neigung nicht unterschritten werden.

Diese Werte gelten als absolute Mindestwerte. Bei Sollneigungen in der Nähe dieser Mindestwerte verringert sich daher die vom Auftragnehmer nutzbare Toleranz.

3.8.3 Dicke der Bettung

Siehe DIN 18318.

Die Dicke der Bettung darf unabhängig von der Dicke des Befestigungselementes im fertigen Zustand um nicht mehr als ±1 cm von der nach Abschnitt 1.4.3 vereinbarten Dicke abweichen.

Die Dicke der Bettung muss im verdichteten Zustand an jeder Stelle mindestens 2,0 cm und maximal 5,0 cm betragen.

Bei Natursteinpflaster und Natursteinplatten mit einer Nenndicke ≥ 120 mm und spaltrauer Unterseite darf die Bettung im fertigen Zustand gegenüber der nach dem Abschnitt 1.4.3 vereinbarten Dicke um nicht mehr als 1,5 cm unterschritten und um nicht mehr als 1,0 cm überschritten werden.

Bei Natursteinpflaster und Natursteinplatten mit einer Nenndicke ≥ 120 mm und spaltrauer Unterseite muss die Bettung im verdichteten Zustand an jeder Stelle mindestens 3,0 cm und maximal 6,0 cm betragen.

Kommentar

Mit den hier enthaltenen Regelungen zur Begrenzung der Bettungsdicke soll vermieden werden, dass Verkehrsflächen durch zu dicke Bettungen Setzungen z. B. in Form von Spurrinnen erleiden. Zudem soll ein sachgemäßer Einbau möglich bleiben, bei dem die Befestigungselemente in die Bettung mittels Hammerschlags und/oder Verdichtungsgerät so eingebettet werden können, dass an der Oberseite keine übermäßigen Höhenunterschiede zwischen benachbarten Elementen entstehen. Zur guten Einbettung sind hier immer gewisse vom Bettungsmaterial und der Geometrie der Befestigungselemente abhängige Mindestdicken erforderlich. Damit muss sowohl die maximale als auch die minimale Einbaudicke begrenzt werden.

DIN 18318, Abschnitt 3.2.2, sagt zur Dicke der Bettung aus, dass diese im Allgemeinen und im verdichteten Zustand 40 mm ±10 mm betragen muss. Bei Verwendung von spaltrauen Pflastersteinen oder Platten aus Naturstein gilt ein Wert von 50 ±15 mm.

Dies bedeutet genaugenommen, dass die Bettungsdicke im eingebauten Zustand unter Berücksichtigung der Rundungsregeln 29,5 mm bis 50,4 mm bzw. bei gespaltenem Naturstein 34,5 mm bis 65,4 mm betragen darf. Die Anforderungen gelten insbesondere dann, wenn der Bauvertrag keine Angabe an die Solldicke der Bettung enthält.

Kommentar

Wenn dagegen die ZTV Pflaster-StB im Bauvertrag vereinbart sind und Solldicken gemäß den im Abschnitt 1.4.3 genannten Regeldicken festgelegt wurden, gelten die folgenden Einbaudicken als zulässig:

- Pflasterdecken und Plattenbeläge mit Ausnahme solcher aus Naturstein mit gespaltener Unterseite: 3 cm bis 5 cm; dies bedeutet, dass unter Berücksichtigung der Rundungsregeln 25 mm bis 54 mm zulässig sind.
- Pflasterdecken und Plattenbeläge aus Naturstein mit gespaltener Unterseite und einer Dicke von kleiner 120 mm: 4 cm bis 6 cm (Solldicke 5 cm) oder 3 cm bis 5 cm (Solldicke 4 cm); dies bedeutet, dass unter Berücksichtigung der Rundungsregeln und in [mm] ausgedrückt 35 mm bis 64 mm oder 25 mm bis 54 mm zulässig sind.
- Pflasterdecken und Plattenbeläge aus Naturstein mit gespaltener Unterseite und einer Dicke ab 120 mm: 3,5 cm bis 6,0 cm (Solldicke 5 cm) oder 2,5 cm bis 5,0 cm (Solldicke 4 cm); dies bedeutet, dass unter Berücksichtigung der Rundungsregeln und in [mm] ausgedrückt 34,5 mm bis 60,4 mm oder 24,5 mm bis 50,4 mm zulässig sind.

Im Vergleich der Toleranzregeln von DIN 18318 und ZTV Pflaster-StB ist somit zu erkennen, dass die Unterschiede nur minimal sind. Allein bei gespaltenem Natursteinpflaster ab Nenndicken von 120 mm lassen die ZTV Pflaster-StB keine dickeren Bettungsdicken zu, da diese Elemente eher bei stärker belastetem Natursteinpflaster eingesetzt werden und hier dickere Bettungen schneller zu Spurrinnen führen können. Allerdings sind die Anforderungen der DIN 18318 als wenig praxisgerecht anzusehen, da eine Messung der Bettungsdicke mit einer Genauigkeit im mm-Bereich bzw. im Zehntel-mm-Bereich nur durch Geodätische Messverfahren möglich sein kann und die Auswertung aufgrund der Korngrößen von Tragschicht und Bettung Messunterschiede an jedem Gesteinskorn ergeben. Die Auswertung solcher Messungen ist daher gerade im manchmal strittigen Grenzbereich interpretationsfähig und auslegbar. Es ist angemessener, die Anforderungen in der Einheit [cm] zu formulieren, wodurch eine Messgenauigkeit im mm-Bereich zulässig wird.

Die ZTV Pflaster-StB fordern jedoch zusätzlich zu den vorgenannten Toleranzwerten auch die Einhaltung der Absolutdicken von mindestens 2,0 und maximal 5,0 cm bei Befestigungselementen mit Ausnahme von Naturstein mit spaltrauer Unterseite und einer Dicke ab 120 mm. Dies ist besonders in Kombination mit der zusätzlich möglichen Reduzierung der Bettungsdicke um 1 cm bei ebenmäßigen Befestigungselementen zu beachten. Die damit auch mögliche Bettungssolldicke von 3 cm darf daher nach dem Einbau nicht kleiner sein als 2,0 cm und nicht größer als 4,4 cm.

Bei Natursteinpflaster mit spaltrauer Unterseite ab einer Dicke von 120 mm gilt dagegen, dass an jeder Stelle mindestens eine Bettungsdicke von 3,0 cm und maximal von 6,0 cm vorliegen muss. Dies gilt für Solldicken von 4 cm oder von 5 cm zusätzlich zu den vorgenannten Regelungen.

3.8.4 Fugenbreite

Bei Pflasterdecken und Plattenbelägen mit Befestigungselementen kleiner 120 mm Nenndicke aus Beton, Ziegel und Klinker sowie Natursteinen mit gesägten oder strukturierten Seitenflächen darf die Fugenbreite gegenüber der unter dem Abschnitt 3.3 genannten Fugenbreite um ±1mm, bei Nenndicken ab 120 mm um ±2 mm, abweichen.

Bei Pflasterdecken und Plattenbelägen mit Befestigungselementen aus Natursteinen mit gespaltenen Seitenflächen dürfen die in Abschnitt 3.3 genannten Fugenbreiten nicht überschritten werden.

Sofern bei Anschlüssen zugearbeitete Befestigungselemente verwendet werden, dürfen die hier entstehenden Fugen an der breitesten Stelle die Fugenbreiten gemäß Abschnitt 3.3 um nicht mehr als 5 mm überschreiten, jedoch darf eine maximale Fugenbreite von 20 mm nicht überschritten werden.

Kommentar

Bei der Herstellung von z. B. Betonsteinpflaster bis zu einer Nenndicke von 120 mm sind die Fugen mit einer Sollbreite von 4 mm auszuführen. Ab einer Nenndicke von 120 mm muss eine Sollbreite von 6 mm ausgeführt werden. Die zulässige Toleranz bei der Ausführung der Fugenbreite bei dünneren Befestigungselementen beträgt ±1 mm, bei den dickeren Elementen ±2 mm. Damit ist die ZTV Pflaster-StB gegenüber der DIN 18318 strenger. Die Toleranzen nach Norm liegen bei ±2 mm und ±3 mm. Mit diesen Normtoleranzen können Pflastersteine und Platten, die der jeweiligen Europäischen Norm unterliegen, besser verlegt bzw. versetzt werden, da die zulässigen Längentoleranzen z. B. von Betonpflastersteinen genau den Fugentoleranzen der DIN 18318 entsprechen. Leider führt dies zu schwankenden Fugenbreiten von bis zu 9 mm Breite bei Betonsteinpflaster. Solch große Fugenbreiten verringern die Kraftübertragung zum benachbarten Pflasterstein und erhöhen den Lärmpegel für Überfahrung mit Kfz-Verkehr. Zudem verschlechtern sie die eigentlich gute Begehbarkeit für Fußgänger. Daher musste diese Bandbreite für Flächen des öffentlichen Verkehrs mithilfe der ZTV Pflaster-StB etwas eingeschränkt werden. Mit zunehmender Reduktion, auch über diese Anforderungen hinaus, wird die Verlegung unsortierter normkonformer Befestigungselemente immer schwieriger. Bei üblichen Nennmaßen und üblicher Qualität kann aber davon ausgegangen werden, dass auch nach Verlegung gemäß ZTV Pflaster-StB eine Vorsortierung vorgefertigter Produkte nicht erforderlich ist. Grundsätzlich kann dies aber nicht für alle Produkte ausgeschlossen werden. Unter Ausnutzung der maximalen Abmessungen gilt beispielsweise für Klinker mit Abmessungen von 400 mm Länge, dass die maximale Produktionsabweichung zwischen kleinstem und größtem Maß nach DIN EN 1344 maximal $0{,}4 \times \sqrt{d} = 0{,}4 \times \sqrt{400} = 8$ mm betragen darf. Bei Aufeinandertreffen von mehreren Produkten mit solch maximalen Produktionsschwankungen kann die Fugenbreite und auch die Flucht des Pflasters nicht eingehalten werden. In diesem Fall müssen die Produkte vorsortiert werden. Ggf. sind Anteile der Lieferung, häufig bei sehr länglichen schmalen Produkten, auch nicht tauglich.

Kommentar

Bei gespaltenen Befestigungselementen aus Naturstein ist eine größere Sollfugenbreite vorgesehen, da die zulässigen Maßtoleranzen der DIN EN 1341 und DIN EN 1342 für gehauene Produkte nichts anderes zulassen. Bei Großpflaster mit Nenndicken größer 120 mm beträgt die zulässige Maßabweichung ±12 mm. Wenn sich zwei Produkte mit diesen maximalen Maßabweichungen treffen, wird eine Fugenbreite von 24 mm erforderlich, wobei dabei die Steine aneinanderstoßen. Solch breite Fugen führen jedoch zu einer unzureichenden Begehbarkeit und damit zu Unfallgefährdungen und zur Reduktion der Verkehrssicherheit öffentlicher Verkehrsflächen. Zudem wird die Lastübertragung, wie zuvor schon dargestellt, deutlich verringert. Daher wird in diesem Fall die maximale Fugenbreite auf die nach Abschnitt 3.3 der ZTV Pflaster-StB festgelegte Fugenbreite beschränkt. Zusätzliche Maßtoleranzen werden nicht zugelassen, abweichend von den Regelungen der DIN 18318. Damit werden für das Beispiel des Großpflasters maximale Fugenbreiten von ≤ 15 mm statt ≤ 20 mm realisiert und die Nutzung der Fläche verbessert.

Bei Anschlüssen können Unregelmäßigkeiten in der Fuge durch zugearbeitete Befestigungselemente entstehen. Diese Unregelmäßigkeiten werden bis zu einem gewissen Grad, nämlich bis zu 5 mm, hingenommen. Dabei darf aber eine Fugenbreite von 20 mm nicht überschritten werden. Sie stellt das maximal tolerierbare Maß dar. Hintergedanke ist dabei, dass solche Anschlüsse möglichst nicht sehr häufig in der Fläche vorkommen und daher nicht allzu schädigend wirken. Darüber hinausgehende Fugenöffnungen schwächen die Befestigung jedoch zu stark, sie sind unzulässig.

3.9 Verkehrsfreigabe

Pflasterdecken oder Plattenbeläge sind erst dann für den Verkehr freizugeben, wenn ihre Bettung und deren Unterlage nach dem Einschlämmen ausreichend abgetrocknet sind.

Sofern bei der Pflasterdecke oder dem Plattenbelag nach der Abnahme fehlendes Fugenmaterial ersetzt werden soll, so ist hierüber ein separater Wartungsvertrag zu schließen.

Pflasterdecken und Plattenbeläge sind am Beginn der Nutzungsdauer so zu reinigen, dass möglichst kein Fugenmaterial ausgetragen wird. Selbstaufnehmende und vertikal saugende Kehrfahrzeuge sollten erst nach einer einjährigen Liegezeit der Decke bzw. des Belages eingesetzt werden. Führt die Reinigung dazu, dass die Fugen nicht mehr vollständig mit Fugenmaterial gefüllt sind, muss unverzüglich Fugenmaterial ergänzt werden.

Für die Erhaltung wird auf das „Merkblatt für die Bauliche Erhaltung von Verkehrsflächen mit Pflasterdecken oder Plattenbelägen in ungebundener Ausführung sowie von Einfassungen" (M BEP) verwiesen.

Kommentar

Die Verkehrsfreigabe darf nur im ausreichend abgetrockneten Zustand erfolgen, da ansonsten mit übermäßigen Setzungen bei Verkehrsbelastung zu rechnen ist.

Kommentar

Gerade im frisch hergestellten Zustand sind die Fugenfüllungen noch nicht so miteinander verspannt, wie dies bei langjährigen Pflasterdecken der Fall ist. Dies gilt für das stabilere kornabgestufte und gebrochene Fugenmaterial noch stärker als für weniger standfestes rundkörniges Fugenmaterial. Daher ist es unbedingt erforderlich, der Pflasterdecke oder dem Plattenbelag ausreichend Zeit zu geben, einen solch verspannten Zustand zu erreichen. Ergänzend werden die Körner der Fugenfüllung durch eingetragenes Feinkorn – man kann summierend sagen: durch Staub und Dreck – etwas miteinander verklebt. Es entsteht ein gewisser Kohäsionsanteil, der zu einer weiteren Lastableitung beiträgt. Dies ist ein positiver Effekt, der den Widerstand des Fugenmaterials gegenüber vertikalen Saugkräften z. B. durch Reinigungsfahrzeuge verstärkt. Anders herum betrachtet bedeutet dies, dass eine neu hergestellte Pflasterdecke oder ein neuer Plattenbelag einen geringeren Widerstand gegen das Aussaugen aufweist. Daher sollte in diesem frischen Stadium keine zusätzliche Saugbeanspruchung aufgebracht werden. Maschinelle Reinigung sollte unterbleiben.

Bezüglich der Dauer dieser „Schonfrist“ hat sich ein Zeitraum von mindestens einem Jahr als praktisch erwiesen. Innerhalb dieser Zeit sollte die Straßenreinigung möglichst auf händische Besenreinigung reduziert werden. Wenn die Fugen trotzdem z. B. durch vertikale Saugwirkungen von Kfz-Reifen anteilig entleert wurden, sollten sie umgehend wieder gefüllt werden. Da dies häufig innerhalb der Gewährleistungszeit stattfinden muss, kollidiert dies ggf. mit den Interessen des Auftragnehmers. Nach der Abnahme eines Bauloses kann der Auftragnehmer nicht mehr ggf. unsachgemäße Nutzungen beeinflussen. Daher kann hierdurch die Gewährleistung bei Schäden eingeschränkt sein. Um Streitigkeiten zu vermeiden hat es sich als äußerst hilfreich erwiesen, dass der Auftragnehmer einen Wartungsauftrag für die hergestellte Verkehrsfläche erhält, die das regelmäßige Nachsanden ungefüllter oder teilgefüllter Fugenfüllungen umfasst. Gemäß dem „Merkblatt für die Bauliche Erhaltung von Verkehrsflächen mit Pflasterdecken oder Plattenbelägen in ungebundener Ausführung sowie von Einfassungen“ M BEP[16] gilt eine Fuge als nicht mehr ausreichend gefüllt (also ungefüllt oder teilweise gefüllt), wenn die Fuge mindestens 2 cm tief entleert ist. Beim Vorhandensein von Fasen gilt dieser Wert ab Unterkante der Fase. Ab diesem Stand der Fugenentleerung sollten daher Maßnahmen ergriffen werden. Weiteres zur Erhaltung von Pflasterdecken, Plattenbelägen und Einfassungen kann dem M BEP entnommen werden.

16 Merkblatt für die Bauliche Erhaltung von Verkehrsflächen mit Pflasterdecken oder Plattenbelägen in ungebundener Ausführung sowie von Einfassungen – M BEP, Ausgabe 2021, FGSV Verlag, Köln 2021

4 Prüfungen

4.1 Allgemeines

Die Prüfungen werden unterschieden nach

- Eigenüberwachungsprüfungen,
- Kontrollprüfungen.

Die Prüfungen umfassen, soweit erforderlich,

- die Probenahme,
- das sachgerechte Zubereiten, Lagern und versandfertige Verpacken der Probe,
- den Transport der Probe von der Entnahmestelle zur Prüfstelle und
- die Prüfungen selbst einschließlich Auswertung und Prüfbericht.

Die Prüfpunkte sind lage- und höhenmäßig in Plänen darzustellen. Die Ausführung der Prüfungen ist im Bautagebuch zu vermerken.

Kommentar

Zur Güteüberwachung der ausgeführten Leistung verlangen die ZTV Pflaster-StB die Durchführung von Eigenüberwachungsprüfungen seitens des Auftragnehmers. Zudem sollte der Auftraggeber Kontrollprüfungen veranlassen. Der Umfang dieser Untersuchungen wird in den folgenden Abschnitten beschrieben. In der Praxis wird häufig aber der Umfang der durchzuführenden oder geforderten Prüfungen verringert. Dies führt immer wieder zu Problemen auf der Baustelle oder innerhalb der Gewährleistungszeit, von späteren Folgeschäden einmal ganz abgesehen. Um Qualitätsmängel zu vermeiden empfiehlt es sich, auch im Pflasterbau eine Qualitätssicherung zu installieren, die z. B. mit der des Asphaltstraßenbaus vergleichbar ist. Es ist nicht nachvollziehbar, dass bei den hohen finanziellen Aufwendungen für Pflasterdecken und Plattenbelägen ein so geringer Überwachungsaufwand vom Auftraggeber erbracht und vom Auftragnehmer häufig nur gefordert wird.

Qualitätsnachweise sollten bei den Bauprodukten beginnen, die Ausführung umfassen und die fertige Leistung beurteilen. Die dazu erforderlichen Prüfungen müssen den allgemeinen Regeln der Technik und den hier beschriebenen Vorgaben entsprechen. Sie müssen immer sorgfältig und von geschultem Personal durchgeführt werden.

Der im Abschnitt 2.2 der ZTV Pflaster-StB geforderte Eignungsnachweis erfordert eine Erklärung des Auftragnehmers zu Beginn des Bauvorhabens, in der anhand der Güteüberwachungszeugnisse und Leistungserklärungen der Baustoffproduzenten die grundsätzliche Eignung der Produkte für den vorgesehenen Verwendungszweck theoretisch bewertet und erklärt wird.

Die Eigenüberwachungsprüfungen umfassen tatsächliche Messungen an den angelieferten Baustoffen und den eingebauten Teilleistungen während der Herstellung durch den Auftragnehmer. Hierdurch sollen Fehler oder Produktmängel schnell und kurzfristig erkannt werden, so dass der Bauablauf anschließend verbessert werden kann. Eine umfangreiche Eigenüberwachung liegt also im eigenen Interesse des Auftragnehmers, da wirtschaftliche Ergänzungs- oder Ersatzleistungen minimiert werden. Der Auftraggeber bekommt mit den Eigenüberwachungsergebnissen eine kontinuierliche zusätzliche Information über die eingebaute Qualität und damit über den

Kommentar

Bauprozess. Mit dieser und der erforderlichen Bauüberwachung seitens des Auftraggebers können Termine, Kosten und Qualität sichergestellt werden. Während der abschließenden Kontrollprüfungen durch eine neutrale Prüfstelle sind dann – hoffentlich – keine negativen Überraschungen mehr zu erwarten.

Die erforderlichen Prüfungen umfassen dabei von der Probenahme bis zum Prüfbericht alle erforderlichen Prozesse und Tätigkeiten. Diese sind zu dokumentieren. Prüfpunkte sind in Plänen darzustellen und im Bautagebuch zu vermerken.

Zu bedenken ist in diesem Zusammenhang auch, dass der Auftraggeber gemäß VOB § 4 grundsätzlich das Recht hat, die vertragsgemäße Ausführung der Leistung zu überwachen. Zu diesem Zweck hat er Zutritt zu den Arbeitsplätzen, Werkstätten und Lagerräumen, wo die vertragliche Leistung oder Teilleistungen hergestellt oder die hierfür bestimmten Stoffe und Bauteile gelagert werden. Auf Verlangen sind ihm die Werkzeichnungen oder andere Ausführungsunterlagen sowie die Ergebnisse von Güteprüfungen zur Einsicht vorzulegen und die erforderlichen Auskünfte zu erteilen, wenn hierdurch keine Geschäftsgeheimnisse preisgegeben werden. Als Geschäftsgeheimnis bezeichnete Auskünfte und Unterlagen hat er vertraulich zu behandeln.

4.2 Eigenüberwachungsprüfungen

4.2.1 Allgemeines

Eigenüberwachungsprüfungen sind Prüfungen des Auftragnehmers oder dessen Beauftragten, um festzustellen, ob die Eigenschaften der Bauprodukte und der fertigen Leistung den vertraglich vereinbarten Anforderungen entsprechen.

Der Auftragnehmer hat die Eigenüberwachungsprüfungen vor und während der Ausführung mit der erforderlichen Sorgfalt und im erforderlichen Umfang durchzuführen. Die Ergebnisse sind zu protokollieren. Werden Abweichungen von den vertraglich vereinbarten Anforderungen festgestellt, sind die entsprechenden Abweichungen und deren Ursachen unverzüglich zu beseitigen.

Die Ergebnisse der Eigenüberwachungsprüfungen sind dem Auftraggeber auf Verlangen vorzulegen.

Art und Umfang der Eigenüberwachungsprüfungen sind nachfolgend festgelegt.

Kommentar

Die erforderlichen Eigenüberwachungsprüfungen sind gemäß ZTV Pflaster-StB bauvertraglich festgelegt. Die Kosten der Untersuchungen sind vom Auftragnehmer zu zahlen. Der Auftragnehmer kann zur Durchführung z. B. eine Prüfstelle beauftragen oder die Untersuchungen selbständig durchführen. Die Ergebnisse der Untersuchung dienen dem Auftragnehmer dazu, seine Leistung und die angelieferten Produkte mit den vertraglichen Anforderungen vergleichen zu können. Die Prüfungen sind zu protokollieren. Die Untersuchungen sind im Bautagebuch anzugeben, so dass der Auftraggeber von den Untersuchungen Kenntnis erlangt. Der Auftraggeber kann dann Einsicht in die Ergebnisse verlangen. Aus Sicht des Auftraggebers kann eine ver-

Kommentar

tragliche Festlegung der sofortigen Vorlage der Ergebnisse aller Eigenüberwachungsuntersuchungen sinnvoll sein.

Wenn die Ergebnisse der Eigenüberwachungsuntersuchungen von den vertraglichen Anforderungen abweichen, sind diese Abweichungen unverzüglich zu beseitigen. Gleiches gilt für die Ursachen der Abweichungen. Je enger das Untersuchungsraster ist, desto geringer ist im Zweifelsfall der finanzielle Aufwand für diese Beseitigungen. Bei vielen geforderten Eigenschaften überlassen die ZTV Pflaster-StB den Umfang der Eigenüberwachung dem Auftragnehmer. Damit soll die Möglichkeit geschaffen werden, flexibel auf das Baugeschehen reagieren zu können. Nur bei der Korngrößenverteilung der Baustoffgemische und deren Feinanteile wird eine Prüffrequenz vorgegeben. Auftraggebern, die für mehr Eigenschaften eine regelmäßige Überwachung verlangen, können dies einzelvertraglich regeln.

Der Umfang der geforderten Eigenüberwachungsprüfungen ist im Folgenden dargestellt. Es wird zwischen Prüfungen beim Einbau und Prüfungen an der fertigen Leistung unterschieden:

4.2.2 Gesteinskörnungen und Baustoffgemische: Prüfungen beim Einbau

- Anforderungen nach Abschnitt 2.3
- Korngrößenverteilung und Feinanteile mindestens je angefangene 1 000 m² eingebautes Baustoffgemisch
- profilgerechte Lage und Ebenheit der Bettung je nach Erfordernis
- Einbaudicke.

4.2.3 Pflasterdecken, Plattenbeläge: Prüfungen an der fertigen Leistung

- Anforderungen nach den Abschnitten 2.4 bis 2.9 sowie 3.8
- profilgerechte Lage und Ebenheit
- Dicke der Bettung in Zentimeter
- vollständige Fugenfüllung
- Fugenbreiten und Fugenverlauf.

4.2.4 Einfassungen: Prüfungen an der fertigen Leistung

- Anforderungen nach den Abschnitten 2.10 bis 2.12 sowie 3.8
- Dicke und Festigkeit des Fundamentes und der Rückenstütze
- profilgerechte Lage und Ebenheit
- Fugenbreiten
- Anordnung und Abstand der Bewegungsfugen.

4.2.5 Rinnen und Mulden: Prüfungen an der fertigen Leistung

- Anforderungen nach den Abschnitten 2.10 sowie 3.8
- Dicke und Festigkeit des Fundamentes und ggf. der Rückenstütze
- profilgerechte Lage, Ebenheit und Neigung
- Fugenbreiten
- Fugenverlauf
- vollständige Fugenfüllung
- Anordnung und Abstand der Bewegungsfugen.

Kommentar

Wie zu erkennen ist, umfasst der Prüfumfang alle Produktanforderungen des entsprechenden Abschnitts 2 der ZTV Pflaster-StB. Hiermit sind auch alle Anforderungen der TL Pflaster-StB festgelegt. Zudem gelten die weiteren anwendungsspezifischen Anforderungen der ZTV Pflaster-StB an die Bauprodukte.

Der daraus resultierende Prüfumfang ist sehr umfangreich und wird daher zumeist vom Auftraggeber nicht gefordert. Meist ist dies auch nicht gerechtfertigt oder erforderlich. Den Beteiligten sollte jedoch klar sein, dass der Auftraggeber ein Recht auf Durchführung der entsprechenden Prüfungen und Vorlage der Ergebnisse im Rahmen der Eigenüberwachung des Auftragnehmers, also auf dessen Kosten, hat.

Hinsichtlich der angelieferten Bettungs- und Fugenmaterialien sind die Prüfungen nicht erst nach dem Einbau, sondern während des Bauprozesses mit fortschreitender Lieferung der Baustoffgemische durchzuführen. So ist beispielsweise als maßgebendes Qualitätskriterium die Korngrößenverteilung und der Feinkornanteil mindestens alle angefangenen 1 000 m^2 eingebauten Gemisches zu ermitteln.

Es kann sehr hilfreich sein, das angelieferte Material augenscheinlich hinsichtlich der vorliegenden Farbe und Körnung zu begutachten und zu dokumentieren. Farbabweichungen können z. B. auf fehlerhafte Lieferungen hindeuten. Das Größtkorn kann abgeschätzt werden. Entmischungen, z. B. auch durch den Transport, können optisch erkannt werden. Ein entmischtes Baustoffgemisch darf nicht eingebaut werden. Lieferungen sind dann nicht anzunehmen, Ursachen können ggf. schnell herausgefunden und Falschlieferungen abgestellt werden. Schon abgeladenes Material muss auf der Baustelle gemischt oder wieder aufgenommen und ausgetauscht werden.

Weiterhin ist während bzw. nach dem Bettungseinbau die profilgerechte Lage der Bettung i. d. R. mittels geodätischer Messaufnahme sowie die Dicke und Ebenheit der Bettung zu erfassen. Die Ebenheit der Bettung sollte mittels Richtlatten erfasst werden, vergleichbar mit den Ebenheitsmessungen auf dem Pflaster bzw. Plattenbelag. Exakte Anforderungen an diese Ebenheit bestehen nicht. Als Orientierung dienen aber die schlussendlich einzuhaltenden Anforderungen auf dem Pflaster oder Plattenbelag, da diese bei unebenen Bettungen nur schlecht bzw. nicht eingehalten werden können.

Die Dicke der unverdichteten Bettung sollte beim Bettungseinbau miterfasst werden, um deren Gleichmäßigkeit zu überprüfen. Die Bettungsdicke nach Einbau und Verdichtung von Pflaster und Plattenbelag ist jedoch maßgebend. Hier sollten während des Einbaus stichprobenartig Messungen mit Hilfe von Bezugsebenen, z. B. an Einbauten, durchgeführt werden.

Hinsichtlich der Eigenüberwachung des Verlegens bzw. Versetzens, Verfugens und Verdichtens von Pflasterdecken und Plattenbelägen sollten neben den gemäß TL Pflaster-StB geforderten Prüfungen an den Befestigungselementen entsprechend den Produktanforderungen jedenfalls augenscheinlich auch Abweichungen von Farbe, Form und sonstigen Oberflächenmerkmalen überprüft werden. Zudem sollten stichprobenartig die Abmessungen der angelieferten Befestigungselemente überprüft werden. Bei Natursteinprodukten sollte zudem augenscheinlich auf die Gesteinsart sowie besonders auf ggf. vorliegende Schwachstellen im Gestein, Risse usw., geachtet werden.

Kommentar

Die profilgerechte Lage nach Herstellung der Fläche ist zu dokumentieren. Gleiches gilt für die vorhandene Ebenheit. Die Bettungsdicke ist wie schon beschrieben zu erfassen. Dabei darf die Messung relativ grob sein und in Zentimetern angegeben werden. Messungen im Millimeterbereich sind nicht erforderlich. Die Fugenbreiten sind ebenso zu dokumentieren wie die Vollständigkeit der Fugenfüllung.

Zudem wird gefordert, dass der Fugenverlauf erfasst wird. An diesen wird keine besondere Anforderung gemäß ZTV Pflaster-StB gestellt. Er muss allerdings regelmäßig sein. Der Fugenverlauf kann mittels Schnüren bewertet werden. Die senkrechten Abweichungen durchlaufender Fugen von einem durch Schnüre auf die Fläche gebrachten Bezugsmaß kann gemessen werden. Hierdurch können Abweichungen von der Flucht der Fugen bewertet werden. Die zulässigen Abweichungen von der Flucht sind nicht festgelegt. Eine Beurteilung sollte die Nutzungsanforderungen der Fläche sowie ihre optische Wirkung berücksichtigen. Hier empfiehlt es sich, bei repräsentativen Verkehrsflächen und Verbänden mit markanten Fugenverläufen zulässige Abweichungen von der Gleichmäßigkeit des Fugenverlaufes einzelvertraglich zu vereinbaren.

Alle Anforderungen des Abschnittes 3.8 der ZTV Pflaster-StB sind weiterhin zu überprüfen. Hierzu gehört zu den vorgenannten Kriterien wie profilgerechte Lage, Ebenheit, Bettungsdicke und Fugenbreite auch die Überprüfung der Höhengleichheit aller Befestigungselemente, sprich der Versatz zwischen benachbarten Elementen. Zudem muss die erstellte Neigung der Oberfläche ermittelt und mit den zulässigen Toleranzen verglichen werden.

Für Einfassungen und Rinnen gilt ein ähnliches Vorgehen. Neben den Produktanforderungen sind die Anforderungen der ZTV Pflaster-StB an die fertig gestellte Rinne oder Einfassung zu überprüfen. Besonders zu nennen sind hier die profilgerechte Lage und Ebenheit – bei Entwässerungsrinnen absolut maßgebende Kriterien für deren Wirksamkeit. Weiterhin sind die Fugenbreiten, bei Rinnen auch die Vollständigkeit der Fugenfüllung und die ausgeführten Bewegungsfugen hinsichtlich ihres Abstandes und ihrer Anordnung zu überprüfen.

Regelmäßig diskutiert wird die Überprüfung der Dicke und Festigkeit des Fundamentes und der Rückenstütze von Einfassung und Rinne. Während die Überprüfung der Dicken über Relativmessungen vor und nach Einbau der Befestigungselemente möglich ist, wird die Ermittlung der Festigkeit des eingebauten Betons schwieriger. Es empfiehlt sich, Bohrkernuntersuchungen nach Herstellung von Bord oder Rinne durchzuführen. Da dies eine Schädigung der Leistung darstellt, ist das Vorgehen mit dem Auftraggeber abzustimmen. Hier empfiehlt es sich daher, die Prüfung als gemeinsame Kontrollprüfung durchzuführen.

4.3 Kontrollprüfungen

4.3.1 Allgemeines

Es ist zweckmäßig, gleichzeitig mit den Eigenüberwachungsprüfungen die Kontrollprüfungen durchzuführen. Ergebnisse, die im Rahmen der Eigenüberwachung und im Beisein des Auftraggebers ermittelt werden, können als Kontrollprüfungen anerkannt werden. Für die Kontrollprüfungen können, soweit möglich und zweckmäßig, auch die Ergebnisse der gemeinsamen Feststellungen für die Abrechnung herangezogen werden.

Kontrollprüfungen sind Prüfungen des Auftraggebers, um festzustellen, ob die Eigenschaften der Bauprodukte und der fertigen Leistung den vertraglichen Anforderungen entsprechen. Die Ergebnisse werden der Abnahme zugrunde gelegt.

Die Probenahme sowie die Prüfungen, die auf der Baustelle erfolgen, führt der Auftraggeber in Anwesenheit des Auftragnehmers durch. Sie finden in Abwesenheit des Auftragnehmers statt, wenn er den rechtzeitig bekanntgegebenen Termin nicht wahrnimmt.

Das Probenmaterial für Kontrollprüfungen wird nicht gesondert vergütet.

Die Kosten für die Durchführung von Kontrollprüfungen trägt der Auftraggeber.

Die Probenahme, der Versand der Proben und die Durchführung der Prüfungen dürfen nur vom Auftraggeber oder einer nach den RAP Stra anerkannten Prüfstelle an Gesteinskörnungen bzw. Baustoffgemischen und für andere Bauprodukte durch eine fachlich geeignete Prüfstelle durchgeführt werden. Die Prüfstelle bestimmt der Auftraggeber.

Sollen die Probenahmen und die versandfertige Verpackung der Proben vom Auftragnehmer hilfsweise durchgeführt werden, sind diese Leistungen in einer gesonderten Ordnungszahl in das Leistungsverzeichnis aufzunehmen.

Auf Verlangen des Auftraggebers sind von allen für die Bauausführung vorgesehenen Bauprodukten genügend große Proben dem Auftraggeber zu übergeben, der diese unter Verschluss aufbewahrt (Rückstellproben). Die Probenahme und die Proben sind in einer Niederschrift von den Vertragspartnern anzuerkennen. Sie dienen im Rahmen der Kontrollprüfungen zur Beurteilung der vertragsgerecht gelieferten Bauprodukte.

Diese Leistungen sind in einer gesonderten Ordnungszahl in das Leistungsverzeichnis aufzunehmen.

Kommentar

Kontrollprüfungen dienen zur Überprüfung der erbrachten Leistung und werden daher vom Auftraggeber nach dessen Schwerpunkten und Anforderungen durchgeführt. Sie werden auch von diesem bezahlt.

Kommentar

Damit sollten sie die Grundlage der Abnahme sein. Um ein faires Verfahren sicherzustellen, sollten die Kontrollprüfungen immer im Beisein des Auftragnehmers erfolgen. Dies gilt natürlich nur für die auf der Baustelle durchzuführenden Prüfungen und die Probenahme der Baustoffe- und Bauprodukte, welche anschließend im Labor untersucht werden sollen. Wenn der Auftragnehmer nicht an der Prüfung teilnehmen möchte oder kann, sind Kontrollprüfungen auch ohne den Auftragnehmer (seines Vertreters) zulässig. Allerdings sollte ihm ausreichend Möglichkeit zur Teilnahme gegeben werden, indem der Termin rechtzeitig vorher bekannt gegeben wird. Besser ist natürlich eine gemeinsame Terminvereinbarung.

Das Probenmaterial wird dem Auftraggeber nach seiner Anforderung kostenfrei in ausreichender Menge vom Auftragnehmer zur Verfügung gestellt. Der Auftraggeber kann diese und weitere Proben unter Verschluss halten, um z. B. Originalproben bis zum Abschluss der Gewährleistungszeit zur Verfügung zu haben. Sie werden Rückstellproben genannt. Da sie zur Bewertung der vertraglichen Leistung verwendet werden, sind sie von den Partnern schriftlich anzuerkennen. Zusätzliche, nicht direkt für die Abnahme erforderliche Rückstellproben übersteigen die bauvertragliche Leistung und sind zu honorieren. Hierzu empfiehlt es sich, im Bauvertrag eine gesonderte Position einzurichten. Wenn der Auftragnehmer die Organisation der Versendung z. B. an Prüfinstitute übernehmen soll, kann dies ebenfalls zusätzlich im Bauvertrag vereinbart werden.

Alle durchzuführenden Untersuchungen sollen durch ein fachlich geeignetes und neutrales Prüfinstitut erfolgen. Für Bettungs- und Fugenmaterialien sowie Gesteinskörnungen bedeutet dies, dass, wie auch für Tragschichtmaterialien, nur eine nach RAP Stra[1] oder vom Auftraggeber anerkannte Prüfstelle die Prüfungen durchführen darf. Solche RAP Stra-Prüfstellen müssen diverse Regeln erfüllen und werden von einer Kommission, in der die jeweils zuständige Landesbehörde, die Bundesanstalt für Straßenwesen sowie eine vorab anerkannte Prüfstelle vertreten sind, unter Leitung der Bundesanstalt für Straßenwesen anerkannt. Die Anerkennung nach den RAP Stra muss deren Teil D „Gesteinskörnungen" sowie Teil I „Schichten ohne Bindemittel" umfassen.

Befestigungselemente unterliegen nicht den Regelungen der RAP Stra. Daher sind Prüfungen an Pflastersteinen, Platten und anderen Befestigungselementen durch eine vom Auftraggeber festgelegte fachlich geeignete Prüfstelle durchzuführen.

Um den Umfang von Eigenüberwachungsprüfungen und Kontrollprüfungen zu verringern, bietet es sich an, erforderliche Eigenüberwachungsprüfungen im Beisein des Auftraggebers durchzuführen oder diese hinsichtlich der Produkteigenschaften von einer vom Auftraggeber anerkannten Prüfstelle durchführen zu lassen, so dass die Ergebnisse auch anstelle von Kontrollprüfungen herangezogen werden können. Zur Finanzierung der Untersuchungen sind Vereinbarungen sinnvoll.

Der Umfang der Kontrollprüfungen ist Sache des Auftraggebers, es kann also von diesen abgewichen werden. Daher umfassen die Regelungen der ZTV

1 Richtlinien für die Anerkennung von Prüfstellen für Baustoffe und Baustoffgemische im Straßenbau – RAP-Stra, Ausgabe 2015, FGSV Verlag, Köln 2015

Kommentar

Pflaster-StB hier nur Richtlinientexte. Schon aus Wirtschaftlichkeitsgründen empfiehlt es sich jedoch, den hier dargestellten Empfehlungen zu folgen:

4.3.2 Umfang der Kontrollprüfungen

4.3.2.1 Gesteinskörnungen und Baustoffgemische

In der Regel sind folgende Kontrollprüfungen an der fertigen Leistung vorzunehmen:

- *Korngrößenverteilung der Baustoffgemische je nach Erfordernis*
- *Einhaltung der Anforderungen an die Gesteinskörnungen bzw. Baustoffgemische nach dem Abschnitt 2.3*
- *Dicke der Bettung.*

4.3.2.2 Pflasterdecken aus Pflastersteinen oder Platten aus Beton

In der Regel sind folgende Kontrollprüfungen an der fertigen Leistung vorzunehmen:

- *Einhaltung der Anforderungen an die Bauteile nach den Abschnitten 2.4 bzw. 2.5*
- *profilgerechte Lage und Ebenheit*
- *Fugenbreiten und gegebenenfalls Fugenverlauf.*

4.3.2.3 Pflasterdecken aus Pflasterziegeln oder Pflasterklinkern sowie aus Klinkerplatten

In der Regel sind folgende Kontrollprüfungen an der fertigen Leistung vorzunehmen:

- *Einhaltung der Anforderungen an die Bauteile nach den Abschnitten 2.6 bzw. 2.7*
- *profilgerechte Lage und Ebenheit*
- *Fugenbreiten und gegebenenfalls Fugenverlauf.*

4.3.2.4 Pflasterdecken aus Pflastersteinen oder Platten aus Naturstein

In der Regel sind folgende Kontrollprüfungen an der fertigen Leistung vorzunehmen:

- *Einhaltung der Anforderungen an die Bauteile nach den Abschnitten 2.8 bzw. 2.9*
- *profilgerechte Lage und Ebenheit*
- *Fugenbreiten und gegebenenfalls Fugenverlauf.*

4.3.2.5 Einfassungen

In der Regel sind folgende Kontrollprüfungen an der fertigen Leistung vorzunehmen:

- *Einhaltung der Anforderungen an die Bauteile gemäß den Abschnitten 2.10 bis 2.12*
- *profilgerechte Lage und Ebenheit*
- *Dicke und Festigkeit des Fundamentes und der Rückenstütze*
- *Fugenbreiten*
- *Anordnung und Abstand der Bewegungsfugen.*

4.3.2 Umfang der Kontrollprüfungen (Fortsetzung)

4.3.2.6 Rinnen und Mulden

In der Regel sind folgende Kontrollprüfungen an der fertigen Leistung vorzunehmen:

- *Einhaltung der Anforderungen an die Bauteile gemäß den Abschnitten 2.10*
- *Dicke und Festigkeit des Fundamentes und gegebenenfalls der Rückenstütze*
- *profilgerechte Lage, Ebenheit und Neigung*
- *Fugenbreiten*
- *Fugenverlauf*
- *vollständige Fugenfüllung*
- *Anordnung und Abstand der Bewegungsfugen.*

Kommentar

Für Bettungs- und Fugenmaterialien sind folgende Kontrollprüfungen zu empfehlen:

- Korngrößenverteilung
- Feinkornanteil
- Bruchflächigkeit
- Fließkoeffizient
- Widerstand gegen mechanische Beanspruchung
- Beurteilung der Filterstabilität
- Bettungsdicke.

Bei eingesetzten Befestigungselementen sollte allgemein die Einhaltung der Anforderungen kontrolliert werden, mindestens jedoch sind folgende Kontrollprüfungen zu empfehlen:

- Nennmaße und weitere ggf. erforderliche geometrische Anforderungen
- Festigkeitseigenschaften
- Frost-Tausalz-Widerstand bzw. Frostwiderstand.

Für Pflasterdecken und Plattenbeläge sind die folgenden Kontrollprüfungen regelmäßig zu empfehlen:

- Fugenbreiten
- Vollständigkeit der Fugenfüllung
- Profilgerechte Lage
- Neigung
- Ebenheit
- Gleichmäßigkeit des Fugenverlaufes.

Bei Rinnen und Randeinfassungen werden diese vorstehenden Kontrollprüfungen noch zu ergänzen sein durch:

- Festigkeit des Fundamentes und ggf. der Rückenstütze
- Dicke von Fundament und ggf. Rückenstütze
- Anordnung und Abstand von Bewegungsfugen.

4.3.3 Zusätzliche Kontrollprüfungen

Wenn anzunehmen ist, dass ein Ergebnis einer Kontrollprüfung nicht kennzeichnend für die zuzuordnende Leistung ist, ist der Auftragnehmer berechtigt, die Durchführung zusätzlicher Kontrollprüfungen zu verlangen. Die Orte der Entnahme und die zuzuordnende Teilleistung bestimmen Auftraggeber und Auftragnehmer gemeinsam. Wenn die der ursprünglichen Prüfung zuzuordnende Teilleistung nicht eindeutig und einvernehmlich, z.B. nach Augenschein, abgegrenzt werden kann, soll sie nicht kleiner als 20 % der ursprünglichen Leistung sein.

Das Recht des Auftraggebers, nach seinem Ermessen zusätzliche Kontrollprüfungen durchzuführen, bleibt unberührt.

Für die Abnahme sind die Ergebnisse der ursprünglichen und der zusätzlichen Kontrollprüfungen für die ihnen nunmehr zugeordneten Teilleistungen maßgebend.

Die Kosten für die vom Auftragnehmer beantragten zusätzlichen Kontrollprüfungen trägt der Auftragnehmer.

Kommentar

Wie beschrieben darf der Auftragnehmer immer ergänzende Kontrollprüfungen, sogenannte zusätzliche Kontrollprüfungen, beantragen, die er dann aber auch zu zahlen hat. Dies ist dann beispielsweise ggf. sinnvoll, wenn kein Einverständnis bezüglich der Prüfpunkte gefunden werden konnte und befürchtet wird, dass die Proben nicht repräsentativ für eine hergestellte Teilleistung sind. Die hier festgelegten Randbedingungen zur Durchführung der zusätzlichen Kontrollprüfungen sind bauvertraglich festgelegt. Der Ort der Probenahme und die der Probe zuzuordnende Fläche ist gemeinschaftlich festzulegen. Die alleinige Festlegung durch eine Partei ist nicht zulässig.

Durch die zusätzlichen vom Auftragnehmer beantragten Prüfungen soll der Prüfaufwand nicht übermäßig ansteigen, so dass als Mindestteilleistung ein 20-prozentiger Anteil der Gesamtleistung festgelegt ist. Der Auftraggeber darf dagegen beliebig viele weitere zusätzliche Kontrollprüfungen durchführen.

Bei der Abnahme werden dann sowohl die ursprünglichen Kontrollprüfungen als auch die zusätzlichen Kontrollprüfungen verwendet und die so definierten Teilleistungen betrachtet, so dass mögliche Mängel auch auf diese bezogen werden können.

4.3.4 Schiedsuntersuchungen

Eine Schiedsuntersuchung ist die Wiederholung einer Kontrollprüfung, an deren sachgerechter Durchführung begründete Zweifel des Auftraggebers oder Auftragnehmers (z. B. aufgrund eigener Untersuchungen) bestehen. Ihr Ergebnis tritt an die Stelle des ursprünglichen Prüfergebnisses.

Sie ist auf Antrag eines Vertragspartners durch eine nach den RAP Stra anerkannten Prüfstelle an Gesteinskörnungen bzw. Baustoffgemischen (Prüfungsart: Schiedsuntersuchung) vorzunehmen. Für andere Bauprodukte hat sie durch eine fachlich geeignete Prüfstelle zu erfolgen. Diese Prüfstelle darf die Kontrollprüfung nicht durchgeführt haben.

Die Kosten der Schiedsuntersuchung zuzüglich aller Nebenkosten trägt derjenige, zu dessen Ungunsten das Ergebnis ausfällt.

Kommentar

Im Unterschied zu zusätzlichen Kontrollprüfungen werden Schiedsuntersuchungen dann erforderlich, wenn eine der Vertragsparteien begründete Zweifel an der richtigen und ordnungsgemäßen Durchführung der Prüfung hat. Die Untersuchung wird dann von einer anderen Prüfstelle durchgeführt. Diese Prüfstelle muss gleichfalls fachlich geeignet und neutral sein. Im Rahmen der gemäß RAP Stra zugelassenen Prüfstellen gibt es eine Hierarchie zwischen der Zulassung von Baustoffeingangsprüfungen, Eignungsprüfungen, Fremdüberwachungsprüfungen, Kontrollprüfungen und Schiedsuntersuchungen. Die Zulassung zu Schiedsuntersuchungen entspricht daher der höchsten Prüfungsstufe und daher der höchsten Kompetenz.

Bei Schiedsuntersuchungen werden strittige Kontrollprüfungen wiederholt. Deren Ergebnis ersetzt das Ergebnis der Kontrollprüfung. Die Kosten der Untersuchung trägt fairerweise derjenige, zu dessen Ungunsten das Ergebnis ausfällt.

4.4 Prüfverfahren

4.4.1 Allgemeines

Zum Nachweis der Eigenschaften der Gesteinskörnungen, Baustoffgemische und sonstigen Bauprodukte gelten die oben genannten Prüfverfahren und die Prüfverfahren, auf die in den TL Gestein-StB bzw. den TL Pflaster-StB jeweils verwiesen wird.

Stehen mehrere Prüfverfahren für eine Prüfung zur Auswahl, so ist das anzuwendende Prüfverfahren in der Leistungsbeschreibung anzugeben.

Kommentar

Die für die Güteüberwachung der Baustoffgemische und Bauprodukte erforderlichen Prüfverfahren sind größtenteils in den europäischen und deutschen Normen beschrieben. Ergänzt bzw. konkretisiert werden diese Prüfverfahren für Baustoffgemische durch die auch gemäß TL Gestein-StB verbindlichen

Kommentar

„Technischen Prüfvorschriften für Gesteinskörnungen im Straßenbau“ – TP Gestein-StB[2]. Wenn ergänzend in der Leistungsbeschreibung eine Anforderung an den Abriebwiderstand von Gesteinskörnungsgemischen mittels des Modifizierten Micro-Deval-Koeffizienten formuliert wird, muss die Prüfung gemäß den TP Gestein-StB, Teil 5.5.3 erfolgen.

Prüfverfahren, die noch nicht europäisch geregelt sind, können den nationalen Anwendungsvorschriften entnommen werden. Beispielsweise gilt dies für den Frost-Tausalz-Widerstand von Naturstein. Die entsprechende Prüfvorschrift ist in den TL Pflaster-StB enthalten.

4.4.2 Probenahme

Probenahme und Probeteilung der Gesteinskörnungen und Baustoffgemische sind gemäß DIN EN 932-1, DIN EN 932-2, DIN 52101 und DIN EN 13286-1 durchzuführen.

Die Probenahme von Bauteilen hat gemäß den jeweiligen Normen für Anforderungen und Prüfverfahren (siehe TL Pflaster-StB, Abschnitt 1) zu erfolgen. Die entnommenen Bauteile müssen repräsentativ sein hinsichtlich der gesamten zugehörigen Liefermenge.

Kommentar

Die Prüfung von Baustoffen und Bauprodukten hat zum Ziel, eine Aussage über deren Eigenschaften zu erhalten. Daher muss die Probenahme repräsentativ sein. Die betrifft sowohl den Ort der Probenahme als auch den Umfang und die Qualität der Probe. Sie muss beispielsweise die gesamte Dicke einer ungebundenen Schicht abdecken. Gleiches gilt z. B. für die Fugenfüllung und die Bettung. Bei Pflastersteinen und Platten gilt hier ebenso, dass die gesamte Bandbreite der angelieferten Befestigungselemente prüftechnisch abgedeckt sein sollte. Um nicht zu einem unwirtschaftlichen Prüfumfang zu kommen, können beispielsweise anhand von Zufallsstichproben Proben ausgewählt bzw. festgelegt werden. Eine Begrenzung des Probenumfanges auf negativ auffällige Bereiche ist nicht angemessen und daher nicht vertragsgemäß. Um Streitigkeiten zu vermeiden, sollten die Entnahmepunkte von Proben gemeinsam zwischen Auftraggeber und Auftragnehmer abgestimmt werden. Dies gilt zumindest für Kontrollprüfungen; ein gemeinsames Abstimmen ist aber auch bei Eigenüberwachungsprüfungen vorteilhaft. Durch engere Kooperation zwischen den Vertragspartnern können sicherlich viele Probleme vermieden und Kosten eingespart werden.

4.4.3 Korngrößenverteilung

Die Korngrößenverteilung ist nach DIN EN 933-1 durch Trockensiebung nach nassem Abtrennen der Feinteile zu prüfen.

Kommentar

Die weiteren Prüfverfahren sind den Normen zu entnehmen.

2 Technische Prüfvorschriften für Gesteinskörnungen im Straßenbau – TP Gestein-StB, Ausgabe 2008, FGSV Verlag, Köln 2020

4.4.4 Pflasterdecken, Plattenbeläge und Einfassungen

Die profilgerechte Lage wird durch Nivellement oder durch Abstandsmessungen von einer Schnur geprüft; die abflusswirksame Neigung kann auch mit einem Neigungsmesser geprüft werden.

Die Ebenheit der Schichten der Decke wird mit einer 2 m oder 4 m langen Richtlatte oder einem entsprechenden Ebenheitsprüfgerät gemäß den TP Eben – Berührende Messungen geprüft. Das Referenzprüfverfahren ist die Messung mit Richtlatte und Messkeil.

Die Prüfung von Einbaudicken erfolgt mit einem Gliedermaßstab sinngemäß nach TP D-StB.

Die Prüfung der Festigkeit der aus dem Fundament und der Rückenstütze entnommenen Bohrkerne erfolgt nach DIN EN 12390-3.

Kommentar

Eine genaue Vorschrift zur Bestimmung der profilgerechten Lage der Oberfläche der Befestigung existiert noch nicht. Gleiches gilt für die Bestimmung der jeweils vorliegenden resultierenden Neigung. Beide Merkmale können geodätisch oder, wie hier auch vorgestellt, vereinfacht erfasst werden. Ein ausreichender Erfahrungshintergrund ist vorhanden. Bezüglich der Messmethode „Abstandsmessung mittels Schnur“ muss den Beteiligten klar sein, dass dieses Verfahren naturgemäß ungenauer ist als ein Nivellement. Genauigkeitsvorgaben wurden nicht aufgestellt. Gleiches gilt für die vereinfachte Messung der Neigung mittels Neigungsmesser. Ein solcher Neigungsmesser ist relativ kostengünstig erhältlich. Dieser ist häufig mit einer Wasserwaage kombiniert. Mit variierender Länge der Wasserwaage ändern sich die Auflagerpunkte, so dass sich auch das Messergebnis ändern kann. Damit die Messergebnisse unterschiedlicher Prüfer und Prüfgeräte miteinander vergleichbar sind, sollte hier zumindest die Länge der Messlatte z. B. im Bauvertrag festgelegt werden. Bei Meinungsunterschieden zwischen Vertragspartnern ist als genaueres Prüfverfahren jeweils ein Nivellement sinnvoll. Der Umfang der Messungen zur profilgerechten Lage und zur Neigung ist nicht festgelegt. Daher gilt hier nur, dass die Prüfung die erstellte Fläche vollumfänglich repräsentativ erfassen muss.

Gleiches gilt auch für die Bestimmung der vorliegenden Ebenheit der hergestellten Oberfläche. Das Messverfahren mit der 4-m-Richtlatte ist anhand der TP Eben definiert. Die Messung mit der 2-m-Messlatte ist ebenfalls in den TP Eben enthalten, jedoch eigentlich nur für Spurrinnenmessungen vorgesehen. Das Verfahren kann aber auch für den hier vorliegenden Anwendungsfall genutzt werden.

Andere Ebenheitsprüfungen nach den TP Eben – Berührende Messungen sind die Messung mit dem Planografen oder dem Profilografen. Diese Messungen bieten sich bei großen Flächen an, führen aber zu abweichenden Ergebnissen gegenüber dem Messverfahren mit Messkeil und Richtlatte. Die Ergebnisse eignen sich nicht zur Bewertung der vorliegenden Abweichungen von der Ebenheit, da die Anforderungswerte auf das Messverfahren mit Richtlatte abgestimmt sind. Daher ist dieses Verfahren auch immer das Referenzprüfverfahren.

Kommentar

Ein Prüfverfahren zur Bestimmung der Ebenheit der Oberfläche der Bettung liegt noch nicht vor. Hier kann ersatzweise auf das zuvor beschriebene Verfahren der TP Eben zurückgegriffen werden. Aber auch andere Verfahren können angewendet werden, da keine quantitativen Anforderungen vereinbart sind.

Die Messung der Dicke der Bettung soll gemäß den „Technischen Prüfvorschriften zur Bestimmung der Dicken von Oberbauschichten im Straßenbau" – TP D-StB[3] der FGSV durchgeführt werden. Festgelegt ist ein Messverfahren mit dem Gliedermaßstab („Zollstock"). Ein solches Verfahren ist in den TP D-StB nicht beschrieben. Stattdessen werden Messverfahren mit Tiefenlehre und Richtlatte oder mit Messstab und Schnur definiert. Sinnvoll ist die Messung der Bettungsdicke bei einer Aufgrabung mittels auf der Bettung aufgelegter Richtlatte und Tiefenmessung zur Unterlage der Bettung. Die Tiefenmessung kann dann mittels Tiefenlehre, Messstab oder Gliedermessstab erfolgen. Wichtig ist nur, dass das Messsystem eine Genauigkeit von 1 mm zulässt. Bei umfangreicheren Messvorgängen kann auch auf das Messverfahren mittels Schnur und Messstab zurückgegriffen werden. Dies eignet sich eher für Messungen vor und nach dem Einbringen des Pflasters und für die anschließende Interpretation der Bettungsdicke anhand der mittleren Dicke der Befestigungselemente.

Die Messverfahren der TP D-StB legen fest, dass auf der Unterlage der zu messenden Schicht eine Auflageplatte von 10 × 10 cm bzw. 20 × 20 cm aufgelegt werden muss. Dies dient dem Ausgleich der Rauheit der Unterlage durch herausstehende Körner. Das gleiche Prinzip wird auch eingehalten, wenn von einer aufgelegten Messlatte aus gemessen wird.

Es empfiehlt sich, zur Messung der Bettungsdicke eine Metallplatte mit einer Fläche von 10 × 10 cm auf der Tragschicht aufzulegen, wenn die Oberkante der Bettung von einer Richtlatte aus erfasst wird.

Die Ablesung von Messstab oder Gliedermessstab ist schwierig. Wichtig ist eine möglichst senkrechte Ablesung. Besser ist hier die Nutzung einer Tiefen- oder Schieblehre, da hier die Ablesung weniger durch subjektive Kriterien beeinflusst wird.

Die Prüfung der Festigkeit des Betons von Fundament und Rückenstütze von Einfassungen und Entwässerungsrinnen soll nach DIN EN 12390-3[4] erfolgen. Die Probekörperentnahme ist hier nicht festgelegt. Es ist sinnvoll, die Bohrkerne nach DIN EN 12504-1[5] zu entnehmen.

Schriftlich festgelegte nationale Prüfverfahren zur Messung der Fugenbreite und des Fugenverlaufes sowie des Fugenfüllungsgrades existieren noch nicht. Hier gelten die allgemein anerkannten Regeln der Technik.

Die Messung der Infiltrationsrate der Unterlage sollte nach den TP Gestein-StB, Teile 8.3.2, 8.3.3 oder 8.3.4 oder nach dem Schnelltest gemäß dem „Merkblatt für Versickerungsfähige Verkehrsflächen" der FGSV erfolgen. Die frühzeitige Festlegung des vorgesehenen Prüfverfahrens ist empfehlenswert, da alle Messverfahren aufgrund unterschiedlicher Versickerungsverfahren

---

3 Technische Prüfvorschriften zur Bestimmung der Dicken von Oberbauschichten im Straßenbau TP D-StB, Ausgabe 2012, FGSV Verlag, Köln 2013

4 DIN EN 12390-1: Prüfung von Festbeton – Teil 1: Form, Maße und andere Anforderungen für Probekörper und Formen, Fassung 2012, Beuth Verlag, Berlin 2012

5 DIN EN 12504-1: Prüfung von Beton in Bauwerken – Teil 1: Bohrkernproben – Herstellung, Untersuchung und Prüfung der Druckfestigkeit, Fassung 2021, Beuth Verlag, Berlin 2021

Kommentar

etwas abweichende Messwerte produzieren. Für die Baupraxis empfehlenswert ist das Standrohr-Infiltrometerverfahren nach TP Gestein-StB Teil 8.3.2 oder der Schnelltest, da beide Verfahren mit geringem Messaufwand durchführbar sind.

5 Mängelansprüche

Siehe § 13 VOB/B.

Kommentar

Nach § 13 der VOB Teil B hat der Auftragnehmer dem Auftraggeber seine Leistung zum Zeitpunkt der Abnahme frei von Sachmängeln zu verschaffen. Die Leistung ist zur Zeit der Abnahme dann frei von Sachmängeln, wenn sie die vereinbarte Beschaffenheit gemäß dem Bauvertrag und den Inhalten der Leistungsbeschreibung hat und den anerkannten Regeln der Technik entspricht. Wenn die Beschaffenheit nicht vereinbart wurde – dies gilt beispielsweise immer dann, wenn Lücken in der Leistungsbeschreibung vorliegen –, so ist die Leistung zur Zeit der Abnahme dann frei von Sachmängeln, wenn sie sich für die nach dem Vertrag vorausgesetzte, sonst für die gewöhnliche Verwendung eignet und eine Beschaffenheit aufweist, die bei Werken der gleichen Art üblich ist und die der Auftraggeber nach der Art der Leistung erwarten kann.

Wenn die Eigenschaften beispielsweise von Bauprodukten aus Naturstein anhand von Mustern festgelegt werden sollen, entspricht dies einer sogenannten Probe gemäß VOB § 13. Diese vertragliche Festlegung ist bei nicht einfach quantitativ festlegbaren Eigenschaften sinnvoll, z. B. bei der Festlegung von zulässigen Bandbreiten von Farbgebung oder Oberflächenstruktur von Naturstein. Bei Leistungen nach Probe gelten gemäß VOB die Eigenschaften der Probe als vereinbarte Beschaffenheit, soweit nicht Abweichungen nach der Verkehrssitte als bedeutungslos anzusehen sind. Dies gilt auch für Proben, die erst nach Vertragsabschluss als solche anerkannt wurden.

Ist ein Mangel zurückzuführen auf die Leistungsbeschreibung oder auf Anordnungen des Auftraggebers, auf die von diesem gelieferten oder vorgeschriebenen Stoffe oder Bauteile oder die Beschaffenheit der Vorleistung eines anderen Unternehmers, haftet der Auftragnehmer, es sei denn, er hat seine Bedenken gegen die vorgesehene Art der Ausführung, gegen die Güte der gelieferten Baustoffe bzw. Bauprodukte oder gegen die Leistung anderer Unternehmer unverzüglich schriftlich mitgeteilt, bestenfalls schon vor Beginn der Arbeiten. Hier ist die erforderliche Bedenkenanmeldung das maßgebende Kriterium zur Abwendung von Gewährleistungsansprüchen.

Ist für Mängelansprüche keine Verjährungsfrist im Vertrag vereinbart, so beträgt sie für Bauwerke 4 Jahre. Dies ist der Regelfall für die Herstellung von Pflasterdecken und Plattenbelägen gemäß diesen ZTV Pflaster-StB. Für andere Werke, deren Erfolg in der Herstellung, Wartung oder Veränderung einer Sache besteht, gelten 2 Jahre. Die Frist beginnt mit der Abnahme der gesamten Leistung. Eine Teilabnahme kann auf Verlangen für in sich abgeschlossene Teile der Leistung verlangt werden. Nur für diese in sich abgeschlossene Teile der Leistung beginnt die Verjährungsfrist mit der Teilabnahme.

Der Auftragnehmer ist verpflichtet, alle während der Verjährungsfrist hervortretenden Mängel, die auf vertragswidrige Leistung zurückzuführen sind, auf seine Kosten zu beseitigen, wenn es der Auftraggeber vor Ablauf der Frist schriftlich verlangt. Der Anspruch auf Beseitigung der gerügten Mängel verjährt in 2 Jahren, gerechnet vom Zugang des schriftlichen Verlangens an, jedoch nicht vor Ablauf der Regelverjährungsfristen oder der an ihrer Stelle vereinbarten Frist. Nach Abnahme der Mängelbeseitigungsleistung beginnt

Kommentar

für diese Leistung eine Verjährungsfrist von 2 Jahren neu, die jedoch nicht vor Ablauf der Regelverjährungsfristen oder der an ihrer Stelle vereinbarten Frist endet.

Kommt der Auftragnehmer der Aufforderung zur Mängelbeseitigung in einer vom Auftraggeber gesetzten angemessenen Frist nicht nach, so kann der Auftraggeber die Mängel auf Kosten des Auftragnehmers beseitigen lassen. Ist die Beseitigung des Mangels für den Auftraggeber unzumutbar oder ist sie unmöglich oder würde sie einen unverhältnismäßig hohen Aufwand erfordern und wird sie deshalb vom Auftragnehmer verweigert, so kann der Auftraggeber durch Erklärung gegenüber dem Auftragnehmer die Vergütung mindern (§ 638 BGB).

Die Minderung ist bei Pflasterdecken, Plattenbelägen und Einfassungen in der Regel nicht zielführend. Bei Mängeln hinsichtlich Ebenheit oder Qualität der Befestigungselemente sowie der Fugenfüllung einzelner Teilflächen sind Ausbesserungsarbeiten durchführbar und angemessen.

Der Verbleib mangelbehafteter Teilbereiche kann sehr schnell zu einem vollständigen Versagen der Befestigung in diesem Bereich führen. Eine Minderung der Vergütung ist dem gegenüber in der Regel nicht angemessen und sollte bei grundsätzlichen technischen Mängeln unterbleiben.

Technische Mängel hinsichtlich Bettungs- und Fugenmaterial sowie der Unterlage können oft schadensverursachend für die gesamte Befestigung sein und die Nutzungszeit auf wenige Jahre verringern. Vergütungsminderungen können daher hier kein vertragliches Werkzeug sein. Die Ausbesserung ist also grundsätzlich einer Vergütungsminderung vorzuziehen.

Minderungen können allenfalls hinsichtlich vertraglicher Anforderungen an die Optik angemessen sein. In einer verantwortungsvollen Kooperation zwischen den Vertragspartnern kann dies je nach Situation einen möglichen Kompromiss darstellen.

VOB/B

Allgemeine Vertragsbedingungen für die Ausführung von Bauleistungen, Ausgabe 2019

§ 13 Mängelansprüche

...

(7) 1. Der Auftragnehmer haftet bei schuldhaft verursachten Mängeln für Schäden aus der Verletzung des Lebens, des Körpers oder der Gesundheit.

2. Bei vorsätzlich oder grob fahrlässig verursachten Mängeln haftet er für alle Schäden.

3. Im Übrigen ist dem Auftraggeber der Schaden an der baulichen Anlage zu ersetzen, zu deren Herstellung, Instandhaltung oder Änderung die Leistung dient, wenn ein wesentlicher Mangel vorliegt, der die Gebrauchsfähigkeit erheblich beeinträchtigt und auf ein Verschulden des Auftragnehmers zurückzuführen ist. Einen darüber hinausgehenden Schaden hat der Auftragnehmer nur dann zu ersetzen,

a) wenn der Mangel auf einem Verstoß gegen die anerkannten Regeln der Technik beruht,
b) wenn der Mangel in dem Fehlen einer vertraglich vereinbarten Beschaffenheit besteht oder
c) soweit der Auftragnehmer den Schaden durch Versicherung seiner gesetzlichen Haftpflicht gedeckt hat oder durch eine solche zu tarifmäßigen, nicht auf außergewöhnliche Verhältnisse abgestellten Prämien und Prämienzuschlägen bei einem im Inland zum Geschäftsbetrieb zugelassenen Versicherer hätte decken können.

VOB/B

4. Abweichend von Absatz 4[1] gelten die gesetzlichen Verjährungsfristen, soweit sich der Auftragnehmer nach Nummer 3 durch Versicherung geschützt hat oder hätte schützen können oder soweit ein besonderer Versicherungsschutz vereinbart ist.

5. Eine Einschränkung oder Erweiterung der Haftung kann in begründeten Sonderfällen vereinbart werden.

Kommentar

Abschließend sind die Abrechnungsmodalitäten zu erläutern. Diese sind in den VOB geregelt. Die ATV DIN 18318 als Bestandteil des Teils C der VOB sagt dazu Folgendes aus:

ATV DIN 18318 **Pflasterdecken und Plattenbeläge, Einfassungen,** Ausgabe 2019

5 Abrechnung

Ergänzend zur ATV DIN 18299, Abschnitt 5, gilt:

5.1 Allgemeines

Keine Regelungen.

Kommentar

Zur Abrechnung ausgeführter Leistungen werden in den ZTV Pflaster-StB keine ergänzenden Regelungen getroffen. Hier gelten die Regelungen der DIN 18318. Die hier aufgeführten Vorgaben sind in Verbindung mit den Hinweisen für das Aufstellen der Leistungsbeschreibung der Norm im Abschnitt 0 zu verstehen. Besonders die im Abschnitt 0.5 der Norm enthaltenen Vorgaben zu Abrechnungseinheiten der Bauleistung, nach denen die Leistungspositionen des Bauvertrages zu gestalten sind, sind zu beachten. Diese vorab beschriebenen Vorgaben an den Ausschreibenden sagen aus, dass die hergestellten Flächen nach Flächenmaß und linienförmige Maßnahmen nach ihrer Länge aufgemessen werden sollen. Eher punktförmige, definierte wiederkehrende Arbeiten können anhand ihrer Stückzahl abgerechnet werden.

Im Abschnitt 5 der DIN 18299 ist nur festgelegt, dass die Leistung aus Zeichnungen zu ermitteln ist, soweit die ausgeführte Leistung diesen Zeichnungen entspricht. Sind solche Zeichnungen nicht vorhanden, ist die Leistung aufzumessen. Das Aufmaß stellt bei üblichen Pflasterbaumaßnahmen den Regelfall dar. Die Abrechnung über das Aufmaß erfolgt grundsätzlich entsprechend den Vorgaben des Bauvertrages. Für das Aufmaß geben die DIN 18318 ergänzend die folgenden Regeln vor, die sinnvollerweise daher auch bei der Aufstellung des Bauvertrages beachtet werden sollten:

ATV DIN 18318 **Pflasterdecken und Plattenbeläge, Einfassungen,** Ausgabe 2019

5.2 Ermittlung der Maße/Mengen

5.2.1 Zuarbeiten, Verhau oder Schneiden von Pflastersteinen und Platten wird nach der Länge der Bearbeitung entlang der Fuge zwischen Belag oder Decke und angrenzenden Flächen, Bauteilen oder Einfassungen gerechnet.

5.2.2 Fugenverguss und Fugenfüllung von Pflasterdecken und Plattenbelägen werden nach der Fläche der Decke oder des Belags gerechnet.

1 VOB/B § 13, Absatz 4, Satz 1: „Ist für Mängelansprüche keine Verjährungsfrist im Vertrag vereinbart, so beträgt sie für Bauwerke 4 Jahre (…).“

ATV DIN 18318 **5.2.3** Die Länge der Einfassung wird an der Vorderseite der Bord- oder Einfassungssteine gemessen. Dies gilt auch bei der Abrechnung von Fundamenten mit und ohne Rückenstütze nach Längenmaß.

5.2.4 Nacharbeiten der Schnurkante, Nacharbeiten oder Aufarbeiten eines vorhandenen Anlaufs (Fase) oder der Trittflächen von Bord- oder Einfassungssteinen werden nach der Bearbeitungslänge gemessen.

Kommentar

In Abschnitt 5.2.1 der ATV DIN 18318 ist hier das Bearbeiten der Elemente vor Ort geregelt. Es werden nicht die Einzelschnittflächen ermittelt, sondern die entsprechende Fugenlänge in der Decke oder dem Belag in [m].

Die Fugenfüllung, zu der auch der Fugenverguss mit Pflasterfugenmasse zählt, wird über die erstellte Fläche in [m²] ermittelt. Praktisch wird grundsätzlich die Herstellung der Fläche entsprechend einer Leistungsposition mit Flächenmaßen abgerechnet. Wenn dagegen Einzelfugen hergestellt werden sollen und z. B. bei Einfassungen oder Bewegungsfugen abzurechnen sind, sollte dies über die erstellte Länge erfolgen, auch wenn dies hier nicht explizit erwähnt ist. Zu den Einfassungen wird festgelegt, dass die Länge der gesamten Einfassung über deren sichtbare und gut zu ermittelnde Vorderkante ermittelt wird. Dieses Maß wird dann auch zur Berechnung der Länge von Fundamenten und Rückenstützen verwendet. Die Nachbearbeitungen von Borden und Einfassungen erfolgen jedoch entsprechend der wirklichen Bearbeitungslänge.

ATV DIN 18318 **Pflasterdecken und Plattenbeläge, Einfassungen,** Ausgabe 2019

5.3 Übermessungsregeln

Übermessen werden:

5.3.1 Bei Abrechnung nach Flächenmaß

5.3.1.1 Fugen

- zwischen Pflasterdecke oder Plattenbelag und Einfassung, z. B. Bordstein und Schiene,
- innerhalb der Pflasterdecke oder des Plattenbelags und zwischen den einzelnen Bordsteinen oder Einfassungssteinen.

5.3.1.2 Aussparungen

- in der befestigten Fläche liegende oder in sie jeweils anteilig hineinragende Aussparungen oder Einbauten ≤ 1 m² Einzelgröße, z. B. Schächte, Schieber, Maste, Stufen,
- Schienen, wenn beidseitig eine gleichartige Befestigung an die Schienen herangeführt ist.

5.3.1.3 Unterbrechungen, z. B. Rinnen, Pflasterbänder, mit Einzelbreiten ≤ 30 cm.

Bei der Ermittlung der Einzelgröße sind die kleinsten Maße der Unterbrechung zugrunde zu legen.

5.3.2 Bei Abrechnung nach Längenmaß

- Fugen zwischen den einzelnen Bord- oder Einfassungssteinen,
- Unterbrechungen, Aussparungen oder Einbauten mit einer Einzellänge ≤ 1 m.

5.4 Einzelregelungen

Einzelflächen unter 0,5 m² werden mit 0,5 m² gerechnet.

Kommentar

Das Übermessen von Leistungen soll der vereinfachten Abrechnung dienen. Es vereinfacht das Aufmaß. Es gereicht dem Auftragnehmer dahingehend zum Vorteil, dass dessen Leistung sich hierdurch vordergründig vergrößert. Da diese Übermessungsregeln jedoch allen Anbietern bekannt sind, werden in der Regel die entstehenden Vorteile in den Einheitspreis eingerechnet.

Bei Aufmaß nach Flächenmaß werden Einfassungen begrenzende Fugen genauso wenig einzeln abgerechnet wie die normalen Fugen der befestigten Fläche oder die Fugen zwischen Einfassungselementen. Aussparungen und Einbauten in der verlegten oder versetzten Fläche werden nur bis zu einer bestimmten Größe übermessen. Ab einer Fläche von mehr als 1 m^2 sind diese aufzunehmen und von der Fläche entsprechend abzuziehen. Ähnliches gilt bei streifenförmigen Flächen innerhalb einer durchgehenden Fläche. Dies können beispielsweise Bänderungen oder Rinnen sein. Die Breite dieser Streifen dürfen jedoch 30 cm nicht überschreiten. Schienen, beispielsweise von in der Fahrbahn liegenden Straßenbahntrassen, werden übermessen, wenn der umgebende Belag gleichartig ist

Wenn die Abrechnung nicht über das Flächenmaß sondern über das Längenmaß erfolgt, werden Unterbrechungen, Aussparungen oder Einbauten übermessen, wenn diese 1 m Länge nicht überschreiten. Beispielsweise können bei Rinnen die einzelnen Abläufe übermessen werden.

Alle separat erstellten kleinen Einzelflächen mit weniger als 0,5 m^2 müssen nicht einzeln aufgemessen werden, sondern werden pauschal mit jeweils 0,5 m^2 angesetzt.

Anhang

Technische Regelwerke

DIN[1]	DIN 482	Straßenbordsteine aus Naturstein
	DIN 483	Bordsteine aus Beton – Formen, Maße, Kennzeichnung
	DIN 18200	Übereinstimmungsnachweis für Bauprodukte – Werkseigene Produktionskontrolle, Fremdüberwachung und Zertifizierung
	DIN 18299	VOB Vergabe und Vertragsordnung für Bauleistungen – Teil C: Allgemeine Technische Vertragsbedingungen für Bauleistungen (ATV) – Allgemeine Regelungen für Bauarbeiten jeder Art
	DIN 18318	VOB Vergabe und Vertragsordnung für Bauleistungen – Teil C: Allgemeine Technische Vertragsbedingungen für Bauleistungen (ATV) – Pflasterdecken und Plattenbeläge, Einfassungen
	DIN 18503	Pflasterklinker – Anforderungen und Prüfverfahren
	DIN 52101	Prüfverfahren für Gesteinskörnungen – Probenahme
DIN[1) 2)]	DIN EN 1338	Pflastersteine aus Beton – Anforderungen und Prüfverfahren
	DIN EN 1339	Platten aus Beton – Anforderungen und Prüfverfahren
	DIN EN 1340	Bordsteine aus Beton – Anforderungen und Prüfverfahren
	DIN EN 1341	Platten aus Naturstein für Außenbereiche – Anforderungen und Prüfverfahren
	DIN EN 1342	Pflastersteine aus Naturstein für Außenbereiche – Anforderungen und Prüfverfahren
	DIN EN 1343	Bordsteine aus Naturstein für Außenbereiche – Anforderungen und Prüfverfahren
	DIN EN 1344	Pflasterziegel – Anforderungen und Prüfverfahren
	DIN EN 932-1	Prüfverfahren für allgemeine Eigenschaften von Gesteinskörnungen – Teil 1: Probenahmeverfahren
	DIN EN 932-2	– Teil 2: Verfahren zum Einengen von Laboratoriumsproben
	DIN EN 933-1	Prüfverfahren für geometrische Eigenschaften von Gesteinskörnungen – Teil 1: Bestimmung der Korngrößenverteilung – Siebverfahren
	DIN EN 13286-1	Ungebundene und hydraulisch gebundene Gemische – Teil 1: Laborprüfverfahren für die Trockendichte und den Wassergehalt – Einführung, allgemeine Anforderungen und Probenahme
	DIN EN 12390-3	Beton – Prüfung von Festbeton – Teil 3: Druckfestigkeit von Probekörpern
	DIN EN 12407	Prüfverfahren für Naturstein – Petrographische Prüfung
	DIN EN 14157	Prüfverfahren für Naturstein – Bestimmung des Widerstandes gegen Verschleiß

Anhang – Technische Regelwerke (Fortsetzung)

FGSV[2)]		Merkblatt über den Rutschwiderstand von Pflastedecken und Plattenbelägen für den Fußgängerverkehr (FGSV 407)
	M BEP	Merkblatt für die Bauliche Erhaltung von Verkehrsflächen mit Pflasterdecken oder Plattenbelägen in ungebundener Ausführung sowie von Einfassungen (FGSV 620)
	M DBT	Merkblatt für Dränbetontragschichten (FGSV 827)
	M FP	Merkblatt für Flächenbefestigungen mit Pflasterdecken und Plattenbelägen in ungebundener Ausführung sowie für Einfassungen (FGSV 618/1)
	M FPgeb	Merkblatt für Flächenbefestigungen mit Pflasterdecken und Plattenbelägen in gebundener Ausführung (FGSV 618/2)
	M VV	Merkblatt für Versickerungsfähige Verkehrsflächen (FGSV 947)
	RAP Stra	Richtlinien für die Anerkennung von Prüfstellen für Baustoffe und Baustoffgemische im Straßenbau (FGSV 916)
	RASt	Richtlinien für die Anlage von Stadtstraßen (FGSV 200)
	RAS-Ew	Richtlinien für die Anlage von Straßen – Teil: Entwässerung (FGSV 539)
	RStO	Richtlinien für die Standardisierung des Oberbaus von Verkehrsflächen (FGSV 499)
	RuA-StB	Richtlinien für die umweltverträgliche Anwendung von industriellen Nebenprodukten und Recycling-Baustoffen im Straßenbau (FGSV 642)
	TL G SoB-StB	Technische Lieferbedingungen für Baustoffgemische und Böden zur Herstellung von Schichten ohne Bindemittel im Straßenbau – Teil: Güteüberwachung (FGSV 696)
	TL Gestein-StB	Technische Lieferbedingungen für Gesteinskörnungen im Straßenbau (FGSV 613)
	TP Gestein-StB	Technische Prüfvorschriften für Gesteinskörnungen im Straßenbau (FGSV 610) – Teil 5.5.3 Bestimmung der mechanischen Festigkeit an der Gesteinskörnung 0/5,6 mm – modifiziertes Micro-Deval-Verfahren – Teil 8.3.2 Bestimmung des Infiltrationsbeiwertes mit dem Modifizierten Standrohr-Infiltrometer – in situ-Verfahren – Teil 8.3.3 Bestimmung des Infiltrationsbeiwertes mit dem Tropf-Infiltrometer – in situ-Verfahren – Teil 8.3.4 Bestimmung des Infiltrationsbeiwertes mit dem Doppelring-Infiltrometer – in situ-Verfahren
	TL Pflaster-StB	Technische Lieferbedingungen für Bauprodukte zur Herstellung von Pflasterdecken, Plattenbelägen und Einfassungen (FGSV 643)

Anhang – Technische Regelwerke (Fortsetzung)

FGSV[2]	TL SoB-StB	Technische Lieferbedingungen für Baustoffgemische und Böden zur Herstellung von Schichten ohne Bindemittel im Straßenbau (FGSV 697)
	TP Eben-StB	Technische Prüfvorschriften für Ebenheitsmessungen auf Fahrbahnoberflächen in Längs- und Querrichtung – Teil: Berührende Messungen (FGSV 404/1)
	TP D-StB	Technische Prüfvorschriften zur Bestimmung der Dicken von Oberbauschichten im Straßenbau (FGSV 774)
	ZTV A-StB	Zusätzliche Technische Vertragsbedingungen und Richtlinien für Aufgrabungen in Verkehrsflächen (FGSV 976)
	ZTV Fug-StB	Zusätzliche Technische Vertragsbedingungen und Richtlinien für Fugen in Verkehrsflächen (FGSV 897/1)
	ZTV SoB-StB	Zusätzliche Technische Vertragsbedingungen und Richtlinien für den Bau von Schichten ohne Bindemittel im Straßenbau (FGSV 698)

Bezugsquellen

1) **Beuth Verlag GmbH**
Anschrift: Burggrafenstraße 6, 10787 Berlin
Tel.: 030/2601-1331, Fax: 030/2601-1260
E-Mail: kundenservice@beuth.de, Internet: www.beuth.de

2) **FGSV Verlag GmbH**
Anschrift: Wesselinger Straße 15–17, 50999 Köln
Tel.: 02236/384630, Fax: 02236/384640
E-Mail: info@fgsv-verlag.de, Internet: www.fgsv-verlag.de

Alle aufgeführten FGSV-Veröffentlichungen sind auch digital für den FGSV Reader erhältlich und enthalten im umfassenden Abo-Service „FGSV – Technisches Regelwerk – Digital".

Teil B

Bauprodukte zur Herstellung von Pflasterdecken, Plattenbelägen und Einfassungen

TL Pflaster-StB

Bundesministerium für Verkehr
Bau und Stadtentwicklung
S 17/7182.8/3

Bonn, den 29. August 2006

Allgemeines Rundschreiben Straßenbau Nr. 22/2006
Sachgebiet 06.1: Straßenbaustoffe;
Anforderungen, Eigenschaften

Oberste Straßenbaubehörden der Länder

nachrichtlich:

Bundesanstalt für Straßenwesen
Bundesrechnungshof
DEGES: Deutsche Einheit
Fernstraßenplanungs- und -bau GmbH

Betr.: **Technische Regelwerke im Straßenbau**
Technische Lieferbedingungen für Bauprodukte zur Herstellung von Pflasterdecken, Plattenbelägen und Einfassungen, TL Pflaster-StB 06

Die „Technischen Lieferbedingungen für Bauprodukte zur Herstellung von Pflasterdecken, Plattenbelägen und Einfassungen, Ausgabe 2006, TL Pflaster-StB 2006" wurden in der Forschungsgesellschaft für Straßen- und Verkehrswesen (FGSV) von Vertretern aus der Industrie, Straßenbauverwaltung und Wissenschaft erarbeitet. Die Erarbeitung der TL Pflaster-StB 06 war notwendig, um Europäische Normen in das deutsche Regelwerk umzusetzen.

Die TL Pflaster-StB 06 enthalten Anforderungen an natürliche, industriell hergestellte (künstliche) sowie an rezyklierte Gesteinskörnungen (RC-Baustoffe), Baustoffgemische und an andere Bauprodukte, wie Pflastersteine, Platten, Bord- sowie Einfassungssteine. Es werden, soweit vorhanden, Klassen bzw. Kategorien aus den Europäischen Normen für die Eigenschaften der Bauprodukte festgelegt, die in Deutschland für den Anwendungszweck erforderlich sind.

In Verbindung mit der TL Pflaster-StB 06 wurden von der FGSV die „Zusätzlichen Technischen Vertragsbedingungen und Richtlinien zur Herstellung von Pflasterdecken, Plattenbelägen und Einfassungen, Ausgabe 06, ZTV Pflaster-StB 06" erarbeitet.

Gemäß der Richtlinie 98/34/EG des Europäischen Parlaments und des Rates vom 22.6.1998 über ein Informationsverfahren auf dem Gebiet der Normen und technischen Vorschriften und der Vorschriften für die Dienste der Informationsgesellschaft (AbL. EG Nr. L 204 S. 37), geändert durch die Richtlinie 98/48/EG des Europäischen Parlamentes und des Rates vom 20.7.1998 (AbL. EG Nr. L 217 S. 18), wurde das Notifizierungsverfahren für die TL Pflaster-StB 06 unter der Nr. 2004/0134/D durchgeführt.

Ich bitte, die TL Pflaster-StB 06 für den Bereich der Bundesfernstraßen zu beachten und einzuführen. Zu meiner Information erbitte ich einen Abdruck Ihres Einführungsschreibens.

Im Interesse einer einheitlichen Handhabung empfehle ich, die TL Pflaster-StB 06 auch für Baumaßnahmen in Ihrem Zuständigkeitsbereich anzuwenden.

Die TL Pflaster-StB 06 sind beim FGSV Verlag GmbH, Wesselinger Straße 17, 50999 Köln zu beziehen.

Im Auftrag
Wolfgang Hahn

Kommentar

Mit dem Allgemeinen Rundschreiben Straßenbau Nr. 22/2006 wurden die TL Pflaster-StB 06 vom Bundesministerium für Verkehr, Bau und Stadtentwicklung am 29.9.2006 für den Bereich der Bundesfernstraßen eingeführt. Die Einführungserlasse der Bundesländer folgten. Mit der Fassung 2015 wurde die Ausgabe 2006 überarbeitet. Die Überarbeitung war jedoch nicht so umfangreich, als dass eine Neuausgabe und ein weiterer Einführungserlass erforderlich gewesen wären.

Die TL Pflaster-StB 06/15 ersetzen die „Technischen Lieferbedingungen für Bauprodukte zur Herstellung von Pflasterdecken, Plattenbelägen und Einfassungen", Ausgabe 2006 (TL Pflaster-StB 06).

1 **Allgemeines**

Die „Technischen Lieferbedingungen für Bauprodukte zur Herstellung von Pflasterdecken, Plattenbelägen und Einfassungen" (TL Pflaster-StB) sind bei der Herstellung von Pflasterdecken, Plattenbelägen und Einfassungen anzuwenden.

Kommentar

Die „Technischen Lieferbedingungen für Bauprodukte zur Herstellung von Pflasterdecken, Plattenbelägen und Einfassungen", – TL Pflaster-StB 06/15 – setzen die Europäischen Normen für die Anwendung der Bauprodukte zur Herstellung von Pflasterdecken, Plattenbelägen und Einfassungen in Deutschland um. Um die geltenden Inhalte vollumfänglich zu erfassen, sind jedoch die Produktnormen für die Bauprodukte den TL Pflaster-StB an die Seite zu stellen, da nur solche Anforderungen in die TL Pflaster-StB aufgenommen wurden, bei denen eine Wahl von Klassen möglich bzw. erforderlich war. Mit der vorliegenden Kommentierung wird versucht, die geltenden Anforderungen insgesamt darzustellen und sie in Bezug zu den Anwendungsbereichen zu setzen.

Die TL Pflaster-StB sind Bestandteil eines Bauvertrages, wenn in diesem die ZTV Pflaster-StB Vertragsbestandteil sind. Dies geschieht dadurch, dass im Kapitel 2 der ZTV Pflaster-StB gefordert wird, dass alle Bauprodukte neben den Forderungen der ZTV auch die Anforderungen der TL Pflaster-StB in ihrer jeweils gültigen Fassung erfüllen müssen.

Bei Bauverträgen, die nicht die ZTV Pflaster-StB, sondern nur die ATV DIN 18318 erfüllen müssen, gilt das Gleiche. Auch nach dieser DIN 18318 müssen die Baustoffe unter anderem die Anforderungen der TL Pflaster-StB erfüllen.

1 **Allgemeines** (Fortsetzung)

Die TL Pflaster-StB enthalten Anforderungen an natürliche, industriell hergestellte (künstliche) sowie an rezyklierte Gesteinskörnungen (RC-Baustoffe), Baustoffgemische und an andere Bauprodukte, wie Pflastersteine, Platten, Bord- sowie Einfassungssteine.

Die nachstehend aufgeführten europäischen Normen

- DIN EN 1338 „Pflastersteine aus Beton – Anforderungen und Prüfverfahren"
- DIN EN 1339 „Platten aus Beton – Anforderungen und Prüfverfahren"
- DIN EN 1340 „Bordsteine aus Beton – Anforderungen und Prüfverfahren"
- DIN EN 1341 „Platten aus Naturstein für Außenbereiche – Anforderungen und Prüfverfahren"
- DIN EN 1342 „Pflastersteine aus Naturstein für Außenbereiche – Anforderungen und Prüfverfahren"

1 **Allgemeines** (Fortsetzung)

- DIN EN 1343 „Bordsteine aus Naturstein für Außenbereiche – Anforderungen und Prüfverfahren"
- DIN EN 1344 „Pflasterziegel – Anforderungen und Prüfverfahren"

werden durch die TL Pflaster-StB in Deutschland umgesetzt.

Die DIN EN 13285 „Ungebundene Gemische – Anforderungen" wird hinsichtlich ihrer Anwendung bei der Herstellung von Pflasterdecken, Plattenbelägen und Einfassungen durch die TL Pflaster-StB in Deutschland umgesetzt.

Es werden, soweit vorhanden, Klassen bzw. Kategorien aus den Europäischen Normen für die Eigenschaften der Bauprodukte festgelegt, die in Deutschland für den Anwendungszweck erforderlich sind. Darüber hinaus enthalten die TL Pflaster-StB zusätzliche Festlegungen.

Ergänzend gelten die

- DIN 482 „Straßenbordsteine aus Naturstein"
- DIN 483 „Bordsteine aus Beton – Formen, Maße, Kennzeichnung"
- DIN 18503 „Pflasterklinker – Anforderungen und Prüfverfahren".

Kommentar

Als Befestigungselemente von Pflasterdecken und Plattenbelägen sowie von Einfassungen kommen Pflastersteine und Platten aus Beton, Klinker und Naturstein in Betracht. Pflastersteine sind europäisch in den DIN EN 1338 für Befestigungselemente aus Beton, DIN EN 1342 für Befestigungselemente aus Natursteinen und DIN EN 1344 für Befestigungselemente aus Ziegeln geregelt.

Klinker sind europäisch nicht eigens genormt und müssen der europäischen Norm für Ziegel entsprechen. Der Einsatz von Ziegeln ist jedoch im bewitterten Außenbereich in Deutschland eher selten. Klinker müssen daher neben den DIN EN 1344 auch die nationale DIN 18503 „Pflasterklinker – Anforderungen und Prüfverfahren" erfüllen, wodurch zusätzliche (höhere) Anforderungen an die Scherbenrohdichte und die Wasseraufnahme gestellt werden.

Neben den Pflastersteinen können auch Platten im Straßenbau eingesetzt werden. Diese können ebenfalls aus Beton, Naturstein oder Ziegel/Klinker bestehen und müssen ebenso die entsprechenden europäischen Normen erfüllen. Dies sind die DIN EN 1339, DIN EN 1341 und DIN EN 1344 sowie die vorgenannte DIN 18503.

Für Einfassungen kommen Bordsteine aus Beton oder Naturstein in Betracht. Hierzu gelten europäische Normen. Zur Festlegung der Bezeichnungen und Vorzugsmaße wurden ergänzend noch nationale Normen für diese Produkte eingeführt, die DIN 482 und DIN 483. Einfassungen aus Ziegel/Klinker sind nicht gesondert genormt, für sie gelten die Festlegungen in DIN EN 1344 und DIN 18503. Einfassungen im Sinn von Bordsteinen wie in DIN 482 oder DIN 483 werden aus Ziegel- bzw. Klinkerbaustoffen zumeist nicht hergestellt.

Kommentar

Hinsichtlich der Baustoffe für die Bettung und die Fugenfüllung sind die TL Pflaster-StB auf die ZTV Pflaster-StB abgestimmt, so dass nur Produkte zur ungebundenen Bauweise geregelt sind. Hydraulisch gebundene Baustoffe sind nicht Bestandteil der TL Pflaster-StB.

Bettungs- und Fugenmaterialien müssen die im Folgenden beschriebenen Anforderungen erfüllen. Sie bestehen aus Gesteinskörnungen, welche die europäische Norm DIN EN 13242 „Gesteinskörnungen für ungebundene und hydraulisch gebundene Gemische im Ingenieur- und Straßenbau" erfüllen müssen. Gemische aus diesen Körnungen sind in der DIN EN 13285 geregelt. Diese ist nicht explizit für den Anwendungsbereich von Bettungs- und Fugenmaterialien aufgestellt worden. Dort, wo die Norm den Bereich der entsprechenden Gemische für diese Anwendung umfasst, wird sie mit diesen TL Pflaster-StB umgesetzt. Daneben sind jedoch zusätzliche Anforderungen für den vorliegenden Anwendungsbereich vonnöten, die somit ebenfalls den TL Pflaster-StB hinzugefügt wurden.

Mit den TL Pflaster-StB werden dementsprechend für den Bereich des Straßenbaus die vorgenannten europäischen Normen national umgesetzt. Dies wurde so festgelegt, um einen einheitlichen deutschen Markt zu gewährleisten, welcher auf der Basis der europäischen Harmonisierung Bestandteil des europäischen Binnenmarktes ist. Abweichungen von den Regelungen der TL Pflaster-StB und der europäischen Normen behindern den freien Warenverkehr innerhalb der Europäischen Union und führen zu Konflikten mit der EU-Bauproduktenverordnung[1] und dem entsprechenden deutschen Durchführungsgesetz[2].

1.1 Geltungsbereich

Die TL Pflaster-StB gelten für die Lieferung von Bauprodukten entsprechend den genannten Normen zur Herstellung von Pflasterdecken und Plattenbelägen in ungebundener Ausführung auf Verkehrsflächen sowie von deren Einfassungen.

Baustoffe und Baustoffgemische zur Herstellung von Pflasterdecken, Plattenbelägen und Einfassungen, die in einem andern Mitgliedsstaat der Europäischen Union oder in der Türkei rechtmäßig hergestellt und/oder in Verkehr gebracht wurden oder in einem EFTA-Staat, der Vertragspartei des EWR-Abkommens ist, rechtmäßig hergestellt wurden, werden in Deutschland als gleichwertig behandelt, wenn sie ein Schutzniveau dauerhaft gewährleisten, das dem in den TL Pflaster-StB definiertem Niveau entspricht.

Kommentar

Der Geltungsbereich der TL Pflaster-StB umfasst die Bauprodukte zur ungebundenen Ausführung von Pflasterdecken und Plattenbelägen sowie die Bauprodukte für Einfassungen und Entwässerungsrinnen. Spezielle Produkte für

1 Verordnung (EU) Nr. 305/2011 zur Festlegung harmonisierter Bedingungen für die Vermarktung von Bauprodukten.

2 Gesetz zur Anpassung des Bauproduktengesetzes und weiterer Rechtsvorschriften an die Verordnung (EU) Nr. 305/2011 zur Festlegung harmonisierter Bedingungen für die Vermarktung von Bauprodukten.

Kommentar

die gebundene Ausführung, welche nicht in den ZTV Pflaster-StB geregelt ist, sind nicht Bestandteil der Technischen Lieferbedingungen. Nichtsdestotrotz sollten die Pflastersteine, Platten und Einfassungs- sowie Entwässerungselemente auch bei der gebundenen Bauweise, die im nachrangigen Regelwerk der FGSV beschrieben ist, auch diesen TL Pflaster-StB entsprechen. Bei entsprechenden vergleichbaren Bauweisen, die ebenfalls nicht in den ZTV Pflaster-StB geregelt sind, sollten die TL Pflaster-StB genauso angewendet werden. Auch wenn in Bauverträgen nur die ATV DIN 18318 und nicht die ZTV Pflaster-StB vereinbart sind, müssen diese TL Pflaster-StB beachtet werden.

1.2 Begriffsbestimmungen

1.2.1 Allgemeines

Siehe TL Gestein-StB, Abschnitt 1.3.1

Kategorie: Charakteristisches Niveau einer Eigenschaft einer Gesteinskörnung, ausgedrückt als Bandbreite von Werten oder als Grenzwert.

Anmerkung: Die Kategorien für unterschiedliche Eigenschaften stehen untereinander nicht in Beziehung.

Klasse: Durch die Angabe von Klassen sind Anforderungen an Pflastersteine, Platten, Bordsteine und Einfassungssteine in den DIN EN 1338 bis 1344 definiert.

Anmerkung: Die Klassen für unterschiedliche Eigenschaften stehen untereinander nicht in Beziehung.

Kommentar

Während in den europäischen Normen für Gesteinskörnungen und Baustoffgemische die Auswahl von „Kategorien“ möglich ist, wird in den Produktnormen für die Befestigungselemente der Begriff „Klasse“ verwendet. Beide Begriffe haben die gleiche Bedeutung. Immer dort, wo auf europäischer Ebene die Auswahl einer Kategorie oder Klasse möglich ist, enthält die TL Pflaster-StB eine oder mehrere Festlegungen für die Anwendung in Deutschland.

Die Kategorien und Klassen der verschiedenen Normen werden unterschiedlich bezeichnet und wurden unabhängig voneinander definiert. Zusammenhänge zwischen den verschiedenen Klassen und Kategorien der unterschiedlichen Normen bestehen nicht.

1.2.2 Gesteinskörnungen

Siehe TL Gestein-StB, Abschnitt 1.3.2

Korngruppe/Lieferkörnung: Bezeichnung einer Gesteinskörnung mittels unterer (d) und oberer (D) Siebgröße, angegeben als d/D.

Anmerkung: Diese Bezeichnung schließt ein, dass einige Körner auf dem oberen Sieb liegen bleiben (Überkorn) und einige durch das untere Sieb fallen (Unterkorn). Die untere Grenze (d) kann Null sein.

1.2.2 **Gesteinskörnungen** (Fortsetzung)

Kornklasse: Bezeichnung einer Gesteinskörnung mittels unterer (d) und oberer (D) Siebgröße.

Anmerkung: Diese Bezeichnung schließt ein, dass keine Körner auf dem oberen Sieb liegen bleiben und keine durch das untere Sieb fallen.

Feine Gesteinskörnung: Bezeichnung für Korngruppen mit d gleich 0 und D kleiner oder gleich 6,3 mm (z. B. 0/2; 0/4; 0/5).

Anmerkung: Feine Gesteinskörnungen können durch natürlichen Zerfall von Felsgestein oder Kies entstehen und/oder durch das Brechen von Felsgestein oder Kies oder durch die Aufbereitung industriell hergestellter Gesteinskörnungen hergestellt werden.

Grobe Gesteinskörnung: Bezeichnung für Korngruppen mit d gleich oder größer 1 mm und D größer 2 mm (z. B. 1/4; 1/5; 1/8).

Gesteinskörnungsgemisch: Gesteinskörnung, bestehend aus einem Gemisch grober und feiner Gesteinskörnungen.

Anmerkung: Das Gemisch kann ohne vorheriges Trennen in grobe und feine Gesteinskörnungen oder durch Mischen grober und feiner Gesteinskörnungen hergestellt werden.

Kommentar

Gesteinskörnungen, Gesteinskörnungsgemische und Baustoffgemische sind hinsichtlich der Begrifflichkeit zu unterscheiden, da unterschiedliche Anforderungen an sie gestellt werden und sie in zwei verschiedenen europäischen Normen geregelt sind.

Gesteinskörnungen unterliegen der DIN EN 13242. Sie sind als körniges Material für die Verwendung im Bauwesen definiert. Sie können natürlich, industriell hergestellt oder rezykliert sein und werden häufig als Lieferkörnung gehandelt, auch Korngruppe genannt. Dann ist die Gesteinskörnung eingegrenzt auf eine bestimmte Korngrößenverteilung, die über die Festlegung der unteren und oberen Siebgröße eingegrenzt ist, beispielsweise eine Körnung 2/5. Das bedeutet, dass der größte Anteil der Lieferkörnung eine Korngröße aufweist, die zwischen den Siebgrößen 2,0 und 5,6 mm liegt. Die Bezeichnung „d" steht dabei für die untere Siebgröße und die Bezeichnung „D" für die obere Siebgröße. Es ist jedoch nicht vermeidbar, dass bei der Produktion einer solchen Lieferkörnung auch kleinere oder größere Körner enthalten sind. Diese Anteile bezeichnet man als Unter- und Überkorn. In der Prüftechnik wird häufig eine genau definierte Körnung benötigt, es soll kein Unter- oder Überkorn enthalten sein. Wenn dies der Fall ist, spricht man von einer Kornklasse.

Gesteinskörnungen, genauer gesagt Lieferkörnungen oder Korngruppen, können hinsichtlich ihres Kleinst- und Größtkorns, der unteren und oberen Siebgröße, unterteilt werden in feine Gesteinskörnungen und grobe Gesteinskörnungen. Die jeweilige Definition entspricht der DIN EN 13242. Feine Gesteinskörnungen sind Körnungen mit einem „Nullanteil", also einem d von 0 mm. Sie dürfen eine obere Siebgröße von maximal 6,3 mm haben. Als Bettungs- und Fugenmaterial können dies z. B. die Körnungen 0/2, 0/3,

Kommentar

0/4, 0/5 sein. Grobe Gesteinskörnungen sind Korngruppen mit einer unteren Siebgröße d von mindestens 1 mm und einer oberen Siebgröße D von mindestens 2 mm, beispielsweise die Körnungen 1/3 oder 2/5.

Gesteinskörnungsgemische nach DIN EN 13242 oder TL Gestein-StB sind Gemische aus feiner und grober Gesteinskörnung. Es muss also ein Gemisch mit d = 0 und ein Gemisch mit d ≥ 1 und D ≥ 2 mm vorliegen. Die Körnung 0/8 kann daher als Gesteinskörnungsgemisch produziert worden sein. Solch ein Gemisch muss jedoch nicht aus vorher separierten Gesteinskörnungen bestehen, sondern kann von Beginn an als Gemisch vorliegen.

Gesteinskörnungen und Gesteinskörnungsgemische müssen die Anforderungen der DIN EN 13242 erfüllen, welche national mit den TL Gestein-StB umgesetzt wurden. Sie weichen damit inhaltlich von Baustoffgemischen ab, die im Folgenden definiert sind:

1.2.3 Baustoffgemische

Siehe DIN EN 13285

Baustoffgemisch: Gemisch aus Gesteinskörnungen mit festgelegter Korngrößenverteilung, üblicherweise mit $d = 0$, das als Bettungs- bzw. Fugenmaterial verwendet wird.

1.2.4 Sonstiges

Bettungsmaterial: Baustoffgemische ohne Bindemittel gemäß dieser TL Pflaster-StB für den unteren Teil der Pflasterdecke oder des Plattenbelages, auch Bettung genannt.

Fugenmaterial: Baustoffgemische ohne Bindemittel gemäß dieser TL Pflaster-StB, mit denen der Zwischenraum (Fuge) zwischen den Pflastersteinen oder den Platten oder zu den Randeinfassungen bzw. zu den Einbauten in der jeweiligen Verkehrsfläche hin verfüllt wird.

Kommentar

Baustoffgemische sind Gemische aus Gesteinskörnungen. Dies können auch Gesteinskörnungsgemische sein. Beispielsweise kann eine Körnung 0/8 als Gesteinskörnungsgemisch nach den DIN EN 13242 und/oder als Baustoffgemisch aus Gesteinskörnungen nach DIN EN 13285 zusammengesetzt sein. Eine Körnung 0/5 kann als feine Gesteinskörnung produziert sein oder als Gemisch aus der feinen Gesteinskörnung 0/2 und der groben Gesteinskörnung 2/5 zusammengesetzt sein. Dann entspricht es ebenfalls einem Baustoffgemisch. Baustoffgemische sind nach der DIN EN 13285 definiert und müssen auch den Anforderungen dieser Norm entsprechen. Damit unterscheiden sie sich inhaltlich von Gesteinskörnungsgemischen oder Gesteinskörnungen nach DIN EN 13242.

Im Folgenden ist zu erkennen, dass somit sowohl die inhaltlichen Anforderungen an Gesteinskörnungen als auch die entsprechenden Anforderungen an Baustoffgemische eingehalten werden müssen. Dies ist auch bei Ausschreibungen zu beachten. Sollte in einer Ausschreibung nur die Verwendung einer Gesteinskörnung gefordert sein, gelten viele Anforderungen, die

Kommentar

in den TL Pflaster-StB festgelegt sind, nicht. Daher sind auch Fugen- und Bettungsmaterialien Baustoffgemische. Diese müssen die Anforderungen der TL Pflaster-StB erfüllen. Sinngemäß gelten diese Anforderungen an das Baustoffgemisch auch, wenn eine einzelne Gesteinskörnung verwendet bzw. vereinbart ist.

Bettungs- und Fugenmaterialien sind nach diesen TL Pflaster-StB Gemische ohne Bindemittel, die in der Bettung oder der Fuge eingesetzt werden. Bettung und Fuge sind Teil der Pflasterdecke oder des Plattenbelages nach den ZTV Pflaster-StB.

1.3 Grundsätze

Die nachfolgend angegebenen Grenzwerte und Toleranzen enthalten die Streuung durch die Probenahme und Probeteilung, die Vertrauensbereiche der Prüfverfahren (Präzision unter Vergleichbedingungen) sowie die herstellungsbedingten Ungleichmäßigkeiten, soweit im Einzelfall keine andere Regelung getroffen ist.

Kommentar

Mit diesem Absatz wird festgelegt, dass die Anforderungen der TL Pflaster-StB absolut gelten. Weitergehende statistische Interpretationen und Aufweichungen der Anforderungswerte sind nicht vorgesehen. Alle Streuungen, die durch die Probe- und Prüfverfahren auftreten können, sind schon bei der Festsetzung der Grenzwerte berücksichtigt worden. Gleiches gilt für die produktionsbedingten Schwankungen. Gerade diese sollen ja auch durch die Technischen Lieferbedingungen soweit eingeschränkt werden, dass eine festgelegte Mindestqualität der Produkte vereinbart werden kann und dann auf der Baustelle eingebaut wird.

Anders ist es, wenn im Bauvertrag explizit abweichende Regelungen festgelegt werden. Dann gelten diese, und nicht die Regelungen der TL Pflaster-StB.

2 Gesteinskörnungen

Die in den Baustoffgemischen für Bettungs- bzw. Fugenmaterial verwendeten Gesteinskörnungen und Gesteinskörnungsgemische müssen die in Anhang H der TL Gestein-StB festgelegten Anforderungen erfüllen.

Ergänzend gelten folgende Abschnitte der TL Gestein-StB:

- Abschnitt 2.2.19.3 – Raumbeständigkeit von Stahlwerksschlacke(SWS): Kategorie V_5.
- Abschnitt 2.2.19.4 – Raumbeständigkeit von Gießereirestsand (GRS): Siehe Anhang B der TL Gestein-StB; Prüfverfahren gemäß Schichten ohne Bindemittel.

Kommentar

In der Regel werden als Bettungs- und Fugenmaterialien Baustoffgemische z. B. der Körnung 0/5 mm oder 0/8 mm mit einer abgestuften Korngrößenverteilung eingesetzt. Diese Baustoffgemische können je nach Produktionsprozess aus einzelnen Gesteinskörnungen zusammengesetzt oder in einem Schritt als Gesteinskörnungsgemisch hergestellt sein.

Unabhängig vom Herstellungsprozess gelten die TL Gestein-StB, mit welcher die DIN EN 13242 „Gesteinskörnungen für ungebundene und hydraulisch gebundene Gemische für den Ingenieur- und Straßenbau" national umgesetzt werden. Die Anforderungen an Gesteinskörnungen sind innerhalb des Konzeptes der TL Gestein-StB je nach Anwendungsgebiet in Anhängen für die Eigenschaften zusammengestellt, für die ein Prüfwert zu ermitteln ist. Der Text der TL Gestein-StB umfasst jeweils eine Auflistung der Anforderungen über alle Anwendungsgebiete hinweg.

Die Anforderungen an die einzelnen Gesteinskörnungen und Gesteinskörnungsgemische, die zu Bettungs- und Fugenmaterialien für Pflasterdecken und Plattenbeläge zusammengemischt werden, sind daher nicht dem Hauptteil der TL Gestein-StB, sondern dem Anhang H zu entnehmen.

Gesteinskörnungen können natürlichen Ursprungs, d. h. ausschließlich einer mechanischen Aufbereitung unterzogen sein (natürliche Gesteinskörnung: zu unterscheiden sind gebrochene Festgesteine, rundkörniger und gebrochener Kies, Sand) oder industriell unter Einfluss thermischer oder sonstiger Prozesse hergestellt sein (Industriell hergestellte Gesteinskörnung, umgangssprachlich auch Industrielles Nebenprodukt genannt).

Daneben besteht die Möglichkeit, Material, das zuvor als Baustoff eingesetzt war oder z. B. aus Produktionsrückständen stammt, durch Aufbereitung wiederzuverwenden (Rezyklierte Gesteinskörnung, umgangssprachlich RC-Baustoff genannt).

TL Gestein-StB

Technische Lieferbedingungen für Gesteinskörnungen im Straßenbau,
Ausgabe 2004/Fassung 2018

Anhang H
Anwendungsbereich Pflasterdecken und Plattenbeläge

Eigenschaften und geforderte Kategorien der Gesteinskörnungen			
TL Gestein-StB Abschn.-Nr.	**Verwendung / Eigenschaft**	**Bettungsmaterial**	**Fugenmaterial**
2.1.1	Stoffliche Kennzeichnung	ist anzugeben	
2.1.2	Rohdichte	ist anzugeben	
2.2.2	Korngrößenverteilung (KGV)		
	Korngruppen/Lieferkörnungen gemäß Tabelle 2	G_F85 (Zeile 2)[b)] $G_C90/10$ (Zeile 3)[b)] $G_C90/15$ (Zeilen 4; 5)[b)] G_F80 (Zeile 9) $G_C80/20$ (Zeile 11) G_F85 (Zeilen 20; 21)[a)] $G_C85/20$ (Zeilen 22; 23)[a)]	
	zusammengefasste Korngruppen gemäß Tabelle 3	$G_C90/15$ $GT_C20/15$; $GT_C20/17,5$	
	Toleranz für KGV gemäß Tabelle 4	GT_ANR	
2.2.3	Gehalt an Feinanteilen		
	Korngruppen/Lieferkörnungen	siehe TL Pflaster-StB	
2.2.5	Kornform von groben Gesteinskörnungen und Gesteinskörnungsgemischen	SI_{50}/FI_{50}	
2.2.6	Anteil gebrochener Oberflächen in groben Gesteinskörnungen und Gesteinskörnungsgemischen	C_{NR}; $C_{90/3}$	
2.2.7	Fließkoeffizient von feinen Gesteinskörnungen und Gesteinskörnungsgemischen	$E_{CSangegeben}$	
2.2.9	Widerstand gegen Zertrümmerung von groben Gesteinskörnungen und Gesteinskörnungsgemischen	SZ_{18}/LA_{20}; SZ_{22}/LA_{25}; SZ_{26}/LA_{30}; Anhang A[c)]	
2.2.14.1	Wasseraufnahme	$WA_{cm}0,5$[d)]	
2.2.14.2	Widerstand gegen Frostbeanspruchung	F_4	
2.2.17	„Sonnenbrand" von groben Gesteinskörnungen und Gesteinskörnungsgemischen	SB_{SZ}/SB_{LA}	
2.2.19.1	Dicalciumsilikat-Zerfall von HOS und GKOS	kein Zerfall	
2.2.19.2	Eisenzerfall von HOS und GKOS	kein Zerfall	
2.2.19.3	Raumbeständigkeit von SWS	V_5	
2.2.19.4	Raumbeständigkeit von GRS	siehe Anhang B	
2.4	Umweltrelevante Merkmale	siehe Abschnitt 2.4 und Anhang D	

a) Gilt für Bettungs- und Fugenmaterial aus Rundkorn
b) Gilt für Bettungs- und Fugenmaterial aus gebrochenem Festgestein
c) Für die Zeilen 5b, 6 und 7 des Anhanges A gilt SZ_{26} (LA_{30})
d) Frühere Bezeichnung W_{cm}

Kommentar

Im Folgenden werden die einzelnen Anforderungen des Anhanges H der TL Gestein-StB genauer betrachtet:

Abschnitt 2.1.1 Stoffliche Kennzeichnung

Hierunter sind die gesteinskundlichen Merkmale der Gesteinskörnung zu verstehen. Diese sind nach DIN EN 932-3 mittels einer vereinfachten petro-

Kommentar

grafischen Untersuchung zu bestimmen. Ergebnis ist die petrografische Beschreibung der Gesteinskörnung (z. B. Basalt, Granit usw.).

Bei rezyklierten Gesteinskörnungen ist die stoffliche Zusammensetzung nach DIN EN 933-11 zu bestimmen und anzugeben. Die Anforderungen des Anhanges B der TL Gestein-StB sind für RC-Baustoffe (= rezyklierte Gesteinskörnungen) einzuhalten. In diesem Anhang ist eine Tabelle möglicher Bestandteile von RC-Baustoffen und deren maximalen Mengenanteilen enthalten. So werden z. B. Klinker, Ziegel und Steinzeug auf maximal 30 M.-% begrenzt, da diese eine zu geringe Festigkeit aufweisen können. Kritischer noch sind z. B. Anteile von Kalksandstein und Mörtel, mineralischen Leicht- und Dämmbaustoffen, Fremdstoffen und gipshaltigen Baustoffen, die ebenso, in unterschiedlichen Anteilen, begrenzt werden.

Die stoffliche Kennzeichnung führt zu keinem Ausschluss von Gesteinskörnungen (Ausnahme: stoffliche Zusammensetzung von RC-Baustoffen). Die damit festgelegte Art der Gesteinskörnung liefert jedoch dem Anwender schon eine gewisse Aussagekraft über die Eignung dieser Gesteinskörnung hinsichtlich des vorgesehenen Anwendungsfalles. Ziel muss es sein, Gesteinskörnungen zu nutzen, deren Eigenschaften ausreichend und dauerhaft sind.

Abschnitt 2.1.2 Rohdichte

Die Rohdichte ist für feine und grobe Gesteinskörnungen nach DIN EN 1097-6 zu bestimmen. Eine Anforderung besteht nicht. Erfahrungswerte zur Rohdichte von Korngruppen/Lieferkörnungen zwischen 2 und 45 mm sind im Anhang A der TL Gestein-StB enthalten. Sollte ein Bettungs- oder Fugenmaterial eine von Anhang A deutlich abweichende Rohdichte aufweisen, sollte die Ursache untersucht werden, da in diesem Fall auch die Eigenschaften der Gesteinskörnung von den üblichen abweichen könnten.

Abschnitt 2.2.2 Korngrößenverteilung

Gesteinskörnungen werden in Korngruppen/Lieferkörnungen mittels der Siebgrößen 0 mm, 1 mm, 2 mm, 4 mm, 5,6 mm, 8 mm, 11,2 mm, 16 mm, 22,4 mm, 31,5 mm, 45 mm, 56 mm, 63 mm unterteilt. Für Bettungs- und Fugenmaterialien sind die ersten 6 bzw. 7 Siebgrößen relevant. Aus diesen ergeben sich folgende relevante Korngruppen:

- Gebrochene Gesteinskörnungen: 0/2 mm, 2/5 mm, 5/8 mm, 0/5 mm
- Ungebrochene Gesteinskörnungen: 0/2 mm, 0/4 mm, 2/4mm, 2/8 mm, 4/8 mm.

Mit der Forderung von Kategorien werden die Anforderungen an das Über- und Unterkorn jeder Korngruppe geregelt, also solche Anteile der Gesteinskörnung begrenzt, die durch das kleinere Sieb der Bezeichnung hindurchgehen und auf dem größeren Sieb der Bezeichnung liegenbleiben.

So steht beispielhaft „G_C90/10 (Zeile 3)[b)]“ dafür, dass für die Körnung der Zeile 3 der Tabelle 2 der TL Gestein-StB – dies ist eine Körnung 2/5 mm – folgende Anforderungen formuliert sind (gemäß Fußnote gelten diese Anforderungen nur für gebrochene Gesteinskörnungen):

Als obere Siebgröße wird „D“, hier 5 mm, und als untere Siebgröße „d“, hier 2 mm, abgekürzt.

Kommentar

- 2 D: 100 M.%
  D steht für das Größtkorn, hier für die Siebgröße 5 mm. Alle Körner müssen kleiner als 2 × D = 2 × 5 mm = 10 mm vorhanden sein.
- 1,4 D: 100 M.-%
  Der Siebdurchgang durch das Sieb 1,4 × D = 1,4 × 5 mm = 7 mm muss bei 100 M.-% liegen. Es darf kein Korn größer sein.
- D: 90–99 M.-%
  Der Siebdurchgang durch das Sieb D = 5 mm muss zwischen 90 und 99 M.-% liegen.
- d: 0–10 M.-%
  Der Siebdurchgang durch das Sieb d = 2 mm muss zwischen 0 und 10 M.-% liegen.
- d/2: 0–2 M.-%
  Der Siebdurchgang durch das Sieb d/2 = 2/2 mm = 1 mm muss zwischen 0 und 2 M.-% liegen.

Für nicht in der Tabelle 2 der TL Gestein-StB aufgeführte Korngruppen grober Gesteinskörnungen gelten die Anforderung G_C90/15 und die Anforderungen der Tabelle 3 der TL Gestein-StB an den Durchgang durch das Zwischensieb D/1,4 oder D/2 mit den Kategorien GT_C20/15 oder GT_C20/17,5.

Grobe Gesteinskörnungen sind nach DIN EN 13242, Ausgabe 2007, und TL Gestein-StB 04/Fassung 2018 Körnungen mit d ≥ 1 mm und D > 2 mm (nach der noch nicht eingeführten Entwurfsfassung der Normausgabe 2015 sind dies Körnungen mit d ≥ 1 mm und D > 4 mm).

Für Gesteinskörnungen der Lieferkörnungen 0/2, 0/4, 0/5 und Gesteinskörnungsgemische 0/8 gelten die Anforderungen der Tabelle 4 der TL Gestein-StB zusätzlich. Für diese Gesteinskörnungen bzw. Gemische muss der Hersteller eine typische Korngrößenverteilung aufzeichnen und, falls gefordert, angeben. Die Abweichungen gegenüber der angegebenen Korngrößenverteilung dürfen die in dieser Tabelle angegebenen zulässigen Toleranzen nicht überschreiten. Mit der Forderung der Kategorie GT_ANR bestehen jedoch für die Körnungen 0/2, 0/4, 0/8 keine Anforderungen.

Für Gesteinskörnungsgemische mit d = 0 mm und D > 8 mm gilt G_A85. Anforderungen an das Zwischensieb werden nicht gestellt. Der Hersteller muss aber die typische Korngrößenverteilung aufzeichnen und, falls gefordert, angeben.

Abschnitt 2.2.3 Gehalt an Feinanteilen

Hier wird auf die TL Pflaster-StB verwiesen. In dieser wird für alle Körnungen, unabhängig davon, ob es sich um Baustoffgemische, Gesteinskörnungsgemische oder Gesteinskörnungen handelt, ein maximaler Feinanteil von 5 M.-% festgelegt. Die Festlegungen der TL Gestein-StB gelten hier nicht. Sie enthalten z. B. die Forderung eines maximalen Feinkornanteils von 3 M.-% für Korngruppen 0/2 bis 0/5. Für besondere Anwendungsfälle kann der Einsatz der Korngruppen 1/3, 2/3, 2/4 mit 0,5 oder 1 M.-% Feinanteil verwendet werden. An die Qualität von Feinanteilen werden keine Anforderungen gestellt.

Abschnitt 2.2.5 Kornform von groben Gesteinskörnungen und Gesteinskörnungsgemischen

Die Kornform von groben Gesteinskörnungen kann anhand der Plattigkeitskennzahl (FI) nach DIN EN 933-3 oder anhand der Kornformkennzahl (SI)

Kommentar

nach DIN EN 933-4 bestimmt werden. Nur ein Verfahren muss angewendet werden. Mit diesen Kennwerten wird der Anteil ungünstig geformter Körner bestimmt. Bei Belastung verhalten sich diese Körner schlechter als eher kubisch geformte Körner. So können z. B. besonders plattige, längliche Körner schneller brechen.

Abschnitt 2.2.6 Anteil gebrochener Oberflächen in groben Gesteinskörnungen und Gesteinskörnungsgemischen

Der Anteil vollständig gebrochener, teilweise gebrochener und vollständig gerundeter Körner wird mittels DIN EN 933-5 nur an der groben Gesteinskörnung bestimmt. Im Anhang H der TL Gestein-StB stehen zwei Anforderungen nebeneinander. Je nach Beanspruchung kann eine Kategorie gefordert werden (siehe auch ZTV Pflaster-StB, Abschnitt 2.3.1). Die Kategorie C_{NR} steht dafür, dass keine Anforderung gestellt wird. Sie wird also von allen, auch von gerundeten, Gesteinskörnungen erfüllt. Die Anforderung $C_{90/3}$ bedeutet, dass 0 bis 3 M.-% vollständig gerundete Körner enthalten sein dürfen und 90 bis 100 M.% vollständig und teilweise gebrochene Körner vorhanden sein müssen. Dies ist hinsichtlich der Bruchflächigkeit eine mittlere Kategorie. Bei Gesteinskörnungen aus gebrochenem Festgestein ist davon auszugehen, dass sie der Kategorie $C_{100/0}$ entsprechen, und keine Prüfung erforderlich ist. Die Prüfung ist nur bei gebrochenem Kies oder Mischungen von gebrochenen Gesteinskörnungen mit Kies durchzuführen.

Rundkörnige Gesteinskörnungen weisen in Bettungs- oder Fugenmaterial einen geringeren Verformungswiderstand auf als gebrochene Gesteinskörnungen. Sie sollten daher nur dort eingesetzt werden, wo lediglich geringe Beanspruchungen zu erwarten sind, z. B. bei Geh- und Radwegen oder privaten Terrassen.

Abschnitt 2.2.7 Fließkoeffizient von feinen Gesteinskörnungen und Gesteinskörnungsgemischen

Der Fließkoeffizient von feiner Gesteinskörnung ist nach DIN EN 933-6 zu bestimmen. Hierbei wird der Anteil zwischen 0,063 und 2 mm der zu prüfenden Gesteinskörnungen, mengenmäßig über die Rohdichte normiert, als repräsentative Probe der feinen Gesteinskörnung geprüft.

Der Fließkoeffizient liefert grob ausgedrückt eine Aussage über den Widerstand einer feinen Gesteinskörnung gegen Verformung. Im Versuch wird die Zeit gemessen und angegeben, die eine Körnung benötigt, mittels Schwerkraft durch einen Trichter zu rieseln. Der Reibungswiderstand der Körner untereinander (und zur Wandung des Trichters) muss dabei überwunden werden. Im Allgemeinen benötigen rundkörnige Gesteinskörungen dafür eine kürzere Zeit als Gesteinskörnungen mit gebrochenen Oberflächen, wobei es allerdings einen Übergangsbereich gibt. Körnungen mit einem höheren Fließkoeffizienten eignen sich daher eher in Bettungen und Fugenfüllungen in Verkehrsflächen mit höheren Belastungen als solche mit einem geringeren Fließkoeffizienten.

Nach TL Gestein-StB und DIN EN 933-6 werden nur zwei Grenzwerte benannt. Gebrochene Gesteinskörnungen weisen häufig einen Fließkoeffizienten von mindestens 35 auf.

Feine Gesteinskörnungen sind nach DIN EN 13242, Ausgabe 2007, und TL Gestein-StB 04/Fassung 2018 Körnungen mit d = 0 mm und D ≤ 6,3 mm

Kommentar

(nach der noch nicht eingeführten Entwurfsfassung der Normausgabe 2015 sind dies Körnungen mit d = 0 mm und D ≤ 4 mm). Für diese wird für den Einsatz in Bettungs- und Fugenmaterialien die Angabe des Fließkoeffizienten, der nach DIN EN 933-6 bestimmt wird, gefordert.

Gemäß den TL Pflaster-StB (siehe dort Abschnitt 3.2.5) wird auch für das aus den einzelnen Gesteinskörnungen hergestellte Baustoffgemisch (Bettungs- und Fugenmaterial) ebenfalls die Einstufung in eine der vier nach TL Gestein-StB möglichen Kategorien des Fließkoeffizienten gefordert. Die Festlegung der Anforderungen erfolgt dann in Abhängigkeit von den Anwendungsgebieten nach ZTV Pflaster-StB (siehe dort Abschnitte 2.3.1 und 2.3.2).

Abschnitt 2.2.9 Widerstand gegen Zertrümmerung von groben Gesteinskörnungen und Gesteinskörnungsgemischen

Der Widerstand gegen Zertrümmerung von groben Gesteinskörnungen und Gesteinskörnungsgemischen wird entweder als Schlagzertrümmerungswert gemäß DIN EN 1097-2 oder als Los-Angeles-Koeffizient, ebenfalls gemäß DIN EN 1097-2, bestimmt. Gesteinskörnungen für Bettungs- und Fugenmaterialien müssen einen ausreichenden Widerstand gegen Zertrümmerung aufweisen. Da die einzelnen Gesteinsarten unterschiedlich „weich“ sind, werden von den TL Gestein-StB in Anhang A gesteinsabhängige Anforderungen bzw. Kategorien festgelegt. Diese gelten allgemein für Bettungs- und Fugenmaterialien nach Anhang H der TL Gestein-StB.

TL Gestein-StB

Technische Lieferbedingungen für Gesteinskörnungen im Straßenbau, Ausgabe 2004/Fassung 2018

Anhang A

Rohdichte und Widerstand gegen Zertrümmerung

Gestein/Gesteinsgruppe[b)]				Rohdichte ρ_P Mg/m³	Widerstand gegen Zertrümmerung[a)] LA (10/14) M.-%	SZ (8/12,5) M.-%	Schotterschlagwert (35,5/45) SD M.-%	Los-Angeles-Koeffizient (35,5/45) LA35/45 M.-%
1	Plutonite	a	Granit Granodiorit	2,60–2,80	≤ 30	≤ 26	≤ 22	≤ 30
		b	Syenit Anorthosit	2,60–2,80	≤ 30	≤ 26	≤ 22	≤ 30
		c	Diorit Gabbro	2,70–3,00	≤ 25	≤ 20	≤ 18	≤ 18
2	Vulkanite	a	Rhyolith Rhyodazit	2,50–2,85	≤ 25	≤ 22	≤ 22	≤ 35
		b	Trachyt Phonolith	2,50–2,85	≤ 25	≤ 22	≤ 22	≤ 35
		c	Mikrodiorit Andesit	2,50–2,85	≤ 25	≤ 22	≤ 22	≤ 35
		d	Basalt	2,85–3,05	≤ 25	≤ 20	≤ 17	≤ 13
		e	Basaltlava	2,40–2,85	≤ 25	≤ 22	≤ 20	–
		f	Lavaschlacke	s. Merkblatt: Lavaschlacke im Straßen- und Wegebau				
		g	Diabas	2,75–2,95	≤ 25	≤ 20	≤ 17	≤ 20
3	Sedimentgesteine	a	Kalkstein Dolomitstein	2,65–2,85	≤ 30	≤ 28	≤ 30	≤ 40
		b	Quarz. Sandsteine	2,60–2,75	≤ 30	≤ 26	≤ 22	≤ 25
		c	Grauwacke					

TL Gestein-StB

Anhang A (Fortsetzung)

Gestein/Gesteinsgruppe[b)]				Rohdichte ρ_P Mg/m³	Widerstand gegen Zertrümmerung[a)] LA (10/14) M.-%	SZ (8/12,5) M.-%	Schotter-schlagwert (35,5/45) SD M.-%	Los-Angeles-Koeffizient (35,5/45) LA35/45 M.-%
4	metamorphe Gesteine	a	Gneis Granulit Amphibolit Serpentinit	2,65–3,10	≤ 30	≤ 26	≤ 22	≤ 22
		b	Quarzit	2,60–2,75	≤ 30	≤ 26	≤ 22	≤ 25
5	Kies	a	Kies gebrochen	2,60–2,75	≤ 30	≤ 26	–	–
		b	Kies rund	2,55–2,75	≤ 40	≤ 35	–	–
6	industriell hergestellte Gesteine	a	Metallhüttenschlacke MHS	3,40–4,00	≤ 40	≤ 35	≤ 33	≤ 33
		b	Hochofenstückschlacke HOS	2,10–2,80	≤ 40	≤ 35	≤ 33	≤ 33
		c	Stahlwerksschlacke SWS	3,20–3,80	≤ 30	≤ 26	≤ 29	≤ 25
		d	Hausmüllverbrennungsasche HMVA	2,20–2,70	≤ 45	≤ 40	–	–
7	RC-Baustoffe				≤ 40	≤ 32	≤ 33	≤ 40

a) Gesteine bzw. Gesteinsgruppen, die die Anforderungen an den Widerstand gegen Zertrümmerung nicht einhalten, können verwendet werden, wenn die Brauchbarkeit durch ein Gutachten oder durch positive Erfahrungen nachgewiesen wird.

b) Die Aufzählung der Gesteine in den Gruppen ist nicht abschließend. Andere Gesteine als die Aufgeführten können in eine der genannten Gruppen eingeordnet werden, sofern durch ein Gutachten eine sinnvolle Zuordnung bestätigt wird.

Kommentar

Weiterhin wird durch Anhang H für Bettungs- und Fugenmaterialien festgelegt, dass eine der folgenden Kategorien erfüllt sein muss:

- SZ_{18} (LA_{20})
- SZ_{22} (LA_{25})
- SZ_{26} (LA_{30}).

Gesteinskörnungen, für deren Gesteine allgemein eine geringere Kategorie gemäß Anhang A gilt, müssen gemäß Fußnote[c)] (Tabelle Anhang H) mindestens der Kategorie SZ_{26} (LA_{30}) entsprechen (Zeilen 5b, 6 und 7 des Anhanges A). Für Kalkstein gilt dies derzeit noch nicht. Dieser darf weiterhin der Kategorie SZ_{28}/LA_{30} entsprechen.

Da Gesteine mit einem geringen Widerstand gegen Zertrümmerung bei höherer Beanspruchung zertrümmert werden und daher Folgeschäden entstehen, sind in den ZTV Pflaster-StB in den Abschnitten 2.3.1 und 2.3.2 Anforderungen und Empfehlungen an diesen Kennwert in Abhängigkeit von der Verkehrsbelastung der zu bauenden Befestigung formuliert.

Hinsichtlich des Einsatzes von Gesteinskörnungen in Bettungs- und Fugenmaterialien mit einem üblichen Größtkorn von z. B. 5 mm muss festgehalten werden, dass im Schlagversuch eine Körnung 8/12,5 und im Los-Angeles-Versuch eine Körnung 10/14 geprüft wird. Mit dieser wird der charakteristische Widerstand gegen Zertrümmerung dieses Gesteins bestimmt. Für gröbere Schotterkörnungen ist dieser Kennwert jedoch nicht repräsentativ, so dass separate Schotterprüfungen mit abweichenden Anforderungswerten definiert wurden. Auch im Bereich feiner Gesteinskörnungen, d. h. im Bereich der Bettungs- und Fugenmaterialien, ist der zuvor beschriebene charakteris-

Kommentar

tische Wert der Splittprüfung nicht mehr repräsentativ. Allerdings ist gemäß TL Gestein-StB die Prüfung an feiner Gesteinskörnung nicht vorgesehen.

Da ein ausreichender Widerstand der Bettungs- und Fugenmaterialien gegen mechanische Beanspruchungen von maßgeblicher Bedeutung für die Dauerhaftigkeit einer Verkehrsfläche mit Pflasterdecken und Plattenbelägen ist, wurde ein Verfahren entwickelt, mit dem der Abriebwiderstand von feinen Gesteinskörnungen bestimmt werden kann. Der Einsatz dieses sogenannten Modifizierten Micro-Deval-Verfahrens wird daher in den Abschnitten 2.3.1 und 2.3.2 der ZTV Pflaster-StB empfohlen. Ein Anforderungswert liegt allerdings noch nicht vor, so dass die TL Gestein-StB hier keine weiteren Anforderungen stellt.

■ Abschnitt 2.2.14.1 Wasseraufnahme

Die Wasseraufnahme ist ein Kriterium zur Überprüfung des Widerstandes der Gesteinskörnung oder des Gesteinskörnungsgemisches gegen Frostbeanspruchung. Sie ist gemäß DIN EN 1097-6:2013, Anhang B zu bestimmen und anzugeben. Wenn diese zusammen mit der Rohdichte bestimmte Eigenschaft der Kategorie $WA_{cm}0,5$ entspricht, d. h. die Gesteinskörnung im Pyknometerversuch eine Wasseraufnahme von maximal 0,5 M.-% aufweist, ist davon auszugehen, dass so wenige Poren im Gestein vorhanden sind, dass keine schädigende Wirkung durch Frostbeanspruchung auftreten kann. Es ist dann also von einer ausreichenden Widerstandsfähigkeit gegen Frostbeanspruchung auszugehen. Wird die Kategorie $WA_{cm}0,5$ nicht eingehalten, ist der Widerstand gegen Frostbeanspruchung nach Abschnitt 2.2.14.2 der TL Gestein-StB zu prüfen. Die Prüfung ist bei porösen Gesteinskörnungen, wie z. B. Hochofenstückschlacke, nicht zweckmäßig.

■ Abschnitt 2.2.14.2 Widerstand gegen Frostbeanspruchung

Wenn die Wasseraufnahme der Gesteinskörnung oder des Gesteinskörnungsgemisches nicht der Kategorie $WA_{cm}0,5$ entspricht, ist der Widerstand gegen Frostbeanspruchung gemäß DIN EN 1367-1 durchzuführen. Hierbei wird eine wassergelagerte Probe einem Wechsel von Gefrier- und Tauzyklen unterworfen. Anschließend wird die Probe auf Kornverfeinerungen hin untersucht, bestimmt durch Messung des Siebdurchganges durch das Sieb des halben Größtkorndurchmessers. Je mehr Kornverfeinerungen vorhanden sind, desto geringer ist der Widerstand gegen Frostbeanspruchung.

Gesteinskörnungen und Gesteinskörnungsgemische für Bettungs- und Fugenmaterialien müssen die Kategorie F_4 einhalten. Dementsprechend darf der Siebdurchgang auf dem Prüfsieb nicht mehr als 4 M.-% betragen.

Sollten RC-Baustoffe eingesetzt werden, gelten hier zusätzlich die Regelungen der TL SoB-StB[1]. In diesen werden zusätzliche Anforderungen an RC-Baustoffe für Forstschutzschichten oder für Schottertragschichten gestellt, wenn die Anforderung F_4 überschritten wird. Zusätzliche Anforderungen beim Einsatz in Bettungs- oder Fugenmaterialien existieren jedoch nicht.

Anforderungen an den Widerstand gegen Frost-Tausalz-Beanspruchung von Gesteinskörnungen und Gesteinskörnungsgemischen für Bettungs- und Fugenmaterialien bestehen gemäß TL Gestein-StB derzeit nicht. Inwieweit

1 Zusätzliche Technische Vertragsbedingungen und Richtlinien für den Bau von Schichten ohne Bindemittel im Straßenbau, ZTV SoB-StB, Ausgabe 2020, FGSV Verlag, Köln 2020

Kommentar

eine solche Forderung sinnvoll ist, muss im Einzelfall abgewogen werden. In der Regel kann eine Beanspruchung der Bettungs- und Fugenmaterialien durch Tausalze im Winterdienst in öffentlichen Flächen nicht ausgeschlossen werden. Bisher werden ggf. daraus resultierende Kornverfeinerungen des Fugen- und Bettungsmaterials hingenommen.

Bei funktionierenden Pflasterdecken und Plattenbelägen ist von einer Verringerung der Wasserdurchlässigkeit der Fugen mit zunehmender Liegedauer auszugehen. In solchen Fällen nimmt die Tausalzbeanspruchung des Bettungs- und Fugenmaterials ab, so dass mögliche Schäden nur in den ersten Jahren auftreten würden.

Bei Verkehrsflächen, in denen es nicht zu einer Stabilisierung, Verdichtung und Verringerung der Durchlässigkeit der Fugen kommt, könnten jedoch bei starker Taumittelbelastung theoretisch fortschreitende Verfeinerungen auftreten, die zu Schäden in der Fläche führen würden. Untersuchungen hierzu existieren nicht.

Ob es sinnvoll ist, eine Anforderung im Einzelfall in Anlehnung an die Anforderung für Asphaltdeckschichten aufzustellen, ist nicht bekannt.

■ Abschnitt 2.2.17 „Sonnenbrand“ von groben Gesteinskörnungen und Gesteinskörnungsgemischen

Wenn Anzeichen von „Sonnenbrand“ z. B. bei Basalten vorliegen, ist der Masseverlust nach Prüfung gemäß DIN EN 1367-3 und der Widerstand gegen Zertrümmerung nach DIN EN 1097-2 zu bestimmen. Hierbei wird eine Probe einer Hitzebeanspruchung („Kochen“) ausgesetzt und anschließend der Widerstand gegen Zertrümmerung bestimmt und mit dem ursprünglichen Widerstand gegen Zertrümmerung verglichen. Es muss die Kategorie SB_{SZ} oder die Kategorie SB_{LA} erfüllt werden, je nachdem, ob der Schlagversuch oder der Los-Angeles-Versuch eingesetzt wird.

■ Abschnitt 2.2.19.1 Dicalciumsilikat-Zerfall von Hochofenstückschlacke und Gießerei-Kupolofenstückschlacke

Bei den Anforderungen des Abschnittes 2.2.19.1 geht es um die Raumbeständigkeit verschiedener künstlicher Gesteinskörnungen. Gesteinskörnungen aus Hochofenstückschlacke oder aus Gießerei-Kupolofenstückschlacke dürfen keinen Kalkzerfall aufweisen, geprüft nach DIN EN 1744-1:2013, Abschnitt 19.1.

■ Abschnitt 2.2.19.2 Eisenzerfall von Hochofenstückschlacke und Gießerei-Kupolofenstückschlacke

Gesteinskörnungen aus Hochofenstückschlacke oder aus Gießerei-Kupolofenstückschlacke dürfen bei Prüfung nach DIN EN 1744-1: 2013, Abschnitt 19.2, keinen Eisenzerfall aufweisen.

■ Abschnitt 2.2.19.3 Raumbeständigkeit von Stahlwerksschlacke

Stahlwerksschlacke kann unter bestimmten Bedingungen eine unzureichende Raumbeständigkeit aufweisen. Es ist daher die Raumbeständigkeit nach DIN EN 1744-1:2013, Abschnitt 19.3 zu prüfen. Nach der Prüfung darf die Volumenzunahme der Probe 5 Vol.-% nicht überschreiten. Je nach MgO-Gehalt der Schlacke variiert die Prüfdauer des Versuches zwischen 24 h und 168 h.

Kommentar

■ Abschnitt 2.2.19.4 Raumbeständigkeit von Gießereirestsand (GRS)

Für die Beurteilung der Raumbeständigkeit von GRS für Tragschichten ohne Bindemittel wird der CBR-Versuch gemäß DIN EN 13286-47 herangezogen. Bei alleiniger Anwendung von GRS darf das Schwellmaß 2 % nicht überschreiten. Gleichzeitig muss der CBR-Wert nach der Schwellmaßbestimmung (CBR_w) noch 80 % des ursprünglichen CBR-Wertes (CBR_0) erreichen. Bei einem Einsatz als Zusatzkomponente mit einem Anteil von maximal 15 M.-% im Baustoffgemisch darf das Schwellmaß des GRS 4 % nicht überschreiten. Der CBR-Wert nach Wasserlagerung ist dann auch am Baustoffgemisch zu bestimmen.

Eine Beurteilung der Raumbeständigkeit für Bettungs- und Fugenmaterialien ist in den TL Gestein-StB nicht enthalten. Wenn eine Anwendung von GRS in Pflasterdecken und Plattenbelägen vorgesehen ist, sollte jedoch auf die Beurteilung von GRS für Tragschichten ohne Bindemittel zurückgegriffen werden. Die vorgenannten Anforderungen sollten in den Liefervertrag aufgenommen werden.

■ Abschnitt 2.4 Umweltrelevante Merkmale

Bei natürlichen Gesteinskörnungen (gebrochenes Festgestein, Kies und Sand sowie gebrochener Kies) ist die Umweltverträglichkeit grundsätzlich gegeben. Deswegen sind keine weiteren Nachweise erforderlich.

Bei industriell hergestellten und rezyklierten Gesteinskörnungen sind die Anforderungen an die umweltrelevanten Merkmale gemäß Anhang D der TL Gestein-StB einzuhalten. In diesem Anhang sind Anforderungen an die Prüfung und Bewertung umweltrelevanter Inhaltsstoffe angegeben. So sind Feststoff- und Auslauge- (= Eluat-)untersuchungen vorzunehmen und Anforderungswerte für jede künstliche und rezyklierte Gesteinskörnung anzugeben. Zu beachten ist allerdings, dass in der Regel am Ort der Verwendung ggf. länderspezifische Anforderungen gelten, die nicht in den TL Gestein-StB, Anhang D, enthalten sind bzw. davon abweichen. Die mittels Erlass eingeführten und damit geltenden Vorschriften der Bundesländer sind zu beachten.

2 **Gesteinskörnungen** (Fortsetzung)

Gesteinskörnungen oder Gesteinskörnungsgemische 0/2, 0/4, 0/5, 0/8 und 0/11 können in Pflasterdecken und Plattenbelägen verwendet werden, wenn sie die in diesen TL Pflaster-StB genannten Anforderungen an Baustoffgemische 0/2, 0/4, 0/5, 0/8 und 0/11 erfüllen. Sie sind dann im Sinne dieser TL Pflaster-StB als Baustoffgemische zu behandeln und unter Angabe des vorgesehenen Verwendungszweckes zu kennzeichnen.

Hüttensand (HS) und Hochofenstückschlacke (HOS) neigen zur Selbstverfestigung; um diese zu vermeiden, dürfen sie nur in geeignetem Gemisch mit natürlichen Gesteinskörnungen als Bettungs- oder Fugenmaterial eingesetzt werden.

Hausmüllverbrennungsasche (HMVA) darf nicht als Bettungs- oder Fugenmaterial eingesetzt werden

Kommentar: Gesteinskörnungen und Gesteinskörnungsgemische der Körnungen 0/2, 0/4, 0/5, 0/8 und 0/11 gemäß TL Gestein-StB können ggf. auch direkt als Bettungs- oder Fugenmaterial, d. h. als Baustoffgemisch eingesetzt werden. Allerdings müssen sie dann noch zusätzlich die Anforderungen der TL Pflaster-StB an diese Baustoffgemische (Bettungs- und Fugenmaterialien) erfüllen. Die dabei zu berücksichtigenden Eigenschaften basieren auf den Anforderungen der DIN EN 13285 „Ungebundene Gemische – Anforderungen" an Baustoffgemische.

Gesteinskörnungen, die zu Selbstverfestigung neigen, verringern die Wasserdurchlässigkeit der Befestigung und sind daher je nach Umfang dieser Verringerung nicht geeignet, als Bettungsmaterial eingesetzt zu werden. Dies betrifft die hier aufgeführten Hüttensand (HS), Hochofenstückschlacken (HOS) und Hausmüllverbrennungsaschen (HMVA) im Besonderen. Nur im Gemisch mit natürlichen Gesteinskörnungen kann bei HS und HOS eine ausreichende Wasserdurchlässigkeit ermöglicht werden. Hierzu sind Eignungsprüfungen unter Berücksichtigung der Randbedingungen des geplanten Einsatzes erforderlich. Neben diesem durchlässigkeitsreduzierenden Effekt führen Verfestigungen auch zu einer Verringerung der Flexibilität der Decke. Dieser ggf. negative Effekt betrifft auch die Fugenmaterialien, wodurch auch hier derzeit der Einsatz von HS und HOS eingeschränkt ist und einer Eignungsprüfung bedarf. Hausmüllverbrennungsaschen in Bettungs- und Fugenmaterialien haben sich nicht bewährt und sind daher von der Verwendung ausgeschlossen.

Die genannten Einschränkungen hinsichtlich der Wasserdurchlässigkeit müssten gedanklich auch auf andere Baustoffe übertragen werden; ein Verweis steht jedoch nicht hier, sondern erst in den ZTV Pflaster-StB, in denen für die verwendeten Gemische eine „ausreichende" Wasserdurchlässigkeit und Festigkeit gefordert wird. Nicht jedes nach TL Gestein-StB und TL Pflaster-StB hergestellte Bettungs- und Fugenmaterial ist für jeden Anwendungszweck geeignet. Die abschließende Gewährleistung der Eignung für den Anwendungszweck übernimmt der Auftragnehmer über die zu erklärende Eignung der Bauprodukte für den vorgesehenen Verwendungszweck im Rahmen des vorzulegenden Eignungsnachweises nach ZTV Pflaster-StB, Abschnitt 2.2.1.

3 Baustoffgemische

3.1 Allgemeines

Nachfolgend sind die erforderlichen Eigenschaften von Baustoffgemischen aufgeführt und die entsprechenden Anforderungen durch Benennung der Kategorien der DIN EN 13285 festgelegt. Für Baustoffgemische 0/2, 0/4 und 0/5 gelten die Anforderungen dieses Abschnittes durch Benennen der Kategorien der DIN EN 13285 entsprechend.

Anmerkung: DIN EN 13285 gilt für Baustoffgemische ab 0/8 mm; sie gilt daher eigentlich nicht für Baustoffgemische mit einem Größtkorn < 8 mm. Für Baustoffgemische 0/2, 0/4 und 0/5 wird daher die DIN EN 13285 in diesen TL Pflaster-StB sinngemäß angewandt.

Kommentar

Die DIN EN 13285 legte in der Ausgabe 2014, welche der aktuellen TL Pflaster-StB zugrunde gelegt wurde, Anforderungen an ungebundene Gemische fest, die beim Bau und bei der Instandhaltung von Straßen, Flugplätzen und anderen Verkehrsflächen verwendet werden. Sie gilt für ungebundene Gemische aus natürlichen, künstlich hergestellten und rezyklierten Gesteinskörnungen mit einer oberen Siebgröße D von 8 mm bis 90 mm und einer unteren Siebgröße d = 0 bei der Auslieferung. Daher galt diese Norm nicht für Körnungen mit einem Größtkorn kleiner 8 mm. Trotzdem wurde diese Norm inhaltlich den Anforderungen an solche Baustoffgemische zugrunde gelegt, einerseits, um Vereinfachungen bei der Güteüberwachung zu ermöglichen, und andererseits, da auch die Gemische der Körnung 0/4 und 0/5 mm und eingeschränkt das Gemisch der Körnung 0/2 mm entsprechende Anforderungen benötigen.

Mit der neueren Ausgabe der DIN EN 13285 von 2018 hat sich der Anwendungsbereich der Norm um die Körnungen ab 0/5 mm erweitert. Dies findet sich noch nicht in den TL Pflaster-StB Ausgabe 2006, Fassung 2015, so dass derzeit die formulierte Anmerkung der TL Pflaster-StB nur eingeschränkt gilt.

Allerdings sind auch in der aktuellen Normfassung die Körnungen 0/2 und 0/4 mm nicht enthalten, so dass weiterhin die TL Pflaster-StB nur sinngemäß die DIN EN 13285 anwendet. Hintergrund ist, dass die europäische Norm zwar für sich in Anspruch nimmt, alle ungebundenen Gemische im Anwendungsbereich des allgemeinen Straßenbaus zu regeln, doch wird der Anwendungsbereich der Baustoffgemische für Bettungs- und Fugenmaterialien von Pflasterdecken und Plattenbelägen inhaltlich keinesfalls berücksichtigt.

Dies ist auch schon daran zu erkennen, dass der Begriff „ungebundenes Gemisch“ nach DIN EN 13285, Abschnitt 3.1, folgendermaßen definiert wird: „Körniges Material, üblicherweise mit einer festgelegten Korngrößenverteilung mit d = 0, das im Allgemeinen in den oberen und unteren Tragschichten sowie in den Deckschichten von Straßen angewendet wird.“ Hierbei wird zunächst ersichtlich, dass der Schwerpunkt der Bearbeitung der Norm konkret im Anwendungsbereich „Tragschichten“ liegt.

Kommentar

Weiterhin wird ein allgemeiner Nutzungsbereich „Deckschichten des Straßenbaus“ genannt. Inhaltlich kann hierunter der Bereich „Deckschichten ohne Bindemittel“ angenommen werden. Bettungs- und Fugenmaterialien werden in Pflasterdecken und Plattenbelägen eingesetzt. Diese sind im engeren Sinne der straßenbautechnischen Definitionen keine „Deckschichten“. Gemäß den „Begriffsbestimmungen, Teil: Straßenbautechnik“ der FGSV[1] von 2003 ist eine Schicht ein Boden, Baustoff oder Baustoffgemisch gleicher Zusammensetzung, der bzw. das in einer oder mehreren Lagen eingebaut wird. Eine Pflasterdecke oder ein Plattenbelag besteht jedoch nicht aus einer oder mehreren Lagen eines Baustoffes oder Baustoffgemisches gleicher Zusammensetzung. Kernelement einer Pflasterdecke oder eines Plattenbelages ist, dass eine Bettung mit Befestigungselementen, die ggf. auch unterschiedliche Abmessungen und Eigenschaften haben dürfen, über Fugen und deren Füllung, die dabei mehrlagig aus verschiedenen Baustoffgemischen bestehen können, zusammengesetzt ist. Damit kann eine Pflasterdecke nicht als Deckschicht, sondern als Decke oder allenfalls als oberste Schicht des Oberbaus bezeichnet werden, so dass der Geltungsbereich der DIN EN 13825 hier nicht vorliegt bzw. zumindest diskutabel ist.

3.1 **Allgemeines** (Fortsetzung)

Baustoffgemische sind so herzustellen und zu lagern, dass sie gleichbleibende Eigenschaften aufweisen und die nachfolgend gestellten Anforderungen erfüllen. Sie sind außerdem gleichmäßig durchfeuchtet und gleichmäßig gemischt auf die Baustelle zu liefern.

Kommentar

Die Forderung einer Herstellung und Lagerung der Baustoffgemische mit gleichbleibenden Eigenschaften ist eine zentrale Anforderung für dauerhafte Verkehrsflächen und sollte nicht unterschätzt werden. Schwankungen in der Zusammensetzung der Bettungs- und Fugenmaterialien führen regelmäßig zu Produkten auf der Baustelle, mit denen z. B. lokale Feinkornüberschüsse im Bauwerk vorliegen, die zu verringerten Infiltrationsraten in der Befestigung führen, wodurch Schäden entstehen.

Eine ausreichende und gleichmäßige Durchfeuchtung und Durchmischung der Gemische reduziert Entmischungen während des Transportes und Einbaus und ist damit ebenfalls eine Voraussetzung für gleichbleibende Eigenschaften der hergestellten Decke oder des Plattenbelages. Im Rahmen von Gütesicherungsmaßnahmen auf der Baustelle ist es sinnvoll, die Gleichmäßigkeit der Eigenschaften angelieferter Baustoffgemische durch Probenahmen bei Anlieferung der Baustoffgemische zu überprüfen. Bestimmt werden sollten an diesen Proben die geforderten Eigenschaften, zumindest

1 Begriffsbestimmungen, Teil: Straßenbautechnik, Ausgabe 2003, FGSV Verlag, Köln 2003, zurückgezogen 2020. Die Begriffsbestimmungen der FGSV wurden zwischenzeitlich aktualisiert und als „Begriffsbestimmungen für das Straßen- und Verkehrswesen – BBSV“, Stand Juni 2020, vom FGSV Verlag veröffentlicht. In dieser Veröffentlichung fehlt jedoch u. a. noch die Überarbeitung der Begriffe des Sachgebietes „Oberbau“, so dass weiterhin die genannte Definition für den Begriff „Schicht“ Gültigkeit hat.

Kommentar

jedoch die Korngrößenverteilung. Auch die Bestimmung des Wassergehaltes liefert einen sinnvollen weiteren Kennwert zur Prüfung der Gleichmäßigkeit der Lieferung.

3.2 Anforderungen an Bettungsmaterial

3.2.1 Allgemeines

3.2.1.1 Baustoffgemische

Siehe DIN EN 13285

Als Baustoffgemische sind die Lieferkörnungen 0/4, 0/5, 0/8 oder 0/11 zu verwenden.

Kommentar

Mit Verweis auf die DIN EN 13285 gelten die Anforderungen an Baustoffgemische. Die Bezeichnung der Gemische ist in dieser Norm festgelegt und basiert auf den zu verwendenden Regelsiebsätzen. Verwendbar für Bettungsmaterialien sind die Körnungen 0/4, 0/5, 0/8 und 0/11. Dabei wird die Körnung 0/4 in der Regel für rundkörniges Material (Sand-Kiesgemische) verwendet, die Körnung 0/5 für gebrochene Gemische.

Hinsichtlich der Verdichtbarkeit der Bettung sollte beachtet werden, dass die erforderliche Dicke der Bettung dem 3,5- bis 4-fachen Durchmesser des Größtkorns des einzubauenden Bettungsmaterials mindestens entsprechen sollte. Umgekehrt bedeutet dies, dass bei einer üblichen Bettungsdicke von geplant 4 cm das Größtkorn des Bettungsmaterials nicht größer als 8 mm sein sollte. Bei einer planerischen Dicke der Bettung von 5 cm, welche z. B. gemäß ZTV Pflaster-StB bei Pflasterdecken aus Natursteinpflaster mit einer Nenndicke ≥ 120 mm und spaltrauer Unterseite gewählt werden kann, ist ein Gemisch der Körnung 0/11 dagegen einsetzbar.

Von den zuvor genannten Körnungen 0/4, 0/5, 0/8 und 0/11 abweichende Körnungen für Bettungsmaterialien sind in den TL Pflaster-StB nicht enthalten und damit nach TL Pflaster-StB nicht zulässig. Sollten in Ausnahmefällen für eine Anwendung andere Baustoffgemische erforderlich sein, müssen die Anforderung an die Baustoffe sowie an die Gütesicherung einzelvertraglich geregelt werden. Dies könnten z. B. gemäß ATV DIN 18318, jedoch nicht gemäß ZTV Pflaster-StB, die zugelassenen Körnungen 0/2, 1/3, 1/5, 1/8, 2/5, 2/8, 4/8, 5/11 sein. So bestehen beispielsweise bei diesen Körnungen nach ATV DIN 18318 keine Anforderungen an die Menge des Feinanteils.

3.2.1.2 Frostunempfindlichkeit, Wasserdurchlässigkeit

Der Nachweis der Frostunempfindlichkeit gilt als erbracht, wenn die Anforderung der Tabelle 1 erfüllt ist.

Baustoffgemische müssen so beschaffen sein, dass mit ihnen im eingebauten und verdichteten Zustand eine dauerhaft ausreichende Wasserdurchlässigkeit der Bettung erreicht werden kann.

Kommentar

Ein separater Nachweis der Frostunempfindlichkeit von Baustoffgemischen für Bettungen wird nicht gefordert. Es reicht aus, wenn das Bettungsmaterial einen ausreichend geringen Feinkornanteil aufweist. Mit einem geringen Feinkornanteil wird in der Regel die Wasserdurchlässigkeit zumindest im Anlieferungszustand ausreichend groß sein, auch wenn diese zu einem gewissen Anteil ebenso durch die Korngrößenverteilung insbesondere im Bereich feiner Gesteinskörnungen (Sandbereich) beeinflusst wird. Trotzdem wird über den geforderten maximalen Feinkornanteil hinaus explizit gefordert, dass mit dem gelieferten Baustoffgemisch dauerhaft eine ausreichende Wasserdurchlässigkeit der Bettung hergestellt werden kann – unter Berücksichtigung der üblichen Einbaubedingungen sowie einer angemessenen Verdichtung. Da dies auch „dauerhaft" gefordert ist, muss auch eine übliche Verkehrsbelastung für den gelieferten Baustoff unproblematisch sein. Baustofflieferanten, die Gemische gemäß den TL Pflaster-StB liefern, sollten die hier formulierte Forderung beachten. Sie beinhaltet indirekt eine pauschale Zusicherung der ausreichenden Wasserdurchlässigkeit im eingebauten Zustand unter variierenden Nutzungsbedingungen.

Die pauschale Übernahme der Gewährleistung sollte aus Herstellersicht hinsichtlich der Bauprozesse und der Anwendungsfälle eingeschränkt werden. Von den betroffenen Verbänden Mineralische Rohstoffe, SLG und Klinker/Ziegelverband wurden auch unter diesem Gesichtspunkt Produktdatenblätter für die verschiedensten Lieferkörnungen bzw. Baustoffgemische für Bettungs- und Fugenfüllungen herausgegeben, auf die sich ein Baustoffproduzent beziehen kann. Unabhängig davon sollte der Anwendungsbereich eines Baustoffgemisches vom Lieferanten eingegrenzt werden.

3.2.2 Feinanteil

Siehe DIN EN 13285, Tabellen 2 und 3

Der maximale Feinanteil < 0,063 mm muss die Anforderung der Tabelle 1 erfüllen.

Tabelle 1: Bettungsmaterial – Anforderung an den maximalen Feinanteil

Durchgang 0,063 mm Massenanteil in Prozent	Kategorie
≤ 5	UF_5

Der minimale Feinanteil < 0,063 mm muss die Anforderung der Tabelle 2 erfüllen.

Tabelle 2: Bettungsmaterial – Anforderung an den minimalen Feinanteil

Durchgang 0,063 mm Massenanteil in Prozent	Kategorie
keine Anforderung	LF_N

Kommentar

Der Feinkornanteil ist gemäß DIN EN 933-1 zu bestimmen. Die festgelegten Kategorien beziehen sich auf die zum Veröffentlichungszeitpunkt geltende DIN EN 13825. Die Bezeichnungen der Kategorien haben sich mit der DIN EN 13825:2018-10 geändert: Sie lauten nun UF_5 und LF_{NR}.

Kommentar

Der Feinkornanteil des Bettungsmaterials beeinflusst die Wasserdurchlässigkeit der Bettung maßgebend. Um eine ausreichende Wasserdurchlässigkeit zu gewährleisten, ist der zulässige Anteil von Körnungen kleiner 0,063 mm auf 5 M.-% begrenzt. Die Forderung einer ausreichenden Wasserdurchlässigkeit der Bettung ist in den ZTV Pflaster-StB, Abschnitt 2.3, festgelegt. Der Auftragnehmer einer Baumaßnahme muss diese daher sicherstellen. Durch Einbau eines Baustoffgemisches mit einem Feinkornanteil bis 5 M.-% ist dieses in der Regel gegeben.

Wenn jedoch zu befürchten ist, dass durch Einbau oder Nutzung der Befestigung eine gravierende Feinkornneubildung zu erwarten ist, wird es für den Auftragnehmer der Baumaßnahme vorteilhaft sein, den maximalen Feinkornanteil auf 3 statt 5 M.-% zu begrenzen. DIN EN 13825 lässt dies zu, indem die Kategorie UF_3 gefordert werden kann. Abweichend von den TL Pflaster-StB ist daher schon in einzelnen Bauverträgen zu überlegen, ob diese Kategorie für spezielle Anwendungen mit höherer Beanspruchung hinsichtlich Feinkornabrieb herangezogen werden sollte.

Eine Anforderung an den unteren Grenzwert des Feinanteils, d. h. des Anteils kleiner 0,063 mm, wird nicht gestellt. Hierbei muss jedoch beachtet werden, dass aus Gründen der Verformungs- und Filterstabilität abgestufte Körnungen von 0 bis X mm gewünscht und vorgesehen sind. In den DIN EN 13825 wird diese Forderung nicht über den Feinkornanteil, sondern über den Anteil kleiner 2 mm geregelt.

3.2.3 Überkorn

Siehe DIN EN 13285, Tabelle 4

Der Anteil an Überkorn muss die Anforderungen der Tabelle 3 erfüllen.

Tabelle 3: Bettungsmaterial – Anforderungen an den Überkornanteil

Durchgang Massenanteil in Prozent			Kategorie
2 D	1,4 D	D	
–	100	90–99	OC_{90}

Kommentar

Der nach DIN EN 933-1 bestimmte Überkornanteil des Bettungsmaterials wird auf 10 M.-% begrenzt. Weiterhin darf der Anteil nicht gröber sein als 1,4-mal der Größtkorndurchmesser. Wenn die aus 1,4 × D und 2 × D errechneten Siebgrößen nicht exakt mit der Siebreihe R20 nach ISO 565 übereinstimmen, ist die nächste Siebgröße auszuwählen. Beispielhaft bedeutet dies für die Körnung 0/5, dass kein Korn größer als 8 mm sein darf.

Mit dieser Regelung wird sichergestellt, dass nicht zu viele zu große Körner in der Bettung enthalten sind, durch die der Einbau der Pflastersteine und Platten bzw. durch welche die Erzielung einer nach den ZTV Pflaster-StB geforderten Ebenheit der Pflasterdecke oder des Plattenbelages erschwert wird.

3.2.4 Korngrößenverteilung

Siehe DIN EN 13285, Tabelle 6

Die Korngrößenverteilung der Baustoffgemische 0/4, 0/5, 0/8 und 0/11 muss jeweils eine der Anforderungen der Tabellen 4 bis 6 erfüllen.

Tabelle 4: Bettungsmaterial – Anforderungen an die Korngrößenverteilung von Baustoffgemischen 0/4 und 0/5

Zeile	Baustoffgemisch		Durchgang auf dem Sieb (mm) in M.-%			
			0,5	1	2	Kategorie
1	0/4	allgemein	–	–	30–60	$G_{U,B}$
	0/5	vom Lieferanten angegebener Wert (S)	keine Anforderung			
2	0/4	allgemein	keine Anforderung			$G_{N,B}$
	0/5	vom Lieferanten angegebener Wert (S)				

Tabelle 5: Bettungsmaterial – Anforderungen an die Korngrößenverteilung vom Baustoffgemisch 0/8

Zeile	Baustoffgemisch		Durchgang auf dem Sieb (mm) in M.-%				
			0,5	1	2	4	Kategorie
1	0/8	allgemein	–	–	30–75	50–90	G_U
		vom Lieferanten angegebener Wert (S)	keine Anforderung				
2	0/8	allgemein	keine Anforderung				G_N
		vom Lieferanten angegebener Wert (S)					

Tabelle 6: Bettungsmaterial – Anforderungen an die Korngrößenverteilung vom Baustoffgemisch 0/11

Zeile	Baustoffgemisch		Durchgang auf dem Sieb (mm) in M.-%					
			0,5	1	2	4	5,6	Kategorie
1	0/11	allgemein	–	–	15–60	30–75	50–90	G_U
		vom Lieferanten angegebener Wert (S)	keine Anforderung					
2	0/11	allgemein	keine Anforderung					G_N
		vom Lieferanten angegebener Wert (S)						

Kommentar

Hinsichtlich der nach DIN EN 933-1 zu bestimmenden Korngrößenverteilungen der Baustoffgemische für Bettungsmaterialien enthalten die TL Pflaster-StB zwei verschiedene Möglichkeiten, die je nach Anwendungsfall gewählt werden können. Sollte ein Bauvertrag mit Vereinbarung der ZTV Pflaster-StB vorliegen, gelten bei Verkehrsflächen der Bk1,0, Bk1,8 und Bk3,0 die jewei-

Kommentar

ligen Zeilen 1, also die Kategorie G_U bzw. $G_{U,B}$. Mit dieser Kategorie wird mindestens eine Anforderung an ein Zwischensieb gestellt, d. h. es wird eine abgestufte Korngrößenverteilung gefordert. Für Geh- und Radwege sowie Verkehrsflächen der Bk0,3 können gemäß ZTV Pflaster-StB dann auch Baustoffgemische verwendet werden, die der Zeile 2 der Tabellen entsprechen. Dies wäre die Kategorie G_N. Mit dieser Kategorie wird keine Anforderung an die Korngrößenverteilung gestellt.

Die TL Pflaster-StB gelten ebenfalls im Anwendungsbereich der ATV DIN 18318, da sie dort im Kapitel 2, Baustoffe, unter 2.1 genannt sind: „Ergänzend gelten: TL Gestein-StB, TL Pflaster-StB, TL Fug-StB.“ Weitere Anforderungen an die Korngrößenverteilung werden jedoch nach DIN 18318 nicht gestellt, so dass keine Festlegung auf eine der zwei Kategorien dieser Eigenschaft erfolgt, unabhängig vom Verwendungszweck.

Es bestehen daher für Lieferungen von Baustoffgemischen an Baustellen, bei denen die VOB und damit die ATV DIN 18318 vereinbart sind, nicht aber die ZTV Pflaster-StB, keine Anforderungen an die Korngrößenverteilung der Baustoffgemische für die Bettung. Bei Pflasterdecken, die einer nicht nur geringen Verkehrsbelastung ausgesetzt sind, ist es jedoch nicht vertretbar, eine Körnung mit einem zu hohen Anteil feiner Gesteinskörnungen bis 2 mm zu verwenden, da in diesem Fall mit umfangreicherer Spurrinnenbildung zu rechnen ist. Auftraggeber sollten dies berücksichtigen.

Bei Körnungen 0/4 und 0/5 sollte der Anteil zu einem Siebdurchgang von bis 2 mm zwischen 30 und 60 M.-% betragen. Hierdurch ist sichergestellt, dass ausreichend viel Splitt im Gemisch vorliegt, so dass Kräfte schadlos über die Bettung übertragen werden können. Sollte der Anteil kleiner 2 mm zu hoch sein, nimmt die Verformungsstabilität eines solchen Gemisches ab. Bei einem Anteil kleiner 2 mm von deutlich über 60 M.-% besteht die Gefahr, dass sich die Lastableitung ebenfalls verschlechtert, da sich die Anzahl der Kornkontakte, über die die Kräfte abgeleitet werden, verringert. Weiterhin ist bei solchen Gemischen häufig eine Verringerung der Filterstabilität zur Fugenfüllung festzustellen.

Bei den Körnungen 0/8 und 0/11 besteht eine bessere Möglichkeit, eine abgestufte Zusammensetzung herzustellen. Daher werden bei diesem Gemisch bei der Kategorie G_U Anforderungen an zwei bzw. drei Siebe gestellt. Die Lastabtragung ist hierdurch und auch durch das gröbere Größtkorn gegenüber Gemischen der Körnung 0/4 oder 0/5 verbessert. Die Einbettung der Pflastersteine oder Platten in die Bettung verschlechtert sich allerdings mit zunehmendem Größtkorn, da hierdurch die Verdichtungswirkung beim Abrütteln der Pflasterdecke oder des Plattenbelages reduziert wird.

Die zulässigen Bereiche der Körnungen wurden auf der Basis bisheriger Erfahrungen, der Verfügbarkeit der Baustoffe und einer optimierten Lastabtragung festgelegt. Hinsichtlich der Lastabtragung wurde dabei die Zusammensetzung eines optimierten Gemisches in Anlehnung an die Fullerparabel konzipiert.

Diese Parabel lautet wie folgt:

Siebdurchgang [M.-%] = 100 × (betrachtete Siebgröße [mm]/Größtkorn [mm])^{0,5}

Dies führt zu einer nach dem sogenannten Betonkonzept zusammengesetzten Körnungslinie, bei der die durch grobe Körnungen bedingten Hohlräume durch entsprechend kleinere Körnungen möglichst ausgefüllt werden. Hier-

Kommentar

durch entsteht ein Gemisch mit möglichst vielen Kontaktpunkten zwischen den einzelnen Körnern, wodurch die je Kontaktfläche zu übertragenden Lasten bzw. Spannungen geringer sind als bei Gemischen mit schlechterer Zusammensetzung. Zudem wurde diese theoretische Betrachtung durch Laborversuche an der Ruhr-Universität Bochum, der TU Dresden und der TH Braunschweig sowie von Koch[2] ergänzt. Aus diesen Untersuchungen ergab sich, dass bei einer Pflasterdecke mit einem Gemisch 0/5 als Bettungsmaterial der Sandanteil möglichst bei ca. 30 bis 50 M.-% liegen sollte. Die zulässige Bandbreite zwischen 30 und 60 M.-% ergibt sich unter Berücksichtigung erforderlicher Toleranzen.

Bei dem Gemisch 0/5 weichen die TL Pflaster-StB derzeit von der aktuellen DIN EN 13825 ab – auch resultierend aus den unterschiedlichen Veröffentlichungszeitpunkten. Die in der aktuellen Normfassung neu geregelte Körnung 0/5 bietet jedoch nur Anforderungskategorien, die deutlich zu viel feine Gesteinskörnung zulassen. Hierdurch ist die Dauerhaftigkeit der Verkehrsflächenbefestigung stark gefährdet, so dass die DIN EN 13825 für diesen Anwendungsbereich nicht hinreichend geeignet ist und daher auch nicht angewendet werden sollte.

3.2.5 Fließkoeffizient

Siehe DIN EN 13043, Tabelle 10

Der Fließkoeffizient (Kantigkeit) des Baustoffgemisches ist an der feinen Gesteinskörnung 0/2 mm zu bestimmen und muss eine der Anforderungen der Tabelle 7 erfüllen.

Tabelle 7: Bettungsmaterial – Anforderungen an den Fließkoeffizienten

Zeile	Fließkoeffizient	Kategorie
1	≥ 35	$E_{CS}35$
2	≥ 30	$E_{CS}30$
3	< 30*	E_{CS}angegeben
4	keine Anforderung	E_{CS}NR
5	*Der Fließkoeffizient ist anzugeben.	

Kommentar

Der Fließkoeffizient ist eine Eigenschaft, die sowohl für die einzelnen Gesteinskörnungen als auch für das resultierende Baustoffgemisch zu bestimmen ist. Daher ist die hier vorliegende Tabelle genauso auch schon im Abschnitt 2 der TL Pflaster-StB hinsichtlich der Anforderungen an Gesteinskörnungen vorhanden (siehe Erläuterungen dort). Die Prüfung ist auch für das Baustoffgemisch erforderlich, da Bettungsmaterialien auch Mischungen verschiedener Gesteinskörnungen mit unterschiedlichen Fließkoeffizienten sein können.

So können beispielsweise rundkörnige und gebrochene Gesteinskörnungen gemischt sein. Da diese Mischung außerdem auch aus groben und feinen

2 Koch, Carsten: Zum Tragverhalten von Pflasterbefestigungen, Heft 13 der Schriftenreihe des Institutes für Straßenwesen und Eisenbahnbau der Ruhr-Universität Bochum, Dissertation, Bochum 1999

Kommentar

Gesteinskörnungen bestehen kann und die Unterkornanteile der groben Gesteinskörnungen ebenfalls im Prüfbereich des Prüfverfahrens zwischen 0,063 und 2 mm liegen könnten, ist eine Aussage zum vorliegenden resultierenden Baustoffgemisch von Interesse.

Der Fließkoeffizient der feinen Gesteinskörnung bei der Körnung zwischen 0,063 und 2 mm des vorliegenden Baustoffgemisches muss in eine der vorliegenden Kategorien eingeordnet werden. Anforderungen und Empfehlungen werden in den ZTV Pflaster-StB beschrieben. Grundsätzlich sollten stärker belastete Verkehrsflächen mit Bettungsmaterialien hergestellt werden, die in die Kategorie E_{CS}35 einzusortieren sind. Für die Belastungsklassen Bk1,0, Bk1,8 und Bk3,2 ist dies in den ZTV Pflaster-StB vorgeschrieben. Für andere Anwendungsfälle bestehen keine weiteren Anforderungen, so dass das verwendete Gemisch auch die Kategorien E_{CS}30, E_{CS}angegeben oder E_{CS}NR erfüllen kann. E_{CS}NR bedeutet, dass der Wert nicht geprüft und angegeben werden müsste.

Bei Bauverträgen, bei denen nur die ATV DIN 18318 und nicht die ZTV Pflaster-StB Vertragsgrundlage darstellt, wird E_{CS}35 für alle befahrbaren Flächen gefordert.

Mit Überarbeitung der TL Gestein-StB 04 in der Fassung 2018 wurden die Begriffe Brechsand und Natursand wieder in das nationale Regelwerk aufgenommen. Folgendermaßen werden die Begriffe festgelegt:

Brechsand: Feine Gesteinskörnung, die durch künstliche Zerkleinerungsprozesse entstanden ist.

Natursand: Feine Gesteinskörnung, die durch natürliche Zerkleinerungsprozesse entstanden ist.

Mit diesen beiden Begriffen ist es inhaltlich ausreichend, dort, wo die Kategorie E_{CS}35 gefordert ist, nur die Verwendung eines Brechsandes (nach TL Gestein-StB) zu fordern, da dies der Hintergrund der Festlegung der Anforderungskategorie ist. Gebrochene Gesteinskörnungen, z. B. gebrochene Kiese, können auf diesem Wege auch dann eingesetzt werden, wenn sie einen Fließkoeffizienten kleiner 35 [–] aufweisen. Um dies zu ermöglichen, muss der Bauvertrag abweichend von den TL und ZTV Pflaster-StB eine entsprechende Erweiterung auf „Gesteinskörnungen der Kategorie E_{CS}35 oder Brechsand" enthalten.

3.3 Anforderungen an Fugenmaterial

3.3.1 Allgemeines

3.3.1.1 Baustoffgemische

Siehe DIN EN 13285

Als Baustoffgemische sind die Lieferkörnungen 0/2, 0/4, 0/5, 0/8 oder 0/11 zu verwenden.

Kommentar

Mit Verweis auf die DIN EN 13285 gelten deren Anforderungen an Baustoffgemische auch für das Fugenmaterial. Die Bezeichnung der Gemische basiert auf den zu verwendenden Regelsiebsätzen dieser Norm. Verwendbar für Fugenmaterialien sind die Körnungen 0/2, 0/4, 0/5, 0/8 und 0/11. Dabei wird die Körnung 0/4 in der Regel für rundkörniges Material (Sand-Kiesgemische) verwendet, die Körnung 0/5 für gebrochene Gemische. Nach den ZTV Pflaster-StB werden als Vorzugsvarianten unabhängig von der Verkehrsbelastung die Körnungen 0/4, 0/5 und 0/8 empfohlen. Die Körnung 0/2 sollte Ausnahmefällen vorbehalten sein.

Die Wahl eines Baustoffgemisches für die Fugenfüllung sollte von zwei zentralen Gedankengängen geleitet sein:

1. Welches Fugenmaterial weist einen der Verkehrs- und Reinigungsbelastung angemessenen Verformungswiderstand auf?

   Wie zuvor beschrieben hat das Fugenmaterial mit der Fugenausbildung einen zentralen Einfluss auf die Lastübertragung auf benachbarte Steine und damit auf die Dauerhaftigkeit der gesamten Verkehrsfläche. Daher wird als untere Grenze des Nenngrößtkorns nach ZTV Pflaster-StB empfohlen, dass dieses mindestens zwei Dritteln der vorgesehenen Sollfugenbreite entsprechen sollte. Dies bedeutet, dass bei einer Regelfugenbreite von 4 mm keine Körnung 0/2 mm eingesetzt werden sollte. Stattdessen empfiehlt es sich, mindestens eine Körnung 0/4 oder 0/5 zu wählen.

2. Welches Fugenmaterial lässt sich so in die Fugen einbringen, dass die Fugen mit einer angemessenen Lagerungsdichte vollständig gefüllt sind?

   Die Fugenbreite begrenzt die Wahl des Größtkorns. Allerdings ist zu beachten, dass sich Körnungen mit kleinem Größtkorn, wie z. B. die Körnung 0/2, leicht in übliche Fugen einarbeiten lassen, jedoch durch den Verkehr und durch Reinigungsfahrzeuge auch leicht wieder ausgetragen werden, da nur ein geringer Verformungswiderstand vorliegt.

Von den zuvor genannten Körnungen 0/4, 0/5, 0/8 und 0/11 abweichende Körnungen für Fugenmaterialien sind in den TL Pflaster-StB nicht enthalten und damit nach TL Pflaster-StB nicht zulässig.

Sollten in Ausnahmefällen für eine Anwendung andere Baustoffgemische erforderlich sein, müssen die Anforderung an die Baustoffe sowie an die Gütesicherung einzelvertraglich geregelt werden. Dies gilt z. B. für Körnungen, die gemäß ATV DIN 18318 eingesetzt werden können. Dort sind bei entsprechender Ausschreibung auch Körnungen 1/3, 1/5, 1/8 und 2/8 möglich, bei denen daher gemäß diesem Kapitel der TL Pflaster-StB keine Anforderungen an die Baustoffgemische bestehen.

3.3.2 Feinanteil

Siehe DIN EN 13285, Tabellen 2 und 3

Der maximale Feinanteil < 0,063 mm muss die Anforderung der Tabelle 8 erfüllen.

Tabelle 8: Fugenmaterial – Anforderung an den maximalen Feinanteil

Durchgang 0,063 mm Massenanteil in Prozent	Kategorie
≤ 9	UF_9

Der minimale Feinanteil < 0,063 mm muss die Anforderung der Tabelle 9 erfüllen.

Tabelle 9: Fugenmaterial – Anforderung an den minimalen Feinanteil

Durchgang 0,063 mm Massenanteil in Prozent	Kategorie
≥ 2	LF_2

Kommentar

Der Feinkornanteil des Fugenmaterials ist gemäß DIN EN 933-1 zu bestimmen. Die festgelegten Kategorien beziehen sich auf die zum Veröffentlichungszeitpunkt geltende DIN EN 13825. Die Bezeichnungen der Kategorien haben sich mit der DIN EN 13825:2018-10 geändert: Sie lauten nun UF_9 und LF_2.

Der Feinkornanteil des Fugenmaterials beeinflusst die Wasserdurchlässigkeit und die Stabilität der Fugen. Einerseits sollten Fugenmaterialien einen ausreichend großen Anteil an Splittkörnern aufweisen, um zu einer Kraftübertragung zwischen den Pflastersteinen und Platten zu kommen. Andererseits beeinflusst ein gewisser Anteil an Feinkorn die Verklebung der Körner untereinander positiv, so dass ein größerer Widerstand gegenüber Aussaugen durch Fahrzeuge oder durch die saugende Beanspruchung von Reinigungsfahrzeugen vorhanden ist. Dieser positive Effekt wird auch bei langjährig liegenden Pflasterdecken beobachtet: Mit zunehmender Liegezeit verbessert sich in der Regel dieser Aussaugewiderstand, indem sich Staub, Dreck und Reifenabrieb aus der Umgebung in den Fugen anlagern und diese stabilisieren. Dieser Effekt wird hier durch Forderung eines Mindestfeinkornanteils gefördert. Daher sollen mindestens 2 M.-% Körner kleiner 0,063 mm im Gemisch vorliegen. Andererseits sollen weiter ausreichend viele Körner mit einer stützenden und kraftableitenden Wirkung vorhanden sein. Daher wird der maximale Feinkornanteil auf 9 M.-% begrenzt. Dies ist ein höherer Feinanteil, als es bei Bettungsmaterialien der Fall ist. Damit ergibt sich die sinnvolle Möglichkeit, ein Fugenmaterial zu wählen, welches eine geringere Wasserdurchlässigkeit als das Bettungsmaterial aufweist. Es entsteht kein Aufstau des Niederschlagswassers in der Bettung, so dass die Verformungsstabilität der Befestigung nicht gefährdet wird.

3.3.3 Überkorn

Siehe DIN EN 13285, Tabelle 4

Der Anteil an Überkorn muss die Anforderungen der Tabelle 10 erfüllen.

An Gesteinskörnungen 0/2 werden keine die TL Gestein-StB ergänzenden Anforderungen gestellt.

Tabelle 10: Fugenmaterial – Anforderungen an den Überkornanteil

Durchgang Massenanteil in Prozent			Kategorie
2 D	1,4 D	D	
–	100	90–99	OC_{90}

Kommentar

Der nach DIN EN 933-1 bestimmte Überkornanteil des Fugenmaterials wird auf 10 M.-% begrenzt. Weiterhin darf der Anteil nicht gröber sein als 1,4-mal der Größtkorndurchmesser. Wenn die aus 1,4 × D und 2 × D errechneten Siebgrößen nicht exakt mit der Siebreihe R20 nach ISO 565 übereinstimmen, ist die nächste Siebgröße auszuwählen. Beispielhaft bedeutet dies für die Körnung 0/5, dass kein Korn größer als 8 mm sein darf.

Mit dieser Regelung wird sichergestellt, dass nicht zu viele zu große Körner in der Fugenfüllung enthalten sind, durch die die vollständige Fugenfüllung erschwert wird. Weiterhin muss die erforderliche Menge einzubringenden Fugenmaterials kalkulierbar sein: Kornanteile, die deutlich größer als die Fugenbreite sind, werden nur in einem gewissen Maße im Bereich der Fugenkreuze eingefegt und eingeschlämmt. Überschüssiges, zu grobes Material muss danach abgefegt werden.

3.3.4 Korngrößenverteilung

Siehe DIN EN 13285, Tabelle 6

Die Korngrößenverteilung der Baustoffgemische 0/4, 0/5, 0/8 und 0/11 muss jeweils eine der Anforderungen der Tabellen 11 bis 13 erfüllen.

An Gesteinskörnungen 0/2 werden keine die TL Gestein-StB ergänzenden Anforderungen gestellt.

Tabelle 11: Fugenmaterial – Anforderungen an die Korngrößenverteilung von Baustoffgemischen 0/4 und 0/5

Zeile	Baustoffgemisch		Durchgang auf dem Sieb (mm) in M.-%			
			0,5	1	2	Kategorie
1	0/4	allgemein	–	–	30–75	$G_{U,F}$
	0/5	vom Lieferanten angegebener Wert (S)	keine Anforderung			
2	0/4	allgemein	keine Anforderung			$G_{N,F}$
	0/5	vom Lieferanten angegebener Wert (S)				

3.3.4 **Korngrößenverteilung** (Fortsetzung)

Tabelle 12: Fugenmaterial – Anforderungen an die Korngrößenverteilung vom Baustoffgemisch 0/8

Zeile	Baustoffgemisch		Durchgang auf dem Sieb (mm) in M.-%				
			0,5	1	2	4	Kategorie
1	0/8	allgemein	–	–	30–75	50–90	G_U
		vom Lieferanten angegebener Wert (S)	keine Anforderung				
2	0/8	allgemein	keine Anforderung				G_N
		vom Lieferanten angegebener Wert (S)					

Tabelle 13: Fugenmaterial – Anforderungen an die Korngrößenverteilung von Baustoffgemisch 0/11

Zeile	Baustoffgemisch		Durchgang auf dem Sieb (mm) in M.-%					
			0,5	1	2	4	5,6	Kategorie
1	0/11	allgemein	–	–	15–60	30–75	50–90	G_U
		vom Lieferanten angegebener Wert (S)	keine Anforderung					
2	0/11	allgemein	keine Anforderung					G_N
		vom Lieferanten angegebener Wert (S)						

Kommentar

Hinsichtlich der nach DIN EN 933-1 zu bestimmenden Korngrößenverteilungen der Baustoffgemische für Fugenmaterialien enthalten die TL Pflaster-StB zwei verschiedene Möglichkeiten, die je nach Anwendungsfall gewählt werden können. Sollte ein Bauvertrag mit Vereinbarung der ZTV Pflaster-StB vorliegen, gelten bei Verkehrsflächen der Bk0,3, Bk1,0, Bk1,8 und Bk3,2 die jeweiligen Zeilen 1, also die Kategorie G_U bzw. $G_{U,F}$. Mit dieser Kategorie wird mindestens eine Anforderung an ein Zwischensieb gestellt, d. h. es wird eine abgestufte Korngrößenverteilung gefordert. Für Geh- und Radwege können gemäß ZTV Pflaster-StB dann auch Baustoffgemische verwendet werden, die der Zeile 2 der Tabellen entsprechen. Dies wäre die Kategorie G_N. Mit dieser Kategorie wird keine Anforderung an die Korngrößenverteilung gestellt.

Die TL Pflaster-StB gelten ebenfalls im Anwendungsbereich der ATV DIN 18318, da sie dort im Kapitel 2, Baustoffe, unter 2.1 genannt sind. Weitere Anforderungen an die Korngrößenverteilung werden jedoch nach DIN 18318 nicht gestellt, so dass keine Festlegung auf eine der zwei Kategorien dieser Eigenschaft erfolgt, unabhängig vom Verwendungszweck. Es bestehen daher für Lieferungen von Fugenmaterialien an Baustellen, bei denen die VOB und damit die ATV DIN 18318 vereinbart sind, nicht aber die ZTV Pflaster-StB, keine Anforderungen an die Korngrößenverteilung der Baustoffgemische für die Fugenfüllung. Bei Pflasterdecken, die einer nicht nur geringen Verkehrs-

Kommentar

belastung ausgesetzt sind, ist es jedoch nicht vertretbar, eine Körnung mit einem zu hohen Anteil feiner Gesteinskörnungen bis zu 2 mm zu verwenden, da in diesem Fall mit schnellerer Ausbildung von Schäden, z. B. Verschiebungen der Pflastersteine oder Spurrinnen, zu rechnen ist. Auftraggeber sollten dies berücksichtigen.

Bei Körnungen 0/4 und 0/5 sollte der Anteil bei einem Siebdurchgang von bis zu 2 mm zwischen 30 und 75 M.-% betragen. Hierdurch ist sichergestellt, dass ausreichend viel Splitt im Gemisch vorliegt, so dass Kräfte schadlos über die Fugen auf benachbarte Pflastersteine oder Platten übertragen werden können. Sollte der Anteil kleiner 2 mm zu hoch sein, nimmt die Verformungsstabilität eines solchen Gemisches ab. Bei einem Anteil kleiner 2 mm von deutlich über 75 M.-% besteht die Gefahr, dass sich die Lastableitung ebenfalls verschlechtert, da sich die Anzahl der Kornkontakte, über die die Kräfte abgeleitet werden, verringert. Gegenüber dem Bettungsmaterial wurde die obere Grenze von 60 auf 75 M.-% erhöht, um dem Faktor Rechnung zu tragen, dass auch über den Sandanteil die Wasserdurchlässigkeit beeinflusst wird. So kann der etwas erhöhte maximale Feinkornanteil zu einer gewollten geringeren Wasserdurchlässigkeit der Fuge beitragen.

Bei den Körnungen 0/8 und 0/11 besteht eine bessere Möglichkeit, eine abgestufte Zusammensetzung herzustellen. Daher werden bei diesen Gemischen bei der Kategorie G_U Anforderungen an zwei bzw. drei Siebe gestellt. Die Lastabtragung ist hierdurch und auch durch das gröbere Größtkorn gegenüber Gemischen der Körnung 0/4 oder 0/5 verbessert. Die Möglichkeit der vollständigen Füllung der Fugen verschlechtert sich jedoch gegenüber den Gemischen mit kleinerem Größtkorn, da einzelne Splittkörner sich zwischen den Pflastersteinen verkanten können, so dass unter diesen Hohlräume in der Fugenfüllung entstehen könnten.

Die zulässigen Bereiche der Körnungen sind auf der Basis bisheriger Erfahrungen, der Verfügbarkeit der Baustoffe und einer optimierten Lastabtragung festgelegt worden. Hinsichtlich der Lastabtragung wurde dabei die Zusammensetzung eines optimierten Gemisches ebenso wie beim Bettungsmaterial in Anlehnung an die Fullerparabel konzipiert, so dass auch die Fugenfüllung aus einem Gemisch mit möglichst vielen Kontaktpunkten zwischen den einzelnen Körnern besteht, wodurch die je Kontaktfläche zu übertragenden Lasten bzw. Spannungen geringer sind als bei Gemischen mit schlechterer Zusammensetzung.

Bei dem Gemisch 0/5 weichen die TL Pflaster-StB derzeit von der DIN EN 13825:2018-10 ab – auch resultierend aus den unterschiedlichen Veröffentlichungszeitpunkten. Die in der aktuellen Normfassung neu geregelte Körnung 0/5 bietet jedoch auch für Fugenmaterialien nur Anforderungskategorien, die deutlich zu viel feine Gesteinskörnung zulassen. Hierdurch ist die Dauerhaftigkeit der Verkehrsflächenbefestigung stark gefährdet, so dass die DIN EN 13825 für diesen Anwendungsbereich nicht hinreichend geeignet ist und daher auch nicht angewendet werden sollte.

Insgesamt ist zu beachten, dass zwischen den Anforderungen an die Korngrößenverteilung an Bettungs- und Fugenmaterialien nach TL Pflaster-StB nur geringe Unterschiede bestehen, wodurch es möglich wird, die gleichen Baustoffe in der Bettung und der Fuge einzusetzen. Hierdurch wäre automatisch eine ausreichende Filterstabilität gegeben.

3.3.5 Fließkoeffizient

Siehe DIN EN 13043, Tabelle 10

Der Fließkoeffizient (Kantigkeit) des Baustoffgemisches ist an der feinen Gesteinskörnung 0/2 mm zu bestimmen und muss eine der Anforderungen der Tabelle 14 erfüllen.

Tabelle 14: Fugenmaterial – Anforderungen an den Fließkoeffizient

Zeile	Fließkoeffizient	Kategorie
1	≥ 35	$E_{CS}35$
2	≥ 30	$E_{CS}30$
3	< 30*	E_{CS}angegeben
4	keine Anforderung	E_{CS}NR
5	*Der Fließkoeffizient ist anzugeben.	

Kommentar

Der Fließkoeffizient ist eine Eigenschaft, die sowohl für die einzelnen Gesteinskörnungen als auch für das resultierende Baustoffgemisch zu bestimmen ist. Daher ist in der Tabelle für das Fugenmaterial genauso auch schon im Abschnitt 3.2 der TL Pflaster-StB hinsichtlich der Anforderungen an Gesteinskörnungen für Bettungsmaterialien vorhanden (siehe die Erläuterungen dort). Die Prüfung ist hier auch für das Baustoffgemisch des Fugenmaterials erforderlich, da auch dies aus Mischungen verschiedener Gesteinskörnungen mit unterschiedlichen Fließkoeffizienten bestehen kann. So könnten beispielsweise rundkörnige und gebrochene und zudem grobe und feine Gesteinskörnungen gemischt sein. Da die Unterkornanteile der groben Gesteinskörnungen ebenfalls im Prüfbereich des Prüfverfahrens zwischen 0,063 und 2 mm liegen könnten, ist eine Aussage zum vorliegenden resultierenden Baustoffgemisch von Interesse.

Der Fließkoeffizient der feinen Gesteinskörnung bei der Körnung zwischen 0,063 und 2 mm des vorliegenden Baustoffgemisches muss in eine der vorliegenden Kategorien eingeordnet werden. Anforderungen und Empfehlungen werden in den ZTV Pflaster-StB und DIN ATV 18318 beschrieben. Grundsätzlich sollten stärker belastete Verkehrsflächen mit Fugenmaterialien hergestellt werden, die in die Kategorie $E_{CS}35$ einzusortieren sind. Für die Belastungsklassen Bk0,3, Bk1,0, Bk1,8 und Bk3,2, also alle Fahrbahnen, ist dies in den ZTV Pflaster-StB vorgeschrieben. Für andere Anwendungsfälle bestehen keine weiteren Anforderungen, so dass das verwendete Gemisch auch die Kategorien $E_{CS}30$, E_{CS}angegeben oder E_{CS}NR erfüllen kann. E_{CS}NR bedeutet, dass der Wert nicht geprüft und angegeben werden müsste.

Bei Bauverträgen, bei denen nur die ATV DIN 18318 und nicht die ZTV Pflaster-StB die Vertragsgrundlage darstellt, wird – ähnlich, aber nicht gleich den ZTV Pflaster-StB – $E_{CS}35$ für die Fugenmaterialien aller befahrbaren Flächen gefordert.

Mit Überarbeitung der TL Gestein-StB 04 in der Fassung 2018 wurden, wie zuvor schon beschrieben, die Begriffe „Brechsand“ und „Natursand“ wieder in das nationale Regelwerk aufgenommen. Mit diesen beiden Begriffen ist es inhaltlich ausreichend, dort, wo die Kategorie $E_{CS}35$ gefordert ist, nur die Verwendung eines Brechsandes (nach TL Gestein-StB) zu verlangen, da dies der Hintergrund der Festlegung der Anforderungskategorie ist.

3.4 Nachweis der Konformität

3.4.1 Probenahme

Sammelproben aus ungebundenen Gemischen müssen nach DIN EN 13286-1 entnommen und geteilt werden.

Kommentar

Die Art der Probenahme ist hinsichtlich der erzielbaren Ergebnisse maßgebend. Falsche Probenahmen verfälschen auch die Messergebnisse. DIN EN 13286-1[3], welche die Bestimmung von Dichte und Wassergehalt u. A. mittels Proctorversuch zum Inhalt hat, enthält zudem normative Vorgaben zur Entnahme der Proben. Diese sind hier verbindlich vorgegeben. Die Probenahme und die Probenteilung haben nach dieser Norm nach DIN EN 932-1[4] und DIN EN 932-2[5] zu erfolgen. Weitere Anforderungen sind im Anhang A der DIN EN 932-1 beschrieben. Für die verschiedenen Produktionsprozesse werden Möglichkeiten der Probenahme festgelegt. Es wird zwischen Probenahmen von ruhenden Förderbändern, Probenahmen am Bandabwurf und Rutschenauslauf und Probenahmen aus Vorratshaufen (Lagern) unterschieden. Weitere Möglichkeiten sind Probenahme pneumatisch beförderter Gesteinskörnungen, Probenahme verpackter Gesteinskörnungen, Probenahme von Schaufelbändern, Schaufelladern oder Greifbaggern, die Probenahme aus Silos oder aus Aufschüttungen sowie die Probenahme aus Bahnwagen, Lastwagen und Schiffen. All diese Entnahmemöglichkeiten weisen Besonderheiten auf, die zu beachten sind.

Besonders bei Haldenlagerung ist zu berücksichtigen, dass Halden in der Regel aufgrund der Schwergewichtswirkung Entmischungen aufweisen. Daher sind Einzelproben repräsentativ über die Halde verteilt zu entnehmen und zu einer Sammelprobe zusammenzuführen. Jede Einzelprobe muss wiederum für ihren Bereich repräsentativ sein. Dabei reicht es i. d. R. nicht aus, die Probe nur an der Oberfläche zu entnehmen; die Entnahme muss auch in die Tiefe gehen. Anschließend sind die aus den Einzelproben erzeugten Sammelproben entsprechend den Prüfanforderungen einzuengen. Details dazu enthalten die DIN EN 932-1 und DIN EN 932-2.

3.4.2 Werkseigene Produktionskontrolle

Der Hersteller muss eine Werkseigene Produktionskontrolle (WPK) gemäß den TL SoB-StB, Anhang A durchführen, um sicherzustellen, dass das Produkt den Anforderungen dieser TL Pflaster-StB entspricht. Die Häufigkeit der Probenahme und die Durchführung der Prüfungen zur Ermittlung der wichtigsten Eigenschaften müssen den Festlegungen im Anhang A dieser TL Pflaster-StB entsprechen. (Anhang A dieser TL Pflaster-StB ersetzt Tabelle A1 im Anhang A der TL SoB-StB).

---

3 DIN EN 13286-1: Ungebundene und hydraulisch gebundene Gemische – Teil 1: Laborprüfverfahren für die Trockendichte und den Wassergehalt, Einführung, allgemeine Anforderungen und Probenahme, Fassung 2022, Beuth Verlag, Berlin 2022

4 DIN EN 932-1: Prüfverfahren für allgemeine Eigenschaften von Gesteinskörnungen – Teil 1: Probenahmeverfahren, Fassung 1996, Beuth Verlag, Berlin 1996

5 DIN EN 932-2: Prüfverfahren für allgemeine Eigenschaften von Gesteinskörnungen – Teil 2: Verfahren zum Einengen von Laboratoriumsproben, Fassung 1999, Beuth Verlag, Berlin 1999

TL Pflaster-StB **Technische Lieferbedingungen für Bauprodukte zur Herstellung von Pflasterdecken, Plattenbelägen und Einfassungen,** Ausgabe 2006, Fassung 2015

Anhang A

Mindestprüfhäufigkeiten der Eigenschaften der Baustoffgemische

Eigenschaft		Abschnitt	Erläuterung	Prüfverfahren	Mindest-prüfhäufigkeit
1	Art der Gesteinskörnung im Baustoffgemisch	2.1.1	s.TL Gestein-StB, Abschnitt 2.1.1		s. TL Gestein-StB, Anhang C; Tabelle C.3; Zeile 1
2	Feinanteile	3.2.2 3.3.2		DIN EN 933-1	1 mal pro Woche
3	Überkorn	3.2.3 3.3.3			
4	Korngrößen-verteilung	3.2.4 3.3.4			
5	Frostempfindlichkeit, Wasserdurchlässigkeit	3.2.1	Keine Anforderungen	–	–
6	Fließkoeffizient	3.2.5 3.3.5		DIN EN 933-6, Abschnitt 8	1 mal im Monat
8	Umweltrelevante Merkmale	3.2.1 3.3.1	gilt nicht für Baustoffgemische aus natürlichen Gesteinskörnungen	s. TL Gestein-StB, Anhang D	s. TL Gestein-StB, Anhang C; Tabelle C.3; Zeile 21

3.5 Beschreibung und Bezeichnung

Baustoffgemische müssen anhand der folgenden Informationen identifiziert werden können:

a) Hinweis auf diese TL Pflaster-StB mit Angabe des vorgesehenen Verwendungszweckes (Bettungs- oder Fugenmaterial)
b) Vorkommen und Hersteller – bei Zwischenlagerung sind sowohl das Vorkommen als auch das Lager anzugeben
c) Korngruppe/Lieferkörnung
d) Art der im Baustoffgemisch enthaltenen Gesteinskörnungen (gemäß TL Gestein-StB, Abschnitt 2.1.1).

Kommentar

Die gehandelten Bettungs- und Fugenmaterialien müssen einwandfrei zugeordnet werden können. Daher ist es wichtig, dass die Lieferprodukte beschrieben und bezeichnet werden müssen. Dabei muss vermerkt werden, ob das jeweilige Produkt den TL Pflaster-StB entspricht, wobei natürlich der Verwendungszweck ebenfalls angegeben werden muss. Zu unterscheiden sind die Einsatzgebiete Bettung und Fugenfüllung, damit Bettungsmaterial und Fugenmaterial. Ebenfalls sollten die erfüllten Eigenschaften, bei denen verschiedene Qualitäten nach den TL Pflaster-StB vorliegen können, angegeben werden. Ziel ist es, dass der Verwender

Kommentar

eindeutig zuordnen kann, ob das gelieferte Produkt den Anforderungen am Ort der Verwendung und unter Berücksichtigung der vorgesehenen Belastung entspricht und geeignet ist. Hierzu ist auch die Korngruppe bzw. Lieferkörnung und die Art der im Baustoffgemisch enthaltenen Gesteinskörnung anzugeben. Diese ist entsprechend der stofflichen Kennzeichnung nach DIN EN 932, Teil 3[6] vorzunehmen. Bei möglicherweise vorgesehenen Recycling-Baustoffen oder Hausmüllverbrennungsaschen (welche üblicherweise als Bettungs- und Fugenmaterialien nicht oder nur wenig geeignet sind) ist die stoffliche Zusammensetzung gemäß dem „Merkblatt über die Wiederverwendung von mineralischen Baustoffen als Recycling-Baustoffe im Straßenbau" (M RC) und dem „Merkblatt über die Verwertung von Hausmüllverbrennungsasche im Straßenbau" (M HMVA) zu ermitteln und anzugeben. Dabei sind die Kriterien an die stoffliche Zusammensetzung der TL Gestein-StB, Anhang B, zu beachten.

Nach DIN EN 932-3 sind im Prüfbericht anzugeben, so dass dies auch für die in den TL Pflaster-StB geforderte Kennzeichnung gilt:

- Die maßgebenden Daten zur Identifizierung der Probe.
- Die petrografische Beschreibung der verschiedenen Gesteinsarten oder Kornklassen, einschließlich der Ergebnisse von Auszählungen. Die Beschreibung muss die Nomenklatur und auch folgende Punkte enthalten:
  - Korngröße der Hauptgemengeteile, Struktur, Anisotropie, Porosität, Blasenbildung (in vulkanischen Gesteinen), Farbe
  - Mineralbestand (Quarz, Feldspäte, Kalzit, Dolomit usw.) und näherungsweise Bestimmung ihrer jeweiligen Anteile
  - Grad der Veränderung und Verwitterung
- Die Nomenklatur umfasst folgende Gesteine:
  - Magmatische Gesteine, wie Granit, Syenit, Granodiorit, Diorit, Gabbro, Dolerit, Diabas, Rhyolith, Trachyt, Andesit, Dazit, Basalt
  - Sedimentgesteine, wie Sandstein, Breckzie, Arkose, Grauwacke, Quarzit, Schiefer, Schluffstein, Kalkstein, Kreide, Dolomitstein, Chert
  - Metamorphe Gesteine, wie Amphibolit, Gneis, Granulit, Hornfels, Marmor, Quarzit, Serpentinit, Kristalliner Schiefer, Tonschiefer, Mylonit
- Geologische Angaben zur Lagerstätte, z. B. zur Herkunft der Probe wie folgt:
  - Die Art der Entstehung bei Sand- und Kiesvorkommen. Das Vorkommen wird bezeichnet als Alluvium, Küstenablagerung, Hangschutt, Geschiebe, eiszeitliche Flussablagerungen usw. Im Falle der quartären Formation des Alluviums ist der Name des zugehörigen Flusses anzugeben.
  - Das geologische Alter bei sedimentärer oder vulkanischer Entstehung sollte, wenn bekannt, durch einen der folgenden Begriffe angegeben werden: Präkambrium; Kambrium, Ordovizium, Silur, Devon, Karbon, Perm; Trias, Jura, Kreide; Tertiär; Quartär.

Separat, da von großer Informationstiefe, sind immer das Vorkommen und der Hersteller zu nennen. Bei Zwischenlagerung sind dieses Lager sowie das Vorkommen anzugeben.

---

6 DIN EN 932-3: Prüfverfahren für allgemeine Eigenschaften von Gesteinskörnungen, Teil 3: Durchführung und Terminologie einer vereinfachten petrographischen Beschreibung, Fassung 2022, Beuth Verlag, Berlin 2022

3.6 Kennzeichnung

Der Lieferschein muss mindestens die folgenden Angaben enthalten:

a) Bezeichnung laut Sortenverzeichnis
b) Auslieferungsdatum und Herkunft
c) Liefermenge
d) Seriennummer des Lieferscheins.

Kommentar

Da der Lieferschein sowohl im Baumanagement von Bedeutung ist als auch im Rahmen der Baudokumentation verwendet wird, muss das gelieferte Produkt eindeutig auf diesem festgelegt sein. Daher sind auf dem Lieferschein die maßgebenden Daten anzugeben. Dies sind die Bezeichnung laut Sortenverzeichnis des Herstellers, die Herkunft der Lieferung und das Auslieferdatum sowie die angelieferte Menge. Zudem muss der Lieferschein nachverfolgbar sein und daher eine Seriennummer aufweisen.

Kommentar

zu Anhang B der TL Pflaster-StB – Teil Güteüberwachung – TL G Pflaster-StB

Die Art und der Umfang der Güteüberwachung der Baustoffgemische für die Bettung und die Fugen werden im Abschnitt 2.1 der ZTV Pflaster-StB festgelegt. In diesem Abschnitt wird ganz explizit eine Güteüberwachung gemäß Anhang B der TL Pflaster-StB gefordert. Im Folgenden wird dieser Anhang B, bezugnehmend auf die in Kapitel 3 dargestellten Anforderungen an Bettungs- und Fugenmaterialien, kommentiert.

Ausblick:

Es ist derzeit (2023) beabsichtigt, die Gütesicherung der Bettungs- und Fugenmaterialien zukünftig allein in den TL G SoB-StB zu regeln und den Anhang B der TL Pflaster-StB zurückzuziehen.

TL Pflaster-StB

Technische Lieferbedingungen für Bauprodukte zur Herstellung von Pflasterdecken, Plattenbelägen und Einfassungen, Ausgabe 2006, Fassung 2015

Anhang B

Technische Lieferbedingungen für Baustoffgemische zur Herstellung von Pflasterdecken, Plattenbelägen und Einfassungen und Straßenbau – Teil: Güteüberwachung

Die Güteüberwachung bzw. der Nachweis der Übereinstimmung der Baustoffgemische für Bettungs- und Fugenmaterial hat sinngemäß entsprechend TL G SoB-StB mit folgenden Änderungen und Ergänzungen zu erfolgen:

Zum Abschnitt 1 der TL G SoB-StB: Allgemeines

Wenn für Baustoffgemische gemäß TL Pflaster-StB eine Güteüberwachung vereinbart ist, so ist dabei nach den Bestimmungen dieser Technischen Lieferbedingungen (TL G SoB-StB) mit folgenden Ergänzungen zu verfahren.

Kommentar

Der Anhang B der TL Pflaster-StB gilt naturgemäß ebenso, wenn die TL Pflaster-StB allgemein Bestandteil des Bauvertrages sind. Der Anhang B regelt die Güteüberwachung von Baustoffgemischen für Bettungs- und Fugenmaterialien. Dabei ist der Anhang sehr kurz gehalten, indem direkt auf die Gütesicherung von ungebundenen Gemischen für Schichten ohne Bindemittel gemäß den TL G SoB-StB verwiesen wird. Dies wurde so gehandhabt, da Bettungs- und Fugenmaterialien von den gleichen Herstellern und auf die gleiche Weise produziert werden wie die Gemische für Schichten ohne Bindemittel (z. B. Schottertragschichten).

Die Bestimmungen der TL G SoB-StB mit den Ergänzungen der TL G Pflaster-StB gelten aber nur, wenn für die Bettungs- und Fugenmaterialien eine Güteüberwachung vereinbart ist. Dies ist gemäß Abschnitt 2.2.1 der ZTV Pflaster-StB der Fall, gemäß DIN 18318 jedoch nicht.

Die TL G SoB-StB regeln die Güteüberwachung für den nicht mandatierten Bereich der Baustoffgemische (und Böden) für Schichten ohne Bindemittel. Die Güteüberwachung umfasst den Eignungsnachweis, die Werkseigene Produktionskontrolle (WPK) und die Fremdüberwachung im Sinne einer produktbezogenen Überwachung durch eine anerkannte Prüfstelle.

Gemäß den TL G SoB-StB ergeben sich die Güteanforderungen an die Baustoffgemische aus den einschlägigen Technischen Lieferbedingungen, Richtlinien sowie Merkblättern. Um die Einhaltung der Güteanforderungen sicherzustellen, sind Eignungsnachweis und Güteüberwachung erforderlich.

Kommentar

Die Kontrollprüfungen der Straßenbauverwaltung bleiben hiervon unberührt. Bei den Prüfverfahren nach den europäischen und deutschen Normen sind auch die Ergänzungen und Präzisierungen der TP Gestein-StB zu berücksichtigen.

TL Pflaster-StB

Technische Lieferbedingungen für Bauprodukte zur Herstellung von Pflasterdecken, Plattenbelägen und Einfassungen, Ausgabe 2006, Fassung 2015

Anhang B

Technische Lieferbedingungen für Baustoffgemische zur Herstellung von Pflasterdecken, Plattenbelägen und Einfassungen und Straßenbau – Teil: Güteüberwachung

Zum Abschnitt 2 der TL G SoB-StB: Geltungsbereich

Baustoffgemische, die in einem Produktionsschritt hergestellt werden, müssen im Rahmen des Eignungsnachweises und der Güteüberwachung

- die gemischspezifischen Anforderungen der TL Pflaster-StB (Tabelle B) und
- die gesteinsspezifischen Anforderungen der TL Gestein-StB (Anlage 2.2 der TL G SoB-StB) erfüllen.

Baustoffgemische, die aus Gesteinskörnungen nach TL Gestein-StB durch Zusammensetzung und Mischung hergestellt werden, müssen die in den TL Gestein-StB beschriebenen Anforderungen an die gesteinsspezifischen Eigenschaften erfüllen. Für die so hergestellten Baustoffgemische sind im Rahmen des Eignungsnachweises und der Güteüberwachung nur die gemischspezifischen Anforderungen gemäß Tabelle B zu überprüfen, wenn die eingesetzten Gesteinskörnungen einer Baustoffeingangsprüfung beim Verarbeiter durch eine unabhängige anerkannte Stelle unterliegen oder der Nachweis einer gleichwertigen freiwilligen Überwachung seitens des Herstellers der Gesteinskörnungen vorliegt.

Innerhalb eines Werkes wird für die dort hergestellten, CE-gekennzeichneten Gesteinskörnungen, die in Baustoffgemischen nach TL Pflaster-StB eingesetzt werden, keine Baustoffeingangsprüfung gefordert.

Kommentar

Der Eignungsnachweis und die Prüfungen im Rahmen der Fremdüberwachung sind von Prüfstellen durchzuführen, die dafür von den Obersten Straßenbaubehörden der Länder nach RAP Stra anerkannt sind.

Über die Durchführung der Fremdüberwachung ist ein Vertrag zwischen der Prüfstelle und dem Hersteller bzw. Zwischenhändler abzuschließen. Für die einer Güteüberwachung unterliegenden Produkte ist ein Sortenverzeichnis zu führen. Die Vorräte der aufbereiteten Produkte und die Lieferscheine sind entsprechend dem Sortenverzeichnis zu kennzeichnen. Die Kosten für den Eignungsnachweis und die Güteüberwachung trägt der Hersteller.

Die Straßenbauverwaltung hat das Recht, auch im Werk jederzeit den Eignungsnachweis und die Durchführung der Güteüberwachung zu überprüfen und außerdem eigene Prüfungen durchzuführen.

Prüfungen des Herstellers und der Fremdüberwachung sind jeweils am Produkt durchzuführen. Die Fremdüberwachung umfasst zudem die Beurteilung der Werkseigenen Produktionskontrolle (WPK). Die nach den TL G SoB-StB güteüberwachten Werke werden von der Straßenbaubehörde des jeweiligen Bundeslandes bekannt gegeben. Bei festgestellten Mängeln während der Güteüberwachung legen die TL G SoB-StB das Vorgehen fest.

Wenn von Auftraggebern bei Kontrollprüfungen oder eigenen Werksprüfungen der Hersteller festgestellt wird, dass die Güteanforderungen nicht erfüllt

Kommentar

werden, ist dies aufzuzeichnen und der Stelle, welche die Werkseigenen Produktionskontrollen durchführt, mitzuteilen. Die Kontrollprüfungen sind dann einer Fremdüberwachung gleichgestellt, solange diese durch eine anerkannte Prüfstelle durchgeführt werden oder worden sind. Die weiteren Schritte zur Behandlung der festgestellten Abweichungen sind zu vereinbaren.

Bei der Gütesicherung ist zu unterscheiden, ob die Baustoffgemische durch Mischung vorproduzierter Gesteinskörnungen (und sogenannter Gesteinskörnungsgemische) hergestellt werden, oder ob das Baustoffgemisch in einem Arbeitsgang direkt hergestellt wird. Wenn das Baustoffgemisch in einem Arbeitsgang (z. B. bei direkter Herstellung der Körnung 0/8) hergestellt wird, werden Anforderungen an die Gütesicherung sowohl an die Gesteinskörnung als auch an das Baustoffgemisch gestellt. Bei Baustoffgemischen, die aus einzelnen Gesteinskörnungen zusammengemischt werden (z. B. Herstellung der Körnungen 0/2, 0/5 und 0/8 separat und anschließende Zusammenmischung zur Körnung 0/8), ist eine Gütesicherung nur der Baustoffgemische durchzuführen. Erforderlich ist dabei jedoch, dass eine Baustoffeingangsprüfung im Umfang der Anforderungen der TL Gestein-StB erfolgt! Die Baustoffeingangsprüfung ist eine stoffliche Prüfung durch einen Fremdüberwacher, der die eher theoretische Beurteilung der WPK, die im Rahmen der den TL Gestein-StB zugrundeliegenden europäischen Norm nur gefordert wird, ergänzt.

Auf diesen großen Arbeitsaufwand kann nur verzichtet werden, wenn der Nachweis einer gleichwertigen freiwilligen Überwachung seitens des Herstellers der Gesteinskörnungen vorliegt – im Umfang des entsprechenden Anhanges des Verwendungsgebietes der TL Gestein-StB. Innerhalb eines Werkes wird für die dort hergestellten CE-gekennzeichneten Gesteinskörnungen, die in Baustoffgemischen nach TL SoB-StB eingesetzt werden, keine Baustoffeingangsprüfung gefordert.

Vor Aufnahme der Güteüberwachung ist der Eignungsnachweis durchzuführen und durch Vorlage eines Prüfungszeugnisses zu belegen. Der Eignungsnachweis besteht aus einer Erstprüfung und einer Betriebsbeurteilung (Erstinspektion gemäß DIN 52101). Die Güteüberwachung umfasst die Werkseigene Produktionskontrolle (WPK) durch den Hersteller und die Fremdüberwachung.

Die beim Eignungsnachweis und bei der Güteüberwachung anzuwendenden Prüfverfahren und die Häufigkeit der Prüfungen ergeben sich aus der Tabelle B des Anhanges B der TL Pflaster-StB sowie der Tabelle 2.2 der TL G-SoB-StB. In diesen Tabellen sind die Mindestprüfhäufigkeiten für Prüfungen, die durch den Hersteller und für solche, die durch den Fremdüberwacher durchgeführt werden, festgelegt. Auf eine Darstellung der Tabelle 2.2 mit den gesteinsspezifischen Prüfungen und Prüfhäufigkeiten wird hier verzichtet.

TL Pflaster-StB

Technische Lieferbedingungen für Bauprodukte zur Herstellung von Pflasterdecken, Plattenbelägen und Einfassungen, Ausgabe 2006, Fassung 2015

Anhang B

Technische Lieferbedingungen für Baustoffgemische zur Herstellung von Pflasterdecken, Plattenbelägen und Einfassungen und Straßenbau – Teil: Güteüberwachung

TL Pflaster-StB

Tabelle B
(Ergänzung zu den Anlagen 2.1 und 2.3 der TL G SoB-StB):

Prüfungen und Prüfhäufigkeiten für Baustoffgemische nach TL Pflaster-StB aus Gesteinskörnungen nach TL Gestein-StB – gemischspezifische Eigenschaften

Eigenschaft		Prüfverfahren	TL Pflaster-StB Bettungs-material, Fugenmaterial, Abschnitt	Mindestprüfhäufigkeit	
				Hersteller	Fremdüber-wachung
1	Art der Gesteinskörnung im Baustoffgemisch		TL Gestein-StB, 2.1.1 und Anhang A	1/w	2/J
	Art der Gesteinskörnung im Baustoffgemisch (RC-Baustoffe)	M RC	TL Gestein-StB, 2.1.1 und Anhang B	1/w	4/J
2	Feinanteile	DIN EN 933-1	3.2.2 3.3.2	1/w	2/J
3	Überkorn	DIN EN 933-1	3.2.3 3.3.3		
4	Korngrößenverteilung	DIN EN 933-1	3.2.4 3.3.4		
5	Fließkoeffizient	DIN EN 933-6	3.2.5 3.3.5	DIN EN 933-6, Abschn. 8	2/J
6[a)]	Umweltrelevante Merkmale (HOS; HS; SWS; CUS; CUG; GKOS, SFA)	TP Gestein-StB, Teile 7.1.1 und 7.3	3.2.1 3.3.1	–	2/J
	Umweltrelevante Merkmale (SKG)	TP Gestein-StB, Teile 7.1.1 und 7.3	3.2.1 3.3.1	–	1/J
	Umweltrelevante Merkmale (RC-Baustoffe; GRS)	TP Gestein-StB, Teile 7.1.1 und 7.3	3.2.1 3.3.1	–	4/J

a) nationale Ergänzung zur Europäischen Norm

4/J viermal im Jahr 2/J zweimal im Jahr 1/J einmal im Jahr 1/w wöchentlich

4 Pflastersteine

4.1 Pflastersteine aus Beton

4.1.1 Allgemeines

Pflastersteine aus Beton müssen die Anforderungen der DIN EN 1338 einschließlich der Forderungen an die Beurteilung der Konformität, die Kennzeichnung und den Prüfbericht erfüllen. Soweit für Produkteigenschaften die DIN EN 1338 die Auswahl einer bestimmten Klasse zulässt, ist nachfolgend jeweils eine Klasse als Mindestanforderung festgelegt.

DIN EN 1338

Pflastersteine aus Beton – Anforderungen und Prüfverfahren,
Ausgabe 2003/2006[1]

1 Anwendungsbereich

Diese Europäische Norm beschreibt Materialien, Eigenschaften, Anforderungen und Prüfverfahren für unbewehrte Pflastersteine und Ergänzungssteine aus zementgebundenem Beton. Sie gilt für Pflastersteine und Ergänzungssteine aus Beton im Fußgänger- und Verkehrsbereich und auf Dächern, z. B. Fußwege, Fußgängerzonen, Radwege, Parkplätze, Straßen, Autobahnen, Industriebereiche (einschließlich Docks und Häfen), Rollbahnen auf Flughäfen, Busbahnhöfe und Tankstellen.

Bei regelmäßiger Verwendung von Spikereifen sind manchmal zusätzliche Anforderungen notwendig.

Diese Norm befasst sich nicht mit der Tastbarkeit und visuellen Wahrnehmbarkeit von Pflastersteinen oder mit durchlässigen Pflastersteinen.

Diese Norm regelt die Produktkennzeichnung und die Beurteilung der Übereinstimmung des Produkts mit dieser Europäischen Norm.

Kommentar

Die Anforderungen an Pflastersteine aus Beton in Verkehrsflächen sind, wenn sie nicht schon durch vertragliche Vereinbarungen festgelegt wurden, ebenfalls in DIN 18318, Abschnitt 2.1, mit den dort ergänzend als geltend genannten „Technischen Lieferbedingungen für Bauprodukte zur Herstellung von Pflasterdecken, Plattenbelägen und Einfassungen", TL Pflaster-StB, festgelegt worden.

Wenn Verwender von Produkten aus Beton die Regelungen der TL Pflaster-StB nicht in ihre Verträge übernehmen wollen, gibt es in den DIN 18318 unter 0.3.2, „Hinweise für das Aufstellen der Leistungsbeschreibung", eine Öffnungsklausel, wenn „andere Anforderungen an Stoffe und Bauteile vereinbart werden sollen".

Die DIN EN 1338 ist eine relativ alte Norm. Sie ist zuerst im August 2003 herausgegeben worden und wurde 2006-11 berichtigt. Während die Normen für die Befestigungselemente aus Natursteinen und Ziegel im Jahr 2013 und 2015 neu bearbeitet herausgegeben worden sind, wurde eine Neubearbeitung der DIN EN 1338 zwar begonnen, jedoch bisher (Stand 2022) nicht beendet.

1 DIN EN 1338: Pflastersteine aus Beton – Anforderungen und Prüfverfahren, Fassung 2003; Berichtigung 1 2006, Beuth Verlag, Berlin

DIN EN 1338

Pflastersteine aus Beton – Anforderungen und Prüfverfahren,
Ausgabe 2003/2006

2 Normative Verweisungen

Diese Europäische Norm enthält durch datierte und undatierte Verweisungen Festlegungen aus anderen Publikationen. Diese normativen Verweisungen sind an den jeweiligen Stellen im Text zitiert, und die Publikationen sind nachstehnd aufgeführt. Bei datierten Verweisungen gehören spätere Änderungen oder Überarbeitungen nur zu dieser Europäischen Norm, falls sie durch Änderung oder Überarbeitung eingearbeitet sind. Bei undatierten Verweisungen gilt die letzte Ausgabe der in Bezug genommenen Publikation (einschließlich Änderungen).

Kommentar

Der Abschnitt 2 der Norm enthält Hinweise auf „normative Verweisungen", Normen, welche für die Anwendung der DIN EN 1338 hinsichtlich Bezeichnungen und Prüfverfahren erforderlich sind.

DIN EN 1338

Pflastersteine aus Beton – Anforderungen und Prüfverfahren,
Ausgabe 2003/2006

3 Begriffe

...

3.2 Pflasterstein aus Beton

ein vorgefertigtes Erzeugnis aus Beton, das als Belagsmaterial für Oberflächen verwendet wird und die folgenden Bedingungen erfüllt:

- in einem Abstand von 50 mm von jeder Kante weist kein Querschnitt ein horizontales Maß von weniger als 50 mm auf;
- seine Gesamtlänge dividiert durch seine Dicke ist kleiner oder gleich vier.

Anmerkung: Diese beiden Bedingungen gelten nicht für Ergänzungssteine.

3.3 Ergänzungsstein

Erzeugnis, manchmal Teil eines Pflastersteins, das zum Ausfüllen benutzt wird und das vollständige Belegen einer Fläche ermöglicht

...

3.5 Gesamtlänge

längere Seite des kleinstmöglichen Rechtecks, das den Pflasterstein, ausschließlich der Abstandhalter, umschließen kann

3.6 Gesamtbreite

kürzere Seite des kleinstmöglichen Rechtecks, das den Pflasterstein, ausschließlich der Abstandhalter, umschließen kann

3.7 Dicke

Abstand zwischen Oberseite und Unterseite des Pflastersteins

3.8 Abstandhalter

kleine vorstehende Profile an einer Seitenfläche eines Pflastersteins

3.9 Oberseite

Fläche, die im Gebrauchszustand sichtbar sein soll

...

3.11 Vorsatzschicht

Schicht aus Beton auf der Oberseite eines Pflastersteins, die aus anderen Materialien besteht und/oder andere Eigenschaften aufweist als der Kernbeton

DIN EN 1338

Anmerkung: Zu unterscheiden von Feinmörtel, bei dem es sich um einen feinen Zementmörtel oder Zementleim handelt, der auf die Oberfläche des Pflastersteins aufgetragen wird.

3.12 seitliche Abschrägung (Konizität)

Neigung einer Seitenfläche zur vertikalen Ebene über die Höhe eines Pflastersteins, wie in Bild 1 dargestellt

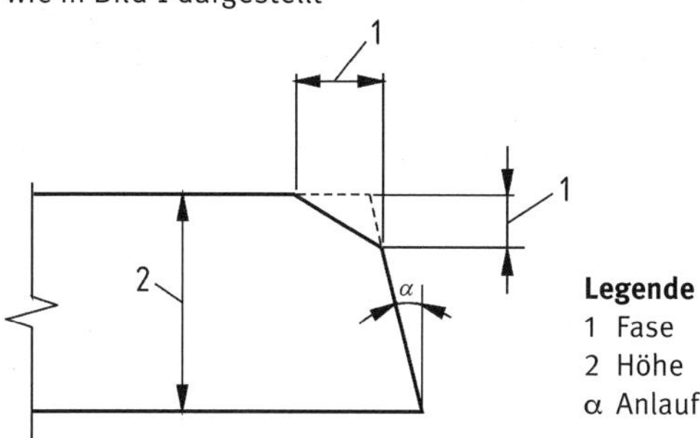

Bild 1 – Beispiel für Fase und seitliche Abschrägung

3.13 Fase

abgeschrägte Kante, wie in Bild 1 dargestellt

3.14 Nennmaß

für die Herstellung eines Pflastersteins vom Hersteller festgelegtes Maß, mit dem das Istmaß innerhalb festgelegter zulässiger Abweichungen übereinstimmen sollte

3.15 nachträgliche Bearbeitung

Bearbeitungsverfahren, das nach der eigentlichen Herstellung vor oder nach dem Abbinden zur Strukturierung des gesamten Pflastersteins oder einer seiner Flächen durchgeführt wird

3.16 Istmaß

das am Pflasterstein gemessene Maß

...

3.18 Rutschwiderstand

Fähigkeit, der Relativbewegung zwischen einem Fahrzeugreifen und der befahrenen Fläche des Pflastersteins zu widerstehen

3.19 Gleitwiderstand

Fähigkeit, der Relativbewegung zwischen einem Fuß und der begangenen Fläche des Pflastersteins zu widerstehen

3.20 Format

Nennmaße eines Pflastersteins, die in der Reihenfolge Gesamtlänge, Gesamtbreite und Dicke angegeben werden

...

4 Anforderungen an die Materialien

4.1 Allgemeines

Es dürfen nur Materialien verwendet werden, deren Eignung für die Herstellung von Betonpflastersteinen aufgrund ihrer Eigenschaften und ihres Leistungsvermögens nachgewiesen sind.

...

In Anhang A ist ein Kontrollplan für die Prüfung der Materialien angegeben.

Kommentar

Die DIN EN 1338 gilt für unbewehrte Pflastersteine und Ergänzungssteine aus zementgebundenem Beton, die auf Verkehrsflächen oder auf Dächern verwendet werden. Die Norm beschreibt nicht die Tastbarkeit (Taktilität) oder Wahrnehmbarkeit von Pflastersteinen für barrierefreie Flächen.

Pflastersteine aus Beton werden nach dieser Norm definiert als solche Elemente, deren Gesamtlänge dividiert durch die Dicke kleiner oder gleich 4 ist. Dies entspricht auch der Festlegung der ZTV Pflaster-StB. DIN EN 1338 begrenzt nicht die Gesamtlänge von Pflastersteinen.

Nach ZTV Pflaster-StB dürfen nur solche Elemente verwendet werden, deren Gesamtlänge maximal 40 cm aufweist und bei denen das Produkt aus Gesamtlänge und Gesamtbreite eine maximale Fläche von 1 024 cm^2 ergibt. Zudem dürfen Pflastersteine nach Norm in einem Abstand von 50 mm von jeder Kante keinen Querschnitt mit einem horizontalen Maß von weniger als 50 mm aufweisen.

Die beiden Bedingungen der Norm gelten nicht für Ergänzungssteine nach DIN EN 1338, sehr wohl aber für Pflastersteine, welche nach den Regelungen der ZTV Pflaster-StB in Flächenbefestigungen verwendet werden.

Als Gesamtlänge und Gesamtbreite werden jeweils die Maße genannt, welche die Länge der entsprechenden Kante des kleinstmöglichen Rechtecks ist, das den Pflasterstein ausschließlich der Abstandshalter umschließt.

Zum Verständnis der abweichenden Anforderungen:

Um Pflastersteine nach ZTV Pflaster-StB anzuwenden, müssen die Pflastersteine die Anforderungen der DIN EN 1338 erfüllen, so dass sie als „Pflastersteine nach DIN EN 1338“ bezeichnet werden können. Die weitergehenden Anforderungen der TL Pflaster-StB sowie der ZTV Pflaster-StB sind dann zusätzlich zu erfüllen.

Mit dem Verweis auf die DIN EN 1338 gelten die Anforderungen der europäischen Produktnorm für Pflastersteine aus Beton. Die verschiedenen Anforderungen der Norm, die nicht durch eine Klasse festgelegt sind, werden in den TL Pflaster-StB nicht wiederholt. Daher muss die Norm immer noch parallel mitbetrachtet werden. Die folgenden Eigenschaften werden in der DIN EN 1338 geregelt:

- **Form und Maße**
  - Nennmaße
  - Abstandshalter
  - Zulässige Abweichungen
- **Physikalische und mechanische Eigenschaften**
  - Witterungswiderstand
  - Spaltzugfestigkeit
  - Abriebwiderstand
  - Gleit-/Rutschwiderstand
  - Leistungsfähigkeit bei Brandbeanspruchung
  - Wärmeleitfähigkeit
  - äußere Beschaffenheit
- **Aussehen**
  - Oberflächenstruktur.

DIN EN 1338

Pflastersteine aus Beton – Anforderungen und Prüfverfahren, Ausgabe 2003/2006

5 Anforderungen an die Produkte

5.1 Allgemeines

Die Leistungsanforderungen an die Betonpflastersteine sind in Klassen festgelegt, die mit entsprechenden Markierungen bezeichnet sind.

Pflastersteine können ganz aus einem Beton oder mit unterschiedlichen Betonen für die Vorsatzschicht und für den Kernbeton hergestellt werden.

Wenn Pflastersteine mit einer Vorsatzschicht gefertigt werden, muss diese Vorsatzschicht, gemessen nach Anhang C, eine Mindestdicke von 4 mm über den vom Hersteller angegebenen Bereich aufweisen. Einzelne Zuschlagkörner, die in die Vorsatzschicht hineinragen, sind zu vernachlässigen.

Die Vorsatzschicht muss ein integraler Bestandteil des Pflastersteins sein.

Eine als scharfkantig beschriebene Kante darf abgeschrägt oder abgerundet sein, ihr horizontales oder vertikales Maß darf 2 mm nicht überschreiten.

Eine abgeschrägte Kante mit mehr als 2 mm Schräge muss als Fase beschrieben werden. Ihre Maße müssen vom Hersteller angegeben werden.

Pflastersteine können mit funktionalen und/oder dekorativen Profilierungen hergestellt werden, die in den Nennmaßen eines Pflastersteins nicht enthalten sein dürfen. Die Oberfläche von Pflastersteinen kann strukturiert, bearbeitet oder chemisch behandelt sein; diese Oberflächenbeschaffenheiten oder -behandlungen müssen vom Hersteller beschrieben und angegeben werden.

Kommentar

Die allgemeinen Ausführungen beschreiben die Herstellung der Pflastersteine hinsichtlich des Betons, der eventuellen Vorsatzschicht und möglichen Kantenbearbeitungen scharfkantiger Pflastersteine.

Wie zuvor beschrieben können Pflastersteine ganz aus einem Beton oder 2-lagig mit unterschiedlichem Beton für den Kernbeton und für die Vorsatzschicht hergestellt werden. Die Vorsatzschicht muss dauerhaft unlösbar mit dem Kernbeton des Pflastersteins verbunden sein. Die Mindestdicke einer Vorsatzschicht beträgt 4 mm. Wenn die Dicke der Vorsatzschicht festgestellt werden soll, wird ein gebrochener Pflasterstein verwendet, an dem die kleinste Dicke gemessen wird (siehe Anhang C der Norm). Die Dicke der Vorsatzschicht darf nicht an der Fase gemessen werden. In die Vorsatzschicht vereinzelt hineinragende Körner des Zuschlags bleiben unberücksichtigt.

Die allgemeinen Ausführungen beschreiben auch die mögliche Herstellung der Kanten der Pflastersteine. Scharfkantige Pflastersteine sind solche, deren Kanten auch abgeschrägt oder abgerundet sein dürfen, wenn ihr horizontales oder vertikales Maß 2 mm nicht überschreitet. Pflastersteine mit einer Fase sind solche, deren Kanten mit mehr als 2 mm abgeschrägt sind. Die Maße einer Fase müssen vom Hersteller angegeben werden.

Pflastersteine können mit funktionalen und/oder dekorativen Profilierungen hergestellt werden, die in den Nennmaßen eines Pflastersteins nicht enthalten sein dürfen. Dem entsprechend sind die Nennmaße ohne Berücksichtigung möglicher Abstandshalter oder Abstandshilfen zu messen.

DIN EN 1338

Pflastersteine aus Beton – Anforderungen und Prüfverfahren,
Ausgabe 2003/2006

5.2 Form und Maße

5.2.1 Allgemeines

Alle in diesem Abschnitt angegebenen Maße beziehen sich auf Nennmaße.

Die Konformitätskriterien für jede einzelne Anforderung sind in 6.3.8.1 angegeben. Die Maße und Abweichungen sind nach Anhang C zu messen.

5.2.2 Nennmaße

Die Nennmaße sind vom Hersteller anzugeben.

Kommentar

Die Nennflächenmaße und die Nenndicke der Pflastersteine sind vom Hersteller anzugeben. Die Bestimmung der Maße muss nach DIN EN 1338, Anhang C, erfolgen. Demnach sind in der Regel Messgeräte mit einer Genauigkeit von 0,5 mm zu verwenden. Gemessen werden die Gesamtaußenmaße, die Dicke, die Dicke der Vorsatzschicht, die Ebenheit und Krümmung, die Fase sowie die Diagonale bei Pflastersteinen mit Diagonalen über 300 mm Länge.

Mit den Istmaßen werden die sogenannten Gesamtaußenmaße bestimmt. Dies sind die Länge und Breite eines den Pflasterstein umhüllenden Rechtecks, eventuelle Abstandshalter bleiben dabei unberücksichtigt. Pflastersteine können mit Abstandshaltern, seitlichen Abschrägungen oder geschlitzten und profilierten Seitenflächen hergestellt werden. Wenn diese vorgesehen sind, muss der Hersteller trotzdem die Nennmaße, also die Maße ohne Abstandshalter, angeben.

In der Regel werden die Pflastersteine im Handel nach ihrem Rastermaß benannt, also z. B. mit einem Flächenmaß 30 × 20 × Dicke in cm. Das Produktionsmaß ohne die Abstandshalter beträgt dann z. B. 296 × 196 mm. Wegen des Rastermaßes sollte, siehe untenstehenden Kommentar zu 5.2.3, bei den Maßen des Pflastersteins ein Abzug für Fugen und Abweichungen berücksichtigt werden.

DIN EN 1338

Pflastersteine aus Beton – Anforderungen und Prüfverfahren,
Ausgabe 2003/2006

5.2.3 Abstandhalter, seitliche Abschrägung oder geschlitzte und profilierte Seitenflächen

Pflastersteine können mit Abstandhaltern, seitlichen Abschrägungen oder geschlitzten und profilierten Seitenflächen hergestellt werden. Wenn diese vorgesehen sind, muss der Hersteller die Nennmaße angeben.

Anmerkung: Wegen des Rastermaßes sollte bei den Maßen des Pflastersteins ein Abzug für Fugen und Abweichungen berücksichtigt werden.

Kommentar

Wie zuvor beschrieben müssen die Maße einer Fase oder Abschrägung vom Hersteller angegeben werden. Die Fase ist mit einem kalibrierten rechten Winkel auf jeder Seite des Pflastersteins zu erfassen. Die Mittelwerte der vertikalen und horizontalen Maße der Fase sind auf einen Millimeter genau zu berechnen und aufzuzeichnen.

Fasen können ausgeprägt sein oder auf ein Mindestmaß beschränkt werden. Die ursprünglich zum Kantenschutz bei der Produktion der Befestigungselemente vorgesehene Fase beeinflusst die Nutzungseigenschaften einer

Kommentar

Pflasterdecke deutlich. So werden Kantenschäden bei befahrenen Flächen reduziert und Fugenentleerungen nach bisherigen Erfahrungen gemindert. Die Ebenheit verringert sich dabei naturgemäß, und die Lärmentwicklung infolge Kfz-Verkehr nimmt mit zunehmender Fase regelmäßig zu. Die Ausbildung einer Fase ist daher abzuwägen. Flächen mit sehr kleiner Fase (oft auch Mikrofase genannt) werden gern bei Fußgänger- oder Radverkehrsflächen eingesetzt. Auch bei barrierefrei gestalteten Flächen sollte die Fase möglichst gering sein.

In den TL Pflaster-StB sind hinsichtlich der zulässigen Abweichungen der Nennmaße der Pflastersteine keine zusätzlichen Festlegungen enthalten. Es gilt Tabelle 1 der DIN EN 1338.

DIN EN 1338

Pflastersteine aus Beton – Anforderungen und Prüfverfahren,
Ausgabe 2003/2006

5.2.4 Zulässige Abweichungen

Die Werte für die zulässigen Abweichungen von den vom Hersteller angegebenen Nennmaßen sind in den Tabellen 1, 2 und 3 angeben.

Tabelle 1 – Zulässige Abweichungen

Dicke des Pflastersteins mm	Länge mm	Breite mm	Dicke mm
< 100	±2	±2	±3
≥ 100	±3	±3	±4
Die Differenz zwischen zwei beliebigen Messungen der Dicke eines einzelnen Pflastersteins muss ≤ 3 mm betragen.			

Für nicht rechtwinklige Pflastersteine müssen die Abweichungen der anderen Maße vom Hersteller angegeben werden.

Kommentar

Die Nennmaße sind die für die Herstellung eines Pflastersteins vom Hersteller festgelegten Maße, mit denen das jeweilige Istmaß innerhalb festgelegter zulässiger Abweichungen übereinstimmen sollte. Die Istmaße müssen jeweils an zwei Stellen gemessen werden und der Mittelwert ist auf ganze Millimeter gerundet anzugeben. Die Istmaße können dann mit den vom Hersteller angegebenen Nennmaßen verglichen werden.

Die Nennmaße sind dabei nicht mit den Rastermaßen zu verwechseln. Während – wie beschrieben – die Nennmaße eine Angabe zu den konkreten Abmessungen der Pflastersteine darstellen, werden mit den Rastermaßen die Abstände zwischen den Fugenachsen erfasst. Dies bedeutet, dass das Nennmaß plus die Fugenbreite das jeweilige Rastermaß ergeben. Bei der Planung von Flächenbefestigungen sind daher die Rastermaße maßgebend und nicht die zu deklarierenden Nennmaße.

Die Dicke der Pflastersteine ist an vier Stellen auf gegenüberliegenden Seiten im Abstand von 20 mm vom Rand des Steines zu messen und auf ganze Millimeter zu mitteln. Die Ebenheit und Krümmung der Pflastersteine wird beispielsweise mit einer Aufsatzlehre und einem Messkeil ermittelt. Die Messgenauigkeit darf 0,1 mm nicht unterschreiten. Konkave und konvexe Abweichungen sind zu dokumentieren. Die Übereinstimmung der Formen und Maße der Produktion mit den Anforderungen muss im Rahmen der Werkseigenen Produktionskontrolle für jede Maschine und jeden Produktionstag erfolgen.

4.1.2 Zulässige Abweichungen bei der Messung der Diagonalen

Siehe DIN EN 1338, Abschnitt 5.2.4, Tabelle 2

Überschreitet bei einem rechtwinkligen Pflasterstein die Länge der Diagonalen 300 mm, muss die Differenz aus der Messung der beiden Diagonalen die Anforderung der Tabelle 15 erfüllen.

Tabelle 15: Pflastersteine aus Beton – Maximale Differenzen der beiden Diagonalen

Klasse	Kennzeichnung	Maximale Differenz mm
2	K	3

DIN EN 1338

Pflastersteine aus Beton – Anforderungen und Prüfverfahren,
Ausgabe 2003/2006

5.2.4 Zulässige Abweichungen

...

Wenn die Länge der Diagonalen 300 mm überschreitet, sind die maximal zulässigen Differenzen aus der Messung der beiden Diagonalen eines rechtwinkligen Pflastersteins in Tabelle 2 angegeben.

Tabelle 2 – Maximale Differenzen

Klasse	Kennzeichnung	Maximale Differenz mm
1	J	5
2	K	3

Kommentar

Bei Anwendung der TL Pflaster-StB ist für die maximale Differenz der Diagonalen der Pflastersteine die Klasse 2 mit einem zulässigen Maß von 3 mm vereinbart.

DIN EN 1338

Pflastersteine aus Beton – Anforderungen und Prüfverfahren,
Ausgabe 2003/2006

5.2.4 Zulässige Abweichungen

...

Wenn das Größtmaß eines Pflastersteins 300 mm überschreitet, müssen für eine planmäßig ebene Oberfläche die Abweichungen für Ebenheit und Wölbung nach Tabelle 3 eingehalten werden. Wenn die Oberseite nicht als eben vorgesehen ist, muss der Hersteller Angaben zu Abweichungen machen.

Tabelle 3 – Abweichungen von Ebenheit und Wölbung

Messlänge mm	Maximal konvex mm	Maximal konkav mm
300	1,5	1,0
400	2,0	1,5

Anmerkung: Für spezielle Anwendungsgebiete, wie z. B. Flughäfen, ist es möglich, dass besondere Anforderungen zu Abweichungen festgelegt sind.

Kommentar

In den TL Pflaster-StB sind hinsichtlich der zulässigen Abweichungen von der Ebenheit und möglicher Wölbungen der Oberseite der Pflastersteine keine zusätzlichen Festlegungen enthalten. Es gilt Tabelle 3 der DIN EN 1338.

4.1.3 Witterungswiderstand

Siehe DIN EN 1338, Abschnitt 5.3.2, Tabelle 4.2

Der Witterungswiderstand muss die Anforderungen der Tabelle 16 erfüllen.

Tabelle 16: Pflastersteine aus Beton – Frost-Tausalz-Widerstand

Klasse	Kennzeichnung	Masseverlust nach der Frost-Tausalz-Prüfung kg/m²
3	D	≤ 1,0 als Mittelwert mit keinem Einzelwert > 1,5

DIN EN 1338

Pflastersteine aus Beton – Anforderungen und Prüfverfahren,
Ausgabe 2003/2006

5.3 Physikalische und mechanische Eigenschaften

5.3.1 Allgemeines

Die Pflastersteine müssen zu dem Zeitpunkt, zu dem sie vom Hersteller als gebrauchstauglich erklärt werden, die folgenden Anforderungen erfüllen.

Wenn Ergänzungssteine nicht nach dieser Norm geprüft werden können, entsprechen sie dieser Norm, wenn sie mindestens die gleiche Betonqualität besitzen wie Pflastersteine, die dieser Norm entsprechen.

5.3.2 Witterungswiderstand

5.3.2.1 Prüfverfahren

Der Witterungswiderstand wird durch Prüfungen des Frost-Tausalz-Widerstandes nach Anhang D oder der Wasseraufnahme nach Anhang E und anhand der Übereinstimmungskriterien nach 6.3.8.2 bestimmt.

5.3.2.2 Leistungsfähigkeit und Klassen

Die Pflastersteine müssen die Anforderungen der Tabelle 4.1 oder der Tabelle 4.2 erfüllen.

Empfehlungen zu Klasse(n) des Witterungswiderstandes dürfen national gegeben werden, um die Dauerhaftigkeit des Produktes für dieses Land und für die Verwendung, für die das Produkt auf dem Markt gebracht wird, sicherzustellen.

Tabelle 4.1 – Wasseraufnahme

Klasse	Kennzeichnung	Wasseraufnahme Masse-%
1	A	Keine Anforderung
2	B	≤ 6

Wenn besondere Bedingungen herrschen, z. B. wenn Flächen bei Frost häufig mit Tausalzen in Kontakt kommen, müssen die Anforderungen nach Tabelle 4.2 erfüllt werden.

Kommentar

Tabelle 4.2 der DIN EN 1338 entspricht der Tabelle 16 der TL Pflaster-StB. Die Prüfung des Frost-Tausalz-Widerstandes erfolgt nach Anhang D der DIN EN 1338. Der entsprechend hergerichtete Probekörper wird mit 3-prozentiger NaCl-Lösung bedeckt und dann 28 Frost-Tau-Wechseln ausgesetzt.

Die Fläche der Oberseite des Probekörpers muss über 7 500 mm², jedoch weniger als 25 000 mm² betragen. Sie ist als Prüffläche zu verwenden. Die Dicke des Probekörpers darf 103 mm nicht überschreiten. Wenn der Probekörper, um diese Anforderung zu erfüllen, aus einem Pflasterstein herausgeschnitten werden muss, muss dies durch Sägen aus einem mindestens 20 Tage alten Pflasterstein erfolgen. Zunächst wird ein abgedichteter und an den Seitenflächen wärmeisolierter Probekörper 72 Stunden auf der Prüffläche einer 5 mm dicken Schicht Trinkwasser ausgesetzt.

Das Trinkwasser wird abgeschüttet und durch eine 3-prozentige Kochsalzlösung ersetzt, die während der anschließenden Frost-Tau-Zyklen auf der Oberfläche verbleibt.

Der abgewitterte Masseverlust des Pflastersteins nach Beendigung der Prüfung wird gewogen und auf die Prüffläche bezogen.

DIN EN 1338

Pflastersteine aus Beton – Anforderungen und Prüfverfahren,
Ausgabe 2003/2006

Anhang D Bestimmung der Widerstandsfähigkeit gegen Frost-Tau-Wechsel mit Tausalz

...

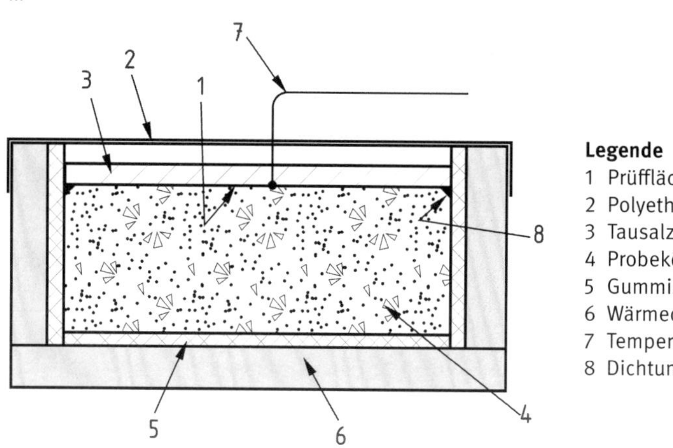

Bild D.2 – Prinzipieller Aufbau für die Frost-Tausalz-Prüfung

Kommentar

Zur Spaltzugfestigkeit heißt es in der Norm:

DIN EN 1338

Pflastersteine aus Beton – Anforderungen und Prüfverfahren,
Ausgabe 2003/2006

5.3.3 Spaltzugfestigkeit

5.3.3.1 Prüfverfahren

Die charakteristische Spaltzugfestigkeit *T* ist durch Prüfung nach Anhang F und anhand der Übereinstimmungskriterien nach 6.3.8.3 zu bestimmen.

DIN EN 1338

5.3.3.2 Leistungsfähigkeit

Die charakteristische Spaltzugfestigkeit *T* darf nicht geringer als 3,6 MPa sein. Kein Einzelwert darf weniger als 2,9 MPa betragen und die Bruchlast darf nicht geringer als 250 N/mm Spaltflächenlänge sein.

5.3.3.3 Dauerhaftigkeit der Festigkeit

Unter normalen Einsatzbedingungen behalten Pflastersteine aus Beton eine ausreichende Festigkeit, vorausgesetzt, dass sie 5.3.3.2 entsprechen und den üblichen Erhaltungsmaßnahmen unterliegen.

Kommentar

Die charakteristische Spaltzugfestigkeit T ist durch Prüfung nach Anhang F der DIN EN 1338 zu bestimmen. Eine Prinzipskizze für die Prüfung ist dem Bild F.1 des Anhanges F zu entnehmen. Die Übereinstimmung der Produktion muss für jede Maschine je Produktionstag beurteilt werden. Die charakteristische Spaltzugfestigkeit T darf dabei nach Norm nicht geringer als 3,6 MPa sein. Dies ist die Anforderung an den arithmetischen Mittelwert von 8 Pflastersteinen (bei der Erstprüfung). Kein Einzelergebnis darf weniger als 2,9 MPa betragen, und die Bruchlast darf nicht geringer als 250 N je mm der Spaltflächenlänge sein. Die Spaltflächenlänge muss dabei bei jedem Versuch erfasst werden.

Eine Prüfung der Druckfestigkeit ist mit Herausgabe der europäischen Normen zugunsten der Spaltzugfestigkeit nicht mehr erforderlich.

DIN EN 1338

Pflastersteine aus Beton – Anforderungen und Prüfverfahren,
Ausgabe 2003/2006

Anhang F Bestimmung der Spaltzugfestigkeit

...

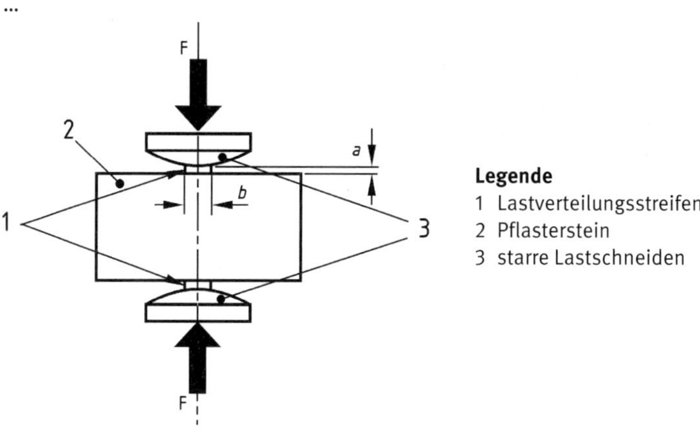

Bild F.1 – Prinzip der Prüfung

4.1.4 **Abriebwiderstand**

Siehe DIN EN 1338, Abschnitt 5.3.4, Tabelle 5

Der Abriebwiderstand muss die Anforderungen der Tabelle 17 erfüllen.

Tabelle 17: Pflastersteine aus Beton – Abriebwiderstand

Klasse	Kenn-zeichnung	Anforderung	
		Bestimmt nach dem „Abriebverfahren mit breiter Schleifscheibe“	Alternativ bestimmt nach dem „Prüfverfahren nach Böhme“
4	I	≤ 20 mm	≤ 18 000 mm³/5 000 mm²

DIN EN 1338 **Pflastersteine aus Beton – Anforderungen und Prüfverfahren,** Ausgabe 2003/2006

5.3.4 Abriebwiderstand

5.3.4.1 Prüfverfahren

Der Abriebwiderstand wird mit dem Abriebverfahren mit breiter Schleifscheibe nach Anhang G bestimmt oder als Alternative darf das Prüfverfahren nach Böhme (siehe Anhang H) angewendet werden. Die Referenzprüfung ist das Abriebverfahren mit breiter Schleifscheibe.

5.3.4.2 Leistungsfähigkeit und Klassen

In Tabelle 5 sind die Anforderungen an den Abriebwiderstand angegeben.

Kein Einzelergebnis darf größer sein als der geforderte Wert.

Tabelle 5 – Abriebwiderstandsklassen

Klasse	Kenn-zeichnung	Anforderung	
		Bestimmt nach dem Prüfverfahren in Anhang G	Alternativ bestimmt nach dem Prüfverfahren in Anhang H
1	F	Keine Anforderung	Keine Anforderung
3	H	≤ 23 mm	≤ 20 000 mm³/5 000 mm²
4	I	≤ 20 mm	≤ 18 000 mm³/5 000 mm²

Kommentar Bei der Prüfung mit breiter Schleifscheibe wird die Oberseite eines Pflastersteins mit einem Schleifmittel unter genormten Bedingungen durch 75 Umdrehungen der Schleifscheibe abgeschliffen.

Im folgenden Bild G.1 der DIN 1338 ist das Prinzip dargestellt. Als Ergebnis wird die Länge der Schleifrillen angegeben.

DIN EN 1338

Pflastersteine aus Beton – Anforderungen und Prüfverfahren,
Ausgabe 2003/2006

Anhang G Bestimmung des Abriebwiderstands

...

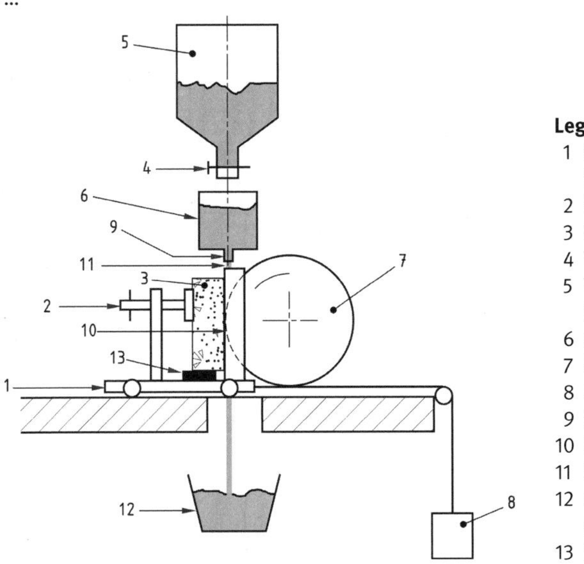

Legende
1 fahrbare Probekörperhalterung
2 Stellschraube
3 Probekörper
4 Ventil
5 Vorratsbehälter für Schleifmittel
6 einstellbarer Behälter
7 breite Schleifscheibe
8 Gegengewicht
9 Schlitz
10 Schleifspur
11 Schleifmittelzufuhr
12 Auffangbehälter für Schleifmittel
13 Keil

Bild G.1 – Verschleißprüfgerät

Kommentar

Bei der Messung des Verschleißes mit dem Prüfverfahren nach Böhme werden auf eine mit Norm-Schleifmittel bestreute Schleifbahn der Schleifscheibe quadratische Platten oder Würfel aufgesetzt. Unter der drehenden Schleifscheibe werden die Probekörper einer Verschleißbelastung von (294 ±3) N für 16 Prüfperioden je 22 Umdrehungen ausgesetzt. Nach jeder Prüfperiode wird die Kontaktfläche gesäubert, der Probekörper um 90° gedreht und neues Schleifmittel aufgebracht. Der Schleifverschleiß wird als Volumenverlust des Probekörpers bestimmt.

DIN EN 1338

Pflastersteine aus Beton – Anforderungen und Prüfverfahren,
Ausgabe 2003/2006

Anhang H Messung des Verschleißes mit dem Prüfverfahren nach Böhme

...

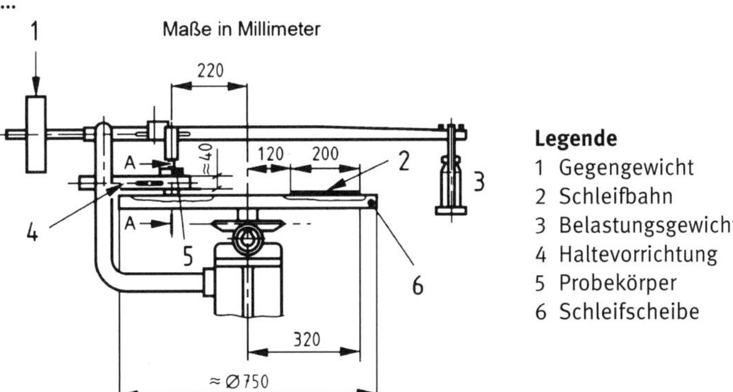

Legende
1 Gegengewicht
2 Schleifbahn
3 Belastungsgewicht
4 Haltevorrichtung
5 Probekörper
6 Schleifscheibe

Bild H.1 – Prinzip der Schleifscheibe nach Böhme

Kommentar

In den TL Pflaster-StB sind hinsichtlich des Gleit-/Rutschwiderstandes keine zusätzlichen Festlegungen enthalten. Es gelten die Festlegungen unter 5.3.5 der DIN EN 1338. Der Kommentar zu den Abschnitten 1.4.1, 2.8 und 2.9 der ZTV Pflaster-StB befasst sich ausführlich mit dem Gleit-/Rutschwiderstand.

DIN EN 1338

Pflastersteine aus Beton – Anforderungen und Prüfverfahren,
Ausgabe 2003/2006

5.3.5 Gleit-/Rutschwiderstand

5.3.5.1 Feststellung

Pflastersteine aus Beton haben einen ausreichenden Gleit-/Rutschwiderstand, vorausgesetzt, dass ihre obere Oberfläche nicht geschliffen oder poliert oder so hergestellt wurde, dass eine glatte Oberfläche entstanden ist.

5.3.5.2 Prüfverfahren

Sollte im Ausnahmefall ein Wert für den Gleit-/Rutschwiderstand erforderlich sein, muss das im Anhang I beschriebene Prüfverfahren angewendet werden, und der Mindestwert des Gleit-/Rutschwiderstandes ist zu deklarieren.

Sollte die Oberfläche eines Pflastersteins Riefen, Rillen oder andere Oberflächenmerkmale aufweisen, die ein Prüfen mit dem Pendelgerät unmöglich machen, oder sollte die Pflastersteinfläche als Prüffläche zu klein sein, muss der Hersteller einen größeren Pflasterstein mit den gleichen Oberflächenmerkmalen prüfen.

Anmerkung: Der Wert des Gleit-/Rutschwiderstandes bezieht sich auf Pflastersteine, wie sie hergestellt sind, und stellt einen ausreichenden Gleit-/Rutschwiderstand nach der Verlegung sicher.

5.3.5.3 Dauerhaftigkeit des Gleit-/Rutschwiderstandes

Unter normalen Einsatzbedingungen besitzen Pflastersteine aus Beton einen ausreichenden Gleit-/Rutschwiderstand während der Lebensdauer des Produkts, vorausgesetzt, dass sie den üblichen Erhaltungsmaßnahmen unterliegen und dass nicht ein Großteil von Gesteinskörnungen, die sich unter Beanspruchung übermäßig polieren, an der Oberseite frei liegen.

Anmerkung: Die Entwicklung eines geeigneten Prüfverfahrens für die Dauerhaftigkeit des Gleit-/Rutschwiderstandes wird in TC 178, WG 4, durchgeführt.

Kommentar

DIN EN 1338 stellt pauschal unter 5.3.5.1 fest, bei welcher Herstellung ein ausreichender Gleit-/Rutschwiderstand gegeben ist, und nennt unter 5.3.5.2 die Prüfung nach Anhang I der Norm einen „Ausnahmefall".

Verkehrsflächen müssen eine ausreichende Verkehrssicherheit für alle Verkehrsteilnehmer unter normalen Nutzungsbedingungen sicherstellen können. Für Fußgänger wird dies mittels des sogenannten Gleitwiderstandes bewertet. Für Fahrzeuge, insbesondere Kfz, erfolgt die Bewertung in der Regel mittels der Griffigkeit.

Hierbei ist der entsprechende Gleit-/Rutschwiderstand oder die Griffigkeit der **hergestellten Verkehrsfläche** das Maß. Allerdings bestehen Pflasterdecken und Plattenbeläge aus Befestigungselementen und Fugen. Die Fugen haben dabei sowohl einen positiven als auch einen negativen Einfluss. Ein ausreichend geeignetes Prüfverfahren für die hergestellte Verkehrsfläche, welches diese Fugen berücksichtigt, liegt für Pflasterdecken und Plattenbeläge national noch nicht vor bzw. hat keinen ausreichenden Bewertungshintergrund. Da diese Eigenschaft ja von größtem Interesse ist, sind Forschungen hierzu dringend erforderlich. Allerdings scheiterte dies in der Vergangenheit immer

Kommentar

an den Finanzierungsmöglichkeiten. Damit liegt derzeit weder ein Prüfverfahren noch ein Bewertungshintergrund vor, so dass auch keine Anforderungen im Rahmen der ZTV Pflaster-StB aufgestellt werden konnten.

Bezüglich der Begrifflichkeit beschreibt in der Regel der Gleitwiderstand die Interaktion zwischen Fußgängerschuh und Befestigung, während mit dem Rutschwiderstand die Reaktion zwischen Fahrzeugreifen und Befestigung erfasst wird.

Das im Anhang der Norm erläuterte Prüfverfahren entspricht dem SRT-Pendelverfahren. Hierbei wird ein definiertes und unter Federkraft stehendes Gummi an einem Gewicht über eine vorgegebene Auslenkung über eine definierte Oberfläche des Prüfkörpers gependelt (siehe Bild I.1 der DIN EN 1338). Die Prüfoberfläche wird zur Versuchsdurchführung angenässt, es wird also das Ausrutschen eines Fußgängers bei Nässe simuliert. Die Abbremsung des Pendels durch die Rauheit der Oberfläche wird mittels des Schleppanzeigers und einer definierten Skala erfasst. Ergebnis ist der dimensionslose SRT-Wert (**S**kid **R**esistance **T**ester). Dieser wird als arithmetischer Mittelwert von 5 Probekörpern angegeben und USRV (**u**npolished **s**lip **r**esistance **v**alue) genannt, das U steht hier für unpolierte Oberflächen.

DIN EN 1338

Pflastersteine aus Beton – Anforderungen und Prüfverfahren,
Ausgabe 2003/2006

Anhang I Verfahren zur Bestimmung des Gleitwiderstandswerts von unpolierten Flächen (USRV)

...

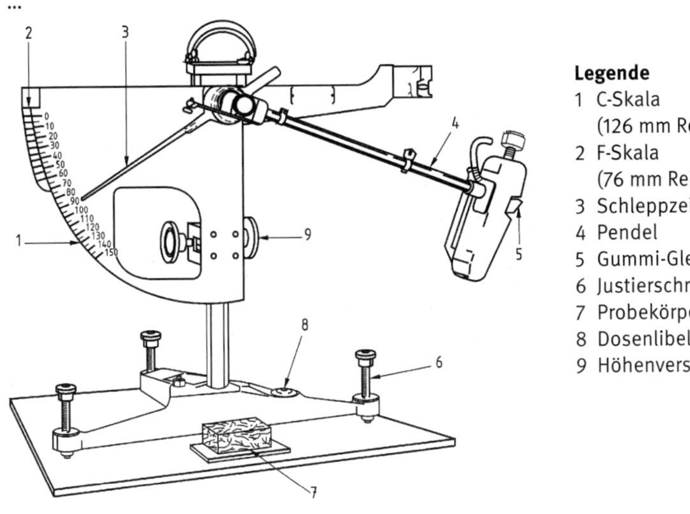

Legende
1 C-Skala (126 mm Reiblänge)
2 F-Skala (76 mm Reiblänge)
3 Schleppzeiger
4 Pendel
5 Gummi-Gleitkörper
6 Justierschraube
7 Probekörperhalterung
8 Dosenlibelle
9 Höhenverstellung

Bild I.1 – Pendelgerät

Kommentar

Dieser Kennwert lässt insbesondere eine Aussage zur Mikrotextur von Oberflächen zu. Die für die Drainage von Oberflächen wichtige Makrotextur wird mit diesem Verfahren nicht erfasst. Möglichkeiten zur Erfassung der Makrotextur sind z. B. das national angewendete Ausflussverfahren oder die Sandfleckmethode. Diese auf Flächen und nicht auf Produkte angepassten Verfahren sind nicht in die Norm aufgenommen worden, wodurch hier auch keine Anforderungen an die Bauprodukte zu stellen sind.

Kommentar

Sollte, laut Abschnitt 5.3.5.2 der DIN EN 1338, „die Oberfläche eines Pflastersteins Riefen, Rillen oder andere Oberflächenmerkmale aufweisen, die ein Prüfen mit dem Pendelgerät unmöglich machen, oder sollte die Pflastersteinfläche als Prüffläche zu klein sein", wird dort festgelegt, dass der Hersteller einen größeren Pflasterstein mit den gleichen Oberflächenmerkmalen zu prüfen hat.

Der auf diese Weise ermittelte SRT-Kennwert (USRV) steht dabei immer nur für den direkt nach der Herstellung vorhandenen Zustand. Durch Einbau und Verdichtung sowie durch Verkehrsbeanspruchung ändert sich dieser Zustand. Der vorab nach DIN EN 1338 ermittelte SRT-Wert steht daher grundsätzlich nicht für den späteren Zustand. Durch entsprechende Vorgaben kann also nicht automatisch ein ausreichender Gleit-/Rutschwiderstand nach der Verlegung sichergestellt werden.

In Abschnitt 5.3.5.3 zur Dauerhaftigkeit des Gleit-/Rutschwiderstandes sagt die DIN EN 1338 aus, dass Pflastersteine aus Beton „unter normalen Einsatzbedingungen" einen ausreichenden Gleit-/Rutschwiderstand während der Lebensdauer des Produktes besitzen. Allerdings gilt dies nur unter der Voraussetzung, dass die „üblichen Erhaltungsmaßnahmen" durchgeführt werden und dass „nicht ein Großteil von Gesteinskörnungen des Pflastersteins, die sich unter Beanspruchung übermäßig polieren, an der Oberseite frei liegen". Sowohl die Zusammensetzung an der Oberfläche der Befestigungselemente als auch die Reinigungsverfahren der Fläche können den Gleit-/Rutschwiderstand beeinflussen. Es gibt also sehr wohl Einschränkungen, unter denen auch Pflastersteine aus Beton einen verminderten Gleit-/Rutschwiderstand aufweisen können. In der Praxis treten bei Betonsteinen diese Randbedingungen jedoch eher selten auf. Sehr häufig weisen die Betonelemente dauerhaft eine ausreichende Rauigkeit auf, wodurch ein angemessener Gleit- und Rutschwiderstand gewährleistet werden kann. Ein einheitliches Prüfverfahren zur Beurteilung der Dauerhaftigkeit dieses Kennwertes liegt noch nicht vor. Daher kann diese Eigenschaft noch nicht europäisch geregelt werden.

Anforderungen an den Gleit- und Rutschwiderstand sind immer auch in Verbindung mit dem jeweiligen Anwendungsfall zu sehen. Bei sehr steilen Strecken oder bei Flächen mit hohem Wasseranfall sind beispielsweise gesonderte erhöhte Anforderungen erforderlich.

Allgemein erfordert natürlich eine rutschfeste Oberfläche Befestigungselemente, die mindestens zu Beginn einen hinsichtlich der in jedem Einzelfall vorliegenden Nutzungsbedingungen ausreichenden Rutschwiderstand aufweisen. Dies berücksichtigt auch die europäische Norm. Daher können Anforderungen an den USRV gemäß DIN EN 1338 und den TL Pflaster-StB gestellt werden. Da keine wissenschaftlich begründeten Bewertungen vorliegen, welcher USRV bei welcher Verkehrsbelastung dauerhaft einen ausreichenden Gleit-/Rutschwiderstand liefert, konnten noch keine Anforderungen in die ZTV Pflaster-StB oder die TL Pflaster-StB aufgenommen werden. Das „Merkblatt über den Rutschwiderstand von Pflasterdecken und Plattenbelägen für Fußgängerflächen" der FGSV empfiehlt jedoch für neu hergestellte Fußgängerflächen einen SRT-Wert von mehr als 55 [–]. Dies stellt aus Sicht der Verfasser aber eher eine grobe Abschätzung dar, weil sowohl Verkehrsbelastung als auch Makrorauheit u. a. unberücksichtigt bleiben.

Kommentar

Nach DIN 18040-3 „Barrierefreies Bauen – Planungsgrundlagen – Teil 3: Öffentlicher Verkehrs- und Freiraum“[2] wird für Bewegungsflächen und nutzbare Gehwegbreiten gefordert, dass sie für eine barrierefreie Nutzung rutschhemmend sein müssen. Hierzu wird ein SRT-Wert von mindestens 55 [–] oder alternativ ein R-Wert von mindestens R11 oder von mindestens R 10/V4 (Schiefe-Ebene-Verfahren) gefordert. Bei Bodenbelägen, deren Rutschhemmung nicht mit dem SRT-Messverfahren ermittelbar ist (z. B. Bodenindikatoren), muss der R-Wert nach DIN 51130[3] nachgewiesen werden[4].

Diese DIN 51130 legt ein Verfahren fest, welches die rutschhemmenden Eigenschaften von Bodenbelägen in Arbeitsräumen und Arbeitsbereichen mit Rutschgefahr ermittelt. Norm und Verfahren sind originär nicht für öffentliche Verkehrsflächen erstellt. Kerngedanke der Norm ist der ausreichende Arbeitsschutz am Arbeitsplatz. Arbeitsräume mit Rutschgefahr sind solche, in denen gleitfördernde Stoffe, z. B. Fett, Öl, Staub, Mehl usw., auf den Fußboden gelangen. Da hierunter auch Wasser fällt, wird die Norm auch gern für bewitterte Verkehrsflächen genutzt – dieser Anwendungsbereich ist und war auch ursprünglich jedoch nicht vorgesehen.

Bei diesem Verfahren begeht eine Prüfperson in aufrechter Haltung vor- und rückwärts einen zu prüfenden Bodenbelag, dessen Neigung immer mehr gesteigert wird, daher der Begriff „Schiefe-Ebene-Verfahren“. Der zu prüfende Belag wird mit einem festgelegten Gleitmittel bestrichen. Dies ist ein Motoren-Schmieröl mit vorgegebener Viskosität. Die Neigung, bei der gerade noch eine Begehung möglich ist, wird Akzeptanzwinkel genannt. Die Begehung erfolgt mit festgelegten Prüfschuhen auf einer 2-m-Platte mit Prüfbelag. Subjektive Einflussfaktoren werden durch Kalibrierung mittels Standardbelägen eingegrenzt. Resultierende Akzeptanzwinkel führen anschließend zur Klasseneinteilung, z. B.:

- Klasse R 9: Gesamtakzeptanzwinkel zwischen 6° und 10°
- Klasse R 10: Gesamtakzeptanzwinkel über 10° bis 19°
- Klasse R 11: Gesamtakzeptanzwinkel über 19° bis 27°.

DIN EN 1338

Pflastersteine aus Beton – Anforderungen und Prüfverfahren,
Ausgabe 2003/2006

5.3.6 Leistungsfähigkeit bei Brandbeanspruchung

5.3.6.1 Brandverhalten

Pflastersteine aus Beton besitzen ohne Prüfung das Brandverhalten nach Klasse A1[1)].

1) Es wird auf die Kommissionsentscheidung 96/603/EU der EU verwiesen.

2 DIN 18040-3:2014-12: Barrierefreies Bauen – Planungsgrundlagen – Teil 3: Öffentlicher Verkehrs- und Freiraum, Ausgabe 2014, Beuth Verlag, Berlin 2014

3 DIN 51130: Prüfung von Bodenbelägen – Bestimmung der rutschhemmenden Eigenschaft – Arbeitsräume und Arbeitsbereiche mit Rutschgefahr – Begehungsverfahren – Schiefe Ebene, Ausgabe 2014. Diese Norm wurde ersetzt durch DIN EN 16165, Bestimmung der Rutschhemmung von Fußböden – Ermittlungsverfahren, Ausgabe 2021, Beuth Verlag, Berlin 2021

4 Nach DIN 18500-1 wird für Betonwerkstein ausgesagt, dass „Bauteile und Elemente mit Schliff bis Körnung C220 (…) bei bestimmungsgemäßem Einsatz in Innenbereichen einen Rutschwiderstand auf(weisen), welcher der Bewertungsgruppe R 9 nach der DGUV-Regel 108-003 (ehemals BGR181) zuzuordnen ist“. Diese Norm ist jedoch nicht Bestandteil des Anwendungsbereiches von ZTV und TL Pflaster-StB.

DIN EN 1338

Pflastersteine aus Beton – Anforderungen und Prüfverfahren, Ausgabe 2003/2006

5.3.7 Wärmeleitfähigkeit

Wenn Pflastersteine aus Beton zum wärmetechnischen Verhalten eines Bauteils beitragen, muss der Hersteller die Wärmeleitfähigkeit anhand von Entwurfsdaten aus EN 13369 angeben.

Kommentar

Der Beitrag zum wärmetechnischen Verhalten eines Bauteils ist in der Regel bei öffentlichen Verkehrsflächen nicht der Fall.

Bei Pflastersteinen aus Beton als Belag auf Dächern wird gemäß Norm ohne Prüfung davon ausgegangen, dass sie die Anforderungen für die Brandbeanspruchung von außen erfüllen.

DIN EN 1338

Pflastersteine aus Beton – Anforderungen und Prüfverfahren, Ausgabe 2003/2006

5.4 Äußere Beschaffenheit

5.4.1 Aussehen

Die Oberseite des Pflastersteins darf keine Schäden, wie z. B. Risse oder Abplatzungen zeigen, wenn sie nach Anhang J geprüft wird.

Bei zweischichtigen Pflastersteinen, die nach Anhang J geprüft werden, darf kein Ablösen (d. h. Trennen) zwischen den Schichten eintreten.

Anmerkung: Ausblühungen beinträchtigen nicht die Gebrauchstauglichkeit der Pflastersteine und werden nicht als bedeutend betrachtet.

5.4.2 Oberflächenstruktur

Wenn Pflastersteine mit einer speziellen Oberflächenstruktur hergestellt werden, muss diese Struktur vom Hersteller beschrieben werden.

Wenn bei der Prüfung nach Anhang J keine wesentlichen Unterschiede in der Oberflächenstruktur gegenüber den vom Hersteller bereitgestellten und vom Käufer genehmigten Mustern vorhanden sind, muss Übereinstimmung festgestellt werden.

Anmerkung: Abweichungen von der Gleichmäßigkeit der Oberflächenstruktur der Pflastersteine können durch unvermeidbare Schwankungen der Eigenschaften bei den Ausgangsstoffen und beim Erhärten hervorgerufen werden und werden nicht als bedeutend betrachtet.

5.4.3 Farbe

Es liegt im Ermessen des Herstellers, ob die Vorsatzschicht oder der gesamte Pflasterstein farbig ausgeführt wird.

Wenn bei Prüfung nach Anhang J keine wesentlichen Unterschiede in der Farbe gegenüber den vom Hersteller bereitgestellten und vom Käufer genehmigten Mustern vorhanden sind, muss Übereinstimmung festgestellt werden.

Anmerkung: Abweichungen von der Farbintensität der Pflastersteine können durch unvermeidbare Abweichungen bei der Einfärbung, durch Schwankungen der Eigenschaften bei den Ausgangsstoffen und beim Erhärten hervorgerufen werden und werden nicht als bedeutend betrachtet.

Kommentar

Die Prüfung der äußeren Beschaffenheit erfolgt nach Anhang J der DIN EN 1338. Nach diesem Anhang muss zunächst jeder Pflasterstein einzeln hinsichtlich Ablöseerscheinungen und Verbundverlust geprüft werden. Anschließend sind die zu begutachtenden Steine zu einer Fläche quadratisch

Kommentar

auszulegen und in einem Abstand von 2 m von jeder Kante des verlegten Quadrates aus visuell zu begutachten. Bei Tageslicht sind Steine mit Rissen und Abplatzungen zu registrieren und anzugeben.

Die Vorgabe von farbig gestalteten Oberflächen ist in vielen Anwendungsfällen gewünscht. Zur vertraglichen Festlegung sollte eine Bemusterung vorgesehen werden, in welcher die maximalen Schwankungen von Farbintensität und Helligkeit festgelegt werden. Auch die Bemusterung erfolgt anhand einer horizontal verlegten Fläche bei Tageslicht mit einem Beobachtungsabstand von 2 m. Der nach Norm geforderte Probenumfang für die Prüfung der äußeren Beschaffenheit beträgt bei Erst- und Produktprüfungen 20 Pflastersteine.

Des Weiteren sei an dieser Stelle auf die Ausführungen zur „Beurteilung der Konformität und Übereinstimmung" unter Ziffer 6 der DIN EN 1338 verwiesen.

4.2 Pflasterziegel und Pflasterklinker

4.2.1 Allgemeines

Pflasterziegel müssen die Anforderungen der DIN EN 1344 für die ungebundene Verlegungsform einschließlich der Forderungen an die Beurteilung der Konformität und die Kennzeichnung erfüllen. Pflasterklinker müssen außerdem die Anforderungen der DIN 18503 erfüllen. Soweit für Produkteigenschaften die DIN EN 1344 die Auswahl einer bestimmten Klasse zulässt, ist nachfolgend jeweils eine Klasse als Mindestanforderung festgelegt.

Kommentar

Die TL Pflaster-StB enthalten Anforderungen an Pflasterziegel nach DIN EN 1344[5] und an Pflasterklinker nach DIN 18503[6]. In Abgrenzung zum Pflasterziegel nach DIN EN 1344 ist ein Pflasterklinker ein Pflasterziegel mit besonderen Anforderungen an die Wasseraufnahme und an die Scherbenrohdichte. Diese werden in der DIN 18503 „Pflasterklinker – Anforderungen und Prüfverfahren" festgelegt. Gemäß den TL Pflaster-StB müssen die Produkte sowohl den Vorgaben der DIN EN 1344 als auch der DIN 18503 entsprechen, so dass für den Anwendungsbereich der ZTV Pflaster-StB nur Pflasterklinker eingesetzt werden dürfen. Alle Pflasterklinker wiederum müssen daher auch die Anforderungen an Pflasterziegel erfüllen.

Weiter werden in den DIN 18503 höhere Anforderungen an die Scherbenrohdichte und die Wasseraufnahme der Pflasterziegel gestellt, als in der DIN EN 1344 enthalten. Wenn alle Anforderungen der DIN EN 1344 und die höheren Anforderungen der DIN 18503 erfüllt sind, können die Produkte als Pflasterklinker bezeichnet werden. Diese Forderungen werden auch Bestandteil der TL Pflaster-StB.

■ Scherbenrohdichte nach DIN 18503

Die Scherbenrohdichte von Pflasterklinkern muss für den Mittelwert mindestens 2,0 kg/dm³ und für den Einzelwert mindestens 1,9 kg/dm³ betragen.

5 DIN EN 1344:2015-10: Pflasterziegel – Anforderungen und Prüfverfahren, Beuth Verlag, Berlin 2015
6 DIN 18503:2003-12: Pflasterklinker – Anforderungen und Prüfverfahren, Beuth Verlag, Berlin 2003

Kommentar

■ Wasseraufnahme nach DIN 18503

Die Wasseraufnahme von Pflasterklinkern darf 6 % bezogen auf die Masse nicht überschreiten. Als Prüfverfahren ist das Verfahren zur Vorbehandlung der Probekörper der Frost-Tau-Prüfung nach DIN EN 1344 festgelegt.

■ Kennzeichnung nach DIN 18503

Nach DIN 18503 können Pflasterklinker beispielsweise mit den Herstellmaßen l = 240 mm, b = 115 mm und s = 52 mm für Verlegung mit Fuge (F) folgendermaßen bezeichnet werden:

Pflasterklinker DIN 18503 – 240 × 115 × 52 – F

Nach DIN 18318 und ZTV Pflaster-StB können Verkehrsflächen mit Pflasterklinkern oder mit Pflasterziegeln hergestellt werden. Die Vorgabe, welches Produkt eingebaut werden soll, muss daher vom Auftraggeber festgelegt werden. In Deutschland hergestellte Produkte für den Verkehrswegebau erfüllen in der Regel die Anforderungen an Pflasterklinker.

DIN EN 1344

Pflasterziegel – Anforderungen und Prüfverfahren, Ausgabe 2015

1 Anwendungsbereich

Diese Europäische Norm legt die Anforderungen an aus Ton hergestellte Pflaster- und Ergänzungsziegel fest, die in ungebundener Verlegungsform verwendet werden (siehe 3.10), und für solche, die in gebundener Verlegungsform verwendet werden (siehe 3.11).

Diese Europäische Norm gilt für rechtwinklige und nicht rechtwinklig geformte Pflasterziegel, die als Bauprodukte vorwiegend in Außenbereichen Anwendung finden – wozu im Falle von Dachpflastersteinen auch Dächer gehören –, aber auch in Innenbereichen verwendet werden können. Die ungebundene Verlegungsform gilt für den Fußgänger- und Fahrzeugverkehr, während sich die gebundene Verlegungsform üblicherweise auf den Fußgängerverkehr beschränkt.

Diese Europäische Norm legt die Eigenschaften und Leistungsklassen sowie entsprechende Prüfverfahren fest. Sie enthält Angaben zur Produktkennzeichnung und zur Konformitätsbewertung des Produktes nach der vorliegenden Europäischen Norm.

Diese Europäische Norm gilt nur für Pflasterziegel und -zubehörteile aus Ton mit oder ohne Beschichtung und mit oder ohne nach dem Brennen aufgetragene chemische Oberflächenbehandlungen, die keine anderen Materialien, wie z. B. Asbestfasern, und auch kein Formaldehyd enthalten.

Sie gilt nicht für Produkte für Anwendungen im Feuerfest-Säurebau sowie als keramische Bodenfliesen. Sie gilt ebenfalls nicht für Tonziegel, die für den Mauerwerksbau verwendet werden.

Pflasterziegel mit taktilen Oberflächen sind nicht Gegenstand dieser Europäischen Norm.

Kommentar

Wie auch bei den anderen Produkten für Flächenbefestigungen werden die Anforderungen an Pflasterziegel und Pflasterklinker, wenn sie nicht schon durch vertragliche Vereinbarungen bestimmt worden sind, ebenfalls in DIN 18318, Abschnitt 2.1, mit den dort ergänzend als geltend genannten „Technischen Lieferbedingungen für Bauprodukte zur Herstellung von Pflasterdecken, Plattenbelägen und Einfassungen“, TL Pflaster-StB, festgelegt.

Kommentar

Wenn Verwender von Produkten aus Pflasterziegel oder Pflasterklinker die Regelungen der TL Pflaster-StB nicht in ihre Verträge übernehmen wollen, gibt es in den DIN 18318 unter 0.3.2, „Hinweise für das Aufstellen der Leistungsbeschreibung“, eine Öffnungsklausel, wenn „andere Anforderungen an Stoffe und Bauteile vereinbart werden sollen“.

DIN EN 1344

Pflasterziegel – Anforderungen und Prüfverfahren, Ausgabe 2015

2 Normative Verweisungen

Die folgenden Dokumente, die in diesem Dokument teilweise oder als Ganzes zitiert werden, sind für die Anwendung dieses Dokuments erforderlich. Bei datierten Verweisungen gilt nur die in Bezug genommene Ausgabe. Bei undatierten Verweisungen gilt die letzte Ausgabe des in Bezug genommenen Dokuments (einschließlich aller Änderungen).

Kommentar

Der Abschnitt 2 der Norm enthält Hinweise auf „normative Verweisungen“, Normen, welche für die Anwendung der DIN EN 1338 hinsichtlich Bezeichnungen und Prüfverfahren erforderlich sind.

DIN EN 1344

Pflasterziegel – Anforderungen und Prüfverfahren, Ausgabe 2015

3 Begriffe

Für die Anwendung dieses Dokumentes gelten die folgenden Begriffe.

3.1 Pflasterziegel

Ziegel, der als Pflasterdecke für Flächenbefestigungen verwendet wird, bestimmte Form- und Maßanforderungen (siehe 4.1) erfüllt und vorwiegend aus Ton oder tonartigem Material, mit oder ohne Zusatzstoffe, durch Formen, Trocknen und Brennen bei einer ausreichend hohen Temperatur hergestellt wird, um ein dauerhaftes keramisches Endprodukt zu erzeugen

3.2 Ergänzungsziegel

speziell geformter Ziegel mit besonderer Funktion in der fertiggestellten Pflasterung

Anmerkung 1 zum Begriff: Einpassungen in ungebundenen Pflasterungen dienen der Vervollständigung der Pflasterung an Rändern oder um Hindernisse herum durch Einpassen an normale Pflasterziegel, die in einem vorgeschriebenen Muster (z. B. Quadrate, Bischofsmützenform) verlegt werden. Einpassungen in gebundenen Pflasterungen, die in Mörtel eingebettet, gefügt und ausgerichtet sind, können zur Erfüllung von Funktionen wie der Ableitung von Oberflächenwasser, z. B. als Rinnenelemente, sowohl in gebunden verlegter Pflasterung verwendet werden als auch besondere Funktionen in ungebundenen Pflasterungen erfüllen und/oder Seiteneinfassungen in ungebundenen Pflasterungen bilden.

3.3 Nennmaß

zur Herstellung eines Pflasterziegels festgelegtes Maß, mit dem das Ist-Maß unter Berücksichtigung der angegebenen zulässigen Abweichungen (siehe Bilder 1 und 2) übereinstimmen sollte.

Anmerkung 1 zum Begriff: Für rechtwinklige Pflasterziegel sind die Nennmaße für Länge, Breite und Dicke in Bild 1 und 2 angegeben. Einige Pflasterziegel können in zwei oder mehreren Ausrichtungen verlegt werden.

DIN EN 1344

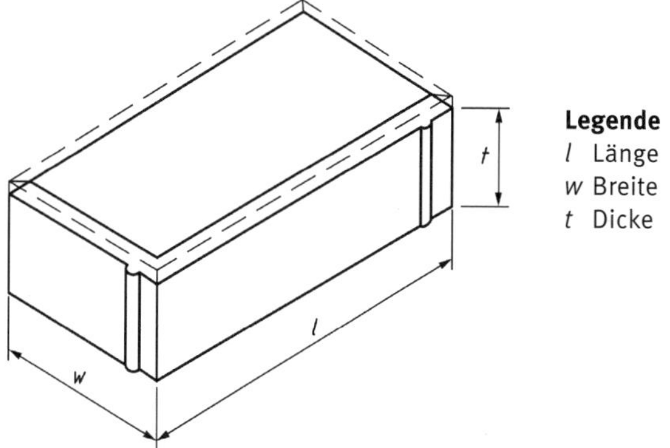

Bild 1 – Maße für Pflasterziegel zur ungebundenen Verlegung

Anmerkung 2 zum Begriff: Abstandhalter und Fasen können bei den verschiedenen Ziegeln unterschiedlich angeordnet sein.

Anmerkung 3 zum Begriff: Die Abstandhalter in der Zeichnung sind abgerundet.

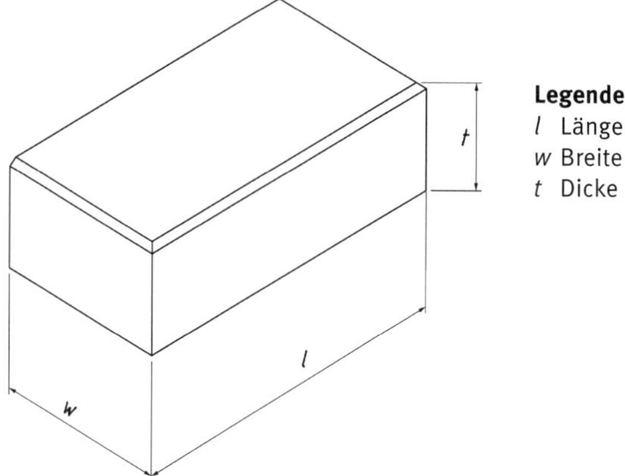

Bild 2 – Maße für Pflasterziegel zur gebundenen oder ungebundenen Verlegung

3.4 Abstandhalter

kleines vorstehendes Profil auf einer Seitenfläche eines Pflasterziegels (siehe Bild 1)

Anmerkung 1 zum Begriff: Weil der Abstandhalter in die Fuge hineinragen soll, ist er bei der Festlegung der Nennmaße zu vernachlässigen, z. B. bei der Bestimmung der Nennlänge und -breite von rechteckigen Pflasterziegeln.

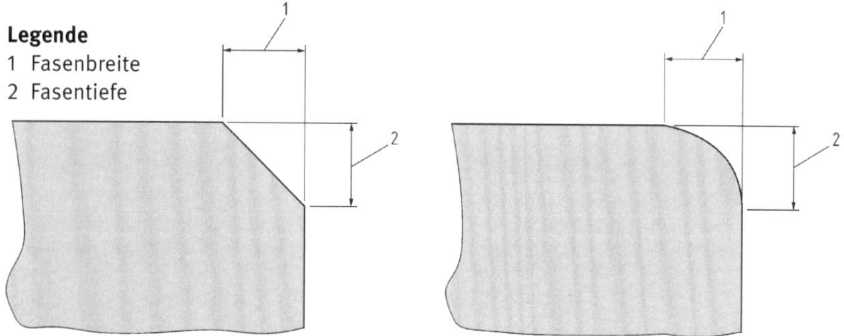

Bild 3 – Fasenbreite und Fasentiefe

DIN EN 1344

3.5 Fase

abgeschrägte oder abgerundete Kante an einem Pflasterziegel (siehe Bild 3)

3.6 Sichtfläche

Oberfläche, die in einem fertigen Belag sichtbar sein soll

3.7 Gesamtlänge

längere Seite des umschließenden Rechtecks der Sichtfläche des Pflasterziegels, ohne Berücksichtigung eventuell vorhandener Abstandhalter

3.8 Gesamtbreite

kürzere Seite des umschließenden Rechtecks der Sichtfläche des Pflasterziegels, ohne Berücksichtigung eventuell vorhandener Abstandhalter

3.9 Gesamtdicke

Abstand zwischen der oberen Sichtfläche des Pflasterziegels und der gegenüberliegenden Seite des Pflasterziegels

3.10 ungebundene Verlegungsform

Pflasterziegel, die mit engen sandgefüllten Fugen auf einem Sandbett verlegt werden

3.11 starre Bauform

Pflasterziegel, die mit Zementmörtelfugen auf einem Zementmörtelbett verlegt werden

Kommentar

Wie zu erkennen ist, wird in der Norm zwischen Pflasterziegeln zur ungebundenen und zur gebundenen Verlegung unterschieden. Der Unterschied zwischen Bild 1 und Bild 2 der Norm stellt bei diesen Verlegungen der angeformte Abstandshalter dar, der bei der gebundenen Bauweise nicht dargestellt ist. Im Text wird jedoch deutlich, dass die Anordnung von Abstandshaltern beliebig gewählt werden kann. Demnach können auch Abstandshalter bei der gebundenen Bauweise eingesetzt werden oder umgekehrt Pflasterziegel ohne Abstandshalter bei der ungebundenen Verlegung.

Der in Bild 1 dargestellte durchgehende Abstandshalter bis zur Oberkante kann nachteilige Auswirkungen auf die Dauerhaftigkeit der Fläche haben, wenn eine nur geringe Fugenbreite vorliegt. In diesem Fall können Pressungen zwischen Ziegeln zu Spannungsspitzen an den Abstandshaltern führen. Diese können zu Rissen und Abplatzungen an den Ziegeln beitragen, da besonders bei Ziegeln mit höherer Brenntemperatur auch die Abstandshalter hohe Festigkeiten aufweisen.

DIN EN 1344

Pflasterziegel – Anforderungen und Prüfverfahren, Ausgabe 2015

4 Anforderungen

4.1 Maßeigenschaften

4.1.1 Form und Maße

4.1.1.1 Form

Pflasterziegel müssen entweder rechtwinklig oder so geformt sein, dass sie in einem sich wiederholenden Muster verlegt werden können. Sie dürfen an den Kanten, die eine oder mehrere Sichtflächen umschließen, mit einer Fase versehen sein. Sollte das Nennmaß für die Fasenbreite oder -tiefe mehr als 7 mm betragen, so muss dies vom Hersteller angegeben werden (siehe Bild 3).

Anmerkung: Die Begrenzung der Fasenmaße verhindert das Entstehen von übermäßig breiten Hohlfugen.

DIN EN 1344

Pflasterziegel für die ungebundene Verlegung dürfen an zwei oder mehr Oberflächen des Pflasterziegels auch mit Abstandhaltern versehen sein.

Pflasterziegel zur ungebundenen Verlegung müssen rechteckig oder so geformt sein, dass sie in einer Verbindung verlegt werden können, in der sie durch eine Mörtelfuge mit einem Nennwert von 10 mm voneinander getrennt sind.

Pflasterziegel zur gebundenen Verlegung sollten keine Abstandhalter aufweisen.

4.1.1.2 Nennmaße

Die Nennmaße für Länge, Breite und Dicke von rechtwinkligen Pflasterziegeln sind in dieser Reihenfolge in Millimetern anzugeben. Es muss auch beschrieben werden, in welcher/welchen Ausrichtung(en) die Pflasterziegel verlegt werden dürfen (d. h. welche Fläche(n) als Sichtfläche vorgesehen ist/sind). Die geometrische Form von nicht rechtwinklig geformten Pflasterziegeln muss, wenn notwendig, durch eine maßstäbliche Zeichnung oder Skizze dargestellt werden, auf der die Nennmaße angegeben sind.

Die Nenndicke von Pflasterziegeln zur ungebundenen Verlegung muss mindestens 40 mm betragen, und die Nennmaße sind so zu wählen, dass das Verhältnis der Gesamtlänge zur Dicke einen Wert von 6 nicht überschreitet.

Die Nenndicke von Pflasterziegeln zur gebundenen Verlegung muss mindestens 30 mm betragen.

4.1.1.3 Maßabweichungen

4.1.1.3.1 Allgemeines

Die nachstehenden Angaben zu Maßabweichungen gelten für Pflasterziegel, nicht aber für Ergänzungsziegel.

4.1.1.3.2 Mittelwert

Bei der Probenahme nach Anhang A und bei der Messung nach Anhang B darf die Abweichung des Mittelwertes eines bestimmten Maßes einer Stichprobe von zehn Pflasterziegeln vom angegebenen Nennmaß nicht größer als $0{,}4\sqrt{d}$, auf den nächsten Millimeter gerundet, sein, wobei d das Nennmaß (in mm) ist.

Hersteller, die in der Lage sind, Pflasterziegel mit einer kleineren Abweichung des Mittelwertes vom deklarierten Nennmaß als dem oben angegebenen zu liefern, dürfen für jedes der Maße eine kleinere Abweichung deklarieren.

4.2.2 Maßspanne

Siehe DIN EN 1344, Abschnitt 4.1.1.3.3, Tabelle 1

Die Differenz zwischen dem größten und kleinsten Messwert (Maßspanne) muss für jedes gegebene Maß die Anforderung der Tabelle 18 erfüllen.

Tabelle 18: Pflasterziegel und Pflasterklinker – Maßspanne

Klasse	Maßspanne mm
R1	$\leq 0{,}6\sqrt{d}$

DIN EN 1344

Pflasterziegel – Anforderungen und Prüfverfahren, Ausgabe 2015

4.1.1.3.3 Maßspanne

Die Differenz zwischen dem größten und kleinsten Messwert für jedes gegebene Maß, das an einer Stichprobe von zehn Pflasterziegeln, die einer Liefermenge nach

DIN EN 1344

Anhang A entnommen und nach Anhang B ermittelt wurde, muss durch eine der beiden in Tabelle 1 aufgeführten Klassen angegeben werden.

Tabelle 1 – Maßspanne

Klasse	Maßspanne mm
R0	keine Anforderung
R1	≤ 0,6 √ d
Hersteller, die in der Lage sind, Pflasterziegel mit einer kleineren Maßspanne als der für Klasse R1 angegebenen zu liefern, dürfen für jedes Maß in Klasse Rm eine kleinere Maßspanne deklarieren.	

Kommentar

Die Maßspanne ist die Differenz zwischen dem größten und kleinsten Messwert für jedes gegebene Maß, das an einer Stichprobe von zehn Pflasterziegeln, die einer Liefermenge nach Anhang A entnommen und nach Anhang B ermittelt wurde. Sie muss durch eine der beiden Klassen R0 und R1 angegeben werden. In der Klasse R0 wird keine Anforderung an die Maßspanne gestellt. In den TL Pflaster-StB wird die Klasse R1 gefordert.

Bei der Ermittlung der Gesamtmaße eines Pflasterziegels ist – wie auch bei den Betonsteinen – der Abstandhalter nicht zu berücksichtigen, da dieser in die Fuge hineinreichen soll. Gesamtmaße sind die Gesamtlänge, Gesamtbreite und Gesamtdicke. Bei Länge und Breite wird die entsprechende Seite des umhüllenden Rechteckes ohne Abstandshalter ermittelt.

Wie in der Norm unter 4.1.1.2 (siehe dort) angeführt, muss die „Nenndicke von Pflasterziegeln zur ungebundenen Verlegung mindestens 40 mm betragen und die Nennmaße sind so zu wählen, dass das Verhältnis der Gesamtlänge zur Dicke einen Wert von 6 nicht überschreitet. Die Nenndicke von Pflasterziegeln zur gebundenen Verlegung muss mindestens 30 mm betragen." Mit diesen Anforderungen unterscheiden sich Pflasterziegel und Pflasterklinker von der Begriffsdefinition der ZTV Pflaster-StB, die für Pflasterdecken die Verwendung von Befestigungselementen mit einer Gesamtlänge von 400 mm, einem Produkt von Gesamtlänge und Gesamtbreite von maximal 1 024 cm^2 und einem Verhältnis von Gesamtlänge zu Dicke von maximal 4 fordert. Demnach können nicht alle Pflasterziegel bzw. Pflasterklinker nach Norm in Pflasterdecken eingesetzt werden.

Die nachstehenden Angaben zu Maßabweichungen gelten für Pflasterziegel, nicht aber für Ergänzungsziegel.

Weiter sind die Angaben zur Probenahme und Messung gemäß zuvor stehendem Abschnitt 4.1.1.3.2 der DIN EN 1344 zu beachten. Die Probenahme erfolgt nach Anhang A der DIN EN 1344, die Messungen werden nach Anhang B der Norm durchgeführt, wobei ein Messgerät mit einer Präzision von 0,5 mm, beispielsweise ein Messschieber, verwendet wird.

An jedem zu prüfenden Pflasterziegel sind die Länge, Breite und Dicke möglichst in der Mitte jeder Fläche in vorgesehener Richtung auf 0,5 mm zu messen. Hat bei Pflasterziegeln zur ungebundenen Verlegung das mittige Messen jeder Fläche eine Berührung des Abstandshalters zur Folge, so muss der Messpunkt zur Vermeidung der Berührung mit dem Abstandshalter verschoben werden, wobei der Messpunkt so nah wie möglich an der Mitte jeder Fläche verbleiben sollte. Falls ein Abstandshalter einer horizontalen

Kommentar

Linie folgt, sollte der Ziegel so gedreht werden, dass der Abstandshalter vertikal ausgerichtet ist. Angegeben wird für das jeweilige Maß das arithmetische Mittel sowie die Differenz zwischen größtem und kleinstem Messwert von je 10 Probekörpern.

DIN EN 1344

Pflasterziegel – Anforderungen und Prüfverfahren, Ausgabe 2015

4.2 Physikalische Eigenschaften

4.2.1 Allgemeines

Pflasterziegel und/oder Ergänzungsziegel können nach dem Brennen chemisch behandelt werden oder unbehandelt bleiben. Eine solche Behandlung nach dem Brennen kann Auswirkungen auf die für den unbehandelten Zustand geltenden Leistungswerte, wie z. B. auf die Frost-Tau-Wechselbeständigkeit (siehe 4.2.2), die Biegebruchlast (siehe 4.2.3), den Abriebwiderstand (siehe 4.2.4), den Gleit- und Rutschwiderstand von unpolierten Pflasterziegeln (siehe 4.2.5) und die Säurebeständigkeit (siehe 4.3.3), haben.

Falls der Hersteller nach dem Brennen eine chemische Behandlung durchzuführen wünscht, müssen die Pflaster- und Ergänzungsziegel sowohl ohne als auch mit chemischer Behandlung nach dem Brennen geprüft werden.

Die Prüfung muss nach den Anforderungen des betreffenden Abschnitts der vorliegenden Europäischen Norm erfolgen, und die Prüfergebnisse müssen in Übereinstimmung mit den Anforderungen des jeweiligen Abschnitts angegeben werden.

Kommentar

Pflasterziegel und/oder Ergänzungsziegel können nach dem Brennen chemisch behandelt werden oder unbehandelt bleiben.

4.2.3 Frost-Tau-Widerstand

Siehe DIN EN 1344, Abschnitt 4.2.2, Tabelle 2 und Anhang C, Bild C.1

Der Frost-Tau-Widerstand muss die Anforderung der Tabelle 19 erfüllen.

Pflasterziegel der Klasse FP100 dürfen nach 100 Frost-Tau-Wechseln keine Schäden vom Typ 6 oder höher aufweisen.

Tabelle 19: Pflasterziegel und Pflasterklinker – Frost-Tau-Widerstand

Klasse	Kennzeichnung	Einstufung
FP100	FP100	widerstandsfähig gegen Frost-Tau-Wechsel

DIN EN 1344

Pflasterziegel – Anforderungen und Prüfverfahren, Ausgabe 2015

4.2.2 Frost-Tau-Widerstand

Es muss angegeben werden, ob die Pflaster- und Ergänzungsziegel die Kriterien des in Anhang C angegebenen Verfahrens für die Bestimmung des Frost-Tau-Widerstandes erfüllen.

Wenn die Probenahme nach Anhang A erfolgt und das gewählte Prüfverfahren durchgeführt wurde, müssen die Pflasterziegel die für das Prüfverfahren angegebenen Kriterien erfüllen. Eine Einstufung der Pflasterziegel muss durch die in Tabelle 2 angegebene Kennzeichnung erfolgen.

DIN EN 1344

Tabelle 2 – Frost-Tau-Widerstand

Klasse	Einstufung
FP0	Keine Festlegung
FP100	Frost-tau-wechselbeständig

Die Eigenschaft Frost-Tau-Widerstand von FP100-Pflasterziegeln wird von herkömmlichen Enteisungssalzen nicht beeinflusst.

Kommentar

Die Norm fomuliert, dass angegeben werden muss, ob die Pflaster- und Ergänzungsziegel die Kriterien des oben angegebenen Verfahrens für die Bestimmung des Frost-Tau-Widerstandes erfüllen.

Die Prüfung erfolgt an 10 zu einem Belag zusammengestellten wassergesättigten Pflasterziegeln, die mit Wasser überdeckt und anschließend 100 vorgegebenen Frost-Tau-Zyklen unterzogen werden. Nach Abschluss der Beanspruchung werden die Proben auf Schäden untersucht. Eine Einstufung der Pflasterziegel muss durch Angabe der Klasse erfolgen. Möglich sind nur die Klassen FP0 (= keine Festlegung) und FP100 (= frost-tau-wechselbeständig). Hierzu enthält die Norm eine Einstufung in dreizehn verschiedene Schadenstypen, angefangen bei Typ 1 = keine Schäden bis Typ 13 = mit Abblätterungen. Die Einstufung in FP100 kann dann erfolgen, wenn keine Schäden vom Typ 6 oder höher vorliegen. Dies bedeutet, dass maximal Schäden des Typs 5 entstehen dürfen. Dies sind kleine Risse mit begrenzter Länge und Größe (≤ 30 mm lang). Risse mit einer Breite von > 0,15 mm und einer Länge > 30 mm führen zu Typ 6 und kennzeichnen damit nicht ausreichend frost-tau-wechselbeständige Pflasterziegel.

Der Frost-Tau-Widerstand von FP100-Pflasterziegeln wird von herkömmlichen Enteisungssalzen nicht beeinflusst, so dass keine weitergehenden Frost-Tausalz-Prüfungen bei diesen Produkten erforderlich sind.

4.2.4 Biegebruchlast

Siehe DIN EN 1344, Abschnitt 4.2.3, Tabelle 3

Die Biegebruchlast muss die Anforderungen der Tabelle 20 erfüllen.

Tabelle 20: Pflasterziegel und Pflasterklinker – Biegebruchlast

Klasse	Biegebruchlast (N/mm)	
	Mittelwert	Kleinster Einzelwert
T4	≥ 80	≥ 64

DIN EN 1344

Pflasterziegel – Anforderungen und Prüfverfahren, Ausgabe 2015

4.2.3 Biegebruchlast

Die Biegebruchlast der Pflasterziegel muss für die jeweilige Ausrichtung, in der sie verlegt werden dürfen, unter Bezugnahme auf Tabelle 3 angegeben werden. Wenn die Probenahme nach Anhang A und die Prüfung nach Anhang D erfolgte, wobei die Sichtflächen der Pflasterziegel oben liegen müssen, dürfen zur Klassifizierung der Mittelwert und der kleinste Einzelwert der Biegebruchlast bei der Prüfung einer

DIN EN 1344

Stichprobe von zehn Pflasterziegeln den entsprechenden in Tabelle 3 angegebenen Wert nicht unterschreiten.

Einige Pflasterziegel haben mehr als eine Sichtfläche. Hersteller, die in der Lage sind, Pflasterziegel mit mehr als einer Sichtfläche herzustellen, sollten die Sichtfläche angeben, auf der die Prüfungen durchgeführt wurden.

Ergänzungsziegel können wegen ihrer unterschiedlichen Formen und Maße nicht nach Anhang D geprüft werden, und es darf davon ausgegangen werden, dass sie mindestens dieselben Leistungseigenschaften wie die dazugehörigen Pflasterziegel haben.

Tabelle 3 – Biegebruchlast[a d]

Klasse	Biegebruchlast (N/mm)	
	Mittelwert	Kleinster Einzelwert
T0[b]	Keine Anforderung	Keine Anforderung
T1	≥ 30	≥ 15
T2	≥ 30	≥ 24
T3	≥ 80	≥ 50
T4	≥ 80[c]	≥ 64[c]

a Diese Anforderung an die Biegebruchlast gilt nicht für Ergänzungs- oder Pflasterziegel mit einer Gesamtlänge von ‹ 80 mm.

b Klasse To trifft nur für Pflasterziegel in gebundener Verlegung zu, bei der die Pflasterziegel mit Zementmörtelfugen auf ein ähnliches Zementmörtelbett verlegt werden, das sich selbst auf einem festen Untergrund befindet.

c Es dürfen Mittelwerte und kleinste Einzelwerte angegeben werden, die höher als die für Klasse T4 angegebenen sind.

d Zusätzlich zur deklarierten Klasse dürfen Mittelwerte und kleinste Einzelwerte für die Biegezugfestigkeit deklariert werden, die mit der in D.4.2 angegebenen Gleichung berechnet wurden.

Kommentar

Die Biegebruchlast ist nach Anhang D der DIN EN 1344 zu bestimmen.

Für den Anwendungsbereich der TL Pflaster-StB wird mit T4 die höchste Klasse festgelegt, um Belastungen mit Lkw-Überfahrten gewährleisten zu können

4.2.5 Abriebwiderstand

Siehe DIN EN 1344, Abschnitt 4.2.4, Tabelle 4

Der Abriebwiderstand muss die Anforderung der Tabelle 21 erfüllen.

Tabelle 21: Pflasterziegel und Pflasterklinker – Abriebwiderstand

Klasse	Mittleres Abriebvolumen mm³
A3	≤ 450

DIN EN 1344

Pflasterziegel – Anforderungen und Prüfverfahren, Ausgabe 2015

4.2.4 Abriebwiderstand

Der Abriebwiderstand von Pflaster- und Ergänzungsziegeln muss durch Verweisung auf eine der in Tabelle 4 aufgeführten Klassen angegeben werden.

DIN EN 1344

Wenn die Probenahme nach Anhang A und die Prüfung nach Anhang E erfolgten, darf das in zwei Messungen an jeweils allen Exemplaren von fünf Pflasterziegelstichproben ermittelte mittlere Abriebvolumen den in Tabelle 4 angegebenen Wert nicht überschreiten.

Tabelle 4 – Abriebwiderstand

Klasse	Mittleres Abriebvolumen mm³
A1	≤ 2 100
A2	≤ 1 100
A3	≤ 450

Kommentar

Der Abriebwiderstand wird nach Anhang E der Norm an jeweils fünf Pflasterziegeln nachgeprüft. Er wird durch Messung des Volumenverlustes einer Schleifspur bestimmt, die in der Oberfläche des Pflasterziegels durch eine rotierende Schleifscheibe unter Zusatz eines Schleifmittels entsteht.

Bei der Prüfung wird die Oberfläche eine Pflasterziegels durch eine vertikal rotierende Schleifscheibe mit 150 Umdrehungen bei festgelegten Bedingungen unter Zusatz eines Schleifmittels beansprucht und der Volumenverlust in der Schleifspur durch Ausmessen der Sehnenlänge der Schleifspur ermittelt. Eine alternative Verschleißprüfung nach dem Böhme-Verfahren ist für Pflasterziegel nicht vorgesehen.

Das bei der Prüfung nach DIN EN 1344 ermittelte mittlere Abriebvolumen darf den in zwei Messungen an jeweils allen fünf Pflasterziegeln in der jeweiligen Klasse angegebenen Wert nicht überschreiten.

In den TL Pflaster-StB wurde die höchstmögliche Klasse A3 ausgewählt.

Durch den Brennprozess bei höheren Temperaturen erfahren Pflasterklinker i. d. R. eine Strukturveränderung, durch welche sie einen höheren Abriebwiderstand als Pflasterziegel aufweisen. Die Klasse A3 wird zumeist nicht von Pflasterziegeln eingehalten werden können, so dass auch über diese Vorgaben die Verwendung von Pflasterklinkern statt Pflasterziegeln eingefordert wird.

DIN EN 1344

Pflasterziegel – Anforderungen und Prüfverfahren, Ausgabe 2015

4.2.5 Gleit-/Rutschwiderstand

4.2.5.1 Bedingungen

Pflaster- und Ergänzungsziegel haben einen ausreichenden Gleit-/Rutschwiderstand unter der Voraussetzung, dass ihre gesamte Oberfläche nicht geschliffen und/oder poliert oder so hergestellt wurde, dass sich eine sehr glatte Oberfläche ergibt.

4.2.5.2 Prüfverfahren

Sollte im Ausnahmefall ein Wert für den an unpolierten Pflasterziegeln gemessenen Gleit- und Rutschwiderstand (en: Unpolished Slip/skid Resistance Value, USRV) erforderlich sein, so muss er durch Verweis auf eine der in Tabelle 5 aufgeführten Klassen angegeben werden. Wenn die Pflasterziegel in mehr als einer Ausrichtung verlegt werden können, müssen unterschiedliche Werte für die entsprechenden Sichtflächen deklariert werden.

Anmerkung: Der an unpolierten Pflasterziegeln gemessene Wert des Gleit-/Rutschwiderstandes bezieht sich auf die Pflasterziegel im Fertigungszustand und dient

DIN EN 1344

der Sicherstellung eines angemessenen Gleit- und Rutschwiderstandes nach dem Verlegen.

Wenn die Probenahme nach Anhang A und die Prüfung nach CEN/TS 16165:2012, Anhang C unter Verwendung des Reibgummis 57 und einer mit Wasser verunreinigten Prüffläche unter Laborbedingungen erfolgten, darf der mittlere an einer Teilprobe von fünf Pflasterziegeln bestimmte Wert des Gleit- und Rutschwiderstandes, gemessen an unpolierten Pflasterziegeln, nicht kleiner sein als der in Tabelle 5 für die entsprechende deklarierte Klasse angegebene Grenzwert.

Tabelle 5 – Wert des Gleit- und Rutschwiderstandes, gemessen an unpolierten Pflasterziegeln (USRV)

Klasse	Mittlerer Wert des USRV
U0	Keine Anforderung
U1	≥ 35
U2	≥ 45
U3	≥ 55
Hersteller können höhere Werte deklarieren.	

Kommentar

Im Gegensatz zu den Produktnormen für Beton- oder Natursteinelemente enthält die DIN EN 1344 Klassen zur Auswahl einer Anforderung an den Rutschwiderstand von Pflasterziegeln und damit auch für Pflasterklinker.

Allerdings wird auch in dieser Norm der Anspruch erhoben, dass „Pflaster- und Ergänzungsziegel (...) einen ausreichenden Gleit-/Rutschwiderstand (haben) unter der Voraussetzung, dass ihre gesamte Oberfläche nicht geschliffen und/oder poliert oder so hergestellt wurde, dass sich eine sehr glatte Oberfläche ergibt“. Nur wenn es in Ausnahmenfällen erforderlich wird, eine Anforderung an die unpolierten Pflasterziegel aufzustellen, muss entsprechend der Norm eine Klasse zwischen U0 und U3 gewählt werden. U0 steht dabei für „keine Anforderung“ und U3 für einen USRV (entsprechend einem SRT-Wert) von mindestens 55 [–]. Neben diesen Kategorien gibt es auch die Möglichkeit, U2 entsprechend einem USRV von mindestens 45 [–] oder U1 entsprechend einem USRV von mindestens 35 [–] festzulegen. Diese beiden Kategorien sind für Flächen mit Beregnung aus Sicht der Verfasser zu gering und sollten nicht festgelegt werden.

Pflasterklinker ohne Presshaut weisen zumeist SRT-Werte oberhalb von 55 [–] auf, so dass es i. d. R. problemlos und empfehlenswert ist, die Klasse U3 in einer Ausschreibung zu fordern.

Hinweise zum Prüfverfahren sind den Ausführungen zum Betonstein im Abschnitt 4.1 zu entnehmen.

DIN EN 1344

Pflasterziegel – Anforderungen und Prüfverfahren, Ausgabe 2015

4.3 Sonstige Eigenschaften

4.3.1 Leistungsfähigkeit bei Brandbeanspruchung

4.3.1.1 Brandverhalten

Die Klasse des Brandverhaltens von Pflaster- und Ergänzungsziegeln entspricht der Klasse des Baustoffs, aus dem sie hergestellt wurden (d. h. Ton). Falls gesetzliche Bestimmungen zur Anwendung kommen, ist ohne weitere Prüfung die Klasse

DIN EN 1344

$A1_{FL}$[1] nach EN 13501-1 anzugeben (en: Classified Without Testing, CWT), sofern die betreffenden Pflaster- und Ergänzungsziegel nicht mehr als 1 % (Massen- oder Volumenanteil, je nachdem, welches der niedrigere Wert ist) eines homogen verteilten organischen Stoffs enthalten.

Anmerkung: Der für diese Pflasterziegel verwendete homogen verteilte Ton gilt als Baustoff mit bekannten und stabilen Leistungseigenschaften in Bezug auf das Brandverhalten, da er keinerlei organische Bestandteile enthält. Aufgrund dessen trägt er nicht zur Brandentwicklung bei und kann als Baustoff der Klasse $A1_{FL}$ angesehen werden.

4.3.1.2 Verhalten bei Brandeinwirkung von außen

Falls gesetzliche Bestimmungen zur Anwendung kommen, ist das Verhalten von Pflaster- und Ergänzungsziegeln bei Brandeinwirkung von außen als der Klasse B_{ROOF}[2] nach EN 13501-5 entsprechend zu deklarieren, und zwar aus folgenden Gründen ohne weitere Prüfung[3]:

a) das Material, aus dem sie bestehen (Ton), gilt in Bezug auf sein Brandverhalten ohne Prüfung (CWT) als der Klasse A1[1] nach EN 13501-1 entsprechend (siehe auch 4.3.1.1); und

b) die Oberfläche der Sichtfläche von Pflasterziegeln wird nicht beschichtet.

1) Siehe die Entscheidung der Kommission 96/603/EG vom 1996-10-04 (siehe OJEU L267 vom 1996-10-19), in der durch 2000/605/EG vom 2000-09-26 (siehe OJEU L258 vom 2000-10-12) und durch 2003/424/EG vom 2003-06-06 (siehe OJEU L144 vom 2003-06-12) geänderten Fassung.
2) Siehe die Entscheidung der Kommission 2001/671/EG vom 2001-08-21 (siehe OJEU L235 vom 2001-09-04), in der durch 2005/823/EG vom 2005-11-22 (siehe OJEU L307 vom 2005-11-25) geänderten Fassung.
3) Siehe die Entscheidung der Kommission 2000/553/EG vom 2000-09-06 (siehe OJEU L235 vom 2000-09-19).

Kommentar

Die Vorgaben der Norm stellen dar, dass Pflasterziegel und damit auch Pflasterklinker in der Regel aus Bestandteilen hergestellt sind, die nicht brennbar sein. Dem entsprechend erfolgt die Einstufung.

DIN EN 1344

Pflasterziegel – Anforderungen und Prüfverfahren, Ausgabe 2015

4.3.2 Wärmeleitfähigkeit

Falls Pflasterziegel in Innenbereichen verwendet werden und gesetzlichen Anforderungen unterliegen, muss der aus EN 1745 zu entnehmende Wert $\lambda_{10,dry}$ in der Deklaration angegeben werden.

4.3.3 Säurebeständigkeit

Die Oberflächen der Pflaster- und Ergänzungsziegel können nach dem Brennen chemisch behandelt werden, dies braucht aber nicht notwendigerweise der Fall zu sein. Derartige Behandlungen können Einfluss auf die für den unbehandelten Zustand geltenden Leistungseigenschaften in Bezug auf die Säurebeständigkeit haben.

Falls der Hersteller nach dem Brennen eine chemische Behandlung anzuwenden wünscht, müssen die Pflaster- und Ergänzungsziegel sowohl mit als auch ohne die nach dem Brennen angewendete chemische Behandlung geprüft werden.

Falls Anforderungen an die Beständigkeit gegen Säureeinwirkung infolge unbeabsichtigten Verschüttens von Säure in Verkehrsbereichen zu beachten sind und wenn die Probenahme nach Anhang A und die Prüfung nach Anhang F erfolgte, muss die Beständigkeit gegen Chemikalien durch Verweisung auf die in Tabelle 6 festgelegte Klasse angegeben werden.

DIN EN 1344

Tabelle 6 – Beständigkeit gegen Chemikalien

Klasse	Masseverlust %
C	≤ 7

Hersteller können in der Lage sein, Pflasterziegel mit einem geringeren Masseverlust zu liefern; in diesem Falle darf ein entsprechender Prozentwert für Klasse Cm in der Deklaration angegeben werden.

Anmerkung 1: Die Prüfung der Säurebeständigkeit nach dieser Norm ist nicht auf Pflasterziegel anwendbar, die im Säurebau eingesetzt werden (siehe Abschnitt 1), z. B. Ausführung von Fußböden, Transportbehältern und Reaktionskesseln, die dauerhaft aggressiven chemischen Bedingungen ausgesetzt sind.

Kommentar

Falls Anforderungen an die Beständigkeit gegen Säureeinwirkung infolge unbeabsichtigten Verschüttens von Säure in Verkehrsbereichen zu beachten sind, muss die Beständigkeit gegen Chemikalien gemäß den Prüfanweisungen der DIN EN 1344, Anhang F beurteilt werden. Typische Anwendungsbeispiele, für die Anforderungen hinsichtlich der Säurebeständigkeit festgelegt werden können, werden in der Norm genannt. In der Mehrzahl der Anwendungen ist die vorhandene Säurebeständigkeit jedoch ausreichend und braucht deshalb nicht festgelegt zu werden.

DIN EN 1344

Pflasterziegel – Anforderungen und Prüfverfahren, Ausgabe 2015

4.3.4 Gefährliche Stoffe

Nationale Vorschriften zu gefährlichen Stoffen können für das Inverkehrbringen der von dieser Norm erfassten Bauprodukte auf dem Markt des betreffenden Landes die Vorlage eines Nachweises und einer Deklaration über die Freisetzung und gegebenenfalls den Gesamtgehalt von solchen Stoffen fordern.

Bis harmonisierte europäische Prüfverfahren zur Verfügung stehen, sollten der Nachweis und die Deklaration über die Freisetzung von gefährlichen Stoffen bzw. über deren Gehalt unter Berücksichtigung der nationalen Vorschriften, die am Ort der Verwendung gelten, erfolgen.

Anmerkung: Eine Informationsdatenbank über europäische und nationale Bestimmungen zu gefährlichen Stoffen ist auf der Internetseite der Kommission EUROPA unter „Construction" [in englischer Sprache] verfügbar, Zugang über http://ec.europa.eu/enterprise/construction/cpd-ds/

Kommentar

Pflasterziegel oder Pflasterklinker mit gefährlichen Stoffen zu kontaminieren widerspricht den Grundsätzen der BauPVO, Anhang I, Grundanforderungen, nach denen Bauwerke so entworfen und ausgeführt sein müssen, dass sie während ihres gesamten Lebenszyklus weder die Hygiene noch die Gesundheit und Sicherheit von Arbeitnehmern, Bewohnern oder Anwohnern gefährden und sich über ihre gesamte Lebensdauer hinweg weder bei Errichtung noch bei Nutzung oder Abriss durch z. B. das Freisetzen giftiger Gase, die Freisetzung gefährlicher Stoffe usw. übermäßig stark auf die Umweltqualität oder das Klima auswirken.

DIN EN 1344

Pflasterziegel – Anforderungen und Prüfverfahren, Ausgabe 2015

4.3.5 Taktilität

Diese Europäische Norm gilt nicht für Pflasterziegel mit taktilen Oberflächen und behandelt daher die charakteristische Taktilität nicht.

DIN EN 1344

Der Inhalt von CEN/TS 15209:2008, *Taktile Bodenindikatoren, gefertigt aus Beton, Ton und Stein*, erlaubt gegenwärtig keine vorschriftsmäßige Beurteilung der Leistung in Bezug auf die taktilen Eigenschaften der betreffenden Produkte. Diese Technische Spezifikation wird daher gegenwärtig entsprechend überarbeitet.

Kommentar

DIN EN 1344 gilt nicht für Pflasterziegel mit taktilen Oberflächen und behandelt daher nicht die charakteristische Taktilität.

Des Weiteren sei an dieser Stelle auf die Ausführungen zur Konformitätsbewertung unter Ziffer 5 der DIN EN 1344 verwiesen.

4.3 Pflastersteine aus Naturstein

4.3.1 Allgemeines

Pflastersteine aus Naturstein müssen die Anforderungen der DIN EN 1342 erfüllen. Die Eigenschaften der eingesetzten Produkte sind mittels Leistungserklärung nachzuweisen. Soweit für Produkteigenschaften die DIN EN 1342 die Auswahl einer bestimmten Klasse zulässt, ist nachfolgend jeweils eine Klasse als Mindestforderung festgelegt.

Zusätzlich genannte Anforderungen, die sich nicht auf die DIN EN 1342 beziehen, sind ebenfalls einzuhalten.

DIN EN 1342

Pflastersteine aus Naturstein für Außenbereiche – Anforderungen und Prüfverfahren, Ausgabe 2013[7]

1 Anwendungsbereich

Diese Europäische Norm legt die Leistungsanforderungen an und entsprechenden Prüfverfahren für alle Pflastersteine aus Naturstein für Außenbereiche und Straßenoberflächen fest.

Die Verwendung in Außenbreichen umfasst alle für den Straßenbau typischen Straßenbeläge, beispielsweise Fußgängerbereiche und Verkehrsflächen, Außenflächen und ähnliche Bereiche, die unter Außenbedingungen verwendet werden und Verwitterungsfaktoren, wie z. B. Temperaturänderungen, Regen, Eis, Wind usw. unterliegen.

Diese Europäische Norm ermöglicht außerdem die Konformitätsbewertung und die Kennzeichnung von Pflastersteinen aus Naturstein.

Diese Europäische Norm behandelt außerdem charakteristische Merkmale, die für den Handel von Bedeutung sind.

Kommentar

In der DIN EN 1342 „Pflastersteine aus Naturstein für Außenbereiche – Anforderungen und Prüfverfahren“ sind die europäisch geltenden Leistungsanforderungen an die Pflastersteine aus Naturstein allgemein für Außenbereiche und für Straßenoberflächen zusammengefasst. Dabei werden die üblichen Belastungen und Verwitterungsbedingungen berücksichtigt. Auch die in Deutschland verwendeten Produkte müssen diese Anforderungen einhalten,

7 DIN EN 1342:2013-03: Pflastersteine aus Naturstein für Außenbereiche – Anforderungen und Prüfverfahren, Fassung 2013, Änderung 2014, Beuth Verlag, Berlin 2013

Kommentar

welche mit den TL Pflaster-StB für den Anwendungsbereich der ZTV Pflaster-StB umgesetzt wurden.

Dort, wo die Auswahl von Klassen erforderlich war, geben die TL Pflaster-StB konkrete Anforderungen vor.

Der informative, nicht verbindliche Nationale Anhang der DIN EN 1342 wurde mit der Korrektur 2014 ersatzlos gestrichen, da dieser Anwendungsempfehlungen enthielt, die in Deutschland an anderer Stelle, beispielsweise im Rahmen von RStO, TL Pflaster-StB und ZTV Pflaster-StB, geregelt werden.

Als Pflasterstein aus Naturstein wird nach DIN EN 1342 ein als Pflasterbelagswerkstoff verwendeter Natursteinblock definiert, der durch Schneiden oder Spalten erzeugt wird, wobei die Nennbreite nicht das Zweifache der Dicke und die Länge nicht das Zweifache der Breite überschreitet. Die Mindestnenndicke beträgt 40 mm.

Mit dieser Definition wird der Anwendungsbereich der Pflastersteine gemäß ZTV Pflaster-StB eingeschränkt, da dort festgelegt ist, dass Pflasterdecken mit Befestigungselementen hergestellt werden, deren Gesamtlänge zur Dicke das Verhältnis Länge : Dicke von ≤ 4 und deren Produkt aus Gesamtlänge und Gesamtbreite eine Fläche von 1 024 cm² nicht überschreiten.

Die Begrenzung von ≤ 4 für Pflastersteine ist schon sehr lange in den deutschen Regelwerken enthalten, z.B in dem „Merkblatt für Flächenbefestigungen mit Pflaster- und Plattenbelägen“[8], Ausgabe 1983.

Diese (strenge) Festlegung wird heute stärker in Abhängigkeit von der Verkehrsbelastung weiterentwickelt, so dass je nach der Belastungsklasse dickere Pflastersteine und gedrungene Formen gewählt werden sollten, z. B. für eine Pflasterdecke in einer Bk3,2-Fläche Pflastersteine mit einer Dicke von min. 14 cm und einem Längen/Dicken-Verhältnis von max. 1 : 1,5.

Ergänzend dürfen daher auch Platten aus Naturstein nach DIN EN 1341, welche diese Anforderungen erfüllen, in einer Pflasterdecke nach den ZTV Pflaster-StB eingesetzt werden. Weiterhin dürfen nach den ZTV Pflaster-StB allerdings nur Elemente mit einer Gesamtlänge von maximal 400 mm eingesetzt werden. Größere Pflastersteine – DIN EN 1342 enthält keine Größenbegrenzung – sind in Pflasterdecken nach den ZTV Pflaster-StB nicht zulässig. Gegebenenfalls können sie aber als Großformate in Großformatbelägen eingesetzt werden.

Pflastersteine aus Naturstein können gehauen oder bearbeitet sein. Der Begriff „gehauen“ steht synonym für den Begriff „gespalten“, welcher in der DIN EN 1341 für Platten aus Naturstein verwendet wird. In den ATV DIN 18318 werden etwas ungenauer die Begriffe „spaltrau“, „unbearbeitet“ oder „nicht gesägt“ für diese Eigenschaft verwendet. Die ZTV Pflaster-StB verwenden einheitlich den Begriff „gespalten“ sowohl für solche Pflastersteine als auch für entsprechende Platten aus Naturstein. Daher wird dies hier im Rahmen der Kommentierung der TL Pflaster-StB beibehalten, die Begriffe „gehauen“ und „gespalten“ werden im Folgenden synonym genutzt.

Wenn Verwender von Produkten aus Naturstein die Regelungen der TL Pflaster-StB nicht in ihre Verträge übernehmen wollen, gibt es in den DIN 18318

---

8 Merkblatt für Flächenbefestigungen mit Pflaster-und Plattenbelägen, FGSV Verlag, Köln 1983 (zurückgezogen)

Kommentar

unter 0.3.2, „Hinweise für das Aufstellen der Leistungsbeschreibung,“ eine Öffnungsklausel, wenn „andere Anforderungen an Stoffe und Bauteile vereinbart werden sollen“.

DIN EN 1342

Pflastersteine aus Naturstein für Außenbereiche – Anforderungen und Prüfverfahren, Ausgabe 2013

2 Normative Verweisungen

Die folgenden Dokumente, die in diesem Dokument teilweise oder als Ganzes zitiert werden, sind für die Anwendung dieses Dokuments erforderlich. Bei datierten Verweisungen gilt nur die in Bezug genommene Ausgabe. Bei undatierten Verweisungen gilt die letzte Ausgabe des in Bezug genommenen Dokuments (einschließlich aller Änderungen).

Kommentar

Der Abschnitt 2 der Norm enthält Hinweise auf „normative Verweisungen“, Normen, welche für die Anwendung der DIN EN 1342 hinsichtlich Bezeichnungen und Prüfverfahren erforderlich sind.

DIN EN 1342

Pflastersteine aus Naturstein für Außenbereiche – Anforderungen und Prüfverfahren, Ausgabe 2013

3 Begriffe

Für die Anwendung dieses Dokuments gelten die folgenden Begriffe.

3.1 Pflasterstein

als Pflasterbelagswerkstoff verwendeter Natursteinblock, der durch Schneiden oder Spalten erzeugt wird, wobei die Nennbreite nicht das Zweifache der Dicke und die Länge nicht das Zweifache der Breite überschreitet

Anmerkung 1 zum Begriff: Die Mindestnenndicke beträgt 40 mm.

...

3.10 strukturiert, bearbeitet

Pflasterstein, dessen Oberflächenbeschaffenheit durch zusätzliche Bearbeitung aus einer gesägten oder gehauenen Oberfläche entsteht

3.11 fein strukturiert, fein bearbeitet

Bearbeitete Oberfläche, auf der zwischen den Scheitelpunkten und tiefsten Punkten ein Abstand von höchstens 1,0 mm vorhanden ist (z. B. poliert, geschliffen oder mit einer Diamantscheibe oder einem Diamantblatt gesägt)

3.12 grob strukturiert, grob bearbeitet

bearbeitete Oberfläche, auf der zwischen den Scheitelpunkten und tiefsten Punkten ein Abstand von mehr als 1,0 mm vorhanden ist (z. B. gespitzt, sandgestrahlt oder geflammt)

3.13 gehauen

Pflasterstein mit einer rauen Oberflächenbeschaffenheit, z. B. eine gespaltene oder spaltraue Fläche

3.14 unterer Erwartunswert

E_L – Wert, der dem 5 %-Quantil einer logarithmischen Normalverteilung bei einem Vertrauensbereich von 75 % entspricht

3.15 oberer Erwartungswert

E_H – Wert, der dem 95 %-Quantil einer logarithmischen Normalverteilung bei einem Vertrauensbereich von 75 % entspricht

Kommentar

Grob strukturiert/bearbeitet sind Oberflächen, auf denen zwischen den Scheitelpunkten und den tiefsten Punkten ein Abstand von mehr als 1,0 mm vorhanden ist, als Beispiele werden gespitzt, sandgestrahlt oder geflammt genannt.

Hier ist zu beachten, dass diese Art der Bearbeitung der Oberfläche einen Einfluss auf die DIN 18318:2019, Abschnitt 3.1.15 hat, die bei Pflastersteinen oder Platten mit grob bearbeiteten Oberflächen einen Höhenversprung von bis zu 5 mm zwischen benachbarten Befestigungselementen als zulässig nennt.

In den ZTV Pflaster-StB, Abschnitt 3.8.1 wird die Regelung der Norm nicht übernommen, da Befestigungselemente, welche aus gesägten Grundformen hergestellt worden sind und deren Oberfläche weiterbearbeitet wurde, ebene Oberflächen haben. Für diese ebenen Oberflächen wurde ein zulässiger Höhenunterschied zwischen benachbarten Befestigungselementen von 2 mm festgelegt.

DIN EN 1342

Pflastersteine aus Naturstein für Außenbereiche – Anforderungen und Prüfverfahren, Ausgabe 2013

4 Anforderungen

...

4.1.2 Änderung der physikalischen Eigenschaften des Natursteins

Wurden die Pflastersteine aus Naturstein während der Herstellung einer Bearbeitung unterzogen, die die physikalischen Eigenschaften des Steins ändern (z. B. chemische Behandlung, Verwendung von Ausbesserungsmassen, oder Füllstoffen oder sonstigen ähnlichen Produkten für natürliche Löcher, Fehlstellen oder Risse), dann muss die Anwendung einer derartigen Behandlung angegeben werden.

Außerdem müssen die zu prüfenden Prüfkörper repräsentativ für das Produkt und für jegliche Prozesse sein, denen der Stein unterzogen wird.

Kommentar

Da häufig gelbe Granite gewünscht werden, deren Eigenschaften jedoch begrenzt sind, wird gelegentlich versucht, graue Granite mit Eisenoxid und anderen Stoffen gelblich zu färben.

Auch wenn Ausbesserungsmassen oder Füllstoffe zur Beseitigung von in der Art des Gesteins liegenden Löchern oder Rissen verwendet wurden, müssen die verwendeten Produkte angegeben und für deren Dauerhaftigkeit eine Gewähr übernommen werden. Außerdem sollten Referenzobjekte betrachtet werden können.

4.3.2 Bezeichnung von Pflastersteinen und Nennmaße

Siehe DIN EN 1342, Abschnitt 4.1

Die DIN EN 1342 bestimmt die Größe von Pflastersteinen nach Nenn-Flächenmaßen (mittlere Länge und Breite) und Nenndicke. Dementsprechend werden unterschieden

- Mosaikpflastersteine: Nenndicke und Nenn-Flächenmaß bis 60 mm
- Kleinpflastersteine: Nenndicke und Nenn-Flächenmaß über 60 mm bis unter 120 mm
- Großpflastersteine: Nenndicke ab 120 mm und Nenn-Flächenmaß ab 120 mm.

DIN EN 1342

Pflastersteine aus Naturstein für Außenbereiche – Anforderungen und Prüfverfahren, Ausgabe 2013

4.2 Maße

4.2.1 Allgemeines

Die Nennmaße der Pflastersteine sind anzugeben.

Maße zwischen bearbeiteten Flächen sind als einheitliches Nennmaß oder als Bereich von Nenn-Mindest- und Nenn-Höchstmaßen, z. B. 100 mm bis 200 mm, anzugeben.

Die Maße sind nach EN 13373 zu bestimmen.

Kommentar

DIN EN 1342 bezeichnet die Pflastersteine nach ihren Nennmaßen.

Es bleibt jedoch überlassen, ob ein einheitliches Nennmaß, z. B. für einen gespaltenen Pflasterstein 90/90/90 mm („Kleinpflaster“) oder die Angabe als Bereich des Mindest- und Höchstmaßes erfolgen soll, z. B. 80/100 mm (Tabelle 1 der DIN EN 1342, gespaltener Pflasterstein > 60 < 120 mm, Klasse 2).

Die Flächenmaße und die Dicke von Pflastersteinen sind nach EN 13373 zu bestimmen.

In der Prüfnorm werden verschiedene Verfahren beschrieben, unterschieden nach Pflastersteinen mit gesägten und mit nicht gesägten Flächen.

Für die nationale Anwendung bestehen lange übliche Begriffe, die nicht durch die europaweit geltende Norm geregelt sind, sondern in den TL Pflaster-StB für die nationale Anwendung festgelegt werden. Dies sind die Bezeichnungen Mosaikpflastersteine, Kleinpflastersteine und Großpflastersteine, regional auch Kleinsteinpflaster und Großsteinpflaster genannt.

Zur Vereinfachung erfolgt die Abgrenzung der Begriffe über die Nennmaße. Dicke, Länge und Breite dürfen die Begrenzungen nicht über- bzw. unterschreiten, um der Zuordnung zu entsprechen.

4.3.3 Zulässige Abweichungen von den Nenn-Flächenmaßen und von der Nenndicke

Siehe DIN EN 1342, Abschnitt 4.2.2.1, Tabelle 1

Bei Pflastersteinen, die im Bogen versetzt werden sollen, gelten die Anforderungen der Klasse 1 der DIN EN 1342, Tabelle 1.

Für Klein- und Mosaikpflaster, welches im Bogen verlegt werden soll, muss ein Anteil von etwa 20 % der Gesamtlieferung an größeren, kleineren und trapezförmigen Pflastersteinen enthalten sein, deren Flächenmaße um nicht mehr als 10 % von den durch die festgelegten Grenzabmaße zulässigen Maßen abweichen.

Für Großpflaster, welches in Reihe verlegt werden soll, muss ein Anteil von mindestens 10 % der Liefermenge aus Steinen bestehen, deren Länge das Nennmaß um mehr als 50 % überschreiten (Bindersteine).

Bei Pflastersteinen, die in Reihen versetzt werden sollen, gelten die Anforderungen der Klasse 2 der DIN EN 1342, Tabelle 1.

4.3.3 **Zulässige Abweichungen von den Nenn-Flächenmaßen und von der Nenndicke** (Fortsetzung)

Folgende Abweichungen von der Nenndicke zwischen einer bearbeiteten und einer gespaltenen Fläche sind zulässig:

- Mosaikpflastersteine: ±7 mm
- Kleinpflastersteine: ±10 mm
- Großpflastersteine: ±12 mm.

DIN EN 1342 **Pflastersteine aus Naturstein für Außenbereiche – Anforderungen und Prüfverfahren,** Ausgabe 2013

4.2.2 Grenzabmaße

4.2.2.1 Flächenmaße und Dicke

Flächenmaße und die Dicke von Pflastersteinen sind nach EN 13373:2003, 5.2 und 5.3 zu bestimmen, und die Abweichungen von den angegebenen Flächenmaßen und der Dicke müssen mit den in Tabelle 1 angegebenen Grenzabmaßen übereinstimmen.

Für die Flächenmaße und die Dicke können unterschiedliche Abweichungen angegeben werden.

Wenn nicht anders festgelegt, muss eine Lieferung von Pflastersteinen dafür vorgesehen sein, in geradlinigen Mustern verlegt zu werden und alle Pflastersteine innerhalb einer Lieferung müssen bei Messung nach EN 13373:2003, 5.4, mit den in Tabelle 1 beschriebenen Grenzabmaßen von den Flächen- und Dickenmaßen übereinstimmen.

Tabelle 1 – Grenzabmaße der Nenn-Flächenmaße und der Nenndicke

Nennmaß		Klasse 0	Klasse 1	Klasse 2
≤ 60 mm	Strukturiert	Keine Anforderungen	±7 mm	±5 mm
	Gehauen		±10 mm	±7 mm
> 60 mm ≤ 120 mm	Strukturiert		±10 mm	±5 mm
	Gehauen		±15 mm	±10 mm
> 120 mm	Strukturiert		±10 mm	±7 mm
	Gehauen		±15 mm	±12 mm

Eine Lieferung von Pflastersteinen, die ausdrücklich dafür bestimmt sind, strahlen- oder bogenförmig verlegt zu werden, darf ein Anteil der Gesamtlieferung an größeren, kleineren und trapezförmigen Pflastersteinen enthalten sein, deren Maße um nicht mehr als 10 % von den durch die festgelegten Grenzabmaße zulässigen Maßen abweichen.

Sind die Maße zwischen den Oberflächen als ein Bereich von Nenn-Mindest- und Nenn-Höchstmaßen angegeben, dann muss die Abweichung als Grenze des Bereichs angeben werden. Dies gilt insbesondere bei gehauenen Pflastersteinen.

In allen Fällen ist die Dicke der Pflastersteine zu beachten.

Kommentar Die Bezeichnungen Großpflaster, Kleinpflaster und Mosaikpflaster waren schon zuvor in der mittlerweile zurückgezogenen DIN 18502:1965[9] enthalten. Großpflastersteine wurden dort in 5 Größen nach Breiten und Höhen und Längen definiert.

9 DIN 18502:1965-12: Pflastersteine; Naturstein, Beuth Verlag, Berlin 1965

Kommentar

Für die Maßhaltigkeit wurden die Güteklassen I und II genannt. Für die Güteklasse I waren ±10 mm einzuhalten, und ±15 mm für die Güteklasse II.

Für Großpflastersteine war die Lieferung von 10 % an Bindersteinen, für die Größe 1 und 2 bis 290 mm lang, Größe 3 und 4 bis 230 mm lang und Größe 5 bis 210 mm lang, vorgesehen.

Pflastersteine für Bogenpflaster sollen hinsichtlich der Nennmaße nach den TL Pflaster-StB der Klasse 1 DIN EN 1342 entsprechen. Dies bezieht sich jedoch nur auf die Flächenmaße und nicht auf die Dicke.

Die Festlegung der Klasse 1 an die Grenzabmaße für Bogenpflaster bedeutet, dass beispielsweise gespaltene Kleinpflastersteine in Länge und Breite Unterschiede von bis zu 30 mm innerhalb einer Lieferung aufweisen können. Wenn dies für den Anwendungszweck zu groß ist, kann auch abweichend von den TL Pflaster-StB die Klasse 2 vereinbart werden. Für dieses Beispiel beträgt dann die maximale Differenz 20 mm. Um einen fachgerechten Bogen zu pflastern und die zulässige Fugenbreite dabei einhalten zu können, ist es jedoch erforderlich, hinsichtlich der Flächenmaße einen ausreichenden Anteil an Steinen zu haben, die größer oder kleiner als die Nennabmessung sind.

Daher wird die Normanforderung um das dargestellte Maß von 20 % der Lieferung, die um bis zu 10 % von den geforderten Maßen abweichen darf, geöffnet. Dies ist, wie zuvor dargestellt, explizit nach Normtext auch möglich und wird hier nur hinsichtlich des Lieferanteils konkretisiert.

Bei Reihenpflaster ist eine höhere Maßhaltigkeit der Steine erforderlich, um ordnungsgemäße gerade Reihen pflastern zu können. Daher ist bei dieser Anwendung die Klasse 2 nach TL Pflaster-StB festgelegt. Allerdings erfordert hier die Erstellung der Ränder der zu befestigenden Fläche eine gewisse Anzahl von Pflastersteinen, die bei sonst gleicher Breite um mehr als 50 % länger sind.

Mit diesen sogenannten Bindersteinen, deren Liefermenge in den TL Pflaster-StB mit 10 % von der Gesamtlieferung festgelegt ist, wird vermieden, für Anpflasterungen (z. B. an die Randeinfassung) die Steine spalten oder schneiden zu müssen, wodurch sich einerseits der Arbeitsaufwand deutlich verringert und andererseits die Qualität der fertiggestellten Fläche sich verbessert, da Schwachstellen durch zu kleine Elemente vermieden werden.

Bezüglich der Toleranzen wird in der Tabelle der Norm unterschieden zwischen „strukturierten" (= bearbeiteten) und „gehauenen" (= gespaltenen) Pflastersteinen. Pflastersteine, die gespalten wurden und danach eine gesägte und anschließend weiter bearbeitete Oberfläche erhalten haben, sind nicht geregelt. Diese aufgrund ihrer guten Begehbarkeit immer beliebteren Befestigungselemente sind daher in den TL Pflaster-StB hinsichtlich der zulässigen Dickentoleranzen in Anlehnung an die bearbeiteten Steine festgelegt. Nur Großpflastersteine bedürfen einer etwas größeren Toleranz von ±12 mm statt ±10 mm, da die gespaltene Unterseite (Fußfläche) geringere Abweichungen nicht zulässt.

4.3.4 Hinter- und Überschnitt von Seitenflächen

Siehe DIN EN 1342, Abschnitt 4.2.2.2

Für allseits gespaltene Pflastersteine gelten für den Hinterschnitt die Anforderungen der Klasse 1 der DIN EN 1342, Tabelle 2.

Für bearbeitete Pflastersteine gelten für den Hinterschnitt die Anforderungen der Klasse 2 der DIN EN 1342, Tabelle 2.

Der Überschnitt sowie Wölbungen der Seitenflächen dürfen für die unterschiedlichen Pflasterdicken folgende Abmaße nicht überschreiten:

- Mosaikpflaster 3 mm,
- Kleinpflaster 5 mm und
- Großpflaster 7 mm.

DIN EN 1342 **Pflastersteine aus Naturstein für Außenbereiche – Anforderungen und Prüfverfahren,** Ausgabe 2013

4.2.2.2 Hinterschnitt von Seitenflächen

Bei der Bestimmung nach EN 13373:2003, 5.5, dürfen die Abweichungen des Hinterschnittes von Seitenflächen in Bezug auf die Rechtwinkligkeit der Oberseite die in Tabelle 2 angegebenen Grenzabmaße nicht überschreiten (siehe Bild 1).

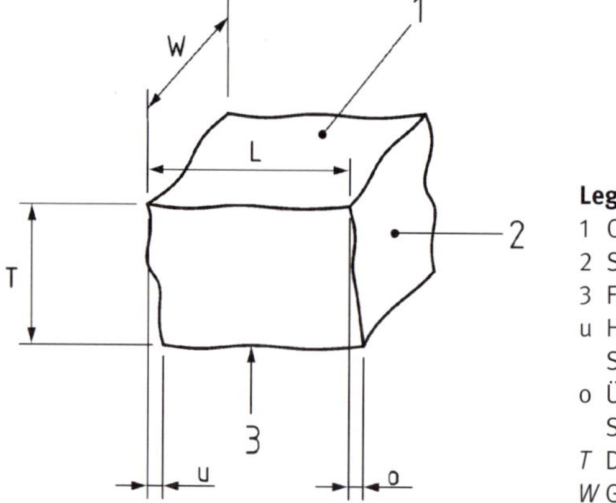

Legende
1 Oberseite
2 Seitenfläche
3 Fußfläche
u Hinterschnitt der Seitenfläche
o Überschnitt der Seitenfläche
T Dicke
W Gesamtbreite

Bild 1 – Grenzabmaße der hinter- und überschnittenen Fläche

Tabelle 2 – Grenzabmaße vom Hinterschnitt der Seiten

Nennmaß	Klasse 0	Klasse 1		Klasse 2	
		Höchstwert auf einer Seite	Höchstwert in Summe	Höchstwert auf einer Seite	Höchstwert in Summe
≤ 60 mm	Keine Anforderung	10 mm	20 mm	5 mm	10 mm
> 60 mm ≤ 120 mm		15 mm	25 mm	10 mm	15 mm
>120 mm		25 mm	30 mm	15 mm	20 mm

Kommentar

Die TL Pflaster-StB legen in Abschnitt 4.3.4 für die Pflastersteine den zulässigen Hinterschnitt und ergänzend auch den zulässigen Überschnitt fest. Für

Kommentar

allseits gespaltene Pflastersteine gelten für den Hinterschnitt die Anforderungen der Klasse 1 der DIN EN 1342, Tabelle 2. Für bearbeitete Pflastersteine gelten für den Hinterschnitt die Anforderungen der Klasse 2 der DIN EN 1342, Tabelle 2. Die Begriffe „Hinterschnitt" und „Überschnitt" von Seitenflächen werden in vorstehendem Bild 1 der DIN 1342 erläutert.

Der genannte Hinterschnitt in den Klassen 1 und 2 entspricht nahezu den Festlegungen der (zurückgezogenen) DIN 18502. Dort wurden, nach Güteklassen unterschieden, die nachstehenden Anforderungen genannt:

Hinterschnitt Großpflaster GK I an 2 Seiten zusammen = **20 mm**,
jedoch nicht mehr als **15 mm** an einer Seite,
GK II an 2 Seiten zusammen = **30 mm**,
jedoch nicht mehr als **20 mm** an einer Seite,

Hinterschnitt Kleinpflaster GK I an 2 Seiten zusammen = **15 mm**,
jedoch nicht mehr als **10 mm** an einer Seite,
GK II an 2 Seiten zusammen = **25 mm**,

für Mosaikpflaster wird kein Hinterschnitt angegeben.

Die Festlegung der TL Pflaster-StB auf Klasse 1 bei gespaltenen und Klasse 2 bei bearbeiteten Pflastersteinen berücksichtigt realistisch die lieferbaren Qualitäten. Zu groß sollte der Hinterschnitt nicht sein, da ansonsten die Stabilität der Pflasterdecke nachteilig beeinflusst wird.

Bezüglich des Überschnittes und der Wölbung von Seitenflächen enthält die DIN EN 1342 keine Anforderungen. Pflastersteine mit zu großem Überschnitt bedingen jedoch übergroße Fugenbreiten, die zu einer Instabilität und damit zu Schäden in der Pflasterdecke führen können. Daher wird in den TL Pflaster-StB der Überschnitt in Abhängigkeit von der Größe der Pflastersteine begrenzt. Der in der Norm nicht geregelte mögliche Überschnitt der Seitenflächen sowie die Wölbungen an den Seitenflächen werden in den TL Pflaster-StB nur mit den zulässigen Abmaßen erfasst.

4.3.5 Unregelmäßigkeiten von gehauenen und grob strukturierten Sichtflächen

Siehe DIN EN 1342, Abschnitt 4.2.2.3

Die Vertiefungen und Erhebungen der Sichtflächen dürfen die Anforderungen an die Grenzabmaße der Klasse 2 der DIN EN 1342, Tabelle 3 nicht überschreiten.

DIN EN 1342

Pflastersteine aus Naturstein für Außenbereiche – Anforderungen und Prüfverfahren, Ausgabe 2013

4.2.2.3 Unregelmäßigkeiten von gehauenen und grobstrukturierten Sichtflächen

Bei der Bestimmung nach EN 13373:2003, 5.3, dürfen die Abweichungen von der Vertiefung und Erhebung der Sichtfläche die in Tabelle 3 angegebenen Grenzabmaße nicht überschreiten.

DIN EN 1342

Tabelle 3 – Grenzabmaße von gehauenen und grobstrukturierten Sichtflächen

	Klasse 0	Klasse 1	Klasse 2
Gehauen	Keine Anforderungen	±10 mm	±5 mm
Grob strukturiert		±5 mm	±3 mm

Kommentar

Die TL Pflaster-StB schränken die Unregelmäßigkeiten von gehauenen und grobstrukturierten Sichtflächen auf die Klasse 2 ein. Damit betragen die maximalen Abweichungen bei gespaltenen Steinen ±5 mm und bei gesägten und weiter bearbeiteten Steinen ±3 mm.

Bei Flächen, die barrierefrei gestaltet sein sollen, empfiehlt die DIN 18040, Teil 3[10] hinsichtlich der Oberflächengestalt der Befestigung, dass bei Bewegungsflächen und nutzbaren Gehwegbreiten nur Natursteine mit gut begehbaren und von Rollstühlen und auch Kinderwagen leicht nutzbaren Oberflächen eingesetzt werden sollten. Hier bieten sich geschnittene (= gesägte) und zur Rutschsicherheit weiter bearbeitete Steine (z. B. gestrahlt, geflammt) oder solche mit gleichartiger Oberfläche an.

Auch ein nachträgliches Bearbeiten der Oberfläche nach dem Versetzen zur Herstellung oder Verbesserung der Barrierefreiheit kann möglich sein. Dies kann durch Schleifen oder geringes Einschneiden mit einer Maschine mit eng gesetzten Schneidscheiben erfolgen. Derzeit ist dies technisch aber nur bei der gebundenen Bauweise oder einer vollständig fest sitzenden Pflasterdecke mit konsolidierten Fugen möglich. Es sollte jedoch immer eine Versuchsfläche, an der die Eignung des Verfahrens nachgewiesen wird, hergestellt werden.

4.3.6 Beständigkeit gegen Frost-Tau-Wechsel

4.3.6.1 Frost-Tau-Wechsel unter Normalbedingungen

Siehe DIN EN 1342, Abschnitt 4.3.1

Die Verringerung der mittleren Druckfestigkeit nach dem Frost-Tau-Wechsel-Versuch entsprechend DIN EN 12371, darf gegenüber der nach DIN EN 1926 geprüften Druckfestigkeit maximal 20 % betragen.

Bei größeren Verringerungen ist die Eignung gesondert nachzuweisen.

DIN EN 1342

Pflastersteine aus Naturstein für Außenbereiche – Anforderungen und Prüfverfahren, Ausgabe 2013

4.3 Beständigkeit gegen Frost-Tau-Wechsel

4.3.1 Frost-Tau-Wechsel unter Normalbedingungen

Wenn die Pflastersteine für die Anwendung in Bereichen vorgesehen sind, die Anforderungen an Frost-Tau-Wechsel unterliegen, ist die Beständigkeit gegen Frost-Tau-Wechsel mit dem Prüfverfahren nach EN 12371 zu bestimmen. Die Ergebnisse sind

10 DIN 18040-3:2014-12: Barrierefreies Bauen – Planungsgrundlagen – Teil 3: Öffentlicher Verkehrs- und Freiraum, Fassung 2014, Beuth Verlag, Berlin 2014

DIN EN 1342

als mittlere Druckfestigkeit vor und nach 56 Zyklen Frost-Tau-Wechsel (technologische Prüfung) zu bestimmen und anzugeben.

Der Frostschaden, der an einem Naturstein nach Verlegen entstehen kann, ist von den klimatischen Bedingungen des Einsatzortes, der relativen Lage im Bauwerk (die den Sättigungsgrad bestimmt) sowie von der voraussichtlichen Gebrauchsdauer des Bauwerkes abhängig. Diese Anzahl der Prüfzyklen ist für ein bestimmtes Projekt geeignet und kann dazu beitragen, eine Anleitung zur Interpretation der Prüfergebnisse zur Verfügung zu stellen. Die Auswahl des Gesteins ist von den Klimazonen und/oder von praktischen Anwendungsregeln abhängig.

Bei einigen besonderen Anwendungen, z. B. an Orten, die Temperaturen unter −12 °C ausgesetzt sind, kann es angemessen sein, unterschiedliche Prüfzyklen durchzuführen, z. B. Einfrieren in Wasser, Einfrieren auf eine tiefere Temperatur oder Prüfung von in porenfreie, siliciumhaltige Granulate eingebetteten Probekörpern, oder eine andere Anzahl von Prüfzyklen, z. B die in EN 12371 festgelegte Identifizierungsprüfung, anzuwenden.

Kommentar

Ein Anforderungswert für die Verringerung der mittleren Druckfestigkeit nach dem Frost-Tau-Wechsel-Versuch wird von der DIN EN 1342 nicht vorgegeben. Die TL Pflaster-StB begrenzen die Abnahme der Druckfestigkeit nach Beaufschlagung mit 56 Frost-Tau-Zyklen auf 20 %, bezogen auf die Druckfestigkeit, die ohne Frost-Tau-Beanspruchung bestimmt wurde.

Hier ist darauf zu achten, dass der wirkliche Messwert als Bezug herangezogen wird und nicht der deklarierte Wert, da dieser in der Regel geringer angegeben wird als die im Versuch gemessene Druckfestigkeit.

4.3.6.2 Frost-Tau-Wechsel in Gegenwart von Tausalzen

Siehe DIN EN 1342, Abschnitt 4.3.2

Die Wasseraufnahme ist gemäß Abschnitt 4.3.11 zu bestimmen. Die Prüfung des Widerstandes gegen Frost-Tau-Wechsel mit Tausalz ist in Anlehnung an DIN EN 1367-6 mit 25 Frost-Tau-Wechseln durchzuführen.

Es gelten nachstehende Änderungen zur DIN EN 1367-6:

- Herstellung von 10 Prüfkörpern gleicher Größe (50/50/50 mm oder 70/70/70 mm ±5mm)
- Beanspruchung 25 Frost-Tau-Wechsel mit 1 %-iger NaCl-Lösung
- Bestimmung der mittleren Druckfestigkeit gemäß DIN EN 1926 an den beanspruchten Prüfkörpern
- Bestimmung des Masseverlustes durch Wägung der bei 70 °C ±5 °C bis zur Massekonstanz getrockneten Prüfkörper vor und nach der Beanspruchung
- Bestimmung des Masseverlustes F nach 25 Frost-Tau-Wechsel-Beanspruchungen als Mittelwert der 10 Prüfkörper.

Die Beständigkeit gegen Frost-Tau-Wechsel mit Tausalz wird erreicht, wenn der Masseverlust F und mindestens 90 % der Einzelwerte (9 von 10 Prüfköpern) nach der Prüfung höchstens 2 M.-% betragen.

4.3.6.2 Frost-Tau-Wechsel in Gegenwart von Tausalzen (Fortsetzung)

Die Abnahme der mittleren Druckfestigkeit nach dem Frost-Tau-Wechsel-Versuch mit Tausalz darf gegenüber der nach DIN EN 1926 geprüften mittleren Druckfestigkeit maximal 20 % betragen.

Die Prüfkörper für die Frost-Tau-Wechsel in Gegenwart von Tausalzen und Druckfestigkeit sollen aus einer Lieferung entnommen werden.

Bei Überschreitung der Einzelwerte des Masseverlustes und/oder größerer Abnahme der Druckfestigkeit ist die Eignung gesondert nachzuweisen.

Wenn Erfahrungen mit regionalen Natursteinen vorliegen, deren langjährige Gebrauchstauglichkeit bei vergleichbarer Anwendung belegt ist, kann der Auftraggeber auf diesen Nachweis verzichten.

DIN EN 1342

Pflastersteine aus Naturstein für Außenbereiche – Anforderungen und Prüfverfahren, Ausgabe 2013

4.3.2 Frost-Tau-Wechsel in Gegenwart von Tausalzen

Sofern gefordert, ist die Beständigkeit gegen Frost-Tau-Wechsel zusammen mit den Auswirkungen von Tausalzen zu bestimmen und anzugeben. Da derzeit kein anerkanntes Prüfverfahren auf europäischer Ebene vorliegt, muss die Beständigkeit gegen Frost-Tau-Wechsel zusammen mit den Auswirkungen von Tausalz entsprechend nationaler Bestimmungen, die am Verwendungsort des Produktes gelten, ermittelt und angegeben werden.

Kommentar

Die DIN EN 1342 legt bezüglich des Frost-Tausalz-Widerstandes nur fest, dass „Auswirkungen von Tausalz entsprechend nationaler Bestimmungen, die am Verwendungsort des Produktes gelten, ermittelt und angegeben werden" müssen.

Daher war es erforderlich, ein nationales Prüfverfahren zu entwickeln und darauf aufbauend nationale Anforderungen aufzustellen. Dazu wurde das Prüfverfahren nach DIN EN 1367-6[11] modifiziert. Diese Prüfnorm legt eigentlich das Prüfverfahren für die Prüfung der Frost-Tausalz-Beständigkeit von Gesteinskörnungen fest. Gegenüber der Prüfanweisung werden die Frost-Tauzyklen von 10 auf 25 erhöht und die Probekörper modifiziert. Nach der Prüfung wird der abgewitterte Masseverlust der Probekörper bestimmt. Dieser darf im Mittel maximal 2 M.-% betragen. Zudem darf nur eine von zehn Proben einen größeren Masseverlust aufweisen als 2 M.-%.

Weiterhin wird der Druckfestigkeitsabfall überprüft, wie auch schon bei der Bestimmung der Witterungsbeständigkeit ohne Anwesenheit von Salz. Dazu muss die Druckfestigkeit ohne und mit Frost-Tausalz-Beanspruchung an Proben aus einer Lieferung bestimmt werden. Die hierzu erforderliche Prüfung

11 DIN EN 1367-6: Prüfverfahren für thermische Eigenschaften und Verwitterungsbeständigkeit von Gesteinskörnungen – Teil 6: Beständigkeit gegen Frost-Tau-Wechsel in der Gegenwart von Salz (NaCl), Fassung 2018, Beuth Verlag, Berlin 2008

Kommentar

nach DIN EN 1926 erfordert – wie auch die Frost-Tausalz-Prüfung – (mindestens) 10 Probekörper. Das arithmetische Mittel des Druckfestigkeitsabfalls durch die Beanspruchung darf nicht größer sein als 20 %.

Die Überschreitung der Anforderungen führt nur dann zu einem Ausschluss, wenn ein weitergehender separater Eignungsnachweis nicht möglich ist. Hierunter ist auch die langjährige Nutzung ohne Schäden zu verstehen. Wenn regional solche positiven Erfahrungen vorliegen, kann auf einen Nachweis seitens des Auftraggebers des Bauvorhabens verzichtet werden. Dieser Passus wurde in die TL Pflaster-StB aufgenommen, um lokal tradierte Baustoffe nicht ausschließen zu müssen, wenn deren Eignung allgemein bekannt ist.

4.3.7 Druckfestigkeit

Siehe DIN EN 1342, Abschnitt 4.4

Der untere Erwartungswert der Druckfestigkeit muss angegeben werden.

In der Tabelle 22 sind Mindestwerte für den unteren Erwartungswert der Druckfestigkeit und Orientierungswerte für die Wasseraufnahme für Pflastersteine aus Naturstein angegeben.

Tabelle 22: Pflastersteine aus Naturstein – Druckfestigkeit/Wasseraufnahme

	Gesteinsgruppe	Druckfestigkeit: Mindestwerte für den unteren Erwartungswert MPa	Orientierungswerte für die Wasseraufnahme M.-%
1	Granit, Syenit, Granodiorit	120	0,2–0,8
2	Granit, gelb/gelb-grau	100	0,6–1,4
3	Gabbro, Diorit	140	0,2–0,5
4	Basalt	170	0,1–0,4
5	Quarzporphyr Porphyrit Andesit Diabas	140	0,2–0,7
6	Gneis, Quarzit	140	0,1–0,7
7	Grauwacke, Quarzitische Sandsteine	120	0,4–2,0
8	sonstige Sandsteine	80	0,4–4,0
9	Kalksteine und Dolomite mit einer Wasseraufnahme bis 0,8 M.-%	80	0,4–0,8
10	Kalksteine und Dolomite mit einer Wasseraufnahme über 0,8 M.-%	40	> 0,8
11	Basaltlava	60	4–10

4.3.7 **Druckfestigkeit** (Fortsetzung)

Bei Natursteinen, welche Anisotropieebenen (Schichtung usw.) zeigen, sind Prüfungen der Druckfestigkeit auch gegen die Anisotropieebenen durchzuführen.

Gesteine bzw. Gesteinsgruppen, die die Mindestwerte für den unteren Erwartungswert nicht einhalten oder nicht in der Tabelle 22 genannt sind, können verwendet werden, wenn die Gebrauchstauglichkeit bei vergleichbarer Anwendung durch ein Gutachten und durch langjährige positive Erfahrungen nachgewiesen wird.

DIN EN 1342 **Pflastersteine aus Naturstein für Außenbereiche – Anforderungen und Prüfverfahren,** Ausgabe 2013

4.4 Bruchfestigkeit – Druckfestigkeit

Die Druckfestigkeit ist mit dem Prüfverfahren nach EN 1926 zu bestimmen und der untere Erwartungswert (E_L) ist anzugeben.

Kommentar

Anforderungen an den unteren Erwartungswert der Druckfestigkeit werden nach DIN EN 1342 nicht gestellt, sondern national in den TL Pflaster-StB geregelt. Dieser Erwartungswert entspricht nicht der mittleren Druckfestigkeit, die bei der Beurteilung des Witterungswiderstandes erforderlich ist. Der untere Erwartungswert wird mittels einer e-Funktion bestimmt, in die ein Quantilfaktor in Abhängigkeit von der Probekörperanzahl, der logarithmische Mittelwert und die logarithmische Standardabweichung eingehen.

Die Druckfestigkeit von Pflastersteinen aus Naturstein erfordert eine Angabe des unteren Erwartungswertes (E_L), also des Wertes, der dem 5-%-Quantil einer logarithmischen Normalverteilung bei einem Vertrauensbereich von 75 % entspricht.

Das nachstehende Bild 4.1 aus einer Veröffentlichung des Deutschen Natursteinverbandes[12] erläutert die statistische Auswertung.

Diese Angaben wurden bei der Bearbeitung der TL Pflaster-StB kritisch hinterfragt, da es nicht sein kann, dass „zulässiger Ausschuss“ geliefert wird.

Würde die Norm in der vorliegenden Form angewendet, so hieße dies, dass z. B. bei einer Fläche von 1 000 m² ein Anteil von 5 % = 50 m² die in der Leistungserklärung genannten Werte erheblich, bis gegen 0, unterschreiten dürfte.

Daher wird der aus der statistischen Auswertung ermittelte untere Erwartungswert in den TL Pflaster-StB auf einen dem Gestein entsprechenden Mindestwert, der darauf abgestimmt ist, dass auch Befestigungselemente mit geringerer Druckfestigkeiten auftreten, begrenzt. Der bei der Prüfung bestimmte untere Erwartungswert muss demnach für die einzelnen Gesteinsarten größer sein, als der in Tabelle 22 der TL Pflaster-StB vorgegebene Mindestwert.

Allerdings enthalten die TL Pflaster-StB auch hier, wie schon beim Witterungswiderstand, eine Öffnung dahingehend, dass auch Pflastersteine eingesetzt

12 Aus: Rainer Krug: Richtlinie Pflaster- und Plattendecken. Vortrag für den Deutschen Naturwerkstein-Verband e. V, h. g. v. DNV, Würzburg 2014, Abbildung DIN EN 1342 zur Statistischen Auswertung

Kommentar

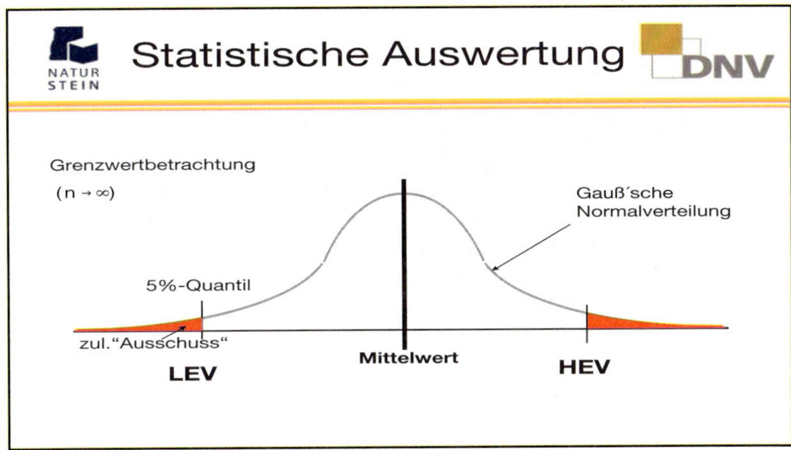

Bild 4.1 Statistische Auswertung

werden können, die die Anforderungen der Tabelle nicht einhalten oder dort nicht aufgeführt sind, wenn deren Eignung durch weitergehende Beurteilung oder durch langjährige positive Erfahrungen bewiesen ist.

Die Spannweiten der Wasseraufnahmen für die verschiedenen Gesteine nach Tabelle 22 sollen nur der Orientierung dienen und sind nicht als Grenzwerte anzusehen.

Da Anisotropieebenen im Gestein Schwachstellen darstellen, muss die Prüfung der Pflastersteine auch die Richtung dieser Schwachstellen berücksichtigen. Daher sind die Proben parallel und senkrecht zu diesen Schichtungen in zwei separaten Prüfgruppen zu prüfen.

4.3.8 Abriebbeständigkeit

Siehe DIN EN 1342, Abschnitt 4.5

Die Abriebbeständigkeit ist zu bestimmen und anzugeben.

DIN EN 1342

Pflastersteine aus Naturstein für Außenbereiche – Anforderungen und Prüfverfahren, Ausgabe 2013

4.5 Abriebbeständigkeit

Die Abriebbeständigkeit ist mit dem Prüfverfahren nach EN 14157 zu bestimmen, und der obere Erwartungswert (E_H) ist anzugeben.

Kommentar

Unter 4.5 der DIN EN 1342, aber auch in den TL Pflaster-StB, gibt es keine eigene Festlegung zur Durchführung der Abriebprüfung.

Die Abriebbeständigkeit ist mit dem Prüfverfahren nach DIN EN 14157[13] zu bestimmen, und der obere Erwartungswert (E_H) ist anzugeben.

13 DIN EN 14157:2017-12: Prüfverfahren für Naturstein – Bestimmung des Widerstandes gegen Verschleiß, Fassung 2017, Beuth Verlag, Berlin 2017

Kommentar

Die DIN EN 14157 enthält zwei Verfahren:

- Verfahren A: Abriebprüfung mit breiter Schleifscheibe
- Verfahren B: Böhme-Abriebprüfung.

In den ZTV Pflaster-StB wird eine Anforderung an den Abriebwiderstand nach dem Böhme-Verfahren, dem in Deutschland maßgebenden Prüfverfahren, gestellt. Pflastersteine aus Naturstein müssen im Anwendungsbereich der ZTV Pflaster-StB für Fahrbahnen der Belastungsklasse Bk1,8 und Bk3,2, die mit einer Geschwindigkeit > 30 km/h befahren werden, einen Abriebwiderstand von höchstens 12 $cm^3/50\ cm^3$ bei einer Prüfung nach DIN EN 14157 (Verfahren B) an der Oberseite aufweisen. Dies ist bei Ausschreibungen und Bestellungen zu beachten.

4.3.9 Gleit- und Rutschwiderstand

Siehe DIN EN 1342, Abschnitt 4.6

Der Gleitwiderstand ist anzugeben, wenn die Oberflächenrauigkeit bei Messung nach DIN EN 13373, Abschnitt 5.3, weniger als 1,0 mm beträgt. Für feinbearbeitete Pflastersteine ist ein SRV-Wert von mindestens 55 zu erreichen.

Für bearbeitetes Großpflaster ist die Ausflusszeit gemäß den „Technischen Prüfvorschriften für Griffigkeitsmessungen im Straßenbau – Teil: Messverfahren SRT" (TP Griff-StB (SRT)) mit dem Ausflussmesser zu bestimmen. Diese darf 40 s nicht überschreiten. Diese Anforderung gilt nicht für gespaltenes Großpflaster.

DIN EN 1342

Pflastersteine aus Naturstein für Außenbereiche – Anforderungen und Prüfverfahren, Ausgabe 2013

4.6 Gleit- und Rutschwiderstand

4.6.1 Gleitwiderstand

Der Gleitwiderstand ist anzugeben, wenn für die vorgesehene Anwendung der Pflastersteine gesetzliche Anforderungen vorliegen oder auf Anfrage, sowie auf jeden Fall, wenn die Oberflächenrauigkeit bei Messung nach EN 13373:2003, 5.3, weniger als 1,0 mm beträgt.

Der Gleitwiderstand ist mit dem Prüfverfahren unter feuchten Bedingungen nach EN 14231 zu bestimmen, und die Ergebnisse sind entsprechend anzugeben.

Bei grob strukturierten und gehauenen Pflastersteinen wird davon ausgegangen, dass sie einen ausreichenden Gleitwiderstand besitzen. Sie können nicht zuverlässig geprüft werden.

Es sollte ebenfalls beachtet werden, dass verlegte Pflastersteine im Vergleich zu einzelnen Pflastersteinen oder Probekörpern einen anderen Wert für den Gleitwiderstand aufweisen können.

Anmerkung 1: Der an unpolierten Pflastersteinen gemessene Wert für den Gleitwiderstand bezieht sich auf Pflastersteine im Herstellungszustand; er stellt ein Hilfsmittel dar, um einen angemessenen Gleit-/Rutschwiderstand beim Einbau sicherzustellen.

DIN EN 1342

Anmerkung 2: Die Erfahrung hat gezeigt, dass ein USRV-Messwert, der mit einem breiten Gummi-Gleitkörper an einem Pendelgerät bei Feuchtigkeit erzielt wurde und größer als 35 ist, bei horizontalen Oberflächen oder Oberflächen mit einer Abschrägung von weniger als 6 % als annehmbar angesehen werden kann.

Kommentar

Nach DIN EN 1342 wird zwischen Gleitwiderstand und Rutschwiderstand unterschieden. Der Gleitwiderstand ist dann anzugeben, wenn für die vorgesehene Anwendung gesetzliche Anforderungen vorliegen oder auf Anfrage, wenn die Oberflächenrauigkeit der Pflastersteine bei Messung nach DIN EN 13373[14] weniger als 1,0 mm beträgt.

Wenn der **Gleitwiderstand** gefordert ist, so ist er nach DIN EN 14231[15] zu bestimmen. Diese Norm wurde explizit für Natursteinprüfungen entwickelt. Das Prüfverfahren entspricht aber größtenteils den entsprechenden Verfahren in DIN EN 1338 und 1344 et al. für Beton- und Klinkerelemente. Der Gleitwiderstand wird als Eigenschaft der Bodenoberfläche definiert, mit der das Haften des Schuhwerks von Fußgängern sichergestellt wird. Bei Verlust der Bodenhaftung ist daher mit erhöhter Sturzgefahr zu rechnen. Ergebnis des Pendelversuches ist der SRV-Wert (skid restistance value).

Geprüft werden kann entweder ein Probekörper mit einer geeigneten Prüffläche von 136 mm × 86 mm oder, wenn dies nicht möglich ist, mit einer kleineren Prüffläche von 42 mm × 86 mm. Damit können auch Kleinpflaster- und Mosaikpflasterformate geprüft werden unter der Voraussetzung, dass sie eine ausreichende Ebenheit aufweisen. Geprüft wird sowohl mit einer trockenen Prüffläche (SRV „dry“) als auch mit einer angenässten Prüffläche (SRV „wet“). Dies ist ein Unterschied zu den Prüfungen an Beton- und Klinkerprodukten, bei denen nur unter nassen Bedingungen gemessen wird. Ein weiterer Unterschied ist, dass die Prüfung sowohl an neuen Befestigungselementen im Labor als auch auf in Gebrauch befindlichen Böden anwendbar ist. Allerdings wurde der Anwendungsbereich der DIN EN 14231 auf die Bestimmung des Gleitwiderstandes der Oberfläche der beanspruchten Seite von Natursteinelementen für Bodenbeläge in Gebäuden festgelegt. Damit passt sie nicht zum hier diskutierten Anwendungsbereich öffentlicher Verkehrsflächen unter Witterungsbedingungen. Da DIN EN 1342 sich aber auf diese bezieht, wurde der Anwendungsbereich damit erweitert.

Die Rauheit wird nach DIN EN 13373 bestimmt. In der DIN EN 1342 wird, aufgrund des Erscheinungsjahrs, noch nicht die aktuelle Fassung vom März 2020, sondern die aus dem Jahr 2003 zitiert. Der dortige Abschnitt 5.3 wird in Bezug genommen, in welchem die Messung der Rauheit festgelegt ist. Rauheiten kleiner 1 mm sind eigentlich nur an gesägten Natursteinen vorhanden, so dass gespaltene Natursteine mit dem Pendelversuch nicht geprüft werden müssen.

Auch wenn bei „grob strukturierten“ (siehe unter 3.12, Begriffe der DIN EN 1342) und „gehauenen“ Pflastersteinen davon ausgegangen wird, dass sie einen ausreichenden Gleitwiderstand besitzen, muss dies für öffentliche Verkehrsflächen jedoch hinterfragt werden. Gerade nasse Natursteinbefestigungen

14 DIN EN 13373:2020-03: Prüfverfahren für Naturstein – Bestimmung geometrischer Merkmale von Gesteinen, Fassung 2020, Beuth Verlag, Berlin 2020

15 DIN EN 14231:2003-7: Prüfverfahren für Naturstein – Bestimmung des Gleitwiderstandes mit Hilfe des Pendelprüfgerätes, Fassung 2003, Beuth Verlag, Berlin 2003

Kommentar

können auch bei einer Rauheit größer 1 mm unter Verkehrsbelastung unzureichend rutsch- oder gleitwiderstandsfähig sein.

Nach DIN EN 1342 ist der Wert SRV „wet“ anzugeben, wenn der Gleitwiderstand gefordert ist.

Beachtet werden muss, dass sich nach der Verlegung oder dem Versetzen von Pflastersteinen der vorab im Labor ermittelte Gleitwiderstand ändert bzw. ändern kann. Zunächst wird die Oberfläche durch die mechanische Belastung infolge der Verdichtung mittels Hammerschlag und Rüttelplatte beeinflusst. Weiter nimmt in der Regel durch polierende Wirkung des Verkehrs der Widerstand ab. Dem gegenüber kann durch Frosteinflüsse der Widerstand im Winter wieder ansteigen. Dies ist jedoch abhängig von der verwendeten Gesteinsart und ihrem Mineralgefüge.

In DIN 1342 wird weiterhin angemerkt, dass ein SRV-Messwert an unpolierten Steinen größer 35 bei „horizontalen Oberflächen oder Oberflächen mit einer Abschrägung von weniger als 6 % als annehmbar angesehen werden kann“. Dieser doch sehr pauschalen Aussage muss widersprochen werden. Ein SRV-Wert von 35 stellt ein recht geringes Gleit- und Rutschwiderstandsniveau dar und ist in aller Regel nicht ausreichend für übliche öffentliche und bewitterte Verkehrsflächen.

Nach den TL Pflaster-StB wird daher für fein bearbeitete Naturpflastersteine, also für solche Pflastersteine, die Unebenheiten („Rauheit“) von maximal 1 mm Höhenunterschied in der Oberfläche der Steine aufweisen, ein SRV-Wert von mindestens 55 [–] gefordert. Zu verstehen ist dies als Anforderung an den SRV „wet“-Wert. Es kann sogar, je nach Mineralaufbau und Struktur der Oberfläche, unzureichend sein, nur einen SRV „wet“ von 55 [–] zu fordern, welcher für Beton- oder Klinkeroberflächen sicherlich ausreichend wäre. Beispielsweise sind hier Pflastersteine aus manchen Kalkstein- oder Dolomitvorkommen zu nennen. Bei solchen Gesteinen kann auch die Dauerhaftigkeit des Gleitwiderstandes geringer sein.

Für alle bearbeiteten Großpflastersteine gilt nach TL Pflaster-StB weiterhin eine Anforderung an die Makrorauheit, da mit dem SRV nur die Mikrorauheit eingestuft wird. Die Makrorauheit wird in diesem Fall mit dem Ausflussmesser nach TP Griff-StB (SRT) der FGSV ermittelt[16]. Hierbei wird ein Messzylinder aus durchsichtigem Plexiglas und offenem Boden auf eine Prüfoberfläche gestellt. Dabei weist der untere Rand des Zylinders einen definierten Gummiring auf, durch den ein gewisser definierter Kontakt zur Prüfoberfläche geschaffen wird. Durch Makrotexturen, also Rillen, Hohlräume, Rauheiten usw., der Prüfoberfläche entstehen Wasserwegsamkeiten, wodurch das im Prüfzylinder befindliche Wasser abfließt. Die Dauer des Ausflusses einer vorgegebenen Menge Wasser wird mit einer Stoppuhr gemessen. Die Zeit in Sekunden ergibt den Messwert. Mit einer Ausflusszeit von maximal 40 Sekunden kann von einer so großen Makrorauheit ausgegangen werden, dass das Niederschlagswasser auch bei Kontakt zum Schuh ausreichend schnell verdrängt wird. Bei sehr glatten Oberflächen, wie z. B. gesägten und nicht weiter bearbeiteten oder bei polierten Oberflächen, liegt zumeist eine zu geringe Makrotextur vor, so dass hier bei Nässe die Verkehrssicherheit gefährdet wird.

16 Technischen Prüfvorschriften für Griffigkeitsmessungen im Straßenbau – Teil: Messverfahren SRT (TP Griff-StB (SRT), Ausgabe 2021, FGSV Verlag, Köln 2021

Kommentar

Der **Rutschwiderstand** ist, sofern gefordert, nach DIN EN 1342 anzugeben. Allerdings ist kein Prüfverfahren für diese Eigenschaft vorhanden, so dass hier nur auf den Gleitwiderstand zurückgegriffen werden sollte.

Da bei gespaltenen Steinen eine Messung mittels des Pendelversuches in der Regel nicht möglich ist, kann für diese Produkte kein SRV-Wert gefordert werden. Eine Festlegung anhand von R-Werten mittels Schiefe-Ebene-Versuch wäre denkbar, doch ist dieser Kennwert nicht Bestandteil der DIN EN 1342 und so nicht Bestandteil der CE-Kennzeichnung und der Leistungserklärung. Daher ist eine Berücksichtigung der Eigenschaft in Bauverträgen nach VOB schwierig. Hier können, wenn überhaupt, nur einzelvertragliche Regelungen vereinbart werden.

Grundsätzlich ist hinsichtlich des Gleit- und Rutschwiderstandes von Pflastersteinen auch zu berücksichtigen, ob die Produkte in Gegenden eingesetzt werden sollen, in denen sehr häufig von Nässe und Frost ausgegangen werden muss. Es gibt Beobachtungen, dass mit zunehmender Frosteinwirkung auch die Rutschwiderstandsthematik wichtiger wird.

Zur Dauerhaftigkeit des Gleit- oder Rutschwiderstandes liegt derzeit kein geeignetes Prüfverfahren auf europäischer Ebene vor. Daher gelten ggf. vorhandene nationale Regelungen. Da diese jedoch ebenfalls nicht vorliegen, sind hierzu keine Vorgaben in den TL Pflaster-StB enthalten.

4.3.10 Vergleichsmuster

Siehe DIN EN 1342, Abschnitt 4.7.2

Sofern ein Vergleichsmuster vorzulegen ist, ist das zur Verwendung kommende Material durch mindestens fünf Pflastersteine der ausgeschriebenen Nennmaße zu bemustern. Durch dieses Vergleichsmuster werden das Farbspiel der Lieferung, die Oberflächenbeschaffenheit und die Strukturcharakteristik des Materials festgelegt.

DIN EN 1342

Pflastersteine aus Naturstein für Außenbereiche – Anforderungen und Prüfverfahren, Ausgabe 2013

4.7 Erscheinungsbild

4.7.1 Allgemeines

Die Farbe, Äderung, Struktur usw. des Gesteins muss einer Sichtprüfung unterzogen werden, die üblicherweise mit einer Bezugsprobe desselben Gesteins durchgeführt wird, die dafür geeignet ist, eine allgemeine Beschreibung des visuellen Erscheinungsbildes abzugeben.

Eine Bezugsprobe muss vom Lieferanten entsprechend 4.7.2 zur Verfügung gestellt werden.

4.7.2 Bezugsprobe, Sichtprüfung, Annahmekriterien

Eine Bezugsprobe muss aus einer angemessenen Zahl von Pflastersteinen aus Naturstein bestehen, die ausreichend groß ist, damit das allgemeine Aussehen der endgültigen Verlegearbeit beurteilt werden kann. Sie muss das äußere Erscheinungsbild in Bezug auf die Färbung, das Aderungsmuster, die physikalische Struktur und die Oberflächenbeschaffenheit widerspiegeln. Insbesondere muss die

DIN EN 1342

Bezugsprobe besondere Eigenschaften des Gesteins, wie z. B. Löcher, Glasschichten, Flecken, kristalline Adern und Rostflecken aufweisen.

Eine Bezugsprobe setzt nicht voraus, dass zwischen der Probe selbst und dem tatsächlich gelieferten Gestein völlige Gleichförmigkeit besteht; natürliche Schwankungen dürfen immer auftreten.

Wenn bei der Bearbeitung des Gesteins Ausbesserungsmasse, Füllstoffe oder ähnliche Stoffe zur Behebung natürlicher Löcher, Fehlstellen oder Risse verwendet werden, muss die Bezugsprobe die Auswirkung dieser Stoffe auf die fertig gestellte Oberfläche in ähnlicher Weise zeigen.

Alle Eigenschaften, die die Bezugsprobe aufweist, sind als für das Gestein typisch und nicht als Mangel zu betrachten und dürfen daher nicht als Grund für eine Zurückweisung gelten, es sei denn, sie treten in übermäßig hoher Konzentration auf und der typische Charakter des Gesteins geht dadurch verloren.

Auf der Bezugsprobe müssen der Name und die Anschrift des Herstellers oder Lieferanten des Gesteins sowie die Bezeichnung des Gesteins nach 4.1 und/oder die Angabe über die Bearbeitung nach 4.1.2, wie vorstehend angegeben, angebracht sein.

Alle Vergleiche der Produktionsprobe mit der Bezugsprobe müssen durchgeführt werden, indem die Bezugsprobe neben die Produktionsproben gelegt wird und alle aus einer Entfernung von etwa 2 m unter normalen Tageslichtbedingungen betrachtet werden, wobei sämtliche sichtbaren Unterschiede hinsichtlich der Merkmale der Gesteine aufgezeichnet werden.

Kommentar

Das umfangreiche Kapitel der Norm zum Erscheinungsbild verweist auf das Problem möglicher Abweichungen zwischen z. B. zur Planung vorgelegten Mustersteinen und späteren Lieferungen durch natürliche Schwankungen des Gesteins.

Das zur Verwendung kommende Material ist in dem im Bauvertrag vereinbarten Umfang dem Auftraggeber gegenüber zu bemustern. Wenn keine Vereinbarung dazu geschlossen wurde, gilt TL Pflaster-StB, Abschnitt 4.3.10 oder DIN 18318, Abschnitt 4.1.5 entsprechend der Entscheidung des Auftraggebers. Der Lieferant der Pflastersteine muss aber in allen Fällen dem Abnehmer, also in der Regel dem Auftragnehmer, eine Bezugsprobe zur Verfügung stellen. Während DIN EN 1342 die Anzahl offen lässt („einer angemessenen Zahl von Pflastersteinen"), bestimmen die TL Pflaster-StB, dass 5 Pflastersteine vorzulegen sind. Es wird darauf hingewiesen, dass diese Pflastersteine das Farbspiel, die Oberflächenbeschaffenheit und Strukturcharakteristik der gesamten Lieferung festlegen. Die Bezugsprobe dient in der Regel der Entscheidungsfindung für ein Bauprodukt vor der Bauwerksherstellung. Wenn es bauvertraglich vereinbart ist, kann eine solche Probe auch zum Nachweis optischer Eigenschaften bei der Abnahme herangezogen werden. Das bedeutet, dass bei einer Änderung im Steinbruch der Lieferquelle eine neue Bemusterung und der Vergleich der Mustersteine erforderlich ist. Hierbei kann eine Änderung des bestehenden Bauvertrages entstehen, die nur mit der Zustimmung des Auftraggebers erfolgen kann.

Die Bereitstellung von Musterproben ist nach ATV DIN 18318, Abschnitt 4.1.5 mit bis zu 6 Musterplatten oder -steinen je Belagsart in einer Einzelgröße von bis zu 400 × 400 mm Bestandteil der Nebenleistungen des Auftragnehmers.

4.3.11 Wasseraufnahme

Siehe DIN EN 1342, Abschnitt 4.8

Der Hersteller hat den oberen Erwartungswert der Wasseraufnahme in M.-% zu deklarieren.

DIN EN 1342 **Pflastersteine aus Naturstein für Außenbereiche – Anforderungen und Prüfverfahren,** Ausgabe 2013

4.8 Wasseraufnahme

Sofern gefordert, ist die Wasseraufnahme mit dem Prüfverfahren nach EN 13755 zu bestimmen und der obere Erwartungswert (E_H) anzugeben.

Kommentar Im Rahmen der TL und ZTV Pflaster-StB wird die Deklaration der Wasseraufnahme gefordert. Dieser angegebene Wert kann mit den Orientierungswerten der Tabelle 22 der TL Pflaster-StB verglichen werden. Er ist nicht verbindlich, wenn nicht eine vertragliche Begrenzung des oberen Erwartungswertes im Bauvertrag ausgesprochen worden ist. Bei deutlichen Abweichungen muss die Eignung ggf. hinterfragt werden. Es sollten Ursachen, die ggf. in der Petrografie begründet sind, weitergehend untersucht werden. Dies ist jedoch nicht bauvertraglich festgelegt.

DIN EN 1342 **Pflastersteine aus Naturstein für Außenbereiche – Anforderungen und Prüfverfahren,** Ausgabe 2013

4.9 Rohdichte und offene Porosität

Die Rohdichte und die offene Porosität sind mit dem Prüfverfahren nach EN 1936 zu bestimmen, und die Mittelwerte sind anzugeben.

Kommentar Die DIN EN 1342 fordert die Angabe der Prüfwerte der Rohdichte und der offenen Porosität („sind anzugeben").

In den TL Pflaster-StB wird diese Anforderung nicht genannt, die Angabe gehört jedoch zur Leistungserklärung.

DIN EN 1342 **Pflastersteine aus Naturstein für Außenbereiche – Anforderungen und Prüfverfahren,** Ausgabe 2013

4.10 Petrographische Beschreibung

Eine petrographische Beschreibung nach EN 12407 muss zur Verfügung gestellt werden, die den petrographischen Namen der Gesteinsart enthält.

Kommentar Da dies eine Forderung der Norm („muss") ist, wird dies in den TL Pflaster-StB nicht wiederholt. In der Regel wird die petrografische Beschreibung mit Prüfzeugnissen des Gesteins abgegeben.

DIN EN 1342 **Pflastersteine aus Naturstein für Außenbereiche – Anforderungen und Prüfverfahren,** Ausgabe 2013

4.11 Gefährliche Stoffe

Nationale Vorschriften zu gefährlichen Stoffen können bei der Einführung der von dieser Norm abgedeckten Bauprodukte auf dem Markt des betreffenden Mitgliedsstaates die Vorlage eines Nachweises und einer Deklaration über die Freisetzung von und teilweise über den Gehalt an solchen Stoffen fordern.

DIN EN 1342

Bis harmonisierte europäische Prüfverfahren zur Verfügung stehen, sollten der Nachweis und die Deklaration über die Freisetzung von bzw. den Gehalt an gefährlichen Stoffen unter Berücksichtigung der nationalen Vorschriften, die am Ort der Verwendung gelten, erfolgen.

Anmerkung: Eine Informationsdatenbank über europäische und nationale Bestimmungen zu gefährlichen Stoffen ist auf der Internetseite der Kommission EUROPA unter „Construction“ (Baugewerbe) [in englischer Sprache] verfügbar. (Zugang über http://ec.europa.eu/enterprise/construction/cpd-ds).

Kommentar

Pflastersteine für Außenbereiche mit gefährlichen Stoffen zu kontaminieren widerspricht den Grundsätzen der BauPVO, Anhang I, Grundanforderungen, nach denen Bauwerke so entworfen und ausgeführt sein müssen, dass sie während ihres gesamten Lebenszyklus weder die Hygiene noch die Gesundheit und Sicherheit von Arbeitnehmern, Bewohnern oder Anwohnern gefährden und sich über ihre gesamte Lebensdauer hinweg weder bei Errichtung noch bei Nutzung oder Abriss insbesondere durch z. B. das Freisetzen giftiger Gase, die Freisetzung gefährlicher Stoffe usw. übermäßig stark auf die Umweltqualität oder das Klima auswirken.

Empfohlene Ergänzungen zu den TL Pflaster-StB

Die TL Pflaster-StB sagen nichts aus zu einer Untersuchung auf Verbindungen des Eisens bei grauen Graniten („Rosten“) nach DIN 52008, Abschnitt 4.4.9.2.[17] Außerdem ist in den TL Pflaster-StB eine mögliche Prüfung von Basalt auf sogenannte Sonnenbrenner nicht enthalten.

Bei Gesteinskörnungen für Bettungs- oder Fugenmaterialien nach den TL Gestein-StB ist dagegen eine solche Prüfung Vertragsbestandteil, bei Pflastersteinen aus Naturstein sollte dies auch gefordert werden. Die Prüfung sollte dann nach DIN 52008, Abschnitt 4.4.9.1 durchgeführt werden.

Es wird empfohlen, entsprechende vertragliche Vereinbarungen in den Lieferverträgen zu schließen.

4.3.12 Gesteinsbezeichnung

Siehe DIN EN 1342, Abschnitt 4.1.1

Der Handelsname, die petrografische Gesteinsfamilie, der petrografische Name der Gesteinsart, die genaue geografische Herkunft (z. B. geografische Koordinaten) sowie der Grundfarbton (typische Farbe) sind anzugeben.

DIN EN 1342

Pflastersteine aus Naturstein für Außenbereiche – Anforderungen und Prüfverfahren, Ausgabe 2013

4.1.1 Bezeichnung

Die Bezeichnung muss immer nach EN 12440 erfolgen (Handelsname (herkömmliche Bezeichnung), petrographische Familie, typische Farbe und möglichst genaue Angabe des Herkunftsortes, z. B. Geokoordinaten).

---

17 DIN 52008:2006-04: Prüfverfahren für Naturstein – Beurteilung der Verwitterungsbeständigkeit, Fassung 2006, Beuth Verlag, Berlin 2006

Kommentar

Die DIN EN 1342, Abschnitt 4.1.1, fordert, dass die Gesteinsbezeichnung immer nach DIN EN 12440 erfolgen muss, d.h. Handelsname, herkömmliche Bezeichnung, petrografische Familie, typische Farbe und eine möglichst genaue Angabe des Herkunftsortes, z.B. auch mit Geokoordinaten, sind anzugeben.

Pflastersteine aus Naturstein sind ausreichend genau zu bezeichnen. Es reicht nicht aus, allein den Handelsnamen anzugeben. Auch die alleinige Angabe des Gesteins oder der Gesteinsfamilie reicht nicht aus, um die Qualität und die spezifischen Eigenschaften der Pflastersteine einstufen zu können.

Weiterhin muss sichergestellt sein, dass die in einer Güteüberwachung geprüften Pflastersteine repräsentativ für die angelieferten Pflastersteine sind. Dies ist nur bei gleichem Steinbruch und vergleichbaren Gesteinsbedingungen im Abbaubereich der Fall. Bei sehr großräumigen Abbaugebieten, wie sie teilweise im Ausland vorliegen, ist es häufig erforderlich, die genaue geografische Lage anzugeben, um das Gestein eingrenzen zu können. Daher ist die geografische Herkunft genau anzugeben.

Von einigen Händlern wird die unter 4.1.1.der DIN EN 1342 und TL Pflaster, Abschnitt 4.3.12 erhobene Forderung (immer noch) unterlaufen, so dass als Herkunftsangabe nicht ein Ort, sondern z.B. Spanien oder Süd-China eingetragen wird. Dies sollte eine Nachfrage veranlassen.

Häufig wird von Händlern versucht, Produkte aus Natursteinen mit eigenen Handelsbezeichnungen, seien es Namen oder Buchstaben/Nummernkombinationen, in Ausschreibungen zu platzieren. Ebenso gibt es auch den Versuch, diese Platzierungen durch genaueste Beschreibung der mineralischen Anteile zu unterlegen, wohl wissend, dass diese genannten Anteile aus einer 10 Jahre alten petrographischen Beschreibung stammen und sich mit dem Fortgang des Abbaus im Steinbruch verändert haben können.

Beispiel aus einem möglichen Leistungsverzeichnis

Polarisationsmikroskopische Charakterisierung der mineralischen Zusammensetzung und des Gefüges

- ca. 95 Vol.-% Hauptbestandteile, davon
- ca. 44 Vol.-% Alkalifeldspat,
- ca. 28 Vol.-% Quarz,
- ca. 23 Vol.-% Plagioklas.
- ca. 5 Vol.-% Nebengemengteile (Magnetit, Biotit).
- Akzessorien (Chlorit, Titanit, Myrmekit, Muskovit, Apatit, Zirkon, Epidot, Calcit, Ilmenit, Pyrit, Chalkopyrit u.a.).

Auf solche „Spielchen" sollten sich fachkundige Ausschreibende nicht einlassen. Das Leistungsverzeichnis sollte dabei das „Diskriminierungsverbot" des § 7, Absatz 2 der VOB/A beachten:

VOB/A

Vergabe- und Vertragsordnung für Bauleistungen, Ausgabe 2019

§ 7 Leistungsbeschreibung

(2) In technischen Spezifikationen darf nicht auf eine bestimmte Produktion oder Herkunft oder ein besonderes Verfahren, das die von einem bestimmten Unternehmen bereitgestellten Produkte charakterisiert, oder auf Marken, Patente, Typen oder einen bestimmten Ursprung oder eine bestimmte Produktion verwiesen werden, es sei denn,

VOB/A

1. dies ist durch den Auftragsgegenstand gerechtfertigt oder
2. der Auftragsgegenstand kann nicht hinreichend genau und allgemein verständlich beschrieben werden; solche Verweise sind mit dem Zusatz „oder gleichwertig“ zu versehen.

(3) Bei der Beschreibung der Leistung sind die verkehrsüblichen Bezeichnungen zu beachten.

Kommentar

Des Weiteren sei an dieser Stelle auf die Ausführungen zur Konformitätsbewertung unter Ziffer 5 der DIN EN 1342 verwiesen.

5 Platten

5.1 Platten aus Beton

5.1.1 Allgemeines

Platten aus Beton müssen die Anforderungen der DIN EN 1339 einschließlich der Forderungen an die Beurteilung der Konformität, die Kennzeichnung und den Prüfbericht erfüllen. Soweit für Produkteigenschaften die DIN EN 1339 die Auswahl einer bestimmten Klasse zulässt, ist nachfolgend jeweils eine Klasse als Mindestanforderung festgelegt.

DIN EN 1339

Platten aus Beton – Anforderungen und Prüfverfahren, Ausgabe 2003/2006[1]

1 Anwendungsbereich

Diese Europäische Norm beschreibt Materialien, Eigenschaften, Anforderungen und Prüfverfahren für unbewehrte Platten und Ergänzungsplatten aus zementgebundenem Beton.

Sie gilt für Platten und Ergänzungsplatten aus Beton, die für verkehrsmäßig genutzte befestigte Flächen und auf Dächern verwendet werden.

Bei regelmäßiger Verwendung von Spikereifen sind manchmal zusätzliche Anforderungen notwendig.

Diese Norm befasst sich nicht mit der Tastbarkeit und Wahrnehmbarkeit von Platten oder mit durchlässigen Platten.

Diese Norm regelt die Produktkennzeichnung und die Beurteilung der Übereinstimmung des Produkts mit dieser Europäischen Norm.

Kommentar

Die Anforderungen an Platten aus Beton in Verkehrsflächen sind, wenn sie nicht schon durch vertragliche Vereinbarungen festgelegt worden sind, ebenfalls in DIN 18318, Abschnitt 2.1, mit den dort ergänzend geltend genannten „Technischen Lieferbedingungen für Bauprodukte zur Herstellung von Pflasterdecken, Plattenbelägen und Einfassungen“, TL Pflaster-StB, festgelegt worden.

Wenn Verwender von Produkten aus Beton die Regelungen der TL Pflaster-StB nicht in ihre Verträge übernehmen wollen, gibt es in den DIN 18318 unter 0.3.2, „Hinweise für das Aufstellen der Leistungsbeschreibung“, eine Öffnungsklausel, wenn „andere Anforderungen an Stoffe und Bauteile vereinbart werden sollen“.

Die DIN EN 1339 ist eine relativ alte Norm. Sie ist zuerst im August 2003 herausgegeben worden und wurde 2006 berichtigt. Während die Normen für die Befestigungselemente aus Natursteinen und Ziegel im Jahr 2013 und 2015 neu bearbeitet herausgegeben worden sind, wurde eine Neubearbeitung der DIN EN 1339 zwar begonnen, jedoch bisher (Stand 2023) nicht beendet.

1 DIN EN 1339:2003-08: Platten aus Beton – Anforderungen und Prüfverfahren, Fassung 2003, Korrektur 2006, Beuth Verlag, Berlin 2003

DIN EN 1339

Platten aus Beton – Anforderungen und Prüfverfahren, Ausgabe 2003/2006

2 Normative Verweisungen

Diese Europäische Norm enthält durch datierte oder undatierte Verweisungen Festlegungen aus anderen Publikationen. Diese normativen Verweisungen sind an den jeweiligen Stellen im Text zitiert, und die Publikationen sind nachstehend aufgeführt. Bei datierten Verweisungen gehören spätere Änderungen oder Überarbeitungen nur zu dieser Europäischen Norm, falls sie durch Änderung oder Überarbeitung eingearbeitet sind. Bei undatierten Verweisungen gilt die letzte Ausgabe der in Bezug genommenen Publikation (einschließlich Änderungen).

Kommentar

Der Abschnitt 2 der Norm enthält Hinweise auf „normative Verweisungen", Normen, welche für die Anwendung der DIN EN 1339 hinsichtlich Bezeichnungen und Prüfverfahren erforderlich sind.

Abschnitt 3 enthält die Begriffsbestimmungen, die auszugsweise nachstehend aufgeführt sind:

DIN EN 1339

Platten aus Beton – Anforderungen und Prüfverfahren, Ausgabe 2003/2006

3 Begriffe

Für die Anwendung dieser Norm gelten die folgenden Begriffe.

...

3.2 Platte aus Beton

ein vorgefertigtes Erzeugnis aus Beton, das als Belagsmaterial für Oberflächen verwendet wird und die folgenden Bedingungen erfüllt

- seine Gesamtlänge überschreitet 1 m nicht;
- seine Gesamtlänge dividiert durch seine Dicke ist größer als vier.

Anmerkung: Diese beiden Bedingungen gelten nicht für Ergänzungsplatten.

3.3 Ergänzungsplatte

Erzeugnis, manchmal Teil einer Platte, das zum Ausfüllen benutzt wird und das vollständige Belegen einer Fläche ermöglicht

...

3.5 Gesamtlänge

längere Seite des kleinstmöglichen Rechtecks, das die Platte, ausschließlich der Abstandshalter, umschließen kann

3.6 Gesamtbreite

kürzere Seite des kleinstmöglichen Rechtecks, das die Platte, ausschließlich der Abstandshalter, umschließen kann

3.7 Dicke

Abstand zwischen Oberseite und Unterseite der Platte

3.8 Abstandhalter

kleine vorstehende Profile an einer Seitenfläche einer Platte

3.9 Oberseite

Fläche, die im Gebrauchszustand sichtbar sein soll

...

3.11 Vorsatzschicht

Schicht aus Beton auf der Oberseite einer Platte, die aus anderen Materialien besteht und/oder andere Eigenschaften aufweist als der Kernbeton

DIN EN 1339

Anmerkung: Zu unterscheiden von Feinmörtel, bei dem es sich um einen feinen Zementmörtel oder Zementleim handelt, der auf die Oberfläche der Platte aufgetragen wird.

3.12 seitliche Abschrägung (Konizität)

Neigung einer Seitenfläche zur vertikalen Ebene über die Höhe einer Platte, wie in Bild 1 dargestellt

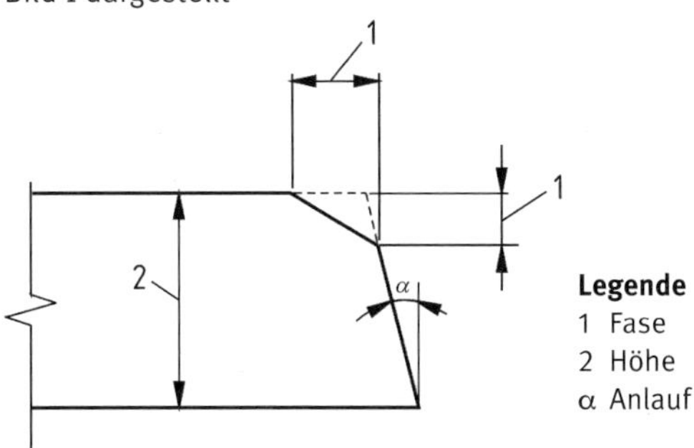

Legende
1 Fase
2 Höhe
α Anlauf

Bild 1 – Beispiel für Fase und seitliche Abschrägung

3.13 Fase

abgeschrägte Kante, wie in Bild 1 dargestellt

3.14 Nennmaß

für die Herstellung einer Platte vom Hersteller festgelegtes Maß, mit dem das Istmaß innerhalb festgelegter zulässiger Abweichungen übereinstimmen sollte

3.15 nachträgliche Bearbeitung

Bearbeitungsverfahren, das nach der eigentlichen Herstellung vor oder nach dem Abbinden zur Strukturierung der gesamten Platte oder einer ihrer Flächen durchgeführt wird

3.16 Istmaß

das an einer Platte gemessene Maß

...

3.18 Rutschwiderstand

Fähigkeit, der Relativbewegung zwischen einem Fahrzeugreifen und der befahrenen Fläche der Platte zu widerstehen

3.19 Gleitwiderstand

Fähigkeit, der Relativbewegung zwischen einem Fuß und der begangenen Fläche der Platte zu widerstehen

3.20 Format

Nennmaße einer Platte, die in der Reihenfolge Gesamtlänge, Gesamtbreite und Dicke angegeben wird

Kommentar

Wie auch bei den anderen Befestigungselementen werden im Folgenden auch die Anforderungen der DIN EN 1339 an Platten aus Beton dargestellt, für die die Norm keine Auswahl von Klassen zulässt, so dass diese Anforderungen nicht in die TL Pflaster-StB eingestellt sind, gleichwohl sie doch gelten. Hinsichtlich der Beurteilungskriterien der Werkseigenen Produktionskontrolle sei hier auf die DIN EN 1339 verwiesen: Sie erfolgt entsprechend dem im Abschnitt für Pflastersteine aus Beton beschriebenem Ablauf.

Kommentar

Um Platten nach ZTV Pflaster-StB anzuwenden, müssen die Platten die Anforderungen der DIN EN 1339 erfüllen, so dass sie als „Platten nach DIN EN 1339“ bezeichnet werden können. Die weitergehenden Anforderungen der TL Pflaster-StB sowie der ZTV Pflaster-StB sind dann zusätzlich zu erfüllen.

Mit dem Verweis auf die DIN EN 1339 gelten die Anforderungen der europäischen Produktnorm für Platten aus Beton. Die verschiedenen Anforderungen der Norm, die nicht durch eine Klasse festgelegt sind, werden in den TL Pflaster-StB nicht wiederholt. Daher muss die Norm immer auch parallel mitbetrachtet werden.

DIN EN 1339

Platten aus Beton – Anforderungen und Prüfverfahren, Ausgabe 2003/2006

4 Anforderungen an die Materialien

4.1 Allgemeines

Es dürfen nur Materialien verwendet werden, deren Eignung für die Herstellung von Betonplatten aufgrund ihrer Eigenschaften und ihres Leistungsvermögens nachgewiesen sind.

...

In Anhang A ist ein Kontrollplan für die Prüfung der Materialien angegeben.

5 Anforderungen an die Produkte

5.1 Allgemeines

Die Leistungsanforderungen an die Betonplatten sind in Klassen festgelegt, die mit entsprechenden Markierungen bezeichnet sind.

Platten können ganz aus einem Beton oder mit unterschiedlichen Betonen für die Vorsatzschicht und für den Kernbeton hergestellt werden.

Wenn Platten mit einer Vorsatzschicht gefertigt werden, muss diese Vorsatzschicht, gemessen nach Anhang C, eine Mindestdicke von 4 mm über den vom Hersteller geforderten Bereich aufweisen.

Einzelne Zuschlagkörner, die in die Vorsatzschicht hineinragen, sind zu vernachlässigen.

Die Vorsatzschicht muss ein integraler Bestandteil der Platte sein.

Eine als scharfkantig beschriebene Kante darf abgeschrägt oder abgerundet sein, ihr horizontales oder vertikales Maß darf 2 mm nicht überschreiten.

Eine abgeschrägte Kante mit mehr als 2 mm Schräge muss als Fase beschrieben werden. Ihre Maße müssen vom Hersteller angegeben werden.

Platten können mit funktionalen und/oder dekorativen Profilierungen hergestellt werden, die in den Nennmaßen einer Platte nicht enthalten sein dürfen. Die Oberfläche von Platten kann strukturiert, bearbeitet oder chemisch behandelt sein; diese Oberflächenbeschaffenheiten oder -behandlungen müssen vom Hersteller beschrieben und angegeben werden.

Kommentar

Die allgemeinen Ausführungen beschreiben die Herstellung der Platten hinsichtlich des Betons, der eventuellen Vorsatzschicht und der möglichen Kantenbearbeitungen scharfkantiger Platten. Sie beschreiben auch das Erfordernis zusätzlicher Angaben zur Oberflächenbeschaffenheit.

Als Platte entsprechend DIN EN 1339 wird ein vorgefertigtes Erzeugnis aus Beton bezeichnet, dessen Gesamtlänge 1 m nicht überschreitet und dessen Gesamtlänge dividiert durch seine Dicke größer als 4 ist.

DIN EN 1339 **Platten aus Beton – Anforderungen und Prüfverfahren,** Ausgabe 2003/2006

5.2 Form und Maße

5.2.1 Allgemeines

Alle in diesem Abschnitt angegebenen Maße beziehen sich auf Nennmaße.

Die Konformitätskriterien für jede einzelne Anforderung sind in 6.3.8.1 angegeben. Die Maße und Abweichungen sind nach Anhang C zu messen.

5.2.2 Nennmaße

Die Nennmaße sind vom Hersteller anzugeben.

Kommentar Die Nennflächenmaße und die Nenndicke der Platten sind vom Hersteller anzugeben. Die Bestimmung der Maße muss nach DIN EN 1339, Anhang C, erfolgen. Demnach sind in der Regel Messgeräte mit einer Genauigkeit von 0,5 mm zu verwenden. Gemessen werden die Gesamtaußenmaße, die Diagonale bei Platten, deren Länge 300 mm überschreitet, die Dicke, die Ebenheit und Krümmung, die Fase und die Dicke der Vorsatzschicht.

Mit den Istmaßen werden die sogenannten Gesamtaußenmaße bestimmt. Dies sind die Länge und Breite eines den Pflasterstein umhüllenden Rechtecks, evtl. Abstandshalter bleiben dabei unberücksichtigt. Platten können mit Abstandshaltern, seitlichen Abschrägungen oder geschlitzten und profilierten Seitenflächen hergestellt werden. Wenn diese vorgesehen sind, muss der Hersteller trotzdem die Nennmaße, also die Maße ohne Abstandshalter, angeben.

In der Regel werden die Platten im Handel nach ihrem Rastermaß benannt, also z. B. mit einem Flächenmaß 60 × 40 × Dicke in cm. Das Produktionsmaß, ohne die Abstandshalter, ist von der Dicke der Platten und damit von der Soll-Fugenbreite (siehe DIN 18318, Abschnitt 3.2.3.1) bzw. der Angabe des Herstellers abhängig.

5.1.2 Zulässige Abweichungen von den Nennmaßen

Siehe DIN EN 1339, Abschnitt 5.2.4, Tabelle 1

Die Abweichungen von den vom Hersteller angegebenen Nennmaßen für Länge, Breite und Dicke dürfen die Werte der Tabelle 23 nicht überschreiten.

Tabelle 23: Platten aus Beton – Zulässige Abweichungen von den Nennmaßen

Klasse	Kennzeichnung	Nennmaß der Platte*) mm	Länge mm	Breite mm	Dicke mm
2	P	≤ 600	±2	±2	±3
		> 600	±3	±3	±3
Die Differenz zwischen zwei beliebigen Messungen der Länge, Breite und Dicke einer einzelnen Platte muss ≤ 3 mm betragen.					

*) siehe ZTV Pflaster-StB, Abschnitt 1.5.3.

DIN EN 1339

Platten aus Beton – Anforderungen und Prüfverfahren, Ausgabe 2003/2006

5.2.3 Abstandshalter, seitliche Abschrägung oder geschlitzte und profilierte Seitenflächen

Platten können mit Abstandshaltern, seitlichen Abschrägungen oder geschlitzten und profilierten Seitenflächen hergestellt werden. Wenn diese vorgesehen sind, muss der Hersteller die Nennmaße angeben.

Anmerkung: Wegen des Rastermaßes sollte bei den Maßen der Platte ein Abzug für Fugen und Abweichungen berücksichtigt werden.

Kommentar

Wie vorab zitiert darf nach Norm eine als scharfkantig beschriebene Kante abgeschrägt oder abgerundet sein, ihr horizontales oder vertikales Maß darf 2 mm nicht überschreiten. Zudem muss eine abgeschrägte Kante mit mehr als 2 mm Schräge als Fase gekennzeichnet werden. Ihre Maße müssen dann vom Hersteller angegeben werden.

Die Fase ist mit einem kalibrierten rechten Winkel auf jeder Seite des Pflastersteins an vier Stellen zu erfassen. Die Mittelwerte der vertikalen und horizontalen Maße der Fase sind auf einen Millimeter gerundet zu berechnen, aufzuzeichnen und mit den Angaben des Herstellers zu vergleichen.

Fasen können ausgeprägt sein oder auf ein Mindestmaß beschränkt werden. Die ursprünglich zum Kantenschutz bei der Produktion der Befestigungselemente vorgesehene Fase beeinflusst die Nutzungseigenschaften einer Pflasterdecke deutlich. So werden Kantenschäden bei befahrenen Flächen reduziert und nach bisherigen Erfahrungen Fugenentleerungen gemindert. Die Ebenheit verringert sich dabei naturgemäß, und die Lärmentwicklung infolge Kfz-Verkehr nimmt mit zunehmender Fase regelmäßig zu. Die Ausbildung einer Fase ist daher abzuwägen. Flächen mit sehr kleiner Fase (oft auch Mikrofase genannt) werden gern bei Fußgänger- oder Radverkehrsflächen eingesetzt. Auch bei barrierefrei gestalteten Flächen sollte die Fase möglichst gering sein.

DIN EN 1339

Platten aus Beton – Anforderungen und Prüfverfahren, Ausgabe 2003/2006

5.2.4 Zulässige Abweichungen

Die Werte für die zulässigen Abweichungen von den vom Hersteller angegebenen Nennmaßen sind in den Tabellen 1, 2 und 3 angeben.

Tabelle 1 – Zulässige Abweichungen

Klasse	Kenn-zeichnung	Nennmaß der Platte mm	Länge mm	Breite mm	Dicke mm
1	N	Alle	±5	±5	±3
2	P	≤ 600	±2	±2	±3
		› 600	±3	±3	±3
3	R	Alle	±2	±2	±2
Die Differenz zwischen zwei beliebigen Messungen der Länge, Breite und Dicke einer einzelnen Platte muss ≤ 3 mm betragen.					

Für nicht rechtwinklige Platten müssen die Abweichungen der anderen Maße vom Hersteller angegeben werden.

Wenn die Länge der Diagonalen 300 mm überschreitet, sind die maximal zulässigen Differenzen aus der Messung der beiden Diagonalen einer rechtwinkligen Platte in Tabelle 2 angegeben.

5.1.3 Zulässige Abweichungen bei der Messung von Diagonalen

Siehe DIN EN 1339, Abschnitt 5.2.4, Tabelle 2

Überschreitet bei rechtwinkligen Platten die Länge der Diagonalen 300 mm, müssen die Differenzen aus der Messung der beiden Diagonalen die Anforderungen der Tabelle 24 erfüllen.

Tabelle 24: Platten aus Beton – Maximale Differenzen der beiden Diagonalen

Klasse	Kennzeichnung	Diagonale	Maximale Differenz mm
2	K	≤ 850	3
		> 850	6

DIN EN 1339 **Platten aus Beton – Anforderungen und Prüfverfahren,** Ausgabe 2003/2006

Tabelle 2 – Maximale Differenzen bei Messung von Diagonalen

Klasse	Kennzeichnung	Diagonale mm	Maximale Differenz mm
1	J	≤ 850	5
		> 850	8
2	K	≤ 850	3
		> 850	6
3	L	≤ 850	2
		> 850	4

Wenn das Größtmaß einer Platte 300 mm überschreitet, müssen für eine planmäßig ebene Oberseite die Abweichungen für Ebenheit und Wölbung nach Tabelle 3 eingehalten werden. Wenn die Oberseite nicht als eben vorgesehen ist, muss der Hersteller Angaben zu Abweichungen machen.

Tabelle 3 – Abweichungen von Ebenheit und Wölbung

Messlänge mm	Maximal konvex mm	Maximal konkav mm
300	1,5	1,0
400	2,0	1,5
500	2,5	1,5
800	4,0	2,5

Kommentar

Im Vergleich der Anforderungen zwischen den TL Pflaster-StB und der Norm ist zu erkennen, dass in der deutschen Anwendung hinsichtlich der zulässigen Maßtoleranzen nicht jeweils die höchste Klasse der europäischen Norm festgelegt wurde („R“ und „L“), sondern nur die Zweithöchste („P“ und „K“). Nach diesen Forderungen erfolgt die übliche Produktion. Die Plattenherstellung mit geringeren Toleranzen erhöht die Produktionskosten, da das Herstellungsverfahren geändert bzw. modifiziert werden muss.

Kommentar

Die Nennmaße sind die für die Herstellung einer Platte vom Hersteller festgelegten Maße, mit dem das jeweilige Istmaß innerhalb festgelegter zulässiger Abweichungen übereinstimmen sollte. Die Bestimmung der Maße muss nach DIN EN 1339, Anhang C, erfolgen. Demnach sind in der Regel Messgeräte mit einer Genauigkeit von 0,5 mm zu verwenden.

Die Nennmaße sind dabei nicht mit den Rastermaßen zu verwechseln. Während – wie beschrieben – die Nennmaße eine Angabe zu den konkreten Abmessungen der Platten darstellen, werden mit den Rastermaßen die Abstände zwischen den Fugenachsen erfasst. Dies bedeutet, dass das Nennmaß plus Fugenbreite das jeweilige Rastermaß ergibt. Bei der Planung von Flächenbefestigungen sind daher die Rastermaße maßgebend, und nicht die zu deklarierenden Nennmaße.

Die Ebenheit und Krümmung der Platten wird beispielsweise mit einer Aufsatzlehre und einem Messkeil ermittelt. Die Messgenauigkeit darf 0,1 mm nicht unterschreiten. Konkave und konvexe Abweichungen sind zu dokumentieren. Die Übereinstimmung der Formen und Maße der Produktion mit den Anforderungen muss im Rahmen der Werkseigenen Produktionskontrolle für jede Maschine und jeden Produktionstag erfolgen.

Wenn Platten mit genaueren Abmessungen vom Auftraggeber gefordert werden, sind Sonderproduktionen mit erhöhten Anforderungen an die Maßgenauigkeit erforderlich. In der Produktion müssen beispielsweise hierfür die Herstellformen früher gewechselt oder die Ober- bzw. Unterseite weiterbehandelt werden, indem sie u. A. auf die gewünschte Genauigkeit hin abgeschliffen („kalibriert") werden.

5.1.4 Witterungswiderstand

Siehe DIN EN 1339, Abschnitt 5.3.2, Tabelle 4.2

Der Witterungswiderstand muss die Anforderungen der Tabelle 25 erfüllen.

Tabelle 25: Platten aus Beton – Frost-Tausalz-Widerstand

Klasse	Kennzeichnung	Masseverlust nach der Frost-Tausalz-Prüfung kg/m²
3	D	≤ 1,0 als Mittelwert mit keinem Einzelwert > 1,5

DIN EN 1339

Platten aus Beton – Anforderungen und Prüfverfahren, Ausgabe 2003/2006

5.3 Physikalische und mechanische Eigenschaften

5.3.1 Allgemeines

Die Platten müssen zu dem Zeitpunkt, zu dem sie vom Hersteller als gebrauchstauglich erklärt werden, die folgenden Anforderungen erfüllen.

Wenn Ergänzungsplatten nicht nach dieser Norm geprüft werden können, werden sie als mit dieser Norm übereinstimmend betrachtet, wenn sie mindestens die gleiche Betonqualität besitzen wie Platten, die dieser Norm entsprechen.

DIN EN 1339

5.3.2 Witterungswiderstand

5.3.2.1 Prüfverfahren

Der Witterungswiderstand wird durch Prüfungen des Frost-Tausalz-Widerstandes nach Anhang D oder der Wasseraufnahme nach Anhang E und anhand der Übereinstimmungskriterien nach 6.3.8.2 bestimmt.

5.3.2.2 Leistungsfähigkeit und Klassen

Die Platten müssen die Anforderungen der Tabelle 4.1 oder der Tabelle 4.2 erfüllen.

Empfehlungen zu Klasse(n) des Witterungswiderstandes dürfen national gegeben werden, um die Dauerhaftigkeit des Produktes für dieses Land, für die das Produkt auf den Markt gebracht wird, sicherzustellen.

Tabelle 4.1 – Wasseraufnahme

Klasse	Kennzeichnung	Wasseraufnahme Masse-%
1	A	Keine Anforderung
2	B	≤ 6

Wenn besondere Bedingungen herrschen, z. B. wenn Flächen bei Frost häufig mit Tausalzen in Kontakt kommen, müssen die Anforderungen nach Tabelle 4.2 erfüllt werden.

Kommentar

Der Witterungswiderstand von Platten aus Beton kann durch den Nachweis der Wasseraufnahme nach Tabelle 4.1 mit dem Verfahren nach Anhang E der DIN EN 1341 oder dem Nachweis des Widerstandes gegen Frost-Tausalz-Beanspruchung nach Tabelle 4.2 mit dem Verfahren nach Anhang D erbracht werden. Die TL Pflaster-StB fordern den Nachweis des Widerstandes gegen Frost-Tausalz-Beanspruchung, wobei die Tabelle 25 der TL Pflaster-StB der Tabelle 4.2 der DIN EN 1339 entspricht.

Die Prüfung des Frost-Tausalz-Widerstandes erfolgt nach der Beschreibung in Anhang D der DIN EN 1339:

DIN EN 1339

Platten aus Beton – Anforderungen und Prüfverfahren, Ausgabe 2003/2006

Anhang D (normativ) **Bestimmung der Widerstandfähigkeit gegen Frost-Tau-Wechsel mit Tausalz**

D.2 Probekörper

Die Fläche der Oberseite des Probekörpers muss über 7500 mm² [ca. 85 × 85 mm, Anm. d. Verf.], jedoch unter 25000 mm² [158 × 158 mm, Anm. d. Verf.] betragen. Sie ist als Prüffläche zu verwenden. Die Dicke des Probekörpers darf 103 mm nicht überschreiten. Wenn der Probekörper, um diese Anforderung zu erfüllen, aus einer Platte herausgeschnitten werden muss, muss dies durch Sägen aus einer mindestens 20 Tage alten Platte erfolgen.

Kommentar

Der Probekörper wird an allen Seiten und der Unterseite abgedichtet und wärmegedämmt. Die Prüffläche der Probekörper wird für 72 Stunden mit einer 5 mm dicken Schicht Trinkwasser bedeckt, das zur Prüfung abgeschüttet wird.

Zur Prüfung wird die Prüffläche (Oberfläche) mit 3-prozentiger NaCl-Lösung bedeckt und 28 Frost-Tau-Wechseln ausgesetzt. Das abgesplitterte Material wird gesammelt, gewogen und das Ergebnis in kg/m² angegeben.

DIN EN 1339 **Platten aus Beton – Anforderungen und Prüfverfahren,** Ausgabe 2003/2006

Anhang D (normativ) **Bestimmung der Widerstandfähigkeit gegen Frost-Tau-Wechsel mit Tausalz**

D.5 Vorbereitung von Probekörpern

...

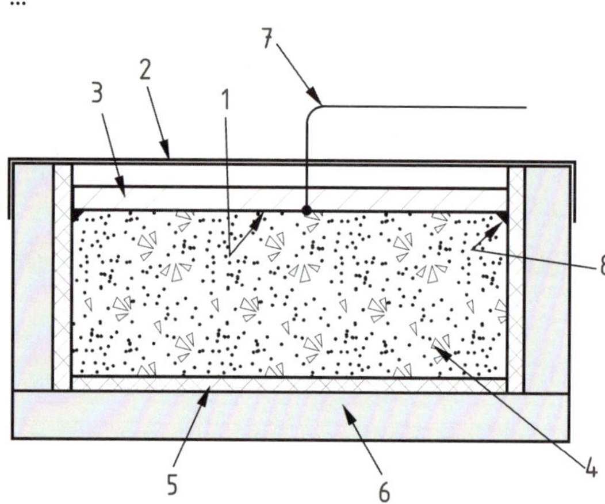

Bild D.2 – Prinzipieller Aufbau für die Frost-Tausalz-Prüfung

5.1.5 **Biegezugfestigkeit**

Siehe DIN EN 1339, Abschnitt 5.3.3, Tabelle 5

Die charakteristische Biegezugfestigkeit (5 %-Quantil) und die Mindestbiegezugfestigkeit müssen die Anforderungen der Tabelle 26 erfüllen.

Tabelle 26: Platten aus Beton – Biegezugfestigkeit

Klasse	Kenn-zeichnung	Charakteristische Biegezugfestigkeit MPa	Mindest-biegezugfestigkeit MPa
3	U	≥ 5,0	≥ 4,0

DIN EN 1339 **Platten aus Beton – Anforderungen und Prüfverfahren,** Ausgabe 2003/2006

5.3.3 Biegezugfestigkeit

5.3.3.1 Prüfverfahren

Die charakteristische Biegezugfestigkeit ist durch Prüfung nach Anhang F und anhand der Übereinstimmungskriterien nach 6.3.8.3 zu bestimmen.

5.3.3.2 Leistungsfähigkeit und Klassen

Die charakteristische Biegezugfestigkeit darf nicht weniger als der entsprechende Wert der Klasse in Tabelle 5 betragen.

Kein Einzelergebnis darf weniger als der in Tabelle 5 angegebene entsprechende Mindestwert für die Biegezugfestigkeit betragen.

DIN EN 1339

Tabelle 5 – Biegezugfestigkeitsklassen

Klasse	Kenn-zeichnung	Charakteristische Biegezugfestigkeit MPa	Mindest-biegezugfestigkeit MPa
1	S	3,5	2,8
2	T	4,0	3,2
3	U	5,0	4,0

Für die Anwendung können Richtlinien auf nationaler Basis herausgegeben werden.

5.3.3.3 Ergänzungsplatten

Ergänzungsplatten brauchen nicht geprüft zu werden, sie sind jedoch als zu derselben Klasse wie Normplatten gehörend zu betrachten, sofern sie mindestens dieselbe Betonfestigkeit besitzen.

5.3.3.4 Dauerhaftigkeit der Festigkeit

Unter normalen Einsatzbedingungen behalten vorgefertigte Platten aus Beton eine ausreichende Festigkeit, vorausgesetzt, dass sie 5.3.3.2 entsprechen und den üblichen Erhaltungsmaßnahmen unterliegen.

Kommentar

Die charakteristische Biegezugfestigkeit T ist durch Prüfung nach Anhang F der DIN EN 1339 und anhand vorgegebener Übereinstimmungskriterien zu bestimmen. Eine Prinzipskizze ist dem Bild F.1 des Anhanges F zu entnehmen. Die Übereinstimmung der Produktion muss für jede Maschine je Produktionstag beurteilt werden. Die Produktprüfung ist hinsichtlich von Prüfung (Gegenstand), Verfahren und Häufigkeit im Anhang A.4 Produktprüfung der DIN EN 1339 beschrieben Die charakteristische Biegezugfestigkeit T darf dabei nach Norm nicht geringer als 3,5 MPa sein. Dies ist die Anforderung an den arithmetischen Mittelwert von 8 Platten (bei der Erstprüfung). Kein Einzelergebnis darf weniger als 2,8 MPa betragen.

Unter normalen Einsatzbedingungen geht die Norm davon aus, dass Platten aus Beton dauerhaft eine ausreichende Festigkeit behalten, vorausgesetzt, dass sie den üblichen Erhaltungsmaßnahmen unterliegen.

5.1.6 Abriebwiderstand

Siehe DIN EN 1339, Abschnitt 5.3.4, Tabelle 6

Der Abriebwiderstand muss die Anforderungen der Tabelle 27 erfüllen.

Tabelle 27: Platten aus Beton – Abriebwiderstand

Klasse	Kenn-zeichnung	Anforderung	
		Bestimmt nach dem „Abriebverfahren mit breiter Schleifscheibe"	Alternativ bestimmt nach dem „Prüfverfahren nach Böhme"
4	I	≤ 20 mm	≤ 18 000 mm³/5 000 mm²

DIN EN 1339 **Platten aus Beton – Anforderungen und Prüfverfahren,** Ausgabe 2003/2006

5.3.4 Abriebwiderstand

5.3.4.1 Prüfverfahren

Der Abriebwiderstand wird mit dem Abriebverfahren mit breiter Schleifscheibe nach Anhang G bestimmt oder als Alternative darf das Prüfverfahren nach Böhme (siehe Anhang H) angewendet werden. Die Referenzprüfung ist das Abriebverfahren mit breiter Schleifscheibe.

5.3.4.2 Leistungsfähigkeit und Klassen

In Tabelle 6 sind die Anforderungen an den Abriebwiderstand angegeben.

Kein Einzelergebnis darf größer sein als der geforderte Wert.

Tabelle 6 – Abriebwiderstandsklassen

Klasse	Kenn-zeichnung	Anforderung	
		Gemessen nach dem Prüfverfahren in Anhang G	Alternativ gemessen nach dem Prüfverfahren in Anhang H
1	F	Keine Anforderung	Keine Anforderung
2	G	≤ 26 mm	≤ 26 000 mm³/5 000 mm²
3	H	≤ 23 mm	≤ 20 000 mm³/5 000 mm²
4	I	≤ 20 mm	≤ 18 000 mm³/5 000 mm²

Kommentar

Bei der Prüfung mit breiter Schleifscheibe wird die Oberseite eines Pflastersteins mit einem Schleifmittel unter genormten Bedingungen durch 75 Umdrehungen der Schleifscheibe abgeschliffen. In folgender Abbildung ist das Prinzip dargestellt. Als Ergebnis wir die Länge der Schleifrillen angegeben.

DIN EN 1339 **Platten aus Beton – Anforderungen und Prüfverfahren,** Ausgabe 2003/2006

Anhang G (normativ) **Bestimmung des Abriebwiderstands**

G.3 Prüfeinrichtung

...

DIN EN 1339

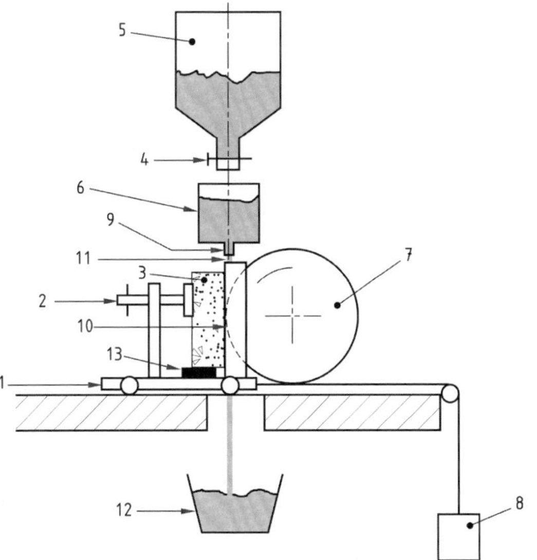

Legende
1 fahrbare Probekörperhalterung
2 Stellschraube
3 Probekörper
4 Ventil
5 Vorratsbehälter für Schleifmittel
6 einstellbarer Behälter
7 breite Schleifscheibe
8 Gegengewicht
9 Schlitz
10 Schleifspur
11 Schleifmittelzufuhr
12 Auffangbehälter für Schleifmittel
13 Keil

Bild G.1 – Verschleißprüfgerät

Kommentar

Bei der Messung des Verschleißes mit dem Prüfverfahren nach Böhme werden auf eine mit Norm-Schleifmittel bestreute Schleifbahn der Schleifscheibe nach Böhme quadratische Platten oder Würfel aufgesetzt. Unter der drehenden Schleifscheibe werden die Probekörper einer Verschleißbelastung von (294 ±3 N) für 16 Prüfperioden je 22 Umdrehungen ausgesetzt. Nach jeder Prüfperiode wird die Kontaktfläche gesäubert, der Probekörper um 90° gedreht und neues Schleifmittel aufgebracht. Der Schleifverschleiß wird als Volumenverlust des Probekörpers bestimmt.

DIN EN 1339

Platten aus Beton – Anforderungen und Prüfverfahren, Ausgabe 2003/2006

Anhang H (normativ) **Messung des Verschleißes mit dem Prüfverfahren nach Böhme**

H.3 Prüfeinrichtung

...

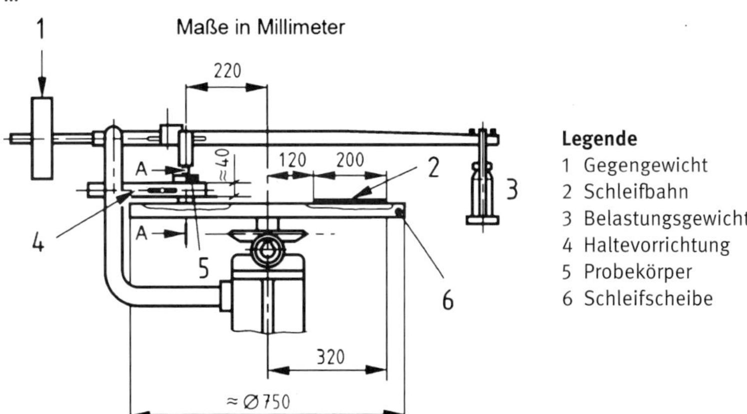

Legende
1 Gegengewicht
2 Schleifbahn
3 Belastungsgewicht
4 Haltevorrichtung
5 Probekörper
6 Schleifscheibe

Bild H.1 – Prinzip der Schleifscheibe nach Böhme

DIN EN 1339

Platten aus Beton – Anforderungen und Prüfverfahren, Ausgabe 2003/2006

5.3.5 Gleit-/Rutschwiderstand

5.3.5.1 Feststellung

Platten aus Beton haben einen ausreichenden Gleit-/Rutschwiderstand, vorausgesetzt, dass ihre obere Oberfläche nicht geschliffen oder poliert oder so hergestellt wurde, dass eine glatte Oberfläche entstanden ist.

5.3.5.2 Prüfverfahren

Sollte im Ausnahmefall ein Wert für den Gleit-/Rutschwiderstand erforderlich sein, muss das in Anhang I beschriebene Prüfverfahren angewendet werden, und der Mindestwert des Gleit-/Rutschwiderstandes ist zu deklarieren.

Sollte die Oberfläche einer Platte Riefen, Rillen oder andere Oberflächenmerkmale aufweisen, die ein Prüfen mit dem Pendelgerät unmöglich machen, oder sollte die Plattenfläche als Prüffläche zu klein sein, muss der Hersteller eine größere Platte mit den gleichen Oberflächenmerkmalen prüfen.

Anmerkung: Der Wert des Gleit-/Rutschwiderstandes bezieht sich auf Platten, wie sie hergestellt sind, und stellt einen ausreichenden Gleit-/Rutschwiderstand nach der Verlegung sicher.

5.3.5.3 Dauerhaftigkeit des Gleit-/Rutschwiderstandes

Unter normalen Einsatzbedingungen besitzen Platten aus Beton einen ausreichenden Gleit-/Rutschwiderstand während der Lebensdauer des Produkts, vorausgesetzt, dass sie den üblichen Erhaltungsmaßnahmen unterliegen und dass nicht ein Großteil von Gesteinskörnungen, die sich unter Beanspruchung übermäßig polieren, an der Oberseite frei liegen.

Anmerkung: Die Entwicklung eines geeigneten Prüfverfahrens für die Dauerhaftigkeit des Gleit-/Rutschwiderstandes wird in TC 178, WG 4, durchgeführt.

Kommentar

Verkehrsflächen müssen eine ausreichende Verkehrssicherheit für alle Verkehrsteilnehmer unter normalen Nutzungsbedingungen sicherstellen können. Für Fußgänger wird dies mittels des sogenannten Gleitwiderstandes bewertet. Für Fahrzeuge, insbesondere Kfz, erfolgt die Bewertung i. d. R. mittels der Griffigkeit.

Hierbei ist der entsprechende Gleit-/Rutschwiderstand oder die Griffigkeit der hergestellten Verkehrsfläche das Maß. Allerdings bestehen Pflasterdecken und Plattenbeläge aus Befestigungselementen und Fugen. Die Fugen haben dabei sowohl einen positiven als auch einen negativen Einfluss. Ein ausreichend geeignetes Prüfverfahren für die hergestellte Verkehrsfläche, welches diese Fugen berücksichtigt, liegt für Pflasterdecken und Plattenbeläge national noch nicht vor bzw. hat keinen ausreichenden Bewertungshintergrund. Da diese Eigenschaft ja von größtem Interesse ist, sind Forschungen hierzu dringend erforderlich. Allerdings scheiterte dies in der Vergangenheit immer an den Finanzierungsmöglichkeiten.

Damit liegt derzeit kein Prüfverfahren und kein Bewertungshintergrund vor, so dass auch keine Anforderungen im Rahmen der ZTV Pflaster-StB aufgestellt werden konnten.

Bezüglich der Begrifflichkeit beschreibt in der Regel der Gleitwiderstand die Interaktion zwischen Fußgängerschuh und Befestigung, während mit dem Rutschwiderstand die Reaktion zwischen Fahrzeugreifen und Befestigung erfasst wird.

Kommentar

Zur Thematik eines ausreichenden Gleit- und Rutschwiderstandes der **einzelnen Platten** regeln die DIN EN 1339 pauschal, dass „Platten aus Beton einen ausreichenden Gleit-/Rutschwiderstand (haben), vorausgesetzt, dass ihre obere Oberfläche nicht geschliffen oder poliert oder so hergestellt wurde, dass eine glatte Oberfläche entstanden ist“[2]. Und weiter: „Sollte im Ausnahmefall ein Wert für den Gleit-/Rutschwiderstand erforderlich sein, muss das in Anhang I (der Norm) beschriebene Prüfverfahren angewendet werden, und der Mindestwert des Gleit-/Rutschwiderstandes ist zu deklarieren.“ Das im Anhang der Norm erläuterte Prüfverfahren entspricht dem SRT-Pendelverfahren. Hierbei wird ein definiertes und unter Federkraft stehendes Gummi an einem Gewicht über eine vorgegebene Auslenkung über eine definierte Oberfläche des Prüfkörpers gependelt (siehe Bild I.1 der DIN EN 1339). Die Prüfoberfläche wird angenässt, es wird also das Ausrutschen eines Fußgängers bei Nässe simuliert. Die Abbremsung des Pendels durch die Rauheit der Oberfläche wird mittels des Schleppanzeigers und einer definierten Skala erfasst. Ergebnis ist der dimensionslose SRT-Wert (**S**kid **R**esistance **T**ester). Dieser wird als arithmetischer Mittelwert von fünf Probekörpern angegeben und USRV (**u**npolished **s**lip **r**esistance **v**alue) genannt, das U steht hier für unpolierte Oberflächen.

DIN EN 1339

Platten aus Beton – Anforderungen und Prüfverfahren, Ausgabe 2003/2006

Anhang I (normativ) **Verfahren zur Bestimmung des Gleitwiderstandswerts von unpolierten Flächen (USRV)**

I.2 Prüfeinrichtung

I.2.1 Pendelgerät

...

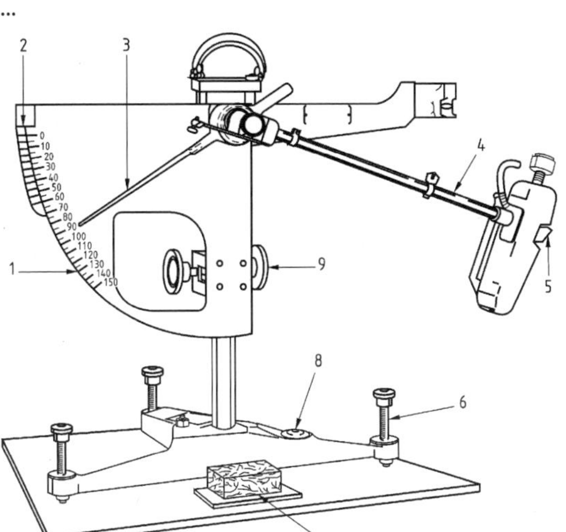

Legende
1 C-Skala (126 mm Reiblänge)
2 F-Skala (76 mm Reiblänge)
3 Schleppzeiger
4 Pendel
5 Gummi-Gleitkörper
6 Justierschraube
7 Probekörperhalterung
8 Dosenlibelle
9 Höhenverstellung

Bild I.1 – Pendelgerät

2 Dies gilt auch für Terrazzoplatten aus Beton nach DIN EN 13748-2, die jedoch nicht zum Inhalt des Anwendungsbereiches der ZTV und TL Pflaster-StB gehören. Unter üblichen Bedingungen bieten demnach Terrazzoplatten einen ausreichenden Rutschwiderstand während der Lebensdauer des Produktes, allerdings unter der Voraussetzung, dass eine übliche Pflege den ursprünglichen Rutschwiderstand nicht verändert.

Kommentar

Dieser Kennwert lässt insbesondere eine Aussage zur Mikrotextur von Oberflächen zu. Die für die Drainage von Oberflächen wichtige Makrotextur wird mit diesem Verfahren nicht erfasst. Möglichkeiten zur Erfassung der Makrotextur sind z. B. das national angewendete Ausflussverfahren oder die Sandfleckmethode. Diese auf Flächen und nicht auf Produkte angepassten Verfahren sind nicht in die Norm hineingenommen worden, wodurch hier auch keine Anforderungen an die Bauprodukte zu stellen sind.

In dem Fall, dass „die Oberfläche einer Platte Riefen, Rillen oder andere Oberflächenmerkmale aufweisen sollte, die ein Prüfen mit dem Pendelgerät unmöglich machen, oder sollte die Plattenfläche als Prüffläche zu klein sein", wird in der DIN EN 1339 festgelegt, dass der Hersteller eine größere Platte mit den gleichen Oberflächenmerkmalen zu prüfen hat.

Der auf diese Weise ermittelte SRT-Kennwert (USRV) steht dabei immer nur für den direkt nach der Herstellung vorhandenen Zustand. Durch Einbau und Verdichtung sowie durch Verkehrsbeanspruchung ändert sich dieser Zustand. Der vorab nach DIN EN 1339 ermittelte SRT-Wert steht daher grundsätzlich nicht für den späteren Zustand. Durch entsprechende Vorgaben kann also nicht automatisch ein ausreichender Gleit-/Rutschwiderstand nach der Verlegung sichergestellt werden.

Zur Dauerhaftigkeit des Gleit-/Rutschwiderstandes sagt die DIN EN 1339 aus, dass Platten aus Beton „unter normalen Einsatzbedingungen" einen ausreichenden Gleit-/Rutschwiderstand während der Lebensdauer des Produktes besitzen. Allerdings gilt dies nur unter der Voraussetzung, dass die „üblichen Erhaltungsmaßnahmen" durchgeführt werden und dass „nicht ein Großteil von Gesteinskörnungen, die sich unter Beanspruchung übermäßig polieren, an der Oberseite frei liegen". Sowohl die Zusammensetzung an der Oberfläche der Befestigungselemente als auch die Reinigungsverfahren der Fläche können den Gleit-/Rutschwiderstand beeinflussen. Es gibt also sehr wohl Einschränkungen, unter denen auch Platten aus Beton einen verminderten Gleit-/Rutschwiderstand aufweisen können. In der Praxis treten bei Betonsteinen diese Randbedingungen jedoch eher selten auf. Sehr häufig weisen die Betonelemente dauerhaft eine ausreichende Rauigkeit auf, wodurch ein angemessener Gleit- und Rutschwiderstand gewährleistet werden kann. Ein einheitliches Prüfverfahren zur Beurteilung der Dauerhaftigkeit dieses Kennwertes liegt noch nicht vor. Daher kann diese Eigenschaft noch nicht europäisch geregelt werden.

Anforderungen an den Gleit- und Rutschwiderstand sind immer auch in Verbindung mit dem jeweiligen Anwendungsfall zu sehen. Bei sehr steilen Strecken oder bei Flächen mit hohem Wasseranfall sind beispielsweise gesonderte erhöhte Anforderungen erforderlich.

Allgemein erfordert natürlich eine rutschfeste Oberfläche Befestigungselemente, die mindestens zu Beginn einen hinsichtlich der in jedem Einzelfall vorliegenden Nutzungsbedingungen ausreichenden Rutschwiderstand aufweisen. Dies berücksichtigt auch die europäische Norm. Daher können Anforderungen an den URSV gemäß DIN EN 1339 und den TL Pflaster-StB gestellt werden. Da keine wissenschaftlich begründeten Bewertungen vorliegen, welcher USRV bei welcher Verkehrsbelastung dauerhaft einen ausreichenden Gleit-/Rutschwiderstand liefert, konnten noch keine Anforderungen in die ZTV Pflaster-StB oder die TL Pflaster-StB aufgenommen werden. Das

Kommentar

„Merkblatt über den Rutschwiderstand von Pflasterdecken und Plattenbelägen für Fußgängerflächen" der FGSV empfiehlt jedoch für neu hergestellte Fußgängerflächen einen Wert von mehr als 55 SRT-Einheiten. Dies stellt aus Sicht der Verfasser aber eher eine grobe Abschätzung dar, weil sowohl Verkehrsbelastung als auch Makrorauheit u. A. unberücksichtigt bleiben.

Nach DIN 18040, Teil 3 „Barrierefreies Bauen – Planungsgrundlagen – Teil 3: Öffentlicher Verkehrs- und Freiraum"[3] wird für Bewegungsflächen und nutzbare Gehwegbreiten gefordert, dass sie für eine barrierefreie Nutzung rutschhemmend sein müssen. Hierzu wird ein SRT-Wert von mindestens 55 [–] oder alternativ ein R-Wert von mindestens R11 oder von mindestens R 10/V4 (Schiefe-Ebene-Verfahren) gefordert. Bei Bodenbelägen, deren Rutschhemmung nicht mit dem SRT-Messverfahren ermittelbar ist (z. B. Bodenindikatoren), muss der R-Wert nach DIN 51130[4] nachgewiesen werden[5].

Diese DIN 51130 legt ein Verfahren fest, welches die rutschhemmenden Eigenschaften von Bodenbelägen in Arbeitsräumen und Arbeitsbereichen mit Rutschgefahr ermittelt. Norm und Verfahren sind originär nicht für öffentliche Verkehrsflächen erstellt. Kerngedanke der Norm ist der ausreichende Arbeitsschutz am Arbeitsplatz. Arbeitsräume mit Rutschgefahr sind solche, in denen gleitfördernde Stoffe, z. B. Fett, Öl, Staub, Mehl usw. auf den Fußboden gelangen. Da hierunter auch Wasser fällt, wird die Norm auch gern für bewitterte Verkehrsflächen genutzt – dieser Anwendungsbereich ist und war jedoch ursprünglich nicht vorgesehen.

Bei diesem Verfahren begeht eine Prüfperson in aufrechter Haltung vor- und rückwärts einen zu prüfenden Bodenbelag, dessen Neigung immer mehr gesteigert wird. Daher der Begriff „Schiefe-Ebene-Verfahren". Der zu prüfende Belag wird mit einem festgelegten Gleitmittel bestrichen. Dies ist ein Motoren-Schmieröl mit vorgegebener Viskosität. Die Neigung, bei der gerade noch eine Begehung möglich ist, wird Akzeptanzwinkel genannt. Die Begehung erfolgt mit festgelegten Prüfschuhen auf einer 2-m-Platte mit Prüfbelag. Subjektive Einflussfaktoren werden durch Kalibrierung mittels Standardbelägen eingegrenzt. Resultierende Akzeptanzwinkel führen anschließend zur Klasseneinteilung, z. B.:

Klasse R 9: Gesamtakzeptanzwinkel zwischen 6° und 10°
Klasse R 10: Gesamtakzeptanzwinkel über 10° bis 19°
Klasse R 11: Gesamtakzeptanzwinkel über 19° bis 27°.

3 DIN 18040, Teil 3, Barrierefreies Bauen – Planungsgrundlagen – Teil 3: Öffentlicher Verkehrs- und Freiraum, Ausgabe 2014, Beuth Verlag, Berlin 2014

4 DIN 51130: Prüfung von Bodenbelägen – Bestimmung der rutschhemmenden Eigenschaft – Arbeitsräume und Arbeitsbereiche mit Rutschgefahr – Begehungsverfahren – Schiefe Ebene, Ausgabe 2014, Beuth Verlag, Berlin 2014

5 Nach DIN 18500-1 wird für Betonwerkstein ausgesagt, dass „Bauteile und Elemente mit Schliff bis Körnung C220 (...) bei bestimmungsgemäßem Einsatz in Innenbereichen einen Rutschwiderstand auf(weisen), welcher der Bewertungsgruppe R 9 nach der DGUV-Regel 108-003 (ehemals BGR181)" entspricht. Weiter wird für Betonwerkstein ausgesagt, dass „Bauteile und Elemente mit Schliff bis Körnung C220 (...) bei bestimmungsgemäßem Einsatz in Innenbereichen einen Rutschwiderstand auf(weisen), welcher der Bewertungsgruppe R 9 nach der DGUV-Regel 108-003 (ehemals BGR181) zuzuordnen ist". Diese Norm ist jedoch nicht Bestandteil des Anwendungsbereiches von ZTV und TL Pflaster-StB.

5.1.7 **Bruchlast**

Siehe DIN EN 1339, Abschnitt 5.3.5, Tabelle 7

Die charakteristische Bruchlast (5 %-Quantil) und die Mindestbruchlast müssen die Anforderungen der Tabelle 28 erfüllen.

Tabelle 28: Platten aus Beton – Bruchlast

Klassennummer	Kennzeichnung	Charakteristische Bruchlast kN	Mindestbruchlast kN
70	7	≥ 7,0	≥ 5,6

DIN EN 1339 **Platten aus Beton – Anforderungen und Prüfverfahren,** Ausgabe 2003/2006

5.3.6 Bruchlast

5.3.6.1 Prüfverfahren

Die Bruchlast ist nach dem in Anhang F beschriebenen Prüfverfahren zu ermitteln.

Die Konformitätskriterien sind in 6.3.8.2 festgelegt.

5.3.6.2 Leistungsanforderungen und Klassen

Die Platten müssen die Anforderungen von Tabelle 7 erfüllen.

Tabelle 7 – Bruchlastklassen

Klassennummer	Kennzeichnung	Charakteristische Bruchlast kN	Mindestbruchlast kN
30	3	3,0	2,4
45	4	4,5	3,6
70	7	7,0	5,6
110	11	11,0	8,8
140	14	14,0	11,2
250	25	25,0	20,0
300	30	30,0	24,0
Anmerkung: Im Hinblick auf den Entwurf der Konstruktion sollte auf die möglichen Lastzustände bei Platten, die größer als 600 mm sind, besonders geachtet werden.			

Kommentar

Die Klassennummer 70 kennzeichnet eine mittlere Qualität der Platten aus Beton. Platten aus Beton nach der Klasse 70 sind für Befestigungen geeignet, bei denen nur ein Befahren mit Pkw oder gelegentlich auch mit leichten Lkw (bis max. 7,5 t) möglich ist.

In der DIN 18318, Abschnitt 2 Stoffe, Bauteile, werden zum Material ergänzend die Angaben der TL Pflaster-StB genannt. Das bedeutet, dass auch bei privaten Flächen mindestens Platten der Bruchlastklasse 70 verwendet werden müssen, wenn nicht ausdrücklich davon abgewichen wird. Bei geplanten Belägen mit Platten ist es deshalb besonders wichtig, dass die zulässige und mögliche Verkehrsbelastung beachtet wird. Fast alle Hersteller liefern deshalb auch für höhere Verkehrsbelastungen geeignete Platten.

DIN EN 1339

Platten aus Beton – Anforderungen und Prüfverfahren, Ausgabe 2003/2006

5.3.7 Leistungsfähigkeit bei Brandbeanspruchung

5.3.7.1 Brandverhalten

Platten aus Beton besitzen ohne Prüfung das Brandverhalten nach Klasse A1[1].

...

5.3.8 Wärmeleitfähigkeit

Wenn Platten aus Beton zum wärmetechnischen Verhalten eines Bauteils beitragen, muss der Hersteller die Wärmeleitfähigkeit anhand von Entwurfsdaten aus EN 13369 angeben.

1) Es wird auf die Kommissionsentscheidung 96/603/EU (wie geändert) verwiesen.

Kommentar

Der Beitrag zum wärmetechnischen Verhalten eines Bauteils ist in der Regel bei öffentlichen Verkehrsflächen nicht der Fall.

DIN EN 1339

Platten aus Beton – Anforderungen und Prüfverfahren, Ausgabe 2003/2006

5.4 Äußere Beschaffenheit

5.4.1 Aussehen

Die Oberseite der Platte aus Beton darf keine Schäden, wie z. B. Risse oder Abplatzungen, zeigen, wenn sie nach Anhang J geprüft wird.

Bei zweischichtigen Platten, die nach Anhang J geprüft werden, darf kein Ablösen (d. h. Trennen) zwischen den Schichten eintreten.

Anmerkung: Ausblühungen beinträchtigen nicht die Gebrauchstauglichkeit der Platte und werden nicht als bedeutend betrachtet.

5.4.2 Struktur

Wenn Platten mit einer speziellen Oberflächenstruktur hergestellt werden, muss diese Struktur vom Hersteller beschrieben werden.

Wenn bei der Prüfung nach Anhang J keine wesentlichen Unterschiede in der Oberflächenstruktur gegenüber den vom Hersteller bereitgestellten und vom Käufer genehmigten Mustern vorhanden sind, muss Übereinstimmung festgestellt werden.

Anmerkung: Abweichungen von der Gleichmäßigkeit der Oberflächenstruktur der Platten können durch unvermeidbare Schwankungen der Eigenschaften bei den Ausgangsstoffen und beim Erhärten hervorgerufen werden und werden nicht als bedeutend betrachtet.

5.4.3 Farbe

Es liegt im Ermessen des Herstellers, ob die Vorsatzschicht oder die gesamte Platte farbig ausgeführt wird.

Wenn bei Prüfung nach Anhang J keine wesentlichen Unterschiede in der Farbe gegenüber den vom Hersteller bereitgestellten und vom Käufer genehmigten Mustern vorhanden sind, muss Übereinstimmung festgestellt werden.

Anmerkung: Abweichungen von der Farbintensität der Platten können durch unvermeidbare Abweichungen bei der Einfärbung, durch Schwankungen der Eigenschaften bei den Ausgangsstoffen und beim Erhärten hervorgerufen werden und werden nicht als bedeutend betrachtet.

Kommentar

Die Prüfung der äußeren Beschaffenheit erfolgt nach Anhang J der DIN EN 1339. Nach diesem Anhang muss zunächst jede Platte einzeln hinsichtlich Ablöseerscheinungen und Verbundverlust geprüft werden. Anschließend sind die Platten zu einer Fläche quadratisch auszulegen und in einem Abstand von

Kommentar

2 m von jeder Kante des verlegten Quadrates visuell zu begutachten. Bei Tageslicht sind Steine mit Rissen und Abplatzungen zu registrieren und anzugeben.

Die Vorgabe von farbig gestalteten Oberflächen ist in vielen Anwendungsfällen gewünscht. Zur vertraglichen Festlegung sollte eine Bemusterung vorgesehen werden, in welcher die maximalen Schwankungen von Farbintensität und Helligkeit festgelegt werden. Auch die Bemusterung erfolgt an einer horizontal verlegten Fläche bei Tageslicht mit einem Beobachtungsabstand von 2 m. Der nach Norm geforderte Probenumfang für die Prüfung der äußeren Beschaffenheit beträgt bei Erst- und Produktprüfungen 20 Platten.

Es wird empfohlen, bei der Planung von Belägen Musterflächen mit gefärbten Platten anzulegen, die mindestens 20 Platten enthalten.

Der Hersteller sollte eine Aussage zur Dauerhaftigkeit der Farbe abgeben. Nach der Ausschreibung sollten zur Wertung des Angebotes 6 Musterplatten (siehe DIN 18318, Abschnitt 4.1.5) entsprechend der gewünschten Farbstellung vorgelegt werden.

Des Weiteren sei an dieser Stelle auf die Ausführungen zur Beurteilung der Übereinstimmung unter Ziffer 6 der DIN EN 1339 verwiesen.

5.2 Klinkerplatten

Siehe DIN EN 1344, Abschnitt 4.2.3, Tabelle 3

Klinkerplatten müssen den Festlegungen für Pflasterklinker im Abschnitt 4.2 entsprechen. Außerdem müssen sie die folgenden Anforderungen an die Biegebruchlast erfüllen.

Die Biegebruchlast von Klinkerplatten muss die Anforderungen der Klasse T4 in der Tabelle 29 erfüllen. Davon abweichend muss die Biegebruchlast bei Klinkerplatten mit einer Dicke ≤ 45 mm die Anforderungen der Klasse T2 in der Tabelle 29 erfüllen.

Tabelle 29: Klinkerplatten – Biegebruchlast

Klasse	Biegebruchlast [N/mm]	
	Mittelwert	Kleinster Wert
T2	≥ 30	≥ 24
T4	≥ 80	≥ 64

Anmerkung: Für die Berechnung der Bruchlast [kN] wird die Biegebruchlast [N/mm] mit der gemessenen Breite der Klinkerplatte [mm] multipliziert, durch 1 000 dividiert und auf 0,1 kN gerundet angegeben (siehe DIN EN 1344, Anhang D.4.1)

Kommentar

Klinkerplatten müssen alle Anforderungen an Pflasterklinker erfüllen, die im Abschnitt 4.2 der TL Pflaster-StB festgelegt sind. Sie müssen also die Vorgaben der DIN EN 1344 mit den Klassenfestlegungen der TL Pflaster-StB sowie die Vorgaben der DIN 18503 erfüllen, jedoch nicht die der DIN 18158 „Bodenklinkerplatten“. Diese gelten für unglasierte Bodenklinkerplatten, die vorwiegend

Kommentar

im gewerblichen Bereich für den Säurebau und im Wohnbereich, z. B. auf Balkonen und Terrassen, verwendet werden. Sie sind im öffentlichen Bereich in der Regel nicht geeignet, da sie mit Vorzugsdicken von 15 bis 40 mm zumeist zu geringe Dicken für die vorliegenden Verkehrsbelastungen aufweisen.

Klinkerplatten nach den TL Pflaster-StB weisen keine anderen Anforderungen auf als Pflasterklinker, allerdings ist die Biegebruchlast für besonders dünne Produkte abweichend geregelt. Klinkerplatten mit Dicken kleiner oder gleich 45 mm weisen häufig keine so große Stabilität auf, dass die Klasse T4 eingehalten werden könnte. Daher wird bei solchen Platten nur die Klasse T2 gefordert, die, wie zu erkennen, eine deutlich geringere Biegebruchlast erfordert. Der Einsatz solcher Platten muss sorgfältig abgewogen werden. Grundsätzlich ist zu beachten, dass diese Platten nicht mit Kfz überfahren werden sollten, sondern nur für Fußgängerbelastung geeignet sind.

5.3 Platten aus Naturstein

5.3.1 Allgemeines

Platten aus Naturstein müssen die Anforderungen der DIN EN 1341 einschließlich der Leistungserklärung, der Annahmekriterien sowie der Kennzeichnung und Verpackung erfüllen. Soweit für Produkteigenschaften die DIN EN 1341 die Auswahl einer bestimmten Klasse zulässt, ist nachfolgend jeweils eine Klasse als Mindestforderung festgelegt. Zusätzlich genannte Anforderungen, die sich nicht auf die DIN EN 1341 beziehen, sind ebenfalls einzuhalten.

DIN EN 1341

Platten aus Naturstein für Außenbereiche – Anforderungen und Prüfverfahren, Ausgabe 2013[6]

1 Anwendungsbereich

Diese Europäische Norm legt die Leistungsanforderungen und die entsprechenden Prüfverfahren für Natursteinplatten für Außenbereiche und Straßenbefestigungen fest.

Die Verwendung in Außenbereichen umfasst alle für den Straßenbau typischen Straßenbeläge, beispielsweise Fußgängerbereiche und Verkehrsflächen, Außenflächen und ähnliche Bereiche, die unter Außenbedingungen verwendet werden und Verwitterungsfaktoren, wie z. B. Temperaturänderungen, Regen, Eis, Wind usw. unterliegen.

Diese Europäische Norm ermöglicht ebenfalls die Konformitätsbewertung und die Kennzeichnung der Platten aus Naturstein.

Diese Europäische Norm behandelt außerdem charakteristische Merkmale, die für den Handel von Bedeutung sind.

Diese Europäische Norm behandelt keine Platten aus Naturstein, die als Bodenplatten und Stufenbeläge in Gebäuden verwendet werden. In diesen Fällen gilt EN 12058.

Kommentar

Die Anforderungen an Platten aus Natursteinen in Verkehrsflächen sind, wenn sie nicht schon durch vertragliche Vereinbarungen festgelegt worden sind, ebenfalls in DIN 18318, Abschnitt 2.1, mit den dort ergänzend als geltend genannten

6 DIN EN 1341:2013-03: Platten aus Naturstein für Außenbereiche – Anforderungen und Prüfverfahren, Fassung 2013, Beuth Verlag, Berlin 2013

Kommentar

„Technischen Lieferbedingungen für Bauprodukte zur Herstellung von Pflasterdecken, Plattenbelägen und Einfassungen“, TL Pflaster-StB, festgelegt worden.

Wenn Verwender von Produkten aus Natursteinen die Regelungen der TL Pflaster-StB nicht in ihre Verträge übernehmen wollen, gibt es in den DIN 18318 unter 0.3.2, „Hinweise für das Aufstellen der Leistungsbeschreibung,“ eine Öffnungsklausel, wenn „andere Anforderungen an Stoffe und Bauteile vereinbart werden sollen“.

Plattenbeläge sollen nur in Flächen eingesetzt werden, deren Verkehrsbelastung nicht größer als Bk0,3 ist (siehe dazu M FP 2015[7], Tabelle 1).

Hiervon abweichend ist besonders die Dicke und Größe der Platten und die zu ermittelnde voraussichtliche Bruchlast zu beachten (siehe Anhang A der DIN EN 1341).

Hier ist zu berücksichtigen, dass diese Tabelle nur Platten im Sinn des Merkblattes und der ZTV Pflaster-StB betrifft, also Platten mit einer max. Länge von 600 mm und einer größten Dicke von 120 mm bei einem Verhältnis der Dicke zur Länge von > 4.

Sogenannte Großformate im Sinn des „Merkblatts für Flächenbefestigungen mit Großformaten“ (M FG)[8] sind Befestigungselemente, deren Gesamtlänge größer als 400 mm ist, mit einer maximalen Gesamtlänge von 1250 mm. Die Mindestnenndicke beträgt 100 mm. Die Gesamtlänge dividiert durch die Gesamtbreite ist nicht größer als 2,5.

Grundsätzlich muss bei der Auswahl zur Verwendung von Platten darauf geachtet werden, das unabhängig von den Angaben der Tabellen des M FP oder M FG davon abweichende Größen und Dicken möglich sind, wenn regional die Gebrauchstauglichkeit bei vergleichbarer Anwendung durch langjährige positive Erfahrungen nachgewiesen wird.

DIN EN 1341

Platten aus Naturstein für Außenbereiche – Anforderungen und Prüfverfahren, Ausgabe 2013

2 Normative Verweisungen

Die folgenden Dokumente, die in diesem Dokument teilweise oder als Ganzes zitiert werden, sind für die Anwendung dieses Dokuments erforderlich. Bei datierten Verweisungen gilt nur die in Bezug genommene Ausgabe. Bei undatierten Verweisungen gilt die letzte Ausgabe des in Bezug genommenen Dokuments (einschließlich aller Änderungen).

Kommentar

Der Abschnitt 2 der Norm enthält Hinweise auf „normative Verweisungen“, Normen, welche für die Anwendung der DIN EN 1341 hinsichtlich Bezeichnungen und Prüfverfahren erforderlich sind.

DIN EN 1341

Platten aus Naturstein für Außenbereiche – Anforderungen und Prüfverfahren, Ausgabe 2013

3 Begriffe

Für die Anwendung dieses Dokuments gelten die folgenden Begriffe.

---

7 Merkblatt für Flächenbefestigungen mit Pflasterdecken und Plattenbelägen in ungebundener Ausführung – M FP, Ausgabe 2015, FGSV Verlag, Köln 2015

8 Merkblatt für Flächenbefestigungen mit Großformaten – M FG, Ausgabe 2022, FGSV Verlag, Köln 2022

DIN EN 1341

3.1 Platte für den Außenbereich

als Belag im Außenbereich für Straßenbefestigungen verwendeter Naturwerkstein, der durch Sägen oder Spalten erzeugt wird, wobei die Nennbreite mehr als das Doppelte der Dicke beträgt

3.2 Oberseite

Plattenoberfläche, die nach dem Verlegen sichtbar sein soll

3.3 Unterseite

Plattenoberfläche, die nach dem Verlegen mit dem Bettungsmaterial in Berührung kommen soll

[Anmerkung d. Verf.: An anderer Stelle, unter 3.8, Dicke, wird die Unterseite auch als „Fußfläche" bezeichnet.]

3.4 Seitenfläche

Plattenoberfläche im rechten Winkel zur Oberseite, die nach dem Verlegen senkrecht liegen soll

3.5 Nennmaß

für die Herstellung einer Platte festgelegtes Plattenmaß, mit dem das Istmaß innerhalb festgelegter zulässiger Grenzabmaße übereinstimmt

...

3.11 bearbeitet

Plattenfläche, deren Oberflächenausführung durch zusätzliche Bearbeitung entsteht, beispielsweise aus einer gesägten oder gehauenen Fläche

3.12 fein bearbeitet

bearbeitete Oberfläche, auf der zwischen den Scheitelpunkten und tiefsten Punkten ein Abstand von höchstens 1,0 mm vorhanden ist (z. B. poliert, geschliffen oder mit einer Diamantscheibe oder einem Diamantblatt gesägt)

3.13 grob bearbeitet

bearbeitete Oberfläche, auf der zwischen den Scheitelpunkten und tiefsten Punkten ein Abstand von mehr als 1,0 mm vorhanden ist (z. B. gespitzt, sandgestrahlt oder geflammt)

3.14 gespalten

Fläche oder Kante einer Platte mit einer rauen Oberflächenbeschaffenheit, z. B. eine bruchraue oder spaltraue Fläche oder Kante

3.15 gespitzt (steinmetzmäßig) bearbeitet

durch mechanische Bearbeitung erzeugte grob strukturierte Oberflächenausführung mit klar erkennbaren Bearbeitungsspuren (Bearbeitungsriefen)

3.16 Kante

Rand, der von zwei zusammenstoßenden Oberflächen gebildet wird

Anmerkung 1 zum Begriff: Scharfe, abgerundete und abgeschrägte Kanten sind in Bild 1 dargestellt.

3.17 unterer Erwartungswert E_L

Wert, der dem 5 %-Quantil einer logarithmischen Normalverteilung bei einem Vertrauensbereich von 75 % entspricht

3.18 oberer Erwartungswert E_H

Wert, der dem 95 %-Quantil einer logarithmischen Normalverteilung bei einem Vertrauensbereich von 75 % entspricht

Kommentar

Die vorgenannte Definition des Begriffes „Platte für den Außenbereich" unterscheidet sich von der Definition der Anwendung von Platten in Plattenbelägen gemäß ZTV Pflaster-StB. Nach dieser ZTV sind Platten solche, die ein Verhältnis von Länge zu Dicke von mehr als 4 haben und die Gesamtlänge 600 mm nicht überschreitet.

Platten nach DIN EN 1341 mit größeren Längen sind nach den ZTV Pflaster-StB nicht zugelassen, aber können im Rahmen von Großformatbelägen ggf. eingesetzt werden. Abweichende Größen und Dicken sind möglich, wenn regional die Gebrauchstauglichkeit bei vergleichbarer Anwendung durch langjährige positive Erfahrungen nachgewiesen wird.

Die DIN EN 1341 enthalten im (informativen) Anhang A „Hinweise zur entsprechenden Plattendicke für verschiedene Anwendungsklassen".

Die Tabelle A.2 der DIN enthält Hinweise zu voraussichtlichen Bruchlasten für verschiedene Anwendungen.

DIN EN 1341

Platten aus Naturstein für Außenbereiche – Anforderungen und Prüfverfahren, Ausgabe 2013

Anhang A (informativ) **Hinweise zur entsprechenden Plattendicke für verschiedene Anwendungsklassen**

A.3 Hinweise zu voraussichtlichen Bruchlasten

...

Tabelle A.2 – Bruchlast

Klasse	Mindest-Bruchlast kN	Übliche Anwendung
0	Keine Anforderung	Dekoration
1	0,75	im Mörtelbett verlegte Platten, nur für Fußgängerbereiche
2	3,5	Fußgängerbereiche und Radwege
3	6,0	Gelegentliche Zufahrt von PKW, leichten Fahrzeugen und Motorrädern, Garageneinfahrten
4	9,0	Fußgängerzonen, Marktplätze, die gelegentlich von Liefer- und Rettungsfahrzeugen befahren werden
5	14,0	Fußgängerbereiche, die häufig von Schwerlasttransportern benutzt werden
6	25,0	Verkehrswege und Straßen, Tankstellen

Kommentar

Die Definitionen für die Nutzung sind etwas unbestimmt. Wenn in öffentlichen Flächen eine Benutzung durch Fahrzeuge möglich ist, werden diese Flächen befahren.

In den Klassen 1 bis 3 können grundsätzlich jederzeit auch Schwerlastfahrzeuge, z. B. Müll- oder Öllieferfahrzeuge, die Flächen nutzen. In der Klasse 4 ist schon in der Nutzung „Fußgängerzonen und Marktplätze" ein möglicher Widerspruch der „gelegentlichen Befahrung" vorhanden. Öffentliche Flächen sollten in der Regel in die Klasse 6, Mindestbruchlast 25 k/N, eingestuft werden.

Zur Berechnung der Bruchlastklasse wird in der Tabelle A.1 der DIN ein Sicherheitsfaktor genannt:

DIN EN 1341

Platten aus Naturstein für Außenbereiche – Anforderungen und Prüfverfahren, Ausgabe 2013

A.2 Vereinfachtes Verfahren zur Berechnung der Plattendicke

...

Tabelle A.1 – Sicherheitsfaktor (F_S)

Maß *L* mm	**Sicherheitsfaktoren, F_S, für Platten bei**				
	Pflaster über		**Pflaster über einem Spalt, gestützt**		
	Beton mit Mörtel und Fugen (gebundene Bauweise)	**Sand oder Gesteinskörnung (ungebundene Bauweise)**	**an 4 Seiten**	**an 2 Seiten**	**an 4 Ecken**
≤ 600 mm	1,2	1,8	2,4	2,7	3,0
› 600 mm	1,8	2,4	2,7	3,1	3,5

Kommentar

Der Anhang enthält unter A.2 ein vereinfachtes Verfahren zur Berechnung der Plattendicke.

Durch Umstellen der Formel zur Ermittlung der Dicke nach *P* kann die Bruchlast mit den bekannten Werten der Formatgröße, des unteren Erwartungswertes der Biegefestigkeit und des Sicherheitsfaktors berechnet werden.

$$P = (R_f \times W \times t^2) / (1\,500 \times L \times F_S)$$

Es bedeuten:
- P Bruchlast
- t Dicke der Platte
- L Länge der Platte
- W Breite der Platte
- R_f unterer Erwartungswert der Biegefestigkeit
- F_S Sicherheitsfaktor

Die Bearbeitung der Oberflächen der Platten ist insofern zu beachten, als dass dies einen Einfluss auf den zulässigen Höhenversprung zwischen benachbarten Platten hat. So lässt die DIN 18318:2019 unter 3.1.15 bei grob bearbeiteten Platten einen Höhenversprung bis 5 mm an der Kante zweier nur durch Fugen getrennter, zusammenstoßender Platten zu.

In den Regelwerken der FGSV wird die Regelung der Norm nicht übernommen, da Befestigungselemente, welche aus gesägten Grundformen hergestellt worden sind und deren Oberfläche weiter bearbeitet wurde, „ebene Oberflächen“ haben.

Für diese ebenen Oberflächen wurde ein zulässiger Höhenunterschied zwischen nebeneinander liegenden Befestigungselementen von 2 mm festgelegt.

5.3.2 Zulässige Abweichungen der Flächenmaße

Siehe DIN EN 1341, Abschnitt 4.2.2.1, Tabelle 1

Es gelten die Anforderungen der Klasse 2 der DIN EN 1341, Tabelle 1.

DIN EN 1341

Platten aus Naturstein für Außenbereiche – Anforderungen und Prüfverfahren, Ausgabe 2013

4.2 Maße

4.2.1 Allgemeines

Die Nennmaße der Platten sind anzugeben, es sei denn, die Platten werden in freien Längen geliefert. Werden die Platten in freien Längen geliefert, müssen nur die Breiten und die Dicke angegeben werden.

Die Maße sind nach EN 13373 zu messen.

4.2.2 Zulässige Grenzabmaße

4.2.2.1 Flächenmaße (mit Ausnahme von Platten mit unregelmäßigem Grundriss)

Die Flächenmaße einer Platte sind nach EN 13373:2003, 5.2, zu bestimmen, und die Abweichungen von den angegebenen Flächenmaßen müssen mit den in Tabelle 1 angegebenen Grenzabmaßen übereinstimmen.

Tabelle 1 – Grenzabmaße der Flächenmaße

	Grenzabmaße der Flächenmaße von Platten[a] bei		
	Klasse 0	**Klasse 1**	**Klasse 2**
Kennzeichnung	P0	P1	P2
gesägte Kanten	Keine Anforderung	±4 mm	±2 mm
gespaltene und gespitzte Kanten		±10 mm	±10 mm
a Nur für Natursteinplatten mit regelmäßigem Grundriss.			

Kommentar

Die zulässigen Abweichungen („Grenzabmaße") werden über die Nenn-Flächenmaße, die Bearbeitung und die in den Klassen genannten zulässigen Abweichungen definiert. Die TL Pflaster-StB legen unter 5.3.2 fest, dass nur Platten zu verwenden sind, deren Maßabweichungen der Klasse 2 der Tabelle 1 entsprechen.

5.3.3 Zulässige Abweichungen der Diagonalen

Siehe DIN EN 1341, Abschnitt 4.2.2.1, Tabelle 2

Es gelten die Anforderungen der Klasse 2 der DIN EN 1341, Tabelle 2.

DIN EN 1341

Platten aus Naturstein für Außenbereiche – Anforderungen und Prüfverfahren, Ausgabe 2013

4.2.2.1 Flächenmaße (mit Ausnahme von Platten mit unregelmäßigem Grundriss)

...

Die beiden Diagonalen von rechteckigen Platten sind in Übereinstimmung mit EN 13373:2003, 5.2, zu messen, und die maximale Differenz zwischen ihnen darf die in Tabelle 2 angegebenen Werte nicht überschreiten.

DIN EN 1341

Tabelle 2 – Grenzabmaße der Diagonalen

	Grenzabmaße der Diagonalen von Platten[a] bei		
	Klasse 0	**Klasse 1**	**Klasse 2**
Kennzeichnung	D0	D1	D2
gesägte Kanten	Keine Anforderung	6 mm	3 mm
gespaltene und gespitzte Kanten		15 mm	10 mm
a Nur für Natursteinplatten mit regelmäßigem Grundriss.			

Engere Toleranzen als P2 und D2 können angegeben werden.

Kommentar

In DIN EN 1341 wird darauf hingewiesen, dass engere Toleranzen für P2 (Tabelle 1) und D2 (Tabelle 2) angegeben werden können. Dies sollte jedoch nur erfolgen, wenn es dafür bei der späteren Ausführung besondere Gründe gibt. In den TL Pflaster-StB wird unter 5.3.3 festgelegt, das Platten zu verwenden sind, deren Maßabweichungen der Klasse 2, Tabelle 2, entsprechen.

5.3.4 Zulässige Abweichungen der Nenndicke

Siehe DIN EN 1341, Abschnitt 4.2.2.2, Tabelle 3

Es gelten die Anforderungen der Klasse 2 der DIN EN 1341, Tabelle 3.

Engere Toleranzen als die der Klasse 2 der DIN EN 1341, Tabelle 3 können angegeben werden.

Für gespaltene Platten müssen die Hersteller die zulässigen Abweichungen für jede Lieferung deklarieren.

DIN EN 1341

Platten aus Naturstein für Außenbereiche – Anforderungen und Prüfverfahren, Ausgabe 2013

4.2.2.2 Dicke

Die Dicke einer Platte ist in Übereinstimmung mit EN 13373:2003, 5.2, zu messen, und die Abweichungen von der angegebenen Dicke müssen mit den in Tabelle 3 angegebenen Grenzabmaßen übereinstimmen.

Tabelle 3 – Grenzabmaße der Dicke

	Grenzabmaße der Dicke von Platten für		
	Klasse 0	**Klasse 1**	**Klasse 2**
Kennzeichnung	T0	T1	T2
≤ 30 mm dick	Keine Anforderung[a]	±3 mm	±10 %
30 mm < Dicke ≤ 80 mm		±4 mm	±3 mm
> 80 mm dick		±7 mm	±4 mm
a Die Hersteller sind angehalten, nach EN 13373:2003, 5.2, gemessene Abweichungen anzugeben.			

Maße zwischen Flächen dürfen als ein Bereich von Nenn-Mindest- und Nenn-Höchstmaßen der Dicke, z. B. 30 mm bis 60 mm, festgelegt werden, und ein Grenzabmaß, das die Grenzen des Bereichs festlegt, darf angegeben werden. Dies gilt besonders für gespaltene Platten.

Engere Toleranzen als T2 können angeben werden.

Kommentar

In den TL Pflaster-StB, Abschnitt 5.3.4 wird vereinbart, dass die Anforderungen der Klasse 2 der Tabelle 3 einzuhalten sind. Weiter können engere Toleranzen als die Klasse 2 der Tabelle 3 angegeben und vereinbart werden. Bei gespaltenen Platten müssen die Hersteller die Abweichungen für jede Lieferung deklarieren.

5.3.5 Ebenheit und Geradheit

5.3.5.1 Kanten

Siehe DIN EN 1341, Abschnitt 4.2.2.4.1, Tabelle 4

Für gespaltene Platten müssen die Hersteller die zulässigen Abweichungen für jede Lieferung deklarieren.

DIN EN 1341

Platten aus Naturstein für Außenbereiche – Anforderungen und Prüfverfahren, Ausgabe 2013

4.2.2.4 Ebenheit und Geradheit

4.2.2.4.1 Kanten

Die Geradheit längs der Kanten der Flächenmaße von bearbeiteten Platten ist in Übereinstimmung mit EN 13373:2003, 5.4, zu messen, und die Abweichungen von der angegebenen Geradheit müssen mit den in Tabelle 4 angegebenen Grenzabmaßen übereinstimmen.

Tabelle 4 – Grenzabmaße der Geradheit längs der Kanten

	Grenzabmaße der Ebenheit längs der Kanten von Platten		
längste gerade Prüfkante	0,5 m	1 m	1,5 m
fein bearbeitete Sichtfläche	±2 mm	±3 mm	±4 mm
grob bearbeitete Sichtfläche	±3 mm	±4 mm	±6 mm

Kommentar

In den TL Pflaster-StB, Abschnitt 5.3.5.1 wird die Anwendung der Tabelle 4 der DIN EN 1341 von bearbeiteten Elementen vereinbart, bei der Lieferung gespaltener Platten müssen die Hersteller die zulässigen Abweichungen deklarieren. Unabhängig von den Grenzabmaßen der Tabelle 4 gelten für die Verlegung der Platten die Regelungen aus den ZTV Pflaster-StB unter Abschnitt 3.8.1.

5.3.5.2 Ebenheitsabweichungen für Sichtflächen

Siehe DIN EN 1341, Abschnitt 4.2.2.4.2, Tabelle 5

Für gespaltene Platten müssen die Hersteller die zulässigen Abweichungen für jede Lieferung deklarieren.

DIN EN 1341

Platten aus Naturstein für Außenbereiche – Anforderungen und Prüfverfahren, Ausgabe 2013

4.2.2.3 Unregelmäßigkeiten der Sichtfläche

Die nach EN 13373:2003, 5.3, gemessenen Unregelmäßigkeiten der Sichtfläche bei gespaltenen Platten dürfen nicht die Nenndicke um mehr als 20 mm überschreiten

DIN EN 1341

oder die Nenndicke unterschreiten (d. h. +20 mm/–0 mm); der größte gemessene Wert muss angegeben werden.

...

4.2.2.4.2 Sichtflächen

Die Ebenheit und die Wölbungen sind nach EN 13373:2003, 5.4, zu messen, und die Abweichungen von der angegebenen Ebenheit und Wölbung müssen mit den in Tabelle 5 angegebenen Grenzabmaßen übereinstimmen, außer, wenn die Sichtfläche gespalten ist; in diesem Fall sind die Angaben zu den Abweichungen anzugeben.

...

Tabelle 5 – Grenzabmaße der Ebenheit für Sichtflächen

Grenzabmaße der Ebenheit für Sichtflächen für		
a) fein bearbeitete Sichtfläche		
Messlänge mm	**größte konvexe Abweichung mm**	**größte konkave Abweichung mm**
300	2,0	1,0
500	3,0	2,0
800	4,0	3,0
1000	5,0	4,0
b) grob bearbeitete Sichtfläche		
Messlänge mm	**größte konvexe Abweichung mm**	**größte konkave Abweichung mm**
300	3,0	2,0
500	4,0	3,0
800	5,0	4,0
1000	8,0	6,0

Kommentar

In den TL Pflaster-StB, Abschnitt 5.3.5.2 wird die Anwendung der Tabelle 5 der DIN EN 1341 von bearbeiteten Elementen vereinbart, unabhängig von den Grenzabmaßen der Tabelle 5 gelten für die Verlegung der Platten die Regelungen aus den ZTV Pflaster-StB unter Abschnitt 3.8.1.

Bei der Lieferung gespaltener Platten müssen die Hersteller die zulässigen Abweichungen deklarieren.

5.3.5.3 **Zulässige Unterwinklung**

Für allseits gespaltene Platten gelten für den Hinterschnitt die Anforderungen der Klasse 1 der DIN EN 1341, Tabelle 1.

Für bearbeitete Platten gelten für den Hinterschnitt die Anforderungen der Klasse 2 der DIN EN 1341, Tabelle 1.

Die Abweichung von der Rechtwinkligkeit der Seitenflächen in Bezug auf die Oberseite (Unterwinklung) darf in Abhängigkeit von der Nenndicke die Werte der Tabelle 30 nicht überschreiten.

Tabelle 30: Platten aus Naturstein – Zulässiger Überschnitt oder Wölbung

	Zulässiger Überschnitt oder Wölbung
Nenndicke der Platte ≤ 80 mm	≤ 5 mm
Nenndicke der Platte > 80 mm	≤ 7 mm

Kommentar

Wie schon in DIN EN 1342 für Pflastersteine genauer erläutert, werden auch Anforderungen an die Rechtwinkligkeit von Platten gestellt. Abweichungen von der Rechtwinkligkeit werden in den TL Pflaster-StB als Unterwinklung bezeichnet, in den DIN EN ist die Bezeichnung Hinterschnitt. Unterschieden wird hinsichtlich Hinterschnitt, d. h. in der Regel einer größeren Ober- als Unterseite, und Überschnitt, d. h. in der Regel einer größeren Unter- als Oberseite (siehe auch den Kommentar zur TL Pflaster-StB, Abschnitt 4.3, Pflastersteine aus Naturstein).

In den TL Pflaster-StB, Abschnitt 5.3.5.3 wird für den zulässigen Hinterschnitt vereinbart, dass für allseits gespaltene Platten nach DIN EN 1341 Klasse 1 der Tabelle 1 anzuwenden ist. Für bearbeitete Platten gelten nach den TL Pflaster-StB die Anforderungen der DIN EN 1341 Tabelle 1, Klasse 2.

Der zulässige Überschnitt oder die zulässige Wölbung von Seitenflächen wird nach Tabelle 30 der TL Pflaster-StB unabhängig von der Bearbeitung in Abhängigkeit von der Dicke der Platten mit maximal 5 bzw. 7 mm festgelegt.

DIN EN 1341 vereinbart dagegen nur, dass die vertikalen Sichtflächen bei einer Plattendicke von 80 mm in Bezug auf die Oberkante um bis zu 12 mm und bei einer Plattendicke von mehr als 80 mm um bis zu 15 mm hinterschnitten werden dürfen. Angaben zu Platten mit einer geringeren Dicke als 80 mm werden nicht formuliert. Aus technischer Sicht sollte zumindest die Anforderung, die an 80 mm dicke Platten gestellt wird, gelten.

DIN EN 1341

Platten aus Naturstein für Außenbereiche – Anforderungen und Prüfverfahren, Ausgabe 2013

4.2.2.4.2 Sichtflächen

...

Die vertikalen Sichtflächen von gespaltenen oder bearbeiteten Platten dürfen bei einer Plattendicke von 80 mm in Bezug auf die Oberkante um bis zu 12 mm und bei einer Plattendicke von mehr als 80 mm um bis zu 15 mm hinterschnitten werden. Die vertikalen Sichtflächen dürfen um nicht mehr als die zulässigen Grenzabmaße überschnitten werden.

Kommentar

DIN EN 1341 legt zudem fest, dass die vertikalen Sichtflächen um nicht mehr als die zulässigen Grenzabmaße (der Nenn-Flächenmaße) überschnitten werden dürfen. Demnach darf der Überschnitt nach DIN EN 1341 gemäß der Tabelle 1 bei Platten der Klasse 2 mit gespaltenen oder gespitzten Kanten maximal 10 mm und bei Platten mit gesägten Kanten maximal 2 mm betragen.

Für eine ungebundene Herstellung eines Plattenbelages müssen die Anforderungen an den Überschnitt der Befestigungselemente an die geplanten Fugenbreiten angepasst werden. In den DIN 18318, Abschnitt 3.2.3.1 wird festgelegt, dass die Fugenbreiten von bearbeiteten Platten unter einer Nenndicke von 100 mm 4 mm ±2 mm und die Fugen von Platten mit einer Nenndicke > 100 mm 6 mm ±3 mm betragen müssen.

Die Fugenbreiten von Plattenbelägen aus Naturstein mit nicht gesägten Seitenflächen werden unter 3.2.3.2 der DIN 18318 für Platten ≤ 120 mm Nenndicke mit 10 mm ±5 mm und für Platten > 120 mm Nenndicke mit 15 mm ±5 mm festgelegt.

Die Fugenbreite wird an der Sichtfläche gemessen. Mit den Überschnittanforderungen der DIN EN 1341 kann die Forderung der DIN 18318 an die Fugenbreite eingehalten werden. Die Tabelle 30 der TL Pflaster-StB begrenzt den Überschnitt für gespaltene Platten stärker, doch ist mit den dort genannten Anforderungen für gesägte Platten die Einhaltung der geforderten Fugenbreite nicht möglich.

Um baustellenseitige Sortierungen zu vermindern, sollte hier abweichend von den TL Pflaster, Tabelle 30, der zulässige Überschnitt im Liefervertrag/Bauvertrag individuell angepasst werden, z. B. auf 2 mm (DIN EN 1341) oder 3 mm.

Die Rechtwinkligkeit von Kanten wird gemäß der folgenden Abbildung der DIN EN 13373 gemessen:

DIN EN 13373

Prüfverfahren für Naturstein – Bestimmung geometrischer Merkmale von Gesteinen, Ausgabe 2020

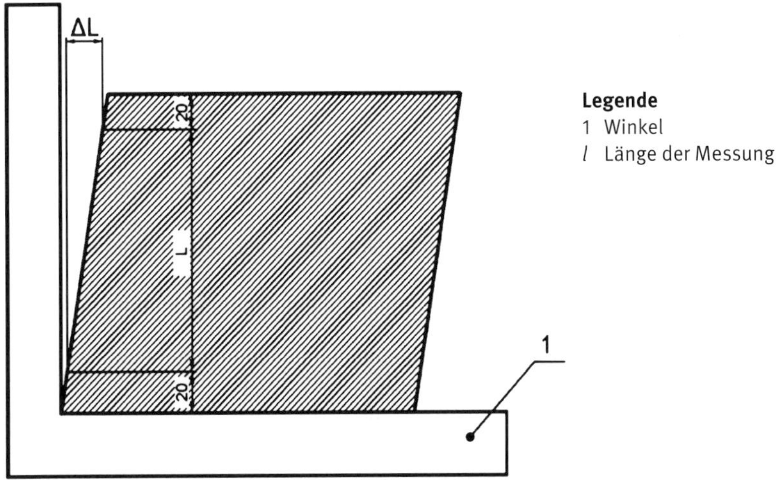

Bild 17 – Messung der Rechtwinkligkeit von Kanten

DIN EN 1341

Platten aus Naturstein für Außenbereiche – Anforderungen und Prüfverfahren, Ausgabe 2013

4.2.2.5 Kanten

Eine als rechtwinklig oder scharf bezeichnete Kante darf nach Ermessen des Herstellers eine Abschrägung aufweisen, deren horizontale oder vertikale Maße 2 mm nicht überschreiten.

Falls die Platten mit einer gefasten oder abgerundeten Kante geliefert werden, sind die Maße anzugeben, und die vertikalen und horizontalen Maße müssen innerhalb von ±2 mm der angegebenen Maße liegen.

4.2.2.6 Winkel und Sonderformen

Jeder Winkel der Platte muss mit der vereinbarten Geometrie übereinstimmen. Teile mit einer besonderen oder unregelmäßigen Form müssen hinsichtlich ihrer Übereinstimmung mit der geforderten Form mit einer geeigneten Vorlage überprüft werden, wobei das zulässige Grenzabmaß an allen Stellen Tabelle 1 entsprechen muss.

Größere Abweichungen als in Tabelle 1 können angegeben werden.

Abweichungen dürfen nicht addiert werden, z. B. Abweichungen der Dicke und Ebenheit.

Kommentar

Wenn Platten mit unregelmäßigen Formen geliefert werden sollen, müssen diese Platten mit allen Maßen zeichnerisch dargestellt werden. Es kann erforderlich werden, eine wetterfeste Schablone anzufertigen, mit der die Form der Platten überprüft werden kann. Das zulässige Grenzabmaß muss an allen Seiten der Tabelle 1 der DIN EN 1341 entsprechen, die erforderliche Klasse und deren Kennzeichnung sind zu vereinbaren.

5.3.6 Beständigkeit gegen Frost-Tau-Wechsel

5.3.6.1 Frost-Tau-Wechsel unter Normalbedingungen

Siehe DIN EN 1341, Abschnitt 4.3.1

Die Verringerung der mittleren Biegefestigkeit nach dem Frost-Tau-Wechsel-Versuch entsprechend DIN EN 12371, darf gegenüber der nach DIN EN 12372 geprüften mittleren Biegefestigkeit maximal 20 % betragen. Bei größeren Verringerungen ist die Eignung gesondert nachzuweisen.

DIN EN 1341

Platten aus Naturstein für Außenbereiche – Anforderungen und Prüfverfahren, Ausgabe 2013

4.3 Beständigkeit gegen Frost-Tau-Wechsel

4.3.1 Frost-Tau-Wechsel unter Normalbedingungen

Wenn die Platten für die Anwendung in Bereichen vorgesehen sind, die Anforderungen an Frost-Tau-Wechsel unterliegen, ist die Beständigkeit gegen Frost-Tau-Wechsel mit dem Prüfverfahren nach EN 12371 zu bestimmen. Die Ergebnisse sind als mittlere Biegefestigkeit vor und nach 56 Frost-Tau-Wechselzyklen (technologische Prüfung) zu bestimmen und anzugeben.

Die Entstehung von Frostschäden an einem Naturstein nach der Verlegung ist von den klimatischen Bedingungen des Einsatzortes, der relativen Lage im Bauwerk (die den Sättigungsgrad bestimmt) sowie von der voraussichtlichen Gebrauchsdauer des Bauwerks abhängig. Die Anzahl der Prüfzyklen ist für ein bestimmtes Projekt geeignet und kann dazu beitragen, eine Anleitung zur Interpretation der Prüf-

DIN EN 1341

ergebnisse zur Verfügung zu stellen. Die Auswahl des Gesteins ist von den Klimazonen und/oder von praktischen Anwendungsregeln abhängig.

Bei einigen besonderen Anwendungen, z.B. an Orten, die Temperaturen unter −12 °C ausgesetzt sind, kann es angemessen sein, unterschiedliche Prüfzyklen durchzuführen, z.B. Einfrieren in Wasser, Einfrieren auf eine tiefere Temperatur oder Prüfung von in porenfreie, siliciumhaltige Granulate eingebetteten Probekörpern, oder eine andere Anzahl von Prüfzyklen, z.B die in EN 12371 festgelegte Identifizierungsprüfung.

Kommentar

Ein Anforderungswert für die Verringerung der mittleren Biegefestigkeit nach dem Frost-Tau-Wechsel-Versuch wird von den DIN EN 1341 nicht vorgegeben. Erfasst wird die Reduktion der aufnehmbaren Druckspannungen durch Gefügestörungen infolge Frost-Tau-Beanspruchung.

Die TL Pflaster-StB begrenzen die Abnahme der mittleren Biegefestigkeit nach Beaufschlagung mit 56 Frost-Tau-Zyklen auf 20 %, bezogen auf die mittlere Biegefestigkeit, die ohne Frost-Tau-Beanspruchung bestimmt wurde.

Hier ist darauf zu achten, dass der wirkliche Messwert als Bezug herangezogen wird und nicht der deklarierte Wert, da dieser in der Regel geringer angegeben wird als die im Versuch gemessene Druckfestigkeit. Wenn eine größere Abnahme vorliegt, muss in weitergehenden Untersuchungen die Eignung der vorgesehenen Platte separat nachgewiesen werden.

5.3.6.2 Frost-Tau-Wechsel in Gegenwart von Tausalzen

Die Wasseraufnahme ist gemäß Abschnitt 5.3.11 zu bestimmen. Die Prüfung des Widerstandes gegen Frost-Tau-Wechsel mit Tausalz ist in Anlehnung an DIN EN 1367-6 mit 25 Frost-Tau-Wechseln durchzuführen.

Es gelten nachstehende Änderungen zur DIN EN 1367-6:

1 Herstellung von 20 Prüfkörpern gleicher Größe (50/50/50 mm oder 70/70/70 mm ±5 mm), wobei 10 Prüfkörper ohne Frost-Tau-Wechsel in Gegenwart von Tausalzen und 10 Prüfkörper mit Frost-Tau-Wechsel in Gegenwart von Tausalzen beansprucht werden.

2 Bestimmung der mittleren Druckfestigkeit gemäß DIN EN 1926 an 10 unbeanspruchten Prüfkörpern.

3.1 Beanspruchung von 10 Prüfkörpern: 25 Frost-Tau-Wechsel mit 1 %-iger NaCl-Lösung.

3.2 Bestimmung der mittleren Druckfestigkeit gemäß DIN EN 1926 an 10 beanspruchten Prüfkörpern.

3.3 Bestimmung des Masseverlustes durch Wägung der bei 70 °C ±5 °C bis zur Massekonstanz getrockneten Prüfkörper vor und nach der Beanspruchung.

3.4 Bestimmung des Masseverlustes F nach 25 Wechselbeanspruchungen als Mittelwert der 10 Prüfkörper.

Die Beständigkeit gegen Frost-Tau-Wechsel mit Tausalz wird erreicht, wenn der Masseverlust F und mindestens 90 % der Einzelwerte (9 von 10 Prüfköpern) nach der Prüfung höchstens 2 M.-% betragen.

5.3.6.2 **Frost-Tau-Wechsel in Gegenwart von Tausalzen** (Fortsetzung)

Die Abnahme der mittleren Druckfestigkeit nach dem Frost-Tau-Wechsel-Versuch mit Tausalz darf gegenüber der nach DIN EN 1926 geprüften mittleren Druckfestigkeit maximal 20 % betragen.

Die Prüfkörper für die Frost-Tau-Wechsel in Gegenwart von Tausalzen und Druckfestigkeit sollen aus einer Lieferung entnommen werden.

Bei Überschreitung der Einzelwerte des Masseverlustes und/oder größerer Abnahme der Druckfestigkeit ist die Eignung gesondert nachzuweisen.

Wenn Erfahrungen mit regionalen Natursteinen vorliegen, deren langjährige Gebrauchstauglichkeit bei vergleichbarer Anwendung belegt ist, kann der Auftraggeber auf diesen Nachweis verzichten.

DIN EN 1341 **Platten aus Naturstein für Außenbereiche – Anforderungen und Prüfverfahren,** Ausgabe 2013

4.3.2 Frost-Tau-Wechsel in Gegenwart von Tausalzen

Sofern gefordert, ist die Beständigkeit gegen Frost-Tau-Wechsel zusammen mit den Auswirkungen von Tausalzen zu bestimmen und anzugeben. Da derzeit kein anerkanntes Prüfverfahren auf europäischer Ebene vorliegt, muss die Beständigkeit gegen Frost-Tau-Wechsel zusammen mit den Auswirkungen von Tausalz entsprechend nationaler Bestimmungen, die am Verwendungsort des Produktes gelten, ermittelt und angegeben werden.

Kommentar

Siehe hierzu auch den Kommentar zu Abschnitt 4.3.2 der DIN EN 1342 unter Abschnitt 4.3.6.2. Das Prüfverfahren wurde mangels einer besseren Alternative festgelegt und beruht auf dem entsprechenden Prüfverfahren für Gesteinskörnungen, da in der Vergangenheit vergleichbare Verfahren eingesetzt wurden. Weitergehende wissenschaftliche Erkenntnisse zum Prüfverfahren existieren nicht, so dass derzeit keine separate Prüfnorm vorliegt. Mit dem Verfahren werden die Probekörper einer deutlichen Frost-Tausalz-Beanspruchung ausgesetzt. Verfahren und Auswertung entsprechen dem der Pflastersteine aus Naturstein. Auch hier ist sowohl die Gefügezerstörung in Form der Abwitterung festzustellen als auch die Verringerung der aufnehmbaren Druckkräfte durch die Gefügeänderungen. Dabei wird ein Vergleich zwischen den beanspruchten und nicht beanspruchten Probekörpern durchgeführt. Damit die Proben vergleichbar sind, müssen alle geprüften Pflastersteine aus einer Liefercharge stammen.

Wenn die Anforderungswerte nicht eingehalten werden, müssen die Bauprodukte nicht direkt aufgeschlossen werden. Alternativ kann eine erweiterte Untersuchung zur Beurteilung der Eignung im Einzelfall durchgeführt oder auch seitens des Auftraggebers gänzlich auf einen Eignungsnachweis verzichtet werden, wenn ausreichend positive Erfahrungen regional vorliegen, wie dies schon für den Frost-Tauwiderstand unter Normalbedingungen möglich ist.

5.3.7 Biegefestigkeit

Siehe DIN EN 1341, Abschnitt 4.4

Vom Hersteller ist der untere Erwartungswert der Biegefestigkeit (in MPa) anzugeben.

In Tabelle 31 sind Mindestwerte für den unteren Erwartungswert der Biegefestigkeit und Orientierungswerte für die Wasseraufnahme für Platten und Borde aus Naturstein angegeben.

Tabelle 31: Platten und Borde aus Naturstein – Biegefestigkeit/ Wasseraufnahme

Gesteinsgruppe		Biegefestigkeit: Mindestwerte für den unteren Erwartungswert MPa (Platten, Borde)	Orientierungswerte für die Wasseraufnahme M.-%
1	Granit, Syenit, Granodiorit	10	0,2–0,8
2	Granit, gelb/gelb-grau	7	0,6–1,4
3	Gabbro, Diorit	12	0,2–0,5
4	Basalt, Melaphyr	12	0,1–0,4
5	Quarzporphyr, Porphyrit, Andesit, Diabas	12	0,2–0,7
6	Gneis, Quarzit	12	0,1–0,7
7	Grauwacke, Quarzitische Sandsteine	9	0,4–2,0
8	sonstige Sandsteine	5	0,4–4,0
9	Kalksteine und Dolomite mit einer Wasseraufnahme bis 0,8 M.-%	6	0,4–0,8
10	Kalksteine und Dolomite mit einer Wasseraufnahme über 0,8 M.-%	5	> 0,8
11	Basaltlava	8	4–10

Bei Natursteinen, welche Anisotropieebenen (Schichtung usw.) zeigen, sind Prüfungen der Druckfestigkeit auch gegen die Anisotropieebenen durchzuführen.

Gesteine bzw. Gesteinsgruppen, die die Mindestwerte für den unteren Erwartungswert nicht einhalten oder nicht in der Tabelle 31 genannt sind, können verwendet werden, wenn die Gebrauchstauglichkeit bei vergleichbarer Anwendung durch ein Gutachten und durch langjährige positive Erfahrungen nachgewiesen wird.

DIN EN 1341

Platten aus Naturstein für Außenbereiche – Anforderungen und Prüfverfahren, Ausgabe 2013

4.4 Bruchfestigkeit – Biegefestigkeit

Die Biegefestigkeit ist mit dem Prüfverfahren nach EN 12372 zu bestimmen, und der untere Erwartungswert (E_L) ist anzugeben.

Üblicherweise wird eine in EN 12372 festgelegte Identifizierungsprüfung durchgeführt. Wenn jedoch die Oberflächenbearbeitung des gelieferten Produktes bekannt ist, darf die Prüfung auch mit dieser Ausführung nach den in EN 12372 festgelegten technologischen Prüfungen durchgeführt werden.

Anmerkung 1: Hinweise zu den jeweiligen Dicken für unterschiedliche Anwendungsklassen sind in Anhang A enthalten.

Anmerkung 2: In Anhang C ist ein Beispiel zur Berechnung angegeben, das zur Bestimmung des unteren Erwartungswerts angewendet werden kann.

Kommentar

Der untere Erwartungswert wird gemäß Anhang C der DIN EN 1341 ermittelt und stellt einen Quantilwert dar, der statistisch betrachtet von 95 % der geprüften Proben erfüllt und von 5 % unterschritten wird. Der Vertrauensbereich beträgt dabei 75 % im Rahmen der logarithmischen Normalverteilung.

Die TL Pflaster-StB legen unter 5.3.7 in Tabelle 31 eine Mindestfestigkeit des unteren Erwartungswertes (LEV/E_L) fest; gleichzeitig wird ein Orientierungswert für die Wasseraufnahme genannt. Es wird darauf hingewiesen, dass diese Werte für die Platten und die Bordsteine aus Naturstein gelten sollen.

Gleichzeitig enthalten die TL Pflaster-StB eine Öffnungsklausel für Gesteine, welche diese Mindestfestigkeiten nicht erreichen. Produkte aus diesen Gesteinen können verwendet werden, wenn die Gebrauchstauglichkeit bei vergleichbarer Anwendung durch Gutachten und durch langjährige positive Erfahrung nachgewiesen wird.

5.3.8 Abriebwiderstand

Siehe DIN EN 1341, Abschnitt 4.5

Der Abriebwiderstand ist zu bestimmen und anzugeben.

DIN EN 1341

Platten aus Naturstein für Außenbereiche – Anforderungen und Prüfverfahren, Ausgabe 2013

4.5 Abriebbeständigkeit

Die Abriebbeständigkeit ist mit dem Prüfverfahren nach EN 14157 zu bestimmen, und der obere Erwartungswert (E_H) ist anzugeben.

Kommentar

Unter Abschnitt 4.5 der DIN EN 1341, aber auch in den TL Pflaster-StB gibt es keine Festlegung zur Durchführung der Abriebprüfung.

Die Abriebbeständigkeit ist mit dem Prüfverfahren nach EN 14157[9] zu bestimmen, und der obere Erwartungswert (E_H) ist anzugeben.

9 DIN EN 14157:2017-12, Prüfverfahren für Naturstein – Bestimmung des Widerstandes gegen Verschleiß, Fassung 2017, Beuth Verlag, Berlin 2017

Kommentar

Das in Deutschland maßgebende Prüfverfahren, die Prüfung nach dem Böhme-Verfahren, ist das Verfahren B der EN 14157.

5.3.9 Gleit- und Rutschwiderstand

Siehe DIN EN 1341, Abschnitt 4.6

Der Gleitwiderstand ist anzugeben, wenn die Oberflächenrauigkeit bei Messung nach DIN EN 13373, Abschnitt 5.3, weniger als 1,0 mm beträgt. Für feinbearbeitete Platten ist ein SRV-Wert von mindestens 55 zu erreichen.

Für bearbeitete Platten ist die Ausflusszeit gemäß den „Technischen Prüfvorschriften für Griffigkeitsmessungen im Straßenbau – Teil: Messverfahren SRT" (TP Griff-StB (SRT)) mit dem Ausflussmesser zu bestimmen. Diese darf 40 s nicht überschreiten.

DIN EN 1341

Platten aus Naturstein für Außenbereiche – Anforderungen und Prüfverfahren, Ausgabe 2013

4.6 Gleit- und Rutschwiderstand

4.6.1 Gleitwiderstand

Der Gleitwiderstand ist anzugeben, wenn für die vorgesehene Anwendung der Platten gesetzliche Anforderungen vorliegen oder auf Anfrage, sowie in jedem Fall, wenn die Oberflächenrauigkeit bei Messung nach EN 13373:2003, 5.3, weniger als 1,0 mm beträgt.

Der Gleitwiderstand ist mit dem Prüfverfahren unter feuchten Bedingungen nach EN 14231 zu bestimmen, und die Ergebnisse sind entsprechend anzugeben.

Anmerkung 1: Bei grob bearbeiteten und gespaltenen Platten wird davon ausgegangen, dass sie einen ausreichenden Gleitwiderstand besitzen.

Anmerkung 2: Der an unpolierten Platten gemessene Wert für den Gleitwiderstand (USRV) bezieht sich auf Platten im Herstellungszustand und stellt ein Hilfsmittel dar, um einen angemessenen Gleit-/Rutschwiderstand beim Einbau sicherzustellen.

Anmerkung 3: Die Erfahrung hat gezeigt, dass ein USRV-Messwert, der mit einem breiten Gummi-Gleitkörper an einem Pendelgerät bei Feuchtigkeit erzielt wurde und größer als 35 ist, bei horizontalen Oberflächen oder Oberflächen mit Neigungen von weniger als 6 % als annehmbar angesehen werden kann.

4.6.2 Rutschwiderstand

Sofern gefordert, ist der Rutschwiderstand anzugeben.

Da derzeit kein anerkanntes Prüfverfahren auf europäischer Ebene vorliegt, muss der Rutschwiderstand entsprechend nationaler Bestimmungen, die am Verwendungsort des Produktes gelten, ermittelt und angegeben werden.

4.6.3 Dauerhaftigkeit des Gleit- und Rutschwiderstandes

Sofern gefordert, ist die Dauerhaftigkeit des Gleit- und Rutschwiderstandes anzugeben.

Da derzeit kein anerkanntes Prüfverfahren auf europäischer Ebene vorliegt, muss die Dauerhaftigkeit des Gleit- und Rutschwiderstandes entsprechend nationaler Bestimmungen, die am Verwendungsort des Produktes gelten, ermittelt und angegeben werden.

Kommentar

Nach DIN EN 1341 wird zwischen Gleitwiderstand und Rutschwiderstand unterschieden. Der Gleitwiderstand ist dann anzugeben, wenn für die vorgesehene Anwendung gesetzliche Anforderungen vorliegen oder auf Anfrage, wenn die Oberflächenrauigkeit der Pflastersteine bei Messung nach DIN EN 13373[10] weniger als 1,0 mm beträgt.

Die hier festgelegten Anforderungen der TL Pflaster-StB und der DIN EN 1341 an den Gleit- und Rutschwiderstand entsprechen größtenteils den Anforderungen an Pflastersteine aus Naturstein. Es sollte aber beachtet werden, dass verlegte Pflastersteine im Vergleich zu einzelnen Pflastersteinen oder Probekörpern einen anderen Wert für den Gleitwiderstand aufweisen können. Nach DIN EN 1341 wird davon ausgegangen, dass grob bearbeitete und gespaltene Platten einen ausreichenden Gleitwiderstand besitzen. Zum Rutschwiderstand von Fahrzeugen wird keine Aussage mangels eines geeigneten Prüfverfahrens getroffen. Gleiches gilt für die Dauerhaftigkeit von Gleit- und Rutschwiderstand.

Da diese Aussagen für öffentliche Verkehrsflächen nicht hilfreich sind, wurde zumindest für fein bearbeitete Platten ein SRV-Wert von mindestens 55 [–] in den TL Pflaster-StB festgelegt. Dies sollte für den nassen Zustand bestimmt werden (SRV „wet"). Zudem muss für fein und für grob bearbeitete Platten die Ausflusszeit bestimmt werden. Wenn diese weniger bis gleich 40 Sekunden beträgt, ist eine ausreichende Makrorauheit vorhanden, welche für diese Platten zu überprüfen ist. Hier konnte die Anforderung an den Ausflussmesser aufgenommen worden, da der Rutschwiderstand gemäß DIN EN 1341 national geregelt werden kann.

Siehe hierzu auch den Kommentar zu Abschnitt 4.6 der DIN EN 1342 unter Abschnitt 4.3.9.

5.3.10 Vergleichsmuster

Siehe DIN EN 1341, Abschnitt 4.7.2

Sofern ein Vergleichsmuster vorzulegen ist, ist das zur Verwendung kommende Material durch mindestens fünf Platten der ausgeschriebenen Nennmaße zu bemustern. Durch dieses Vergleichsmuster werden das Farbspiel der Lieferung, die Oberflächenbeschaffenheit und die Strukturcharakteristik des Materials festgelegt.

DIN EN 1341

Platten aus Naturstein für Außenbereiche – Anforderungen und Prüfverfahren, Ausgabe 2013

4.7 Erscheinungsbild

4.7.1 Allgemeines

Die Farbe, Äderung, Struktur usw. des Natursteins muss durch Sichtprüfung identifiziert werden, üblicherweise mit einer Bezugsprobe desselben Gesteins, die dafür geeignet ist, eine allgemeine Beschreibung des visuellen Erscheinungsbildes abzugeben.

Eine Bezugsprobe muss vom Lieferanten des Gesteins entsprechend 4.7.2 zur Verfügung gestellt werden.

10 DIN EN 13373:2020-3: Prüfverfahren für Naturstein – Bestimmung geometrischer Merkmale von Gesteinen, Fassung 2020, Beuth Verlag, Berlin 2020

DIN EN 1341

4.7.2 Bezugsprobe, Sichtprüfung, Annahmekriterien

Eine Bezugsprobe muss aus einer angemessenen Anzahl von Natursteinen bestehen, die ausreichend groß ist, um das allgemeine Aussehen des Bearbeitungsergebnisses beurteilen zu können. Die Maße der einzelnen Teile müssen mindestens 0,01 m^2 betragen (übliche Werte liegen zwischen 0,01 m^2 und 0,25 m^2 für die Sichtfläche, sie können jedoch auch größer sein), und müssen das äußere Erscheinungsbild in Bezug auf die Färbung, das Aderungsmuster, die physikalische Struktur und die Oberflächenbeschaffenheit widerspiegeln. Insbesondere muss die Bezugsprobe besondere Eigenschaften des Gesteins, wie z. B. typische Löcher, Glasadern, Flecken, kristalline Adern und Rostflecken aufweisen.

Die Bezugsprobe setzt nicht voraus, dass zwischen der Probe selbst und dem tatsächlich gelieferten Gestein völlige Gleichförmigkeit besteht; natürliche Schwankungen dürfen immer auftreten.

Wenn bei der Bearbeitung des Gesteins Ausbesserungsmasse, Füllstoffe oder ähnliche Produkte zur Behebung natürlicher Löcher, Fehlstellen oder Risse verwendet werden, muss die Bezugsprobe die Auswirkung dieser Stoffe auf die bearbeitete Oberfläche in ähnlicher Weise zeigen.

Alle Eigenschaften, die die Bezugsprobe aufweist, müssen als für das Gestein typisch und nicht als Mangel betrachtet werden und dürfen daher nicht als Grund für eine Zurückweisung gelten, es sei denn, sie treten in übermäßig hoher Konzentration auf und der typische Charakter des Gesteins geht dadurch verloren.

Auf der Bezugsprobe müssen der Name und die Anschrift des Herstellers oder Lieferanten des Gesteins sowie die Bezeichnung des Gesteins nach 4.1 und/oder die Angabe über die Bearbeitung nach 4.1.2, wie vorstehend angegeben, angebracht sein.

Alle Vergleiche der Produktionsprobe mit der Bezugsprobe müssen durchgeführt werden, indem die Bezugsprobe neben die Produktionsproben gelegt wird und alle aus einer Entfernung von etwa 2 m unter normalen Tageslichtbedingungen betrachtet werden, wobei sämtliche sichtbaren Unterschiede hinsichtlich der Merkmale der Gesteine aufgezeichnet werden.

Kommentar

In Abschnitt 4.1.2 der DIN EN 1341 wird zu Bearbeitungen des Gesteins ausgeführt:

DIN EN 1341

Platten aus Naturstein für Außenbereiche – Anforderungen und Prüfverfahren, Ausgabe 2013

4.1.2 Änderung der physikalischen Eigenschaften des Natursteins

Wurden die Natursteinplatten während der Herstellung einer Bearbeitung unterzogen, die die physikalischen Eigenschaften des Steins ändert (z.B. chemische Behandlung, Verwendung von Ausbesserungsmassen oder Füllstoffen oder sonstigen ähnlichen Produkten für natürliche Löcher, Fehlstellen oder Risse), dann muss die Anwendung einer derartigen Behandlung angegeben werden.

Außerdem müssen die zu prüfenden Prüfkörper repräsentativ für das Produkt und für jegliche Prozesse sein, denen der Stein unterzogen wird.

Kommentar

Vergleiche hierzu den Kommentar zu Abschnitt 4.7 der DIN EN 1342 unter Abschnitt 4.3.10; die Vorgaben zu Pflastersteinen und zu Platten aus Naturstein entsprechen sich.

Während DIN EN 1341 die Anzahl offen lässt („einer angemessenen Zahl von Natursteinen“), bestimmen die TL Pflaster-StB die Anzahl der vorzulegenden Platten auf fünf Stück.

Kommentar

Die Bereitstellung von Musterproben ist nach ATV DIN 18318, Abschnitt 4.1.5, mit bis zu sechs Musterplatten oder -steinen je Belagsart in einer Einzelgröße von bis zu 400 × 400 mm Bestandteil der Nebenleistungen des Auftragnehmers.

Wenn Ausbesserungsmassen oder Füllstoffe zur Beseitigung von in der Art des Gesteins liegenden Löchern oder Rissen verwendet wurden, müssen die verwendeten Produkte angegeben werden und für deren Dauerhaftigkeit eine Gewähr übernommen werden. Häufig werden gelbe Granite gewünscht, deren Eigenschaften jedoch begrenzt sind. Deshalb wird gelegentlich versucht, graue Granite mit Eisenoxid und anderen Stoffen gelblich zu färben.

Von allen Platten, an denen die naturgegebenen Eigenschaften zur z. B. Änderung der Ansicht bearbeitet worden sind, sollten Referenzobjekte betrachtet werden können.

5.3.11 Wasseraufnahme

Siehe DIN EN 1341, Abschnitt 4.8

Der obere Erwartungswert ist anzugeben.

DIN EN 1341

Platten aus Naturstein für Außenbereiche – Anforderungen und Prüfverfahren, Ausgabe 2013

4.8 Wasseraufnahme

Sofern gefordert, ist die Wasseraufnahme mit dem Prüfverfahren nach EN 13755 zu bestimmen und der obere Erwartungswert (E_H) anzugeben.

Kommentar

Die TL Pflaster-StB und die ZTV Pflaster-StB fordern die Angabe der Wasseraufnahme des zu liefernden Gesteins als oberen Erwartungswert. Dieser anzugebende Wert ist mit den Orientierungswerten der Tabelle 31 der TL Pflaster-StB zu vergleichen. Er ist nicht verbindlich, wenn nicht eine vertragliche Begrenzung des oberen Erwartungswertes im Bauvertrag ausgesprochen worden ist. Bei deutlichen Abweichungen muss die Eignung hinterfragt werden. Es sollten die Ursachen, die ggf. in der Petrografie begründet sind, weitergehend untersucht werden.

DIN EN 1341

Platten aus Naturstein für Außenbereiche – Anforderungen und Prüfverfahren, Ausgabe 2013

4.9 Rohdichte und offene Porosität

Die Rohdichte und die offene Porosität sind mit dem Prüfverfahren nach EN 1936 zu bestimmen, und die Mittelwerte sind anzugeben.

4.10 Petrographische Beschreibung

Eine petrographische Beschreibung nach EN 12407 muss zur Verfügung gestellt werden, die den petrographischen Namen der Gesteinsart enthält.

Kommentar

Die DIN EN 1341 fordert die Angabe der Prüfwerte der Rohdichte und der offenen Porosität („sind anzugeben"). Die petrografische Beschreibung vorzulegen, ist eine Forderung der Norm („muss"), deshalb wird dies in den TL Pflaster-StB nicht wiederholt. In der Regel wird die petrografische Beschreibung mit Prüfzeugnissen des Gesteins abgegeben.

DIN EN 1341 **Platten aus Naturstein für Außenbereiche – Anforderungen und Prüfverfahren,** Ausgabe 2013

4.11 Gefährliche Stoffe

Nationale Vorschriften zu gefährlichen Stoffen können bei der Einführung der von dieser Norm abgedeckten Bauprodukte auf dem Markt des betreffenden Mitgliedstaats die Vorlage eines Nachweises und einer Deklaration über die Freisetzung von und teilweise über den Gehalt an solchen Stoffen fordern.

Bis harmonisierte europäische Prüfverfahren zur Verfügung stehen, sollten der Nachweis und die Deklaration über die Freisetzung von bzw. den Gehalt an gefährlichen Stoffen unter Berücksichtigung der nationalen Vorschriften, die am Ort der Verwendung gelten, erfolgen.

Anmerkung: Eine Informationsdatenbank über europäische und nationale Bestimmungen zu gefährlichen Stoffen ist auf der Internetseite der Kommission EUROPA unter „Construction“ (Baugewerbe) [in englischer Sprache] verfügbar (Zugang über http://ec.europa.eu/enterprise/construction/cpd-ds).

Kommentar

Platten für Außenbereiche mit gefährlichen Stoffen zu kontaminieren widerspricht den Grundsätzen der BauPVO, Anhang I, Grundanforderungen, nach denen Bauwerke so entworfen und ausgeführt sein müssen, dass sie während ihres gesamten Lebenszyklus weder die Hygiene noch die Gesundheit und Sicherheit von Arbeitnehmern, Bewohnern oder Anwohnern gefährden und sich über ihre gesamte Lebensdauer hinweg weder bei Errichtung noch bei Nutzung oder Abriss, insbesondere durch z. B. das Freisetzen giftiger Gase, die Freisetzung gefährlicher Stoffe usw., übermäßig stark auf die Umweltqualität oder das Klima auswirken.

5.3.12 Gesteinsbezeichnung

Siehe DIN EN 1341, Abschnitt 4.1.1

Der Handelsname, die petrografische Gesteinsfamilie, der petrografische Name der Gesteinsart, die genaue geografische Herkunft (z. B. geografische Koordinaten) sowie der Grundfarbton (typische Farbe) sind anzugeben.

DIN EN 1341 **Platten aus Naturstein für Außenbereiche – Anforderungen und Prüfverfahren,** Ausgabe 2013

4.1.1 Bezeichnung

Die Bezeichnung muss immer nach EN 12440 erfolgen (d. h. Handelsname (herkömmliche Bezeichnung), petrographische Familie, typische Farbe und die möglichst genaue Angabe des Herkunftsorts, z. B. mithilfe von Geokoordinaten).

Kommentar

Platten aus Naturstein sind ausreichend genau zu bezeichnen. Es reicht nicht aus, allein den Handelsnamen anzugeben. Auch die alleinige Angabe des Gesteins oder der Gesteinsfamilie reicht nicht aus, um die Qualität und die spezifischen Eigenschaften der Pflastersteine einstufen zu können. Weiterhin muss sichergestellt sein, dass die in einer Güteüberwachung geprüften Platten repräsentativ für die angelieferten Platten sind. Dies ist nur bei gleichem Steinbruch und vergleichbaren Gesteinsbedingungen im Abbaubereich der

Kommentar

Fall. Bei sehr großräumigen Abbaugebieten, wie sie teilweise im Ausland vorliegen, ist es häufig erforderlich, die genaue geografische Lage anzugeben, um das Gestein eingrenzen zu können. Daher ist diese geografische Herkunft genau anzugeben.

Empfohlene Ergänzungen zu den TL Pflaster-StB

Die TL Pflaster-StB sagen nichts aus zu einer Untersuchung zu Verbindungen des Eisens bei grauen Graniten („Rosten") nach DIN 52008, Abschnitt 4.4.9.2.[11]

Außerdem ist in den TL Pflaster-StB eine Prüfung von Basalt auf sogenannte Sonnenbrenner nicht enthalten. Bei Gesteinskörnungen für Bettungs- oder Fugenmaterialien nach den TL Gestein-StB ist dagegen eine solche Prüfung Vertragsbestandteil.

Bei Platten aus Naturstein aus Basalt sollte dies auch gefordert werden. Die Prüfung sollte dann DIN 52008, Abschnitt 4.4.9.1 entsprechen. Es wird empfohlen, entsprechende vertragliche Vereinbarungen in den Lieferverträgen zu schließen.

Des Weiteren sei an dieser Stelle auf die Ausführungen zur Bewertung der Konformität unter Abschnitt 5 der DIN EN 1341 verwiesen.

11 DIN 52008:2006-03: Prüfverfahren für Naturstein – Beurteilung der Verwitterungsbeständigkeit, Fassung 2006, Beuth Verlag, Berlin 2006

6 Bordsteine, Einfassungssteine, Rinnensteine, Bordrinnensteine und Muldensteine

6.1 Bordsteine, Einfassungssteine, Rinnensteine, Bordrinnensteine und Muldensteine aus Beton

6.1.1 Allgemeines

Bord-, Einfassungs-, Rinnen-, Bordrinnen- und Muldensteine aus Beton müssen die Anforderungen der DIN EN 1340 einschließlich der Forderungen an die Beurteilung der Konformität, die Kennzeichnung und den Prüfbericht erfüllen. Zudem sind die Anforderungen der DIN 483 zu erfüllen. Soweit für Produkteigenschaften die DIN EN 1340 die Auswahl einer bestimmten Klasse zulässt, ist nachfolgend jeweils eine Klasse als Mindestanforderung festgelegt.

DIN EN 1340 **Bordsteine aus Beton – Anforderungen und Prüfverfahren,** Ausgabe 2003/2006[1]

1 Anwendungsbereich

Diese Europäische Norm legt Materialien, Eigenschaften, Anforderungen und Prüfverfahren für unbewehrte Bordsteine, Rinnen und Ergänzungssteine aus zementgebundenem Beton fest, die für verkehrsmäßig genutzte befestigte Flächen und auf Dächern verwendet werden.

Die Teile werden verwendet, um einen oder mehrere der folgenden Zwecke zu erfüllen:

Trennung, physische oder visuelle Begrenzung, Entwässerung oder Einfassung befestigter Bereiche oder sonstiger Flächen.

Bei regelmäßiger Verwendung von Spikereifen sind manchmal zusätzliche Anforderungen notwendig.

Diese Norm regelt die Produktkennzeichnung und Konformitätsbewertung des Produkts nach dieser Europäischen Norm.

Bis auf Maßabweichungen beinhaltet diese Norm keine Anforderungen an Querschnitte, Formen und Maße.

Diese Norm befasst sich nicht mit der Tastbarkeit und visuellen Wahrnehmbarkeit von Bordsteinen.

Kommentar

Die Anforderungen an Bordsteine aus Beton in Verkehrsflächen sind, wenn sie nicht schon durch vertragliche Vereinbarungen festgelegt worden sind, ebenfalls in DIN 18318, Abschnitt 2.1, mit den dort ergänzend geltend genannten „Technischen Lieferbedingungen für Bauprodukte zur Herstellung von Pflasterdecken, Plattenbelägen und Einfassungen", TL Pflaster-StB, festgelegt worden.

Wenn Verwender von Produkten aus Beton die Regelungen der TL Pflaster-StB nicht in ihre Verträge übernehmen wollen, gibt es in den DIN 18318 unter 0.3.2, „Hinweise für das Aufstellen der Leistungsbeschreibung" eine Öffnungsklausel, wenn „andere Anforderungen an Stoffe und Bauteile vereinbart werden sollen".

---

1 DIN EN 1340:2003-08: Bordsteine aus Beton – Anforderungen und Prüfverfahren, Fassung 2003, Berichtigung 1, 2006, Beuth Verlag, Berlin 2003

Kommentar

Die DIN EN 1340 ist eine relativ alte Norm. Sie ist zuerst im August 2003 herausgegeben worden und wurde im November 2006 berichtigt. Während die Normen für die Befestigungselemente aus Natursteinen und Ziegel im Jahr 2013 und 2015 neu bearbeitet herausgegeben worden sind, wurde eine Neubearbeitung der DIN EN 1340 zwar begonnen, jedoch bisher (Stand 2023) nicht beendet.

DIN EN 1340

Bordsteine aus Beton – Anforderungen und Prüfverfahren, Ausgabe 2003/2006

2 Normative Verweisungen

Diese Europäische Norm enthält durch datierte oder undatierte Verweisungen Festlegungen aus anderen Publikationen. Diese normativen Verweisungen sind an den jeweiligen Stellen im Text zitiert, und die Publikationen sind nachstehend aufgeführt. Bei datierten Verweisungen gehören spätere Änderungen oder Überarbeitungen dieser Publikationen nur zu dieser Europäischen Norm, falls sie durch Änderung oder Überarbeitung eingearbeitet sind. Bei undatierten Verweisungen gilt die letzte Ausgabe der in Bezug genommenen Publikation (einschließlich Änderungen).

Kommentar

Abschnitt 2 der DIN EN 1340 enthält Hinweise auf „normative Verweisungen", Normen, welche für die Anwendung der DIN EN 1340 hinsichtlich Bezeichnungen und Prüfverfahren erforderlich sind. Abschnitt 3 enthält die Begriffsbestimmungen, die auszugsweise nachstehend aufgeführt sind:

DIN EN 1340

Bordsteine aus Beton – Anforderungen und Prüfverfahren, Ausgabe 2003/2006

3 Begriffe

Für die Anwendung dieser Europäischen Norm gelten die folgenden Begriffe.

3.1 Bordstein aus Beton

vorgefertigtes Erzeugnis aus Beton, einzeln oder in Kombination mit anderen, zur Trennung von Flächen gleicher oder verschiedener Höhen, um eine physische oder visuelle Begrenzung oder Einfassung zu erreichen und Flächen, die einer unterschiedlichen verkehrsmäßigen Nutzung unterliegen, voneinander zu trennen

3.2 Ergänzungsstein

Erzeugnis, manchmal Teil eines Bordsteins, der Rinne usw., das als Übergangsstück bei Richtungsänderungen und für Form- oder Höhenänderungen verwendet wird, oder ein kleines Teil, um einen Strang zu vervollständigen

3.3 Gesamtlänge

Länge des Bordsteins ausschließlich Verbundanformungen oder Abstandshaltern

3.4 Höhe

Abstand zwischen der Bettungsfläche und der Trittfläche des Bordsteins

3.5 Unterseite

untere Fläche, die nach dem Versetzen Kontakt mit dem Boden hat

3.6 Sichtfläche

vom Hersteller konzipierte und nach Verlegung und Gebrauch sichtbare Fläche

3.7 Vorsatzschicht

Schicht aus Beton auf der Sichtfläche oder einem Teil der Sichtfläche, die aus anderen Materialien besteht und/oder andere Eigenschaften aufweist als der Kernbeton

DIN EN 1340

Anmerkung: Zu unterscheiden von Feinmörtel, bei dem es sich um einen feinen Zementmörtel oder Zementleim handelt, der auf die Oberfläche des Bordsteins aufgetragen wird.

3.8 seitliche Abschrägung (Anlauf)

Neigung einer Seitenfläche zur vertikalen Ebene über die Höhe eines Bordsteins, wie in Bild 1 dargestellt.

3.9 Fase

abgeschrägte Kante, wie in Bild 1 dargestellt.

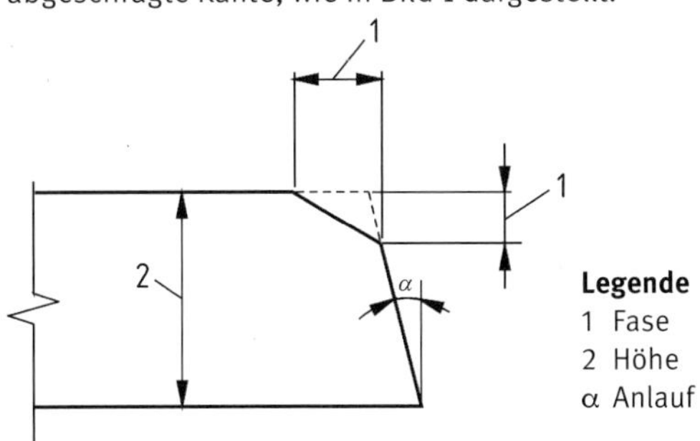

Bild 1 – Beispiel für Fase und seitliche Abschrägung (Anlauf)

...

3.11 Nennmaß

für die Herstellung eines Bordsteins vom Hersteller festgelegtes Maß, mit dem das Istmaß innerhalb festgelegter zulässiger Abweichungen übereinstimmen sollte

3.12 nachträgliche Bearbeitung

Bearbeitungsverfahren, das nach der eigentlichen Herstellung vor oder nach dem Abbinden an dem ganzen Bordstein oder einer seiner Flächen durchgeführt wird

3.13 Istmaß

das am Bordstein gemessene Maß

...

3.15 Rutschwiderstand

Fähigkeit, der Relativbewegung zwischen einem Fahrzeugreifen und der befahrenen Fläche des Bordsteins zu widerstehen

...

3.17 Bezugslinie

Bordstein- oder Rinnenlinie, an der das Bauteil verlegt werden soll

Kommentar

Folgende Begriffe werden ergänzend zur DIN EN 1340 national in DIN 483[2] definiert:

DIN 483

Bordsteine aus Beton – Formen, Maße, Kennzeichnung, Ausgabe 2005

3 Begriffe

Für die Anwendung dieser Norm gelten die in DIN EN 1340 angegebenen und die folgenden Begriffe.

2 DIN 483:2005-10: Bordsteine aus Beton – Formen, Maße, Kennzeichnung, Fassung 2005, Beuth Verlag, Berlin 2005

DIN 483

3.1 gerader Bordstein

geradlinig und mit durchgehend gleichem Querschnitt hergestelltes Bauteil unterschiedlicher Länge

3.2 Kurvenstein

Bordsteinelement für die Ausführung von Bordsteinfluchten in Radien (z. B. bei Straßenkurven), nach DIN EN 1340:2003 unterschieden in Kurvensteine konkav (als Innenbogen) und Kurvensteine konvex (als Außenbogen) mit gleichen Querschnittsformen und -maßen wie die entsprechenden geraden Bordsteine

3.3 Übergangsstein

Ergänzungsstein, dessen Querschnittsform allmählich von einem Profil in ein anderes übergeht

Anmerkung: Ein Übergangsstein kann auch als Kurvenstein ausgebildet sein.

4 Anforderungen

4.1 Anforderungen an die Materialien

Es gelten die Anforderungen nach DIN EN 1340:2003-08, Abschnitt 4.

4.2 Anforderungen an die Produkte

4.2.1 Allgemeines

Es gelten die Anforderungen nach DIN EN 1340:2003-08, 5.1.

4.2.2 Physikalische und mechanische Eigenschaften sowie äußere Beschaffenheit

Es gelten die Anforderungen nach DIN EN 1340:2003-08, 5.3 und 5.4.

4.2.3 Formen und Maße

4.2.3.1 Allgemeines

Es gelten die Anforderungen nach DIN EN 1340:2003-08, 5.2.

Formen und Maße der Bordsteine müssen zusätzlich 4.2.3.2 dieser Norm entsprechen. Die Stoßflächen von Bordsteinen können mit Abstandhaltern versehen und/oder mit Nut und Falz ausgebildet sein (siehe DIN EN 1340:2003-08, 5.2.2.1). Die Unterseite von Bordsteinen kann profiliert ausgebildet sein.

Kommentar

Bordsteine aus Beton nach DIN 483 werden bezüglich ihrer Querschnittsform unterschieden nach:

- Hochbordsteine (Form HB)
- Rundbordsteine (Form RB)
- Tiefbordsteine (Form TB)
- Flachbordsteine (Form FB)
- Einfassungssteine (Form EF)
- Bordrinnensteine (Form BR)
- Muldensteine (Form MU).

Rundbordsteine werden häufig auch als Einfahrtsteine, Tiefbordsteine als Einfassungssteine, Rasenborde oder Kantensteine bezeichnet.

Die folgenden Abbildungen aus DIN 483 zeigen beispielhaft Querschnitte üblicher Bordsteine aus Beton (Hoch-, Rund- und Flachbord), eines Bordrinnensteins und eines Muldensteins.

DIN 483 **Bordsteine aus Beton – Formen, Maße, Kennzeichnung,** Ausgabe 2005

alle Maße in Millimeter

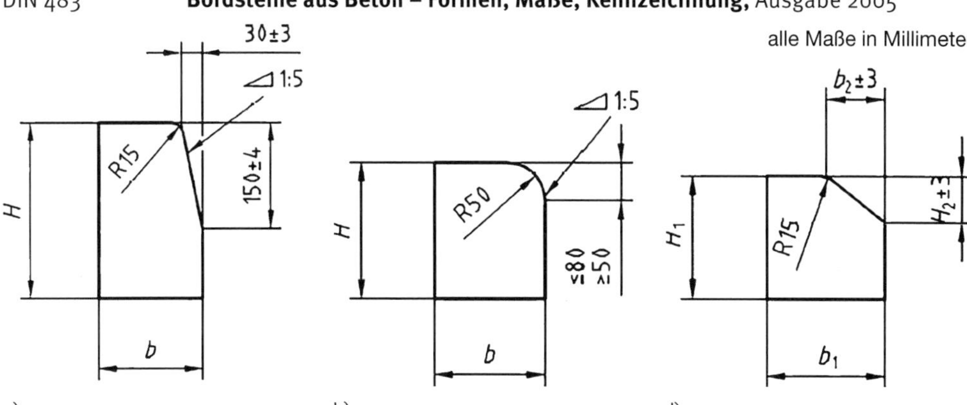

Bild 1 – Bordsteine, Querschnitte und Einleitungspunkte für die Prüflast (a, b und d)

Kommentar Abbildung a) stellt ein Hochbord (HB), Abbildung b) ein Rundbord (RB), Abbildung d) ein Flachbord (FB) dar.

DIN 483 **Bordsteine aus Beton – Formen, Maße, Kennzeichnung,** Ausgabe 2005

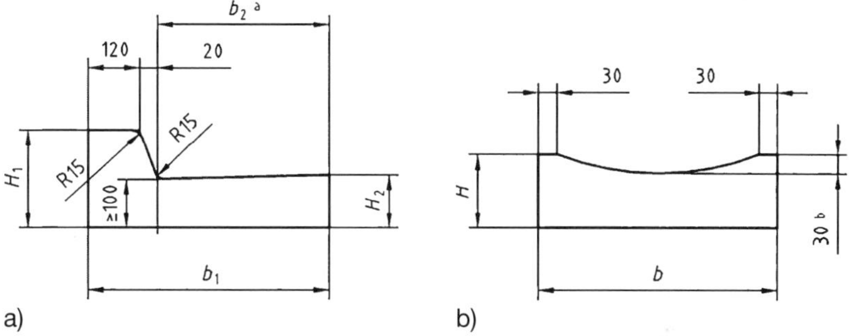

Bild 2 – Bordrinnen- und Muldensteine, Vorzugsformen und -maße (a und b)

Kommentar Abbildung a) zeigt den Querschnitt eines Bordrinnensteins (BR), Abbildung b) den eines Muldensteins (MU). Die folgenden Tabellen enthalten die Vorzugsmaße und die Vorzugsnennmaße.

DIN 483 **Bordsteine aus Beton – Formen, Maße, Kennzeichnung,** Ausgabe 2005

Tabelle 1 – Vorzugsmaße

Form	Breite *b* mm	Höhe *H* mm	Länge *l* mm
HB	150 180	250 300	1000[a]
RB	150 180	220	1000[a]
TB	80 100	200 250 300 400	1000[a]

DIN 483

Tabelle 1 (Fortsetzung)

Form	Breite *b* mm		Höhe *H* mm		Länge *l* mm
	b_1	b_2	H_1	H_2	
FB	100 200 200 300	50 100 100 200	200 200 250 250	50 70 100 150	1000[a]
EF	50 60		200 250 300		1000[a]
	b_1	b_2	H_1	H_2	
BR	400 450 500	260 310 360	200[b]	110 112 114	500[c]
MU	300 400 500		120 bzw. 150		500

a Als Pass-Stücke und zur Verwendung in Kurven auch 250 mm, 333 mm und 500 mm.
b Bei Einfahrtsteinen ≥ 150 mm (siehe Bild 2).
c Weitere Nennmaße für Vorzugslängen: 300 mm, 333 mm und 1000 mm.

Tabelle 2 – Vorzugsnennmaße für die Länge von geraden Bordsteinen und zugehörige Grenzabmaße ermittelt nach DIN EN 1340:2003-08

Länge mm	Grenzabmaße[a] mm	Produktbeispiele
250	±4	Bordstein-Pass-Stück (1/4 m-Stück)
300	±4	Bordrinnen- und Muldensteine
333	±4	Bordstein-Pass-Stück (1/3 m-Stück), Bordrinnen- und Muldensteine
400	±4	Bordrinnen- und Muldensteine
500	±5	Bordstein-Pass-Stück (1/2 m-Stück)
1000	±10	normaler Bordstein (1 m-Stück)

a Werte sind auf volle Millimeter gerundet

Tabelle 3 – Vorzugsnennmaße für die Breite von Bordsteinen und zugehörige Grenzabmaße ermittelt nach DIN EN 1340:2003-08

Breite[a] mm	Grenzabmaße[b] mm	Produktbeispiele
50	±3	Einfassungssteine
60	±3	Einfassungssteine
80	±4	Tiefbordsteine
100	±5	Tiefbordsteine
150	±8	Hochbord- und Rundbordsteine
180	±9	Hochbord- und Rundbordsteine
200	±10	Flachbordsteine
300	±10	Flachbord-, Bordrinnen- und Muldensteine

DIN 483

Tabelle 3 (Fortsetzung)

Breite[a] mm	Grenzabmaße[b] mm	Produktbeispiele
400	±10	Bordrinnen- und Muldensteine
450	±10	Bordrinnen- und Muldensteine
500	±10	Bordrinnen- und Muldensteine

a Maße *b* bzw. b_1 in den Bildern 1 und 2.
b Werte sind auf volle Millimeter gerundet.

Tabelle 4 – Vorzugsnennmaße für die Höhe von Bordsteinen und zugehörige Grenzabmaße ermittelt nach DIN EN 1340:2003-08

Höhe[a] mm	Grenzabmaße[b] mm	Produktbeispiele
110	±6	Bordrinnensteine
112	±6	Bordrinnensteine
114	±6	Bordrinnensteine
120	±6	Muldensteine
150	±8	Bordrinnen- und Muldensteine
200	±10	Tiefbordsteine, Flachbordsteine, Bordrinnensteine, Einfassungssteine
220	±10	Rundbordsteine
250	±10	Hochbordsteine, Tiefbordsteine, Flachbordsteine, Einfassungssteine
300	±10	Hochbordsteine, Tiefbordsteine
400	±10	Tiefbordsteine

a Maße *H* bzw H_1 und H_2 in den Bildern 1 und 2.
b Werte sind auf volle Millimeter gerundet

DIN EN 1340

Bordsteine aus Beton – Anforderungen und Prüfverfahren, Ausgabe 2003/2006

4 Anforderungen an die Materialien

4.1 Allgemeines

Es dürfen nur Materialien verwendet werden, deren Eignung für die Herstellung von Betonpflastersteinen aufgrund ihrer Eigenschaften und Ihres Leistungsvermögens nachgewiesen sind.

...

In Anhang A ist ein Kontrollplan für die Prüfung der Materialien angegeben.

...

5 Anforderungen an die Produkte

5.1 Allgemeines

Die Leistungsanforderungen an Bordsteine sind in Klassen festgelegt, die mit entsprechenden Markierungen bezeichnet sind.

Bordsteine können ganz aus einem Beton oder mit unterschiedlichen Betonen für die Vorsatzschicht und für den Kernbeton hergestellt werden.

DIN EN 1340

Wenn Bordsteine mit einer Vorsatzschicht gefertigt werden, muss diese Vorsatzschicht, gemessen nach Anhang C, eine Mindestdicke von 4 mm über den vom Hersteller geforderten Bereich aufweisen.

Einzelne Zuschlagkörner, die in die Vorsatzschicht hineinragen, sind zu vernachlässigen. Die Vorsatzschicht muss integrierter Bestandteil des Bordsteins sein.

Eine abgeschrägte Kante mit mehr als 2 mm Schräge muss als Fase beschrieben werden. Ihre Maße müssen vom Hersteller angegeben werden.

Bordsteine können mit funktionalen und/oder dekorativen Profilierungen hergestellt werden, die in den Nennmaßen eines Bordsteins nicht enthalten sein dürfen.

Die Oberfläche von Bordsteinen kann strukturiert, bearbeitet oder chemisch behandelt sein; diese Oberflächenbeschaffenheiten oder -behandlungen müssen vom Hersteller beschrieben und angegeben werden.

Kommentar

Die allgemeinen Ausführungen beschreiben die Herstellung der Bordsteine hinsichtlich des Betons, der eventuellen Vorsatzschicht und der möglichen Kantenbearbeitungen scharfkantiger Bordsteine. Als scharfkantig gelten auch abgeschrägte oder abgerundete Kanten, wenn deren horizontales oder vertikales Maß 2 mm nicht überschreitet.

Die allgemeinen Ausführungen beschreiben auch das Erfordernis zusätzlicher Angaben zur Oberflächenbeschaffenheit.

DIN EN 1340

Bordsteine aus Beton – Anforderungen und Prüfverfahren, Ausgabe 2003/2006

5.2 Form und Maße

5.2.1 Allgemeines

Alle in diesem Abschnitt angegebenen Maße beziehen sich auf Nennmaße.

Die Konformitätskriterien für jede einzelne Anforderung sind in 6.3.8.1 angegeben. Die Maße und Abweichungen sind nach Anhang C zu messen.

Nationale Normen dürfen Querschnitte und Längen festlegen.

Anmerkung: Im Raumbedarf für einen Bordstein sollte ein Zuschlag für Fugen und Abweichungen berücksichtigt werden.

5.2.2 Nennmaße

Die Nennmaße sind vom Hersteller anzugeben.

Anmerkung: Die empfohlene Länge eines geraden Bordsteins einschließlich der Fuge beträgt 1 000 mm.

5.2.3 Geometrie des Bordsteins

5.2.3.1 Gestaltung der Enden

Es ist zulässig, die Enden von Bordsteinen eben oder mit Profilierungen, die den Verbund oder die Verlegung erleichtern, auszuführen. Diese Profilierungen müssen vom Hersteller angegeben werden.

Die Bilder 2, 3 und 4 geben Beispiele.

Kommentar

Die in den DIN EN 1340 enthaltenen Bilder 2, 3, 4, sind Beispiele von Bordsteinenden, die in Deutschland nicht üblich sind, deshalb werden sie hier nicht abgedruckt.

Die ergänzende nationale Norm DIN 483 enthält Vorzugsmaße und Bezeichnungen von Bordsteinen, Bordrinnensteinen und Muldensteinen aus Beton. Voraussetzung ist, dass die Anforderungen der DIN EN 1340 eingehalten werden. Von den in der DIN 483 genannten Querschnitten, Formen und Maßen

Kommentar

darf entsprechend der jeweiligen Randbedingungen und Forderungen an Bauvorhaben abgewichen werden. Es werden also nur die üblichen Formen, Querschnitte und Maße geregelt. An diesen orientieren sich sodann die Produzenten. Enthalten sind in der Norm die verschiedenen möglichen Formen und deren Bezeichnungen.

DIN EN 1340

Bordsteine aus Beton – Anforderungen und Prüfverfahren, Ausgabe 2003/2006

5.2.3.2 Kurvensteine

Kurvensteine müssen mit konvex oder konkav bezeichnet werden. Die Beschreibung muss sich auf die Bezugslinie beziehen. Der Radius eines Kurvensteins und seine Gesamtlänge müssen zur bzw. entlang der Bezugslinie gemessen werden (siehe Bild 5).

Die Vorzugsradien eines Kurvensteins sind 0,5 m, 1 m, 2 m, 3 m, 4 m, 5 m, 6 m, 8 m, 10 m und 15 m. Die empfohlene Länge ist 780 mm. Nationale Normen können andere Radien und eine andere Länge festlegen.

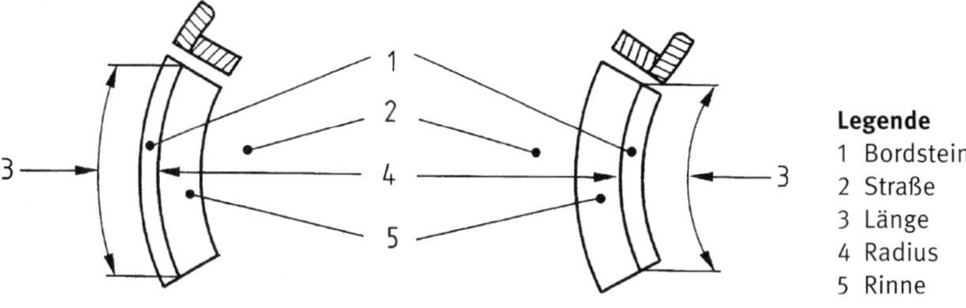

a) Bordstein und Rinne als Innenbogen   b) Bordstein und Rinne als Außenbogen

Bild 5 – Beispiele für Kurvensteine a) konkav und b) konvex

5.2.3.3 Zulässige Abweichungen

Die Werte für die zulässigen Abweichungen von den vom Hersteller angegebenen Nennmaßen sind:

Länge: ±1 %, gerundet auf 1 Millimeter, mindestens 4 mm und höchstens 10 mm.

Weitere Maße, außer dem Radius:

für Sichtflächen: ±3 %, gerundet auf 1 Millimeter, mindestens 3 mm und höchstens 5 mm;

für andere Teile: ±5 %, gerundet auf 1 Millimeter, mindestens 3 mm und höchstens 10 mm.

Die Differenz zwischen zwei Messungen eines Einzelmaßes an einem Bordstein muss ≤ 5 mm betragen.

Für Sichtflächen, die als eben, und Kanten, die als gerade beschrieben werden, gelten die in Tabelle 1 angegebenen zulässigen Abweichungen für Ebenheit und Geradheit.

Tabelle 1 – Zulässige Abweichungen für Ebenheit und Geradheit

Messlänge mm	Zulässige Abweichung mm
300	±1,5
400	±2,0
500	±2,5
800	±4,0

Kommentar

Die Bestimmung der Gesamtaußenmaße, der Geradheit und Wölbung und der Dicke der Vorsatzschicht muss nach DIN EN 1340, Anhang C erfolgen. Es sind entsprechend den Anforderungen Messgeräte mit einer Genauigkeit von 0,5 mm bzw. 0,1 mm (siehe DIN EN 1340, Anhang C.5, Geradheit und Wölbung) zu verwenden.

Die Übereinstimmung des Aussehens, der Formen und Maße, der Biegezugfestigkeit, der Dicke der Vorsatzschicht und des Witterungswiderstandes muss im Rahmen der Werkseigenen Produktionskontrolle in den im Anhang A der Norm festgelegten Zeitabständen erfolgen.

6.1.2 Witterungswiderstand

Siehe DIN EN 1340, Abschnitt 5.3.2, Tabelle 2.2

Der Witterungswiderstand muss die Anforderungen der Tabelle 32 erfüllen.

Tabelle 32: Bordsteine, Einfassungssteine, Rinnensteine, Bordrinnensteine und Muldensteine aus Beton – Frost-Tausalz-Widerstand

Klasse	Kennzeichnung	Masseverlust nach der Frost-Tausalz-Prüfung kg/m²
3	D	≤ 1,0 als Mittelwert mit keinem Einzelwert > 1,5

DIN EN 1340

Bordsteine aus Beton – Anforderungen und Prüfverfahren, Ausgabe 2003/2006

5.3 Physikalische und mechanische Eigenschaften

5.3.1 Allgemeines

Die Bordsteine müssen zu dem Zeitpunkt, zu dem sie vom Hersteller als gebrauchstauglich erklärt werden, die folgenden Anforderungen erfüllen.

Wenn Ergänzungssteine oder Bordsteine wegen ihrer Geometrie nicht nach dieser Norm geprüft werden können, entsprechen sie dieser Norm, wenn sie mindestens die gleiche Betonqualität besitzen wie Bordsteine, die dieser Norm entsprechen.

5.3.2 Witterungswiderstand

5.3.2.1 Prüfverfahren

Der Witterungswiderstand wird durch Prüfungen des Frost-Tausalz-Widerstandes nach Anhang D oder für die Wasseraufnahme nach Anhang E und anhand der Übereinstimmungskriterien nach 6.3.8.2 bestimmt.

5.3.2.2 Leistungsfähigkeit und Klassen

Die Bordsteine müssen die Anforderungen der Tabellen 2.1 oder 2.2 erfüllen.

Empfehlungen zu Klasse(n) des Witterungswiderstandes dürfen national gegeben werden, um die Dauerhaftigkeit des Produktes für dieses Land, für die das Produkt auf den Markt gebracht wird, sicherzustellen.

DIN EN 1340

Tabelle 2.1 – Wasseraufnahme

Klasse	Kennzeichnung	Wasseraufnahme Masse-%
1	A	Keine Anforderung
2	B	≤ 6

Wo besondere Bedingungen herrschen, z. B. wenn Flächen bei Frost häufig mit Tausalzen in Kontakt kommen, müssen die Anforderungen nach Tabelle 2.2 erfüllt werden.

Tabelle 2.2 – Frost-Tausalz-Widerstand

Klasse	Kennzeichnung	Masseverlust nach der Frost-Tausalz-Prüfung kg/m²
3	D	≤ 1,0 als Mittelwert mit keinem Einzelwert > 1,5

Kommentar

Der Witterungswiderstand von Bordsteinen aus Beton kann durch den Nachweis der Wasseraufnahme nach Tabelle 2.1 mit dem Verfahren nach Anhang E der DIN EN 1340 oder dem Nachweis des Widerstandes gegen Frost-Tausalz-Beanspruchung erbracht werden. Die TL Pflaster-StB fordern den Nachweis des Widerstandes gegen Frost-Tausalz-Beanspruchung. Die Prüfung des Frost-Tausalz-Widerstandes erfolgt nach der Beschreibung in Anhang D der DIN EN 1340 in gleicher Weise wie im Kommentar zu Abschnitt 5.1.4 „Witterungswiderstand" der TL Pflaster-StB und der dort maßgeblichen DIN EN 1339 „Platten aus Beton" beschrieben.

6.1.3 Biegezugfestigkeit

Siehe DIN EN 1340, Abschnitt 5.3.3, Tabelle 3

Die charakteristische Biegezugfestigkeit (5 %-Quantil) und die Mindestbiegezugfestigkeit müssen die Anforderungen der Tabelle 33 erfüllen.

Tabelle 33: Bordsteine, Einfassungssteine, Rinnensteine, Bordrinnensteine und Muldensteine aus Beton – Biegezugfestigkeit

Klasse	Kennzeichnung	Charakteristische Biegezugfestigkeit MPa	Mindestbiegezugfestigkeit MPa
2	T	≥ 5,0	≥ 4,0

DIN EN 1340

Bordsteine aus Beton – Anforderungen und Prüfverfahren, Ausgabe 2003/2006

5.3.3 Biegezugfestigkeit

5.3.3.1 Prüfverfahren

Die charakteristische Biegezugfestigkeit ist durch Prüfung nach Anhang F zu ermitteln, und die Übereinstimmungskriterien sind in 6.3.8.3 angegeben.

5.3.3.2 Leistungsfähigkeit und Klassen

Die charakteristische Biegezugfestigkeit darf nicht geringer sein als der entsprechende Wert in Tabelle 3.

DIN EN 1340

Kein Einzelergebnis darf geringer sein als die entsprechende Mindestbiegefestigkeit in Tabelle 3. Wenn Bordsteine wegen ihrer Geometrie nicht nach dieser Norm geprüft werden können, entsprechen sie derselben Klasse wie die geprüften Bordsteine, wenn sie mindestens die gleiche Betonqualität besitzen.

Tabelle 3 – Biegezugfestigkeitsklassen

Klasse	Kenn-zeichnung	Charakteristische Biegezugfestigkeit MPa	Mindest-biegezugfestigkeit MPa
1	S	3,5	2,8
2	T	5,0	4,0
3	U	6,0	4,8

Für die Anwendung können Richtlinien auf nationaler Ebene herausgegeben werden.

Kommentar

Die charakteristische Biegezugfestigkeit T ist durch Prüfung nach Anhang F der DIN EN 1340 und anhand vorgegebener Übereinstimmungskriterien zu bestimmen. Eine Prinzipskizze ist dem Bild F.1 des Anhanges F zu entnehmen. Die Übereinstimmung der Produktion mit den Anforderungen der Norm muss hinsichtlich Prüfung (Gegenstand), Verfahren und Häufigkeit entsprechend Anhang A.4 Produktprüfung der DIN EN 1340 durchgeführt und beurteilt werden. Wenn kein Einzelwert unter den Ergebnissen der Biegezugfestigkeit T je nach der Festigkeitsklasse unter 2,8 MPa, 4,0 MPa bzw. 4,8 MPa liegt, erfüllt die betreffende Produktion die Anforderungen der Norm.

Die TL Pflaster-StB fordern mit der Klasse 2 eine mittlere Qualität, da sich gezeigt hat, dass höhere Anforderungen in der Regel nicht erforderlich sind. Sollten die Randbedingungen der Nutzung sehr ungünstig sein, bleibt es natürlich einem Auftraggeber überlassen, auch die Klasse 3 in einem Bauvertrag zu vereinbaren. Weitergehende Überprüfungen der Dauerhaftigkeit der Biegefestigkeit werden nicht gefordert.

In der folgenden Tabelle 5 der DIN 483 sind die Mindestbruchlasten von Bordsteinen aus Beton zusammengestellt, die erforderlich sind, um eine Biegezugfestigkeit von 5 N/mm² zu erreichen.

DIN 483

Bordsteine aus Beton – Formen, Maße, Kennzeichnung, Ausgabe 2005

Tabelle 5 – Mindestbruchlasten der Bordsteine für den Nachweis einer Biegezugfestigkeit von 5 N/mm²

Form, Größe des Bordsteins		Für Prüfung auf Biegezugfestigkeit relevantes Widerstandsmoment[a] *W* mm³	Abstand der Schwerachse von Außenkante Bordstein nach Bild 1 *a* mm	Stützweite (siehe DIN EN 1340:2003-08, Anhang F) *L* mm	Mindestbruchlast P_{min} N
HB	15 × 25	847 610	130	800	21 200
HB	15 × 30	1 036 960	155	800	25 900
HB	18 × 25	1 237 530	129	800	30 950
HB	18 × 30	1 509 460	154	800	37 700
RB[b]	15 × 22	805 790	112	800	20 140
RB[b]	18 × 22	1 163 570	111	800	29 090

DIN 483 **Tabelle 5** (Fortsetzung)

Form, Größe des Bordsteins		Für Prüfung auf Biegezugfestigkeit relevantes Widerstandsmoment[a] W mm^3	Abstand der Schwerachse von Außenkante Bordstein nach Bild 1 a mm	Stützweite (siehe DIN EN 1340:2003-08, Anhang F) L mm	Mindestbruchlast P_{min} N
TB[c]	8 × 20	212 550	100	800	5 310
TB[c]	8 × 25	265 890	125	800	6 640
TB[c]	8 × 30	319 220	150	800	7 980
TB[c]	8 × 40	425 890	200	800	10 640
TB[c]	10 × 25	415 660	125	800	10 390
TB[c]	10 × 30	498 990	150	800	12 470
FB	10 × 20	314 200	94	800	7 850
FB	20 × 20	1 185 510	94	800	29 640
FB	20 × 25	1 503 330	115	800	37 580
FB	30 × 25	2 507 350	171	800	62 680
EF[d]	5 × 20	82 740	100	800	2 070
EF[d]	5 × 25	103 570	125	800	2 590
EF[d]	5 × 30	124 410	150	800	3 110
EF[d]	6 × 20	119 240	100	800	2 980
EF[d]	6 × 25	149 250	125	800	3 730
EF[d]	6 × 30	179 250	150	800	4 480

a Es liegen die Nennmaße nach Bild 1 und Tabelle 1 zugrunde.
b Für Abstand t = 70 mm (s. 4.2.3.2).
c einseitig gerundet, r = 15 mm
d einseitig gefast 10/10 mm

DIN EN 1340 **Bordsteine aus Beton – Anforderungen und Prüfverfahren,** Ausgabe 2003/2006

5.3.3.3 Dauerhaftigkeit der Festigkeit

Unter normalen Einsatzbedingungen behalten Bordsteine aus Beton während ihrer Lebensdauer eine ausreichende Festigkeit, vorausgesetzt, dass sie 5.3.3.2 entsprechen und den üblichen Erhaltungsmaßnahmen unterliegen.

Kommentar

Bei normaler Beanspruchung und Gebrauch für den in der Norm genannten Zweck als verkehrsmäßig genutzte befestigte Fläche geht die Norm davon aus, dass Bordsteine aus Beton dauerhaft eine ausreichende Festigkeit behalten, wenn sie den üblichen Erhaltungsmaßnahmen unterliegen.

6.1.4 Abriebwiderstand

Siehe DIN EN 1340, Abschnitt 5.3.4, Tabelle 4

Der Abriebwiderstand muss die Anforderungen der Tabelle 34 erfüllen.

Tabelle 34: Bordsteine, Einfassungssteine, Rinnensteine, Bordrinnensteine und Muldensteine aus Beton – Abriebwiderstand

Klasse	Kenn-zeichnung	Anforderung	
		Bestimmt nach dem „Abriebverfahren mit breiter Schleifscheibe"	Alternativ bestimmt nach dem „Prüfverfahren nach Böhme"
4	I	≤ 20 mm	≤ 18 000 mm^3/5 000 mm^2

DIN EN 1340

Bordsteine aus Beton – Anforderungen und Prüfverfahren, Ausgabe 2003/2006

5.3.4 Abriebwiderstand

5.3.4.1 Prüfverfahren

Der Abriebwiderstand wird mit dem Abriebverfahren mit breiter Schleifscheibe nach Anhang G bestimmt oder als Alternative darf das Prüfverfahren nach Böhme (siehe Anhang H) angewendet werden. Die Referenzprüfung ist das Abriebverfahren mit breiter Schleifscheibe.

5.3.4.2 Leistungsfähigkeit und Klassen

In Tabelle 4 sind Anforderungen an den Abriebwiderstand angegeben.

Kein Einzelergebnis darf größer sein als der geforderte Wert.

Tabelle 4 – Abriebwiderstandsklassen

Klasse	Kenn-zeichnung	Anforderung	
		Bestimmt nach dem Prüfverfahren in Anhang G	Alternativ gemessen nach dem Prüfverfahren in Anhang H
1	F	Keine Anforderung	Keine Anforderung
3	H	≤ 23 mm	≤ 20 000 mm^3/5 000 mm^2
4	I	≤ 20 mm	≤ 18 000 mm^3/5 000 mm^2

Kommentar

Bei der Prüfung mit breiter Schleifscheibe wird die Oberseite einer Platte mit einem Schleifmittel unter genormten Bedingungen durch 75 Umdrehungen der Schleifscheibe abgeschliffen. Bei der Messung des Verschleißes mit dem Prüfverfahren nach Böhme werden auf eine mit Norm-Schleifmittel bestreute Schleifbahn der Schleifscheibe nach Böhme quadratische Prüfkörper mit einer Kantenlänge von 71,0 ±1,5 mm aufgesetzt und unter der drehenden Schleifscheibe einer Verschleißbelastung ausgesetzt. Der Schleifverschleiß wird als Volumenverlust des Probekörpers bestimmt.

Die weitere Beschreibung der Verfahren kann dem Kommentar zu Abschnitt 5.1.6 „Abriebwiderstand" (bei Platten aus Beton) der TL Pflaster-StB und der dafür maßgeblichen DIN EN 1339 „Platten aus Beton" sowie Anhang H der Norm DIN EN 1340 entnommen werden.

DIN EN 1340

Bordsteine aus Beton – Anforderungen und Prüfverfahren, Ausgabe 2003/2006

5.3.5 Gleit-/Rutschwiderstand

5.3.5.1 Feststellung

Bordsteine aus Beton besitzen einen ausreichenden Gleit-/Rutschwiderstand, vorausgesetzt, sie sind zur Erzielung einer glatten Oberfläche nicht geschliffen und/oder poliert worden.

5.3.5.2 Prüfverfahren

Sollte im Ausnahmefall ein Wert für den Gleit-/Rutschwiderstand erforderlich sein, muss das im Anhang I beschriebene Prüfverfahren angewendet werden, und der Mindestwert des Gleit-/Rutschwiderstandes muss deklariert werden.

Sollte die Oberfläche eines Bordsteins Riefen, Rillen oder andere Oberflächenmerkmale aufweisen, die ein Prüfen mit dem Pendelgerät unmöglich machen, oder sollte die Bordsteinfläche als Prüffläche zu klein sein, muss der Hersteller einen größeren Bordstein mit den gleichen Oberflächenmerkmalen prüfen.

Anmerkung: Der Wert des Gleit-/Rutschwiderstandes bezieht sich auf Bordsteine, wie sie hergestellt sind, und stellt einen ausreichenden Gleit-/Rutschwiderstand nach der Verlegung sicher.

5.3.5.3 Dauerhaftigkeit des Gleit-/Rutschwiderstandes

Unter normalen Einsatzbedingungen besitzen Bordsteine aus Beton einen ausreichenden Gleit-/Rutschwiderstand während der Lebensdauer des Produkts, vorausgesetzt, dass sie den üblichen Erhaltungsmaßnahmen unterliegen und dass nicht ein Großteil von Gesteinskörnungen, die sich unter Beanspruchung übermäßig polieren, an der Oberseite frei liegen.

Kommentar

Verkehrsflächen müssen eine ausreichende Verkehrssicherheit für alle Verkehrsteilnehmer unter normalen Nutzungsbedingungen sicherstellen können.

Die hier beschriebenen Befestigungselemente müssen ebenso wie Pflastersteine und Platten aus Beton einen ausreichenden Gleit- und Rutschwiderstand aufweisen. Es gelten die Regelungen, die bereits in den vorhergehenden Kapiteln für diese Produkte beschrieben wurden (siehe Kommentierung der Abschnitte 4.1 und 5.1 der TL Pflaster-StB). So legt DIN EN 1340 gleichermaßen fest, dass auch Bordsteine aus Beton einen ausreichenden Gleit-/Rutschwiderstand aufweisen, solange sie keine geschliffene oder polierte Oberfläche haben. Gegebenenfalls kann der USRV-Wert bestimmt werden. Anforderungen bzw. Klassen sind nicht enthalten. Damit liegt derzeit kein Prüfverfahren und kein Bewertungshintergrund vor, so dass auch keine Anforderungen im Rahmen der ZTV Pflaster-StB aufgestellt werden konnten.

Bezüglich der Begrifflichkeit beschreibt in der Regel der Gleitwiderstand die Interaktion zwischen Fußgängerschuh und Befestigung, während mit dem Rutschwiderstand die Reaktion zwischen Fahrzeugreifen und Befestigung erfasst wird.

Bezüglich eines ausreichenden Gleit- und Rutschwiderstandes der **einzelnen Bordsteine** regeln die DIN EN 1340 in 5.3.5.1 pauschal, dass Bordsteine aus Beton einen ausreichenden Gleit-/Rutschwiderstand haben, vorausgesetzt, dass ihre Oberfläche nicht geschliffen oder poliert wurde, um eine glatte Oberfläche zu erzielen. Und weiter: „Sollte im Ausnahmefall ein Wert für den Gleit-/Rutschwiderstand erforderlich sein, muss das in Anhang I beschrie-

Kommentar

bene Prüfverfahren angewendet werden, und der Mindestwert des Gleit-/Rutschwiderstandes muss deklariert werden." Das im Anhang der Norm erläuterte Prüfverfahren entspricht dem SRT-Pendelverfahren.

Weiteres siehe in der Kommentierung der Abschnitte 4.1 und 5.1 der TL Pflaster-StB und im Anhang I der DIN EN 1340.

Das „Merkblatt über den Rutschwiderstand von Pflasterdecken und Plattenbelägen für Fußgängerflächen" der FGSV[3] empfiehlt für neu hergestellte Fußgängerflächen einen Wert von mehr als 55 SRT-Einheiten.

Da auch Bordsteine betreten werden, müssen diese auch verkehrssicher sein und deshalb, wie Pflasterdecken und Plattenbeläge, einen ausreichenden Rutschwiderstand haben.

DIN EN 1340

Bordsteine aus Beton – Anforderungen und Prüfverfahren, Ausgabe 2003/2006

5.3.6 Leistungsfähigkeit bei Brandbeanspruchung

5.3.6.1 Brandverhalten

Bordsteine aus Beton besitzen ohne Prüfung das Brandverhalten nach Klasse A1[1].

5.3.6.2 Verhalten bei Brandeinwirkungen von außen

Bei Bordsteinen aus Beton, die bei Dachbelägen eingesetzt werden, wird ohne Prüfung[2] davon ausgegangen, dass sie die Anforderungen für die Brandbeanspruchung von außen erfüllen.

5.3.7 Wärmeleitfähigkeit

Wenn Bordsteine aus Beton dafür vorgesehen sind, zum wärmetechnischen Verhalten eines Bauteils beizutragen, muss der Hersteller die Wärmeleitfähigkeit anhand von Entwurfsdaten aus EN 13369 angeben.

1 Es wird auf die Kommissionsentscheidung 96/603/EU (wie geändert) verwiesen.
2 Siehe Kommissionsentscheidung 2000/553/EU.

Kommentar

Bezüglich des Brandverhaltens von Bordsteinen aus Beton nach Klasse A wird mit der Fußnote 1 auf die Kommissionsentscheidung 96/603/EU der EU verwiesen. Fußnote 2 verweist auf die Kommissionsentscheidung 2000/553/EU.

Dass Bordsteine aus Beton zum wärmetechnischen Verhalten eines Bauteils beitragen, ist in der Regel bei öffentlichen Verkehrsflächen nicht der Fall.

DIN EN 1340

Bordsteine aus Beton – Anforderungen und Prüfverfahren, Ausgabe 2003/2006

5.4 Äußere Beschaffenheit

5.4.1 Aussehen

Die Oberseite des Bordsteins darf keine Schäden, wie z. B. Risse oder Abplatzungen, zeigen, wenn sie nach Anhang J geprüft wird.

Bei zweischichtigen Bordsteinen, die nach Anhang K geprüft werden, darf kein Ablösen (d. h. Trennen) zwischen den Schichten eintreten.

Anmerkung: Ausblühungen beinträchtigen nicht die Gebrauchstauglichkeit der Bordsteine und werden nicht als bedeutend betrachtet.

---

3 Merkblatt über den Rutschwiderstand von Pflasterdecken und Plattenbelägen für Fußgängerflächen, Ausgabe 2020, FGSV Verlag, Köln 2020

DIN EN 1340

5.4.2 Oberflächenstruktur

Wenn Bordsteine mit einer speziellen Oberflächenstruktur hergestellt werden, muss diese Struktur vom Hersteller beschrieben werden.

Wenn bei der Prüfung nach Anhang J keine wesentlichen Unterschiede in der Oberflächenstruktur gegenüber den vom Hersteller bereitgestellten und vom Käufer genehmigten Mustern vorhanden sind, muss Übereinstimmung festgestellt werden.

Anmerkung: Abweichungen von der Gleichmäßigkeit der Oberflächenstruktur der Bordsteine können durch unvermeidbare Schwankungen der Eigenschaften bei den Ausgangsstoffen und beim Erhärten hervorgerufen werden und werden nicht als bedeutend betrachtet.

5.4.3 Farbe

Es liegt im Ermessen des Herstellers, ob die Vorsatzschicht oder der gesamte Bordstein farbig ausgeführt wird.

Wenn bei Prüfung nach Anhang J keine wesentlichen Unterschiede in der Farbe gegenüber den vom Hersteller bereitgestellten und vom Käufer genehmigten Mustern vorhanden sind, muss Übereinstimmung festgestellt werden.

Anmerkung: Abweichungen von der Farbintensität der Bordsteine können durch unvermeidbare Abweichungen bei der Einfärbung, durch Schwankungen der Eigenschaften bei den Ausgangsstoffen und beim Erhärten hervorgerufen werden und werden nicht als bedeutend betrachtet.

Kommentar

Zur Untersuchung der äußeren Beschaffenheit von Bordsteinen muss zunächst jeder Bordstein einzeln hinsichtlich des Vorhandenseins von Rissen oder Ablöseerscheinungen der Vorsatzschicht nach Anhang B.3.1 der Norm geprüft werden. Anschließend sind die Bordsteine nach Anhang J der DIN EN 1340 auszulegen und in einem Abstand von 2 m von jeder Seite visuell zu beurteilen. Bei gefärbten Bordsteinen sollte der Hersteller eine Aussage zur Dauerhaftigkeit der Färbung abgeben.

Abschließend sei auf die Ausführungen der DIN EN 1340 zur „Beurteilung der Konformität und Übereinstimmung" unter Abschnitt 6 verwiesen.

6.2 Bordklinker

Bordklinker müssen die Festlegungen des Abschnittes 4.2 für Pflasterklinker erfüllen.

Kommentar

Bordklinker müssen alle Anforderungen an Pflasterklinker erfüllen, wie dies im Abschnitt 4.2 der TL Pflaster-StB festgelegt ist. Sie müssen also die Vorgaben der DIN EN 1344 mit den Klassenfestlegungen der TL Pflaster-StB sowie die Anforderungen der DIN 18503 erfüllen.

6.3 Bordsteine aus Naturstein

6.3.1 Allgemeines

Bordsteine aus Naturstein müssen die Anforderungen der DIN EN 1343 einschließlich der Leistungserklärung, der Annahmekriterien sowie der Kennzeichnung und Verpackung erfüllen. Soweit für Produkteigenschaften die DIN EN 1343 die Auswahl einer bestimmten Klasse zulässt, ist nachfolgend jeweils eine Klasse als Mindestforderung festgelegt. Zusätzlich genannte Anforderungen, die sich nicht auf die DIN EN 1343 beziehen, sind ebenfalls einzuhalten.

DIN EN 1343

Bordsteine aus Naturstein für Außenbereiche – Anforderungen und Prüfverfahren, Ausgabe 2013[4]

1 Anwendungsbereich

Diese Europäische Norm legt die Leistungsanforderungen und die entsprechenden Prüfverfahren für Bordsteine aus Naturstein für Außenbereiche und Straßenbefestigungen fest.

Die Verwendung in Außenbereichen umfasst alle für den Straßenbau typischen Straßenbeläge, beispielsweise Fußgängerbereiche und Verkehrsflächen, Außenflächen und ähnliche Bereiche, die unter Außenbedingungen verwendet werden und Verwitterungsfaktoren, wie z. B. Temperaturänderungen, Regen, Eis, Wind usw. unterliegen.

Diese Europäische Norm ermöglicht ebenfalls die Konformitätsbewertung und die Kennzeichnung der Bordsteine aus Naturstein.

Diese Europäische Norm behandelt ebenfalls charakteristische Merkmale, die für den Handel von Bedeutung sind.

Kommentar

In der DIN EN 1343 „Bordsteine aus Naturstein für Außenbereiche – Anforderungen und Prüfverfahren" sind die europäisch geltenden Leistungsanforderungen an Bordsteine aus Naturstein allgemein für Außenbereiche und für Straßenoberflächen zusammengefasst. Dabei werden die üblichen Belastungen und Verwitterungsbedingungen berücksichtigt. Auch die in Deutschland verwendeten Produkte müssen diese Anforderungen einhalten, welche mit den TL Pflaster-StB für den Anwendungsbereich der ZTV Pflaster-StB umgesetzt wurden.

Für Flächen, für deren Herstellung die ZTV Pflaster-StB nicht vereinbart wurde, gelten die TL Pflaster-StB entsprechend (siehe DIN 18318, Abschnitt 2.1). Wenn Verwender von Produkten aus Naturstein die Regelungen der TL Pflaster-StB nicht in ihre Verträge übernehmen wollen, gibt es in den DIN 18318 unter Abschnitt 0.3.2, „Hinweise für das Aufstellen der Leistungsbeschreibung" eine Öffnungsklausel, wenn „andere Anforderungen an Stoffe und Bauteile vereinbart werden sollen".

4 DIN EN 1343:2013-03: Bordsteine aus Naturstein für Außenbereiche – Anforderungen und Prüfverfahren, Fassung 2013, Beuth Verlag, Berlin 2013

Kommentar

Die Formen und die Abmessungen von Standard-Bordsteinen aus Naturstein sind in den DIN 482 „Straßenbordsteine aus Naturstein“[5] festgelegt worden.

DIN EN 1343

Bordsteine aus Naturstein für Außenbereiche – Anforderungen und Prüfverfahren, Ausgabe 2013

2 Normative Verweisungen

Die folgenden Dokumente, die in diesem Dokument teilweise oder als Ganzes zitiert werden, sind für die Anwendung dieses Dokuments erforderlich. Bei datierten Verweisungen gilt nur die in Bezug genommene Ausgabe. Bei undatierten Verweisungen gilt die letzte Ausgabe des in Bezug genommenen Dokuments (einschließlich aller Änderungen).

Kommentar

Abschnitt 2 der DIN EN 1343 enthält Hinweise auf „normative Verweisungen“, Normen, welche für die Anwendung der DIN EN 1343 hinsichtlich Bezeichnungen und Prüfverfahren erforderlich sind.

DIN EN 1343

Bordsteine aus Naturstein für Außenbereiche – Anforderungen und Prüfverfahren, Ausgabe 2013

3 Begriffe

Für die Anwendung dieses Dokuments gelten die folgenden Begriffe.

3.1 Bordstein

Einheit mit einer Länge von mehr als 300 mm, die üblicherweise als Randstein von Verkehrs- und Fußwegen verwendet wird

Anmerkung 1 zum Begriff: Siehe Bild 1.

3.1.1 Bordstein für Innenbogen konkaver Bordstein

Kurvenstein, der in seiner Sichtfläche nach innen gebogen ist

3.1.2 Bordstein für Außenbogen konvexer Bordstein

Kurvenstein, der in seiner Sichtfläche nach außen gebogen ist

3.2 Oberseite

waagerechte Oberfläche eines Bordsteins, die nach dem Verlegen sichtbar sein soll

3.3 Unterseite

Oberfläche eines Bordsteins, die nach dem Verlegen mit dem Bettungsmaterial in Berührung kommen soll

3.4 Vorderseite Frontfläche

senkrechte vordere Sichtfläche (Verkehrsfläche) des Bordsteins

3.5 Rückseite

senkrechte und von der vorderen Sichtfläche (vom Verkehr) abgewandte Fläche (wahrscheinlich in Berührung mit dem Boden)

...

3.7 Nennmaß

für den Bordstein festgelegtes Maß

...

5 DIN 482:2002-04: Straßenbordsteine aus Naturstein, Fassung 2002, Beuth Verlag, Berlin 2002

DIN EN 1343

3.10 Höhe

Abstand zwischen der Oberseite und der Fußseite des Bordsteins

[Hinweis d. Verf.: „Fußseite" wird vorstehend unter 3.3 „Unterseite" genannt.]

3.11 Anlauf

vorgesehene Abweichung der vorderen Sichtfläche eines Bordsteins von der Vertikalen

3.12 bearbeitet

Bordstein, dessen Oberflächenbeschaffenheit durch zusätzliche Bearbeitung entsteht, beispielsweise aus einer gesägten oder gespaltenen Oberfläche

3.13 fein bearbeitet

bearbeitete Oberfläche, auf der zwischen den Scheitelpunkten und tiefsten Punkten ein Abstand von höchstens 1,0 mm vorhanden ist (z. B. poliert, geschliffen oder mit einer Diamantscheibe oder einem Diamantblatt gesägt)

3.14 grob bearbeitet

bearbeitete Oberfläche, auf der zwischen den Scheitelpunkten und tiefsten Punkten ein Abstand von mehr als 1,0 mm vorhanden ist (z. B. gespitzt, sandgestrahlt oder geflammt)

3.15 gespalten

Bordstein mit einer natürlichen Oberflächenbeschaffenheit, die keiner zusätzlichen Bearbeitung unterzogen wurde, z. B. eine bruchraue oder spaltraue Fläche

3.16 gespitzt (steinmetzmäßig) bearbeitet

durch mechanische Bearbeitung erzeugte Oberflächenausführung mit Bearbeitungsspuren (Bearbeitungsriefen)

3.17 unterer Erwartunswert LEV

Wert (E_L), der dem 5 %-Quantil einer logarithmischen Normalverteilung bei einem Vertrauensbereich von 75 % entspricht

3.18 oberer Erwartungswert HEV

Wert (E_H), der dem 95 %-Quantil einer logarithmischen Normalverteilung bei einem Vertrauensbereich von 75 % entspricht

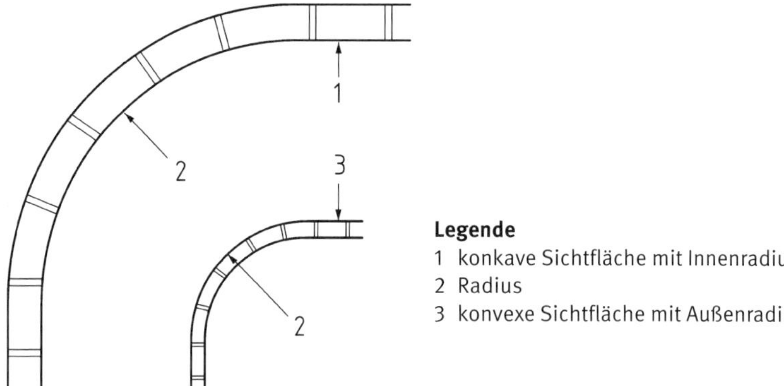

Bild 1 — Schematische Darstellung von konvexen und konkaven Bordsteinen

Kommentar

Die Unterscheidung zwischen den Bordsteinen für Innen- und Außenbögen resultiert aus den Ausbildungen der entsprechenden Vorderflächen, also den senkrechten vorderen Sichtflächen des Bordsteins.

Kommentar

Grob bearbeitet sind Oberflächen, auf denen zwischen den Scheitelpunkten und den tiefsten Punkten ein Abstand von mehr als 1,0 mm vorhanden ist, als Beispiele werden gespitzt, sandgestrahlt oder geflammt genannt.

Hier ist zu beachten, dass diese Art der Bearbeitung keinen Einfluss auf die Anwendung der DIN 18318:2019, speziell Abschnitt 3.1.14 hat, die nur Bordsteine mit **ebenen** Oberflächen (zulässiger Höhenunterschied 2 mm) und gespaltenen Borden (zulässiger Höhenunterschied 5 mm) an der Kante zweier nur durch die Fuge getrennter, zusammenstoßender Borde als zulässig nennt.

DIN EN 1343

Bordsteine aus Naturstein für Außenbereiche – Anforderungen und Prüfverfahren, Ausgabe 2013

4 Anforderungen und Prüfverfahren für Bordsteine aus Naturstein

4.1 Einleitung

4.1.1 Allgemeines

Wenn nicht anders angegeben, müssen Bordsteine in freien Längen geliefert werden. Bei Kurvensteinen ist die Länge die gemessene Umfangslänge der sichtbaren Fläche. Der Hersteller muss die größte Nennlänge eines Bordsteins angeben.

Die Enden von Kurvensteinen müssen radial sein.

Kurvensteine sind nach dem Radius der vertikalen Sicht- oder Verkehrsfläche zu identifizieren. Die Gesamtlänge mehrerer Kurvensteine ist ohne die Fugen an der mit den Sichtflächen gemeinsamen Kante zu messen.

Die Mindestlänge von Kurvensteinen muss 500 mm betragen.

Quadratische Endflächen können eine Fase aufweisen, deren Maße in vertikaler und horizontaler Richtung 2 mm nicht überschreiten.

Die Maße größerer Fasen, abgerundeter Ecken und Abschrägungen müssen, falls sie verwendet werden, vom Lieferanten angegeben werden. Beispiele für übliche Bordsteinquerschnitte sind in Bild 3 dargestellt.

...

4.1.3 Änderung der physikalischen Eigenschaften des Natursteins

Wurden die Bordsteine aus Naturstein während der Herstellung einer Bearbeitung unterzogen, die die physikalischen Eigenschaften des Steins ändern (z.B. chemische Behandlung, Verwendung von Ausbesserungsmassen, oder Füllstoffen oder sonstigen ähnlichen Produkten für natürliche Löcher, Fehlstellen oder Risse), dann muss die Anwendung einer derartigen Behandlung angegeben werden.

Außerdem müssen die zu prüfenden Prüfkörper repräsentativ für das Produkt und für jegliche Prozesse sein, denen der Stein unterzogen wird.

Kommentar

In Deutschland übliche Bordsteinquerschnitte sind in DIN 482 dargestellt. Wenn Ausbesserungsmassen oder Füllstoffe zur Beseitigung von in der Art des Gesteins liegenden Löchern oder Rissen verwendet wurden, müssen die verwendeten Produkte angegeben und für deren Dauerhaftigkeit eine Gewähr übernommen werden. Von allen Platten, an denen die naturgegebenen Eigenschaften beispielsweise zur Änderung der Ansicht bearbeitet worden sind, sollten Referenzobjekte zur Betrachtung vorliegen.

6.3.2 Zulässige Abweichungen für Gesamtbreite und Gesamthöhe

Siehe DIN EN 1343, Abschnitt 4.2.1, Tabelle 1

Es gelten die Anforderungen der Klasse 2 der DIN EN 1343, Tabelle 1.

DIN EN 1343

Bordsteine aus Naturstein für Außenbereiche – Anforderungen und Prüfverfahren, Ausgabe 2013

4.2 Maße

4.2.1 Gesamtbreite und Gesamthöhe

Die Gesamtbreite und die festgelegte Gesamthöhe sind nach EN 13373:2003, 5.2, zu bestimmen, und die Abweichungen von den angegebenen Maßen müssen den Grenzabmaßen von Tabelle 1 entsprechen.

Tabelle 1 – Grenzabmaße der Nenn-Gesamtbreite und der Nenn-Gesamthöhe

Anwendungsort	Breite	Höhe		
		Klasse 0	Klasse 1	Klasse 2
Kennzeichnung		H0	H1	H2
Zwischen zwei gespaltenen oder gespitzten Flächen	±10 mm	Keine Anforderung	±30 mm	±20 mm
Zwischen einer bearbeiteten und einer gespaltenen oder gespitzten Fläche	±5 mm		±20 mm	±10 mm
Zwischen zwei bearbeiteten Flächen	±3 mm		±10 mm	±5 mm

Anmerkung: Sie gelten für gerade/rechtwinklige oder runde/rechtwinklige Formen – alle anderen sind besondere Formen und erfordern eine Schablone.

Kommentar

Mit der Klasse 2 gelten in Deutschland die strengsten Maßtoleranzen der europäischen Norm, so dass verkehrssichere Randeinfassungen relativ problemlos herstellbar sind. Allerdings sind Höhen- oder Breitenunterschiede bei Elementen mit zwei gespaltenen Flächen von bis zu 20 mm beim Versetzen zu berücksichtigen: Sie erfordern ein sorgfältiges Versetzen unter Berücksichtigung einer ausreichenden Ebenheit – je nach Bauvertrag – der fertiggestellten Randeinfassung.

Nach den ZTV Pflaster-StB und der ATV DIN 18318 gilt auch die nationale DIN 482 „Straßenbordsteine aus Naturstein“[6], welche die DIN EN 1343 ergänzt und die Maße, Profile und Bezeichnungen der Bordsteine aus Naturstein genauer für die Anwendung in Deutschland regelt.

Für den Straßenbau im öffentlichen Raum wird als Bordstein zumeist die Form A mit Anlauf gemäß Bild 1 der DIN 482 verwendet.

6 DIN 482:2002-04: Straßenbordsteine aus Naturstein, Ausgabe 2002, Beuth Verlag, Berlin 2002

DIN 482

Straßenbordsteine aus Naturstein, Ausgabe 2002

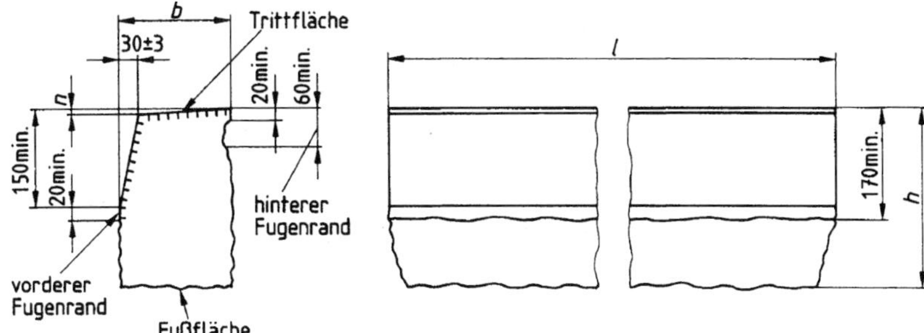

Form A mit Anlauf

Bild 1 – Bordsteine mit Anlauf – Größen 1 bis 5 (siehe Tabelle 1)

Kommentar

Bordsteine der Form B haben keinen Anlauf. Die Formen und Abmessungen der verschiedenen Bordsteine sind in der folgenden Tabelle der DIN 482 aufgelistet:

DIN 482

Straßenbordsteine aus Naturstein, Ausgabe 2002

Tabelle 1 – Formen und Maße

Formen und Größe		Breite[a]	Höhe	Länge[b]	Quergefälle
A	B	*b*	*h*	*l*	*n*
1	–	300	250	800 bis 1500	7
2	–	180	250		–
3	–	180	300		–
4	–	150	250		–
5	–	150	300		–
–	6	140	250 bis 280	500 bis 1500	–
		120			–
	7	40 bis 150	250 bis 300	500 bis 1500	–
		120 bis 140			–
		100 bis 120			–

a Für Bordsteine der Größe 6 ist die gewünschte Breite, für Größe 7 der Breitenbereich in der Bezeichnung anzugeben.
b Bei Bordsteinen der Größen 1 bis 5 dürfen 10 % der Lieferung aus Steinen mit einer Länge von 500 mm bis 800 mm bestehen.

Kommentar

Zur Bezeichnung sagt die nationale Ergänzungsnorm DIN 482 Folgendes aus:

DIN 482

Straßenbordsteine aus Naturstein, Ausgabe 2002

3.1 Gerade Bordsteine

...

Bordsteine mit Anlauf werden mit der Benennung, der DIN-Hauptnummer, der Form A und den Größen 1, 2, 3, 4 oder 5 bezeichnet.

Bei Bestellung sind zur Normbezeichnung die Gesamtlänge der Lieferung und die Gesteinsart anzugeben.

DIN 482

Bezeichnung eines Bordsteins Form A der Größe 2:

Bordstein DIN 482 – A 2

Bordsteine ohne Anlauf werden mit der Benennung, der DIN-Hauptnummer, der Form B, der Größe 6 oder 7 und der Breite bezeichnet.

Bei Bestellung sind zur Normbezeichnung die Gesamtlänge der Lieferung und die Gesteinsart anzugeben.

Für Bordsteine der Größe 6 ist die gewünschte Breite, für Größe 7 der Breitenbereich in der Bezeichnung anzugeben.

Bezeichnung eines Bordsteins Form B der Größe 7 von einer Breite b = 140 mm (140 – 150):

Bordstein DIN 482 – B7 – 140 – 150

...

3.2 Kurvensteine

KAa: Kurvensteine für Außenbogen mit Anlauf
KAi: Kurvensteine für Innenbogen mit Anlauf (siehe Bild 3)
KBa: Kurvensteine für Außenbogen ohne Anlauf
KBi: Kurvensteine für Innenbogen ohne Anlauf

...

Kurvensteine werden mit der Benennung, der DIN-Hauptnummer, der Form (KAa, KBa, KAi), der Größe (1, 2, 3, 4, 5 oder 6), der Breite und dem Radius bezeichnet.

Bei Bestellung sind zur Normbezeichnung die Gesamtlänge der Lieferung und die Gesteinsart anzugeben.

Bezeichnung eines Kurvensteines für Innenbogen ohne Anlauf (KBi), der Größe 6[1]) von einer Breite b = 140 mm und einem Radius r = 15 m (einem Bogenwinkel von 90° entsprechend):

Kurvensteine DIN 482 – KBi 6 – 140 – 15

1) Die Gesamtlänge der Lieferung errechnet sich aus den Längen der Kurvensteine an der oberen straßenseitigen Kante.

6.3.3 Zulässige Abweichungen für den Anlauf

Siehe DIN EN 1343, Abschnitt 4.2.2, Tabelle 2

Es gelten die Anforderungen der Klasse 2 der DIN EN 1343, Tabelle 2.

DIN EN 1343

Bordsteine aus Naturstein für Außenbereiche – Anforderungen und Prüfverfahren, Ausgabe 2013

4.2.2 Anlauf

Der Anlauf ist nach EN 13373:2003, 5.6, zu messen, und die Abweichungen von den angegebenen Maßen müssen den Grenzabmaßen von Tabelle 2 entsprechen.

Tabelle 2 – Beispiele für übliche Bordsteinquerschnitte – Grenzabmaße des Anlaufs

	Klasse 0	Klasse 1	Klasse 2
Kennzeichnung	Keine Anforderungen	D1	D2
fein bearbeitet		±5 mm	±2 mm
grob bearbeitet		±5 mm	±5 mm
gespalten oder gespitzt		±15 mm	±15 mm

Kommentar

Auch beim Anlauf wird für den Anwendungsbereich der ZTV Pflaster-StB die Klasse der Norm ausgewählt, die eine sehr genaue Bearbeitung erfordert.

DIN EN 1343

Bordsteine aus Naturstein für Außenbereiche – Anforderungen und Prüfverfahren, Ausgabe 2013

4.2.3 Grenzabmaße der Sichtflächen (nur für gerade Bordsteine)

Die Oberflächen von nominell geraden und rechtwinkligen Bordsteine, die senkrecht zur Oberseite und von der Oberkante ausgehend gemessen werden, sind nach EN 13373:2003, 5.6, zu messen, und die Abweichungen von den angegebenen Maßen müssen den Grenzabmaßen von Tabelle 3 entsprechen.

Tabelle 3 – Grenzabmaße der Sichtflächen von geraden Bordsteinen

	gespalten oder gespitzt	bearbeitet
gerader Kantenverlauf parallel zur Ebene der oberen Fläche	±6 mm	±3 mm
gerader Kantenverlauf senkrecht zur oberen Fläche	±6 mm	±3 mm
Rechtwinkligkeit zwischen der oberen Fläche und der Frontfläche, wenn diese rechtwinklig ausgelegt sein sollen	±10 mm	±7 mm
Verdrehung der oberen Fläche	±10 mm	±5 mm
Rechtwinkligkeit zwischen der oberen Fläche und der Endfläche	Alle Bordsteine ±5 mm	

Kommentar

Die Oberflächen von nominell geraden und rechtwinkligen Bordsteinen, die senkrecht zur Oberseite und von der Oberkante ausgehend gemessen werden, sind gemäß DIN EN 1343 nach DIN EN 13373 zu messen.

Die Abweichungen von den angegebenen Maßen müssen den Grenzabmaßen der nachstehenden Tabelle 4 der DIN EN 1343 entsprechen.

DIN EN 1343

Bordsteine aus Naturstein für Außenbereiche – Anforderungen und Prüfverfahren, Ausgabe 2013

4.2.4 Kurvensteine

Der Bogen der Bordsteine an der bearbeiteten Seite ist auf Übereinstimmung mit der geforderten Form unter Anwendung einer besonderen Schablone zu überprüfen, und die Abweichung an jedem Punkt muss den Grenzabmaßen von Tabelle 1 entsprechen.

4.2.5 Unregelmäßigkeiten der Sichtfläche

Die Sichtflächen von Bordsteinen müssen frei von Bohrlöchern sein.

Oberflächenerhebungen und -vertiefungen, die senkrecht zur Oberseite und von der Oberkante ausgehend nach EN 13373:2003, 5.3, gemessen werden, müssen den in Tabelle 4 angegebenen Grenzabmaßen entsprechen. Bei gespaltenen Bordsteinen dürfen die Unregelmäßigkeiten hinsichtlich der Oberflächenerhebungen an der Stirnseite des Bordsteins nicht mehr als 5 mm betragen.

DIN EN 1343

Tabelle 4 – Grenzabmaße für Unregelmäßigkeiten der Sichtfläche

	Stirnseite	Vorder- und Rückseite
gespalten oder gespitzt	+3 mm, −10 mm	+10 mm, −15 mm
grob bearbeitet	+3 mm, −10 mm	+5 mm, −10 mm
fein bearbeitet	+3 mm, −3 mm	+3 mm, −3 mm

Abweichungen dürfen nicht addiert werden, zum Beispiel Überstände und Rechtwinkligkeiten.

6.3.4 Beständigkeit gegen Frost-Tau-Wechsel

6.3.4.1 Frost-Tau-Wechsel unter Normalbedingungen

Siehe DIN EN 1343, Abschnitt 4.3.1

Die Verringerung der mittleren Biegefestigkeit nach dem Frost-Tau-Wechsel-Versuch entsprechend DIN EN 12371, darf gegenüber der nach DIN EN 12372 geprüften mittleren Biegefestigkeit maximal 20 % betragen. Bei größeren Verringerungen ist die Eignung gesondert nachzuweisen.

DIN EN 1343

Bordsteine aus Naturstein für Außenbereiche – Anforderungen und Prüfverfahren, Ausgabe 2013

4.3 Beständigkeit gegen Frost-Tau-Wechsel

4.3.1 Frost-Tau-Wechsel unter Normalbedingungen

Wenn die Platten für die Anwendung in Bereichen vorgesehen sind, die Anforderungen an Frost-Tau-Wechsel unterliegen, ist die Beständigkeit gegen Frost-Tau-Wechsel mit dem Prüfverfahren nach EN 12371 zu bestimmen. Die Ergebnisse sind als mittlere Biegefestigkeit vor und nach 56 Frost-Tau-Wechselzyklen (technologische Prüfung) zu bestimmen und anzugeben.

Der Entstehung von Frostschäden an einem Naturstein nach der Verlegung ist von den klimatischen Bedingungen des Einsatzortes, der relativen Lage im Bauwerk (die den Sättigungsgrad bestimmt) sowie von der voraussichtlichen Gebrauchsdauer des Bauwerks abhängig. Die Anzahl der Prüfzyklen ist für ein bestimmtes Projekt geeignet und kann dazu beitragen, eine Anleitung zur Interpretation der Prüfergebnisse zur Verfügung zu stellen. Die Auswahl des Gesteins ist von den Klimazonen und/oder von praktischen Anwendungsregeln abhängig.

Bei einigen besonderen Anwendungen, z. B. an Orten, die Temperaturen unter −12 °C ausgesetzt sind, kann es angemessen sein, unterschiedliche Prüfzyklen durchzuführen, z. B. Einfrieren in Wasser, Einfrieren auf eine tiefere Temperatur oder Prüfung von in porenfreie, siliciumhaltige Granulate eingebetteten Probekörpern, oder eine andere Anzahl von Prüfzyklen, z. B die in EN 12371 festgelegte Identifizierungsprüfung, anzuwenden.

Kommentar

Ein Anforderungswert für die Verringerung der mittleren Biegefestigkeit nach dem Frost-Tau-Wechsel-Versuch wird von der DIN EN 1343 nicht vorgegeben.

Die TL Pflaster-StB begrenzen die Abnahme der mittleren Biegefestigkeit nach Beaufschlagung mit 56 Frost-Tau-Zyklen auf 20 %, bezogen auf die mittlere Biegefestigkeit, die ohne Frost-Tau-Beanspruchung bestimmt wurde.

Kommentar

Mit dieser Anforderung wird die jeweilige Druckfestigkeit vor und nach einer Frost-Tau-Beanspruchung miteinander verglichen. Infolge der Frostbeanspruchung darf die Struktur des Natursteins nicht so stark geschädigt sein, dass ein relevanter Druckfestigkeitsabfall eintritt. Zur Beurteilung sind vergleichbare Probekörper – z. B. einer Charge – mit und ohne Frostbeanspruchung der Druckfestigkeitsprüfung zu unterziehen und die ermittelten arithmetischen Mittelwerte miteinander in Beziehung zu setzen.

Hier ist darauf zu achten, dass der wirkliche Messwert als Bezug herangezogen wird und nicht der deklarierte Wert, da dieser in der Regel geringer angegeben wird als die im Versuch gemessene Druckfestigkeit.

6.3.4.2 Frost-Tau-Wechsel in Gegenwart von Tausalzen

Die Wasseraufnahme ist gemäß Abschnitt 6.3.7 zu bestimmen. Die Prüfung des Widerstandes gegen Frost-Tau-Wechsel mit Tausalz ist in Anlehnung an DIN EN 1367-6 mit 25 Frost-Tau-Wechseln durchzuführen.

Es gelten nachstehende Änderungen zur DIN EN 1367-6:

1 Herstellung von 20 Prüfkörpern gleicher Größe (50/50/50 mm oder 70/70/70 mm ±5 mm), wobei
10 Prüfkörper ohne Frost-Tau-Wechsel in Gegenwart von Tausalzen und
10 Prüfkörper mit Frost-Tau-Wechsel in Gegenwart von Tausalzen beansprucht werden.

2 Bestimmung der mittleren Druckfestigkeit gemäß DIN EN 1926 an 10 unbeanspruchten Prüfkörpern.

3.1 Beanspruchung von 10 Prüfkörpern: 25 Frost-Tau-Wechsel mit 1%-iger NaCl-Lösung.

3.2 Bestimmung der mittleren Druckfestigkeit gemäß DIN EN 1926 an 10 beanspruchten Prüfkörpern.

3.3 Bestimmung des Masseverlustes durch Wägung der bei 70 °C ±5 °C bis zur Massekonstanz getrockneten Prüfkörper vor und nach der Beanspruchung.

3.4 Bestimmung des Masseverlustes F nach 25 Frost-Tau-Wechsel-Beanspruchungen als Mittelwert der 10 Prüfkörper.

Die Beständigkeit gegen Frost-Tau-Wechsel mit Tausalz wird erreicht, wenn der Masseverlust F und mindestens 90 % der Einzelwerte (9 von 10 Prüfköpern) nach der Prüfung höchstens 2 M.-% betragen.

Die Abnahme der mittleren Druckfestigkeit nach dem Frost-Tau-Wechsel-Versuch mit Tausalz darf gegenüber der nach DIN EN 1926 geprüften mittleren Druckfestigkeit maximal 20 % betragen.

Die Prüfkörper für die Frost-Tau-Wechsel in Gegenwart von Tausalzen und Druckfestigkeit sollen aus einer Lieferung entnommen werden.

6.3.4.2 **Frost-Tau-Wechsel in Gegenwart von Tausalzen** (Fortsetzung)

Bei Überschreitung der Einzelwerte des Masseverlustes und/oder größerer Abnahme der Druckfestigkeit ist die Eignung gesondert nachzuweisen.

Wenn Erfahrungen mit regionalen Natursteinen vorliegen, deren langjährige Gebrauchstauglichkeit bei vergleichbarer Anwendung belegt ist, kann der Auftraggeber auf diesen Nachweis verzichten.

DIN EN 1343 **Bordsteine aus Naturstein für Außenbereiche – Anforderungen und Prüfverfahren,** Ausgabe 2013

4.3.2 Frost-Tau-Wechsel in Gegenwart von Tausalzen

Sofern gefordert, ist die Beständigkeit gegen Frost-Tau-Wechsel zusammen mit den Auswirkungen von Tausalzen zu bestimmen und anzugeben. Da derzeit kein anerkanntes Prüfverfahren auf europäischer Ebene vorliegt, muss die Beständigkeit gegen Frost-Tau-Wechsel zusammen mit den Auswirkungen von Tausalz entsprechend nationaler Bestimmungen, die am Verwendungsort des Produktes gelten, ermittelt und angegeben werden.

Kommentar

Das Prüfverfahren zur Beurteilung des Widerstandes gegen Frost-Tausalz-Beanspruchung von Bordsteinen aus Naturstein entspricht demjenigen für Pflastersteine oder Platten aus Naturstein, welches in den entsprechenden Abschnitten schon kommentiert wurde.

Beim Frost-Tau-Widerstand wird ein Vergleich zwischen den Biegefestigkeiten mit und ohne Beanspruchung durchgeführt. Bei dem Versuch zur Beurteilung des Widerstandes gegen Frost-Tau-Wechsel mit Tausalz wird die Abnahme der mittleren Druckfestigkeit von 10 unbeanspruchten mit 10 durch Frost und Tausalzlösung beanspruchten Prüfkörpern verglichen. Infolge der Frostbeanspruchung darf die Struktur des Natursteins nicht so stark geschädigt sein, dass ein relevanter Druckfestigkeitsabfall eintritt. Zudem wird noch die Abwitterung infolge der Beanspruchung betrachtet. Der Masseverlust darf keine relevante Größe erreichen.

Weiteres dazu ist dem Kommentar zu Abschnitt 4.3.6.2 der TL Pflaster-StB und dem dort maßgeblichen Abschnitt 4.3.2 der DIN EN 1342 zu entnehmen.

6.3.5 **Biegefestigkeit**

Siehe DIN EN 1343, Abschnitt 4.4

Vom Hersteller ist der untere Erwartungswert der Biegefestigkeit (in MPa) anzugeben, siehe Tabelle 31.

DIN EN 1343 **Bordsteine aus Naturstein für Außenbereiche – Anforderungen und Prüfverfahren,** Ausgabe 2013

4.4 Bruchfestigkeit – Biegefestigkeit

Die Biegefestigkeit ist mit dem Prüfverfahren nach EN 12372 zu bestimmen, und der untere Erwartungswert (E_L) ist anzugeben.

DIN EN 1343

Eine Identifizierungsprüfung, wie in EN 12372 festgelegt, wird üblicherweise durchgeführt. Wenn jedoch die Oberflächenbeschaffenheit des gelieferten Produktes bekannt ist, darf die Prüfung auch mit dieser Ausführung nach den in EN 12372 festgelegten technologischen Prüfungen durchgeführt werden.

Anmerkung 1: Hinweise zu den jeweiligen Bruchlasten für unterschiedliche Anwendungsklassen sind in Anhang A enthalten.

Bei einigen besonderen Anwendungen, bei denen eine Last mit konstantem Moment erforderlich ist, kann es angemessen sein, die Biegefestigkeit nach EN 13161 zu bestimmen.

Anmerkung 2: Ein Rechenbeispiel zur Ermittlung des unteren Erwartungswertes ist in Anhang C enthalten

Kommentar

Nach den TL Pflaster-StB ist nicht nur der untere Erwartungswert der Biegefestigkeit anzugeben. Der ermittelte Wert ist mit den gesteinsgruppenabhängigen Anforderungswerten der Tabelle 31, Platten und Borde aus Naturstein – Biegefestigkeit/Wasseraufnahme, der TL Pflaster-StB zu vergleichen (siehe Kommentierung des entsprechenden Abschnitts 5.3.7 zu Platten aus Naturstein) und darf nicht kleiner sein als die dort genannte Anforderung. Platten und Borde werden hier hinsichtlich der Festigkeitseigenschaften gleichgesetzt. Nationale Anforderungen an die Bruchlast bestehen nicht.

6.3.6 Vergleichsmuster

Siehe DIN EN 1343, Abschnitt 4.5.2

Sofern ein Vergleichsmuster vorzulegen ist, ist das zur Verwendung kommende Material durch mindestens drei Bordsteine der ausgeschriebenen Nennmaße in einer Länge von 30 cm zu bemustern. Durch dieses Vergleichsmuster werden das Farbspiel der Lieferung, die Oberflächenbeschaffenheit und die Strukturcharakteristik des Materials festgelegt.

DIN EN 1343

Bordsteine aus Naturstein für Außenbereiche – Anforderungen und Prüfverfahren, Ausgabe 2013

4.5 Erscheinungsbild

4.5.1 Allgemeines

Die Farbe, Äderung, Struktur usw. des Natursteins muss einer Sichtprüfung unterzogen werden, die üblicherweise mit einer Bezugsprobe desselben Gesteins durchgeführt wird, die dafür geeignet ist, eine allgemeine Beschreibung des visuellen Erscheinungsbildes abzugeben.

Eine Bezugsprobe muss vom Lieferanten entsprechend 4.5.2 zur Verfügung gestellt werden.

4.5.2 Bezugsprobe, Sichtprüfung, Annahmekriterien

Eine Bezugsprobe muss aus einer angemessenen Anzahl von Bordsteinen aus Naturstein bestehen, die ausreichend groß ist, damit das allgemeine Aussehen der endgültigen Verlegearbeit beurteilt werden kann. Sie muss das äußere Erscheinungsbild in Bezug auf die Färbung, das Aderungsmuster, die physikalische Struktur und die Oberflächenbeschaffenheit widerspiegeln. Insbesondere muss die Bezugsprobe

DIN EN 1343

besondere Eigenschaften des Gesteins, wie z. B. Löcher in Travertin, Wurmlöcher, Glasadern, Flecken, kristalline Adern und Rostflecken aufweisen.

Die Bezugsprobe setzt nicht voraus, dass zwischen der Probe selbst und dem tatsächlich gelieferten Gestein völlige Gleichförmigkeit besteht; natürliche Schwankungen dürfen immer auftreten.

Wenn bei der Bearbeitung des Gesteins Ausbesserungsmasse, Füllstoffe oder ähnliche Produkte zur Behebung natürlicher Löcher, Fehlstellen oder Risse verwendet werden, muss die Bezugsprobe die Auswirkung dieser Stoffe auf die fertig gestellte Oberfläche in ähnlicher Weise zeigen.

Alle Eigenschaften, die die Bezugsprobe aufweist, sind als für das Gestein typisch und nicht als Mangel zu betrachten und dürfen daher nicht als Grund für eine Zurückweisung gelten, es sei denn, sie treten in übermäßig hoher Konzentration auf und der typische Charakter des Gesteins geht dadurch verloren.

Auf der Bezugsprobe müssen der Name und die Anschrift des Herstellers oder Lieferanten des Gesteins sowie die Bezeichnung des Gesteins nach 4.1 und/oder die Angabe über die Bearbeitung nach 4.1.2, wie vorstehend angegeben, angebracht sein.

Alle Vergleiche der Produktionsprobe mit der Bezugsprobe müssen durchgeführt werden, indem die Bezugsprobe neben die Produktionsproben gelegt wird und alle aus einer Entfernung von etwa zwei Metern unter üblichen Tageslichtbedingungen betrachtet werden, wobei sämtliche sichtbaren Unterschiede hinsichtlich der Merkmale der Steine aufgezeichnet werden.

Kommentar

Nach den TL Pflaster-StB ist ein Vergleichsmuster in Form von drei Bordsteinstücken der ausgeschriebenen Nennmaße, mit einer Länge von 30 cm, vorzulegen, sofern dies vereinbart wird. Diese Vergleichsmuster sind wie eine Bezugsprobe gemäß DIN EN 1343 anzusehen.

Das Vergleichsmuster umfasst alle zulässigen Schwankungen von Farbe, Oberflächenbeschaffenheit und Struktur der Natursteine. Wenn die Abweichungen nicht durch nur drei Bordsteine abgebildet werden können, empfiehlt es sich, eine entsprechend größere Anzahl vertraglich zu vereinbaren. Ein Vergleichsmuster ist nur vorzulegen, wenn dies bauvertraglich zwischen Auftraggeber und Auftragnehmer vereinbart wurde. Der Auftragnehmer nutzt in solchen Fällen in der Regel die Bezugsprobe, die vom Lieferanten zur Verfügung gestellt werden muss. Der Umfang der Bezugsprobe muss – wie zuvor beschrieben – gemäß DIN EN 1343 „angemessen" sein. Der Umfang ist daher von der Charakteristik des bestellten Produktes abhängig. Der als Vergleichsmuster vorgegebene Mindestumfang von drei Elementen stellt auch hier in der Regel den absoluten Mindestwert dar.

6.3.7 Wasseraufnahme

Siehe DIN EN 1343, Abschnitt 4.6

Der Hersteller hat den oberen Erwartungswert der Wasseraufnahme in M.-% zu deklarieren; diese Prüfung hat nach DIN EN 13755 zu erfolgen. Orientierungswerte sind der Tabelle 31 zu entnehmen.

DIN EN 1343 **Bordsteine aus Naturstein für Außenbereiche – Anforderungen und Prüfverfahren,** Ausgabe 2013

4.6 Wasseraufnahme

Sofern gefordert, ist die Wasseraufnahme mit dem Prüfverfahren nach EN 13755 zu bestimmen, und der obere Erwartungswert (E_H) ist anzugeben.

Kommentar Anforderungen an die Wasseraufnahme bestehen nicht. Die in der Tabelle 31 der TL Pflaster-StB (siehe unter Abschnitt 5.3.7) angegebenen Werte stellen nur Orientierungsgrößen dar. Wenn die festgestellte Wasseraufnahme deutlich von den Orientierungswerten abweicht, sollte die Ursache überprüft werden. Ggf. bestehen Strukturschwächen im Material bei erhöhter Porigkeit, wodurch die Eignung der Elemente beeinträchtigt sein könnte.

Es ist jedoch möglich, eine vertragliche Vereinbarung zur Begrenzung des Höchstwertes der Wasseraufnahme zu schließen. Diese Anforderung kann sich z. B. auf den Mittelwert des Orientierungswertes der Tabelle 31 beziehen.

DIN EN 1343 **Bordsteine aus Naturstein für Außenbereiche – Anforderungen und Prüfverfahren,** Ausgabe 2013

4.7 Rohdichte und offene Porosität

Die Rohdichte und die offene Porosität sind mit dem Prüfverfahren nach EN 1936 zu bestimmen, und die Mittelwerte sind anzugeben.

Kommentar Die DIN EN 1343 fordert die Angabe der Prüfwerte der Rohdichte und der offenen Porosität („sind anzugeben"). Die Prüfung erfolgt mittels Wasserzufuhr von getrockneten und durch Vakuum entlüfteten Probekörpern mit anschließender Gewichtsermittlung unter und über Wasser. Anforderungen an die Rohdichte und Porosität bestehen nicht.

DIN EN 1343 **Bordsteine aus Naturstein für Außenbereiche – Anforderungen und Prüfverfahren,** Ausgabe 2013

4.8 Petrographische Beschreibung

Eine petrographische Beschreibung nach EN 12407 muss zur Verfügung gestellt werden, die den petrographischen Namen der Gesteinsart enthält.

Kommentar Die petrografische Beschreibung vorzulegen, ist eine Forderung der Norm („muss"), deshalb wird dies in den TL Pflaster-StB nicht wiederholt. In der Regel wird die petrografische Beschreibung mit Prüfzeugnissen des Gesteins abgegeben.

6.3.8 Gesteinsbezeichnung

Siehe DIN EN 1343, Abschnitt 4.1.2

Der Handelsname, die petrografische Gesteinsfamilie, der petrografische Name der Gesteinsart, die genaue geografische Herkunft (z. B. geografische Koordinaten) sowie der Grundfarbton (typische Farbe) sind anzugeben.

DIN EN 1343

Bordsteine aus Naturstein für Außenbereiche – Anforderungen und Prüfverfahren, Ausgabe 2013

4.1.2 Bezeichnung

Die Bezeichnung muss immer nach EN 12440 erfolgen (Handelsname (herkömmliche Bezeichnung), petrographische Familie, typische Farbe und die möglichst genaue Angabe des Herkunftsortes, z. B. Geokoordinaten).

Kommentar

DIN EN 1343 fordert Angaben zur Bezeichnung, zur petrografischen Familie, zur typischen Farbe und eine möglichst genaue Angabe des Herkunftsortes. Danach sind die Platten aus Naturstein ausreichend genau zu bezeichnen. Es reicht nicht aus, allein den Handelsnamen anzugeben. Auch die alleinige Angabe des Gesteins oder der Gesteinsfamilie reicht nicht aus, um die Qualität und die spezifischen Eigenschaften der Bordsteine einstufen zu können.

Weiterhin muss sichergestellt sein, dass die in einer Güteüberwachung geprüften Bordsteine repräsentativ für die angelieferten Produkte sind. Dies ist nur bei gleichem Steinbruch und vergleichbaren Gesteinsbedingungen im Abbaubereich der Fall. Bei sehr großräumigen Abbaugebieten, wie sie teilweise im Ausland vorliegen, ist es häufig erforderlich, die genaue geografische Lage anzugeben, um das Gestein eingrenzen zu können. Daher ist diese geografische Herkunft genau anzugeben.

DIN EN 1343

Bordsteine aus Naturstein für Außenbereiche – Anforderungen und Prüfverfahren, Ausgabe 2013

4.9 Gefährliche Stoffe

Nationale Vorschriften zu gefährlichen Stoffen können bei der Einführung der von dieser Norm abgedeckten Bauprodukte auf dem Markt des betreffenden Mitgliedstaats die Vorlage eines Nachweises und einer Deklaration über die Freisetzung von und teilweise über den Gehalt an solchen Stoffen fordern.

Bis harmonisierte europäische Prüfverfahren zur Verfügung stehen, sollten der Nachweis und die Deklaration über die Freisetzung von bzw. den Gehalt an gefährlichen Stoffen unter Berücksichtigung der nationalen Vorschriften, die am Ort der Verwendung gelten, erfolgen.

Anmerkung: Eine Informationsdatenbank über europäische und nationale Bestimmungen zu gefährlichen Stoffen ist auf der Internetseite der Kommission EUROPA unter „Construction“ (Baugewerbe) [in englischer Sprache] verfügbar. (Zugang über http://ec.europa.eu/enterprise/construction/cpd-ds).

Kommentar

Bordsteine aus Naturstein mit gefährlichen Stoffen zu kontaminieren widerspricht den Grundsätzen der BauPVO, Anhang I, Grundanforderungen, nach denen Bauwerke so entworfen und ausgeführt sein müssen, dass sie während

Kommentar

ihres gesamten Lebenszyklus weder die Hygiene noch die Gesundheit und Sicherheit von Arbeitnehmern, Bewohnern oder Anwohnern gefährden und sich über ihre gesamte Lebensdauer hinweg weder bei Errichtung noch bei Nutzung oder Abriss insbesondere durch z. B. das Freisetzen giftiger Gase, die Freisetzung gefährlicher Stoffe usw. übermäßig stark auf die Umweltqualität oder das Klima auswirken.

Empfohlene Ergänzungen zu den TL Pflaster-StB

Die TL Pflaster-StB sagen nichts aus zu einer Untersuchung auf Verbindungen des Eisens bei grauen Graniten („Rosten") nach DIN 52008, Abschnitt 4.4.9.2.[7] Außerdem ist in den TL Pflaster-StB eine Prüfung von Basalt auf sogenannte Sonnenbrenner nicht enthalten. Bei Gesteinskörnungen für Bettungs- oder Fugenmaterialien nach den TL Gestein-StB ist dagegen eine solche Prüfung Vertragsbestandteil; bei Bord- oder Rinnensteinen aus Naturstein sollte dies auch gefordert werden. Die Prüfung sollte dann der DIN 52008, Abschnitt 4.4.9.1 entsprechen. Es wird empfohlen, entsprechende vertragliche Vereinbarungen in den Lieferverträgen zu schließen.

■ Gleit-/Rutschwiderstand

Im Gegensatz zu Bordsteinen aus Beton oder zu Pflastersteinen und Platten aus Naturstein enthält die DIN EN 1343 keine Anforderung an den Gleit- und Rutschwiderstand dieser Bordsteine. Da die Norm diese Eigenschaft nicht zum Inhalt hat, gelten die Regelungen am Ort der Verwendung. Es wurde jedoch versäumt, diesbezüglich Anforderungen oder ein Prüfverfahren in die TL Pflaster-StB aufzunehmen.

Inhaltlich kann bzw. sollte man die Regelungen der DIN EN 1341 und 1342 übernehmen. Es empfiehlt sich weiterhin, die entsprechenden Regelungen der TL Pflaster, Abschnitte 4.3 und 5.4 zu übernehmen. Dies bedeutet, dass der folgende Text in die Leistungsposition eines Bauvertrages aufgenommen werden sollte:

- Der Gleitwiderstand ist anzugeben, wenn die Oberflächenrauigkeit bei Messung nach DIN EN 13373, Abschnitt 5.3, weniger als 1,0 mm beträgt. Für feinbearbeitete Bordsteine ist ein SRV-Wert von mindestens 55 zu erreichen.
- Für bearbeitete Bordsteine ist die Ausflusszeit gemäß den „Technischen Prüfvorschriften für Griffigkeitsmessungen im Straßenbau – Teil: Messverfahren SRT" (TP Griff-StB (SRT)) mit dem Ausflussmesser zu bestimmen. Dieser darf 40 s nicht überschreiten.

Abschließend sei an dieser Stelle auf die Ausführungen zur Bewertung der Konformität in Abschnitt 5 der DIN EN 1343 verwiesen.

7 DIN 52008:2006-04: Prüfverfahren für Naturstein – Beurteilung der Verwitterungsbeständigkeit, Fassung 2006, Beuth Verlag, Berlin 2006

Anhang A

Mindestprüfhäufigkeiten der Eigenschaften der Baustoffgemische

	Eigenschaft	Abschnitt	Erläuterung	Prüfverfahren	Mindestprüfhäufigkeit
1	Art der Gesteinskörnung im Baustoffgemisch	2.1.1	s. TL Gestein-StB, Abschnitt 2.1.1		s. TL Gestein-StB, Anhang C; Tabelle C.3; Zeile 1
2	Feinanteile	3.2.2 3.3.2		DIN EN 933-1	1 mal pro Woche
3	Überkorn	3.2.3 3.3.3			
4	Korngrößenverteilung	3.2.4 3.3.4			
5	Frostempfindlichkeit, Wasserdurchlässigkeit	3.2.1	keine Anforderungen	–	–
6	Fließkoeffizient	3.2.5 3.3.5		DIN EN 933-6, Abschnitt 8	1 mal im Monat
8	Umweltrelevante Merkmale	3.2.1 3.3.1	gilt nicht für Baustoffgemische aus natürlichen Gesteinskörnungen	s. TL Gestein-StB, Anhang D	s. TL Gestein-StB, Anhang C; Tabelle C.3; Zeile 21

Anhang B

Technische Lieferbedingungen für Baustoffgemische zur Herstellung von Pflasterdecken, Plattenbelägen und Einfassungen im Straßenbau

Teil: Güteüberwachung

Die Güteüberwachung bzw. der Nachweis der Übereinstimmung der Baustoffgemische für Bettungs- und Fugenmaterial hat sinngemäß entsprechend TL G SoB-StB mit folgenden Änderungen und Ergänzungen zu erfolgen:

Zum Abschnitt 1 der TL G SoB-StB: Allgemeines

Wenn für Baustoffgemische gemäß TL Pflaster-StB eine Güteüberwachung vereinbart ist, so ist dabei nach den Bestimmungen dieser Technischen Lieferbedingungen (TL G SoB-StB) mit folgenden Ergänzungen zu verfahren.

Zum Abschnitt 2 der TL G SoB-StB: Geltungsbereich

Baustoffgemische, die in einem Produktionsschritt hergestellt werden, müssen im Rahmen des Eignungsnachweises und der Güteüberwachung

- die gemischspezifischen Anforderungen der TL Pflaster-StB (Tabelle B) und
- die gesteinsspezifischen Anforderungen der TL Gestein-StB (Anlage 2.2 der TL G SoB-StB) erfüllen.

Baustoffgemische, die aus Gesteinskörnungen nach TL Gestein-StB durch Zusammensetzung und Mischung hergestellt werden, müssen die in den TL Gestein-StB beschriebenen Anforderungen an die gesteinsspezifischen Eigenschaften erfüllen. Für die so hergestellten Baustoffgemische sind im Rahmen des Eignungsnachweises und der Güteüberwachung nur die gemischspezifischen Anforderungen gemäß Tabelle B zu überprüfen, wenn die eingesetzten Gesteinskörnungen einer Baustoffeingangsprüfung beim Verarbeiter durch eine unabhängige anerkannte Stelle unterliegen oder der Nachweis einer gleichwertigen freiwilligen Überwachung seitens des Herstellers der Gesteinskörnungen vorliegt.

Innerhalb eines Werkes wird für die dort hergestellten, CE-gekennzeichneten Gesteinskörnungen, die in Baustoffgemischen nach TL Pflaster-StB eingesetzt werden, keine Baustoffeingangsprüfung gefordert.

Anhang B

Tabelle B
(Ergänzung zu den Anlagen 2.1 und 2.3 der TL G SoB-StB):
Prüfungen und Prüfhäufigkeiten für Baustoffgemische nach TL Pflaster-StB aus Gesteinskörnungen nach TL Gestein-StB – gemischspezifische Eigenschaften

	Eigenschaft	Prüfverfahren	TL Pflaster-StB Bettungsmaterial, Fugenmaterial, Abschnitt	Mindestprüfhäufigkeit	
				Hersteller	Fremd-über-wachung
1	Art der Gesteins-körnung im Baustoffgemisch		TL Gestein-StB, 2.1.1 und Anhang A	1/w	2/J
	Art der Gesteins-körnung im Baustoffgemisch (RC-Baustoffe)	M RC	TL Gestein-StB, 2.1.1 und Anhang B	1/w	4/J
2	Feinanteile	DIN EN 933-1	3.2.2 3.3.2	1/w	2/J
3	Überkorn	DIN EN 933-1	3.2.3 3.3.3		
4	Korngrößen-verteilung	DIN EN 933-1	3.2.4 3.3.4		
5	Fließkoeffizient	DIN EN 933-6	3.2.5 3.3.5	DIN EN 933-6, Abschn. 8	2/J
6[a)]	Umweltrelevante Merkmale (HOS; HS; SWS; CUS; CUG; GKOS, SFA)	TP Gestein-StB, Teile 7.1.1 und 7.3	3.2.1 3.3.1	–	2/J
	Umweltrelvante Merkmale (SKG)	TP Gestein-StB, Teile 7.1.1 und 7.3	3.2.1 3.3.1	–	1/J
	Umweltrelevante Merkmale (RC-Baustoffe; GRS)	TP Gestein-StB, Teile 7.1.1 und 7.3	3.2.1 3.3.1	–	4/J

a) nationale Ergänzung zur Europäischen Norm

4/J viermal im Jahr 2/J zweimal im Jahr 1/J einmal im Jahr 1/w wöchentlich

Anhang C

Technische Regelwerke

DIN[1]	DIN 482	Straßenbordsteine aus Naturstein
	DIN 483	Bordsteine aus Beton – Formen, Maße, Kennzeichnung
	DIN 18503	Pflasterklinker – Anforderungen und Prüfverfahren
	DIN 52108	Prüfung anorganischer nichtmetallischer Werkstoffe – Verschleißprüfung mit der Schleifscheibe nach Böhme – Schleifscheiben-Verfahren
	DIN EN 1926	Prüfverfahren für Naturstein – Bestimmung der einachsigen Druckfestigkeit
	DIN EN 12371	Prüfverfahren für Naturstein – Bestimmung des Frostwiderstandes
	DIN EN 12372	Prüfverfahren für Naturstein – Bestimmung der Biegefestigkeit unter Mittellinienlast
	DIN EN 13373	Prüfverfahren für Naturstein – Bestimmung geometrischer Merkmale von Gesteinen
	DIN EN 13755	Prüfverfahren für Naturstein – Bestimmung der Wasseraufnahme unter atmosphärischem Druck
DIN[1),2)]	DIN EN 933-1	Prüfverfahren für geometrische Eigenschaften von Gesteinskörnungen – Teil 1: Bestimmung der Korngrößenverteilung – Siebverfahren
	DIN EN 933-6	– Teil 6: Beurteilung der Oberflächeneigenschaften – Fließkoeffizienten von Gesteinskörnungen
	DIN EN 1338	Pflastersteine aus Beton – Anforderungen und Prüfverfahren
	DIN EN 1339	Platten aus Beton – Anforderungen und Prüfverfahren
	DIN EN 1340	Bordsteine aus Beton – Anforderungen und Prüfverfahren
	DIN EN 1341	Platten aus Naturstein für Außenbereiche – Anforderungen und Prüfverfahren
	DIN EN 1342	Pflastersteine aus Naturstein für Außenbereiche – Anforderungen und Prüfverfahren
	DIN EN 1343	Bordsteine aus Naturstein für Außenbereiche – Anforderungen und Prüfverfahren
	DIN EN 1344	Pflasterziegel – Anforderungen und Prüfverfahren
	DIN EN 1367-1	Prüfverfahren für thermische Eigenschaften und Verwitterungsbeständigkeit von Gesteinskörnungen – Teil 1: Bestimmung des Widerstandes gegen Frost-Tau-Wechsel
	DIN EN 1367-6	– Teil 6: Beständigkeit gegen Frost-Tau-Wechsel in der Gegenwart von Salz (NaCl)
	DIN EN 13043	Gesteinskörnungen für Asphalt und Oberflächenbehandlungen für Straßen, Flugplätze und andere Verkehrsflächen

Anhang C – Technische Regelwerke (Fortsetzung)

DIN[1), 2)]	DIN EN 13285	Ungebundene Gemische – Anforderungen
	DIN EN 13286-1	Ungebundene und hydraulisch gebundene Gemische – Teil 1: Laborprüfverfahren für die Trockendichte und den Wassergehalt; Einführung, allgemeine Anforderungen und Probenahme
FGSV[2)]	TL Gestein-StB	Technische Lieferbedingungen für Gesteinskörnungen im Straßenbau (FGSV 613)
	TL SoB-StB	Technische Lieferbedingungen für Baustoffgemische und Böden zur Herstellung von Schichten ohne Bindemittel im Straßenbau (FGSV 697)
	TL G SoB-StB	Technische Lieferbedingungen für Baustoffgemische und Böden zur Herstellung von Schichten ohne Bindemittel im Straßenbau – Teil: Güteüberwachung (FGSV 696)
	TP Gestein-StB	Technische Prüfvorschriften für Gesteinskörnungen im Straßenbau (FGSV 610)
	TP Griff-StB (SRT)	Technische Prüfvorschriften für Griffigkeitsmessungen im Straßenbau – Teil: Messverfahren SRT (FGSV 408/2)
	ZTV Pflaster-StB	Zusätzliche Technische Vertragsbedingungen und Richtlinien zur Herstellung von Pflasterdecken, Plattenbelägen und Einfassungen (FGSV 699)

Bezugsquellen

1) **Beuth Verlag GmbH**
Anschrift: Burggrafenstraße 6, 10787 Berlin
Tel.: 030/2601-1331, Fax: 030/2601-1260
E-Mail: kundenservice@beuth.de, Internet: www.beuth.de

2) **FGSV Verlag GmbH**
Anschrift: Wesselinger Straße 15–17, 50999 Köln
Tel.: 02236/384630, Fax: 02236/384640
E-Mail: info@fgsv-verlag.de, Internet: www.fgsv-verlag.de

Alle aufgeführten FGSV-Veröffentlichungen sind auch digital für den FGSV Reader erhältlich und enthalten im umfassenden Abo-Service „FGSV – Technisches Regelwerk – Digital"

Teil C
Gebundene Bauweise

M FPgeb

Kommentar

1 Regelwerk zur gebundenen Ausführung von Pflasterdecken und Plattenbelägen

1.1 Allgemeines

Unter der gebundenen Ausführung von Pflasterdecken und Plattenbelägen versteht man die Ausführung dieser Decken und Beläge unter Verwendung von gebundenen Bettungs- und Fugenmörteln. Neben hydraulisch gebundenen Mörteln können auch kunstharzgebundene oder hydraulische, mit Kunstharz modifizierte Mörtel eingesetzt werden. Bei der gebundenen Bauweise wird oftmals zwischen der sogenannten vollgebundenen und den verschiedenen teilgebundenen Bauweisen unterschieden. Die folgenden Ausführungen konzentrieren sich unter Berücksichtigung der Belange des öffentlichen Straßenbaus auf die vollgebundene Bauweise.

Das Vergießen von Pflasterfugen mit bitumenhaltigen Heißvergussmassen zählt nicht zu der hier im Folgenden beschriebenen gebundenen Bauweise, sondern wird der ungebundenen Bauweise zugesprochen, da die Flexibilität der Decke beibehalten wird und die Fugen nur im oberen Bereich mit der Vergussmasse verfüllt werden.

Straßen zu pflastern ist eine „uralte" Form der Flächenbefestigung, z. B. sind neben den Straßen der Römer auch frühere Pflasterflächen der Griechen, Babylonier und Assyrer bekannt. Eine der ersten noch heute bekannten Straßen in gebundener Ausführung war die Prozessionsstraße in Babylon, welche um ca. 600 v. Chr. hergestellt wurde. Hier wurden Platten aus gebranntem Ton in Asphaltmörtel verlegt.[1] Nach Niedergang des römischen Reiches „versank"

Bild 1.1 Mit hellem Fugenmörtel gebundenes Natursteinpflaster

1 Siehe hierzu auch den Eintrag „Prozessionsstraßen" auf Wikipedia.

Kommentar

auch das Wissen um die Pflasterstraßen und Plattenbeläge sowie deren Erhalt für mehrere Jahrhunderte. Erst im Mittelalter sind wieder, abhängig vom jeweiligen Reichtum der Städte, einzelne gepflasterte Straßenflächen belegt.

Die Leistungen der Pflasterer gaben (wie heute) manchmal Anlass zur Kritik, so hat in der Neuzeit im Jahr 1721 der Coburger Amtmann Hönn ein Betrugslexikon herausgegeben, das auch „Betrügereyen" von Pflasterern beschreibt.[2] Die dort genannten „Betrügereyen" sind immer noch aktuell: So schildert Hönn z. B. den Diebstahl der Steine durch eine Auftraggeberin für eigene private Flächen, das Versetzen der Pflastersteine, ohne sie nach der Breite zu sortieren, und die Missachtung einer ausreichenden Tragfähigkeit der Unterlage oder eines ausreichenden Gefälles.

Alle diese Unregelmäßigkeiten findet man auch bei heutigen Pflasterdecken; als Mittel dagegen wird schon 1761 eine gründliche Bauüberwachung angeraten.

In der Neuzeit wurden Pflasterdecken lange nicht in gebundener Ausführung hergestellt. Durch eine stabile und tragfähige Unterlage (gesetzte Packlagen) und besonders durch das Rammen der in ungebundener Bettung versetzten Pflastersteine hielten die Decken in ungebundener Bauweise dem damaligen Verkehr stand.

Eine erste voll gebundene Ausführung von Pflasterdecken war die in den 1930er-Jahren aufkommende Concrelithbauweise. Bei diesem Verfahren werden die Steine Ecke gegen Kante in Beton gesetzt und eingerammt oder eingerüttelt. Die Fugen zwischen den Steinen werden mit Zementmörtel so vergossen, dass die Steinköpfe gerade noch sichtbar bleiben.

Im März 1940 wurde von der Forschungsgesellschaft für das Straßenwesen (FG) ein „Merkblatt zur Ausführung von Zementmörtel-Fugenverguß bei Steinpflasterdecken" herausgegeben.[3] In diesem Merkblatt werden Mischbauweisen beschrieben: Großpflaster mit einer ungebundenen Bettung von 7 bis 10 cm, gerammt 5 bis 6 cm dick, und Kleinpflaster mit einer ungebundenen Bettung, gerammt auf eine Dicke von 2 cm. Besonders hingewiesen wird auf die Ebenheit und Belastbarkeit der Tragschicht, welche bei Großpflaster als Packlage, bei Kleinpflaster als Tragschicht aus Beton auszubilden ist.

Für den Mörtelverguss wird in dem Merkblatt gefordert, dass dieser mindestens 2/3 der Fugenhöhe füllen muss. Der Mörtel sollte in einem Verhältnis von Zement : Sand = 1 : 1,5 bis max. 1 : 2 hergestellt werden. Die Nachbehandlungsdauer wird mit 8 bis 14 Tagen angegeben. Entstehenden Fugenrissen wird „bei guter Ausführung der Decke" keine „besondere Bedeutung" beigemessen.

Es wird unter Abschnitt VI, Nr. 2 darauf hingewiesen, dass „Raumfugen mit nachgiebigem Verguss (bituminöse Vergussmassen) möglichst zu vermeiden sind, weil unter dem Verkehr die unmittelbar beiderseits der Raumfuge befindlichen Steine nach der Fuge nachgeben und sich aus dem starren Verband der Decke lösen können." Die Ausbildung von Bewegungsfugen, wie Raumfugen heutzutage genannt werden, ist auch heute noch ein aktuelles Diskussionsthema.

---

2 Siehe zu Georg Paul Hönns Betrugslexicon, das 1721 erstmals in Coburg erschien, auch die Einführung vor Teil A.

3 Merkblatt für die Ausführung von Zementmörtelfugenverguß bei Steinpflasterdecken, FG, Berlin 1940

Kommentar

Bild 1.2 Gebunden ausgeführter Plattenbelag aus Naturstein

Zu beachten ist die Schlussbemerkung unter Abschnitt VII dieses Merkblattes: „Es muss mit allem Nachdruck betont werden, dass das Pflastern und Vergießen der Fugen mit Zementmörtel außergewöhnliche Sorgfalt erfordert und nur dann ohne Fehlschläge bleibt, wenn alle hier aufgeführten Regeln peinlich genau beachtet werden. Diese Arbeitsweise fordert daher eine gründliche Schulung aller am Bau Beteiligten sowohl auf Seiten der Bauverwaltung und besonders der Unternehmerschaft."

Diese Schlussbemerkung des Merkblattes besitzt auch heute, nach 80 Jahren, seine allgemeine Gültigkeit. Wenn auch in technischer Hinsicht ein wesentlich höherer Wissenstand als damals vorhanden ist, so ist doch der Ausbildungsstand der am Bau Beteiligten, besonders in handwerklicher Hinsicht, oftmals als geringer anzusehen.

Umso mehr ist auf die Ausführungen des vorliegenden aktuellen „Merkblattes für Flächenbefestigungen mit Pflasterdecken und Plattenbelägen in gebundener Ausführung" der FGSV[4] hinzuweisen, in dem betont wird, dass grundsätz-

4 M FPgeb, Ausgabe 2018, FGSV Verlag, Köln 2018

Kommentar

lich eine gebundene Ausführung von Pflasterdecken und Plattenbelägen nur gelingen kann, wenn **fundierte Fachkenntnisse bei Planung, Ausschreibung und Auswahl der Baustoffe sowie eine besondere Sorgfalt bei der Ausführung** vorhanden sind.

Durch die ausschließliche Beschränkung der DIN 18318 von der Ausgabe 2006 bis zur Ausgabe 2019-9 auf die ungebundene Bauweise (sog. „Regelbauweise") war es in der Vergangenheit nicht möglich, bei Ausschreibungen „ohne Weiteres" auf die Regelungen in der DIN 18318 und auf die verbundenen Werke TL Pflaster-StB und ZTV Pflaster-StB zu verweisen. Während die Übernahme der TL Pflaster-StB für die Materiallieferung einfach durch Nennung des Abschnittes in den Zusätzlichen Vertragsbedingungen und in dem Text der jeweiligen Position erfolgen konnte, mussten im Detail Inhalte der DIN 18318 und der ZTV Pflaster-StB, abgestimmt auf die gebundene Bauweise sowie auf die Anforderungen an die zu verwendenden Mörtel, neu beschrieben und vereinbart werden.

Die oft geäußerte Meinung, dass es keine ausreichenden positiven Langzeiterfahrungen für gebundene Ausführungen gab, wurde auch lange in der FGSV vertreten. Ein wichtiger Grund hierzu war, dass in der Vergangenheit viele Schäden aufgetreten sind. Eine Ursache dafür kann sein, dass die früheren Ausgaben der DIN 18318, deren Geltungsbereich auch die gebundene Bauweise umfasste, in ihren Anforderungen an die Beschaffenheit von Bettungs- und Fugenstoffen für die gebundene Bauweise keine ausreichenden Festlegungen enthielten. Dem entsprechend unterschiedlich war dann die Ausführungsqualität vor Ort.

Erstmals herausgegeben wurde die DIN 18318 im Jahr 1979[5], von dieser Ausgabe bis zur Ausgabe 2006 lautete die Vorgabe „Zementmörtel als Bett für Pflasterdecken erdfeucht mit einem Zementgehalt von 270 kg/m³" einzusetzen, und ab Ausgabe 1988 hieß es „Bettung: Mörtelgruppe III DIN 1053-1, MV 1 : 4." Bezüglich Zementmörtel für die Füllung von Pflasterfugen wurde in den Ausgaben 1979 bis zur Ausgabe 2002 für schlämmbare Mörtel 600 kg Zement/m³ angegeben.

Beginnend in der ersten Hälfte der 1970er-Jahre kam es allgemein zu einer „Renaissance" der Pflasterdecken und Plattenbeläge. In Städten und Gemeinden waren sie für neu entstehende Fußgängerzonen zu bevorzugten Gestaltungselementen geworden, mit denen die Verkehrsräume neue Funktionalitäten und Qualitäten erhielten.

Leider kam es immer wieder zu Kollisionen zwischen der gewünschten Gestaltung und der Ausführung, da auch die „Ausführung nach Norm" zu unbefriedigenden Ergebnissen führte. Die dort für die gebundene Bauweise genannten Mörtelmischungen führten häufig zu Bauschäden in erheblichem Umfang. Sie waren weder frost- und tausalzwiderstandsfähig noch konnten sie eine ausreichende Haftfestigkeit zum Belagselement aufbauen. Häufig waren Fugenfüllungen infolge Überwässerung des Mörtels bei der Reinigung schnell durch die spätere maschinelle Reinigung in den oberen Zentimetern abgetragen. Die Versuche, diesen Abtrag mit fließfähigem Mörtel erneut auszufüllen, scheiterten fast vollständig.

5 VOB Teil C DIN 18318: Straßenbauarbeiten, Steinpflaster, Ausgabe 1979, Beuth Verlag, Berlin 1979

Kommentar

Bild 1.3 Gebunden ausgeführtes Klinkerpflaster

So kam es zu der damals richtigen Feststellung der negativen Langzeiterfahrungen. Seitdem wurden die Baustoffe optimiert, die Anforderungen überarbeitet und die Gütesicherung deutlich verbessert, so dass nun ein Großteil der regelgemäß hergestellten Flächen auch langjährig schadensfrei ist. Die wichtigsten Vor- und Nachteile einer nach heutigen Baugrundsätzen hergestellten Pflasterdecke oder eines Plattenbelages in gebundener Ausführung können in wenige Schlagworte gefasst werden:

- **Vorteile sind**

- Einsatz für stark belastete Bereiche möglich
- kein Nachverfugen, die permanente Fugenpflege (einer ungebundenen Ausführung) entfällt, deshalb
  - geringe Unterhaltungskosten/Wartungskosten
  - Vermeidung von Spurrinnenbildungen
  - frühzeitige maschinelle Reinigung möglich
  - Reinigung mit Hochdruckwasser nach Veranstaltungen möglich
  - Barrierefreie Herstellung von Fläche mit dauerhaft vollständig gefüllten Fugen

- **Nachteile sind**

- aufwendige, teure Herstellung gegenüber einer ungebundenen Ausführung
- schwierige Reparaturen
- Abbinde- und Erhärtungszeit des Mörtels ist zu beachten
- Ausbildung der Bewegungsfugen in Verkehrsflächen mit Kfz-Verkehr bisher ungelöst.

Die gebundene Ausführung von Pflasterdecken und Plattenbelägen erfährt jedes Jahr eine stärkere Auftragszunahme. Daher wurde am Regelwerk für die gebundene Pflasterbauweise weitergearbeitet. Zudem wurden von Seiten

Bild 1.4 **Hoch beanspruchte Busverkehrsfläche in gebundener Ausführung**

Bild 1.5 **Schwierige Aufgrabung – Kurzschluss gefunden**

Kommentar

der verschiedenen betroffenen Organisationen unterschiedliche Veröffentlichungen vorgenommen.

Bei all diesen technischen Papieren kann es schwierig sein, den Überblick hinsichtlich der technischen und vertraglichen Relevanz zu behalten. Im Folgenden werden daher die häufig zitierten Veröffentlichungen vorgestellt. Zu unterscheiden ist zwischen Publikationen der FGSV, den Allgemeinen Technischen Vertragsbedingungen (ATV DIN) im Rahmen von VOB-Verträgen sowie den verschiedenen Veröffentlichungen der weiteren Verbände und Institutionen, die sich mit der Bauweise beschäftigen. Hervorzuheben sind Veröffentlichungen des Deutschen Naturwerkstein-Verbandes (DNV), der Wissenschaftlich-Technischen Arbeitsgemeinschaft für Bauwerkserhaltung und Denkmalpflege e. V. (WTA), der Forschungsgesellschaft Landschaftsentwicklung Landschaftsbau e. V. (FLL), des Deutschen Instituts für Normung e. V. in Verbindung mit dem Deutschen Vergabe- und Vertragsausschuss für Bauleistungen (ATV DIN) sowie endlich der Forschungsgesellschaft für Straßen- und Verkehrswesen e. V. (FGSV). Hinsichtlich der Anwendung dieser Veröffentlichungen ist auf den jeweiligen Anwendungszweck zu achten.

Kommentar

2 Chronologie und Kurzdarstellung relevanter Regelwerke und Veröffentlichungen zur gebundenen Bauweise

Die folgenden technischen Veröffentlichungen geben in erster Linie die Sichtweise der jeweils herausgebenden Organisation auf den Stand der Technik der behandelten Ausführungen wieder. Im gesamten Umfang sind sie jedoch nicht oder nur eingeschränkt als Vertragsbedingungen geeignet, da sie eine Mischung aus Anforderungen, Erläuterungen und Wahlmöglichkeiten enthalten.

2.1 Deutscher Naturwerkstein-Verband

Die in der Vergangenheit aufgetretene Lücke im Regelwerk zur gebundenen Bauweise versuchten einzelne Verbände mit ihren Merkblättern zu füllen, so im Jahr 2000/2002 der Deutsche Naturwerkstein-Verband mit dem „Merkblatt Pflasterdecken und Plattenbeläge aus Naturstein für Verkehrsflächen“[1]

Hier werden erstmalig eine gebundene wasserdurchlässige Tragschicht aus Dränbeton oder aus „Einkornbeton“ mit einem Hohlraumgehalt von 15 bis 20 Vol.-% oder Tragschichten aus Dränasphalt gefordert. Auf undurchlässige Tragschichten wird insofern hingewiesen, als dass sie eine Entwässerung, die sogenannte „2. Entwässerungsebene“, benötigen. Zum Schichtenverbund erfolgt der Hinweis, dass kein bzw. nur ein geringer Schichtverbund zwischen dem Stein und dem Bettungsmaterial vorhanden sein wird, bzw. die aus den Höhentoleranzen der Pflastersteine entstehende geringe Verzahnung nur sehr geringe Schubkräfte übernehmen kann. Der größte Teil der Horizontalkräfte muss von den Steinen und dem Fugenmaterial übernommen und in dieser Schicht auch abgebaut werden.

Das Bettungsmaterial muss wasserdurchlässig sein. In diesem Merkblatt wird ein Baustoffgemisch aus Edelsplitt 2/8 bis 2/11 mm oder Rundkorn 4/8 mm mit einem Zementgehalt von 200 bis 250 kg/m³ empfohlen. Mörtel 0/8 mm oder Estrichmörtel 0/11 werden als ungeeignet beschrieben, da sie nicht ausreichend wasserdurchlässig sind. Es wird festgelegt, dass die Fugen mit einem hochwertigen Material auf mindestens 2/3 der Steinhöhe verfüllt werden müssen. Diese Forderung war schon im „Merkblatt zur Ausführung von Zementmörtelfugenverguß bei Steinpflasterdecken“ der Forschungsgesellschaft für das Straßenwesen vom März 1940 enthalten.

Später wurde von dieser Regel abgewichen und in Normen und Merkblättern nur noch eine Tiefe von 30 mm angegeben. Dies ist aus heutiger Sicht so nicht mehr haltbar.

Das DNV-Merkblatt unterscheidet drei Gruppen von Fugenfüllungen:

- Zementgebundene Fugenfüllungen, Fertigmörtel (sogenannte „Werkmörtel“) mit folgenden Anforderungen:
  - hochfließfähig

1 Deutscher Naturwerkstein-Verband e. V.: Merkblatt Pflasterdecken und Plattenbeläge aus Naturstein für Verkehrsflächen, Würzburg 2000/2002

Kommentar

   - Druckfestigkeit > 40 N/mm²
   - Biegezugfestigkeit > 6 N/mm²
   - Haftzugfestigkeit > 1 N/mm²
   - Frost-/Tausalz-Widerstandsfähigkeit
- Zementgebundene Fugenfüllungen, bauseits hergestellt:
   - Entgegen der DIN 18318 sind derartige Mörtel in einem Mischungsverhältnis 1:2,0 bis 1:2,5 herzustellen.
   - Die Verwendung von Trass-Zementmörtel kann vorteilhaft sein.
   - Vor möglichen Nachteilen infolge der herstellungsbedingten Ungenauigkeiten wird gewarnt.
   - Es wird auf witterungsabhängige Nachbehandlungsmaßnahmen über mind. 12 Tage hingewiesen.
- Kunststoffgebundene Fugenfüllungen:
   - Hier empfiehlt das DNV-Merkblatt den Verwendern einer solchen Fugenfüllung, sich die Eignung für das jeweilige Objekt bestätigen zu lassen und gleichartige Referenzobjekte zu besichtigen.

Das DNV-Merkblatt enthält den später in allen Regelwerken zur gebundenen Ausführung enthaltenen Hinweis, dass bei gebundenen Pflasterdecken Risse infolge von Temperaturschwankungen unvermeidlich sind. Es wird eine Einteilung in Felder mit einer Größe von 25 bis 27 m² empfohlen, welche durch Dehnungsfugen (Bewegungsfugen) abzugrenzen sind. Ebenso sind Bewegungsfugen entlang festen Begrenzungen und Einbauten herzustellen.

Auf die Problemstellung und Schadenverursachung von Fugen in Fahrbahnen und die gegensätzlichen Anforderungen, z.B. elastische Konstruktion, aber ausreichende Stützfähigkeit, wird verwiesen und letztlich vorgeschlagen, entstehende Risse in Scheinfugen umzuwandeln (siehe Schweizer Norm SN 640 480 a)[2].

Die „Richtlinie Pflaster- und Plattendecken für befahrene und begangene Flächen in ungebundener und gebundener Ausführung sowie in Mischbauweisen"[3] vom Mai 2014 ersetzte das vorangegangene Merkblatt des DNV aus dem Jahr 2002 und beschreibt ebenso die Ausführung von Flächenbefestigungen mit Natursteinen. Die Richtlinie enthält Ausführungen zur ungebundenen und zur gebundenen Bauweise. Nachstehend wird nur die gebundene Bauweise betrachtet. Der Geltungsbereich wird auf Seite 5 folgendermaßen beschrieben: „Die Richtlinie für Pflaster- und Plattendecken für befahrene und begangene Flächen in ungebundener und gebundener Ausführung hat grundsätzlich empfehlenden Charakter und dient zusätzlich zu den im Anhang dieser Richtlinie aufgeführten Regelwerken als Planungsgrundlage sowie für die spätere Ausführung. Diese Richtlinie beinhaltet eine praxisnahe Anwendung und stellt Bauweisen dar, die sich bereits vielfach bewährt haben. Andere Bauweisen werden damit nicht ausgeschlossen."

Die Richtlinie ist also nicht als Vertragswerk konzipiert und der Inhalt erhebt nicht den Anspruch, den Stand der Technik oder allgemein anerkannte Regeln der Technik zu beschreiben.

---

2 Schweizerischer Verband der Strassen- und Verkehrsfachleute: Pflästerungen – Konzeption, Oberbaudimensionierung, Anforderungen und Ausführung, 2009; www.mobilityplatform.ch/de

3 Deutscher Naturwerkstein-Verband e. V.: Richtlinie Pflaster- und Plattendecken für befahrene und begangene Flächen in ungebundener und gebundener Ausführung sowie in Mischbauweisen, Würzburg 2014

Kommentar

Unter Abschnitt 3.8.3 der Richtlinie werden sieben sogenannte **Verkehrsbelastungsklassen (VBK)** definiert:

- **Verkehrsbelastungsklasse 1 (VBK 1)** Ausschließlich begehbare (nicht mit Kfz befahrbare) Beläge außerhalb von Flächen des Straßenverkehrs (z. B. Terrassen, Fußwege)
- **Verkehrsbelastungsklasse 2 (VBK 2)** Befahrbare Beläge bis 3,5 t zulässigem Gesamtgewicht außerhalb von Flächen des Straßenverkehrs (z. B. Garagenzufahrten, PKW-Stellplätze)
- **Verkehrsbelastungsklasse 3 (VBK 3)** Befahrbare Beläge wie VBK 2, jedoch mit gelegentlichen Befahrungen von Fahrzeugen bis 20 t zulässigem Gesamtgewicht außerhalb von Flächen des Straßenverkehrs (z. B. Pflege-, Instandhaltungs- und Rettungswege sowie Feuerwehr-, Garagen- und Gebäudezufahrten)
- **Verkehrsbelastungsklasse 4 (VBK 4)** Flächen des Straßenverkehrs mit seltenem Schwerlastverkehr (z. B. Fuß- und Radwege) entsprechend der Bauklasse BK0,3 der RStO 12
- **Verkehrsbelastungsklasse 5 (VBK 5)** Flächen des Straßenverkehrs mit geringem Schwerlastverkehr (z. B. Anliegerstraßen) entsprechend der Bauklasse BK1,0 der RStO 12
- **Verkehrsbelastungsklasse 6 (VBK 6)** Flächen des Straßenverkehrs mit Schwerlastverkehr (z. B. Fußgängerzone mit Ladeverkehr) entsprechend der Bauklasse BK1,8 der RStO 12
- **Verkehrsbelastungsklasse 7 (VBK 7)** Flächen des Straßenverkehrs mit häufigem Schwerlastverkehr (z. B. Wohnsammelstraßen, Busverkehrsflächen) entsprechend der Bauklasse BK3,2 der RStO 12.

Diese Einteilung in Verkehrsbelastungsklassen entspricht erst ab der VBK 5 der Einteilung der im Straßenbau üblichen RStO der FGSV. Die VBK 1 bis VBK 4 entsprechen nicht den Zuordnungen der RStO und sind daher bei öffentlichen Verkehrsflächen, bei denen die RStO durch eine Verfügung der zuständigen Straßenbaubehörde eingeführt sind, nicht direkt anwendbar.

■ **Bettung** (siehe Abschnitt 3.9.2 der Richtlinie)

Für die Herstellung der Bettung empfiehlt die Richtlinie, drainfähigen Mörtel mit Gesteinskörnungen der Korngröße ≥ 2 mm aus Splitt oder Rundkorn ohne Anteil 0,063–2 mm zu verwenden.

Folgende Anforderungen werden genannt:

- **VBK 1** Bei ausschließlich begehbaren Flächen bestehen keine Anforderungen an die Festigkeit des Bettungsmaterials
- **VBK 2 bis 4** Das Bettungsmaterial muss die nachstehenden Eigenschaften erfüllen:
  - Druckfestigkeit [fc,cyl/cube] Mittelwert mind.10 N/mm² am Würfel
  - Druckfestigkeit [fc,cyl] im eingebauten Zustand am Bohrkern mit Nenndurchmesser 150 mm und Höhe von 50 ±10 mm: Mittelwert ≥ 5 N/mm², kleinster Wert ≥ 4 N/mm²
  - Haftzugfestigkeit zwischen Bettung und Naturstein im eingebauten Zustand ≥ 0,4 N/mm² (nur mit Haftbrücke erreichbar)
  - Wasserdurchlässigkeit im eingebauten Zustand ≥ 5 × 10^{-4} m/s und kapillares Saugverhalten ≤ 5 M.-%
- **VBK 5 bis 7** Das Bettungsmaterial muss folgende Eigenschaften erfüllen:
  - Druckfestigkeit [fc,cyl/cube] Mittelwert am Würfel mind.15 N/mm²

Kommentar

- Druckfestigkeit [fc,cyl] im eingebauten Zustand am Bohrkern mit Nenndurchmesser 150 mm und Höhe von 50 ±10 mm: Mittelwert ≥ 8 N/mm², kleinster Wert ≥ 6 N/mm²
- Haftzugfestigkeit zwischen Bettung und Naturstein im eingebauten Zustand ≥ 0,4 N/mm² (nur mit Haftbrücke erreichbar)
- Wasserdurchlässigkeit im eingebauten Zustand ≥ 5×10^{-4} m/s und kapillares Saugverhalten ≤ 5 M.-%.

Grundsätzlich wird empfohlen, Haftvermittler bei allen Steinformaten mit bearbeiteten Unterseiten, bei Platten, Einfassungen und gespaltenen Pflastersteinen mit Kantenlängen ab 120 mm zu verwenden.

■ **Fugenfüllung** (siehe Abschnitt 3.8.3 der Richtlinie)

Für die Herstellung der Fugenfüllung sollte ein Werktrockenmörtel eingesetzt werden.

Folgende Anforderungen an die Druckfestigkeit (Laborfestigkeiten) sind nachzuweisen:

- Verkehrsbelastungsklasse 1 und 2 (VBK 1/VBK 2) ≥ 10 N/mm²
- Verkehrsbelastungsklasse 3 (VBK 3) ≥ 15 N/mm²
- Verkehrsbelastungsklasse 4 (VBK 4) ≥ 20 N/mm²
- Verkehrsbelastungsklasse 5 (VBK 5) ≥ 25 N/mm²
- Verkehrsbelastungsklasse 6 (VBK 6) ≥ 30 N/mm²
- Verkehrsbelastungsklasse 7 (VBK 7) ≥ 40 N/mm²
- Mischbauweise (nach Abschnitt 5.4 der Richtlinie)
  - Nur begehbare Flächen ≥ 15 N/mm²
  - befahrene Flächen ≥ 30 N/mm²
- Nachweis des Frost-Widerstandes nach DIN EN 12390-9 (CF-Prüfverfahren; ≤ 800 g/m²)
- Bei Bedarf: Nachweis des Frost-Tausalz-Widerstandes bei zementgebundenem Fugenmörtel nach Slabtest oder CDF-Verfahren ≤ 800 g/m²

■ **Befestigungselemente** (siehe Abschnitt 3 der Richtlinie)

Für die Auswahl der Steingröße von Pflastersteinen in Abhängigkeit von der Verkehrsbelastung ist eine Tabelle für die Verwendung bei gebundener Ausführung enthalten. So werden z. B. Kleinpflastersteine mit einer Dicke von 10 cm für die VBK 7 als ungeeignet angesehen und Großpflaster erst ab einer Dicke von 14 cm. Platten mit einer Dicke ≥ 180 mm werden bis zu einem Format > 1 000 mm für die VBK 7 als geeignet angesehen.

■ **Ausführung** (siehe Abschnitt 5.3 der Richtlinie)

Die Richtlinie gibt folgende Hinweise zur Ausführung:

- Die Pflastersteine und Platten sind auf einer gebundenen, tragfähigen, ebenen und wasserdurchlässigen Unterlage zu versetzen.
- Das Bettungsmaterial muss ordnungsgemäß gemischt und unter Beachtung der Verarbeitungszeiten eingebaut werden.
- Die Pflastersteine und Platten müssen auf die fertige Höhe hammerfest versetzt werden.
- Bei Pflastersteinen und Platten mit maschinell hergestellten Unterseiten muss vollflächig eine mind. 1–2 mm dicke Haftbrücke aufgebracht werden.
- Bei einem Bettungsmaterial aus wasserdurchlässigem Mörtel kann eine Verfugung frühestens nach ca. 12–18 Std. erfolgen.

Kommentar

- Zementöse Fugenfüllungen sind in der gesamten verbleibenden Fugenhöhe nach dem Setzen der Steine und Platten einzubringen. Bei gefasten Steinen und Platten ist die Fuge bis zur Unterkante der Fase zu verfüllen.
- Das Reinigen der zementösen Fugen muss schonend erfolgen, vorteilhaft ist eine Reinigung mit einer Schwammputzmaschine. Abspritzen mit Wasser ist nicht erlaubt.
- Die gebunden hergestellte Fläche erfordert eine Nachbehandlung.
- Bei Verwendung von Mörtel auf Reaktionsharzbasis sind die Angaben der Hersteller zu beachten. Die Eignung dieser Mörtel ist nachzuweisen. Bei Schwerverkehrsbelastung sind die Fugenfüllungen über die nach dem Versetzen verbleibende Fugenhöhe auszuführen.

Zur Verkehrsfreigabe der hergestellten Flächen in Abhängigkeit von einer Tagesmitteltemperatur von 15 °C wird ausgeführt:

- Begehbare Flächen: 3 Tage nach Fertigstellung
- Befahrbare Flächen für Pkw: 14 Tage nach Fertigstellung
- Befahrbare Flächen für Lkw: 21 Tage nach Fertigstellung
- Bei tiefen Temperaturen sind längere Sperrzeiten bis zur Freigabe erforderlich.

2.2 Forschungsgesellschaft für Straßen- und Verkehrswesen

Im September 2007 wurde von der Forschungsgesellschaft für Straßen- und Verkehrswesen (FGSV) das Arbeitspapier „Pflasterdecken und Plattenbeläge in gebundener Ausführung“[4] herausgegeben. Das Arbeitspapier wurde nach der Systematik der Regelwerke der FGSV als „Wissensdokument W 2“ eingestuft. Das bedeutet, dass es sich um eine Informations- oder Arbeitshilfe handelt, die nicht innerhalb der FGSV abgestimmt ist und nur die Auffassung des bearbeitenden FGSV-Gremiums wiedergibt. Letztlich hat sich dieses Arbeitspapier bei den Anwendern im öffentlichen Bereich aber zur maßgeblichen Veröffentlichung zum „Stand der Technik“ entwickelt.

Das Arbeitspapier wurde überarbeitet und im Jahr 2018 durch ein entsprechendes „Merkblatt für Flächenbefestigungen mit Pflasterdecken und Plattenbeläge in gebundener Ausführung“[5] ersetzt. Die Inhalte dieses Merkblattes stellen aus Sicht der Verfasser den aktuellen Wissensstand für die Befestigung von öffentlichen Verkehrsflächen mit gebundenen Pflasterdecken und Plattenbelägen in Deutschland dar. Es wurde bewusst so konzipiert, dass es die ATV DIN 18318 nicht ergänzt, sondern auch selbständig verwendet werden kann. Da das Merkblatt im nachfolgenden Kapitel 3 detailliert dargestellt und kommentiert wird und die Inhalte auf der Basis des vorhergehenden Arbeitspapiers entwickelt wurden, wird an dieser Stelle auf eine Kurzdarstellung von Arbeitspapier und Merkblatt verzichtet.

4 Arbeitspapier Pflasterdecken und Plattenbeläge in gebundener Ausführung, Ausgabe 2007, FGSV Verlag, Köln 2007

5 M FPgeb, Ausgabe 2018, FGSV Verlag, Köln 2018

Kommentar

2.3 Wissenschaftlich-Technische Arbeitsgemeinschaft für Bauwerkserhaltung und Denkmalpflege e. V.

Das Merkblatt 5-21 „Gebundene Bauweise – Historisches Pflaster“[6] der Wissenschaftlich-Technischen Arbeitsgemeinschaft für Bauwerkserhaltung und Denkmalpflege e. V. (WTA) wurde im Jahr 2009 veröffentlicht und enthält Anforderungen für die gebundene Ausführung (gebundene Tragschicht, gebundene Bettung, gebundene Fuge) für Verkehrsflächen, die Kraftfahrzeugverkehr unterliegen.

Die **Erläuterungen** zu dem Merkblatt enthalten u. A.: „Das Merkblatt soll die Grundlagen regeln, die für das Herstellen und die Prüfung von gebundenen Materialien für Bettung und Fugen im Labor sowie der Bedingungen der Baustelle erforderlich sind.“

Als **Benutzerhinweise** werden in dem Merkblatt ausgeführt: „Das geltende technische Regelwerk (2009) für die Planung und Ausführung von Pflasterdecken und Plattenbelägen beschreibt nicht die Ausführung in gebundener Bauweise. Deshalb soll das Merkblatt Empfehlungen, Hinweise und Zielvorgaben zur Herstellung gebundener Beläge geben und eine Arbeitshilfe sein.“

Es wird darauf hingewiesen, dass das Merkblatt nicht automatisch Vertragsbestandteil eines Bauvertrages werden kann, dazu müssen einzelne Texte in die Leistungsbeschreibung einbezogen werden.

■ **Tragschicht** (siehe Abschnitt 1.3.1 des Merkblattes)

Auf das Erfordernis einer gebundenen wasserdurchlässigen Tragschicht aus Dränbeton oder Dränasphalt bei Flächenbefestigungen, welche für die Nutzung durch Fahrzeugverkehr vorgesehen sind, wird verwiesen. Diese Tragschichten müssen hinsichtlich der Dimensionierung den RStO entsprechen.

■ **Bettung** (siehe Abschnitte 1.3.2 und 3.2 des Merkblattes)

Bettungen sollen nach diesem Merkblatt mit „Dränfeinbeton“ aus Baustoffgemischen 2/8 mm oder 4/8 mm und ca. 20 M.-% Sand 0/2 mm mit Zement und evtl. Zusatzstoffen hergestellt werden.

Es wird ein Nachweis der Druckfestigkeit nach 7 Tagen und 28 Tagen für die Laborfestigkeit und die Baustellenfestigkeit gefordert, gestaffelt nach den Bauklassen der damals geltenden RStO:

- Erforderliche Druckfestigkeit nach 7 Tagen
  - Bauklassen VI und V: ≥ 25 N/mm²/≥ 15 N/mm²
  - Bauklassen IV und III: ≥ 35 N/mm²/≥ 20 N/mm²
  - Bauklasse III mit bes. Beanspruchungen: ≥ 42 N/mm²/≥ 24 N/mm²
- Erforderliche Druckfestigkeit nach 28 Tagen
  - Bauklassen VI und V: ≥ 35 N/mm²/≥ 20 N/mm²
  - Bauklassen IV und III: ≥ 45 N/mm²/≥ 25 N/mm²
  - Bauklasse III mit bes. Beanspruchungen: ≥ 54 N/mm²/≥ 30 N/mm²
- Für den Bettungsmörtel von Verkehrsflächen aller Bauklassen gilt
  - Hohlraumgehalt ≥ 20 Vol.-%

6 Wissenschaftlich-Technische Arbeitsgemeinschaft für Bauwerkserhaltung und Denkmalpflege e. V.: Merkblatt 5-21 Gebundene Bauweise – Historisches Pflaster, Ausgabe 2009/D, WTA Publications 2009

Kommentar

- Wasserdurchlässigkeit ≥ 10^{-6} m/s
- Haftzugfestigkeit (Baustelle) ≥ 0,6 N/mm² ohne Haftvermittler
  ≥ 0,8 N/mm² mit Haftvermittler.

Nach Ansicht der Verfasser sind die hier genannten Werte jedoch sehr hoch angesetzt und mit dem „Dränfeinbeton“ bei 20 Vol.-% Hohlraumgehalt und erdfeuchter Verarbeitung fast nicht zu erreichen. Die Werte für die geforderte Haftzugfestigkeit sind mit haufwerksporigem Mörtel ebenfalls schwer zu erreichen. Realistische Werte liegen bei 0,2 bis 0,3 N/mm² ohne Haftvermittler und ≥ 0,5 N/mm² mit Haftvermittler.

In dem Merkblatt wird auf die Verarbeitungszeit des Dränfeinbetons hingewiesen, die infolge der Haufwerksporigkeit gegenüber anderen Werkmörtel für Pflasterbettungen verkürzt sein kann.

Bettungsdicken werden für Mosaik- und Kleinpflaster mit 3–5 cm und für Großpflaster mit 4–7 cm angegeben.

■ **Fugenmörtel** (siehe Abschnitte 1.3.4 und 3.3 des Merkblattes)

Bei Pflaster mit einer Dicke < 8 cm sollen die Fugenbreiten 5–10 mm, bei Pflaster mit einer Dicke von 8 bis 12 cm sollen diese 8–15 mm und bei Pflaster mit einer Dicke > 12 cm sollten diese 8–18 mm betragen. Für sogenannte „Großsteinplatten“ wird eine Fugenbreite von 8–15 mm angegeben.

Die Verfugung der Pflasterdecke kann einschichtig (hydraulischer Mörtel) oder zweischichtig (untere Füllung mit hydraulischem Mörtel, obere Füllung mit kunstharzgebundenem Mörtel) erfolgen.

Für die Fugenmörtel werden Anforderungen und Prüfnormen genannt:

- Ausbreitmaß: Prüfung nach DIN 1015-3, fließfähiger Mörtel 300–450 mm
- Druckfestigkeit bei einschichtiger Fugenfüllung: Prüfung nach DIN 1015-11 ≥ 40 N/mm², kein Einzelwert ≤ 35 N/mm² nach 28 Tagen, ≥ 56 N/mm² nach 56 Tagen, bei Prüfung an der Baustelle nach 28 Tagen wird eine Druckfestigkeit von ≥ 30 N/mm² gefordert.
- Druckfestigkeit bei zweischichtiger Fugenfüllung: Prüfung nach DIN 1015-11 ≥ 60 N/mm² nach 28 Tagen, bei Prüfung an der Baustelle nach 28 Tagen wird ein Wert von ≥ 70 N/mm², jeder Einzelwert ≥ 60 N/mm², gefordert.
- Biegezugfestigkeit: ≥ 6 N/mm² nach 28 Tagen
- Schwinden: ≤ 1 mm/1 m nach 28 Tagen
- Frost-Tausalz-Widerstand geprüft nach CDF-Verfahren: zulässige Abwitterung ≤ 1 000 g/m² im Mittel, ≤ 1 500 g/m² Einzelwert
- Haftzugfestigkeit, geprüft nach der DAfStB-Richtlinie: ≥ 1,5 N/mm², in Ausnahmefällen bei Gesteinen mit sehr dichtem Gefüge nach einer Eignungsprüfung auch ≥ 0,8 N/mm².

Weiter enthält das Merkblatt Hinweise zur Ausführung, Anforderungen an das ausführende Unternehmen, Überwachung der Ausführung und Prüfverfahren an der Baustelle. Ein weiteres Kapitel befasst sich mit dem Abzug bei nicht beseitigten Mängeln an der Ebenheit.

2.4 Forschungsgesellschaft Landschaftsentwicklung Landschaftsbau e. V.

Die Forschungsgesellschaft Landschaftsentwicklung Landschaftsbau e. V. (FLL) hat im Jahr 2013 „Zusätzliche Technische Vertragsbedingungen für den

Kommentar

Bau von Wegen und Plätzen außerhalb von Flächen des Straßenverkehrs" (ZTV-Wegebau)[7] herausgegeben. Diese werden derzeit überarbeitet. Im Mai 2022 wurde die neue Entwurfsfassung der ZTV-Wegebau in Form eines Gelbdruckes im Onlineshop der FLL (http://shop.fll.de) veröffentlicht. Die folgenden Ausführungen beziehen sich auf diesen Gelbdruck, der allerdings zum Zeitpunkt der Kommentarerarbeitung dieses Handbuches und Kommentars zu den ZTV Pflaster-StB noch keine formale Gültigkeit erreicht hat.

Die ZTV-Wegebau enthalten Regelungen für das „Befestigen von Verkehrsflächen mit Pflastersteinen und Platten aus Beton, Betonwerkstein, Pflasterklinker, Pflasterziegel, Naturstein und Naturwerkstein in ungebundener, gebundener, teilgebundener, versickerungsfähiger und begrünbarer Bauweise **außerhalb von Flächen des Straßenverkehrs**".

Die ZTV-Wegebau sind trotz des Titels „ZTV" nicht gleichwertig mit den „Zusätzlichen Technischen Vertragsbedingungen und Richtlinien" der FGSV. Diese werden nach einem europäischen Notifizierungsverfahren durch das Bundesministerium für Verkehr und digitale Infrastruktur sowie durch die zuständigen Landesministerien durch Rundschreiben eingeführt und von dort zur Anwendung empfohlen. Eine solche Einführung und Empfehlung zur Anwendung gibt es für die ZTV-Wegebau nicht.

Wie auch die ZTV der FGSV müssen die ZTV-Wegebau zwischen den Vertragsparteien ausdrücklich vereinbart werden, um eine Verpflichtung zur Anwendung bei der jeweiligen auszuführenden Leistung zu erreichen. Sie enthalten Ausführungen zur ungebundenen und zur gebundenen Bauweise sowie zu Mischbauweisen. Nachstehend wird nur die gebundene Bauweise (hier „vollgebundene Bauweise" genannt) betrachtet. Mischbauweisen sind solche Bauweisen, bei denen nicht die gesamte Decke bzw. der Belag einschließlich der oberen Tragschicht gebundenen ausgeführt sind. Beispielsweise sind dies Bauweisen mit gebundener Bettung und ungebundenen Fugen oder mit ungebundener Bettung und gebundenen Fugen. Diese Bauweisen werden in den ZTV-Wegebau hinsichtlich der Nutzung begrenzt und im Weiteren nicht genauer betrachtet.

Die möglichen Verkehrsbelastungen werden in **Nutzungskategorien** (siehe Abschnitt 1.2 der ZTV-Wegebau) eingeteilt:

- **Nutzungskategorie N 1** Begehbare, nicht für Kraftfahrzeuge und vergleichbare Beanspruchungen vorgesehene Flächenbefestigungen außerhalb von Flächen des Straßenverkehrs (z. B. Terrassen, Gartenwege, Wege im Hausgarten, Sitzplätze in Parkanlagen).
- **Nutzungskategorie N 2** Befahrbare Flächenbefestigungen für Fahrzeuge bis 3,5 t zulässiges Gesamtgewicht außerhalb von Flächen des Straßenverkehrs (z. B. Garagenzufahrten, Carports, Pkw-Stellplätze, Wege in Grünanlagen).
  Anmerkung: nicht geeignet für Fahrzeuge mit hohen Punktlasten, z. B. Flurförderfahrzeuge, Gabelstapler, Hubwagen, Hubbühnen.
- **Nutzungskategorie N 3** Befahrbare Flächenbefestigungen wie Nutzungskategorie N 2, jedoch mit gelegentlichen Befahrungen mit Fahrzeugen bis 20 t zulässiges Gesamtgewicht mit Radlasten ≤ 5 t außerhalb von Flächen

7 Forschungsgesellschaft Landschaftsentwicklung Landschaftsbau e. V.: Zusätzliche Technische Vertragsbedingungen für den Bau von Wegen und Plätzen außerhalb von Flächen des Straßenverkehrs – ZTV-Wegebau, Ausgabe 2013, FLL, Bonn, 2013

Kommentar

des Straßenverkehrs (z. B. Pflege-, Instandhaltungs- und Rettungswege, Feuerwehr-, Garagen- und Gebäudezufahrten).

Tragschicht (siehe Abschnitt 2.3 der ZTV-Wegebau)

Für gebundene Tragschichten aus Dränbeton oder Asphalt werden die Anforderungen des „Merkblattes für Versickerungsfähige Verkehrsflächen“[8] der FGSV genannt. Alternativ werden auch Dränbetontragschichten ohne Verwendung von Gesteinskörnungen der Körnung zwischen 0,063 mm und 2 mm mit anderen Anforderungen beschrieben, für welche gilt:

- Druckfestigkeit ≥ 8,0 N/mm²
- Lieferkörnung ≥ 2 mm
- Wasserinfiltrationsrate $I_A \geq 3600$ mm/h
- Wasserdurchlässigkeit $k_f \geq 5 \times 10^{-5}$ m/s

Bettung (siehe Abschnitt 2.4 und 3.3 der ZTV-Wegebau)

Für die gebundene Bettung werden zwei mögliche Ausführungen genannt, welche als Bettungstyp 1 und 2 bezeichnet werden.

- Bettungstyp 1: Herstellung mit Gesteinskörnungen zwischen 0,063 mm und 2 mm
- Bettungstyp 2: Herstellung ohne Gesteinskörnungen zwischen 0,063 mm und 2 mm (2/5, 2/8, 4/8, 5/8 mm)

Bettungen müssen die Anforderungen der ATV DIN 18318 erfüllen. Zudem gilt Folgendes:

Die Anforderungen an die Druckfestigkeit hydraulisch gebundener Bettungen werden für den Bettungstyp 2 für alle Nutzungskategorien mit ≥ 10,0 N/mm² und für den Bettungstyp 1, abhängig von der Nutzungskategorie, N 1 ≥ 10,0 N/mm², N 2 ≥ 20,0 N/mm² und N 3 ≥ 30,0 N/mm² bestimmt.

Die Anforderungen an die Haftzugfestigkeit hydraulisch gebundener Bettungen werden für beide Bettungstypen, abhängig von der Nutzungskategorie, mit N 1 ≥ 0,4 N/mm², N 2 und N 3 mit ≥ 0,8 N/mm² festgelegt. Bei der Prüfung des Frost-Tauwiderstandes des Bettungsmörtels darf die Abwitterung im Mittel 0,5 M.-% und jeder Einzelwert 0,8 M.-% nicht überschreiten.

An die fertige Leistung werden folgende Anforderungen (siehe 2.3.2, Tabellen 3 und 4 der ZTV-Wegebau) gestellt:

- Bettungstyp 1:
  - Druckfestigkeit N 1 ≥ 4 N/mm², N 2 ≥ 10 N/mm² und N 3 ≥ 15 N/mm²
  - Infiltrationsrate ≥ 180 mm/h (2 l Prüfflüssigkeit müssen in höchstens 10 min abgeflossen sein bei einem Prüfdurchmesser von 300 mm)
- Bettungstyp 2:
  - Druckfestigkeit N 1, N 2 und N 3 ≥ 4 N/mm²
  - Infiltrationsrate ≥ 360 mm/h (2 l Prüfflüssigkeit müssen in höchstens 5 min abgeflossen sein bei einem Prüfdurchmesser von 300 mm)

Fugen (siehe Abschnitt 2.5 und 3.3 der ZTV-Wegebau)

Fugen müssen die Anforderungen der ATV DIN 18318 erfüllen. Zudem gilt Folgendes:

8 M VV, Ausgabe 2013, FGSV Verlag, Köln 2013

Kommentar

Die ZTV-Wegebau legen die Fugenbreite der gebundenen Ausführung für Pflastersteine und Platten, entsprechend Abschnitt 3.3.4, mit 10 mm ±5 mm fest, bei Platten mit einer Länge ≥ 600 mm und bei spaltrauem Kleinpflaster aus Naturstein 15 mm ±5 mm. Bei spaltrauen Großpflaster aus Naturstein und spaltrauen Natursteinplatten sind in Anhängigkeit von deren Maßtoleranzen Fugenbreiten bis zu 30 mm zulässig.

Die Anforderungen an die Druckfestigkeit hydraulisch gebundener Fugenfüllungen werden festgelegt mit:

- Druckfestigkeit: N 1 ≥ 10 N/mm², N 2 ≥ 20 N/mm² und N 3 ≥ 30 N/mm²
- Haftzugfestigkeit: N 1 ≥ 0,5 N/mm², N 2 ≥ 0,5 N/mm², N 3 ≥ 1,0 N/mm²
- Frost-Tausalz-Widerstand (CDF-Verfahren): ≤ 500 g/m²
- Statischer E-Modul mindestens 10000 N/mm² und maximal 22000 N/mm²

Die Anforderungen an die Druckfestigkeit der Baustoffgemische reaktionsharz-gebundener Fugenfüllungen werden festgelegt mit:

- Druckfestigkeit: N 1 ≥ 5 N/mm², N 2 ≥ 15 N/mm² und N 3 ≥ 25 N/mm²
- Haftzugfestigkeit: N 1 ≥ 0,5 N/mm², N 2 ≥ 0,5 N/mm², N 3 ≥ 1,0 N/mm².

2.5 Deutscher Vergabe- und Vertragsausschuss für Bauleistungen (DVA)

Die aktuelle Neufassung der VOB ATV DIN 18318 „Pflasterdecken, Plattenbeläge, Einfassungen“[9], wurde seit 2013 erarbeitet und enthält wieder Ausführungen zur gebundenen Bauweise, nachdem diese in den vorherigen Versionen aufgrund aufgetretener Schadensfälle herausgenommen wurden. Da die nachstehende Kommentierung des Merkblattes M FPgeb auch auf die Inhalte der DIN 18318, soweit sie die gebundene Ausführung betreffen, eingeht, erfolgt hier nur eine kurze Zusammenfassung.

Im Titel der Norm wird der „Verkehrswegebau“ nicht mehr genannt, da auch der Schwerpunkt der inhaltlichen Ausarbeitung verallgemeinert wurde und sich damit weg allein von den Belangen des Straßenbaus und stärker hin zu den Inhalten des Garten- und Landschaftsbaus verlagerte. In diese Norm haben viele Texte und Anforderungen aus den ZTV-Wegebau Eingang gefunden.

Die DIN 18318 bestimmt in den Tabellen 1 und 3 mit Blick auf die höchste Verkehrsbelastung für die gebundene Ausführung drei sogenannte „**Nutzungsabgrenzungen**“. Hinsichtlich der inhaltlichen Festlegungen werden die Angaben der ZTV-Wegebau übernommen, ohne jedoch für die Nutzungsabgrenzung „befahrbar > 3,5 t“ den in der ZTV-Wegebau enthaltenen Hinweis auf die nur gelegentlichen Befahrungen mit Fahrzeugen bis 20 t zulässiges Gesamtgewicht mit Radlasten ≤ 5 t (ZTV-Wegebau: Nutzungskategorie N 3) zu übernehmen

- Nutzungsabgrenzung „**begehbar**“
- Nutzungsabgrenzung „**befahrbar Fahrzeuge bis 3,5 t**“
- Nutzungsabgrenzung „**befahrbar Fahrzeuge über 3,5 t**“.

Die Anforderungen an die Druckfestigkeit hydraulisch gebundener Bettungen werden in Abhängigkeit von den Nutzungsabgrenzungen mit ≥ 10,0 N/mm²,

9 DIN 18318: Pflasterdecken und Plattenbeläge, Einfassungen, Ausgabe 2019, Beuth Verlag, Berlin 2019

Kommentar

≥ 20,0 N/mm² und ≥ 30,0 N/mm² bestimmt. Die Wasserdurchlässigkeit der hydraulisch gebundenen Bettung muss einen Wasserdurchlässigkeitsbeiwert von $k_f \geq 5 \times 10^{-5}$ m/s, geprüft nach DIN 18507 („Pflastersteine aus haufwerksporigem Beton") aufweisen (entspricht den ZTV-Wegebau).

Die Anforderungen an die Haftzugfestigkeit hydraulisch gebundener Bettungen werden in den Tabellen 2, 3 und 4, abhängig von der Nutzungskategorie vorgegeben mit ≥ 0,4 N/mm², ≥ 0,8 N/mm² und ≥ 1,0 N/mm². Diese Haftzugfestigkeiten entsprechen den Anforderungen der ZTV-Wegebau für die Nutzungskategorien N1 und N2. Für die Nutzungsabgrenzung über 3,5 t wird mit ≥ 1,0 N/mm² gegenüber den ZTV-Wegebau eine um 0,2 N/mm² höhere Anforderung gestellt.

Die Dicke der Bettung wird mit 50 mm ±10 mm bei der fertigen Leistung angegeben. Bei Prüfungen der fertigen Leistung werden an die Druckfestigkeit der Bettung, abhängig von der Nutzungskategorie, Anforderungen von ≥ 4,0 N/mm², ≥ 10,0 N/mm² und ≥ 15,0 N/mm² gestellt. Die Wasserdurchlässigkeit der Bettung wird über die Infiltrationsrate bestimmt; 2 l der Prüfflüssigkeit (Wasser) müssen in 10 Min. auf einer Fläche mit einem Durchmesser von 300 mm durchgeflossen sein.

Die Norm bestimmt, dass Pflastersteine und Platten mit einer Haftbrücke aus zementhaltigem Mörtel „frisch in frisch" in die Bettung zu versetzen sind. Es wird darauf hingewiesen, dass die Haftbrücke die Wasserdurchlässigkeit der Bettung im Bereich der Fugen nicht beeinträchtigen darf. Die Fugenbreiten der gebundenen Ausführung werden allgemein mit 10 ±5 mm festgelegt, für spaltraues Kleinpflaster aus Natursteinen und bei Platten mit einer Länge ≥ 600 mm mit 15 mm ±5 mm, für Beläge aus spaltrauem Großpflaster aus Naturstein und bei spaltrauen Natursteinplatten in Abhängigkeit von deren Maßtoleranzen sind Fugenbreiten bis 30 mm (siehe Abschnitt 3.3.4) zulässig.

In der Norm wird bestimmt, dass gebundene Fugenstoffe „ohne Einwirkung zusätzlicher Verdichtungsenergie" allein so beschaffen sein müssen, dass eine vollständige Fugenfüllung möglich ist. Gebundene Fugen können mit Bindemitteln aus Zement und weiteren Zusätzen („kunststoffmodifiziert) oder reaktionsharzgebunden mit Epoxidharz, Polyurethanharz oder Polybutadien hergestellt werden.

Die Anforderungen an die Druckfestigkeit hydraulisch gebundener Fugenstoffe werden in Abhängigkeit von den Nutzungsabgrenzungen mit ≥ 10,0 N/mm², ≥ 20,0 N/mm² und ≥ 30,0 N/mm² bestimmt und entsprechen der ZTV-Wegebau für die Nutzungskategorien N1 bis N3. Für die Fugenmörtel sind der Frost-Tau-Widerstand und der Frost-Tausalz-Widerstand nachzuweisen.

Die Anforderungen an die Haftzugfestigkeit hydraulisch gebundener Fugenstoffe entsprechen für die Nutzungsabgrenzungen mit ≥ 0,4 N/mm², ≥ 0,8 N/mm² und ≥ 1,0 N/mm² denen der ZTV-Wegebau für die Nutzungskategorien N1 bis N3. Fugenfüllungen der fertigen Leistung müssen nur Haftzugfestigkeiten erfüllen, die Druckfestigkeit wird nicht geprüft. Die Anforderungen an die Haftzugfestigkeit der Fugenstoffe bei der fertigen Leistung entsprechen den Anforderungen der ZTV-Wegebau für die Nutzungskategorien N1 bis N3.

Es wird auf „geeignete Schutzmaßnahmen" für die fertige Leistung verwiesen.

Kommentar

Weiter verweist die Norm auf mögliche entstehende Rissbildungen, z. B. durch Schwind- und Kriechvorgänge, und bezeichnet den Wert von ≤ 0,8 mm Breite als zulässig.

Die Anforderungen an die Ebenheit der fertigen Leistung wird in Tabelle 10 nach der Belagsart und Herstellung sowie der Neigung für eine Prüfung mit einer 1-m-Latte, 2-m-Latte und 4-m-Latte angegeben, was ebenfalls der in den ZTV-Wegebau enthaltenen Tabelle 10 entspricht. Die Norm legt zudem zulässige Abweichungen in Auftritt-, Vorderflächen und Stoßfugen für Randeinfassungen und für benachbarte, nur durch die Fugen getrennte Pflastersteine und Platten mit unterschiedlichen Anforderungen fest.

Hier ist eine die Angabe der Norm ändernde Vereinbarung erforderlich, wenn bei Pflasterdecken und Plattenbelägen mit grob bearbeiteten Oberflächen (z. B. geflammte Oberflächen) nicht die dort genannten 5 mm gelten sollen.

Kommentar

3 Herstellung von Verkehrsflächen mit Pflasterdecken und Plattenbelägen in gebundener Ausführung gemäß dem M FPgeb

Seit 2014 wurde bei der FGSV das „Merkblatt für Flächenbefestigungen mit Pflasterdecken und Plattenbelägen in gebundener Ausführung“[1] auf der Basis des zuvor dargestellten Arbeitspapiers erarbeitet und im Mai 2018 veröffentlicht.

Für die von der FGSV herausgegebenen Merkblätter wurde in „Grundlagen für das Erstellen von Technischen Regelwerken und Wissensdokumenten für das Straßen- und Verkehrswesen“[2] in Abschnitt 4.3, Empfehlungen und Merkblätter (R 2-Regelwerke), festgelegt: „Empfehlungen und Merkblätter sind Anleitungen, Beschreibungen und Erläuterungen, die primär weder als Vertragsbedingung noch als Richtlinien geeignet sind oder dazu verwendet werden können.“

Die Inhalte des Merkblattes müssen daher einzeln in etwaige Bauverträge aufgenommen werden. Da die ATV DIN 18318 vorliegt, kann ein Bauvertrag auf dieser Grundlage, aber unter Berücksichtigung bzw. Ergänzung der Inhalte des Merkblattes der FGSV gestaltet werden. Im Folgenden werden spezifische Inhalte des Merkblattes kommentiert und die maßgeblichen Inhalte des Merkblattes wiedergegeben.

1 Allgemeines

Gegenstand dieses Merkblattes ist die Planung, Ausführung und Erhaltung von Flächenbefestigungen mit Pflasterdecken und Plattenbelägen in gebundener Ausführung.

Pflasterdecken und Plattenbeläge werden in vielen Bereichen des Verkehrswegebaus und der Flächenbefestigung in unseren Innenstädten ausgeführt, besonders wenn neben der Funktion auch ein besonderer Anspruch an die Gestaltung vorhanden ist.

Dabei wird neben der am häufigsten anzutreffenden ungebundenen Bauweise auch immer wieder die gebundene Bauweise angewandt, wenn z. B. besondere Verkehrsbelastungen oder Belange mobilitätseingeschränkter Personen, im Sinne barrierefreier Verkehrswege, vorliegen oder regelmäßige intensive maschinelle Reinigungen erfolgen müssen.

Pflasterdecken und Plattenbeläge in gebundener Ausführung sind solche, die unter Verwendung von Baustoffgemischen mit Bindemittel für die Bettung und die Fugenfüllung (Bettungs- und Fugenmörtel) auf einer Unterlage aus einer wasserdurchlässigen gebundenen Tragschicht hergestellt werden. Mischbauweisen,

1 M FPgeb, Ausgabe 2018, FGSV Verlag, Köln 2018

2 Grundlagendokument 5: Grundlagen für das Erstellen von Technischen Regelwerken und Wissensdokumenten für das Straßen- und Verkehrswesen, FGSV Verlag, Köln 2018

1 **Allgemeines** (Fortsetzung)

bei denen lediglich die Bettung oder die Fugenfüllung aus einem Baustoff mit Bindemittel besteht, werden für mit Kraftfahrzeugen erreichbare Flächen als nicht dauerhaft und deshalb insbesondere für Flächen des öffentlichen Verkehrs als nicht fachgerecht angesehen.

In diesem Merkblatt werden technische Hinweise und Anforderungen für die Planung, Ausführung und Erhaltung gegeben. Sie sollen dazu beitragen, Flächenbefestigungen in gebundener Ausführung sachgemäß und nach einheitlichen Grundsätzen herzustellen und zu erhalten.

Pflasterdecken und Plattenbeläge in gebundener Ausführung sind Befestigungen, die mit einem hohen Anteil an handwerklichen Leistungen erstellt werden. Deshalb ist bei der Planung, bei der Auswahl der Baustoffe und bei der Bauausführung besondere Sorgfalt aufzuwenden, um eine nutzungsgerechte, dauerhafte Flächenbefestigung erstellen zu können.

Auf Seiten der Planer, Ausschreibenden und Ausführenden müssen die nötige Fachkunde und ausreichende Erfahrungen gegeben sein, um eine möglichst lange, schadensfreie Nutzungsdauer der Flächenbefestigung zu erreichen. Anwendern dieses Merkblattes, die nicht über ausreichende einschlägige Erfahrungen verfügen, wird empfohlen, sich fachlich beraten zu lassen.

...

Es sind insbesondere zu beachten:

- Vergabe- und Vertragsordnung für Bauleistungen (VOB), Teil C: Allgemeine Regelungen für Bauarbeiten jeder Art (ATV) – DIN 18299,
- Zusätzliche Technische Vertragsbedingungen und Richtlinien zur Herstellung von Pflasterdecken, Plattenbelägen und Einfassungen (ZTV Pflaster-StB),
- Technische Lieferbedingungen für Bauprodukte zur Herstellung von Pflasterdecken, Plattenbelägen und Einfassungen (TL Pflaster-StB),
- Richtlinien für die Standardisierung des Oberbaus von Verkehrsflächen (RStO).

Einschlägige Vorschriften, Normen, Richtlinien und Merkblätter sind im Anhang dieses Merkblattes aufgeführt.

...

Die Ausführungshinweise dieses Merkblattes sollten in Verbindung mit Herstellerangaben, insbesondere betreffend der Lagerung, Handhabung und Verarbeitung der Baustoffe, angewendet werden.

...

Kommentar

Das Merkblatt behandelt die Planung, Ausführung und Erhaltung von Pflasterdecken und Plattenbelägen in gebundener Ausführung in öffentlichen Verkehrsflächen. Im Gegensatz dazu stehen die ZTV-Wegebau der FLL, die sich mit dem Bau von Wegen und Plätzen außerhalb von Flächen des Straßenverkehrs befasst, und teilweise auch die DIN 18318, in der die Ausführungen der ZTV-Wegebau weitgehend übernommen worden sind.

Die Anwendung der enthaltenen Beschreibungen und Anforderungen sollen dazu führen, dass gebundene Flächen in gleicher Art hergestellt werden. Im Merkblatt werden die Anforderungen an Mörtelprodukte und die Ausführung genauer beschrieben, als dies in den ATV DIN 18318 erfolgt ist.

Bei der Planung und Herstellung müssen beachtet werden:

- ATV DIN 18299
- ATV DIN 18318 mit entsprechenden vertraglichen Ergänzungen zu Mörtelprodukten, Haftzugfestigkeit, Ebenheit und zulässigem Versatz benachbarter Steine oder Platten
- RStO, besonders Tafel 3, Zeilen 4 bis 7, soweit diese anwendbar sind
- ZTV Pflaster-StB, soweit diese anwendbar sind.

Im Merkblatt werden allein vollständig gebundene Pflasterdecken und Plattenbeläge auf einer gebundenen oberen Tragschicht behandelt. Für öffentliche Verkehrsflächen sind Mischbauweisen, wie sie in den ZTV-Wegebau der FLL beschrieben sind, in der Regel nicht geeignet.

2 Begriffe

Gebundene Pflasterdecke bzw. gebundener Plattenbelag

Unter Verwendung von zementgebundenem oder kunstharzgebundenem Bettungs- und Fugenmörtel hergestellte Pflasterdecke bzw. hergestellter Plattenbelag. Hier genannte zementgebundene Mörtel umfassen auch solche, die neben dem Hauptbindemittel Zement weitere Zusätze enthalten können („kunststoffmodifizierte hydraulisch gebundene Mörtel").

Gebundene Bettung

Unterer Teil der Pflasterdecke oder des Plattenbelages in gebundener Ausführung.

Haftvermittler

Bauprodukt zur Verbesserung des Haftverbundes an der Grenzfläche zwischen Bauteilen, hier z. B. einem Pflasterstein und dem Bettungsmörtel, welches in geeigneter Konsistenz auf der Unterseite des zu versetzenden Bauteiles aufgebracht wird und nach dem Versetzen des Bauteiles auf dessen Unterlage hydraulisch erhärtet. Andere gebräuchliche Begriffe für Haftvermittler sind z. B. Haftbrücke oder Haftschlämme.

Befestigungselemente

Pflastersteine und Platten aus Beton oder Naturstein sowie Pflasterziegel und Pflasterklinker.

Pflasterstein

Pflastersteine im Sinne dieses Merkblattes sind

- Pflastersteine aus Beton,
- Pflastersteine aus Naturstein sowie
- Pflasterziegel und Pflasterklinker

nach TL Pflaster-StB mit einer maximalen Kantenlänge von 400 mm (Nennmaß) und einer Grundfläche von maximal 1 024 cm^2 sowie einem Verhältnis von größter Länge zu Dicke ≤ 4.

Platte

Platten im Sinne dieses Merkblattes sind

- Platten aus Beton,
- Platten aus Naturstein sowie
- Bodenklinkerplatten

nach TL Pflaster-StB mit einer maximalen Kantenlänge von 600 mm (Nennmaß) und mit einem Verhältnis von größter Länge zu Dicke > 4.

Diese anwendungsbezogenen Definitionen gelten für Pflastersteine und Platten unabhängig von evtentuell abweichenden produktbezogenen Definitionen in den einschlägigen Produktnormen.

2 **Begriffe** (Fortsetzung)

Fugen

Zwischenraum zwischen den Befestigungselementen sowie zu den Randeinfassungen bzw. in der Fläche liegenden Einbauten.

Bewegungsfugen

Fugen durch die Pflasterdecke bzw. den Plattenbelag zur Aufnahme von Bewegungen, welche z. B. aus thermischen Spannungen entstehen.

Fugenmörtel

Hydraulisch- oder kunstharzgebundenes Baustoffgemisch, mit dem die Fugen mit Ausnahme der Bewegungsfugen verfüllt werden.

Bettungsmörtel

Hydraulisch- oder kunstharzgebundenes Baustoffgemisch zur Herstellung einer gebundenen Bettung.

Setzmaß

Verhältnis zwischen den Dicken des verdichteten und unverdichteten Bettungsmörtels nach ALP Pgeb.

Verband

Die geometrische Anordnung, in der die Befestigungselemente versetzt werden.

Unterlage

Bereich unterhalb einer herzustellenden Schicht im Verkehrswegebau (hier: unterhalb der Pflasterdecke bzw. des Plattenbelages). Die Unterlage wird bei einer gebundenen Pflasterdecke oder einem gebundenen Plattenbelag aus Baustoffgemischen mit Bindemitteln (gebunden) ausgeführt.

Versetzen von Befestigungselementen

Einbettung der Befestigungselemente in den Bettungsmörtel durch Rammen oder Schlagen.

Kommentar

Bild 2.1 Versetzen von Pflastersteinen von der Bettung aus

3 Geltungsbereich und Anwendung

Dieses Merkblatt gilt für die Erstellung der Decke von Verkehrsflächen. Es gilt nicht für Verkehrsflächen auf oder in Gebäuden und auf Ingenieurbauwerken.

Pflasterdecken in gebundener Ausführung können bei Flächen mit Kfz-Verkehr der Belastungsklassen Bk0,3 bis Bk3,2 sowie bei Rad- und Fußgängerverkehrsflächen gemäß RStO eingesetzt werden. Wenn in Ausnahmen Pflasterdecken, welche der Bk10 zugeordnet werden (z. B. Busverkehrsflächen), ausgeführt werden sollen, sind besondere Erfahrungen erforderlich und eventuell weitere Anforderungen zu berücksichtigen.

Plattenbeläge in gebundener Ausführung können für Flächen mit Fußgänger- und Radverkehr sowie für Fußgängerzonen (auch mit Lieferverkehr) verwendet werden.

Kommentar

Es wird ausdrücklich betont, dass dieses Merkblatt für gebundene Decken und Beläge auf Verkehrsflächen gilt. Der Geltungsbereich soll jedoch nicht Verkehrsflächen auf oder in Gebäuden und auf Ingenieurbauwerken umfassen.

Damit wird der Geltungsbereich entsprechend DIN 18318, Abschnitt 1.2, eingeschränkt, wo ebenfalls die Herstellung „oberhalb von Decken und Bauwerken (...) oder eine Bettung auf Dränmatten" nicht eingeschlossen sind.

Solche Ausführungen sind jedoch möglich und werden häufig, auch bei großen unterbauten Flächen oder bei dem Erhalt vorhandener undurchlässiger gebundener Tragschichten, ausgeführt. Wenn eine gebundene Flächenbefestigung auf undurchlässiger gebundener Unterlage hergestellt werden

Bild 3.1 Busverkehrsfläche in gebundener Bauweise

Kommentar

soll, sind die entsprechenden vertraglichen Vereinbarungen zu schließen. Für diese Vereinbarungen kann auf Regelungen der ATV DIN 18318 sowie des M FPgeb zurückgegriffen werden. Es ist dann zu beachten, dass die geforderte Leistung umfassend beschrieben wird. Grundsätzlich können Pflasterdecken in Verkehrsflächen bis zu einer Belastungsklasse Bk3,2 gemäß RStO hergestellt werden.

Es können aber auch Verkehrsflächen bis Bk10 gemäß RStO mit einer Pflasterdecke in gebundener Ausführung hergestellt werden, wenn besondere und langjährige Erfahrungen vorliegen. Es muss dann besonders auf das Erreichen eines hohen Haftzugwertes zwischen Bettung und Pflasterstein geachtet werden, weshalb auch eine Modifizierung des Bettungsmaterials und der vorzusehenden Haftbrücke in Betracht kommen kann.

Plattenbeläge können, eine entsprechende Dicke und qualitative Ausführung vorausgesetzt, in gebundener Bauweise in Fußgängerzonen mit Lieferverkehr und Flächen für Rad- und Fußgängerverkehr eingesetzt werden.

4 Baugrundsätze

4.1 Allgemeines

Bei der gebundenen Ausführung werden auf einer wasserdurchlässigen gebundenen Tragschicht die Befestigungselemente in ein Mörtelbett versetzt und die Fugen mit Fugenmörtel verfüllt.

Die Festlegung der Dicken der Tragschicht(en) des Oberbaus erfolgt grundsätzlich nach RStO, sofern in diesem Merkblatt nichts anderes empfohlen wird.

Pflasterdecken und Plattenbeläge sind auch in gebundener Ausführung nicht vollständig wasserundurchlässig. Beispielsweise kann Oberflächenwasser durch Risse in den Oberbau eindringen. Dies ist bei der Planung und Ausführung der Schichten zu berücksichtigen.

Kommentar

Wesentlicher Baugrundsatz ist, dass gebundene Ausführungen von Pflasterdecken und Plattenbelägen immer auf einer gebundenen wasserdurchlässigen Tragschicht erstellt werden. Eine gebundene Ausführung ist nicht dauerhaft wasserdicht, deshalb muss eindringende Feuchtigkeit oder sogar durch Rissbildungen eindringendes Wasser schadlos aufgenommen und abgeführt werden.

Die gebundene Ausführung ist teurer als eine ungebundene Herstellung von Flächenbefestigungen. Grundsätzlich sollen die Dicken von gebundenen Tragschichten nach den Regelungen der RStO festgelegt werden. Wegen der, im Verhältnis zu den Kosten der Decke/des Belags, geringeren Kosten für diese Schichten wird empfohlen, unabhängig von der tatsächlichen Belastungsklasse die Dicken mindestens nach Bk3,2 der RStO zu wählen. Einsparungen durch geringere Anforderungen an die Schichten ohne Bindemittel und an die gebundenen Tragschichten stehen in keinem Verhältnis zu den Kosten der gebundenen Herstellung des Belags bzw. der Decke und eventuell entstehender Tragfähigkeitsschäden.

Mischbauweisen, beispielsweise gebundene Fugen auf ungebundener Bettung und ungebundener Tragschicht oder ungebundene Fugen auf gebundener Bettung und ungebundener Tragschicht, werden hier nicht behandelt. Diese Bauweisen werden als ungeeignet für öffentliche Verkehrsflächen angesehen. Regelungen zu diesen Bauweisen und Einsatzgebieten sind bei Bedarf der ZTV-Wegebau zu entnehmen, in der ebenfalls die Anwendung eingeschränkt wird.

4.1 **Allgemeines** (Fortsetzung)

Im Gegensatz zu einer ungebundenen Pflasterdecke bzw. einem ungebundenen Belag verhält sich eine gebundene Ausführung wie eine starre Platte (auch als „starre Bauweise" bezeichnet). Dies muss bei der Planung der Einfassungen, der Einbauten und bei der Anordnung der Bewegungsfugen berücksichtigt werden.

Kommentar

Es wird davon ausgegangen, dass sich eine gebundene Pflasterdecke bzw. ein gebundener Plattenbelag wie eine homogene Platte verhält und sich deshalb z. B. als Folge thermischer Beanspruchungen relativ gleichmäßig ausdehnt oder zusammenzieht.

Dies ist jedoch zumindest bei Pflasterdecken nicht ganz richtig, da die unterschiedlichen E-Moduln von Pflastersteinen und Fugen- sowie Bettungsmörteln zu unterschiedlichen Verformungen bzw., bei Begrenzung der Verformungen, zu unterschiedlichen Spannungszuständen führen. Trotzdem ist es wichtig, die gebundene Verkehrsfläche in kleinere Abschnitte zu unterteilen, um negative Auswirkungen durch Temperaturspannungen zu verhindern oder zu vermindern. Dies erfolgt z. B. durch die Ausbildung von Bewegungsfugen.

4.1 **Allgemeines** (Fortsetzung)

Durch das unterschiedliche Erhärtungs- und Schwindverhalten und durch unterschiedliche Elastizitätsmoduln der gebundenen Komponenten Tragschicht, Bettung, Fugenfüllung sowie der Befestigungselemente sind Eigenspannungen in der gesamten Konstruktion unvermeidbar. Damit diese Eigenspannungen nicht zu Schäden führen, sind aufeinander abgestimmte Baustoffeigenschaften sowie ausreichende Material- und Verbundfestigkeiten (Haftzugfestigkeiten) im eingebauten Zustand erforderlich.

Kommentar

Hier wird auf die nicht vermeidbaren Eigenspannungen innerhalb einer gebunden ausgeführten Pflasterdecke/eines Plattenbelages hingewiesen. Es wird das Erfordernis abgestimmter Baustoffeigenschaften hinsichtlich der Festigkeiten des Materials (im erhärteten Zustand) und der Haftzugfestigkeiten zwischen Pflasterstein/Platte und Bettung sowie Pflasterstein/Platte und Fugenfüllung genannt.

Durch die zu vereinbarende Haftzugfestigkeit zwischen Bettung und Befestigungselement soll den auftretenden Eigenspannungen eine ausreichende Bauteilfestigkeit entgegengesetzt werden. Außerdem sollen durch die Begrenzung des E-Moduls entstehende Spannungen an der Oberfläche des Belags/der Decke zumindest teilweise in elastische Verformungen umgewandelt werden.

Es wird davon ausgegangen, dass es durch eine gleichmäßig hohe Haftzugfestigkeit zwischen Befestigungselement und Bettung zu mindestens einer Einschränkung der Dehnung der „Platte" um bis zu 50 % gegenüber einer freien Dehnung kommt.

4.1 **Allgemeines** (Fortsetzung)

Bettungs- und Fugenmörtel sind so herzustellen und zu verarbeiten, dass sie die notwendigen Materialeigenschaften im fertigen Bauwerk in ausreichender Gleichmäßigkeit aufweisen. Insbesondere ist hierbei das Erreichen einer ausreichenden Haftzugfestigkeit zwischen den Befestigungselementen und dem Bettungs-/ Fugenmörtel von Bedeutung. Einflüsse auf die Haftzugfestigkeit haben u. a. Witterungs- und Einbaubedingungen, Art, Geometrie und Oberflächenbeschaffenheit der Pflastersteine bzw. Platten sowie die Mörtelzusammensetzung.

Es wird empfohlen, aufeinander abgestimmte Bettungs- und Fugenmörtel sowie Haftvermittler zu verwenden.

Kommentar

Für Bettung und Fugenfüllung sollten grundsätzlich Werktrockenmörtel verwendet werden; Baustellenmischungen können nicht die erforderliche Gleichmäßigkeit haben. Die Bettungs- und Fugenmörtel sollen nach den Herstellervorschriften gemischt werden. Da alle Vorgaben der Hersteller zur Wassermenge „von – bis" Werte sind, muss die nach dem Mischen erreichte Konsistenz der Mörtel immer wieder überprüft werden. Die Verarbeitungszeit ist witterungsabhängig; es sind der Temperaturbereich, aber auch Sonneneinstrahlung, Niederschlag und Wind zu überwachen.

Ebenso sind die Herstellungs- und die Verwendungszeit des Haftvermittlers zu beachten. Wenn ein pastöser Haftvermittler verwendet wird, muss das Material immer wieder aufgerührt werden. Häufig setzen sich die Feststoffe ab, und das Anmachwasser steht darüber. Wenn die Befestigungselemente vor dem Versetzen um 2 bis 3 cm in den Haftvermittler eingetaucht werden, wird häufig nur ein undefiniertes Wasser-Bindemittel-Gemisch aufgetragen. Es muss jedoch eine ordnungsgemäße pastöse Masse aufgetragen werden; nur diese kann eine Verbesserung der Haftzugfestigkeit bewirken.

Mörtelprodukte und Haftkleber müssen aufeinander abgestimmt sein. Diese Forderung berührt die Gewährleistung im Schadensfall. Es wird schwieriger, einen Anspruch wegen mangelhafter Produkte durchzusetzen, wenn diese Produkte nicht dem geprüften System **eines** Herstellers entsprechen.

4.1 **Allgemeines** (Fortsetzung)

Die Befestigungselemente müssen vor der Verarbeitung saubere Kontaktflächen aufweisen.

Kommentar

Die Befestigungselemente müssen sauber sein, d.h. frei von anhaftendem Schmutz, Staub, Sägeschlämme, Grünbelag nach längerer Lagerung usw., da sonst eine ausreichende Haftzugfestigkeit nicht erwartet werden kann. Auch DIN 18318 weist unter Abschnitt 3.3.3 auf die erforderliche Sauberkeit der Befestigungselemente hin: „Pflastersteine und Platten müssen frei

Kommentar

Bild 4.1 Verschmutzte, noch zu reinigende Pflastersteine

von haftungsvermindernden Substanzen, z. B. Gesteinsmehl und sonstigen Verunreinigungen, sein."

Wenn das zur Verwendung vorgesehene Material vom Auftraggeber jedoch bereitgestellt wird, ist das Reinigen keine Nebenleistung, es sei denn, dies wird in der Leistungsbeschreibung vereinbart.

4.1 Allgemeines (Fortsetzung)

Eine Vorbehandlung der Unterseite der Befestigungselemente durch Aufbringen eines Haftvermittlers führt zu einer Erhöhung der Haftzugfestigkeit zwischen den Befestigungselementen und dem Bettungsmörtel. Sie ist daher in der Regel vorzusehen.

Kommentar

Das Auftragen eines Haftvermittlers (Haftschicht, Haftbrücke) ist immer vorzusehen, wenn Anforderungen an die Haftzugfestigkeit gestellt werden.

Auch DIN 18318 legt unter Abschnitt 3.3.3 fest, dass Steine und Platten mit einer Haftbrücke aus zementhaltigem Mörtel frisch in frisch in die Bettung zu versetzen sind. Untersuchungen haben ergeben, dass neben der Verbesserung des Haftverbundes zwischen Bettung und Pflaster bzw. den Platten auch die aus den Temperaturen einwirkenden Spannungen in der Decke/dem Belag deutlich verringert werden. Diese Verringerung kann bis zu 50 % betragen.[1] Damit verringert sich auch die Gefahr von Rissbildungen im Winter sowie die Gefahr von Blow-Ups im Sommer.

1 Buchholz, Björn: Gebundene Pflasterbauweisen – Thermische Spannungen in Verkehrsflächenbefestigungen der gebundenen Pflasterbauweise, Kassel university press GmbH, Kassel 2010

Kommentar

Bild 4.2 Aufbringen eines Haftvermittlers

4.1 Allgemeines (Fortsetzung)

Gebunden ausgeführte Flächenbefestigungen bedürfen bis zur ausreichenden Erhärtung des Mörtels eines geeigneten Schutzes und einer Nachbehandlung.

Kommentar

Wenn die Nachbehandlung der hergestellten Fläche vernachlässigt wird, sind Schädigungen des oberen Bereiches der Fugenfüllung unausweichlich.

Es entsteht eine erhöhte Anfälligkeit gegen Beanspruchungen aus der Witterung, der Nutzung und der Reinigung. Es kommt zur vermehrten Bildung von Haarrissen und häufig später auch zu einem Verlust im oberen Bereich der Fugenfüllung. Genaueres ist dem im weiteren Verlauf kommentierten Abschnitt 6.4 des M FPgeb zu entnehmen.

4.2 Unterlage

Die Tragschichten müssen ausreichend wasserdurchlässig ausgebildet werden. Die Wasserdurchlässigkeit im eingebauten Zustand sollte auf die Wasserdurchlässigkeit der Bettung abgestimmt sein.

Um eine ausreichend steife, gegen plastische Verformungen widerstandsfähige Unterlage zu erreichen, muss unter einer gebundenen Pflasterdecke bzw. einem gebundenen Plattenbelag grundsätzlich eine wasserdurchlässige Asphalttragschicht- oder eine Dränbetontragschicht bzw. Dränbetondeckschicht auf einer Tragschicht ohne Bindemittel ausgeführt werden.

Für die wasserdurchlässigen Tragschichten sind die Empfehlungen des „Merkblattes für Versickerungsfähige Verkehrsflächen" (M VV) zu beachten.

Kommentar

Wie schon bei den Baugrundsätzen genannt, erfordert eine gebundene Ausführung von Pflasterdecken und Plattenbelägen in Flächen, die dem öffentlichen Verkehr unterliegen, immer eine wasserdurchlässige gebundene Tragschicht. Diese Tragschicht kann eine Dränbetontragschicht bzw. Dränbetondeckschicht oder eine wasserdurchlässige Asphalttragschicht sein.

Bild 4.3 Herstellung einer gebundenen Pflasterdecke auf wasserdurchlässiger Asphalttragschicht

4.2 Unterlage (Fortsetzung)

Wenn in Ausnahmefällen gebundene Flächenbefestigungen auf einer undurchlässigen Tragschicht (z. B. auf einer Betondecke) ausgeführt werden müssen, ist zusätzlich eine verformungsstabile Dränageschicht/Dränmatte zur horizontalen Entwässerung auf der wasserundurchlässigen Tragschicht (Unterlage) anzuordnen.

Kommentar

Immer wieder ist es erforderlich, gebundene Pflasterdecken oder Plattenbeläge auf undurchlässigen Unterlagen herzustellen, auch wenn dies nicht den bautechnischen Prinzipien der Bauweise entspricht. Bei ausreichend standfesten alten Trag- oder Deckschichten können wirtschaftliche Gründe der Anlass sein, öfter ist jedoch eine vorhandene Unterbauung ausschlaggebend. Abhängig von den zur Verfügung stehenden Dicken kann in solchen Ausnahmefällen eine Dränageschicht hergestellt oder eine Dränmatte verlegt werden. Mit diesen Dränageelementen kann zumeist die im Regelfall nur geringe Menge einsickernden Wassers schadlos aufgenommen und abgeführt werden.

Die Tragfähigkeit und Verformungsbeständigkeit sollte im System Befestigungselement-Mörtelbettung-Dränmatte für eine Belastung bis mindestens 6 t Einzelradlast nachgewiesen werden. Die bei Belastung auftretenden elastischen und plastischen Verformungen von Dränageelementen dürfen nicht den Verbund zwischen Befestigungselement und Bettung sowie den Fugen nachteilig beeinflussen. Hierzu muss das System möglichst starr ausgebildet sein. Viele handelsübliche Dränmatten sind hierzu nicht geeignet.

Bild 4.4 Dränagematte und Entwässerungsschlitz (Dränbeton)

Kommentar

Der so hergestellten horizontalen Entwässerung muss in Abständen die Möglichkeit gegeben werden, das enthaltene Sickerwasser abzugeben. Hierzu können Entwässerungsschlitze, welche mit sogenanntem Einkornbeton – einem Beton mit Ausfallkörnung – verfüllt werden, eine Möglichkeit sein. Eine andere Möglichkeit ist das Sammeln und Ableiten über Dränageschläuche.

4.2 **Unterlage** (Fortsetzung)

Für Verkehrsflächen, auf denen Schwerverkehr im Sinn der RStO zu erwarten ist, sollten unabhängig von der dimensionierungsrelevanten Beanspruchung die Schichtdicken und die Anforderungen an die Tragfähigkeit der Schichten ohne Bindemittel mindestens nach der Belastungsklasse Bk3,2 der RStO für Pflasterbefestigungen und den „Zusätzlichen Technischen Vertragsbedingungen und Richtlinien für den Bau von Schichten ohne Bindemittel im Straßenbau" (ZTV SoB-StB) festgelegt werden.

Kommentar

Diese Forderung folgt dem gleichen Gedanken wie vorab allgemein für befahrene Verkehrsflächen beschrieben. Einsparungen durch geringere Anforderungen an die Tragschichten des Oberbaus stehen in keinem Verhältnis zu den Kosten der gebundenen Herstellung des Belags bzw. der Decke und eventuell entstehender Tragfähigkeitsschäden. Es wird empfohlen, unabhängig von der tatsächlichen Belastungsklasse, die Schichtdicken mindestens nach Bk3,2 (gleich mit den Schichtdicken für Bk1,8) zu wählen.

4.2 **Unterlage** (Fortsetzung)

Für Verkehrsflächen, die nicht von Fahrzeugen des Schwerverkehrs erreicht werden können, und solche, die ausschließlich dem Fußgänger- und/oder Radverkehr dienen, können auch geringere Schichtdicken und Anforderungen an die Tragfähigkeit gewählt werden. Sie sollten jedoch die in den RStO für die Belastungsklasse Bk0,3 genannten Werte nicht unterschreiten.

Kommentar

In Tafel 6 der RStO[2] sind Bauweisen für Rad- und Gehwege auf ungebundenen Tragschichten enthalten. Baugrundsatz für die gebundene Ausführung ist jedoch eine gebundene Tragschicht. Nach den RStO Tafel 3, Zeilen 4 bis 7, sollen für eine Belastungsklasse Bk0,3 gebundene Tragschichten je nach Aufbauvariante von 10 oder 8 cm (wasserdurchlässiger Asphalt) oder 15 cm (wasserdurchlässiger Beton) hergestellt werden.

Nach Zeile 4 der Tafel 3 der RStO erfordert die wasserdurchlässige Asphalttragschicht eine Dicke von 10 cm. Dies ist auch deshalb erforderlich, da die

2 Richtlinien für die Standardisierung des Oberbaus von Verkehrsflächen, Ausgabe 2012, Korrektur 2020, FGSV Verlag, Köln 2020. Siehe zu Tafel 6 und Tafel 3 der RStO auch Teil A, Abschnitt 1.4.1.

Kommentar

zulässige Unebenheit der Frostschutzschicht nach den ZTV SoB-StB[3] und der DIN 18315[4] maximal 3 cm unterhalb einer 4-m-Richtlatte beträgt. Um die empfohlene zulässige Unebenheit der Unterlage der Pflasterdecke von maximal 1 cm zu erreichen, muss die Asphalttragschicht eine entsprechende Dicke aufweisen.

Auf der Schotter- oder Kiestragschicht nach den Zeilen 5 und 6 der Tafel 3 der RStO soll die Tragschicht aus (wasserdurchlässigem) Asphalt mindestens 8 cm dick sein. Hier ist zu bedenken, dass die zulässige Unebenheit in der Tragschicht unterhalb des Asphaltes 2 cm betragen darf (ZTV SoB-StB Abschnitt 2.4.4.4). Das bedeutet im ungünstigen Fall eine Schichtdicke der Asphalttragschicht von nur 6 cm. Um eine zulässige Unebenheit des Asphaltes von maximal 1 cm unterhalb der 4-m-Richtlatte zu erreichen kann es sinnvoll sein, die Asphalttragschicht auf 10 cm zu verstärken.

4.2 **Unterlage** (Fortsetzung)

Vor der Herstellung der Pflasterdecke bzw. des Plattenbelages ist zu prüfen, ob die Unterlage geeignet ist. Es empfiehlt sich, z. B. die Festigkeit, Wasserdurchlässigkeit, Höhenlage und Neigung sowie Ebenheit der Unterlage augenscheinlich und/oder aufgrund vorhandener Dokumente zu überprüfen. Die Unterlage muss zum Zeitpunkt der Ausführung der Decke bzw. des Belages frei von schädlichen Verschmutzungen sein.

Bei nicht geeigneter Unterlage darf die Pflasterdecke bzw. der Belag nicht gebaut werden. Es sind dann zunächst Maßnahmen zu vereinbaren und durchzuführen, welche den anforderungsgerechten Zustand der Unterlage sicherstellen.

Kommentar

Eine „Checkliste" für diese Überprüfungen sind in den DIN 18315, DIN 18316[5] und DIN 18317[6] jeweils unter 3.2 enthalten. Diese Normen betreffen die Unterlage, den Bereich unterhalb der Pflasterdecke oder des Plattenbelages.

Anzumeldende Bedenken bei der Herstellung einer Pflasterdecke oder eines Plattenbelages werden in DIN 18318 aufgeführt:

---

3 Zusätzliche Technische Vertragsbedingungen und Richtlinien für den Bau von Schichten ohne Bindemittel im Straßenbau, Ausgabe 2020, FGSV Verlag, Köln 2020

4 DIN 18315: VOB Vergabe- und Vertragsordnung für Bauleistungen – Teil C: Allgemeine Technische Vertragsbedingungen für Bauleistungen (ATV) – Verkehrswegebauarbeiten – Oberbauschichten ohne Bindemittel, Ausgabe 2019, Beuth Verlag, Berlin 2019

5 DIN 18316: VOB Vergabe- und Vertragsordnung für Bauleistungen – Teil C: Allgemeine Technische Vertragsbedingungen für Bauleistungen (ATV) – Verkehrswegebauarbeiten – Oberbauschichten mit hydraulischen Bindemitteln, Ausgabe 2019, Beuth Verlag, Berlin 2019

6 DIN 18317: VOB Vergabe- und Vertragsordnung für Bauleistungen – Teil C: Allgemeine Technische Vertragsbedingungen für Bauleistungen (ATV) – Verkehrswegebauarbeiten – Oberbauschichten aus Asphalt; Ausgabe 2019, Beuth Verlag, Berlin 2019

ATV DIN 18318 **Pflasterdecken und Plattenbeläge, Einfassungen, Ausgabe 2019**

3 Ausführung

...

3.1.2 Als Bedenken nach § 4, Abs. 3 VOB/B können insbesondere in Betracht kommen:

- ungenügende Tragfähigkeit oder Beschaffenheit der Unterlage,
- unzureichende Wasserdurchlässigkeit der Unterlage,
- Abweichungen der Unterlage von der planmäßigen Höhenlage, Neigung oder Ebenheit,
- unzureichende planmäßige Neigung,
- Fehlen von Entwässerungseinrichtungen,
- fehlende oder unzureichende Angaben für die Anordnung von Bewegungsfugen bei gebundenen Pflasterdecken und Plattenbelägen, bei Einfassungen und Entwässerungsrinnen.

4.2 **Unterlage** (Fortsetzung)

Dränbetontragschichten sollten dem „Merkblatt für Versickerungsfähige Verkehrsflächen" (M VV) entsprechen. Eingesetzt werden sollte ein wasserdurchlässiger Beton der Festigkeitsklasse DB 30, z. B. eine Dränbetondeckschicht DBD 8 gemäß M VV, hier eingesetzt als Dränbetontragschicht. Die Druckfestigkeit der Tragschicht sollte anhand von mindestens drei Bohrkernen (Durchmesser 100 mm) bestimmt werden. Jeder Einzelwert sollte eine Druckfestigkeit von mindestens 16 N/mm² aufweisen.

Die Dränbetontragschicht sollte vor dem Überbauen mit einer gebundenen Pflasterdecke bzw. einem gebundenen Plattenbelag frei von schädlichen Eigenspannungen sein und sollte keine Trennrisse/durchgehenden Risse aufweisen. Dies kann durch Schneiden von Scheinfugen in der Dränbetontragschicht oder durch andere geeignete Maßnahmen sichergestellt werden. Werden Scheinfugen angeordnet, ist es zweckmäßig, diese längs und quer in Abstimmung mit dem Raster der später aufzubringenden Bewegungsfugen auszuführen. Die Lage der Scheinfugen in der Dränbetontragschicht bestimmt dann die Lage der Bewegungsfugen in dem darüber herzustellenden Belag (siehe auch Abschnitte 4.10 und 6.5).

Kommentar

Für die Herstellung einer gebundenen Tragschicht aus wasserdurchlässigem Beton sollte Abschnitt 6 des M VV[7] beachtet werden.

Tragschichten nach dem M DBT[8] werden wegen der dort festgelegten geringeren Druckfestigkeit als ungeeignet angesehen (mittlere Druckfestigkeit von 3 Probekörpern nach 28 Tagen mindestens 8 MPa, kein Einzelwert ≤ 6 MPa).

7 Merkblatt für Versicherungsfähige Verkehrsflächen, Ausgabe 2013, FGSV Verlag, Köln 2013
8 Merkblatt für Dränbetontragschichten, Ausgabe 2013, FGSV Verlag, Köln 2013

Kommentar

Deshalb sollte wasserdurchlässiger Beton der Festigkeitsklasse DB 30 gemäß dem M VV verwendet werden (siehe Tabelle 8 des M VV). Vor der Lieferung ist ein Erstprüfungszeugnis vorzulegen.

Jeder Einzelwert von Probekörpern, z. B. Bohrkernen, sollte nach 28 Tagen eine Festigkeit von ≥ 14 MPa aufweisen.

Die Verdichtung dieser Tragschicht sollte nach den Angaben des DBT-Merkblattes erfolgen, grundsätzlich ohne eine Vibrationsverdichtung. Durch Verwendung der Vibration besteht die Gefahr der Kornzertrümmerung und somit eines geringeren Porenvolumens. Damit verringert sich auch die Wasserdurchlässigkeit. Die Tragschicht sollte regelmäßig gekerbt oder angeschnitten werden, so dass Entspannungsrisse an diesen Stellen erwartet werden können. Grundsätzlich sind die Witterungsbedingungen zu beachten. Die hergestellte Tragschicht ist abzudecken, z. B. mit einem Geotextil, und mehrere Tage feucht zu halten.

Durch Einbau und Verdichtung müssen die technischen Anforderungen, (Schichtdicke, Verdichtungsgrad, Ebenheit und Wasserdurchlässigkeit) sowie die Anforderungen der Planung (Höhenlage, Neigungen) erreicht werden.

Betontragschichten sind nicht spannungsfrei, auch Kerben zur Vorgabe von Entspannungsrissen können weitere Rissbildungen nicht verhindern.

4.2 **Unterlage** (Fortsetzung)

Bei der Bauweise mit Anordnung eines Geotextils auf dieser Tragschicht ist die exakte Übereinstimmung von Schein- und Bewegungsfugen nicht in gleichem Maße gefordert. Das Geotextil muss dauerhaft eine ausreichende Wasserdurchlässigkeit aufweisen und sollte nicht thermisch verfestigt sein.

Dränbetontragschichten benötigen eine Nachbehandlung.

Kommentar

Die genaue Übereinstimmung von Kerben oder Einschnitten mit der späteren Lage von Bewegungsfugen der darüber liegenden Pflasterdecke oder des Plattenbelags ist, abhängig von der Größe der Befestigungselemente und den Fugen, nur sehr schwierig möglich. Bei Verwendung eines Geotextils[9] als Zwischenlage wird jedoch eine genaue Übereinstimmung der Fugen nicht gefordert, so dass diese Bauweise vorteilhaft sein kann. Das DBT-Merkblatt weist darauf hin, dass ein Geotextil, mechanisch verfestigt, unter einer Pflasterdecke oder einem Plattenbelag mindestens der Robustheitsklasse GRK 4 oder GRK 5 entsprechen soll. Gleichzeitig wird auf eine möglichst hohe Wasserdurchlässigkeit verwiesen.

Hier ist zu bedenken, dass mit der Zunahme der Robustheitsklasse auch die Wasserdurchlässigkeit geringer wird. Daher ist abzuwägen, ob nicht eine geringere Robustheitsklasse vorteilhafter ist. Die Vliese müssen eine für den jeweiligen Anwendungsfall ausreichende Robustheit, also Widerstandsfähigkeit gegen die zu erwartende Beanspruchung, aufweisen. Üblicherweise

9 Technische Lieferbedingungen für Geokunststoffe im Erdbau des Straßenbaus, TL Geok E-StB, Ausgabe 2019, FGSV Verlag, Köln 2019

Kommentar

sind solche Anwendungsfälle z. B. Überschüttungen und dabei entstehende Befahrung sowie die Verdichtung des Schüttmaterials.

Die Klasseneinteilung richtet sich nach dem Anwendungsfall (AS) und dem Beanspruchungsfall (AB). Für ein GRK 3 wäre der Anwendungsfall AS 2 (= Geotextil zwischen feinkörnigen Böden (Auflager) und grob- oder gemischtkörnigen Böden (DIN 18196)) anzunehmen und die Beanspruchung nach Beanspruchungsfall AB 2 (= Maschineller Einbau und Verdichtung, keine wesentliche Walkbeanspruchung durch den Bauverkehr) festzulegen.

Zu empfehlen sind nach bisherigen Erfahrungen: Endlosfaservliese der GRK 3 mit einem Flächengewicht > 180 g/m², einer Wasserdurchlässigkeit > 115 l/m²/s und einer Öffnungsweite $O_{90} \geq 100$ mm.

4.2 **Unterlage** (Fortsetzung)

Wasserdurchlässige Asphalttragschichten sollten dem „Merkblatt für Versickerungsfähige Verkehrsflächen" (M VV) entsprechen. Sie sind frei von schädlichen Eigenspannungen, so dass sie Scheinfugen und Geotextilien nicht benötigen.

Die Oberfläche der Tragschicht sollte die Neigung der Pflasterdecke bzw. des Plattenbelages aufweisen.

Kommentar

Für die Herstellung einer gebundenen Tragschicht aus wasserdurchlässigem Asphalt sollte Abschnitt 5 des M VV beachtet werden.

Asphalttragschichten sind im Gegensatz zu den Tragschichten aus Beton spannungsfrei und deshalb ohne Maßnahmen zur Entspannung (Kerben und Scheinfugen) herzustellen.

Das Mischgut für die wasserdurchlässigen Asphalttragschichten unter Pflasterdecken muss so zusammengesetzt sein, dass ein kommunizierendes Hohlraumgerüst, bei gleichzeitigem Erhalt der Tragfähigkeit, vorhanden ist.

Für wasserdurchlässige Asphalttragschichten, die in Verkehrsflächen der Belastungsklassen Bk0,3 bis Bk3,2 gemäß den RStO eingebaut werden können, wird eine gesonderte Erstprüfung nach den TL Asphalt-StB[10] und ein Eignungsnachweis nach den ZTV Asphalt-StB, Abschnitt 2.3.2[11] erforderlich.

Für wasserdurchlässiges Asphaltmischgut ist zu empfehlen, Mischgut der Körnung 0/22, Typ PA 22 T WDA, mit Bindemittel Bitumen 50/70 oder 30/45 nach den TL Bitumen-StB[12] zu verwenden.

Der Hohlraumgehalt im eingebauten Zustand sollte abweichend von den Angaben des M VV mindestens 15 Vol.-% betragen und im Hinblick auf die Standfestigkeit 20 Vol.-%, nachgewiesen am Marshall-Probekörper, nicht

10 Technische Lieferbedingungen für Asphaltmischgut für den Bau von Verkehrsflächenbefestigungen – TL Asphalt-StB, Ausgabe 2007/Fassung 2013, FGSV Verlag, Köln 2013

11 Zusätzliche Technische Vertragsbedingungen und Richtlinien für den Bau von Verkehrsflächenbefestigungen aus Asphalt – ZTV Asphalt-StB, Ausgabe 2007/Fassung 2013, FGSV Verlag, Köln 2013

12 Technische Lieferbedingungen für Straßenbaubitumen und gebrauchsfertige Polymermodifizierte Bitumen – TL Bitumen-StB, Ausgabe 2007/Fassung 2013, FGSV Verlag, Köln 2013

Kommentar

überschreiten. Die Wasserdurchlässigkeit muss mit mindestens einem k_f-Wert von ≥ 5,4 × 10^{-5} m/s nachgewiesen werden.

Die Verdichtung von wasserdurchlässigem Asphaltmischgut sollte nur mit schweren Glattmantelwalzen ohne Vibration erfolgen. Durch Verwendung der Vibration besteht die Gefahr der Kornzertrümmerung und somit eines geringeren Porenvolumens, entsprechend einer geringeren Wasserdurchlässigkeit. Ebenso ist eine Überverdichtung zu vermeiden, welche dann dieselben Folgen hat.

Durch Einbau und Verdichtung müssen die technischen Anforderungen (Schichtdicke, Verdichtungsgrad, Ebenheit und Wasserdurchlässigkeit) sowie die Anforderungen der Planung (Höhenlage, Neigungen) erfüllt werden.

4.3 Dicke der Bettung

Die Dicke der Bettung im verdichteten Zustand sollte in der Regel mindestens 4 cm und höchstens 6 cm betragen.

Soll in Ausnahmefällen eine größere Dicke der Bettung als 6 cm ausgeführt werden, ist diese zweilagig auszuführen, wobei die Lagen frisch in frisch einzubauen sind und die untere Lage ausschließlich statisch zu verdichten ist. Dies gilt auch für die Bettung von offenen Entwässerungsrinnen aus Pflastersteinen oder Platten (siehe Abschnitt 6.10). Bettungsdicken von mehr als 10 cm sollten nicht ausgeführt werden.

Kommentar

Es sollte eine mittlere Bettungsdicke von 5 cm mit einer zulässigen Toleranz von ±1 cm vereinbart werden; das entspricht etwa der Angabe der DIN 18318, Tabelle 6, mit 50 mm ±10 mm. Dickere Bettungen führen häufig zu unzureichender Verdichtung des unteren Bereiches.

Bild 4.5 Messung der Bettungsdicke beim Einbau

Kommentar

Für die Herstellung einer ggf. erforderlichen dickeren Bettung ist lagenweise zu arbeiten und die untere Lage in Abschnitten, welche dem in der zulässigen Verarbeitungszeit folgenden Versetzen entsprechen (z. B. bei Pflaster 2 bis 3 Reihen) einzubauen und durch Andrücken zu verdichten. Eine Verdichtung der unteren Mörtellage mit einer auch nur leichten Rüttelplatte ist nicht zulässig. Die obere Lage ist sofort („frisch in frisch") aufzubringen und wird durch das Versetzen der einzelnen Befestigungselemente verdichtet.

Es ist ein Setzmaß der Bettung (Verdichtungsmaß) von etwa 20–25 % bei Pflastersteinen und bei Platten von ca. 15–20 % je nach verwendetem Bettungsmörtel zu berücksichtigen. Wie zu erkennen, ist die Verdichtung der Bettung unterhalb einer Platte schwieriger, was schon bei der Planung bezüglich Belastbarkeit und Dauerhaftigkeit zu beachten ist.

4.4 Dicke der Pflastersteine und Platten

Die Dicke der Pflastersteine und Platten ist entsprechend der zu erwartenden Beanspruchung zu wählen. In der Tabelle 1 sind hinsichtlich der Verkehrsbelastung empfohlene Mindestnenndicken zusammengestellt.

Tabelle 1: Empfohlene Mindestnenndicken der Befestigungselemente

Beanspruchung	Empfohlene Mindestnenndicke [mm]	
	Pflasterdecke	Plattenbelag
Fußgänger und Radfahrer	80	100
Bk0,3	100	120[1)]
Bk1,0	120	140[1)]
Bk1,8	140	140[1)]
Bk3,2	160	–

1) gilt nur für Fußgängerzonen (auch mit Lieferverkehr) und vergleichbare Bereiche

Kommentar

Für die Dicke der Befestigungselemente werden hier Empfehlungen für die Planung ausgesprochen, die sich jedoch grundsätzlich nach den örtlichen Gegebenheiten und der vorgesehenen Nutzung richten müssen. Platten sollen nur in Verkehrsflächen verwendet werden, deren Nutzung allein durch Fahrzeuge mit geringen Geschwindigkeiten, < 20 km/h, erfolgt.

Für Platten aus Natursteinen kann eine Bemessung der erforderlichen Dicke der Platten für die entsprechende Bruchlastklasse nach DIN EN 1341, Anhang A, unter Berücksichtigung der Flächenmaße und der Biegefestigkeit erfolgen. In dem Anhang der Norm werden folgende Empfehlungen gegeben:

DIN EN 1341

Platten aus Naturstein für Außenbereiche – Anforderungen und Prüfverfahren, Ausgabe 2013

Anhang A

...

DIN EN 1341

A.3 Hinweise zu vorraussichtlichen Bruchlasten

...

Tabelle A.2 – Bruchlast

Klasse	Mindest-Bruchlast [kN]	Übliche Anwendung
0	Keine Anforderung	Dekoration
1	0,75	im Mörtelbett verlegte Platten, nur für Fußgängerbereiche
2	3,5	Fußgängerbereiche und Radwege
3	6,0	Gelegentliche Zufahrt von Pkw, leichten Fahrzeugen und Motorrädern, Garageneinfahrten
4	9,0	Fußgängerzonen, Marktplätze, die gelegentlich von Liefer- und Rettungsfahrzeugen befahren werden
5	14,0	Fußgängerbereiche, die häufig von Schwerlasttransportern benutzt werden
6	25,0	Verkehrswege und Straßen, Tankstellen

Kommentar

Die Ermittlung der Bruchlast erfolgt nach Anhang F der Norm. Die TL Pflaster-StB fordern bezüglich der Bruchlast die Klasse 70/Kennzeichnung 7.

Platten aus Beton müssen nach DIN EN 1339 die Bruchlastklassen nach Tabelle 7 dieser Norm erfüllen. Eine Empfehlung zur Anwendung, wie sie in DIN EN 1341 für Platten aus Naturstein enthalten ist, wird in DIN EN 1339 nicht gegeben.

4.4 Dicke der Pflastersteine und Platten (Fortsetzung)

Pflastersteine mit kleineren Dicken, jedoch nicht unter 70 mm, können verwendet werden unter der Voraussetzung, dass ausreichende Erfahrungen mit bewährten regionalen Bauweisen vorliegen.

Kommentar

Es wird empfohlen, Pflastersteine nicht zu verwenden, deren Dicken kleiner 70 mm sind. Als Ausnahme werden bewährte regionale Bauweisen genannt.

Dies können z. B. Pflasterdecken aus Mosaikpflaster (siehe TL Pflaster-StB) oder flach verlegtes Klinkerpflaster in Flächen mit eingeschränkter Verkehrsbelastung sein.

4.4 Dicke der Pflastersteine und Platten (Fortsetzung)

Zusammenhängende Flächen sollten mit Pflastersteinen bzw. Platten gleicher Nenndicke ausgeführt werden. Etwaig sich ergebende Dickenunterschiede bei den Pflastersteinen bzw. Platten können in der Bettung ausgeglichen werden, sofern dabei die Empfehlungen an die Bettungsdicke gemäß Abschnitt 4.3 eingehalten werden.

Kommentar

In Verkehrsflächen, die mit Kraftfahrzeugen befahren werden, sollten immer Befestigungselemente gleicher Dicke (innerhalb der in den TL Pflaster-StB genannten zulässigen Toleranzen) verwendet werden. Das bedeutet, das auch die üblichen Umpflasterungen von Einbauten in Verkehrsflächen nicht mit Steinen kleinen Formats und geringerer Dicke erfolgen sollen.

In Flächen mit eingeschränkter Verkehrsbelastung, z. B. reine Fußgänger- und Radfahrerflächen, ist dies jedoch möglich. Dies setzt jedoch voraus, dass die Bettung entsprechend der geplanten Dicken verstärkt und vorverdichtet wird.

DIN 18318 weist in den **Einzelangaben bei Abweichungen von den ATV** unter 0.3.2 darauf hin, dass in der Leistungsbeschreibung eindeutig und im Einzelnen anzugeben ist, „wenn zusammenhängende Flächen mit Pflastersteinen, Platten und Kombinationen aus Pflastersteinen und Platten in unterschiedlichen Nenndicken ausgeführt werden sollen".

4.5 Entwässerung der Oberfläche

Eine ausreichende Entwässerung ist für die Dauerhaftigkeit der herzustellenden Pflasterdecke bzw. des herzustellenden Plattenbelages maßgebend. Die Ausführungsplanung muss immer eine Entwässerungsplanung beinhalten.

Die abflusswirksame Neigung sollte in der Regel mindestens 2,5 % bei Pflastersteinen und Platten aus Beton, Klinker und bearbeitetem Naturstein und mindestens 3,0 % bei Pflastersteinen aus unbearbeitetem oder spaltrauem Naturstein betragen. Eine planmäßige, abflusswirksame Neigung von 2,0 % sollte nicht unterschritten werden.

Die Ausführung mit abflusswirksamen Neigungen kleiner 2,5 % bei Pflastersteinen und Platten aus Beton, Klinker und bearbeitetem Naturstein und kleiner 3,0 % bei Pflastersteinen aus unbearbeitetem oder spaltrauem Naturstein benötigt höhere Anforderungen an die herzustellende Ebenheit, um Pfützenbildung zu vermeiden (siehe Abschnitt 6.7). Wenn aus planerischen Gründen in Einzelfällen eine geringere abflusswirksame Neigung erforderlich ist, sollten folgenden Werte nicht unterschritten werden:

Bei Geh- und Radwegen:

- 1,5 %, wenn Pflastersteine aus Beton, Platten aus Beton, Pflasterklinker, Pflasterziegel oder bearbeitete Pflastersteine oder Platten aus Naturstein und
- 2,0 %, wenn unbearbeitete oder spaltraue Pflastersteine aus Natursteinen verwendet werden.

Bei Fahrbahnen und weiteren von Kfz befahrenen Flächen:

- 2,0 %, wenn Pflastersteine aus Beton, Platten aus Beton, Pflasterklinker, Pflasterziegel, bearbeitete Pflastersteine oder Platten aus Naturstein und
- 3,0 %, wenn unbearbeitete oder spaltraue Pflastersteine aus Naturstein verwendet werden.

Kommentar

Flächenbefestigungen sind mit einer ausreichenden Neigung herzustellen, um den sicheren Abfluss des anfallenden Oberflächenwassers zu gewährleisten. Das erfordert bei Bearbeitung der Ausführungsplanung auch eine Beachtung der möglichen Entwässerung. DIN 18318 weist unter Abschnitt 3.1.2 darauf hin, dass Bedenken nach § 4, Abs. 3 VOB/B insbesondere in Betracht kommen können, wenn „unzureichende planmäßige Neigungen" vorhanden sind oder das „Fehlen von Entwässerungseinrichtungen" festgestellt wird.

Bei der Herstellung von Flächenbefestigungen in Städten und Gemeinden ist auf die vorhandene Bebauung, z. B. Hauseingänge, Schaufensteranlagen usw., Rücksicht zu nehmen. So gibt es immer wieder in einem Projekt Teilflächen, die nicht die Vorgaben der Norm oder die Empfehlungen des Merkblattes an das Mindestgefälle einhalten können. In diesen Fällen sind besondere Vereinbarungen hinsichtlich der zu erreichenden Ebenheit, des Einbaus zusätzlicher Entwässerungseinrichtungen oder anderer Oberflächenbearbeitungen zu treffen.

Damit schwieriger zu entwässernde Stellen nicht erst bei der Ausführung auffallen, ist mit der Ausführungsplanung auch eine Entwässerungsplanung, welche die Randzonen und die Anschlusshöhen an die Bebauung berücksichtigt, erforderlich. Kernsätze sind hier:

- Eine abflusswirksame Neigung von 2 % bei der Verwendung von Befestigungselementen mit **ebener Oberfläche**, das sind Befestigungselemente aus Beton, Pflasterklinker oder Pflasterziegel und bearbeitete Natursteine, soll nicht unterschritten werden. Natursteine mit ebenen Oberflächen sind solche, die mit gesägten Oberflächen und anschließender Bearbeitung durch Strahlen oder Flammen hergestellt worden sind.
- Bei der Verwendung von nur gespalten hergestellten Befestigungselementen sollte eine abflusswirksame Neigung von 3 % nicht unterschritten werden.
- Wenn in Einzelfällen aus planerischen Gründen geringere abflusswirksame Neigungen erforderlich werden, sollten die vorstehenden Werte nicht unterschritten werden.

DIN 18318 sagt bezüglich der Anforderungen an die hergestellte Leistung – nicht etwa an die Planung – Folgendes:

ATV DIN 18318 **Pflasterdecken und Plattenbeläge, Einfassungen,** Ausgabe 2019

3 Ausführung

...

3.1.10 Bei begehbaren Flächen beträgt die Mindestneigung

- 1,5 %, wenn Pflastersteine aus Beton, Platten aus Beton, Pflasterklinker, Pflasterziegel oder bearbeitete Pflastersteine oder Platten aus Naturstein und
- 2 %, wenn unbearbeitete oder spaltraue Pflastersteine aus Natursteinen

verwendet werden.

3.1.11 Bei befahrbaren Flächen beträgt die Mindestneigung

- 2 %, wenn Pflastersteine aus Beton, Platten aus Beton, Pflasterklinker, Pflasterziegel, bearbeitete Pflastersteine oder Platten aus Naturstein und
- 3 %, wenn unbearbeitete oder spaltraue Pflastersteine aus Naturstein

verwendet werden.

3.1.12 Werden Neigungen vorgegeben, sind Abweichungen von ±0,4 % zulässig; die im Abschnitt 3.1.10 und 3.1.11 angegebenen Mindestneigungen dürfen nicht unterschritten werden.

Kommentar

Es sollte immer eine Entwässerungsplanung, welche die örtlichen Gegebenheiten berücksichtigt, mit Festlegung der erforderlichen Gefälle und Angaben zur Ableitung von anfallendem Oberflächenwasser angefertigt werden.

Eine bautechnisch bedingte Abweichung von den geplanten Neigungen muss bei der Herstellung der Flächen zugestanden und berücksichtigt werden. Als zulässiges Maß wird eine Toleranz von ±0,4 % festgelegt. Bei einer geplanten Mindestneigung von 2,0 % bedeutet dies, dass in der Ausführung eine Neigung von 1,6 % zulässiger Weise auftreten kann. Wenn nun eine Neigung von weniger als 2,0 % planerisch vorgegeben wird, darf trotzdem die Mindestneigung nach Abschnitt 3.1.10 und 3.1.11 der DIN 18318 nicht unterschritten werden. Die zulässigen Ausführungstoleranzen verringern sich dadurch automatisch. Dies ist bautechnisch schwieriger und ggf. sehr kostenintensiv, da Sonderbauweisen gewählt werden müssen. Bei vertraglicher Festlegung der vorgenannten Mindestneigungen von z. B. 1,5 %, wie dies manchmal aus Gründen der Barrierefreiheit gefordert wird, ist die anforderungsgerechte Ausführung technisch fast unmöglich. Projekte mit solchen Planungen stellen Sonderbauweisen dar. Im Normalfall, welcher durch das technische Regelwerk abgedeckt wird, sollte die den Planungsunterlagen zugrunde gelegte Neigung immer größer als die in den Kernsätzen genannte Neigung von 2,0 oder 3,0 %.

4.6 Form und Anordnung der Befestigungselemente

Für gebundene Pflasterdecken und Plattenbeläge ist die Wahl einer bestimmten Pflasterstein- bzw. Plattenform sowie eines bestimmten Verbandes bezüglich der Tragfähigkeit von untergeordneter Bedeutung.

Die Anordnung der Befestigungselemente kann den Verlauf gegebenenfalls entstehender Risse beeinflussen.

Bewegungsfugen sind bei der Festlegung des Verbandes zu berücksichtigen.

Je größer die Formatabmessungen der Befestigungselemente sind, desto schwieriger ist es, die in diesem Merkblatt empfohlene Haftzugfestigkeit zu erreichen.

ATV DIN 18318 **Pflasterdecken und Plattenbeläge, Einfassungen,** Ausgabe 2019

3 Ausführung

...

3.1.8 Pflasterdecken und Plattenbeläge sind mit einem gleichmäßigen Fugenbild im Reihenverband mit versetzten Fugen herzustellen. Der Versatz der Steine muss ≥ 1/4 der Länge der Steine und Platten betragen.

Kommentar

Die Tragfähigkeit einer gebundenen Decke oder eines gebundenen Belages wird nicht von der Form der Befestigungselemente oder vom Verband beeinflusst.

Kommentar

Da jedoch Risse in Fugen und auch durch die Befestigungselemente nicht vollständig verhindert werden können, kann der gewählte Verband den Verlauf von Rissen beeinflussen. Ein Verband mit z. B. Kreuzfugen lässt erwarten, dass sich die Risse im Fugenverlauf zeigen. Bei einem Halbverband dagegen kann ein Riss, in Abhängigkeit von den Festigkeiten von Fugenmörtel und Befestigungselement, auch das Element durchlaufen. Dies ist auch bei der Standardausführung im Reihenverband nach DIN 18318 nicht auszuschließen. Der dort festgelegte Verband dient einer Rückfallebene. Der Ausschreibende sollte den Verband festlegen. Nur, wenn die Leistungsbeschreibung nichts zum Verband aussagt, ist der hier festgelegte Reihenverband vertraglich verbindlich.

Bewegungsfugen sind entsprechend zu planen und dem gewählten Verband anzupassen, trotzdem können sie entstehende Risse nicht verhindern. Besonders bei größeren Flächen können daher Verbände mit Kreuzfugen aufgrund der Geometrie Vorteile aufweisen. Je größer die Formate der Befestigungselemente, besonders Platten, sind, desto mehr ist auf die vertraglich geschuldete Haftzugfestigkeit zu achten, da diese schwerer herzustellen ist.

Bild 4.6 Schmuckverband bei gebundener Ausführung, technisch unproblematisch

Kommentar

Zu empfehlen ist eine frühzeitige Probeverlegung mit den gewählten Produkten (Befestigungselemente, Bettungsmörtel, Haftvermittler) auch durch Beauftragte des Mörtelherstellers. Durch eine Prüfung an Bohrkernen können die zu erreichenden Haftzugfestigkeiten festgelegt werden. Für eine solche Festlegung müssen zudem die zukünftige Nutzung sowie die auftretenden Witterungsbedingungen berücksichtigt werden.

4.7 Anschlüsse

Bei Anschlüssen sollten zugearbeitete Pflastersteine bzw. Platten nicht verwendet werden, wenn die verbleibende kürzere Seite nicht mindestens einem Drittel der größten Kantenlänge des unbearbeiteten Befestigungselementes oder mindestens der Hälfte der Dicke des unbearbeiteten Befestigungselementes entspricht. Zugearbeitete Pflastersteine und Platten sollten keine spitzen Winkel (unter 45°) aufweisen; diese sind infolge der auftretenden Spannungen rissgefährdet. Eine erforderliche Änderung des Verbandes ist zu berücksichtigen.

ATV DIN 18318 **Pflasterdecken und Plattenbeläge, Einfassungen,** Ausgabe 2019

3 Ausführung

...

3.1.9 Bei annähernd rechtwinkligen Anschlüssen sollte die gekürzte Seite von Passstücken ≥ 1/3 der größten Kantenlänge und ≥ 1/2 der Dicke des unbearbeiteten Steines bzw. der unbearbeiteten Platte betragen.

Kommentar

Zugearbeitete Steine sollten an ihrer verbleibenden kürzeren Seite ein Mindestmaß von einem Drittel der größten Kantenlänge des unbearbeiteten Befestigungselementes haben. Der Hinweis auf „mindestens die Hälfte der Dicke“ sollte nicht vereinbart werden, da dies bautechnische Einbauschwierigkeiten und keine standsicher einzubettenden Befestigungselemente ergibt. Hier müsste mindestens die Dicke der Elemente das kleinste Maß sein.

Die geschnittenen (glatten) Seiten sollten zur besseren Haftung des Fugenmörtels aufgeraut werden. Dies kann z. B. mit mindestens drei bis vier Kreuzschnitten auf der Elementflanke erfolgen. Die zugearbeiteten Elemente sollten keine Winkel kleiner 45° aufweisen. Die entstehenden schmalen Endbereiche sind durch die in der gebundenen Befestigung entstehenden Spannungen rissgefährdet.

Wenn der Verband und der Anschluss Befestigungselemente mit einem Winkel kleiner 45° entstehen lassen, sollte der Verband so gedreht werden, dass Winkel größer 45° möglich werden. Dies entspricht der Handwerkskunst und den anerkannten Regeln der Technik. Sollte ein Auftraggeber dies nicht wollen, müsste dies vertraglich festgelegt werden.

Kommentar

Bild 4.7 Zuschnittlehre

Die regulären zulässigen Fugenbreiten gelten auch bei Anschlüssen. Wenn diese Regelung aufgeweicht werden soll, sollte dies dahingehend vereinbart werden, dass die entstehende Fugenbreite um nicht mehr als 5 mm gegenüber der geplanten Fugenbreite überschritten werden darf.

4.8 Verlegung in Kurven

Es gelten die gleichen Grundsätze wie im M FP zur ungebundenen Ausführung beschrieben.

Kommentar

Auch in herzustellenden Kurven gelten bei dem Versetzen der Befestigungselemente die allgemeinen Vorgaben zur Fugenbreite. Bei Pflastersteinen aus Beton sind häufig besonders geformte Kurvensätze vorhanden und einzusetzen. Wenn zugearbeitete Befestigungselemente verwendet werden sollen, gelten die Regeln wie unter 4.7, Anschlüsse, beschrieben.

Gemäß dem M FP[13] ist bei der Planung zu berücksichtigen, dass auch die Ausführung von richtungsneutralen Verbänden (z. B. Fischgrätverband), das Wechseln des Verbandes oder die Richtungsänderung des Verbandes zur Vermeidung von horizontalen Keilfugen zweckmäßig sein können.

Eine weitere Möglichkeit besteht für nicht planmäßig von Kraftfahrzeugen befahrene Flächen darin, den Verband in Längsrichtung bzw. Fahrtrichtung durch partielles Aufheben des Querverbundes in einzelne Bahnen aufzuteilen, deren Ränder durch vorgefertigte Rand- oder Halbsteine begrenzt werden

13 Merkblatt für Flächenbefestigungen mit Pflasterdecken und Plattenbelägen in ungebundener Ausführung sowie für Einfassungen, Ausgabe 2015, FGSV Verlag, Köln 2015

Kommentar

(sogenannter Odenwälder Verband). Dies ist jedoch bei der gebundenen Ausführung eine unübliche Variante. Die Fugenbreiten derart hergestellter Pflasterdecken sollten zwischen dem unteren Grenzwert der Regelfugenbreite und einem Wert variieren, der 5 mm des oberen Grenzwertes der Regelfugenbreite nicht überschreitet. Die Eignung einer solchen Verlegung sollte vorab für den jeweiligen Anwendungsfall geprüft werden. Die Änderung der zulässigen Fugenbreite muss vertraglich festgelegt werden.

Wenn keine vorgefertigten Befestigungselemente eingesetzt werden können, ist das Flächenformat der erforderlichen Schnittsteine zu planen und die Winkeländerungen sollten in einem Lageplan dargestellt werden.

Die Ausführung des Verbandes bzw. die Art der Verlegung in Kurvenbereichen sollte in der Leistungsbeschreibung festgelegt werden.

4.9 Einfassungen

Pflasterdecken und Plattenbeläge in gebundener Ausführung sollten zwischen Einfassungen oder sonstigen festen Begrenzungen ausgeführt werden. Sie sollen zudem am Übergang zu anderen Bauweisen, z. B. mit Asphaltdecke oder mit Pflasterdecke bzw. Plattenbelag in ungebundener Ausführung, eingefasst werden.

Kommentar

Eine gebunden ausgeführte Flächenbefestigung braucht eine Einfassung, wenn sie nicht an feste Begrenzungen, z. B. Bauwerke, anschließt.

An Bauwerken sollte immer eine (Bewegungs-)Fuge angelegt werden.

Bild 4.8 Fehlende Randeinfassung bei gebunden ausgeführtem Gehweg

Kommentar

Bild 4.9 Randeinfassung mit Stahlwinkel auf Fundamentbeton für Gehwegfläche

Die Einfassungen können aus Bordsteinen oder Rinnen bestehen. Ebenso können Einfassungen aus Stahl, als Platte oder Winkel, hergestellt werden, wenn sie dauerhaft standsicher eingebaut werden können. Einfassungen erfordern ein Fundament und eine Rückenstütze aus Beton. Grundsätzlich sollte bei der Herstellung der Randeinfassungen auf eine ausreichende Beton-

Bild 4.10 Stahlwinkel für befahrene Verkehrsflächen (auf Epoxidharz zum Höhenausgleich des Fundamentes)

Kommentar

qualität von Fundament und Rückenstütze geachtet werden. Der erhärtete Beton sollte mindestens eine Festigkeit von > 12 N/mm² erreichen.

Wenn Winkel als Übergang zwischen Pflaster und Asphalt in Verkehrsflächen auf einem Betonfundament verschraubt werden sollen, ist für eine dauerhafte, auch bei dynamischen Verkehrslasten widerstandsfähige Befestigung zu sorgen, z. B. mindestens mittels Federringen und selbstsichernden Schrauben.

Das Einbetonieren von Stahlplatten sollte nur in Flächen erfolgen, deren dynamische Verkehrslasten sehr gering sind, da sie sich ansonsten schnell trennen.

4.10 Bewegungsfugen

Pflasterdecken und Plattenbeläge in gebundener Ausführung sollten mit Bewegungsfugen ausgeführt werden. Diese haben die Aufgabe, die in der Pflasterdecke bzw. im Plattenbelag zwangsläufig entstehenden thermischen und hygrischen Spannungen durch Temperaturänderungen, Schwinden und Quellen und daraus gegebenenfalls entstehende Risse zu reduzieren. Sie sind ebenfalls bei Steifigkeitsunterschieden im Übergang unterschiedlicher Tragschichten erforderlich.

Bewegungsfugen können Rissbildungen in der Pflasterdecke bzw. im Plattenbelag – auch durch die Befestigungselemente – grundsätzlich nicht verhindern.

Zur Ausführung von Bewegungsfugen siehe auch Abschnitt 6.5.

Kommentar

Gebunden ausgeführte Flächenbefestigungen brauchen Bewegungsfugen, um Spannungen durch Temperaturschwankungen sowie Schwinden und Quellen hydraulisch gebundener Baustoffe zumindest teilweise aufnehmen zu können. Die wesentlichen zu beachtenden Spannungen im Belag/in der Decke entstehen aus den Differenzen der Tages- und Nachttemperatur und der Sommer- zur Wintertemperatur. Für die Auswirkung dieser Spannungen ist entscheidend, bei welcher Umgebungs- und Produkttemperatur die Herstellung der Decke/des Belages erfolgt ist. Sie ist die sogenannte „Nullspannungstemperatur", d. h. genau die Temperatur, die beim Erstarrungszeitpunkt während der Hydratation herrscht.

Wenn z. B. der Belag/die Decke bei einer Temperatur von 20 °C hergestellt worden ist und Produkt- und Umgebungstemperaturen von –25 °C im Winter und +40 °C im Hochsommer zu erwarten sind, entstehen daraus Zugspannungen aus der Temperaturdifferenz $\Delta T = (+20\ °C) - (-25\ °C) = 45\ °C$ im Winter und Druckspannungen aus $\Delta T = (+20\ °C) - (+40\ °C) = -20\ °C$ im Sommer.

Während die Druckspannungen in der Regel durch den Fugenmörtel aufgenommen werden, können die entstehenden hohen Zugspannungen zu Rissen führen. (Der Fugenmörtel ist sehr druckfest, aber kann nur geringe Zugkräfte aufnehmen.) Dies ist besonders in der Abbinde- und Erhärtungsphase des Mörtels zu beachten, da hier schon die ersten kleineren Rissbildungen ent-

Kommentar

stehen, besonders, wenn eine Nachbehandlung nur unregelmäßig ausgeführt oder sogar unterlassen wird.

Neben der Zuführung von Feuchtigkeit zur Hydratation des frischen Mörtels hat die Nachbehandlung im Hochsommer auch die Aufgabe, die Fläche durch die entstehende Verdunstungskälte zu kühlen und damit die Oberflächentemperatur nahe der Nullspannungstemperatur zu halten, so dass möglichst keine Spannungen auftreten, die die geringe Festigkeit des sehr jungen Mörtels in den ersten Tagen überschreiten.

Infolge der Temperatureinwirkungen kommt es in der Decke/dem Belag abhängig von dem verwendeten Produkt zu Längenänderungen. Die Berechnung von Längenänderungen erfolgt mit der dafür festgelegten Einheit „Kelvin" (0 °C = 273,15 K). Im Merkblatt „Bautechnische Information Naturwerkstein 1.5" des Deutschen Naturwerkstein-Verbandes e. V.[14] werden Werte für die thermische Dehnung von z. B. Granit mit 0,8 mm/m oder Basalt mit 0,9 mm/m bei einer Temperaturdifferenz von 100 K angegeben. Diese Werte betreffen eine „freie" Dehnung; die Einschränkung der möglichen Dehnungen als Folge einer hohen Haftzugfestigkeit zwischen dem Befestigungselement und der Bettung wird hier nicht berücksichtigt.

DNV BTI 1.5

Bautechnische Informationen – 1.5 Fassadenbekleidung, Ausgabe 2022

2.1.3 Thermische Dehnung und Quellen

Nach DIN 18516-3 wird die Wärmedehnzahl der Platten mit α_T = 0,0001 mm (mm K) eingesetzt.

Tabelle 3 Dehnung und Quellen

Naturwerksteine	Dehnung bei ΔT von 100 K [mm/m]	Quellen [mm/m]
Sandstein	1,2	0,3–0,7
Basalt	0,9	0,35
Gabbro, Diorit	0,9	0,15
Granit, Syenit	0,8	0,1–0,2
Dichter Kalkstein	0,75	0,1
Kalkstein	0,7	0,1–0,2
Travertin	0,7	0,1–0,15
Quarzit, Rhyolit	1,25	0,1
Trachyt	1	0,1
Andere Baustoffe		
Stahlbeton	1	0,15
Beton	1,2	0,15
Zementmörtel	1	0,2
Betonwerkstein	1,2	0,15–0,2
Ziegel	0,6	0,1–0,3

14 Deutscher Naturwerkstein-Verband e. V.: Bautechnische Informationen Fassadenbekleidung 1.5 (DNV BTI 1.5: Fassadenbekleidung), Ausgabe 2022, Würzburg 2022

Kommentar

Die thermische Dehnung ε von Mörtel kann mit folgender Formel ermittelt werden:

$$\varepsilon = \Delta l / l = (\alpha \times \Delta T) \times T$$

mit:

α_T Wärmeausdehnungskoeffizient, z. B. Zementmörtel: $\alpha_T = 1{,}5 \times 10^{-5}\ K^{-1}$

ΔT Temperaturänderung, z. B. Einbautemperatur 30 °C und vorh. Temperatur –10 °C $\rightarrow \Delta T = 40$ °C

$\Delta l = \alpha_T \times \Delta T \times l$

Die thermische Dehnung eines solchen Zementmörtels liegt bei (theoretisch) unbehinderter Verformung daher bei 0,6 mm/m.

Unter vereinfachten Bedingungen können mittels des Hooke'schen Gesetzes Spannungen in Dehnungen und umgekehrt ausgerechnet werden. Bei behinderter Dehnung gilt daher (vereinfacht):

$$\sigma = \varepsilon \times E$$

Bei einem hydraulischen Fugenmörtel mit einem E-Modul von 22 000 N/mm² und einem Wärmeausdehnungskoeffizienten von $\alpha_T = 1{,}5 \times 10^{-5}\ K^{-1}$ ergibt sich daraus eine Zugspannung bei Abkühlung um 40 °C von 13,2 N/mm².

Im Rahmen einer Dissertation wurden von Buchholz Temperaturspannungen, basierend auf Feldmessungen, berechnet, die in einer begrenzten Platte aus verschiedenen gebundenen Pflasteraufbauten entstehen.[15] Bei einer Decke mit Granitsteinen und hydraulischem Fugen- und Bettungsmörtel wurden bei einem Temperaturgradienten von 46 °C (bei einer Nullspannungstemperatur von 25 °C und einer Abkühlung auf –11 °C) Zugspannungen von 15,21 N/mm² ermittelt.

Bei den verschiedenen Gesteinen von Natursteinpflaster können noch höhere Zugspannungen auftreten, abhängig von den jeweiligen Materialkennwerten. Zudem beeinflusst die Farbe des Befestigungselementes die auftretenden Temperaturen. Bei dunklen Natursteinen ist daher mit höheren Temperaturen, einer größeren Temperaturdifferenz und damit größeren Spannungen zu rechnen.

Im Rahmen der Planung und Ausführung von gebundenen Befestigungen mit Pflastersteinen oder Platten muss es daher ein Ziel sein, die Fläche bei moderaten Temperaturen herzustellen, um während der Nutzungszeit der Befestigung die auftretenden Temperaturspannungen möglichst zu begrenzen. Besonders die Zugspannungen müssen begrenzt werden, so dass der Einbau bei hohen Temperaturen kritischer ist als bei geringen Temperaturen. Dabei sollten auch die Rahmenbedingungen beachtet werden, u. A.:

- Welche Baustoffe sollen verwendet werden?
- Welche Temperaturen können auf der Fläche entstehen?
- Wird die Fläche durch umgebende Bebauung etc. beschattet?
- Welche Haftzug- und Biegezugfestigkeiten weisen die Baustoffe auf?
- Welche Nullspannungstemperatur liegt vor? Kann diese z. B. durch Beschatten, Kühlen, Erwärmen usw. positiv beeinflusst werden?

Neben den Temperaturen wirkt sich, wie o. g. Formel anschaulich zeigt, auch der E-Modul der Befestigungselemente und Mörtel auf die entstehenden Spannungen aus. Geringere E-Moduln sind grundsätzlich vorteilhafter als hohe Werte, d.h. weiche Baustoffe sind besser als besonders starre.

15 Buchholz, Jörn: Gebundene Pflasterbauweisen, Kassel university press GmbH, Kassel 2010

Kommentar

Bild 4.11 Raster der Bewegungsfugen

Eine weitere Möglichkeit der Begrenzung der Temperaturspannungen ist die Begrenzung möglicher auftretender Temperaturdehnungen. Es hat sich als positiv herausgestellt, wenn flächendeckend ein besonders hoher Verbund zur Bettung besteht. Hierdurch werden auftretende Spannungen direkt in die Bettung übertragen, so dass in den Fugen geringere Spannungen wirken. Man kann sich die Wirkung anschaulich am Beispiel von Eisenbahnschienen vorstellen. Die Temperaturspannungen werden bei diesen endlos miteinander verschweißten Schienen über die Schwellen in den Ober- und Unterbau übertragen. Die Funktion der Schwellen muss bei der Pflasterbauweise der erforderliche vollständige Verbund zwischen Befestigungselementen und Bettung übernehmen.

Um die auftretenden Temperaturspannungen weiterhin zu beschränken, sollte eine gebundene Decke in Platten aufgeteilt werden. Die Aufteilung kann über Bewegungsfugen oder Scheinfugen aus vorhandenen Rissen erfolgen. Bewegungsfugen sind entsprechend der herzustellenden Fläche, der Verkehrsbelastung und der Art der Ausführung zu planen. Sie können jedoch Risse, auch durch die Befestigungselemente, nicht vollständig verhindern.

DIN 18318 weist auf die Möglichkeit von Rissen hin und sagt dazu:

ATV DIN 18318 **Pflasterdecken und Plattenbeläge, Einfassungen,** Ausgabe 2019

3.3.1 Allgemeines

...

Bei gebundenen Pflasterdecken und Plattenbelägen sind vereinzelte Rissbildungen, z. B. durch Schwind- und Kriechvorgänge, ≤ 0,8 mm Breite zulässig.

Kommentar

DIN 18318 weist zudem in Abschnitt 3.1.2 auf anzumeldende Bedenken nach § 4, Abs. 3 VOB/B hin, wenn „fehlende oder nur unzureichende Angaben für die Anordnung von Bewegungsfugen bei gebundenen Pflasterdecken und Plattenbelägen, bei Einfassungen und Entwässerungsrinnen" vorhanden sind.

Die Mindestbreite von Bewegungsfugen beträgt 10 mm. Grundsätzlich muss in der Planungsphase oder vor der Ausführung durch den Auftraggeber entschieden werden, ob und wo Bewegungsfugen in der Fläche hergestellt werden sollen. Gebäude, Einbauten und Verengungen der Fläche müssen stets dauerelastisch freigestellt werden. Ebenfalls müssen in der Unterlage vorhandene Bewegungsfugen (Dränbeton, Betondecken von Bauwerken) grundsätzlich in den Belag übernommen werden. Alternativ wird bei der Zwischenlage eines Geotextils (siehe vorstehend) eine genaue Übereinstimmung der Fugen nicht gefordert.

Bewegungsfugen führen bei dem dort liegenden Befestigungselement zu einer frei beweglichen Flanke. Bei Überfahrung kann das Element sich nicht an das Nachbarelement abstützen. Es besteht die Möglichkeit, dass die Befestigungselemente in Richtung der Bewegungsfugen kippen und ein Riss an der benachbarten Elementreihe entsteht. Zur notwendigen Übertragung der horizontalen Lasten bei Verkehrsflächen mit Kfz-Verkehr wird in Merkblatt M FPgeb im folgenden Abschnitt 6.5 daher eine aufwendige Konstruktion von

Bild 4.12 Fugenmörtel mit Schwindrissen

Kommentar

Stützwinkeln beiderseits der Dehnfugen als eine Möglichkeit zur Ausbildung überfahrener Bewegungsfugen angesehen, die durch Verschrauben befestigt werden sollen.

Eine Verschraubung mit Schwerlastdübeln in Dränbeton oder Dränasphalt hält dynamischen Verkehrslasten sehr häufig nicht stand. Um in diesem Fall eine standfeste Verbindung dauerhaft herzustellen, bedarf es hergestellter Fundamente unter den Winkeln (Weiteres siehe unter Randeinfassungen). Das bedeutet, es muss vorher genau geplant werden, wo ein solches Fundament hergestellt und wie die Befestigung optimiert wird, um eine ausreichende Dauerhaftigkeit zu erreichen. Außerdem unterliegt eine solche Fugenausbildung dem optischen Nachteil einer deutlichen Sichtbarkeit, die Fugen werden bis zu 40–45 mm breit. Eine solche Winkelkonstruktion ist zudem auch aus technischer Sicht kritisch zu hinterfragen, handelt es sich in der genannten Form doch eher um eine Einspannung, welche die Bewegung zumindest teilweise einschränkt bzw. verhindert und nicht alle durch Temperaturänderungen hervorgerufenen Bewegungen ermöglicht. Eine technisch einwandfreie Lösung von Bewegungsfugen mit Kfz-Verkehr, die dauerhaft schadensfrei bleibt, steht noch aus. Daher kann die Festlegung der Ausführungsdetails nicht dem Auftragnehmer überlassen werden, sondern sollte im Detail in den Planungsunterlagen enthalten sein.

5 Baustoffe

5.1 Baustoffe für Bettungen

5.1.1 Allgemeines

Eine gebundene Bettung sollte aus hydraulisch gebundenem oder kunststoffmodifiziertem, hydraulisch gebundenem Mörtel hergestellt werden. Sollen kunstharzgebundene Mörtel verwendet werden, ist deren Eignung für den Anwendungsfall nachzuweisen.

Die Ausgangsstoffe müssen den entsprechenden Technischen Regeln, z. B. Normen, entsprechen.

Es sollten stets Mörtel mit ausreichender Homogenität verwendet werden. Werkmörtel sind einem Baustellenmörtel, der in der Regel nicht in der erforderlichen Gleichmäßigkeit hergestellt werden kann, vorzuziehen.

Zur Abschätzung der grundsätzlichen Eignung der Baustoffe dient die Ermittlung bestimmter Produkteigenschaften unter definierten Laborbedingungen.

Bettungsmörtel können als grundsätzlich geeignet angesehen werden, wenn sie die im Abschnitt 5.1.2 genannten Anforderungen erfüllen.

Die Prüfverfahren zur Bestimmung der Eigenschaften der Baustoffe für Bettungen müssen der „Arbeitsanleitung zur Durchführung von Prüfungen für Pflasterdecken und Plattenbeläge in gebundener Ausführung" (ALP Pgeb) entsprechen.

Kommentar

Grundsätzlich ist bei der Festlegung der Eigenschaften, welche vom Bettungsmörtel erwartet werden, zu bedenken, dass diese Mörtel regelmäßigen Frosteinwirkungen ausgesetzt sind. Gleichzeitig sollen sie möglichst homogen und wasserdurchlässig sein. Die früher verwendeten Zementmörtel für Mauerwerk, z. B. der Mörtelgruppe III, sind für die Verwendung als Bettungsmörtel in Verkehrsflächen nicht geeignet, da sie neben anderen Nachteilen nicht ausreichend wasserdurchlässig sind. Es sollten stets Werk-Trockenmörtel verwendet werden, da nur diese wegen der regelmäßigen werkseigenen Produktionskontrollen (WPK) eine ausreichende Gleichmäßigkeit der Herstellung erwarten lassen.

Ausgangsstoffe für die Herstellung von Trockenmörtel sind Bindemittel (Zement), Zuschläge (Gesteinskörnungen in der Regel mit einem Größtkorn bis max. 4 mm), Zusatzstoffe und/oder Zusatzmittel, welche bei der Herstellung des Werk-Trockenmörtel entsprechend der vorgegebenen Rezeptur dosiert hinzugegeben und gemischt werden. Baustellenmischungen aus einem Werks-Compound und örtlich beigestellten Baustoffgemischen können nicht die erforderliche Gleichmäßigkeit eines Werk-Trockenmörtels erreichen. Sie sind von der gleichmäßigen Zugabe der Inhaltsstoffe abhängig, was auf der Baustelle häufig nicht durchgängig eingehalten werden kann. Werksgemischter Fertigmörtel aus einem Betonwerk kann nur in kleinen Chargen bestellt werden, um eine den Anforderungen entsprechende schnelle Ver-

Kommentar

arbeitung zu gewährleisten. Hier ist zu beachten, dass der Bettungsmörtel wegen seiner Haufwerksporigkeit zu einem schnellen Austrocknen neigt. Häufig wird durch die Zugabe von Verzögerern (VZ-Mittel) versucht, die Transport-, Zwischenlagerungs- und Verarbeitungszeit zu kompensieren.

Für alle einzusetzenden Mörtel sollte ein Eignungsnachweis vor Baubeginn vorgelegt werden, welcher die nachstehenden Anforderungen für die Bettung nachweist, ermittelt im Labor einer beauftragten neutralen Prüfstelle. Eine ordnungsgemäße Verarbeitung erfordert ein Setzen der Befestigungselemente in das noch frische, feucht glänzende Bettungsmaterial. Epoxidharzgebundene Mörtel aus einem Baustoffgemisch 0/2 bis 0/4 mm und Epoxidharz können in Sonderfällen für Bettungen verwendet werden, von denen eine den Wert des M FPgeb überschreitende Haftzugfestigkeit zu fordern ist.

Die in diesem Merkblatt empfohlenen Mörteleigenschaften erfordern darauf abgestimmte Prüfungen. Derzeit sind diese in den ALP Pgeb[1] enthalten. Der Durchführung der erforderlichen Prüfungen muss besondere Beachtung geschenkt werden, da gerade für Bettungsmörtel noch keine Prüfnorm zur Herstellung geeigneter Probekörper vorliegt. Ersatzweise müssen die Vorgaben der Arbeitsanleitung herangezogen werden, bis genauere Prüfvorschriften entwickelt sind. Die in den ALP Pgeb beschriebenen und 2018 veröffentlichten Prüfverfahren werden überarbeitet und sind zukünftig in den verschiedenen Teilen der als Loseblattsammlung herausgegebenen „Technischen Prüfvorschriften für Pflasterdecken und Plattenbeläge“ (TP Pflaster-StB)[2] der FGSV deutlich detaillierter beschrieben. Anforderungswert und Prüfverfahren gehören jedoch immer zusammen. So sind die ALP Pgeb bis zur Überarbeitung des M FPgeb weiterhin zu beachten. Allerdings sollten dort, wo die Vorgehensweisen der Prüfung nicht vollständig verändert wurden, die jeweiligen detaillierteren Beschreibungen der Teile der TP Pflaster-StB genutzt werden, um in den Prüflaboratorien vergleichbarere Ergebnisse zu erhalten.

Für die Prüfung der Bettungsmörtel hat die Herstellung der Probekörper die größte Auswirkung auf die Materialeigenschaften. Um welches Maß und wie der Probekörper verdichtet werden muss, ist in den ALP Pgeb nicht vorgegeben. Auch die DIN 18318 geben keinen Hinweis auf die genaue Verdichtung. Früher wurde die Prüfung an üblichen Mörtelprismen der Abmessung 160 × 40 × 40 mm durchgeführt. Der Prüfer sollte dabei mittels Stampfer/Verdichtungsstab den Probekörper nach eigenem Ermessen verdichten. Die einzelnen Prismen wiesen dadurch unterschiedliche Dichten auf. Die Ergebnisse unterschiedlicher Laboratorien waren daher nicht vergleichbar. Dies wurde nun in der ALP Pgeb und im Abschnitt 5.1.2 M FPgeb wie folgt geändert:

---

1 Arbeitsanleitung zur Durchführung von Prüfungen für Pflasterdecken und Plattenbeläge in gebundener Ausführung – ALP Pgeb, Ausgabe 2018, FGSV Verlag, Köln 2018

2 Technische Prüfvorschriften für Pflasterdecken und Plattenbeläge – TP Pflaster-StB. Dem Autor liegt die Entwurfsfassung, Stand 2022, der TP Pflaster-StB vor, mit der Veröffentlichung im FGSV Verlag, Köln, ist 2023 zu rechnen.

5.1.2 Anforderungen an die Baustoffe für Bettungen (Laborwerte)

Allgemeines

Alle Probekörper sind mit möglichst gleicher Verdichtung, z. B. mittels vorgegebenem Setzmaß, nach ALP Pgeb herzustellen. Die erforderliche Verdichtung der Probekörper ist vom Hersteller des Trockenmörtels anzugeben.

Die Anforderungen an die verschiedenen Eigenschaften sind an Probekörpern mit gleichen Festmörtelrohdichten zu überprüfen.

Die Festmörtelrohdichten aller Prüfkörper sind zu bestimmen. Rohdichten und ggf. Setzmaß aller Probekörper sind als arithmetischer Mittelwert und als Einzelwert anzugeben.

Die Abweichung aller Einzelwerte der Festmörtelrohdichte zum arithmetischen Mittelwert darf ±3 % nicht überschreiten.

Kommentar

Bettungsmörtel müssen neben der Druck- und Biegezugfestigkeit auch Frostbeständigkeit und Wasserdurchlässigkeit aufweisen. Wichtig ist bei den zu untersuchenden Probekörpern eine möglichst gleichmäßige Herstellung, besonders hinsichtlich der Verdichtung und der Festmörtelrohdichte. Die zulässige Abweichung der Einzelwerte der Prüfkörper bei der Festmörtelrohdichte wurde auf ±3 % festgelegt. Diese Festlegung war erforderlich, um für die zu prüfenden Eigenschaften annähernd gleiche Grundlagen zu haben, wenn auch das Verdichtungsverfahren nicht vorgegeben ist.

Was nützt es, für den Nachweis der Druckfestigkeit Prüfkörper mit hohen Festmörtelrohdichten (z. B. > 2 000 kg/m³) und für den Nachweis der Wasserdurchlässigkeit Prüfkörper mit geringeren Festmörtelrohdichten als z. B. < 1 800 kg/m³ zu verwenden?

Solche Vorgehensweisen waren in der Vergangenheit mangels vorgegebener Prüfverfahren noch möglich. Um dies zu vermeiden legt die DIN 18318 fest, dass die Druckfestigkeit und die Wasserdurchlässigkeit an denselben Probekörpern durchgeführt werden sollen. Als Prüfverfahren wird jedoch für die Druckfestigkeit die DIN EN 12390-3 und für die Wasserdurchlässigkeit die DIN 18507 festgelegt. Weitergehende Anforderungen an die Probekörperherstellung sind in der Norm nicht enthalten.

ATV DIN 18318 **Pflasterdecken und Plattenbeläge, Einfassungen,** Ausgabe 2019

Tabelle 1 – Anforderungen an die Druckfestigkeit gebundener Bettungsstoffe

Nutzungsabgrenzung nach der größten Verkehrsbelastung	Druckfestigkeit [MPa]	Prüfung nach
begehbar	≥ 10,0	DIN EN 12390-3
befahrbar, Fahrzeuge bis 3,5 t	≥ 20,0	
befahrbar, Fahrzeuge über 3,5 t	≥ 30,0	

Kommentar

Nach DIN EN 12390-3[3] ist ein Beton-Probekörper (und nicht ein Mörtelprobekörper) nach den Teilen 1 und 2 dieser Normreihe zu verwenden. Die Verdichtung muss nach Norm „vollständig" sein. Hierzu können Innenrüttler, Rütteltisch sowie Handverdichtung mittels Stampfer oder Verdichtungsstab verwendet werden. Bei haufwerksporigem Mörtel ist diese vollständige Verdichtung jedoch nicht zielführend. In der Regel werden mit solch dichten Proben auch nicht die Anforderungen an die Wasserdurchlässigkeit erfüllt. Die in DIN 18318 ebenfalls genannte DIN 18507[4] regelt Anforderungen an haufwerksporige Pflastersteine aus Beton ebenso wie deren Prüfungen. Dabei dienen Pflastersteine aus der Werksproduktion als Probekörper. Es werden somit keine Hinweise zur Probekörperherstellung gegeben. Insgesamt muss daher festgestellt werden, dass nach DIN 18318 vollständig verdichtete Probekörper hergestellt werden sollen, ohne ein genaueres Vorgehen vorzugeben. Da mit diesen zumeist nicht die Wasserdurchlässigkeitsanforderungen einzuhalten sind, werden in den verschiedenen Laboratorien unterschiedliche Verdichtungsmethoden durchgeführt.

Alle Probekörper sollten eine vergleichbare Rohdichte aufweisen. In der Regel reicht es aus, wenn die Frischmörtelrohdichte erfasst wird, um einen zügigen Prüfablauf zu gewährleisten. Die Festmörtelrohdichte wird erst nach 28-tägiger Lagerung erfasst.

Nach den TP Pflaster-StB[5] sollten Probekörper für Bettungsmörtel durch dynamische Verdichtung in einem modifizierten Proctortopf hergestellt werden. Die erforderliche Verdichtungsarbeit hängt dabei von den Charakteristika des Werktrockenmörtels ab und ist nicht festgelegt. Vorab muss die zu erzielende Frischmörtelrohdichte bekannt sein. Diese muss vom Mörtelhersteller angegeben werden. Anschließend wird aus dieser Vorgabe die erforderliche Probenmenge berechnet, da das Volumen der herzustellenden Proben vorgegeben ist. Die Probe wird in die runde Probenform eingebracht und anschließend ähnlich einer Proctorverdichtung mittels Fallenlassens eines an einer Stange geführten Fallgewichtes bis auf die vorgegebene Probenhöhe von 40 mm verdichtet. Anschließend wird die Probe ausgeschalt.

Neben der Probenherstellung muss auch die Probenlagerung bis zur Prüfung einheitlich geregelt sein, um Prüfergebnisse miteinander vergleichen zu können. Grundsätzlich muss der Probekörper in ausreichend feuchter Umgebung bei einer Temperatur von 20 ±2 °C gelagert werden. Gleichzeitig sollte der Probekörper bei der Prüfung jedoch nicht nass sein, da dies die Messergebnisse beeinflusst. Keinesfalls dürfen die Proben direkter Sonneneinstrahlung ausgesetzt sein. Die ALP Pgeb geben die Lagerungsbedingungen vor. Konkretisiert werden sie in den TP Pflaster-StB.

---

3 DIN EN 12390-3: Prüfung von Festbeton – Teil 3: Druckfestigkeit von Probekörpern, Ausgabe 2019, Beuth Verlag, Berlin 2019

4 DIN 18507: Pflastersteine aus haufwerksporigem Beton – Begriffe, Anforderungen, Prüfungen, Überwachung, Ausgabe 2012, Beuth Verlag, Berlin 2012

5 Entwurfsfassung Stand 2022 der TP Pflaster-StB. Auf diese Fassung beziehen sich auch die weiteren Verweise.

5.1.2 Anforderungen an die Baustoffe für Bettungen (Laborwerte) (Fortsetzung)

Druckfestigkeit

Die Druckfestigkeit sollte im Mittel mindestens 30,0 N/mm² betragen. Kein Einzelwert darf 25,0 N/mm² unterschreiten.

Kommentar

Die Druckfestigkeit der Bettungsmörtel mit einem Mittelwert von 30 N/mm² stellt das nötige „Vorhaltemaß“ für die bei Bauwerksprüfungen geforderten 17 N/mm² dar. Um eine ausreichende Homogenität auch bei der Herstellung sicherzustellen, darf die Druckfestigkeit 25 N/mm² nicht unterschreiten. Diese Werte sollten im Unterschied zur Regelung der DIN 18318 unabhängig von der zukünftigen Nutzung eingehalten werden, da hiermit eine festgelegte Qualität sichergestellt werden soll, mit der auch auftretende Temperaturspannungen größtenteils schadlos aufgenommen werden können.

Die für den Anwendungszweck anforderungsgerechte Herstellung von Prüfkörpern aus Bettungsmörteln und deren Prüfungen werden in den TP Pflaster-StB beschrieben. Es ist aber zu beachten, dass die erreichbare Druckfestigkeit bei nicht vollständig verdichteten Proben, wie dies im Rahmen der TP Pflaster-StB vorgesehen ist, etwas geringer ist als bei den dichten Proben nach DIN 18318. Für handelsübliche Werktrockenmörtel sollte trotzdem der empfohlene Wert erreicht werden.

Der Prüfbericht muss neben dem Datum der Probenherstellung und der Prüfung auch die Anzahl der untersuchten Prüfkörper enthalten. Außerdem sind die Ergebnisse der technologischen Prüfung anzugeben, nämlich:

- Angabe der Frischmörtelrohdichten r_{frisch} aller im Labor hergestellten Proben bei allen Probekörperprismen einschließlich Angabe des arithmetischen Mittelwertes
- Festmörtelrohdichte $\rho_{lufttrocken}$ aller Probekörper
- ermittelte Einzelwerte der Druckfestigkeit aller Probekörper
- ermittelter Mittelwert der Druckfestigkeit aller Probekörper.

5.1.2 Anforderungen an die Baustoffe für Bettungen (Laborwerte) (Fortsetzung)

Biegezugfestigkeit

Die Biegezugfestigkeit sollte im Mittel mindestens 5,0 N/mm² betragen. Kein Einzelwert darf 4,0 N/mm² unterschreiten.

Kommentar

Biegespannungen entstehen in der gebundenen Decke aufgrund von Verkehrs- und Temperaturbelastungen. Die Biegezugfestigkeit der Bettungsmörtel mit einem Mittelwert von 5 N/mm² und keinem Einzelwert unter 4,0 N/mm² stellt das für die Praxis nötige „Vorhaltemaß“ dar.

Die Prüfung sollte nach den vorgenannten TP Pflaster-StB an Prismen 160 × 40 × 40 mm erfolgen. Dabei ist zu beachten, dass die erreichbare

Kommentar

Biegezugfestigkeit bei nicht vollständig verdichteten Proben geringer ist als bei den dichten Proben nach DIN 18318.

Der Prüfbericht muss neben dem Datum der Probenherstellung und Prüfung, der Anzahl der untersuchten Probekörper und ggf. der Lage der Entnahmestelle im Objekt sowie der Position auf dem Befestigungselement auch folgende Ergebnisse der technologischen Prüfungen enthalten:

- Abmessungen der Prüfkörper
- Angabe der Frischmörtelrohdichten ρ_{frisch} aller im Labor hergestellten Proben bei allen Probekörperprismen einschließlich Angabe des arithmetischen Mittelwerts-Festmörtelrohdichte $\rho_{lufttrocken}$ aller Probekörper
- ermittelte Einzelwerte der auf den Prüfkörper aufgebrachten Höchstlast aller Probekörper
- ermittelte Einzelwerte der Biegezugfestigkeit aller Probekörper
- ermittelter Mittelwert der Biegezugfestigkeit aller Probekörper.

Die hier empfohlene Biegezugfestigkeit kann für Probekörper nach TP Pflaster-StB – anders als für solche nach DIN 18318 – schwierig zu erreichen sein. DIN 18318 stellt keine Anforderung an die Biegezugfestigkeit.

Es ist anzumerken, dass die Biegezugfestigkeit von 5 N/mm² im Mittel eine relativ hohe Anforderung darstellt. Das Verhältnis aus der geforderten Druckfestigkeit vom 30 N/mm² im Mittel zur Biegezugfestigkeit von 5 N/mm² mag zwar bei gefügedichten Mörteln „passen“, bei haufwerksporigen, wasserdurchlässigen Mörteln ist dieser Wert jedoch zu hinterfragen. Eine erreichte Biegezugfestigkeit von im Mittel nur 4 N/mm² und kein Einzelwert < 3 N/mm² sollte für ausreichend haufwerksporige Proben kein Ausschlusskriterium sein.

5.1.2 Anforderungen an die Baustoffe für Bettungen (Laborwerte)

(Fortsetzung)

Widerstand gegen Frost-Tau-Wechsel

Die Druckfestigkeit sollte vor und nach dem Frost-Tau-Wechsel-Versuch bestimmt werden. Die Differenz der Mittelwerte sollte unter 10 %, die der Einzelwerte unter 20 %, bezogen auf die Druckfestigkeit vor dem Frost-Tau-Wechsel-Versuch liegen.

Kommentar

Der Bettungsmörtel muss einen ausreichenden Widerstand gegen die Beanspruchung durch Frost-Tau-Wechsel aufweisen; hierzu werden Druckfestigkeiten vor und nach der Frost-Tau-Beanspruchung geprüft. Die TP Pflaster-StB sehen vor, dass für die Erstprüfung Prüfkörper in einem modifizierten Proctortopf (siehe dort) hergestellt werden. Spätere Prüfungen an der Baustelle erfolgen durch Entnahme eines Bohrkerns mit einem Mindestdurchmesser von 100 mm über einer Fuge der versetzten Befestigungselemente. Jeweils drei gewonnene Probekörper stellen eine Prüfserie dar.

Die Prüfung der Frostbeständigkeit von wasserdurchlässigen Bettungsmörteln erfolgt in 28 Zyklen, in denen die Probekörper an der Luft gefroren und in Wasser aufgetaut werden. Nach Reinigung der Probekörper von Abwitterungen sind sie zu trocknen und zu wiegen, so dass die Abwitterungsmenge gegenüber dem Gewicht vor der Prüfung festgestellt werden kann.

Kommentar

Der Prüfbericht muss neben dem Datum der Probenherstellung und Prüfung, der Anzahl der untersuchten Probekörper auch die Ergebnisse der Technologischen Prüfungen enthalten:

- Angabe der Frischmörtelrohdichten ρ_{frisch} aller im Labor hergestellten Proben bei allen Probekörperprismen einschließlich Angabe des arithmetischen Mittelwertes
- Festmörtelrohdichte $\rho_{lufttrocken}$ aller Probekörper
- Größe der Prüffläche
- Ergebnisse der Sichtprüfung
- Abgewitterte Masse der Proben
- Abwitterungsrate der Proben in M.-%, die darauf zurückzuführen sind, dass die Probekörper den Frost-Tau-Wechseln ausgesetzt wurden
- Anzahl der durchgeführten Zyklen.

Ein Nachweis des Widerstandes gegen Frost-Tau-Wechsel wird ohne Begründung in DIN 18318 für Bettungsmörtel nicht gefordert. Dies muss bauvertraglich separat geregelt werden. Da davon auszugehen ist, dass durch die Decke keine umfangreichen Tausalzmengen einsickern, wird bei Bettungsmörtel von der Prüfung des Frost-Tausalz-Widerstandes abgesehen.

5.1.2 Anforderungen an die Baustoffe für Bettungen (Laborwerte) (Fortsetzung)

Haftzugfestigkeit

Die Haftzugfestigkeit sollte im Mittel mindestens 1,5 N/mm^2 betragen. Jeder Einzelwert sollte mindestens 1,2 N/mm^2 betragen.

Der eingesetzte Haftvermittler ist zu benennen. Sofern kein Haftvermittler eingesetzt wurde, ist dies anzugeben.

ATV DIN 18318 **Pflasterdecken und Plattenbeläge, Einfassungen,** Ausgabe 2019

2 Stoffe, Bauteile

2.2.3 ...

Für die Haftzugfestigkeit zwischen Stein-, Plattenunterseite und gebundener Bettung gelten die Anforderungen nach Tabelle 2.

Tabelle 2 – Anforderungen an die Haftzugfestigkeit zwischen Stein-, Plattenunterseite und gebundener Bettung

Nutzungsabgrenzung nach der größten Verkehrsbelastung	Haftzugfestigkeit, geprüft mit Haftbrücke [MPa]	Prüfung nach
begehbar	≥ 0,4	ALP Pgeb, Arbeitsanleitung zur Durchführung von Prüfungen für Pflasterdecken und Plattenbeläge in gebundener Ausführung[a]
befahrbar, Fahrzeuge bis 3,5 t	≥ 0,8	
befahrbar, Fahrzeuge über 3,5 t	≥ 1,0	

[a] Autor: FGSV Forschungsgesellschaft für Straßen- und Verkehrswesen e. V., An Lyskirchen 14, 50676 Köln, www.fgsv.de. Zu beziehen durch: FGSV Verlag GmbH, Verlag der Forschungsgesellschaft für Straßen- und Verkehrswesen e. V., Wesselinger Straße 15–17, 50999 Köln, www.fgsv-verlag.de

Kommentar

Der Bettungsmörtel muss eine hohe Haftzugfestigkeit zu dem in ihm versetzten Befestigungselement erreichen. Die geforderte hohe Haftzugfestigkeit hat einen Einfluss auf das Dehnungsverhalten der Decke/des Belags bei auftretenden thermischen Spannungen.

Je höher die Haftzugfestigkeit ist, desto geringer werden die Temperaturspannungen in der Decke und damit die ggf. auftretenden Dehnungen oder Stauchungen in der Fläche sein. Somit reduziert sich die Rissgefahr.

Die genannten Werte des Merkblattes von mindestens 1,5 N/mm² im Mittel und 1,2 N/mm² für jeden Einzelwert sind in der Regel nur mit einem Haftvermittler zu erreichen. Aus diesem Grund muss der bei der Prüfung verwendete Haftvermittler genannt werden. Ohne Haftvermittler sind zumeist Haftzugwerte von nur ca. 0,1 bis 0,2 N/mm² zu erwarten.

Die geringeren und belastungsabhängigen Anforderungswerte der DIN 18318 sind für öffentliche Verkehrsflächen zu gering und spiegeln nicht die belastungsunabhängige Beanspruchung durch Temperatur und Sonne wider.

Als Unterlage für die Prüfung sollte der Platten-Grundkörper nach der DAfStb-Richtlinie „Schutz und Instandsetzung von Betonbauteilen", Teil 4: Prüfverfahren,[6] angewendet werden, jedoch kann die Prüfung auch an einer anderen Platte aus Beton durchgeführt werden, wenn diese einen geringen Feuchtegehalt und eine sehr geringe Wasseraufnahme hat. Die Haftzugfestigkeit der Oberfläche muss > 2,0 N/mm² betragen.

Für diese Versuche wird die Herstellung und Lagerung von Prüfkörpern aus Bettungsmörteln und darauf verlegten Platten aus Beton oder Natursteinen umfassend in den TP Pflaster-StB beschrieben. Die Prüfanleitung gemäß den ALP Pgeb ist etwas weniger detailliert, entspricht aber in ihren Grundgedanken der hier beschriebenen.

Zur Bestimmung der Haftzugfestigkeit werden Platten-Grundkörperscheiben aus Beton mit einer Dicke von 4–50 mm und einem Durchmesser von 150 mm verwendet. Auf die Scheiben wird der Haftvermittler mit einer Zahnkelle mit 10-er Zahnung aufgetragen, darauf wird dann der zu prüfende frische Bettungsmörtel aufgetragen und gemäß TP Pflaster-StB verdichtet. Die Prüfung soll nach einer 28-tägigen definierten Lagerung erfolgen.

Im nächsten Schritt der Prüfung wird eine Ringnut vom Bettungsmörtel aus bis ca. 1 cm tief in den Platten-Grundkörper hineingebohrt und die Krafteinleitungsfläche gereinigt und getrocknet. Anschließend werden die Zugplatten mit einem geeigneten Kleber mittig und vollflächig auf die Prüfflächen aufgeklebt und mit einer Prüfmaschine abgezogen. Die Bruchlast wird aufgezeichnet, das Bruchbild ist hinsichtlich des entstandenen Abrisses zu beurteilen. Mögliche Bruchbilder sind:

- Abriss der Zugplatte im Kleberbereich (Bruchbild a)
- Abriss in der aufgetragenen Mörtelschicht (Bruchbild b)
- Abriss im Bereich des Haftvermittlers (Bruchbild c)
- Abriss im Bereich des Untergrundes (Bruchbild d).

Die nachfolgenden Darstellungen sind der Entwurfsfassung der TP Pflaster-StB entnommen:

6 DAfStb Betonbauteile: 2001-10, DAfStb-Richtlinie, Schutz und Instandsetzung von Betonbauteilen (Instandsetzungsrichtlinie), Teil 4: Prüfverfahren, Beuth Verlag, Berlin 2001

TP Pflaster-StB **Technische Prüfvorschriften für Pflasterdecken und Plattenbeläge,** Entwurfsfassung 2022

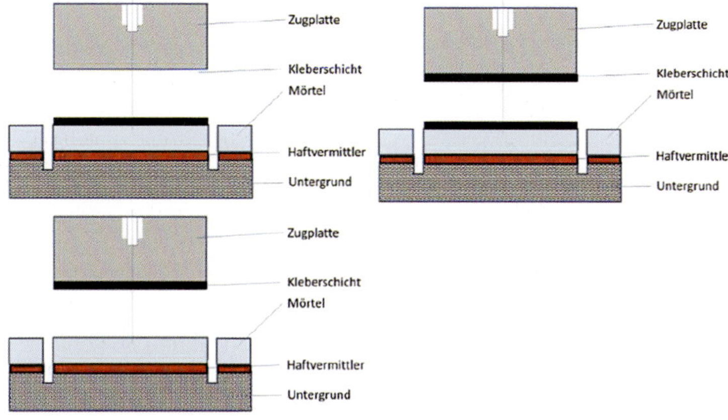

Bild 1: Bruchbild a (im Kleberbereich)

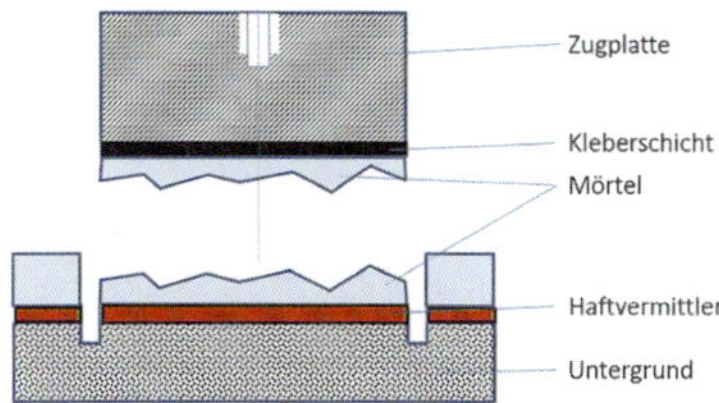

Bild 2: Bruchbild b (im Bettungsmörtel)

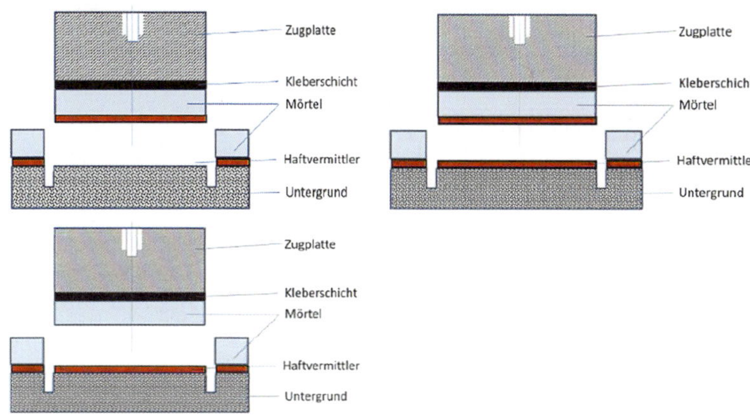

Bild 3: Bruchbild c (im Bereich des Haftvermittlers)

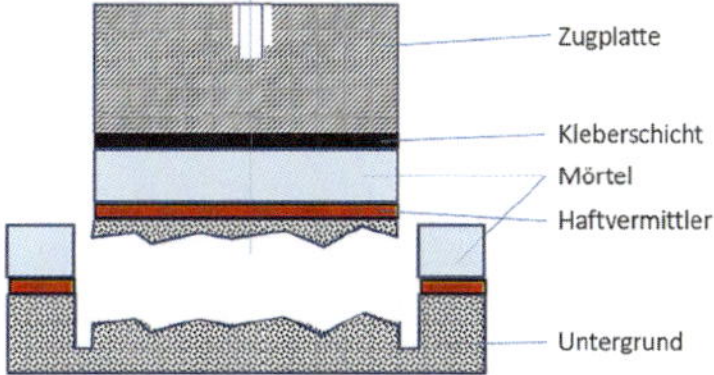

Bild 4: Bruchbild d (im Bereich des Untergrundes)

Kommentar

Wenn eine Kombination aus diesen Bruch“arten vorliegt, ist eine Sichtprüfung durchzuführen, um den jeweiligen Prozentsatz jeder einzelnen Bruchart, bezogen auf die Prüffläche, abzuschätzen.

Der Prüfbericht muss neben dem Datum der Probenherstellung und Prüfung und der Anzahl der untersuchten Probekörper auch folgende Ergebnisse der Technologischen Prüfungen enthalten:

- Angabe der Frischmörtelrohdichten ρ_{frisch} aller im Labor hergestellten Proben bei allen Probekörperprismen einschließlich Angabe des arithmetischen Mittelwertes
- Einzelwerte der Haftfestigkeit, auf 0,01 N/mm² gerundet, und Mittelwert, auf 0,1 N/mm² gerundet, sowie eine Beschreibung der Bruchart unter Bezugnahme auf die Bruchbilder a bis d.

Es ist anzumerken, dass mit dieser Prüfung sowohl die Haftung zwischen Mörtel und Grundplatte als auch die Zugfestigkeit innerhalb des Mörtels kombiniert überprüft wird und damit eine Schwachpunktprüfung stattfindet. Es ist nicht das Ziel, die wirkliche Haftzugfestigkeit in der Grenzfläche oder die reale Zugfestigkeit des Mörtels festzustellen. Es wird das System geprüft – wann ist mit dem Systemversagen zu rechnen? Dieser Punkt wird mit der Prüfung erfasst.

5.1.2 Anforderungen an die Baustoffe für Bettungen (Laborwerte) (Fortsetzung)

Wasserdurchlässigkeit

Jeder Einzelwert der Wasserdurchlässigkeit (k-Wert) sollte mindestens 5×10^{-5} m/s betragen.

Kommentar

Wenn durch unvermeidbare Risse Feuchtigkeit oder sogar Niederschlagswasser in die Decke/den Belag eindringen kann, muss der Bettungsmörtel diese Feuchtigkeit oder das Wasser schadlos aufnehmen und in die darunter liegende gebundene Tragschicht weiterleiten können. Die geforderte Wasserdurchlässigkeit ist ein Baugrundsatz der gebundenen Ausführung. Die TP Pflaster-StB sehen vor, dass für die Erstprüfung der Wasserdurchlässigkeit Prüfkörper in einem modifizierten Proctortopf (siehe dort) hergestellt werden. Spätere Prüfungen an der Baustelle erfolgen durch Entnahme eines Bohrkerns mit einem Mindestdurchmesser von 100 mm über einer Fuge der versetzten Befestigungselemente. Jeweils drei gewonnene Probekörper stellen eine Prüfserie dar.

Die Prüfkörper werden in ein durchsichtiges Rohr mit einem Innendurchmesser von 100 mm oder 150 mm eingebaut und umlaufend gegen die Rohrwandung abgedichtet. Das Rohr wird mit Wasser gefüllt, das durch Unterdruck von unten durch den Probekörper gesaugt wird. Dadurch kann die Luft aus den Poren des Probekörpers entweichen. Danach wird weiteres Wasser von oben nachgefüllt. Es wird die Zeit gemessen, in der der Wasserstand zwischen zwei Markierungen absinkt. Die Wasserdurchlässigkeit k_i wird berechnet. Pro Probekörper sind mindestens drei Versuchsdurchführungen erforderlich.

Kommentar

In den DIN 18318 wird unter Abschnitt 2.2.3 gefordert, dass „gebundene Bettungsstoffe einen Wasserdurchlässigkeitsbeiwert $k_f \geq 5 \times 10^{-5}$ m/s nach DIN 18507“ aufweisen müssen.

Das Messprinzip in den DIN 18318 ist das gleiche wie vorab beschrieben. Allerdings unterscheiden sich die Details, so dass auch unterschiedliche Messwerte auftreten können.

In Sonderfällen werden für Bettungen, von denen eine Haftzugfestigkeit zu fordern ist, die den im M FPgeb angegebenen Wert überschreitet, z. B. bei hochbelasteten Pflasterdecken (> Bk10), epoxidharzgebundene, wasserdurchlässige Mörtel verwendet. Sie werden aus einem Baustoffgemisch 0/2 bis 0/4 mm, Epoxidharz und Härter, gemischt, häufig werden auch Stellmittel hinzugegeben. Sie benötigen immer einen Eignungsnachweis.

Die folgenden Eigenschaften sind nach bisherigen Erfahrungen zu empfehlen:

- Druckfestigkeit min. 30 N/mm² nach 24 h bei 20 °C
- Biegezugfestigkeit min. 10 N/mm² nach 24 h bei 20 °C
- Haftzugfestigkeit (Labor) > 2,5 N/mm²
- Wasserdurchlässigkeit $k_i > 10^{-5}$ m/sec
- Ausreichender Frost-Tausalz-Widerstand
- frei von Lösungsmitteln
- innen und außen anwendbar
- alterungs- und volumenbeständig
- hohe Früh- und Endfestigkeiten, schrumpffreie Erhärtung
- beständig gegen Wasser, Salzlösungen und Abwasser sowie Laugen, verdünnte Säuren, Mineralöle, Schmier- und Treibstoffe
- ausreichend hitzebeständig.

Bild 5.1 Ausbau einer Musterfläche mit kunstharzgebundener Bettung

5.2 Baustoffe für Fugenfüllungen

5.2.1 Allgemeines

Eine gebundene Fugenfüllung sollte aus hydraulisch gebundenem oder kunststoffmodifiziertem, hydraulisch gebundenem Mörtel hergestellt werden.

Die Ausgangsstoffe müssen den entsprechenden Technischen Regeln, z. B. Normen, entsprechen.

Es sollten stets Mörtel mit ausreichender Homogenität verwendet werden, d.h. Werkmörtel. Baustellenmörtel können in der Regel nicht in der erforderlichen Gleichmäßigkeit und den erforderlichen Eigenschaften hergestellt werden.

Kunstharzgebundene Mörtel weisen häufig einen sehr niedrigen E-Modul und eine gewisse Wasserdurchlässigkeit auf, durch welche sie für öffentliche Verkehrsflächen nur eingeschränkt einsetzbar sein können. Ihre Eignung ist für den jeweiligen Anwendungsfall nachzuweisen. Die Anforderungen des folgenden Abschnittes beziehen sich nicht auf kunstharzgebundene Fugenmörtel.

Fugenmörtel, die zu ungewünschten Verfärbungen der Befestigungselemente führen, sollten nicht verwendet werden.

Auf gegebenenfalls auftretende Verfärbungen durch Anhaftungen des Bindemittels bei Verwendung von Kunstharzfugenmörteln sollte seitens des Herstellers hingewiesen werden.

Zur Abschätzung der grundsätzlichen Eignung der Baustoffe dient die Ermittlung bestimmter Produkteigenschaften unter definierten Laborbedingungen. Fugenmörtel können als grundsätzlich geeignet angesehen werden, wenn sie die im Abschnitt 5.2.2 genannten Anforderungen erfüllen.

Die Prüfverfahren zur Bestimmung der Eigenschaften der Baustoffe für Fugenfüllungen müssen der „Arbeitsanleitung zur Durchführung von Prüfungen für Pflasterdecken und Plattenbeläge in gebundener Ausführung" (ALP Pgeb) entsprechen.

Kommentar

Fugenmörtel für die gebundene Ausführung von Pflasterdecken und Plattenbelägen müssen mehrere Eigenschaften aufweisen. Sie müssen

- hoch fließfähig,
- selbstverdichtend,
- selbstentlüftend,
- spannungs- und schwindarm,
- polymermodifiziert,
- wasserundurchlässig und
- frost- und taumittelbeständig

sein.

Um eine Homogenität des Mörtels zu gewährleiten sind Werkmörtel zu verwenden. Baustellenmörtel haben nicht die geforderten Eigenschaften und

Kommentar

Bild 5.2 Fließfähiger Fugenmörtel: mangelhafte Ausführung durch nicht abgestellte Fugen – Fugenmörtel läuft aus

können in der Regel nicht bedarfsgerecht hergestellt werden. Das Konzept der gebundenen Pflasterbauweise baut auf einer relativ dichten Decke auf, durch die aufgrund von Haarrissen eine beschränkte Menge an Niederschlagswasser eindringen kann. Eine Anforderung an die Dichtigkeit der Fugenmörtel wird jedoch nicht gestellt. Handelsübliche Werktrockenmörtel auf hydraulischer Basis, die nicht explizit wasserdurchlässig sind, entsprechen normalerweise diesem Konzept.

Zu auftretenden Verfärbungen ist anzumerken, dass die ursprüngliche Wirkung der Oberflächen der Befestigungselemente durch die im Herstellungsprozess erforderliche vollflächige Aufbringung der Fugenmörtel sehr häufig zu einem veränderten Erscheinungsbild führt. Der Umfang dieser Veränderung ist von den Inhaltsstoffen der einzelnen Produkte abhängig. In Vorversuchen bzw. Musterflächen oder Musterproben sollte dies daher besonders bei optisch sensiblen Flächen vorab bewertet werden.

Die Ausführungen zu kunstharzgebundenem Fugenmörtel werden separat im Anschluss an Abschnitt 5.2.2 kommentiert. Zur Eignung von Fugenmörteln sind Laborprüfungen durchzuführen. Die folgenden Anforderungswerte sind in Abstimmung mit diesen Laborprüfungen zu betrachten. Derzeit basieren die Anforderungen auf den Prüfungen gemäß ALP Pgeb.

5.2.2 **Anforderungen an die Baustoffe für Fugenfüllungen (Laborwerte)**

Allgemeines

Fugenmörtel müssen so beschaffen sein, dass sich eine vollständige, weitgehend wasserundurchlässige Fugenfüllung ausführen lässt. Sie müssen deshalb ausreichend fließfähig, widerstandsfähig gegen Entmischung, selbstentlüftend und selbstverdichtend sein.

Eine durch mechanische Einwirkung erzeugte Verdichtung des Fugenmörtels kann das Gefüge der Bettung und des Pflasters schädigen.

Die Anforderungen an die verschiedenen Eigenschaften sind an Probekörpern gleicher Herstellung zu überprüfen.

Kommentar

Fugenmörtel sollen die vorstehenden Eigenschaften haben und, ohne eine z. B. durch Vibration erzeugte Einwirkung, die Fuge vollständig füllen. Dies wird auch in DIN 18318 gefordert. Demnach müssen gebundene Fugenstoffe ohne Einwirkung zusätzlicher Verdichtungsenergie allein unter dem Einfluss der Schwerkraft fließen oder rieseln, entlüften und so beschaffen sein, dass eine vollständige Fugenfüllung möglich ist. Es ist bisher nur ein Produkt bekannt, bei dem ein sogenannter „Systemfugenvibrator“ zur Verbesserung der Fließfähigkeit beim Einbau und Verdichtung des Fugenmörtels eingesetzt wird.

Explizit dränfähige, versickerungsfähige Fugenmörtel sind für öffentliche Verkehrsflächen im Sinne dieses Merkblattes nicht zu verwenden. Die Nutzung von wasserdurchlässigen Fugenmörteln nach DIN 18318 sollte in öffentlichen konventionellen und nicht versickerungsfähigen Befestigungen unterbleiben.

5.2.2 **Anforderungen an die Baustoffe für Fugenfüllungen (Laborwerte)** (Fortsetzung)

Rohdichte

Die Festmörtelrohdichten aller Prüfkörper sind zu bestimmen. Die Rohdichten aller Probekörper sind als arithmetischer Mittelwert und als Einzelwert anzugeben. Die Abweichung aller Einzelwerte der Festmörtelrohdichte zum arithmetischen Mittelwert darf ±3 % nicht überschreiten.

Kommentar

In den ALP Pgeb, auf welche das Merkblatt verweist, sind nur wenige Hinweise auf die Probenherstellung von Proben aus Fugenmörtel enthalten. Es wird auf die entsprechenden Prüfnormen der folgenden Abschnitte hingewiesen. Dies ist deshalb wenig problematisch, da die hier angenommenen Fugenmörtel fließfähig und selbstverdichtend sind, so dass etwas abweichende Probeherstellungsverfahren einen nur geringen Einfluss auf die Prüfergebnisse haben. In den TP Pflaster-StB wird die Probenherstellung konkretisiert.

Kommentar

Zur Bestimmung der Rohdichte wird nach den ALP Pgeb angegeben, wie und wann die Festmörtelrohdichte zu bestimmen ist. Diese ist für alle Probekörper auch anzugeben. Die TP Pflaster-StB beschreiben, wie schon für die Bettungsmörtel, auch das Verfahren zur Bestimmung der Frisch- und Festmörtelrohdichte von zementgebundenen Fugenmörteln, da auch die Frischmörtelrohdichte zu beachten ist:

Für die Bestimmung der Rohdichten werden Mörtelprismen durch Eingießen des Fugenmörtels in eine Prismenform hergestellt. Die Prismen werden abgedeckt und verbleiben 24 h in der Form, danach werden sie ausgeschalt. Die Frischmörtelrohdichte aller Probekörper ist, ebenso wie der arithmetische Mittelwert, auf 10 kg/m³ genau anzugeben. Die Abweichung jedes Probekörpers von der vom Hersteller vorgegebenen Frischmörtelrohdichte ist anzugeben, sie darf nicht mehr als 2,5 % von der Sollrohdichte abweichen.

Hier ist eine Abweichung zum Merkblatttext zu erkennen, da dort eine Abweichung von 3 % zulässig ist. Die dem Merkblatt zugrundeliegende Arbeitsanleitung ALP Pgeb enthält nur wenige Hinweise auf die Dichtebestimmung. Es wird auf die entsprechenden Prüfvorschriften verwiesen. DIN 18318 enthält keine Anforderungen an die Rohdichte der in einer Erst- oder Kontrollprüfung zu prüfenden Probekörper.

Die Probekörper werden unter Laborbedingungen für die Verwendung bei Druck- oder Biegezugprüfungen gelagert. Zu den Lagerungsbedingungen enthalten die ALP Pgeb geringe und die TP Pflaster-StB umfangreiche Vorgaben. Grundsätzlich erfolgt die Lagerung unter definierten Bedingungen hinsichtlich Feuchtigkeit und Temperatur, so dass eine optimale Hydratation unter Laborbedingungen stattfinden kann.

Im Prüfalter von 27 Tagen ist die Rohdichte des Festmörtels an den im Labor hergestellten Probekörpern nach dem in DIN EN 1015-10[7] beschriebenen Verfahren zu bestimmen. Eine Bestimmung der Rohdichte des Festmörtels bei Prüfungen an der Baustelle kann und sollte an Probekörpern, die durch Nassschnitt oder durch Kernbohrung entnommen werden, ebenfalls erfolgen.

5.2.2 Anforderungen an die Baustoffe für Fugenfüllungen (Laborwerte) (Fortsetzung)

Druckfestigkeit

Die Druckfestigkeit des Fugenmörtels ist auf die Eigenschaften des vorgesehenen Befestigungselementes abzustimmen.

Fugenmörtel Typ A:

Für Pflastersteine aus Naturstein mit Ausnahme solcher aus Sedimentgestein bzw. aus Gestein mit Schichtungen sollte der arithmetische Mittelwert der Druckfestigkeit des Fugenmörtels mindestens 40 N/mm² und höchstens 70 N/mm² betragen.

7 DIN EN 1015: Prüfverfahren für Mörtel für Mauerwerk – Teil 10: Bestimmung der Trockenrohdichte von Festmörtel, Ausgabe 2007, Beuth Verlag, Berlin 2007

5.2.2 Anforderungen an die Baustoffe für Fugenfüllungen (Laborwerte) (Fortsetzung)

Fugenmörtel Typ B:

Für Befestigungselemente aus Beton, Klinker, aus Sedimentgestein bzw. aus Gestein mit Schichtungen sowie Platten aus Naturstein sollte der arithmetische Mittelwert der Druckfestigkeit des Fugenmörtels mindestens 30 N/mm² und höchstens 40 N/mm² betragen.

Kommentar

Im Arbeitspapier der FGSV für die gebundene Ausführung aus dem Jahr 2007 war die Druckfestigkeit des Fugenmörtels mit im Mittel über 45 N/mm², jeder Einzelwert über 40 N/mm² angegeben. Eine Obergrenze der Druckfestigkeit gab es nicht. Mörtel mit hohen Festigkeiten führten bei weicheren Steinen und Platten aus Beton sowie Natursteinen aus Sedimentgestein oder solchen mit Schichtungen zu Schäden, z. B. Kantenabplatzungen.

Aus diesem Grund werden zwei Mörteltypen mit unterschiedlichen Eigenschaften im M FPgeb benannt, nämlich:

- Typ A für Pflastersteine aus Natursteinen, ausgenommen Steine mit Schichtungen oder Sedimente; hier wird die Druckfestigkeit des Fugenmörtels auf mindestens 40 N/mm² und höchstens 70 N/mm² begrenzt und
- Typ B für Pflastersteine und Platten aus Beton, Ziegel oder Klinker, Steine mit Schichtungen oder Sedimente aus Natursteinen und Platten aus Natursteinen; hier wird die Druckfestigkeit des Fugenmörtels auf mindestens 30 N/mm² und höchstens 40 N/mm² begrenzt.

Bild 5.3 Für Pflastersteine aus Beton zu harter und schnell abbindender Fugenmörtel

Kommentar

Es gilt also das Prinzip der Angleichung der Festigkeitseigenschaften von Fugenmörtel und Befestigungselement.

Die Druckfestigkeit der Fugenmörtel sollte nach den TP Pflaster-StB geprüft werden, die den Prüfablauf genauer beschreiben als die ALP Pgeb:

Als Prüfkörper werden die Teilstücke der Prismen nach der Prüfung der Biegefestigkeit benutzt. Die Prüfung erfolgt in der Regel nach 28 Tagen, wenn nicht auch ein Nachweis der (z. B.) 7-Tage-Werte gefordert wird. Das weitere Vorgehen ist nach den vorgenannten TP Pflaster-StB wie folgt:

Die während der Prüfung aufgebrachte Höchstlast sowie die Abmessungen der Lasteinleitungsflächen sind aufzuzeichnen, daraus erfolgt die Berechnung der Druckfestigkeit. Es sind alle Einzelergebnisse anzugeben. Der arithmetische Mittelwert der Druckfestigkeit ist aus allen geprüften Probekörpern zu ermitteln. Für jeden Prüfkörper ist die Druckfestigkeit auf 0,05 N/mm² gerundet anzugeben. Der Mittelwert ist auf 0,1 N/mm² zu berechnen.

DIN 18318 enthält ein anderes Anforderungsniveau. Dort werden in Tabelle 3 nur Mindestwerte, bestimmt nach DIN EN 12808-3[8], angegeben. Maximalwerte sind nicht enthalten. Zudem wird zwischen den dort definierten Nutzungen unterschieden:

- begehbar: Druckfestigkeit ≥ 10 MPa
- befahrbar, Fahrzeuge bis 3,5 t: Druckfestigkeit ≥ 20 MPa
- befahrbar, Fahrzeuge über 3,5 t: Druckfestigkeit ≥ 30 MPa.

Über die Sinnhaftigkeit dieser Zuordnung kann gestritten werden. Inhaltlich wird hier einer Fläche für Fußgänger eine andere Festigkeitseigenschaft zugeschrieben als für eine, die befahren wird. Ob dies Rad- oder Kfz-Verkehr ist, bleibt offen. Unterschieden wird noch zwischen Pkw-Verkehr (bis 3,5 t) und Lkw-Verkehr (über 3,5 t). Inwieweit diese Begrenzung für private oder öffentliche Flächen über den gesamten Nutzungszeitrum eingehalten werden kann, muss ein Auftraggeber selbst beantworten. Dass gebundene Verkehrsflächen häufig allein durch Witterungseinflüsse (z. B. Temperaturunterschiede) geschädigt werden, bleibt bei dieser Vorgehensweise ebenfalls unberücksichtigt.

5.2.2 Anforderungen an die Baustoffe für Fugenfüllungen (Laborwerte) (Fortsetzung)

Biegezugfestigkeit

Die Biegezugfestigkeit sollte im Mittel mindestens 6,0 N/mm² betragen. Kein Einzelwert darf 5,0 N/mm² unterschreiten.

Kommentar

Für beide der vorgenannten Fugenmörtel des Typs A oder B gelten die Anforderungen an die Biegezugfestigkeit im Mittel 6,0 N/mm², kein Einzelwert weniger als 5,0 N/mm².

---

8 DIN EN 12808-3: Klebstoffe und Fugenmörtel für Fliesen und Platten – Teil 3: Bestimmung der Biege- und Druckfestigkeit, Ausgabe 2008, Beuth Verlag, Berlin 2008

Kommentar

Die Bestimmung der Biegezugfestigkeit der Fugenmörtel sollte aufgrund der genauen Vorgaben zur Probekörperherstellung nach den TP Pflaster-StB erfolgen. Als Prüfkörper werden Prismen 160 × 40 × 40 mm hergestellt, unter Laborbedingungen gelagert und in einem Prüfalter von 28 Tagen geprüft. Die Bestimmung der Biegezugfestigkeit erfolgt gemäß DIN EN 1015-11.

Die während der Prüfung aufgebrachte Höchstlast sowie die Fläche der Bruchzone sind aufzuzeichnen, daraus erfolgt die Berechnung der Biegefestigkeit. Es sind alle Einzelergebnisse anzugeben. Der arithmetische Mittelwert der Druckfestigkeit ist aus allen geprüften Probekörpern zu ermitteln. Für jeden Prüfkörper ist die Druckfestigkeit auf 0,05 N/mm² gerundet anzugeben. Der Mittelwert ist auf 0,1 N/mm² zu berechnen. Die Bestimmung der Druck- und/oder Biegezugfestigkeit von Fugenmörteln aus Bauwerken ist im Allgemeinen nicht vorgesehen.

DIN 18318 enthält keine Anforderungen an die Biegezugfestigkeit, obwohl Schädigungen an gebundenen Pflasterdecken oder Plattenbelägen häufiger eher durch Zugkräfte als durch Druckkräfte entstehen.

5.2.2 Anforderungen an die Baustoffe für Fugenfüllungen (Laborwerte) (Fortsetzung)

Widerstand gegen Frost-Tausalz-Beanspruchung

Der Widerstand gegen Frost-Tausalz-Beanspruchung wird mit dem CDF-Prüfverfahren geprüft. Die Abwitterung sollte bei jedem Einzelwert höchstens 500 g/m² betragen.

Kommentar

Der in den Fugen erhärtete Mörtel muss einen ausreichenden Widerstand gegen Frost-Tau-Wechsel mit Auftausalz aufweisen.

Die TP Pflaster-StB enthalten eine an das CDF-Prüfverfahren der DIN CEN TS 12309-9[9] angelehnte und speziell auf Fugenmörtel abgestimmte Prüfanweisung und sehen vor, dass für die Erstprüfung drei Probekörper benötigt werden. Die Prüffläche jedes Probekörpers beträgt 140 mm × 150 mm.

In eine Form wird der Fugenmörtel in voller Höhe eingegossen und abgedeckt, nach 24 h ausgeschalt und unter definierten Laborbedingungen gelagert. Die Probekörper werden nach 7 Tagen auf eine Prüfdicke von 40 mm zurechtgeschnitten. Die Prüfung der Frost-Tau-Widerstandsfähigkeit mit Tausalz erfolgt nach einer Lagerung von 28 Tagen.

Die Frost-Tausalz-Beständigkeit von Fugenmörteln wird durch eine Prüfung bestimmt, die 28 Zyklen von Befrosten an der Luft und Auftauen in einer Salzlösung (97 % Leitungswasser und 3 % NaCl) umfasst.

Nach 7, 14, 28, 42 und 56 Frost-Tau-Wechseln wird während der Tauphase zwischen 20 h und 24 h das von der Oberfläche abgewitterte Material abgespült, abgebürstet und gesammelt und die Beanspruchung fortgesetzt.

Nach Abschluss der Prüfung wird das gesamte abgewitterte Material gewogen und, bezogen auf die Prüffläche in kg/m², gerundet auf 10 g/m², berechnet.

9 DIN CEN TS 12390-9: Prüfung von Festbeton – Teil 9: Frost- und Frost-Tausalz-Widerstand – Abwitterung, Ausgabe 2017, Beuth Verlag, Berlin 2017

Kommentar

Der Prüfbericht muss neben dem Datum der Probenherstellung und Prüfung, der Anzahl der untersuchten Probekörper und der Prüfzyklen auch folgende Ergebnisse der Technologischen Prüfungen enthalten:

- Festmörtelrohdichte lufttrocken aller Probekörper
- Größe der Prüffläche
- Ergebnisse der Sichtprüfung
- Abgewitterte Masse der Proben
- Abwitterungsrate der Proben in g/m².

Das M FPgeb empfiehlt, eine Abwitterungsrate von 500 g/m² nicht zu überschreiten. Dies entspricht auch der Anforderung der DIN 18318, bei der jedoch etwas abweichende Bedingungen hinsichtlich der Probekörper vorliegen.

Zusätzlich zum Widerstand gegen Frost-Tausalz-Beanspruchung wird in der DIN 18318 auch ein ausreichender Widerstand gegenüber einer Frost-Tau-Beanspruchung ohne Tausalz gefordert. Als Anforderung wurde eine maximale Abwitterung von 800 g/cm³ nach DIN CEN/TS 12390-9 (CF-Prüfverfahren)[10] festgelegt.

Da die Beanspruchung mit Tausalz stärker auf den Mörtel einwirkt und der Anforderungswert strenger ist, wurde auf eine Prüfung ohne Tausalz im Rahmen der Merkblatt-Bearbeitung der FGSV verzichtet.

5.2.2 Anforderungen an die Baustoffe für Fugenfüllungen (Laborwerte) (Fortsetzung)

Haftzugfestigkeit

Die Haftzugfestigkeit sollte im Mittel über 1,5 N/mm² betragen. Jeder Einzelwert sollte über 1,2 N/mm² betragen.

Kommentar

Der Fugenmörtel muss eine hohe Haftzugfestigkeit zum Befestigungselement erreichen. Für die Bestimmung der Haftzugfestigkeit wird die Herstellung und Lagerung von Prüfkörpern aus in eine Fuge zwischen zwei stehenden Betonprüfplatten eingebrachtem Fugenmörtel in den TP Pflaster-StB beschrieben. Dieses Vorgehen weist deutlich von dem in der ALP Pgeb beschriebenen Vorgehensweise ab, auf die sich auch die DIN 18318 bezieht. Nach dem Arbeitsblatt wird vereinfacht auf einen definierten Beton-Grundkörper eine flächige Schicht aus Fugenmörtel aufgegossen und an diesem Verbundkörper die Haftzugfestigkeit zwischen den beiden Schichten überprüft. Mit dem neueren Verfahren nach den TP Pflaster-StB wird nun der Probekörper etwas realitätsnäher in einer simulierten vertikalen Fuge erstellt. Die im Merkblatt formulierte Anforderung an die Haftzugfestigkeit von 1,5 N/mm² bzw. 1,2 N/mm² sollte auch nach dieser Prüfung gemäß TP Pflaster-StB eingehalten werden.

Die Prüfung erfolgt in der Regel nach 28 Tagen, wenn nicht auch Nachweise der z. B. 3- oder 7-Tage-Werte gefordert werden. Zur Bestimmung der Haftzugfestigkeit wird der Verbundprobekörper auf eine Prüfeinrichtung gelegt und eine Ringnut durch die obere Prüfplatte und den Fugenmörtel bis ca. 1 cm in die untere Prüfplatte gebohrt. Die vorgesehene Krafteinleitungsfläche wird gereinigt und getrocknet. Anschließend wird die Zugplatte mit einem

10 Ebenda

Kommentar

geeigneten Kleber mittig auf die Prüfflächen aufgeklebt und mit einer Prüfmaschine auf zentrischen Zug beansprucht. Die Bruchlast wird aufgezeichnet, das Bruchbild ist hinsichtlich des entstandenen Abrisses zu beurteilen.

Mögliche Bruchbilder sind:

a) Abriss im Bereich der oberen Prüfplatte
b) Abriss in der Schicht des Fugenmörtels
c) Abriss von der unteren Prüfplatte.

Wenn eine Kombination aus diesen Brucharten vorliegt, ist eine Sichtprüfung durchzuführen, um den jeweiligen Prozentsatz jeder einzelnen Bruchart, bezogen auf die Prüffläche, abzuschätzen.

Der Prüfbericht muss neben dem Datum der Probenherstellung und Prüfung und der Anzahl der untersuchten Probekörper auch folgende Ergebnisse der Technologischen Prüfungen enthalten:

- Angabe der Frischmörtelrohdichten ρ_{frisch} aller im Labor hergestellten Proben bei allen Probekörperprismen einschließlich Angabe des arithmetischen Mittelwertes
- Einzelwerte der Haftfestigkeit, auf 0,01 N/mm² gerundet, und Mittelwert, auf 0,1 N/mm² gerundet, sowie eine Beschreibung der Bruchart unter Bezugnahme auf die Bruchbilder a bis d.

ATV DIN 18318 **Pflasterdecken und Plattenbeläge, Einfassungen,** Ausgabe 2019

2 Stoffe, Bauteile

...

2.2.4 Gebundene Fugenstoffe: Gebundene Fugenstoffe müssen ohne Einwirkung zusätzlicher Verdichtungsenergie allein unter dem Einfluss der Schwerkraft fließen oder rieseln, entlüften und so beschaffen sein, dass eine vollständige Fugenfüllung möglich ist.

Für gebundene Fugen können folgende Bindemittel verwendet werden:

- Zement, ggf. kunststoffmodifiziert,
- Reaktionsharz auf Epoxidharzbasis,
- Reaktionsharz auf Polyurethanbasis sowie
- Polybutadien.

Gebundene Fugenstoffe müssen in Abhängigkeit vom Bindemittel die Anforderungen nach Tabelle 3 oder Tabelle 4 erfüllen.

Tabelle 3 – Anforderungen an gebundene Fugenstoffe, Bindemittel Zement

Eigenschaften	Anforderungen	Prüfung nach
Druckfestigkeit	begehbar ≥ 10 MPa befahrbar, Fahrzeuge bis 3,5 t ≥ 20 MPa befahrbar, Fahrzeuge über 3,5 t ≥ 30 MPa	DIN EN 12808-3
Haftzugfestigkeit	begehbar ≥ 0,4 MPa befahrbar, Fahrzeuge bis 3,5 t ≥ 0,8 MPa befahrbar, Fahrzeuge über 3,5 t ≥ 1,0 MPa	ALP Pgeb, Arbeitsanleitung zur Durchführung von Prüfungen für Pflasterdecken und Plattenbeläge in gebundener Ausführung[a]

ATV DIN 18318 **Tabelle 3 – Anforderungen an gebundene Fugenstoffe, Bindemittel Zement** (Fortsetzung)

Eigenschaften	Anforderungen	Prüfung nach
Frost-Tau-Widerstand S_n	≤ 800 g/m²	CF-Prüfverfahren nach DIN CEN/TS 12390-9, Prüfung von Festbeton – Teil 9: Frost- und Frost-Tausalz-Widerstand – Abwitterung
Frost-Tausalz-Widerstand S_n	≤ 500 g/m²	CDF-Prüfverfahren nach DIN CEN/TS 12390-9
[a] Autor: FGSV Forschungsgesellschaft für Straßen- und Verkehrswesen e. V., An Lyskirchen 14, 50676 Köln, www.fgsv.de. Zu beziehen durch: FGSV Verlag GmbH, Verlag der Forschungsgesellschaft für Straßen- und Verkehrswesen e. V., Wesselinger Straße 15–17, 50999 Köln, www.fgsv-verlag.de.		

Kommentar

Zur Einteilung in die hier dargestellten Kategorien der DIN 18318 wird auf die Anmerkungen zur Druckfestigkeit von Fugenmörtel verwiesen. Das Anforderungsniveau der Norm liegt etwas unterhalb der Anforderung des Merkblattes von 1,5 MPa im Mittel und 1,2 MPa für jeden Einzelwert. Inwieweit auch ein Mörtel mit einer Labor-Haftzugfestigkeit von 1,0 MPa eine ausreichende Qualität aufweist, ist im Einzelfall neben der Verkehrsbelastung besonders von den Witterungsbedingungen beim Einbau und während der Nutzungszeit abhängig. Wichtig ist, dass der Mörtel eine ausreichende Homogenität aufweist. Daher sollten alle Probekörper das formulierte Anforderungsniveau erreichen. Leider wird nach DIN 18318 nicht festgelegt, ob sich die Anforderung auf den Mittelwert der Proben oder auf jeden Einzelwert bezieht, da nach der Prüfanleitung ALP Pgeb sowohl Einzelwerte als auch der Mittelwert zu bestimmen sind.

5.2.2 Anforderungen an die Baustoffe für Fugenfüllungen (Laborwerte) (Fortsetzung)

E-Modul

Für den Fugenmörtel ist der statische E-Modul nachzuweisen.

Fugenmörtel Typ A:

Der statische E-Modul sollte bei jedem Einzelwert mindestens 17 000 N/mm² und höchstens 22 000 N/mm² betragen.

Fugenmörtel Typ B:

Der statische E-Modul sollte bei jedem Einzelwert mindestens 14 000 N/mm² und höchstens 17 000 N/mm² betragen.

Kommentar

Für den Fugenmörtel sollte der statische Elastizitätsmodul bestimmt werden. Der Elastizitätsmodul ist der Materialkennwert für das elastische Spannungs-Verformungsverhalten. Er beschreibt den Zusammenhang zwischen Spannungen und Dehnungen bei thermischer oder mechanischer Belastung.

Je härter der Fugenmörtel ist, umso höher ist der E-Modul und umso größer sind die auftretenden Verformungen bei konstanter Spannung. Anders aus-

Kommentar

gedrückt und auf die Temperaturbeanspruchungen bezogen: Je größer der E-Modul ist, desto weniger können die bei behinderter Verformung entstehenden thermischen Spannungen aufgenommen werden. Deshalb ist es vorteilhaft, weichere Mörtel zu verwenden, auch wenn diese eine tendenziell geringere Druckfestigkeit aufweisen.

Aus diesen Gründen ist neben der Begrenzung der Druckfestigkeit des Mörtels auch der E-Modul begrenzt worden. In Abstimmung mit der Druckfestigkeitseigenschaft wird auch hier eine Unterscheidung in die Typen A und B vorgenommen, so dass weichere Befestigungselemente mit einem weicheren Mörtel ausgefugt werden und härtere Befestigungselemente auch einen härteren Fugenmörtel erhalten. Durch diese Abstimmung sollte die Rissgefahr bzw. die Gefahr durchgerissener Befestigungselemente und die Gefahr von Kantenabplatzungen verringert sein.

Für die Bestimmung des statischen E-Moduls wird die Herstellung, Lagerung und Prüfung der Prüfkörper sowohl in den TP Pflaster-StB als auch der ALP Pgeb mit dem Hinweis auf DIN EN 13412[11] beschrieben. Die Prüfung erfolgt in der Regel nach 28 Tagen. DIN 18318 enthält keine Anforderungen oder weiteren Hinweise auf den Elastizitätsmodul des Fugenmörtels.

An dieser Stelle sei genauer auf **kunstharzgebundene Fugenmörtel** eingegangen, die das M FPgeb (siehe Abschnitt 5.2.1) nur sehr eingeschränkt behandelt.

Das Angebot dieser Mörtel ist eher groß, und nicht jeder Mörtel ist für die Anwendung in Verkehrsflächen geeignet. Häufig werden diese Mörtel nur als „Fugenverschluss" in den oberen 3 bis 4 cm der Fugen verwendet und auch als „wasserdurchlässig" angeboten. Folgende Systeme werden angeboten:

- 1-Komponenten-Bindemittel-Systeme, die unter Zutritt von Sauerstoff aus der Luft erhärten. Sie sind nur für Fußgängerbelastungen geeignet.
- 2-Komponenten-Epoxidharz-Bindemittel, mit Wasser zu vermischen. Sie sind für mittlere Verkehrsbelastung, z. B. Garagenzufahrt geeignet.
- 2-Komponenten-Epoxidharz-Bindemittel, ohne Wasserzugabe. Sie sind für Verkehrsflächen geeignet.

Die Eignung des zur Verwendung vorgesehenen Mörtels sollte immer nachgewiesen werden. Das Merkblatt führt aus, dass auf ggf. auftretende Verfärbungen durch Anhaftungen des Bindemittels bei Verwendung von Kunstharzfugenmörteln seitens des Herstellers hingewiesen werden sollte.

Nach DIN 18318 können gebundene Fugenmörtel mit folgenden Bindemitteln verwendet werden:

- Reaktionsharz auf Epoxidharzbasis
- Reaktionsharz auf Polyurethanbasis
- Polybutadien.

11 DIN EN 13412: Produkte und Systeme für den Schutz und die Instandsetzung von Betontragwerken – Prüfverfahren – Bestimmung des Elastizitätsmoduls im Druckversuch, Ausgabe 2006, Beuth Verlag, Berlin 2006

ATV DIN 18318 **Pflasterdecken und Plattenbeläge, Einfassungen,** Ausgabe 2019

Tabelle 4 – Anforderungen an gebundene Fugenstoffe, Bindemittel Reaktionsharz auf Epoxidharz-, Polyurethanbasis sowie Polybutadien

Eigenschaften	Anforderungen	Prüfung nach
Druckfestigkeit	begehbar ≥ 5 MPa befahrbar, Fahrzeuge bis 3,5 t ≥ 15 MPa befahrbar, Fahrzeuge über 3,5 t ≥ 25 MPa	DIN EN 12808-3
Haftzugfestigkeit	begehbar ≥ 0,4 MPa befahrbar, Fahrzeuge bis 3,5 t ≥ 0,8 MPa befahrbar, Fahrzeuge über 3,5 t ≥ 1,0 MPa	ALP Pgeb, Arbeitsanleitung zur Durchführung von Prüfungen für Pflasterdecken und Plattenbelägen in gebundener Ausführung[a]

[a] Autor: FGSV Forschungsgesellschaft für Straßen- und Verkehrswesen e. V., An Lyskirchen 14, 50676 Köln, www.fgsv.de. Zu beziehen durch: FGSV Verlag GmbH, Verlag der Forschungsgesellschaft für Straßen- und Verkehrswesen e. V., Wesselinger Straße 15–17, 50999 Köln, www.fgsv-verlag.de.

Sollen gebundene Fugen wasserdurchlässig hergestellt werden, ist als Bindemittel Reaktionsharz oder Polybutadien zu verwenden.

Kommentar

Der an der Oberfläche entstehende Kunstharzfilm, der die optische Wirkung beeinflusst, wird häufig als störend empfunden. Außerdem ist zu beachten, dass der Zutritt von Niederschlagswasser während der Herstellung zu nur schwierig zu entfernenden weißlichen Verfärbungen (Schleier) führen kann.

Bild 5.4 Kunstharzmörtel – Reinigung nach Wasserzutritt (milchige Fläche)

5.3 Pflastersteine, Platten, Produkte für Einfassungen und Entwässerungsrinnen

Pflastersteine, Platten und Produkte für Einfassungen und Entwässerungsrinnen müssen den TL Pflaster-StB entsprechen, wenn nicht andere Vereinbarungen getroffen sind.

Bei der Verwendung von Natursteinen ist zu beachten, dass insbesondere Sedimentgesteine in Verbindung mit Mörtel zu Verfärbungen und Ausblühungen neigen können.

Insbesondere bei gesägten Pflastersteinen und Platten aus Naturstein oder bei sehr dichten Gesteinen bzw. Gesteinen mit feinkörniger Struktur ist es zum Erreichen der erforderlichen Haftzugfestigkeit zwischen Pflasterstein/Platte und Bettung/Fugenfüllung zweckmäßig, die Unterseite vollflächig und die Seitenflächen bis höchstens 5 mm unter der Oberseite vollflächig aufzurauen, z. B. durch Stocken, Sand- oder Kugelstrahlen. Die Verwendung von Pflastersteinen und Platten mit gefasten oder gerundeten Kanten ist zweckmäßig, um Kantenbeschädigungen zu vermeiden.

Bei Pflastersteinen und Platten aus Naturstein, die durch Flammstrahlen behandelt worden sind, kann die Zugfestigkeit bzw. die Haftzugfestigkeit gegenüber unbehandelten oder mechanisch bearbeiteten Produkten vermindert sein.

Pflastersteine und Platten aus Beton sollten erst nach einer Lagerungszeit, bei der die normative Festigkeit erreicht ist, eingesetzt werden, da ansonsten die Eigenspannungen des Pflasters/des Belages durch Schwinden des Betons erhöht sind.

Kommentar

Anforderungen an die Befestigungselemente sind in den TL Pflaster-StB enthalten (siehe hierzu auch Teil B dieses Kommentars). Sie stellen die Mindestanforderungen dar, die von den einzusetzenden Bauprodukten erwartet werden. Das bedeutet, das für die Bauprodukte andere technische Werte in individuellen Verträgen eingesetzt werden können, wenn das ausgewählte Produkt dies zu leisten im Stande ist.

Als Beispiel seien Produkte aus Granit genannt, deren Druckfestigkeit abweichend von Tabelle 22 der TL Pflaster vereinbart werden sollen. Eine solche Abweichung muss jedoch auf der Grundlage vorliegender Prüfzeugnisse erfolgen.

Bei Sedimentgesteinen oder Steinen mit Schichtungen kann die Fugenfüllung im Bereich der umlaufenden Fuge zu Verfärbungen führen. Ebenso kann es hier zu Ausblühungen kommen. Um diese optischen Mängel zu vermeiden, sollte bei derartigen Steinen frühzeitig eine Musterfläche angelegt werden.

Die verschiedenen DIN EN für Produkte aus Natursteinen unterscheiden bei den Bearbeitungen zwischen „fein bearbeitet“ und „grob bearbeitet“. Als „fein bearbeitet“ werden Natursteine bezeichnet, die z. B. mit einer diamantbesetzten Trennscheibe gesägt worden sind oder bearbeitete Flächen haben, auf denen ein Abstand von höchstens 1,0 mm zwischen dem höchsten und

Kommentar

tiefsten Punkt vorhanden ist. Als Beispiele für eine „feine Bearbeitung" im Sinn der Normen werden „poliert" oder „geschliffen" genannt.

Befestigungselemente mit Flächen, die „fein bearbeitet" sind, sind für die Verwendung in bewitterten Verkehrsflächen aller Art ungeeignet. Sie erreichen nicht den Nachweis der Gleit-/Rutschsicherheit, welche mit dem Kennwert SRV von mindestens 55 [–] nach den TL Pflaster-StB gefordert wird.

Als „grob bearbeitet" werden Natursteine bezeichnet, die z. B. mit einer diamantbesetzten Trennscheibe gesägt worden sind und bearbeitete Flächen haben, auf denen ein Abstand von mehr 1,0 mm zwischen dem höchsten und tiefsten Punkt vorhanden ist. Als Beispiele für eine „grobe Bearbeitung" im Sinn der Normen werden „sandgestrahlt", „geflammt" oder „gespitzt" genannt.

Das Flammen der Oberflächen von Natursteinen geschieht mit einem Acethylen-Sauerstoff-Brenner. Die im Gestein vorhandenen Mineralien dehnen sich dabei unterschiedlich aus und brechen aus der Fläche heraus. Dabei entsteht eine raue, rutschsichere Fläche. Bei gelben Graniten kann das Flammen zu einer rötlichen Verfärbung führen, da sich Minerale umwandeln. Dies ist vor der Bestellung des Materials zu klären.

Grundsätzlich sollten Befestigungselemente, welche aus gesägten Grundformen bestehen, neben der rutschsicheren Bearbeitung der Oberseite auch an den Seitenflächen und der Unterseite vollflächig aufgeraut, z. B. gestrahlt, gestockt oder geflammt sein, um eine bessere Haftung zum Fugen- und Bettungsmörtel zu erhalten.

Als „vollflächig" gelten Aufrauungen, welche mindestens 80–85 % der bearbeiteten Fläche betragen.

Wichtig ist dies auch bei den auf der Baustelle zur Anpassung geschnittenen Steinen. Wenn eine vollflächige Aufrauung nicht möglich ist, sollten sie min-

Bild 5.5 Mangelhafte, da zu gering aufgeraute Flächen von Befestigungselementen

Kommentar

destens mit mehreren überkreuz geführten Schnitten, ca. 5 mm tief, versehen werden. Die Forderung, dass die Bearbeitung 5 mm unter der Oberseite enden soll, hat seinen Grund in der Sicherung der Kante. Strahlen rundet die Kante, Flammen führt zu Abplatzungen.

Bei dichten Gesteinen ist der genannte Leistungsabfall der Haftzugfestigkeit nicht zu erwarten. Je nach der mineralogischen Zusammensetzung des Gesteins wirkt sich dieser Abfall oberflächennah gering bis stärker aus.

Wichtig ist, dass so bearbeitete Befestigungselemente vor dem Versetzen gründlich, z. B. durch Hochdruckwasser, Bürsten usw., gereinigt werden.

Befestigungselemente aus Beton werden häufig schon 7 bis 10 Tage nach der Fertigung ausgeliefert. Wenn dann eine zeitnahe Verarbeitung auf der Baustelle erfolgt, kommt es häufig zu erhöhten Spannungen in dem gebunden ausgeführten Belag infolge des noch verstärkt auftretenden Schwindens der Produkte aus Beton. Dies erhöht die Eigenspannungen in der Decke bzw. dem Belag und damit die Gefahr von Rissbildungen.

Deshalb ist es wichtig, dass die Befestigungselemente so frühzeitig bestellt und gefertigt werden, dass vor dem Einbau ein Großteil der Schwindprozesse weitgehend abgeschlossen sind. Dies kann eine Lagerung von über vier Wochen nach Anlieferung bewirken.

5.4 Festlegung der Materialeigenschaften und Nachweis der Eignung der verwendeten Bauprodukte

5.4.1 Festlegung der Materialeigenschaften bei der Planung

Die Festlegung der technischen und optischen Materialeigenschaften der Bauprodukte und der Pflasterdecke bzw. des Plattenbelages sollte bereits in der Planungsphase erfolgen.

Hierzu sollte eine dem späteren Bauvorhaben entsprechende Musterfläche erstellt werden. Sie dient der Feststellung, ob mit der beabsichtigten Materialkombination die gewünschte Beschaffenheit erreicht werden kann. Dabei ist darauf zu achten, dass die Materialkombinationen untersucht werden, die im späteren Bauvorhaben verwendet werden sollen, und dass der Zustand der Kontaktflächen der Pflastersteine bzw. Platten dem während der Bauausführung zu erwartenden Zustand entspricht.

Kommentar

In der Planungsphase einer größeren Maßnahme werden in der Regel auch die Befestigungselemente ausgewählt.

Häufig geschieht dies nach Art, Farben und Größen der zur Ausführung der Decken/Beläge geplanten bzw. vorgesehenen Pflastersteine oder Platten, jedoch oft nur in Handproben mit Abmessungen von 10 × 10 cm oder geringfügig größer.

Spätestens nach Festlegung auf ein Befestigungselement ist zu prüfen, ob das ausgewählte Material die für die geplante Verkehrsfläche erforderlichen Eigenschaften, z. B. gemäß den TL Pflaster-StB, erfüllen kann.

Kommentar

Wenn dies bestätigt wird, sollte eine Bemusterung der ausgewählten Befestigungselemente in den vorgesehenen Original-Formaten erfolgen.

Nach der dann endgültigen Auswahl sollte eine Musterfläche, bei Bedarf auch mehrere Musterflächen, in einer zur Beurteilung ausreichenden Größe von ca. 2 m² zunächst ungebunden ausgelegt werden, um noch einmal das Farbspiel der Fläche optisch zu beurteilen und gegebenenfalls auch vertraglich festzulegen.

In diesem Zusammenhang sollte die Musterfläche dann auch gebunden mit den vorgesehenen Bettungs- und Fugenmörteln ausgeführt werden. An dieser können Proben zur weiteren Beurteilung entnommen werden. Gegebenenfalls kann eine solche Musterfläche auch als Referenzfläche, welche im folgenden Abschnitt beschrieben wird, angesehen werden.

5.4.2 Eignungsnachweis und Bestimmung der Materialeigenschaften vor dem Baubeginn

Vor Ausführung der Arbeiten sollte die Eignung der Baustoffe für den vorgesehenen Verwendungszweck vom Auftragnehmer nachgewiesen werden. Der Eignungsnachweis soll den Nachweis der Eignung der Baustoffe gemäß der Abschnitte 5.1, 5.2 und 5.3, gegebenenfalls durch Vorlage von Prüfzeugnissen der Baustofflieferanten, umfassen.

Zudem ist zu empfehlen, die Materialeigenschaften der für die Verwendung vorgesehenen Bauprodukte im genau vorgesehenen System Pflasterstein-Bettung-Fuge vor der Ausführung unter realitätsnahen Verarbeitungsbedingungen vorab zu bestimmen. Dies dient dann dem Nachweis der Eignung dieser Produkte für den vorgesehenen Verwendungszweck entsprechend den genauen Anforderungen, die im Bauvertrag formuliert sind. Hierzu sollte eine dem späteren Bauvorhaben entsprechende Referenzfläche erstellt werden. Dabei ist darauf zu achten, dass die Materialkombinationen untersucht werden, die im späteren Bauvorhaben verwendet werden, und dass der Zustand der Kontaktflächen der Pflastersteine bzw. Platten dem während der Bauausführung zu erwartenden Zustand entspricht.

Es wird daher die Herstellung einer oder mehrerer Referenzflächen von z. B. ca. 3 bis 5 m² in Anlehnung an die zu erwartenden Baustellenbedingungen empfohlen, unter Beachtung der Angaben der Mörtelhersteller hinsichtlich der Herstellung und Verarbeitung der Mörtel und gegebenenfalls des Haftvermittlers.

Nach ausreichender Erhärtung sollten die Anforderungen des Abschnittes 6.8 bzw. die bauvertraglichen Anforderungen, mindestens jedoch die Haftzugfestigkeit zwischen den Befestigungselementen und dem Bettungs- sowie dem Fugenmörtel, überprüft werden.

5.4.2 Eignungsnachweis und Bestimmung der Materialeigenschaften vor dem Baubeginn (Fortsetzung)

Hierzu sollten aus der Referenzfläche/den Referenzflächen Probekörper für die Beurteilung der Haftzugfestigkeit Pflasterstein/Bettung bzw. Belag/Bettung und Probekörper für die Bestimmung der Haftzugfestigkeit Pflasterstein/Fugenfüllung bzw. Belag/Fugenfüllung durch Schnitte oder Bohrkerne nach ALP Pgeb entnommen werden.

Die Probekörper sind derart zu bearbeiten, dass sie für die Durchführung der Prüfung der Haftzugfestigkeit geeignet sind.

Alle für die Bestimmung der Materialkennwerte relevanten Angaben einschließlich der Angaben zur Probekörpervorbereitung und die Messergebnisse sind zu dokumentieren.

Die Ergebnisse sollten auf das sichere Erreichen der im Abschnitt 6.8 beschriebenen Anforderungen schließen lassen.

Es ist zweckmäßig, Referenzflächen bis zum Ablauf der Gewährleistungszeit vorzuhalten.

Kommentar

Der Nachweis der Eignung der verwendeten Produkte für den vorgesehenen Anwendungszweck sollte vor Beginn der Arbeiten vom Auftragnehmer dem Auftraggeber vorgelegt werden. Der Nachweis ist durch Vorlage von Prüfzeugnissen der eingesetzten Produkte und der Erklärung des Auftragnehmers, dass diese Produkte für den bauvertraglich vorliegenden Verwendungszweck geeignet sind, zu führen.

Für die Befestigungselemente sind dies grundsätzlich Nachweise entsprechend den Anforderungen der TL Pflaster-StB (auf diese verweist auch Abschnitt 2.1 der ATV DIN 18318) oder einer anderen, auch über die Regelungen der TL hinausgehenden Vereinbarung.

Für die vorgesehenen Produkte zum Einbau der Befestigungselemente sind die Prüfzeugnisse für das Bettungsmaterial und die Fugenfüllung der Gütesicherung vorzulegen, welche eine Aussage zu der zu erwartenden Druck-, Biegezug- und Haftzugfestigkeit mit Auftragen eines Haftvermittlers sowie den Widerstand gegen Frost-Tau- bzw. Frost-Tausalz-Beanspruchung und der Wasserdurchlässigkeit des Bettungsmörtels unter Laborprüfungen enthalten. Hier ist darauf zu achten, dass alle Mörtelprodukte von einem Hersteller kommen.

Vor der Ausführung sollte frühzeitig eine Referenzfläche mit einer Größe von ca. 3 bis 5 m^2 in der gleichen Art der später vorgesehenen Ausführung hergestellt werden.

Diese Referenzfläche sollte an Stellen hergestellt werden, an denen sie bis zum Abschluss der späteren Maßnahme liegen bleiben kann, z. B. als Teilfläche eines Parkplatzes.

An dieser Fläche können nach z. B. 7 Tagen erste Bohrkernentnahmen erfolgen, an denen Untersuchungen und Beurteilungen an Bettung, Fugenfüllung und zu erwartenden Haftzugfestigkeiten vorgenommen werden können. Diese

Kommentar

Ergebnisse geben einen Aufschluss über die Entwicklung der geforderten Festigkeiten, sie ersetzen jedoch nicht die Untersuchungen nach 28 Tagen. Die TP Pflaster-StB enthalten genauere Prüfanweisungen zur Probenahme und Prüfung solch hergestellter Flächen als das ALP Pgeb. Einerseits sind Probenahmen durch Kernbohrungen, andererseits sind In-Situ-Untersuchungen zur Bestimmung der Haftzugfestigkeit möglich.

Es ist zu beachten, dass Referenz- und Musterflächen, welche erst im Rahmen des geschlossenen Bauvertrages erstellt werden, zu Vertragsänderungen führen können, wenn entgegen dem Leistungsverzeichnis und dort genannter Anforderungen eine andere Lieferung oder Ausführung vom Auftraggeber angenommen wird („...das sieht gut aus, das machen wir").

6 Ausführung

6.1 Bettung

Die Aufgaben der Bettung bestehen darin, die in die Flächenbefestigung eingebrachten Einwirkungen mit ausreichendem Widerstand gegen Versagen in die Unterlage abzuführen sowie die Dickentoleranzen der Pflastersteine bzw. Platten auszugleichen.

Der Frischmörtel muss u. a. gegen

- Niederschlagswasser,
- schädliches Austrocknen durch Sonne und/oder Wind,
- starkes Erwärmen

geschützt werden.

Die Verarbeitung von Bettungsmörteln erfordert grundsätzlich eine ausreichend hohe Temperatur der Luft, der Unterlage sowie der zu verarbeiteten Materialien. Diese beträgt für hydraulisch gebundene Bettungsmörtel mindestens +5 °C und für kunstharzgebundene Bettungsmörtel mindestens +10 °C. Bis zu einer Lufttemperatur von +25 °C ist die Verarbeitung in der Regel uneingeschränkt möglich.

Bei höheren oder niedrigeren Lufttemperaturen innerhalb der ersten 72 Stunden sind die Frischmörteltemperaturen an der Einbaustelle zu überwachen und geeignete Schutzmaßnahmen (z. B. Beschatten, Isoliermatten, Beheizen, Zelteinsatz etc.) zu ergreifen. Die Frischmörteltemperatur sollte +25 °C, maximal +30 °C, nicht überschreiten.

An heißen Tagen sind die vorgehaltenen Materialien (Steine und Trockenmörtel) beschattet zu lagern und die Arbeiten ebenfalls beschattet auszuführen. Bei hohen Temperaturen sind Silofüllungen so zu besorgen, dass frisches Material nicht am selben Tag entnommen werden muss. Dränasphalttragschichten sollten bis unmittelbar vor dem Verlegen mit einem hellen Vliesstoff abgedeckt werden. Es ist deshalb empfehlenswert, die Materialtemperaturen zu überwachen.

Bei niedrigen Temperaturen ist generell eine Verlängerung der Erhärtungszeit und bei hohen Temperaturen eine Verkürzung der Verarbeitungszeit des Bettungsmörtels zu berücksichtigen.

Durch den Hersteller des verwendeten Mörtels sollte eine Einweisung des Personals hinsichtlich Mischvorgang, Wasserzugabe und zu erreichender Konsistenz vorgenommen werden. Die Einweisung sollte dokumentiert werden.

Die Angaben/Vorschriften des Herstellers der Mörtel sind zu beachten.

Beim Einbau muss zwingend auf gleichmäßige Konsistenz des Mörtels geachtet werden.

6.1 **Bettung** (Fortsetzung)

Die Verarbeitung muss Zug um Zug mit dem Versetzen der Befestigungselemente erfolgen; eine Zwischenlagerung des fertigen Mörtels ist nicht zulässig.

Bei hydraulisch gebundenen Bettungsmörteln ist die Ausführung der Arbeiten so zu koordinieren, dass der Erstarrungsbeginn des Bettungsmörtels erst nach dem höhenmäßigen Ausrichten und Festsetzen der Befestigungselemente einsetzt.

Bei kunstharzgebundenen Bettungsmörteln ist die Ausführung von einer Reihe von Faktoren abhängig, so dass allgemeingültige Empfehlungen nicht gegeben werden können. Es sind die Angaben der jeweiligen Hersteller der Bettungsmörtel zu beachten.

Kommentar

Während bei der ungebundenen Ausführung von Pflasterdecken und Plattenbelägen die Bettung die Aufgabe hat, den Höhenausgleich im Rahmen der Einbautoleranzen der Unterlage und der Befestigungselemente herzustellen, wird bei der gebundenen Ausführung erwartet, dass sie zusammen mit Haftschicht und Fugenfüllung eine kompakte Einheit bildet. Natürlich muss sie auch die Dickentoleranzen der Befestigungselemente ausgleichen.

Der Frischmörtel muss so verarbeitet werden, dass er gegen Niederschlag, Austrocknen durch Sonne oder Wind und auch Erwärmung als Folge heißer Witterung geschützt wird, da er ansonsten deutlich verminderte Eigenschaften entwickelt, durch die Bauschäden entstehen.

Bild 6.1 Vorlegen des Bettungsmörtels für die Verlegung von Platten

Kommentar

Bild 6.2 Bettungsmörtel zu weit vorgelegt

Bild 6.3 Vorgelegte gebrauchte Natursteine vor dem Einschlämmen – mit feuchtem Vlies abgedeckt

Kommentar

Bild 6.4 Sonnenschutz durch Beschattung

Der Bettungsmörtel ist immer frisch anzumischen, eine Zwischenlagerung ist nicht zulässig. Die gemischte Charge sollte i.d.R. bei bedeckter Witterung und mittleren Temperaturen (z. B. +10 bis +20 °C) innerhalb von ca. 45 Min. verarbeitet sein. Bei hohen Umgebungstemperaturen (z. B. ab +25 °C) darf nur so viel Mörtel vorgelegt werden, dass die Verarbeitung innerhalb von ca. 20 bis 30 Min. erfolgt ist. Die Temperatur des zu verarbeitenden Mörtels muss dabei überwacht werden. Ebenso sind die Tages- und Nachttemperaturen zu überwachen, und die Höchst- und Tiefsttemperatur sollte aufgezeichnet werden.

Höhere (> +30 °C) oder niedrigere Temperaturen (< 8 °C) lösen, wenn die Arbeiten weiter durchgeführt werden sollen oder müssen, besondere Maßnahmen aus, da ansonsten die Materialeigenschaften der hergestellten Bettung und Fugenfüllung sich verschlechtern und die Eigenspannungen der Decke bzw. des Belages (besonders bei hohen Temperaturen) übermäßig zunehmen. Geeignete Maßnahmen sind z. B. Zelte zum Beschatten der Ausführung oder beheizte Zelte zur Herstellung einer ausreichenden Arbeitstemperatur. Die Zelte werden entsprechend dem Arbeitsfortschritt mitgeführt, die freiliegenden Flächen werden dann durch Abdecken mittels eines hellen Vlieses geschützt.

Im Sommer setzt danach die Nachbehandlung ein, im Winter wird die Fläche mit Isoliermatten abgedeckt.

Nach DIN 18318 sind bei ungeeigneten Witterungsbedingungen vom Auftragnehmer in Abstimmung mit dem Auftraggeber besondere Vorkehrungen zu treffen. Diese erforderlichen Leistungen sind Besondere Leistungen. Als ungeeignete Temperaturen bei der gebundenen Bauweise werden Temperaturen unter 5 °C und über 25 °C beispielhaft in der Norm angegeben.

Es ist wichtig und zu beachten, dass auch das zur Verwendung anstehende Material temperaturgerecht gelagert wird. Auch hier sollte die Materialtemperatur überwacht werden. Im Sommer ist es von Vorteil, alle Baustoffe abge-

Kommentar

deckt zu lagern und je nach Temperatur wiederholt zu nässen, so dass eine Aufheizung vermieden wird. Im Winter muss darauf geachtet werden, dass das Material nicht durchfrieren kann.

Ebenso wie alle Baustoffe der Pflasterdecke muss auch die gebundene Tragschicht hinsichtlich der Oberflächentemperatur überwacht werden. Kurz vor der Deckenherstellung sollte die Unterlage bei hohen Temperaturen durch Wasserstrahl heruntergekühlt werden. Aufheizungen dunkler Asphalt-Tragschichten sollten durch Auflegen eines hellen Vlieses vermindert werden. Wird der Vliesstoff feucht gehalten, entsteht zudem Verdunstungskälte, durch welche die Tragschichttemperatur weiter reduziert werden kann. Bei tiefen Temperaturen und Frostgefahr sollten, falls weitergearbeitet werden muss, die Flächen mit Warmluftgebläsen temperiert werden.

Wie beschrieben muss die Herstell- und Erhärtungstemperatur kontinuierlich beobachtet werden. Es muss beim Bauablauf bei deutlichen Temperaturänderungen direkt auf diese reagiert werden. Gegebenenfalls sind ergänzende Maßnahmen zur Verringerung extremer Temperaturen vorzusehen.

Sowohl der Hauptunternehmer als auch ggf. der Nachunternehmer müssen über ausreichende Erfahrungen mit der gebundenen Bauweise verfügen und sollten diese durch bereits durchgeführte Baumaßnahmen belegen (Referenzen).

Für das Anmischen der Mörtelprodukte für Bettung und Fugen sowie des Haftvermittlers ist an der Baustelle eine Einweisung des Mörtelherstellers mit den Beteiligten (Auftraggeber, Bauüberwachung, Auftragnehmer, Bauleitung, Aufsichtspersonal, evtl. eingesetzter Nachunternehmer) an einer Musterfläche durchzuführen. Bei dieser Einweisung werden die Wasserzugabe und die zu erreichende Konsistenz von Bettungs- und Fugenmörtel vorgeführt. Die Einweisung sollte, einschließlich der Teilnehmer, dokumentiert werden. Dieses Vorgehen ist erforderlich, da die Zugabemenge des Wassers zum Trockenmörtel die Eigenschaften der hergestellten Fläche maßgebend beeinflusst. Schwankungen des Wassergehaltes und damit der Konsistenz und des Wasser-Zementwertes des Mörtels können häufig als schadensursächlich angesehen werden. Die Wasserzugabe muss daher mit besonderer Sorgfalt vorgenommen werden.

Wenn bei kleineren Projekten das Material aus Säcken verwendet wird, ist das Mischen des Mörtels in einem Mischer oder mit einem Handrührgerät sorgfältig durchzuführen. Es kann von Vorteil sein, dass dies immer von demselben Personal ausgeführt wird. Wichtig ist hier die möglichst genaue Wasserzugabe.

Wenn Siloware verwendet wird, sollte die Grundeinstellung (z. B. im Rahmen der vorgenannten Einweisung) immer von dem Aufsteller des Silos/Hersteller des Mörtels vorgenommen werden. Wichtig ist hier, mit entsprechendem Gerät für einen über den Tag verteilten gleichmäßigen Wasserdruck zu sorgen. Wasserleitungen mit Druckschwankungen führen zwangsläufig zu abweichenden Wassergehalten im Frischmörtel und damit zu Qualitätsschwankungen. Sie müssen vermieden werden.

Der unter dem Silo angebrachte Mischer muss auf das zu entnehmende Material, Bettungs- oder Fugenmörtel, angepasst sein. Neben dem großen Silo werden auch sogenannte Minitainer, Silos mit ca. 1 bis 1,5 m^3 Inhalt, mit angebautem Mischsystem verwendet. Möglich ist auch die Lieferung von Trockenmörtel in BigBags, die in ein Tragegerüst über einer Mischanlage eingehängt werden.

Kommentar

Die Mörtelherstellung muss immer auf die innerhalb der zulässigen Verarbeitungszeit einbaubare Menge abgestimmt sein. Zwischenlagerungen sind unzulässig, da die zulässige Verarbeitungszeit schnell überschritten wird. Die Verarbeitungszeit darf nicht länger sein als der Zeitraum, bis zu dem der Erstarrungszeitpunkt des Mörtels erreicht ist. Dieser Zeitpunkt ist jedoch vom verarbeiteten Material abhängig. Die maximale Verarbeitungsdauer wird vom Hersteller der Baustoffe angegeben, sie ist jedoch immer den beim Einbau herrschenden Temperaturen anzupassen.

Ist in Sonderfällen die Herstellung einer Bettung aus einem kunstharzgebundenen Mörtel vorgesehen, ist grundsätzlich der Hersteller des Produkts einzuschalten. Besonders wichtig sind hier die Einweisung des Personals, das die Verarbeitung vornehmen soll, und das frühzeitige Anlegen einer Musterfläche.

6.2 Versetzen

Bei der Herstellung gebundener Pflasterdecken und Plattenbelägen wird grundsätzlich das manuelle Versetzen ausgeführt und dabei immer von der Unterlage aus gearbeitet. Unter manuellem Versetzen wird hier auch das Absetzen der einzelnen Befestigungselemente mit Hilfe von Vakuum-Verlegegeräten verstanden.

Vor dem Versetzen müssen die Befestigungselemente von Staub, Sägeschlämme und sonstige Verunreinigungen gereinigt werden.

Zum sicheren Erreichen der erforderlichen Haftzugfestigkeit zwischen Element und Mörtel ist es oft zweckmäßig, dass die Befestigungselemente mattfeucht sind. Trockene Elemente können der Haftschlämme oder der Bettung Feuchtigkeit entziehen, die eine Festigkeitsentwicklung mindert. Hierzu sind die Befestigungselemente in Abhängigkeit von ihrem Saugverhalten entsprechend mattfeucht anzunässen. Zu nasse Elemente können die Festigkeitsentwicklung des Haftvermittlers ebenso negativ beeinflussen.

Der Bettungsmörtel sollte in Abhängigkeit von der Breite der Befestigungselemente nur so weit vorgelegt werden, dass die Befestigungselemente vor Erstarrungsbeginn endgültig versetzt und ausgerichtet sind.

Hierzu ist der Bettungsmörtel immer frisch anzumischen. Die gemischte Charge sollte in der Regel bei bedeckter Witterung und mittleren Temperaturen (z. B. +10 bis +20 °C) innerhalb von ca. 1 h verarbeitet sein, bei hohen Umgebungstemperaturen (z. B. ab +25 °C) innerhalb von ca. 0,5 h.

Die Herstellerangaben sollten beachtet werden.

Kommentar

Im Gegensatz zu Verlegungen von Befestigungselementen von der Fläche aus (Verleger steht auf der Fläche) werden gebundene Verlegungen vor der auszuführenden Fläche stehend ausgeführt. Dies gilt auch, wenn die Befestigungselemente mit einem Vakuumheber verlegt werden. Vakuumheber gibt es in vielen Ausführungen und Hebeleistungen als Anhängegeräte zum Anhängen

Kommentar

Bild 6.5 Verschmutzte Steine durch Grünbelag

an z. B. Bagger oder selbstfahrend. Die Arbeitsschutzvorgaben müssen bei der Arbeit mit diesen Hebegeräten besonders beachtet werden. Der Ausfall des Vakuums und damit das Herabfallen der Befestigungselemente muss immer als extreme Möglichkeit berücksichtigt werden.

Die Befestigungselemente müssen sauber sein, d.h. frei von anhaftendem Schmutz, Staub, Sägeschlämme, Grünalgen nach längerer Lagerung usw. Dies sieht auch die DIN 18318 so vor. Die an den Befestigungselementen anhaftenden Trennschichten beeinträchtigen die zu erreichende Haftzugfestigkeit.

Ebenso sind bei geflammten Steinen und Platten die Seitenflächen und die Unterseiten hinsichtlich gelöster Minerale zu untersuchen und gegebenenfalls abzubürsten oder mit Hochdruckwasser zu reinigen.

Bild 6.6 Zu trockener Bettungsmörtel

Kommentar

Bild 6.7 „Schneeballtest“

Grundsätzlich sollten die Befestigungselemente, besonders im Hochsommer, nicht im trockenen, aufgeheizten Zustand verarbeitet werden. Die Steine und Platten sollten zumindest unterseitig angefeuchtet werden, um dem Haftvermittler nicht schon beim Auftragen Feuchtigkeit zu entziehen, was sich auch auf den Mörtel und die Haftzugfestigkeit auswirkt.

Die Unterlage (Tragschicht) ist von Verunreinigungen und losem Material durch Abkehren zu säubern und vor dem Aufbringen des Bettungsmörtels ebenfalls, abgestimmt auf die Art der Tragschicht, zu nässen.

Zur örtlichen Überprüfung der Konsistenz kann vor Ort der sog. „Schneeballtest“ herangezogen werden. Hierzu wird aus dem Bettungsmörtel mit wenigen Handgriffen aus dem erdfeuchten Mörtel ein Ball per Hand geformt.

Bild 6.8 Vorlegen des Mörtels für Pflastersteine aus Beton

Kommentar

Beim Hineinstoßen mit dem Finger darf der „Ball“ nur in zwei bis drei Teile zerfallen.

Es darf nur so viel Mörtel gemischt werden, wie auch in kurzer Zeit verarbeitet werden kann. Dies kann bedeuten, dass z. B. Arbeitspausen dem vorgelegten Mörtel anzupassen sind und die Pause erst nach Verlegung der Befestigungselemente erfolgen kann.

Die Dicke der Bettung im verdichteten Zustand sollte in der Regel mindestens 4 cm und höchstens 6 cm betragen. Muss ein Mörtelbett über einer Dicke von 6 bis 7 cm dick hergestellt werden, ist dieses zweilagig auszuführen, wobei die Lagen frisch in frisch unter Beachtung der zulässigen Verarbeitungszeiten einzubauen sind und die untere Lage ausschließlich statisch zu verdichten ist.

Zur Umgebungstemperatur und zur Mörteltemperatur siehe Abschnitt 6.1 des M FPgeb.

6.2 **Versetzen** (Fortsetzung)

Die Vorbehandlung von Befestigungselementen mit einem Haftvermittler ist sinnvoll, um die erforderliche Haftzugfestigkeit zur gebundenen Bettung zu erreichen. Sie sollte daher vorgesehen werden. Bei Befestigungselementen aus gesägtem Naturstein oder Beton und Platten aus Naturstein sollte immer ein Haftvermittler aufgetragen werden.

Die Befestigungselemente sind höhengerecht und hammerfest in endgültiger Lage zu versetzen. Nur in Ausnahmefällen dürfen diese direkt danach nachgerichtet (gerückt) werden.

Das Setzmaß des Bettungsmörtels, bezogen auf dessen unverdichteten Zustand, ist materialabhängig, ggf. mit ca. 25 % der Dicke der Bettung zu berücksichtigen. Der Bettungsmörtel sollte in den Fugen höchstens bis zu 2 cm aufsteigen.

In Bettungsmörtel versetzte Befestigungselemente dürfen nicht abgerüttelt werden.

Während der Versetzarbeiten sollten die Oberflächen mit dem Fortschreiten der Arbeiten sorgfältig von Bettungsmörtelresten und sonstigen Verschmutzungen gereinigt werden.

Bis zum Erreichen einer ausreichenden Festigkeit des Bettungsmörtels darf die Fläche allerdings nicht beansprucht werden. Eine fußläufige Belastung durch das Baustellenpersonal z. B. zum Zwecke des Verfugens ist zulässig, jedoch nicht vor Ablauf einer Zeitdauer von etwa 48 bis 72 Stunden, je nach Witterung und Mörteleigenschaften. Bei ungünstigen Witterungsbedingungen kann eine längere Zeitdauer erforderlich sein.

Kommentar

Um die geforderte und zwingend erforderliche Haftzugfestigkeit zwischen der Bettung und dem Befestigungselement zu erreichen, ist das Auftragen

Kommentar

Bild 6.9 In Haftschlämme getauchter Pflasterstein (Quelle TUBAG/Quickmix)

eines frost-tauwechsel-widerstandsfähigen Haftvermittlers auf der Unterseite erforderlich.

Der Haftvermittler muss dem angebotenen System aus Bettungs- und Fugenmörtel entsprechen und vom Hersteller der Mörtel in dieser Kombination zugelassen sein.

Bild 6.10 Mit einer Kelle aufgetragener Haftvermittler

Kommentar

Ein vorgesehener Haftvermittler (dieser sollte in der Leistungsbeschreibung genannt werden) ist immer wieder frisch anzusetzen und vor dem Auftragen durchzumischen, so dass eine pastöse Konsistenz entsteht. Er sollte vollflächig auf der Steinunterseite aufgetragen werden, bei Pflastersteinen durch Eintauchen bis ca. 1 bis 1,5 cm tief, bei Platten oder Bordsteinen z. B. durch Auftrag mit einem mindestens 8-er Zahnspachtel oder einer Kelle.

Die Dicke der aufgetragenen Haftbrücke muss im verdichteten Zustand mindestens 1,5 bis 2 mm betragen (bei Kontrollprüfungen erkennbar am Bohrkern).

ATV DIN 18318 **Pflasterdecken und Plattenbeläge, Einfassungen,** Ausgabe 2019

3 Ausführung

...

3.3.3 Haftbrücken

Steine und Platten sind mit einer Haftbrücke aus zementhaltigem Mörtel frisch in frisch in die Bettung zu versetzen.

Kommentar

Wenn ein Haftvermittler („Haftbrücke") vollflächig auf die Unterseite der Elemente aufgebracht wird, bewirkt dies zusammen mit einer fachgerechten Verarbeitung von Bettungsmörtel und Befestigungselement eine wesentliche Verbesserung des Verbundes zwischen Pflaster und Bettung. Diese hat einen direkten Einfluss auf die thermischen Dehnungen und Stauchungen der Decke (behinderte Dehnung).

Es ist davon auszugehen, dass eine hohe Haftfestigkeit die Dehnung des einzelnen Elementes gegenüber den üblichen Angaben „freier" Ausdehnungen um bis zu 50 % einschränkt. Untersuchungen an gebundenen Pflasterdecken haben gezeigt, dass unter Verwendung von Haftvermittlern die Verformungen um etwa diesen Betrag gegenüber den gleichen Befestigungen ohne Haftvermittler abnahmen[1]. Zudem wurde in dieser Untersuchung durch Finite-Element-Berechnungen nachgewiesen, dass sich die auftretenden Spannungen infolge einer Temperaturänderung (Berechnung beispielhaft von 10 °C auf –11 °C und 35 °C auf –11 °C) ebenfalls etwa halbieren. Durch diesen Effekt hat die Nutzung eines Haftvermittlers direkten positiven Einfluss auf eventuell auftretende Risse in der Befestigung.

Ein Haftvermittler darf jedoch die Wasserdurchlässigkeit der Bettung im Bereich der Fugen nicht beeinträchtigen. Dies wird auch in Abschnitt 3.3.3 der DIN 18318 so gefordert. Dies bedeutet, dass der in der Regel wasserundurchlässige oder nur gering durchlässige Haftvermittler nicht vollflächig auf die Bettung aufgebracht werden darf. Durch das einzelne Tauchen der Pflastersteine oder Aufziehen auf Platten werden die Fugen beim Versetzen der Befestigungselemente freigehalten. Hierauf ist zu achten. Es darf daher nicht zu viel Haftvermittler beim Setzen in den Fugenbereich hineingepresst werden.

Das Versetzen der Befestigungselemente soll durch das Hereintreiben der mit Haftvermittler versehenen Befestigunselemente in die Bettung erfolgen. Dies muss entsprechend den geplanten Höhen und Gefällen mit der endgültigen

1 Vgl. dazu Buchholz: Gebundene Pflasterbauweisen, Kassel 2010

Kommentar

Lage abschließen. Ein nachfolgendes Abrütteln mit einer Rüttelplatte ist nicht zulässig, da dabei der Abbindevorgang des Mörtels gestört wird. In kurzen Abständen, z. B. von ca. 1,5 bis 2,5 m, ist dabei die Fugenausrichtung in Längs- und Querrichtung zu kontrollieren. Die Ebenheit und das Gefälle sind kontinuierlich mit einer mitgeführten 4-m Richtlatte zu überprüfen.

Eine Vorfüllung der Fugen mit Bettungsmörtel ist nicht zulässig. Der freie und später mit Fugenmörtel zu verfüllende Raum muss nach DIN 18318 mindestens 2/3 der Steindicke betragen. Noch besser ist es, wenn das Füllmaß der Fugen mit Bettungsmörtel 2 cm nicht übersteigt. Beim Versetzen von Pflastersteinen ist der Bettungsmörtel um mindestens 20 bis ca. 25 %, bei Platten um mindestens 15 bis ca. 20 % der Einbaudicke zu verdichten. Dieses Maß ist jedoch mörtelabhängig.

Es ist anhand der Muster- oder Referenzfläche, wenn eine solche hergestellt worden ist, zu überprüfen, ob bei Plattenbelägen die Verdichtung erreicht wird.

Wenn keine Muster- oder Referenzfläche erstellt worden ist, sollte zumindest eine Probeverdichtung erfolgen, beginnend mit einem Setzmaß von 20 % der geplanten Einbaudicke der Bettung.

Besser ist es, wenn der Mörtelhersteller die vorgesehene Frischmörtelrohdichte sowie das erforderliche Setzmaß angibt. Die Ziel-Frischmörtelrohdichte ist ebenso bei der Herstellung von Laborprobekörpern des Bettungsmörtels erforderlich und sollte daher allgemein in Produktdatenblättern veröffentlicht werden.

6.2 Versetzen (Fortsetzung)

Fugenbreiten (Absolutmaße einschließlich aller Toleranzen) sollten wie folgt ausgeführt werden:

bei Verwendung von Pflastersteinen und Platten

- aus Beton, Klinker und Ziegel, Naturstein mit bearbeiteten Seitenflächen: 8 ±3 mm,
- aus Naturstein mit unbearbeiteten Seitenflächen und einer Dicke < 120 mm: 10 ±5 mm,
- aus Naturstein mit unbearbeiteten Seitenflächen und einer Dicke ≥ 120 mm: 15 ±5 mm.

Die Fugenbreite ist an der Oberfläche der Befestigungsfläche ohne Berücksichtigung einer eventuell vorhandenen Fase oder Abstandshilfe zu bestimmen. Die Breiten eventuell vorhandener Fasen sind nicht Teil der Fugenbreite.

Befestigungselemente mit Abstandhilfen müssen gewährleisten, dass eine vollständige Fugenfüllung möglich ist.

Noch nicht verfugte Flächen müssen vor schädlichen Witterungseinflüssen und Verschmutzung geschützt werden.

Kommentar

Die Mindestfugenbreite muss eine vollständige Füllung der Fugen zulassen. Daher werden die vorgenannten Fugenbreiten einschließlich ihrer zulässigen Toleranzen empfohlen. Auch, wenn einzelne Hersteller behaupten, dass mit

Bild 6.11 Unvollständige Fugenfüllung durch zu schmale Fuge (Quelle MPVA Neuwied)

ihrem Material Fugen ab 3 mm vollständig zu füllen sind, sollte man sich nicht darauf verlassen. Es ist möglich, dass in den Fugen Mörtelbrücken entstehen, sodass die Fugen zwar an der Oberfläche vollständig gefüllt erscheinen, im unteren Fugenbereich jedoch Hohlräume entstanden sind. Insofern ist es auch bei einer gebundenen Ausführung unzulässig, wenn sich einzelne Steine berühren. Eine fachgerechte Fugenfüllung ist dann nicht möglich.

Die Fugenbreiten sollten möglichst gleichmäßig sein. Bei Steinen und Platten aus Natursteinen mit gespaltenen Seitenflächen ist es zur Einhaltung der geplanten Fugenbreite zwingend erforderlich, eine vertragliche Vereinbarung zum Sortieren der Befestigungselemente nach ihrer Breite zu vereinbaren, wie sie in den ZTV Pflaster-StB in Abschnitt 3.4 genannt wird. Die Pflastersteine sollten in ihrer Breite nach Steinen an der unteren Grenze der zulässigen Maßabweichungen und Steinen an der oberen Grenze der zulässigen Maßabweichungen gemäß den TL Pflaster-StB sortiert werden. Es ist davon auszugehen, dass Steine mit Maßen nahe am Nenn-Breitenmaß dann erkennbar sind.

Die Pflastersteine sollten anschließend in Reihen, welche das vereinbarte Fugenmaß ergeben, zum Versetzen bereitgestellt werden.

Kommentar

Die TL Pflaster-StB fordern für Pflastersteine, welche in Reihen versetzt werden, Steine der Klasse 2, Tabelle 1, gemäß DIN EN 1342[2]. Das bedeutet bei Großpflaster (Steine ≥ 120 mm Dicke) zulässige Abweichungen der Nenn-Flächenmaße und der Nenndicke von ±12 mm.

Bei einer Pflasterdecke aus gespaltenem Naturstein mit solch einer Dicke beträgt beispielsweise die zulässige Toleranz der Fugenbreite ±5 mm. Da die Toleranz der Pflastersteine bei ±12 mm liegt, ist nicht mehr sichergestellt, dass die geforderte Fugenbreite eingehalten wird. Hier wird die Erfordernis des Sortierens nach Breitenmaß deutlich.

Es ist zu beachten, dass DIN 18318 unter Abschnitt 3.3.4 Fugenbreiten bis 30 mm bei spaltrauem Großpflaster aus Naturstein und bei spaltrauen Natursteinplatten in Abhängigkeit von deren Maßtoleranzen zulässt. Es muss eine vertragliche Vereinbarung bezüglich einer geringeren Fugenbreite (nach M FPgeb) abgeschlossen werden, wenn eine solche Fugenbereite von bis zu 30 mm nicht gewünscht wird. Ergänzend ist zu nennen, dass bei spaltrauem Kleinpflaster aus Naturstein (also Kleinpflaster mit einer Dicke über 60 mm und unter 120 mm) die zu erstellenden Fugenbreiten von 15 mm ±5 mm breiter sind als die gemäß diesem Merkblatt. Gleiches gilt auch für alle anderen Flächen mit Befestigungselementen, da für diese nach DIN 18318 eine Fugenbreite von 10 mm ±5 mm statt 8 mm ±3 mm gemäß Merkblatt gefordert wird. Insgesamt ergeben Flächen nach Norm daher einen größeren Fugenanteil als Flächen nach M FPgeb. Wenn dies nicht gewünscht ist, sollten die Fugenbreiten bauvertraglich angepasst werden.

Die Fugenbreite wird im freien Bereich der Fuge ermittelt, an der keine Abstandshilfen o. Ä. vorhanden sind. Die Fugenbreite wird bei Befestigungselementen mit einer Fase unterhalb dieser gemessen. Weitere Vorgaben zur Messung der Fugenbreite bestehen derzeit nicht. Die zulässigen Toleranzwerte verstehen sich vertraglich als Absolutmaße, mit denen alle möglichen Randbedingungen erfasst werden. Einzelne Über- oder Unterschreitungen sind daher nicht zulässig. Wenn trotzdem einzelne Über- oder Unterschreitungen vorliegen, sollte im Einzelfall überprüft werden, ob dies Auswirkungen auf die Qualität der Fläche hat.

Bei Produkten aus Beton ist zu berücksichtigen, dass eine Mindestfugenbreite von etwa 6 mm zwischen den Abstandshilfen eingehalten wird. Ist dies nicht der Fall, ist eine vollständige Fugenfüllung nicht zu erwarten.

In mindestens den ersten 48 h nach dem Versetzen der Pflastersteine oder Platten darf – nach dem Abdecken der Fläche zum Schutz und zur Nachbehandlung – die Fläche nur in besondere Ausnahmefällen unter Beachtung der nötigen Vorsicht betreten werden. Je nach den Umständen und Witterungsbedingungen sollten, wenn ein Betreten doch erforderlich wird, Lastverteilungsplatten verwendet werden.

Es ist zu beachten, dass bei kalter Witterung das Abbinden des Mörtels und seine Erhärtung verzögert vonstatten gehen. Grundsätzlich sollten die Fugen bis zur Verfüllung von Schmutzeintrag freigehalten werden. Hierzu ist die hergestellte Fläche mit einem hellen Geotextil abzudecken.

Die Fläche ist unter Beachtung der Witterung einer Nachbehandlung zu unterziehen. Dazu sollte sie bis zur Fugenfüllung mehrmals täglich genässt werden.

---

2 DIN EN 1342: Pflastersteine aus Naturstein für Außenbereiche, Ausgabe 2013, Beuth Verlag, Berlin 2013

6.3 Verfugen

Eine nach dem Versetzen folgende (Vor-)Füllung der Fugen mit anderen Mörteln als Fugenmörtel ist nicht zulässig.

Der geeignete Zeitpunkt für das Verfugen ist von den verwendeten Materialien, den Witterungsbedingungen und der Festigkeit des Bettungsmörtels (siehe auch Abschnitt 5.1) abhängig.

Die Verarbeitung von Fugenmörteln erfordert grundsätzlich eine ausreichend hohe Temperatur der Luft, der Unterlage sowie der zu verarbeitenden Materialien.

Bei einer Lufttemperatur zwischen +5 und +25 °C ist die Verarbeitung in der Regel uneingeschränkt möglich. Innerhalb der ersten 72 Stunden nach dem Verfugen sind die Temperaturen auf der hergestellten Oberfläche zu überwachen und die Nachbehandlungsmaßnahmen darauf abzustimmen (siehe Abschnitt 6.4).

Bei höheren oder niedrigeren Luft- und Baustofftemperaturen T_L,T_M (außerhalb von +5 °C ≤ T_M ≤ +25 °C) sind geeignete Schutzmaßnahmen (z. B. Beschatten, Isoliermatten, Beheizen, Zelteinsatz etc.) zu ergreifen. Die Frischmörteltemperatur T_M sollte maximal +25 °C nicht überschreiten. Bei hohen Außentemperaturen und entsprechend aufgeheizter Unterlage sowie aufgeheizter Baustoffe sollten hydraulisch gebundene Fugenmörtel nicht verarbeitet werden. Das spätere Abkühlen kann zu einer Überschreitung der aufnehmbaren Zugspannungen in der Pflasterdecke bzw. im Plattenbelag und zu Rissen führen. Rissmindernd können dagegen in Abhängigkeit von den örtlich vorhandenen Bedingungen und Baustoffen (z. B. helle oder dunkle Befestigungselemente, Formate) Luft- und Frischmörteltemperaturen zwischen +10 und +20 °C innerhalb des oben genannten Temperaturfensters sowie geringe Temperaturunterschiede innerhalb der ersten Tage sein.

Der Temperaturunterschied zwischen Tageshöchsttemperatur auf der verfugten Fläche während der ersten zwei Tage nach Einbau und minimaler Nachttemperatur sollte +15 °C nicht überschreiten.

Bei gefrorener Unterlage (< 0 °C) darf nicht verfugt werden.

Bei den in der Tabelle 2 aufgeführten Temperaturbedingungen (Zeilen 1 und 2) liegen positive Erfahrungen vor.

Tabelle 2: Empfehlungen zu Einbautemperaturen für die Verfugung

Zeile	Verarbeitung	Lufttemperatur T_L	Frischmörteltemperatur T_M
1	Geeignet	5 °C ≤ T_L ≤ 25 °C	5 °C ≤ T_M ≤ 25 °C
2	Besondere Maßnahmen	0 °C < T_L < 5 °C T_L > 25 °C	
3	Ungeeignet	T_L ≤ 0 °C	T_M < 5 °C T_M > 30 °C

6.3 **Verfugen** (Fortsetzung)

Bei zu hohen oder zu niedrigen Temperaturen (Zeile 3 der Tabelle 2) sind die Frischmörteltemperaturen an der Einbaustelle zu überwachen und geeignete Schutzmaßnahmen (z. B. Beschatten, Isoliermatten, Beheizen etc.) zu ergreifen. Gleiches gilt bei Windeinwirkungen.

Die Fläche ist vor dem Verfugen hinreichend zu nässen. Stehendes Wasser in den Fugen ist zu vermeiden.

Bei warmer Witterung sollte das Verfugen auf die frühen Morgenstunden begrenzt und gegebenenfalls die Fläche beschattet werden. Nach der Fertigstellung ist die Fläche mit einem möglichst hellen Vliesstoff abzudecken und feucht zu halten.

Kommentar

Die Fugen sind mit einem selbstverdichtenden, ausreichend fließfähigem Mörtel zu füllen. Als Ausnahme wird ein geringes Eindringen des Bettungsmörtels in die Fugen zugelassen (siehe Abschnitt 6.2 zum Versetzen). Dieser ist unverdichtet und weist daher nur sehr geringe Festigkeitswerte auf. Hintergrund ist, dass die Fugenfüllung die Qualität der gesamten Befestigung stark beeinflusst und damit nur das festgelegte, durch Erstprüfungen bewertete und im Eignungsnachweis benannte Material eingesetzt werden soll.

Der geeignete Zeitpunkt für das Verfugen ist von den verwendeten Materialien, den Witterungsbedingungen und der Festigkeit des Bettungsmörtels abhängig.

Bild 6.12 Verfugung durch Verteilen des in die Fugen fließenden selbstverdichtenden Fugenmörtels

Kommentar

Die Verarbeitung von Fugenmörteln erfordert grundsätzlich eine ausreichend hohe Temperatur der Luft, der Unterlage sowie der zu verarbeitenden Materialien, so dass die Hydratation der Bindemittelkomponenten in ausreichender Güte und Schnelligkeit erfolgen kann. Bei hohen Außentemperaturen (> 30 °C) und dadurch entsprechend erwärmter Unterlage sollten hydraulisch gebundene Fugenmörtel nicht verarbeitet werden: Der Hydratationsprozess und damit die Mörtelqualität wird zu negativ beeinflusst.

Wenn sich die Temperaturen im Grenzbereich der gemäß Tabelle 2 des M FPgeb geeigneten Temperaturen befinden, können weitere Schutzmaßnahmen zu den geeigneten Baustofftemperaturen führen. Beispielsweise können Zelte oder Isoliermatten den Baustoff wärmen oder kühlen.

Im Bereich der in Tabelle 2 genannten ungeeigneten Temperaturen sollten Verfugungsarbeiten nicht durchgeführt werden, da die Herstellungsqualität nicht sichergestellt ist. Zudem ergeben sich dann gegenüber dem Gebrauchszustand sehr große Temperaturdifferenzen im Hochsommer oder im Winter, wodurch immense Eigenspannungen auftreten. Diese führen sehr häufig zu Schäden in Form von Rissen bei tiefen Temperaturen oder in Form von Querschnittsschwächungen im Sommer, ggf. auch zu Blow-Ups. Die für die üblichen Witterungsbedingungen in Deutschland geeignetste Temperaturspanne liegt bei 10 bis 20 °C. So wird beispielsweise bei einer Einbautemperatur von +15 °C die Temperaturdifferenz zu einer Winternacht mit T = –10 °C oder zu einem heißen Sommertag mit 35 °C einen Betrag von nur ΔT = 25 °C bzw. ΔT = 20 °C erreichen. Je geringer dieser Temperaturunterschied ist, desto geringer sind die Spannungen und damit das Entstehen möglicher Schäden.

Das spätere Abkühlen der Befestigung kann zu einer direkten Überschreitung der aufnehmbaren Zugspannungen in der Elementdecke und zu Rissen führen. Der Temperaturunterschied zwischen Tageshöchsttemperatur auf der verfugten Fläche und der minimalen Nachttemperatur sollte daher während der ersten zwei Tage nach dem Einbau 15 °C nicht überschreiten.

Grundsätzlich gilt, dass bei hohen oder niedrigen Temperaturen oder starker Windeinwirkung die Frischmörteltemperaturen an der Einbaustelle zu überwachen und Schutzmaßnahmen (z. B. Zelte zum Beschatten, Isoliermatten zum Abdecken oder Warmluft zum Beheizen etc.) durchzuführen sind.

Längere warme Wetterperioden erfordern, dass das Verfugen in die frühen Morgenstunden verlegt wird, um zu hohe Einbautemperaturen zu vermeiden.

Für diese frühe Störung durch Baulärm außerhalb täglich zulässiger Arbeitszeit ab 7:00 Uhr wären neben der Zustimmung des Auftraggebers auch weitere Genehmigungen gemäß Landesimmissionsschutzgesetzen und Bundesimmissionsschutzgesetz und evtl. weiterer örtlich bestehender Verordnungen einzuholen und die betroffenen Anlieger zu informieren. Anschließend, während der heißen Tageszeit, sollte die Fläche möglichst kühl gehalten werden, indem z. B. ein helles Vlies auf die Oberfläche aufgebracht wird, welches kontinuierlich nasszuhalten ist.

Das Vorhalten von Feuchtigkeit hat verschiedene Vorteile. Mit dem Annässen der Fläche vor und nach den Arbeiten (siehe Abschnitt „Nachbehandlung") wird einerseits dem Baustoff Feuchtigkeit zur Hydratation zugeführt, welche sonst schnell von den Befestigungselementen und der Unterlage aufgesaugt wird. Andererseits entsteht aber auch Verdunstungskälte, welche die Temperaturen beim Einbau etwas reduziert.

6.3 **Verfugen** (Fortsetzung)

Bei kunstharzgebundenen Fugenmörteln ist die Ausführung von einer Reihe von Faktoren abhängig, so dass allgemein gültige Empfehlungen nicht gegeben werden können. Es sind die Angaben der jeweiligen Hersteller der Fugenmörtel zu beachten.

Die Konsistenz des Fugenmörtels muss so beschaffen sein, dass eine vollständige Fugenfüllung des verbleibenden Fugenraumes in einem Arbeitsgang erreicht wird. Eine vollständige Fugenfüllung ist gegeben, wenn diese nach dem Versetzen und Reinigen der Befestigungselemente bis ca. 4 mm unter die Oberseite der Elemente bzw. bis zur Unterkante einer eventuell vorhandenen Fase bzw. einer Rundung vorhanden ist.

Etwaige lose Steine bzw. Platten sollten vor dem Verfugen z. B. mit geeignetem Mörtel festgesetzt werden.

Vor dem Verfüllen der Fugen sind diese von Staub, losen Bestandteilen und Verschmutzungen zu reinigen. Bei Reinigung mit Druckluft muss diese ölfrei sein.

Durch den Hersteller des Mörtels sollte eine Einweisung des Personals hinsichtlich Mischvorgang, Wasserzugabe und zu erreichender Konsistenz und Verarbeitung vorgenommen werden. Die Einweisung sollte dokumentiert werden. Die Angaben/Vorschriften des Herstellers sollten beachtet werden.

Beim Einbau muss zwingend auf gleichmäßige Konsistenz des Mörtels geachtet werden.

Die Verarbeitung muss sorgfältig und gleichmäßig erfolgen; eine Zwischenlagerung gemischten Mörtels ist nicht zulässig.

Die Grenzen der zu verfugenden Fläche (z. B. Tagesabschlüsse) sind in den Fugen dicht abzustellen, so dass Mörtel nicht auslaufen kann.

Den Abschluss der Verfugung bildet das sorgfältige Reinigen der hergestellten Befestigung.

Bis unmittelbar vor dem Reinigen ist die verfugte Fläche mit einem Wassersprühnebel kontinuierlich feucht zu halten. Die Reinigung erfolgt, nachdem die Gelphase des Fugenmörtels, das heißt das Ende der Ansteifphase, erreicht ist. Dies kann z. B. durch eine Fingerdruckprüfung in der Fuge beurteilt werden. Dabei darf der Finger nicht in den Fugenmörtel eindringen.

Bei ebener Oberfläche der Befestigungselemente sollte eine Schwammputzmaschine, bei Kleinflächen z. B. ein Schwammbrett verwendet werden. Es ist darauf zu achten, dass durch die Reinigung kein Festigkeitsverlust des Fugenmörtels eintritt und die Fugen nicht ausgespült werden.

6.3 **Verfugen** (Fortsetzung)

Bei spaltrauer Oberfläche der Befestigungselemente kann die Reinigung durch Wasserstrahlung mit Breitstrahldüse unter flachem Winkel und diagonal zum Fugenverlauf erfolgen, ohne die Fugenfüllung abzutragen. Es lässt sich jedoch in der Regel nicht vermeiden, dass geringe Mörtelreste in den Vertiefungen der spaltrauen Oberfläche verbleiben (siehe auch Abschnitt 7.4.7).

Bis zum Erreichen einer ausreichenden Festigkeit des Fugenmörtels muss die Pflasterdecke bzw. der Plattenbelag von Baustellen-, Fußgänger- und Fahrzeugverkehr freigehalten werden. Bei niedrigen Temperaturen ist generell eine Verlängerung der Abbindezeit des Fugenmörtels zu berücksichtigen. Zur genaueren Einschätzung dieser Verlängerung empfiehlt sich die Überprüfung von parallel hergestellten und unter gleichen Bedingungen gelagerten Probekörpern (z.B. Probekörper aus Fugenmörtel mit den Abmessungen 160 × 40 × 40 mm), an welchen die Druckfestigkeit nach drei Tagen bestimmt werden kann.

Kommentar

Die Fugenfüllung sollte möglichst zeitnah zur Verlegung, spätestens nach 3 bis 4 Tagen erfolgen.

Die freie, zu verfüllende Fugenhöhe muss, nachdem beim Versetzen Bettungsmörtel in den Fugenraum aufgestiegen ist, mindestens noch 2/3 der Elementhöhe betragen. Eine zusätzliche Vorfüllung der Fugen mit Bettungsmörtel oder anderem Material ist nicht zulässig.

Die Fugen sind vor der Verfüllung mit Pflasterfugenmörtel zu säubern, eingesetzte Druckluft muss ölfrei sein, anschließend ist die zu verfugende Fläche

Bild 6.13 Querschnitt Kleinpflaster-Bettung-Fugenfüllung

Kommentar

Bild 6.14 Mangelhaftes Einschlämmen – Mörtel läuft aus, da Fugen nicht abgestellt sind

intensiv zu nässen, jedoch muss in den Fugenräumen stehendes Wasser versickert sein. Eine Verfugung in stehendes Restwasser vermindert die Qualität des eingebrachten Fugenmörtels. Die Grenzen der zu verfugenden Fläche sind in den Fugen dicht abzustellen, so dass Mörtel nicht auslaufen kann.

Der Fugenmörtel ist immer frisch anzumischen und sofort langsam, gleichmäßig und luftblasenfrei mit einem Schieber mit Gummilippe diagonal zur Fugenrichtung in die Fugen einzubringen.

Bei gefasten Elementen darf der Fugenmörtel nicht bis über die Fase eingebaut werden. Ein Überschlämmen teilverfüllter, bereits erhärteter Fugenfüllungen ist nicht zulässig, da der überschlämmte Mörtel keine Verbindung mit dem erhärteten Mörtel eingeht. In einem solchen Fall sind die betroffenen Pflastersteine/Platten auszubauen und neu zu versetzen. Erfolgt das Verfugen in Tagesabschnitten, sollte die Fugenfüllung ca. 1,5 bis 2 m vor dem Ende des Verlegeabschnittes enden, um spätere Bruchkanten zu vermeiden. Nach der erfolgten Verfugung ist die Fläche durch Wassernebel zu besprühen und für ungefähr 60 Minuten ständig feucht zu halten.

Es ist durch Schutzmaßnahmen sicher zu stellen, dass keine Schlämme in die Straßenabläufe oder Rinnen und somit in die Kanalisation eintreten kann. Hierzu kann in die Straßenabläufe und Abläufe der Rinnen eine Absperrblase eingesetzt werden, die es ermöglicht, nach der Fertigstellung der Fugenfüllung und deren Reinigung das restliche Schlämmmaterial und verschmutztes Reinigungswasser abzusaugen. Bei Rinnen kann empfohlen werden einen Streifen Geotextil einzulegen, um die Reinigung der Rinnenstrecke zu erleichtern.

Regional werden auch zweischichtige Fugenfüllungen ausgeführt. Hierzu werden die Befestigungselemente bis etwa 3 cm unter die Oberkante mit einem hydraulischen Fugenmörtel vergossen und anschließend die oberen Zentimeter mit einem kunstharzgebundenen Fugenmörtel verfüllt. Durch diese Bauweise wird versucht, Kantenpressungen der Befestigungselemente

Kommentar

Bild 6.15 Gebundenes Natursteinpflaster nach ordnungsgemäßer Reinigung

infolge thermischer Dehnungen zu vermeiden bzw. sie schadlos aufnehmen zu können. Es ist jedoch zu bedenken, dass der kunstharzgebundene Mörtel eine Durchfeuchtung erfährt, die seine Dauerhaftigkeit einschränken kann.

Bei kunstharzgebundenen Fugenfüllungen müssen die Anweisungen des Herstellers hinsichtlich Verarbeitung und Einbau beachtet werden. Da diese materialabhängig und in öffentlichen Verkehrsflächen weniger üblich sind, enthält sich das Merkblatt weiterer Empfehlungen.

Nach der sorgfältig ausgeführten Fugenfüllung, dem Feuchthalten und Abwarten des Eintritts des Mörtels in die sogenannte Gelphase ist die verfugte Fläche zu reinigen. Dabei wird der auf den Befestigungselementen verbliebene Fugenmörtel entfernt. Wenn Frischmörtel in die Gelphase übergeht, nimmt er kein Wasser mehr auf. Die verfugte Fläche ist zu reinigen, ohne dass eine Qualitätsminderung an der Fugenfüllung erfolgt. Fugenfüllungen bis 4 mm unter der Oberkante bzw. bis zur Unterkante der Fase/Rundung der Elemente gelten zumeist als „vollfugig“ gefüllt.

ATV DIN 18318 **Pflasterdecken und Plattenbeläge, Einfassungen,** Ausgabe 2019

3.3 Gebundene Pflasterdecken und Plattenbeläge

...

3.3.4 Fugen

...

Die Fugen sind bis mindestens 5 mm und höchstens 1 mm unter den oberen Rändern der Pflastersteine und Platten bzw. bis zur unteren Kante etwaig vorhandener Fasen, Rundungen und dergleichen mit Fugenstoff zu füllen, der die Anforderungen nach Tabelle 3 erfüllt.

Kommentar

Zu beachten ist in diesem Zusammenhang, dass besonders bei hohen Festigkeitseigenschaften von Fugenmörteln die Gefahr besteht, dass Fugenfüllungen, die bis nah an die Oberkante scharfkantiger Befestigungselemente reichen, zu Kantenschäden beitragen.

Die Reinigung spaltrauer Oberflächen kann mit einer Reinigungslanze mit einem Wasserauslauf diagonal zu der zu reinigenden Fläche erfolgen, dies setzt jedoch viel Erfahrung des Personals voraus.

In Vertiefungen der Oberfläche verbleibender Mörtel muss einzeln nachgereinigt werden, wenn man nicht auf eine (unregelmäßige und unvollständige) „Selbstreinigung“ durch thermische Einflüsse oder Nutzung warten will. Eine solche unvollständige Reinigung ist im Regelfall nicht fachgerecht.

„Verwässerte“ Fugen, d. h. Fugen, bei denen Fugenmörtel, die durch eine zu frühe bzw. zu intensive Bewässerung mit einem undefinierten, zu hohen Wasser-Zementwert verbaut wurden, schränken die Dauerhaftigkeit in den oberen Zentimetern der Fugenfüllung schnell ein.

Pflasterdecken und Plattenbeläge, die mit Befestigungselementen mit ebenen Oberflächen hergestellt worden sind, sollten mit einer Schwammbandreinigungsmaschine gesäubert werden. Nicht erreichbare Anschluss- und Kleinflächen sind von Hand mit einem Schwammbrett zu reinigen.

Es wird teilweise versucht, zur Verminderung der zukünftigen Geräuschentwicklung der Verkehrsfläche die verfugte Oberfläche nicht zu reinigen, sondern nach Erhärtung des Mörtels die gesamte Oberfläche einschließlich der Befestigungselemente maschinell abzutragen. Der Abtrag kann z. B. durch Strahlen mit festem Strahlmittel oder Schleifen erfolgen, wobei jedoch das Schleifen einen weiteren Arbeitsgang zur Herstellung einer Rutschsicherheit erfordert. Solche neueren Verfahren sind als besondere Leistungen anzusehen und nicht die Standardausführung. Inwieweit solche Verfahren geeignet

Bild 6.16 Reinigung mit einer flach strahlenden Lanze

Kommentar

Bild 6.17 Reinigung mit einer Schwammband-Reinigungsmaschine

Bild 6.18 Prismenherstellung an der Baustelle

Kommentar

sind, müssen Langzeiterfahrungen noch zeigen. Problematisch könnte es sein, dass schon zulässige geringe Überstände einzelner Pflastersteine von 2 mm zu einem Herausstrahlen des Mörtels führen könnten. Außerdem wird durch thermische Spannungen und Witterungseinflüsse wie Hitze, Regen, Frost usw. sowie durch mechanische Beanspruchungen bei der Nutzung immer etwas Fugenmörtel abgetragen, so dass das gewünschte Ergebnis einer möglichst ebenflächigen Oberfläche sich mit der Zeit relativieren könnte.

Die mit Befestigungselementen hergestellte Fläche ist vor der Nutzung durch Baustellenpersonal, Fußgänger und Fahrverkehr zu schützen. Betreten darf die Fläche nur das zur Durchführung der regelmäßigen Nachbehandlung eingesetzte Personal. Wann die Fläche zumindest für Fußgänger freigegeben werden kann, ist vom Produkt und der Herstellerangabe sowie den herrschenden klimatischen Bedingungen abhängig.

Zur Überprüfung des Erhärtungsverhaltens des Fugenmörtels kann während der Verfugung Mörtel entnommen und in Prismenformen eingegossen werden. In jeder Form entstehen 3 Mörtelprismen der Abmessung 160 × 40 × 40 mm. Dieser Mörtel wird wie die Fläche abgedeckt und offen, unter gleichen Bedingungen wie die hergestellte Fläche, seitlich gelagert. Nach 3 oder 7 Tagen kann die erreichte Biegezug- und Druckfestigkeit geprüft und beurteilt werden. Erst wenn die in der Erstprüfung und im Eignungsnachweis vorgesehenen Festigkeitseigenschaften zumindest anteilig (siehe folgenden Abschnitt zur „Nachbehandlung“) erreicht sind, sollte eine vorgezogene Verkehrsfreigabe überhaupt in Betracht gezogen werden.

6.4 Nachbehandlung

Es ist immer eine witterungsabhängige Nachbehandlung durchzuführen, z. B. Abdecken mit Vliesstoff und täglich mehrmaliges Nässen, gegebenenfalls bei kalter Witterung Abdecken mit Isoliermatten. Ungeeignete Nachbehandlungsmethoden, z. B. Abdecken mit Folie, können zu technischen und optischen Mängeln führen. Die Festlegung der Nachbehandlungsmethode hängt z. B. von der Art des Mörtels, den Befestigungselementen und den Witterungsbedingungen ab.

Die Dauer der Nachbehandlung sollte in Abhängigkeit von der Witterung mindestens 3 bis 7 Tage betragen.

Es empfiehlt sich, die Nachbehandlung so lange fortzusetzen, bis mindestens 50 % der geforderten Druckfestigkeit des Bettungs- und Fugenmörtels erreicht sind. Um diesen Zeitpunkt abzuschätzen, können z. B. Probekörper des jeweiligen einzubauenden Mörtels in einer Prismenform zur Druckfestigkeitsprüfung gemäß ALP Pgeb unter Baustellenbedingungen während der Erstellung der Verkehrsfläche hergestellt werden; sie sind dann auf der Baustelle bewittert zu lagern und der vor Ort durchgeführten Nachbehandlung zu unterziehen. Nach der geschätzten Nachbehandlungszeit ist die Druckfestigkeit der Probekörper nach ALP Pgeb zu bestimmen.

Bild 6.19 Nachbehandlung einer gebundenen Pflasterdecke durch Abdecken und Nässen

Bild 6.20 Mangelhafte Pflasterdecke – Mangel durch Bedecken mit PE-Folie

Kommentar

Wie alle Betonbauwerke ist auch die eingeschlämmte Fläche zu schützen und einer Nachbehandlung zu unterziehen. Die Nachbehandlung ist in Abhängigkeit von den herrschenden klimatischen Bedingungen mindestens für 3 bis 7 Tage durchzuführen.

Die Art der Nachbehandlung und des erforderlichen Schutzes muss der Witterung angepasst werden. Sie wird bei zu erwartender kühler Witterung durch isolierende Matten vorgenommen, bei zu warmer Witterung durch Abdecken mit einem hellen Geotextil und regelmäßigem (z. B. bei heißer Witterung stündlichem) Feuchthalten ausgeführt. Abdeckungen mit luftundurchlässigen Baufolien sind ungeeignet und führen zu Kalkausblühungen auf dem darunter liegenden Belag.

Wenn die Nachbehandlung vernachlässigt wird, sind Schädigungen des oberen Bereiches der Fugenfüllung unausweichlich: Es entsteht eine erhöhte Anfälligkeit gegen Beanspruchungen aus der Witterung und Beanspruchungen aus der Nutzung sowie der Reinigung. Es kommt zur vermehrten Bildung von Schwindrissen, sonstigen Haarrissen und häufig später auch zu einem Verlust der oberen Fugenfüllung.

Wenn Mörtelprismen aus dem verarbeiteten Fugenmörtel hergestellt worden sind, kann z. B. nach 3 Tagen durch eine Prüfung der Biegezug- und Druckfestigkeit die erfolgte Festigkeitsentwicklung abgeschätzt werden. Entsprechend dem Ergebnis könnte dann eine Teil-Freigabe für Fußgängerverkehr erfolgen. Hier ist zu beachten, dass die Festigkeitsentwicklung von den Umgebungstemperaturen abhängig ist, also bei kalter Witterung verzögert erfolgt.

6.5 Bewegungsfugen

Die gebundene Bauweise erfordert Bewegungsfugen. Diese Fugen sollen Temperaturspannungen der Fläche aufnehmen und die Mehrzahl sonst auftretender wilder Risse reduzieren.

Das Entstehen von Rissen im Fugenbereich als auch innerhalb der Befestigungselemente z. B. infolge thermischer Spannungen lässt sich auch durch Bewegungsfugen nicht sicher vermeiden.

Bei Plattenbelägen erhöht sich die Gefahr der Rissbildung auch durchgehend durch das Befestigungselement mit zunehmender Formatgröße. Soll z. B. bei repräsentativen Flächen das Rissrisiko reduziert werden, sind schon in der Planungsphase weitere Maßnahmen vorzusehen.

Dies kann z. B. sein:

- eine Änderung der Geometrie der Befestigungselemente,
- Verringerung der Größe der Befestigungselemente,
- Erhöhung der Dicke der Befestigungselemente,
- eine Änderung des Verbandes, z. B. mit Kreuzfugen,
- eine Abstimmung der Festigkeitseigenschaften und des E-Moduls von Befestigungselement und Fugenmörtel (siehe auch Abschnitt 5.2.2) oder
- die Reduzierung des Abstandes der Bewegungsfugen.
- bei geringeren Einbautemperaturen größere und bei höheren Temperaturen kleinere Abstände der Bewegungsfugen.

6.5 **Bewegungsfugen** (Fortsetzung)

Gebäude, Verengungen und Einbauten in der Fläche müssen stets durch Bewegungsfugen freigestellt werden. Die Entkoppelung der Verkehrsfläche von Gebäuden sollte sichergestellt sein. Ebenfalls müssen in der Unterlage vorhandene Bewegungsfugen (Kerben in der Dränbetontragschicht) grundsätzlich in den Belag/die Decke übernommen werden, wenn keine andere Trennung erfolgt.

Kommentar

Grundsätzlich ist zu beachten, dass die Herstellung von völlig rissfreien gebundenen Elementdecken nicht erwartet werden kann.

Nach den allgemeinen Bauregeln wird verlangt, in gebundenen Befestigungen Bewegungsfugen herzustellen, die helfen sollen, Temperaturspannungen der Fläche schadenfrei aufzunehmen und wilde Risse zu minimieren.

DIN 18318 überlässt die konstruktive Ausführung von Bewegungsfugen dem Auftraggeber bzw. dessen Planer. Die Herstellung der Bewegungsfugen ist dann eine Besondere Leistung: In den „Angaben zur Ausführung" der DIN 18318 sind unter Abschnitt 0.2.17 auch „Anzahl, Art, Lage Maße und Ausbildung von Bewegungsfugen" aufgeführt. Unter „Besondere Leistungen" sind in Abschnitt 4.2.14 der DIN 18318, ergänzend zur ATV DIN 18299, Abschnitt 4.2, z. B. das „Herstellen von Bewegungsfugen, Fugeneinlagen, Fugendichtungen" aufgeführt. Nach Abschnitt 3.3.4 der DIN 18318 sind Bewegungsfugen, wenn sie ausgeführt werden sollen, „durchgängig in allen hydraulisch gebundenen Schichten des Oberbaus auszubilden."

Bild 6.21 Rissbildung trotz Bewegungsfugen

Kommentar

Bewegungsfugen in Flächen, welche mit kunstharzgebundenen Bettungs- oder Fugenmörteln hergestellt worden sind, müssen auf den Anwendungsfall bezogen nach der Beratung des Mörtelherstellers ausgeführt werden.

Beim Anlegen von Bewegungsfugen in der gebundenen Ausführung von Pflasterdecken und Plattenbelägen geht das Regelwerk der FGSV von Grundsätzen der Betonbauweise aus, d. h. Bewegungsfugen sollten in Abständen von 4 bis 6 m geplant werden.

Alle Festlegungen von Feldgrößen betrachten die gebundene Ausführung von Pflasterdecken und Plattenbelägen als homogene Platten und gehen deshalb auch von einer homogenen Bewegung der „Platte" bei Auftreten thermischer Einflüsse aus. Dies ist jedoch zumindest für Pflasterdecken nicht richtig, da der Einfluss der unterschiedlichen E-Moduln des Befestigungselementes und des Fugenmörtels sowie die erreichte Haftzugfestigkeit zwischen Element und Bettung einen erheblichen Anteil an der Spannungsaufnahme bzw. am Spannungsabbau haben.

Der Umfang der Bewegungsfugen und die entstehenden Rissbreiten sind im Wesentlichen von der Ausführung abhängig.

Aber trotz eines gründlich geplanten „Bewegungsfugenschemas" wird es nicht möglich sein, eine dauerhaft rissfreie gebundene Elementdecke zu erreichen. Rissbildungen als Folge thermischer Spannungen sind nicht zu vermeiden. Beispielsweise wird im Massivbau versucht, Rissbreiten durch die Bewehrung des Bauteils rechnerisch zu erfassen und einzuschränken. Trotzdem entstehen auch bei diesen Bauwerken Spannungsrisse, welche in der Regel jedoch geringer sind als die in der (unbewehrten) Elementbauweise.

Bei Plattenbelägen erhöht sich die Gefahr der Rissbildung, auch durch das Befestigungselement hindurch, mit zunehmender Formatgröße.

Bild 6.22 Vergessene Bewegungsfuge – Riss bei Plattenbelag

Kommentar

Bild 6.23 Riss trotz Bewegungsfuge

Bild 6.24 Bewegungsfuge – „Kunst?“

Kommentar

Wie vorstehend ausgeführt ist zu erwarten, dass eine hohe Haftzugfestigkeit zwischen Element und Mörtelbett in Belag/Decke entstehende Spannungen zusammen mit einer entsprechenden Nachbehandlung zu einem Teil abbauen bzw. in die Unterlage ableiten kann.

Bei Plattenbelägen ist mit größer werdenden Formatabmessungen die Gefahr eines ungleichmäßigen, geringeren Haftverbundes zwischen Format und Bettung hoch. Zudem erhöht sich der Plattenanteil im Vergleich zum Fugenanteil. Die Materialkennwerte des Fugenmörtels sind bezüglich des Auftretens von Temperaturspannungen in der Regel vorteilhafter als von Naturstein, da der Mörtel zumeist weicher ist. Zudem weisen Natursteinplatten oft eine dunklere Farbe als der Mörtel auf. Durch die Färbung erhöhen sich die Temperaturen in der Befestigung bei Sonnenschein und damit die Neigung zur Ausdehnung bzw. die resultierenden Spannungen, wenn sich die Platte nicht frei ausdehnen kann. Platten aus einem härteren Naturstein mit einem höherem E-Modul führen dann zu größeren Temperaturspannungen.

ATV DIN 18318 **Pflasterdecken und Plattenbeläge, Einfassungen,** Ausgabe 2019

3.3 Gebundene Pflasterdecken und Plattenbeläge

...

3.3.1 Allgemeines

...

Bei gebundenen Pflasterdecken und Plattenbelägen sind vereinzelte Rissbildungen, z. B. durch Schwind- und Kriechvorgänge, ≤ 0,8 mm Breite zulässig.

Kommentar

Diese Aussage wird oftmals dahingehend interpretiert, dass alle Risse mit einer Rissbreite unter 0,8 mm in bauvertraglicher Sicht grundsätzlich keinen Mangel darstellen. Dies muss aber dahingehend korrigiert werden, dass solche Risse unterschiedliche Ursachen und Auswirkungen haben können. Dies muss in eine Bewertung einfließen. Durch die Relativierung der DIN 18318 mit der Eingrenzung auf „vereinzelte Rissbildungen, z. B. durch Schwind- und Kriechvorgänge“ wird diesem Sachverhalt auch in der Norm Rechnung getragen.

Die Mindestbreite von Bewegungsfugen beträgt 10 mm. Grundsätzlich muss in der Planungsphase oder vor der Ausführung durch den Auftraggeber entschieden werden, ob und wo Bewegungsfugen in der Fläche hergestellt werden sollen. Möglichkeiten zur Verringerung sind wie dargestellt dem Merkblatt M FPgeb zu entnehmen.

Gebäude, Einbauten und Verengungen der Fläche müssen stets dauerelastisch freigestellt werden. Verkehrsflächen müssen immer von Gebäuden entkoppelt werden.

Ebenfalls müssen in der Unterlage vorhandene Bewegungsfugen (Dränbeton, Betondecken von Bauwerken) grundsätzlich in den Belag an gleicher Stelle übernommen werden.

6.5 **Bewegungsfugen** (Fortsetzung)

Die Bemessung der Feldgröße der durch Fugen zu unterteilenden Fläche richtet sich nach dem verwendeten Befestigungselement und den Vorgaben der Hersteller des zur Verwendung vorgesehenen Mörtels. Übliche Abstände liegen zwischen 4 und 10 m. Je größer das Befestigungselement ist, desto geringer muss die Feldgröße sein.

Die Art der Ausführung richtet sich nach der zu erwartenden Verkehrsbelastung und gegebenenfalls der Gestaltungsform des Belages.

Die Mindestbreite von Bewegungsfugen beträgt 10 mm.

Grundsätzlich muss in der Planungsphase oder vor der Ausführung durch den Auftraggeber entschieden werden, ob und wo Bewegungsfugen in der Fläche hergestellt werden sollen. Plattenbeläge benötigen immer Bewegungsfugen.

Bei Pflasterdecken und Plattenbelägen, bei denen die dimensionierungsrelevante Beanspruchung der Bk0,3 nach RStO entspricht sowie bei Geh- und Radwegen, kann die Ausführung der Bewegungsfugen nach den Bildern 1 oder 2 erfolgen.

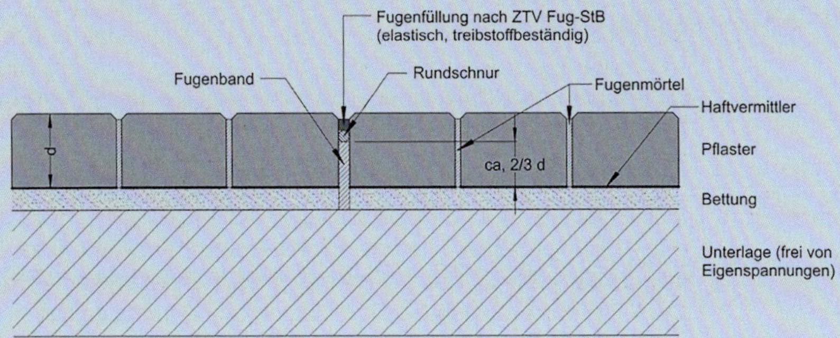

Bild 1: Variante 1 – Bewegungsfuge für gebundene Pflasterdecken und Plattenbeläge

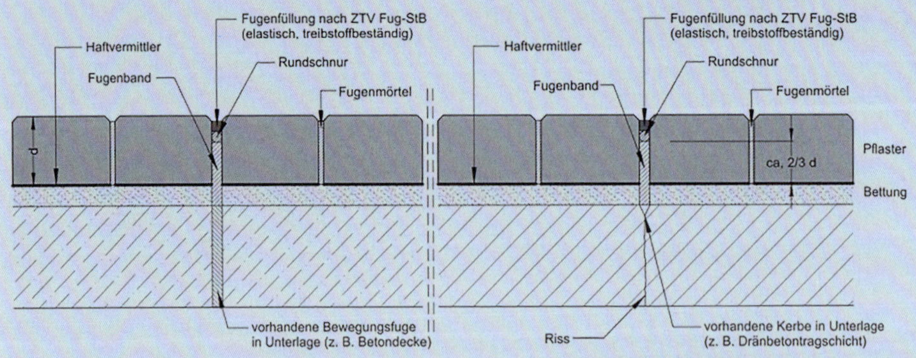

Bild 2: Variante 2 – Bewegungsfuge für gebundene Pflasterdecken und Plattenbeläge bei vorhandener Bewegungsfuge oder Kerbe in der Unterlage

6.5 **Bewegungsfugen** (Fortsetzung)

Bauweisen mit einer Dränbetontragschicht erfordern eine Entspannung der Tragschicht durch Fugenausbildung oder Kerben. Asphalttragschichten erfordern dies nicht.

Die Fugenausbildung unterscheidet sich in unterer und oberer Fugenfüllung. Zur unteren Füllung der Fugen können Fugenbänder verwendet werden, die reversibel komprimierbar sind, z. B. Bänder aus PU-Kautschuk, deren Shore-A-Härte etwa 50 ±10 nach DIN ISO 7619-1:2012-02 beträgt. Für den oberen Fugenbereich werden elastische Fugenvergussmassen nach den „Technischen Lieferbedingungen für Fugenfüllstoffe in Verkehrsflächen" (TL Fug-StB) verwendet und nach den „Zusätzlichen Technischen Vertragsbedingungen und Richtlinien für Fugen in Verkehrsflächen" (ZTV Fug-StB) ausgeführt. Sie sollten bei kühler Witterung eingebaut werden, damit die zu erwartende Kontraktion bei niedriger Temperatur sicher aufgenommen werden kann.

Aufgrund der fehlenden Abstützung der vierten Elementseite (eingeschränkte dreiseitige Abstützung) können sich Steine im Bereich von Bewegungsfugen lösen. Mit zunehmender Verkehrsbelastung kann sich dies verstärken. Deshalb wird empfohlen, bei hoher Verkehrsbeanspruchung, z. B. in den Belastungsklassen Bk3,2 oder Bk1,8 nach RStO, eine andere Art der Fugenausbildung zu wählen.

Insbesondere bei Flächen mit hoher Horizontalbeanspruchung ist zu überlegen, ob in diesem Bereich auf Bewegungsfugen verzichtet werden kann. Der Verzicht auf Bewegungsfugen führt zu einer vermehrten, unregelmäßigen Rissbildung. Es wird empfohlen, größere Risse zu sanieren, z. B. können die Risse aufgeschnitten und elastisch nach ZTV Fug-StB verfüllt werden. Eventuell an den Flanken anhaftender Fugenmörtel oder sonstige Verunreinigen sind zu entfernen. Eine weitere Möglichkeit kann das Verpressen vorhandener Risse mit einem Expoxidharz bei Umgebungstemperaturen über 20 °C sein.

Eine Möglichkeit der Ausbildung von Bewegungsfugen in befahrenen Bereichen ist die Begrenzung der Felder z. B. mit Einfassungselementen oder befestigtem Stahlwinkel und Fundament. Hierbei sollten Stahlwinkel an der Unterlage durch Verschrauben befestigt werden. Die Unterlage muss in diesem Fall derart eben sein, dass eine vollflächige Auflage der Stahlwinkel erreicht wird. Gegebenenfalls ist sie vor dem Einbau der Stahlwinkel nachzuarbeiten oder mit Mörtel hoher Festigkeit auszugleichen. Die Stahlwinkel können gelocht oder durchbrochen sein und sollten eine horizontale Schenkellänge von 3 × Winkelhöhe h oder mindestens 200 mm aufweisen. Die vertikale Schenkellänge der Stahlwinkel sollte so gewählt werden, dass diese im eingebauten Zustand ca. 2/3 der Pflasterstein- bzw. Plattendicke abdecken.

6.5 **Bewegungsfugen** (Fortsetzung)

Um Verfärbungen der Pflasterdecke durch Rostbildung zu vermeiden, sollten Stahlwinkel einen ausreichenden Korrosionsschutz aufweisen. Es ist zu beachten, dass die sichtbare Fugenbreite ca. 30 mm beträgt; dies kann optisch als negativ empfunden werden.

Ein Beispiel für die Ausführung von Bewegungsfugen bei druckfesten Einbauten ist im Bild 3 dargestellt.

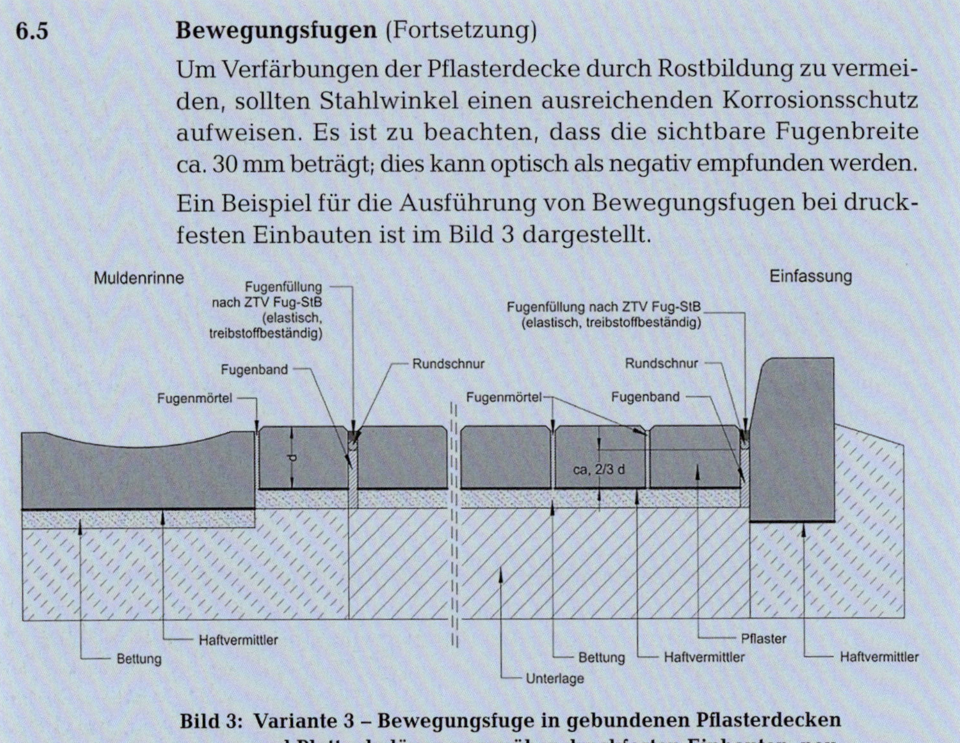

Bild 3: Variante 3 – Bewegungsfuge in gebundenen Pflasterdecken und Plattenbelägen gegenüber druckfesten Einbauten, neu

Kommentar

Die Art der Ausführung der Bewegungsfugen richtet sich nach der zu erwartenden Verkehrsbelastung und ggf. der Gestaltungsform des Belages. Dabei wurde berücksichtigt, dass die „normale Form" der Bewegungsfuge die in den Bildern 1 und 2 des Merkblattes dargestellte Form ist, bei der jeweils die Füllung der Bewegungsfuge eine bewegliche Flanke der angrenzenden Steinreihe darstellt. Diese Fugenausbildung ist für Fußgänger- und Radverkehrsflächen sowie an druckfesten Einbauten als geeignet anzusehen, und ebenso kann sie bei geringer Kfz-Belastung noch geeignet sein.

Bewegungsfugen sind im unteren Bereich mit einem rückstellbaren Profil aus RCL-Kautschuk mit einer Shore-Härte von 45 bis 60 Shore und einem Raumgewicht von mindestens ca. 800 kg/m³ herzustellen.

Die oberen ca. 2,5–3 cm dienen der Abdichtung gegen eintretendes Niederschlagswasser. Sie sind entsprechend den ZTV Fug-StB herzustellen und mit einer Fugenmasse zu füllen; hier sollte z. B. ein Polysulfid-Fugenstoff für befahrene Flächen verwendet werden.

Bei Kfz-Verkehr bzw. stärker belasteten Verkehrsflächen ab der BK1,0 müssen weitergehende Überlegungen zur konstruktiven Gestaltung der Bewegungsfuge angestellt werden. Eine allgemein anerkannte Standardvariante für diese Flächen hat sich derzeit noch nicht durchgesetzt.

Zur notwendigen Übertragung von horizontalen Lasten bei hohen Verkehrsbelastungen wird im Merkblatt eine aufwendige Konstruktion von Stützwinkeln beiderseits der Bewegungsfugen als möglich angesehen. In Abschnitt 6.5

Kommentar

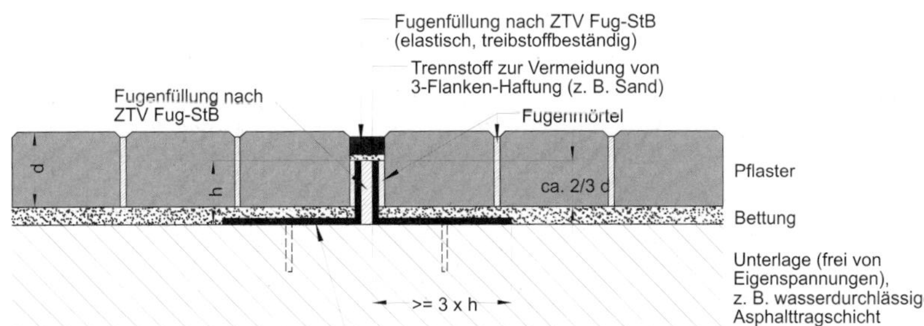

Bild 6.25 Bewegungsfuge in von Kraftfahrzeugen befahrenen gebundenen Pflasterdecken bei vorhandener Bewegungsfuge oder Kerbe in der Unterlage (Quelle: FGSV)

wird dazu ausgeführt: „Eine Möglichkeit der Ausbildung von Bewegungsfugen in befahrenen Bereichen ist die Begrenzung der Felder z. B. mit Einfassungselementen oder befestigtem Stahlwinkel und Fundament. Hierbei sollten Stahlwinkel an der Unterlage durch Verschrauben befestigt werden.“ Das Bild 1 (hier Bild 6.25) aus dem Arbeitspapier „Flächenbefestigungen mit Pflasterdecken und Plattenbelägen in gebundener Ausführung“ (Ausgabe 2007, zurückgezogen 2018) zeigt diese Bauweise und wird hier herangezogen, um das Konzept verständlich zu machen. Das M FPgeb ersetzte dieses Arbeitspapier, welches mit der Veröffentlichung des Merkblattes zurückgezogen wurde. Im Merkblatt wurde die Abbildung jedoch nicht wieder aufgenommen, da die Bauweise kritisch zu hinterfragen ist.

Zur Erläuterung der eingeschränkten Einsatzmöglichkeit: Die mit der Unterlage starr verbundene Winkelkonstruktion ist problematisch, handelt es sich

Bild 6.26 Sichtbarkeit einer Bewegungsfuge mit Stahlwinkel

Kommentar

in der genannten Form doch eher um eine Einspannung, welche die Bewegung einschränkt bzw. verhindert statt sie entsprechend der Funktion einer Bewegungsfuge zu ermöglichen. Die Herstellung ist zudem sehr aufwendig, denn die Winkel müssen spannungsfrei auf ein Betonfundament entsprechender Festigkeit aufgelagert werden. Eine Verdübelung in eine Tragschicht aus Dränbeton oder wasserdurchlässigem Asphalt ist fast immer nicht ausreichend dauerhaft, da diese die ständigen dynamischen Beanspruchungen des Überfahrens nicht aufnehmen können. Das bedeutet, es muss vorher genau geplant werden, wo ein solches Fundament hergestellt und wie die Befestigung optimiert wird, um eine ausreichende Dauerhaftigkeit zu erreichen. Außerdem unterliegt eine solche Fugenausbildung dem optischen Nachteil einer deutlichen Sichtbarkeit, die Fugen werden bis zu 35–40 mm breit.

Da die einfache (Standard-)Variante der Bewegungsfugen (Bilder 1 und 2 M FPgeb) in Flächen mit Kfz-Verkehr bei Brems-, Lenk- und Anfahrvorgängen zu den zuvor beschriebenen Ablösungen der Befestigungselemente an den Bewegungsfugen führen kann und die Ausführung mit Stahlwinkeln wenig erfolgversprechend ist, sollten Alternativen gefunden werden. Die einfachste Lösung des Problems scheint der Verzicht auf Bewegungsfugen zu sein. Dies wird dann jedoch zu vermehrt auftretenden wilden Rissen führen.

In der Schweiz wird dies in Kauf genommen. Dort wird die Herstellung von Bewegungsfugen als schwierig und möglicherweise auch schadensträchtig angesehen. In dem dort gültigen einschlägigen Regelwerk SN 640 480[3] (Schweiz) wird ausgeführt, dass Dehnfugenausbildungen in befahrenen Bereichen problematisch sind und deshalb dort als „nicht empfehlenswert“ bezeichnet werden. Entstandene Risse infolge Temperaturschwankungen werden in Scheinfugen umgewandelt, indem die obersten 30 mm des Fugenmörtels durch einen aufweitenden Schnitt entfernt und dauerelastisch vergossen werden. Mit diesem Verfahren verbleibt ein Teil des Fugenmörtels in den Fugen, wodurch Lastübertragungen zumindest teilweise ermöglicht werden.

Die Herstellung späterer Scheinfugen wird häufig auch als „Schweizer Verfahren“ bezeichnet. Die Position dieser aufgeweiteten und abgedichteten Risse ist jedoch nicht oder nur sehr unsicher vorhersagbar. Einschränkungen hinsichtlich der Optik der Verkehrsfläche müssen daher hingenommen werden.

Wenn auf Bewegungsfugen in **Pflasterdecken** verzichtet werden soll und später über die Bearbeitung von entstandenen Rissen entschieden wird, ist hierzu bei Bauverträgen eine Vereinbarung zu schließen, welche die Planung und die Ausführung von Ansprüchen des Auftraggebers freistellt. **Plattenbeläge** sind jedoch **immer** mit Bewegungsfugen herzustellen.

Um die Position der auftretenden Risse besser zu steuern und damit auch die optische Erscheinung der Fläche zu verbessern, kann es bei stark befahrenen Flächen sinnvoll sein, Bewegungsfugen in einer abgewandelten Form von Scheinfugen herzustellen. Dazu können Sollbruchstellen an den Positionen der zukünftigen Bewegungsfugen produziert werden:

Um Spannungen an der Oberfläche aufzunehmen, kann in einem Abstand von ungefähr 5 m eine dauerelastische Dehnscheibe im unteren Bereich der Fuge bis etwa 1/3 der Elementhöhe eingelegt werden. Nach Herstellung

3 SN 640 480: Pflästerungen. Konzeption, Oberbaudimensionierung, Anforderungen und Ausführung, Ausgabe 2009, Schweizerische Normen-Vereinigung, Winterthur 2009

Kommentar

Bild 6.27 Blow-up an schwächster Stelle (Bildquelle: Dr. Henn, Fa. Marbos)

der Fläche wird an dieser Stelle die entstandene Mörtelfuge etwa 2,5 bis 3 cm aufgeschnitten und entsprechend ZTV Fug-StB mit einer Pflasterfugenmasse gefüllt. Der Aufbau der letztendlich entstandenen Fuge enthält somit im unteren Bereich ein dauerelastisches Profil, darüber den starren Fugenmörtel und oben eine Fugenmasse. Hierdurch ist an dieser Stelle der Querschnitt so geschwächt, dass es wahrscheinlich ist, dass an dieser Stelle ein Riss im Fugenmörtel auftritt. Die an der Oberseite der angrenzenden Befestigungselemente auftretenden Spannungen des Verkehrs werden, zumindest teilweise, durch den verbleibenden Fugenmörtel aufgenommen. Trotzdem können Längenreduktionen bei winterlichen Temperaturen ermöglicht werden. Dass letztlich alle wilden Risse dadurch vermieden werden, würde den vorstehenden Ausführungen widersprechen. Zudem können Längendehnungen bei hohen sommerlichen Temperaturen, genauso wie bei der Bauweise nach Schweizer Norm, nicht in Form von Bewegungen ermöglicht werden. Die Gefahr von Blow-Ups an genau diesen Schwachstellen bleibt daher bestehen. Zur Kompensation sollte daher die Einbautemperatur darauf abgestimmt werden.

6.6 Verkehrsfreigabe

Pflasterdecken und Plattenbeläge in gebundener Ausführung erfordern bis zum Erreichen einer ausreichenden Festigkeit des Bettungs- und Fugenmörtels eine störungsfreie Liegedauer. Sie sind während dieser Dauer (Sperrfrist) von jeglicher Belastung frei zu halten. Dies beinhaltet auch das Begehen und Befahren im Zuge des Baustellenbetriebes. Die Dauer der Sperrfrist ist im Wesentlichen von den während des Einbaus herrschenden Witterungsbedingungen abhängig. Sie kann durch die Auswahl der Bettungs- und Fugenmörtel beeinflusst werden.

Eine Verkehrsfreigabe sollte frühestens nach 28 Tagen, bezogen auf eine mittlere Umgebungstemperatur von 20 °C, erfolgen. Geringe Umgebungstemperaturen führen zur Verlängerung der Festigkeitsentwicklung. Ist eine frühere Verkehrsfreigabe vorgesehen, ist dies im Einzelfall je nach Umgebungstemperatur, Produkteigenschaften und Verkehrsbelastung zu entscheiden. Es können zur Entscheidungsfindung zudem z. B. entsprechende Probekörper des Fugen-/Bettungsmörtels oder Probeflächen hergestellt werden. Die Probekörper sind bis zur Prüfung auf der Fläche unter Baustellenbedingungen zu lagern und anschließend zu prüfen.

Kommentar

Nach erfolgter Herstellung und Nachbehandlung bleibt die Fläche abgesperrt liegen und ist von Belastungen, auch aus dem Baustellenbetrieb, freizuhalten. Die Zeit der Sperrung ist abhängig von den auf die Fläche einwirkenden Temperaturen und der damit einhergehenden Erhärtung des Mörtels.

Wenn Mörtelprismen aus dem verarbeiteten Fugenmörtel hergestellt worden sind, kann z. B. nach 20 Tagen durch eine Prüfung der Biegezug- und Druckfestigkeit die bis dahin erfolgte Festigkeitsentwicklung beurteilt werden. Entsprechend dem Ergebnis könnte dann über eine Freigabe entschieden werden.

6.7 Lage, Toleranzen

Höhen, Ebenheiten

Pflasterdecken und Plattenbeläge sind höhengleich herzustellen. Zwischen benachbarten Pflastersteinen und Platten aus Beton, aus Klinker oder aus Naturstein, deren Oberseite gesägt und so weiter bearbeitet (z. B. gestrahlt, geflammt, gestockt) wurde, dass eine ebene Oberfläche entstanden ist, darf der Höhenunterschied 2 mm nicht überschreiten. Zwischen benachbarten Pflastersteinen und Platten aus Naturstein mit spaltrauen Oberseiten darf der Höhenunterschied 5 mm nicht überschreiten.

Tabelle 3: Zulässige maximale Abweichungen von der Ebenheit von Pflasterdecken und Plattenbelägen

Nutzung	Pflasterdecken, Plattenbeläge aus	Neigung[1] [%]	Maximal zulässige Abweichung von der Ebenheit[2] Stichmaß [mm] unter der:	
			2-m-Latte	4-m-Latte
Geh- und Radwege	Pflastersteinen, Platten aus Beton, Pflasterklinkern, Pflasterziegel, bearbeitetem Naturstein	≥ 1,6 < 2,0	≤ 5	≤ 8
		≥ 2,0 < 2,5	≤ 6	≤ 10
		≥ 2,5	≤ 8	≤ 12
	unbearbeitetem und spaltrauem Naturstein	≥ 2,0 < 2,5	≤ 7	≤ 10
		≥ 2,5	≤ 12	≤ 20
Fahrbahnen	Pflastersteinen, Platten aus Beton, Klinkern, Ziegeln, bearbeitetem Naturstein	≥ 2,0 < 2,5	≤ 5	≤ 8
		≥ 2,5	≤ 6	≤ 10
	unbearbeitetem und spaltrauem Naturstein	≥ 3,0	≤ 10	≤ 15

1) an der Messstelle vorhandene abflusswirksame Neigung
2) Abweichungen von der Ebenheit werden nach den „Technischen Prüfvorschriften für Ebenheitsmessungen auf Fahrbahnoberflächen in Längs- und Querrichtung, Teil: Berührende Messungen" (TP Eben – Berührende Messungen) mit der Richtlatte und einem 30 cm Messkeil gemessen. Die Messung mit der 2-m-Latte erfolgt ebenso in Anlehnung an die TP Eben – Berührende Messungen. Interpolationen sind nicht zulässig.

Über der Einbauhöhe von Randeinfassungen, Abläufen und Entwässerungsrinnen muss die Oberfläche der Pflasterdecke/des Plattenbelages gleichmäßig 5 mm bis 8 mm liegen. Über der Einbauhöhe von Einbauten sollte die Oberfläche der Pflasterdecke/des Plattenbelages nicht höher als 5 mm liegen.

6.7 **Lage, Toleranzen** (Fortsetzung)

In der Tabelle 3 sind die zulässigen maximalen Abweichungen von der Ebenheit in Abhängigkeit von der abflusswirksamen Neigung der vorhandenen Fläche dargestellt.

Wenn durch die Planung geringere Neigungen vorgegeben werden, sind die Anforderungen an die zulässige maximale Abweichung von der Ebenheit und die Anforderungen an die Oberflächenbeschaffenheit der Belagselemente auf diese abzustimmen, so dass sichergestellt ist, dass es zu keinem Wasserrückhalt kommt.

Die abflusswirksamen Mindestneigungen (siehe Abschnitt 4.5) dürfen nicht unterschritten werden. Die Abweichung von der geplanten resultierenden Neigung darf ±0,4 % nicht überschreiten.

Kommentar

Das Merkblatt und gleichlautend auch die ZTV Pflaster-StB unterscheiden Flächen mit Befestigungselementen mit ebenen Oberflächen, deren Höhenunterschied 2 mm nicht überschreiten darf, von Flächen mit spaltrauen Oberseiten, bei denen ein Höhenunterschied zwischen Platten von 5 mm zulässig ist.

DIN 18318 unterscheidet in gleicher Weise für Auftritt und Vorderflächen bei Einfassungen nach ebener Oberfläche (2 mm) und spaltrauer Oberfläche (5 mm):

ATV DIN 18318 **Pflasterdecken und Plattenbeläge, Einfassungen,** Ausgabe 2019

3 Ausführung

...

3.1.14 Abweichungen von der Flucht in Auftritt- und Vorderflächen an den Stoßfugen von Einfassungen mit ebener Oberfläche dürfen nicht mehr als 2 mm, mit spaltrauer Oberfläche nicht mehr als 5 mm betragen.

3.1.15 Pflasterdecken und Plattenbeläge sind höhengleich herzustellen, zwischen benachbarten Steinen oder Platten sind Absätze und Höhenversprünge bis 2 mm, bei unbearbeiteten, spaltrauen und grob bearbeiteten Steinen oder Platten bis 5 mm zulässig.

Kommentar

Bei den Festlegungen in der Norm wurde nicht berücksichtigt, dass „grob bearbeitete Steine oder Platten" Befestigungselemente aus Naturstein sein können, die aus gesägten Grundformen hergestellt worden sind und dann eine Weiterbearbeitung durch Strahlen oder Flammen erhalten (siehe DIN EN 1341, Abschnitte 3.11 und 3.13, und DIN EN 1342, Abschnitte 3.10 und 3.12). Dies sind „ebene Oberflächen" im Sinn des Merkblattes M FPgeb und der ZTV Pflaster-StB. Die Begriffe „bearbeitet" und „strukturiert" werden in den Normen nebeneinander verwendet.

Das Merkblatt legt die Höhe über Randeinfassungen, Abläufen und Rinnen mit einem Maß von 5 bis 8 mm fest. Wichtig ist der Hinweis auf eine möglichst „gleichmäßige" Lage. Mit dieser Forderung wird sichergestellt, dass das Niederschlagswasser von der Fläche ablaufen kann.

Die Höhe über Einbauten soll aufgrund der erforderlichen Verkehrssicherheit nicht mehr als 5 mm betragen, jedoch wurde keine negative zulässige Abwei-

Kommentar

chung festgelegt. Einbauten, die aus der Fläche herausragen, sind schnell Stolperfallen, die vermieden werden müssen. Es ist zu empfehlen, die Einbauhöhe der Decke bzw. des Plattenbelages auf 5 mm ±2 mm oberhalb von Einbauten, je nach Vereinbarung auch für alle Überstände, festzulegen.

Nach DIN 18318, Abschnitt 3.1.16, liegt die Festlegung bei 7 mm ±2 mm, was allerdings schon, je nach Art und Größe der Einbauten, zu Stolperstellen für mobilitätseingeschränkte Personen führen kann.

ATV DIN 18318 **Pflasterdecken und Plattenbeläge, Einfassungen,** Ausgabe 2019

3 Ausführung

...

3.1.17 Die Ebenheitsanforderungen für Pflasterdecken und Plattenbeläge nach Tabelle 5 sind einzuhalten.

Tabelle 5 – Ebenheitsanforderungen

Nutzungsabgrenzung nach der größten Verkehrsbelastung	Pflasterdecken, Plattenbeläge aus	Neigung %	Ebenheitsanforderung[a] Stichmaß [mm] unter der		
			1-m-Latte	2-m-Latte	4-m-Latte
begehbar	Pflastersteinen, Platten aus Beton, Pflasterklinkern, Pflasterziegel, bearbeitetem Naturstein	≥ 1,5 < 2,0	≤ 3	≤ 5	≤ 8
		≥ 2,0 < 2,5	≤ 4	≤ 6	≤ 10
		≥ 2,5	≤ 8	≤ 10	≤ 12
	unbearbeitetem und spaltrauem Naturstein	≥ 2,0 < 2,5	≤ 5	≤ 7	≤ 10
		≥ 2,5	≤ 10	≤ 12	≤ 20
befahrbar	Pflastersteinen, Platten aus Beton, Klinkern, Ziegeln, bearbeitetem Naturstein	≥ 2,0 < 2,5	≤ 3	≤ 5	≤ 8
		≥ 2,5	≤ 4	≤ 6	≤ 10
	unbearbeitetem und spaltrauem Naturstein	≥ 3,0	≤ 10	≤ 12	≤ 15

a Abweichungen von der Ebenheit werden nach TP Eben – Berührende Messungen, Technische Prüfvorschriften für Ebenheitsmessungen auf Fahrbahnoberflächen in Längs- und Querrichtung, Teil: Berührende Messungen (Autor: FGSV Forschungsgesellschaft für Straßen- und Verkehrswesen e.V., An Lyskirchen 14, 50676 Köln, www.fgsv.de. Zu beziehen durch: FGSV Verlag GmbH, Verlag der Forschungsgesellschaft für Straßen- und Verkehrswesen e.V., Wesselinger Straße 15–17, 50999 Köln, www.fgsv-verlag.de) mit der Richtlatte und einem 30 cm-Messkeil gemessen.

Kommentar

Tabelle 5 der DIN 18318 weist Unterschiede zu den Festlegungen bezüglich der einzuhaltenden Abweichungen von Ebenheiten in Tabelle 3 des Merkblattes wie auch in den ZTV Pflaster-StB auf. Hier werden die Messbereiche nach Rad- und Gehwegen oder Fahrbahnen, Art der Befestigung und nach dem jeweils an der Prüfstelle vorhandenen Gefälle unterschieden, deren gemessenen zulässigen Abweichungen davon abhängig sind. Für die Messungen

Kommentar

können gemäß Merkblatt eine 2-m-Richtlatte und/oder eine 4-m-Richtlatte verwendet werden und sollen mit einem 30 cm langen Messkeil durchgeführt werden. Wichtig ist hier, dass eine bestimmte Lage der Richtlatte nicht gefordert ist.

Die Tabelle 3 des M FPgeb enthält als Mindestgefälle ≥ 1,6 %. Dieser vom 1,5 %-Wert der DIN 18318 abweichende Wert entsteht aus der unter Abschnitt 4.5 des M FPgeb genannten „planmäßigen, abflusswirksamen Neigung von 2 %“, die nicht unterschritten werden sollte. Die Herstellung einer solchen Neigung ist mit einem Toleranzwert von ±0,4 % möglich. Dies führt zu einer minimal zulässigen ausgeführten Neigung von 1,6 %. Die zulässige ausführungsbedingte Toleranz ist auch in DIN 18318 enthalten:

ATV DIN 18318 **Pflasterdecken und Plattenbeläge, Einfassungen,** Ausgabe 2019

3 Ausführung

...

3.1.12 Werden Neigungen vorgegeben, sind Abweichungen von ±0,4 % zulässig; die im Abschnitt 3.1.10 und 3.1.11 angegebenen Mindestneigungen dürfen nicht unterschritten werden.

Kommentar

Aus Gründen der Verkehrssicherheit muss anfallendes Oberflächenwasser von Fahrbahnen möglichst schnell abgeführt werden können.

In Tabelle 5 der DIN 18318 wird jeweils eine Ebenheitsanforderung unter einer 1-m-Latte, 2-m-Latte und 4-m-Latte festgelegt. Die Ebenheitsanforderungen sind etwas geringer als die der vorstehenden Tabelle 3 des Merkblattes. Hinsichtlich der Prüfanforderungen wird auf die in vorstehender Tabelle genannte TP Eben der FGSV verwiesen. In dieser sind jedoch nur die 4-m-Richtlatte und die 2-m-Richtlatte, nicht aber die 1-m-Richtlatte festgelegt. Im Unterschied zur Tabelle 5 der DIN 18318 werden nach Tabelle 3 des M FPgeb keine Messungen mit einer 1-m-Latte durchgeführt.

Wichtig für die Messungen ist, dass diese mit einer anforderungsgerechten, ausreichend biegesteifen Richtlatte durchgeführt wird. Die Durchbiegung der Latte sollte beispielsweise mittels Kalibrierungsmessung mit einem Laser o. Ä. überprüft werden.

Weiterhin muss die Messung mit dem definierten Messkeil erfolgen. Mit diesem Messkeil werden vorhandene Unebenheiten und Geometrien der Befestigungselemente übermessen, da er eine Länge von 30 cm hat. Dies ist beabsichtigt und bei der Festlegung der Anforderungen berücksichtigt. Eine Messung mittels Metermaßes/Zollstock ist daher falsch.

Die Messung erfolgt nach Auflegen der entsprechenden Latte. Die Maße 1 m, 2 m und 4 m beziehen sich nicht auf vorliegende Messlängen zwischen den Hochpunkten der Fläche, sondern definieren nur die Art des Messwerkzeuges. Die Anforderungswerte dürfen auch nicht auf abweichende Messlängen hin interpoliert werden.

Grundsätzlich dürfen die abflusswirksamen Mindestneigungen nicht unterschritten werden, das bedeutet für Rad- und Gehwege und auch Platzflächen eine abflusswirksame Mindestneigung von 1,5 %, wenn Befestigungselemente mit ebenen Oberflächen verwendet werden. Bei Befestigungselementen aus gespaltenen Natursteinen beträgt die abflusswirksame Mindestneigung 2 %.

Kommentar

Wenn die vorhandenen anzuschließenden Höhen in geringen Teilflächen die Einhaltung der Mindestneigungen nicht ermöglichen, müssen zu diesen Abweichungen gesonderte Vereinbarungen getroffen werden. Die geplanten Oberflächen müssen dann so hergestellt sein, dass einerseits ein ungehinderter Abfluss möglich, andererseits die erforderliche Rutschsicherheit gegeben ist.

Für Fahrbahnen beträgt die abflusswirksame Mindestneigung 2,0 %, wenn Befestigungselemente mit ebenen Oberflächen verwendet werden; für Befestigungselemente aus gespaltenen Natursteinen beträgt die abflusswirksame Mindestneigung 3,0 %.

Bei der Planung sind bautechnische Abweichungen der ausgeführten Neigung in den einzelnen Teilbereichen zu beachten. Diese dürfen nicht größer als ±0,4 % (absolut) betragen. Aus diesem Grund sollte die ausgeschriebene Mindestneigung um mindestens 0,4 % höher liegen als die angestrebte abflusswirksame Mindestneigung. Bei einer planerisch festgelegten Mindestneigung von beispielsweise 2,0 % darf in der Fläche die vorliegende Mindestneigung in einzelnen Teilbereichen 1,6 % betragen. Diese Neigung wurde als Eingangsgröße in Tabelle 3 des Merkblattes eingesetzt.

Bezüglich der Anforderungen an die Mindestneigungen ist anzumerken, dass nach Norm die Mindestneigungen nicht 2,0 % und 3,0 %, wie im Merkblatt festgelegt, sondern 2 % und 3 % betragen. Gemäß den Rundungsregeln der DIN 1333[4] beträgt bei einer Anforderung von 2 % die geringste zulässige Neigung in der Ausführung 1,5 %. Bei einer Anforderung von 2,0 % beträgt die zulässige geringste Neigung 1,95 %. Bei Bauverträgen ist dies zu berücksichtigen.

6.8 Festigkeiten im fertigen Bauwerk

Schäden an gebundenen Pflasterdecken und Plattenbelägen sind häufig auf mangelhafte Verarbeitung des Bettungs- und Fugenmaterials und daraus entstehende mangelhafte Verbundfestigkeiten im fertigen Bauwerk zurückzuführen.

Insbesondere die Haftzugfestigkeit zwischen Befestigungselement und Bettung sowie zwischen Befestigungselement und Fugenfüllung ist im Hinblick auf eine funktionsfähige, dauerhaft schadensfreie Fläche von Bedeutung. Die nach ALP Pgeb bestimmte Haftzugfestigkeit in der ausgeführten Pflasterdecke bzw. dem Belag aus Platten sollte nach 28 Tagen mindestens 0,6 N/mm² für jeden Einzelwert betragen.

Die Druckfestigkeit des Bettungsmörtels nach ALP Pgeb sollte im eingebauten Zustand nach 28 Tagen für jeden Einzelwert mindestens 17,0 N/mm² betragen. Die Prüfung erfolgt an Probekörpern aus Bohrkernen in ausreichender Anzahl nach ALP Pgeb.

Alle für die Bestimmung der Materialkennwerte relevanten Angaben einschließlich der Angaben zur Probekörpervorbereitung und die Messergebnisse sollten dokumentiert werden.

4 DIN 1333: Zahlenangaben, Ausgabe 1992, Beuth Verlag, Berlin 1992

6.8 Festigkeiten im fertigen Bauwerk (Fortsetzung)

Es wird empfohlen, die Prüfung der Haftzugfestigkeit und der Druckfestigkeit im fertigen Bauwerk bauvertraglich zu vereinbaren und einen zu erreichenden Wert jeweils als Abnahmekriterium zugrunde zu legen.

Die Festigkeitseigenschaften der eingebauten Fugenmörtel sind aufgrund der Fugenabmessungen nachträglich nicht ausreichend genau bestimmbar. Daher empfiehlt es sich, während der Bauausführung Prismen des angemischten Fugenmaterials nach ALP Pgeb herzustellen. Die hergestellten Probekörper sollten möglichst unter den vorhandenen Baustellenbedingungen nachbehandelt sowie gelagert und nach 28 Tagen entsprechend ALP Pgeb hinsichtlich Biegezug- und Druckfestigkeit geprüft werden.

Die Druckfestigkeit des Fugenmörtels sollte mindestens ca. 75 % der geforderten Druckfestigkeit (deklariert gemäß Abschnitt 4) nach 28 Tagen betragen. Für Pflastersteine aus Naturstein mit Ausnahme solcher aus Sedimentgestein bzw. aus Gestein mit Schichtungen muss diese zudem mindestens 35 N/mm² betragen und sollte 60 N/mm² nicht überschreiten (Fugenmörtel Typ A). Für Befestigungselemente aus Beton, Klinker, aus Sedimentgestein bzw. aus Gestein mit Schichtungen sowie Platten aus Naturstein muss diese mindestens 25 N/mm² betragen und sollte 40 N/mm² nicht überschreiten (Fugenmörtel Typ B).

Weiterhin können ergänzende Prüfungen der Druckfestigkeit zur Dokumentation der Festigkeitsentwicklung des Fugenmörtels auch nach kürzeren Zeitabständen durchgeführt werden, um z. B. die Nachbehandlungsdauer genauer festzulegen (siehe Abschnitt 6.4) oder die Gleichmäßigkeit der Herstellung zu überwachen.

Die Biegezugfestigkeit der Mörtelprismen ist zu dokumentieren.

Kommentar

Eine gebundene Ausführung von Pflasterdecken und Plattenbelägen ist eine sehr intensive handwerkliche Leistung. Es ist davon auszugehen, dass die Ursache entstehender Schäden zu mindestens 70 bis 80 % aus den Umständen bei der Verarbeitung der an der Baustelle vorhandenen Produkte entstehen. Dies sind im Wesentlichen:

- falsche Verarbeitung des Bettungsmörtels (z. B. zu trocken, zu lange gelagert, zu warme oder zu kalte Temperaturen, zu geringe Verdichtung, usw.)
- falsche Verarbeitung des Haftvermittlers (z. B. zu dünn gemischt, Material hat sich abgesetzt, Auftrag zu dünn, Auftragen nur in das Oberflächenwasser, usw.)
- zu geringe Verdichtung des Befestigungselements (z. B. Befestigungselement nicht oder nicht genug vorgesetzt).

Etwas seltener sind Schäden aus der nicht ausreichenden Verarbeitung des Fugenmörtels. Dies sind im Wesentlichen:

Kommentar

- falsche Verarbeitung des Fugenmörtels (z. B. zu trocken, zu nass, zu warme oder zu kalte Temperaturen, usw.)
- nicht vollständig gefüllte Fugen (z. B. zu schnelles „Aufziehen“ des Mörtels, Brückenbildungen des Mörtels, usw.)
- Fehler beim Reinigen (z. B. zu früh, zu viel Wasser, usw.)
- nicht ausreichende Nachbehandlung bei heißer oder kalter Witterung.

Auch, wenn „alles“ richtig gemacht wurde, können Risse nicht verhindert werden. Haarrisse von bis zu 0,2–0,3 mm sind häufig unproblematisch, da sie selten die gesamte Höhe der Fuge des Befestigungselements durchziehen.

Trotz der Angabe der ATV DIN 18318, dass Rissbildungen bis 0,8 mm nicht als Mangel anzusehen sind, müssen diese hinsichtlich der Häufigkeit und ihrer Wirkung in der hergestellten Fläche beobachtet werden. Bei einer möglichen Aufweitung sind weitere Untersuchungen und daraus resultierende Maßnahmen zu veranlassen.

Wenn Rissbildungen vermehrt in kleineren Flächen bei sonst mangelfreier Gesamtfläche vorhanden sind, sind diese nicht als hinnehmbar zu bezeichnen, es müssen ebenfalls Untersuchungen zur Ursache erfolgen. Die Ergebnisse entscheiden über die Neuherstellung der betroffenen Kleinfläche.

Die im M FPgeb enthaltenen Anforderungen müssen im jeweiligen Leistungsverzeichnis ausdrücklich vereinbart werden, wenn diese abweichend von der ATV DIN 18318 gelten sollen. Diese enthält u. A. folgende Anforderungen an die fertiggestellte Leistung:

ATV DIN 18318 **Pflasterdecken und Plattenbeläge, Einfassungen,** Ausgabe 2019

3 Ausführung

...

Tabelle 6 – Anforderungen und Prüfungen für gebundene Bettungen

Eigenschaften	Anforderungen			Prüfung nach
	begehbar	befahrbar, Fahrzeuge bis 3,5 t	befahrbar, Fahrzeuge über 3,5 t	
Dicke	50 mm ±10 mm			Nivellement
		auf Dränbetontragschicht oder auf Wasserdurchlässiger Asphalttragschicht		
Druckfestigkeit $f_{c,cube,28}$	≥ 4 MPa	≥ 10 MPa	≥ 15 MPa	DIN EN 12390-3
Infiltrationsrate I_A	≥ 180 mm/h (2 l Prüfflüssigkeit müssen in höchstens 10 min abgeflossen sein)			DIN EN 12616 Verfahren A, Messung mit dem Einzelringfiltrometer, Durchmesser 300 mm, aufgesetzt und abgedichtet; Grenzabweichung von 10 %

...

ATV DIN 18318 Für Haftzugfestigkeit zwischen Pflasterstein bzw. Platte und Fugenstoff an der fertigen Leistung gelten die Anforderungen nach Tabelle 7:

Tabelle 7 – Anforderungen an die Haftzugfestigkeit

Nutzungsabgrenzung nach der größten Verkehrsbelastung	Haftzugfestigkeit MPa	Prüfung nach
begehbar	ohne Verbundverlust	Entnahme durch Bohrkern 100 mm
befahrbar, Fahrzeuge bis 3,5 t	≥ 0,4	ALP Pgeb, Arbeitsanleitung zur Durchführung von Prüfungen für Pflasterdecken und Plattenbeläge in gebundener Ausführung[a] jedoch mit 100 mm Bohrkern
befahrbar, Fahrzeuge über 3,5 t	≥ 0,5	

a Autor: FGSV Forschungsgesellschaft für Straßen- und Verkehrswesen e. V., An Lyskirchen 14, 50676 Köln, www.fgsv.de. Zu beziehen durch: FGSV Verlag GmbH, Verlag der Forschungsgesellschaft für Straßen- und Verkehrswesen e. V., Wesselinger Straße 15–17, 50999 Köln, www.fgsv-verlag.de.

Kommentar

Bei Bauwerksprüfungen wird gemäß Merkblatt eine Druckfestigkeit der Bettungsmörtel mit 17 N/mm² gefordert. DIN 18318 fordert in Tabelle 6 für befahrbar, Fahrzeuge über 3,5 t, eine Festigkeit von ≥ 15 MPa.

Die Werte von ≥ 17 MPa oder ≥ 15 MPa sind zu hinterfragen. Sie sind unter Baustellenbedingungen mit einem haufwerksporigem, erdfeuchtem Mörtel nur bei besten Bedingungen zu erreichen. Es sollte ggf. eine Absenkung auf z. B. 12 oder 14 N/mm² erfolgen, das Entstehen eines Mangels aus dieser Absenkung ist unter Berücksichtigung bisheriger Erfahrungen nicht zu erwarten.

Die Unterschiede zwischen den geforderten Haftzugfestigkeiten zwischen Befestigungselement und Fugenmörtel von mindestens 0,5 MPa (DIN 18318) und mindestens 0,6 MPa (Merkblatt) können als gering bezeichnet werden. Etwas größer sind die Unterschiede bei Fußgängerflächen. Hier sollte ebenfalls eine quantitative Anforderung an den Haftverbund gestellt werden, da auch diese Flächen Temperaturbeanspruchungen unterliegen. Ein Wert von 0,5 oder 0,6 MPa sollte nicht unterschritten werden.

Die vereinbarten Werte für die Haftzugfestigkeit und die Druckfestigkeit, sei es als individuelle Vereinbarung nach dem M FPgeb oder nach der DIN 18318, können am fertigen Werk an entnommenen Bohrkernen überprüft werden.

Die Bohrungen zur Entnahme von Proben zur Bestimmung der erreichten Haftzugfestigkeit und der Druckfestigkeit des Bettungsmörtels sind mittig über dem Befestigungselement auszuzuführen, da unter dem Fugenbereich unverdichteter oder nur gering verdichteter Mörtel vorhanden ist (Wasserdurchlässigkeit!).

Bohrkerne zur Prüfung der Wasserdurchlässigkeit sollten im Fugenbereich entnommen werden. Üblich sind Bohrkerne mit Nennmaßen DN 100 (93–98 mm) oder DN 150 (143–148 mm). Die Ausführung der Kernbohrungen erfolgt unter Wasserspülung durch das Befestigungselement bis der gesamte Bettungsmörtel durchdrungen ist. An dem entnommenen Bohrkern können die Druckfestigkeit und die Haftzugfestigkeit im Labor geprüft werden. Die Prüfungen

Kommentar

sind im ALP Pgeb beschrieben. Genauere Details sind den TP Pflaster-StB zu entnehmen.

Das Bohrloch sollte nach der Bohrkernentnahme geschlossen, die Ausführung sollte vereinbart werden. Ein provisorisches Schließen zur Aufrechterhaltung der Verkehrssicherheit kann durch Einstampfen von Schotter und Abschluss mit Kaltasphalt oder Beton erfolgen. Wenn ein optisch hochwertiges Schließen mit dem Material des Befestigungselements erfolgen soll, kann dies mit einem auf 6–8 cm abgetrennten Bohrkern aus der Entnahme oder einem aus dem gleichen Element hergestellten Bohrkern erfolgen. Das Bohrloch wird in erforderlicher Höhe geräumt und der verbleibende Schotter mit einem geeigneten Gerät, z. B. einem Proctorhammer, verdichtet.

Alternativ kann auch das gesamte Bohrloch geräumt und in erforderlicher Höhe mit Beton verfüllt werden. Der Verschlussstein wird hammerfest und höhengleich in ein Mörtelbett versetzt, in die gering breite umlaufende Fuge wird ein Fugenmörtel eingefüllt und durch Stochern, z. B. mit einem Draht, heruntergebracht und verdichtet.

Auf die von der Verkehrsbelastung abhängige Sperrzeit ist zu achten. Wie schon vorab beschrieben sind parallel zum Baufortschritt hergestellte und bauseits gelagerte Probekörper des Fugenmörtels von Vorteil, um Aussagen über dessen Festigkeitsentwicklung treffen zu können. Der verwendete Fugenmörtel sollte nach 28 Tagen mindestens eine Druckfestigkeit erreichen, welche 75 % des Nennwertes entspricht. Diesen Wert an einem sehr kleinen Prüfkörper aus der Fuge von 1,0 × 1,0 × 1,0 cm oder gering größeren Prüfkörpern zu messen ist mit einer großen Unsicherheit hinsichtlich der zu erreichenden Ergebnisse behaftet. Daher sind zusätzliche Probekörper des Fugenmörtels sinnvoll.

Es wird deshalb empfohlen, während des Verfugens Fugenmörtel zu entnehmen und ohne Verdichtung in Prismenformen einzufüllen. Die so hergestellten Prüfkörper werden nach der Entnahme aus der Form in gleicher Art und Häufigkeit wie die hergestellte Fläche nachbehandelt (z. B. mit einem Pinsel mit Wasser eingestrichen und mit Vlies abgedeckt) und der Witterung ausgesetzt. Nach 28 Tagen sollte dann eine Überprüfung der Biegezug- und der Druckfestigkeit erfolgen.

Die Forderung von mindestens 75 % des Nennwertes entspricht beim Fugenmörtel A (40–70 N/mm^2) Werten zwischen 30 und 52 N/mm^2, beim Fugenmörtel B (30–40 N/mm^2) sollen Werte zwischen 22,5 und 30 N/mm^2 erreicht werden. Es ist abzuwägen, ob je nach örtlichen Gegebenheiten diese oder die im Merkblatttext empfohlenen Werte ausreichend sind.

Je nach der Anzahl der hergestellten Prismenformen können auch Prüfungen nach z. B. 3, 7 oder 14 Tagen erfolgen, um den Zuwachs der Festigkeit zu beurteilen und eine Aussage zur möglichen Freigabe der Fläche treffen zu können.

6.9 **Einfassungen**

Randeinfassungen sind grundsätzlich anzuordnen und, wie in den ZTV Pflaster-StB festgelegt und im M FP beschrieben, herzustellen. Die Verwendung eines Betons der Festigkeitsklasse C20/25 ist zu empfehlen. Gegebenenfalls ist es sinnvoll, die Randeinfassung auf der gebundenen Tragschicht einzubauen.

Die Ausbildung der Fuge zwischen Pflasterdecke bzw. Plattenbelag und Einfassung wird gemäß Bild 3 empfohlen.

Alternativ können Randeinfassungen auch als einseitiger Stahlwinkel, entsprechend den Bewegungsfugen auf einem Betonfundament verschraubt oder durch angebrachte Anker einbetoniert werden.

Kommentar

Eine gebunden hergestellte Pflasterdecke oder ein Plattenbelag benötigt immer auch eine feste Einfassung. Dies können die angrenzenden Bauwerke sein, hier werden jedoch Einfassungen aus Borden oder Rinnen, aber auch Stahlwinkel genannt.

Die DIN 18318 legt fest, dass bei befahrbaren Flächen ein Beton zu verwenden ist, dessen Zusammensetzung einem C 20/25 entspricht; bei begehbaren Flächen ist Beton mit einer Zusammensetzung entsprechend einem C 16/20 zu verwenden. Diese Festlegung bedeutet, dass lediglich Lieferscheine zum Nachweis ausreichend sind. Eine zu erreichende Festigkeit des Betons ist in der DIN jedoch nicht festgelegt worden. Weiteres hierzu siehe auch in der Kommentierung der ZTV Pflaster-StB.

Fundament und Rückenstütze sollten in einer Schalung hergestellt werden. Wenn eine Druckfestigkeit des Fundamentes und der Rückenstütze gefordert wird, ist diese in der Leistungsbeschreibung anzugeben. Sie sollte dann für jeden am Bohrkern gemessenen Einzelwert mindestens 12 MPa (Prüfalter 28 Tage) aufweisen.

Des Weiteren legt DIN 18318 fest, dass die Dicke des Fundamentes bei befahrbaren Flächen ≥ 200 mm betragen muss und bei begehbaren Flächen ≥ 80 mm betragen soll. Die Breite der Rückenstütze muss bei befahrbaren Flächen 150 mm ±20 mm, bei begehbaren Flächen 80 mm ±20 mm betragen.

Es ist zu empfehlen, dass bei der gebundenen Ausführung wegen der bei thermischen Dehnungen auf die Einfassungen und deren Rückenstützen einwirkenden Kräfte die Rückenstützen immer mindestens 15 cm breit sind. Auch die Dicke des Fundaments sollte mindestens 20 cm betragen. Wenn diese Breite der Rückenstütze und diese Dicke des Fundaments gefordert wird, ist dies in der Leistungsbeschreibung anzugeben.

Das Fundament sollte zweilagig „frisch in frisch“ hergestellt werden. Eine untere Lage von ca. 15 bis 20 cm Dicke wird nach dem Einbringen des Betons in die Schalung durch Stampfen verdichtet und oberflächig aufgeraut. Eine obere Lage wird um das erforderliche Setzmaß überhöht aufgetragen.

Bei Einfassungen von Verkehrsflächen ab einer Belastungsklasse Bk1,8 gemäß RStO sowie bei regelmäßig vom Schwerverkehr an- oder überfahrenen Einfassungen und bei Entwässerungsrinnen müssen die Bauteile dabei an der Unterseite mit einem Haftvermittler versehen werden (siehe ZTV Pflaster-StB).

Kommentar

Die Bauteile müssen vor dem Versetzen in den noch frischen Fundamentbeton oder vor dem Auftragen des Haftvermittlers gegebenenfalls vorgenässt werden, damit dem Frischbeton bzw. dem Haftvermittler kein Wasser entzogen wird.

Die Borde oder Rinnenelemente sind mit geeigneter Verdichtung in endgültiger Lage höhen- und richtungsgerecht in den frischen Beton unter Beachtung der erforderlichen Fugenbreite hineinzutreiben.

Wenn Bordsteine auf ein vorhandenes, früher hergestelltes Streifenfundament eingebaut werden, sollte die Oberfläche eine ausreichende Rauheit aufweisen. Die Oberfläche des Fundaments ist gründlich zu reinigen; zu empfehlen ist, hier Druckwasser zu verwenden. Auf das gereinigte und genässte Fundament werden ein Haftvermittler und sofort darauf ein Pflasterbettungsmörtel aufgetragen. Die Bordsteine sind an ihrer Unterseite gegebenenfalls vorzunässen, mit einem Haftvermittler zu versehen und sofort in den frischen Bettungsmörtel mit geeigneter Verdichtung in endgültiger Höhe und Richtung zu versetzen. Die Dicke der erhärteten Bettung sollte 4 bis 6 cm betragen.

Die Rückenstütze ist bis 2/3 der Höhe der Einfassung herzustellen. Bei angrenzenden Flächenbefestigungen richtet sich die Höhe der Rückenstütze nach der Dicke der Flächenbefestigung.

Nach dem Versetzen der Bauteile sollte der erforderliche Rückenstützenbeton „frisch in frisch“ mit dem Fundamentbeton eingebaut und verdichtet werden. Dabei sind Maßnahmen vorzusehen, z. B. das Einlegen eines Kantholzes, die ein Ausweichen der Einfassungs- oder Rinnenelemente infolge der Verdichtung des Rückenstützenbetons verhindern.

Während für das Fundament in der Regel ein steifer Beton verwendet wird, ist zu empfehlen, dass der Beton für die Rückenstützen in plastischer Konsistenz geliefert wird, um ihn besser einbauen und verdichten zu können und um das Anhaften am Bauteil zu verbessern. Die Oberfläche der Rückenstütze ist durch einen Glattstrich nach außen abzuschrägen.

Es ist zu beachten, dass eine auf die vorherrschenden Witterungsbedingungen abgestimmte Nachbehandlung des eingebauten Betons für Fundament und Rückenstütze durchgeführt wird.

Die DIN 18318 legt fest, dass Bordsteineinfassungen mit Radien < 12 m aus Kurvensteinen herzustellen sind. Bei Radien ≥ 12 m und < 20 m sind gerade Bordsteine mit einer Länge von 0,50 m, bei Radien ≥ 20 m sind gerade Bordsteine mit einer Länge von 1 m zu verwenden.

Soweit im Leistungsverzeichnis nichts anderes festgelegt wird, z. B. die Breite der Fugen und die Art der Fugenfüllung der Bordsteinfugen, sind Bord- und Einfassungssteine mit 4 mm ±2 mm breiten Fugen zu versetzen, die nicht verfugt werden.

Bewegungsfugen sollten im Abstand von 6 bis 8 m auch durchgängig durch das Fundament nicht nur bei verfugten Einfassungen, sondern auch bei Bordsteinen mit nicht verfüllten Fugen hergestellt werden. Bei den unverfüllten Fugen werden sich diese im Lauf der Nutzung so mit Sand oder Straßenschmutz füllen, dass ein annährend „starres“ Bordsteinband entsteht. Gleiches geschieht auch bei Produkten aus Beton, an deren Unterseite eine Abstandsnocke vorhanden ist.

In die Bewegungsfuge sollte eine Dehnscheibe mit einer Breite von 10 mm, entsprechend dem Bordsteinprofil, eingelegt und angepresst werden. Hierzu kann es erforderlich werden, die Dehnscheibe im Bereich der Abstandsnocke auszuschneiden.

6.10 Entwässerungsrinnen

Entwässerungsrinnen sind grundsätzlich wie in den ZTV Pflaster-StB festgelegt und im M FP beschrieben herzustellen. Die Verwendung eines Betons der Festigkeitsklasse C20/25 ist zu empfehlen. Gegebenenfalls ist es sinnvoll, die Entwässerungsrinne auf der gebundenen Tragschicht zu bauen.

Die Ausbildung der Fuge zwischen Pflasterdecke bzw. Plattenbelag und Entwässerungsrinne wird gemäß Bild 3 empfohlen, wenn nicht eine Ausführung entsprechend M FP erfolgt.

Der zu verwendende Bettungsmörtel und dessen Verarbeitung sollte den Abschnitten 5 und 6 dieses Merkblattes entsprechen.

Zum Verfugen von Elementen für Entwässerungsrinnen (Muldensteinen, Rinnenplatten oder Pflastersteinen) sollte Fugenmörtel entsprechender Festigkeit nach Abschnitt 5 dieses Merkblattes bzw. M FP verwendet werden.

Damit der in der Regel fließfähige Fugenmörtel nicht seitlich entweichen kann, sollten freizuhaltende Fugen, z. B. an den Rändern, vor dem Verfüllen in geeigneter Weise abgedichtet werden.

Für die Ausführung der Fugenfüllung gelten ansonsten die Abschnitte 6 dieses Merkblattes sinngemäß.

Müssen Elemente für Entwässerungsrinnen zugearbeitet werden, sollte dies durch Nassschnitt erfolgen, um gerade Kanten und einen geraden Fugenverlauf zu ermöglichen.

Entwässerungsrinnen erfordern Bewegungsfugen. Das Raster der Bewegungsfugen sollte auf die Bewegungsfugen der Flächenbefestigung abgestimmt werden (siehe Abschnitt 6.5). Bewegungsfugen sollten im Abstand von 6 m bis 8 m und an Einbauten durchgehend durch Fundament und Rückenstütze hergestellt werden. Geringere Abstände können entstehende Spannungen besser aufnehmen und Schäden vermindern.

Zur unteren Füllung der Fugen können Fugenbänder verwendet werden, die reversibel komprimierbar sind, z. B. Bänder aus PU-Kautschuk, deren Shore-A-Härte etwa 50 ±10 nach DIN ISO 7619-1:2012-02 beträgt. Für die oberen 3 cm des Fugenbereiches werden elastische Fugenvergussmassen gemäß den TL Fug-StB verwendet und nach den ZTV Fug-StB ausgeführt.

Bewegungsfugen der Rinnen und der Fläche der Decke bzw. des Belages sollten aufeinander abgestimmt sein.

Kommentar

Entwässerungsrinnen werden hinsichtlich Fundament, Einbau, Pflasterbettung, Haftvermittler, evtl. Rückenstütze und Nachbehandlung sowie Anforderung an die Druckfestigkeit wie bei den Einfassungen mit Bordsteinen beschrieben ausgeführt.

Kommentar

Bild 6.28 Herstellung einer Entwässerungsrinne – Vorbereitung für die Verfugung

Die Abweichung der Ebenheit von Entwässerungsrinnen darf bei Messung nach TP Eben – Berührende Messungen mit der 4-m-Richtlatte nicht mehr als 5 mm betragen. Das Längsgefälle von Entwässerungsrinnen muss mindestens 0,5 % betragen. Diese Festlegungen bedeuten, dass die vorgesehenen Befestigungselemente auch hinsichtlich der Ebenheit der Oberfläche geeignet sein müssen. Dies zu überprüfen ist Sache des ausführenden Unternehmens.

Die Fugen von Entwässerungsrinnen, z. B. aus Pflastersteinen, Platten, Muldensteinen und Bordrinnensteinen, sind bei Befestigungselementen mit graden Kanten mit Fugenbreiten von 10 mm ±5 mm und bei Verwendung von spaltrauem Pflaster aus Naturstein mit Fugenbreiten von 15 mm ±5 mm herzustellen. Entlang angrenzender Einfassungen sind Fugenbreiten von 10 mm ±2 mm herzustellen.

Hier muss entschieden werden, ob diese Fugen mit dauerelastischer Fugenfüllung als Bewegungsfugen oder Scheinfugen bzw. als Mörtelfuge ausgebildet werden.

Wenn die Verfüllung der Fugen mit Pflasterfugenmörtel erfolgen soll, gelten die gleichen Ausführungen wie vorstehend für die Flächenbefestigungen.

Die Fugen der Rinnen sind bis mindestens 4 mm und höchstens 2 mm unter den oberen Rand der Elemente der Entwässerungsrinne bzw. bis zur unteren Kante etwaig vorhandener Fasen, Rundungen oder dergleichen mit Fugenmörtel zu füllen, der die Anforderungen des M FPgeb erfüllt.

Bei der Anordnung von Bewegungsfugen unterscheiden sich das Merkblatt und die Norm:

ATV DIN 18318 **Pflasterdecken und Plattenbeläge, Einfassungen,** Ausgabe 2019

3 Ausführung

...

3.6.3 Entwässerungsrinnen

...

Bei Entwässerungsrinnen sind Bewegungsfugen im Abstand ≤ 12 m, bei befahrenen Entwässerungsrinnen im Abstand von 4 m bis 6 m, durchgängig durch Rinne und Fundament einschließlich der ggf. vorhandenen Rückenstütze herzustellen. Bei einer angrenzenden Einfassung müssen die Bewegungsfugen der Entwässerungsrinne an gleicher Stelle in der Einfassung einschließlich deren Fundament und Rückenstütze ausgebildet werden.

Bewegungsfugen sind mindestens 8 mm und höchstens 15 mm breit sowie rückstellfähig auszuführen.

Kommentar

Wenn andere Abmessungen, z. B. gemäß Merkblatt, vorgesehen werden sollen, muss dies bauvertraglich festgelegt werden.

Bewegungsfugen sollten mit einer rückstellfähigen Einlage entsprechend dem Rinnenprofil, z. B. RCL-Kautschuk mit einer Shore-Härte von 45 bis 60 Shore und ergänzend mit einem Raumgewicht von mindestens ca. 800 kg/m³, hergestellt werden.

Die oberen ca. 2,5 bis 3 cm sind entsprechend den ZTV Fug-StB[5] zu behandeln und mit einer Fugenmasse zu füllen. Hier sollte z. B. ein Polysulfid-Fugenstoff für befahrene Flächen verwendet werden.

Werden Straßenabläufe in der Rinne gesetzt, so ist vor und hinter jedem Straßenablauf ebenfalls eine Bewegungsfuge herzustellen. Ebenso gibt es regionale Empfehlungen, nicht nur an den Straßenabläufen, sondern auch ca. 60–70 cm davor und dahinter eine zusätzliche Bewegungsfuge anzulegen.

Werden Entwässerungsrinnen gleichzeitig als Randeinfassung verwendet, sind sie mit einer Rückenstütze wie vorstehend beschrieben herzustellen.

Für Entwässerungsrinnen sollten die gleichen hochwertigen Baustoffe eingesetzt werden wie für die gesamte Flächenbefestigung. Es empfiehlt sich aus praktischen Gründen, die gleichen Baustoffe für Bettungs- und Fugenmörtel sowie den Haftvermittler zu verwenden und entsprechend vorgenannter Ausführungen einzubauen.

Da Rinnen regelmäßig vor der freien Fläche hergestellt werden, müssen Maßnahmen getroffen werden, damit der fließfähige Fugenmörtel nicht auslaufen kann.

Der geforderte Nassschnitt von zuzuarbeitenden Befestigungselementen dient der Qualitätssicherung der Befestigung.

---

5 Zusätzliche Technische Vertragsbedingungen und Richtlinien für Fugen in Verkehrsflächen – ZTV Fug-StB, Ausgabe 2015, FGSV Verlag, Köln 2015

7 Hinweise zur Beurteilung von Pflasterdecken und Plattenbelägen in gebundener Ausführung

7.1 Allgemeines

Die – im Wesentlichen optische – Beurteilung von Pflasterdecken und Plattenbelägen durch die Baubeteiligten, zum Beispiel Bauherr, Planer, Ausführender oder Baustoffhersteller, erfolgt oftmals sehr unterschiedlich. Dies ist darauf zurückzuführen, dass keine objektiven Beurteilungskriterien zur Verfügung stehen und somit die subjektiven Eindrücke überwiegen, die naturgemäß sehr verschiedenen sein können.

Da eine allgemein gültige und anerkannte Standardisierung von Beurteilungskriterien für optische Belange von Pflasterdecken und Plattenbelägen so gut wie nicht erreichbar ist, wird zur Vermeidung oder Beilegung von Streitigkeiten empfohlen, die nachfolgenden Hinweise zu beachten.

Kommentar

Grundsätzlich werden Pflasterdecken und Plattenbeläge erstrangig nach objektiven technischen Gesichtspunkten beurteilt. Dies sind:

- profilgerechte Lage, Ebenheit, Neigung
- Fugenbreiten und Fugenverlauf
- Verbandsregeln
- Fugenfüllung
- Reinigung der verfugten Fläche
- Anzahl und Breite von Rissen
- Herstellung und Abstand von Bewegungsfugen
- Ergebnisse der Untersuchung von entnommenen Bohrkernen.

Die profilgerechte Lage, die Ebenheit und die Neigungen sind mit vorhandenen Werkzeugen, z. B. Richtlatte, Messkeil, Wasserwaage, zu überprüfen.

Die Fugenbreiten sind vertraglich festgelegt, der Fugenverlauf und die Einhaltung von Verbandsregeln werden visuell beurteilt. Die Tiefe der Fugenfüllung unter der Oberkante der Befestigungselemente ist messbar und kann beurteilt werden.

Das Ergebnis durchgeführter Reinigungsmaßnahmen wird visuell beurteilt. Vorhandene Risse können gemessen und beurteilt werden. Der Abstand geplanter Bewegungsfugen kann gemessen werden, die Ausführung wird visuell beurteilt.

An entnommenen Bohrkernen werden die Haftzugfestigkeit und die Druckfestigkeit festgestellt und beurteilt.

7.2 **Musterflächen**

Das Herstellen einer oder mehrerer Musterflächen zur Vereinbarung der zu erreichenden optischen Qualität der Pflasterdecke bzw. des Plattenbelages im Vorfeld der Bauausführung hat sich als zweckmäßig erwiesen. Dabei sind die vorgesehenen Befestigungselemente, Bettungs- und Fugenmaterialien in einer Schwankungsbreite zu verwenden, die von allen Beteiligten als akzeptabel angesehen wird (siehe sinngemäß auch Abschnitt 5.4). Die Ausführung sollte unter praxistypischen Baustellenbedingungen erfolgen.

Eine Musterfläche sollte annähernd quadratisch und ausreichend groß sein bzw. aus einer genügend großen Anzahl von Befestigungselementen bestehen, um den optischen Eindruck des Belages hinsichtlich seiner Oberflächenbeschaffenheit, wie Farbe, Textur und Wirkung des Fugenbildes hinreichend wiedergeben zu können. Bei mittleren Befestigungselementen mit einer Kantenlänge bis 500 mm sollte eine Musterfläche mindestens 2 m^2 groß sein, bei kleineren Befestigungselementen mindestens 1 m^2. Bei Befestigungselementen mit einer Kantenlänge über 500 mm sollte eine Musterfläche aus mindestens 8 Elementen bestehen.

Im Anschluss sollte eine Musterfläche als Referenzfläche für die bevorstehende Bauausführung festgelegt werden. Mehrere Referenzflächen, zum Beispiel für unterschiedliche Bauabschnitte, sind möglich. Der gesamte Vorgang ist zu dokumentieren. Referenzflächen sollten mindestens bis zur Abnahme der betreffenden Baumaßnahme erhalten bleiben.

Kommentar

Wenn auch schon vor der Ausschreibung Musterflächen angelegt worden sind, dienten diese häufig doch mehr der Auswahl des zur Verwendung vorgesehenen Materials und der optischen Beurteilung durch den Auftraggeber. Die Ausführung der Musterflächen wird im Merkblatt festgelegt.

Nach der Auftragserteilung, noch vor der Ausführung, sind vom Auftragnehmer die Eignungsnachweise der von ihm angebotenen Produkte vorzulegen. Außerdem sollte eine Musterfläche von ca. 5 m^2 zur Darstellung und zum Nachweis der in der Ausschreibung genannten Festlegungen, z. B. Verband, Farbmischung, Fugenbreiten, durch den Auftragnehmer angelegt werden. An dieser Fläche, die nun als Referenzfläche dient, können nach der Erhärtungszeit des Mörtels Bohrkerne zum Nachweis der erreichten Haftzugfestigkeit und Druckfestigkeit entnommen werden. Wenn die vertraglichen Bedingungen der Haftzugfestigkeit und der Druckfestigkeit nicht erfüllt sind, sollte auf der Baustelle eine neue Muster- bzw. Referenzfläche angelegt werden. Parallel dazu sollte in einem Labor mit dem Material von der Baustelle an Probekörpern Untersuchungen zu den möglichen Werten vorgenommen werden.

Eine Musterfläche, an der die vertraglich vereinbarten Festlegungen optisch und technisch als zufriedenstellend beurteilt werden, sollte als Referenzfläche bis zur Abnahme der hergestellten Fläche erhalten bleiben.

7.3 Gesamteindruck

Die optische Beurteilung von Pflasterdecken und Plattenbelägen – dies gilt auch für Muster- und Referenzflächen – sollte bei Tageslicht, trockener Witterung und trockener Belagsoberfläche sowie aus dem üblichen Betrachtungsabstand vorgenommen werden. Ein Betrachtungsabstand von 2 m – horizontal vom zu betrachtenden Punkt aus gemessen – ist in der Regel üblich.

Kommentar

Der genannte Betrachtungsabstand von nur 2 m ist zu hinterfragen, er ist nach Ansicht der Autoren je nach Anwendung zu gering, um den gewünschten „Gesamteindruck“ beurteilen zu können, und sollte ergänzt werden durch weiterführende, der Nutzung der Flächen angepasste Betrachtungsabstände.

Um den Gesamteindruck eines Bereiches der hergestellten Fläche zu beurteilen, sollte nach der technischen Beurteilung (siehe unter Abschnitt 7.1) ein Betrachtungsabstand von ca. 6 bis 8 m gewählt werden. Die Betrachtung sollte gegen das Gefälle erfolgen.

7.4 Einzelkriterien

7.4.1 Verband, Fugenbreite, Fugenverlauf

Der Verband bzw. das Verlegemuster muss in den dafür vorgesehenen Flächen – dies können auch Teilflächen sein – grundsätzlich gleichmäßig ausgeführt werden.

Das Aufheben der gleichmäßigen Anordnung der Befestigungselemente kann in Anschlussbereichen, Kurven, Rundungen oder Abwinkelungen erforderlich sein, um die im Abschnitt 6.7 genannten Anforderungen zu erfüllen.

Einzelne geringe Unter- oder Überschreitungen der vereinbarten Fugenbreite sind unbedenklich, wenn Stabilität und Nutzungssicherheit der Pflasterdecke bzw. des Plattenbelages dauerhaft nicht gefährdet sind. Unterschreitungen der Mindestfugenbreite gemäß Abschnitt 6.2 führen zu einer Verringerung der Dauerhaftigkeit und sollten vermieden werden.

Der Fugenverlauf ist anhand des vereinbarten Verbandes bzw. Verlegemusters zu beurteilen. Der in den ATV DIN 18318 geforderte gleichmäßige Verlauf der Fugenachsen ist gegebenenfalls im Rahmen der Planung/Ausschreibung zu präzisieren, zum Beispiel „Zulässige Abweichung max. ±5 mm bezogen auf eine 4 m lange Messstrecke“.

Kommentar

Es wird eine „gleichmäßige“ Ausführung des Verbandes und der Fugenbreiten gefordert. Grundsätzlich sollen die Fugenbreiten innerhalb von Toleranzbereichen „von–bis“ ausgeführt werden. Im Gegensatz zur ungebundenen Ausführung, bei denen sich z. B. bei Natursteinpflaster vereinzelt Steine

Kommentar

berühren dürfen, muss bei der gebundenen Ausführung auf das für die Fugenfüllung festgelegte einzuhaltende Mindestmaß geachtet werden. Ansonsten ist eine vollständige Verfüllung mit Fugenmörtel nicht möglich und die entstehende Schwachstelle wird mittelfristig wahrscheinlich zur Schadstelle.

Der gewünschte „gleichmäßige" Verband kann in Anschlussbereichen zu sehr kleinen geschnittenen Befestigungselementen führen. Hier ist rechtzeitig Kontakt mit dem Auftraggeber aufzunehmen, um eine Entscheidung zur gewünschten Ausführung herbeizuführen. Es kann sinnvoll sein, die Verlegeanordnung in solchen Bereichen rechtzeitig zu ändern. Gegenüber der ungebundenen Bauweise wirken sich Verbände mit Kreuz- und durchgehenden Längsfugen nicht negativ auf die Dauerhaftigkeit aus; wie zuvor erläutert gibt es bei der gebundenen Ausführung bezüglich der lastabtragenden Wirkung des Verbandes keine deutlichen Auswirkungen auf die Dauerhaftigkeit. Trotzdem müssen die bauvertraglichen Vereinbarungen natürlich eingehalten werden.

Ein ungleichmäßiger Fugenverlauf kann sich optisch negativ auswirken, je nachdem, welcher Verband gewählt wurde. Bei Verbänden mit durchgehenden (Längs-)fugen kann der optisch negative Eindruck schneller entstehen. Wenn eine hochwertige optische Wirkung gewünscht ist, kann es vorteilhaft sein, die zulässigen Abweichungen vom planmäßigen Verlauf der Fugenachsen vertraglich festzuschreiben.

Die hier vorgestellte zulässige Abweichung von ±5 mm pro 4-m-Richtlattenlänge führt zu einer mittleren Qualität bei üblichen Flächen. Je nach Örtlichkeit, Größe der Fläche und gewünschter optischer Wirkung können auch strengere oder geringere Anforderungen aufgestellt werden.

7.4.2 Kantenabplatzungen

Kantenabplatzungen können material-, ausführungs- oder nutzungsbedingte Ursachen haben. Scharfkantige Produkte haben unabhängig von ihren Festigkeitseigenschaften eine höhere Kantenempfindlichkeit als Produkte mit gefasten oder ähnlich ausgebildeten, z. B. gerundeten, Kanten.

Kantenabplatzungen oder -ausbrüche, die ein horizontales und vertikales Maß von 2 mm nicht überschreiten (Ausfransen der Kanten), sind aufgrund von mechanischen Einwirkungen beim Transport, Abladen, Einbau und durch Nutzung während der Bauphase im Allgemeinen nicht zu vermeiden.

Kommentar

Häufig werden aus Gründen des Erscheinungsbildes scharfkantige Platten oder Pflastersteine sowie solche mit einer sehr kleinen Mikrofase eingeplant.

Bei der Anlieferung sollten Befestigungselemente mit Kantenabplatzungen beurteilt und ggf. ausgesondert werden. Im Allgemeinen wird ein Maß bis zu 2 mm derzeit nicht als Mangel angesehen.

Durch die Reinigung dieser Beläge/Decken mit einer Schwammbandreinigungsmaschine nach der Verfugung entsteht häufig eine vollständig bis an die Oberkante des Befestigungselementes gefüllte Fuge. Diese Fugenfüllung

Kommentar

kann bei thermischer Beanspruchung des Belags zu ungewünschten Abplatzungen an den Kanten der Befestigungselemente führen. Besonders in Kombination mit der nach DIN 18318 zugelassenen Möglichkeit der Fugenfüllung bis 1 mm unterhalb der Oberkante ist mit solchen Problemen zu rechnen.

Bei der vorgesehenen Verwendung scharfkantiger Platten oder Pflastersteine sollte der Auftragnehmer immer rechtzeitig auf diese Möglichkeit hinweisen, da dies auch bei anderen Reinigungsmethoden auftreten kann.

7.4.3 Unregelmäßigkeiten des äußeren Erscheinungsbildes

Unregelmäßigkeiten des äußeren Erscheinungsbildes sind für alle Arten von Pflastersteinen und Platten herkunfts-, rohstoff- und fertigungsbedingt nicht vollständig vermeidbar und für die Technologie dieser Erzeugnisse charakteristisch. Bei Natursteinerzeugnissen sind etwaige Unregelmäßigkeiten herkunftsbedingt, bei Klinker-, Ziegel- und Betonerzeugnissen rohstoff- und fertigungsbedingt.

Anforderungen an eine z. B. besonders glatte und gleichzeitig farbgleiche Sichtfläche sind konkurrierend und im Allgemeinen technologisch nicht erfüllbar. Je rauer und strukturierter die Sichtfläche eines Befestigungselementes ist, umso weniger fallen Farbschwankungen, Wolkenbildungen, Marmorierungen sowie auch Ausblühungen und Haarrisse optisch auf.

Technologisch nicht erfüllbare Anforderungen an die Befestigungselemente können im Allgemeinen sein:

- gleichmäßiger Farbton der Sichtflächen über den gesamten Belag oder auch über Teilflächen,
- gleichmäßige Textur der Sichtflächen über den gesamten Belag oder auch über Teilflächen,
- porenfreie Sichtflächen,
- gleichmäßige Porenstruktur, das heißt gleichmäßige Größe und Verteilung der Poren,
- Sichtflächen ohne Haar- oder Netzrisse,
- geringe Ausbrüche (Ausfransungen) an den Kanten der Sichtflächen, wenn diese in der Ausführung „scharfkantig" gefordert werden.

Festlegungen über das äußere Erscheinungsbild der Befestigungselemente innerhalb einer gewissen Schwankungsbreite sollten im Vorfeld mit Hilfe von Muster- bzw. Referenzflächen getroffen werden (siehe auch Abschnitt 7.2).

Kommentar

Das äußere Erscheinungsbild der Befestigungselemente kann durch die Herkunft, die verwendeten Rohstoffe und die Herstellung beeinflusst werden. Deshalb sollte bei der Bemusterung von Natursteinen nicht von einer unbedingten Farbgleichheit ausgegangen werden. Es empfiehlt sich, mehrere Einzelmuster als Begrenzung des zulässigen Farbspiels festzulegen (zulässige Bandbreite).

Kommentar

DIN EN 1341/1342 führen dazu für Naturstein aus, dass die Muster das zu erwartende Erscheinungsbild hinsichtlich Färbung, Aderung, Struktur und Oberfläche zeigen muss. Ebenso sind besondere Eigenschaften des Gesteins, wie z. B. kristalline Aderungen oder Flecken aus Ansammlungen eines Minerals, zu bemustern.

Für Gesteine, bei denen Rostfärbungen möglich sind, z. B. bei grauen Graniten, ist nachzuweisen, dass dies in der Lieferung nicht zu erwarten ist, und die nicht in den TL Pflaster-StB enthaltene Prüfung nach DIN 52008[1] auf Rostgefährdung sollte durchgeführt werden.

Bei Basalten sollte ein Nachweis erfolgen, dass Zerfall infolge Sonnenbrenner nicht zu erwarten ist, und der nicht in den TL Pflaster enthaltene Nachweis nach DIN EN 1367-3[2] (Kochversuch für Sonnenbrand von Basalten) sollte gefordert werden.

Bei Produkten aus Beton oder Ziegel/Klinker können Unregelmäßigkeiten, z. B. Farbabweichungen vom Muster, durch die verwendeten Rohstoffe oder die Herstellung entstehen. Die DIN EN 1338, 1339 und 1340 weisen für Betonprodukte darauf hin, dass Abweichungen von der Gleichmäßigkeit der Oberflächenstruktur durch unvermeidliche Schwankungen der Eigenschaften bei den Ausgangsstoffen und beim Erhärten hervorgerufen werden und nicht als bedeutend zu betrachten sind. Das Gleiche wird auch zu Abweichungen von der Farbintensität bei eingefärbten Betonprodukten ausgeführt.

7.4.4 Ausblühungen/Verfärbungen

Unter Ausblühungen wird eine zumeist weißliche Ablagerung auf der Sichtfläche oder anderen Oberflächen von Pflastersteinen und Platten verstanden, die unterschiedlich intensiv oder fleckenförmig sein kann. Verunreinigungen, die z. B. durch Lagerung von Baumaterialien, Bauabfällen etc. entstehen, können ein ähnliches Erscheinungsbild aufweisen, sind jedoch keine Ausblühungen.

Ausblühungen können bei Pflastersteinen und Platten selbst auftreten oder z. B. aus einer Verfugung mit hydraulisch gebundenem Fugenmaterial herrühren. Sie sind technisch unbedenklich und beeinträchtigen nicht die mechanischen Eigenschaften der Befestigungselemente sowie der daraus hergestellten Flächenbefestigungen.

Ausblühungen können auch infolge fehlerhafter Planung oder Ausführung auftreten, wenn z. B. die Unterlage unter der Pflasterdecke bzw. dem Plattenbelag nicht ausreichend wasserdurchlässig ist und dadurch die Befestigungselemente über längere Zeit einer durchfeuchteten Bettung ausgesetzt sind. Ungeeignete Nachbehandlungsmethoden, z. B. Folien, können ebenfalls zu einer optischen und gegebenenfalls technischen Beeinträchtigung führen.

---

1 DIN 52008:2006-03: Prüfverfahren für Naturstein – Beurteilung der Verwitterungsbeständigkeit, Ausgabe 2006, Beuth Verlag, Berlin 2006

2 DIN EN 1367-3:2001-06: Prüfverfahren für thermische Eigenschaften und Verwitterungsbeständigkeit von Gesteinskörnungen – Teil 3: Kochversuch für Sonnenbrand-Basalt, Ausgabe 2001, Beuth Verlag, Berlin 2006

7.4.4 Ausblühungen/Verfärbungen (Fortsetzung)

Bei bestimmten Natursteinen kann der Zerfall von etwaig vorhandenen Eisen- und Manganmineralien zu dauerhaften, rostbraunen Verfärbungen führen bzw. können bestimmte Mineralbestandteile, z. B. in Ergussgesteinen, zum Zerfall führen. Dies kann auch durch augenscheinliche Materialauswahl in der Regel nicht vollständig ausgeschlossen werden. Es wird empfohlen, vor der Auswahl der Bauprodukte Prüfungen nach DIN 52008:2006-03 durchführen zu lassen.

Kommentar

Sogenannte Ausblühungen sind in den meisten Fällen Kalkausscheidungen an Oberflächen und an Fugenkanten: Durch die Verdunstung von Wasser aus dem Beton oder Mörtel wird Kalkhydrat zur Oberfläche transportiert und schlägt sich dort nieder.

Solche Ausblühungen haben keinen Einfluss auf die Qualität des Fugenmörtels oder des Befestigungselementes, sie sind vorübergehende optische Mängel.

Besonders bei zementgebundenen Produkten können Ausblühungen in der Regel nicht sicher vermieden werden. Die Größe der Kalkausblühungen ist von verschiedenen Faktoren abhängig. Ein Faktor ist das zur Verfügung stehende Kalkhydrat bzw. Calciumhydroxit.

Trass ist ein latent hydraulischer Stoff mit einer geringeren Festigkeit und einem geringeren Elastizitätsmodul aus Zementstein. Der Zusatz von Trass zu einem hydraulisch gebundenem Fugenmörtel kann die Dichtigkeit erhöhen. Es wird Calciumhydroxit gebunden, wodurch weniger gelöstes Calciumhydroxit im Porenwasser enthalten ist. Hierdurch werden Ausblühungserscheinungen vermindert. Die Zugabe von Trass verringert die Reaktionsgeschwindigkeit und damit die Wärmeentwicklung bei der Hydratation. Dies kann vorteilhaft bezüglich der Spannungsentwicklung innerhalb der ersten Tage sein. Da die Reaktionen allerdings langsamer stattfinden, muss die Nachbehandlung über einen längeren Zeitraum erfolgen.

Die DIN EN 1338, 1339 und 1340 weisen darauf hin, dass Ausblühungen nicht als bedeutend betrachtet werden, da sie die Gebrauchstauglichkeit nicht beeinträchtigen. Dies ist nach Ansicht des Verfassers so pauschal nicht richtig und auch von anderen Kriterien, z. B. Intensität, Umfang, Lage usw., abhängig. Häufig muss hier auch das (subjektive) Empfinden der Verwender berücksichtigt werden.

Bei Befestigungselementen mit einem hohen Wasseraufnahmewert kann es zu Ausblühungen und auch Feuchtigkeitsflecken kommen, wenn die Elemente nur geringe Dicken haben oder die Wasserdurchlässigkeit der Unterlage sehr gering ist. Bei einem Feuchtigkeitsstau im Bettungsmörtel kann durch die Verdunstung von Wasser Kalkhydrat zur Oberfläche transportiert werden.

Ebenso kommt es immer wieder bei Nachbehandlungsmaßnahmen unter der Verwendung von Folien zu erheblichen Ausblühungen, da die nach der Reinigung vorhandene Feuchtigkeit nicht ablüften kann, sondern sich auf dem Belag niederschlägt.

Kommentar

Bezüglich der Entstehung von rostbraunen Verfärbungen bei einigen Natursteinen, z. B. hellen Graniten, wird auf den vorgehenden Abschnitt verwiesen. Hier sollte in Erweiterung der in den TL Pflaster-StB genannten zu erbringenden Nachweise eine Prüfung auf Verbindungen des Eisens nach DIN EN 52008[3] gefordert werden.

7.4.5 Risse

In der Befestigung können einzelne Haarrisse auftreten; die Rissbreite geht über etwa 0,2 mm nicht hinaus und die Risstiefe ist im Allgemeinen gering, so dass die mechanischen Eigenschaften der Elemente nicht beeinträchtigt werden. Optisch fallen Haarrisse in der Regel auf, wenn eine zunächst nasse Sichtfläche fast abgetrocknet ist.

Vereinzelt können Risse über 0,2 mm bis etwa 0,8 mm Breite auftreten. Sie können aus optischen Gesichtspunkten in der Regel vernachlässigt werden, sollten jedoch hinsichtlich ihrer Auswirkungen auf die Nutzungsdauer des Belages in Abhängigkeit der vorliegenden Verkehrsbelastung beurteilt werden.

Wenn auffällige Rissansammlungen oder Risse mit Rissbreiten von mehr als 0,8 mm vorliegen, sollten weitergehende Untersuchungen durchgeführt werden. Dabei ist insbesondere die Risstiefe durch Bohrkernentnahme zu ermitteln. Oberflächennahe, nicht durch das Pflaster bzw. den Belag durchgehende Risse sind von solchen zu unterscheiden, die durchgehen, den Haftverbund innerhalb des Belages stören und damit die Dauerhaftigkeit des Belages reduzieren können.

Risse, die ein Lösen von einzelnen Befestigungselementen oder Bereichen des Belages verursachen, erfordern in jedem Fall eine zeitnahe Erhaltungsmaßnahme.

Kommentar

Wie bei allen Bauwerken aus Beton sind auch in einer gebundenen Ausführung mit Befestigungselementen Rissbildungen nicht zu vermeiden. Sie werden grundsätzlich von der Ausführung beeinflusst, z. B. den Bewegungsfugen, der erreichten Haftzugfestigkeit, den Herstelltemperaturen, der Nachbehandlung usw.

DIN 18318 nennt vereinzelte Risse bis zu einer Rissbreite von 0,8 mm als hinnehmbar. Das muss in diesem Zusammenhang aber bedeuten, dass die Risse in Abständen und nur vereinzelt auftreten. Je nach Einzelfall können aber auch Risse mit Breiten kleiner 0,8 mm zu einer Funktionsbeeinträchtigung führen, wenn z. B. die Lastabtragung negativ beeinfluss wird und Spannungsspitzen entstehen. Auftretende Rissansammlungen sind zu beobachten und hinsichtlich der Ausführung der Kleinfläche dieses Bereiches zu untersuchen (Bohrkernentnahme).

---

3 DIN EN 52008: Prüfverfahren für Naturstein – Beurteilung der Verwitterungsbeständigkeit, Ausgabe 2006, Beuth Verlag, Berlin 2006

Kommentar

Es ist zu beachten, dass viele Risse nur oberflächennah vorhanden sind und nicht den Belag oder die Decke durchtrennen. Risse mit einer größeren Tiefe, die Befestigungselemente an mehr als einer Flanke umlaufen, können zu einem Lösen der Befestigungselemente führen und sollten daher genauer betrachtet werden.

Wenn Risse so aufgeweitet oder geformt sind, dass sich Befestigungselemente aus dem Belag lösen konnten, sind umgehend Sicherungs- und Erhaltungsmaßnahmen durchzuführen.

7.4.6 Alterung, Nutzungs- und Gebrauchsspuren

Pflasterdecken und Plattenbeläge „altern" und verschmutzen wie jedes andere Bauwerk auch, d. h. Farbe und Textur ihrer Oberseite bzw. Sichtfläche können sich im Laufe der Zeit verändern. Unterschiede im Erscheinungsbild können durch wechselnde Witterungsbedingungen, z. B. während der Abtrocknungsphase nach Niederschlägen, oder durch unterschiedliche mechanische Beanspruchung, z. B. Fahrgasse/nicht befahrene Randbereiche, verursacht werden.

Nutzungs- und Gebrauchsspuren sind auf Pflasterdecken und Plattenbelägen bei bestimmungsgemäßer Nutzung nicht vermeidbar. Dies können zum Beispiel Schleifspuren, Kratzer oder Schmutzeintrag sein. Bei Flächenbefestigungen, die der Nutzung durch Fahrzeuge dienen, sind zudem Reifenspuren durch Reifenabrieb nicht zu vermeiden. Sie sind auf hellen Flächenbefestigungen deutlicher zu erkennen als auf dunklen.

Kommentar

Wie bei allen anderen Verkehrsflächen kann auch hier nicht erwartet werden, dass der Abnahmezustand auch erhalten bleibt. Der Belag altert und wird durch Umwelteinflüsse und Nutzung verändert und verschmutzt. Ebenso kommt es abhängig vom Grad der Nutzung auch zu Gebrauchsspuren z. B. durch Materialabrieb hochbeanspruchter Oberflächen, Reifenabrieb usw.

7.4.7 Verschmutzung durch Fugenmörtel

Bei der Herstellung von Pflasterdecken und Plattenbelägen in gebundener Ausführung ist darauf zu achten, dass auf deren Sichtfläche möglichst keine Reste von Bettungs- oder Fugenmörtel verbleiben.

Bei porenreichen Natursteinen, wie z. B. Basaltlava oder Travertin, sind Mörtelreste auf der Sichtfläche der Befestigungselemente jedoch nicht vollständig zu vermeiden.

Bei der Verwendung von Kunstharzfugenmörteln ist es im Allgemeinen trotz sorgfältiger Ausführung und anschließender Reinigung nicht zu vermeiden, dass ein geringer Mörtelschleier auf der Sichtfläche der Befestigungselemente verbleibt.

Daher sollte das optische Erscheinungsbild des Belages im Vorfeld durch das Herstellen einer Musterfläche bzw. Referenzfläche nach Abschnitt 7.2 vereinbart werden.

Kommentar

Bild 7.1 Unzureichend gereinigtes Natursteinpflaster

Bei gebunden ausgeführten Decken und Belägen ist die gründliche Reinigung ein Abnahmekriterium. Das Vorhandensein von Mörtelresten kann Nacharbeiten auslösen.

Bei Natursteinen mit einer sichtbaren Porenstruktur wird eine rückstandsfreie Reinigung nur mit erheblichem Aufwand und dann wahrscheinlich immer noch nicht vollständig gelingen. Bei solchen Gesteinen sollte immer der Grad der Reinigung vorab zwischen Auftraggeber und Auftragnehmer z. B. im Rahmen einer Musterfläche festgelegt werden.

Bei gespaltenen Natursteinen wird sich Mörtel in den Vertiefungen absetzen, dies erfordert eine Nacharbeit.

Kunstharzgebundene Mörtel führen häufig zu einer Dunkelfärbung des Belags, da ein sehr dünner Kunstharzfilm nach dem Verfugen den Befestigungselementen anhaftet. Hierbei ist zu beachten, dass ein vorhandener Kunstharzfilm in der Regel nicht als Mangel an der Fläche angesehen wird. Durch Nutzung kann sich der Kunstharzfilm und damit die Färbung verringern. Dies kann bei Flächen, die nicht gleichmäßig genutzt werden, dazu führen, dass Bereiche mit unterschiedlichem optischem Erscheinungsbild entstehen.

Um zumindest bei der Abnahme Diskussionen bezüglich des hergestellten Erscheinungsbildes zu vermeiden, ist es allgemein vorteilhaft, eine verfugte Musterfläche anzulegen. In dieser sollte z. B. der Grad der Reinigung durch einen Mindestzustand festgelegt werden. Zudem sollte vorab vom Hersteller eine in gleicher Art und mit dem gleichen Produkt hergestellte Verfugung einer älteren Fläche gezeigt werden.

8 Erhaltung

Eine regelmäßige Kontrolle und Wartung von Pflasterdecken, Plattenbelägen und Einfassungen in gebundener Ausführung ist als Grundlage des Erhaltungsmanagements erforderlich, um eine vorgesehene Nutzungsdauer erreichen zu können. Sinngemäß wird auf das „Merkblatt für die Bauliche Erhaltung von Verkehrsflächen mit Pflasterdecken und Plattenbelägen in ungebundener Ausführung sowie von Einfassungen" (M BEP) der FGSV verwiesen.

Mindestens einmal jährlich sollte eine Sichtkontrolle durchgeführt werden, um eventuell beginnende Schäden frühzeitig erkennen zu können.

Schadhafte Mörtelfugen sollten umgehend repariert werden. Dazu sind die betreffenden Fugen mindestens 5 cm tief in Fugenbreite aufzuschneiden und mit Fugenmörtel neu zu verfüllen.

Schadhafte Bewegungsfugen sollten umgehend erneuert werden. Dabei ist nach den ZTV Fug-StB vorzugehen.

Schadhafte Pflastersteine und Platten, die eine Beeinträchtigung für die Verkehrssicherheit und/oder Nutzungssicherheit bedeuten, müssen umgehend ausgetauscht werden.

Aufgrabungen erfolgen in Anlehnung an die „Zusätzlichen Technischen Vertragsbedingungen und Richtlinien für Aufgrabungen im Straßenbau" (ZTV A-StB). Bei der Abtreppung zur Wiederherstellung von Aufgrabungen sind die Befestigungselemente entsprechend dem vorliegenden Verband aufzunehmen. Die Wiederherstellung sollte nach dem vorliegenden Merkblatt erfolgen. Hierbei sollte auf eine sorgfältige Nachbehandlung besonders geachtet werden. Eine Wiederverwendung ausgebauter Produkte kann in der Regel nicht erfolgen.

Anschlüsse an die bestehende Befestigung sind dauerhaft kraftschlüssig auszubilden. Die Flanken sind mittels Hochdruckreiniger zu reinigen und gegebenenfalls mit einem Kunstharzhaftkleber oder vergleichbar bei der Verfugung vorzubehandeln.

Pflasterdecken und Plattenbeläge in gebundener Ausführung können mit herkömmlichen Straßenreinigungsmaschinen und gegebenenfalls mit Hochdruckreinigungssystemen gereinigt werden.

Kommentar

Die gebundene Ausführung erfordert Erfahrung und Sorgfalt der Ausführenden im Umgang mit den eingesetzten Baustoffen. Trotzdem ist die Erstellung von gebundenen Pflasterdecken und Plattenbelägen ohne das Auftreten von einzelnen Spannungsrissen nicht möglich, auch regelmäßig angeordnete Bewegungsfugen verhindern dies nicht.

Wie jede andere Verkehrsfläche unterliegt auch eine Pflasterdecke bzw. ein Plattenbelag einem Verschleiß. Daher muss eine regelmäßige Kontrolle erfolgen. Es sollte in festzulegenden Abständen eine intensive fachkundige

Kommentar

Sichtkontrolle durchgeführt werden, um beginnende Schäden frühzeitig zu erkennen.

Schäden bzw. Veränderungen des Erscheinungsbildes, wie z. B. Risse oder Fugenausbrüche, sind zu beurteilen und bei Bedarf zu beheben. Wenn in den Fugen ein Verlust von Fugenmörtel über eine Tiefe von 3 cm hinaus entsteht, muss über eine Fugensanierung entschieden werden. Ausbrüche und vertiefte Fugen, die eine Verkehrsgefährdung bzw. einen größeren Schaden erwarten lassen und somit die Dauerhaftigkeit einschränken, sind mindestens 5 cm tief in Fugenbreite aufzuschneiden und mit geeignetem Fugenmörtel neu zu füllen.

Risse sind zu beurteilen. Wenn die Standsicherheit der anliegenden Befestigungselemente nicht beeinträchtigt ist, kann entschieden werden, ob eine Scheinfuge zum Verschluss des Risses angelegt werden sollte.

Gerissene Pflastersteine und Platten oder Elemente mit einem anderen Oberflächenschaden, die eine Beeinträchtigung für die Verkehrssicherheit und/oder Nutzungssicherheit bedeuten, müssen ausgetauscht werden.

Bei schadhaften Bewegungsfugen sollte nach dem Erkennen des Schadens die Füllung umgehend unter Beachtung der ZTV Fug-StB erneuert werden.

Aufgrabungen in gebunden hergestellten Flächen sind häufig unvermeidlich. Hier ist es von Vorteil, wenn am Lager des Auftraggebers Ersatzmaterial für den Belag bzw. die Decke vorhanden ist. Häufig bleibt es nicht aus, dass bei Aufgrabungen ein Element zerbrochen werden muss oder wird.

Die zu öffnende Fläche muss dem Verband entsprechend unter Beachtung der erforderlichen Abtreppungen der Schichten herausgeschnitten werden. Die nicht mit einem Gerät zu erreichenden Ecken müssen in Handarbeit nachgearbeitet werden.

Bild 8.1 Ungeeignetes bituminöses Material zum Verschließen eines aufgeschnittenen Risses

Kommentar

Die Wiederherstellung der Tragschichten erfolgt in Abstimmung mit den ZTV A-StB. Diese beinhalten jedoch konkret nur die ungebundene Pflasterbauweise. Beispielsweise wird auf die ZTV Pflaster-StB bezüglich der Baustoffgemische für Bettungen und Fugen verwiesen. Da die DIN 18318, welche ebenfalls im Rahmen der ZTV A-StB gilt, zwischenzeitlich – nach Veröffentlichung der ZTV A-StB – die gebundene Bauweise aufgenommen hat, sind entsprechende Regelungen der gebundenen Bauweise mit den ZTV A-StB vereinbart. Allerdings sollten die im hier kommentierten Merkblatt M FPgeb der FGSV enthaltenen Empfehlungen bei der Vertragsausgestaltung berücksichtigt werden.

Die Wiederherstellung der Flächenbefestigung sollte mit dem gleichen Material und in gleicher Art unter Beachtung des vorgefundenen Verbandes hergestellt werden. Da Aufgrabungen und deren Wiederherstellung in der Regel von in der gebundenen Ausführung wenig erfahrenem Personal erfolgen, sollte hier seitens der Baulastträger eine gründliche Überwachung vorgesehen oder eine Vereinbarung über die selbst durchgeführte Herstellung mit qualifiziertem Personal geschlossen werden. Es muss eine Sicherung der Fläche vor frühzeitiger Nutzung, aber auch vor zu frühem maschinellem Kehren erfolgen.

Gegenüber der ungebundenen Bauweise führt die gebundene Ausführung zu einer Fläche, bei der keine Probleme hinsichtlich einer Fugenentleerung entstehen sollten. Daher kann von Beginn an eine maschinelle Reinigung durchgeführt werden. Hochdruckreiniger können unter Berücksichtigung der Anwendungshinweise der Gerätehersteller genutzt werden. Bei unsachgemäßer Nutzung oder bei vorgeschädigten Fugen besteht jedoch die Gefahr von Abplatzungen an der vorliegenden Fläche.

9 Prüfungen

Die Qualität der zu verwendenden Bauprodukte und der ausgeführten Leistung sind für Funktionalität und Erhaltung von Pflasterdecken und Plattenbelägen in gebundener Ausführung über den vorgesehenen Nutzungszeitraum von besonderer Bedeutung. Es sollten daher stets die in den ZTV Pflaster-StB beschriebenen Prüfungen, sofern sie auch für die gebundene Bauweise angewendet werden können, vorgesehen bzw. vertraglich vereinbart werden. Diese können sowohl die Bauprodukte als auch die fertige Leistung des Auftragnehmers betreffen. Prüfverfahren, die nur Eigenschaften der gebundenen Bauweise zuzuordnen sind, sind in den ALP Pgeb enthalten. Diese sollten ebenfalls vorgesehen bzw. vertraglich vereinbart werden.

Die Prüfungen werden unterschieden nach Eignungsprüfungen, Eigenüberwachungsprüfungen und Kontrollprüfungen (siehe ZTV Pflaster-StB).

Prüfungen an Bettungs- und Fugenmörteln sind jeweils an Probekörpern gleicher Rohdichte durchzuführen.

Kommentar

Grundsätzlich sollte ein Bauvertrag über eine gebunden herzustellende Flächenbefestigung auch Regelungen zur Eignung der angebotenen Bauprodukte, zur vorzunehmenden Eigenüberwachung und zu den zum Nachweis der Erfüllung vertraglicher Vereinbarungen erforderlichen Kontrollprüfungen enthalten.

Es ist zu entscheiden, ob die Regelungen der DIN 18318 als ausreichend angesehen werden, oder ob eigene vertragliche Festlegungen auf der Grundlage des M FPgeb formuliert werden.

Erstprüfungen erfolgen in der Regel durch die Nachweise der Hersteller der Bauprodukte. Der Auftragnehmer hat die Pflicht, die Eignung der vorgesehenen Produkte auf Basis dieser Güteüberwachungszeugnisse und unter der Beachtung der vorliegenden örtlichen Gegebenheiten hinsichtlich der herzustellenden Leistung zu bewerten und sollte vertraglich entsprechend der Regelungen der ZTV Pflaster-StB verpflichtet werden, diese Eignung in Form eines Eignungsnachweises zu erklären.

Die Eigenüberwachung der Ausführenden ist zur Feststellung, ob die Leistung die vertraglich vereinbarten Eigenschaften erreicht, erforderlich.

Eigenüberwachungsprüfungen sind für die gebundene Ausführung Prüfungen folgender Eigenschaften:

- profilgerechte Lage, Ebenheit und Neigung der Unterlage
- Konsistenz und Verarbeitungszeit des angemischten Mörtels
- Dicke der Bettung
- Verdichtung der Decke bzw. des Belages
- Verbandsregeln, Fugenbreiten und Fugenverlauf
- tägliche Temperaturmessungen
- Fugenfüllung, Reinigung, Nachbehandlung
- Verschluss der Abläufe und Rinnen gegen das Eindringen von Fugenmörtel

Kommentar

- evtl. Prismenherstellung aus Bettungs- und Fugenmörtel und deren Lagerung
- Herstellung von Bewegungsfugen.

Kontrollprüfungen des Auftraggebers oder seiner Beauftragten sollten während der Ausführung entsprechend den Eigenüberwachungen und zur Abnahme der ausgeführten Bauleistung erfolgen. Dies wären Prüfungen zur Überwachung der folgenden Eigenschaften:

- profilgerechte Lage, Ebenheit und Neigung
- Verbandsregeln, Fugenbreiten und Fugenverlauf
- Reinigungszustand der hergestellten Fläche
- Sauberkeit der Abläufe und Rinnen
- Rissbildungen und deren Beurteilung (ggf. Vorbehalt)
- ggf. Informationsprüfung zur Haftzugfestigkeit
- Entnahme von Bohrkernen zur
  - Haftzugprüfung
  - Prüfung der Mörtelfestigkeit, Rohdichte, Wasserdurchlässigkeit und Frostwiderstand.

Wenn Kontrollprüfungen durch Bohrkernentnahmen erfolgen, sollten einer Prüfung ca. 500 bis 700 m² zugeordnet werden. Dies können jedoch, je nach der beobachteten Ausführung und des Zustands der Abnahmefläche, auch größere Flächen sein; die Entscheidung darüber obliegt dem Auftraggeber.

Orientierungsprüfung zur Haftzugfestigkeit

Zur orientierenden Bestimmung der Haftzugfestigkeit zwischen Bettungsmörtel und Befestigungselement im Bauwerk kann eine In-Situ-Prüfung, also eine Vor-Ort-Prüfung, 28 Tage nach Fertigstellung an der Einbaustelle durchgeführt werden. Dabei wird ein sofortiges Ergebnis für die an der Baustelle erreichten Werte festgestellt. Das Ergebnis kann jedoch nur eine Orientierung dafür geben, ob bei einer Prüfung an Bohrkernen die vertraglich vereinbarten Werte der Haftzugfestigkeit erreicht werden können.

Bild 9.1 Bohrkern – mangelhaft gefüllte Fuge
(Quelle: MPVA Neuwied)

Zur Prüfung wird ein Bohrkern mit einem Nenn-Außendurchmesser von 100 mm durch die Decke/den Belag bis ca. 2–3 cm in die Bettung gebohrt. Anschließend werden die Zugplatten mit einem geeigneten Kleber mittig auf die Prüfflächen aufgeklebt und mit einer Prüfmaschine abgezogen.

Der Abriss darf nur dann zwischen Kleber und Befestigungselement erfolgen, wenn mindestens der

Kommentar

Bild 9.2 Haftzugprüfungen (Fuge/Bettung) am Bohrkern (Quelle: MPVA Neuwied)

Bild 9.3 Haftzugprüfung vor Ort als Informationsprüfung

Bild 9.4 Bohrkern nach Haftzugprüfung – mangelhafter, zu trockener Mörtel

Anforderungswert erreicht wird. Wenn der Abriss im Mörtel erfolgt, ist dies zu bewerten.

Bohrkernentnahme und Prüfungen im Labor

Zur Durchführung der Laboruntersuchungen sind Bohrkerne mit einem Nenn-Außendurchmesser von 100 mm bzw. 150 mm aus der Flächenbefestigung des Objektes im Nassbohrverfahren bis zur Durchdringung des Bettungsmörtels zu entnehmen.

Die Bohrung zur Entnahme der Prüfkörper für die Bestimmung der Druckfestigkeit und der Haftzugfestigkeit zwischen Bettung und Befestigungselement ist mittig durch ein Befestigungselement zu führen.

Zur Bestimmung der Wasserdurchlässigkeit und des Frost-Tau-Widerstandes des Bettungsmörtels sowie der Haftzugfestigkeit zwischen Fugenmörtel und Befestigungselement wird der Bohrkern im Fugenbereich gewonnen. Die Positionen der Bohrungen sind im Prüfbericht anzugeben.

Kommentar

Zur Durchführung der Laboruntersuchungen am Bettungsmörtel sind die entnommenen Bohrkerne drei Tage vor dem geplanten Prüftermin möglichst nah an den Belägen, aber im Bettungsmörtel durch Schneiden zu begradigen. Anschließend sind aus diesen Proben Würfel mit parallel zueinander verlaufenden, möglichst großen Kantenlängen zu entnehmen.

Die Prüfkörper werden unter festgelegten Laborbedingungen gelagert.

An den Prüfkörpern können die nachstehenden Prüfungen durchgeführt werden:

- Bestimmung der Festmörtelrohdichte
- Bestimmung der Druckfestigkeit
- Bestimmung der Haftzugfestigkeit
- Bestimmung der Wasserdurchlässigkeit
- Bestimmung der Frost-Tauwechsel-Widerstandsfähigkeit.

Der Auftraggeber erhält die dazu gehörigen Prüfberichte zur Abnahme.

An den Probekörpern kann zusätzlich die Haftzugfestigkeit zwischen Element und Fugenmörtel bestimmt werden.

Details zu den Prüfungen sind in den TP Pflaster-StB enthalten, die derzeit (Stand Dezember 2022) im Arbeitskreis „Prüfverfahren für Pflasterdecken und Plattenbeläge“ der FGSV erarbeitet werden.

Anhang

Technische Regelwerke

DIN[1]	DIN 18299	VOB/Teil C: Allgemeine Technische Vertragsbedingungen für Bauleistungen (ATV) – Allgemeine Regelungen für Bauarbeiten jeder Art
	DIN 18318	Verkehrswegebauarbeiten – Pflasterdecken und Plattenbeläge in ungebundener Ausführung, Einfassungen
	DIN 52008	Prüfverfahren für Naturstein – Beurteilung der Verwitterungsbeständigkeit
	DIN ISO 7619-1	Elastomere oder thermoplastische Elastomere – Bestimmung der Eindringhärte – Teil 1: Durometer-Verfahren (Shore-Härte)
FGSV[2]	ALP Pgeb	Arbeitsanleitung zur Durchführung von Prüfungen für Pflasterdecken und Plattenbeläge in gebundener Ausführung (FGSV 618/3)
	M DBT	Merkblatt für Dränbetontragschichten (FGSV 827)
	M BEP	Merkblatt für die Bauliche Erhaltung von Verkehrsflächen mit Pflasterdecken und Plattenbelägen in ungebundener Ausführung sowie von Einfassungen (FGSV 620)
	M FP	Merkblatt für Flächenbefestigungen mit Pflasterdecken und Plattenbelägen in ungebundener Ausführung sowie für Einfassungen (FGSV 618/1)
	M VV	Merkblatt für Versickerungsfähige Verkehrsflächen (FGSV 947)
	RAS-Ew	Richtlinien für die Anlage von Straßen – Teil: Entwässerung (FGSV 539)
	RStO	Richtlinien für die Standardisierung des Oberbaus von Verkehrsflächen (FGSV 499)
	TL Gestein-StB	Technische Lieferbedingungen für Gesteinskörnungen im Straßenbau (FGSV 613)
	TL Fug-StB	Technische Lieferbedingungen für Fugenfüllstoffe in Verkehrsflächen (897/2)
	TL Pflaster-StB	Technische Lieferbedingungen für Bauprodukte zur Herstellung von Pflasterdecken, Plattenbelägen und Einfassungen (FGSV 643)
	TL SoB-StB	Technische Lieferbedingungen für Baustoffgemische und Böden zur Herstellung von Schichten ohne Bindemittel im Straßenbau (FGSV 697)
	TP Eben	Technische Prüfvorschriften für Ebenheitsmessungen auf Fahrbahnoberflächen in Längs- und Querrichtung – Teil: Berührende Messungen (FGSV 404/1)
	ZTV A-StB	Zusätzliche Technische Vertragsbedingungen und Richtlinien für Aufgrabungen im Straßenbau (FGSV 976)

Anhang – Technische Regelwerke (Fortsetzung)

FGSV[2]	ZTV E-StB	Zusätzliche Technische Vertragsbedingungen und Richtlinien für Erdarbeiten im Straßenbau (FGSV 599)
	ZTV Fug-StB	Zusätzliche Technische Vertragsbedingungen und Richtlinien für Fugen in Verkehrsflächen (FGSV 897/1)
	ZTV Pflaster-StB	Zusätzliche Technische Vertragsbedingungen und Richtlinien zur Herstellung von Pflasterdecken, Plattenbelägen und Einfassungen (FGSV 699)
	ZTV SoB-StB	Zusätzliche Technische Vertragsbedingungen und Richtlinien für den Bau von Schichten ohne Bindemittel im Straßenbau (FGSV 698)

Bezugsquellen

1) **Beuth Verlag GmbH**
Anschrift: Burggrafenstraße 6, 10787 Berlin
Tel.: 030/2601-1331, Fax: 030/2601-1260
E-Mail: kundenservice@beuth.de, Internet: www.beuth.de

2) **FGSV Verlag GmbH**
Anschrift: Wesselinger Straße 15–17, 50999 Köln
Tel.: 02236/384630, Fax: 02236/384640
E-Mail: info@fgsv-verlag.de, Internet: www.fgsv-verlag.de

Alle aufgeführten FGSV-Veröffentlichungen sind auch digital für den FGSV Reader erhältlich und enthalten im umfassenden Abo-Service „FGSV – Technisches Regelwerk – Digital“

Teil D
Beläge mit Großformaten

Hinweise

Kommentar

1 Herstellung von Verkehrsflächen mit Großformaten gemäß dem Merkblatt M FG

1.1 Allgemeines

Mit den Definitionen der ZTV Pflaster-StB sowie des M FPgeb[1] werden Pflastersteine als Befestigungselemente festgelegt, deren maximale Länge 400 mm, deren Fläche maximal 1024 cm² und deren Verhältnis zwischen maximaler Länge und Dicke höchstens 4 beträgt. Platten dagegen werden als Elemente definiert, deren Verhältnis größer 4 ist, die aber auch in ihrer maximalen Länge begrenzt sind, hier allerdings auf 600 mm. Produkte, die größer als 400 mm bzw. 600 mm sind, werden im Rahmen der ZTV Pflaster-StB nicht geregelt. Gleiches gilt für die gebundene Bauweise im Rahmen des M FPgeb. Durch die europäischen Produktnormen sind jedoch auch größere Produkte genormt. Sie werden entsprechend der Normen als Pflastersteine oder Platten definiert.

Es gelten folgende Regelungen bezüglich der Maximalabmessungen der europäischen Produktnormen:

- Pflastersteine aus Beton gemäß DIN EN 1338:
  keine Begrenzung der Länge
- Platten aus Beton gemäß DIN EN 1339:
  Gesamtlänge ≤ 1 m
- Pflastersteine aus Naturstein gemäß DIN EN 1342:
  keine Begrenzung der Länge, aber $L \leq 2 \times B$
- Platten aus Naturstein gemäß DIN EN 1341:
  keine Begrenzung der Länge
- Pflasterziegel nach DIN EN 1344:
  keine Begrenzung der Länge.

Diese Produkte sind auch Bestandteil der TL Pflaster-StB[2] und können nach DIN 18318[3] eingesetzt werden. Allerdings verhalten sich Flächenbefestigungen mit großen Formaten anders als solche, deren Formate auf die üblichen Abmessungen beschränkt sind. Daher sind nicht alle Regelungen der DIN 18318 sinnvoll, da beispielsweise durch eine große Fläche die Verdichtung der Bettung erschwert wird und sie daher dünner als im Regelfall sein sollte. Da Produkte mit großen Flächenabmessungen auch eine gewisse Mindestdicke erfordern, ist die Fugenfüllung bei Regelfugenbreiten schwierig. Auch hier sind besondere Anforderungen für eine angemessene Ausführung erforderlich. Entsprechend sind die Baustoffgemische darauf abzustimmen und die Verkehrsbelastung solcher Flächen in Abhängigkeit von der Größe der Befestigungselemente zu wählen. Daher wurde von der Forschungsgesellschaft für Straßen- und Verkehrswesen 2013 ein Merkblatt veröffentlicht und 2022 neu überarbeitet herausgegeben, in welchem Details zu der Bauweise mit solch großen Elementen erläutert werden. Die Bauweise gemäß diesem „Merkblatt für Flächenbefestigungen mit Großformaten", M FG,[4] entspricht

---

1 Siehe die ausführliche Kommentierung der ZTV Pflaster-StB, Ausgabe 2020, in Teil A, die des M FPgeb, Ausgabe 2018, in Teil C, Kapitel 3 dieses Handbuchs.

2 Siehe Kommentierung der TL Pflaster-StB 06/15, Ausgabe 2006/Fassung 2015, in Teil B dieses Handbuchs.

3 ATV DIN 18318: Pflasterdecken und Plattenbeläge, Einfassungen, Ausgabe 2019, Beuth Verlag, Berlin 2019

4 Merkblatt für Flächenbefestigungen mit Großformaten – M FG, Ausgabe 2022, FGSV Verlag, Köln 2022

Bild 1.1 Herstellung eines Großformatbelages (Quelle: Boehnke)

nach der Nomenklatur der FGSV dem Stand der Technik. Im Merkblatt werden die größeren Pflastersteine und Platten zusammenfassend und abgrenzend zum sonstigen Regelwerk der FGSV als Großformate bezeichnet.

Ein Großformat ist gemäß Kapitel 2 des M FG ein „Befestigungselement aus Beton oder Naturstein, dessen Gesamtlänge größer als 400 mm ist, mit

Bild 1.2 Hergestellter Großformatbelag (Yachthafen Warnemünde) (Quelle: Boehnke)

Kommentar

Bild 1.3 Befestigung eines Platzes mit einem Großformatbelag

einer maximalen Gesamtlänge von 1 250 mm. Die Mindestnenndicke beträgt 100 mm. Die Gesamtlänge dividiert durch die Gesamtbreite ist nicht größer als 2,5."

Eine Decke bzw. ein Belag mit Großformaten wird als „Großformatbelag" oder „Belag mit Großformaten" definiert. Er umfasst die Großformate, die Fugenfüllung und die Bettung.

Nach dieser Definition ist es egal, ob ein Großformat aus Beton oder Naturstein besteht. Es wird hinsichtlich der Anforderungen (größtenteils) nicht zwischen diesen Materialien unterschieden. Gleiches gilt bezüglich der Verwendung von Pflastersteinen oder Platten entsprechend den DIN EN. Auch hier wird nicht unterschieden, da man davon ausgeht, dass die Produktqualität in etwa gleich ist, wenn die Produktanforderungen der jeweiligen Normen erfüllt werden.

Ein Großformatbelag kann mit ungebundenen Bettungs- und Fugenmaterialien oder gebunden mit Bettungs- und Fugenmörtel hergestellt werden. Bezüglich des Anwendungsbereichs, der Unterlage und der Anforderungen an die Bauprodukte sowie der Herstellung bestehen hierbei jedoch Unterschiede, auf die im Folgenden eingegangen wird.

Der Anwendungsbereich von Großformatbelägen umfasst normalerweise solche Bereiche, bei denen die Gestaltung besonderen architektonischen Ansprüchen genügen soll. Weiterhin können Argumente zur Barrierefreiheit zur Wahl von Großformaten führen. Zumeist handelt es sich um besonders repräsentative Flächen, gern auch in Fußgängerzonen. Der Schwerpunkt liegt dabei auf Flächen, die für den Fußgängerverkehr vorgesehen sind. Aber auch Radwege können entsprechend befestigt werden. Zudem können Großformatbeläge mit geeignetem Aufbau auch von Kraftfahrzeugen befahren werden. Die Geschwindigkeit sollte dann allerdings deutlich begrenzt sein, die

Kommentar

zulässige Geschwindigkeit sollte 20 km/h nicht überschreiten. Der Anteil des Schwerverkehrs sollte nicht größer sein als für eine Beanspruchung gemäß BK 1,8 der RStO[5]. Bei höheren Beanspruchungen oder höheren Geschwindigkeiten des Kfz-Verkehrs liegen neben verschiedenen positiven Beispielen auch einige negative Erfahrungen vor. Der Aufbau und die Baustoffe sind aber immer auf die entsprechende Verkehrsbelastung und die sonstige Funktion der Verkehrsfläche abzustimmen. Hierzu erfordert die Bauweise stets eine sehr sorgfältige Planung, die Verwendung qualitativ hochwertiger Produkte und die Ausführung durch Baufirmen, die mit dieser Bauweise umfangreiche positive Erfahrungen haben.

Bei der Bauweise sind die grundsätzlichen Prinzipien und Anforderungen der ZTV Pflaster-StB bei der ungebundenen Bauweise und des M FPgeb bei der gebundenen Bauweise zu beachten. Das „Merkblatt für Flächenbefestigungen mit Großformaten" ergänzt diese Regelungen hinsichtlich der Besonderheiten bei der Herstellung von Großformatbelägen.

Im Folgenden werden, unter Berücksichtigung der Vorgaben des M FG, die wichtigsten Anforderungen und Empfehlungen für die Herstellung von Verkehrsflächen mit Großformaten zusammengefasst.

Die Oberfläche des Großformatbelages sollte aus entwässerungstechnischen Gründen an keiner Stelle eine Neigung von 2,0 % unterschreiten[6]. Um das Niederschlagswasser ausreichend schnell von der Fläche abzuführen, ist eine Entwässerungsplanung erforderlich. Linienhafte Entwässerungseinrichtungen sind aufgrund der Größe der Elemente vorteilhafter als punktförmige Entwässerungseinrichtungen. Die Länge des Entwässerungsweges ist auf die Neigung des Belages und die verwendeten Baustoffe abzustimmen.

Die Wahl des Verbandes beeinflusst die Lastabtragung der Befestigung und hat dabei einen deutlichen Einfluss auf die Dauerhaftigkeit der Befestigung, besonders bei der ungebundenen Bauweise. Bei dieser haben sich Verbände ohne Kreuzfugen und mit diagonal zur Fahrtrichtung angeordneten Fugen als besonders positiv herausgestellt. In Fahrtrichtung weisende durchgehende Längsfugen sollten vermieden werden.

Gerade bei Großformatbelägen werden jedoch oftmals durchgehende Fugen aus gestalterischen Gründen gewünscht. Hier muss die eingeschränkte Dauerhaftigkeit berücksichtigt werden und beispielsweise durch flankierende Maßnahmen wie eine größere Dicke der Großformate oder verbundfördernde, angeformte Profile verbessert werden.

Ebenso können sogenannte Verschiebesicherungen, Profile aus Metall, welche in die Unterlage geschlagen bzw. bei gebundener Tragschicht eingebaut werden, die Lagestabilität des Verbandes erhöhen.

Bei gebundenen Belägen mit Großformaten beeinflusst die Wahl und Ausrichtung des Verbandes die Position auftretender Risse. Um Rissbildungen durch Großformate zu verringern und diese in die Fugen zu führen, können Kreuzfugen vorteilhaft sein.

Die Fugenbreite von Großformatbelägen sollte entsprechend der Tabelle 6 des M FG gewählt werden.

---

5 Richtlinien für die Standardisierung des Oberbaus von Verkehrsflächen, Ausgabe 2012, Korrektur 2020, FGSV Verlag, Köln 2020

6 Siehe hierzu Abschnitt 4.5.4 des M FG.

4.5.5.4 Fugenbreiten

...

Tabelle 6: Empfohlene Sollfugenbreiten für ungebundene und gebundene Großformatbeläge

Baustoff	Dicke D des Großformates	Sollfugenbreite[1]		
		ungebundene Ausführung	gebundene Ausführung	
		größte Kantenlänge L des Großformates (Nennmaß)		
		L ≤ 1 250 mm	L ≤ 600 mm	600 < L ≤ 800 mm
Beton, Naturstein mit fein oder grob bearbeiteten Seitenflächen	100 mm ≤ D < 120 mm	4 mm	8 mm	10 mm
	120 mm ≤ D ≤ 140 mm	6 mm		
	D > 140 mm	8 mm		
Naturstein mit spaltrauen Seitenflächen[2]	100 mm ≤ D ≤ 120 mm	≤ 15 mm[3]	15 mm	15 mm
	D > 120 mm	≤ 20 mm[3]	20 mm	20 mm

1) Für Großformatbeläge mit unterschiedlich großen Befestigungselementen sollte eine einheitliche Sollfugenbreite für die gesamte herzustellende Fläche durch die Planung festgelegt werden.

2) Falls eine Oberfläche eines Befestigungselementes aus Naturstein nach dem Spalten nachgerichtet wird, zum Beispiel zur Vergleichmäßigung der entsprechenden Fläche, wird dies nicht als „bearbeitete Fläche" bezeichnet, da keine steinmetzmäßige Bearbeitung, mit dem Ziel der Herstellung einer bestimmten Oberflächentextur, angewendet wurde.

3) Die genannten Fugenbreiten sind tatsächliche Fugenbreiten, die im fertigen Großformatbelag nicht überschritten werden dürfen (siehe auch Abschnitt 6.7.2).

Kommentar

1.2 Dimensionierung

Großformatbeläge sind nicht Bestandteil der RStO. Damit liegen keine allgemein anzuwendenden Richtlinien für die Dimensionierung dieser Bauweise vor. Unter Berücksichtigung der Ausführungen des M FG[7] sollen trotzdem die RStO zur Dimensionierung der Tragschichten herangezogen werden. Hierzu ist die Fläche einer Belastungsklasse gemäß RStO zuzuordnen.

Zur Dimensionierung der Decke sind die Ausführungen des M FG zu beachten. Bei einem gebundenen ausgeführten Belag muss auch die obere Tragschicht gebunden ausgeführt werden. Hierzu eignen sich wasserdurchlässige Asphalttragschichten oder Dränbetontragschichten.

Bei ungebundenen Belägen können neben den gebundenen Tragschichten auch Kies- und Schottertragschichten eingesetzt werden.

Folgende Dicken sind je nach Beanspruchung gemäß dem M FG hinsichtlich der Dimensionierung aus Tragfähigkeitsgründen zu empfehlen:

---

7 Siehe hierzu Abschnitt 4.4 des M FG.

4.4.2.1 Tragschichten ohne Bindemittel

...

Tabelle 3: Empfohlene Schichtdicken und Mindestwerte für den Verformungsmodul von Tragschichten ohne Bindemittel (ToB)

Frostschutzschicht (FSS) (ausgehend von einem Verformungsmodul auf dem Planum von $E_{v2} \geq 45$ MPa)	
FSS aus überwiegend ungebrochenem Material	Dicke ≥ 25 cm und $E_{v2} \geq 100$ MPa
FSS aus überwiegend gebrochenem Material	Dicke ≥ 20 cm und $E_{v2} \geq 100$ MPa
FSS aus überwiegend ungebrochenem Material	Dicke ≥ 35 cm und $E_{v2} \geq 120$ MPa
FSS aus überwiegend gebrochenem Material	Dicke ≥ 30 cm und $E_{v2} \geq 120$ MPa
Anmerkung 1: Die Anforderungen gelten nicht für Schichten aus frostunempfindlichem Material. *Anmerkung 2: Für die Bauweise Dränbetontragschicht (DBT) unmittelbar auf Frostschutzschicht (FSS) sollte die FSS einen Verformungsmodul von $E_{v2} \geq 120$ MPa aufweisen.*	
obere ToB (ausgehend von einem Verformungsmodul auf der FSS von $E_{v2} \geq 100$ MPa)	
Geh- und Radwege, Verkehrsflächen für den ruhenden Verkehr sowie andere Verkehrsflächen mit einer dimensionierungsrelevanten Beanspruchung von bis zu 0,1 Mio. äquivalenten 10-t-Achsübergängen	
Kiestragschicht	Dicke ≥ 30 cm und $E_{v2} \geq 150$ MPa
Schottertragschicht	Dicke ≥ 20 cm und $E_{v2} \geq 150$ MPa
Verkehrsflächen der Belastungsklassen Bk0,3 mit mehr als 0,1 Mio. äquivalenten 10-t-Achsübergängen, Bk1,0 oder Bk1,8	
Schottertragschicht	Dicke ≥ 30 cm und $E_{v2} \geq 180$ MPa
obere ToB (ausgehend von einem Verformungsmodul auf der FSS von $E_{v2} \geq 120$ MPa)	
Geh- und Radwege, Verkehrsflächen für den ruhenden Verkehr sowie andere Verkehrsflächen mit einer dimensionierungsrelevanten Beanspruchung von bis zu 0,1 Mio. äquivalenten 10-t-Achsübergängen	
Kiestragschicht	Dicke ≥ 20 cm und $E_{v2} \geq 150$ MPa
Schottertragschicht	Dicke ≥ 15 cm und $E_{v2} \geq 150$ MPa
Verkehrsflächen der Belastungsklassen Bk0,3 mit mehr als 0,1 Mio. äquivalenten 10-t-Achsübergängen, Bk1,0 oder Bk1,8	
Kiestragschicht	Dicke ≥ 20 cm und $E_{v2} \geq 150$ MPa, nur wenn darüber eine Tragschicht mit Bindemittel (TmB) angeordnet wird
Schottertragschicht	Dicke ≥ 20 cm und $E_{v2} \geq 180$ MPa Dicke ≥ 15 cm und $E_{v2} \geq 150$ MPa, nur wenn darüber eine Tragschicht mit Bindemittel (TmB) angeordnet wird
ToB direkt auf dem Planum (ausgehend von einem Verformungsmodul auf dem Planum von $E_{v2} \geq 45$ MPa)	
Geh- und Radwege, Verkehrsflächen für den ruhenden Verkehr sowie andere Verkehrsflächen mit einer dimensionierungsrelevanten Beanspruchung von bis zu 0,1 Mio. äquivalenten 10-t-Achsübergängen	
Kiestragschicht	Dicke ≥ 50 cm und $E_{v2} \geq 150$ MPa[1)]
Schottertragschicht	Dicke ≥ 35 cm und $E_{v2} \geq 150$ MPa[1)]

1) Bei örtlicher Bewährung auch geringere Dicke möglich (vgl. auch RStO).

4.4.2.2 Tragschichten mit Bindemittel

...

Tabelle 4: Empfohlene Schichtdicken von Tragschichten mit Bindemittel (TmB)

Zeile	Art der Verkehrsfläche	Dränbeton-tragschicht	wasserdurchlässige Asphalttragschicht	
			wenn darunter eine ToB als FSS angeordnet ist	wenn darunter eine ToB und eine weitere ToB als FSS angeordnet sind
1	Geh- und Radwege, Verkehrsflächen für den ruhenden Verkehr oder Verkehrsflächen der Belastungsklasse Bk0,3	d = 15 cm	d = 12 cm	d = 10 cm
2	Verkehrsflächen der Belastungsklasse Bk1,0 oder Bk1,8	d = 20 cm	d = 14 cm	d = 12 cm

Kommentar

Die Dimensionierung der Schichten ohne Bindemittel muss zudem die ausreichende Frostsicherheit berücksichtigen. Hierzu sind die Vorgaben der RStO zu beachten.

Das kann bedeuten, dass die Frostschutzschicht hinsichtlich der Frostsicherheit mit einer größeren Dicke herzustellen ist, als dies mit Hinblick auf die Tragfähigkeit erforderlich wäre. Alternativ bzw. ergänzend kann eine Schicht aus frostunempfindlichem Material eingesetzt werden.

Die Dimensionierung des Großformatbelages erfordert die Dickenfestlegung der Bettung und der Großformate. Die Bettung sollte bei der ungebundenen Bauweise eine geplante Dicke von 3 cm und bei der gebundenen Bauweise von 5 cm aufweisen. Damit wird bewusst bei der ungebundenen Bauweise eine geringere Dicke als bei Pflasterdecken und Plattenbelägen vorgegeben. Hintergrund ist, dass der Belag in der Regel nur mit geringer Verdichtungsenergie mittels Rüttelplatten verdichtet werden kann. Dadurch besteht die Gefahr einer unzureichenden Verdichtung der Bettung, wodurch während der Nutzungsdauer Nachsetzungen entstehen können, welche die Ebenheit des Belages ungünstig beeinflussen. Um diese Vorgänge möglichst gering zu halten, sollte die Bettung so dünn wie möglich eingebaut werden. Allerdings muss die Bettung die zulässigen Dickentoleranzen der Großformate und der Unterlage ausgleichen können, so dass die Bettung auch nicht zu dünn sein darf. Die vorgesehenen 3 cm haben sich als der beste Kompromiss herausgestellt.

Bei der gebundenen Ausführung sind Verdichtungsprobleme normalerweise weniger relevant, so dass die Regeldicke des M FPgeb vorgesehen werden kann. Problematisch kann bei dieser Bauweise eher der ausreichende Ver-

Kommentar

bund zwischen Großformat und Bettung werden. Hierauf wird in den nachfolgenden Abschnitten noch eingegangen.

In der folgenden Tabelle 5 des M FG sind Empfehlungen zur Festlegung der Dicke und der Gesamtlänge der Großformate enthalten. Sie beruhen auf bisherigen Erfahrungen.

Zusammenhängende Flächen sind hinsichtlich der Bereiche mit der höchsten Beanspruchung zu dimensionieren. Dickenunterschiede zwischen den Bereichen sind nicht schadensfrei herzustellen und müssen daher vermieden werden. Bereichsabgrenzungen, z. B. zwischen Gehweg und Fahrbahn, sind durch Randeinfassungen herzustellen.

4.4.3 Dimensionierung der Großformate

...

Tabelle 5: Empfehlungen zur Festlegung von Gesamtlänge und Nenndicke von Großformaten in Abhängigkeit der dimensionierungsrelevanten Beanspruchung bzw. der Belastungsklasse gemäß den RStO

Zeile	Art der Verkehrsfläche	Gesamtlänge des Großformates[1)] [mm]	empfohlene Mindestnenndicke des Großformates [mm]	
			ungebundene Ausführung[3)]	gebundene Ausführung
1	Geh- und Radwege, Verkehrsflächen für den ruhenden Verkehr sowie andere Verkehrsflächen mit einer dimensionierungsrelevanten Beanspruchung von bis zu 0,1 Mio. äquivalenten 10-t-Achsübergängen	> 400 bis < 500	100 oder 120	≥ 120
		≥ 500 bis < 700	120 oder 140	
		≥ 700 bis ≤ 1 250[2)]	140 oder 160	≥ 120
2	Verkehrsflächen der Belastungsklasse Bk0,3 mit mehr als 0,1 Mio. äquivalenten 10-t-Achsübergängen	> 400 bis ≤ 800	140 oder 160	≥ 140
3	Verkehrsflächen der Belastungsklasse Bk1,0	> 400 bis ≤ 750	≥ 160	≥ 140
4	Verkehrsflächen der Belastungsklasse Bk1,8	> 400 bis ≤ 600	≥ 180[4)]	≥ 140

1) Großformate mit größeren Längen sollten nicht verwendet werden.
2) Die Gesamtlänge des Großformates sollte bei der gebundenen Ausführung maximal 800 mm betragen.
3) Zu berücksichtigen sind zum Beispiel die Festigkeitseigenschaften der Großformate, deren Seitenverhältnis von Gesamtlänge zu Gesamtbreite sowie der vorgesehene Verband. Unter Umständen können auch größere als die hier genannten Mindestnenndicken erforderlich werden.
4) Liegen bei Fußgängerzonen, Plätzen und ähnlichen Verkehrsflächen örtliche Gegebenheiten vor, die auf einen niedrigen Schwerverkehrsanteil schließen lassen, kann die Mindestnenndicke des Großformates auch ≥ 160 mm betragen. Die Großformate sollten dann ein Seitenverhältnis Gesamtlänge zu Gesamtbreite von nicht mehr als 1,5 zu 1 aufweisen.

Kommentar

Zudem sind die vorliegenden Beanspruchungen zu berücksichtigen. Liegen beispielsweise besondere Beanspruchungen vor, z. B. mit Kurvenfahrt oder spurfahrendem Verkehr, oder sollen Großformate mit besonderen Längen-Breiten-Verhältnissen genutzt werden, so sind die Dicken darauf abzustimmen. Hohe Einzelbelastungen, z. B. auf Gewerbeflächen, sind nicht in der Tabelle berücksichtigt und müssen im Anwendungsfall für eine Dimensionierung erfasst werden.

Ergänzend sind die Festigkeitseigenschaften der vorgesehenen Großformate auf Dicke und Verkehrsbelastung abzustimmen.

1.3 Unterlage

1.3.1 Allgemeines

Tragschichten sind für die Dauerhaftigkeit der Befestigung von großer Bedeutung und sollten mit höchst möglicher Qualität hergestellt werden. Allein aus Kostengründen empfiehlt sich dies schon, da die Herstellungskosten des Großformatbelages die Kosten der Herstellung der Tragschichten bei Weitem übersteigen und daher „nicht am falschen Ende gespart werden sollte“.

Die Unterlage eines Großformatbelages kann aus einer Schicht ohne Bindemittel, einer Asphalttragschicht oder einer Betontragschicht bestehen. Es gelten die entsprechenden Anforderungen der ZTV SoB-StB[8], ZTV Asphalt-StB und ZTV Beton-StB. Bei den gebundenen Tragschichten sollten ergänzend die Regelungen des M VV[9] der FGSV vereinbart werden.

Alle Tragschichten müssen eine ausreichende Wasserdurchlässigkeit[10] aufweisen, da durch die Fugen des Belages Niederschlagswasser eindringen kann. Dies gilt auch bei der gebundenen Ausführung. Nach bisherigen Erkenntnissen sollte die Wasserdurchlässigkeit von Pflasterdecken den ZTV Pflaster-StB entsprechen. Dies bedeutet, dass der Infiltrationsbeiwert mindestens 1×10^{-5} m/s, besser 5×10^{-5} m/s, betragen sollte. Als Messverfahren kann das Standrohrinfiltrometer nach den TP Gestein-StB genutzt werden.

Zur Sicherstellung der ausreichenden Wasserdurchlässigkeit sollte eine Asphalt- oder Betontragschicht einen ausreichend hohen durchgängigen Hohlraumgehalt aufweisen. Nach bisherigen Erfahrungen sollte der Hohlraumgehalt zwischen 15 und 20 M.-% liegen, um gleichzeitig eine ausreichende Standfestigkeit zu erlangen. Die wasserdurchlässige Asphalttragschicht (WDA) oder Dränbetontragschicht (DBT) wird in der Regel bei solchen Hohlraumgehalten eine geringe Filterstabilität zum Bettungsmaterial aufweisen. Um ein Eindringen von Feinkorn in die Hohlräume der Tragschicht zu verhindern, wodurch die Wasserdurchlässigkeit vermindert würde, sollte ein Trennvlies auf die Tragschicht aufgelegt werden. Zu empfehlen sind nicht thermisch verfestigte Vliesstoffe gemäß TL GeoK-StB[11] mindestens der Geo-

8 Zusätzliche Technische Vertragsbedingungen und Richtlinien für den Bau von Schichten ohne Bindemittel im Straßenbau – ZTV SoB-StB, Ausgabe 2020, FGSV Verlag, Köln 2020

9 Merkblatt für Versickerungsfähige Verkehrsflächen M VV, Ausgabe 2013, FGSV Verlag, Köln 2013

10 Siehe hierzu Abschnitt 4.2 des M FG.

11 Technische Lieferbedingungen für Geokunststoffe im Erdbau des Straßenbaus – TL GeoK E-StB, Ausgabe 2019, FGSV Verlag, Köln 2019

Kommentar

textilrobustheitsklasse GRK 3 mit einer Masse von mindestens 180 g/m². Wenn Vliese zur Trennung vorgesehen sind, sollten die Details Bestandteil der Leistungsbeschreibung sein.

Inwieweit alternativ zum Aufbringen eines Vliesstoffes die Filterstabilität durch Aufstreuen und Einkehren von groben Gesteinskörnungen (Splitten) erreicht werden kann, muss bei Bedarf im Einzelfall überprüft werden.

Neben der ausreichenden Wasserdurchlässigkeit muss auch eine anforderungsgerechte Tragfähigkeit der Tragschicht gewährleistet sein. Hierzu sind die Tabellen 3 und 4 des M FG zu beachten. Tragschichten mit Bindemittel weisen in der Regel einen höheren Verformungswiderstand auf als solche ohne Bindemittel. Daher sind sie bei Verkehrsflächen mit einer Belastungsklasse von Bk1,8 deutlich besser geeignet als eine Tragschicht ohne Bindemittel. Auch bei Verkehrsflächen mit einer Bk1,0 bieten Tragschichten mit Bindemittel Vorteile.

Da die Einbettung der Großformate durch die dünne Bettungsdicke erschwert wird, sollte, wie auch bei konventionellen Pflasterdecken und Plattenbelägen, die zulässige Unebenheit der oberen Tragschicht auf maximal 1,0 cm unter der 4-m-Richtlatte begrenzt werden. Zudem sollte die Abweichung von der Sollhöhe vertraglich auf ±1 cm begrenzt werden.

Die planerische Neigung der Ober- und Unterkante der oberen Tragschicht muss der geforderten Neigung des Großformatbelages entsprechen, damit Dickenunterschiede innerhalb der Tragschicht nicht zu späteren Setzungsdifferenzen führen.

Zur Beurteilung der Eignung der hergestellten Unterlage sollten Untersuchungen der Verdichtung, Tragfähigkeit, Wasserdurchlässigkeit, Einbaudicke, Ebenheit und profilgerechten Lage vor Einbau des Großformatbelages erfolgen. Bei gebundenen Schichten sollte ergänzend der Hohlraumgehalt und bei Dränbetontragschichten zudem die Druckfestigkeit des Dränbetons überprüft werden. Die Anforderungen an die Eigenschaften und die Anzahl der Prüfungen sowie weitere Details sollten im Leistungsverzeichnis enthalten sein.

1.3.2 Schichten ohne Bindemittel

Schichten ohne Bindemittel (SoB)[12] sind gemäß den ZTV SoB-StB herzustellen. Es empfiehlt sich, die Zusammensetzung einer SoB an die Anforderungen der Bk3,2 zu orientieren. Zudem sollten zur Sicherstellung einer ausreichend dauerhaften Wasserdurchlässigkeit die angelieferten Baustoffgemische einen Feinkornanteil < 0,063 mm von maximal 3 M.-% aufweisen. Es empfiehlt sich, den Feinkorngehalt nach Herstellung der oberen Tragschicht auf maximal 5 M.-% vertraglich zu begrenzen. Ergänzend kann es sinnvoll sein, auch den Anteil < 2 mm zu begrenzen. Beispielsweise kann auf die Schottertragschicht unter Betondecken gemäß den TL SoB-StB[13] verwiesen werden.

Der Widerstand gegen mechanische Beanspruchung sollte möglichst hoch gewählt werden. Baustoffgemische mit weicheren Bestandteilen oder (latent)

---

12 Siehe hierzu Abschnitt 6.3.2 des M FG.

13 Technische Lieferbedingungen für Baustoffgemische zur Herstellung von Schichten ohne Bindemittel – TL SoB-StB, Ausgabe 2020, FGSV Verlag, Köln 2020

Kommentar

hydraulisch wirkenden Anteilen können zu einer Verringerung der Wasserdurchlässigkeit während der Nutzungsphase führen. Solche Gemische sind für Großformatbeläge nicht geeignet. Daher können Recycling-Baustoffe oder künstliche Gesteinskörnungen mit solchen Anteilen nur verwendet werden, wenn ausreichend langjährige positive Erfahrungen mit diesen Gemischen unter Pflasterdecken oder Großformatbelägen unter vergleichbarer Belastung vorliegen. Die einfache Überprüfung der Wasserdurchlässigkeit von Schichten aus diesen Baustoffen direkt nach dem Einbau ist nicht ausreichend aussagekräftig.

Verkehrsflächen mit Kfz-Belastung sollten nicht mit Kiestragschichten, sondern nur mit einer Schottertragschicht hergestellt werden. Der E_{v2}-Wert sollte mindestens 180 MPa betragen. Wenn eine Verkehrsfläche der Belastungsklasse Bk0,3 vorliegt, deren dimensionierungsrelevante Beanspruchung gemäß RStO nicht mehr als 0,1 Mio. Achsübergänge entspricht, kann von diesen Regeln abgewichen werden.

Gehwege und Radwege können dagegen mit Kies- oder Schottertragschichten hergestellt werden. Der E_{v2}-Wert sollte mindestens 150 MPa betragen.

1.3.3 Wasserdurchlässige Asphalttragschichten

Wasserdurchlässige Asphalttragschichten (WDA)[14] sollten dem M VV, Abschnitt 5[15] entsprechen. Details hierzu sind dem Kommentar zum M FPgeb in Teil C, Kapitel 3 zu entnehmen. Die Tragschicht sollte nicht bei Temperaturen unter 10 °C oder bei Regen und starkem Wind eingebaut werden. Wie vorstehend, sollte der Hohlraumgehalt, abweichend von den Angaben im M VV, zwischen 15 und 20 M.-% liegen.

1.3.4 Dränbetontragschichten

Auch Dränbetontragschichten (DBT)[16] sollten dem M VV, Abschnitt 6 entsprechen. Ergänzend ist das „Merkblatt für Dränbetontragschichten" (M DBT)[17] der FGSV zu beachten. Details hierzu sind ebenfalls dem Kommentar zum M FPgeb zu entnehmen.

Wenn der Großformatbelag in gebundener Bauweise hergestellt werden soll, muss die Tragschicht durch Bewegungsfugen oder Kerben aufgeteilt sein. Die Positionen sind auf die Bewegungsfugen im Großformatbelag abzustimmen.

Alternativ hierzu kann eine bauliche Trennung bzw. Entkopplung durch einen Vliesstoff erfolgen. In diesem Fall kann auf Fugen oder Kerben innerhalb der DBT verzichtet werden. Da der Einsatz eines Vlieses schon aus Gründen der Filterstabilität und Wasserdurchlässigkeit sinnvoll ist, kann diese Variante als Vorzugsvariante angesehen werden.

Der Großformatbelag sollte erst eingebaut werden, wenn die Dränbetontragschicht eine Druckfestigkeit von mindestens 70 % des geforderten Wertes erreicht hat.

---

14 Siehe hierzu Abschnitt 6.3.3.3 des M FG.

15 Merkblatt für Versickerungsfähige Verkehrsflächen, Ausgabe 2013, FGSV Verlag, Köln 2013

16 Siehe hierzu Abschnitt 6.3.3.2 des M FG.

17 M DBT, Ausgabe 2013, FGSV Verlag, Köln 2013

Kommentar

1.4 Baustoffe und Bauprodukte

1.4.1 Bettungsmaterial, Bettungsmörtel und Haftvermittler

Bettungsmaterialien[18] müssen für die ungebundene Bauweise die Anforderungen der TL Pflaster-StB erfüllen. Es sollte die dauerhafteste und verformungsstabilste Variante gewählt werden. Daher sollten möglichst nur gebrochene Gesteinskörnungen eingesetzt werden. Die Bruchflächigkeit sollte mindestens der Kategorie $C_{90/3}$ entsprechen und der Fließkoeffizient bei $E_{CS}35$ liegen.

Der Widerstand gegen mechanische Beanspruchung der Gesteinskörnung sollte, ausgedrückt durch den Schlagzertrümmerungswert, der Kategorie SZ_{18} bzw. LA_{20} entsprechen. Dies bedeutet, dass nur Gesteine mit den höchsten Festigkeitseigenschaften verwendet werden sollten. Ergänzend sollte der Widerstand gegen Abrieb bestimmt werden. Hierzu eignet sich das modifizierte Micro-Deval-Verfahren gemäß den TP Gestein-StB, Abschnitt 5.5.3. Nach bisherigen Erfahrungen sollte der mod. Micro-Deval-Koeffizient MM_{DE} nicht größer als 25 [–] sein. Weitere Erläuterungen zu diesem Verfahren sind dem Kommentar zur TL Pflaster-StB zu Bettungs- und Fugenmaterialien in Teil B dieses Handbuchs zu entnehmen.

Die Korngrößenverteilung des Bettungsmaterials sollte abgestuft sein mit einem Größtkorn von 5 mm oder 8 mm. Somit sind Körnungen 0/5 oder 0/8 mit ausreichendem Splittanteil zu empfehlen, d.h. der Sandanteil, abweichend von der TL Pflaster-StB, ist auf 40 M.-% zu begrenzen. Bei der Körnung 0/5 sollte der Splittanteil > 2 mm 40 bis 70 M.-% betragen. Bei der Körnung 0/8 empfiehlt sich ein Anteil > 2 mm von 25 bis 70 M.-%.

Die Bettung muss im eingebauten Zustand ausreichend wasserdurchlässig sein. Daher darf der Feinkornanteil < 0,063 mm einen Wert von 5 M.-% bei Lieferung nicht überschreiten. Bei höherer Verkehrsbelastung empfiehlt es sich, diesen Wert für den eingebauten Zustand vertraglich zu vereinbaren.

Das Baustoffgemisch der Bettung muss mit dem Tragschicht- und dem Fugenmaterial filterstabil sein. Die Filterregeln der ZTV Pflaster-StB sind zu beachten.

Da die Wasserdurchlässigkeit dauerhaft gewährleistet sein muss, sind Körnungen mit veränderlichen Eigenschaften nicht geeignet. Die zu den Tragschichtmaterialien beschriebenen Einschränkungen zu Recyclingbaustoffen, künstlichen Gesteinskörnungen und Gemischen mit diesen gelten auch für das Bettungsmaterial. Ebenso hat sich der Einsatz von weichen Gesteinskörnungen und Gesteinen mit latent hydraulischen Eigenschaften nicht bewährt.

Bei der gebundenen Ausführung[19] müssen Bettungsmörtel und Haftvermittler die Anforderungen des M FPgeb erfüllen.

1.4.2 Fugenmaterial, Fugenschlussmaterial und Fugenmörtel

Fugenmaterialien müssen für die ungebundene Bauweise die Anforderungen der TL Pflaster-StB erfüllen. Es sollte die dauerhafteste und verformungsstabilste Variante gewählt werden. Daher sollten möglichst nur gebrochene Gesteinskörnungen eingesetzt werden.

18 Siehe hierzu Abschnitt 5.1.2 des M FG.
19 Siehe hierzu Abschnitt 5.2 des M FG.

Kommentar

Die Bruchflächigkeit sollte mindestens der Kategorie $C_{90/3}$ entsprechen und der Fließkoeffizient bei $E_{CS}35$ liegen.

Wie beim Bettungsmaterial sollte der Widerstand gegen mechanische Beanspruchung der Gesteinskörnung, ausgedrückt durch den Schlagzertrümmerungswert, der Kategorie SZ_{18} bzw. LA_{20} entsprechen. Dies bedeutet, dass nur Gesteine mit den höchsten Festigkeitseigenschaften verwendet werden sollten. Ergänzend sollte der Widerstand gegen Abrieb bestimmt werden. Hierzu eignet sich das modifizierte Micro-Deval-Verfahren gemäß den TP Gestein-StB, Abschnitt 5.5.3. Nach bisherigen Erfahrungen sollte der mod. Micro-Deval-Koeffizient MM_{DE} nicht größer als 25 [–] sein. Weitere Erläuterungen zu diesem Verfahren sind dem Kommentar zur TL Pflaster-StB zu Bettungs- und Fugenmaterialien in Teil B dieses Handbuchs zu entnehmen. Die Korngrößenverteilung muss auf die Fugenbreite abgestimmt sein. Es sollten Körnungen 0/4, 0/5 oder 0/8 mm verwendet werden. Der Sandanteil < 2 mm sollte dabei zwischen 30 und 75 M.-% liegen.

Ein gewisser Feinkornanteil < 0,063 mm erhöht die Stabilität des Fugenmaterials auch hinsichtlich der Gefahr des Aussaugens durch Verkehr und Reinigung. Daher darf der Anteil größer sein als beim Bettungsmaterial und sollte zwischen 2 und 9 M.-% liegen. Der etwas erhöhte Feinkornanteil darf dabei nicht zu dauerhaften Verfärbungen der Oberfläche der Großformate führen. Dies kann ggf. beim Verdichten mittels Rüttelplatte auftreten. Um einen solchen Effekt sicher ausschließen zu können, sollten bei unzureichenden Vorerfahrungen Vorversuche an Musterflächen durchgeführt werden.

Die Filterstabilität zur Bettung ist mit den bekannten Filterregeln der ZTV Pflaster-StB (siehe Kommentar zu den ZTV Pflaster-StB) sicherzustellen.

Der Einsatz von Recyclingbaustoffen und künstlichen Gesteinskörnungen kann zu unzureichenden Festigkeits- und Stabilitätseigenschaften und auch zu Verfärbungen führen. Ob dies der Fall ist, muss in Voruntersuchungen im Einzelfall geklärt werden. Es ist abzuwägen, ob hydraulische Komponenten innerhalb dieser Gemische hinsichtlich der Stabilität der Fugenfüllung und dem Widerstand gegen Saugbeanspruchungen einen positiven Einfluss – ähnlich Stabilizern – haben können. Ausreichende wissenschaftliche Untersuchungen dazu liegen derzeit nicht vor.

Zum oberen Verschluss der Fugen kann Fugenschlussmaterial etwa in den oberen Zentimeter der Fugen eingebracht werden. Dieses Fugenschlussmaterial soll die Fuge stabilisieren und den Widerstand gegenüber Aussaugen des Materials nach der Herstellung erhöhen. Damit wird der Eintrag von Feinkorn (Staub) aus der Umgebung vorweggenommen. Als Fugenschlussmaterial kann eine feinkornreiche Körnung 0/2 oder 0/3 verwendet werden. Der Feinkornanteil < 0,063 mm sollte dabei etwa zwischen 15 und 30 M.-% liegen.

Fugenschlussmaterial muss nicht die Anforderungen der TL Pflaster-StB an Fugenmaterial erfüllen. Auch die vorgenannten Empfehlungen bezüglich der Festigkeitseigenschaften, der Korngrößenverteilung und der Filterstabilität müssen nicht erfüllt werden. Derzeit liegen auch keine Erkenntnisse vor, dass der Feinkornanteil des Fugenschlussmaterials die Wasserdurchlässigkeit der Bettung negativ beeinflusst. Solch ein nachteiliger Effekt ist eher bei fortschreitender Schädigung infolge unzureichender Wasserdurchlässigkeit z. B. der Tragschicht denkbar. Wahrscheinlicher ist jedoch, dass das Material dann zu größeren Anteilen an die Oberfläche ausgetragen wird.

Kommentar

Bei einer gebundenen Ausführung müssen Fugenmörtel[20] die Anforderungen des M FPgeb erfüllen.

1.4.3 Großformate

Großformate müssen die Anforderungen der jeweiligen DIN EN erfüllen.[21] Zudem müssen Großformate aus Beton, deren Verhältnis von Gesamtlänge zur Dicke (Nennmaße) gleich oder kleiner als 4 ist, die Anforderungen der TL Pflaster-StB an Pflastersteine aus Beton erfüllen. Großformate aus Beton, deren Verhältnis von Gesamtlänge zur Dicke (Nennmaße) größer als 4 ist, müssen mindestens die Anforderungen der TL Pflaster-StB an Platten aus Beton einhalten. Entsprechendes gilt für Großformate aus Naturstein. Auch dort müssen die entsprechenden Anforderungen der TL Pflaster-StB für Pflastersteine und Platten eingehalten werden. Dem entsprechend müssen Großformate aus Naturstein, deren Nennbreite nicht das Zweifache der Dicke und die Länge nicht das Zweifache der Breite überschreitet, die Anforderungen an Pflastersteine aus Naturstein der TL Pflaster-StB erfüllen. Großformate aus Naturstein, deren Nennbreite mehr als das Doppelte der Dicke beträgt, müssen die Anforderungen an Platten aus Naturstein der TL Pflaster-StB erfüllen.

Beim Einsatz von Großformaten aus Beton in der gebundenen Bauweise ist es erforderlich, dass die Großformate ausreichend lange gelagert wurden, so dass das Schwinden zumindest teilweise abgeschlossen ist und nachträglich keine Schwindspannungen im Belag entstehen, die zu Rissbildungen führen können.

Um eine ausreichend verkehrssichere ebene Oberfläche des Belages zu erhalten, sollten besondere Anforderungen, die teils auch abweichend zu den Regelungen der TL Pflaster-StB sind, im Bauvertrag vereinbart werden. Empfehlungen an die zulässigen Abweichungen der Nennmaße von Großformaten sind in der folgenden Tabelle 7 des M FG enthalten.

5.6.3 Zulässige Abweichungen von den Nennmaßen

...

Tabelle 7: Empfehlungen für zulässige Abweichungen von den Nennmaßen von Großformaten

Baustoff	Maß (Nennmaß)	zulässige Abweichung
Beton, Naturstein mit ebener Oberseite[1), 2)]	Gesamtlänge ≤ 600 mm	±2 mm
	Gesamtlänge > 600 mm	±3 mm
	Gesamtbreite ≤ 600 mm	±2 mm
	Gesamtbreite > 600 mm	±3 mm
Beton, Naturstein mit ebener Oberseite[1)]	Nenndicke[3)]	Klasse 1: ±4 mm
		Klasse 2: ±2 mm

20 Siehe hierzu Abschnitt 5.2 des M FG.

21 Siehe hierzu Abschnitt 5.6 des M FG.

5.6.3 **Tabelle 7: Empfehlungen für zulässige Abweichungen von den Nennmaßen von Großformaten** (Fortsetzung)

Baustoff	**Maß (Nennmaß)**	**zulässige Abweichung**
Beton, Naturstein mit ebener Oberseite[1)]	Differenz zweier beliebiger Messungen der Nenndicke eines einzelnen Großformates	≤ 3 mm
Beton, Naturstein mit ebener Oberseite[1), 2)]	Differenz zwischen den beiden Flächendiagonalen	Klasse 1: ≤ 6 mm
		Klasse 2: ≤ 3 mm
Beton, Naturstein mit ebener Oberseite[1)]	konvexe Wölbung[4)]	
	Gesamtlänge ≤ 600 mm	≤ 3 mm
	Gesamtlänge > 600 mm	≤ 4 mm
	konkave Wölbung[4)]	
	Gesamtlänge ≤ 600 mm	≤ 2 mm
	Gesamtlänge > 600 mm	≤ 3 mm
Naturstein mit fein bearbeiteten Seitenflächen[2)]	Ebenheit längs einer Kante	±2 mm
Naturstein mit grob bearbeiteten Seitenflächen[2)]		±3 mm
Naturstein mit ebener Oberseite[1)]		U ≤ 5 mm bzw. Ü ≤ 3 mm
Naturstein mit ebener Oberseite und gespaltenen Seitenflächen	Unterwinkelung [U] bzw. Überwinkelung [Ü]	U ≤ 20 mm bzw. Ü ≤ 5 mm

1) Darunter werden im Sinne dieses Merkblattes Produkte aus Naturstein verstanden, die generell durch Sägen hergestellt und deren Oberfläche bzw. Seitenflächen, z. B. mittels Feststoffstrahlen oder Flammstrahlen, aufgeraut wurden.
2) Für Produkte aus Naturstein, deren Seitenflächen durch Spalten hergestellt wurden, sind gegebenenfalls andere zulässige Abweichungen im Leistungsverzeichnis festzulegen.
3) Wenn Großformate aus Beton mit einer Vorsatzschicht gefertigt werden, muss diese, gemessen nach Anhang C der DIN EN 1339 eine Mindestdicke von 4 mm über den Bereich aufweisen, den der Hersteller als Vorsatzschicht bezeichnet.
4) Stichmaß gemessen über die Diagonale.

Kommentar

Bei allseits gespaltenen Großformaten aus Naturstein kann es sinnvoll sein, ergänzende Anforderungen an die Nennmaße vertraglich festzulegen.

1.5 Herstellung eines Großformatbelages

1.5.1 Bettung

Beim Einbau des Bettungsmaterials bei der ungebundenen Bauweise[22] ist darauf zu achten, dass das Baustoffgemisch gleichmäßig durchmischt und homogen eingebaut wird. Es sollte ausreichend durchfeuchtet sein. Gefrorene Gemische dürfen nicht eingebaut werden.

22 Siehe hierzu Abschnitt 6.4.1 des M FG.

Kommentar

Die Bettung wird normalerweise durch das Abrütteln des verlegten Belages mittels Rüttelplatte verdichtet. Großformate haben jedoch oftmals große Flächenmaße, die Verdichtungsenergie wird über eine sehr große Fläche verteilt. Damit wirkt nur eine geringe Verdichtungsenergie in der Bettung, so dass diese nur unzureichend verdichtet wird. Auch die Verwendung stärkerer Rüttelplatten ist nur teilweise zielführend, da ab einer gewissen Intensität das Großformat Schaden nimmt oder zu starke Horizontalverschiebungen eintreten.

Um trotzdem die Bettung ausreichend zu verdichten, empfiehlt es sich, eine Vorverdichtung der Bettung mit einer dafür geeigneten Rüttelplatte vor dem Verlegen der Großformate vorzunehmen. Anschließend ist die Bettung wieder vorsichtig auf ihre vorgegebene höhen- und profilgerechte Lage zu bringen. Danach werden die Großformate verlegt.

Zur Ausführung der Bettung in gebundener Ausführung[23] wird auf den Kommentar zum M FPgeb in Teil C, Kapitel 3 verwiesen. Besonders wichtig, aber auch schwierig, ist die Herstellung eines ausreichenden Haftverbundes zwischen Bettung und Großformat. Dazu ist zwingend ein Haftvermittler auf die Unterseite des Großformates aufzubringen. Es empfiehlt sich, den Haftvermittler mit einer Zahnung von 8 mm aufzutragen. Bei sehr großen Großformaten hat es sich als vorteilhaft erwiesen, den Haftvermittler nicht nur auf das Großformat, sondern gleichzeitig auch auf die Bettung in einer dünnen Lage aufzutragen. Dabei muss jedoch beachtet werden, dass der Fugenbereich frei bleibt, um dort die Wasserdurchlässigkeit nicht einzuschränken.

Die Bettung ist bei beiden Bauweisen mit der Solldicke und mit einer maximalen Toleranz von ±1 cm herzustellen. Bei größeren Abweichungen ist insbesondere bei der ungebundenen Bauweise davon auszugehen, dass im Laufe der Nutzungsdauer Setzungsdifferenzen und damit Schiefstellungen im Großformatbelag entstehen werden.

Bettungsdicke und zulässige Toleranz sind vertraglich zu vereinbaren.

1.5.2 Verlegen und Versetzen

Auf die vorbereitete ebene und profilgerechte Bettung werden die Großformate vom verlegten Belag aus abgelegt.[24]

Alternativ ist die Verlegung vom Seitenbereich oder von der Tragschicht aus möglich, nicht jedoch von der vorbereiteten Bettung aus, welche auch nicht begangen oder sonst verformt werden sollte. Bei durch Unachtsamkeit verformter Bettung muss der planmäßige Zustand wieder hergestellt und die Bettung eingeebnet werden. Wenn in punktuell verdichteten Bereichen jedoch zusätzliches Bettungsmaterial zum Höhenausgleich aufgebracht wird, entstehen Mengenunterschiede in der Fläche, die zu späteren Unebenheiten führen können. Ergänzungen des Bettungsmaterials sollten eine Dicke von 1 bis 1,5 cm nicht überschreiten.

Aufgrund der Abmessungen und des Gewichtes der Großformate werden üblicherweise Vakuum-Verlegegeräte eingesetzt. Dabei werden die Elemente angehoben und auf die Bettung unter Berücksichtigung der erforderlichen Fugenbreite abgesetzt. Die Vakuumsaugleistung muss auf die Oberflächen-

23 Siehe hierzu Abschnitt 6.4.2 des M FG.
24 Siehe hierzu Abschnitt 6.5 des M FG.

Kommentar

Bild 1.4 Verlegung von Großformaten

struktur der Elemente abgestimmt sein. Wichtig ist, dass die Elemente parallel zur Bettung abgesetzt werden. Ein Verkanten der Großformate führt zu Eindrücken und Umlagerungen der Bettung, die nicht vollständig reversibel sind und den Ausgang für spätere Schiefstellungen der Großformate darstellen können. Ein Nachrücken der Großformate, also horizontale Verschiebungen, um die regelgerechte Fugenbreite zu erhalten, ist ebenfalls schwierig und

Bild 1.5 Eine vor der Verlegung begangene Bettung kann zu Höhenunterschieden führen

Kommentar

Bild 1.6 Versetzen von großen Elementen mit Haftschlämme und Vakuumheber

kontraproduktiv. Daher empfiehlt es sich, Fugenlehren mit der vorgegebenen Fugenbreite beim Verlegen zu verwenden. Die in Tabelle 6 empfohlene Sollfugenbreite ist nach der Herstellung der Verkehrsfläche innerhalb einer festzulegenden Toleranz einzuhalten. Dies sollte vertraglich festgelegt werden.

Die zulässige Abweichung von der vorgegebenen Fugenbreite[25] sollte folgende Werte nicht überschreiten:

- Großformaten aus Beton: ±2 mm
- Großformate aus Naturstein mit bearbeiteten Seitenflächen:
  ±2 mm
- Großformate aus Naturstein mit spaltrauen Seitenflächen und bei ungebundener Ausführung des Belages:
  ≤ 15 mm bei 100 mm ≤ D ≤ 120 mm
  ≤ 20 mm bei D > 120 mm
- Großformate aus Naturstein mit spaltrauen Seitenflächen und bei gebundener Ausführung des Belages:
  ±5 mm bei 100 mm ≤ D ≤ 120 mm
  ±10 mm bei D > 120 mm.

Zur Einhaltung der zulässigen Toleranzen der Fugenbreiten kann es bei einer Verlegung im Reihenverband vorteilhaft sein, die Elemente aus Naturstein zu messen und zu sortieren. Besonders bei schmaleren Flächen muss das Rastermaß der Großformate beachtet werden, um Lücken oder Schneidarbeiten zu vermeiden.

Nach der Verlegung müssen benachbarte Großformate an den Fugen höhengleich liegen. Gemäß DIN 18318, Abschnitt 3.1.15, dürfen Absätze und

25 Siehe hierzu Abschnitt 6.7.2 des M FG.

Kommentar

Höhenversprünge zwischen zwei benachbarten Elementen maximal 2 mm betragen. Bei unbearbeiteten, spaltrauen und grob bearbeiteten Platten wären hier maximal 5 mm zulässig. Die Norm berücksichtigt jedoch nicht, dass „grob bearbeitete Steine oder Platten" nach den DIN EN 1341 und DIN EN 1342 Befestigungselemente z. B. aus Naturstein sein können, die aus gesägten Grundformen hergestellt worden sind und dann eine Weiterbearbeitung durch Strahlen oder Flammen erhalten haben. Diese haben dann eine ebene Oberfläche.

Es ist zu empfehlen, die zulässigen Höhenversprünge entsprechend den ZTV Pflaster-StB, Abschnitt 3.8.1, im Bauvertrag festzulegen auf „gespaltene Oberflächen" mit maximal zulässigen 5 mm und „ebene Oberflächen" mit maximal zulässigen 2 mm.

Sollte dies insbesondere bei spaltrauen Großformaten aus Naturstein beispielsweise aufgrund einer geforderten Barrierefreiheit zu viel sein, kann eine zulässige geringere Abweichung im Bauvertrag vereinbart werden. In diesem Fall sind jedoch zusätzliche Aufwendungen in Form von Nachbearbeitungen der Großformate oder ein Aussortieren ungeeigneter Elemente erforderlich. Auch dies sollte im Bauvertrag dann geregelt sein.

Nach DIN 18318 muss die Oberfläche des Großformatbelages neben Randeinfassungen sowie Entwässerungsrinnen und sonstigen Einbauten mindestens 7 mm ±3 mm über deren Oberfläche liegen.

Fugenachsen müssen einen gleichmäßigen Verlauf aufweisen. Bei durchgehenden und langen Längsfugen ist es vorteilhaft, dieses qualitative Kriterium genauer vertraglich festzulegen. So können maximale Abweichungen von der Achse festgelegt werden, deren Größe vom optischen Anspruch der Fläche abhängig gemacht werden kann. Bei der Verlegung sollten die Fugenachsen durch Schnüren, lokale Koordinatensysteme oder Laser vorgegeben und immer wieder überprüft werden. Gleiches gilt für die Ebenheit, da das Verdichten des Belages nur in einem geringeren Umfang vorliegende Unebenheiten ausgleichen kann.

Bei gebundener Ausführung gelten die vorgenannten Empfehlungen zur Fugenbreite und zu den Fugenachsen. Die Großformate werden jedoch nicht abgelegt, sondern von der Bettung aus entsprechend der üblichen Arbeitsweise bei der gebundenen Bauweise versetzt. Es ist immer frisch in frisch zu arbeiten, so dass der Bettungsmörtel beim Versetzen der Elemente noch nicht den Erstarrungszeitpunkt erreicht hat. Wie zuvor schon beschrieben, muss dem Haftverbund besondere Aufmerksamkeit geschenkt werden. Der Haftvermittler ist direkt vor dem Versetzen auf die Elemente und ggf. auch auf die Bettung aufzutragen. Anschließend sind die Elemente zumeist mit einem Vakuum-Hebegerät auf die vorbereitete Bettung zu setzen und direkt einzeln mit auf die Formatgröße abgestimmtem Verdichtungsgerät manuell oder maschinell zu verdichten. Nach Erreichen der endgültigen Position sind jegliche Begehungen oder Befahrungen auf dem Element bis zum Erreichen einer ausreichenden Mörtelfestigkeit der Bettung zu unterlassen, um den Haftverbund nicht zu gefährden. Auch ein nachträgliches Ausrichten nach Abschluss des Erstarrungsbeginns des Mörtels muss unterbleiben. Alles Weitere dazu kann dem M FPgeb entnommen werden.

Bei der Verlegung oder dem Versetzen der Großformate ist darauf zu achten, dass bei Anschlüssen erforderliche Größenanpassungen der Elemente

Kommentar

nicht zu ungeeignet kleinen Formaten führen. Die beste Variante ist, schon bei der Planung Schnitte von Großformaten möglichst zu vermeiden. Dazu sollten die Abmessungen der Flächen auf die Rastermaße der Großformate abgestimmt sein. Zudem sollten in Abhängigkeit vom gewählten Verband Ergänzungssteine und weitere vorgefertigte Formelemente (z. B. Kurvenelemente) genutzt werden.

Folgende Regeln zu Passstücken an Anschlüssen[26] sollten gemäß M FG und abweichend von DIN 18318 eingehalten werden:

Die nach dem Schneiden verbleibende kürzeste Seite des Passelementes sollte betragen:

- bei Großformaten mit einer größten Kantenlänge von ≤ 600 mm mindestens 1/3 der größten Kantenlänge des unbearbeiteten Passelementes und
- bei Großformaten mit einer größten Kantenlänge von > 600 mm mindestens 1/4 der größten Kantenlänge des unbearbeiteten Passelementes.

In den Bereichen, die nicht von Kraftfahrzeugen erreicht werden können, kann von den vorgenannten Empfehlungen abgewichen werden. Die nach dem Schneiden verbleibende kürzeste Seite des Passelementes sollte dann betragen:

- bei Großformaten mit einer größten Kantenlänge von ≤ 600 mm mindestens 1/4 der größten Kantenlänge des unbearbeiteten Passelementes und
- bei Großformaten mit einer größten Kantenlänge von > 600 mm mindestens 1/5 der größten Kantenlänge des unbearbeiteten Passelementes.

Die Passelemente sollten nach Möglichkeit keine spitzen Winkel, das heißt keine unter 45°, aufweisen. Bei Anschlüssen sollten die vorab genannten Fugenbreiten einschließlich der zulässigen Abweichungen gelten. Dies gilt auch für die Herstellung in Kurven.

Die Art des Zuarbeitens sollte bei Passelementen vereinbart werden. Bei Betonelementen und bearbeiteten Elementen aus Naturstein sollte dies der Nassschnitt sein. Bei spaltrauen Großformaten aus Naturstein kann dies auch ein Verhau sein.

1.5.3 Verfugen und Verdichten

Bei der ungebundenen Bauweise sollte das vorgesehene Fugenmaterial in einem ersten Füllvorgang kontinuierlich mit dem Fortschreiten des Verlegens händisch in die Fugen eingearbeitet werden.[27] Hierzu kann das aufgebrachte Fugenmaterial mit einem Besen in die Fugen eingekehrt werden. Anschließend empfiehlt es sich, das Fugenmaterial mit einem geeigneten Gerät entsprechend der Fugenbreite bis in den unteren Bereich der Fugen zu bringen und zu verdichten. Eine solche Leistung muss jedoch vertraglich vereinbart werden. Von manchen Anwendern wird gern auch Bettungsmaterial für diesen ersten Füllvorgang eingesetzt. In diesem Fall sollte der Umfang der Füllung des unteren Bereichs der Fugen mit diesem Material vertraglich vereinbart werden. Ziel dieser Vorfüllung der Fugen ist es, den Fugen schon eine ausreichende Standfestigkeit zu geben, so dass das anschließende Verdichten der Fläche nicht zu Verschiebungen der Elemente führt. Zudem wird damit

26 Siehe hierzu Abschnitt 6.5.3 des M FG.
27 Siehe hierzu Abschnitt 6.6 des M FG.

Kommentar

Bild 1.7 Großformatbelag mit fehlenden Passstücken vor dem Verfugen

sichergestellt, dass die Fugen vollständig verfüllt werden können und keine Hohlräume entstehen.

Nach der Vorfüllung muss das auf dem Belag verbliebene Fugenmaterial abgekehrt werden. Anschließend ist der Belag mit einem geeigneten Verdichtungsgerät zu verdichten. Verdichtungsgeräte dürfen die Oberfläche der Großformate nicht schädigen oder dauerhaft verfärben. Beispielsweise eignen sich kunststoffummantelte Walzenrüttler (Rollenrüttler) oder Vibrationsplatten mit ebener Unterseite und einer Kunststoffschürze. Betriebsgewicht, Verdichtungsenergie (Zentrifugalkraft und Frequenz) und Richtung des Energieeintrages der Verdichtungsgeräte beeinflussen die Verdichtung. Im ersten Verdichtungsgang empfiehlt es sich, zunächst mit geringerer Verdichtungsenergie zu arbeiten.

Nach dem ersten Verdichtungsvorgang ist erneut Fugenmaterial aufzubringen und in die Fugen einzuarbeiten sowie unter begrenzter Wasserzugabe einzuschlämmen. Danach ist die Fläche erneut zu reinigen. Nach ausreichender Abtrocknung von Bettung, Tragschicht und der Oberfläche folgt der zweite Verdichtungsvorgang. Mit diesem soll die endgültige Verdichtung erreicht werden. Alternativ kann der gesamte Vorgang mehrmals wiederholt werden. Im zweiten Verdichtungsvorgang hat es sich bewährt, Verdichtungsgeräte mit höherer Verdichtungsenergie einzusetzen.

Bei Verdichtungsvorgängen sollte die Oberfläche der Großformate immer trocken sein, um dauerhafte Verschmutzungen des Belages zu verhindern.

Nach dem abschließenden Verdichtungsvorgang kann die verbleibende offene Fugenhöhe von etwa 10 mm mit einem Fugenschlussmaterial verfüllt werden. Dies sollte, wenn gewünscht, vertraglich vereinbart werden. Das Fugenschlussmaterial wird in die Fugen eingefegt und unter Wasserzugabe eingeschlämmt. Anschließend ist die Fläche zu reinigen.

Kommentar

Die Fugenfüllung erfolgt bei der gebundenen Bauweise entsprechend den Ausführungen des M FPgeb (siehe Teil C, Kapitel 3 dieses Handbuchs). Der Fugenmörtel ist selbstverdichtend. Jegliche Verdichtung des Belages bei und nach der Fugenfüllung ist nicht fachgerecht und muss unterbleiben. Nach Erreichen des Erstarrungszeitpunktes sind die Großformate in ausreichender Qualität vom Fugenmaterial zu befreien. Um Streitigkeiten zu vermeiden empfiehlt sich die Herstellung einer Musterfläche, mit der der geforderte Reinigungserfolg vertraglich festgelegt werden kann.

Bei der Ausbildung von Hochpunkten im Zuge von Neigungswechseln in der Fläche, z. B. bei Dachprofilen, können bei beiden Bauweisen aufgrund der Größe und Dicke der Großformate besondere Maßnahmen erforderlich werden, um die regelgerechte Fugenbreite und den höhengleichen Anschluss an den Fugen einzuhalten. Ansonsten stoßen in der Praxis häufig die Elemente im unteren Bereich knirsch aneinander, um an der Oberfläche eine halbwegs anforderungsgerechte Fugenbreite zu ermöglichen. Dies ist nicht fachgemäß, da u. A. die vollständige Fugenfüllung behindert wird. Als besondere Maßnahme ist z. B. eine planmäßige Unterwinkelung der Elemente zu verstehen, welche vorab durch Nassschnitt oder durch Vorfertigung erfolgen kann.

Bei der gebundenen Bauweise sind Bewegungsfugen seitens des Auftraggebers einzuplanen und zu positionieren. Zudem sind die konstruktiven Details vorzugeben. Die Empfehlungen des M FPgeb sind hierbei und bei der Ausführung zu beachten.

1.6 Weitere Anforderungen

Zur Bewertung der optischen Qualität der verwendeten Großformate und des Belages sollten im Vorfeld Musterflächen hergestellt werden. An dieser sollte die zulässige Schwankungsbreite festgelegt werden.

Gemäß den Empfehlungen des M FG sollten in Abhängigkeit von der planerischen resultierenden Neigung folgende zulässige Abweichungen von der Ebenheit vertraglich vereinbart werden:

6.7.5 Profilgerechte Lage und Ebenheit

...

Tabelle 8: Zulässige Abweichung von der Ebenheit von Großformatbelägen

Baustoff	resultierende Neigung[1]	zulässige Abweichung (Stichmaß) unter der 4-m-Latte[2]
Beton, Naturstein mit ebener Oberseite	≥ 2,0 % bis < 2,5 %	8 mm
	≥ 2,5 %	10 mm
Naturstein mit spaltrauer Oberseite	≥ 2,0 % bis < 2,5 %	10 mm
	≥ 2,5 % bis < 3,0 %	12 mm
	≥ 3,0 %	15 mm

1) An der Messstelle vorhandene Neigung.

2) Die Messungen erfolgen nach den „Technische Prüfvorschriften für Ebenheitsmessungen auf Fahrbahnoberflächen in Längs- und Querrichtung, Teil: Berührende Messungen" (TP Eben – Berührende Messungen) mit der Richtlatte und einem 30-cm-Messkeil.

Kommentar

Die zulässige Abweichung von der vorgegebenen Neigung des Großformatbelages beträgt auch nach DIN 18318 ±0,4 % (absolut) und sollte hier beibehalten werden.

Es darf aber der Mindestwert der resultierenden Neigung von 2,0 % in keinem Fall unterschritten werden. Bei einer planerisch vorgesehenen Neigung von 2,0 % sind daher Sonderregelungen erforderlich, da die Ausführung immer auch zu Abweichungen führt. Dabei darf der Mindestwert von 2 % grundsätzlich nicht unterschritten werden.

In Verwindungsbereichen können höhere Anforderungen an die Ebenheit erforderlich sein. Die Planungsvorgaben sind zu beachten.

Kommentar

2 Hinweise zur Vertragsgestaltung von gebunden ausgeführten Pflasterdecken und Plattenbelägen

2.1 Empfehlungen für die inhaltliche Vertragsgestaltung

Nachstehend wird ein Vorschlag für die Inhalte von zu vereinbarenden Zusätzlichen Technischen Vertragsbedingungen gemacht, wenn die Regelungen der DIN 18318 nicht als ausreichend angesehen werden. Die hier angeführten Inhalte sind von einem ausgewiesenen Fachmann hinsichtlich ihrer Angemessenheit für den vorliegenden Anwendungsfall zu überprüfen. Sie sollen nur eine Orientierung bieten.

Zusätzliche Technische Vertragsbedingungen für die Ausführung gebundener Flächenbefestigungen

Die nachstehenden Festlegungen und Anforderungen sind bei der Herstellung von Pflasterdecken und Plattenbelägen in gebundener Ausführung als Zusätzliche Technische Vertragsbedingungen anzuwenden.

Es gelten ATV DIN 18299:2019-09 „Allgemeine Regelungen für Bauarbeiten jeder Art“ und ATV DIN 18318:2019-09 „Pflasterdecken und Plattenbeläge, Einfassungen“ mit nachstehend genannten Ergänzungen und Abweichungen.

- **Festlegung der geplanten Verkehrsbelastung**
  - Nutzungsabgrenzung (DIN 18318:2019-09), befahrbar über 3,5 t/Bk0,3 bis Bk3,2 nach RStO 12.
- **Befestigungselemente**
  - In der Leistungsbeschreibung werden die Anforderungen an die Befestigungselemente (Pflastersteine, Platten, Borde) genannt.
  - Die Befestigungselemente müssen sauber sein, d. h. frei von anhaftendem Staub, Schmutz, Sägeschlämme usw.
  - Die Oberseite der Befestigungselemente muss für das sichere Begehen und Befahren eine ausreichende Rauigkeit aufweisen.
  - Unterseite und Seitenflächen gesägter Elemente müssen vollflächig, min. 85 % der Fläche, aufgeraut sein (geflammt, gestrahlt, gestockt).
  - Bei heißer Witterung sind die Befestigungselemente geschützt zu lagern, trockene und durch die Witterung aufgewärmte Befestigungselemente sind vor der Verarbeitung zu nässen.
- **Bettung, Haftvermittler, Fugen(füll)stoff**
  - Für die Bettung und die Fugenfüllung sowie Haftbrücke sind Werktrockenmörtel (Pflasterbettungs- und Pflasterfugenmörtel) mit verschiedenen Zusätzen, sogenannte kunststoffmodifizierte hydraulische Mörtel zu verwenden.
  - Alle Produkte für die Bettung, Haftvermittler und Fugenfüllung sind von einem Hersteller zu verwenden und müssen in der angebotenen Kombination ihre Eignung nachgewiesen haben.
  - Prüfzeugnisse der angebotenen Materialien sind dem Angebot beizufügen.

Kommentar

Bettungsmörtel

DIN 18318:2019, Tabelle 1, Zeile 3.

- zusätzlich: Nachweis der Biegezugfestigkeit nach DIN EN 1015-11: jeder Einzelwert ≥ 3,0 N/mm²
- zusätzlich: Nachweis des Widerstandes gegen Frost-Tau-Wechsel nach DIN EN 12371 mit 28 Wechselbeanspruchungen

Haftvermittler

- Alle Pflastersteine, Platten und Bordsteine sind unter Verwendung eines Haftvermittlers zu versetzen.
- Im Rahmen der Erstprüfung ist eine Haftzugfestigkeit (Laborwert, Prüfkörper mit Haftvermittler), abweichend von DIN 18318:2019, Tabelle 2, mit ≥ 1,2 MPa im Mittel, kein Einzelwert ≤ 1,0 MPa nachzuweisen.

Fugenmörtel

Für die Fugenfüllung sind Werktrockenmörtel (Pflasterfugenmörtel) mit verschiedenen Zusätzen, sog. kunststoffmodifizierte hydraulische Mörtel, Bindemittel Zement, zu verwenden, sonst abweichend DIN 18318:2019, Tabelle 3.

- Die Rohdichte aller Prüfkörper ist als Mittelwert und Einzelwert anzugeben, die Abweichung zum arithmetischen Mittel darf nicht über ±3 % betragen.
- Fugenmörtel entspr. M FPgeb Abschnitt 5.2.2 Typ A (Pflaster aus Naturstein, ausgenommen Sedimentgestein oder Steine mit Schichtungen):
  - Druckfestigkeit ≥ 40 N/mm² und ≤ 70 N/mm²
  - Biegezugfestigkeit ≥ 6,0 N/mm² im Mittel, jeder Einzelwert ≥ 5,0 N/mm²
  - Widerstand gegen Frost-Tausalz-Beanspruchung CDF, jeder Einzelwert ≤ 500 g/m²
  - Haftzugfestigkeit ≥ 1,5 MPa im Mittel, kein Einzelwert < 1,2 MPa
  - Statischer E-Modul ≥ 17 000 N/mm² und ≤ 22 000 N/mm²
- Fugenmörtel entspr. M FPgeb Abschnitt 5.2.2 Typ B (Befestigungselemente aus Beton, Klinker, aus Sedimentgestein bzw. Gestein mit Schichtungen sowie Platten aus Naturstein):
  - Druckfestigkeit ≥ 30 N/mm² und ≤ 40 N/mm²
  - Biegezugfestigkeit ≥ 6,0 N/mm² im Mittel, jeder Einzelwert ≥ 5,0 N/mm²
  - Widerstand gegen Frost-Tausalz-Beanspruchung CDF, jeder Einzelwert ≤ 500 g/m²
  - Haftzugfestigkeit ≥ 1,5 MPa im Mittel, kein Einzelwert < 1,2 MPa
  - Statischer E-Modul ≥ 14 000 N/mm² und ≤ 17 000 N/mm².

Verarbeitung

- Sowohl der Hauptunternehmer als auch ggf. Nachunternehmer müssen über ausreichende Erfahrungen mit der gebundenen Bauweise verfügen und diese durch bereits durchgeführte Baumaßnahmen belegen (Referenzen).
- Für das Anmischen der Mörtelprodukte für Bettung und Fugen sowie des Haftvermittlers ist an der Baustelle eine Einweisung des Mörtelherstellers mit den Beteiligten (Auftraggeber, Bauüberwachung, Auftragnehmer, Bauleitung, Aufsichtspersonal, evtl. eingesetzter Nachunternehmer) an einer/mehreren Musterfläche(n) durchzuführen. Die Einweisung ist einschließlich der Teilnehmer zu dokumentieren.

Kommentar

- Die Verarbeitungszeit der Mörtelprodukte wird durch Umgebungstemperatur und Wind beeinflusst, die Vorschriften/Auskünfte des Herstellers sind zu beachten.
- Bei einer dauerhaften (Tag/Nacht) Umgebungstemperatur und Produkttemperaturen von weniger als 5 °C kann keine Verarbeitung erfolgen, ebenso ist bei einer Umgebungstemperatur und Produkttemperatur von mehr als 30 °C die Verarbeitung nur mit besonderen Schutzmaßnahmen möglich.
- Die Frischmörteltemperatur ist zu überwachen, sie darf +25 °C nicht überschreiten.
- Auf der Baustelle sind an einem Maximum-/Minimumthermometer täglich die Temperaturen zu messen und in den Bautagesbericht einzutragen.

Bettung

- Der Bettungsmörtel ist immer frisch anzumischen, eine Zwischenlagerung ist nicht zulässig, die gemischte Charge muss bei bedeckter Witterung innerhalb von max. 0,75 h vollständig verarbeitet sein, bei heißer Witterung auch in nur 0,4–0,5 h.
- Die Konsistenz des Bettungsmörtels ist wiederholt mittels des Schneeballtests zu überprüfen.
- Sollte aus technischen Gründen eine dickere Bettung erforderlich sein, ist mehrlagig frisch in frisch zu arbeiten, wobei eine Lage 7 cm nicht überschreiten sollte.
- Die einzelnen Lagen, abgesehen von der Lage unmittelbar unter dem Befestigungselement, sind durch Stampfen zu verdichten, eine Vibrationsverdichtung ist nicht zulässig.
- Beim Einbau muss zwingend auf gleichmäßige Konsistenz geachtet werden.
- Das Setzmaß/Verdichtungsmaß des Bettungsmörtels ist zu beachten.

Haftvermittler

- Ein Haftvermittler ist immer zu verwenden, wenn in der entsprechenden Position des Leistungsverzeichnisses nicht ausdrücklich darauf verzichtet wird.
- Der Haftvermittler ist in kurzen Zeitabständen frisch anzusetzen und vor dem Auftragen immer wieder durchzumischen, so dass eine pastöse Masse entsteht.
- Sie ist vollflächig auf der Steinunterseite aufzutragen, bei Pflastersteinen durch Eintauchen, bei Plattenbelägen oder Bordsteinen ist zum Auftrag ein 8-er oder 10-er Zahnspachtel zu verwenden.
- Die Dicke des aufgetragenen Haftvermittlers muss im verdichteten Zustand mindestens 1,5–2 mm betragen (bei Kontrollprüfungen erkennbar am Bohrkern).

Versetzen

- Die Befestigungselemente (Platten oder Pflastersteine) sind bei gespaltenen Natursteinprodukten zur Einhaltung der Fugenbreite (siehe Leistungsbeschreibung) zu messen und nach den Breitenmaßen zu sortieren.
- Bei dem Versetzen von Pflastersteinen ist der Bettungsmörtel um mindestens 20 bis ca. 25 %, bei Platten mindestens 15 bis ca. 20 % der Einbaudicke zu verdichten (hammerfest zu versetzen). Die vom Hersteller anzugebende Frischmörtelrohdichte ist zu beachten.

Kommentar

- Im Abstand von ca. 1,0 bis 1,5 m ist die Fugenrichtung in Längs und Querrichtung zu kontrollieren. Die Ebenheit und das Gefälle sind kontinuierlich mit einer mitgeführten 4-m-Richtlatte zu kontrollieren.
- Die Dicke des verdichteten Bettungsmörtels muss mindesten 4 cm betragen.
- In Bettungsmörtel versetzte Befestigungselemente sollten nicht abgerüttelt werden.
- Das Betreten der neuen Fläche durch Mitarbeiter des Baubetriebes ist während der Abbindezeit des Mörtels auf das absolut notwendige Mindestmaß zu beschränken (z. B. Nachbehandlungen) und nur unter Beachtung zusätzlicher Schutzmaßnahmen erlaubt.
- Die Nachbehandlung der offenen Fugenkammern der nicht sofort mit Fugenmörtel verfüllten gepflasterten Fläche muss durchgeführt werden, z. B. durch täglich mind. 5 × wiederholtes Nässen von aufgelegtem hellem Geovlies (keine Kunststofffolien!).

Fugenbreiten

- Fugenbreiten werden, wenn die Leistungsbeschreibung keine Angabe enthält, vereinbart mit
  - 8 mm ±2 mm für maschinell hergestellte Befestigungselemente aus Beton, Ziegel und Naturstein mit allseits geformten oder bearbeiteten Seitenflächen,
  - 8 mm ±3 mm für gespalten hergestellte Pflastersteine mit einer Nenndicke und einer Gesamtlänge und Gesamtbreite bis 60 mm (Mosaikpflaster),
  - 10 mm ±5 mm für Pflastersteine und Platten mit gespaltenen Seitenflächen und einer Nenndicke > 60 mm bis ≤ 120 mm (Kleinpflaster),
  - 15 mm ±5 mm für Pflastersteine und Platten mit gespaltenen Seitenflächen und einer Nenndicke > 120 mm (Großpflaster).
- Die Fugen sind bis zur Verfüllung von Schmutzeintrag freizuhalten.

Fugenfüllung

- Eine Vorfüllung der Fugen mit Bettungsmörtel oder anderem Material ist nicht zulässig.
- Die zu verfugende Fläche ist intensiv zu nässen, evtl. in den Fugen stehendes Wasser muss beseitigt werden.
- Die freie zu verfüllende Fugenhöhe muss, nachdem beim Versetzen Mörtel in den Fugenraum aufgestiegen ist, mindestens noch 2/3 der Elementhöhe betragen.
- Der Fugenmörtel ist immer frisch anzumischen und sofort gemäß den Vorgaben des Herstellers in die Fugen einzubringen.
- Die einzuschlämmende Fläche ist an den Grenzen dicht abzustellen, ein Überschlämmen teilverfüllter, bereits erhärteter Fugenfüllungen ist nicht zulässig. In einem solchen Fall sind die betroffenen Pflastersteine auszubauen und neu zu versetzen.
- Es ist durch Schutzmaßnahmen sicherzustellen, dass keine Schlämme in die Straßenabläufe und somit in die Kanalisation eintreten kann.
- Die Reinigung beginnt witterungsabhängig nach ungefähr 30 bis 40 Minuten nach Einbau des Fugenmörtels, wenn der Mörtel in die sogenannte Gelphase übergegangen ist (kann durch Fingerdruck geprüft werden).

Kommentar

- Die verfugte Fläche ist zu reinigen, ohne dass eine Qualitätsminderung an der Fugenfüllung erfolgt; bis 4 mm zurückliegende Fugen gelten als „vollfugig“ gefüllt.
- Bei der Verwendung gefaster Befestigungselemente darf die Fase nicht verfüllt werden.
- Pflasterdecken und Plattenbeläge, die mit ebenen Oberflächen hergestellt worden sind, sollten mit einer Schwammreinigungsmaschine gesäubert werden; nicht von einer Maschine zu erreichende Flächen mit einem Schwammbrett.
- Die hergestellte Fläche ist während der Abbindezeit des Mörtels gegen jegliches Betreten oder Befahren zu schützen.

Nachbehandlung

- Es ist immer eine witterungsabhängige Nachbehandlung durchzuführen, d. h. mit einem hellen Geovlies abzudecken und mehrmals täglich, mindestens im Abstand von 1,5 Stunden, zu nässen, mindestens 5 bis 7 Tage. Bei zu erwartender kalter Witterung ist die frisch verfugte Fläche durch Isoliermatten abzudecken.

Bewegungsfugen

- Bewegungsfugen sind immer herzustellen an allen aufgehenden Wänden, an allen Einbauten, an Einengungen der Belagsfläche und an Bauwerksfugen von evtl. Unterbauungen und an Übergängen von gebundenen zu ungebundenen Flächen.
- Bewegungsfugen in der Fläche können nach gesonderter Vereinbarung nur bei Pflasterdecken ggf. entfallen, entstehende Risse werden in Scheinfugen umgewandelt (Achtung: hier planerische Festlegung der Bauweise erforderlich, alternativ ist die Konstruktion der Bewegungsfuge vorzugeben).
- Plattenbeläge brauchen immer Bewegungsfugen, je größer die Platten, desto kleiner müssen die durch Bewegungsfugen abgetrennten Felder werden.
- Bewegungsfugen können Rissbildungen – auch durch die Befestigungselemente – nicht verhindern.

Festigkeiten im fertigen Bauwerk

- Aus der fertigen Pflasterdecke/dem Plattenbelag werden zur Kontrolle der Eigenschaften Bohrkerne entnommen, an denen die Fugenfüllung und die Bettungsschicht visuell beurteilt werden und Laborprüfungen erfolgen.
- Es sind folgende Eigenschaften im fertigen Bauwerk nachzuweisen:
  - Druckfestigkeit Bettung nach DIN 18318:2019, Tabelle 6: ≥ 15 MPa
  - Wasserdurchlässigkeit an Prüfkörpern aus Bohrkernen: $k \geq 5 \times 10^{-5}$ m/sec
  - Die Prüfung der Haftzugfestigkeit erfolgt, in Anlehnung an DIN EN 1015-12 nach Wahl des Auftraggebers, am entnommenen Bohrkern (Labor)
  - Haftzugfestigkeit zwischen Bettung und Befestigungselement oder Fugenfüllung und Befestigungselement entspr. DIN 18318:2019, Tabelle 7: ≥ 0,5 MPa (jeder Einzelwert)
  - Des Weiteren ist eine In-Situ-Prüfung als orientierende Informationsprüfung möglich.

Kommentar

Lage, zulässige Abweichungen

- **Gefälle** (Auszug aus M FPgeb, Abschnitt 4.5)

„Eine ausreichende Entwässerung ist für die Dauerhaftigkeit der herzustellenden Pflasterdecke bzw. des herzustellenden Plattenbelages maßgebend."

Zu beachten sind folgende Vorgaben nach M FPgeb, Abschnitt 4.5, zur abflusswirksamen Neigung:

„Bei Fahrbahnen und weiteren von Kfz befahrenen Flächen:

2 %, wenn Pflastersteine aus Beton, Platten aus Beton, Pflasterklinker, Pflasterziegel, bearbeitete Pflastersteine oder Platten aus Naturstein und

3 %, wenn unbearbeitete oder spaltraue Pflastersteine aus Naturstein verwendet werden."

Auszug aus M FPgeb, Abschnitt 6.7:

„Wenn durch die Planung geringere Neigungen vorgegeben werden, sind die Anforderungen an die zulässige maximale Abweichung von der Ebenheit und die Anforderungen an die Oberflächenbeschaffenheit der Belagselemente auf diese abzustimmen, so dass sichergestellt ist, dass es zu keinem Wasserrückhalt kommt.

Die abflusswirksamen Mindestneigungen (siehe Abschnitt 4.5) dürfen nicht unterschritten werden.

Die Abweichung von der geplanten resultierenden Neigung darf ±0,4 % nicht überschreiten."

- **Ebenheit**

Für die zulässigen Abweichungen von der Ebenheit wird die Tabelle 3 des M FPgeb vereinbart.

- **Höhenversprünge** (abweichend von DIN 18318, Abschnitt 3.1.15)

Bei allen Befestigungselementen, welche aus gesägten Grundformen und einer Weiterbearbeitung, z. B. gestockt, geflammt oder gestrahlt, bestehen (ebene Oberflächen), sind Höhenversprünge benachbarter Steine bis max. 2 mm zulässig.

- **Höhen über Einbauten, Randeinfassungen Entwässerungsrinnen** (DIN EN 18318, Abschnitt 3.1.16)

Pflasterdecken und Plattenbeläge müssen 5 mm ±2 mm über der Oberfläche von an der Fläche liegenden Randeinfassungen liegen.

Pflasterdecken und Plattenbeläge müssen 7 mm ±3 mm über der Oberfläche von angrenzenden Einbauten, Abläufen und Entwässerungsrinnen liegen.

Gütesicherung

- **Eignungsnachweis**

Es sind Eignungsnachweise durch Vorlegen von Prüfzeugnissen und durch eine Referenzenliste von mit dem angebotenen Material ausgeführten Verkehrsflächen gleicher Belastung wie vorgesehen vorzulegen.

Kommentar

- **Umfang der Eigenüberwachung**

  Es sind die nachstehenden Eigenüberwachungsprüfungen durchzuführen:
  - profilgerechte Lage, Ebenheit und Neigung der Unterlage
  - Konsistenz und Verarbeitungszeit des angemischten Mörtels
  - Dicke der Bettung
  - Konsistenz und Verarbeitungszeit der Haftschlämme
  - hammerfestes Versetzen der Belagselemente
  - Verbandsregeln, Fugenbreiten und Fugenverlauf
  - tägliche Temperaturmessungen
  - Fugenfüllung, Reinigung, Nachbehandlung
  - Verschluss der Abläufe und Rinnen gegen das Eindringen von Fugenmörtel
  - evtl. Herstellung von Probekörpern aus Bettungs- und Fugenmörtel und deren Lagerung
  - Herstellung von Bewegungsfugen

- **Kontrollprüfungen des Auftraggebers**

  Kontrollprüfungen des Auftraggebers oder seiner Beauftragten können während der Ausführung entsprechend den Eigenüberwachungen und zur Abnahme der ausgeführten Bauleistung erfolgen.

  Dies wären Prüfungen zur Überwachung der folgenden Eigenschaften:
  - profilgerechte Lage, Ebenheit und Neigung
  - Verbandsregeln, Fugenbreiten und Fugenverlauf
  - Reinigungszustand der hergestellten Fläche
  - Sauberkeit der Abläufe und Rinnen
  - Rissbildungen und deren Beurteilung (ggf. Vorbehalt)
  - ggf. Informationsprüfung zur Haftzugfestigkeit
  - Entnahme von Bohrkernen zur
    - Haftzugprüfung
    - Prüfung der Mörtelfestigkeit, Rohdichte, Wasserdurchlässigkeit und Frostwiderstand

- **Einzelvertragliche Vereinbarungen wegen Abzügen bei Unter- oder Überschreitung von Grenzwerten**

  In Ausübung seiner Rechte aus § 13 VOB/B kann der Auftraggeber bei geringen Über- oder Unterschreitungen der Grenzwerte (geringe Mängel) Abzüge vornehmen, soweit der Auftragnehmer schriftlich zustimmt.

  Stimmt der Auftragnehmer nicht zu, muss er die Mängel beseitigen.

  Verwirklicht sich das Mangelrisiko aus Nichteinhalten der Grenzwerte während der Verjährungsfrist für Mangelansprüche, so ist der Auftraggeber berechtigt, dennoch Mangelbeseitigung zu verlangen.

  Der Auftragnehmer hat jedoch Anspruch auf Rückzahlung des aufgrund eines Mangels einbehaltenen Betrages, wenn dieser Mangel beseitigt wird.

  Für festgestellte Mängel ist eine gesonderte Bürgschaft in Höhe des doppelten Wertes der Neuherstellung zu übergeben.

  Die erforderlichen Prüfungen werden an mindestens 3 entnommenen Bohrkernen, sonst 1 Bohrkern je angefangene 500 m², DU 150 mm, durchgeführt, wobei die genannten Werte als einzuhaltende Einzelwerte angesehen werden.

Kommentar

- **Unterschreitung der vereinbarten Druckfestigkeit**
  - Werte ≥ 12 MPa: ohne Abzug.
  - Werte ≥ 10 MPa: Gewährleistungsverlängerung um 2 Jahre (Mangelbeseitigungsansprüche des Auftraggebers bleiben bestehen).
  - Werte ≥ 8 MPa: Einzelfallbetrachtung und ergänzende Bohrkerne, entsprechend den Ergebnissen Gewährleistungsverlängerung um 4 Jahre unter Beibehalt der Mangelbeseitigungsansprüche des Auftraggebers oder Neuherstellung.
  - Zusätzlich werden je angefangene 500 m² der von dem jeweiligen Bohrkern erfassten Fläche bei einer Gewährleistungsverlängerung um 2 Jahre 2 % des Einheitspreises der Leistung als Abgeltung der mangelhaften Ausführung einbehalten.
- **Unterschreitung der vereinbarten Haftzugfestigkeit**
  - Werte ≥ 0,4 MPa: ohne Abzug.
  - Werte ≥ 0,3 MPa: Gewährleistungsverlängerung um 2 Jahre (Mangelbeseitigungsansprüche des Auftraggebers bleiben bestehen).
  - Werte ≤ 0,3 MPa: Einzelfallbetrachtung und ergänzende Bohrkerne, entsprechend den Ergebnissen Gewährleistungsverlängerung um 4 Jahre unter Beibehalt der Mangelbeseitigungsansprüche des Auftraggebers oder Neuherstellung.
  - Zusätzlich werden je angefangene 500 m² der von dem jeweiligen Bohrkern erfassten Fläche bei einer Gewährleistungsverlängerung um 2 Jahre 2 % des Einheitspreises der Leistung als Abgeltung der mangelhaften Ausführung einbehalten.
- **Abzugsregelung wegen mangelhafter Ausführung**
  Wenn an Bohrkernen mangelhafte Ergebnisse der Untersuchungen für die Druckfestigkeit und/oder die erreichte Haftzugfestigkeit vorliegen, ist der Auftraggeber berechtigt, Abzüge wegen mangelhafter Ausführung vorzunehmen. Der Abzug wird jedoch nur einmal je angefangene 500 m² der hergestellten Fläche berechnet, nicht getrennt nach den Ergebnissen der Druckfestigkeit und der Haftzugfestigkeit.
- Bei einer teilweisen oder gesamten Neuherstellung innerhalb des verlängerten Gewährleistungszeitraums werden die entstehenden Kosten anteilig, entsprechend einem angenommenen Nutzungszeitraum von 50 Jahren der am Tag der Abnahme hergestellten Fläche, vom Auftraggeber übernommen.
- **Überschreitung der vereinbarten Ebenheit**
  Bei Überschreitung der vereinbarten Ebenheitstoleranz kann ein Abzug für die Fläche der mangelhaft ausgeführten Leistung vorgenommen werden. Das Recht des Auftragnehmers auf Nachbesserung seiner Leistung bleibt bestehen.

  Der Auftraggeber entscheidet mit dem Auftragnehmer, ob eine Neuherstellung der mangelhaften Teilfläche(n) erfolgen muss, oder ob der Mangel durch den Abzug der zu berechnenden Teilsumme ausgeglichen wird.

  Wird ein Abzug vereinbart, so berechnet dieser sich aus dem Einheitspreis der Leistung multipliziert mit dem Schadenfaktor der zugehörigen mangelbehafteten Teilfläche im Verhältnis zur Gesamtfläche und der Summe aller gemessenen Überschreitungen der zulässigen Toleranz.

Kommentar

Die Messungen werden so durchgeführt, z.B. kreuzweise über einer Mulde, dass die Größe der mangelhaften Fläche f bestimmt werden kann.

Für die weitere Berechnung des Abzugs wird jeweils der in dieser Fläche gemessene größte Einzelwert genommen.

Der Abzug wird berechnet mit:

$$A = \frac{Sf \times EP \times f}{F \times P}$$

Es bedeuten:

A = Abzug
Sf = Schadenfaktor (Gesamtfläche ÷ (Gesamtfläche – mangelhafte Fläche)) [m²]
EP = Einheitspreis (Material und Lohn) [€/m²]
f = mangelhafte Flächen [m²]
F = abgenommene Gesamtfläche [m²]
P = Summe aller gemessenen Überschreitungen [mm]

Vorstehende Formel wurde erstmalig in dem Merkblatt 5-21-09/D „Gebundene Bauweise – historisches Pflaster“ (2009) der Wissenschaftlich-Technischen Arbeitsgemeinschaft für Bauwerkserhaltung und Denkmalpflege e.V. veröffentlicht. Die dort vorgenommene Berechnung ist jedoch (mathematisch) nicht richtig.

Es wäre zu berechnen:

$$A = \frac{F \times EP \times f \times P}{F - f}$$

Beispiel

Gesamtfläche F: 1200 m², mangelhafte Teilflächen f: 250 m²
Summe der Überschreitungen der Ebenheitstoleranz: 100 mm
EP (Material und Verlegung): 180 €/m²

$$A = \frac{1200 \times 180 \times 250 \times 100}{(1200 - 250)} = \frac{4500000}{95} = \mathbf{4736{,}84}\ \text{€ (netto)}$$

2.2 Vereinbarung beim Weglassen von Bewegungsfugen in Pflasterdecken

Regel der Technik ist es, Pflasterdecken und Plattenbeläge mit Bewegungsfugen herzustellen, trotzdem lassen sich Rissbildungen als Folge thermischer Spannungen nicht vermeiden. Gebäude, Einbauten und Verengungen der Fläche müssen stets dauerelastisch freigestellt werden. Ebenfalls müssen in der Unterlage vorhandene Bewegungsfugen (Dränbeton, Betondecken von Bauwerken) in den Belag übernommen werden.

Grundsätzlich muss in der Planungsphase oder vor der Ausführung durch den Auftraggeber entschieden werden, ob und wo Bewegungsfugen in der Fläche hergestellt werden sollen.

Besonders bei regelmäßig befahrenen Pflasterdecken, welche mit relativ kleinen Pflastersteinen hergestellt werden (Kleinpflaster), besteht die Gefahr, dass eine Bewegungsfuge zu einem Schaden führen kann, der infolge des Ausbrechens der nur an drei Seiten durch die Mörtelfuge gehaltenen Steinen entsteht.

Kommentar

Wenn auf Bewegungsfugen in **Pflasterdecken** verzichtet werden soll und später über die Bearbeitung von entstandenen Rissen entschieden wird, sollte hierzu eine Vereinbarung geschlossen werden, welche die Planung und die Ausführung freistellt.

Plattenbeläge sind jedoch **immer** mit Bewegungsfugen herzustellen.

Nachstehend wird ein Vorschlag zu dem Abschluss einer solchen Vereinbarung gemacht.

Vereinbarung

über die Art der Ausführung der Bewegungsfugen
im Zuge der Pflasterarbeiten im Projekt

„____________________"

Zwischen dem Auftraggeber

____

vertreten durch

____

dem Auftragnehmer

____

und den/dem mit der Planung und Bauüberwachung beauftragten

____

Zweck der Vereinbarung

Der Auftraggeber sieht vor, Bewegungsfugen in der Fläche nicht herzustellen.

Dies betrifft nicht das Freistellen von Gebäuden, Einbauten, Rinnen und Verengungen der Fläche oder von in der Unterlage vorhandenen Bewegungsfugen.

Diese Vereinbarung dient dazu, die Ausbauart der Pflasterdecke, insbesondere die Ausführung der Bewegungsfugen festzulegen und den Anspruch des Auftraggebers zur Beseitigung von Mängeln, welche aus dem Weglassen von Bewegungsfugen entstehen können, zu regeln.

1. Der Auftraggeber legt fest, bei der Ausführung der Pflasterdecke auf die Herstellung von Bewegungsfugen zu verzichten (Ausnahmen vorstehend).

   Die später infolge von Temperaturschwankungen vereinzelt entstehenden Risse werden nachträglich in Scheinfugen umgewandelt, soweit es sich nicht um netzartige Rissbildungen handelt.

   Der Auftraggeber behält sich vor, durch die Entnahme von Bohrkernen im Rissbereich die ursprünglich erbrachte Leistung hinsichtlich der Übereinstimmung mit den vertraglichen Festlegungen zu überprüfen.

   Wenn die überprüfte Leistung als vertragsgerecht anzusehen ist, werden die obersten 30 mm des Fugenmörtels entfernt und dauerelastisch vergossen. Die Bauweise entspricht den Regelungen des in der Schweiz

Kommentar

einschlägigen Regelwerkes SN 640 480a und ist in Deutschland für gebundene Pflasterdecken als „Schweizer Bauweise“ bekannt.

Wenn die Überprüfung ergibt, dass die Leistung mangelhaft im Sinn der vertraglichen Vereinbarungen ist oder war, stellt der Auftragnehmer den Bereich der Mangelstelle vollständig in dem vertraglich vereinbarten Umfang auf seine Kosten her.

Die Leistungen umfassen alle dann erforderlichen Leistungen, einschließlich der Einholung erforderlicher Genehmigungen und deren Kosten, des Ersatzes unbrauchbarer oder beschädigter Pflastersteine, der Säuberung des Baubereichs und einer festen Verkehrssicherung über die Bau- und Abbindezeit sowie deren Beseitigung.

2. Durch Temperaturschwankungen entstehende Risse in der Pflasterdecke stellen keinen Mangel im Sinne der Vergabe- und Vertragsordnung für Bauleistungen (VOB) dar.

Der Auftragnehmer sowie der/die mit der Planung und Bauüberwachung Beauftragte/-n werden hierfür von der Gewährleistung freigestellt.

Andere Schäden an der Pflasterfläche sind hiervon nicht berührt, sie sind im Einzelfall zu prüfen und deren Ursache ist zu ermitteln.

3. Die nachträgliche Herstellung von Scheinfugen ist/ist nicht (nicht Zutreffendes streichen) Bestandteil des bereits erteilten Auftrags.

Der Auftraggeber entscheidet über die Ausführung und trägt deren Kosten, soweit es dafür in dem bestehenden Bauvertrag keine Vereinbarung gibt.

Ort/Datum	Ort/Datum	Ort/Datum
______________	______________	______________
Für den Auftraggeber	Auftragnehmer	Für die Planung
______________	______________	______________
Stempel/Unterschrift	Stempel/Unterschrift	Stempel/Unterschrift

Literaturverzeichnis

Technische Regelwerke

FGSV

ZTV Pflaster-StB 20 – Zusätzliche Technische Vertragsbedingungen und Richtlinien für die Herstellung von Verkehrsflächen mit Pflasterdecken, Plattenbelägen sowie von Einfassungen, Ausgabe 2020, FGSV Verlag, Köln 2020

ZTV Beton-StB – Zusätzliche Technische Vertragsbedingungen und Richtlinien für den Bau von Tragschichten mit hydraulischen Bindemitteln und Fahrbahndecken aus Beton, Ausgabe 2007, FGSV Verlag, Köln 2007

ZTV Asphalt-StB – Zusätzliche Technische Vertragsbedingungen und Richtlinien für den Bau von Verkehrsflächenbefestigungen aus Asphalt, Ausgabe 2007, Fassung 2013, FGSV Verlag, Köln 2007/2013

ZTV Fug-StB – Zusätzliche Technische Vertragsbedingungen und Richtlinien für Fugen in Verkehrsflächen, Ausgabe 2015, FGSV Verlag, Köln 2015

ZTV SoB-StB – Zusätzliche Technische Vertragsbedingungen und Richtlinien für den Bau von Schichten ohne Bindemittel im Straßenbau, Ausgabe 2020, FGSV Verlag, Köln 2020

ZTV E-StB – Zusätzliche Technische Vertragsbedingungen und Richtlinien für Erdarbeiten im Straßenbau, Ausgabe 2017, FGSV-Verlag, Köln 2017

ZTV A-StB – Zusätzliche Technische Vertragsbedingungen und Richtlinien für Aufgrabungen in Verkehrsflächen, Ausgabe 2012, FGSV Verlag, Köln 2012

ZTV Ew-StB – Zusätzlichen Technische Vertragsbedingungen und Richtlinien für den Bau von Entwässerungseinrichtungen im Straßenbau, Ausgabe 2014, FGSV Verlag, Köln 2014

TL Pflaster-StB – Technische Lieferbedingungen für Bauprodukte zur Herstellung von Pflasterdecken, Plattenbelägen und Einfassungen B, Ausgabe 2006/Fassung 2015, FGSV Verlag, Köln 2006/2015

TL Fug-StB – Technische Lieferbedingungen für Fugenfüllstoffe in Verkehrsflächen, Ausgabe 2015, FGSV Verlag, Köln 2015

TL Beton-StB – Technische Lieferbedingungen für Baustoffe und Baustoffgemische für Tragschichten mit hydraulischen Bindemitteln und für Fahrbahndecken aus Beton, Ausgabe 2007, FGSV Verlag, Köln 2007

TL Asphalt-StB – Technische Lieferbedingungen für Asphaltmischgut für den Bau von Verkehrsflächenbefestigungen, Ausgabe 2007/Fassung 2013, FGSV Verlag, Köln 2007/2014

TL Geok E-StB – Technische Lieferbedingungen für Geokunststoffe im Erdbau des Straßenbaues, Ausgabe 2019, FGSV Verlag, Köln 2019

TL Bitumen-StB – Technische Lieferbedingungen für Straßenbaubitumen und gebrauchsfertige Polymermodifizierte Bitumen, Ausgabe 2007/Fassung 2013, FGSV-Verlag, Köln 2007/2013

TL SoB-StB – Technische Lieferbedingungen für Baustoffgemische zur Herstellung von Schichten ohne Bindemittel, Ausgabe 2020, FGSV Verlag, Köln 2020

TP Asphalt-StB – Technische Prüfvorschriften für Asphalt, Teil 19: Durchlässigkeit von Asphalt-Probekörpern, Ausgabe 2009, FGSV Verlag, Köln 2009

TP Griff-StB (SRT) – Technische Prüfvorschriften für Griffigkeitsmessungen im Straßenbau, Teil Messverfahren SRT, Ausgabe 2021, FGSV Verlag, Köln 2021

TP Eben – Berührende Messungen – Technische Prüfvorschriften für Ebenheitsmessungen auf Fahrbahnoberflächen in Längs- und Querrichtung, Teil: Berührende Messungen, Ausgabe 2017, FGSV Verlag, Köln 2018

TP D-StB – Technische Prüfvorschriften zur Bestimmung der Dicken von Oberbauschichten im Straßenbau, Ausgabe 2012, FGSV Verlag, Köln 2013

TP Gestein-StB – Technische Prüfvorschriften für Gesteinskörnungen im Straßenbau, Teil 5.5.3: Bestimmung der mechanischen Festigkeit an der Gesteinskörnung 0/5,6 mm – Modifiziertes Micro-Deval-Verfahren, FGSV Verlag, Köln 2013

TP Gestein-StB – Technische Prüfvorschriften für Gesteinskörnungen im Straßenbau, Teil 8.3.2: Bestimmung des Infiltrationsbeiwertes mit dem Modifizierten Standrohr-Infiltrometer – in situ-Verfahren, FGSV Verlag, Köln 2012

TP Pflaster-StB – Technische Prüfvorschriften für Pflasterdecken und Plattenbeläge, Ausgabe 2022, FGSV Verlag, Köln, noch unveröffentlicht

RStO – Richtlinien für die Standardisierung des Oberbaus von Verkehrsflächen, Ausgabe 2012, Korrekturen 2020, FGSV Verlag, Köln 2012/2020

RASt – Richtlinien für die Anlage von Stadtstraßen, Ausgabe 2006, FGSV Verlag, Köln 2007/2009

RIN – Richtlinien für die integrierte Netzgestaltung, Ausgabe 2008, FGSV Verlag, Köln 2009

RAP-Stra – Richtlinien für die Anerkennung von Prüfstellen für Baustoffe und Baustoffgemische im Straßenbau, Ausgabe 2015, FGSV Verlag, Köln 2016

REwS – Richtlinien für die Entwässerung von Straßen, Ausgabe 2021, FGSV Verlag, Köln 2022

M FP – Merkblatt für Flächenbefestigungen mit Pflasterdecken und Plattenbelägen in ungebundener Ausführung sowie für Einfassungen, Ausgabe 2015, FGSV Verlag, Köln 2015

M FPgeb – Merkblatt für Flächenbefestigungen mit Pflasterdecken und Plattenbelägen in gebundener Ausführung, Ausgabe 2018, FGSV Verlag, Köln 2018

M BEP – Merkblatt für die Bauliche Erhaltung von Verkehrsflächen mit Pflasterdecken oder Plattenbelägen in ungebundener Ausführung sowie von Einfassungen, Ausgabe 2022, FGSV Verlag, Köln 2022

M VV – Merkblatt für Versickerungsfähige Verkehrsflächen, Ausgabe 2013, Änderungen 2016, FGSV Verlag, Köln 2013/2016

M FG – Merkblatt für Flächenbefestigungen mit Großformaten, Ausgabe 2022, FGSV Verlag, Köln 2022

M LP – Merkblatt für Lärmarme Pflasterbauweisen, Ausgabe 2019, FGSV Verlag, Köln 2019

M DBT – Merkblatt für Dränbetontragschichten, Ausgabe 2013, FGSV Verlag, Köln 2013

M RR – Merkblatt für Randeinfassungen und Rinnen, Entwurfsfassung 2021, FGSV Verlag, Köln, noch unveröffentlicht

ALP Pgeb – Arbeitsanleitung zur Durchführung von Prüfungen für Pflasterdecken und Plattenbeläge in gebundener Ausführung, Ausgabe 2018, FGSV Verlag, Köln 2018

Grundlagendokument 5: Grundlagen für das Erstellen von Technischen Regelwerken und Wissensdokumenten für das Straßen- und Verkehrswesen, FGSV Verlag, Köln 2018

VOB und Normen

Deutscher Vergabe- und Vertragsausschuss für Bauleistungen: VOB Gesamtausgabe 2019: Vergabe- und Vertragsordnung für Bauleistungen Teil A (DIN 1960), Teil B (DIN 1961), Teil C (ATV), Beuth Verlag, Berlin 2019

DIN 18299 – VOB Vergabe- und Vertragsordnung für Bauleistungen – Teil C: Allgemeine Technische Vertragsbedingungen für Bauleistungen (ATV): Allgemeine Regelungen für Bauarbeiten jeder Art, Ausgabe 2019, Beuth Verlag, Berlin 2019

DIN 18315 – VOB Vergabe- und Vertragsordnung für Bauleistungen – Teil C: Allgemeine Technische Vertragsbedingungen für Bauleistungen (ATV): Verkehrswegebauarbeiten – Oberbauschichten ohne Bindemittel, Ausgabe 2019, Beuth Verlag, Berlin 2019

DIN 18316 – VOB Vergabe- und Vertragsordnung für Bauleistungen – Teil C: Allgemeine Technische Vertragsbedingungen für Bauleistungen (ATV): Verkehrswegebauarbeiten – Oberbauschichten mit hydraulischen Bindemitteln, Ausgabe 2019, Beuth Verlag, Berlin 2019

DIN 18317 – VOB Vergabe- und Vertragsordnung für Bauleistungen – Teil C: Allgemeine Technische Vertragsbedingungen für Bauleistungen (ATV): Verkehrswegebauarbeiten – Oberbauschichten aus Asphalt, Ausgabe 2019, Beuth Verlag, Berlin 2019

DIN 18318 – VOB Vergabe- und Vertragsordnung für Bauleistungen – Teil C: Allgemeine Technische Vertragsbedingungen für Bauleistungen (ATV): Pflasterdecken und Plattenbeläge, Einfassungen, Ausgabe 2019, Beuth Verlag, Berlin 2019

DIN 482 – Straßenbordsteine aus Naturstein, Ausgabe 2002, Beuth Verlag, Berlin 2002

DIN 483 – Bordsteine aus Beton, Ausgabe 2004, Beuth Verlag, Berlin 2004

DIN EN 1338 – Pflastersteine aus Beton – Anforderungen und Prüfverfahren, Ausgabe 2003, 1. Berichtigung 2006, Beuth Verlag, Berlin 2003/2006

DIN EN 1339 – Platten aus Beton – Anforderungen und Prüfverfahren, Ausgabe 2003, 1. Berichtigung 2006, Beuth Verlag, Berlin 2003/2006

DIN EN 1340 – Bordsteine aus Beton – Anforderungen und Prüfverfahren, Ausgabe 2003, 1. Berichtigung 2006, Beuth Verlag, Berlin 2003/2006.

DIN EN 1341 – Platten aus Naturstein für Außenbereich – Anforderungen und Prüfverfahren, Ausgabe 2013, Beuth Verlag, Berlin 2013

DIN EN 1342 – Pflastersteine aus Naturstein für Außenbereiche – Anforderungen und Prüfverfahren, Ausgabe 2013, Beuth Verlag, Berlin 2013

DIN EN 1343 – Bordsteine aus Naturstein für Außenbereiche – Anforderungen und Prüfverfahren, Ausgabe 2013, Beuth Verlag, Berlin 2013

DIN EN 1344 – Pflasterziegel – Anforderungen und Prüfverfahren, Ausgabe 2015, Beuth Verlag, Berlin 2015

DIN 18507 – Pflastersteine aus haufwerksporigem Beton – Begriffe, Anforderungen, Prüfungen, Überwachung, Ausgabe 2012-08, Beuth Verlag, Berlin 2012

DIN 52008 – Prüfverfahren für Naturstein – Beurteilung der Verwitterungsbeständigkeit, Beuth Verlag, Berlin 2006

DIN EN 1367-3 – Prüfverfahren für thermische Eigenschaften und Verwitterungsbeständigkeit von Gesteinskörnungen – Teil 3: Kochversuch für Sonnenbrand-Basalt, Beuth Verlag, Berlin 2006

DIN EN 1015 – Prüfverfahren für Mörtel für Mauerwerk – Teil 10: Bestimmung der Trockenrohdichte von Festmörtel, Ausgabe 2007, Beuth Verlag, Berlin 2007

DIN 1045-2 – Tragwerke aus Beton, Stahlbeton und Spannbeton – Teil 2: Beton – Festlegung, Eigenschaften, Herstellung und Konformität – Anwendungsregeln zu DIN EN 206-1, Ausgabe 2008, Beuth Verlag, Berlin 2008

DIN EN 206-1 – Beton – Festlegung, Eigenschaften, Herstellung und Konformität, Ausgabe 2021, Beuth Verlag, Berlin 2021

DIN EN 12390-1 – Prüfung von Festbeton – Teil 1: Form, Maße und andere Anforderungen für Probekörper und Formen, Ausgabe 2012, Beuth Verlag, Berlin 2012

DIN CEN TS 12390-9 – Prüfung von Festbeton – Teil 9: Frost- und Frost-Tausalz-Widerstand – Abwitterung, Ausgabe 2017, Beuth Verlag, Berlin 2017

DIN EN 12390-3 – Prüfung von Festbeton – Teil 3: Druckfestigkeit von Probekörpern, Ausgabe 10-2019, Beuth Verlag, Berlin 2019

DIN EN 12504-1 – Prüfung von Beton in Bauwerken – Teil 1: Bohrkernproben – Herstellung, Untersuchung und Prüfung der Druckfestigkeit, Ausgabe 2021, Beuth Verlag, Berlin 2021

DIN EN 13412 – Produkte und Systeme für den Schutz und die Instandsetzung von Betontragwerken – Prüfverfahren – Bestimmung des Elastizitätsmoduls im Druckversuch, Ausgabe 2006, Beuth Verlag, Berlin 2006

DIN EN 13242 – Gesteinskörnungen für ungebundene und hydraulisch gebundene Gemische für den Ingenieur- und Straßenbau, Ausgabe 2008, Beuth Verlag, Berlin 2008

DIN EN 13285 – Ungebundene Gemische – Anforderungen, Ausgabe 2018, Beuth Verlag, Berlin 2018

DIN EN 12808-3 – Klebstoffe und Fugenmörtel für Fliesen und Platten – Teil 3: Bestimmung der Biege- und Druckfestigkeit, Ausgabe 2008, Beuth Verlag, Berlin 2008

DIN EN ISO 868 – Kunststoffe und Hartgummi – Bestimmung der Eindruckhärte mit einem Durometer (Shore-Härte), Ausgabe 2003, Beuth Verlag, Berlin 2003

DIN ISO 7619-1 – Elastomere oder thermoplastische Elastomere – Bestimmung der Eindringhärte – Teil 1: Durometer-Verfahren (Shore-Härte), Ausgabe 02/2012, Beuth Verlag, Berlin 2012

DIN EN ISO 1856 – Weich-elastische polymere Schaumstoffe – Bestimmung des Druckverformungsrestes, Ausgabe 2018, Beuth Verlag, Berlin 2018

DIN EN ISO 17892-11 – Geotechnische Erkundung und Untersuchung – Laborversuche an Bodenproben – Teil 11: Bestimmung der Wasserdurchlässigkeit, Beuth Verlag, Berlin 2021

SN 640 480 – Pflästerungen. Konzeption, Oberbaudimensionierung, Anforderungen und Ausführung, Ausgabe 2009, Schweizerische Normen-Vereinigung, Winterthur 2009

Weitere Publikationen

Bundesministerium für Verkehr und digitale Infrastruktur: Handbuch für die Vergabe und Ausführung von Bauleistungen im Straßen- und Brückenbau – HVA B-StB, 2019

Forschungsgesellschaft Landschaftsentwicklung, Landschaftsbau e. V.: Richtlinien für Planung, Bau und Instandhaltung von begrünbaren Flächenbefestigungen, FLL, Bonn 2018

Forschungsgesellschaft Landschaftsentwicklung, Landschaftsbau e.V.: Empfehlungen für Planung, Bau und Instandhaltung von Verkehrsflächen auf Bauwerken, FLL, Bonn 2020

Forschungsgesellschaft Landschaftsentwicklung Landschaftsbau e.V.: Zusätzliche Technische Vertragsbedingungen für den Bau von Wegen und Plätzen außerhalb von Flächen des Straßenverkehrs – ZTV-Wegebau, Ausgabe 2013, FLL, Bonn 2013. Eine Neufassung ist in Bearbeitung.

Deutsche Vereinigung für Wasserwirtschaft, Abwasser und Abfall e.V. (DWA): Arbeitsblatt DWA-A 138-1 – Anlagen zur Versickerung von Niederschlagswasser – Teil 1: Planung, Bau, Betrieb, DWA Verlag, Hennef 2020

Deutsche Vereinigung für Wasserwirtschaft, Abwasser und Abfall e.V. (DWA): Arbeitsblatt DWA-A 118 – Hydraulische Bemessung und Nachweis von Entwässerungssystemen, März 2006, korrigiert 2011, DWA Verlag, Hennef 2006/2011

DAfStb Betonbauteile: DAfStb-Richtlinie, Schutz und Instandsetzung von Betonbauteilen (Instandsetzungsrichtlinie), Teil 4: Prüfverfahren, Beuth Verlag, Berlin 2001

Deutscher Naturwerkstein-Verband e.V.: Merkblatt Pflasterdecken und Plattenbeläge aus Naturstein für Verkehrsflächen, Würzburg 2000/2002

Deutscher Naturwerkstein-Verband e.V.: Richtlinie Pflaster- und Plattendecken für befahrene und begangene Flächen in ungebundener und gebundener Ausführung sowie in Mischbauweisen, Würzburg 2014

Deutscher Naturwerkstein-Verband e.V.: Bautechnische Informationen Fassadenbekleidung 1.5 (DNV BTI 1.5: Fassadenbekleidung), Ausgabe 2022, Würzburg 2022

Wissenschaftlich-Technische Arbeitsgemeinschaft für Bauwerkserhaltung und Denkmalpflege e.V.: Merkblatt 5-21: Gebundene Bauweise – Historisches Pflaster, Ausgabe 01.2009/D, WTA Publications 2009

Boetcher, S., Krass, K., Radenberg, M.: Untersuchungen zur Ausbildung von Pflasterkonstruktionen mit Asphalttragschichten unter hohen Verkehrsbelastungen – Schlussbericht, Ruhr Universität Bochum, Bochum 2006.

Buchholz, B.: Gebundene Pflasterbauweisen – Thermische Spannungen in Verkehrsflächenbefestigungen der gebundenen Pflasterbauweise, Kassel university press GmbH, Kassel 2010

Koch, C: Zum Tragverhalten von Pflasterbefestigungen. Dissertation, Schriftenreihe des Institutes für Straßenwesen und Eisenbahnbau der Ruhr-Universität Bochum, 1999

Koch, C., Krass, K., Radenberg, M., Ritter, J.: Entwicklung eines Verfahrens zur Prüfung und Bewertung des Abriebwiderstandes von Bettungs- und Fugenmaterial von Pflasterbefestigungen, Forschungsbericht der Arbeitsgemeinschaft industrieller Forschungsvereinigungen „Otto von Guericke“ e.V., AiF-Nr. 13938, Köln/Bochum, 2007

Radenberg M: Evaluation ressourcenschonender Tragschichten, Forschungsprogramm des BMVI, FE.-Nr. 06.0096/2011/FRB.

Wellner, F., Wolf, M.: Einfluss der Tragfähigkeit auf die Wasserdurchlässigkeit von Tragschichten ohne Bindemittel, Forschung Straßenbau und Straßenverkehrstechnik, Heft 1081, 2013, Bundesministerium für Verkehr, Bau und Stadtentwicklung, Wirtschaftsverlag NW, Bremerhaven 2013

Wörner, Th., Neidinger, S., Westiner, E.: Bestimmung der Verfahrenspräzision des Modifizierten Micro-Deval-Verfahrens nach TP Gestein-StB Teil 5.5.3 im Auftrag der FGSV, TU München 2015

Historische Quellen und Straßengeschichte

Birk, Alfred: Der Wegebau in seinen Grundzügen dargestellt. Erster Teil: Erdbau und Straßenbau, Leipzig und Wien 1919 und 1921

Forschungsgesellschaft für das Straßenwesen: Merkblatt für die Ausführung von Zementmörtelfugenverguß bei Steinpflasterdecken, FG, Berlin 1940

Gravenhorst, Friedrich: Über den Einfluss der Bekiesung auf die Dauer von Steinschlag-Decken und über den Ersatz von Steinschlag-Decken durch Steinschlag-Pflaster, in: Zeitschrift des Architekten und Ingenieurvereins Hannover, Bd. 33/1887

Gravenhorst, Friedrich: Steinschlagpflaster (Kleinpflaster), in: Zeitschrift des Architekten- und Ingenieurvereins Hannover, Bd. 40/1894

Gürschner und Benzel: Der Städtische Tiefbau, I. Teil: Bebauungspläne und Stadtstraßenbau, D: Bau der Stadtstraßen, Leipzig und Berlin 1911

Hönn, Georg Paul: Betrugslexicon, worinnen die meisten Betrügereyen in allen Staenden nebst denen darwieder guten Theils dienenden Mitteln entdeckt werden, Coburg 1721

Koldewey, Robert: Die Pflastersteine von Aibur-schabu in Babylon, in: Mitteilungen der Deutschen Orient-Gesellschaft 6, Leipzig 1900, S. 3–11

Krüger, Richard: Das Kleinpflaster. Seine Herstellung, praktische Bewährung und zweckmäßigste Anwendung, herausgegeben zum 25-jährigen Jubiläum des Kleinpflasters, Stade 1910

Neumann, Erwin: Der Neuzeitliche Straßenbau, Berlin und Heidelberg 1927

Noll, Friedrich Wilhelm: Zur Vervollkommnung des Kleinpflasters, München 1911

Speck, Artur: Der Kunststraßenbau, Berlin 1950

Spies, W.: Gegen Steinschlag und Schlaglöcher, in: Heimat und Kultur zwischen Elbe und Weser, hg. v. Landschaftsverband Stade, Bd. 4

Umpfenbach, Franz Anton: Theorie des Neubaues, der Herstellung und Unterhaltung der Kunststrassen, Berlin 1830

Verspermann, Johann: Das Kleinpflaster nach den Erfahrungen der Praxis, Berlin 1915

Vogel, Siegfried: Die Kunst des Pflasterns mit Natursteinen, 8. Auflage, Freudenstadt 2003

von Lüder, Christian Friedrich: Vollständiger Inbegriff aller bey dem Strassenbau vorkommenden Fälle, samt einer vorausgesetzten Weeg-Geschichte und einem Verzeichnis der unentbehrlichen Weeg-Gesetze, Frankfurt am Main 1779

Zirkler, Eduard: Straßengeschichte. Mobilität eines Jahrtausends, Isernhagen 2003.